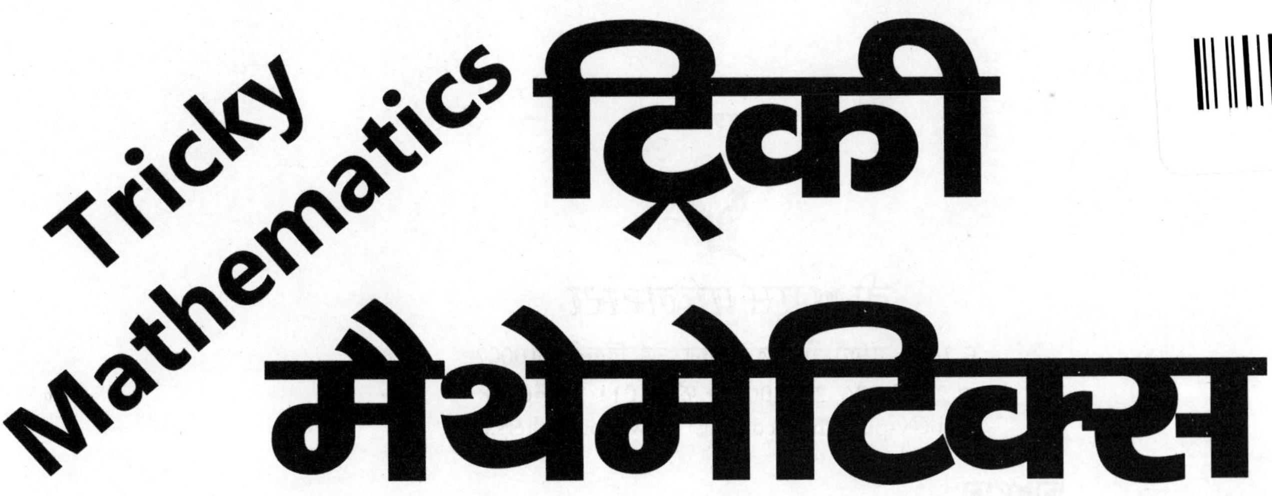

प्रतिस्पर्धा एवं प्रवेश परीक्षाओं के लिए उपयोगी

लेखक
प्रसून कुमार

प्रकाशक

वी एण्ड एस पब्लिशर्स
F-2/16, अंसारी रोड, दरियागंज, नई दिल्ली-110002
☎ 23240026, 23240027 • फैक्स: 011-23240028
✉ info@vspublishers.com • 🌐 www.vspublishers.com

 **Online Brandstore: amazon.in/vspublishers**

क्षेत्रीय कार्यालय : हैदराबाद
5-1-707/1, ब्रिज भवन (सेन्ट्रल बैंक ऑफ इण्डिया लेन के पास)
बैंक स्ट्रीट, कोटी, हैदराबाद-500 095
☎ 040-24737290
E-mail: vspublishershyd@gmail.com

फ़ॉलो करें:   

BUY OUR BOOKS FROM: AMAZON FLIPKART

ISBN 978-93-505719-4-1
नवीन संस्करण

मुद्रक : परम ऑफसेटर्स, ओखला, नई दिल्ली-110020

प्रकाशकीय

वी एण्ड एस पब्लिशर्स पिछले अनेक वर्षों से जनहित, आत्मविकास, एवं शैक्षणिक पुस्तकें प्रकाशित करते आ रहे हैं। पुस्तकें प्रकाशित करने के क्रम में जब हमारा ध्यान गणित विषय की ओर गया तो प्रतियोगी परीक्षाओं में अभ्यर्थियों की सफलता के लिए हमने **'ट्रिकी मैथेमेटिक्स'** प्रकाशित किया है।

प्रस्तुत पुस्तक प्रतियोगी परीक्षाओं की तैयारी कर रहे अभ्यर्थियों की इस विषय में निपुणता हासिल करने के उद्देश्य से लिखी गई है। इस पुस्तक के माध्यम से गणित के पूरे पाठ्यक्रम को वस्तुनिष्ठ प्रश्नों के रूप में संकलित करने का प्रयास किया गया है। जिसका निरंतर अभ्यास कर कोई भी अभ्यर्थी प्रतियोगी परीक्षाओं में कठिन से कठिन प्रश्नों के उत्तर आसानी से दे सकें।

आज अभ्यर्थियों के लिए परीक्षा में निर्धारित समय में गणित के सभी प्रश्नों के हल करना आवश्यक है। इसके लिए सभी प्रतिभागियों को गणित के शार्ट ट्रिक्स की जानकारी होना आवश्यक है। इसके अभाव में निश्चित समयावधि में भी सभी प्रश्नों को हल करना संभव प्रतीत नहीं होता है। इस पुस्तक में शार्ट ट्रिक्स की जानकारी के लिए गणित के मूलभूत सूत्रों तथा उसके सूक्ष्म रूप, जिसे शार्ट ट्रिक्स के लिए स्मरण रखना अनिवार्य है, को उदाहरण के साथ समझाया गया है। इसके साथ पुस्तक के प्रत्येक अध्याय में प्रश्नों को हल करने की पारम्परिक विधि के साथ शार्ट ट्रिक्स को भी इस प्रकार समझाया गया है, जिससे अभ्यर्थी सभी प्रश्नों को दोनों विधियों से हल कर सके। इस प्रकार के वस्तुनिष्ठ प्रश्नों के अभ्यास से अभ्यर्थियों की गणनात्मक एवं बौद्धिक प्रतिभा का संपूर्ण विकास हो सकेगा।

हम आशा करते हैं कि प्रस्तुत **ट्रिकी मैथेमेटिक्स** का सतत् अभ्यास करने से अभ्यर्थियों को प्रतियोगी परीक्षाओं में अवश्य सफलता मिलेगी। पुस्तक में मिली किसी त्रुटि या सुझावों के लिए आपके पत्र या ई-मेल सादर आमंत्रित है।

विषय सूची

भाग-1 : अंक गणित (Arithmetic) – I

अंक गणित (Arithmetic) – II

भाग-2 : बीजगणित (Algebra)

भाग–1 : अंक गणित (Arithmetic) – I

संख्या पद्धति
Number System

संख्याओं एवं उनके बीच संबंधों के अध्ययन को अंकगणित कहते हैं।

किसी संख्या को लिखने के लिए दस अंकों का प्रयोग किया जाता है ये अंक है :-

0, 1, 2, 3, 4, 5, 6, 7, 8, 9.

संख्याओं को निम्नलिखित वर्गों में विभाजित किया जाता है।

प्राकृत संख्या (Natural Number):- जिन संख्याओं का प्रयोग वस्तुओं को गिनने के लिए किया जाता है उन्हें प्राकृत संख्या कहते हैं।

इन्हें N से सूचित किया जाता है।

N = {1, 2, 3, 4, 5, 6…………..}

पूर्ण संख्या (Whole Number):- प्राकृत संख्याओं में जब शून्य को भी शामिल कर लिया जाता है तो इसे पूर्ण संख्या कहते हैं, इसे W से सूचित किया जाता है।

W = {0, 1, 2, 3, 4 …………..}

अभाज्य संख्या (Prime Number):- ऐसी प्रत्येक संख्या जिसके सिर्फ दो (1 एवं स्वयं) गुणनखण्ड हो। तो वह अभाज्य संख्या कहलाती है।

जैसे :- 2, 3, 5, 7, इत्यादि

यौगिक संख्या (Composite Number):- 1 के अतिरिक्त वे समस्त संख्याएँ, जो अभाज्य नहीं हैं यौगिक कहलाती है। इसे संयुक्त संख्या भी कहा जाता है।

उदाहरण :- 4, 6, 8, इत्यादि।

सम संख्या (Even Number):- वे संख्याएँ जिनके अंत में 2, 4, 6, 8 एवं 0 आए उन्हें सम संख्याएँ कहते हैं।

जैसे :- 2, 4, 6, 8, 10……….

विषम संख्या (Odd Number):- वह संख्या जो 2 से विभाजित नहीं होतीं है उन्हें विषम संख्या कहतें हैं।

जैसे :- 1, 3, 5, 7, 9……….

पूर्णांक (Integers):- संख्याओं का ऐसा समुच्चय जिसमें पूर्ण संख्याओं के साथ-साथ ऋणात्मक संख्याएँ भी सम्मिलित हों पूर्णांक कहलाती है। इसे I से सूचित किया जाता है।

I = {−4, −3, −2, −1, 0, 1, 2, 3, 4, 5}

परिमेय संख्या (Rational Number):- भिन्न के रूप में लिखी गई संख्याएँ परिमेय कहलाती हैं।

इन्हें Q से सूचित किया जाता है

जैसे:- $\frac{1}{2}, \frac{3}{4}, \frac{55}{40}$ आदि।

अपरिमेय संख्या (Irrational Number):- वह संख्या जिसे भिन्न के रूप में नहीं लिखा जा सके उसे अपरिमेय संख्या कहतें हैं।

जैसे:- $\sqrt{3}, \sqrt{4}$ इत्यादि।

वास्तविक संख्या (Real Number):- परिमेय एवं अपरिमेय संख्याओं को सम्मिलत रूप से वास्तविक संख्या कहते हैं।

किसी संख्या के पूर्ण विभाजित होने के नियम

2 से विभाजित होने का नियम:- कोई संख्या 2 से तभी विभाजित होगा जब उसके इकाई अंक के स्थान पर 0, 2, 4, 6, **अथवा** 8 हो।

जैसे:- 2468, 2932, 4164 आदि।

3 से विभाजित होने का नियम:- जब किसी संख्याओ के अंकों का योग 3 से विभाजित होगा तब वह संख्या 3 से **विभक्त होगी।**

जैसे:- 363, 4923, 66852 इत्यादि।

8 से विभाजित होने का नियम:- कोई संख्या 8 से तभी विभाजित होगी जब उसके सैकड़े, दहाई तथा **इकाई अंकों से बनी संख्या** 8 से पूर्णतया विभाजित हो।

जैसे:- 1589128

11 से विभाजित होने का नियम:- जब किसी संख्या के इकाई से बायीं ओर चलने पर सम-स्थानों के अंकों **के योग तथा विषम स्थानों** के अंकों के योग का अन्तर 0 हो अथवा 11 से विभाजित हो।

जैसे:- 1361052

(सम स्थानों का योग) − (विषम स्थानों का योग)

$=(5+1+3)-(2+0+6+1)=0$

कुछ महत्वपूर्ण सूत्र:-

1. $(a+b)(a-b)=a^2-b^2$
2. $(a+b)^2=a^2+2ab+b^2$
3. $(a-b)^2=a^2-2ab+b^2$
4. $(a+b)^3=a^3+3a^2b+3ab^2+b^3$
5. $(a-b)^3=a^3-3a^2b+3ab^2-b^3$
6. $\frac{a^3+b^3}{a^2-ab+b^2}=a+b$
7. $\frac{a^3-b^3}{a^7+ab+b^2}=a-b$
8. $\frac{a^3+b^3+c^3}{a^2+b^2+c^2-ab-ba-ca}=(a+b+c)$
9. $a^x+a^y=a^{x+y}$

10. $a^x \div a^y = a^{x-y}$

11. $\left(a^x\right)^y = a^{xy}$

12. $(a+b)^2 - (a-b)^2 = 4ab$

13. प्रथम n प्राकृत संख्याओं का योग $= \dfrac{n(n+1)}{2}$

14. प्रथम n सम संख्याओं का योग $= n(n+1)$

15. प्रथम n विषम संख्याओं का योग $= n^2$

16. भाज्य = (भाजक $\times$ भागफल) + शेष

17. भाजक $= \dfrac{\text{भाज्य - शेष}}{\text{भागफल}}$

18. भागफल $= \dfrac{\text{भाज्य - शेष}}{\text{भाजक}}$

उदाहरण (Examples)

1) $\dfrac{137\times137+137\times133+133\times133}{137\times137\times137-133\times133\times133} = ?$

सूत्र $= a^3 - b^3 = (a-b)\left(a^2+ab+b^2\right)$

प्रदत्त समीकरण $= \dfrac{1}{137-133} = \dfrac{1}{4}$

2) $\left(2-\dfrac{1}{3}\right)\left(2-\dfrac{3}{5}\right)\left(2-\dfrac{5}{7}\right)\text{.........}\left(2-\dfrac{997}{999}\right) = ?$

$\dfrac{5}{3}\times\dfrac{7}{5}\times\dfrac{9}{7}\times\text{...........}\times\dfrac{1001}{999} = \dfrac{1001}{3}$

3) $\left(1-\dfrac{1}{3}\right)\left(1-\dfrac{1}{4}\right)\left(1-\dfrac{1}{5}\right)\text{........}\left(1-\dfrac{1}{n}\right) = ?$

$\dfrac{2}{3}\times\dfrac{3}{4}\times\dfrac{4}{3}\times\text{...........}\dfrac{n-1}{n} = \dfrac{2}{n}$

4) चार अंकों वाली सबसे बड़ी संख्या कौन-सी है, जो 88 से पूरी तरह विभाजित हो जाए?

चार अंकों वाली महत्तम संख्या $= 9999$

9999 को 88 से भाग देने पर 55 शेष होता है। $9999 - 55 = 9944$ यह 88 से पूर्णत: विभाज्य होगी।

5) यदि $\sqrt{\left\{1+\dfrac{27}{169}\right\}} = \left\{1+\dfrac{x}{13}\right\}$ हो तो $x = ?$

$\sqrt{1+\dfrac{27}{169}} = \sqrt{\dfrac{196}{169}} = \dfrac{14}{13} = 1+\dfrac{1}{13}$

$\therefore x = 1$

6) यदि $\dfrac{x}{y} = \dfrac{3}{4}$ हो तो $\dfrac{6}{7} + \dfrac{y-x}{y+x}$ का मान क्या होगा?

$\dfrac{x}{y} = \dfrac{3}{4}$ (Componendo-dividendo के अनुसार)

$\dfrac{y-x}{y+x} = \dfrac{4-3}{4+3} = \dfrac{1}{7}$

$\dfrac{6}{7} + \dfrac{y-x}{y+x} = \dfrac{6}{7} + \dfrac{1}{7} = \dfrac{7}{7} = 1$

7) वह कौन-सी सबसे बड़ी प्राकृत संख्या है, जिससे तीन लगातार सम प्राकृत संख्याओं का गुणनफल सदा विभाज्य हो?

ऐसी महत्तम संख्या $2\times4\times6 = 48$ है।

8) यदि $a = 16$, एवं $b = 15$ हो तो

$\dfrac{a^2+b^2+ab}{a^3-b^3} = ?$

$\dfrac{a^2+b^2+ab}{a^3-b^3} = \dfrac{1}{a-b}$

$= \dfrac{1}{16-15} = 1$

9) 10000 में से 79 को कितनी बार घटाया जाए की शेष 6445 बचे?

अभीष्ट बारंबारता $= \dfrac{10000-6445}{79} = 45$

10) प्रथम 200 अर्थात् 1 से 200 तक लिखने के लिए टाइपराइटर की कुंजी को कितनी बार दबाना होगा?

200 तक एक, दो एवं तीन अंकों की संख्याएँ क्रमश:, 9, 90 एवं 101 हैं।

$\therefore$ टाइपराइटर की कुंजी $= 9\times1+90\times2+101\times3$

$9+180+303 = 492$ बार दबानी होगी।

अभ्यास प्रश्न (Practice Questions)

1. $(378\times136\times259\times212)$ के गुणनफल में इकाई का अंक क्या होगा?
(a) 3 (b) 4
(c) 0 (d) 9

2. किसी संख्या को 342 से भाग देने पर शेषफल 47 प्राप्त होता है। इसी संख्या को 18 से भाग देने पर शेषफल क्या होगा?
(a) 11 (b) 27
(c) 18 (d) 19

3. 3607 के समीपतम वह कौन सी संख्या है जो 21 से पूर्णतया विभाजित हो जायेगी?
(a) 3613 (b) 3612
(c) 3619 (d) 3644

4. 4000 में से दो छोटी-से-छोटी कौन सी संख्या घटाई जाये की शेष बची संख्या 19 से पूर्णत: विभक्त हो दाये:-
(a) 10 (b) 12
(c) 13 (d) 11

5. छ: अंकों की वह बड़ी-से-बड़ी संख्या ज्ञात करें जो 125 से पूर्णत: विभाजित हो जायेगी।
(a) 999874 (b) 998754
(c) 999875 (d) 998975

6. 1 से 400 तक की समस्त सम संख्याओं का योगफल निकालें।
(a) 402200 (b) 40212
(c) 40200 (d) 40208

7. किन्हीं दो संख्याओं का योगफल उनके अंतर का दुगुना है। यदि इनमें से एक संख्या 10 हो तो दूसरी संख्या क्या होगी?
(a) 32 (b) 30
(c) 31 (d) 40

8. यदि किसी भिन्न का अंश 12% बढ़ा दिया जाए एवं दर 2% घटा दिया जाए तो भिन्न का मान $\frac{6}{7}$ हो जाता है। तो मूल भिन्न क्या है?
(a) $\frac{3}{2}$ (b) $\frac{3}{7}$
(c) $\frac{4}{3}$ (d) $\frac{3}{4}$

9. किसी संख्या का $\frac{4}{5}$ उस संख्या के $\frac{3}{4}$ से 4 ज्यादा है तो वह संख्या निकालें।
(a) 80 (b) 78
(c) 84 (d) 82

10. यदि किसी संख्या का 40 प्रतिशत 360 के बराबर हो तो उस संख्या के 15 प्रतिशत का 15 प्रतिशत कितना होगा?
(a) 20.25 (b) 21.95
(c) 22.45 (d) 22.05

11. किन्ही दो संख्याओं के योगफल एवं अंतर का अनुपात 7:3 है। इन दोनों संख्याओं का अनुपात बताएँ।
(a) 5:3 (b) 4:8
(c) 6:1 (d) 4:3

12. 9680 से ठीक बड़ी वह कौन-सी संख्या है, जो 71 से विभाज्य हो?
(a) 9727 (b) 9628
(c) 9729 (d) 9579

13. 36920 में छोटी से छोटी वह कौन सी संख्या जोड़ी जाये की योगफल 137 से पूर्णतया विभक्त हो जायें?
(a) 70 (b) 60
(c) 75 (d) 85

14. पाँच अंकों की वह बड़ी-से-बड़ी संख्या कौन सी है जो 91 से पूर्णतया विभक्त हो जायेगी?
(a) 99918 (b) 99921
(c) 99981 (d) 99971

15. छ: अंको की वह छोटी से छोटी संख्या क्या है जो 111 से पूर्णतया विभक्त हो जायेगी?
(a) 111111 (b) 110011
(c) 100011 (d) 1100001

16. यदि $\left(a+\frac{1}{a}\right)=3$, तो $\left(a^2+\frac{1}{a^2}\right)=?$
(a) 9 (b) 11
(c) 7 (d) 18

17. 19.5 मीटर लम्बी लोहे की छड़ में से समान लम्बाई के कितने टुकड़े बनेंगे, जबकि प्रत्येक टुकड़े की लम्बाई 65 सेमी. हो?
(a) 20 (b) 300
(c) 30 (d) 3

18. बड़ी-से-बड़ी वह प्राकृत संख्या जो चार क्रमागत प्राकृत संख्याओं के गुणनफल को विभक्त करे है:-
(a) 6 (b) 12
(c) 24 (d) 120

19. 4, 5 तथा 6 में से प्रत्येक से विभाजित होने वाली 200 तथा 600 के बीच संख्यायें कितनी हैं?
(a) 5 (b) 6
(c) 7 (d) 8

20. 6 से विभाजित होने वाली तीन-अंकीय कुल कितनी संख्यायँ हैं?
(a) 149 (b) 150
(c) 151 (d) 166

21. एक ऐसी संख्या है जो एक ही अंक को 6 बार लिखने से बनती हो (जैसे:- 111111) ऐसी संख्या निम्न में से किससे सदैव विभाजित होगी?
(a) 7 (b) 11
(c) 13 (d) इन सभी से

22. किसी संख्या को लगातार क्रमशः 3 तथा 5 से भाग देने पर 2 तथा 1 शेष बचता है। इसी संख्या को 15 से भाग देने पर शेष क्या बचेगा?

(a) 1 (b) 2
(c) 5 (d) 7

23. किसी संख्या को 119 से भाग देने पर 19 शेष बचते हैं। इस संख्या को 17 से भाग देने पर शेषफल क्या होगा?

(a) 10 (b) 7
(c) 3 (d) 2

24. यदि x तथा y ऐसी प्राकृत संख्यायँ हों कि $3x + 7y$, 11 का गुणय हो, तो निम्न में से कौन सा व्यंजक 11 से विभक्त होगा?

(a) $(4x+6y)$ (b) $(x+y+4)$
(c) $(9x+4y)$ (d) $(4x-9y)$

25. यदि $653xy$ ऐसी संख्या हो जो 80 से पूर्णतया विभाजित होती हो, तो $x+y$ का मान क्या होगा?

(a) 2 (b) 3
(c) 4 (d) 6

26. यदि $42573*$ पूर्णतया 72 से विभाजित हो जाती हो तो $*$ के स्थान पर क्या अंक होगा?

(a) 4 (b) 5
(c) 6 (d) 7

27. निम्नलिखित में से कौन सी संख्या 45 से पूर्णतया विभाजित होगी?

(a) 181560 (b) 331145
(c) 202860 (d) 2023550

28. यदि $*35624$ पूर्णतया 11 से विभाजित हो तो $*$ के स्थान पर कौन सा अंक होगा?

(a) 2 (b) 5
(c) 6 (d) 7

29. 11158 में छोटी से छोटी कौन सी संख्या जोड़ी जाये कि योगफल 77 से पूर्णतः विभाजित हो जाए?

(a) 9 (b) 8
(c) 7 (d) 5

30. यदि $(2^{32}+1)$ किसी निश्चित संख्या से पूर्णतया विभक्त हो तो उसी संख्या से निम्नलिखित में से कौन सी संख्या पूर्णतः विभक्त होगी?

(a) $(2^{16}+1)$ (b) $(2^{16}-1)$
(c) $(2^{96}+1)$ (d) 7×2^{23}

उत्तरमाला (Answer Key)

1. (b)	2. (a)	3. (b)	4. (a)	5. (d)	6. (c)	7. (b)	8. (b)
9. (a)	10. (a)	11. (d)	12. (a)	13. (a)	14. (a)	15. (b)	16. (c)
17. (c)	18. (c)	19. (b)	20. (b)	21. (d)	22. (c)	23. (d)	24. (d)
25. (a)	26. (c)	27. (c)	28. (c)	29. (c)	30. (c)		

हल (Solutions)

1. (b)
दी गई संख्याओं के इकाई अंकों का गुणनफल
$=(8\times6\times9\times2)=864$
अत: इकाई का अंक $=4$

2. (a)
माना की संख्या को 342 से भाग देने पर भागफल $=k$ तथा
शेष $=47$
दी गई संख्या $=342k+47$
$18\times19k+18\times2+11$
$18\times(15k+2)+11$
दी गयी संख्या को 18 से भाग देने पर शेष $=11$

3. (b)
3607 को 21 से भाग देने पर, शेषफल $=16$ जो 21 के आधे से अधिक है।
$\therefore$ अभीष्ट संख्या $=3607+21(-16)=3612$

4. (a)
4000 को 19 से भाग देने पर शेष $=10$
अभिष्ट संख्या $=10$

5. (d)
छः अंकों की सबसे बड़ी संख्या $=999999$
999999 को 125 से भाग देने पर शेष $=124$
अभिष्ट संख्या $=(999999-124)$
$=999875$

6. (c)
1 से 400 तक कुल सम संख्या
$=\frac{400}{2}=200$
सम संख्याओं का योगफल $=200(200+1)$
$=40200$

7. (b)
माना संख्याएँ x एवं y हैं।
प्रश्न से,
$x+y=2(x-y)$
$x-3y=0$ या $x=3y$
दूसरी संख्या $=x=3\times10=30$

8. (b)
माना भिन्न $=\frac{x}{y}$
प्रश्न से $=\frac{x\times112\%}{y\times98\%}=\frac{6}{7}$
$=\frac{x}{y}=\frac{6\times98\%}{7\times112\%}=\frac{98\times6}{112\times7}=\frac{3}{4}$

9. (a)
$\frac{k}{5}-\frac{3}{4}=4$
$\frac{1}{20}=4$
$k=80$
संख्या $=80$

10. (a)
माना संख्या $=x$
x का $40\%=360$
$x=\frac{360\times100}{400}=900$
अब, x का $15\%=\frac{900\times15}{100}=135$
फिर 135 का $15\%=\frac{135\times15}{100}=20.25$

11. (d)
माना संख्याएँ $=x$ एवं y
प्रश्नानुसार $=\frac{x+y}{x-y}=\frac{7}{1}$
$x+y=\ (x-y)$
$6x=8y$
$\frac{x}{y}=\frac{8}{6}=\frac{4}{3}=4:3$

12. (a)
9680 को 71 से विभाजित करने पर शेष $=24$ मिलता है।
9680, 71 से पूरी तरह विभाज्य हो इसके लिए इसमें $(71-24)$ $=47$ जोडने की जरुरत है।
अभीष्ट संख्या $=9680+47=9727$

13. (a)
36926 को 137 से भाग देने पर शेष $=67$
अभीष्ट संख्या $=137-67=70$

14. (a)
5 अंकों की बड़ी-से-बड़ी संख्या $=99999$
99999 को 91 से भाग देने पर शेष $=81$
अभीष्ट संख्या $=(99999-81)$
$=99918$

15. (b)
छः अंकों की छोटी से छोटी संख्या $=100000$
100000 को 111 से भाग देने पर शेष $=100$
जो 111 के आधे से अधिक है।
अभीष्ट संख्या $=100000(111-100)=100011$

16. (b)

$= \left(a+\frac{1}{a}\right) = 3$

$\left(a+\frac{1}{a}\right)^2 = 3^2$

$= a^2 + \frac{1}{a^2} + 2 = 9$

अर्थात् $\left(a^2 + \frac{1}{a^2}\right) = 7$

17. (c)

टुकड़ों की संख्या $= \frac{19.5 \times 100}{65} = 30$

18. (c)

$9^2 + 10^2 = 181$

अत: $= 13^2 < 181 < 14^2$

अभीष्ट संख्या $= (14)^2 - 181 = 15$

अभीष्ट संख्या $= 1 \times 2 \times 3 \times 4 = 24$

19. (b)

ऐसी प्रत्येक 4,5,6 के ल.म. अर्थात् 60 से विभक्त होगी।

ऐसी संख्याएँ हैं:- 240, 300, 360, 420, 480, 540

अभीष्ट कुल संख्याएँ $= 6$

20. (b)

अभीष्ट संख्यायें हैं:- 102,108,114.........996

प्राप्त श्रृंखला समानान्तर श्रेणी में हैं:-

$a = 102, d = 6$

माना कुल पदों की संख्या $= n$

तब, $a + (n-1) \times d = 996$

$102 + (n-1) \times 6 = 996$

$6n = 996 - 102 + 6$

$= 1002 - 102$

$= 900$

अर्थात् $n = 150$

22. (d)

111111 ऐसी संख्या है जो 7,11,13 में से प्रत्येक से विभक्त होती है।

ऐसी संख्या 7, 11, 13 में से प्रत्येक से विभक्त होती है।

22. (c)

माना दी गई संख्या N को 3 से भाग देने पर भागफल Q तथा शेषफल 2 है।

तब, $N = 3Q + 2$

माना Q को 5 से भाग देने पर भागफल F तथा शेषफल 1 है।

तब, $Q = 5F + 1$

$\therefore N = 3(5F+1) + 2$

$= 15F + 5$

अत: N को 15 से भाग देने पर शेषफल $= 5$

23. (d)

माना दी गई संख्या को 119 से भाग देने पर भागफल $= k$

तब संख्या $= 119k + 19 = 17 \times 7k + 17 + 2$

$= 17 \times (7k+1) + 2$

अत: इस संख्या को 17 से भाग देने पर शेषफल $= 2$

24. (d)

$x = 5$ तथा $y = 1$ रखने पर

$(3x + 7y) = 22$ जो 11 से पूर्णतया विभक्त होता है।

प्रत्येक दिये व्यंजक में $x = 5$ तथा $y = 1$ रखने पर,

$(4x + 6y) = 26$

$(x + y + 4) = 10$

$(9x + 4y) = 49$

तथा $(4x - 9y) = 11$

25. (a)

दी गई संख्या 10 से विभक्त तभी होगी जबकि $y = 0$

$3x0$ को 8 से विभक्त होने के लिए x का छोटा मान $= 2$

अत: $x + y = 2 + 0 = 2$

26. (c)

दी गई यह संख्या 9 तथा 8 से पूर्णत: विभक्त होनी चाहिए। 8 से विभक्त होने के लिए 73* को 8 से विभक्त होना चाहिये यदि इसके लिए* के स्थान पर 6 रखना हो।

27. (c)

दी गई प्रत्येक संख्या का इकाई अंक 5 अथवा 0 है। अत: प्रत्येक दी गई संख्या 5 से विभक्त होती है। इनमें से 202860 के अंकों का योग ही 9 से विभाजित होता है, अत: यह संख्या 9 से भी विभाजित होगी।

अत: संख्या $= 202860$

28. (c)

माना $*$ के स्थान पर x है।

दी गई संख्या 11 से विभक्त होती है।

$\therefore (4+6+3) - (2+5+x) = 0$

अर्थात् $x = 6$

29. (c)

11158 को 77 से भाग देने पर शेष $= 70$

अभीष्ट संख्या $= (77 - 70) = 7$

30. (c)

$(a^3 + b^3) = (a+b)(a^2 - ab + b^2)$

$(2^{96} + 1) = (2^{32} + 1)(2^{64} - 2^{32} + 1)$

स्पष्ट है यदि $(a^{32} + 1)$ दी गई संख्या से पूर्णतया विभक्त होती है। तो $(2^{96} + 1)$ भी उस संख्या से विभक्त होगी।

दशमलव भिन्न
Decimal Fractions

जब किसी संख्या को $\frac{p}{q}$ के रूप में लिखते हैं तो इसे भिन्न कहा जाता है। जैसे:- $\frac{4}{5}, \frac{5}{7}$

ऐसी भिन्नातमक संख्याएँ जिनके हर 10 के घातों में हो, दशमलव भिन्न कही जाती है।

$\frac{3}{10}, \frac{4}{100}$ आदि।

पुनरावृत्ति दशमलव भिन्न (Recurring Decimals):- यदि किसी दशमलव भिन्न में दशमलव के एक अथवा अधिक अंकों की लगातार पुनरावृति हो तो ऐसी भिन्न पुनरावृत्ति दशमलव भिन्नें कहलाती हैं। ऐसी भिन्नों को व्यक्त करने के लिए पुनरावृत्ति अंकों के सबसे पहले तथा अन्तिम अंक के ऊपर के बिन्दु लगाते हैं अथवा पुनरावृत्त अंकों पर रेखा खींच देते हैं।

जैसे:- $\frac{22}{7} = 3.142857142857....... = 3.\dot{1}4285\dot{7} = 3.\overline{142857}$

विशुद्ध आवर्ती दशमलव (Pure Recurring Decimals):- जिस दशमलव भिन्न में दशमलव के बाद की सभी संख्याएँ आवर्ती हों, उसे विशुद्ध आवर्ती दशमलव कहते हैं।

मिश्र आवर्ती दशमलव (Mixed Recurring Decimals):- ऐसा दशमलव भिन्न जिसका कुछ अंक आवर्ती नहीं हों, मिश्र आवर्ती दशमलव कहलाता है।

उदाहरण (Examples)

1) $\left(\frac{0.1\times0.1\times0.1-0.01\times0.01\times0.01}{0.1\times0.1+0.01\times0.01+0.1\times0.01}\right)=?$

$\frac{(0.1)^3-(0.01)^3}{(0.1)^2+(0.01)^2+(0.1\times0.01)}$

$\frac{(a^3-b^3)}{a^2+b^2+ab}=(a-b)$

$(0.1-0.01)=0.09$

2) $(.\bar{3}+.\bar{6}+.\bar{7}+.\bar{8})=?$

$\frac{3}{9}+\frac{6}{9}+\frac{7}{9}+\frac{8}{9}=\frac{24}{9}$

$=\frac{8}{3}=2\frac{2}{3}$

3) यदि $1.125\times10^n=0.00125$, तब n का क्या मान होगा?

$10^n=\frac{0.001125}{1.125}=\frac{1.125}{1125}=\frac{1.125\times10^3}{1125\times10^3}$

$\frac{1125}{1125\times10^3}=\frac{1}{10^3}=10^{-3}\Rightarrow n=-3$

4) $0.841\overline{81}$ को साधारण भिन्न के सरलतम रूप में व्यक्त करने पर अंश से हर कितना बड़ा होगा?

$0.841\overline{81}=\frac{84181-841}{99000}=\frac{83340}{99000}=\frac{463}{550}$

हर–अंश $=550-463=87$

5) यदि $(11.98\times11.98+11.98\times x+.02\times.02)$ एक पूर्ण वर्ग हो तो x का मान क्या होगा?

$(11.98)^2+(.02)^2+11.98\times x$

$2\times11.98\times.02=11.98\times x$

$\therefore x=.04$

6) यदि $\sqrt{2916}=54$ तो

$\sqrt{29.16}+\sqrt{0.2916}+\sqrt{0.002916}+\sqrt{0.00002916}$ का मान क्या होगा?

यदि $\sqrt{2916}=.54$ तो प्रदत व्यंजक $=5.4+.54+0.0054$

$=5.9994$

7) निम्नलिखित संख्याओं को अवरोही क्रम में लिखें:-

$\frac{2}{7},\frac{3}{8},\frac{5}{11},\frac{9}{16}$

$\frac{2}{7}=0.285$

$\frac{3}{8}=0.375$

$\frac{5}{11}=0.454$

$\frac{9}{16}=0.562$

$0.562>0.454>0.375>0.285$

अत: $\frac{9}{16}>\frac{5}{11}>\frac{3}{8}>\frac{2}{7}$

8) $\frac{15}{16}, \frac{19}{20}, \frac{24}{25}, \frac{34}{35}$ में सबसे छोटी भिन्न है।

$\frac{15}{16} = .937, \quad \frac{19}{20} = .95$

$\frac{24}{25} = .96, \quad \frac{34}{35} = .971$

सबसे छोटी भिन्न $\frac{15}{16}$ है।

9) वह संख्या, जिसे $\frac{4^2}{9^2}$ के अंश और हर दोनों में जोड़ने पर भिन्न $\frac{4}{9}$ हो जाती है, होगी?

माना कि वह संख्या x है जिसे $\frac{4^2}{9^2}$ के अंश और हर दोनों में जोड़ने पर भिन्न $\frac{4}{9}$ हो जायेगी।

$$\frac{4^2 + x}{9^2 + x} = \frac{4}{9}$$

$$(16 + x) \times 9 = (81 + x)4$$

$$144 + 9x = 324 + 4x$$

$$5x = 180$$

$$x = 36$$

10) $\left(1-\frac{1}{5}\right)\left(1-\frac{1}{6}\right)\left(1-\frac{1}{7}\right)......\left(1-\frac{1}{100}\right)$ बराबर है।

$\frac{4}{5} \times \frac{5}{6} \times \frac{6}{7} ...... \frac{99}{100}$

$= \frac{4}{100} = \frac{1}{25}$

अभ्यास प्रश्न (Practice Questions)

1. निम्नलिखित भिन्नों को अवरोही क्रम में व्यवस्थित करें:-
$\frac{3}{5}, \frac{7}{9}, \frac{11}{13}$
(a) $\frac{3}{5}, \frac{7}{9}, \frac{11}{13}$ (b) $\frac{7}{9}, \frac{3}{5}, \frac{11}{13}$
(c) $\frac{11}{13}, \frac{7}{9}, \frac{3}{5}$ (d) $\frac{11}{13}, \frac{3}{5}, \frac{7}{9}$

2. $\frac{4}{5}, \frac{7}{8}, \frac{6}{7}, \frac{5}{6}$ को आरोही क्रम में व्यवस्थित कीजिए।
(a) $\frac{4}{5}, \frac{7}{5}, \frac{6}{7}, \frac{5}{6}$ (b) $\frac{5}{6}, \frac{6}{7}, \frac{7}{8}, \frac{4}{5}$
(c) $\frac{4}{5}, \frac{5}{6}, \frac{6}{7}, \frac{7}{8}$ (d) $\frac{7}{8}, \frac{6}{7}, \frac{5}{6}, \frac{4}{5}$

3. $\frac{2}{5}$ और $\frac{4}{9}$ के बीच एक भिन्न है:-
(a) $\frac{3}{7}$ (b) $\frac{2}{3}$
(c) $\frac{4}{5}$ (d) $\frac{1}{2}$

4. $\left(0.34\overline{67} + 0.13\overline{33}\right)$ का मान है:-
(a) 0.48 (b) $0.48\overline{01}$
(c) $0.\overline{48}$ (d) $0.4\overline{8}$

5. सरल करें
$\left(0.\bar{1}\right)^2 \left\{1 - 9\left(0.1\bar{6}\right)^2\right\}$
(a) $-\frac{1}{162}$ (b) $\frac{1}{108}$
(c) $\frac{7696}{10^6}$ (d) $\frac{1}{109}$

6. $3.\overline{36} - 2.\overline{05} + 1.\overline{33}$ को सरल करने पर प्राप्त मान है:-
(a) $2.\bar{6}$ (b) $2.\overline{61}$
(c) 2.64 (d) $2.\overline{64}$

7. $\frac{p}{q}$ के रूप में $1.\overline{27}$ बराबर होगा।
(a) $\frac{127}{100}$ (b) $\frac{73}{100}$
(c) $\frac{14}{11}$ (d) $\frac{11}{14}$

8. $0.\overline{001}$ बराबर है।
(a) $\frac{1}{1000}$ (b) $\frac{1}{999}$
(c) $\frac{1}{99}$ (d) $\frac{1}{9}$

9. $\frac{p}{q}$ के रूप में संख्या 0.121212..... बराबर होगी।
(a) $\frac{4}{11}$ (b) $\frac{2}{11}$
(c) $\frac{4}{33}$ (d) $\frac{2}{33}$

10. $8.3\bar{1} + 0.\bar{6} + 0.00\bar{2}$ बराबर है:-
(a) 8.912 (b) 8.912
(c) 8.979 (d) 8.979

11. $2.\overline{8768}$ बराबर है।

(a) $2\frac{4394}{4995}$ (b) $2\frac{292}{333}$

(c) $2\frac{9}{10}$ (d) $2\frac{878}{999}$

12. $0.4\overline{23}$ किस भिन्न के समतुल्य है?

(a) $\frac{491}{990}$ (b) $\frac{419}{990}$

(c) $\frac{49}{99}$ (d) $\frac{94}{44}$

13. किसी संख्या के वर्ग का $\frac{3}{5}$ 126.15 होता है। वह संख्या क्या है?

(a) 210.25 (b) 75.69

(c) 14.5 (d) 145

14. $\left(999\frac{999}{1000}\times 7\right)$ बराबर है।

(a) $6993\frac{7}{1000}$ (b) $7000\frac{7}{1000}$

(c) $6633\frac{7}{1000}$ (d) $6999\frac{993}{1000}$

15. $1-\frac{1}{20}+\frac{1}{20^2}+\frac{1}{20^3}+......$ का दशमलव के 5 स्थानों तक शुद्ध मान है:-

(a) 1.05 (b) 0.95238

(c) 0.95239 (d) 10.5

16. $999\frac{1}{7}+999\frac{2}{7}+999\frac{3}{7}+999\frac{4}{7}+999\frac{5}{7}+999\frac{6}{7}$ का सरलतम रूप है।

(a) 5997 (b) 5979

(c) 5994 (d) 2997

17. $\left(1+\frac{1}{2}\right)\left(1+\frac{1}{3}\right)\left(1+\frac{1}{4}\right)......\left(1+\frac{1}{120}\right)$ का मान है।

(a) 30 (b) 40.5

(c) 60.5 (d) 121

18. एक भिन्न जिसका हर 30 है तथा जो $\frac{5}{8}$ तथा $\frac{7}{11}$ के बीच स्थिर हैं:

(a) $\frac{18}{30}$ (b) $\frac{19}{30}$

(c) $\frac{20}{30}$ (d) $\frac{21}{30}$

19. $\frac{1}{11}$ बराबर है।

(a) 0.009 (b) $0.0\overline{9}$

(c) $0.0\overline{9}$ (d) $0.\overline{009}$

20. निम्न भिन्नों में कौन-सी भिन्न सबसे छोटी है?

$\frac{7}{6}, \frac{7}{9}, \frac{4}{5}, \frac{5}{7}$

(a) $\frac{7}{6}$ (b) $\frac{4}{5}$

(c) $\frac{7}{9}$ (d) $\frac{5}{7}$

21. यदि $a = 0.25, b = -0.05, c = 0.5$ हो, तो $\frac{a^2-b^2-c^2-2bc}{a^2+b^2-2ab-c^2}$ का मान है:-

(a) $\frac{7}{8}$ (b) $\frac{14}{17}$

(c) (d) $\frac{25}{16}$

22. यदि $p=\frac{5}{8}, q=\frac{7}{12}, r=\frac{13}{16}$ और $s=\frac{16}{25}$ हो, तब,

(a) $p<q<r<s$ (b) $s<q<p<r$

(c) $p<r<q<s$ (d) $s<r<p<q$

23. $\frac{(2.39)^2-(1.61)^2}{2.39-1.61}$ बराबर है:-

(a) 0.78 (b) 4.00

(c) 0.25 (d) $5\frac{5}{39}$

24. $\frac{(243)^{0.13}\times(243)^{0.07}}{(7)^{0.25}\times(49)^{0.075}\times(343)^{0.2}}$ का मान है।

(a) $\frac{3}{7}$ (b) $\frac{7}{3}$

(c) $1\frac{3}{7}$ (d) $2\frac{2}{5}$

25. $\left(3\frac{1}{3}-2\frac{1}{2}\right)\div 1\frac{1}{4}$ का $\frac{1}{2}$ का $\frac{0.04}{0.03}$ ज्ञात करें

$\frac{1}{3}+\frac{1}{9}$ का $\frac{1}{5}$

(a) 1 (b) 5

(c) $\frac{1}{5}$ (d) $\frac{1}{2}$

26. यदि $\frac{a}{b}=\frac{3}{2}$ हो, तो $\frac{2a+5b}{2a-5b}$ बराबर होगा।

(a) -4 (b) 4
(c) -3 (d) 1

27. यदि $\frac{x}{y}=\frac{6}{5}$ हो तो $\left(\frac{6}{7}-\frac{5x-y}{5x+y}\right)$ का मान होगा।

(a) $\frac{1}{7}$ (b) $\frac{3}{7}$
(c) $\frac{2}{7}$ (d) $\frac{4}{7}$

28. $x:y=2:3$ यदि हो तो, $\frac{3x+2y}{9x+5y}$ का मान क्या होगा?

(a) $\frac{11}{4}$ (b) $\frac{4}{11}$
(c) $\frac{1}{2}$ (d) $\frac{5}{14}$

29. यदि $\frac{x}{y}=\frac{a+2}{a-2}$ यदि हो तो $\frac{x^2-y^2}{x^2+y^2}$ बराबर होगा-

(a) $\frac{4a}{a^2-4}$ (b) $\frac{4}{a^2}$
(c) $\frac{8a}{a^2-4}$ (d) $\frac{4a}{a^2+4}$

30. किसी भिन्न के अंश और हर $2:3$ के अनुपात में है, यदि अंश में से 6 घटाया जाए, तो परिणाम वह भिन्न है जिसका मान प्रारम्भिक भिन्न का $\frac{2}{3}$ है, प्रारम्भिक भिन्न का अंश है-

(a) 6 (b) 18
(c) 27 (d) 36

उत्तरमाला (Answer Key)

1. (c)	2. (c)	3. (a)	4. (b)	5. (d)	6. (d)	7. (c)	8. (b)
9. (c)	10. (c)	11. (b)	12. (b)	13. (c)	14. (d)	15. (b)	16. (a)
17. (c)	18. (b)	19. (c)	20. (d)	21. (a)	22. (b)	23. (b)	24. (a)
25. (b)	26. (b)	27. (a)	28. (b)	29. (d)	30. (b)		

हल (Solutions)

1. (c)

$\frac{3}{5}=0.6$

$\frac{7}{9}=0.777$

$\frac{11}{13}=0.846$

∴ अभीष्ट अवरोही क्रम

$\frac{11}{13}>\frac{7}{9}>\frac{3}{5}$

2. (c)

$\frac{4}{5}=0.80$

$\frac{7}{8}=0.87$

$\frac{6}{7}=0.85$

$\frac{5}{6}=0.83$

आरोही क्रम = 0.80, 0.83, 0.85, 0.87

$\frac{4}{5},\frac{5}{6},\frac{6}{7},\frac{7}{8}$

3. (a)

$\frac{2}{5}=0.4\frac{4}{9}=0.44$

अब दिए गए विकल्पों को हल करने पर

$\frac{3}{7}=0.42$

$\frac{2}{3}=0.66$

$\frac{4}{5}=0.80$

$\frac{1}{2}=0.50$

$\frac{2}{5}$ और $\frac{4}{9}$ के बीच 0.42

अर्थात् $\frac{3}{7}$ है।

4. (b)

व्यंजक $\left(0.34\overline{67}+0.13\overline{33}\right)$

$\frac{3467-34}{9900}+\frac{1333-13}{9900}$

$\frac{3433+1320}{9900}\Rightarrow\frac{4753}{9900}$

$=\frac{4753+48-48}{9900}$

$=\frac{4801-48}{9900}=0.48\overline{01}$

5. (b)

$\left(0.\bar{1}\right)^2\left\{1-9\left(0.1\overline{6}\right)^2\right\}$

$=\left(\frac{1}{9}\right)^2\left\{1-9\left(\frac{16-1}{90}\right)^2\right\}$

$=\frac{1}{81}\left\{1-9\times\frac{1}{36}\right\}$

$=\frac{1}{81}\left\{1-\frac{1}{4}\right\}=\frac{1}{81}\left\{\frac{3}{4}\right\}=\frac{1}{108}$

6. (d)

$3.\overline{36}-2.\overline{05}+1.\overline{33}$

$3+\frac{36}{99}-2-\frac{5}{99}+1+\frac{33}{99}$

$2+\frac{64}{99}$

$\Rightarrow 2.\overline{64}$

7. (c)

$1.\overline{27}=1\frac{27}{99}$

$=\frac{126}{99}$

$=\frac{14}{11}$

8. (b)

$0.\overline{001}=\frac{1}{999}$

9. (c)

$0.121212=0.\overline{12}$

$=\frac{12}{99}=\frac{4}{33}$

$\therefore\ \frac{p}{q}=\frac{4}{33}$

10. (c)

$= 8.3\bar{1} + 0.\bar{6} + 0.00\bar{2}$

$= 8.3111..... + 0.66666..... + .002222.....$

$= 8.97999$

$= 8.97\bar{9}$

11. (b)

$2.87\overline{768}$

$= 2\frac{8768-8}{9990}$

$= 2\frac{876}{999} \Rightarrow 2\frac{292}{333}$

12. (b)

$0.4\overline{23} = \frac{423-4}{990}$

$= \frac{419}{990}$

13. (c)

माना संख्या x है।

प्रश्नानुसार,

x^2 का $\frac{3}{5} = 126.15$

$\frac{3x^2}{5} = 126.15$

$x^2 = \frac{126.15 \times 5}{3}$

$x^2 = 210.25$

$\therefore x = \sqrt{210.25}$

$x = 14.5$

14. (d)

$999\frac{999}{1000} \times 7$

$\left(999 + \frac{999}{1000}\right) \times 7$

$6993 + \frac{6993}{1000}$

$= 6993 + 6\frac{993}{1000}$

$= 6999\frac{993}{1000}$

15. (b)

$1 - \frac{1}{20} + \frac{1}{20^2} - \frac{1}{20^3} + ...$

$= 1 - 0.05 + 0.0025 - 0.000125$
$+ 0.00000625 + ...$

$= 0.95238125$

$= 0.95238$

16. (a)

$999 \times 6 + \left(\frac{1}{7} + \frac{2}{7} + \frac{3}{7} + \frac{4}{7} + \frac{5}{7} + \frac{6}{7}\right)$

$= 5994 + \left(\frac{21}{7}\right)$

$= 5994 + 3 = 5997$

17. (c)

$\left(1 + \frac{1}{2}\right)\left(1 + \frac{1}{3}\right)\left(1 + \frac{1}{4}\right).....\left(1 + \frac{1}{120}\right)$

$= \frac{3}{2} \times \frac{4}{3} \times \frac{5}{4} \times ..... \times \frac{121}{120}$

$\frac{121}{2} = 60\frac{1}{2} = 60.5$

18. (b)

$\frac{5}{8} = 0.625$

$\frac{7}{11} = 0.636$

विकल्प $a = \frac{18}{30} = .6$

विकल्प $b = \frac{19}{30} = .633$

विकल्प $c = \frac{20}{30} = .666$

विकल्प $d = \frac{21}{30} = .7$

अत: $\frac{19}{30}$ भिन्न ऐसा भिन्न है जो $\frac{5}{8}$ तथा $\frac{7}{11}$ के बीच स्थित है।

19. (c)

$\frac{1}{11} = 0.090909.......$

$\Rightarrow 0.\overline{09}$

20. (d)

$\frac{7}{6} = 1.16$

$\frac{7}{9} = 0.77$

$\frac{4}{5} = 0.80$

$\frac{5}{7} = 0.71$

अतः स्पष्ट है 0.71 कि अर्थात् $\frac{5}{7}$ सबसे छोटी भिन्न है।

21. (a)

$$\frac{a^2-b^2-c^2-2bc}{a^2+b^2-2ab-c^2}$$

$$\frac{a^2-(b+c)^2}{(a-b)^2-c^2} \Rightarrow \frac{(a+b+c)(a-b-c)}{(a-b+c)(a-b-c)}$$

$$\frac{0.25+(-0.05)+0.5}{0.25-(-0.05)+0.5} = (a, b, c \text{ का मान रखने पर})$$

$$\frac{0.25-0.05+0.5}{0.25+0.05+0.5} \Rightarrow \frac{0.70}{0.80} = \frac{7}{8}$$

22. (b)

$$p = \frac{5}{8} \Rightarrow 0.625$$

$$q = \frac{7}{12} \Rightarrow 0.583$$

$$r = \frac{13}{16} \Rightarrow 0.812$$

$$s = \frac{16}{29} \Rightarrow .551$$

$r > p > q > s$

या $s < q < p < r$

23. (b)

माना $a = 2.39, \quad b = 1.61$

$$\frac{a^2-b^2}{a-b} \Rightarrow \frac{(a+b)(a-b)}{(a-b)} \Rightarrow (a+b)$$

a, और b का मान रखने पर

$2.39 + 1.61 = 4.00$

24. (a)

$$\frac{(243)^{0.13} \times (243)^{0.07}}{(7)^{0.25} \times (49)^{0.075} \times (343)^{0.2}}$$

$$= \frac{(243)^{0.20}}{(7)^{0.25} \times (7)^{0.150} \times (7)^{0.6}}$$

$$= \frac{(3)^{5\times\frac{1}{5}}}{7^1} = \frac{3}{7}$$

25. (b)

$$\frac{\left(3\frac{1}{3}-2\frac{1}{2}\right) \div 1\frac{1}{4} \text{ का } \frac{1}{2}}{\frac{1}{3}+\frac{1}{9} \text{ का } \frac{1}{5}} \text{ का } \frac{0.04}{0.03}$$

$$\frac{\left(\frac{10}{3}-\frac{5}{2}\right) \div \frac{5}{4} \times \frac{1}{2}}{\frac{1}{3}+\frac{1}{9} \times \frac{1}{5}}$$

$$\frac{\left(\frac{5}{2}\right) \div \frac{5}{8}}{\frac{1}{3}+\frac{1}{45}} \times \frac{4}{3}$$

$$\frac{\frac{5}{6} \times \frac{8}{5}}{\frac{16}{45}} \times \frac{4}{3}$$

$$\frac{180}{45} \times \frac{4}{3} = 5$$

26. (b)

$$\therefore \frac{a}{b} = \frac{3}{2}$$

$$\therefore 2a = 3b$$

$$\frac{2a+5b}{2a-5b} \Rightarrow \frac{3b+5b}{3b-5b}$$

$2a$ का मान रखने पर

—— = –

27. (a) दिया है $\frac{x}{y} = \frac{6}{7}$

$$\frac{6}{7} \quad \frac{5x \quad y}{5x \quad y}$$

$$= \frac{6}{7} - \frac{\frac{5x}{y}-1}{\frac{5x}{y}+1}$$

$$= \frac{6}{7} - \frac{5\times\frac{6}{5}-1}{5\times\frac{6}{5}+1} \qquad \left(\frac{x}{y} \text{ का मान रखने पर}\right)$$

$$\frac{6}{7} - \frac{5}{7} \Rightarrow \frac{1}{7}$$

28. (b)

$$\because x : y = 2 : 3$$

$$\frac{x}{y} = \frac{2}{3}$$

$$x = \frac{2y}{3}$$

$$\frac{3x+2y}{9x+5y}$$

(x का मान रखने पर)

$$\frac{3\times\frac{2y}{3}+2y}{9\times\frac{2y}{3}+5y} \Rightarrow \frac{4y}{11y}=\frac{4}{11}$$

29. (d)

दिया है।

$$\frac{x}{y}=\frac{a+2}{a-2}$$

$$\frac{x^2-y^2}{x^2+y^2}=\frac{\frac{x^2}{y^2}-1}{\frac{x^2}{y^2}+1}$$

$$\frac{\left(\frac{a+b}{a-b}\right)^2-1}{\left(\frac{a+b}{a-b}\right)^2+1}$$

$$\frac{(a+2)^2-(a-2)^2}{(a+2)^2+(a-2)^2}$$

$$\frac{a^2+4+4a-a^2-4+4a}{a^2+4+4a+a^2+4-4a}$$

$$\frac{8a}{2a^2+8} \Rightarrow \frac{8a}{2(a^2+4)}$$

$$\frac{4a}{a^2+4}$$

30. (b)

माना प्रारम्भिक भिन्न $\frac{2x}{3x}$ है,

$$\frac{2x-6}{3x}=\frac{2}{3}\times\frac{2x}{3x}$$

$$18x-54=12x$$

$$6x=54$$

$$x=9$$

प्रारम्भिक भिन्न का अंश 18 है।

लघुत्तम समापर्त्तक तथा महत्तम समापवर्त्तक
Least Common Multiple and Highest Common Factor

गुणनखण्ड एवं गुणज (Factor and Multiple):- यदि संख्या x संख्या y को पूर्णतया विभाजित कर दे, तो x को y का गुणनखण्ड कहते हैं तथा y को का x गुणज कहते हैं।

जैसे:- 8 संख्या 24 का गुणनखण्ड है जबकि 24, 8 का गुणज है।

समापवर्त्तक (Common Factor):- वह संख्या जो दो या दो से अधिक दी हुई संख्याओं को पूर्णतया विभाजित कर दे, उन संख्याओं को समापवर्त्तक कहते हैं।

जैसे:- 8, 16, 32, का एक समापवर्त्तक 4 है।

समापवर्त्य (Common Multiple):- दो या उससे अधिक संख्याओं का समापवर्त्य वह संख्या है, जो उन सभी संख्याओं से पूर्णतया विभाज्य हो।

जैसे:- 40, 2, 4, 5, 10 का समापवर्त्य है।

लघुत्तम समापवर्त्य (Least Common Multiple):- दो या उससे अधिक संख्याओं का लघुत्तम समापवर्त्य वह न्यूनतम संख्या है, जो उन सभी संख्याओं से पूर्णतया विभाजित हो।

जैसे:- 3 एवं 5 का समापवर्त्य है 15

3 एवं 5 का समापवर्त्य है 30

3 एवं 5 का समापवर्त्य है 45

लेकिन 3 एवं 5 का लघुत्तम समापवर्त्य है 15

नोट:- अगर दो संख्याएँ Prime Number हों तो तो उनका लघुत्तम समापवर्त्य उन संख्याओं के गुणनफल के बराबर होता है।

जैसे:- 15 एवं 17 का लघुत्तम समापवर्त्य

$15 \times 17 = 255$

महत्तम समापवर्त्तक (Highest Common Factor)

दो यो उससे अधिक संख्याओं का महत्तम समापवर्त्तक वह महत्तम संख्या है, जो सभी प्रदत्त संख्याओं को पूरी तरह विभाजित कर दे।

जैसे:- 18 एवं 24 का महत्तम समापवर्त्तक 6 है, क्योंकि 6 से बड़ी ऐसी कोई संख्या नहीं है, जिससे 18 एवं 24 दोनों एक साथ विभाजित हो जाएँ।

नोट:- यदि संख्याओं को उनके महत्तम समापत्र्तक से भाग दिया जाए तो परस्पर अभाज्य (Prime) संख्याएँ प्राप्त होती हैं।

जैसे:- $42 \div 14 = 3$ एवं $70 \div 14 = 5$

3 एवं 5 आपस में अभाज्य हैं।

महत्वपूर्ण सूत्र

(i) दो संख्याओं को गुणनफल = इनका म.स. × इनका ल.स.

उदाहरण :-

दो संख्याओं का लघुत्तम समापवर्त्य 2520 तथा म.स. 12 है इनमें यदि एक संख्या 504 हो, तो दूसरी संख्या ज्ञात करें।

पहली संख्या × दूसरी संख्या = ल.स. × म.स.

$$\text{दूसरी संख्या} = = \frac{2520 \times 12}{504} = 60$$

(ii) $\text{भिन्नों का म0 स0} = \dfrac{\text{अंशों का म0 स0}}{\text{हरों का ल0 स0}}$

(iii) $\text{भिन्नों का ल0 स0} = \dfrac{\text{अंशों का ल0 स0}}{\text{हरों का म0 स0}}$

उदाहरण (Examples)

1. $\dfrac{3}{8}, \dfrac{5}{12}$ तथा $\dfrac{9}{16}$ का म.स. तथा ल.स. ज्ञात करें।

   $$\text{म0 स0} = \frac{3, 5, 9 \text{ का म0 स0}}{8, 12, 16 \text{ का ल0 स0}} = \frac{1}{48}$$

   $$\text{ल.स.} = \frac{3, 5, 9 \text{ का ल0 स0}}{8, 12, 16 \text{ का म0 स0}} = \frac{45}{4}$$

2. तीन अंकों की ऐसी दो संख्याएँ ज्ञात करो जिनका महत्तम समापवर्त्तक 80 तथा लघुत्तम समापवर्त्य 5760 हो।

   माना संख्याएँ $80a$ तथा $80b$ हैं।

   $80a \times 80b = 80 \times 5760$

   $ab = 72$

   a तथा b के संभव जोड़े जिनका गुणनफल 72 हो तथा जो सह अभाज्य हो (1, 72) तथा 8, 9 हैं।

   $\therefore$ संभव संख्याओं के जोड़े

   $(80 \times 1, 80 \times 72)$ तथा $(80 \times 8, 80 \times 9)$

   इनमें 3 अंकों वाली संख्याएँ

   640 तथा 720 हैं।

3. दो संख्याओं का ल.स. उनके म.स. से 45 गुना है। यदि एक संख्या 125 हो तथा म.स. एवं ल.स. का योग 1150 हो, तो दूसरी संख्या क्या है?

   माना म.स. $= x$

   तथा ल.स. $= 45x$

   तब, $x + 45x = 1150$

   $x = 25$

म.स. $= 25$ तथा ल.स. $= 1125$

दूसरी संख्या $= \left(\frac{25 \times 1125}{125}\right) = 225$

4. ऐसी संख्याओं के कितने जोड़े होंगे जिनका म.स. 16 तथा ल.स. 136 हो।

   किन्हीं दो संख्याओं का म.स. सदैव इन संख्याओं के ल.स. को विभक्त करेगा चूँकि 16, 36 को विभक्त नहीं करता, अत: एक भी जोड़ा ऐसा नहीं होगा।

5. नापने की तीन छड़ें क्रमश: 64 सेमी., 80 सेमी. तथा 96 सेमी. लम्बी है इनमें से किसी भी छड़ का प्रयोग करके कम से कम किस लम्बाई का कपड़ा पूर्ण रूप से नापा जा सकता है?

   अभिष्ट लम्बाई = 64 सेमी., 80 सेमी., एवं 96 सेमी. का ल.स.

   = 960 सेमी

   = 9.60 मीटर।

6. तीन विभिन्न चौराहों पर यातायात की बत्तियाँ क्रमश: 48 सेकेण्ड, 75 सेकेण्ड तथा 108 सेकेण्ड के बाद बदलती रहती हैं। यदि वे 8:20 बजे एक साथ बदलें तो पुन: वे एक साथ कितने बजे बदलेंगी?

   वह समय जिसके बाद बत्तियाँ पुन: इक्कट्ठी बदलेंगी।

   48 सेकेण्ड, 72 सेकेण्ड, 108 सेकेण्ड का ल.स.

   $= 432$ सेकेण्ड $= 7$ मिनट 12 सेकेण्ड

   पुन: इक्कठ्ठा परिवर्त्तन होगा।

   $= 8 : 27 : 12$ बजे

7. वह छोटी से छोटी संख्या कौन सी है जिसे 8, 9, 12 तथा 15 से भाग देने पर हर दशा में 1 शेष बचे?

   अभीष्ट संख्या $= (8, 9, 12, 15$ का ल0 स0$) + 1$

   = 361

8. 16.5, 0.45 एवं 15 का म.स. क्या होगा?

   दी गयी संख्याएँ 16.50, 0.45 एवं 15.00 के समतुल्य हैं। 1650, 45 एवं 1500 का म.स. निकालें।

   इनका म.स. = 15

   अभिष्ट म.स. = 0.15

9. दो संख्याओं का म.स. एवं ल.स. क्रमश: 44 एवं 264 है। यदि पहली संख्या में 2 से भाग दिया जाता है तो भागफल 44 प्राप्त होता है। दूसरी संख्या क्या है?

   पहली संख्या $= 2 \times 44 = 88$

   दूसरी संख्या $= \frac{44 \times 264}{88} = 132$

10. वह न्यूनतम संख्या ज्ञात कीजिए जिसमें यदि 8 जोड़ दिया जाए तो वह 32, 36 एवं 40 से पूर्णतया विभाज्य हो जाए

    32, 36 एवं 40 का ल.स. $= 1440$

    अभीष्ट संख्या $= 1440 - 8 = 1432$

अभ्यास प्रश्न (Practice Questions)

1. पाँच अंको की वह सबसे बड़ी संख्या ज्ञात कीजिए जिसे 3,5 8,12 से भाग देने पर 2 शेष बचे।

   (a) 99999 (b) 99958
   (c) 99960 (d) 99962

2. वह सबसे बड़ी संख्या, जिससे 989 और 1327 को भाग देने पर क्रमश: शेष 5 और 7 रहते है।

   (a) 8 (b) 16
   (c) 24 (d) 32

3. 13 का वह सबसे छोटा गुणज, जिसे 4, 5, 6, 7 और 8 से भाग देने पर प्रत्येक दशा में 2 शेष बचता है?

   (a) 2520 (b) 842
   (c) 2522 (d) 840

4. वह कौन सी न्यूनतम संख्या है जिसे दोगुना करने पर वह 12, 18, 21 और 30 से पूर्णतया विभाजित हो जाती है?

   (a) 2520 (b) 1260
   (c) 630 (d) 196

5. वह छोटी-से छोटी संख्या, जिसे 12, 15, 20 या 54 से भाग देने पर प्रत्येक दशा में शेष 4 बचे है:

   (a) 450 (b) 454
   (c) 540 (d)544

6. दो संख्याओं का अनुपात 3:4 है उनका म.स. है उनका ल.स. है।

   (a) 12 (b) 16
   (c) 24 (d) 48

7. मान लिजिए 6 अंकों की ऐसी न्यूनतम संख्या N हैं जिसे 4, 6, 10, 15 से भाग देने पर प्रत्येक दशा में शेष 2 आता है, N में अंकों का योग है:-

   (a) 3 (b) 5
   (c) 4 (d) 6

8. 28 और 42 के लघुतम समापवर्त्तक और महतम समापवर्त्तक किस अनुपात में हैं?

   (a) 6 : 1 (b) 2 : 3
   (c) 3 : 2 (d) 7 : 2

9. दो संख्याओं का ल. स. 495 तथा म. स. 5 है, यदि उन संख्याओं का योग 100 हो, तो उनका अन्तर है।

   (a) 10 (b) 46
   (c) 70 (d) 90

10. दो संख्याओं को योग 36 तथा उनका महत्तम समापवर्त्तक 4 है। इस प्रकार की संख्याओं के कितने युग्म सम्भव हैं?

(a) 1 (b) 2
(c) 3 (d) 4

11. दो संख्याओं का ल.स. एवं म.स. का गुणनफल 24 है। दोनों संख्याओं का अन्तर 2 है तो वह संख्याएँ ज्ञात करें।
(a) 8 और 6 (b) 8 और 10
(c) 2 और 4 (d) 6 और 4

12. दो संख्याओं का गुणनफल 4107 हैं, यदि उनका म.स. 37 हो तो उनमें बड़ी संख्या है:-
(a) 185 (b) 111
(c) 107 (d) 101

13. दो संख्याओं का गुणनफल 2028 है और उनका महत्तम समापवर्त्तक 13 है। तदनुसार ऐसे जोड़ों की संख्या बताइए।
(a) 1 (b) 2
(c) 3 (d) 4

14. किसी दूध वाले की एक टंकी में 75 लीटर तथा दूसरी में 45 लीटर दूध है। उस बड़े से बड़े बर्त्तन की माप जो दोनों टंकियों के दूध को पूरा-पूरा माप सके, निम्न होगी।
(a) 1 लीटर (b) 5 लीटर
(c) 15 लीटर (d) 25 लीटर

15. दो संख्याओं का ग.स. 8 है तब निम्नलिखित में से कौन सी संख्या ऐसी है जो उनका ल.स. नहीं हो सकती?
(a) 24 (b) 48
(c) 56 (d) 60

16. विद्यार्थियों की अधिकतम संख्या ज्ञात करें जिसमें 1001 पेन और 910 पेंसिल इस प्रकार बाँटें जाए, कि प्रत्येक को निले पेनों की संख्या बराबर हो एवं प्रत्येक को मिले पेंसिलों की संख्या बराबर हो।
(a) 91 (b) 1001
(c) 910 (d) 1911

17. दो संख्याओं के म.स. तथा ल.स. क्रमशः 7 और 140 हैं यदि संख्याएँ 20 और 45 के बीच की हों, तो उन संख्याओं का योग है।
(a)70 (b) 77
(c) 63 (d) 56

18. 100 तथा 200 के बीच आने वाले उन पूर्णांकों जो 9 तथा 6 दोनों से विभाजित हों की कुल संख्या होगी:-
(a) 5 (b) 6
(c) 7 (d) 8

19. यदि किसी कक्षा के विद्यार्थियों को 6 या 8 या 10 के पूरे-पूरे समूहों में रखा जा सके, तो कक्षा के विद्यार्थियों की निम्नतम संख्या होगी।
(a) 60 (b) 120
(c) 180 (d) 240

20. 10000 के निकटतम वह संख्या क्या है जो 3, 4, 5, 6, 7 तथा 8 में से प्रत्येक द्वारा विभाजित होती है।
(a) 9240 (b) 10080
(c) 9996 (d) 10000

21. वह बड़ी से बड़ी संख्या क्या है जिससे 122 तथा 243 को भाग देने पर क्रमशः 2 तथा 3 शेष रहते हों।
(a) 12 (b) 24
(c) 30 (d) 120

22. वह सबसे छोटी संख्या क्या है जिसे 4, 6, 8 और 9 से भाग देने पर प्रत्येक दशा में शून्य शेष आता हो तथा 13 से भाग देने पर 7 शेष आता हो,
(a) 144 (b) 72
(c) 36 (d) 85

23. दो संख्याओं का म.स. 23 है तथा उनके ल.स. के अन्य दो गुणनखण्ड 13 तथा 14 हैं तो उनमें से बड़ी संख्या क्या होगी।
(a) 276 (b) 299
(c) 345 (d) 322

24. 29 से बड़ी संख्याओं का म.स. 29 और ल.स. 4147 है। इन संख्याओं का योग है।
(a) 966 (b) 696
(c) 669 (d) 666

25. दो संख्याओं का महत्तम समापवर्त्तक और लघुत्तम समापवर्त्तक क्रमशः 8 तथा 1728 है। तदनुसार ऐसे अंकों के जोड़े कुल कितने हैं?
(a) 2 (b) 3
(c) 4 (d) 5

26. दो संख्याओं का योगफल 384 है। उनका महत्तम समापवर्त्तक 48 है। संख्याओं में अंतर है।
(a) 100 (b) 192
(c) 288 (d) 336

27. 12 के दो गुणकों का ल.स. 1056 है। यदि एक संख्या 132 है तो दूसरी संख्या क्या है।
(a) 12 (b) 72
(c) 96 (d) 132

28. संख्याओं 77, 99 तथा x के म.स. तथा ल.स. क्रमशः 11 तथा 3465 हैं। x का न्यूनतम मान होगा।
(a)11 (b) 55
(c) 45 (d) 35

29. दो संख्याओं का योगफल 84 तथा उनका म.स. 12 है। ऐसी संख्याओं के कुल युग्मों की संख्या क्या होगी?
(a) 2 (b) 3
(c) 4 (d) 5

30. दो संख्याएँ 6:13 के अनुपात में हैं। यदि उनका ल.स. 468 हो तो उनका म.स. क्या होगा?
(a) 12 (b) 8
(c) 6 (d) 4

उत्तरमाला (Answer Key)

1. (d)	2. (c)	3. (c)	4. (c)	5. (d)	6. (d)	7. (b)	8. (a)
9. (a)	10. (c)	11. (d)	12. (b)	13. (b)	14. (b)	15. (d)	16. (a)
17. (c)	18. (b)	19. (b)	20. (b)	21. (d)	22. (b)	23. (d)	24. (b)
25. (b)	26. (c)	27. (c)	28. (b)	29. (b)	30. (c)		

हल (Solutions)

1. (d)

358 तथा 12 का ल.स. $= 120$

पाँच अंकों की बड़ी-से-बड़ी संख्या $= 99999$

99999 को 120 से भाग देने पर शेषफल $= 39$

अभीष्ट संख्या $= 99999 - 39 + 2 = 99962$

2. (c)

प्रश्नानुसार,

$989 - 5 = 984$

$1327 - 7 = 20$

984 व 1320 का HCF $= 24$

अत: अभीष्ट संख्या $= 24$

3. (c)

4, 5, 6, 7, 8 का L.C.M.$= 840$

$840k + 2$

$832k + 8k + 2$

$8 \times 1 + 2 = 10$

$8 \times 2 + 2 = 18$

$8 \times 3 + 2 = 26$

अभीष्ट संख्या $= 840 \times 3 + 2 = 2522$

4. (c)

12, 18, 21 तथा 30 से पूर्णत: विभाजित होने वाली संख्या $= 12, 18, 21$ तथा 30 का L.C.M $= 2 \times 2 \times 3 \times 3 \times 5 \times 7 = 1260$

अभीष्ट संख्या $= 1260 \div 2 = 630$

5. (d)

12, 15, 20, 54 का L.C.M

L.C.M$= 2 \times 2 \times 3 \times 3 \times 5 = 540$

अभीष्ट संख्या $= 540 + 4 = 544$

6. (d)

माना दो संख्याएँ $3x$ तथा $4x$ हैं

H.C.F $= x = 4$

अभीष्ट संख्याएँ $= 12$ तथा 16

अत: उनका ल.स. $= 48$

7. (b)

4, 6, 10, 16 का ल.स.$= 60$

6 अंको की न्यूनतम संख्या $= 100000$

$\therefore$ 60)100000(1666.6

```
  60
 ----
 400
 360
 ----
*400
  360
  ----
 *400
  360
  ----
  *40
```

$\therefore$ अभीष्ट संख्या$= 60 \times 166 + 2$

$N = 100022$

अभीष्ट संख्या के अंकों का योग

$= 1 + 0 + 0 + 0 + 2 + 2 = 5$

8. (a)

28 और 42 का $L.C.M = 84$

28 और 42 का $H.C.F = 14$

$L.C.M : H.C.F$

84 : 14

6 : 1

9. (a)

दो संख्याओं का म.स.$= 5$

उनका $L.C.M = 495$

माना संख्याएँ $= 5x$ तथा $5y$

$5x$ और $5y$ का $L.C.M = 5xy = 495$

$xy = 99$

तथा

$5x+5y=100$

$x+y=20$

या

$(x-y)^2=(x+y)^2-4xy$

$=20^2-4\times99$

$=400-396=4$

$x-y=2$

$5x-5y=5\times2=10$

10. (c)

माना संख्याएँ $4a$ तथा $4b$ हैं।

अत: $4a+4b=36$

$a+b=9$

$\therefore (a,b)=(1,8)(2,7)(3,6)(4,5)$

परस्पर अभाज्य जोड़े $=(1,8)(2,7)(4,5)$

तीन जोड़े सम्भव है।

11. (d)

माना म.स. $=a$

अत: संख्याएँ $=ax, ay$

ल.स. $=axy$

ल.स. $\times$ म.स. $=24$

$a^2xy=24$

$a^2xy=2\times3\times2\times2$

$a^2=4$

$x=3$ और $y=2$

$\therefore$ संख्याएँ $=2\times3,\quad 2\times2$

$\therefore$ संख्याएँ $=6,\quad 4$

12. (b)

दो संख्याओं का गुणनफल = ल.स. × म.स.

ल.स. $=\dfrac{4107}{37}=111$

अत: बड़ी संख्या $=111$

13. (b)

माना संख्याएँ $13a$ तथा $13b$ हैं।

तब, $13a\times13b=2028$

$ab=\dfrac{2028}{169}=12$

सह अभाज्य जोड़े = (13 × 1, 13 × 12)

(13 × 3, 13 × 4)

(13, 156) (39, 52)

अत: कुल जोडों की संख्या = 2

14. (b)

75 एवं 45 का म.स. = 15

अत: उस बड़े से बड़े बर्त्तन की माप = 15 लीटर

15. (d)

माना की दो संख्याएँ x और y है,

ल.स. $=\dfrac{x\times y}{\text{म० स०}}$

$=\dfrac{x\times y}{8}$

$=\dfrac{\text{गुणनफल}}{8}$

16. (a)

विद्यार्थीयों की अभीष्ट संख्या 1001 तथा 910 का म.स. जो 91 होगा।

17. (c)

दोनों संख्याओं का गुणनफल = म.स. × ल.स.

$=7\times140=980$

तथा $980=2\times2\times5\times7\times7$

तब, 20 और 45 के बीच दो संख्याएँ हो सकती हैं।

5×7 तथा $2\times2\times7$

35 तथा 28

$\therefore$ संख्याओं का अभीष्ट योग $=35+28=63$

18. (b)

9, 6 का ल.स. = 18

अत: इस संख्या से विभाज्य संख्या, जो 100 से 200 के बीच है। 108, 126, 144, 162, 180 तथा 198.

19. (b)

कक्षा में निम्नतम विद्यार्थियों की संख्या 6, 8, 10 का ल.स. $=120$

20. (b)

3, 4, 5, 6, 7, 8 का ल.स. = 840

```
840)10000(11
     840
    ----
    1600
     840
    ----
     760
```

$\therefore$ ल.स. का 11वाँ गुणज $=840\times11=9240$

और ल.स. का 12 वाँ गुणज $=840\times12=10080$

10000 के निकटतम संख्या = 10080

21. (d)

$122-2=120$

$243-3=240$

अभीष्ट संख्या = 120, 240 का म.स. = 120

22. (b)

4, 6, 8 तथा 9 का ल.स. = 72

अत: 72 एक ऐसी संख्या है जिसमें 4, 6, 8 तथा 9 का भाग देने पर शेष शून्य प्राप्त होता है तथा 13 से भाग देने पर 7 शेष प्राप्त होता है।

23. (d)

दो संख्याओं का म.स. $= 23$

ल.स. का एक गुणनखण्ड $= 23$

ल.स. के अन्य दो गुणनखण्ड $= 13, 14$

ल.स. $= 23 \times 13 \times 14$

एक संख्या $\times$ दूसरी संख्या $=$ म.स. $\times$ ल.स.

$23 \times 23 \times 13 \times 14$

$= 299 \times 322$

बड़ी संख्या $= 322$

24. (b)

माना संख्याएँ a व b है, तब

$a \times b = 29 \times 4177$

$= 29 \times 11 \times 13 \times 29$

चूँकि दोनों संख्याएँ 29 से बड़ी हैं, तब अभीष्ट संख्याएँ

(29×11) व (13×29)

319 व 377

अत: अभीष्ट योग

$= 319 + 377 = 696$

25. (b)

किन्ही दो संख्याओं का म.स. सदैव इन संख्याओं के ल.स. को विभक्त करेगा।

माना संख्याएँ $8a$ तथा $8b$ हैं

$\therefore 8a \times 8b = 8 \times 1728$

$$ab = \frac{8 \times 1728}{64}$$

$= 216$

या तो $(a = 1, b = 216), (a = 8, b = 27)$

तथा $(a = 9, b = 24)$

अत: ऐसे अंकों के तीन जोड़े संभव है।

26. (c)

माना संख्याएँ $48x$ तथा $48y$ है।

प्रश्नानुसार, $48x + 48y = 384$

$$x + y = \frac{384}{48}$$

$x + y = 8$

अत: दोनों संख्याओं के सम्भव युग्म होंगे। $(1,7)(3,5)$

अत: संख्याओं में अन्तर $48 \times 1 = 48$

दूसरी संख्या $= 48 \times 7 = 336$

अत: अभीष्ट अन्तर $= 336 - 48 = 288$

या पहली संख्या $= 48 \times 3 = 144$

दूसरी संख्या $= 48 \times 5 = 240$

अब अन्तर $= 240 - 144 = 96$

विकल्पनुसार अभीष्ट अन्तर 288 होगा।

27. (c)

$$\text{दूसरी संख्या} = \frac{12 \times 1056}{132}$$

$= 96$

28. (b)

77, 99 तथा x का $H.C.F = 11$ है।

x का मान 22, 33, 44, 55, 66 में से कोई एक होगा। जिसमें $x = 55$ रखने पर ही 77, 99 तथा x अर्थात् 55 का ल.स. 3465 होगा।

अत: x का न्यूनतम मान 55 होगा।

29. (b)

माना संख्याएँ $12x$ एवं $12y$ है।

$12x + 12y = 84$

$x + y = 7$

तो $x = 1, y = 6$ या $x = 2, y = 5$

या $x = 3, y = 4$

यदि $x = 2, y = 5$ तो पहली संख्या $= 24$ तथा दूसरी संख्या $= 60$

यदि $x = 3, y = 4$ तो पहली संख्या $= 36$ तथा दूसरी संख्या $= 48$

$\therefore$ संख्याओं के युग्म $(1,6)(2,5)$ तथा $(3,4)$ होंगे अत: कुल युग्मों की संख्या $= 3$

30. (c)

माना संख्याएँ $6x$ तथा $13x$

$6x$ तथा $13x$ का ल.स. $= 78x$

ल.स. $= 468$

$78x = 468$

$$x = \frac{468}{78}$$

$x = 6$

संख्याएँ $6 \times 6 = 36$

तथा $6 \times 13 = 78$

36 तथा 78 का म.स. $= 6$

वर्गमूल तथा घनमूल
Square Root and Cube Root

वर्गमूल (Square Root) :- किसी संख्या का वर्गमूल वह संख्या है जिसे अपने से गुणा करने पर दी गई संख्या प्राप्त हो। इसे $\sqrt{\ }$ से व्यक्त करते हैं।

जैसे:- $\sqrt{9}=3, \sqrt{196}=14$

गुणनखण्ड़ो द्वारा वर्गमूल :- किसी दी गयी संख्या के अभाज्य गुणनखण्ड़ों के प्रत्येक जोड़े में से एक लेकर इनके गुणनफल ही, दी गई संख्या का अभीष्ट वर्गमूल है।

6084 का वर्गमूल

$6084=2\times2\times3\times3\times13\times13$

$=2^2\times3^3\times13^2$

$\sqrt{6084}=78$

घनमूल (Cube Root) :- किसी संख्या x का घनमूल y होगा,

यदि $y^3=x$

x के घनमूल को हम $\sqrt{\ }$ से व्यक्त करते हैं।

जैसे:- $=\sqrt[3]{x}=(3\times3\times3)^{1/3}=3$

घनमूल ज्ञात करने की विधि:- दी गई, संख्या को अभाज्य गुणनखण्डों के गुणनफल बराबर रखें। एक ही प्रकार के तीन गुणनखण्डों में से एक लेकर, इस प्रकार प्राप्त गुणनखण्डों का गुणनफल, अभीष्ट घनमूल होगा।

जैसे:- $21952=2^3\times2^3\times7^3$

$\sqrt[3]{21952}=(2\times2\times7)=28$

उदाहरण (Examples)

1. $\sqrt{15612+\sqrt{154+\sqrt{225}}}$ बराबर है।

$\sqrt{15612+\sqrt{154+\sqrt{225}}}=\sqrt{15612+\sqrt{154+15}}$

$=\sqrt{15612+\sqrt{169}}$

$\sqrt{15612+13}$

$=\sqrt{15625}=125$

2. यदि $\sqrt{1+\frac{x}{144}}=\frac{13}{12}$ तो x बराबर है।

$\left(1+\frac{x}{169}\right)=\frac{196}{169}$

$\frac{x}{169}=\left(\frac{196}{169}-1\right)$

$\frac{x}{169}=\frac{27}{169}$

$x=27$

3. यदि $\sqrt{6}=2.449$

तो $\frac{3\sqrt{2}}{2\sqrt{3}}$ का मान है:

$\frac{3\sqrt{2}}{2\sqrt{3}}=\frac{3\sqrt{2}}{2\sqrt{3}}\times\frac{\sqrt{3}}{\sqrt{3}}$

$=\frac{3\sqrt{6}}{6}=\frac{\sqrt{6}}{2}=\frac{2.449}{2}$

$=1.2245$

4. यदि $\sqrt{2}=1.4142$ तो

$\left(\frac{\sqrt{2}-1}{\sqrt{2}+1}\right)$ के वर्गमूल का मान है:-

$=\frac{\sqrt{2}-1}{\sqrt{2}+1}\times\frac{\sqrt{2}-1}{\sqrt{2}-1}$

$=\left(\sqrt{2}-1\right)^2$

5. यदि $(676)^2=456976$ तो 45.6976 का मान क्या होगा?

$(676)^2=456976$

$\sqrt{456976}=676$

$\therefore \sqrt{45.6976}=\sqrt{\frac{456976}{10000}}$

$\frac{\sqrt{456976}}{100}=\frac{676}{100}=6.76$

6. $\sqrt{12+\sqrt{12+\sqrt{12.......}}}=?$

माना दिये गये व्यंजक का मान x है।

तब,

$x=\sqrt{12+x}=x^2$

$(12+x)$ अर्थात्

$x^2-x-12=0$

$\therefore (x-4)(x+3)=0$

अर्थात् $x=4$

7. $\sqrt{100000}$

$=\sqrt{100\times100}\times10$

$=100\sqrt{10}$

$=100\times3.162$

$=316.2\approx316$

8. $\sqrt{\sqrt{17956+\sqrt{24025}}}=?$

$=\sqrt{\sqrt{17956+\sqrt{24025}}}$
$=\sqrt{134+155}$
$=\sqrt{289}$
$=17$

9. $\left(\sqrt{7921}-\sqrt{(2070.25)}\right)\times\frac{1}{4}=?$

$\left(\sqrt{7921}-\sqrt{2070.25}\right)\times\frac{1}{4}$

$\frac{(89-45.5)}{4}=\frac{43.5}{4}$

$\approx\frac{44}{4}=11$

10. $\left[\left\{(144)^2\div48\times18\right\}\right]\div36=\sqrt{?}$

$\left[\left\{(144)^2\div48\times18\right\}\div36\right]^2$

$=\left[\frac{144\times144\times18}{48\times36}\right]^2$

$=(216)^2=46656$

अभ्यास प्रश्न (Practice Questions)

1. $(12.25)^2-\sqrt{625}=?$
(a) 235.1625 (b) 125.0625
(c) 375.2625 (d) 465.3625

2. $22440\div\sqrt{?}=34\times12$
(a) 55 (b) 3136
(c) 65 (d) 3025

3. $3402\div?=\sqrt{26244}$
(a) 162 (b) 21
(c) 441 (d) 42

4. $\sqrt{571536}\div42\times?=5850$
(a) 420 (b) 240
(c) 315 (d) 325

5. $2432\div?=\sqrt{23104}$
(a) 12 (b) 14
(c) 18 (d) 16

6. यदि $\sqrt{4096}=64$ है, तो $\sqrt{40.96}+\sqrt{0.4096}+\sqrt{0.004096}+\sqrt{0.00004096}$ का दो दशमलव स्थानों तक मान है:-
(a) 7.09 (b) 7.10
(c)7.11 (d) 7.12

7. $\frac{\sqrt{0.00001225}}{0.00005329}$ बराबर है।
(a) $\frac{25}{77}$ (b) $\frac{35}{73}$
(c) $2\frac{9}{10}$ (d) $\frac{25}{73}$

8. $\sqrt{\frac{0.49}{0.25}}+\sqrt{\frac{0.81}{0.36}}$ बराबर है:-
(a) $7\frac{9}{10}$ (b) $\frac{9}{10}$
(c) $2\frac{9}{10}$ (d) $4\frac{9}{10}$

9. वह संख्या जिसका वर्ग 75.15 और 60.12 के वर्गों के अन्तर के बराबर है, क्या होगी
(a) 46.09 (b) 48.09
(c) 45.09 (d) 47.09

10. 100 से कम किसी घनात्मक संख्या का वर्गमूल जिन संख्याओं के बीच होता है वे हैं:-
(a) 0 और 10 (b) 0 और −10
(c) −10 और 10 (d) −100 और 100

11. किस संख्या के वर्गमूल $\frac{1}{3}$ का भाग 0.001 है?
(a) 0.0009 (b) 0.000001
(c) 0.00009 (d) उपर्युक्त में से कोई नहीं

12. $(272)^2-(128)^2$ का वर्गमूल ज्ञात करें?
(a) 256 (b) 200
(c) 240 (d) 144

13. वह छोटी-से-छोटी संख्या जिसे 680621 में जोड़ने पर योग एक पूर्ण वर्ग बन जाता है, निम्न है:-
(a) 4 (b) 5
(c) 6 (d) 8

14. वह छोटी-से-छोटी संख्या जिसे 63520 में से घटाने पर एक पूर्ण वर्ग प्राप्त हो, निम्न है।
(a) 16 (b) 20
(c) 24 (d) 30

15. किसी प्राकृत संख्या के वर्ग के तिगुने में से उस संख्या के चार गुने को घटाने पर प्राप्त संख्या उस प्राकृत संख्या से 50 अधिक है, तो वह संख्या है।

(a) 4 (b) 5
(c) 10 (d) 6

16. 1008 को किस एक अंक वाली संख्या से विभाजित किया जाए कि भागफल एक पूर्ण वर्ग संख्या बन जाए?

(a) 9 (b) 4
(c) 8 (d) 7

17. दो संख्याओं के वर्गों का योग 386 है। यदि एक संख्या 5 है, तो दूसरी संख्या क्या होगी?

(a) 18 (b) 19
(c) 15 (d) 20

18. यदि दो संख्याओं का योग 3 हो और उनके वर्गों का योग 12 हो, तो उनका गुणनफल कितना होगा?

(a) $\frac{3}{2}$ (b) $\frac{2}{3}$
(c) $\frac{-3}{2}$ (d) $\frac{-2}{3}$

19. तीन क्रमिक पूर्णाकों के वर्गों को योग 2030 हो, तो बीच का पूर्णाक क्या होगा?

(a) 25 (b) 26
(c) 27 (d) 28

20. दो घनात्मक संख्याओं के वर्गों का योग 100 है तथा उनके वर्गों का अंतर 28 है, इन संख्याओं का योग ज्ञात करें:-

(a) 12 (b) 13
(c) 14 (d) 15

21. दो घनात्मक संख्याओं का अन्तर 3 है, यदि उनके वर्गों का योग 369 हो, तो उन संख्याओं का योग है:-

(a) 81 (b) 33
(c) 27 (d) 25

22. उन दो क्रमागत सम संख्याओं का योग क्या है जिनके वर्गों का अन्तर 84 है?

(a) 38 (b) 34
(c) 42 (d) 46

23. $\frac{(0.75)^2}{(1.075)^2}+(0.75)^2+1)$ का वर्गमूल है:-

(a) 4 (b) 3
(c) 2 (d) 1

24. $\frac{0.342\times0.684}{0.000342\times0.000171}$ का वर्गमूल है:-

(a) 250 (b) 2500
(c) 2000 (d) 4000

25. किसी पिकनिक पार्टी के प्रत्येक सदस्य ने उतने रुपयों के दोगुने रुपये दिए जितने कि कुल सदस्य थे और इस प्रकार कुल 3042 रुपये एकत्रित हुए तो उस पार्टी में उपस्थित सदस्यों की संख्या थी?

(a) 2 (b) 32
(c) 40 (d) 39

26. एक व्यक्ति अपने बाग में 5184 संतरों के पेड़ लगाता है तथा उन्हें इस प्रकार व्यवस्थित करता है कि बाग में उतनी ही पंक्तियाँ रहें जितने एक पंक्ति में पेड़ हैं बाग में कितनी पंक्तियाँ हैं?

(a) 70 (b) 72
(c) 75 (d) 81

27. कुछ लड़कों ने अकाल राहत फंड के लिए 400 रुपये एकत्रित किए प्रत्येक लड़के ने 25 पैसे के उतने सिक्के दिए जितने कि लड़के थे तो लड़कों की क्या संख्या थी?

(a) 40 (b) 16
(c) 20 (d) 100

28. $(3^{25}+3^{26}+3^{27}+3^{28})$ निम्न में से किस संख्या से विभाजित होगा?

(a) 11 (b) 16
(c) 25 (d) 30

29. यदि $\sqrt{2}=1.414$ यदि $\frac{\sqrt{2}-1}{\sqrt{2}+1}$ का मान निम्न के निकटतम है:-

(a) 0.172 (b) 0.414
(c) 0.586 (d) 1.414

30. $\sqrt{110\frac{1}{4}}$ बराबर है:-

(a) 12.0 (b) 11.5
(c) 11.0 (d) 10.5

उत्तरमाला (Answer Key)

1. (b)	2. (d)	3. (b)	4. (d)	5. (d)	6. (c)	7. (b)	8. (c)
9. (c)	10. (c)	11. (d)	12. (c)	13. (a)	14. (a)	15. (b)	16. (d)
17. (b)	18. (c)	19. (b)	20. (c)	21. (c)	22. (c)	23. (c)	24. (c)
25. (d)	26. (b)	27. (a)	28. (d)	29. (a)	30. (d)		

हल (Solutions)

1. (b)

$? = (12.25)^2 - \sqrt{625}$

$= (12.25)^2 - 25$

$= 150.0625 - 25$

$= 125.0625$

2. (d)

$22440 \div \sqrt{?} = 34 \times 12$

$\Rightarrow \dfrac{22440}{\sqrt{?}} = 34 \times 12$

$\sqrt{?} = \dfrac{22440}{34 \times 12} = 55$

$\therefore \quad \sqrt{?} = 55 \times 55 = 3025$

3. (b)

$\sqrt{3402} \div ? = \sqrt{26244}$

$= \dfrac{3402}{?} = 162$

$\therefore ? = \dfrac{3402}{162} = 21$

4. (d)

$\sqrt{571536} \div 42 \times ? = 5850$

$\Rightarrow 765 \div 42 \times ? = 5850$

$18 \times ? = 5850$

$? = \dfrac{5850}{18} = 325$

5. (d)

$? = 74 + 12 \times 0.75 - 6$

$= 74 + 9 - 6$

$= 77$

6. (c)

$\sqrt{40.96} + \sqrt{0.4096} + \sqrt{0.004096} + \sqrt{0.00004096}$

$6.4 + 0.64 + 0.064 + 0.0064$

$= 7.1104 = 7.11$

7. (b)

$\sqrt{\dfrac{0.00001225}{0.00005329}} = \sqrt{\dfrac{1225}{5329}}$

$= \dfrac{35}{73}$

8. (c)

व्यंजक $= \dfrac{0.7}{0.5} + \dfrac{0.9}{0.6}$

$= \dfrac{7}{5} + \dfrac{3}{2}$

$= \dfrac{24}{10} = 2\dfrac{9}{10}$

9. (c)

माना संख्या x है, तब

$x^2 = 75.15^2 - 60.12^2$

$= (75.15 + 60.12)(75.15 - 60.12)$

$= (135.27)(15.03)$

$= 2033.1081$

$\therefore x = \sqrt{2033.1081}$

$= 45.09$

10. (c)

100 का वर्गमूल $= \pm\sqrt{100} = \pm 10$

100 से कम किसी धनात्मक संख्या का वर्गमूल -10 और $+10$ के बीच होगा।

11. (d)

माना कि संख्या x है।

$\therefore \sqrt{x}$ का $\dfrac{1}{3} = 0.001$

या $\sqrt{x} = 0.001 \times 3 = 0.003$

$\therefore x = (0.003)^2$

$= 0.000009$

12. (c)

$(272^2 - 128^2)$

$(272 + 128)(272 - 128)$

(400×144) का वर्गमूल

$20 \times 12 = 240$

13. (a)

वर्गमूल लेने पर ज्ञात होता है कि

$(824)^2 < 680621 < 825^2$

अत: अभीष्ट संख्या

$(825)^2 - 680621$

$= 680625 - 680621$

$= 4$

14. (a)

$\sqrt{63520} = 252.03 = 252^2 = 63504 - 63520 = 16$

15. (b)

माना प्राकृत संख्या x है तब

$x^2 \times 3 - 4x = x + 50$

$3x^2 - 4x - x - 50 = 0$

$3x^2 - 5x - 50 = 0$

$3x^2 - 15x + 10x - 50 = 0$

$3x(x-5) + 10(x-5) = 0$

$(x-5)(3x+10) = 0$

$x-5=0$

$x=5$

तथा $3x+10=0$

$x=\frac{-10}{3}$ (प्राकृत संख्या नहीं है)

अत: अभीष्ट संख्या $x=5$

16. (d)

$1008=2\times2\times2\times2\times3\times3\times7$

यहाँ गुणनखण्ड 7 का जोड़ा नहीं बन रहा है।

अत: 7 से भाग देना पड़ेगा।

17. (b)

माना दूसरी संख्या x है, तब

$x^2+5^2=386$

$x^2=386-25$

$x^2=361$

$\therefore x=\sqrt{361}$

$x=19$

18. (c)

माना कि संख्याएँ x और y है,

$\therefore\ x+y=3$

$x^2+y^2=12$

$(x+y)^2=x^2+y^2+2xy$

$3^2=12^2+2xy$

$2xy=-3$

$\therefore$ अभीष्ट गुणनफल $=xy\Rightarrow-\frac{3}{2}$

19. (b)

माना तीन क्रमिक पूर्णांक $x,(x+1)$ तथा $(x+2)$ हैं।

$\therefore x^2+(x+1)^2+(x+2)^2=2030$

या $3x^2+6x+5-2030=0$

$3x^2+6x-2025=0$

$x^2+2x-675=0$

$x^2+27x-25x-675=0$

$x(x+27)-25(x+27)=0$

$(x+27)(x-25)=0$

$x=25$ या -27 के बीच का पूर्णांक $=25+1=26$

20. (c)

माना संख्याएँ a व b हैं तब

$a^2+b^2=100$...............*i*)

तथा $a^2-b^2=28$.............*ii*)

$\therefore\ 2a^2=128$

$a^2=64$

$a=8$

$b^2=100-64=36$

$b=6$

अभीष्ट योग $=8+6=14$

21. (c)

माना एक संख्या x तब दूसरी संख्या $x+3$

$x^2+(x+3)^2=369$

$x^2+x^2+9+6x=369$

$2x^2+6x-360=0$

$x^2+3x-180=0$

$x^2+15x-12x-180=0$

$x(x+15)-12(x+15)=0$

$(x+15)(x-12)=0$

$x=-15$ तथा 12

चूँकि विकल्पों में घनात्मक मान हैं।

अत: $x=12$

तब दोनों संख्याओं का योग $\varnothing x\quad x\quad 3$

$=12+12+3=27$

22. (c)

माना दो क्रमागत सम संख्याएँ x व $x+2$ है

$2x+2=?$

जबकि $(x+2)^2-x^2=84$

$x^2+4+4x-x^2=84$

$\therefore\ x+1=\frac{84}{4}\Rightarrow21$

$x=20$

अभीष्ट योग $=x+x+2$

$=20+20+2=42$

23 . (c)

$$\left[\frac{(0.75)^3}{1-0.75}+\left\{0.75+(0.75)^2+1\right\}\right]^{\frac{1}{2}}$$

$$\left[\frac{(0.75)^3}{0.25}+\left\{0.75+0.5625+1\right\}\right]^{\frac{1}{2}}$$

$$[1.6875+2.3125]^{\frac{1}{2}}$$

$$=(4)^{\frac{1}{2}}=2$$

24. (c)

$$\sqrt{\frac{0.342\times0.684}{0.000342\times0.000171}}$$

$$=\sqrt{\frac{342000\times684000}{342\times171}}$$

$$=\sqrt{1000\times4000}$$

$$=\sqrt{4000000}$$

25. (d)

माना पार्टी में उपस्थित सदस्यों की संख्या x थी, तब

प्रत्येक सदस्य द्वारा दिए गए रुपए $= 2x$

$\therefore\ x \times 2x = 3042$

$\therefore\ 2x^2 = 3042$

$x^2 = 1521$

$x = 39$

26. (b)

अभीष्ट पंक्तियों की संख्या $= \sqrt{5184} = 72$

27. (a)

400 रुपये में 25 के कुल सिक्के $400 \times \frac{100}{25}$

$= 1600$ सिक्के

$\therefore$ प्रत्येक लड़के द्वारा दिए गए सिक्कों की संख्या $= \sqrt{1600}$

लड़कों की संख्या $= 40$

28. (d)

$3^{25} + 3^{26} + 3^{27} + 3^{28}$

$3^{24}(3^1 + 3^2 + 3^3 + 3^4)$

$3^{24}(3 + 9 + 27 + 81)$

$3^{24} = 120$

120 3^{24} का गुणनखंड है तथा 120, 30 से विभाजित होगा।

29. (a)

$\sqrt{2} = 1.414$

$\frac{\sqrt{2}-1}{\sqrt{2}+1} = \frac{1.414-1}{1.414+1}$

$= \frac{0.414}{2.414} = 0.172$

30. (d)

$\sqrt{110\frac{1}{4}}$

$= \sqrt{\frac{441}{4}}$

$= \frac{21}{2} = 10.5$

घातांक एवं करणी
Indices and Surds

करणी:- वे राशियाँ जिनका निश्चित मान नहीं निकाला जा सके उन्हें करणी कहतें हैं।

जैसे:- $\sqrt{2}, \sqrt{3}$

माना x एक परिमेय संख्या है तथा y एक धन पूर्णांक है। तब, यदि x का y वॉं मूल $x^{\frac{1}{y}}$ अर्थात $\sqrt[y]{x}$ एक अपरिमेय राशि हो, तो $\sqrt[y]{x}$ को y घात करणी कहा जाएगा।

जैसे:-

$\sqrt{2} = 2^{\frac{1}{2}}$ एक द्वितीय घात की करणी है।

$\sqrt[5]{5} = 5^{\frac{1}{5}}$ एक करणी है, जिसकी घात है।

करणी संबंधित सूत्र:-

1. $\left(\sqrt[n]{a}\right)^n = \left(a^{1/n}\right)^n = a$
2. $\sqrt[n]{ab} = \sqrt[n]{a}\cdot\sqrt[n]{b}$
3. $\sqrt[n]{\frac{a}{b}} = \frac{\sqrt[n]{a}}{\sqrt[n]{b}}$
4. $\left(\sqrt[n]{a}\right)^m = \sqrt[n]{a^m}$
5. $\sqrt[m]{\sqrt[n]{a}} = \sqrt[mn]{a}$

घातांक संबंधित सूत्र:-

1. $a^m \times a^n = a^{m+n}$
2. $\frac{a^m}{a^n} = a^{m-n}$
3. $\left(a^m\right)^n = a^{mn}$
4. $(ab)^n = a^n b^n$
5. $\left(\frac{a}{b}\right)^n = \frac{a^n}{b^n}$
6. $a^0 = 1$

कुछ अन्य सूत्र जिनका प्रयोग प्रस्तुत अध्याय में आपेक्षित है:-

1. $\sqrt{a}\times\sqrt{a} = a$
2. $\sqrt{a}\times\sqrt{b} = \sqrt{ab}$
3. $\sqrt{a^2\times b} = a\sqrt{b}$
4. $\left(\sqrt{a}+\sqrt{b}\right)^2 = a+b+2\sqrt{ab}$
5. $\left(\sqrt{a}-\sqrt{b}\right)^2 = a+b-2\sqrt{ab}$
6. $\left(\sqrt{a}+\sqrt{b}\right)\left(\sqrt{a}-\sqrt{b}\right) = a-b$

कुछ महत्वपूर्ण वर्गमूलो का मान

$\sqrt{2} = 1.41421$ $\qquad$ $\sqrt{5} = 2.23607$

$\sqrt{3} = 1.73205$ $\qquad$ $\sqrt{6} = 2.44949$

उदाहरण (Examples)

1. $$\frac{\sqrt[r]{9^{\left(r+\frac{1}{4}\right)}\sqrt{3\cdot 3^{-r}}}}{3.\sqrt{3^{-r}}} = ?$$

$$\left[\frac{3^{2\left(\frac{4r+1}{4}\right)}\cdot\left(3^{1-r}\right)^{1/2}}{3.\left(3^r\right)^{1/2}}\right]^{\frac{1}{r}}$$

$$= \left[\frac{3^{\left(\frac{4r+1}{2}\right)}\cdot 3^{\left(\frac{1-r}{2}\right)}}{3^{\left(1-\frac{r}{2}\right)}}\right]^{\frac{1}{r}}$$

$$= \left[3^{\frac{4r+1}{2}+\frac{(1-r)}{2}-\frac{(2-r)}{2}}\right]^{\frac{1}{r}}$$

$$= \left[3^{\left(\frac{4r+1+1-r-2+r}{2}\right)}\right]^{\frac{1}{r}}$$

$$= 3^{\left(2r\times\frac{1}{r}\right)} = 3^2 = 9$$

2. $$\frac{\left(x+\frac{1}{y}\right)^a\left(x-\frac{1}{y}\right)^b}{\left(y+\frac{1}{x}\right)^a\left(y-\frac{1}{x}\right)^b} = ?$$

$$\frac{\left(x+\frac{1}{y}\right)^a\left(x-\frac{1}{y}\right)^b}{\left(y+\frac{1}{x}\right)^a\left(y-\frac{1}{x}\right)^b}$$

$$= \frac{\left(\frac{xy+1}{y}\right)^a\left(\frac{xy-1}{y}\right)^b}{\left(\frac{xy+1}{x}\right)^a\left(\frac{xy-1}{x}\right)^b}$$

$$=\frac{\frac{(xy+1)^a}{y^a}\cdot\frac{(xy-1)^b}{y^b}}{\frac{(xy+1)^a}{x^a}\cdot\frac{(xy-1)^b}{x^b}}$$

$$=\frac{(xy+1)^a(xy-1)^b}{y^{(a+b)}}\times\frac{x^{(a+b)}}{(xy+1)^a(xy-1)^b}$$

$$=\left(\frac{x}{y}\right)^{a+b}$$

3. यदि $\sqrt[5]{5}\times 5^3\div 5^{\frac{-3}{2}}=5^{a+2}$

तो a का मान क्या होगा?

$$\frac{\sqrt[5]{5}\times 5^3}{5^{\frac{-3}{2}}}=5^{a+2}$$

$$\frac{5\times 5^{\frac{1}{2}}\times 5^3}{5^{\frac{-3}{2}}}$$

$$5^{a+2}=5^{\left(3+\frac{1}{2}+1+\frac{3}{2}\right)}$$

$$5^{a+2}$$

$$5^6=5^{a+2}$$

$$\therefore a+2=6\Rightarrow a=4$$

4. $\frac{2^{n+4}-2.2^n}{2.2^{n+3}}+2^{-3}=?$

दिया गया व्यंजक

$$=\frac{2^{n+4}-2^{n+1}}{2^{n+4}}+2^{-3}$$

$$=\frac{2^{n+1}\left(2^3-1\right)}{2^{n+4}}+2^{-3}$$

$$=7\times 2^{(n+1)-(n+4)}+2^{-3}$$

$$=7\times 2^{-3}+2^{-3}=2^{-3}(7+1)$$

$$2^{-3}\times 8=2^{-3}\times 2^3$$

$$3^{(-3+3)}=2^0=1$$

5. यदि $\frac{\left(x^3\right)^2\times x^4}{x^{10}}=x^p$ तो p का मान क्या होगा?

$$\frac{\left(x^3\right)^2\times x^4}{x^{10}}=x^p$$

$$\frac{x^6\times x^4}{x^{10}}=x^p$$

$$x^{10-10}=x^p$$

$$p=0$$

6. यदि $\frac{9^n\times 3^2\times\left(3^{\frac{-n}{2}}\right)^{-2}-(27)^n}{3^{3m}\times 2^3}=\frac{1}{27}$ तो (m – n) का मान क्या होगा?

$$\frac{9^n\times 3^2\times\left(3^{\frac{-n}{2}}\right)^{-2}-(27)^n}{3^{3m}\times 2^3}=\frac{1}{27}$$

$$\frac{3^{2n}\times 3^2\times 3^n-3^{3n}}{8\times 3^{3m}}=\frac{1}{3^3}$$

$$\frac{3^{3n+2}-3^{3n}}{8\times 2^{3m}}=\frac{1}{3^3}$$

$$\frac{3^{3n}\left(3^2-1\right)}{8\times 2^{3m}}=3^{-3}$$

$$3^{3n-3m}=3^{-3}$$

$$3n-3m=-3$$

$$m-n=1$$

7. $\frac{1}{1+x^{(b-a)}+x^{(c-a)}}+\frac{1}{1+x^{(a-b)}+x^{(c-b)}}+\frac{1}{1+x^{(b-c)}+x^{(a-c)}}=?$

दिया गया व्यंजक

$$=\frac{1}{1+\frac{x^b}{x^a}+\frac{x^c}{x^a}}+\frac{1}{1+\frac{x^a}{x^b}+\frac{x^c}{x^b}+}+\frac{1}{1+\frac{x^b}{x^c}+\frac{x^a}{x^c}}$$

$$=\frac{x^a}{x^a+x^b+x^c}+\frac{x^b}{x^a+x^b+x^c}+\frac{x^c}{x^a+x^b+x^c}$$

$$=\left(\frac{x^a+x^b+x^c}{x^a+x^b+x^c}\right)=1$$

8. $\left[x^{(b-c)}\right]^{b+c}.\left[x^{(c-a)}\right]^{c+a}.\left[x^{(a-b)}\right]^{a+b}=?$

दिया गया व्यंजक $=x^{(b-c)(b+c)}.x^{(c-a)(c+a)}.x^{(a-b)(a+b)}$

$$x^{\left(b^2-c^2\right)}.x^{\left(c^2-a^2\right)}.x^{\left(a^2-b^2\right)}$$

$$=x^{\left(b^2-c^2+c^2-a^2+a^2-b^2\right)}$$

$$=x^0=1$$

9. $\frac{(0.6)^0-(0.1)^{-1}}{\left(\frac{3}{2^3}\right)^{-1}\cdot\left(\frac{3}{2}\right)^3+\left(-\frac{1}{3}\right)^{-1}}=?$

प्रदत्त व्यंजक $=\frac{1-\left(\frac{1}{10}\right)^{-1}}{\left(\frac{2^3}{3}\right)\cdot\left(\frac{3}{2}\right)^3+(-3)^1}$

$$=\frac{1-10}{\frac{2^3}{3}\times\frac{3^3}{2^3}-3}=\frac{-9}{9-3}=\frac{-9}{6}=\frac{-3}{2}$$

10. यदि $2^x = 4^y = 8^z$ तथा $\left(\frac{1}{2x}+\frac{1}{4y}+\frac{1}{6z}\right)=\frac{24}{7}$ तो z का मान क्यो होगा?

$2x = 3y = 6^{-2} = k$

$2 = k^{1/x}, 3 = k^{1/y}, 6 = k-^{1/z}$

$2\times 3 = 6 \Rightarrow k^{1/x}\times k^{1/y}$

$k^{-1/z} = x^{\left(\frac{1}{x}+\frac{1}{y}\right)=k^{-1/z}}$

$\frac{1}{x}+\frac{1}{y}=-\frac{1}{2}$ अर्थात् $\frac{1}{x}+\frac{1}{y}+\frac{1}{z}=0$

अभ्यास प्रश्न (Practice Questions)

1. $1-\left[\frac{1+\sqrt{3}}{2}-\frac{1}{\sqrt{3}+1}\right]$ बराबर है।

(a) $\sqrt{3}$ (b) 1
(c) $2\sqrt{3}$ (d) 0

2. यदि a = 2.5, b = 3.5, c = 4
तथा $s=\frac{a+b+c}{2}$ हो तो $\sqrt{s(s-a)(s-b)(s-c)}$ का मान होगा–

(a) $\frac{15}{2}$ (b) $\frac{\sqrt{15}}{2}$
(c) $\frac{5\sqrt{3}}{2}$ (d) $\frac{\sqrt{15}}{2}$

3. अगर $\sqrt{5}=2.24$ तो $\frac{3\sqrt{5}}{2\sqrt{5}-0.48}$ का मान क्या होगा?

(a) 0.168 (b) 1.68
(c) 16.8 (d) 168

4. $\left(\sqrt{2}+\sqrt{7-2\sqrt{10}}\right)$ बराबर होगा–

(a) $\sqrt{2}$ (b) $\sqrt{7}$
(c) $\sqrt{5}$ (d) $2\sqrt{5}$

5. दिया गया है कि $\sqrt{5}=2.236$ तथा $\sqrt{3}=1.732$ तब $\frac{1}{\sqrt{5}+\sqrt{3}}$ का मान होगा–

(a) 0.504 (b) 0.252
(c) 0.362 (d) 0.372

6. जब $\sqrt{3}$= 1.732 तो $\left(\sqrt{147}-\frac{1}{4}\sqrt{48}-\sqrt{75}\right)=?$

(a) 5.196 (b) 3.464
(c) 1.732 (d) 0.866

7. यदि $x^{x\sqrt{x}}=\left(x\sqrt{x}\right)^x$ हो तो $x=?$

(a) $\frac{4}{9}$ (b) $\frac{2}{3}$
(c) $\frac{9}{4}$ (d) $\frac{3}{2}$

8. $\sqrt{8-2\sqrt{15}}$ का मान है:-

(a) $\sqrt{5}+\sqrt{3}$ (b) $5-\sqrt{3}$
(c) $\sqrt{5}-\sqrt{3}$ (d) $3-\sqrt{5}$

9. यदि $\frac{\sqrt{7}-2}{\sqrt{7}+2}=a\sqrt{7}+b$ हो, तो a का मान होगा:-

(a) $\frac{11}{3}$ (b) $-\frac{4}{3}$
(c) $\frac{4}{3}$ (d) $-\frac{4\sqrt{7}}{4}$

10. यदि $\frac{\sqrt{2}\left(2+\sqrt{3}\right)}{\sqrt{3}\left(\sqrt{3}+1\right)}\times\frac{\sqrt{2}\left(2-\sqrt{3}\right)}{\sqrt{3}\left(\sqrt{3}-1\right)}$ बराबर है:-

(a) $\frac{1}{3}$ (b) $\frac{2}{3}$
(c) $\frac{\sqrt{2}}{3}$ (d) $3\sqrt{2}$

11. $3+\frac{1}{\sqrt{3}}+\frac{1}{3+\sqrt{3}}+\frac{1}{\sqrt{3}-3}$ का मान कितना है:-

(a) $3+\sqrt{3}$ (b) 3
(c) 1 (d) 0

12. यदि $a=0.1039$ हो तो $\sqrt{4a^2-4a+1}+3a$ का मान है।

(a) 0.1039 (b) 0.2078
(c) 1.1039 (d) 2.1039

13. यदि $\frac{\sqrt{3+x}+\sqrt{3-x}}{\sqrt{3+x}+\sqrt{3-x}}=2$ हो, तो x बराबर होगा।

(a) $\frac{5}{12}$ (b) $\frac{12}{5}$
(c) $\frac{5}{7}$ (d) $\frac{7}{5}$

14. यदि $1<x<2$ हो, तो $\sqrt{(x-1)^2}+\sqrt{(x-3)^2}$ का मान है।

(a) 1 (b) 2
(c) 3 (d) $2x-4$

15. $\left[3\sqrt{2}\times\sqrt{2}\times3\sqrt{3}\times\sqrt{3}\right]=?$

(a) 6^5 (b) $6^{5/6}$
(c) 6 (d) इनमें से कोई नहीं

16. $\sqrt[3]{(4.032)^2-(3.968)^2}=?$

(a) 1 (b) 0.08

(c) $\frac{4}{5}$ (d) 1.6

17. $\left(\frac{2+\sqrt{3}}{2-\sqrt{3}}+\frac{2-\sqrt{3}}{2+\sqrt{3}}+\frac{\sqrt{3}-1}{\sqrt{3}+1}\right)$ को सरलीकृत कीजिए:-

(a) $2-\sqrt{3}$ (b) $2+\sqrt{3}$

(c) $16-\sqrt{3}$ (d) $4-\sqrt{3}$

18. यदि $a=\sqrt{8}-\sqrt{7}, b=\sqrt{7}-\sqrt{6}$ तथा $c=\sqrt{6}-\sqrt{5}$ हो तो निम्नलिखित में कौन सा विकल्प सत्य है?

(a) $a>b>c$ (b) $a<b<c$

(c) $b<a<c$ (d) $a<c<b$

19. सरल करें:-

$\left[\sqrt[3]{\sqrt[6]{5^9}}\right]^4\left[\sqrt[6]{\sqrt[3]{5^9}}\right]^4$

(a) 5^2 (b) 5^8

(c) 5^4 (d) 5^{12}

20. यदि $x=7-4\sqrt{3}$, तो $\left(x+\frac{1}{x}\right)$ का मान बताइए:-

(a) $3\sqrt{3}$ (b) $8\sqrt{3}$

(c) $14+8\sqrt{3}$ (d) 14

21. यदि $p=999$ हो, तो $\sqrt[3]{p\left(p^2+3p+3\right)+1}$ का मान है:-

(a) 1000 (b) 999

(c) 998 (d) 1002

22. यदि $p=124$ हो, तो $\sqrt[3]{p\left(p^2+3p+3\right)+1}=?$

(a) 5 (b) 7

(c) 123 (d) 125

23. $\left(\frac{1+\sqrt{2}}{\sqrt{5}+\sqrt{3}}+\frac{1-\sqrt{2}}{\sqrt{5}-\sqrt{3}}\right)$ को सरल कीजिए:-

(a) $\sqrt{5}+\sqrt{6}$ (b) $2\sqrt{5}+\sqrt{6}$

(c) $\sqrt{5}-\sqrt{6}$ (d) $2\sqrt{5}-3\sqrt{6}$

24. $\left(\frac{\sqrt{5}+\sqrt{3}}{\sqrt{5}-\sqrt{3}}\right)^2+\left(\frac{\sqrt{5}-\sqrt{3}}{\sqrt{5}+\sqrt{3}}\right)^2$ का मान बताइए:-

(a) 64 (b) 62

(c) 66 (d) 152

25. $3\sqrt{7}-4\sqrt{5}$ से $5\sqrt{7}-2\sqrt{7}$ कितना अधिक है?

(a) $5\left(\sqrt{7}+\sqrt{5}\right)$ (b) $\sqrt{7}+\sqrt{5}$

(c) $2\left(\sqrt{7}+\sqrt{5}\right)$ (d) $7\sqrt{2}+\sqrt{5}$

26. यदि $x=\frac{\sqrt{3}+1}{\sqrt{3}-1}$ और $y=\frac{\sqrt{3}-1}{\sqrt{3}+1}$ तो x^2+y^2 का मान है:-

(a) 14 (b) 13

(c) 15 (d) 10

27. यदि $\frac{4\sqrt{3}+5\sqrt{2}}{\sqrt{48}+\sqrt{18}}=a+b\sqrt{6}$, तब a तथा b का निम्न में कौन से होंगे?

(a) $\frac{9}{15},-\frac{4}{15}$ (b) $\frac{3}{11},\frac{4}{33}$

(c) $\frac{9}{10},\frac{2}{5}$ (d) $\frac{3}{5},\frac{4}{15}$

28. $\left(\sqrt{8}-\sqrt{4}-\sqrt{2}\right)$ का मान बताइए:-

(a) $2-\sqrt{2}$ (b) $\sqrt{2}-2$

(c) 2 (d) -2

29. $0.7+\sqrt{0.16}, 1.02-\frac{0.6}{24}, 1.2\times0.83$ तथा $\sqrt{1.44}$ में सबसे बड़ी संख्या है:-

(a) $0.7+\sqrt{0.16}$ (b) $\sqrt{1.44}$

(c) 1.2×0.83 (d) $1.02-\frac{0.6}{24}$

30. $\frac{3\sqrt{8}}{16}\sqrt{\frac{100}{49}}\times3\sqrt{125}$ बराबर है:-

(a) 7 (b) $1\frac{3}{4}$

(c) $\frac{7}{100}$ (d) $\frac{4}{7}$

31. $\left(\sqrt{72}-\sqrt{18}\right)\div\sqrt{12}$ बराबर होगा:-

(a) $\sqrt{6}$ (b) $\frac{\sqrt{3}}{2}$

(c) $\frac{\sqrt{2}}{3}$ (d) $\frac{\sqrt{6}}{2}$

उत्तरमाला (Answer Key)

1. (d)	2. (c)	3. (b)	4. (c)	5. (b)	6. (c)	7. (c)	8. (c)
9. (b)	10. (a)	11. (b)	12. (c)	13. (b)	14. (d)	15. (b)	16. (c)
17. (c)	18. (b)	19. (c)	20. (d)	21. (a)	22. (d)	23. (c)	24. (b)
25. (c)	26. (a)	27. (d)	28. (b)	29. (b)	30. (b)	31. (d)	

हल (Solutions)

1. (d)

$$1-\left[\frac{1+\sqrt{3}}{2}-\frac{1}{\sqrt{3}+1}\right]$$
$$=1-\left[\frac{\left(1+\sqrt{3}\right)^2-2}{2\left(\sqrt{3}+1\right)}\right]$$
$$=\left[\frac{1^2+3+2\sqrt{3}-2}{2\sqrt{3}+2}\right]$$
$$=1-\left(\frac{2+2\sqrt{3}}{2+2\sqrt{3}}\right)$$
$$=1-1$$
$$=0$$

2. (c)

a = 2.5, b = 3.5 तथा c = 4

$$\because s=\frac{a+b+c}{2}$$
$$=\frac{2.5+3.5+4.0}{2}$$
$$=5$$

अब,

$$\sqrt{s(s-a)(s-b)(s-c)}$$
$$\sqrt{5(5-2.5)(5-3.5)(5-4.0)}$$
$$\sqrt{5\times2.5\times1.5\times1}$$
$$\sqrt{5\times\frac{5}{2}\times\frac{3}{2}}$$
$$=\frac{5\sqrt{3}}{2}$$

3. (b)

$$\frac{3\sqrt{5}}{2\sqrt{5}-0.48}$$
$$=\frac{3\times2.24}{2\times2.24-0.48}$$
$$=\frac{6.72}{4.00}$$
$$=1.68$$

4. (c)

$$\sqrt{2}+\sqrt{7-2\sqrt{10}}$$
$$=\sqrt{2}+\sqrt{\left(\sqrt{5}\right)^2+\left(\sqrt{2}\right)^2-2\sqrt{5\times2}}$$
$$=\sqrt{2}+\sqrt{\left(\sqrt{5}-\sqrt{2}\right)^2}$$
$$=\sqrt{2}+\sqrt{5}-\sqrt{2}$$
$$=\sqrt{5}$$

5. (b)

$\frac{1}{\sqrt{5}+\sqrt{3}}\times\frac{\sqrt{5}-\sqrt{3}}{\sqrt{5}-\sqrt{3}}$ (अंश और हर में $\sqrt{5}-\sqrt{3}$ से गुणा करने पर)

$$\frac{\sqrt{5}-\sqrt{3}}{5-3}$$

$=\frac{2.236-1-732}{2}$ ($\sqrt{5}$ तथा $\sqrt{3}$ मान रखने पर)

$$=\frac{0.504}{2}=0.252$$

6. (c)

$$\left(\sqrt{147}-\frac{1}{4}\sqrt{48}-\sqrt{75}\right)$$
$$\left(7\sqrt{3}-\frac{1}{4}4\sqrt{3}-5\sqrt{3}\right)$$
$$=7\sqrt{3}-\sqrt{3}-5\sqrt{3}$$
$$=\sqrt{3}(7-1-5)$$
$$=\sqrt{3}\times1$$
$$=1.732\times1=1.732$$

7. (c)

$$x^{x\sqrt{x}}=\left(x\sqrt{x}\right)^x$$
$$x^{x.x^{1/2}}=\left(x^{3/2}\right)^x$$
$$x^{3/2}=x^{3/2+x}$$

घतांकों की तुलना से

$$x^{3/2} = \frac{3}{2} + x$$

$$x^{3/2} - x = \frac{3}{2}$$

$$x^{1/2} = \frac{3}{2}$$

$$\sqrt{x} = \frac{3}{2}$$

$$x = \left(\frac{3}{2}\right)^2 = \frac{9}{4}$$

8. (c)

$$\sqrt{8-2\sqrt{15}}$$

$$= \sqrt{5+3-2\sqrt{5}\times\sqrt{3}}$$

$$= \sqrt{\left(\sqrt{5}\right)^2 + \left(\sqrt{3}\right)^2 - 2\sqrt{5}\sqrt{3}}$$

$$= \sqrt{\left(\sqrt{5}-\sqrt{3}\right)^2}$$

$$= \sqrt{5} - \sqrt{3}$$

9. (b)

$$\frac{\sqrt{7}-2}{\sqrt{7}+2} = \frac{\sqrt{7}-2}{\sqrt{7}+2} \times \frac{\sqrt{7}-2}{\sqrt{7}-2}$$

अंश और हर में $\sqrt{7}-2$ से गुणा करने पर

$$\frac{\left(\sqrt{7}-2\right)^2}{7-4} = \frac{7+4-4\sqrt{7}}{3}$$

$$= \frac{11}{3} - \frac{4\sqrt{7}}{3}$$

$$\frac{11}{3} - \frac{4\sqrt{7}}{3} = a\sqrt{7} + b$$

$$\left[\because \frac{\sqrt{7}-2}{\sqrt{7}-2} = a\sqrt{7} + b\right]$$

अतः $a = -\frac{4}{3}, b = \frac{11}{3}$

10. (a)

$$\frac{\sqrt{2}\left(2+\sqrt{3}\right)}{\sqrt{3}\left(\sqrt{3}+1\right)} \times \frac{\sqrt{2}\left(2-\sqrt{3}\right)}{\sqrt{3}\left(\sqrt{3}-1\right)}$$

$$\frac{2\sqrt{2}+\sqrt{6}}{3+\sqrt{3}} \times \frac{2\sqrt{2}-\sqrt{6}}{3-\sqrt{3}}$$

$$= \frac{8-2\sqrt{12}+2\sqrt{12}-6}{9-3\sqrt{3}+3\sqrt{3}-3}$$

$$= \frac{2}{6}$$

$$= \frac{1}{3}$$

11. (b)

$$\frac{1}{\sqrt{3}} \times \frac{\sqrt{3}}{\sqrt{3}} = \frac{\sqrt{3}}{3}$$

$$\frac{1}{3+\sqrt{3}} \times \frac{3-\sqrt{3}}{3-\sqrt{3}} + \frac{1}{\sqrt{3}-3} \times \frac{\sqrt{3}+3}{\sqrt{3}+3}$$

$$= \frac{3-\sqrt{3}}{9-3\sqrt{3}+3\sqrt{3}-3} + \frac{\sqrt{3}+3}{3+3\sqrt{3}-3\sqrt{3}-9}$$

$$\frac{3-\sqrt{3}}{6} + \frac{\sqrt{3}+3}{-6}$$

$$\frac{3-\sqrt{3}}{6} - \frac{\sqrt{3}-3}{6}$$

प्रश्नानुसार

$$3 + \frac{1}{\sqrt{3}} + \frac{1}{\sqrt{3}+3} + \frac{1}{\sqrt{3}-3}$$

$$3 + \frac{\sqrt{3}}{3} + \frac{3-\sqrt{3}}{6} - \frac{\sqrt{3}-3}{6}$$

$$= \frac{18+2\sqrt{3}+3-\sqrt{3}-\sqrt{3}-3}{6}$$

$$= \frac{18}{6} = 3$$

12. (c)

$$\sqrt{4a^2-4a+1} + 3a$$

$$= \sqrt{(2a-1)^2 + 3a}$$

$$= \pm(2a-1) + 3a \quad (-ve \text{ मान लेने पर})$$

$$= -2a + 1 + 3a$$

$$= a + 1$$

$$= 0.1039 + 1 \quad (a \text{ का मान रखने पर})$$

$$= 1.1039$$

13. (b)

$$\frac{\sqrt{3+x}+\sqrt{3-x}}{\sqrt{3+x}-\sqrt{3-x}} = 2$$

अंश और हर में $\sqrt{3+x}+\sqrt{3-x}$ से गुणा करने पर

$$\frac{\sqrt{3+x}+\sqrt{3-x}}{\sqrt{3+x}-\sqrt{3-x}} \times \frac{\sqrt{3+x}+\sqrt{3-x}}{\sqrt{3+x}+\sqrt{3-x}} = 2$$

$$\frac{\left(\sqrt{3+x}+\sqrt{3-x}\right)^2}{\left(\sqrt{3+x}+\sqrt{3-x}\right)^2} = 2$$

$$\frac{3+x+3-x+2\sqrt{3+x}+\sqrt{3-x}}{3+x-(3-x)} = 2$$

$$\frac{6+2\sqrt{(3+x)(3-x)}}{3+x-3+x} = 2$$

$$\frac{6+2\sqrt{\left(9-x^2\right)}}{2x} = 2$$

$$2\left(3+\sqrt{9-x^2}\right)=4x$$
$$3+\sqrt{9-x^2}=2x$$
$$\sqrt{9-x^2}=2x-3$$
$$9-x^2=4x^2+9-12x$$
$$5x^2=12x$$
$$x=\frac{12}{5}$$

14. (d)

$$\sqrt{(x-1)^2}+\sqrt{(x-3)^2}$$
$$=x-1+x-3$$
$$=2x-4$$

15. (b)

$$\sqrt[3]{2}\times\sqrt{2}\times\sqrt[3]{3}\times\sqrt{3}$$
$$2^{1/3}\times2^{1/2}\times3^{1/3}\times3^{1/2}$$
$$=2^{\frac{1}{3}+\frac{1}{2}}\times3^{\frac{1}{3}+\frac{1}{2}}$$
$$=2^{\frac{5}{6}}\times3^{\frac{5}{6}}$$
$$=6^{\frac{5}{6}}$$

16. (c)

माना $a=4.032$ तथा $b=3.968$

$$=\sqrt[3]{(4.032)^2-(3.968)^2}$$
$$=\sqrt[3]{a^2-b^2}$$
$$=\sqrt[3]{(a+b)(a-b)}$$
$$=\sqrt[3]{(4.032+3.968)(4.032-3.968)}$$
$$=\sqrt[3]{8.000\times.064}$$
$$=2\times0.4$$
$$=0.8$$
$$=\frac{4}{5}$$

17. (c)

$$\left(\frac{2+\sqrt{3}}{2-\sqrt{3}}+\frac{2-\sqrt{3}}{2+\sqrt{3}}+\frac{\sqrt{3}-1}{\sqrt{3}+1}\right)$$
$$\frac{\left(2+\sqrt{3}\right)\left(2+\sqrt{3}\right)}{\left(2-\sqrt{3}\right)\left(2+\sqrt{3}\right)}+\frac{\left(2-\sqrt{3}\right)\left(2-\sqrt{3}\right)}{\left(2+\sqrt{3}\right)\left(2-\sqrt{3}\right)}$$
$$+\frac{\left(\sqrt{3}+1\right)\left(\sqrt{3}-1\right)}{\left(\sqrt{3}+1\right)\left(\sqrt{3}-1\right)}$$
$$=\frac{4+3+4\sqrt{3}}{4-3}+\frac{4+3-4\sqrt{3}}{4-3}+\frac{3+1-2\sqrt{3}}{3-1}$$
$$=7+4\sqrt{3}+7-4\sqrt{3}+\frac{4-2\sqrt{3}}{2}$$
$$=14+2-\sqrt{3}\Rightarrow16-\sqrt{3}$$

18. (b)

$$a=\sqrt{8}-\sqrt{7}$$
$$=2.82-2.64$$
$$=0.18$$
$$b=\sqrt{7}-\sqrt{6}$$
$$=2.64-2.45$$
$$=0.19$$
$$c=\sqrt{6}-\sqrt{5}$$
$$=2.45-2.24$$
$$=0.21$$
$$\sqrt{8}-\sqrt{7}<\sqrt{7}-\sqrt{6}<\sqrt{6}-\sqrt{5}$$
$$\therefore a<b<c$$

19. (c)

$$\text{व्यंजक}=\left[\left\{\left(5^9\right)^{1/6}\right\}^{1/3}\right]^4\left[\left\{\left(5^9\right)^{1/3}\right\}^{1/6}\right]^4$$
$$5^{\left(9\times\frac{1}{6}\times\frac{1}{3}\times4\right)}\times5^{\left(9\times\frac{1}{3}\times\frac{1}{6}\times4\right)}$$
$$=5^2\times5^2=5^4$$

20. (d)

प्रश्नानुसार,

$$x+\frac{1}{x}=\frac{x^2+1}{x}$$
$$\frac{\left(7-4\sqrt{3}\right)^2+1}{7-4\sqrt{3}}$$
$$\frac{49+48-56\sqrt{3}+1}{7-4\sqrt{3}}$$
$$\frac{98-56\sqrt{3}}{7-4\sqrt{3}}=\frac{14\left(7-4\sqrt{3}\right)}{7-4\sqrt{3}}=14$$

21. (a)

$$p=999$$
$$\sqrt[3]{p\left(p^2+3p+3\right)+1}$$
$$\sqrt[3]{p^3+3p^2+3p+1}$$
$$\sqrt[3]{(p+1)^3}$$
$$p+1=999+1$$
$$=1000$$

22. (d)

प्रश्न से, $p=124$

$$\sqrt[3]{p\left(p^2+3p+3\right)+1}$$

$=\sqrt[3]{124(124\times124+3\times124+3)+1}$ (P का मान रखने पर)

$$=\sqrt[3]{124(15376+375)+1}$$
$$=\sqrt[3]{124\times15751+1}$$
$$=\sqrt[3]{1953125}=125$$

23. (c)

$$\left(\frac{1+\sqrt{2}}{\sqrt{5}+\sqrt{3}}+\frac{1-\sqrt{2}}{\sqrt{5}-\sqrt{3}}\right)$$

$$=\frac{(1+\sqrt{2})(\sqrt{5}-\sqrt{3})+(1-\sqrt{2})(\sqrt{5}+\sqrt{3})}{(\sqrt{5}+\sqrt{3})(\sqrt{5}-\sqrt{3})}$$

$$=\frac{\sqrt{5}-\sqrt{3}+\sqrt{10}-\sqrt{6}+\sqrt{5}+\sqrt{3}-\sqrt{10}-\sqrt{6}}{5-3}$$

$$=\frac{2\sqrt{5}-2\sqrt{6}}{2}$$

$$=\frac{2(\sqrt{5}-\sqrt{6})}{2}=\sqrt{5}-\sqrt{6}$$

24. (b)

$$=\left(\frac{\sqrt{5}+\sqrt{3}}{\sqrt{5}-\sqrt{3}}\right)^2+\left(\frac{\sqrt{5}-\sqrt{3}}{\sqrt{5}+\sqrt{3}}\right)^2$$

$$=(4+\sqrt{15})^2+(4-\sqrt{15})^2$$

$$=16+15+8\sqrt{15}+16+15-8\sqrt{15}$$

$$=62$$

25. (c)

$$(5\sqrt{7}-2\sqrt{5})-(3\sqrt{7}-4\sqrt{5})$$

$$5\sqrt{7}-2\sqrt{5}-3\sqrt{7}+4\sqrt{5}$$

$$=\sqrt{7}(5-3)+\sqrt{5}(4-2)$$

$$=2\sqrt{7}+2\sqrt{5}$$

$$=2(\sqrt{7}+\sqrt{5})$$

26. (a)

$$(x^2+y^2)=\left(\frac{\sqrt{3}+1}{\sqrt{3}-1}\right)^2+\left(\frac{\sqrt{3}-1}{\sqrt{3}+1}\right)^2$$

$$\frac{3+1+2\sqrt{3}}{3+1-2\sqrt{3}}+\frac{3+1-2\sqrt{3}}{3+1+2\sqrt{3}}$$

$$\frac{4+2\sqrt{3}}{4-2\sqrt{3}}+\frac{4-2\sqrt{3}}{4+2\sqrt{3}}$$

$$\frac{2+\sqrt{3}}{2-\sqrt{3}}+\frac{2-\sqrt{3}}{2+\sqrt{3}}$$

$$\frac{4+3+4\sqrt{3}+4+3-4\sqrt{3}}{4-3}=14$$

27. (d)

$$\frac{4\sqrt{3}+5\sqrt{2}}{\sqrt{48}+\sqrt{18}}$$

$$\frac{4\sqrt{3}+5\sqrt{2}}{4\sqrt{3}+3\sqrt{2}}\times\frac{4\sqrt{3}-3\sqrt{2}}{4\sqrt{3}-3\sqrt{2}}$$

$$\frac{16\times3-12\sqrt{6}+20\sqrt{6}-15\times2}{16\times3-12\sqrt{6}+12\sqrt{6}-18}$$

$$=\frac{18+8\sqrt{3}}{30}$$

$$=\frac{18}{30}+\frac{8\sqrt{3}}{30}$$

$$\therefore a=\frac{18}{30}=\frac{3}{5}$$

$$b=\frac{8}{30}=\frac{4}{15}$$

28. (b)

$$\sqrt{8}-\sqrt{4}-\sqrt{2}$$

$$=2\sqrt{2}-2-\sqrt{2}=\sqrt{2}-2$$

29. (b)

$$0.7+\sqrt{0.16}=0.7+0.4=1.1$$

$$1.02-\frac{0.6}{24}=1.02-0.025$$

$$=0.995$$

$$1.2\times0.83=0.996$$

$$\sqrt{1.44}=1.2$$

अतः सबसे बड़ी $=\sqrt{1.44}$ संख्या है।

30. (b)

$$\frac{\sqrt[3]{8}}{\sqrt{16}}\div\sqrt{\frac{100}{49}}\times\sqrt[3]{125}=\frac{2}{4}\div\frac{10}{7}\times5$$

$$\frac{2}{4}\times\frac{7}{10}\times5=\frac{7}{4}$$

$$=1\frac{3}{4}$$

31. (d)

$$\frac{\sqrt{72}-\sqrt{18}}{\sqrt{12}}=\frac{6\sqrt{2}-3\sqrt{2}}{2\sqrt{3}}=\frac{3\sqrt{2}}{2\sqrt{3}}$$

$$\frac{3\sqrt{2}}{2\sqrt{3}}\times\frac{\sqrt{3}}{\sqrt{3}}=\frac{3\sqrt{6}}{6}=\frac{\sqrt{6}}{2}$$

सरलीकरण
Simplification

सरलीकरण के प्रश्नों का उत्तर देते समय हमें अंग्रेजी का शब्द BODMAS का अनुसरण करना चाहिए। यहाँ BODMAS का तात्पर्य है:-

B = Bracket, O = of, D = Division, M = Multiplication, A = Addition, S = Subtraction,

दिए गए प्रश्नों का उत्तर देने के लिए हिंदी में निम्न क्रम का अनुसरण करेंगें:-

A) कोष्ठक	B) का
C) भाग	D) गुणा
E) जोड़	F) घटाव

इसके अलावा सरलीकरण के प्रश्नों का उत्तर देने के लिए कुछ महत्वपूर्ण फार्मूलों का अवश्य ध्यान रखना चाहिए:-

$$a^2-b^2=(a+b)(a-b)$$

$$(a+b)^2=a^2+b^2+2ab$$

$$(a-b)^2=a^2+b^2-2ab$$

$$a^3-b^3=(a-b)(a^2+ab+b^2)$$

$$a^3+b^3=(a+b)(a^2-ab+b^2)$$

$$(a+b)^3=a^3+b^3+3ab(a+b)$$

$$(a-b)^3=a^3-b^3-3ab(a-b)$$

$$a^3+b^3+c^3-3abc=(a+b+c)(a^2+b^2+c^2-ab-bc-ca)$$

नोट:- कोष्टक वाले प्रश्नों में सबसे पहले छोटा कोष्टक ( ), उसके बाद मंझला कोष्टक { } और अंत में बड़ा कोष्टक [ ] को हल किया जाता है।

उदाहरण (Examples)

1. सरल करें

$$1\div[1+1\div\{1+1\div(1+1\div 2)\}]$$

a) 1	b) $\frac{5}{8}$
c) 2	d) $\frac{1}{2}$

हल : $1\div[1+1\div\{1+1\div(1+1\div 2)\}]$

$$1\div\left[1+1\div\left\{1+1\div\left(1+\frac{1}{2}\right)\right\}\right]$$

$$=1\div\left[1+1\div\left\{1+1\div\left(\frac{3}{2}\right)\right\}\right]$$

$$=1\div\left[1+1\div\left\{1+1\times\left(\frac{2}{3}\right)\right\}\right]$$

$$=1\div\left[1+1\div\left\{1+\frac{2}{3}\right\}\right]$$

$$=1\div\left[1+\frac{3}{5}\right]=1\div\left[\frac{8}{5}\right]$$

$$=1\times\frac{5}{8}=\frac{5}{8}$$

2. $$\left[\left(1+\frac{1}{10+\frac{1}{10}}\right)\times\left(1+\frac{1}{10+\frac{1}{10}}\right)-\left(1-\frac{1}{10+\frac{1}{10}}\right)\times\left(1-\frac{1}{10+\frac{1}{10}}\right)\right]$$

$$\div\left[\left(1+\frac{1}{10+\frac{1}{10}}\right)+\left(1-\frac{1}{10+\frac{1}{10}}\right)\right]$$

का सरलीकृत मान है।

a) $\frac{100}{101}$	b) $\frac{90}{101}$
c) $\frac{20}{101}$	d) $\frac{101}{100}$

हल :

माना $a = 1+\frac{1}{10+\frac{1}{10}}$, $b = 1-\frac{1}{10+\frac{1}{10}}$

$$\frac{a^2-b^2}{a+b}=\frac{(a+b)(a-b)}{(a+b)}$$

a और b का मान रखने पर

$$1+\frac{1}{10+\frac{1}{10}}-1-\frac{1}{10+\frac{1}{10}}$$

$$=1+\frac{10}{101}-1-\frac{10}{101}$$

$$=\frac{111}{101}-\frac{91}{101}$$

$$=\frac{20}{101}$$

3. सरल करें

$$1+\frac{4}{\frac{\_\_\_\_}{-}}-\frac{1}{}(10\div 2)$$

a) 1 b) 0

c) $-\frac{15}{2}$ d) $-\frac{1}{2}$

हल : $1+\frac{4}{2+\frac{3}{5-\frac{1}{2}}}-\frac{1}{2}(10\div 2)$

$$=1+\frac{4}{2+\frac{2}{3}}-\frac{5}{2}$$

$$=1+\frac{2}{3}-\frac{5}{2}$$

$$=\frac{2+3-5}{2}=0$$

4. $\frac{2}{2+\frac{2}{3+\frac{2}{3+\frac{2}{3}}}}\times 0.39$ का सरलीकृत रूप है।

a) $\frac{1}{3}$ b) 2

c) 6 d) इनमें से कोई नहीं

हल : $\frac{2}{2+\frac{2}{3+\frac{2}{3+\frac{2}{3}}}}\times 0.39$

$$=\frac{2}{2+\frac{2}{3+\frac{2\times 3}{11}}}\times 0.39$$

$$=\frac{}{\frac{2\times 11}{39}}\times 0.39$$

$$=\frac{2}{2+\frac{22}{100}}$$

$$\frac{2\times 100}{222}\Rightarrow\frac{200}{222}\Rightarrow\frac{100}{111}$$

5. $\frac{\frac{1}{3}\div\frac{1}{3}\times\frac{1}{3}}{\frac{1}{3}\div\frac{1}{3}\text{ का }\frac{1}{3}}-\frac{1}{9}$ का सरलीकृत रूप है

a) 0 b) 1

c) $\frac{1}{3}$ d) $\frac{1}{9}$

हल : $\frac{\frac{1}{3}\div\frac{1}{3}\times\frac{1}{3}}{\frac{1}{3}\div\frac{1}{3}\text{ का }\frac{1}{3}}-\frac{1}{9}$

$$=\frac{\frac{1}{3}\times\frac{3}{1}\times\frac{1}{3}}{\frac{1}{3}\div\left(\frac{1}{3}\times\frac{1}{3}\right)}-\frac{1}{9}$$

$$=\frac{\frac{1}{3}}{\frac{1}{3}\div\frac{1}{9}}-\frac{1}{9}\Rightarrow\frac{\frac{1}{3}}{\frac{1}{3}\times\frac{9}{1}}-\frac{1}{9}$$

$$=\frac{1}{3}\times\frac{1}{3}-\frac{1}{9}=\frac{1}{9}-\frac{1}{9}$$

$$=0$$

6. $\frac{(2.697-0.498)^2+(2.697+0.498)^2}{2.697\times 2.697+0.498\times 0.498}$ का मान है।

a) 4 b) 2

c) 2.199 d) 3.195

हल : माना $a=2.697$ तथा $b=0.498$

$$\frac{(a-b)^2+(a+b)^2}{a^2+b^2}$$

$$=\frac{a^2+b^2-2ab+a^2+b^2+2ab}{a^2+b^2}$$

$$\frac{2a^2}{a^2}\ \frac{2b^2}{b^2}$$

$$=\frac{2\left(a^2+b^2\right)}{\left(a^2+b^2\right)}$$

$$=2$$

7. $\frac{4.41\times 0.16}{2.1\times 1.6\times 0.21}$ का सरलीकृत रूप है।

a) 1 b) 0.1

c) 0.01 d) 10

हल : $\frac{4.41\times 0.16}{2.1\times 1.6\times 0.21}$

$$=\frac{2.1\times 2.1\times 0.16}{2.1\times 1.6\times 0.21}$$

$$=\frac{21\times 16}{16\times 21}$$

$$=1$$

8. $\dfrac{5.42\times6+5.42\times24}{32.71\times32.71-27.29\times27.29}\div\dfrac{6.54\times6354-346\times346}{3.08\times5+3.08\times95}$

बराबर है:-

a) 0.3 b) 0.4

c) 0.7 d) 2.5

हल : माना $a = 32.71, b = 27.29, c = 6.54, d = 3.46$

$\dfrac{5.42\times6+5.42\times24}{32.71\times32.71-27.29\times27.29}\div\dfrac{6.54\times6.54-346\times346}{3.08\times5+3.08\times45}$

$\dfrac{5.42\times(6+24)}{a^2-b^2}\div\dfrac{c^2-d^2}{3.08(5+45)}$

$=\dfrac{5.42\times30}{(a+b)(a-b)}\div\dfrac{(c+d)(c-d)}{3.08\times50}$

$=\dfrac{5.42\times30}{60\times5.42}\div\dfrac{10\times3.08}{3.08\times50}$

a, b, c, d, का मान रखने पर

$\dfrac{5.42\times30\times3.08\times50}{60\times5.42\times10\times3.08}$

$=\dfrac{5}{2}=2.5$

9. $\dfrac{5}{6}\div\dfrac{6}{7}\times?-\dfrac{8}{9}\div1\dfrac{3}{5}+\dfrac{3}{4}\times3\dfrac{1}{3}=2\dfrac{7}{9}$

a) $\dfrac{7}{8}$ b) $\dfrac{6}{7}$

c) 1 d) 0

हल : $\dfrac{5}{6}\div\dfrac{6}{7}\times?-\dfrac{8}{9}\div\dfrac{8}{5}+\dfrac{3}{4}\times\dfrac{10}{3}=\dfrac{25}{9}$

$\dfrac{35}{36}\times?-\dfrac{5}{9}+\dfrac{5}{2}=\dfrac{25}{9}$

$\dfrac{35}{36}?=\dfrac{5}{6}$

$?=\left(\dfrac{5}{6}\times\dfrac{36}{35}\right)=\dfrac{6}{7}$

10. सोहन को किसी भिन्न को 72 से गुणा करने के लिए कहा गया। भूलवश सोहन ने इसे 27 से गुणा कर दिया। इस प्रकार सोहन द्वारा प्राप्त उत्तर सही गुणनफल से 25 कम था तो वह भिन्न क्या है?

हल : माना भिन्न = x

तब, $x\times72-x\times27=25$

अर्थात् $(72x-27x)=25$

अर्थात् $45x=25$

अर्थात् $x=\dfrac{25}{45}=\dfrac{5}{9}$

भिन्न $=\dfrac{5}{9}$

अभ्यास प्रश्न (Practice Questions)

1. एक बस यात्रियों से भरकर चली। पहले स्टैण्टड पर $\frac{1}{3}$ यात्री उत्तर गये तथा 280 यात्री चढ़ गये। दूसरे स्टैण्ड पर अब तक के यात्रियों में से आधे उतर गये तथा 12 और चढ़ गये। तीसरे स्टैण्ड पर इस बस में 248 यात्री थे। आरम्भ में इस बस में कितने यात्री थे?

a) 156 b) 288

c) 564 d) 608

2. ट्रैफिक की बत्ती 13 सेकेण्ड के अन्तराल पर जलती है। यह पहली बार 1 बजकर 54 मिनट 50 सेकेण्ड पर जली तथा अन्तिम बार 3 बजकर 17 मिनट 48 सेकेण्ड पर जली। यह बत्ती इस पूरे अन्तराल में कितनी बार जली?

a) 378 b) 379

c) 383 d) 384

3. एक बस का प्रथम 60 कि0मी0 का किराया 4 रू0 प्रति कि0मी0, अगले 60 कि0मी0 का किराया 5 रू0 प्रति कि0 मी0 तथा उसके बाद यात्रा का प्रति 5 कि0मी0 का किराया 8 रू0 है। सतीश द्वारा 320 कि0मी0 का किराया देने के बाद उसके पास कुल धन का $\frac{1}{4}$ भाग शेष बचा तो उसके प्रारंभ में कुल कितना धन था?

a) 1075 रू0 b) 1298 रू0

c) 1622 रू0 d) 1575 रू0

4. एक व्यक्ति ने 100 रू0 अपने मित्रों में बराबर बाँटे। यदि उसके 5 मित्र अधिक होते तो प्रत्येक को 1 रू0 कम मिलता बताओ उसके कितने मित्र थे?

a) 20 b) 25

c) 30 d) 35

5. $\dfrac{1}{2}+\dfrac{1}{6}+\dfrac{1}{12}+\dfrac{1}{20}+\dfrac{1}{30}+\dfrac{1}{42}+\dfrac{1}{56}+\dfrac{1}{72}+\dfrac{1}{90}+\dfrac{1}{110}+\dfrac{1}{132}$ का योग है।

a) $\dfrac{7}{8}$ b) $\dfrac{11}{12}$

c) $\dfrac{15}{16}$ d) $\dfrac{17}{18}$

6. $\left(2-\frac{1}{3}\right)\left(2-\frac{3}{5}\right)\left(2-\frac{5}{7}\right)..............\left(2-\frac{999}{1001}\right)$ बराबर है।

a) $\frac{991}{1001}$ b) $\frac{1003}{03}$

c) $\frac{1003}{13}$ d) $\frac{1000}{991}$

7. $\left(1+\frac{1}{2}\right)\left(1+\frac{1}{3}\right)\left(1+\frac{1}{4}\right)..............\left(1+\frac{1}{120}\right)$ मान है:-

a) 30 b) 40.5

c) 60.5 d) 121

8. यदि $(2a+3b)(2c-3d)=(2a-3b)(2c+3d)$ तो मान ज्ञात करें।

a) $\frac{a}{b}=\frac{c}{d}$ b) $\frac{a}{d}=\frac{c}{b}$

c) $\frac{a}{b}=\frac{d}{c}$ d) $\frac{b}{a}=\frac{c}{d}$

9. यदि $\frac{2a+b}{a+4b}=3,$ तो $\frac{a+b}{a+2b}$ का मान ज्ञात करें।

a) $\frac{2}{7}$ b) $\frac{5}{9}$

c) $\frac{10}{7}$ d) $\frac{10}{9}$

10. यदि $3x+7=x^2+p=7x+5,\ p$ का मान क्या है?

a) $\frac{1}{2}$ b) $8\frac{1}{4}$

c) – d) $9\frac{1}{2}$

11. व्यंजक $=1+2\div\left\{1+2\div\left(1+\frac{1}{3}\right)\right\}$ बराबर है:-

a) $5\frac{1}{4}$ b) $4\frac{1}{5}$

c) $2\frac{1}{4}$ d) $1\frac{4}{5}$

12. $\frac{137\times137+137\times133+133\times133}{137\times137\times137-133\times133\times133}$ बराबर है।

a) 4 b) 270

c) $\frac{1}{4}$ d) $\frac{1}{270}$

13. सरल करें

$\frac{0.05\times0.05\times0.05-0.04\times0.04\times0.04}{0.05\times0.05+0.002+0.04\times0.04}$

a) 1 b) 0.1

c) 0.01 d) 0.001

14. $\frac{\frac{1}{3}\cdot\frac{1}{3}\cdot\frac{1}{3}+\frac{1}{4}\cdot\frac{1}{4}\cdot\frac{1}{4}-3\frac{1}{3}\cdot\frac{1}{4}\cdot\frac{1}{5}+\frac{1}{5}\cdot\frac{1}{5}\cdot\frac{1}{5}}{\frac{1}{3}\cdot\frac{1}{3}+\frac{1}{4}+\frac{1}{5}\cdot\frac{1}{5}-\left(\frac{1}{3}\cdot\frac{1}{4}+\frac{1}{4}\cdot\frac{1}{5}+\frac{1}{3}\times\frac{1}{5}\right)}$ बराबर है।

a) $\frac{2}{3}$ b) $\frac{3}{4}$

c) $\frac{47}{60}$ d) $\frac{49}{60}$

15. $\frac{2}{3}\times\frac{3}{\frac{5}{6}\div1\frac{1}{4}\text{ का }\frac{2}{3}}$ का मान है।

a) 2 b) 1

c) $\frac{1}{2}$ d) $\frac{2}{3}$

16. $\frac{(2.644+2.356)(2.644-2.356)}{0.288}$ का सरलीकरण करने पर क्या प्राप्त होता है?

a) 1 b) 5

c) 4 d) 6

17. $\frac{1}{5}+999\frac{494}{495}\times99$ का मान ज्ञात करें।

a) 90000 b) 99000

c) 90900 d) 99990

18. सरल करें

$\frac{\frac{5}{3}\times\frac{17}{5}\text{ का }\frac{7}{51}-\frac{1}{3}}{\frac{2}{9}\times\frac{28}{5}\text{ का }\frac{5}{7}-\frac{2}{3}}$

a) $\frac{1}{2}$ b) 4

c) 2 d) $\frac{1}{4}$

19. $\left[(81)^{0.25}\times(9)^{0.5}\times(27)^{1.5}\div(243)^{0.5}\right]$ बराबर है

a) 81 b) 83

c) 85 d) 87

20. $\frac{8(3.75)^3+1}{(7.5)^2-6.5}$ बराबर है

a) 2.75 b) $\frac{9}{5}$

c) 4.75 d) 8.5

21. $\left(1+\frac{1}{x}\right)\left(1+\frac{1}{x+1}\right)\left(1+\frac{1}{x+2}\right)\left(1+\frac{1}{x+3}\right)$ का मान क्या है?

a) $1+\frac{1}{x+4}$ b) $x+4$

c) $\frac{1}{x}$ d) $\frac{x+4}{x}$

22. निम्नांकित का सरलीकृत मान है:-

$\left(1-\frac{1}{3}\right)\left(1-\frac{1}{4}\right)\left(1-\frac{1}{5}\right)........\left(1-\frac{1}{99}\right)\left(1-\frac{1}{100}\right)$

a) $\frac{2}{99}$ b) $\frac{1}{25}$

c) $\frac{1}{50}$ d) $\frac{1}{100}$

23. यदि $a = 4.965, b = 2.343$ और $c = 2.622$ हो तो, $a^3 - b^3 - c^3 - 3abc$ का मान है?

a) -2 b) -1

c) 0 d) 9.93

24. $[(5.\overline{88} - 4.\overline{58}) - (0.\overline{64} + 0.\overline{36})]$ बराबर है:-

a) $1.\overline{01}$ b) $1.\overline{30}$

c) $1.\overline{19}$ d) $0.\overline{29}$

25. $1.\bar{2} \times 0.0\bar{3} = ?$

a) $0.0\overline{4}$ b) $0.\overline{36}$

c) $1.\overline{13}$ d) $0.\overline{037}$

26. $\frac{1.\bar{3}\times1.\bar{3}\times1.\bar{3}-1}{1.\bar{3}+1.\bar{3}\times1.\bar{3}+1}$ का सरलीकृत रूप है:-

a) $\frac{1}{3}$ b) $1\frac{1}{3}$

c) $\frac{37}{91}$ d) $\frac{27}{91}$

27. मान ज्ञात कीजिए:-

$\frac{9|3-5|-5\,|\,4\,|\div 10}{-3(5)-2\times4\div2}$

a) $\frac{8}{10}$ b) $-\frac{16}{19}$

c) $-\frac{8}{17}$ d) $\frac{4}{7}$

28. $(0.\overline{63} + 0.\overline{37} + 0.\overline{80})$ को सरल करने पर परिणाम आता है:-

a) $1.\overline{80}$ b) $1.\overline{81}$

c) $1.\overline{79}$ d) $1.\overline{80}$

29. निम्नलिखित में से सबसे छोटा है:-

100 का $12\frac{1}{2}\%$, 12.55, $\left(\frac{18}{5}\right)^2$, $\sqrt{160}$

a) 100 का $12\frac{1}{2}\%$ b) $12.\overline{55}$

c) $\left(\frac{18}{5}\right)^2$ d) $\sqrt{160}$

30) $\frac{(4.53-3.07)^2}{(3.07-2.15)(2.15-4.53)} + \frac{(3.07-2.15)^2}{(2.15-4.35)(4.53-3.07)} + \frac{(2.15-4.53)^2}{(4.53-3.07)(3.07-2.15)}$

का सरलीकृत मान है।

a) 0 b) 2

c) 2 d) 3

उत्तरमाला (Answer Key)

1. (b)	2. (d)	3. (a)	4. (a)	5. (b)	6. (b)	7. (c)	8. (a)
9. (d)	10. (b)	11. (d)	12. (c)	13. (c)	14. (c)	15. (a)	16. (b)
17. (b)	18. (c)	19. (a)	20. (d)	21. (d)	22. (c)	23. (c)	24. (d)
25. (d)	26. (a)	27. (b)	28. (b)	29. (a)	30. (d)		

हल (Solutions)

1. (b)

माना आरंभ में यात्रियों की संख्या $= x$

पहले स्टेशन के बाद यात्रियों की संख्या

$$= \left(x - \frac{x}{3}\right) + 280 = \left(\frac{2x}{3} + 280\right)$$

दूसरे स्टेशन के बाद यात्रियों की संख्या $= \frac{1}{2}\left(\frac{2x}{3} + 280\right) + 12$

$$\therefore \quad \frac{1}{2}\left(\frac{2x}{3} + 280\right) + 12 = 248$$

$$\frac{x}{3} = 96$$

$$x = 288$$

2. (d)

घण्टे	मिनट	सैकेण्ड
3	17	49
1	54	50
1	22	59

कुल अन्तराल $= (1 \times 60 + 22)$ मिनट 59 सेकेण्ड $= (82 \times 60 + 59)$ से0 $= 4979$ सेकेण्ड; बत्ती जली $= \left(\frac{4979}{13} + 1\right) = 384$ बार

3. (a)

कुल दूरी $= 320$ कि0 मी0

$(60 + 60 + 200) = (60 + 60 + 40 \times 5)$ कि0 मी0

कुल किराया $= (4 \times 60 + 5 \times 60 + 8 \times 40)$ रू0 $=$ 860 रू0

माना कुल धन $= x$ रू0

तब $x - 860 = \frac{1}{4} \times 860$

$$x = 1075$$

4. (a)

माना कुल मित्र $= x$

तब, $\frac{100}{x} - \frac{100}{x+5} = 1$

$$100 \times [x + 5 - x] = x(x+5)$$

$$x^2 + 5x - 500 = 0$$

$$(x + 25)(x - 20) = 0$$

$$x = 20$$

5. (b)

$$\left(1 - \frac{1}{2}\right) + \left(\frac{1}{2} - \frac{1}{3}\right) + \left(\frac{1}{3} - \frac{1}{4}\right) + \left(\frac{1}{4} - \frac{1}{5}\right) + \ldots.. + \left(\frac{1}{11} - \frac{1}{12}\right) = \left(1 - \frac{1}{12}\right) = \frac{11}{12}$$

6. (b)

$$\frac{5}{3} \times \frac{7}{5} \times \frac{9}{7} \times \ldots\ldots.. \times \frac{1003}{1001} = \frac{1003}{3}$$

7. (c)

$$\frac{3}{2} \times \frac{4}{3} \times \frac{5}{4} \times \ldots\ldots \frac{121}{120} = \frac{121}{2} = 60.5$$

8. (a)

यदि $(2a + 3b)(2c - 3d) = (2a - 3b)(2c + 3d)$

$$\frac{2a + 3b}{2a - 3b} = \frac{2c + 3d}{2c - 3d}$$

$$4ac - 6ad \neq 6bc - 9bd = 4ac + 6ad - 6bc - 9bd$$

$$12bc = 12ad$$

$$\frac{a}{b} = \frac{c}{d}$$

9. (d)

$$\frac{2a + b}{a + 4b} = 3$$

$$2a + b = 3(a + 4b)$$

$$a = -11\frac{1}{b}$$

10. (b)

$$3x + 7 = 7x + 5$$

$$7x - 3x = 2$$

$$4x = 2$$

$$x = \frac{1}{2}$$

$$3x + 7 = x^2 + p$$

$$\frac{3}{2} + 7 = \frac{1}{4} + p$$

$$p = \frac{33}{4} - \frac{1}{4} = 8\frac{1}{4}$$

11. (d)

$$1 + 2 \div \left\{1 + 2 \div \left(1 + \frac{1}{3}\right)\right\}$$

$$= 1 + 2 \div \left\{1 + 2 \div \frac{4}{3}\right\}$$

$$= 1 + 2 \div \left\{1 + 2 \times \frac{3}{4}\right\}$$

$$1 + 2 \div \frac{5}{2}$$

$$= 1 + \frac{4}{5} \Rightarrow \frac{9}{5} \Rightarrow 1\frac{4}{5}$$

12. (c)

$a = 137, \quad b = 133$

$$\frac{a^2+ab+b^2}{a^3-b^3}$$

$$= \frac{a^2+ab+b^2}{(a-b)(a^2+b^2+ab)}$$ (a, b का मान रखने पर)

$$= \frac{1}{137-133} = \frac{1}{4}$$

13. (c)

$$\frac{0.05\times0.05\times0.05-0.04\times0.04\times0.04}{0.05\times0.05\times0.002+0.04\times0.04}$$

$$\frac{(0.05)^3-(0.04)^3}{0.05\times0.05+0.002+0.04\times0.04}$$

$$\frac{(0.05\div0.04)[(0.05)^2+(0.05\times0.04)+(0.04)^2]}{(0.05)^2+0.002+(0.04)^2}$$

$$\frac{0.01[(0.05)^2+0.002+(0.04)^2]}{(0.05)^2+0.002+(0.04)^2}$$

$$= 0.01$$

14. (c)

$$\frac{\left(\frac{1}{3}\right)^3+\left(\frac{1}{4}\right)^3+\left(\frac{1}{5}\right)^3-3\frac{1}{3}\cdot\frac{1}{4}\cdot\frac{1}{5}}{\left(\frac{1}{3}\right)^2+\left(\frac{1}{4}\right)^2+\left(\frac{1}{5}\right)^2-\left(\frac{1}{3}\cdot\frac{1}{4}+\frac{1}{4}\cdot\frac{1}{5}+\frac{1}{5}\cdot\frac{1}{3}\right)}$$

$$\frac{\left(\frac{1}{3}+\frac{1}{4}+\frac{1}{5}\right)\left[\left(\frac{1}{3}\right)^2-\left(\frac{1}{4}\right)^2+\left(\frac{1}{5}\right)^2-\left(\frac{1}{3}\cdot\frac{1}{4}+\frac{1}{4}\cdot\frac{1}{5}+\frac{1}{5}\cdot\frac{1}{3}\right)\right]}{\left[\left(\frac{1}{3}\right)^2+\left(\frac{1}{4}\right)^2+\left(\frac{1}{5}\right)^2-\left(\frac{1}{3}\cdot\frac{1}{4}+\frac{1}{4}\cdot\frac{1}{5}+\frac{1}{5}\cdot\frac{1}{3}\right)\right]}$$

$$\left(\frac{1}{3}+\frac{1}{4}+\frac{1}{5}\right) = \frac{20+15+12}{60} = \frac{47}{60}$$

15. (a)

$$\frac{2}{3}\times\frac{3}{\frac{5}{6}\div\left(\frac{5}{4}\times\frac{2}{3}\right)}$$

$$= \frac{2}{3}\times\frac{3}{\frac{5}{6}\times\frac{6}{5}} = \frac{2}{3}\times\frac{3}{1}$$

$$= 2$$

16. (b) $\dfrac{(2.644+2.356)(2.644-2.356)}{0.288}$

$$= \frac{5.0\times0.288}{0.288} = 5$$

17. (b) $\dfrac{1}{5}+999\dfrac{494}{495}\times99$

$$\frac{1}{5}+999\times999+\frac{494}{495}\times99$$

$$\frac{1}{5}+98901+\frac{494}{5}$$

$$= \frac{1+494505+494}{5}$$

$$= \frac{495000}{5} = 99000$$

18. (c)

$$\frac{\frac{5}{3}\times\frac{17}{5}\times\frac{7}{51}-\frac{1}{3}}{\frac{2}{9}\times\frac{4}{1}-\frac{2}{3}}$$

$$= \frac{\frac{7}{9}-\frac{1}{3}}{\frac{8}{9}-\frac{2}{3}}$$

$$= \frac{\frac{4}{9}}{\frac{2}{9}} = 2$$

19. (a)

$$(3^4)^{\frac{1}{4}}\times(3^2)^{\frac{1}{2}}\times(3^3)^{\frac{3}{2}}\div(3^5)^{\frac{1}{2}}$$

$$3^{4\times\frac{1}{4}}\times3^{2\times\frac{1}{2}}\times3^{3\times\frac{3}{2}}\div3^{5\times\frac{1}{2}}$$

$$= 3\times3\times3^{\frac{9}{2}}\div3^{\frac{5}{2}}$$

$$= 3^{1+1+\frac{9}{2}}\div3^{\frac{5}{2}}$$

$$= 3^{\frac{13}{2}}\div3^{\frac{5}{2}}$$

$$= 3^{\frac{15}{2}-\frac{5}{2}} = 3^4 = 81$$

20. (d)

$$\frac{8(3.75)^3+1}{(7.5)^2-6.5}$$

$$\frac{8\left(\frac{7.5}{2}\right)^3+1}{(7.5)^2-6.5}$$

$$\frac{(7.5)^3+(1)^3}{(7.5)^2+(1)^2-7.5\times1}$$

$$= \frac{(7.5+1)(7.5^2+1^2-7.5\times1)}{(7.5^2+1^2-7.5\times1)}$$

$$= 7.5+1 = 8.5$$

21. (d)

$$\left(1+\frac{1}{x}\right)\left(1+\frac{1}{x+1}\right)\left(1+\frac{1}{x+2}\right)\left(1+\frac{1}{x+3}\right)$$

$$\frac{x+1}{x}\times\frac{x+2}{x+1}\times\frac{x+3}{x+2}\times\frac{x+4}{x+3}$$

$$=\frac{x+4}{x}$$

22. (c)

$$\frac{2}{3}\times\frac{3}{4}\times\frac{4}{5}\cdots\frac{98}{99}\times\frac{91}{120}$$

$$=\frac{2}{100}=\frac{1}{50}$$

23. (c)

$a-b-c=0=4.965-2.343-2.622$

दिया गया है, $a=4.965, b=2.343, c=2.622$

$a^3-b^3-c^3=3abc$

$a^3-b^3-c^3-3abc=0$

24. (d)

$$\left[\left(5\frac{88}{99}-4\frac{58}{99}\right)-\left(\frac{64}{99}+\frac{36}{99}\right)\right]$$

$$\left(\frac{583}{99}-\frac{454}{99}\right)-\left(\frac{100}{99}\right)$$

$$\frac{129}{99}-\frac{100}{99}=\frac{29}{99}=.\overline{29}$$

25. (d)

$1.\overline{2}\times0.\overline{03}$

$$1.\frac{2}{9}\times\frac{3}{99}$$

$$\frac{11}{9}\times\frac{3}{99}=\frac{1}{27}=0.\overline{37}$$

26. (a)

माना $a=1.\overline{3}$ तथा $b=1$

$$\frac{a^3-b^3}{a^2+b^2+ab}=\frac{(a-b)(a^2-b^2+ab)}{a^2-b^2+ab}$$

$$=1.\overline{3}-1$$

$$=0.\overline{3}=\frac{3}{8}=\frac{1}{3}$$

27. (b)

$$\frac{(9\times2)-5\times4\div10}{-15-4}=\frac{18-2}{-19}=-\frac{16}{19}$$

28. (b)

$(0.\overline{63}+0.\overline{37}+0.\overline{80})$

$$\frac{63}{99}+\frac{37}{99}+\frac{80}{99}$$

$$=\frac{180}{99}=1+\frac{81}{99}=1.\overline{81}$$

29. (a)

100 का $12\frac{1}{2}\%=100\times\frac{25}{2\times100}=12.5$

तथा $12.\overline{55}$

$$12+\frac{55}{99}=12+0.556=12.56$$

तथा $\left(\frac{18}{5}\right)^2=\frac{324}{25}=12.96$

$\sqrt{160}=4\sqrt{10}$

$4\times3.1623=12.65$ अत: सबसे छोटी संख्या = 100 का $12\frac{1}{2}\%$

30. (d)

$a=4.53, b=3.07$, तथा $c=2.15$

$$\frac{(a-b)^2}{(b-c)(c-a)}+\frac{(b-c)^2}{(c-a)(a-b)}+\frac{(c-a)^2}{(a-b)(b-c)}$$

$$\frac{(a-b)(a-b)^2+(b-c)(b-c)^2+(c-a)(c-a)^2}{(a-b)(b-c)(c-a)}$$

$$\frac{3ab(a-b)+3bc(b-c)+3ca(c-a)}{(a-b)(b-c)(c-a)}$$

$$\frac{3(ab^2+a^2b+bc^2-b^2c-ac^2+ac^2)}{(ab^2-a^2b+bc^2-b^2c+ac^2+ac^2)}$$

$= 3$

परखें अपने-आप को (Test Yourself)

1. यदि दो संख्याओं का योग 22 हो और उनके वर्गों का योग 404 हो, तो उन संख्याओं का गुणनफल बताइए:-
(a) 40 (b) 44
(c) 80 (d) 88

2. दो संख्याओं का गुणनफल 45 है और उनका अंतर 4 है। तदनुसार उन संख्याओं के वर्गों का योग कितना होगा?
(a) 135 (b) 240
(c) 73 (d) 106

3. दो संख्याओं का योग 42 है तथा उनका गुणनफल 437 है तब उन संख्याओं में अन्तर है:-
(a) 3 (b) 4
(c) 5 (d) 7

4. दो घनात्मक संख्याओं का गुणनफल 11520 है और उनका भागफल $\frac{9}{5}$ है। दोनों संख्याओं का अन्तर ज्ञात करें:-
(a) 60 (b) 64
(c) 74 (d) 70

5. दो संख्याओं का जोड 24 है और उनका गुणनफल 143 है तदनुसार उनके वर्गों का योग कितना होगा?
(a) 296 (b) 295
(c) 290 (d) 228

6. दो संख्याओं का योग 40 है और उनका गुणनफल 375 है। उनके व्युत्क्रमों का योग क्या होगा?
(a) $\frac{8}{75}$ (b) $\frac{75}{8}$
(c) $\frac{1}{40}$ (d) $\frac{75}{4}$

7. दो संख्याओं का योगफल और गुणनफल क्रमशः 5 तथा 6 है। तद्नुसार उनके वर्गों के व्युत्क्रमों का योगफल होगा:-
(a) $\frac{13}{36}$ (b) $\frac{36}{13}$
(c) $\frac{61}{900}$ (d) $\frac{5}{6}$

8. किसी संख्या को 899 से भाग देने पर शेष 63 प्राप्त होता है यदि उस संख्या को 29 से भाग दें तो शेष प्राप्त होगा:-
(a) 10 (b) 5
(c) 4 (d) 2

9. किसी संख्या को 24 से भाग देने पर शेषफल 16 आता है। तद्नुसार यदि उसी संख्या को 12 भाग दिया जाएतो शेषफल क्या होगा?
(a) 3 (b) 4
(c) 6 (d) 8

10. वह सबसे छोटी संख्या, जिसे 6709 में जोडने पर योगफल 9 से विभाजित होता हो, होगी:-
(a) 5 (b) 4
(c) 7 (d) 2

11. वह सबसे छोटी संख्या, जिसे 4 अंकों वाली सबसे बडी संख्या में जोडने पर योगफल 345 से विभाजित होता हो, होगी:-
(a) 50 (b) 6
(c) 60 (d) 5

12. विभाजन के किसी प्रश्न में भाजक भगफल का 4 गुना तथा शेषफल का 3 गुना है यदि शेषफल 4 है, तो भाज्य है:-
(a) 36 (b) 40
(c) 12 (d) 30

13. भाजक भगफल का 25 गुना और शेषफल का 5 गुना है, यदि भागफल 16 हो, तो भाज्य है:-
(a) 6400 (b) 6480
(c) 400 (d) 480

14. किसी संख्या को जब क्रमिक रूप से 4 और 5 से भाग दिया जाता है, तो शेषफल क्रमशः 1 और 4 आते हैं जब इसे क्रमिक रूप से 5 और 4 से भाग दिया जाए तो शेषफल होंगे:-
(a) 4, 1 (b) 3, 2
(c) 2, 3 (d) 1, 2

15. पाँच अंकों वाली सबसे छोटी संख्या, जो 476 से पूर्णतया विभाजित होती है, है:-
(a) 476000 (b) 10000
(c) 10476 (d) 10472

16. दो संख्याओं का गुणनफल 9375 है तथा बडी संख्या को छोटी से भाग देने पर भागफल 15 आता है। संख्याओं का योग होगा।
(a) 395 (b) 380
(c) 406 (d) 425

17. एक संख्या को 555 तथा 445 के योग से विभाजित करने पर भागफल उनके अंतर के दोगुने के बराबर आता है और शेषफल 30 आता है। संख्या बताएँ
(a) 220030 (b) 22030
(c) 1220 (d) 1250

18. दो घनात्मक संख्याओं का गुणनफल 2500 है। यदि एक संख्या दूसरी की 4 गुणी है, तो दोनों संख्याओं का योग है:-
(a) 25 (b) 125
(c) 225 (d) 250

19. तीन संख्याएँ जो परस्पर अभाज्य हैं, इस प्रकार हैं कि प्रथम दो का गुणनफल 551 तथा अंतिम दो का गुणनफल 1073 हैं, तीनों संख्याओं का योग है।
(a)75 (b) 81
(c) 85 (d) 89

20. दो अंकों की एक संख्या अपने अंको के योग की पाँच गुणी है। यदि संख्या में 9 जोड दिए जाए, तो अंको कके स्थान परस्पर बदल जाते हैं संख्या के अंकों का योग है।
(a) 11 (b) 9
(c) 7 (d) 6

21. $\dfrac{2}{1+\dfrac{1}{1-\dfrac{1}{2}}}\times\dfrac{3}{\dfrac{3}{2}\times\dfrac{5}{6}\div1\dfrac{1}{4}}$ का मान ज्ञात करें:-

(a) 6 (b) 8
(c) 4 (d) 2

22. यदि $2=x+\dfrac{1}{1+\dfrac{1}{3+\dfrac{1}{4}}}$ तब x का मान है:-

(a) $\frac{18}{17}$ (b) $\frac{81}{17}$
(c) $\frac{13}{17}$ (d) $\frac{12}{17}$

23. यदि $x=1+\dfrac{1}{1+\dfrac{1}{1+\dfrac{1}{1+\dfrac{1}{2}}}}$ हो, $2x+\frac{7}{4}$ तो का मान है।

(a) 3 (b) 4
(c) 5 (d) 6

24. $1+\dfrac{1}{1+\dfrac{1}{1+\dfrac{1}{1+\dfrac{1}{1+\dfrac{2}{3}}}}}$ का मान कितना होगा?

(a) $\frac{21}{13}$ (b) $\frac{17}{13}$
(c) $\frac{34}{21}$ (d) $\frac{8}{5}$

25. $\frac{1}{20}+\frac{1}{30}+\frac{1}{42}+\frac{1}{56}+\frac{1}{72}+\frac{1}{90}+\frac{1}{110}+\frac{1}{132}$ बराबर है:-

(a) $\frac{1}{8}$ (b) $\frac{1}{7}$
(c) $\frac{1}{6}$ (d) $\frac{1}{10}$

26. यदि $\left(\frac{1}{2}-\frac{1}{4}+\frac{1}{5}-\frac{1}{6}\right)$ को $\left(\frac{2}{5}-\frac{5}{9}+\frac{3}{5}-\frac{7}{18}\right)$ से भाग दिया जाये तो भागफल क्या होगा?

(a) $5\frac{1}{10}$ (b) $2\frac{1}{18}$
(c) $3\frac{1}{6}$ (d) $3\frac{3}{18}$

27. किसी संख्या का $\frac{1}{5}$ उसके $\frac{1}{7}$ से 10 अधिक है। वह संख्या है:-

(a) 125 (b) 175
(c) 150 (d) 200

28. यदि $\frac{a}{3}=\frac{b}{4}=\frac{c}{7}$ हो, $\frac{a+b+c}{c}$ तो का मान है:-

(a) $\sqrt{2}$ (b) 2
(c) 7 (d) $\frac{1}{\sqrt{7}}$

29. यदि $\frac{x}{y}=\frac{3}{4}$ हो, तो $\frac{6}{7}+\frac{y-x}{y+x}$ का मान होगा।

(a) 1 (b) $\frac{2}{7}$
(c) $\frac{3}{7}$ (d) $1\frac{3}{7}$

30. व्यंजक $\dfrac{3\frac{1}{4}-\frac{4}{5}\times\frac{5}{6}}{4\frac{1}{3}\div\frac{1}{5}-\left(\frac{3}{10}+21\frac{1}{5}\right)}$ से घटाया जाने वाला लघुतम भिन्न जिससे यह पूर्णांक बन जाए।

(a) $\frac{1}{2}$ (b) $\frac{5}{6}$
(c) $\frac{1}{4}$ (d) $\frac{3}{10}$

31. सैनिकों, जिन्हें बराबर सैनिकों वाली 12, 15 तथा 18 पंक्तियों में खड़ा किया जा सकें एवं उन्हें एक ठोस वर्ग के रूप में भी व्यवस्थित किया जा सके की कम से कम संख्या होगी:-

(a) 180 (b) 450
(c) 900 (d) 32400

32. A, B और C किसी वृत्तीय स्टेडियम के अनुदिश एक ही स्थापन से एक ही समय, एक ही दिशा में चलना प्रारम्भ करते हैं, A एक चक्कर 252 सेकेण्ड में, B एक चक्कर 308 सेकेण्ड में तथा C एक चक्कर 198 सेकेण्ड में पूरा करता है, कितने समय बाद व अगली बर पुन: प्रारम्भिक बिन्दु पर मिलेंगे?

(a) 46 मिनट 12 सेकेण्ड
(b) 45 मिनट
(c) 42 मिनट 36 सेकेण्ड
(d) 26 मिनट 18 सेकेण्ड

33. 68 मी. लम्बाई तथ 51 मी. चौडाई वाले एक हाल के फर्श को आच्छादित करने के लिए कम-से-कम कितनी टइलों की आवश्कता होगी?

(a) 17 (b) 12
(c) 4 (d) 3

34. तीन घंटियाँ एक साथ 11 बजे प्रात: बजती हैं। वे तीनों क्रमश: 20 मिनट, 30 मिनट तथा 40 मिनट के अन्तराल पर बजती रहती हैं। तदनुसार वे दोबारा एक साथ किस समय बजेंगी?

(a) 2 बजे अपराह्न (b) 1 बजे अपराह्न
(c) 1.5 बजे अपराह्न (d) 1.30 बजे अपराह्न

35. तीन घंटे क्रमशः 9, 12, 15 मिनट के अन्तर से बजते हैं सभी घंटे 8 बजे प्रातः बजना प्रारंभ करते हैं। वे दोबारा पहली बार किस समय एक साथ बजेंगी?
(a) 8.45 प्रातः (b) 10.30 प्रातः
(c) 11.00 प्रातः (d) 1.30 सांय

36. चार घंटियाँ 4, 6, 8 और 14 सेकेण्ड के अन्तराल में बजती है, वे चारों इकट्ठी 12 बजे बजना प्रारम्भ करती है, किस समय वे फिर इकट्ठी बजेंगी?
(a) 12 बजकर 2 मिनट 48 सेकेण्ड
(b) 12 बजकर 3 मिनट
(c) 12 बजकर 3 मिनट 20 सेकेण्ड
(d) 12 बजकर 3 मिनट 44 सेकेण्ड

37. दो संख्याओं का योग 36 तथ उनके म.स. और ल.स. क्रमशः 3 तथा 105 हैं। उनके व्युत्क्रमों का योग होगा।
(a) $\frac{2}{35}$ (b) $\frac{3}{25}$
(c) $\frac{4}{35}$ (d) $\frac{2}{25}$

38. चार अंको की सबसे बडी संख्या, जो संख्याओं 12, 18, 21 तथा 28 में से प्रत्येक से विभाजित होती है, हैं:-
(a) 9576 (b) 9928
(c) 9828 (d) 9324

39. वह छोटी-से-छोटी संख्या जिसको क्रमशः 4, 5 और 6 से भाग देने पर क्रमशः शेष 1, 2, और 3 बचें, निम्न हैं।
(a) 57 (b) 59
(c) 61 (d) 63

40. दो संख्याओं का म.स. तथा उनका गुणनफल क्रमशः 15 तथा 6300 है। ऐसी संख्याओं के सम्भव युग्मों की संख्या होगी।
(a) 4 (b) 3
(c) 2 (d) 1

41. यदि दो संख्याओं (प्रत्येक 13 से बडी) का म.स. 13 तथा ल.स. 273 हो, तो संख्याओं का योग होगा?
(a) 288 (b) 290
(c) 130 (d) 286

42. चार धावकों ने एक वृत्ताकार पथ पर एक ही बिन्दु से अपनी दौड आरंभ की। उन्होंने उस पथ का एक चक्कर पूरा करने में क्रमशः 200 सेकेण्ड, 300 सेकेण्ड, 360 सेकेण्ड तथा 450 सेकेण्ड लगाए। तदनुसार वे दोबारा पहली बर अपने आरंभिक बिन्दु पर कितने समय बाद मिल पाएँगे?
(a) 1800 सेकेण्ड (b) 9600 सेकेण्ड
(c) 2400 सेकेण्ड (d) 9800 सेकेण्ड

43. दो संख्याओं का ल.स. उनके म.स. का 12 गुना है तथा म.स. और ल.स. का योग 403 है। यदि उनमें से एक संख्या 93 है तो दूसरी संख्या होगी।
(a) 124 (b) 128
(c) 134 (d) 138

44. वह कौन-सी सबसे बडी संख्या है जिससे 307 और 330 को भाग देने पर शेष क्रमशः 3 और 7 रहते हैं?
(a) 19 (b) 16
(c) 17 (d) 23

45. वह सबसे बडी संख्या, जिसे 5834 में से घटाने पर प्राप्त संख्या 20, 28, 32 तथा 35 में से प्रत्येक पूर्णतः विभाजित होती है, होगी।
(a) 1120 (b) 4714
(c) 5200 (d) 5600

46. वह कौन-सी सबसे छोटी संख्या है जिसे संख्याओं 3, 5, 6, 8, 10 और 12 से भाग देने पर प्रत्येक दशा में शेष 2 आता हो, परन्तु 13 से भाग देने पर शेष कुछ नहीं आता हो?
(a) 312 (b) 962
(c) 1562 (d) 1586

47. दो 3 अंकीय संख्याओं का म.स. 29 और ल.स. 4147 हैं। इन संख्याओं का योग होगा:-
(a) 966 (b) 696
(c) 669 (d) 666

48. दो संख्याएँ 4:5 के अनुपात में हैं तथा उनका ल.स. 120 है। संख्याएँ है।
(a) 30, 40 (b) 40, 32
(c) 24, 30 (d) 36, 20

49. वह छोटी से छोटी पूर्ण वर्ग संख्या जो 21, 36 और 66 से विभजित होती है, निम्न है।
(a) 21 43 44 (b) 21 44 34
(c) 21 34 44 (d) 23 14 44

50. वह लघुत्तम संख्या क्या है जो 5, 6, 7 तथा 8 से भाग करने पर शेषफल 3 छोडती है, किन्तु 9 से भाग करने पर कोई शेषफल नहीं छोडती?
(a) 1677 (b) 1683
(c) 2523 (d) 3363

51. एक बाग की प्रत्येक पंक्ति में पेडों की संख्या उतनी ही है जितनी कि उसमें पंक्तियाँ हैं। एक तूफान में 111 पेडों के उखड जाने के उपरांत बाग में पेड़ों की संख्या 10914 रह जाती है। बाग में पेडों की पंक्तियों की संख्या है।
(a) 100 (b) 105
(c) 115 (d)125

52. $\sqrt[3]{333+\sqrt[3]{987+\sqrt[3]{2197}}}$ बराबर है:-
(a) 21 (b) 18
(c) 7 (d) 3

53. $\left[(50)^3+(-30)^3+(-20)^3\right]$ बराबर है।
(a) 17000 (b) 15000
(c) 90000 (d) 9000

54. $1^3+2^3+3^3+........+10^3$ दिया हो तो $2^3+4^3+6^3+.......+20^3$ बराबर होगा।

(a) 6050 (b) 9075
(c) 12100 (d) 24200

55. $(.98)^3+(.02)^3+3\times0.98\times0.02-1$ का मान है।

(a) 1.98 (b) 1.09
(c) 1 (d) 0

56. 710 में सबसे छोटी कौन-सी संख्या जोडी जाए, ताकि योगफल एक पूर्ण घन संख्या प्राप्त हो?

(a) 29 (b) 19
(c) 11 (d) 21

57. वह सबसे छोटी प्राकृत संख्या जिससे 3000 को भाग देने से प्राप्त भागफल एक पूर्ण बन संख्या उपलब्ध होगी है।

(a) 3 (b) 4
(c) 5 (d) 6

58. यदि $\left(1^3+2^3+3^3+4^3+5^3=225\right)$ दिया हो, तो $\left(2^3+4^3+6^3+8^3+10^3\right)$ का मान होगा:-

(a) 850 (b) 900
(c) 1800 (d) $(225)^3$

59. A का वह निम्नतम मान जिसके लिए 90×A एक पूर्ण घन संख्या जाए, निम्न है:-

(a) 200 (b) 300
(c) 500 (d) 600

60. $\sqrt[3]{1372}\times\sqrt[3]{1458}\div\sqrt[3]{343}$ का मान है।

(a) 18 (b) 15
(c) 13 (d) 12

61. $\sqrt[3]{4\frac{12}{125}}$ बराबर है।

(a) 1.4 के (b) 1.6 के
(c) 1.8 के (d) 2.4 के

62. $\sqrt[3]{0.000216}$ बराबर है:-

(a) 0.0006 (b) 0.006
(c) 0.06 (d) 0.6

63. $\sqrt[3]{\frac{7}{875}}$ का मान बराबर है:-

(a) $\frac{1}{3}$ (b) $\frac{1}{15}$
(c) $\frac{1}{4}$ (d) $\frac{1}{5}$

64. 175616 का घनमूल 56 है, तो $\sqrt[3]{175.616}+\sqrt[3]{0.175616}+\sqrt[3]{0.00175616}$ का मान बराबर है:-

(a) 0.168 (b) 62.16
(c) 6.216 (d) 6.116

65. किसी पूर्णांक के वर्ग को यदि उसके घन में से घटाया जाए, तो शेषफल 48 आता है, वह पूर्णांक बताइए।

(a) 8 (b) 6
(c) 5 (d) 4

66. $2\sqrt[3]{32}-3\sqrt[3]{4}+\sqrt[3]{500}$ बराबर है:-

(a) $2\sqrt[3]{6}$ (b) $3\sqrt{24}$
(c) $6\sqrt[3]{4}$ (d)916

67. $\left(\sqrt[3]{3.5}+\sqrt[3]{2.5}\right)\left\{\left(\sqrt[3]{3.5}\right)^2-\sqrt[3]{8.75}+\left(\sqrt[3]{2.5}\right)^2\right\}$ का होगा:-

(a) 5.375 (b) 1
(c) 6 (d) 5

68. 1323 को किस छोटी-से-छोटी संख्या से गुणा किया जाए कि यह पूर्ण घन बन जाए?

(a) 2 (b) 3
(c) 5 (d) 7

69. वह न्यूनतम संख्या जिससे 1800 को गुणा करने पर एक पूर्ण घन संख्या प्राप्त हो के अंको का योग होगा?

(a) 2 (b) 3
(c) 6 (d) 8

70. वह सबसे छोटी घन पूर्णाक जिसे 392 से गुणा करने पर गुणनफल एक पूर्ण संख्या प्राप्त होती हो होगा:-

(a) 6 (b) 5
(c) 3 (d) 2

71. $\frac{(243)^{n/5}.3^{2n+1}}{9^n.3^{n-1}}$ का मान है:-

(a) 1 (b) 9
(c) 3 (d) 3^n

72. $(100)^{1/2}\times(0.001)^{1/3}-(0.0016)^{1/4}\times3^0+\left(\frac{5}{4}\right)^{-1}$ सरल करके मान बताइए

(a) 1.6 (b) 0.8
(c) 1.0 (d) 0

73. $\left(3+2\sqrt{2}\right)^{-3}+\left(3-2\sqrt{2}\right)^{-3}$ का मान है:-

(a) 189 (b) 180
(c) 108 (d) 198

74. यदि $3^{x+8}=27^{2x+1}$ तब x का मान है:-

(a) 7 (b) 3
(c) –2 (d) 1

75. $\left(16^{3/2}+16^{-3/2}\right)$ का सरलीकृत मान क्या होगा:-

(a) 0 (b) $\frac{4097}{64}$
(c) 1 (d) $\frac{16}{4097}$

76. $(256)^{0.16}(256)^{0.09}$ का मान है:-
(a) 256.25 (b) 64
(c) 16 (d) 4

77. $(64)^{-2/3}\times\left(\frac{1}{4}\right)^{-2}$
(a) 1 (b) 2
(c) $\frac{1}{2}$ (d) $\frac{1}{16}$

78. $(0.01024)^{1/5}$ का मान ज्ञात करें।
(a) 4.0 (b) 0.04
(c) 0.4 (d) 0.00004

79. $(36)^{1/6}$ बराबर होगा:-
(a) 1 (b) 6
(c) $\sqrt{6}$ (d) $\sqrt[3]{6}$

80. $\left(\frac{8}{125}\right)^{-4/3}$ को सरलीकृत करें:-
(a) $\frac{625}{16}$ (b) $\frac{625}{8}$
(c) $\frac{625}{32}$ (d) $\frac{16}{125}$

81. $\left[1-2(1-2)^{-1}\right]^{-1}$ का मान बताएँ
(a) $\frac{1}{3}$ (b) $-\frac{1}{3}$
(c) -1 (d) $\frac{1}{2}$

82. यदि $27^{2x-1}=(243)^3$ तब x का मान है:-
(a) 3 (b) 7
(c) 6 (d)9

83. $\left(\frac{1}{2}\right)^{-2}\times\left(\frac{1}{3}\right)^{-2}\times\left(\frac{1}{4}\right)^{-2}$ बराबर है:-
(a) –576 (b) 576
(c) 376 (d) –288

84. $5^{1/2}, 5^{1/4}, 5^{1/8}$ किसके बराबर है:-
(a) 6 (b) 1
(c) 0 (d) 5

85. $\left\{(-2)^{(-2)}\right\}^{(-2)}$ बराबर है:-
(a) 16 (b) 8
(c) –8 (d) –16

86. $\left[\left\{\left(-\frac{1}{2}\right)^{(2)}\right\}^{(-2)}\right]^{-1}$ बराबर है:-
(a) $\frac{1}{16}$ (b) 16
(c) $-\frac{1}{16}$ (d) –16

87. $-0.2, (-0.2)^2, (-0.2)^3$ और $(-0.2)^4$ में से सबसे छोटा मान है:-
(a) -0.2 (b) $(-0.2)^2$
(c) $(-0.2)^3$ (d) $(-0.2)^4$

88. $\left[\left(\sqrt[5]{x^{-3/5}}\right)^{-5/3}\right]^5$ का सरलीकृत रूप है:-
(a) x^5 (b) x^{-5}
(c) x (d) $\frac{1}{x}$

89. $(0-04)^{-1.5}$ बराबर है:-
(a) 25 (b) 125
(c) 60 (d) 5

90. $\left(\frac{1}{2}\right)^{-1/2}$ बराबर है:-
(a) $\frac{1}{\sqrt{2}}$ (b) $2\sqrt{2}$
(c) $-\sqrt{2}$ (d) $\sqrt{2}$

91. $[(0.111)^3 + (0.222)^3 - (0.333)^3 + (0.333)^2(0.222)]^2$ का सरलीकृत मान है।
(a) 0.999 (b) 0
(c) 0.888 (d) 111

92. $\frac{3}{1^2\cdot 2^2}+\frac{5}{2^2\cdot 3^2}+\frac{7}{3^2\cdot 4^2}+\frac{9}{4^2\cdot 5^2}+\frac{11}{5^2\cdot 6^2}+\frac{13}{6^2\cdot 7^2}+\frac{15}{7^2\cdot 8^2}+\frac{17}{8^2\cdot 9^2}+\frac{19}{9^2\cdot 10^2}$ का मान है:-
(a) $\frac{1}{100}$ (b) $\frac{99}{100}$
(c) $\frac{101}{100}$ (d) 1

93. $\frac{3.157\times 4126\times 3.198}{63.372\times 2835.121}$ का मान के निकटतम है।
(a) 0.002 (b) 0.02
(c) 0.2 (d) 2

94. $\frac{0.1\times 0.1\times 0.1+0.02\times 0.02\times 0.02}{0.2\times 0.2\times 0.2+0.04\times 0.04\times 0.04}$ का मान है:-
(a) 0.0125 (b) 0.125
(c) 0.25 (d) 0.5

95. $\left[\frac{(0.337+0.126)^2-(0.337-0.126)^2}{0.337\times 0.126}\right]$ का मान है।
(a) 4 (b) 0.211
(c) 0.463 (d) 0.4246

96. $\frac{(998)^2-(997)^2-45}{(98)^2-(97)^2}$ बराबर है:-

(a) 1995 (b) 195
(c) 95 (d) 10

97. $0.75\times7.5-2\times7.5\times0.25+0.25\times02.5$ बराबर है:
(a) 205 (b) 2500
(c) 2.5 (d) 25

98. $\frac{(3.63)^2-(2.37)^2}{3.63+2.37}$ का सरलीकृत मान है।

(a) 6 (b) 2.26
(c) 1.36 (d) 1.26

99. $(0.05\times5-0.005\times5)$ बराबर है:-
(a) 2.250 (b) 0.225
(c) 0.0225 (d) 0.275

100. $\frac{0.07\times0.07-0.0021+0.03\times0.03}{0.000343+0.000027}$ को सरल करने पर प्राप्त होता है:-

(a) 1.0 (b) 0.1
(c) 0.01 (d) 10

उत्तरमाला (Answer Key)

1. (a)	2. (d)	3. (b)	4. (b)	5. (c)	6. (a)	7. (a)	8. (b)
9. (b)	10. (a)	11. (a)	12. (b)	13. (b)	14. (b)	15. (d)	16. (c)
17. (a)	18. (b)	19. (c)	20. (b)	21. (d)	22. (b)	23. (c)	24. (c)
25. (c)	26. (a)	27. (b)	28. (b)	29. (b)	30. (a)	31. (d)	32. (a)
33. (b)	34. (b)	35. (c)	36. (a)	37. (c)	38. (c)	39. (a)	40. (c)
41. (c)	42. (a)	43. (a)	44. (a)	45. (b)	46. (b)	47. (b)	48. (b)
49. (c)	50. (b)	51. (b)	52. (c)	53. (c)	54. (d)	55. (d)	56. (b)
57. (a)	58. (c)	59. (b)	60. (a)	61. (b)	62. (c)	63. (d)	64. (c)
65. (d)	66. (c)	67. (c)	68. (d)	69. (c)	70. (d)	71. (b)	72. (a)
73. (d)	74. (d)	75. (b)	76. (d)	77. (a)	78. (c)	79. (d)	80. (a)
81. (a)	82. (a)	83. (b)	84. (d)	85. (a)	86. (a)	87. (a)	88. (c)
89. (b)	90. (d)	91. (b)	92. (b)	93. (b)	94. (b)	95. (b)	96. (d)
97. (c)	98. (d)	99. (b)	100. (d)				

हल (Solutions)

1. (a)
माना संख्याएँ x तथा y है।
$x+y=22$
$x^2+y^2=404$
$(x+y)^2=x^2+y^2+2xy$
$(22)^2 = 404 + 2xy$
$2xy = 484 - 404$
$2xy = 80$
$xy = 40$

2. (d)
माना दो संख्याएँ x तथा y हैं।
प्रश्नानुसार, $xy=45$ ....i)
$x-y=4$ ....ii)
समी. i) से,
$xy=45$
$$x=\frac{45}{y}$$
x का मान समी. ii) में रखने पर
$$\frac{45}{y}-y=4$$
$45-y^2-4y$
या $y^2+4y-45=0$
$y^2+(9-5)y-45=0$
$y^2+9y-5y-45=0$
$y(y+9)-5(y+9)=0$
$(y+9)(y-9)=0$
यदि $(y+9)=0$
$y=-9$ (असंभव)
$\therefore (y-5)=0$
$y=5$
y का मान समी. (ii) में रखने पर,
$x-5=4$
$x=9$
अतः संख्याओं के वर्गों का योग $=x^2+y^2$
$=9^2+5^2$
$=81+25$
$=106$

3. (b)
माना एक संख्या x, तब दूसरी संख्या $(42-x)$
तब, $x\times(42-x)=437$
$42x-x^2=437$
$x^2-42x+437=0$
$x(x-23)-19(x-23)=0$
$(x-23)(x-19)=0$
$x=19$, या $x=23$
अतः संख्याओं का अभीष्ट अन्तर
$=23-19=4$

4. (b)
माना दो संख्याएँ a व b हैं।
तब, $ab=11520$ ....(i)
तथा, $\frac{a}{b}=\frac{9}{5}$ ....(ii)
समी. (i) में (ii) से भाग देने पर,
$$\frac{ab}{\frac{a}{b}}=\frac{11520}{\frac{9}{3}}$$
$b^2=6400 \Rightarrow b=80$
$$a=\frac{11520}{80}=144$$
अन्तर $=144-80=64$

5. (c)
माना दो संख्याएँ x तथा y हैं।
प्रश्नानुसार,
$x+y=24$...........(i)
तथा $xy=143$........(ii)
समीकरण (i) को वर्ग करने पर
$(x+y)^2 = 576$
$x^2+y^2+2xy=576$
$x^2+y^2+2\times143=576$
$x^2+y^2=576-286$
$=290$

6. (a)
माना की दो संख्याएँ क्रमशः x और y हैं।
$x+y=40$
तथा $xy=375$
$$\therefore \frac{1}{x}+\frac{1}{y}=\frac{x+y}{xy}$$
$$\frac{40}{375}=\frac{8}{75}$$

7. (a)

माना संख्याएँ x और y है।

$x+y=5$ ....(i)

$xy=6$ ....(ii)

$\therefore x=\frac{6}{y}$

x का मान समी. (i) में रखने पर,

$\frac{6}{y}+y=5$

$6+y^2=5y$

$y^2-(3+2)y+6=0$

$y^2-3y-2y+6=0$

$y(y-3)-2(y-3)=0$

$(y-2)(y-3)=0$

यदि $y-3=0$ या $y-2=0$

तो $y=3$ $y=2$

y का मान सीम. i) में रखने पर,

$x+3=5$

$x=2$

इसलिए संख्या के वर्गों के व्युत्क्रमों का योग

$=\frac{1}{2^2}+\frac{1}{3^2}$

$=\frac{1}{4}+\frac{1}{9}$

$=\frac{13}{36}$

8. (b)

संख्या $=899k+63$

$29\times 31k+(29\times 2+5)$

$=29\times 31k+29\times 2+5$

$=29(31k+2)+5$

संख्या को 29 से भाग देने पर 5 प्राप्त होगा।

9. (b)

माना दी गई संख्या को 24 से भाग देने पर भागफल $=q$ तथा शेषफल $=16$

तब दी गई संख्या $=24q+16$

$=12\times 2q+12\times 1+4$

$=12\times(2q+1)+4$

10. (a)

$9)6709(745$

63
40
36
49
45
4

$\therefore$ जोडी जोने वाली संख्या $=9-4=5$

11. (a)

चार अंकों की सबसे बडी संख्या = 9999

अब $\frac{9999}{345}=28$ तथा शेषफल 339

$\therefore 345-339=6$

अत: स्पष्ट है कि 9999 में 6 जोडने पर योगफल 345 से विभाजित होगा।

12. (b)

शेषफल $=4$

तथा भाजक $=3\times 4=12$

$\therefore$ भागफल = भाजक/ 4 $=\frac{12}{4}=3$

अत: भाज्य = (भाजक $\times$ भागफल) + शेष

$=(12\times 3)+4$

$=40$

13. (b)

भागफल $=16$

भाजक $=16\times 25=400$

तथा शेष $=\frac{1}{5}\times 400=80$

$\therefore$ भाज्य = भाजक $\times$ भागफल + शेष

$=400\times 16+80=6480$

14. (b)

प्रश्नानुसार, माना संख्या x है, तब

भाजक	भाज्य	शेषफल
4	x	1
5	y	4

$\therefore y=(5\times 1+4)=9$

तब $x=4\times y+1$

$4\times 9+1=37$

$\therefore$ 5 व 6 का क्रमिक भाग करने पर,

5	37	
4	7	2
	1	3

अत: शेष क्रमश: 2 व 3 हैं।

15. (d)

पाँच अंकों की सबसे छोटी संख्या = 10000

$476)10000(21$

952
480
476
4

$\therefore$ अभीष्ट संख्या का = 22वाँ गुणज

$=476\times 22=10472$

16. (c)

माना संख्याएँ क्रमश: x व y बडी तथा छोटी हैं तब,

$xy=9375$ ......(i)

तथा $\frac{x}{y}=15$ ......(ii)

समी. (i) व (ii) से (भाग देने पर)

$15y \times y = 9375$

$y^2 = \frac{9375}{15} = 625$

$y = 25$

तब $x = 25 \times 15 = 375$

अत: $x + y$

$= 375 + 25$

$= 400$

17. (a)

माना कि संख्या x है।

$x = (555 + 445) \times (555 - 445) \times 2 + 30$

$= 1000 \times 220 + 30$

$= 220000 + 30 = 220030$

18. (b)

माना संख्याएँ a व b हैं।

तब, $ab = 2500$ ......(i)

तथा $a = 4b$ ......(ii)

$4b \times b = 2500$

$b^2 = \frac{2500}{4}$

$\therefore b = 25$ तथा $a = 100$

अत: दोनों संख्याओं का योग $a + b$

$= 25 + 100 = 125$

19. (c)

मना तीन संख्याएँ x, y, z हैं,

तब प्रश्न से,

$\therefore \; y \times z = 1073$

$zy = 19 \times 29$

$yz = 29 \times 37$

$x = 19$

$x \times y = 551$

$y = 29$ (y दोनों हिस्सो में है तथा 29 भी दोनों हिस्सों में है)

$z = 37$

$x + y + z = 19 + 29 + 37$

$= 85$

20. (b)

माना दों अंकों की संख्या $10x + y$ है जहाँ x दहाई अंक तथा y इकाई का अंक है, तब,

$(x + y) \times 5 = 10x + y$

$\therefore \; 5x + 5y = 10x + y$ ......(i)

$5x - 4y = 0$

तथा $10x + y + 9 = 10y + x$

$\therefore 9x - 9y = -9$ ....(ii)

$\therefore \; x - y = -1$

समी. (i) व (ii) से,

$x = 4$ तथा $y = 5$

अंकों का योग $-x + y = 4 + 5 = 9$

21. (d)

$$\frac{2}{1 + \frac{1}{1 - \frac{1}{2}}} \times \frac{3}{\frac{3}{2} \times \frac{5}{6} \div 1\frac{1}{4}}$$

$$= \frac{2}{1 + \frac{1}{\frac{1}{2}}} \times \frac{3}{\left(\frac{3}{2} \times \frac{5}{6}\right) \div \frac{5}{4}}$$

$$= \frac{2}{1 + 2} \times \frac{3}{\frac{15}{12} \times \frac{4}{5}}$$

$$= \frac{2}{3} \times \frac{3}{1} = 2$$

22. (b)

$$2 - x + \frac{1}{1 + \frac{1}{3 + \frac{1}{4}}}$$

$$\therefore \; 2 = x + \frac{1}{1 + \frac{1}{\frac{13}{4}}}$$

$$\therefore \; 2 = x + \frac{1}{1 + \frac{4}{13}}$$

$$\therefore \; 2 = x + \frac{1}{\frac{17}{13}}$$

$$\therefore \; 2 = x + \frac{13}{17}$$

$$\therefore \; 2 - \frac{13}{17} = x$$

$$x = \frac{21}{17}$$

23. (c)

$$x = 1 + \frac{1}{1 + \frac{1}{1 + \frac{1}{1 + \frac{1}{2}}}} \quad \Rightarrow 1 + \frac{1}{1 + \frac{1}{1 + \frac{2}{3}}}$$

$$1 + \frac{1}{1 + \frac{3}{5}} \quad \Rightarrow 1 + \frac{5}{8} = \frac{13}{8}$$

$$2x + \frac{7}{4} \quad \Rightarrow 2 \times \frac{13}{8} + \frac{7}{4}$$

$$\frac{13}{4} + \frac{7}{4} = \frac{20}{4} \quad \Rightarrow 5$$

24. (c)

$$1+\cfrac{1}{1+\cfrac{1}{1+\cfrac{1}{1+\cfrac{1}{1+\frac{2}{3}}}}}$$

$$=1+\cfrac{1}{1+\cfrac{1}{1+\cfrac{1}{1+\frac{3}{5}}}}$$

$$=1+\cfrac{1}{1+\cfrac{1}{1+\frac{5}{8}}}$$

$$=1+\cfrac{1}{1+\frac{8}{13}}$$

$$=1+\frac{13}{21}=\frac{34}{21}$$

25. (c)

$$\frac{1}{20}+\frac{1}{30}+\frac{1}{42}+\frac{1}{56}+\frac{1}{72}+\frac{1}{90}+\frac{1}{110}+\frac{1}{132}$$

$$\frac{5-4}{5\times4}+\frac{6-5}{6\times5}+\frac{7-6}{7\times6}+\ldots\ldots\frac{11-10}{11\times10}+\frac{12-11}{12\times11}$$

$$\frac{5}{5\times4}-\frac{4}{5\times4}+\frac{6}{6\times5}-\frac{5}{6\times5}-\frac{5}{6\times5}+\frac{7}{7\times6}$$

$$-\frac{6}{7\times6}+\frac{11}{11\times10}-\frac{10}{11\times10}+\frac{12}{12\times11}-\frac{11}{12\times11}$$

$$=\frac{1}{4}-\frac{1}{12}=\frac{3-1}{12}=\frac{2}{12}=\frac{1}{6}$$

26. (a)

भाज्य $=\frac{1}{2}-\frac{1}{4}+\frac{1}{5}-\frac{1}{6}=\frac{30-15+12-10}{60}=\frac{17}{60}$

भाजक $=\frac{2}{5}-\frac{5}{9}+\frac{3}{5}-\frac{7}{18}=\frac{36-50+54-35}{90}$

$=\frac{90-85}{90}=\frac{5}{90}=\frac{1}{18}$

अभीष्ट भागफल $=\frac{17}{60}\times\frac{18}{1}=\frac{51}{10}=5\frac{1}{10}$

27. (b)

प्रश्नानुसार, $x\times\frac{1}{5}=\frac{x}{7}+10$

या $\frac{x}{5}-\frac{x}{7}=10$ या $\frac{2x}{35}=10$

$\therefore\ x=\frac{35\times10}{2}=175$

संख्या $=$ 175

28. (b)

$$\frac{a}{3}=\frac{b}{4}=\frac{c}{7}$$

$$a=\frac{3b}{4},\ c=\frac{7b}{4}$$

$$\frac{a+b+c}{c}\Rightarrow\frac{\frac{3b}{4}+b+\frac{7b}{4}}{\frac{7b}{4}}$$

(a, b, c का मान रखने पर)

$$\frac{\frac{14b}{4}}{\frac{7b}{7}}\Rightarrow 2$$

29. (b)

दिया है $\frac{x}{y}=\frac{3}{4}$

$\therefore\ x=\frac{3y}{4}$

$$\frac{6}{7}+\frac{y-x}{y+x}\ \Rightarrow\frac{6}{7}+\frac{y-\frac{3y}{4}}{y+\frac{3y}{4}}$$

$$\frac{6}{7}+\frac{\frac{y}{4}}{\frac{7y}{4}}$$

$$=\frac{6}{7}+\frac{1}{7}=\frac{7}{7}=1$$

30. (a)

$$\frac{\frac{13}{4}-\frac{4}{5}\times\frac{5}{6}}{\frac{13}{3}\times\frac{5}{1}-\frac{215}{10}}$$

$$\frac{\frac{13}{4}-\frac{2}{3}}{\frac{65}{3}-\frac{13}{2}}\ \Rightarrow\frac{\frac{31}{12}}{\frac{1}{6}}$$

$$\frac{31\times6}{12}=\frac{31}{2}$$

$$=15\frac{1}{2}$$

अत: $15\frac{1}{2}$ में से $\frac{1}{2}$ घटाने पर पूर्णांक बन जाएगा।

31. (d)

15, 15, 18 का ल.स. $=2\times2\times3\times3\times5=180$

वर्ग तर्क रूप में व्यवस्थित करने के लिए सैनिकों की संख्या $=180\times180=32400$

32. (a)

अभीष्ट समय = 252, 308, 198 का ल.स.

$2 \times 2 \times 3 \times 3 \times 7 \times 11$

= 2772 सेकण्ड

= 46 मिनट 12 सेकण्ड

33. (b)

वर्गाकार टाइल की प्रत्येक भुजा = 68, 51 का म.स. = 17

एक वर्गाकार टाइल का क्षे. $= 17 \times 17$

टाइल्स की संख्या $= \dfrac{68 \times 51}{17 \times 17}$

$= 12$

34. (b)

20, 30, 40 का ल.स. $= 2 \times 2 \times 2 \times 3 \times 5$

$= 120$

60 मिनट = 1 घंटा

$\therefore$ 120 मिनट $= \dfrac{120}{60} = 2$ घंटा

$\because$ सभी घंटियाँ 11 बजे एक साथ बजती हैं।

$\therefore$ वे दोबारा पहली बार 2 घंटे बाद अर्थात् 1 बजे अपराह्न बजेंगी।

35. (c)

9, 12, 15 का ल.स. $= 2 \times 2 \times 3 \times 3 \times 5$

$= 180$

60 मिनट = 1 घंटा

180 मिनट $= \dfrac{180}{60} = 3$ घंटा

सभी घंटे 8.00 बजे प्रात: बजना प्रारंभ करते हैं इसलिए वे दोबारा पहली बार 3 घंटे बाद अर्थात् 11 बजे एक साथ बजेंगें।

36. (a)

4, 6, 8 और 14 का ल.स. = 168 सेकेण्ड

= 2 मिनट 48 सेकण्ड

$\therefore$ उनके पुन: एक साथ बजने का समय

= 12 बजकर 2 मिनट 48 सेकण्ड है।

37. (c)

माना संख्याएँ $3x$ तथा $3y$ है।

प्रश्नानुसार,

$3xy = 105$

ल.स. $= 3xy$

$3x + 3y = 36$

$3(x + y) = 36$

$x + y = 12$

व्युत्क्रमों का योग $= \dfrac{1}{3x} + \dfrac{1}{3y}$

$= \dfrac{y + x}{3xy}$

$= \dfrac{12}{105} = \dfrac{4}{35}$

38. (c)

चार अंकों की सबसे बडी संख्या = 9999

12, 18, 21 तथा 28 का ल0 स0 = $2 \times 2 \times 3 \times 3 \times 7 = 252$

(जो तीन अंकों की संख्या है)

252 में 39 से गुणा करने पर संख्या 9828 प्राप्त होती है जो चार अंकों की ऐसी बड़ी संख्या है जो 12, 18, 21 तथा 28 से विभाजित होती है।

39. (a)

4, 5 और 6 का ल0 स0 = $2 \times 2 \times 3 \times 5 = 60$

$4 - 1 = 3$

$5 - 2 = 3$

$6 - 3 = 3$

$\therefore$ सभी भाजक 4, 5 तथा 6 में से क्रमश: 1, 2 और 3 हटाने पर 3 आता है अत: 4, 5, 6 के ल0 स0 में से 3 हटाने पर 57 प्राप्त होता है।

अत: 57 में से 4, 5 तथा 6 से भाग देने पर 1, 2 तथा 3 शेष रहेगा।

40. (c)

माना संख्याएँ $15a$ तथा $15b$ है, जहाँ a और b सह अभाज्य है।

$15a \times 15b = 6300$

$ab = \dfrac{6300}{225} = 28$

a, b के सम्भव जोडे (1, 28) तथा (4, 7) होंगे।

41. (c)

माना संख्याएँ $13a$ तथा $13b$ है

$13a \times 13b = 13 \times 273$

$a \times b = \dfrac{13 \times 273}{13 \times 13} = 21$

अत: a तथा b के संभव जोडे जिनका गुणनफल 21 हो तथा सह अभाज्य हो (1, 21) तथा (3, 7) है।

अत: संभव संख्याओं के जोडे $(13 \times 1, 13 \times 21)$ तथा $(13 \times 3)(13 \times 7)$

अत: संख्याएँ (13, 273) (39, 91) होंगी

अत: ऐसे युग्म जिनमें प्रत्येक संख्या 13 से बडी है:-

$39 + 91 = 130$

42. (a)

200, 300, 360 और 450 का ल0स0

$= 2 \times 2 \times 2 \times 3 \times 3 \times 5 \times 5$

$= 1800$

अत: चारों धावक 1800 सेकेण्ड बाद दोबारा आरंभिक बिंदु पर मिलेंगे।

43. (a)

ल0स0 = 12 × म0स0

म0स0 + 12म0स0 = 403

13म0स0 = 403

म0स0 $= \dfrac{403}{13} = 31$

$\therefore$ ल0स0 = 31 × 12 = 372

दूसरी संख्या $= \dfrac{\text{ल0स0} \times \text{म0स0}}{\text{पहली संख्या}}$

$\dfrac{372 \times 31}{93} = 124$

44. (a)

$307 - 3 = 304$

तथा $330 - 7 = 323$

अतः अभीष्ट संख्या 304 और 323 का म0स0 होगी

304)323(1
 304
 19)304(16
 304
 ×

अतः अभीष्ट संख्या 19 होगी।

45. (b)

20, 28, 32, 35 का ल0 स0

$= 2\times2\times2\times2\times2\times5\times7 = 1120$

∴ घटाये जाने वाली सबसे बडी संख्या $= 5834 - 1120 = 4714$

46. (b)

3, 5, 6, 8, 10 और 12 का ल0 स0

$= 2\times2\times2\times3\times5 = 120$

∴ $8\times120 = 960$

$960+2 = 962$ जो कि 13 से पूर्णतया विभाज्य होगी।

47. (b)

∴ संख्याओं का योगफल उनके म0 स0 से पूर्णतः विभाज्य होता है।

∴ अभीष्ट संख्याओं का योग 29 से पूर्णतः विभाज्य होगा। अतः 696 ऐसी संख्या है जो 29 से पूर्णतः विभाज्य होगी।

48. (b)

माना कि संख्याएँ $4x$ तथा $5x$ है।

∴ इनका ल0 स0 $= 20x$

प्रश्नानुसार

$20x = 120$

$x = \dfrac{120}{20}$

$x = 6$

∴ अभीष्ट संख्या $= 4\times6 = 24$

तथा $= 5\times6 = 30$

49. (c)

21, 36, 66 का ल0 स0 $= 2\times2\times3\times3\times7\times11$

पूर्ण वर्ग संख्या $= 2\times2\times3\times3\times7\times7\times11\times11 = 213444$

50. (b)

5, 6, 7 एवं 8 का ल0 स0 $= 2\times2\times2\times3\times5\times7 = 840$

प्राप्त ल0 स0 में 3 जोडने पर प्राप्त संख्या 5, 6, 7 एवं 8 से विभाजित करने पर हमेशा 3 शेष छोडेगी।

संख्या $= 840+3 = 843$

परन्तु यह 9 से विभाजित नहीं होती है। अतः इसमें क्रमशः 1, 2, 3, 4 का गुणा करने पर प्राप्त संख्या 9 से विभाजित होगी वही उत्तर होगा।

अतः $840\times1+3 = 843$ (विभाजित नहीं)

$840\times2+3 = 1683$

जो 9 से पूर्णतः विभाजित है।

अतः अभीष्ट संख्या = 1683 होगी।

51. (b)

माना कि बाग में पेडों पक्तियों की संख्या x है।

∴ प्रत्येक पंक्ति में उतने ही पेड है जितनी की पेडों की पंक्तियाँ हैं।

कुल पेड़ $= x \times x = x^2$

प्रश्नानुसार,

$x^2 - 111 = 10914$

$x^2 = 11025$

$x = 105$

52. (c)

$\sqrt[3]{333+\sqrt[3]{987+\sqrt[3]{2197}}}$

$= \sqrt[3]{333+\sqrt[3]{987+\left\{(13)^3\right\}^{1/3}}}$

$= \sqrt[3]{333+10} = 7$

53. (c)

$\left[(50)^3 + (-30)^3 + (-20)^3\right]$

$= 125000 - 27000 - 8000$

$= 125000 - 35000$

$= 90000$

54. (d)

दिया है।

$1^3 + 2^3 + 3^3 + ... + 10^3 = 3025$

$2^3 + 4^3 + 6^3 + ... + 20^3$

$2^3(1^3 + 2^3 + 5^3 + ... + 10^3)$

$= 2^3 \times 3025$

$= 8 \times 3025$

$= 24200$

55. (d)

माना $a = .98$ तथा $b = 0.02$

∴ $a+b = 0.98+0.02 = 1.00$

∴ $a^3 + b^3 + 3ab(a+b) - 1$

$(a+b)^3 - 1$

$1^3 - 1 = 0$

56. (b)

$9^3 = 729$

∴ $729 - 710 = 19$

अतः 710 में 19 जोडने पर योगफल एक पूर्ण घन संख्या प्राप्त होगी।

57. (a)

$3000 = 3\times1000 = 3\times10^3$

अत: स्पष्ट है कि 3000 में 3 से भाग देने पर भागफल 1000 प्राप्त होगा जो कि एक पूर्ण घन संख्या है।

58. (c)

$1^3+2^3+3^3+4^3+5^3 = 225$

$2^3+4^3+6^3+8^3+10^3$

$2^3(10^3+2^3+3^3+4^3+5^3)$

$= 2^3\times225$

$= 8\times225 = 1800$

59. (b)

A का मान विकल्प (a) से 200 रखने पर $90\times200 = 18000$ (जो पूर्ण घन नहीं है)

A का मान विकल्प (b) से 300 रखने पर $90\times300 = 27000$ (जो की पूर्ण घन है)

A का मान विकल्प (c) से 500 रखने पर $90\times500 = 45000$ (जो की पूर्ण घन नहीं है)

A का मान विकल्प (d) से 600 रखने पर $90\times600 = 54000$ (जो कि एक पूर्ण घन नहीं है)

अत: A का मान 300 होगा।

60. (a)

$\sqrt[3]{1372}\times\sqrt[3]{1458}\div\sqrt[3]{343}$

$= \left(\frac{1372\times1458}{343}\right)^{1/3}$

$= (18^3)^{1/3} = 18$

61. (b)

$\sqrt[3]{4\frac{12}{125}}$

$\sqrt[3]{\frac{512}{125}} = \frac{8}{5} = 1.6$

62. (c)

$\sqrt[3]{0.000216}$

$\sqrt[3]{0.06\times0.06\times0.06} = 0.06$

63. (d)

$\sqrt[3]{\frac{7}{875}}$

$\left(\frac{7}{875}\right)^{1/3}$

$\left(\frac{1}{125}\right)^{1/3}$

$\left(\frac{1}{5}\right)^{3\times\frac{1}{3}} = \frac{1}{5}$

64. (c)

$\because\ 175616^{1/3} = \sqrt[3]{175616}$

$= \sqrt[3]{175616} = 56$

$\sqrt[3]{175.616} = 5.6$

तथा $\sqrt[3]{0.175616} = 0.56$

$\therefore$ व्यंजक

$\sqrt[3]{175.616}+\sqrt[3]{0.175616}+\sqrt[3]{0.000175616}$

$= 5.6+0.56+0.056 = 6.216$

65. (d)

माना पूर्णांक x है।

$x^3-x^2 = 48$

$x^3-x^2-48 = 0$

$(4)^3-(4)^2-48 = 0$

$x = 4$

66. (c)

$2\sqrt[3]{32}-3\sqrt[3]{4}+\sqrt[3]{500}$

$= 2(32)^{1/3}-3(4)^{1/3}+(500)^{1/3}$

$= 2\times2\,(4)^{1/3}-3(4)^{1/3}+5(4)^{1/3}$

$= 6\times4^{1/3} = 6\sqrt[3]{4}$

67. (c)

माना कि $a = \sqrt[3]{3.5}$

$b = \sqrt[3]{2.5}$

दिया गया व्यंजक $= (a+b)(a^2-ab+b^2)$

$= a^3+b^3$

$= (\sqrt[3]{3.5})^3+(\sqrt[3]{2.5})^3$

$= (3.5)^{3\times\frac{1}{3}}+(2.5)^{3\times\frac{1}{3}}$

$= 3.5+2.5 = 6.0$

68. (d)

$1323 = 3\times3\times3\times7\times7$

$\therefore$ अभीष्ट संख्या = 7

अत: 1323 में 7 से गुणा करने पर पूर्ण घन संख्या प्राप्त होगी।

69. (c)

प्रश्न से,

$1800 = 2\times2\times2\times5\times5\times3\times3 = 2^3\times5^2\times3^2$

अत: $3\times5 = 15$ से गुणा करने पर संख्या पूर्ण घन अर्थात् 2700 होगी।

अत: न्यूनतम संख्या 15 के अंकों का योग $= 1+5 = 6$

70. (d)

$392 = 2\times2\times2\times7\times7$

$392\times2 = 784$ जो कि एक पूर्ण वर्ग संख्या है।

अत: 392 में 2 से गुणा करने पर एक पूर्ण वर्ग संख्या 784 प्राप्त होगी।

71. (b)

$$\frac{(243)^{n/5}\cdot 3^{2n+1}}{9^n\cdot 3^{n-1}}=\frac{3^{5\times\frac{n}{5}}\cdot 3^{2n+1}}{3^{2n}\cdot 3^{n-1}}$$
$$=3^{n+2n+1-2n-n+1}$$
$$=3^2=9$$

72. (a)

$$(100)^{1/2}\times(0.001)^{1/3}-(0.0016)^{1/4}\times 3^0+\left(\frac{5}{4}\right)^{-1}$$
$$=(10^2)^{1/2}\times(10^{-3})^{1/3}-(0.2^4)^{1/4}\times 1+\frac{4}{5}$$
$$=10\times\frac{1}{10}-\frac{1}{5}+\frac{4}{5}$$
$$=1-\frac{1}{5}+\frac{4}{5}$$
$$=\frac{8}{5}=1.6$$

73. (d)

दिए गए व्यंजक $=\left(\frac{1}{3+2\sqrt{2}}\right)^3+\left(\frac{1}{3-2\sqrt{2}}\right)^3$

$$=\left(\frac{3-2\sqrt{2}}{9-8}\right)^3+\left(\frac{3+2\sqrt{2}}{9-8}\right)^3$$
$$=\left(3^3-2\sqrt{2}^3\right)-3\cdot 3\cdot 2\sqrt{2}\left(3-2\sqrt{2}\right)+\left(3^3+2\sqrt{2}^3\right)+3\cdot 32\sqrt{2}\left(3+2\sqrt{2}\right)$$
$$=\ 27-54\sqrt{2}+72+27+54\sqrt{2}+72=198$$

74. (d)

$$3^{x+8}=27^{2x+1}$$
$$3^{x+8}=3^{6x+3}$$
$$x+8=6x+3$$
$$x=1$$

75. (b)

$$(16^{3/2}+16^{-3/2})$$
$$=(4^2)^{3/2}+(4^2)^{-3/2}$$
$$=4^3+4^{-3}$$
$$=64+\frac{1}{64}=\frac{4097}{64}$$

76. (d)

$$(256)^{0.16}(256)^{0.09}$$
$$=(256)^{0.16+0.09}$$
$$(256)^{0.25}$$
$$=(256)^{1/4}=(4^4)^{1/4}=4$$

77. (a)

$$(64)^{-2/3}\times\left(\frac{1}{4}\right)^{-2}$$
$$=(4^3)^{-2/3}\times(4^{-1})^{-2}$$
$$=4^{-2}\times 4^2=4^0=1$$

78. (c)

$$(0.01024)^{1/5}=\left(\frac{1024}{100000}\right)^{1/5}$$
$$=\left[\left(\frac{4}{10}\right)^5\right]^{1/5}=\frac{4}{10}=0.4$$

79. (d)

$$(36)^{1/6}=(6^2)^{1/6}$$
$$=6^{\frac{1}{3}}=\sqrt[3]{6}$$

80. (a)

$$\left(\frac{8}{125}\right)^{-4/3}=\left\{\left(\frac{2}{5}\right)^3\right\}^{-4/3}$$
$$=\left(\frac{2}{5}\right)^{-4}=\left(\frac{5}{2}\right)^4$$
$$=\frac{625}{16}$$

81. (a)

$$\left[1-2(1-2)^{-1}\right]^{-1}$$
$$\left[1-2(-1)^{-1}\right]^{-1}$$
$$=\left[1-2\left(\frac{1}{-1}\right)\right]^{-1}$$
$$=[1+2]^{-1}=\frac{1}{3}$$

82. (a)

$$27^{2x-1}=(243)^3$$
$$(3^3)^{2x-1}=(3^5)^3$$
$$6x-3=15$$
$$6x=18$$
$$\therefore\ x=\frac{18}{6}=3$$

83. (b)

$$\left(\frac{1}{2}\right)^{-2}\times\left(\frac{1}{3}\right)^{-2}\times\left(\frac{1}{4}\right)^{-2}$$
$$=(2^{-1})^{-2}\times(3^{-1})^{-2}\times(4^{-1})^{-2}$$
$$=2^2\times 3^2\times 4^2=576$$

84. (d)

माना $x=5^{1/2}\cdot 5^{1/4}\cdot 5^{1/8}$

दोनों पक्षों का वर्ग करने पर

$x^2=5\cdot(5^{1/2},5^{1/4},5^{1/8}.......)$

या $x^2=5x$

$x^2-5x=0$

$x(x-5)=0$

$x=0$ जो सम्भव नहीं है।

अत: $x-5=0$

$\therefore\ x=5$

85. (a)

$$\left\{(-2)^{(-2)}\right\}^{(-2)}$$

जब किसी संख्या के घात के ऊपर घात होता है तो घातों का आपस में गुणा हो जाता है।

$$=(-2)^{(-2)\times(-2)}$$
$$=(-2)^4=16$$

86. (a)

$$\left[\left\{\left(\frac{-1}{2}\right)^2\right\}^{-2}\right]^{-1} = \frac{1}{\left[\left\{\left(-\frac{1}{2}\right)^2\right\}^{-2}\right]}$$

$$\frac{1}{\frac{1}{\left[\left\{\left(-\frac{1}{2}\right)^2\right\}^{-2}\right]}} = \left(-\frac{1}{2}\right)^4 = \frac{1}{16}$$

87. (a)

-0.2

$(0.2)^2 = 0.04$

$(-0.2)^3 = -0.008$

$(-0.2)^4 = 0.0016$

$\because$ चिह्न के साथ जो संख्या सबसे बडी होती है वास्तव में वह सबसे छोटी होती है।

अत: स्पष्ट है कि सबसे छोटी संख्या (0.2) है।

88. (c)

$$\left[\left(\sqrt[5]{x^{-3/5}}\right)^{-5/3}\right]^5$$

$$= x^{\left(\frac{-3}{5}\right)\times\frac{1}{5}\left(-\frac{5}{3}\right)\times 5}$$

$$= x^1 = x$$

89. (b)

$$(0.04)^{-(1.5)} = \frac{1}{(0.04)^{1.5}}$$

$$= \frac{1000}{8} = 125$$

90. (d)

$$\left(\frac{1}{2}\right)^{-1/2} = \frac{1}{\left(\frac{1}{2}\right)^{1/2}}$$

$$= (2)^{1/2} = \sqrt{2}$$

91. (b)

यदि $a+b+c=0$

तो $a^3+b^3+c^3 = 3abc$

$\because\ 0.111 + 0.222 - 0.333 = 0$

$\therefore\ (0.111)^3 + (0.222)^3 + (-0.333)^3$

$= 3(0.111)(0.222)(-0.333)$

$\therefore\ \left[(0.111)^3 + (0.222)^3 - (0.333)^3 + (0.333)^2 \times (0.222)^2\right]$

$= \left[3(0.111) + (0.222)(-0.333) + (0.333)^2(0.222)^3\right]$

$= \left[(0.222)(0.333) \times \{-3(0.111) + 0.333\}\right]^3$

$= \left[(0.222)(0.333)(0)\right]^3 = 0$

92. (b)

$$\frac{3}{1^2\cdot 2^2} + \frac{5}{2^2\cdot 3^2} + \frac{7}{3^2\cdot 4^2} + \frac{9}{4^2\cdot 5^2} + \frac{11}{5^2\cdot 6^2} + \frac{13}{6^2\cdot 7^2} + \frac{15}{7^2\cdot 8^2} + \frac{17}{8^2\cdot 9^2} + \frac{19}{9^2\cdot 10^2}$$

$$= 1 - \frac{1}{4} + \frac{1}{4} - \frac{1}{9} + \frac{1}{9} - \frac{1}{16} + \frac{1}{16} - \frac{1}{25} + \ldots\ldots + \frac{1}{64} - \frac{1}{81} + \frac{1}{81} - \frac{1}{100}$$

$$\frac{1}{81} - \frac{1}{100}$$

$$= 1 - \frac{1}{100} = \frac{99}{100}$$

93. (b)

$$\frac{3.157 \times 4126 \times 3.198}{63.972 \times 2835.121}$$

$$= \frac{3157 \times 4126 \times 3198}{63972 \times 2835121} = 0.2$$

94. (b)

$$\frac{0.1\times 0.1\times 0.1 + 0.02\times 0.02\times 0.02}{0.2\times 0.2\times 0.2 + 0.04\times 0.04\times 0.04}$$

$$= \frac{.001 + .000008}{.008 + .000064}$$

$$= \frac{.001008}{.008064}$$

$$= \frac{1008}{8064} = \frac{1}{8} = 0.125$$

95. (b)

माना $a = 0.337$ तथा $b = 0.126$

$$\frac{(a+b)^2 - (a-b)^2}{ab}$$

$$= \frac{a^2 + b^2 + 2ab - a^2 - b^2 + 2ab}{ab}$$

$$= \frac{4ab}{ab} = 4$$

96. (d)

$$\frac{(998)^2 - (997)^2 - 45}{(98)^2 - (97)^2}$$

$$= \frac{(998+997)(998-997) - 45}{(98+97)(98-97)}$$

$$= \frac{1995\times 1 - 45}{195\times 1} = \frac{1950}{195} = 10$$

97. (c)

$0.75\times 7.5 - 2\times 7.5\times 0.25 + 0.25\times 0.25$

$= 10(0.75\times 0.75 - 2\times 0.75\times 0.25 + 0.25\times 2.5)$

$= 10(0.75 - 0.25)^2$

$\because\ (a-b)^2 = a^2 - 2ab + b^2$

$= 10\times .25 = 2.5$

98. (d)

माना $a = 3.63$ तथा $b = 2.37$

$$\frac{a^2 - b^2}{a + b}$$

$$\frac{(a+b)(a-b)}{(a+b)}$$

$3.63 - 2.37 = 1.26$

99. (b)

$0.5 \times 5 - 0.005 \times 5$

$= 0.25 - 0.025 = 0.225$

100. (d)

माना $a = 0.07$ तथा $b = 0.03$

$$\frac{a^2 - ab + b^2}{a^3 + b^3}$$

$$\frac{a^2 - ab + b^2}{(a+b)(a^2 + b^2 - ab)}$$

$\frac{1}{a+b}$ (a और b का मान रखने पर)

$$= \frac{1}{0.07 + 0.03}$$

$$= \frac{1}{.10} = 10$$

भाग–2 : अंक गणित (Arithmetic) – II

औसत
Average

किन्ही परिणामों का औसत ज्ञात करने के लिए दिये गये परिमाणों के योग में, परिणामों की कुल संख्या से भाग देतें हैं।

अर्थात्

$$\text{औसत} = \left(\frac{\text{दिये गए परिणामों का योग}}{\text{परिणामों की कुल संख्या}}\right)$$

उदाहरण (Examples)

1. 7 वर्ष पूर्व शादी के समय पति एवं पत्नी की औसत आयु 25 वर्ष थी। अब पत्नी, पति तथा एक बच्चे की औसत आयु 22 वर्ष है। बच्चे की आयु कितनी है?

   7 वर्ष पूर्व पति तथा पत्नी की कुल आयु

   $= (25 \times 2) = 50$ वर्ष

   अब पति तथा पत्नी की कुल आयु $= [50 + (7 \times 2)]$ वर्ष $= 64$ वर्ष

   अब पति, पत्नी एवं बच्चे की कुल आयु $= (3 \times 22)$ वर्ष $= 66$ वर्ष

   बच्चे की अब आयु $= (66 - 64)$ वर्ष $= 2$ वर्ष

2. एक स्थान P से दूसरे स्थान Q तक एक मोटर साईकिल सवार की औसत गति 65 कि0मी0 प्रति घण्टा है तथा Q से P तक आने में इसकी औसत गति 60 कि0मी0 प्रति घण्टा है। पूरी यात्रा में उसकी औसत गति क्या है?

   माना P से Q तक की दूरी $= x$ कि0मी0

   कुल यात्रा की दूरी $= 2x$ कि0मी0

   कुल यात्रा में लगा समय $= \left(\frac{x}{65} + \frac{x}{60}\right)$

   $\frac{25x}{780} = \frac{5x}{156}$ घण्टे।

   कुल यात्रा में औसत चाल $\left(2x \times \frac{156}{5x}\right)$ कि0मी0/घंटा

   $= 62.4$ कि0मी0/घंटा

दूसरी विधिः-

पूरी यात्रा में औसत चाल $= \frac{2xy}{x+y}$ कि0मी0/घंटा

$\left(\frac{2 \times 65 \times 60}{125}\right)$ कि0मी0/घंटा $= 62.4$ कि0मी0/घंटा

3. क्रिकेट के एक खिलाड़ी ने 11 पारियों में कुछ रन बनाये। 12वीं पारी में उसने 90 रन बनाये तथा इससे उसकी औसत रन संख्या में 5 की वृद्धि हो गई। 12 वीं पारी के बाद इस खिलाड़ी की औसत रन संख्या ज्ञात करें।

   माना 12 वीं पारी के बाद औसत रन संख्या $= x$

   तब, 11 वीं पारी के बाद औसत रन संख्या $= (x - 5)$

   12 वीं पारी की रन संख्या $= (12x - 11)(x - 5)$

   $= x + 55$

   $\therefore x + 55 = 90$

   $x = 35$

4. 40 विद्यार्थियों की औसत ऊँचाई 163 से0 मी0 है। एक दिन तीन विद्यार्थी यदि P Q R अनुपस्थित रहें। शेष 37 विद्यार्थियों की औसत ऊँचाई 162 से0 मी0 है यदि P तथा Q की ऊँचाई समान हो तथा R की ऊँचाई P से 2 से0 मी0 कम हो तो, P, Q, R में से प्रत्येक की ऊँचाई ज्ञात करें।

   माना P, Q, R ऊँचाइयाँ क्रमशः x से0मी0, x से0मी0, $(x - 2)$ से0मी0 हैं।

   तब $x + x + (x-2) = 163 \times 40 - 162 \times 37$

   $2x(x-2) = 6520 - 5994$

   $2x^2 - 4x - 526 = 0$

   इसे हल करने पर x का मान ज्ञात होगा।

5. एक समिति के 8 सदस्यों की औसत आयु 40 वर्ष थी। एक 55 वर्षीय सदस्य के सेवानिवृत होने पर इसके स्थान पर एक 39 वर्षीय व्यक्ति इस समिति का सदस्य बन जाता है। वर्तमान समिति की औसत आयु क्या है?

   वर्तमान समिति के सदस्यों की कुल आयु

   $(40 \times 8 - 55 + 39) = 30$ वर्ष

   समिति की औसत आयु $= \left(\frac{304}{8}\right)$ वर्ष

   $= 38$ वर्ष

अभ्यास प्रश्न

1. एक व्यक्ति का किसी वर्ष के प्रथम पाँच माह का औसत व्यय 5000 रूपये तथा अगले सात माह का 5400 रूपये है। वह पूरे वर्ष में 2300 रूपये की बचत करता है, उसकी औसत मासिक आय क्या है?
   (a) 5,425 रू0 (b) 5,500 रू0
   (c) 5,446 रू0 (d) 5,600 रू0

2. एक फैक्ट्री के कुछ कर्मचारियों की औसत दैनिक मजदूरी 92 रू0 है। फैक्ट्री में कुल 300 पुरूष और 200 महिला कर्मचारी हैं। प्रत्येक महिला कर्मचारी की मजदूरी एक पुरूष कर्मचारी की मजदूरी से 20 रू0 कम है तो एक पुरूष कर्मचारी की दैनिक मजदूरी क्या है?
   (a) 80 रू0 (b) 96 रू0
   (c) 100 रू0 (d) 120 रू0

3. A,B,C की औसत दैनिक आय 450 रू0 है। यदि A तथा B की औसत दैनिक आय 400 रू0 एवं B तथा C की औसत आय 430 रू0 है, तो की दैनिक आय होगी:-
   (a) 300 रू0 (b) 310 रू0
   (c) 375 रू0 (d) 425 रू0

4. x तथा y की औसत मासिक आय 5050 रू0 है। y और z की औसत मासिक आय 6256 रू0 है x तथा z और की औसत मासिक आय 5200 रू0 है तो x की मासिक आय क्या है?
   (a) 4050 रू0 (b) 3500 रू0
   (c) 4000 रू0 (d) 5000 रू0

5. किसी वर्ष में, एक व्यक्ति की मासिक औसत आय 3400 रूपये है और पहले आठ महीनों की औसत मासिक आय 3160 रू0 है तथा अन्तिम पॉच महीनों की औसत आय 4120 रू0 है तो इस वर्ष के आठवें महीने में उसकी की आय क्या है।
   (a) 5080 रू0 (b) 6080 रू0
   (c) 5180 रू0 (d) 3880 रू0

6. A, B तथा C का औसत साप्ताहिक वेतन 4000 रू0 तथा B, C और D का 5000 रू0 है। यदि A का साप्ताहिक वेतन 2750 रू0 है तो D का साप्ताहिक वेतन क्या है?
   (a) 5750 रू0 (b) 4750 रू0
   (c) 5280 रू0 (d) 3800 रू0

7. किसी फैक्ट्री में कामगारों का कुल साप्ताहिक पारिश्रमिक 1534 रू0 है। एक कामगार का औसत साप्ताहिक पारिश्रमिक 118 रू0 है तो फैक्ट्री में कामगारों की संख्या क्या है?
   (a) 16 (b) 14
   (c) 13 (d) 12

8. एक किकेट खिलाड़ी की 10 पारियों के रनों का औसत 32 था खिलाड़ी अगली पारी में कितने रन बनाए, ताकि उसके रनों का औसत 4 अधिक हो जाए?
   (a) 76 (b) 70
   (c) 4 (d) 2

9. एक क्रिकेट खिलाड़ी का उसके द्वारा खेली गयी 40 पारियों की बल्लेबाजी का औसत 50 रन है। उसका सर्वाधिक स्कोर उसके निम्नतम स्कोर से 172 रन अधिक है। यदि दोनों पारियों के रन को हटा दें तो शेष 38 पारियों का उसके बल्लेबाजी का औसत 48 रन रह जाता है। खिलाड़ी का सर्वाधिक स्कोर क्या है?
   (a) 165 रन (b) 170 रन
   (c) 172 रन (d) 174 रन

10. किक्रेट के किसी खिलाड़ी का उसके द्वारा खेली गयी 8 पारियों में बनाए गये रनों का कोई औसत हैं। नौवीं पारी में वह 100 रन बनाता है, जिससे उसके रनों के औसत में 9 की वृद्धि हो जाती है। उसके रनों का नया औसत क्या है।
    (a) 20 (b) 24
    (c) 28 (d) 32

11. प्रथम 100 घन पूर्णाकों का औसत होगा
    (a) 100 (b) 51
    (c) 50.5 (d) 49.5

12. 100 से कम सभी विषम संख्याओं का औसत क्या होगा?
    (a) 49.5 (b) 50
    (c) 50.5 (d) 51

13. पॉच संख्याओं का औसत 7 है। नई संख्याएँ सम्मिलित करने पर आठ संख्याओं का औसत 8.5 हो जाता है। तीन नई संख्याओं का औसत होगा:-
    (a) 9 (b) 10.5
    (c) 11 (d) 11.5

14. नौ लगातार आने वाली विषम संख्याओं का औसत 53 है। उनमें सबसे छोटी विषम संख्या क्या होगी?
    (a) 23 (b) 27
    (c) 35 (d) 45

15. सात लगातार आने वाले घन पूर्णाकों का औसत 26 है। इन पूर्णांकों में सबसे छोटा पूर्णांक क्या है?
    (a) 21 (b) 23
    (c) 25 (d) 26

16. पॉच संख्याओं का औसत 27 है, यदि उनमें से एक संख्या निकाल दी जाए तो औसत 25 हो जाता है। निकाली गई संख्या क्या है?
    (a) 25 (b) 30
    (c) 27 (d) 35

17. 20 संख्याओं का औसत 12 है। पहली 12 संख्याओं का औसत 11 है तथा अगली 7 संख्याओं का औसत 10 है तो अंतिम संख्या क्या होगी?
    (a) 40 (b) 38
    (c) 48 (d) 50

18. 8 क्रमिक संख्याओं का औसत 6.5 है। उनमें से सबसे छोटी तथा सबसे बड़ी संख्याओं का औसत क्या होगा?
    (a) 4 (b) 6.5
    (c) 7.5 (d) 9

19. 7 क्रमिक संख्याओं का औसत 20 हो, तो उन संख्याओं में सबसे बड़ी संख्या बताइए:-
(a) 24 (b) 23
(c) 22 (d) 20

20. प्रथम पाँच अभाज्य संख्याओं का औसत क्या है?
(a) 7.0 (b) 7.8
(c) 8.0 (d) 8.7

21. पाँच संख्याओं का औसत 46 है तथा उनमें से प्रथम चार का औसत 45 है। पाँचवीं संख्या क्या है?
(a) 9 (b) 45
(c) 46 (d) 50

22. 10 संख्याओं का औसत 15 परिकलित किया गया है। बाद में पता लगता है कि औसत परिकलित करते समय एक संख्या 36 को गलती से 26 पढ़ लिया गया था तो सही औसत क्या है?
(a) 20 (b) 18
(c) 16 (d) 54

23. n संख्याओं का औसत x है। यदि दो संख्याओं में प्रत्येक से 36 घटा दें, तो नया औसत $(x - 8)$ हो जाता है। तो n का मान क्या होगा?
(a) 6 (b) 8
(c) 9 (d) 72

24. पाँच लगातार आने वाली प्राकृत संख्याओं का औसत m है। यदि अगली तीन प्राकृत संख्याओं को भी सम्मिलित कर लिया जाए, तो इन 8 संख्याओं का औसत m से कितना अधिक हो जाएगा?
(a) 2 (b) 1
(c) 1.4 (d) 1.5

25. 30 परिणामों का औसत 20 है तथा अन्य 20 परिणामों का औसत 30 है सभी परिणामों का औसत क्या है?

26. एक विद्यार्थी को निम्न 12 संख्याओं का अंकगणितीय माध्य निकालने के लिए कहा गया - 3,11,7,9,15,13,8,19,17,21,14 तथा x. इनका माध्य 12 निकला। x का मान होगा:-
(a) 13 (b) 17
(c) 7 (d) 31

27. तीन संख्याओं का औसत 60 है यदि उनमें पहली संख्या, शेष दो संख्याओं के योग के $\frac{1}{4}$ के बराबर हो, तो पहली संख्या क्या है?
(a) 30 (b) 36
(c) 42 (d) 45

28. तीन क्रमिक विषम संख्याओं का औसत, उनमें पहली संख्या की एक तिहाई से 12 अधिक है। तदनुसार उन तीनों में अंतिम संख्या कौन सी है?
(a) 15 (b) 17
(c) 19 (d) 22

29. तीन संख्याओं में से पहली संख्या दूसरी की दुगुनी तथा दूसरी संख्या तीसरी की तीन गुनी है। यदि तीनों संख्याओं का औसत 10 हो, तो सबसे बड़ी संख्या क्या होगी?
(a) 12 (b) 15
(c) 18 (d) 30

30. 50 प्रेक्षणों का माध्य 36 था, बाद में यह पता चला कि एक प्रेक्षण 48 को गलती से 23 ले लिया गया है, संशोधित माध्य है।
(a) 35.2 (b) 36.1
(c) 36.5 (d) 39.1

उत्तरमाला (Answer Key)

1. (a)	2. (c)	3. (b)	4. (c)	5. (a)	6. (a)	7. (c)	8. (a)
9. (d)	10. (c)	11. (c)	12. (d)	13. (c)	14. (d)	15. (b)	16. (d)
17. (b)	18. (b)	19. (b)	20. (b)	21. (d)	22. (c)	23. (c)	24. (d)
25. (a)	26. (c)	27. (b)	28. (c)	29. (c)	30. (c)		

हल (Solutions)

1. (a)

5 माह का औसत व्यय = 5000 रू0

कुल व्यय = 5000 × 5

= 25000 रू0

7 माह का औसत व्यय = 5400 रू0

कुल व्यय = 5400 × 7

= 37800 रू0

12 माह का व्यय = 25000 + 37800 = 62800 रू0

कुल आय = 62800 + 2300 रू0 = 65100 रू0

मासिक औसत आय $= \frac{65400}{12} = 5425$ रू0

2. (c)

माना एक पुरूष कर्मचारी की दैनिक मजदूरी x है।

कुल पुरूष और महिला = 300 + 200 = 500

कुल मजदूरी = 500 × 92

= 46000

∴ महिला कर्मचारी की मजदूरी पुरूष कर्मचारी की मजदूरी से 20 रू0 कम है।

$46000\ (x-20) \times 200 + 300 \times x$

$46000 = 200x - 4000 + 300\,x$

$46000 = 500x - 4000$

$46000 + 4000 = 500\,x$

$x = \frac{46000+4000}{500} = \frac{50000}{500}$

$x = 100$

एक पुरूष की मजदूरी = 100 रू0

3. (b)

(A + B + C) की कुल दैनिक आय = 450 × 3 = 1350 रू0

(A + B) की कुल दैनिक आय = 400 × 2 = 800 रू0

(B + C) की कुल दैनिक आय = 430 × 2 = 860

∴ B की कुल दैनिक आय = (860 + 860) − 1350

= 310 रु0

4. (c)

$(x+y)$ की कुल आय $= 2\times5050 = 10100$

$(y+z)$ की कुल आय $= 2\times6250 = 12500$

$(x+z)$ की कुल आय $= 2\times5200 = 10400$

$\therefore\ 2(x+y+z) = 33000$

$(x+y+z) = 16500$

∴ x की मासिक आय $= (x+y+z)-(y+z)$

$= 16500 - 12500$

$= 4000$ रुपए

5. (a)

आठवें महीने की आय $= (3160\times8+4120\times5)-3400\times12$

= 5080 रुपया

6. (a)

(A + B + C) का साप्ताहिक वेतन $= 4000\times3$

= 12000 रु0

(B + C + D) का साप्ताहिक वेतन $= 5000\times3$

= 15000 रु0

(A + B + C + D) का कुल वेतन = 2750 + 15000

= 17750 रु0

∴ D का वेतन = 17750 − 12000 = 5750 रु0

7. (c)

कामगारों की कुल साप्ताहिक पारिश्रमिक = 1534 रू0

अत: यदि 1 कामगार का औसत साप्ताहिक पारिश्रमिक = 118 रू0 है तो फैक्ट्री में कामगारों की संख्या $= \frac{1534}{118} = 13$ है।

8. (a)

माना की खिलाड़ी अगली पारी में x रन बनाता है।

$10\times32 + x = (32+4)\times11$

$x = 396 - 320$

$x = 76$

9. (d)

कुल पारियों में बनाया गया कुल रन $= 40\times50 = 2000$ रन

38 पारियों में बनाया गया कुल रन $= 38\times48 = 1824$ रन

अन्तर = 2000 − 1824 = 176 रन

दोनों पारियों को घटाने के बाद सर्वाधिक रन = 176 − 2 = 174 रन

10. (c)

माना 8 पारियों की औसत रन संख्या x है,

$\frac{8x+100}{9} = x+9$

$8x+100 = 9(x+9)$

$8x+100 = 9x+81$

$100-81 = 9x-8x$

$x = 19$

रनों का नया औसत = 19 + 9 = 28 रन

11. (c)

औसत $= \frac{1+100}{2}$

$= \frac{101}{2} = 50.5$

12. (d)

औसत $= \frac{1+3+5+7+9............+99}{50}$

$= \frac{2500}{50} = 50$

13. (c)

पाँच संख्याओं का औसत = 7

कुल योग $= 5 \times 7 = 35$

आठ संख्याओं का औसत = 8.5

कुल योग $= 8.5 \times 8 = 68.00$

तीन नयी संख्याओं का योग = 68 − 35 = 33

तीन नयी संख्याओं का औसत $= \frac{33}{3} = 11$

14. (d)

सबसे छोटी विषम संख्या = 53 − (9 − 1)
= 53 − 8 = 45

15. (b)

माना सात लगातार आने वाले घनपूर्णांक

$x, x+1, x+2, x+3, x+4, x+5, x+6$

औसत $= \frac{\text{प्रथम संख्या + अंतिम संख्या}}{2}$

औसत $= \frac{x+x+6}{2} = 26$

$2x + 6 = 52$

$2x = 46$

$x = 23$

∴ सबसे छोटी संख्या $x = 23$

16. (d)

अभीष्ट संख्या $= 5 \times 72 - 4 \times 25$
$= 135 - 100 = 35$

17. (b)

अंतिम संख्या

$20 \times 12 - (12 \times 11 + 7 \times 10)$

$= 240 - (132 + 70)$

$= 240 - 202 = 38$

18. (b)

माना सबसे छोटी संख्या $= x$

तथा सबसे बड़ी संख्या $= x + 7$

औसत $= \frac{8x+(1+2+3+4+5+6+7)}{8} = 6.5$

$8x + 28 = 52$

$8x = 24$

छोटी संख्या $x = 3$

बड़ी संख्या $2x + 7 = 10$

औसत $= \frac{3+10}{2} = \frac{13}{2} = 5.5$

19. (b)

माना क्रमिक संख्याएँ $x, x+1, x+2, x+3, x+4, x+5$ और $x+6$ है।

प्रश्न से

$\frac{x+x+1+x+2+x+3+x+4+x+5+x+6}{7} = 20$

$7x + 21 = 7 \times 20$

$7x = 119$

$x = 17$

सबसे बड़ी संख्या $= x + 6$
$= 17 + 6 = 23$

20. (b)

$\frac{3+5+7+11+13}{5} = 7.8$

21. (d)

पाँच संख्याओं का योग $= 5 \times 46$
$= 230$

चार संख्याओं का योग $= 4 \times 45$
$= 180$

पाँचवी संख्या $= 230 - 180$
$= 50$

22. (c)

10 संख्याओं का औसत = 15

अत: कुल संख्या = 15 × 10 = 150

बाद में पता चलता है कि औसत परिकलित करते समय एक संख्या 36 को गलती से 26 पढ़ लिया गया, अर्थात्

= 156 − 26 = 124

= 124 + 36 = 160

अत: सही औसत $= \frac{160}{10} = 16$

23. (c)

n संख्याओं का औसत x है।

कुल योग $= n \times x$

प्रश्न से,

$\frac{nx - 36 \times 2}{n} = x - 8$

$nx - 72 = n(x-8)$

$nx - 72 = nx - 8n$

$72 = 8n$

$n = \frac{72}{8}$

$n = 9$

24. (d)

माना की प्रथम संख्या $= x$

संख्याएँ = $x, x+1, x+2, x+3, x+4, x+5, x+6, x+7$

प्रश्नानुसार

$$\frac{x+x+4}{2}=m$$

$$2x+4=2m$$

$$2x=2m-4$$

$$x=m-2$$

आठ संख्याओं का औसत $=\frac{x+x+7}{2}$

$$=\frac{(m-2)+(m-2)+7}{2}$$

$$=\frac{2m+3}{2}$$

$$= m+1.5$$

25. (a)

30 परिणामों का कुल योग $= 30 \times 20 = 600$

20 परिणामों का कुल योग $= 20 \times 30 = 600$

50 परिणामों का कुल योग $= 1200$

50 परिणामों का औसत $=\frac{1200}{50}=24$

26. (c)

माध्य $=\frac{\text{सभी संख्याओं का योग}}{\text{उनकी कुल संख्या}}$

$$12=\frac{3+11+7+9+15+13+8+19+17+21+14+x}{12}$$

$$\frac{12}{1}=\frac{137+x}{12}$$

$$137+x=144$$

$$x=144-137=27$$

27. (b)

तीन संख्याओं का योग $= 3 \times 60 = 180$

यदि पहली संख्या $= x$ है, तो

$$x=\frac{(180-x)}{4}$$

$$4x=180-x$$

$$5x=180$$

$$x=\frac{180}{5}=36$$

28. (c)

माना तीन क्रमिक विषम संख्याएँ क्रमशः x, $x+2$ तथा $x+4$ है।

प्रश्नानुसार,

$$\frac{x+x+2+x+4}{3}=x \text{ का } \frac{1}{3}+12$$

$$\frac{3x+6}{3}=\frac{x}{3}+12$$

$$\frac{3(x+2)}{3}=\frac{x+36}{3}$$

$$x+2=\frac{x+36}{3}$$

$$3x+6=x+36$$

$$2x=30$$

$$x=15$$

अतः अंतिम विषम संख्या $= x + 4$

$$= 15 + 4 = 19$$

29. (c)

माना पहली संख्या $= 6x$

दूसरी संख्या $= 3x$

तीसरी संख्या $= x$

तीनों संख्याओं का कुल योग $= 10\times3 = 30$

$$6x+3x+x=30$$

$$10x=30$$

$$x=\frac{30}{10}=3$$

सबसे बड़ी संख्या $=6x=6\times3=18$

30. (c)

48 को 23 लिखने पर 50 प्रेक्षणों का कुल मान $=50\times36=1800$

अब मान सही रखने पर,

कुल मान $=1800-23+48$

$$= 1825$$

संशोधित माध्य $=\frac{1825}{50}=36.5$

लाभ हानि
Profit and Loss

क्रय-मूल्य (Cost Price) :- जिस मूल्य पर कोई वस्तु खरीदी जाती है वह मूल्य इस वस्तु का क्रय-मूल्य कहा जाता हैं।

विक्रय-मूल्य (Selling Price) :- जिस मूल्य पर कोई वस्तु बेची जाती है वह मूल्य इस वस्तु का विक्रय-मूल्य कहा जाता हैं।

लाभ तथा हानि हमेशा क्रय-मूल्य पर निकाले जाते हैं।

महत्वपूर्ण सूत्र (Important Formula) :-

(1) लाभ = विक्रय मूल्य − क्रय मूल्य

(2) हानि = क्रय मूल्य − विक्रय मूल्य

(3) प्रतिशत लाभ $= \left(\frac{\text{लाभ} \times 100}{\text{क्रय मूल्य}}\right)\%$

(4) प्रतिशत हानि $= \left(\frac{\text{हानि} \times 100}{\text{क्रय मूल्य}}\right)\%$

(5) यदि क्रय मूल्य $= x$ रु., लाभ = 20%

वि. मू. = (x का 120%)

(6) यदि क्रय मूल्य $= x$ रु., हानि = 15%

विक्रय मूल्य = (x का 85%)

(7) यदि विक्रय मूल्य $= x$ रु., लाभ 15%

क्रय मूल्य $= \left(\frac{100}{115} \times x\right)$ रु.

(8) यदि वि. मू. $= x$ रु., हानि = 15%

क्रय मूल्य $= \left(\frac{100}{85} \times x\right)$ रु.

उपरिव्यय (Over Expenditure) :- जब कोई व्यापारी अपने सामानो की ढुलाई आदि के लिए क्रय मूल्य के अतिरिक्त राशि व्यय करता है, तो उसे उपरिव्यय कहते हैं।

उदाहरण (Examples)

1. A एक वस्तु को जिसकी कीमत उसके लिए 500 रु. है B को 20% लाभ पर बेचता हैं। B इसे C को 10% लाभ पर बेचता है तो C, B को कितने रु. देगा?

B का क्र. मू. = 500 रु. का 120%

$= \left(\frac{120}{100} \times 500\right)$ रु.

= 600 रु.

C का क्र. मू. = 600 का 110%

$\left(\frac{110}{100} \times 600\right) = 660$ रु.

2. एक व्यक्ति एक वस्तु को किसी निश्चित कीमत पर बेचकर 20% काम अर्जित करता हैं। यदि वह इसे दो गुनी कीमत पर बेचे तो कितना प्रतिशत लाभ होगा?

माना क्र. मू. $= x$ रु.

वि. मू. = (x का 120%)रु. $= \frac{6x}{5}$

नया वि. मू. $= \left(2 \times \frac{6x}{5}\right)$ रु.

$= \frac{12x}{5}$ रु.

लाभ $= \left(\frac{12x}{5} - x\right)$ रु.

$= \frac{7x}{5}x$

% लाभ $= \left(\frac{7x}{5} \times \frac{1}{x} \times 100\right)$ %

= 140%

3. एक वस्तु को 960 रु. की अपेक्षा 1200रु. में बेचने से 30% अधिक लाभ होता हैं। वस्तु का क्रय मूल्य क्या है?

माना कि क्रय मू. $= x$ रु.

$(1200 - x) = (960 - x)$ का 130%

अर्थात् $1200 - x = (960 - x) \times \frac{130}{100}$

अर्थात् $x = 160$

अत: क्रय मूल्य = 160 रु.

4. एक ट्रांजिस्टर के अंकित मूल्य में से 32 रु. कम कर देने के बाद भी एक दुकानदार को 15% लाभ होता है। यदि इस ट्रांजिस्टर का क्र. मू. 320 रु. हो, तो अंकित मूल्य पर इसे बेचने पर कितने प्रतिशत का लाभ होगा

क्रय मूल्य = 320 रु.

लाभ = 15%

विक्रय मूल्य = 320 रु. का 115%

$\Rightarrow \left(320 \times \frac{115}{100}\right) = 368$रु.

अंकित मूल्य = (368 + 32) = 400रु.

$\therefore$ अभीष्ट लाभ $= \left(\frac{80}{320} \times 100\right)$ %

= 25%

5. एक व्यक्ति ने कुछ केले एक रु. के 3 की दर से खरीदे। उतने ही केले उसने एक रूपये के 2 की दर से खरीदे। इन सब पर 20% लाभ कमाने हेतु वह इन्हें कितने रूपये प्रति दर्जन की दर से बेचेगा?

माना वह प्रत्येक प्रकार के 6 केले खरीदता है।

1 दर्जन केलों का क्रय मूल्य $= \left(\frac{1}{3}\times 6+\frac{1}{2}\times 6\right)$ रु.

$= 5$ रु.

1 दर्जन केलों का विक्रय मूल्य $= 5$ रु. का 120%

$= \left(5\times\frac{120}{100}\right)$ रु. $= 6$ रु.

6. एक कपड़ा व्यापारी ने 80 मीटर सिल्क 55रु. प्रति मीटर की दर से खरीदकर इसका $\frac{3}{4}$ भाग 6% लाभ पर बेच दिया। शेष को कितने प्रतिशत लाभ से बेचे कि कुल माल पर 10% लाभ हो?

कुल क्रय मूल्य $=$ (80 × 55) रु. $= 4400$ रु.

इच्छित वि. मू. $=$ (4400 का 110%)

$= 4840$ रु.

$\frac{3}{4}$ भाग का वि. मू. $= \frac{3}{4}\times 4400$ का 106%

$= 3498$ रु.

$\frac{1}{4}$ भाग का वि. मू. $=$ (4840 − 3498) रु.

$= 1342$ रु.

$\frac{1}{4}$ भाग का क्र. मू. $= (\frac{1}{4}\times 4400) = 1100$ रु.

इस भाग पर लाभ % $= \left(\frac{242}{1100}\times 100\right)$ % $= 22\%$

7. कुछ टॉफियाँ 10 रूपये में 11 के भाव से तथा उतनी ही टॉफियाँ 10 रूपये में 9 के भाव से खरीदी गयीं। यदि कुल भण्डार को 1 रूपया प्रति टॉफी के भाव से बेचा गया हो तो पूरे सौदे में लाभ अथवा हानि बताइये

माना प्रत्येक प्रकार की टॉफियाँ $= x$

$\therefore$ कुल लागत $= \frac{10x}{11}+\frac{10x}{9}$

$= \frac{90x+110x}{99} = \frac{200x}{99}$

कुल वि. मू. $= 2x\times 1 = 2x$

$\therefore$ हानि $= \frac{200x}{99} - 2x = \frac{2x}{99}$

$\therefore$ सौदे में हानि% $= \frac{\frac{2x}{99}}{\frac{200x}{99}}\times 100$

$= \frac{2x}{99}\times\frac{99}{200x}\times 100$

$= \frac{100}{100} = 1$

$\therefore$ सौदे मे 1% की हानि होगी।

8. X, दो वस्तुएँ बिना किसी लाभ.हानि के 4000 रुपये प्रति वस्तु की दर से बेचता है। यदि उनमें एक 25% लाभ पर बेची हो, तो दूसरी कितने प्रतिशत हानि पर बेची थी?

दोनों वस्तुओं का कुल मूल्य $= 4000\times 2$

$= 8000$

माना प्रथम वस्तु का क्र. मू. x रु. है,

$x+x$ का 25% $= 4000$

$x+\frac{x}{4} = 4000$

$\frac{5x}{4} = 4000$

$x = 3200$ रु.

$\therefore$ दूसरी वस्तु का वि. मू. $= 8000 - 3200$

$= 4800$रु.

हानि $= 4800 - 4000 = 800$ रु.

% हानि $= \frac{800\times 100}{4800} = 16\frac{2}{3}\%$

9. किसी वस्तु का अंकित मूल्य क्र. मू. से 10% अधिक है। अंकित मूल्य पर 10% की छूट दी जाती है। इस प्रकार की बिक्री में दूकानदार को हानि या लाभ होगा?

माना वस्तु का क्र. मू. $= x$

अंकित मू. $= \frac{110}{100}\times x = \frac{11}{10}x$

10% की छूट के बाद वि. मू. $= \frac{11}{10}x\times = \frac{90}{100}$

$= \frac{99}{100}x$

$\therefore$ हानि प्रतिशत $= \frac{x-\frac{99}{100}}{x}\times 100$

$= 1\%$

10. यदि काई व्यक्ति अपनी हानि को वि. मू. का 20% अनुमानित करता है, तो उसकी हानि प्रतिशत है।

माना वि. मू. $= 100$रु. है।

$\therefore$ हानि $= 100$रु. का 20%

$= 20$रु.

$\therefore$ क्रय मू. $= 100 + 20 = 120$ रु.

$\therefore$ प्रतिशत हानि $= \frac{20\times 100}{120}$

$= \frac{50}{3}$ %

अभ्यास प्रश्न (Practice Questions)

1. क्रय मूल्य और विक्रय मूल्य का अनुपात 5 : 4 है, तो हानि का प्रतिशत क्या है?
   (a) 20% (b) 25%
   (c) 40% (d) 50%

2. एक व्यक्ति दो मशीनों में से प्रत्येक को 396 रू में बेचता है। एक पर उसे 10% लाभ और दूसरे पर 10% हानि होती है तो पूरे सौदे में उसे कितना लाभ या हानि हुई है।
   (a) न लाभ, न हानि (b) 1% हानि
   (c) 1% लाभ (d) 8% लाभ

3. एक टी.वी. तथा एक वी.सी.आर. का मूल्य 3500 रू. है। यदि वी.सी.आर. से टी.वी. $1\frac{1}{2}$ गुना महँगा हो, तो वी.सी.आर का मूल्य क्या है?
   (a) 12000 रू (b) 14000 रू
   (c) 13000 रू (d) 15000 रू

4. किसी वस्तु को 72 रू. में बेचने पर 10% की हानि होती है, 5% का लाभ प्राप्त करने के लिए, उस वस्तु का वि.मू. कितना होना चाहिए?
   (a) 87 रू (b) 85 रू
   (c) 80 रू (d) 84 रू

5. यदि लागत मूल्य, बिक्री मूल्य का 95% हो, तो उसके आधार पर लाभ का प्रतिशत कितना होगा?
   (a) 4 (b) 4.75
   (c) 5 (d) 5.26

6. एक व्यापरी अपने ग्राहकों को अंकित मूल्य पर 10% की छूट देकर 20% का लाभ कमाना चाहता है। उसे क्रय मू. से कितने प्रतिशत अधिक पर वस्तुओं का मूल्य अंकित करना चाहिए?
   (a) 30 (b) $33\frac{1}{3}$
   (c) $34\frac{2}{3}$ (d) 35

7. निकीता ने 30 कि.ग्रा. गेहूँ 9.50 रू. प्रति किग्रा. तथा 40 किग्रा. गेहूँ 8.50 रू. प्रति किग्रा. के भाव से खरीदा और उन्हें मिला दिया। मिश्रण को उसने 8.90 रू. प्रति किग्रा. के भाव बेचा। सौदे में उसे लाभ या हानि हुई?
   (a) 2 रू. की हानि (b) 2 रू. का लाभ
   (c) 7 रू. का लाभ (d) 6 रू. लाभ

8. एक विक्रेता ने दो टी.वी. सेटों में से प्रत्येक को 7400 रू. में बेचा। एक पर उसे 10% का लाभ हुआ और दूसरे पर 10% की हानि। कुल सौदे में विक्रेता को कितना प्रतिशत लाभ या हानि हुई?
   (a) न लाभ न हानि (b) 1% हानि
   (c) 0.1% हानि (d) 2% हानि

9. किसी वस्तु को 50 रू. में बेचने से होने वाली हानि की प्रतिशतता वही है जो उसे 70 रू. में बेचने से होने वाले लाभ का प्रतिशतता है। उस वस्तु पर उपरोक्त लाभ या हानि की प्रतिशत क्या है।
   (a) 10% (b) $16\frac{2}{3}\%$
   (c) 20% (d) $22\frac{2}{3}\%$

10. एक रेडियो को 990 रू. में 10% के लाभ पर बेचा जाता है। यदि उसे 890 रू. में बेचा गया होता, तो उस पर कितना वास्तविक लाभ या हानि होती?
   (a) 10 रू की हानि (b) 10 रू का लाभ
   (c) 90 रू की हानि (d) 90 रू का लाभ

11. यदि किसी वस्तु के वि.मू. को दुगुना कर दिया जाये, तो इस पर होने वाला हानि का प्रतिशत समान लाभ प्रतिशत में परिवर्तित हो जाता है। वस्तु पर होने वाला हानि प्रतिशत क्या है?
   (a) $26\frac{2}{3}\%$ (b) 33%
   (c) $33\frac{1}{3}\%$ (d) 34%

12. किसी वस्तु के वि.मू. के आधार पर की गयी गणना के अनुसार हानि 25% पायी जाती है। क्र.मू. के आधार पर हानि का प्रतिशत क्या होगा?
   (a) 18 (b) 20
   (c) 22 (d) 25

13. एक व्यक्ति कुछ कंचे 1 रू. के 20 के भाव से तथा उतने ही कंचे 1 रू. के 30 के भाव से खरीदता है। वह दोनों प्रकार के कंचों को मिला देता है। तथा उन्हें 1 रू. के 25 के भाव से बेच देता है। इस सौदे में उसे कितना लाभ या हानि हुई।
   (a) 2% हानि (b) 4% हानि
   (c) 2% लाभ (d) 4% लाभ

14. एक दुकानदार अपनी सभी वस्तुओं को 10% छूट पर बेचने का दावा करता है, किन्तु वह प्रत्येक वस्तु के क्रय मूल्य 20% की वृद्धि करके उसका मूल्य अंकित करता है तो प्रत्येक वस्तु पर उसका लाभ क्या होगा?
   (a) 6% (b) 8%
   (c) 10% (d) 12%

15. एक रेडियो का निर्धारत मूल्य 480 रूपये है। उसका विक्रेता उस पर 10% छूट देकर भी 8% लाभ प्राप्त कर लेता है। तदनुसार यदि छूट बिल्कुल न दी जाए, तो उसके लाभ का प्रतिशत कितना हो जाएगा?
   (a) 18% (b) 18.5%
   (c) 20.5% (d) 20%

16. तीन हाथों से गुजरकर बिकने वाले किसी आभूषण का मूल्य कुल का 65% बढ़ जाता है। यदि प्रथम तथा द्वितीय विक्रेताओ के लाभ क्रमश: 20% तथा 25% हो, तो तृतीय विक्रेता का लाभ क्या होगा?
(a) 20% (b) 15%
(c) 10% (d) 5%

17. वेनू ने दो किस्म के गेहूँ एक 20 रु. प्रति कि.ग्रा. तथा दूसरा 25 रु. प्रति कि.ग्रा. 5 : 4 के अनुपात में खरीदे। उसने दोनों में मिला दिया तथा मिश्रण को 14 रु. प्रति कि.ग्रा. के भाव से बेचा। इस सौदे में उसे कितने प्रतिशत लाभ या हानि हुई?
(a) 2% हानि (b) 2% लाभ
(c) 8% लाभ (d) 8% हानि

18. एक फल विक्रेता ने एक रूपए के 5 की दर से केले खरीदे और एक रूपये में 4 की दर से बेचे। उसका प्रतिशत लाभ या हानि क्या है?
(a) $12\frac{1}{2}\%$ लाभ (b) 25% हानि
(c) 25% लाभ (d) $12\frac{1}{2}\%$ हानि

19. एक दर्जन बॉल पैन बेचने पर एक दुकानदार को 4 बॉल पैनों के वि.मू. के बराबर लाभ हुआ तो उसका लाभ का प्रतिशत क्या है?
(a) 50 (b) 40
(c) $33\frac{1}{3}$ (d) $33\frac{1}{4}$

20. 18 वस्तुओं का क्र.मू. 15 वस्तुओं के वि.मू. के बराबर है तो लाभ प्रतिशत क्या है?
(a) 15% (b) 20%
(c) 25% (d) 18%

21. यदि 15 वस्तुओं का लागत मूल्य 12 वस्तुओं के वि.मू. के बराबर हो, तो लाभ का प्रतिशत कितना रहेगा?
(a) 20 (b) 25
(c) 18 (d) 21

22. यदि क्र.मू. और वि.मू. का अनुपात 5 : 6 है तो लाभ प्रतिशत क्या है?
(a) 20% (b) $33\frac{1}{3}\%$
(c) 25% (d) 30%

23. एक व्यक्ति ने 12 वस्तुएँ 12 रु. में खरीदकर 1.25 रु. प्रति वस्तु के भाव से बेच दी, सौदे में कितना प्रतिशत लाभ हुआ?
(a) 20% (b) 25%
(c) 15% (d) 18%

24. एक व्यापारी अपने माल का बिक्री मूल्य, क्र.मू. से 15% अधिक अंकित करता है वह अपने माल को अंकित मू. से 12% कम पर बेचता है तो उसे कितना प्रतिशत लाभ हुआ?
(a) – (b) $1\frac{1}{5}$
(c) $1\frac{1}{2}$ (d) 2

25. एक व्यापारी ने अपनी वस्तुओं के मूल्य को उनके क्र.मू. से 20% अधिक पर अंकित किया। उसने आधी वस्तुओं को उनके अंकित मूल्य, एक चौपाई को 20% की कटौती पर तथा शेष को 40% की कटौती पर बेचा। उसे कुल कितना लाभ होगा?
(a) 2% (b) 4.5%
(c) 13.5% (d) 15%

26. कुछ वस्तुएँ 5 रु. में 6 के हिसाब से खरीदी गयी तथा 6 रु. मे 5 के हिसाब से बेची गयी तो कितने प्रतिशत लाभ होगा?
(a) 5% (b) 6%
(c) 30% (d) 44%

27. एक व्यक्ति ने कुछ अंडे 5 रूपये में 3 की दर से खरीदे और उन्हें 12 रूपये में 5 की दर से बेच दिया। तदनुसार यदि उसने उनसे 143 रूपये प्राप्त किए हो, तो उसके खरीदे अंडों की संख्या कितनी थी?
(a) 210 (b) 200
(c) 195 (d) 190

28. 100 संतरे 350 रूपए में खरीदे गए तथा 48 रूपए प्रति दर्जन की दर से उसे बेचा गया तो कितने प्रतिशत लाभ या हानि हुई।
(a) 15% हानि (b) 15% लाभ
(c) $14\frac{2}{7}\%$ हानि (d) $14\frac{2}{7}\%$ लाभ

29. एक दुकानदार ने 800 रूपए निर्धारित मूल्य वाली कुर्सी क्रमश: 10% और 15% के दो बार के बट्टे पर खरीदी। उसने 28 रूपए ढुलाई पर खर्च किये और फिर उसने कुर्सी 800 रूपए में बेच दी बताइए उसे कुल कितने प्रतिशत लाभ हुआ?
(a) 40% (b) 30%
(c) 25% (d) 14%

30. यदि किसी वस्तु के अंकित मूल्य पर 10% का एक बट्टा दिया जाये तो एक व्यापारी को 20% लाभ होता है। यदि वह 20% का बट्टा दे तो उसे कितना लाभ होगा।
(a) $4\frac{1}{3}\%$ (b) 5%
(c) $6\frac{2}{3}\%$ (d) 8%

उत्तरमाला (Answer Key)

1. (a)	2. (b)	3. (b)	4. (d)	5. (d)	6. (b)	7. (a)	8. (b)
9. (b)	10. (a)	11. (c)	12. (b)	13. (b)	14. (b)	15. (d)	16. (c)
17. (c)	18. (c)	19. (a)	20. (b)	21. (b)	22. (a)	23. (b)	24. (b)
25. (a)	26. (d)	27. (c)	28. (d)	29. (c)	30. (c)		

हल (Solutions)

1. (a)

क्रय मूल्य : विक्रय मूल्य $= 5:4$

हानि प्रतिशत $= \dfrac{\text{क्र.मू.} - \text{वि.मू.}}{\text{क्र.मू.}} \times 100$

$= \dfrac{1}{5} \times 100\% = 20\%$

2. (b)

अभीष्ट हानि% $= \left(\dfrac{\%\text{लाभ या हानि}}{100}\right)^2$

$= \dfrac{10^2}{100} = 1\%$

3. (b)

प्रश्नानुसार वी.सी.आर $\times \dfrac{3}{2} =$ टी.वी

अब वी.सी.आर + टी.वी. $= 35000$

$\therefore$ वी.सी.आर + वी.सी.आर $\times \dfrac{3}{2} = 35000$

$\dfrac{5}{2} \times$ वी.सी.आर $= 35000$

वी.सी.आर. $= \dfrac{35000 \times}{5} = 14000$ रु

4. (d)

अभीष्ट वि.मू. $= \dfrac{\text{पहला वि. मू.} \times (100 + 5\%)}{(100 - 10\%)}$

$= \dfrac{72 \times 105}{90} = 84$ रु

5. (d)

माना वस्तु का बिक्री मू. x रु. है।

प्रश्नानुसार

x का 95% लागत मूल्य

$\dfrac{19x}{20} =$ लागत मूल्य

$\therefore$ % लाभ $= \dfrac{x - \dfrac{19x \times 100}{20}}{\dfrac{19x}{20}}$

$= \dfrac{\dfrac{x \times 100}{20}}{\dfrac{19x}{20}}$

$= 5.26\%$

6. (b)

माना वस्तु का अंकित मूल्य x रूपया है।

वि.मू. $= x \times \dfrac{100 - 10}{100} = \dfrac{9}{10} x$

वस्तु का क्र.मू. $= \dfrac{9}{10} x \times \dfrac{100}{120}$

$= \dfrac{3}{4} x$

$\therefore$ अंकित करते समय अधिक % $= \dfrac{x - \dfrac{3}{4}x}{\dfrac{3}{4}x} \times 100$

$= \dfrac{\dfrac{1}{4}}{\dfrac{3}{4}} \times 100 = 33\dfrac{1}{3}\%$

7. (a)

मिश्रण का वि.मू. $= 8.90 \times (30 + 40)$

$= 8.90 \times 70 = 623.00$

अलग-अलग बेचने पर गेहूँ का क्र.मू.

$= 30 \times 9.50 + 40 \times 8.50$

$= 285.00 + 340.00 = 625$

$\therefore$ हानि $= 625 - 623 = 2$ रु

अतः सौदे में 2रु की हानि हुई।

8. (b)

माना दोनों टी.वी. का क्र.मू. x रु है।

पहले सेट का क्र.मू. जिस पर 10% की हानि हुई

$7400 = x - x$ का 10%

$7400 = x - \frac{x}{10}$

$7400 = \frac{9x}{10}$

$x = 8222$ रु

दूसरा सेट जिस पर 10% का लाभ हुआ

$7400 = x + x$ का 10%

$7400 = x + \frac{x}{10}$

$7400 = \frac{11x}{10}$

$x = 6727$

$\because$ दोनो टी.वी. सेटों का कुल क्र.मू. $= 7400 \times 2$

$= 14800$

तथा दोनो टी.वी. सेटों का क्र.मू. $8222 + 6727 = 14949$

दोनों टी.वी. सेटों के क्रय एवं विक्रय मूल्यों में अंतर

$= 14949 - 14800 = 149$

अतः हानि% $= \frac{149 \times 100}{14800} = 1\%$ लगभग

9. **(b)**

माना वस्तु के लाभ या हानि की प्रतिशतता x है एवं क्रय मूल्य P है।

$\therefore$ प्रश्नानुसार

$\frac{(70 - P)}{P} \times 100 = \frac{(P - 50)}{P} \times 100$

$(70 - P) = (P - 50)$

$70 + 50 = P + P$

$120 = 2P$

$\therefore\ P = \frac{120}{2} = 60 =$ क्र.मू.

$\therefore\ x = \frac{70 - P}{P} \times 100 = \frac{70 - 60}{60} \times 100$

$\frac{10}{60} \times 100 = \frac{100}{6}$

$= 16\frac{2}{3}\%$

10. **(a)**

दिया है रेडियों का वि.मू. $= 990$ रु तथा लाभ $= 10\%$

$\therefore$ क्र.मू. $= 990$ का $\frac{100}{100 + 10}$

$= 990 \times \frac{100}{110}$

अतः रेडियो का क्र.मू. $= 900$ रु०

$\therefore$ वास्तविक हानि $= 900 - 890 = 10$ रु०

11. **(c)**

माना वस्तु का वि.मू. 100 रु है एवं हानि $x\%$ है।

$\therefore$ वि.मू. $= (100 - x)$ रु

$\therefore$ प्रश्न से,

$2\,(100 - x) = 100 + x$

$200 - 2x = 100 + x$

$3x = 100$

$x = 33\frac{1}{3}\%$

12. **(b)**

माना वस्तु का मूल्य 100 रु है।

$\therefore$ क्र.मू. $= 100 + 25 = 125$

$\therefore$ क्र.मू. पर होने वाला हानि% $= \frac{125 - 100}{125} \times 100$

$= \frac{25}{125} \times 100$

$= \frac{1}{5} \times 100 = 20\%$

13. **(b)**

माना एक व्यक्ति $2x$ कंचे खरीदे।

$\therefore$ $2x$ कंचों का क्र.मू. $= \frac{x}{20} + \frac{x}{30}$

$= \frac{5x}{60}$

$\therefore$ $2x$ कंचों का वि.मू. $= \frac{2x}{25}$

$\therefore$ हानि $= \frac{5x}{60} - \frac{2x}{25}$

$= \frac{25x - 24x}{300}$

$= \frac{x}{300}$

$\therefore$ हानि $= \frac{x}{300} \times \frac{100}{\frac{5x}{60}}$

$= \frac{6000x}{1500} = 4\%$

14. (b)

$$\text{लाभ} = \frac{\text{वृद्धि} \times \text{छूट}}{100}$$

$$= 20 - 10 - \frac{20 \times 10}{100}$$

$$= 20 - 10 - 2 = 8\%$$

15. (d)

माना रेडियो की लागत मू. $= x$ रू० है।

प्रश्नानुसार,

$x + x$ का 8% $= 480 - 480$ का 10%

$$x + \frac{2x}{25} = 480 - 48$$

$$\frac{27x}{25} = 432$$

$$x = \frac{432 \times 25}{27} = 400 \text{ रु}$$

यदि रेडियो पर बिल्कुल छूट न दी जाये तो

$$\text{लाभ\%} = \frac{(480 - 40) \times 100}{400}$$

$$= \frac{80}{400} \times 100 = 20\%$$

16. (c)

माना आभूषण का प्रारम्भिक मू. 100 रु है एवं तीसरे विक्रेता का लाभ प्रतिशत x है।

प्रश्न से,

$$100 \times \frac{120}{100} \times \frac{125}{100} \times \frac{(100 + x)}{100} = 100 \times \frac{165}{100}$$

$$12 \times \frac{125}{10} \times (100 + x) = 100 \times 165$$

$$100 + x = \frac{100 \times 165 \times 10}{125 \times 12}$$

$$100 + x = \frac{100 \times 55 \times 2}{25 \times 4} = \frac{1100}{5 \times 2}$$

$$x = \frac{1100}{10} - 100$$

$$= 110 - 100 = 10\%$$

अत: लाभ $= 10\%$

17. (c)

प्रश्नानुसार

$$\text{लाभ\%} = \frac{24 \times (4 + 5) - (20 \times 5 + 25 \times 4)}{20 \times 5 + 25 \times 4} \times 100$$

$$= \frac{216 - 200}{200} \times 100$$

$$= \frac{16}{200} \times 100$$

$= 8\%$ का लाभ होगा।

18. (c)

$$\%\ \text{लाभ} = \frac{5 - 4}{4} \times 100$$

$$= \frac{1}{4} \times 100 = 25\% \text{ लाभ}$$

19. (a)

$$\text{लाभ}\ \% = \frac{4}{(12 - 4)} \times 100$$

$$= \frac{4}{8} \times 100 = 50\%$$

20. (b)

लाभ प्रतिशत

$$= \frac{\text{क्रय वस्तुओं की संख्या} - \text{विक्रय वस्तुओं की संख्या}}{\text{विक्रय वस्तुओं की संख्या}} \times 100$$

$$= \frac{18 - 15}{15} \times 100 = 20\%$$

21. (b)

माना एक वस्तु का मूल्य 100 रु. है।

$\therefore$ 15 वस्तुओं का मू. $= 15 \times 100 = 1500$ रु.

$\therefore$ 12 वस्तुओं का मू. $12 \times 100 = 1200$ रु.

प्रश्नानुसार

12 वस्तुओं का मूल्य $= 1500$ रु.

$$1 \text{ वस्तु का मूल्य} = \frac{1500}{12} = 125$$

$$\%\ \text{लाभ} = \frac{125 - 100}{100} \times 100 = 25\%$$

22. (a)

माना क्र.मू. $= 5x$

तथा वि.मू. $= 6x$

$$\therefore \text{लाभ प्रतिशत} = \frac{6x - 5x}{5x} \times 100 = 20\%$$

23. (b)

प्रश्नानुसार

12 वस्तुओं का क्र.मू. $= 12$ रु.

$$\therefore 1 \text{ वस्तु का क्र.मू.} = \frac{12}{12}$$

1 वस्तु का वि.मू. $= 1.25$ रु.

लाभ = वि.मू. − क्र.मू.

1 वस्तु पर लाभ $1.25 - 1.00 = 0.25$ रु

$$\text{प्रतिशत लाभ} \quad \frac{\text{लाभ} \times 100}{\text{क्र. मू.}}$$

$$= \frac{.25 \times 100}{1} = 25\%$$

24. (b)

माना क्रय मूल्य = 100 रूपये

$\therefore$ अंकित मूल्य $= 100 + 15 = 115$ रूपये

$\therefore$ वि.मूल्य $= \frac{115 \times 88}{100} \times 101.20$

$\therefore$ % लाभ $= 101.20 - 100 = 1.20 = 1\frac{1}{5}\%$

25. (a)

माना वस्तुओं का क्र.मू. $= 100$ रु

$\therefore$ अंकित मूल्य $= 100 + 20 = 120$ रु

आधी वस्तुओं का अंकित मूल्य पर वि.मू. = 60 रु

एक चौथाई वस्तुओं का 20% कटौती पर वि.मू. $= \frac{30 \times 80}{100} = 24$ रु

शेष वस्तुओं का 40% कटौती पर वि.मू. $= \frac{30 \times 60}{100} = 18$ रु

$\therefore$ कुल वि.मू. $= 60 + 24 + 18 = 102$ रु

$\therefore$ कुल लाभ $= 102 - 100 = 2$ रु

$\therefore$ % लाभ = 2%

26. (d)

प्रतिशत लाभ

$$= \frac{\text{क्रय वस्तुओं की संख्या}^2 - \text{वि. वस्तुओं की संख्या}^2}{\text{विक्रय वस्तुओं की संख्या}^2} \times 100$$

$= \frac{36 - 25}{25} \times 100$

$= \frac{11}{25} \times 100 = 44\%$

27. (c)

3 अंडों का क्र.मू. = 5

$\therefore$ 1 अंडे का क्र.मू. $= \frac{5}{3}$

5 अंडों का वि.मू. = 12

$\therefore$ 1 अंडे का वि.मू. $= \frac{12}{5}$

$\therefore$ 1 अंडे पर प्राप्त लाभ $= \frac{12}{5} - \frac{5}{3}$

$= \frac{11}{15}$ रु०

$\because \frac{11}{15}$ रु० लाभ प्राप्त होता है 1 अंडे के विक्रय पर

$\therefore$ 143 रु० लाभ प्राप्त होगा $= 143 \times \frac{1}{\frac{11}{15}} = 195$ अंडे

28. (d)

एक सन्तरे का क्र.मू. $= \frac{350}{100} = 3.50$ रूपया

तथा एक सन्तरे का वि.मू. $= \frac{48}{2} = 4$ रूपया

$\therefore$ लाभ% $= \frac{4 - 3.50}{3.50} \times 100 = \frac{.5}{3.5} \times 100$

$= \frac{100}{7}\%$

$= 14\frac{2}{7}\%$

29. (c)

छूट के बाद मूल्य $= 800 \times \frac{90}{100} \times \frac{85}{100} = 612$ रु

ढुलाई पर खर्च = 28 रु

$\therefore$ वास्तविक क्रय मूल्य $= (612 + 28) = 640$ रु

$\therefore$ लाभ $= 800 - 640 = 160$ रु

% लाभ $= \frac{160 \times 100}{640} = 25\%$

30. (c)

माना वस्तु का क्र.मू. $= 100$ रु

$\therefore$ वस्तु का वि.मू. $= (100 + 20)$ रु

माना वस्तु का अंकित मूल्य x रु है।

x का 90% $= 120$ रु

$x = \frac{120 \times 100}{90} = \frac{400}{3}$

20% बट्टा देने पर वि.मू. = अंकित मूल्य का 80%

$= \frac{400}{3} \times \frac{80}{100}$

$= \frac{320}{3}$ रु.

$\therefore$ % लाभ = वि.मू. − क्र.मू.

$= \frac{320}{3} - 100$

$= \frac{20}{3}$

$= 6\frac{2}{3}\%$

प्रतिशतता
Percentage

जिस भिन्न का हर सौ (100) होता है उसे प्रतिशत कहते हैं।
x प्रतिशत का अर्थ है, किसी वस्तु को 100 बराबर भागों में से x भाग। इसे $x\,\%$ के रूप में व्यक्त करते हैं।

अत: $x\,\% = \frac{x}{10}$

प्रतिशत %	भिन्न के रूप में
100%	1
80%	$\frac{4}{5}$
75%	$\frac{3}{4}$
60%	$\frac{3}{5}$
50%	$\frac{1}{2}$
40%	$\frac{2}{5}$
25%	$\frac{1}{4}$
20%	$\frac{1}{5}$
15%	$\frac{\;}{20}$
5%	$\frac{1}{20}$
$33\frac{1}{2}\,\%$	$\frac{1}{3}$
$66\frac{2}{3}\,\%$	$\frac{2}{3}$

इस अध्याय में निम्न प्रकार के प्रश्न पूछे जातें हैं:-

i) चुनाव सम्बन्धित प्रश्न
ii) परीक्षा में प्राप्त अंकों से सम्बन्धित प्रश्न
iii) जनसंख्या से सम्बन्धित प्रश्न
iv) खपत में कमी (मूल्य में वृद्धि के कारण) से सम्बन्धित प्रश्न
v) मूल्य में कमी से सम्बन्धित प्रश्न
vi) कुल प्रतिशत में बदलाव सम्बन्धित प्रश्न
vii) विविध प्रकार के प्रश्न

चुनाव सम्बन्धित प्रश्न

1. एक चुनाव में दो उम्मीदवार थे। एक उम्मीदवार ने कुल मतों का 43% मत प्राप्त किये तथा वह 336 मतों से हार गया। कुल मतों की संख्या ज्ञात करें।
   हारे हुए उम्मीदवार का मत = 43%, जीते हुए उम्मीदवार का मत = 57%
   माना कुल मत = x
   x का 57% − x का 43% = 336
   x का 14% = 336
   $x \times \frac{14}{100} = 336$
   $x = 336 \times \frac{100}{14} = 2400$
   कुल मतों की संख्या = 2400

2. एक चुनाव में एक उम्मीदवार ने 62% वोट पाए और वह 144 मतों से विजय घोषित हुआ। जीते हुए उम्मीदवार को कितने मत मिले।
   माना कुल मतों की संख्या = x
   जीते हुए उम्मीदवार ने मत पाए = x का 62%
   हारे हुए उम्मीदवार ने मत पाए = x का 38%
   x का 62% − x का 38% = 144
   x का 24% = 144
   $x = \frac{144}{24} \times 100 = 600$
   जीते हुए उम्मीदवार को प्राप्त मतों की संख्या
   $= \frac{62}{100} \times 600 = 372$

3. एक चुनाव में दो उम्मीदवार थे। इस चुनाव में मतदाता सूची के कुल 10% मतों का प्रयोग नहीं किया गया तथा 60 मतों को अवैध घोषित कर दिया गया। सफल उम्मीदवार 308 मतों से जीता तथा इसने मतदाता सूची के कुल मतों के 47% मत प्राप्त किये। प्रत्येक उम्मीदवार को कितने वैध मत मिलें?
   माना मतदाता सूची में कुल मतों की संख्या = x
   डाले गए मतों की संख्या = x का 90% $= x \times \frac{90}{100} = \frac{9x}{10}$

वैध मत $=\left(\frac{9x}{10}-60\right)$

सफल उम्मीदवार के मत = x का 47% = $\frac{47x}{100}$

असफल उम्मीदवार के मत $=\frac{9x}{10}-60-\frac{47x}{100}=\frac{43x-6000}{100}$

$$\therefore \frac{47x}{10}-\frac{(43x-6000)}{100}=308$$

$$\frac{x}{25}=248$$

$$x=6200$$

सफल उम्मीदवार को मत = $\frac{47}{100}\times 6200=2914$

असफल उम्मीदवार को मत = 2914 − 308 = 2606

परीक्षा में प्राप्त अंकों से संबंधित प्रश्न

उदाहरण 1 गणेश को एक परीक्षा में उतीर्ण होने के लिए 36% अंक प्राप्त करने थे। उसने 24% अंक प्राप्त किये तथा वह 9 अंकों से अनुतीर्ण घोषित कर दिया गया। पूर्णांक ज्ञात कीजिए।

माना पूर्णांक = x

तब x का 24 % + 9 = x का 36 %

$$\left(x\times\frac{24}{100}\right)+9=\left(x\times\frac{36}{100}\right)$$

$$\frac{9x}{25}-\frac{6x}{25}=9$$

$$x = 75$$

पूर्णांक = 75

उदाहरण 2 एक परीक्षा में एक विद्यार्थी ने 30% अंक प्राप्त किये तथा वह 85 अंकों से अनुतीर्ण रहा। इसी परीक्षा में दूसरे विद्यार्थी ने 44% अंक प्राप्त किये तथा उतीर्ण होने के न्यूनतम अंकों से 34 अंक अधिक प्राप्त किये। पूर्णांक तथा उतीर्ण होने के न्यूनतम अंक ज्ञात करें।

माना पूर्णांक = x

(x का 30 %) + 85 = (x का 44%) − 34

$$x\times\frac{44}{100}-x\times\frac{30}{100}=119$$

44 x − 30 x = 11900

14 x = 11900

x = 850   पूर्णांक = 850

उतीर्ण होने के न्यूनतम अंक $=(850\times 30\%)+85$

$$\left(850\times\frac{30}{100}\right)+85=255+85=340$$

उदाहरण 3 राहुल ने एक परीक्षा में 240 अंक प्राप्त किए एवं वह 24 अंकों से उनुतीर्ण हो गया। उतीर्ण होने का न्यूनतम प्रतिशत 33% हैं। पूर्णांक ज्ञात करें।

राहुल द्वारा प्राप्त अंक = 240

अंक जिससे वह अनुतीर्ण हो गया = 24

पास होने का अंक = 240 + 24 = 264

माना पूर्णांक = x

पास होने का अंक = x का 33%

x का 33% = 264

$$x=\frac{264}{33}\times 100=800$$

उदाहरण 4 अंकित ने एक परीक्षा में 360 अंक लाए। उसके अंकों का प्राप्त प्रतिशत 60% हैं तो पूर्णांक ज्ञात करें।

माना पूर्णांक = x

x का 60 % = 360

$$x=\frac{360}{60\%}$$

$$=\frac{360}{60}\times 100=600$$

जनसंख्या से सम्बन्धित प्रश्न

सूत्र

1) माना किसी शहर की जनसंख्या P है तथा यह $R\%$ वार्षिक दर से बढ़ती है।
   तब,
   i) n वर्ष बाद जनसंख्या $=P\left(1+\frac{R}{100}\right)^n$
   ii) n वर्ष पूर्व जनसंख्या $=\frac{P}{\left(1+\frac{R}{100}\right)^n}$

2) माना किसी शहर की जनसंख्या P है तथा इसमें पहले, दूसरे, व तीसरे वर्ष में क्रमशः $R_1\%$, $R_2\%$ तथा $R_3\%$ वृद्धि होती है।
   तब, 3 वर्ष बाद जनसंख्या $=P\left(1+\frac{R_1}{100}\right)\left(1+\frac{R_2}{100}\right)\left(1+\frac{R_3}{100}\right)$

3) माना किसी शहर की जनसंख्या प्रथम वर्ष में $R\%$ की वृद्धि एवं दूसरे वर्ष में $R\%$ की कमी हो तो दो वर्ष बाद जनसंख्या:
   $=P\left(1+\frac{R_1}{100}\right)\left(1-\frac{R_2}{100}\right)$

उदाहरण 1 एक शहर की जनसंख्या 16000 है। एवं यह 5% की दर से वृद्धि कर रही है तो बताओ 3 वर्ष बाद नगर की जनसंख्या क्या होगी?

तीन वर्ष बाद जनसंख्या $=P\left(1+\frac{R}{100}\right)^n$

$$= 16000\left(1+\frac{5}{100}\right)^3$$

$$= 16000\times\frac{21}{20}\times\frac{21}{20}\times\frac{21}{20}$$

$$= 2\times 9261 = 18522$$

उदाहरण 2 एक कस्बे की जनसंख्या 176400 है। इसमें 5% वार्षिक दर से वृद्धि हो तो, 2 वर्ष बाद कस्बे की जनसंख्या ज्ञात करें। दो वर्ष पूर्व इस कस्बे की जनसंख्या क्या थी?

i) 2 वर्ष बाद कस्बे की जनसंख्या $= 17\,6400\times\left(1+\frac{5}{100}\right)^2$

$$= \left(17\,6400\times\frac{21}{20}\times\frac{21}{20}\right) = 19\,4481$$

ii) 2 वर्ष पूर्व कस्बे की जनसंख्या $= \dfrac{17\,6400}{\left(1+\frac{5}{100}\right)^2}$

$$= \left(17\,6400\times\frac{20}{21}\times\frac{20}{21}\right) = 16\,0000.$$

उदाहरण 3 एक गाँव की वर्तमान जनसंख्या 67600 है। यह 4% वार्षिक की दर से बढ़ती रही है। गाँव की जनसंख्या दो वर्ष पूर्व कितनी थी?

माना दो वर्ष पूर्व गाँव की जनसंख्या = x वर्ष

प्रश्न से,

$$67600 = x\left(1+\frac{4}{100}\right)^2$$

$$67600 = x\left(\frac{26}{25}\right)^2$$

$$x = \frac{67600\times 25\times 25}{26\times 26}$$

$$= 100\times 625$$

$$= 62500$$

उदाहरण 4 किसी गाँव की जनसंख्या में प्रतिवर्ष 25% की दर से बढ़ोतरी हुई है। यदि तीन वर्ष के उपरान्त जनसंख्या 1000 हो तो प्रथम वर्ष के आरम्भ में यह कितनी थी?

माना प्रथम वर्ष के आरम्भ में जनसंख्या = x

$$10\,000 = \left(1+\frac{25}{100}\right)^3\times x$$

$$x = \frac{10\,000\times 4\times 4\times 4}{5\times 5\times 5}$$

$$= 64\times 80$$

$$= 5120$$

खपत में वृद्धि एवं कमी पर आधारित प्रश्न

सूत्र

i) किसी वस्तु के भाव में $R\%$ वृद्धि हो जाने पर इस मद पर खर्च न बढें, इसके लिए वस्तु की खपत में प्रतिशत कमी

$$= \left[\frac{R}{(100+R)}\times 100\right]\%$$

ii) किसी वस्तु के भाव में $R\%$ कमी आ जाने पर इस मद पर खर्च कम न हो इसके लिए वस्तु की खपत में वृद्धि = $\left[\frac{R}{100-R}\times 100\right]\%$

उदाहरण 1 यदि चीनी के मूल्यों में 50% वृद्धि हो जाये तो एक गृहिणी को इसकी खपत में कितने प्रतिशत कम कर देनी चाहिए जिससे उसका खर्च न बढ़े?

खपत में कमी $= \left[\frac{50}{100+50}\times 100\right]\% = 33\frac{1}{3}\%$

उदाहरण 2 यदि चावल के मूल्यों में 10% कमी हो जाये, तो इसकी खपत कितने प्रतिशत बढ़ा देनी चाहिए जिससे खर्च मे कोई परिवर्त्तन न हो?

खपत में वृद्धि $= \left[\frac{100}{100-10}\times 100\right]\%$

$$= \left[\frac{10}{90}\times 100\right]\% = 11\frac{1}{9}\%$$

उदाहरण 3 यदि किसी उपभोक्ता वस्तु के मूल्य में 50% की वृद्धि हो जाए, तो इसकी खपत में कितनी भाग कमी की जाए जिससे इसकी खपत पर होने वाला व्यय पहले जितना ही रहे?

माना वस्तु का प्रारमभिक मूल्य 100 रू0 है तथा वस्तु की खपत 100 इकाई है।

वृद्धि के बाद वस्तु का मूल्य = 100 + 100 का 50%

= 150 रू0

वस्तु की खपत = 100

माना x भाग की कमी करने पर इसकी खपत पर होने वाला खपत, खपत वस्तुओं का कुल मूल्य = 100 × 100 = 10000 रू0

प्रश्न से,

$$10000 = 150\times 100x$$

$$x = \frac{10000}{15000} = \frac{2}{3}$$

खपत में कमी $= 1-\frac{2}{3} = \frac{1}{3}$

मूल्य में कमी से सम्बन्धित प्रश्न

उदाहरण 1 : चीनी की कीमत में 20% कमी हो जाने पर मुझे 600 रूपये में 5 किलो अतिरिक्त चीनी खरीदने का अवसर मिल गया। तदनुसार कीमत में कमी होने से पहले चीनी की कीमत कितने रूपये प्रति किलो थी?

माना प्रारंभ में चीनी का मूल्य x रू0 कि0 ग्रा0 था

चीनी की कीमत में कमी = 600 का 20%

$$= 600 \times \frac{20}{100}$$

= 120 रू0

$\therefore$ प्रति कि0 ग्रा0 चीनी का नया मूल्य $= \frac{120}{5} = 24$ रू0

अत: चीनी का पुराना मूल्य = x − x का 20% = 24

$$x - \frac{x}{5} = 24$$

$$\frac{4x}{5} = 24$$

$$4x = 24 \times 5$$

$$4x = 120$$

$$x = \frac{120}{4}$$

x = 30 रू0

उदाहरण 2 आमों के मूल्य में 20% की वृद्धि हो जाने से एक व्यक्ति को 40 रू0 में 4 आम कम मिलते है, वृद्धि से पहले 15 आमों का मूल्य क्या था।

माना कि आम का आरम्भिक मूल्य x रू0 है।

आम की नई दर = x + x का 20%

$= \frac{6x}{5}$ रू0

40 रू0 में खरीदे गये आमों की आरम्भिक संख्या $= \frac{40}{x}$

भाव बढ़ने के पश्चात् आमों की नई संख्या $= \frac{40 \times 5}{6x} = \frac{100}{3x}$

$$\frac{40}{x} - \frac{100}{3x} = 4$$

$$\frac{20}{3x} = 4$$

$x = \frac{5}{3}$ रू0

15 आमों का अभिष्ट मूल्य $= 15 \times \frac{5}{3}$ रू0

= 25 रू0

प्रतिशत बदलाव परिवर्त्तन

उदाहरण 1 यदि किसी आयत की लम्बाई 25% बढ़ जाए और चौड़ाई 20% घट जाए, तो आयत के क्षेत्रफल में क्या परिवर्त्तन होगा।

सूत्र: $A + B + \frac{AB}{100}$ $\left(\begin{aligned} \text{where}: A &= \text{लम्बाई} \\ B &= \text{चौडाई} \end{aligned}\right)$

$$= 25 - 20 - \frac{25 \times 20}{100}$$

$$= (5) - \frac{500}{100}$$

= 5 − 5

= 0 = अपरिवर्तित

उदाहरण 2 कम्प्यूटरों के मूल्य में 20% की गिरावट के बाद इसके खपत में 30% की वृद्धि दर्ज हुई। दूकानदार के कुल आय पर क्या प्रभाव पडा?

% परिवर्त्तन $= A + B + \frac{AB}{100}$

$$= -20 + 30 + \frac{-20 \times 30}{100}$$

$$= 10 - 6 = 4\%$$

विविध

सूत्र

i) यदि A का मान B से $R\%$ अधिक हो, तो B का मान A से कम है

$$= \left[\frac{R}{(100+R)} \times 100\right]\%$$

ii) यदि A का मान B से $R\%$ कम हो, तो B का मान A से अधिक है

$$= \left[\frac{R}{(100-R)} \times 100\right]\%$$

उदाहरण 1 यदि A की आय B की आय से 25% अधिक हो, तो B की आय A की आय से कितने प्रतिशत कम है।

B की आय A की आय से कम है:- $\left[\frac{R}{100+R} \times 100\right]\%$

$$\left[\frac{25}{100+25} \times 100\right]\% = 20\%$$

उदाहरण 2 यदि A की ऊँचाई B की ऊँचाई से 36% कम हो तो B की ऊँचाई A की ऊँचाई से कितना प्रतिशत अधिक होगी?

B की ऊँचाई A की ऊँचाई से अधिक है $= \left[\frac{R}{(100-R) \times 100}\right]\%$

$$\left[\frac{36}{100-36} \times 100\right]\% = 56.25\%$$

अभ्यास प्रश्न (Practice Questions)

1. किसी संख्या में से 15 घटाने पर संख्या में 80% की कमी हो जाती है। संख्या का 40% क्या है?
   (a) 60 (b) 45
   (c) 30 (d) 90

2. एक मेज के अंकित मूल्य में 12.5% की कमी कर देने पर इसका मूल्य 4375 रू0 हो जाता है। मेज का अंकित मूल्य क्या है?
   (a) 6000 रू0 (b) 5400 रू0
   (c) 5200 रू0 (d) 5000 रू0

3. एक छात्र को परीक्षा में उत्तीर्ण होने के लिए 40% अंक लाने थे। उसने 178 अंक लिये तथा वह 22 अंकों से अनुत्तीर्ण घोषित किया। कुल पूर्णांक कितने थे?
   (a) 200 (b) 500
   (c) 800 (d) 1000

4. एक टोकरे में रखे आमों में से 20% खराब है। यदि इस टोकरे में खराब आमों की संख्या 35 हो, तो कुल आम कितने हैं?
   (a) 150 (b) 175
   (c) 180 (d) 185

5 $33\frac{1}{3}\%$, $\frac{4}{15}$ तथा 0.35 में से सबसे बड़ा कौन सा है?
   (a) $33\frac{1}{3}\%$ (b) $\frac{4}{15}$
   (c) 0.35 (d) तुलना नहीं की जा सकती

6. 70 का $\frac{4}{5}$ भाग, 112 का $\frac{5}{7}$ भाग एक दूसरे से कितना प्रतिशत कम है?
   (a) 42% (b) 30%
   (c) 24% (d) 36%

7. x में से x का 6% घटाने पर प्राप्त संख्या x को किससे गुणा करने पर प्राप्त होगी?
   (a) .94 (b) 9.4
   (c) .094 (d) 94

8. एक कस्बे की जनसंख्या 133575 से बढ़कर 138918 हो गई तो इस कस्बे की जनसंख्या में कितने प्रतिशत वृद्धि हुई?
   (a) 2.5 (b) 3
   (c) 3.5 (d) 4

9. x का $165\% = 110 \times 5 - 220$
   (a) 200 (b) 300
   (c) 330 (d) 400

10. यदि x का $8\% = y$ का 4% हो, तो x का 20% क्या है?
    (a) y का 10% (b) y का 16%
    (c) y का 80% (d) इनमें से कोई नही?

11. 2 की संख्या 50 की कितने प्रतिशत है?
    (a) 2 (b) 2.5
    (c) 4 (d) 58

12. यदि किसी संख्या का 20%, 120 हो तो उसी संख्या का 120% होगा
    (a) 20 (b) 120
    (c) 480 (d) 720

13. यदि x का 8% y के 4% के समान हो, तो x का 20% समान है।
    (a) y के 40% (b) y के 16%
    (c) y के 80% के (d) y के 50% के

14. यदि 24 कैरेट सोने को सौ प्रतिशत शुद्ध सोना माना जाता है, तो 22 कैरेट सोने में शुद्ध सोने की प्रतिशतता कितनी है?
    (a) $91\frac{3}{4}$ (b) $91\frac{2}{3}$
    (c) $91\frac{1}{3}$ (d) $90\frac{2}{3}$

15. एक संख्या में पहले 20% तथा पुनः 20% की वृद्धि की गयी है। बड़ी हुई संख्या को कितने प्रतिशत कम किया जाए, ताकि यह प्रारंभिक संख्या के बराबर हो जाए?
    (a) $30\frac{5}{3}\%$ (b) $19\frac{11}{31}\%$
    (c) 40% (d) 44%

16. एक घड़ी का अंकित मूल्य 1600 रु0 है। उसका विक्रेता एक खरीदार को क्रमानुसार 10% तथा x% की छूट दे देता है और खरीदार उसे 1224 रु में खरीद लेता है। तदनुसार x का मान क्या है?
    (a) 5% (b) 10%
    (c) 15% (d) 20%

17. राम अपनी चीजें श्याम की तुलना में 25% सस्ती बेचता है, किन्तु वे हरि की तुलना में 25% मंहगी होती हैं। तद्नुसार हरि की चीजें श्याम की तुलना में कितने प्रतिशत सस्ती हैं?
    (a) 96 (b) $33\frac{1}{9}$
    (c) 40 (d) 50

18. 1 घंटा 45 मिनट की समयावधि एक दिन का कितना प्रतिशत है?
    (a) 7.218 (b) 7.291
    (c) 8.3 (d) 8.24

19. यदि किसी आयत की लम्बाई 25% बढ़ जाए और चौड़ाई 20% घट जाए, तो आयत के क्षेत्रफल में निम्न में से कौन-सा परिवर्त्तन हो जाएगा?
    (a) 5% वृद्धि (b) 5% कमी
    (c) अपरिवर्त्तित (d) 10% वृद्धि

20. किसी सम्पत्ति की कीमत प्रति वर्ष, उसकी प्रारम्भिक वर्ष की तुलना में 10% कम हो जाती हैं, सम्पत्ति की वर्त्तमान कीमत 8100 रू0 है। दो वर्ष पहले उसकी कीमत कितनी थी?

(a) 10000 रू0
(b) $\left(\frac{90}{100}\right)^2 \times 81000$ रू0
(c) $\left(\frac{100}{110}\right)^2 \times 8100$ रू0
(d) 9801 रू0

21. किसी व्यक्ति के वेतन में पहले 20% की वृद्धि की गई और फिर उसमें 20% की कमी की गई। तो उसके वेतन में कितने प्रतिशत कमी या वृद्धि की गई है।

(a) 4% कमी
(b) 4% वृद्धि
(c) 8% कमी
(d) ना कमी ना वृद्धि

22. 80 रू0 अंकित मूल्य वाली जुराबों के एक दर्जन जोड़े 10% छूट पर उपलब्ध है। 24 रू0 में जुराबों के कितने जोड़े खरीदे जा सकते हैं?

(a) 4
(b) 5
(c) 3
(d) 6

23. 100 रूपये की एक वस्तु की कीमत पहले 10% बढ़ा दी जाती है, तत्पश्चात् 10% और बढ़ा दी जाती है। तो कुल वृद्धि कितने रूपयों की हो जाती है?

(a) 20
(b) 21
(c) 110
(d) 121

24. एक सिनेमा घर की सीटों में 25% की वृद्धि की गयी है। एक टिकट के मूल्य में भी 10% की वृद्धि की गयी हैं। कुल आय में कितने प्रतिशत की वृद्धि होगी?

(a) 10.5
(b) 27.5
(c) 37.5
(d) 40.5

25. किसी राज्य में बिजली की खपत में 15% की वृद्धि हुई हैं, जबकि बिजली के मूल्य में 12% की कमी की गयी है। इससे राज्य के राजस्व पर कितना प्रभाव पड़ेगा?

(a) 3% की वृद्धि
(b) न वृद्धि न कमी
(c) $\frac{6}{5}$% की कमी
(d) $\frac{6}{5}$% की वृद्धि

26. तुलसीदास का वेतन कश्यप के वेतन से 20% अधिक है। यदि तुलसीदास 720 रू0 बचाता है तो उसके वेतन का 4% है तो कश्यप का वेतन है।

(a) 15000
(b) 12000
(c) 10000
(d) 22000

27. दूध के विक्रय मूल्य में 60% दूध का क्रय मूल्य तथा शेष लाभांश है। यदि दूध का क्रय मूल्य 20% बढ़ जाये तो लाभांश में कितने प्रतिशत की कमी की जाए कि दूध का विक्रय मूल्य वही रहे?

(a) 20 प्रतिशत
(b) 25 प्रतिशत
(c) 30 प्रतिशत
(d) 40 प्रतिशत

28. शक्कर की कीमत यदि 10% बढ़ती है, तो खपत में कितने प्रतिशत कमी करनी पड़ेगी ताकि व्यय पूर्वानुसार ही बना रहे।

(a) 10%
(b) 11%
(c) $1\frac{3}{4}$%
(d) $9\frac{1}{11}$%

29. किसी वस्तु को 120 रूपये में बेचने पर 25% लाभ होता है। यदि उस वस्तु को 128 रू0 में बेचा जाए तो कितने प्रतिशत लाभ होगा

(a) 33.33%
(b) 43%
(c) 18%
(d) 13%

30. एक परीक्षा में सभी परीक्षार्थियों ने या तो भौतिकी विषय लिया या गणित या दोनों। भौतिकी लेने वाले 65.8% थे और गणित लेने वाले 59.2%। कुल परीक्षार्थी 2000 थे। कितने लोगों ने गणित और भौतिकी दोनों लिए।

(a) 750
(b) 700
(c) 550
(d) 500

31. एक परीक्षा में 30% विद्यार्थी गणित में फेल होते हैं, 25% विद्यार्थी अंग्रेजी में फेल होते हैं और 15% विद्यार्थी दोनों में फेल होते हैं। पास होने के लिए गणित तथा अंग्रेजी में ही पास होना जरूरी है। बताइये परीक्षा में पास होने का प्रतिशत क्या है?

(a) 55%
(b) 60%
(c) 45%
(d) 40%

32. किसी परीक्षा में A, B तथा C तीन विषय हैं। एक छात्र को प्रत्येक विषय में उत्तीर्ण होना आवश्यक है। 20% छात्र विषय A में, 22% छात्र विषय B में तथा 16% छात्र विषय C में अनुत्तीर्ण होते हैं। संपूर्ण परीक्षा में उत्तीर्ण होने वाले कुल छात्रों की संख्या कितने प्रतिशत है?

(a) 42% तथा 84% के बीच
(b) 42% तथा 78% के बीच
(c) 58% तथा 78% के बीच
(d) 58% तथा 84% के बीच

33. राम का वेतन श्याम के वेतन से 50% अधिक है तो श्याम का वेतन राम के वेतन से कितने प्रतिशत कम होगा?

(a) 20%
(b) 33.33%
(c) 45%
(d) 65%

34. एक नगर की जनसंख्या में 4% वार्षिक दर से वृद्धि होती है, और शरणार्थियों के कारण 1% वार्षिक दर से अतिरिक वृद्धि होती है, तो दो वर्ष पश्चात् जनसंख्या में कितनी वृद्धि होगी?

(a) 10%
(b) 10.25%
(c) 10.50%
(d) 10.75%

35. किसी चुनाव में 80% मतदाताओं ने भाग लिया केवल दो प्रत्याशी थे राम और श्याम। राम को कुल मतों का 42% मिला और राम ने श्याम को 400 मतों से पराजित किया। इस प्रकार राम को कुल कितने मत मिले?

(a) 4200 मत
(b) 3800 मत
(c) 3350 मत
(d) 3000 मत

36. निम्नलिखित कथनों पर विचार कीजिए:

कथन (A) किसी संख्या में 40% की वृद्धि के लिए यह पर्याप्त है कि उस संख्या को 1.4 से गुणा किया जाए।

कारण (R) किसी संख्या में 40% कमी करने के लिए यह पर्याप्त है कि उस संख्या को 1.4 से विभाजित किया जाये।

(a) A सत्य है परन्तु R असत्य
(b) R सत्य, परन्तु A असत्य
(c) A और R दोनो सत्य
(d) A और R दोनो असत्य

37. एक मशीन का वर्त्तमान मूल्य 729000 रू0 है। यदि इस मशीन के अवमूल्यन की दर 10% वार्षिक हो, तो 3 वर्ष बाद इसका मूल्य क्या होगा?
(a) 531441 रू0 (b) 53000 रू0
(c) 531542 रू0 (d) 531941 रू0

38. एक मशीन अभी खरीदी गई है। इसके मूल्य में 10% वार्षिक दर से कमी आ जाती है। यदि 3 वर्ष बाद इसका मूल्य 87480 रू0 हों, तो मशीन का क्रय मूल्य ज्ञात करें।
(a) 120000 रू0 (b) 120042 रू0
(c) 125954 रू0 (d) 125000 रू0

39. एक रेड़ियो के अंकित मूल्य में 12% कटौती करने पर इसका मूल्य 5544 रू0 है बताओ रेड़ियो का अंकित मूल्य क्या है?
(a) 6500 (b) 6270
(c) 6300 (d) 5400

40. मोहित के वेतन में 50% कमी कर दी गई। इस कम किये गए वेतन में 50% वृद्धि कर दी गई। मोहित को कितने प्रतिशत हानि हुई?
(a) 45% (b) 27%
(c) 25% (d) 21%

उत्तरमाला (Answer Key)

1. (c)	2. (d)	3. (b)	4. (b)	5. (c)	6. (b)	7. (a)	8. (d)
9. (a)	10. (a)	11. (c)	12. (d)	13. (a)	14. (b)	15. (a)	16. (c)
17. (a)	18. (b)	19. (c)	20. (a)	21. (a)	22. (a)	23. (b)	24. (c)
25. (d)	26. (a)	27. (c)	28. (d)	29. (a)	30. (d)	31. (b)	32. (b)
33. (b)	34. (b)	35. (a)	36. (a)	37. (a)	38. (a)	39. (c)	40. (c)

हल (Solutions)

1. (c)

माना संख्या $= x$

$x - 15 = x$ का 80%

$x - 15 = x$ का $\frac{80}{100}$

$x - \frac{4x}{15} = 15$

$x = 75$

संख्या का $40\% = \left(75 \times \frac{40}{100}\right) = 30$

6. (b)

माना $x = 70 \times \frac{4}{5} = 56$

$y = \left(112 \times \frac{5}{7}\right) = 80$

x, y से कम है $= \left(\frac{24}{80} \times 100\right)\% = 30\%$

10. (a)

$x \times \frac{8}{100} = y \times \frac{4}{100}$

$x \times \frac{20}{100} = \frac{y}{100} \times 10$

x का 20% = y का 10%

14. (b)

24 कैरेट = 100

1 कैरेट $= \frac{100}{24}$

22 कैरेट सोना $= \frac{22 \times 100}{24}$

$= \frac{25 \times 22}{6} = 91\frac{2}{3}\%$ शुद्ध

16. (c)

कुल छूट = 1600 – 1224 = 376 रू0

प्रथम छूट के बाद घड़ी का मूल्य = 1600 – 1600 का 10%
= 1440 रू0

1440 – 1440 का x% = 1224

1440 – 1224 = 1440 का x%

216 = 1440 का $\frac{x}{100}$

$216 = \frac{72x}{5}$

$x = \frac{216 \times 5}{72} = 15\%$

17. (a)

माना हरि की वस्तु का मूल्य x रू0 है

∴ राम की वस्तु का मूल्य x + x का 25%

$= \frac{5x}{4}$

∴ श्याम की वस्तु का मूल्य $= \frac{5x}{4} + \frac{5x}{4}$ का 25%

$= \frac{5x}{4} + \frac{5x}{16}$

$= \frac{25x}{16}$

श्याम और हरि की वस्तु की कीमतों में अन्तर $= \frac{25}{16}x - x = \frac{9x}{16}$

अत: हरि की वस्तुएँ श्याम की तुलना मे सस्ती $= \frac{\frac{9x}{16} \times 100}{\frac{25x}{16}} = 36\%$

20. (a)

वर्ष n = 2, प्रतिवर्ष कमी = 10%

माना सम्पत्ति की कीमत दो वर्ष पूर्व x रू0 थी

प्रश्न से,

$x\left(1 - \frac{10}{100}\right)^2 = 8100$

$x = \frac{8100 \times 100}{81} = 10000$ रू0

24. (c)

माना पूर्व में सिनेमा की सीटें 100 थी तथा प्रत्येक टिकट का मूल्य 100 रू0 था।

पूर्व में आय = 100 × 100 = 10000 रू0

सीटों में 25% वृद्धि के पश्चात् अब सीटों की संख्या
= 100 + 25 = 125

टिकट दर में 10% वृद्धि के पश्चात् टिकट दर
= 100 + 10 = 110

टिकट मूल्य तथा सीट वृद्धि के पश्चात् आय
= 125 × 110 = 13750 रू0

बढ़ी आय = 13750 – 10000 = 3750 रू0

10000 रू0 पर आय वृद्धि 3750 रू0 है।

100 रू0 पर आय वृद्धि $= \frac{3750 \times 100}{10000} = 37.5\%$

26. (a)

माना कश्यप का वेतन = x रू0 है।

∴ तुलसीदास का वेतन = x + x का 20%

$= x + \frac{x}{5}$

$= \frac{6x}{5}$

$\frac{6x}{5}$ का 4% = 720

$\frac{6x}{5} \times \frac{4}{100} = 720$

$x = \frac{720 \times 100 \times 5}{4 \times 6}$

= 15000 रू0

28. (d)

$\frac{100 \times 10}{100 + 10} = 9\frac{1}{11}\%$

31. (b)

∴ 15% विधार्थी गणित एवं अंग्रेजी में फेल होते हैं।

∴ केवल गणित में फेल विधार्थियों का प्रतिशत = 30–15
= 15%

∴ केवल अंग्रेजी में फेल विधार्थियों का प्रतिशत = 25–15
= 10%

कुल फेल विधार्थियों का प्रतिशत = 15 + 10 + 15 = 40%

∴ पास होने वाले विधार्थियों का प्रतिशत = 100 – 40 = 60%

36. (a)

यदि संख्या 1 है, तो उसका 40% वृद्धि होने पर कुल मान
= 1 + 1 का 40% = 1.4

परन्तु यदि 40% कमी करने पर संख्या = 1 – 1 का 40% = 0.6

अत: 40% कमी करने पर संख्या में 0.6 से गुणा करना होगा, 1.4 से भाग देने पर प्रति इकाई 0.6 नहीं आ सकता।

37. (a)

3 वर्ष बाद मशीन का मूल्य $= 729000 \times \left(1 - \frac{10}{100}\right)^3$

$= \left(729000 \times \frac{9}{10} \times \frac{9}{10} \times \frac{9}{10}\right)$ रू0 = 531441

39. (c)

माना रेडियो का अंकित मूल्य x रू0

तब, x का 88% = 5544

$x \times \frac{88}{100} = 5544$

$x = \left(5544 \times \frac{100}{88}\right) = 6300$

40. (c)

माना प्रारम्भिक वेतन = 100 रू0

वेतन में 50% कमी करने के बाद वेतन = 50 रू0

नये वेतन मे वृद्धि के बाद वेतन = 50 रू0 का 150%

$= \left(50 \times \frac{150}{100}\right) = 75$ रू0

$\therefore$ कुल हानि = (100−75)% = 25%

अनुपात एवं समानुपात
Ratio and Proportion

अनुपात (Ratio)

यदि दो राशियाँ एक ही किस्म की हो तो एक राशि में दूसरी राशि जितनी बार समाहित होती हैं, उसे उन दो राशियों का अनुपात कहते हैं। $\frac{a}{b}$ को a तथा b का अनुपात कहते हैं,

तथा इसे $a:b$ लिखते हैं।

$a:b$ में, a को प्रथम पद तथा b को द्वितीय पद कहते हैं।

किसी अनुपात के प्रत्येक पद को एक ही अशून्य संख्या से गुणा अथवा भाग करने पर अनुपात नहीं बदलता।

जैसे : $\frac{35}{28}=\frac{5}{4}=5:4$

समानुपात (Proportion)

दो अनुपातों के समानता को समानुपात कहतें हैं।

जैसे :

$4:8=8:16$

को इस प्रकार लिखा जाएगा

$4:8::6:10$

यदि $a:b:c:d$ तो हम a तथा d को बाहरी राशियाँ तथा b एवं c को माध्यमिक राशियाँ कहते हैं।

बहरी राशियों का गुणनफल = माध्यमिक राशियों का गुणनफल

अगर दो राशियाँ a और b हो तो उनका मध्यानुपाती $=\sqrt{ab}$

तीन राशियाँ a, b, c का चतुर्थानुपाती x हो, तो

$a:b::c:x$ अर्थात् $=a\times xa=b\times c$

अर्थात् $x=\frac{bc}{a}$

दो राशियों a तथा b का तृतीयानुपाती x हो, तो

$a:b::b:x$ अर्थात् $a\times x=b^2$

अर्थात् $\mathrm{x}=\frac{\mathrm{b}^2}{\mathrm{a}}$

x को $a:b$ के अनुपात में बाँटना हो तो :

पहला भाग $=\left[x\times\frac{a}{a+b}\right]$

दूसरा भाग $=\left[x\times\frac{b}{a+b}\right]$

x को $a:b:c$ के अनुपात में बाँटना हो तो :

पहला भाग $=\left[x\times\frac{a}{a+b+c}\right]$

दूसरा भाग $=\left[x\times\frac{b}{a+b+c}\right]$

तीसरा भाग $=\left[x\times\frac{c}{(a+b+c)}\right]$

उदाहरण (Examples)

1. एक थैली में 1रु., 50 पैसा तथा 10 पैसे के सिक्के हैं। 1 रु. तथा 50 पैसे के सिक्कों का अनुपात 2 : 5 है तथा 50 पैसे एवं 10 पैसे के सिक्कों का अनुपात 4 : 9 हैं। यदि थैली में कुल धन 1125 रु. हो, तो प्रत्येक प्रकार के सिक्कों की संख्या ज्ञात करें।

   1 रु. के सिक्के : 50 पै. के सिक्के = 2 : 5

   50 पैसे के सिक्के : 10 पै. के सिक्के = 4 : 9

   $4\times\frac{5}{4}:9\times\frac{5}{4}=5:\frac{45}{4}$

   1 रु. सिक्के : 50 पै. के सिक्के : 10 पै. के सिक्के

   $2:5:\frac{45}{4}=8:20:45$

   माना 1 रु. 50 पै. तथा 10 पै. के सिक्कों की संख्या क्रमशः $8x$, $20x$ तथा $45x$ हैं, तब

   $\frac{8x}{1}+\frac{20x}{2}+\frac{45x}{10}=1125$

   अर्थात् $x=50$

   1 रु. के सिक्कों की संख्या $=8x=400$

   50 पै. के सिक्कों की संख्या $=20x=1000$

   10 पै. के सिक्कों की संख्या $=45x=2250$

2. सोना पानी से 19 गुना भारी है तथा ताँबा पानी से 9 गुना भारी हैं। सोने तथा ताँबे को किस अनुपात में मिलायें कि इस प्रकार बना धातु पानी से 15 गुना भारी हो?

   माना 1 ग्राम सोने के साथ x ग्राम ताँबा मिलाने पर नई धातु का $(1+x)$ ग्राम प्राप्त होता हैं।

   $1G=19W$

   $1C=9W$, धातु $=15W$

   1 ग्राम सोना $+\,x$ ग्राम ताँबा $=(1+x)$ ग्राम धातु

   $19W+9Wx=(1+x)\times15\ W$

   अर्थात् $x=\frac{4W}{6W}=\frac{2}{3}$

   सोने तथा ताँबे का अनुपात $=1:\frac{2}{3}$ अयोत $3:2$

3. 390 रु. को तीन भागों में विभाजित करें, जो $\frac{1}{2}, \frac{2}{3}$ एवं $\frac{3}{4}$ के समानुपाती हों :

प्रदत अनुपातों को हर 2, 3 एवं 4 का ल. स. = 12 से गुणा करने पर

$\frac{1}{2}:\frac{2}{3}:\frac{3}{4} = \frac{1}{2}\times 12:\frac{2}{3}\times 12:\frac{3}{4}\times 12$

$= 6:8:9$ प्राप्त होता है।

$6+8+9 = 23$

पहला भाग $= \frac{6}{23}\times 391 = 102$ रु.

दूसरा भाग $= \frac{8}{23}\times 391 = 136$ रु.

तीसरा भाग $= \frac{9}{23}\times 391 = 153$रु.

4. एक दो अंकों की संख्या तथा अंकों के योग का अनुपात 7:1 हैं। यदि दहाई अंक इकाई अंक से 1 कम हो, तो संख्या क्या हैं?

माना दहाई का अंक $= x$ तब इकाई का अंक $= (x-1)$

$\frac{10x+(x-1)}{x+(x-1)} = \frac{7}{1}$

अर्थात् $\frac{11x-1}{2x-1} = \frac{7}{1}$ अर्थात्

$x = 2$

अत: संख्या $= 21$

5. एक प्रतिष्ठान में बिजली का बिल आंशिक रूप से निश्चत तथा आंशिक रूप से खपत की गई बिजली की यूनिट की संख्या के अनुसार निर्धारित किया जाता है। जब एक महीने में 540 यूनिट की खपत होती है तो बिल 1800 रु. हैं। अन्य महीने में 620 यूनिट की खपत होती है तो बिल 2040 रु. हैं। एक अन्य महीने में 500 यूनिट की खपत होती है तो उस महीने के लिए बिल क्या होगा?

माना निश्चित राशि x रु. हैं

तथा प्रत्येक यूनिट की कीमत y रु. है तो,

$540y + x = 1800$ (i)

$620y + x = 2040$ (ii)

(ii) में से (i) घटाने पर

$80y = 240$

(i) में $y = 3$ रखने पर

$540\times 3 + x = 1800$

$x = (1800 - 1620) = 180$

निश्चत चार्ज = रु. 180, चार्ज प्रति यूनिट = 3 रु.

500 यूनिट की खपत पर कुल चार्ज

$= (180 + 500\times 3)$ रु.

$= 1680$ रु.

6. 53 रु. को A, B और C के बीच इस प्रकार बाँटा जाता हैं कि A को B से 7 रु. ज्यादा मिलते हैं तथा B को C से 8 रु. ज्यादा मिलते हैं। इनके भागों का अनुपात हैं।

माना C को मिलने वाला भाग $= x$

तो B को $(x+8)$ रु. और A को $(x+15)$ रु. मिलते हैं तो

$x + (x+8) + (x+15) = 53$

$x = 10$

$A:B:C = (10+15):(10+8)$

$10 = 25:18:10$

7. यदि $x = \frac{1}{3}y$ और $y = \frac{1}{2}z$ है तब $x:y:z$ बराबर हैं?

$x = \frac{1}{3}y$

$\frac{x}{y} = \frac{1}{3}$ या $x:y = 1:3$

$y = \frac{1}{2}z$

$\frac{y}{z} = \frac{1}{2}$ या $y:z = 1:2$

$x:y:z = 1:3:6$

8. एक 2 अंकीय संख्या का इसके अंकों के योग से अनुपात 7:1 हैं। यदि दहाई का अंक इकाई के अंक से 1 अधिक हो, तो वह संख्या होगी?

माना इकाई का अंक $= x$

दहाई का अंक $= x+1$

संख्या $= x + 10(x+1)$

$= 11x + 10$

इकाई तथा दहाई के अंकों का योग $= x + x + 1$

$= 2x + 1$

प्रश्नानुसार,

$\frac{11x+10}{2x+1} = \frac{7}{1}$

$11x + 10 = 14x + 7$

$3x = 3$

$x = 1$

अत: संख्या $= 11x + 10$

$= 11\times 1 + 10$

$= 11 + 10$

$= 21$

9. अनुक्रम 1, 3, 6, 10 ...... के पाँचवें तथा छठे पदों का अनुपात हैं?

अनुक्रम (1, 3, 6, 10, 15, 21)

$1 + 2 = 3$

$3 + 3 = 6$

$6 + 4 = 10$

$10 + 5 = 15$

$15 + 6 = 21$

उपर्युक्त दी गई श्रृंखला में पाँचवें तथा छठे पद क्रमश: 15 तथा 21 हैं।

पाँचवा पद : छठा पद

15 : 21

5 : 7

10. यदि A का 30% = B का 0.25 = C का $\frac{1}{5}$ तो, A : B : C बराबर हैं?

A का $\frac{30}{100}$ = B का $\frac{25}{100}$ = C का $\frac{1}{5} = K$

$\therefore A = \frac{100K}{30}$

$B = \frac{100K}{25}$

तथा $C = \frac{5K}{1}$

A = 500K, B = 600K, C = 750K

A : B : C = 500 : 600 : 750

10 : 12 : 15

11. यदि $a : b = 7 : 9$ और $b : c = 15 : 7$ हो तो $a : c$ क्या होगा ?

$a : b = 7 : 9 = 35 : 45$

$b : c = 15 : 7 = 45 : 21$

$a : b : c = 35 : 45 : 21$

$a : c = 35 : 21 = 5 : 3$

अभ्यास प्रश्न (Practice Questions)

1. यदि A : B : C = 2 : 3 : 4 है, तो $\frac{A}{B}:\frac{B}{C}:\frac{C}{A}$ बराबर हैं:

(a) 8 : 9 : 16 (b) 8 : 9 : 12
(c) 8 : 9 : 24 (d) 4 : 9 : 16

2. यदि $a : b = 2 : 3$ और $b : c = 4 : 5$ है, तो $a^2 : b^2 : c^2$ ज्ञात करें :

(a) 4 : 5 : 45 (b) 16 : 36 : 45
(c) 16 : 36 : 20 (d) 4 : 36 : 20

3. यदि $a : b = \frac{2}{9}:\frac{1}{3}$ और $b : c = \frac{2}{7}:\frac{5}{14}$ है, तो $d : c = \frac{7}{10}:\frac{3}{5}$ है तो $a : b : c : d$ के बराबर हैं।

(a) 4 : 6 : 7 : 9 (b) 16 : 24 : 30 : 35
(c) 8 : 12 : 15 : 7 (d) 30 : 35 : 24 : 16

4. यदि 78 को तीन ऐसे भागों में बाँटा जाए की वे $1:\frac{1}{3}:\frac{1}{6}$ के अनुपात में हों तो बीच वाला भाग होगा :

(a) $9\frac{1}{3}$ (b) 13
(c) $17\frac{1}{3}$ (d) $18\frac{1}{3}$

5. यदि $(a + b) : (a - b) = 5 : 3$ हों तो $(a^2 + b^2) : (a^2 - b^2) = ?$

(a) 17 : 15 (b) 25 : 9
(c) 4 : 1 (d) 16 : 1

6. यदि किसी धनराशि को A, B तथा C में इस प्रकार वितरित किया जाए की A का भाग B से 2 गुना हो और B का भाग C का 4 गुना हो, तो उन तीनों के भागों का परस्पर अनुपात क्या होगा?

(a) 1 : 2 : 4 (b) 1 : 4 : 1
(c) 8 : 4 : 1 (d) 2 : 4 : 1

7. A, B और C एक चारागाह किराए पर लेते हैं। A उस पर 7 महीने तक 10 बैल चराता हैं, B उस पर 5 महीने तक 12 बैल और C उस पर 3 महीने तक 15 बैल चराता हैं। यदि चारागाह का किराया 175रु. हो तो C को अपने हिस्से का कितना किराया देना होगा?

(a) 45 रुपए (b) 50 रुपए
(c) 55 रुपए (d) 60 रुपए

8. A, B की मासिक आय 5 : 6 के अनुपात में है तथा उनके मासिक व्यय का अनुपात 3 : 4 है, यदि वे प्रति मास क्रमश: 1800रु. और 1600 रु. बचत करते हैं तो B की मासिक आय ज्ञात करें।

(a) 3400 रुपए (b) 2700 रुपए
(c) 1720 रुपए (d) 7200 रुपए

9. P और Q की आय का अनुपात 3 : 4 है तथा उनके व्यय का अनुपात 2 : 3 हैं, यदि इनमें से प्रत्येक 6000 रुपए की बचत करता हैं, तो P की आय हैं:

(a) 20000 रुपए (b) 12000 रुपए
(c) 18000 रुपए (d) 24000 रुपए

10. H तथा W की मासिक आय का अनुपात 4 : 3 है और उनके खर्च का अनुपात 3 : 2 हैं। यदि उनमें प्रत्येक 600 रुपये प्रतिमास की बचत कर लेता हैं, तो W की आय कितने रुपये थी?

(a) 1200 (b) 2400
(c) 1800 (d) 9000

11. A, B और C की आय 3 : 7 : 4 का अनुपात है और उनके व्यय में 4 : 3 : 5 का अनुपात है। यदि 2400 रु. के आय में से A 300 रु. बचाता हो तो B और C की बचतें कितनी होगी?

(a) 4,025 रु. और 575 रु.
(b) 1,575 रु. और 2,625 रु.
(c) 2,750 रु. और 1,025 रु.
(d) 3,725 रु. और 1,525 रु.

12. A, B और C की आय 7 : 9 : 12 के अनुपात में हैं तथा उनके व्यय 8 : 9 : 15 के अनुपात में हैं, यदि A अपनी आय का 1/4 भाग बचाता हैं, तो A, B और C की बचतों का अनुपात क्या हैं?
(a) 56 : 99 : 69 (b) 69 : 56 : 99
(c) 99 : 56 : 69 (d) 99 : 69 : 56

13. P, Q तथा R के वेतनों का अनुपात 3 : 4 : 5 है और उनमें क्रमशः 10%, 15%, 20% वृद्धि की जाती हैं। उनके वेतनों का नया अनुपात ज्ञात करें।
(a) 3 : 4 : 5 (b) 30 : 44 : 57
(c) 33 : 46 : 60 (d) 33 : 60 : 46

14. यदि A, B से 40% अधिक B, C से 20% कम है तब A : C का अनुपात क्या हैं?
(a) 28 : 25 (b) 3 : 2
(b) 26 : 25 (d) 3 : 1

15. यदि m का 10%, n के 20% के बराबर हो, तो $m : n$ किसके बराबर होगा?
(a) 2 : 1 (b) 1 : 2
(c) 1 : 10 (d) 1 : 20

16. यदि $x : y = 3 : 1$, तो $(3x + y) : (5x + 3y)$ होगा?
(a) 13 : 14 (b) 14 : 13
(c) 10 : 11 (d) 11 : 10

17. यदि $m : n = 3 : 2$, तो $(4m + 5n) : (4m - 5n)$ किसके बराबर होगा?
(a) 4 : 9 (b) 9 : 4
(c) 11 : 1 (d) 9 : 1

18. यदि $x : y = 4 : 5$, तब $x^3 - y^3 : x^3 + y^3$ किसके बराबर होगा ?
(a) 3 : 5 (b) 5 : 3
(c) 17 : 35 (d) 35 : 17

19. यदि $\frac{a}{b} = \frac{2}{3}$ और $\frac{b}{c} = \frac{4}{5}$, तो $\frac{a+b}{b+c}$ किसके बराबर होगा?
(a) $\frac{20}{27}$ (b) $\frac{27}{20}$
(c) $\frac{6}{8}$ (d) $\frac{8}{6}$

20. यदि $p : q = r : s = t : 4 = 2 : 3$ तो $(mp + nr + ot)$ $: (mq + ns + ou)$ का मान बताइए।
(a) 1 : 3 (b) 1 : 2
(c) 2 : 3 (d) 3 : 2

21. यदि $x : y = 3 : 2$ है, तो अनुपात $2x^2 + 3y^2 : 3x^2 - 2y^2$ बराबर है।
(a) 12 : 5 (b) 6 : 5
(c) 30 : 19 (d) 5 : 3

22. 7500 रु. को A, B और C में इस प्रकार बाँटिए कि A और B के भागों का अनुपात 5 : 2 हो तथा B और C के भागों का अनुपात 7 : 13 हो तो B को कितनी राशि प्राप्त होगी:
(a) 1400 रु. (b) 3500 रु.
(c) 2600 रु. (d) 7000 रु.

23. कोई राशि A, B और C में बाँटी जाती है। A कुल राशि का $\frac{3}{16}$ भाग और B कुल राशि का $\frac{1}{4}$ भाग प्राप्त करता है। यदि C को 81 रु. प्राप्त होते है तो B को प्राप्त राशि है।
(a) 30 रु. (b) 36 रु.
(c) 32 रु. (d) 40 रु.

24. A, B और C एक कंपनी में हिस्सेदार हैं। किसी एक वर्ष में A को लाभ का $\frac{1}{3}$ भाग मिला, B को $\frac{1}{4}$ भाग मिला और C को 5000 रुपए। तब A को लाभ के फलस्वरूप कितने रुपए मिले?
(a) 5000 (b) 4000
(c) 3000 (d) 1000

25. कोई धनराशि 2 : 7 : 9 के अनुपात में P, Q और R में बाँटी जाती है। P और Q के भागों का योग R के बराबर है। P और Q के भागों का अंतर कितना है?
(a) 5000 रुपए (b) 7500 रुपए
(c) 9000 रुपए (d) सूचना अपर्याप्त

26. 9000 रु. की एक धनराशि को A, B और C में 4 : 5 : 6 के अनुपात में बाँटना है, A और C के भागों में क्या अन्तर होगा?
(a) 600 रु. (b) 1000 रु.
(c) 900 रु. (d) 1200 रु.

27. 3400 रुपए के A, B, C, D में इस प्रकार विभाजित किया जाता है कि A और B के भागों, B और C के भागों, C और D के भागों में क्रमशः 2 : 3, 4 : 3 तथा 2 : 3 के अनुपात रहें, तो B और D के भागों का योग है
(a) 2040 रु. (b) 1680 रु.
(c) 2000 रु. (d) 1720 रु.

28. 117 रु. को A, B और C में $\frac{1}{2} : \frac{1}{3} : \frac{1}{4}$ के अनुपात में बाँटा जाना था पर गलती से इसको 2 : 3 : 4 अनुपात में बाँटा गया। इस प्रकार उनमें से किसको सबसे अधिक लाभ हुआ और कितना?
(a) A, 28 रु. (b) B, 3 रु.
(c) C, 20 रु. (d) C, 25 रु.

29. A और B के पास कुल मिलाकर 158 रु. हैं। C के पास A और B को मिलाकर जो राशि है, उससे 101 रु. कम है। B के पास C से 23 रु. अधिक है। तब A की राशि है:
(a) 80 रु. (b) 78 रु.
(c) 57 रु. (d) 88 रु.

30. A एक व्यवसाय 3500 रु. से आरम्भ करता है 5 महीने के बाद B उसका साझीदार बन जाता है। एक वर्ष बाद दोनों के बीच लाभ को 2 : 3 के अनुपात में विभाजित कर दिया जाता है, तो B का पूँजी निवेश ज्ञात कीजिए:
(a) 8000 रुपए (b) 8500 रुपए
(c) 9000 रुपए (d) 7500 रुपए

उत्तरमाला (Answer Key)

1. (c)	2. (b)	3. (b)	4. (c)	5. (a)	6. (c)	7. (a)	8. (d)
9. (c)	10. (c)	11. (a)	12. (a)	13. (c)	14. (a)	15. (a)	16. (a)
17. (c)	18. (c)	19. (a)	20. (c)	21. (c)	22. (a)	23. (b)	24. (b)
25. (d)	26. (d)	27. (a)	28. (d)	29. (b)	30. (c)		

हल (Solutions)

1. (c)

$A:B:C=2:3:4$

$\therefore \frac{A}{B}:\frac{B}{C}:\frac{C}{A}=\frac{2}{3}:\frac{3}{4}:\frac{4}{2}$

$\frac{2}{3}:\frac{3}{4}:2=\frac{8:9:24}{12}$

$=8:9:24$

2. (b)

$a:b=2:3=8:12$

$b:c=4:5=12:15$

$a:b:c=8:12:15$

$a, b, c=8x, 12x, 15x$

$a^2:b^2:bc=(8x)^2:(12x)^2=12x\times 15x$

$64x^2:144x^2:180x^2=64:144:180$

$=16:36:45$

3. (b)

$a:b=\frac{2}{9}:\frac{1}{3}=2:3$

$b:c=\frac{2}{7}:\frac{5}{14}=4:5$

$d:c=\frac{7}{10}:\frac{3}{5}$

या, $c:d=\frac{3}{5}:\frac{7}{10}=6:7$

$a:b:c:d$

$16:24:30:35$

4. (c)

माना 78 को $x, \frac{x}{3}$ तथा $\frac{x}{6}$ के अनुपात में बाँटा गया

प्रश्नानुसार,

$x+\frac{x}{3}+\frac{x}{6}=78$

$\frac{9x}{6}=78$

$x=\frac{78\times 6}{9}$

$=52$

5. (a)

$\frac{a+b}{a-b}=\frac{5}{3}$

$3a+3b=5a-5b$

$2a=8b$

$\frac{a}{b}=\frac{8}{2}\Rightarrow\frac{4}{1}$

$a:b=4:1$

$(a^2+b^2):(a^2-b^2)=(4^2+1^2):(4^2-1^2)$

$=(16+1):(16-1)$

$=17:15$

6. (c)

$A:B=2:1$

$B:C=4:1$

$A:B:C=8:4:1$

7. (a)

A, B तथा C के लिए किराए में अनुपात

$7\times 10:5\times 12:3\times 15$

$=70:60:45$

$=14:12:9$

C का किराया $=\frac{9}{(14+12+9)}\times 175$

$=45$ रुपए

8. (d)

माना A और B की आय क्रमशः $5x$ व $6x$ है।

$\therefore \dfrac{5x-1800}{6x-1600}=\dfrac{3}{4}$

$20x-7200=18x-4800$

$2x=2400$

$x=1200$

अतः B की मासिक आय $=6x$

$=6\times1200$

$=$ 7200 रु.

9. (c)

माना p और q की आय क्रमशः $3x$ तथा $4x$ है।

$\dfrac{3x-6000}{4x-6000}=\dfrac{2}{3}$

$9x-18000=8x-12000$

$x=6000$

$\therefore p$ की आय $=3x$

$=3\times6000$

$=18000$ रु.

10. (c)

माना H तथा W की मासिक आय क्रमशः $4x$ तथा $3x$ है। तथा उनके खर्च का अनुपात क्रमशः $3x$ तथा $2x$ है।

प्रश्नानुसार,

$4x-3x=600$ (i)

$3x-2x=600$ (ii)

समी. (i) या (ii) से $x=600$

W की मासिक आय $=600\times3$

$=$ 1800 रु.

11. (a)

B की आय $=\dfrac{2400}{3}\times7=5600$ रु.

C की आय $=\dfrac{2400}{3}\times4=3200$ रु.

B का व्यय $=\dfrac{2400-300}{4}\times3=1575$ रु.

C का व्यय $=\dfrac{2400-300}{4}\times5=2625$ रु.

B की बचत $=5600-1575=4025$ रु.

C की बचत $=3200-2625=575$ रु.

12. (a)

माना A, B, C की आय क्रमशः $7x, 9x$ तथा $12x$ है तथा व्यय क्रमशः $8y, 9y$ व $15y$ है।

प्रश्नानुसार,

$7x-8y=\dfrac{1}{4}\times7x$

$=7x-\dfrac{7}{4}x=8y$

$\therefore\ y=\dfrac{21}{32}x$

B की बचत $9x-9y=9x-9\times\dfrac{21}{32}x$

$=\dfrac{99}{32}x$

C की बचत $=12x-15y$

$=12x-15\times\dfrac{21}{32}x$

$=\dfrac{69}{32}x$

$\therefore$ A : B : C की बचतों का अनुपात

$\dfrac{7}{4}x:\dfrac{99}{32}x:\dfrac{69}{32}x$

$=$ 56 : 99 : 69

13. (c)

माना की P, Q तथा R के वेतन क्रमशः $3x, 4x$ तथा $5x$ है।

वृद्धि के बाद P, Q तथा R के वेतन $=3x+3x$ का 10% : $4x+4x$ का 15% : $5x+5x$ का 20%

$3x+\dfrac{3x}{10}:4x+\dfrac{12x}{20}:6x$

$\dfrac{33}{10}:\dfrac{46}{10}:6$

या 33 : 46 : 60

14. (a)

माना C = 100

$B=100-20=80$

$A=80\times\dfrac{140}{100}=112$

A : C = 112 : 100 = 28 : 25

15. (a)

$m\times\dfrac{10}{100}=n\times\dfrac{20}{100}$

$10m=20n$

$\dfrac{m}{n}=\dfrac{20}{10}=\dfrac{2}{1}$

$m:n=2:1$

16. (a)

$\dfrac{x}{y}=\dfrac{3}{1}$

$x=3k$

$y=k$

$\dfrac{x^3-y^3}{x^3+y^3}=\dfrac{(3k)^3-(k)^3}{(3k)^3+(k)^3}$

$=\dfrac{27k^3-k^3}{27k^3+k^3}$

$= \frac{26k^3}{28k^3}$

$= \frac{26}{28} = \frac{13}{14}$

17. (c)

$m : n = 3 : 2$

$\therefore (4m + 5n) : (4m - 5n)$

$(4 \times 3 + 5 \times 2) : (4 \times 3 - 5 \times 2)$

$= (12 + 10) : (12 - 10)$

$= 22 : 2 = 11 : 1$

18. (c)

$\frac{x}{y} = \frac{4}{5}$

$\therefore \frac{3x + y}{5x + 3y} = \frac{3 \times 4 + 5}{5 \times 4 + 3 \times 5}$

$\frac{17}{35}$

$3x + y : 5x + 3y = 17 : 35$

19. (a)

$a : b = 2 : 3 = 8 : 12$

$b : c = 4 : 5 = 12 : 15$

$a : b : c = 8 : 12 : 15$

$a, b, c = 8x, 12x, 15x$

$\frac{a + b}{b + c} = \frac{8x + 12x}{12x + 15x} = \frac{20x}{27x} = \frac{20}{27}$

20. (c)

$\frac{p}{q} = \frac{r}{s} = \frac{t}{u} = \frac{2}{3}$

$\therefore \left.\begin{matrix} p = 2x, & q = 3x \\ r = 2x, & s = 3x \\ t = 2x, & u = 3x \end{matrix}\right\}$ माना

$\frac{mp + nr + ot}{mq + ns + ou} = \frac{m \times 2x + n \times 2x + o \times 2x}{m \times 3x + n \times 3x + o \times 3x}$

$= \frac{2mx + 2nx + 2ox}{3mx + 3nx + 3ox}$

$= \frac{2(mx + nx + ox)}{3(mx + nx + ox)}$

$= \frac{2}{3}$

21. (c)

$x : y = 3 : 2$

$2x^2 + 3y^2 : 3x^2 - 2y^2$

$= 2 \times 9 + 3 \times 4 : 3 \times 9 - 2 \times 4$

$= 30 : 19$

22. (a)

A	:	B	:	C
5	:	2		
		7	:	13
35	:	14	:	26

$\therefore$ B को प्राप्त राशि

$\frac{14}{(35 + 14 + 26)} \times 7500$

$=$ 1400 रु.

23. (b)

माना कि राशि x है, तब

C का कुल भाग

$= x - \left(\frac{3}{16}x + \frac{1}{4}x\right)$

$= \left(1 - \frac{3}{16} - \frac{1}{4}\right)x = \frac{9}{16}x$

परन्तु $= \frac{9}{16}x = 81$

$x = 144$

B को प्राप्त राशि

$\frac{1}{4} \times 144 = 36$ रु.

24. (b)

C का लाभ $= 1 - \left(\frac{1}{3} + \frac{1}{4}\right)$

$= 1 - \frac{7}{12} = \frac{5}{12}$

$\therefore \frac{5}{12}$ भाग $=$ 5000 रु.

1 भाग $= \frac{5000 \times 12}{5}$

$\frac{1}{3}$ भाग $= \frac{5000 \times 12}{5} \times \frac{1}{3}$

$=$ 4000 रुपए

$\therefore$ A का लाभ $=$ 4000 रुपए

25. (d)

सूचना अपर्याप्त

प्रश्न में धनराशि का उल्लेख नहीं किया गया है।

26. (d)

C और A के भागों में अन्तर

$\frac{6 - 4}{(4 + 5 + 6)} \times 9000 = 1200$ रु.

27. (a)

$A : B = 2 : 3 \Rightarrow 16 : 24$

$B : C = 4 : 3 \Rightarrow 24 : 18$

$C : D = 2 : 3 \Rightarrow 18 : 27$

$\therefore$ $A:B:C:D = 16:24:18:27$

$\therefore$ B व D का 3400 रुपए में कुल भाग

$= \frac{(24+27)}{16+24+18+27} \times 3400$

$= \frac{51}{85} \times 3400 = 2040$ रुपए

28. (d)

$\frac{1}{2}:\frac{1}{3}:\frac{1}{4} = 6:4:3$

$\therefore$ A का हिस्सा $= \frac{6}{13} \times 117 = 54$ रु.

B का हिस्सा $= \frac{4}{13} \times 117 = 36$ रु.

C का हिस्सा $= \frac{3}{13} \times 117 = 27$ रु.

दूसरे के अनुपात के अनुसार,

A का हिस्सा $= \frac{2}{9} \times 117 = 26$ रु.

B का हिस्सा $= \frac{3}{9} \times 117 = 39$ रु.

C का हिस्सा $= \frac{4}{9} \times 117 = 52$ रु.

A को हानि $= 54 - 26 = 28$ रु.

B को लाभ $= 39 - 36 = 3$ रु.

C को लाभ $= 52 - 27 = 25$ रु.

अत: C को 25 रु. का लाभ हुआ।

29. (b)

प्रश्न से, C के पास राशि $= 158 - 101$

$= 57$ रु.

$\therefore$ B के पास राशि $= 57 + 23 = 80$ रु.

अत: A की राशि $= 158 - 80 = 78$ रु.

30. (c)

माना B की पूँजी x रुपए है

A और B की पूँजियों में अनुपात

$3500 \times 12 : x \times (12-5)$

$= 42000 : 7x$

$= 6000 : x$

$\frac{6000}{x} = \frac{2}{3}$

$\therefore$ $x = 9000$ रुपए

मिश्रण एवं साझा
Mixture and Partnership

मिश्रण (Mixture)

समान्यतः एक सस्ती तथा दूसरी मँहगी वस्तु को एक विशेष अनुपात में मिलाकर एक नया मिश्रण प्राप्त किया जाता है।

मिश्रण का नियम

$$\frac{\text{सस्ती वस्तु की मात्रा}}{\text{महँगी वस्तु की मात्रा}} = \frac{\text{महँगी वस्तु का क्र. मू.} - \text{औसत मू.}}{\text{औसत मू.} - (\text{सस्ते का क्र. मू.})}$$

मना सस्ती वस्तु की एक इकाई का क्रय मूल्य $= c$ रु.

मँहगी वस्तु की 1 इकाई का क्रय मूल्य $= d$ रु.

औसत मूल्य $= m$ रु.

तब,

(सस्ती वस्तु की मात्रा) : मँहगी वस्तु की मात्रा

$(d - m)$: $(m - c)$

इस नियम को निम्न प्रकार से व्यक्त कर सकते हैं

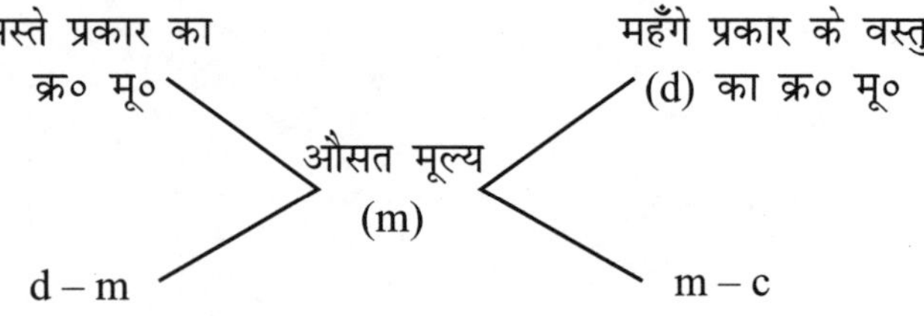

∴ (सस्ती वस्तु की मात्रा) : मँहगी वस्तु की मात्रा

$(d - m)$: $(m - c)$

साझा (Partnership)

दो या दो से अधिक व्यापारियों द्वारा मिलकर व्यापार करने को साझा कहते हैं तथा इसमें सम्मिलित प्रत्येक व्यापारी साझीदार कहलाता है। साझीदारों द्वारा लगाए गए धन को पूँजी कहते हैं।

प्रत्येक वर्ष के अन्त में व्यापार में होने वाले लाभ या हानि को प्रत्येक साझीदार की पूँजी × पूँजी लगे रहने का समय, के अनुपात में साझीदारों में बाँटा जाता है। यदि सभी साझीदार अपनी पूँजी समान समय के लिए लगाते हैं तो यह साधारण साझा कहलाता है तथा लाभ या हानि को साझीदारों द्वारा लगाई गई पूँजी के अनुपात में बाँटा जाता है।

यदि साझीदार अपनी पूँजी भिन्न-भिन्न समय के लिए लगाते हैं तो यह जटिल साझा कहलाता हैं। इस दशा में लाभ या हानि को (पूँजी × समय) के अनुपात में बाँटा जाता है।

उदाहरण (Examples)

1. 729 मि. ली. मिश्रण में दूध और पानी का अनुपात 7 : 2 है। इसमें कितना पानी डाला जाए कि नए मिश्रण में दूध और पानी का अनुपात 7 : 3 हो?

दिये मिश्रण में दूध की मात्रा $= \left(729 \times \frac{7}{9}\right)$ मि. ली. = 567 मि.ली.

इस मिश्रण में पानी की मात्रा = (729 – 567) मि. ली. = 162 मि.ली.

माना इस मिश्रण में x मि. ली. पानी डाला जाए। तब,

$$\frac{567}{162 + x} = \frac{7}{3}$$

अर्थात् $1134 + 7x = 1701, x = 81$

2. ह्विस्की से भरे एक गिलास में 40% अल्कोहल है। इसमें ह्विस्की के कुछ भाग के स्थान पर 19% अल्कोहल वाला द्रव बदल देने से नए द्रव में 26% अल्कोहल हो जाता है। ह्विस्की के कितने मात्रा को नए द्रव से बदला गया।

मिश्रण नियम के द्वारा

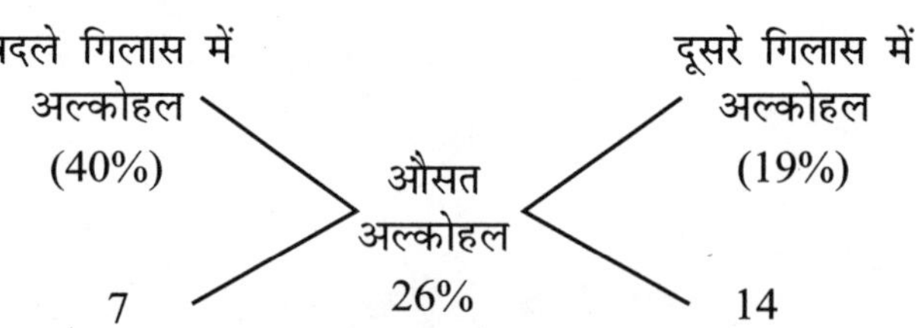

∴ पहले गिलास की मात्रा : दूसरे गिलास की मात्रा

$7 : 14 = 1 : 2$

अतः ह्विस्की का बदला गया भाग $= \frac{2}{3}$

3. एक जार में दो द्रव A तथा B, 7 : 5 के अनुपात में भरे हैं। इसमें से 9 लीटर मिश्रण निकाल कर उसके स्थान पर द्रव भर देने के बाद A तथा B का अनुपात 7 : 9 हो जाता है। प्रारम्भ में कनस्तर में द्रव A कितने लीटर था?

माना प्रारम्भ में A तथा B क्रमशः $7x$ तथा $5x$ लीटर द्रव था।

द्रव B भरने के बाद कनस्तर में A की मात्रा

$= \left(7x - \frac{7}{12} \times 9\right) = \left(7x - \frac{21}{4}\right)$ लीटर

द्रव B भरने के बाद कनस्तर में B की मात्रा

$= \left(5x - \frac{5}{12} \times 9\right) = \left(5x - \frac{15}{4}\right)$ लीटर

$\therefore \dfrac{7x - \dfrac{21}{4}}{5x - \dfrac{15}{4}} = \dfrac{7}{9}$ अर्थात् $\dfrac{28x - 21}{20x - 15} = \dfrac{7}{5}$

अर्थात् $x = 3$

$\therefore$ प्रारम्भ में कनस्तर में A द्रव की मात्रा $= 21$ लीटर

4. एक दुकानदार के पास 1000 किग्रा. चीनी थी। इसका कुछ भाग उसने 8% लाभ पर तथा शेष 18% लाभ पर बेच दिया। इससे उसे कुल 14% लाभ प्राप्त हुआ। कितनी चीनी उसने 18% लाभ पर बेची?

मिश्रण नियम के द्वारा:

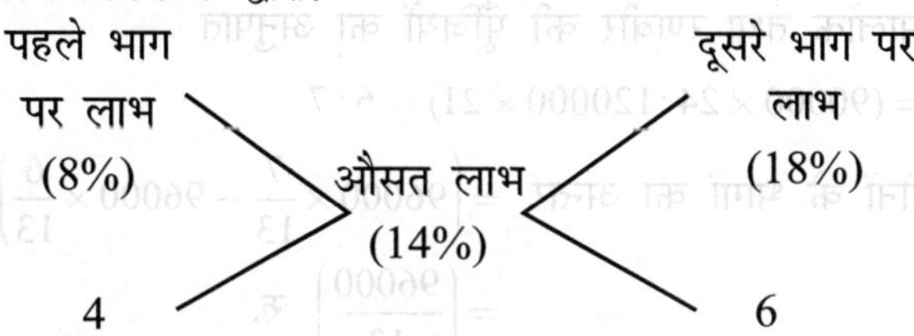

पहले भाग की मात्रा : दूसरे भाग की मात्रा

$4:6 = 2:3$

अतः 18% लाभ पर बेची गई चीनी $= \left(1000 \times \dfrac{3}{5}\right)$ किग्रा.

$= 600$ किग्रा.

5. एक व्यक्ति ने 2000 कि.मी. दूरी 18 घन्टे में कुछ बस द्वारा तथा शेष रेल द्वारा तय की। यदि बस की चाल 72 कि.मी. प्रति घण्टा तथा रेल की चाल 160 कि.मी. प्रति घण्टा हो, तो बस द्वारा तय की गई दूरी कितनी है।

मिश्रण के नियम द्वारा:

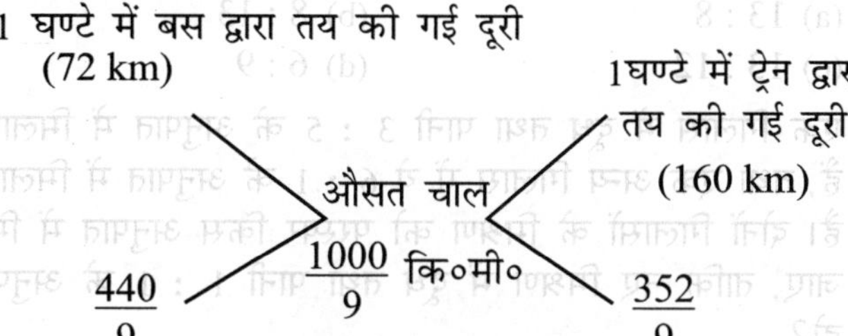

बस द्वारा लिया गया समय : रेल द्वारा लिया गया समय

$\dfrac{440}{9} : \dfrac{352}{9} = 5:4$

$\therefore$ बस द्वारा लिया गया समय $= \left(18 \times \dfrac{5}{9}\right)$ घण्टे

$= 10$ घण्टे

10 घण्टे में बस द्वारा तय की गई दूरी $= (72 \times 10)$ किमी.

$= 720$ किमी.

6. A, B, C ने मिलकर एक व्यापार आरम्भ किया। कुल पूँजी का $\dfrac{1}{3}$ भाग A ने लगाया तथा B ने उतनी पूँजी लगाई जितनी कि A तथा C ने मिलकर लगाई। वर्ष के अन्त में 23520 रु. लाभ होने पर प्रत्येक का भाग ज्ञात करें।

A की पूँजी $= \left(\dfrac{1}{3} \times \text{कुल पूँजी}\right)$, B की पूँजी $= (A + C)$ की पूँजी

$\therefore 2 \times$ (B की कुल पूँजी) $= (A + B + C)$ की पूँजी $=$ कुल पूँजी

$\therefore$ B की पूँजी $= \dfrac{1}{2} \times$ कुल पूँजी

माना कुल पूँजी $= x$ रु.

तब A की पूँजी $\dfrac{x}{3}$, B की पूँजी $= \dfrac{x}{2}$

C की पूँजी $= x - \left(\dfrac{x}{3} + \dfrac{x}{2}\right) = \dfrac{x}{6}$

$\therefore$ A, B, C की पूँजियों का अनुपात $= \dfrac{x}{3} : \dfrac{x}{2} : \dfrac{x}{6}$

$= 2:3:1$

अतः A का भाग $\left(23520 \times \dfrac{2}{6}\right)$ रु. $= 7840$ रु.

B का भाग $\left(23520 \times \dfrac{3}{6}\right)$ रु. $= 11760$ रु.

C का भाग $[23520 - (7840 + 11760)]$ रु.

$= 3920$ रु.

7. दो साझीदार A तथा B क्रमशः 12500 रु. तथा 8500 रु. व्यापार में लगाते हैं। वर्ष के अन्त में 60% लाभ बराबर बाँट लेते हैं तथा शेष लाभ इन पूँजियों पर ब्याज के रूप में बाँटते हैं। यदि एक साझीदार को दूसरे से 630 रु. अधिक मिला तो कुल लाभ ज्ञात करें।

माना कुल लाभ $= x$ रु.

लाभ जो बराबर बाँटा $\left(x \times \dfrac{60}{100}\right) = \dfrac{3x}{5}$ रु.

इस लाभ में प्रत्येक व्यापारी का भाग $= \dfrac{3x}{5}$ रु.

शेष लाभ $= \left(x - \dfrac{3x}{5}\right) = \dfrac{2x}{5}$ रु.

$\dfrac{2x}{5}$ रु. को ब्याज में बाँटे जाने का अनुपात

$= 12500 : 8500 = 25:17$

A को मिला ब्याज $= \left(\dfrac{2x}{5} \times \dfrac{25}{42}\right) = \dfrac{5x}{21}$ रु.

B को मिला ब्याज $= \left(\dfrac{2x}{5} \times \dfrac{17}{42}\right) = \dfrac{17x}{105}$ रु.

A को मिला कुल लाभ $= \left(\dfrac{3x}{10} \times \dfrac{5x}{21}\right) = \dfrac{113x}{210}$ रु.

B को मिला कुल लाभ $=\left(\frac{3x}{10}\times\frac{17x}{105}\right)=\frac{97x}{210}$ रु.

$\therefore \frac{113x}{210}-\frac{97x}{210}=630$

अर्थात्

$x=\left(\frac{210\times630}{6}\right)=22050$ रु.

8. एक संयुक्त व्यापार में A तथा B द्वारा आरम्भ में लगाई गई पूँजियों का अनुपात 9 : 8 है तथा उनके लाभ का अनुपात 3 : 4 है। यदि A का धन 8 माह व्यापार में लगा रहा हो तो B का धन कितने समय तक लगा रहा?

माना प्रारम्भ में A तथा B का धन क्रमशः $9x$ तथा $8x$ रु. तथा माना B का धन y माह के लिए लगा रहा।

तब A तथा B की पूँजियों का अनुपात

$$=(9x\times8:8x\times y)=9:y$$

अत: $\frac{9}{y}=\frac{3}{4}$

अर्थात् $y=12$ माह

9. जयन्त ने 30000 रु. लगाकर एक दुकान आरम्भ की दो माह बाद 45000 रु. लगा कर राजू इस दुकान में साझीदार हो गया। एक वर्ष के अन्त में कुल 54000 रु. के लाभ में से राजू का भाग क्या होगा?

जयन्त तथा रामू की पूँजियों का अनुपात

$$=(30000\times12:45000\times10)=4:5$$

राजू का भाग $=\left(54000\times\frac{5}{9}\right)$ रु. = 30000 रु.

10. आलोक ने 90000 रु. लगाकर एक व्यापार आरम्भ किया। तीन माह बाद रणबीर भी 120000 रु. लगाकर साझीदार हो गया। यदि 2 वर्ष के अन्त में कुल लाभ 96000 रु. हो, तो दोनों के भागों का अन्तर कितना होगा?

आलोक तथा रणबीर की पूँजियों का अनुपात

$=(90000\times24:120000\times21)=6:7$

दोनों के भागों का अन्तर $=\left(96000\times\frac{7}{13}-96000\times\frac{6}{13}\right)$

$=\left(\frac{96000}{13}\right)$ रु.

= 7384.62 रु.

अभ्यास प्रश्न (Practice Questions)

1. एक पंसारी 60 रु. प्रति किग्रा. वाली चाय तथा 65 रु. प्रति किग्रा. वाली चाय को किस अनुपात में मिलाए, ताकि मिश्रण को 68.20 रु. प्रति किग्रा. के भाव से बेचने पर उसे 10% का लाभ हो?
   (a) 3 : 2 (b) 3 : 4
   (c) 3 : 4 (d) 4 : 5
2. एक विशेष प्रकार के उर्वरक में दो रसायन A तथा B, 2 : 5 के अनुपात में मिलाए गए हैं। यदि ऐसे 21 किग्रा. उर्वरक में रसायन A की मात्रा 3 किग्रा. और मिला दी जाए, तो नए उर्वरक में रसायनों A तथा B का अनुपात क्या होगा?
   (a) 1 : 1 (b) 2 : 3
   (c) 3 : 5 (d) 4 : 5
3. किसी मिश्रधातु में जस्ता तथा ताँबा 1 : 2 के अनुपात में हैं। एक दूसरी मिश्रधातु में ये अवयव 2 : 3 के अनुपात में है। यदि इन दोनों मिश्रधातुओं को मिलाकर एक नई मिश्रधातु बनाई जाए, जिसमें ये दोनों अवयव 5 : 8 के अनुपात में हो, तो नई मिश्रधातु में दोनों मिश्रधातुएँ किस अनुपात में मिलाई जाएगी?
   (a) 3 : 10 (b) 3 : 7
   (c) 10 : 3 (d) 7 : 3
4. 15% तथा 40% सान्द्रता वाले दो चीनी के घोलों को किस अनुपात में मिलाया जाए ताकि 30% सान्द्रता वाला घोल प्राप्त हो?
   (a) 2 : 3 (b) 3 : 2
   (c) 8 : 9 (d) 9 : 8
5. चार पात्रों के मिश्रण में दूध तथा पानी क्रमशः 5 : 3, 2 : 1, 3 : 2 तथा 7 : 4 के अनुपात में है। किस पात्र में पानी के सापेक्ष दूध की मात्र सबसे कम है?
   (a) पहले (b) दूसरे
   (c) तीसरे (d) चौथे
6. दो प्रकार की मिश्रधातुओं में सोना तथा चाँदी 7 : 22 तथा 21 : 37 के अनुपात में है। इन मिश्रधातुओं को किस अनुपात में मिलाया जाए, ताकि नई मिश्रधातु में सोना तथा चाँदी 25 : 62 के अनुपात में हो?
   (a) 13 : 8 (b) 8 : 13
   (c) 13 : 12 (d) 6 : 9
7. एक गिलास में दूध तथा पानी 3 : 5 के अनुपात में मिलाए गए हैं, तथा एक अन्य गिलास में ये 6 : 1 के अनुपात में मिलाए गए है। दोनों गिलासों के मिश्रण को परस्पर किस अनुपात में मिलाया जाए, ताकि नए मिश्रण में दूध तथा पानी 1 : 1 के अनुपात में हो?
   (a) 20 : 7 (b) 8 : 3
   (c) 27 : 4 (d) 25 : 9
8. दो समान धारिता वाले बर्तनों में पानी और दूध के मिश्रण क्रमशः 3 : 4 और 5 : 3 के अनुपात में भरे हैं। यदि उनके मिश्रणों को एक तीसरे बर्तन में उँड़ेला जाए, तो तीसरे बर्तन के मिश्रण में पानी और दूध का अनुपात क्या होगा?
   (a) 15 : 12 (b) 53 : 59
   (c) 20 : 9 (d) 59 : 53
9. चीनी की मात्राओं का वह अनुपात ज्ञात करो, जिसमें 20 रु. प्रति किग्रा. वाली चीनी को 15 रु. प्रति किग्रा. वाली चीनी के साथ मिलाकर मिश्रण को 16 रु. प्रति किग्रा. के भाव बेचने पर न हानि हो और न लाभ, होगा

(a) 2 : 1 (b) 1 : 2
(c) 4 : 1 (d) 1 : 4

10. चार मिश्रणों में दूध और पानी के अनुपात क्रमशः 1 : 2, 2 : 3, 3 : 2 तथा 7 : 8 हैं यदि उनकी बराबर मात्राएँ परस्पर मिला दी जाएँ, तो नए मिश्रण में दूध तथा पानी का अनुपात होगा:
(a) 13 : 15 (b) 7 : 9
(c) 9 : 11 (d) 11 : 9

11. 30% एल्कोहल सान्द्रता वाले मिश्रण को 50% एल्कोहल सान्द्रता वाले मिश्रण में किस अनुपात में मिलाया जाए, ताकि 45% एल्कोहल सान्द्रता वाला मिश्रण प्राप्त हो?
(a) 1 : 2 (b) 1 : 3
(c) 2 : 1 (d) 3 : 1

12. 200 ग्राम की एक मिश्रधातु में जस्ता और ताँबा 5 : 3 के अनुपात में है, इसमें कितने ग्राम ताँबा मिलाया जाए ताकि यह अनुपात 3 : 5 हो जाए?
(a) $133\frac{1}{3}$ (b) $\frac{1}{200}$
(c) 72 (d) 66

13. एक पीपे में 3 : 1 अनुपात में शराब और पानी का मिश्रण है। मिश्रण का कितना भाग निकालकर उतनी ही मात्रा में पानी मिलाया जाए ताकि परिणामी मिश्रण में शराब और पानी का अनुपात 1 : 1 हो जाए?
(a) $\frac{1}{4}$ (b) $\frac{1}{3}$
(c) $\frac{3}{4}$ (d) $\frac{2}{3}$

14. बराबर धारिताओं के तीन बर्तन हैं। पहले बर्तन में गंधक के अम्ल और पानी का अनुपात 3 : 2 है, दूसरे बर्तन में यह अनुपात 7 : 3 है तथा तीसरे बर्तन में यह 11 : 4 है। यदि इन सभी को मिला दिया जाए, तो इस मिश्रण में गंधक के अम्ल और पानी का अनुपात क्या होगा?
(a) 61 : 29 (b) 61 : 28
(c) 60 : 29 (d) 59 : 29

15. किसी मिश्रित धातु में ताँबे और जस्ते का अनुपात 5 : 2 है, यदि इस मिश्रधातु के 17 किग्रा. 500 ग्राम में 1250 किग्रा. जस्ता मिला दिया जाए, तो ताँबें और जस्ते का अनुपात होगा
(a) 2 : 1 (b) 2 : 3
(c) 3 : 2 (d) 1 : 2

16. किसी मिश्रण में स्प्रिट और पानी 3 : 2 के अनुपात में हैं यदि इसमें पानी से स्प्रिट 3 लीटर अधिक है, तो इस मिश्रण में स्प्रिट की मात्रा है?
(a) 10 लीटर (b) 12 लीटर
(c) 8 लीटर (d) 9 लीटर

17. 400 मिली विलयन में जिसमें 15% अल्कोहल है, कितना शुद्ध अल्कोहल मिलाया जाए ताकि प्राप्त मिश्रण में अल्कोहल की सान्द्रता 32% हो जाए?
(a) 60 मिली. (b) 100 मिली.
(c) 128 मिली. (d) 68 मिली.

18. 75 लीटर मिश्रण में दूध का पानी से अनुपात 2 : 1 है। मिश्रण में कितना पानी और मिलाया जाए, ताकि दूध का पानी से अनुपात 1 : 2 हो जाए?
(a) 45 लीटर (b) 60 लीटर
(c) 75 लीटर (d) 80 लीटर

19. किसी मिश्रण में दूध तथा पानी 7 : 5 के अनुपात में है। मिश्रण में 15 लीटर पानी मिला देने से नए मिश्रण में दूध का पानी से अनुपात 7 : 8 हो जाता है। नए मिश्रण में पानी की कुल मात्रा होगी कितनी?
(a) 35 लीटर (b) 40 लीटर
(c) 60 लीटर (d) 96 लीटर

20. एक मिश्रण में अम्ल और पानी की मात्रा का अनुपात 1 : 3 है। यदि उसी मिश्रण में 5 लीटर अम्ल और डाल दिया जाए, तो मिश्रण का अनुपात 1 : 2 हो जाएगा। तदनुसार उस नए मिश्रण की कुल मात्रा कितने लीटर है?
(a) 32 (b) 40
(c) 42 (d) 45

21. ग्लिसरीन के 50 लीटर के एक नमूने में 20% की अशुद्ध मिलावट पाई गई। इसमें कितनी शुद्ध ग्लिसरीन मिलाई जाए ताकि अशुद्धता की प्रतिशता 5% रह जाए?
(a) 155 लीटर (b) 150 लीटर
(c) 150.4 लीटर (d) 149 लीटर

22. ग्लिसरीन और पानी के एक मिश्रण में ग्लिसरीन 45% है। बाद में उस के 100 ग्राम में 35 ग्राम (भार के अनुसार) पानी और मिला दिया जाता है। तदनुसार उस नए मिश्रण में भार के अनुसार, ग्लिसरीन का प्रतिशत कितना हो जाएगा?
(a) 33 (b) $33\frac{1}{3}$
(c) $40\frac{20}{27}$ (d) 45

23. किसी मर्तबान में दो द्रवों A तथा B का 4 : 1 के अनुपात में मिश्रण था। 10 लीटर मिश्रण निकालकर उसके बदले 10 लीटर द्रव B डालने पर मर्तबान के मिश्रण में यह अनुपात 2 : 3 में परिबर्तित हो गया। मर्त्तबान में द्रव A की मात्रा थी:
(a) 4 लीटर (b) 8 लीटर
(c) 16 लीटर (d) 32 लीटर

24. किसी 729 लीटर दूध तथा पानी के मिश्रण में दूध का पानी से अनुपात 7 : 2 है। एक ऐसा मिश्रण, जिसमें दूध तथा पानी का अनुपात 7 : 3 हो, प्राप्त करने के लिए उपरोक्त मिश्रण में मिलाई जाने वाली पानी की मात्रा कितनी होगी?
(a) 81 लीटर (b) 71 लीटर
(c) 56 लीटर (d) 50 लीटर

25. दूध एवं पानी के 40 लीटर मिश्रण में दूध का पानी से अनुपात 7 : 1 है। दूध तथा पानी का अनुपात 3 : 1 करने के लिए मिश्रण में पानी की कितनी मात्रा (लीटर में) मिलानी होगी?

(a) 6 (b) $6\frac{1}{2}$

(c) $6\frac{2}{3}$ (d) $6\frac{3}{4}$

26. योगेश ने 45000 रु. की लागत से व्यापार आरम्भ किया। 3 माह बाद प्रवीण 60000 रु. लगाकर सम्मिलत हो गया। 1 वर्ष के अन्त में उन्हें 20000 रु. लाभ हुआ। इस लाभ में अतुल का भाग क्या होगा?

(a) 4000 रु. (b) 4500 रु.

(c) 6000 रु. (d) 8000 रु.

27. महेन्द्र तथा सुरेन्द्र क्रमशः 12000 रु. तथा 9000 रु. लगाकर एक व्यापार में साझीदार हो गए। 3 माह बाद सुधीर भी 15000 रु. लगाकर उनके व्यापार में सम्मिलत हो गया। 9500 रु. के अर्द्ध-वार्षिक लाभ में से सुधीर का भाग कितना है?

(a) 3500 रु. (b) 3000 रु.

(c) 2500 रु. (d) 4000 रु.

28. A तथा B ने क्रमशः 16000 रु. तथा 12000 रु. लगाकर व्यापार आरम्भ किया। 3 माह बाद A ने 5000 रु. निकाल लिए जबकि B ने 5000 रु. और लगा दिए। इसके 3 माह बाद, C भी 21000 रु. लगाकर व्यापार में सम्मिलित हो गया। एक वर्ष बाद 26400 रु. के लाभ में से B का भाग C के नाम से कितना अधिक है?

(a) 2400 रु. (b) 3000 रु.

(c) 3600 रु. (d) 4800 रु.

29. A तथा B ने मिलकर व्यापार आरम्भ किया। A द्वारा लगाया गया धन B के धन से तिगुना है तथा B से दुगुने समय तक लगाया गया है। यदि B का लाभांश 4000 रु. हो, तो कुल लाभ क्या होगा?

(a) 16000 रु. (b) 24000 रु.

(c) 20000 रु. (d) 28000 रु.

30. मनोज तथा रमेश ने मिलाकर एक व्यापार किया। मनोज ने 20000 रु. 6 माह के लिए लगाए। रमेश की पूँजी पूरे वर्ष तक लगी रही। वर्ष के अन्त में 9000 रु. के कुल लाभ में मनोज को 6000 रु. मिलें रमेश ने कितना धन लगाया।

(a) 10000 रु. (b) 5000 रु.

(c) 30000 रु. (d) 40000 रु.

31. A, B, C मिलकर व्यापार आरंभ करते हैं। आरम्भ में A 25 लाख रु. लगाता है तथा एक वर्ष बाद अपनी पूँजी में 10 लाख रु. की वृद्धि कर देता है। B आरम्भ में 35 लाख रु. लगाता है तथा 2 वर्ष बाद 10 लाख रु. वापिस ले लेता है। C आरम्भ में ही 30 लाख रु. लगाता है। 3 वर्ष के अन्त में मिले लाभ को इनमें किस अनुपात में बाँटा जायेगा?

(a) 20 : 19 : 18 (b) 10 : 10 : 19

(c) 20 : 20 : 19 (d) इनमें से कोई नहीं।

उत्तरमाला (Answer Key)

1. (a)	2. (c)	3. (a)	4. (a)	5. (c)	6. (a)	7. (a)	8. (d)
9. (d)	10. (c)	11. (b)	12. (a)	13. (b)	14. (a)	15. (a)	16. (d)
17. (b)	18. (c)	19. (b)	20. (d)	21. (b)	22. (b)	23. (c)	24. (a)
25. (c)	26. (a)	27. (c)	28. (c)	29. (d)	30. (b)	31. (d)	

हल (Solutions)

1. (a)
मिश्रण का वास्तविक मूल्य
$= \frac{68.2 \times 100}{110} = 62$

60 65
62
3 2

अत: अभीष्ट अनुपात = 3 : 2

2. (c)
माना 21 किग्रा. उर्वरक में रसायन $A = 2x$ एवं $B = 5x$ है।
$\therefore 2x + 5x = 21$
$x = \frac{21}{7} = 3$
$\therefore$ A की मात्रा $2 \times 3 = 6$
B की मात्रा $= 3 \times 5 = 15$
3 किग्रा. रसायन A को और मिलाने पर
A एवं B का अनुपात $= (6+3) : 15$
$= 9 : 15$
$= 3 : 5$

3. (a)
माना पहले मिश्रण का x किग्रा. तथा दूसरे मिश्रण के y किग्रा. में मिलाया जाता है।

$$\frac{x}{3} + \frac{2y}{5} = \frac{5}{13}(x+y)$$
$$\frac{x}{3} - \frac{5x}{13} = \frac{5}{13}y - \frac{2y}{5}$$
$$\frac{13x - 15x}{39} = \frac{25y - 26y}{65}$$
$$\frac{-2x}{39} = \frac{-y}{65}$$
$$\frac{2x}{39} = \frac{y}{65}$$

या $\frac{x}{y} = \frac{1}{65} \times \frac{39}{2}$
$= \frac{39}{65 \times 2}$
$= \frac{3}{5 \times 2}$
$= \frac{3}{10}$

$\therefore$ अभीष्ट मिश्र धातुओं का अनुपात = 3 : 10

4. (a)
मिश्रण के नियम से,

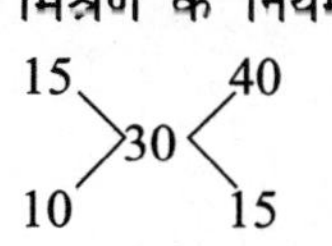

$\therefore$ अभीष्ट अनुपात = 10 : 15
= 2 : 3

5. (c)
पहले पात्र में पानी के सापेक्ष दूध $= \frac{5}{3} = 1.66$

दूसरे पात्र में पानी के सापेक्ष दूध $= \frac{2}{1} = 2$

तीसरे पात्र में पानी के सापेक्ष दूध $= \frac{3}{2} = 1.5$

चौथे पात्र में पानी के सापेक्ष दूध $= \frac{7}{4} = 1.7$

अत: तीसरे पात्र में पानी के सापेक्ष दूध की मात्रा सबसे कम है।

6. (a)
मिश्रण के नियम से

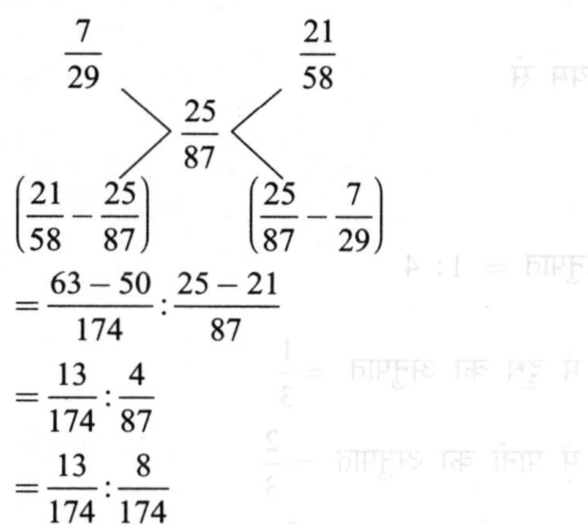

$= \frac{63-50}{174} : \frac{25-21}{87}$
$= \frac{13}{174} : \frac{4}{87}$
$= \frac{13}{174} : \frac{8}{174}$
$= 13 : 8$

7. (a)
पहले गिलास में दूध की मात्रा $= \frac{3}{8}$

पहले गिलास में पानी की मात्रा $= \frac{5}{8}$

दूसरे गिलास में दूध की मात्रा $= \frac{6}{7}$

दूसरे गिलास में पानी की मात्रा $= \frac{1}{7}$

माना मिश्रण को $(x : 1)$ के अनुपात में मिलाया जाएगा

$$\therefore \quad \frac{\frac{3x}{8} + \frac{6}{7}}{\frac{5x}{8} + \frac{1}{7}} = \frac{1}{1}$$
$$\frac{3x}{8} + \frac{6}{7} = \frac{5x}{8} + \frac{1}{7}$$
$$\frac{5x}{8} - \frac{3x}{8} = \frac{6}{7} - \frac{1}{7}$$
$$\frac{2x}{8} = \frac{5}{7}$$
$$x = \frac{5 \times 4}{7} = \frac{20}{7}$$

अभीष्ट अनुपात = 20 : 7

8. (d)

पहले गिलास में पानी की मात्रा $= \frac{3}{7}$

पहले गिलास में दूध की मात्रा $= \frac{4}{7}$

दूसरे गिलास में पानी की मात्रा $= \frac{5}{8}$

दूसरे गिलास में दूध की मात्रा $= \frac{3}{8}$

तीसरे गिलास में पानी की मात्रा : दूध की मात्रा

$= \left(\frac{3}{7} + \frac{5}{8}\right) : \left(\frac{4}{7} + \frac{3}{8}\right)$

$= \frac{59}{56} : \frac{53}{56} \Rightarrow 59 : 53$

9. (d)

मिश्रण के नियम से

$$\begin{array}{ccc} 20 & & 15 \\ & 16 & \\ 1 & & 4 \end{array}$$

$\therefore$ अभीष्ट अनुपात = 1: 4

10. (c)

पहले मिश्रण में दूध का अनुपात $= \frac{1}{3}$

पहले मिश्रण में पानी का अनुपात $= \frac{2}{3}$

दूसरे मिश्रण में दूध का अनुपात $= \frac{2}{5}$

दूसरे मिश्रण में पानी का अनुपात $= \frac{3}{5}$

तीसरे मिश्रण में दूध का अनुपात $= \frac{3}{5}$

तीसरे मिश्रण में पानी का अनुपात $= \frac{2}{5}$

चौथे मिश्रण में दूध का अनुपात $= \frac{7}{15}$

चौथे मिश्रण में पानी का अनुपात $= \frac{8}{15}$

नए मिश्रण में दूध तथा पानी का अनुपात

$\frac{1}{3} + \frac{2}{5} + \frac{3}{5} + \frac{7}{15} : \frac{2}{3} + \frac{3}{5} + \frac{2}{5} + \frac{8}{15}$

$= \frac{5+6+9+7}{15} : \frac{10+9+6+8}{15}$

$\frac{27}{15} : \frac{33}{15}$

$= 27 : 33 = 9 : 11$

11. (b)

मिश्रण के नियम से

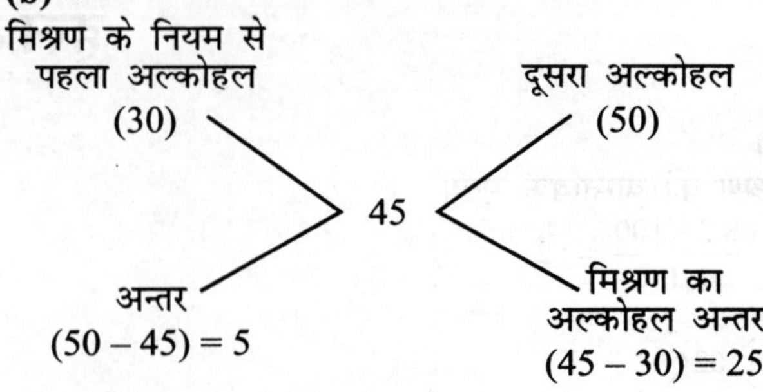

$\therefore$ अभीष्ट अनुपात $= 5 : 15 \Rightarrow 1 : 3$

12. (a)

मिश्र धातु में जस्ते की मात्रा $= \frac{5}{8} \times 200 = 125$ ग्राम

मिश्र धातु में ताँबे की मात्रा $= \frac{3}{8} \times 200 = 75$ ग्राम

माना मिलाए गए ताँबे की अभीष्ट मात्रा = x ग्राम

$\therefore \frac{125}{(75+x)} = \frac{3}{5}$

$\therefore x = \frac{(625-225)}{3} = \frac{400}{3}$

$= 133\frac{1}{3}$

13. (b)

माना मिश्रण x लीटर है।

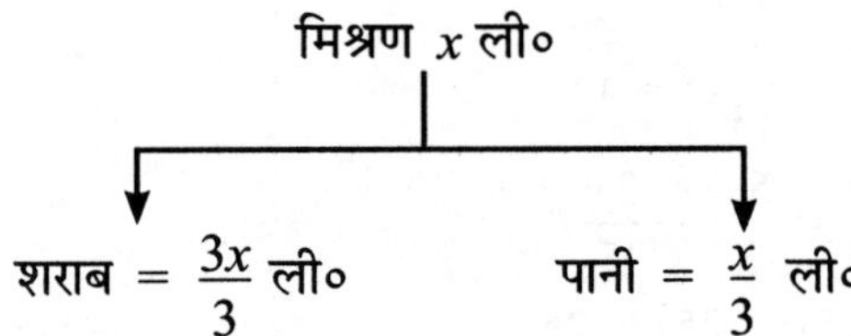

माना y भाग मिश्रण निकालकर उतना ही पानी डाला गया, तब नए मिश्रण में शराब = पानी

$\therefore \frac{3x}{4} - \frac{3y}{4} = \frac{x}{4} - \frac{y}{4} + y$

$\therefore \frac{2x}{4} = \frac{3y}{2}$

$\Rightarrow y = \frac{x}{3} \Rightarrow$ मिश्रण का $\frac{1}{3}$ भाग

14. (a)

माना प्रत्येक बर्तन में मिश्रण की मात्रा x है तब पहले बर्तन में गन्धक का अम्ल $= \frac{3}{5}x$ तथा पानी $= \frac{2}{5}x$

तथा दूसरे बर्तन में गंधक का अम्ल $= \frac{7}{10}x$

तथा दूसरे बर्तन में पानी की मात्रा $= \frac{3}{10}x$

तथा तीसरे बर्तन में पानी की मात्रा $= \frac{4}{15}x$

∴ अभीष्ट अनुपात

$$\left(\frac{3}{5}x+\frac{7}{10}x+\frac{11}{15}x\right):\left(\frac{2}{5}x+\frac{3}{10}x+\frac{4}{10}x\right)$$

$$=\left(\frac{36+42+44}{60}\right):\left(\frac{24+18+16}{60}\right)$$

$= 122:58$

$= 61:29$

15. (a)

मिश्रित धातु में पहले जस्ते की मात्रा $=\frac{17.5}{(5+2)}\times 2$

$\frac{35}{7}=5$ किग्रा.

तब ताँबा $=17.5-5=12.500$ किग्रा.

तथा नए मिश्रण में जस्ता $=5+1.250=6.250$ किग्रा.

∴ नए मिश्रण में ताँबें और जस्ते का अनुपात

$$=\frac{12.500}{6.250}=\frac{1250}{625}$$

$$=\frac{2}{1}=2:1$$

16. (d)

माना मिश्रण में स्प्रिट की मात्रा $= 3x$

तथा पानी की मात्रा $= 2x$

तब $3x-2x=3$

$x=3$

∴ मिश्रण में स्प्रिट की मात्रा $= 3x$

$= 3\times 3$

$=$ 9 लीटर

17. (b)

विलयन में ऐल्कोहॉल की मात्रा $=400\times\frac{15}{100}$ मिली.

$=$ 60 मिली

माना विलयन में x मिली एल्कोहॉल मिलाया जाए

प्रश्नानुसार,

$(400+x)\times\frac{32}{100}=60+x$

$12800+32x=6000+100x$

$32x-100x=6000-12800$

$-68x=6800$

$x=\frac{6800}{68}=100$ मिली.

18. (c)

∵ 75 लीटर मिश्रण में दूध : पानी = 2 : 1

∴ मिश्रण में दूध = 50 लीटर एवं पानी = 25 लीटर

माना x लीटर पानी पर दोनों का अनुपात (1 : 2) हो जाता है।

प्रश्नानुसार

$\frac{50}{25+x}=\frac{1}{2}$

$25+x=100$

$x=75$ लीटर

19. (b)

माना कि मिश्रण में दूध $= 7x$ लीटर एवं पानी $= 5x$ लीटर

अब प्रश्न से,

$\frac{7x}{5x+15}=\frac{7}{8}$

$56x=35x+105$

$56x-35x=105$

$21x=105$

$x=\frac{105}{21}$

$x=5$

∴ नए मिश्रण में पानी की अभीष्ट मात्रा $=5x+15$

$=5\times 5+15$

$=25+15$

$=$ 40 लीटर

20. (d)

माना मिश्रण में अम्ल तथा पानी की मात्रा क्रमशः x तथा $3x$ है।

प्रश्नानुसार,

$\frac{x+5}{3x}=\frac{1}{2}$

$2x+10=3x$

$x=10$ लीटर

∴ प्रारम्भ में पानी की मात्रा $= 3x$

$=3\times 10$

$=$ 30 लीटर

5 लीटर अम्ल मिलाने के बाद अम्ल की कुल मात्रा

$=10+5=15$ लीटर

अतः नए मिश्रण की कुल मात्रा $=30+15$

$=$ 45 लीटर

21. (b)

मिश्रण में अशुद्धि $=\frac{20}{100}\times 50=10$ लीटर

तब शुद्ध ग्लिसरीन का मात्रा $=50-10=40$ लीटर

माना x लीटर शुद्ध ग्लिसरीन मिलाई जाती है।

$(50+x)\times\frac{5}{100}=10$

$250+5\ \ =1000$

$5x=1000-250$

$x=\frac{750}{5}=150$ लीटर

22. (b)
माना ग्लिसरीन और पानी के मिश्रण का भार 10 किग्रा. है।
$\therefore$ मिश्रण में ग्लिसरीन की मात्रा = 10 का 45%
= 4.5 किग्रा.
$\therefore$ मिश्रण में पानी की मात्रा $= 10 - 4.5 = 5.5$ kg
बाद में उस मिश्रण में प्रति 100 ग्राम, 35 ग्राम पानी और मिला दिया जाता है।
$\because$ 100 ग्राम में मिलाए गए पानी की मात्रा = 35 ग्राम
$\therefore$ 1 किग्रा. मिश्रण में मिलाए गए पानी की मात्रा
$$= \frac{1000 \times 35}{100}$$
= 350 ग्राम
$\therefore$ 10 किग्रा. मिश्रण में मिलाए गए पानी की मात्रा
$= 350 \times 10$
= 3500 ग्राम
= 3.5 किग्रा.
अब 3.5 किग्रा. पानी मिलाने के बाद मिश्रण का भार
$= 10 + 3.5$
$= 13.5$ किग्रा.
अब 13.5 किग्रा. मिश्रण में ग्लिसरीन की प्रतिशतता
$$= \frac{4.5 \times 100}{13.5} = 33\frac{1}{3}\%$$

23. (c)
माना मर्तबान में द्रव $A = 4x$ एवं $B = x$ है। सम्पूर्ण द्रव $= 5x$ है।
10 लीटर मिश्रण निकालने पर शेष द्रव A की निकली मात्रा
$$= 10 \times \frac{4}{5} = 8 \text{ लीटर}$$
द्रव B की निकली मात्रा $= 10 \times \frac{1}{5} = 2$ लीटर
प्रश्नानुसार,
$$\frac{4x - 8}{(x-2) + 10} = \frac{2}{3}$$
$$\frac{4x - 8}{x + 8} = \frac{2}{3}$$
$x = 4$ लीटर
मर्तबान A में द्रव $= 4x = 4 \times 4 = 16$ लीटर

24. (a)
माना x लीटर पानी मिलाया जाता हैं
$\therefore$ पहले मिश्रण में दूध = 729 का $\frac{7}{9} = 567$ लीटर
प्रश्न से,
पानी $= 729 - 567 = 162$ लीटर
$$\frac{567}{162 + x} = \frac{7}{3}$$
$1701 = 1134 + 7x$
$7x = 1701 - 1134$
$x = \frac{567}{7} = 81$ लीटर

25. (c)
40 लीटर मिश्रण में दूध = 40 का $\frac{7}{8} = 35$ लीटर
$\therefore$ मिश्रण में पानी की मात्रा $= 40 - 35 = 5$ लीटर
माना x लीटर पानी मिलाया जाएगा
अत: प्रश्न से,
$$\frac{35}{5 + x} = \frac{3}{1}$$
$35 = 15 + 3x$
$3x = 35 - 15 = 20$
$x = \frac{20}{3}$
$= 6\frac{2}{3}$ लीटर

26. (a)
योगेश, प्रवीण तथा अतुल की पूँजियों का अनुपात
$= 45000 \times 12 : 6000 \times 9 : 90000 \times 3$
$= 2 : 2 : 1$
अतुल का भाग $= \left(\frac{1}{5} \times 20000\right)$ रु. = 4000 रु.

27. (c)
महेन्द्र सुरेन्द्र तथा सुधीर की पूँजियों का अनुपात
$= (12000 \times 6 : 9000 \times 6 : 15000 \times 3)$
$= 8 : 6 : 5$
सुधीर का भाग $= \left(9500 \times \frac{5}{19}\right)$ रु. = 2500 रु.

28. (c)
A, B, C की पूँजियों का अनुपात
$= (16000 \times 3 + 11000 \times 9) : (12000 \times 3 + 17000 \times 9) : (21000 \times 6) = 7 : 9 : 6$
(B का भाग) – (C का भाग)
$$= \left(26400 \times \frac{9}{22} - 26400 \times \frac{6}{22}\right)$$
= 3600 रु.

29. (d)
माना A का धन $3x$ रु., $2y$ माह के लिए लगा है।
तब B का धन x रु., y माह के लिए लगा है।
$\therefore A : B = (3x \times 2y) : (x \times y) = 6 : 1$
माना A का भाग = z रु. तब $\frac{z}{4000} = \frac{6}{1}$
अर्थात् $z = 24000$
$\therefore$ कुल लाभ $= (4000 + 24000)$ रु. = 28000 रु.

30. (b)

प्रत्यक्ष है कि कुल लाभ में से मनोज को 6000 रु. तथा रमेश को 3000 रु. मिले। माना रमेश ने x रु. लगाए।

तब, $\frac{20000 \times 6}{x \times 12} = \frac{6000}{3000}$

अर्थात् $= x = 5000$ रु.

31. (d)

A : B : C $=$ (25 लाख $\times 1 +$ 35 लाख $\times 2$)

: (35 लाख $\times 2 +$ 25 लाख $\times 1$) : (30 लाख $\times 3$)

$=$ (95 लाख : 95 लाख : 90 लाख)

$\Rightarrow 95:95:90$

$\Rightarrow 19:19:18$

मिश्र समानुपात
Compound Proportion

त्रैराशिक विधि : यदि चार राशियों समानुपाती हों, इनमें से तीन राशियाँ ज्ञात हों, तो चौथी राशि को x मानकर समानुपात के गुण का प्रयोग करके इसका मान ज्ञात करते हैं।

इस विधि को त्रैराशिक विधि कहते हैं।

अनुलोम या सीधा अनुपात (Direct Proportion) : यदि दो राशियाँ इस प्रकार हों कि एक राशि के घटने या बढ़ने पर दूसरी राशि भी क्रमश: घटे तथा बढ़े तो ये राशियाँ सीधे अनुपात में कहलाती है। इस प्रकार के प्रश्नों में, चौथी राशि को x मानकर समानुपात की विधि से इसका मान ज्ञात करते हैं।

प्रतिलोम या विलोमानुपात (Inverse Proportion): यदि दो राशियाँ इस प्रकार हों कि एक राशि के घटने अथवा बढ़ने पर दूसरी राशि क्रमश: बढ़े तथा घटे, तो ये राशियाँ प्रतिलोम या विलोमानुपाती कहलाती है।

ऐसे प्रश्नों में पहली राशियों के विलोमानुपाती लेते हैं तथा अज्ञात राशि को चतुर्थानुपाती लेकर इसका मान ज्ञात करते हैं।

मिश्र समानुपात (Compound Proportion) : जब तीन या तीन से अधिक राशियाँ इस प्रकार की हों कि किसी एक राशि का मान, शेष राशियों के मान पर आश्रित हो तो वे राशियाँ एक मिश्र समानुपात में होती हैं।

उदाहरण (Examples)

1. 200 सैनिकों की एक टुकड़ी के लिए 24 सप्ताह के लिए राशन पर्याप्त है। पहले सप्ताह के अन्त में 80 सैनिक सहायता के लिए और आ गए और इस कारण प्रति सैनिक के प्रतिदिन का राशन 900 ग्राम से हटकर 750 ग्राम कर दिया गया तो बताएँ कितने अधिक दिनों तक वे रह सकते हैं?

माना कि शेष भोदन x सप्ताह तक चलेगा अत:

सैनिक	राशन (ग्राम)	समय (सप्ताह)
200 ↑	900 ↑	23 ↓
280	750	x

(विलोमानुपात)

$$\therefore \left.\begin{matrix}280:200\\750:900\end{matrix}\right\}::23:x$$

या $280\times750:200\times900::23:x$

या $280\times750\times x=200\times900\times23$

$$x=\frac{200\times900\times23}{280\times750}=\frac{138}{7}=138\text{ दिन}$$

2. एक भवन मालिक ने एक काम करने के लिए 8 घंटे प्रतिदिन काम करके, 19 दिन में समाप्त करने के लिए 42 व्यक्ति काम पर लगाये। 10 दिन बाद किसी कारणवश काम दो दिन के लिए बन्द रहा। बताएँ कितने और व्यक्ति काम पर लगाये जाये जो सब मिलकर 9 घंटे प्रतिदिन काम करके काम को समय से समाप्त कर दें?

दिन	घंटे	काम	व्यक्ति
10 ↑	8 ↑	$\frac{10}{15}$ ↓	42 ↓
7	9	$\frac{9}{19}$	x

$$\therefore \left.\begin{matrix}7 & : & 10\\ 9 & : & 8\\ \frac{10}{19} & : & \frac{9}{19}\end{matrix}\right\}::42:x$$

या $7\times9\times\frac{10}{19}:10\times8\times\frac{9}{19}::42:x$

$$7\times9\times\frac{10}{19}\times x=10\times8\times\frac{9}{19}\times42$$

$$x=\frac{10\times8\times9\times42\times19}{7\times9\times10\times19}=48\text{ व्यक्ति}$$

$\therefore$ बढ़े हुए व्यक्ति $=48-42=6$ व्यक्ति

3. यदि 44 महिलाएँ किसी काम को 10 घंटे प्रतिदिन काम करते हुए 15 दिन में पूरा करती हैं। तो उससे 3/4 अधिक काम को 11 घंटे प्रतिदिन काम करते हुए कितने आदमी 7 दिन में पूरा करेंगे, जबकि 3 आदमी 5 महिलाओ के बराबर काम करते हैं।

घंटा	दिन	काम	महिलाएँ
10 ↑	15 ↑	1 ↓	44 ↓
11	7	$1+\frac{3}{4}$	x

$$\therefore \left.\begin{matrix}11 & : & 10\\ 7 & : & 15\\ 1 & : & \frac{7}{4}\end{matrix}\right\}::44:x$$

या, $11\times7\times1:10\times15\times\frac{7}{4}::44:x$

$$11\times7\times1\times x=10\times15\times\frac{7}{4}\times44$$

$\therefore\ x=\frac{10\times15\times7\times44}{11\times7\times1\times4}=150$ महिलाएँ

$\because$ 5 महिलाएँ = 3 आदमी

$\therefore$ 1 महिला $=\frac{3}{5}$ आदमी

$\therefore$ 150 महिलाएँ $=\frac{3\times150}{5}=90$ आदमी

4. 50 मीटर लम्बी, 2 मीटर चौड़ी और 2 मीटर गहरी खाई को 64 मनुष्य प्रतिदिन 12 घंटे काम करके 5 दिन में खोदते हैं। 75 मीटर लम्बी, 4 मीटर चौड़ी और 3 मीटर गहरी खाई को 80 मनुष्य 8 घंटे प्रतिदिन कार्य करके कितने दिन में खोदेंगें?

लम्बाई	चौड़ाई	गहराई	मनुष्य	घंटे	दिन
50 ↓	2 ↓	2 ↓	64 ↑	12 ↑	5 ↑
75	4	3	80	8	x

$$\therefore \left.\begin{array}{ccc}50 & : & 75\\ 2 & : & 4\\ 2 & : & 3\\ 80 & : & 64\\ 8 & : & 12\end{array}\right\}::5:x$$

या $50\times2\times2\times80\times8:75\times4\times3\times64\times12::5:x$

$50\times2\times2\times80\times8\times x=75\times4\times3\times64\times12\times5$

$x=\frac{75\times4\times3\times69\times12\times5}{50\times2\times2\times80\times8}=27$ दिन

5. बस द्वारा यात्रा करने में यदि 165 किमी. का किराया 62.70 रू. हो, तो 70 किमी. का किराया ज्ञात करें।

कम दूरी, कम किराया (अनुलोमानुपात)

माना अभीष्ट किराया $=x$ रु

$\therefore 165:70::62.70:x$

$x=\left(\frac{70\times62.70}{165}\right)$

$=26.60$ रू.

6. यदि 24 मजदूर प्रतिदिन 7 घंटे कार्य करके एक खाई को 18 दिन में खोद सकें तो कितने मजदूर 9 घंटे प्रतिदिन कार्य करके इस खाई को 16 दिन में खोद सकेंगे?

माना मजदूरों की अभिष्ट संख्या x

$$\left.\begin{array}{ccc}9 & : & 7\\ 16 & : & 18\end{array}\right\}::24:x$$

$9\times16\times x=7\times18\times24$

$x=\left(\frac{7\times18\times24}{9\times16}\right)=21$

7. यदि 9 ईंजन 8 घंटे प्रतिदिन कार्यरत रहने पर 24 मिट्रिक टन कोयले की खपत करते हों, तो 8 ईंजन प्रतिदिन 13 घंटे कार्यरत रहकर कितने कोयले की खपत करेंगे जबकि पहली प्रकार के 3 ईंजन उतनी खपत करते हों जितनी दूसरी प्रकार के 4 ईंजन कम ईंजन, कम कोयले की खपत (अनुलोनामुपात), माना अभीष्ट खपत $=x$

$$\left.\begin{array}{ccc}9 & : & 8\\ 8 & : & 13\\ \frac{1}{3} & : & \frac{1}{4}\end{array}\right\}::24:x$$

$\therefore 9\times8\times\frac{1}{3}\times x=8\times13\times\frac{1}{4}\times24$

$x=26$

अतः कोयले की अभीष्ट खपत 26 मीट्रिक टन

अभ्यास प्रश्न (Practice Questions)

1. यदि 349 नारियलों का मूल्य 2181.25 रू. हो, तो 26 दर्जन नारियलों का मूल्य लगभग कितने रूपये होगा?
(a) 1500 रू. (b) 2000 रू.
(c) 1200 रू. (c) 2500 रू.

2. यदि 438 सन्तरों का मूल्य 1384.08 रू. हो तो 8 दर्जन सन्तरों का मूल्य लगभग कितने रूपये होगा?
(a) 250 रू. (b) 300 रू.
(c) 400 रू. (d) 500 रू.

3. यदि 20 व्यक्ति किसी कार्य को 20 दिन में समाप्त करें तो 25 व्यक्ति इस कार्य को कितने दिनों में समाप्त कर सकेगें?
(a) 25 (b) 20
(c) 16 (d) 12

4. यदि 10 व्यक्ति एक खेत की फसल को 8 दिन में काट सकें तो 8 व्यक्ति इस फसल को कितने दिनों में काटेगें?
(a) 10 (b) 20
(c) 5 (d) 4

5. यदि 16 व्यक्ति एक फसल को 30 दिन में काट सकें, तो 20 व्यक्ति इस फसल को कितने दिन में काट सकेंगे?
(a) 25 (b) 24
(c) $21\frac{1}{3}$ (d) $10\frac{2}{3}$

6. 8 आदमी अथवा 12 लड़के एक कार्य को 25 दिन में समाप्त कर सकते हैं। 6 आदमी तथा 11 लड़के इस कार्य को समाप्त करने में कितने दिन लेंगे?
(a) 12 (b) 15
(c) 16 (d) 18

7. कुछ व्यक्तियों ने मिलकर एक कार्य को 18 दिन में समाप्त करना तय किया। परन्तु 6 व्यक्ति आरम्भ से ही अनुपस्थित रहे तथा शेष व्यक्तियों ने 20 दिन में कार्य पूरा कर लिया। आरम्भ में कितने व्यक्ति थे?
(a) 40 (b) 50
(c) 60 (d) 65

8. समान क्षमता वाले 14 पम्प एक पानी की टंकी को 6 घंटे में भर सकते हैं। यदि टंकी को केवल चार घंटे में ही भरना हो तो कितने अतिरिक्त पम्पों की आवश्यकता होगी?
(a) 7 (b) 14
(c) 21 (d) 28

9. यदि 6 व्यक्ति 8 घंटे प्रतिदिन कार्य करके 840 रू. प्रति सप्ताह कमायें, तो 9 व्यक्ति 6 घंटे प्रतिदिन कार्य करके प्रति सप्ताह कितने रुपये कमायेंगे?
(a) 854 रू. (b) 945 रू.
(c) 1620 रू. (d) 1680 रू.

10. कुछ व्यक्ति एक कार्य को 12 दिन में समाप्त कर सकते हैं। इससे दुगुने व्यक्ति इससे आधे कार्य को कितने दिन में करेंगे?
(a) 6 (b) 12
(c) 4 (d) 3

11. यदि 16 व्यक्ति 7 घंटे प्रतिदिन कार्य करके एक खेत को 48 दिन में जोतते हैं, तो 14 व्यक्ति 12 घंटे प्रतिदिन कार्य करके इसी खेत को कितने दिन में जोतेंगे?
(a) 46 (b) 35
(c) 32 (d) 30

12. यदि 18 व्यक्ति 140 मी. लम्बी दीवार को 42 दिन में बना सकें, तो 30 व्यक्ति ऐसी 100 मीटर लम्बी दीवार को कितने दिन में बनायेंगे?
(a) 18 (b) 21
(c) 24 (d) 28

13. यदि कुछ व्यक्ति 100 मीटर लम्बी, 50 मीटर चौड़ी तथा 10 मी. गहरी खाई को 10 दिन में खोद सकें तो यही व्यक्ति 30 दिन में 25 मीटर चौड़ी तथा 15 मीटर गहरी कितनी लम्बी खाई खोद सकेंगे?
(a) 400 मी (b) 200 मी
(c) 100 मी (d) $88\frac{8}{9}$ मी

14. यदि बढ़ई 6 घंटे प्रतिदिन कार्य करके 24 दिन में 460 कुर्सियाँ बना सकें, तो 18 बढ़ई 8 घंटे प्रतिदिन कार्य करके 36 दिन में कितनी कुर्सियाँ बना सकेंगे?
(a) 1260 (b) 1320
(c) 920 (d) 1380

15. यदि 400 व्यक्ति 9 घंटे प्रतिदिन कार्य करके किसी कार्य का 1/4 भाग 10 दिन में समाप्त कर सकें, तो कितने अतिरिक्त व्यक्ति और लगायें जायें, जो 8 घंटे प्रतिदिन कार्य करके, शेष कार्य को 20 दिन में समाप्त कर सकें?
(a) 225 (b) 250
(c) 275 (d) 325

16. कुछ व्यक्ति किसी कार्य को 100 दिन में समाप्त कर सकते हैं। यदि 10 व्यक्ति और कम होते तो यह कार्य पूर्ण होने में 10 दिन अधिक लगते। प्रारंभ में कितने व्यक्ति काम पर लगे?
(a) 75 (b) 82
(c) 100 (d) 110

17. 21.25 रू. में 80 लैम्प, 5 घंटे प्रतिदिन 10 दिन तक जलाये जा सकते हैं। 76.50 रू. में कितने लैम्प, 4 घंटे प्रतिदिन, 30 दिन तक जलाये जा सकेंगे?
(a) 100 (b) 120
(c) 150 (d) 160

18. 12 पुरूष तथा 18 लड़के $7\frac{1}{2}$ घंटे प्रतिदिन कार्य करके किसी कार्य को 60 दिन में समाप्त करते हैं। यदि 1 पुरूष 2 लड़कों के समान कार्य करे, तो 21 पुरूष कितने लड़कों की सहायता से 9 घंटे प्रतिदिन कार्य करके इससे दुगने कार्य को 50 दिन में समाप्त कर सकेंगे?

(a) 30 (b) 42
(c) 48 (d) 90

19. 60 व्यक्तियों को कोई कार्य 62 दिन में समाप्त करना था। उन्होंने 32 दिन तक मिलकर कार्य किया तथा कार्य का $\frac{2}{3}$ भाग समाप्त कर लिया। शेष कार्य को समाप्त करने हेतु कितने व्यक्तियों की आवश्यकता होगी?

(a) 32 (b) 30
(c) 36 (d) 40

20. 21 मजदूर किसी दीवार को 25 दिनों में बना सकते हैं। यदि 14 मजदूर और लगा किये जायें, तो वे पूर्ण कार्य कितने दिनों में समाप्त कर सकेंगें?

(a) 10 दिन (b) 12 दिन
(c) 14 दिन (d) 15 दिन

21. यदि 9 शिक्षक 5 घण्टे प्रतिदिन कार्य करके कुछ उत्तर-पुस्तिकाओं को 12 दिन में जाँच सकें, तो 4 परीक्षक इससे दुगुनी उत्तर-पुस्तिकाओं को 30 दिन में जाँचें तो उन्हें कितने घंटे प्रतिदिन कार्य करना होगा?

(a) 6 (b) 8
(c) 9 (d) 10

22. किसी टंकी का $\frac{3}{5}$ भाग 1 मिनट में भर जाता हैं तो शेष भाग को भरने के लिए कितना समय चाहिए?

(a) 30 सेकेण्ड (b) 40 सेकेण्ड
(c) 49 सेकेण्ड (d) 60 सेकेण्ड

उत्तरमाला (Answer Key)

1. (b)	2. (b)	3. (c)	4. (b)	5. (b)	6. (b)	7. (c)	8. (a)
9. (b)	10. (d)	11. (d)	12. (a)	13. (a)	14. (d)	15. (c)	16. (d)
17. (b)	18. (b)	19. (a)	20. (d)	21. (c)	22. (b)		

हल (Solutions)

1. (b)

कम नारियल कम मूल्य (अनुलोमानुपात या सीधा अनुपात)

$349:(26\times 12)::2181.25:x$

$\therefore x=\left(\frac{312\times 2181.25}{349}\right)=312\times 6.25$

$=\left(\frac{312\times 625}{100}\right)=(78\times 25)=1950$

2. (b)

कम सन्तरे कम मूल्य (सीधा अनुपात)

$438:96::1384.08:x$

$\therefore\ x=\left(96\times\frac{1384.08}{438}\right)$

$=9.6\times 3.16$

$=100\times 3$ रू. (लगभग)

$=300$ रू. लगभग

3. (c)

अधिक व्यक्ति, कम दिन (विलोमानुपात)

$25:20::20:x$

अर्थात् $=x=\left(\frac{20\times 20}{25}\right)=16$ दिन

4. (b)

कम व्यक्ति, अधिक दिन (विलोमानुपात)

$8:10::8:x$

अर्थात् $=x=\left(\frac{10\times 8}{8}\right)=10$ दिन

5. (b)
अधिक व्यक्ति, कम दिन (विलोमानुपात)

$20:16::30:x$

$x=\left(\frac{16\times 30}{20}\right)=24$ दिन

6. (b)
8 आदमी = 12 लड़के

1 आदमी $=\frac{3}{2}$ लड़के

$\therefore$ (6 आदमी + 11 लड़के) = $\left(6\times\frac{3}{2}+11\right)$ लड़के

= 20 लड़के

अधिक लड़के कम दिन (विलोमानुपात)

$20:12::25:x$

$x=\left(\frac{12\times 25}{20}\right)=15$ दिन

7. (c)
माना आरंभ में x व्यक्ति थे। काम करने वाले व्यक्ति $=(x-6)$
कम व्यक्ति, अधिक दिन (विलोमानुपात)

$(x-6):x::18:20$

अर्थात् $\frac{x-6}{x}=\frac{18}{20}$

अर्थात् $=20(x-6)=18x$

$x=60$

8. (a)
कम घंटे, अधिक पम्प (विलोमानुपात)

$4:6::14:x$

अर्थात् $x=\left(\frac{6\times 14}{4}\right)=21$

9. (b)
अधिक व्यक्ति, अधिक कमाई (सीधा अनुपात)
कम घंटे प्रतिदिन, कम कमाई (सीधा अनुपात)

$\left.\begin{matrix}\text{व्यक्ति } 6:9\\ \text{घण्टे (प्रतिदिन) } 8:6\end{matrix}\right\}::840:x$

अर्थात् $x=\left(\frac{9\times 6\times 840}{6\times 8}\right)=945$

10. (d)
अधिक व्यक्ति, कम दिन (विलोमानुपात)
कम कार्य, कम दिन (अनुलोमानुपात)

$\left.\begin{matrix}\text{व्यक्ति} & 2:1\\ \text{कार्य} & 1:\frac{1}{2}\end{matrix}\right\}::12:x$

अर्थात् $x=\left(1\times\frac{1}{2}\times 12\times\frac{1}{2\times 1}\right)=3$

11. (c)
कम व्यक्ति, अधिक दिन (विलोमानुपात)
अधिक घंटे प्रतिदिन कार्य, कम दिन (विलोमानुपात)

$\left.\begin{matrix}\text{व्यक्ति} & 14:16\\ \text{कार्य घंटे (प्रतिदिन)} & 12:7\end{matrix}\right\}::48:x$

$\therefore x=\left(\frac{16\times 7\times 98}{14\times 12}\right)=32$

12. (a)
अधिक व्यक्ति, कम दिन (विलोमानुपात)
कम लम्बाई, कम दिन (अनुलोमानुपात)

$\left.\begin{matrix}\text{व्यक्ति} & 30:18\\ \text{लम्बाई} & 140:100\end{matrix}\right\}::42:x$

अर्थात्

$x=\left(\frac{18\times 100\times 42}{30\times 140}\right)=18$

13. (a)
कम चौड़ी, अधिक लम्बी (विलोमानुपात)
अधिक गहरी, कम लम्बी (विलोमानुपात)
अधिक दिन, अधिक लम्बी (सीधानुपात)

$\left.\begin{matrix}\text{चौडाई} & 25:50\\ \text{गहराई} & 15:10\\ \text{दिन} & 10:30\end{matrix}\right\}::100:$

अर्थात् $x=\left(\frac{50\times 10\times 30\times 100}{25\times 15\times 10}\right)=400$

14. (d)
अधिक बढ़ई, अधिक कुर्सियाँ (अनुलोमानुपात)
अधिक घंटे प्रतिदिन, अधिक कुर्सियाँ (अनुलोमानुपात)
अधिक दिन, अधिक कुर्सियाँ (अनुलोमानुपात)

$\left.\begin{matrix}\text{बढ़ई} & 12:18\\ \text{घंटे प्रतिदिन} & 6:8\\ \text{दिन} & 24:36\end{matrix}\right\}::460:x$

अर्थात्

$x=\left(\frac{18\times 8\times 36\times 460}{12\times 6\times 24}\right)=1380$

15. (c)
कम घंटे प्रतिदिन, अधिक व्यक्ति (विलोमानुपात)
अधिक कार्य, अधिक व्यक्ति (सीधा अनुपात)
अधिक दिन, कम व्यक्ति (विलोमानुपात)

$$\left.\begin{array}{lc} \text{घण्टे} & 8 : 9 \\ \text{कार्य} & \frac{1}{4} : \frac{3}{4} \\ \text{दिन} & 20 : 10 \end{array}\right\} :: 400 : x$$

$$\therefore\ x = \left(9 \times \frac{3}{4} \times 100 \times 400 \times \frac{1}{8 \times 20} \times \frac{4}{1}\right) = 675$$

अतिरिक्त व्यक्तियों की संख्या $= (675 - 400) = 275$

16. (d)

माना x व्यक्ति काम पर लगे।

कम व्यक्ति, अधिक दिन (विलोमानुपात)

$x - 10 : x :: 100 : 110$

अर्थात् $\frac{x-10}{x} = \frac{100}{110}$

अर्थात् $x = 110$

17. (b)

अधिक रु., अधिक लैम्प (सीधा अनुपात)

कम घण्टे प्रतिदिन, अधिक लैम्प (विलोमानुपात)

अधिक दिन, कम लैम्प (विलोमानुपात)

$$\left.\begin{array}{lccc} \text{रुपये} & 21.27 & : & 76.50 \\ \text{घण्टे} & 4 & : & 5 \\ \text{दिन} & 30 & : & 10 \end{array}\right\} :: 80 : x$$

$$\therefore\ x = \left(\frac{76.50 \times 5 \times 10 \times 80}{21.25 \times 4 \times 30}\right) = 120$$

18. (b)

1 पुरुष = 2 लड़के

12 पुरुष + 18 लड़के = 42 लड़के

कम दिन, अधिक लड़के (विलोमानुपात)

अधिक घण्टे, प्रतिदिन, कम लड़के (विलोमानुपात)

अधिक कार्य, अधिक लड़के (विलोमानुपात)

$$\left.\begin{array}{lc} \text{दिन} & 50 : 60 \\ \text{कार्य घण्टे} & 9 : \frac{15}{2} \\ \text{कार्य} & 1 : 2 \end{array}\right\} :: 42 : x$$

अर्थात् $x = \left(60 \times \frac{15}{2} \times 42 \times \frac{1}{50 \times 9 \times 1}\right) = 82$

अब 82 लड़के = 21 पुरुष + 42 लड़के

अतः लड़कों की अभीष्ट रांख्या = 42

19. (a)

कार्य का शेष भाग $= \left(1 - \frac{2}{3}\right) = \frac{1}{3}$

शेष दिन = 30 दिन

कम कार्य, कम व्यक्ति (सीधानुपात)

कम दिन, अधिक व्यक्ति (विलोमानुपात)

माना कुल व्यक्तियों की संख्या = x

$$\left.\begin{array}{lc} \text{कार्य} & \frac{2}{3} : \frac{1}{3} \\ \text{दिन} & 30 : 32 \end{array}\right\} :: 60 : x$$

$$\therefore\ x = \left(\frac{1}{3} \times 32 \times 60 \times \frac{3}{2} \times \frac{1}{30}\right) = 32$$

20. (d)

अधिक मजदूर, कम दिन (विलोमानुपात)

$35 : 21 :: 25 : x$

अर्थात्

$x = \left(\frac{11 \times 25}{35}\right) = 15$

21. (c)

कम शिक्षक, अधिक पण्टे प्रतिदिन (विलोगानुपात)

अधिक दिन, कम घण्टे प्रतिदिन (विलोमानुपात)

अधिक उ. पुस्तिकाएँ, अधिक घण्टे प्रतिदिन (सीधा अनुपात)

$$\left.\begin{array}{lc} \text{परीक्षक} & 4 : 9 \\ \text{दिन} & 30 : 12 \\ \text{उ० पुस्तिकाएँ} & 1 : 2 \end{array}\right\} :: 5 : x$$

$$x = \left(\frac{9 \times 12 \times 2 \times 5}{4 \times 30 \times 1}\right) = 9$$

22. (b)

शेष भाग $= \left(1 - \frac{1}{3}\right) = \frac{2}{5}$

कम भाग, कम समय (सीधा अनुपात)

$\frac{3}{5} : \frac{2}{5} :: 60 : x$

अर्थात् $x = \left(\frac{2}{5} \times 60 \times \frac{5}{3}\right) = 40$ सेकेण्ड

समय तथा कार्य
Time and Work

- यदि x किसी कार्य को n दिन में समाप्त करे, तो x का 1 दिन का कार्य $=\frac{1}{n}$
- यदि x का 1 दिन का कार्य $(1/n)$ हो, तो पूरे कार्य को समाप्त करने में x को n दिन लगेंगे।
- यदि x की कार्य क्षमता y से दुगुनी हो तो किसी कार्य को समाप्त करने मे x को y से आधा समय लगेगा।
- यदि किसी कार्य को करने में लगे मनुष्यों की संख्या किसी विशेष अनुपात में घटा दी जाये (या बढ़ा दी जाये) तो उसी कार्य को समाप्त करने में लगा समय उसी अनुपात में बढ़ जाता है (या घट जाता है)।

उदाहरण (Examples)

1. तीन मजदूर A, B, C एक बालू की गाड़ी 8 घण्टे में भर सकते हैं। A तथा C मिलकर इसे 12 घण्टे में व A तथा B मिलकर इसे 13 घण्टे 20 मिनट में भर सकते हैं। यदि तीनों मजदूर मिलकर बालू की इस गाड़ी को भरें तथा कुल मजदूरी 225 रू. हो, तो प्रत्येक को कितने-कितने रूपये मिलेंगे?

B का 1 घण्टे का कार्य

= [(A + B + C) का 1 घण्टे का कार्य]
 − [(A + B) का 1 घण्टे का कार्य]

$=\left(\frac{1}{8}-\frac{1}{12}\right)=\frac{1}{24}$

C का 1 घण्टे का कार्य

= [(A + B + C) का 1 घण्टे का कार्य]
 − [(A + B) का 1 घण्टे का कार्य]

$=\left(\frac{1}{8}-\frac{3}{40}\right)=\frac{2}{40}=\frac{1}{20}$

A का 1 घण्टे का कार्य $=\frac{1}{8}-\left(\frac{1}{24}+\frac{1}{20}\right)=\frac{1}{30}$

$\therefore A:B:C=\frac{1}{30}:\frac{1}{24}:\frac{1}{20}=4:5:6$

A का भाग $=\left(225\times\frac{4}{15}\right)=60$ रू

B का भाग $=\left(225\times\frac{5}{15}\right)=75$ रू

C का भाग $[225-(60+75)]=90$ रू

2. x की कार्य करने की क्षमता y से दुगुनी है। अत: किसी कार्य को x पूरा करने में y से 20 दिन कम लेता है। दोनों मिलकर उस कार्य को समाप्त करने में कितने दिन लेंगे?

x तथा y की कार्य क्षमता का अनुपात $=2:1$

x तथा y द्वारा कार्य को समाप्त करने में लगे समय का अनुपात $1:2$

माना x तथा y को कार्य समाप्त करने में क्रमश: a तथा $2a$ दिन लगते हैं।

तब $2a-a=20$

अर्थात $a=20$

अत: x इस कार्य को 20 दिन में तथा y इसे 40 दिन में समाप्त करेगा।

$\therefore (x+y)$ का 1 दिन का कार्य $=\left(\frac{1}{20}+\frac{1}{40}\right)=\frac{3}{40}$

$\therefore$ A तथा B मिलकर इस कार्य को $\frac{40}{3}$ दिन अर्थात $13\frac{1}{3}$ दिन में समाप्त कर सकेंगे।

3. 8 व्यक्ति एक कार्य को 16 दिन में समाप्त कर सकते हैं। आठों ने मिलकर कार्य आरम्भ किया तथा 2 दिन बाद 8 और व्यक्ति आ गये। शेष कार्य कितने दिनों में समाप्त होगा?

8 व्यक्तियों का 2 दिनों का कार्य $=\left(\frac{1}{16}\times 2\right)=\frac{1}{8}$

शेष कार्य $=\left(1-\frac{1}{8}\right)=\frac{7}{8}$

8 व्यक्तियों का 1 दिन का कार्य $=\frac{1}{16}$

1 व्यक्ति का 1 दिन का कार्य $=\frac{1}{128}$

16 व्यक्तियों का 1 दिन का कार्य $=\left(16\times\frac{1}{128}\right)=\frac{1}{8}$

माना शेष कार्य 16 व्यक्ति x दिन में करेंगे।

तब,

$\frac{1}{8}:\frac{7}{8}::1:x$

अर्थात $x=\left(\frac{7}{8}\times 1\times 8\right)=7$

4. A एक कार्य को 9 घण्टे प्रतिदिन कार्य करके 7 दिन में समाप्त कर सकता है जबकि B प्रतिदिन 7 घण्टे कार्य करके 6 दिन में समाप्त कर सकता है। दोनों मिलकर $8\frac{2}{5}$ घण्टे प्रतिदिन कार्य करके, कितने दिनों में कार्य समाप्त कर सकेंगे?

प्रश्नानुसार

A तथा B क्रमशः 63 घण्टे तथा 42 घण्टे में समाप्त कर सकते हैं।

$\therefore$ (A + B) का 1 घण्टे का कार्य $=\left(\frac{1}{63}+\frac{1}{42}\right)=\frac{5}{126}$

अतः दोनों इस कार्य को समाप्त करने में $\frac{126}{5}$

चूँकि कार्य प्रतिदिन $8\frac{2}{5}$ घण्टे होता है,

अतः दिनों की संख्या $=\left(\frac{126}{5}\times\frac{5}{42}\right)=3$

5. x किसी कार्य को समाप्त करने में y से 3 दिन कम लेता है। इस पर x ने अकेले 4 दिन कार्य किया तथा शेष कार्य y ने अकेले समाप्त कर दिया। इस प्रकार कार्य समाप्त होने में 14 दिन लगे। x अथवा y अकेले इस कार्य को कितने दिनों में समाप्त करेंगे?

माना y कार्य को x दिन में तथा x इसे $(x-3)$ दिन में समाप्त कर सकता है।

$$\frac{4}{(x-3)}+\frac{10}{x}=1$$

$$4x+10(x-3)=x(x-3)$$

$$x^2-17x+30=0$$

$$(x-15)(x-2)=0$$

$$x=15$$

x इसे 12 दिन में तथा y इसे 15 दिन में समाप्त कर सकता है।

6. एक कार्य को 12 बच्चे 16 दिन में पूरा करते है। जबकि 8 व्यस्क इसे 12 दिन में पूरा कर सकते हैं। 16 व्यस्कों में मिलकर कार्य प्रारम्भ किया तथा 3 दिन बाद 10 व्यस्क काम छोड़कर चले गये तथा 4 और बच्चे कार्य में लग गये शेष, कार्य को समाप्त करने में कितने दिन लगेंगे?

माना 1 बच्चे का 1 दिन का कार्य $=x$

1 व्यस्क का 1 दिन का कार्य $=y$

$$\therefore \left[12x=\frac{1}{16}=x=\frac{1}{192}\right]$$

$$\left[8y=\frac{1}{12}; y=\frac{1}{96}\right]$$

16 व्यस्को का 3 दिन का कार्य $=\left(16\times\frac{1}{96}\times3\right)=\frac{1}{2}$

शेष कार्य $=\left(1-\frac{1}{2}\right)=\frac{1}{2}$

(6 व्यस्को + 4 बच्चों) का 1 दिन का कार्य

$$=\left(\frac{6}{96}+\frac{4}{192}\right)=\frac{1}{12}$$

अधिक कार्य अधिक दिन।

$\frac{1}{12}:\frac{1}{2}::1:x$ अर्थात $x=\left(\frac{1}{2}\times1\times12\right)=6$ दिन

7. यदि 10 आदमी अथवा 18 लड़के किसी कार्य को 15 दिन में समाप्त कर सके, तो 25 आदमी तथा 15 लड़के इससे दुगुने काम को कितने दिन में समाप्त कर सकेंगे?

10 आदमी $=18$ लड़के अर्थात 5 आदमी $=9$ लड़के

$\therefore$ 25 आदमी + 5 लड़के $=\left(25\times\frac{9}{5}\right)$ लड़के $+15$ लड़के

$=60$ लड़के

अधिक लड़के, कम दिन (विलोनानुपात)

$$60:18::5:x$$

$$x=\left(\frac{18\times15}{60}\right)$$

$$=4\frac{1}{2}\text{ दिन}$$

8. B किसी काम को जितने समय में करता है उसके 1/6 समय में A आधा काम करता है, यदि काम को पूरा करने के लिए दोनों को कुल 10 दिन लगते हैं तो B अकेला उस काम को कितने समय में करेगा?

माना B अकेला उस काम को पूरा x दिन में करेगा

$\therefore$ B द्वारा 1 दिन में किया गया काम $=\frac{1}{x}$

$\because$ A अकेला उसका $\frac{1}{2}$ काम पूरा करेगा $=\frac{1}{6}x$

तब A अकेला उस पूरे काम को करेगा $=2\times\frac{1}{6}x$

$=\frac{x}{3}$ दिन में

$\therefore$ A द्वारा 1 दिन में किया गया काम $=\frac{3}{x}$

$\because$ (A + B) दोनों द्वारा 1 दिन में किया गया काम $=\left(\frac{3}{x}+\frac{1}{x}\right)$

$$\therefore \frac{3}{x}+\frac{1}{x}=\frac{1}{10}$$

$$\therefore \frac{4}{x}=\frac{1}{10}$$

$$x=40$$

अतः B अकेले 40 दिन में काम पूरा कर लेगा।

9. A किसी काम के $\frac{4}{5}$ भाग को 20 दिनों में करता है। फिर वह B को बुलाकर उसके साथ मिलकर शेष काम को 3 दिनों में पूरा करता है। अकेले B को उस काम को करने में कितना समय लगेगा?

A का एक दिन का काम $=\frac{4}{5\times 20}=\frac{1}{25}$

(A + B) द्वारा 3 दिन में किया गया काम $=\frac{1}{5}$

$\therefore$ (A + B) द्वारा एक दिन में किया गया काम $=\frac{1}{15}$

$\therefore$ B द्वारा एक दिन में किय गया काम $=\frac{1}{15}-\frac{1}{15}=\frac{2}{75}$

अत: B अकेले पूरा काम $=\frac{75}{2}=37\frac{1}{2}$ दिनों में करेगा।

10. किसी खेत के $\frac{2}{5}$ भाग को A, 6 दिन में जोत सकता है और और उसी खेत के $\frac{1}{3}$ भाग को B, 10 दिन में जोत सकता है, A और B दोनों मिलकर उस खेत के $\frac{4}{5}$ भाग को कितने दिनों में जोतेंगे?

$\because$ A द्वारा 1 दिन में जोता गया खेत का भोग $=\frac{2}{5}\times\frac{1}{6}=\frac{1}{15}$

B द्वारा 1 दिन में जोता गया खेत का भाग $=\frac{1}{3}\times\frac{1}{10}=\frac{1}{30}$

$\therefore$ (A+B) द्वारा 1 दिन में जोता गया खेत क्न भाग $=\frac{1}{15}+\frac{1}{30}=\frac{1}{10}$

$\therefore$ (A + B) द्वारा पूरा खेत जोतने में लगा समय = 10 दिन

$\therefore$ (A + B) द्वारा $\frac{4}{5}$ भाग खेत जोतने में लगा समय

$=\frac{4}{5}\times 10=8$ दिन

अभ्यास प्रश्न (Practice Questions)

1. A और B मिलकर किसी कार्य को 30 दिन में पूरा कर सकते हैं, उन्होंने मिलकर 20 दिन काम किया फिर B ने काम छोड़ दिया। A ने शेष कार्य को अगले 20 दिन में पूरा कर लिया, तो A अकेला इस कार्य को कितने दिनों में कर सकता है?
(a) 50 (b) 60
(c) 48 (d) 54

2. A एक काम 18 दिन में पूरा कर सकता है और B उसी काम को A से आधे समय में पूरा कर सकता है। वे दोनों एक साथ मिलकर एक दिन में काम का कितना भाग पूरा कर सकते हैं?
(a) $\frac{1}{6}$ (b) $\frac{2}{5}$
(c) $\frac{1}{9}$ (d) $\frac{2}{7}$

3. A और B किसी कार्य को क्रमश: 15 दिन और 10 दिन में पूरा कर सकते हैं। उन्होंने कार्य को 30,000 रू में पूरा करने को ठेका लिया। ठेके की धनराशि में A का भाग होगा।
(a) 18000 रू (b) 16500 रू
(c) 12500 रू (d) 12000 रू

4. A किसी कार्य को 60 दिन में कर सकता है, वह 15 दिन कार्य करता है फिर B ने अकेले शेष कार्य को 30 दिन में पूरा किया। दोनों मिलकर कार्य को निम्न समय में पूरा कर सकते है।
(a) 24 दिन (b) 25 दिन
(c) 30 दिन (d) 32 दिन

5. A और B ने किसी कार्य को करने का 4500 रूपए में ठेका लिया। A अकेला इस कार्य को 8 दिन में तथा B अकेला इस कार्य को 12 दिन में कर सकता है, C की सहायता से उन्होंने यह कार्य 4 दिन में पूरा कर लिया, तब ठेके की धनराशि में C को कितने रूपये मिलेंगे?
(a) 2250 रूपये (b) 1500 रूपये
(c) 750 रूपये (d) 375 रूपये

6. किसी कार्य को A उतने समय में कर सकता है जितने समय में B और C मिलकर उस कार्य को कर सकते हैं। यदि A और B इस कार्य को मिलकर 10 दिन में कर सकते हैं तथा C अकेले उसे 50 दिनों में कर सकता है, तो B अकेला उस कार्य को कितने दिनों में कर पाएगा?
(a) 15 दिन (b) 20 दिन
(c) 25 दिन (d) 30 दिन

7. A तथा B किसी कार्य को पूरा करने में क्रमश: 15 दिन तथा 10 दिन का समय लेते हैं। उन्होंने मिलकर कार्य करना आरम्भ किया, किन्तु 2 दिन पश्चात् किसी कारणवश B को कार्य छोड़ना पड़ा तथा शेष कार्य अकेले A ने पूरा किया। सम्पूर्ण कार्य कितने समय में पूरा हुआ?
(a) 10 दिन (b) 8 दिन
(c) 12 दिन (d) 15 दिन

8. A एक काम को 4 घण्टे में कर सकता है, B और C उसे 3 घण्टे में तथा A और C उसे 2 घण्टे में कर सकता है। B अकेला उस काम को कितने समय में करेगा?
(a) 10 घण्टे (b) 12 घण्टे
(c) 8 घण्टे (d) 24 घण्टे

9. A और B किसी कार्य को क्रमश: 20 दिन और 12 दिन में कर सकते है। A ने अकेले कार्य प्रारम्भ किया। तत्पश्चात् 4 दिन बाद B सम्मिलित हुआ और कार्य पूरा होने तक दोनों ने मिलकर कार्य किया। कार्य कुल कितने दिनों तक चला?
(a) 10 दिन (b) 20 दिन
(c) 15 दिन (d) 6 दिन

10. A तथा B किसी काम को 10 दिनों में कर सकते है, B और C उसे 15 दिनों में तथा C और A इसे 20 दिनों में कर सकते हैं, C अकेला उस काम को निम्न समय में पूरा करेगा।

(a) 60 दिन (b) 120 दिन
(c) 80 दिन (d) 30 दिन

11. P तथा Q द्वारा एक कार्य 12 दिनों में पूरा कर लिया जाता है और Q तथा R द्वारा 15 दिनों में तथा R तथा P द्वारा 20 दिनों में। तदनुसार अकेला P उसे कितने दिनों में पूरा सकता है?

(a) 10 (b) 20
(c) 30 (d) 60

12. A किसी कार्य को 24 दिन में, B उसको 9 दिन में तथा C उसे 12 दिन में पूरा कर सकता है। B और C कार्य प्रारंभ करते हैं, परन्तु उन्हें 3 दिन के बाद यह कार्य छोड़ना पड़ता है तो बताओ शेष कार्य करने में A को कितना समय लगा?

(a) 8 दिन (b) 12 दिन
(c) 10 दिन (d) 6 दिन

13. A कोई काम 15 दिनों में कर सकता है और B उसे 20 दिनों में। यदि वे दोनों 4 दिनों तक एक साथ काम करें, तो शेष बचा कार्य, पूरे कार्य का कितना भाग होगा?

(a) $\frac{8}{15}$ (b) $\frac{7}{15}$
(c) $\frac{1}{4}$ (d) $\frac{1}{10}$

14. A तथा B मिलकर एक काम को 72 दिनों में पूरा कर सकते हैं, B तथा C मिलकर 120 दिनों में तथा C तथा A मिलकर उसे 30 दिनों में पूरा कर सकते हैं। A अकेला उसे कितने दिनों में पूरा कर सकेगा?

(a) 80 दिन (b) 100 दिन
(c) 120 दिन (d) 150 दिन

15. A और B मिल कर एक कार्य 72 दिनों में करते हैं। B और C उसे 120 दिनों में तथा A और C उसे 90 दिनों में पूरा कर सकते हैं। तदनुसार यदि A, B, C तीनों मिल कर काम करें, तो वे 3 दिनों में कितना कार्य कर देंगे?

(a) $\frac{1}{40}$ (b) $\frac{1}{30}$
(c) $\frac{1}{20}$ (d) $\frac{1}{10}$

16. A तथा B मिलकर किसी कार्य को 36 दिनों में पूरा कर सकते है। यदि अन्तिम 10 दिन A को अकेले काम करना पड़े, तो वह कार्य 40 दिनों में पूरा होता है। B अकेला उस कार्य को पूरा करने में कितना समय लेगा?

(a) 45 दिन (b) 60 दिन
(c) 75 दिन (d) 90 दिन

17. A किसी कार्य को 6 दिनों में तथा B उसी कार्य को 12 दिनों में पूरा करता है। यदि वे मिलकर कार्य को पूरा करते हैं, तो कार्य का कितना भाग A द्वारा किया जाएगा?

(a) $\frac{1}{3}$ (b) $\frac{2}{3}$
(c) $\frac{1}{4}$ (d) $\frac{1}{2}$

18. A और B एक काम को 30 दिनों में कर सकते हैं B और C उसी काम को 24 दिनों में कर सकते हैं तथा C और A 20 दिनों में कर सकते हैं। यदि वे सभी मिलकर 10 दिन काम करें और फिर B और C काम छोड़कर चले जाएँ, तो शेष काम को पूरा करने के लिए A और कितने दिन लेगा?

(a) 18 दिन (b) 24 दिन
(c) 30 दिन (d) 36 दिन

19. 7 घण्टे प्रतिदिन कार्य करते हुए, A अकेला किसी कार्य को 6 दिन में तथा B अकेला 8 दिन में पूरा कर सकता है। 8 घण्टे प्रतिदिन कार्य करते हुए, वे दोनों मिलकर उस कार्य को कितने समय में पूरा करेंगे?

(a) 3 दिन (b) 4 दिन
(c) 2.5 दिन (d) 3.6 दिन

20. A काम करने में B से दोगुना कुशल है और B काम करने में C से दोगुना कुशल है। यदि A और B मिलकर एक काम को 4 दिन में पूरा करते हैं तो C अकेला उसे कितने दिनों में पूरा कर सकता है।

(a) 6 दिनों में (b) 8 दिनों में
(c) 24 दिनों में (d) 12 दिनों में

21. A की कार्य क्षमता B की तुलना में आधी है और C, A तथा B द्वारा एक साथ दिए गए कार्य का आधा ही कर पाता है। तदनुसार यदि C अकेला एक कार्य 20 दिनों में कर सकता हो, तो A, B तथा C तीनों मिलकर वही कार्य कितने दिनों में कर सकते हैं?

(a) $5\frac{2}{3}$ दिन (b) $6\frac{2}{3}$ दिन
(c) 6 दिन (d) 7 दिन

22. A, B तथा C मिलकर किसी कार्य को 30 मिनट में पूरा कर सकते हैं। A तथा B मिलकर उस कार्य को 50 मिनट में पूरा कर सकते हैं। C अकेला उस कार्य को कितने समय में पूरा कर सकेगा?

(a) 60 मिनट (b) 75 मिनट
(c) 80 मिनट (d) 150 मिनट

23. A किसी कार्य को 20 दिन तथा B 40 दिन में पूरा कर सकते हैं। A द्वारा आरंभ करके वे बारी-बारी से एक-एक दिन कार्य करते हैं। तो बताओ कार्य कितने दिनों में पूरा होगा?

(a) 24 वे दिन (b) 25 वें दिन
(c) 26 वे दिन (d) 27 वे दिन

24. तीन नल P, Q तथा R अलग-अलग किसी हौज को क्रमशः 4, 8 तथा 12 घंटे में पूरा कर सकते हैं। एक अन्य नल S भरे हौज को 10 घंटे में खाली कर सकता है। निम्नलिखित में से कौन-सी युग्म खाली हौज को अन्य से कम समय में भरेगी?
(a) केवल Q को खोला जाए
(b) P तथा S को खोला जाए
(c) P, R तथा S को खोला जाए
(d) P, Q तथा S को खोला जाए।

25. A, B तथा C अकेले किसी कार्य को क्रमशः 20 दिन, 30 दिन तथा 60 दिन में पूरा कर सकते हैं। A अकेला कार्य करता है, किन्तु प्रत्येक तीसरे दिन वह B तथा C की मदद से कार्य करता है। पूरा कार्य कितने दिनों में पूरा होगा?
(a) 10 (b) 12
(c) 15 (d) 18

26. A तथा B अकेले किसी कार्य को 9 तथा 18 दिनों में पूरा कर सकते हैं। उन्होंने एक साथ मिलकर कार्य किया किन्तु कार्य पूरा होने से 3 दिन पहले A कार्य छोड़कर चला गया। कार्य कितने दिनों में पूरा हुआ
(a) 13 (b) 8
(c) 6 (d) 5

27. किसी काम के $\frac{7}{10}$ भाग को A, 15 दिन में पूरा करता है। उसके पश्चात् वह B की सहायता से शेष काम को 4 दिनों में पूरा करता है। पूरे कार्य को A तथा B मिलकर कितने दिनों में पूरा करेंगे?
(a) $10\frac{1}{3}$ दिन (b) $12\frac{2}{3}$ दिन
(c) $13\frac{1}{3}$ दिन (d) $8\frac{1}{4}$ दिन

28. A तथा B किसी कार्य को क्रमशः 12 दिन तथा 15 दिन में पूरा कर सकते हैं। उन्होंने मिलकर कार्य करना शुरू किया लेकिन 4 दिन बाद A काम छोड़कर चला गया। शेष कार्य को अकेले B ने कितने दिनों में पूरा किया होगा?
(a) $\frac{20}{3}$ (b) $\frac{25}{3}$
(c) 6 (d) 5

29. A तथा B मिलकर किसी कार्य को 5 दिन में पूरा कर सकते हैं तथा A अकेला उसे 8 दिन में पूरा कर सकता है, तो B अकेला उसे कितने समय में पूरा करेगा?
(a) $11\frac{1}{3}$ दिन (b) $12\frac{3}{5}$ दिन
(c) $13\frac{1}{3}$ दिन (d) $16\frac{4}{5}$ दिन

30. किसी कार्य को सम्पन्न करने में A, B की तुलना में दोगुना तथा C की तुलना में तीन गुना समय लेता है। वे तीनों मिलकर उस कार्य को एक दिन में पूरा करते हैं तो A अकेला उस कार्य को कितने समय में पूरा करेगा?
(a) 9 दिन (b) 5 दिन
(c) 6 दिन (d) 4 दिन

उत्तरमाला (Answer Key)

1. (b)	2. (a)	3. (d)	4. (a)	5. (c)	6. (c)	7. (c)	8. (b)
9. (a)	10. (b)	11. (c)	12. (c)	13. (a)	14. (c)	15. (c)	16. (d)
17. (b)	18. (a)	19. (a)	20. (c)	21. (b)	22. (b)	23. (d)	24. (d)
25. (c)	26. (b)	27. (c)	28. (c)	29. (c)	30. (c)		

हल (Solutions)

1. (b)

A और B का एक दिन का कार्य $=\frac{1}{30}$ भाग

A और B का 20 दिन का कार्य $=\frac{1}{30}\times 20$

$=\frac{2}{3}$ भाग

तब शेष काम $=1-\frac{2}{3}=\frac{1}{3}$

चूँकि A, $\frac{1}{3}$ भाग कार्य को करता है $=20$ दिन में

$\therefore$ A पूरा कार्य करेगा $=20\times 3=60$ दिन में

2. (a)

$\because$ A काम को 18 दिन में पूरा करता है।

$\therefore$ B काम को 9 दिन में पूरा करेंगा।

$\therefore$ दोनों की कार्य क्षमता $=\frac{1}{18}+\frac{1}{9}$

$=\frac{1+2}{18}=\frac{3}{18}=\frac{1}{6}$

$\therefore$ दोनों मिलकर एक दिन में $\frac{1}{6}$ काम करेंगे।

3. (d)

दोनों के एक दिन के कार्य का अनुपात

$A:B=\frac{1}{15}:\frac{1}{10}=2:3$

$\therefore$ A भाग का भाग $=\frac{2}{5}\times 30000=12000$ रू

4. (a)

15 दिन बाद शेष कार्य $=1-\frac{15}{60}=\frac{3}{4}$

$\because \frac{3}{4}$ कार्य B करता है $=30$ दिन में

$\therefore$ पूरा कार्य B करेगा $=\frac{30\times 4}{3}=40$ दिन में

$\therefore$ A व B दोनों का एक दिन का कार्य

$=\frac{1}{60}+\frac{1}{40}=\frac{1}{24}$

अत: दोनों मिलकर उस कार्य को 24 दिन में पूरा करेंगे।

5. (c)

C का एक दिन का कार्य $=\frac{1}{4}-\left(\frac{1}{8}+\frac{1}{12}\right)$

$=\frac{1}{4}-\frac{5}{24}=\frac{1}{24}$ भाग

$\therefore$ A, B, C की कार्य क्षमता का अनुपात $=\frac{1}{8}:\frac{1}{12}:\frac{1}{24}$

$=\frac{3:2:1}{24}=3:2:1$

आनुपातिक योग $=3+2+1=6$

अत: 4500 रूपए में C का भाग $=\frac{1}{6}\times 4500=750$ रूपया

6. (c)

A और B का एक दिन का कार्य $=\frac{1}{10}$

तथा C का एक दिन का कार्य $=\frac{1}{50}$

$\therefore$ A, B, व C का एक दिन का कार्य $=\frac{1}{10}+\frac{1}{50}=\frac{5+1}{50}=\frac{6}{50}$

माना A अकेला उस कार्य को x दिन में कर सकता है

तब A का एक दिन का कार्य $=\frac{1}{x}$

$\therefore$ $(B+C)$ का एक दिन का कार्य $=\frac{1}{x}$

$\therefore$ $A+B+C$ का एक दिन का कार्य $=\frac{1}{x}+\frac{1}{x}=\frac{2}{x}$

$\therefore$ प्रश्नानुसार

$\frac{2}{x}=\frac{6}{50}$

$\therefore x=\frac{100}{6}=\frac{50}{3}$ दिन

$\because$ A उस काम को $\frac{50}{3}$ दिन में कर सकता है तब A का एक दिन का काम $=\frac{3}{50}$ भाग

$\therefore$ B का एक दिन का कार्य $=\frac{1}{10}-\frac{3}{50}$

$=\frac{5-3}{50}=\frac{2}{50}$

$\therefore$ B को कार्य पूरा करने में लगा कुल समय $=\frac{50}{2}=25$ दिन

7. (c)

A तथा B द्वारा 2 दिनों में किया गया कार्य $=2\times\left(\frac{1}{10}+\frac{1}{15}\right)$

$=2\times\frac{5}{30}=\frac{1}{3}$

शेष कार्य $=1-\frac{1}{3}$

$=\frac{2}{3}$ भाग

$\because$ A एक काम को 15 दिनों में करता है

$\therefore A\frac{2}{3}$ काम को $15\times\frac{2}{3}$ दिनों अर्थात् 10 दिन में करेगा।

संपूर्ण कार्य को करने में लगा समय $=10+2=12$ दिन

8. (b)

A का एक घण्टे का काम $=\frac{1}{4}$

B और C का एक घण्टे का काम $=\frac{1}{3}$

A + C का एक घण्टे का काम $=\frac{1}{2}$

$\therefore$ C का एक घण्टे का काम $=\frac{1}{2}-\frac{1}{4}$

$=\frac{2-1}{4}=\frac{1}{4}$

$\therefore$ B का एक घण्टे का काम $=\frac{1}{3}-\frac{1}{4}$

$=\frac{4-3}{12}=\frac{1}{12}$

B अकेला काम को 12 घण्टे में कर लेगा।

9. (a)

A का एक दिन का काम $=\frac{1}{20}$

तथा B का एक दिन का काम $=\frac{1}{12}$

$\therefore$ A द्वारा 4 दिन में किया गया कार्य $=\frac{4}{20}=\frac{1}{5}$

तथा शेष कार्य $=1-\frac{1}{5}=\frac{4}{5}$

$\therefore$ A तथा B का एक दिन का कार्य $=\frac{1}{20}+\frac{1}{12}=\frac{2}{15}$

$\therefore$ तब शेष कार्य में लगे दिन $=\frac{4}{5}\div\frac{2}{15}$

$\frac{4}{5}\times\frac{15}{2}$

$\therefore$ अतः कुल कार्य में लगे कुल दिन $=6+4=10$ दिन

10. (b)

$\because$ (A + B) का 1 दिन का काम $=\frac{1}{10}$

(B + C) का 1 दिन का काम $=\frac{1}{15}$

$\because$ (A + B) का 1 दिन का काम $=\frac{1}{15}$

(C + A) का 1 दिन का काम $=\frac{1}{20}$

$\therefore$ (A + B + C) का एक दिन का काम

$=\frac{1}{10}+\frac{1}{15}+\frac{1}{20}\Rightarrow\frac{13}{60}$

$\therefore$ A + B + C का एक दिन का काम $=\frac{13}{120}$

C का एक दिन का काम $=\frac{13}{120}-\frac{1}{10}=\frac{1}{120}=120$ दिन में

C अकेला 120 दिन में उस काम को पूरा करेगा।

11. (c)

(P + Q) का 1 दिन का काम $=\frac{1}{12}$

(Q + R) का 1 दिन का काम $=\frac{1}{15}$

(R + P) का 1 दिन का काम $=\frac{1}{20}$

2 (P + Q + R) का 1 दिन का काम $=\frac{1}{12}+\frac{1}{15}+\frac{1}{20}$

$=\frac{12}{60}=\frac{1}{5}$

$\therefore$ P + Q + R का 1 दिन का काम $=\frac{1}{5\times2}=\frac{1}{10}$

$\therefore$ P द्वारा 1 दिन में किया गया काम $=(P+Q+R)$ का 1 दिन काम $-(Q+R)$ का 1 दिन का काम

$=\frac{1}{10}-\frac{1}{15}=\frac{1}{30}$

$\therefore$ P द्वारा काम पूरा करने में लगा समय $=\frac{1}{\frac{1}{30}}=30$ दिन

12. (c)

B और C का एक दिन का कार्य $=\frac{1}{9}+\frac{1}{12}=\frac{4+3}{36}=\frac{7}{36}$ भाग

तब B और C का तीन दिन का कार्य $=\frac{7}{36}\times3=\frac{7}{12}$

शेष कार्य $=1-\frac{7}{12}=\frac{5}{12}$ भाग

$\therefore$ A, $\frac{1}{24}$ कार्य करता है $=1$ दिन में

$\therefore$ A पूरा कार्य करेगा $=1\times\frac{14}{1}$

$\therefore$ A, $\frac{5}{12}$ कार्य करेगा $=24\times\frac{5}{12}$

$=10$ दिन में

13. (a)

A और B दोनों का 4 दिन का काम $=4\left(\frac{1}{15}+\frac{1}{20}\right)=\frac{7}{15}$

शेष काम $=1-\frac{7}{15}=\frac{8}{15}$

14. (c)

A + B + C का 1 दिन का काम $=\left[\frac{1}{72}+\frac{1}{120}+\frac{1}{30}\right]\times\frac{1}{2}$

$=\frac{360}{21600}$

$\therefore$ (A + B + C) – (B + C)

$\frac{360}{21600}-\frac{1}{120}\Rightarrow\frac{360-180}{21600}\Rightarrow\frac{180}{21600}$

$\therefore$ A का एक दिन का काम $= \frac{21600}{180} = 120$ दिन

15. (c)

$(A+B)$ का 1 दिन का काम $= \frac{1}{72}$

$(B+C)$ का 1 दिन का काम $= \frac{1}{120}$

$(A+C)$ का 1 दिन का काम $= \frac{1}{90}$

$2A+2B+2C$ का 1 दिन का काम $= \frac{1}{72} + \frac{1}{120} + \frac{1}{90}$

$2(A+B+C)$ का 1 दिन का काम $= \frac{12}{360} = \frac{1}{30}$

$\therefore (A+B+C)$ का 1 दिन का काम $= \frac{1}{30 \times 2} = \frac{1}{60}$

$(A+B+C)$ का 3 दिन का काम $= 3 \times \frac{1}{60} = \frac{1}{20}$

16. (d)

A तथा B का 1 दिन का कार्य $= \frac{1}{36}$

$\therefore$कार्य 40 दिन में पूरा होता है तथा A और B केवल 30 दिन साथ मिलकर कार्य करते हैं।

$\therefore$ $(A+B)$ का 30 दिन का कार्य $= \frac{30}{36} = \frac{5}{6}$

$\therefore$ शेष कार्य $= 1 - \frac{5}{6} = \frac{1}{6}$

$\because$ A, $\frac{1}{6}$ कार्य करता है 10 दिन में

$\therefore$ A 1 कार्य करेगा $= 10 \times 6 = 60$ दिन में

$\therefore$ एक दिन में A द्वारा किया गया कार्य $= \frac{1}{60}$ भाग

एक दिन में B द्वारा किया गया कार्य $= \frac{1}{36} - \frac{1}{60}$

$= \frac{1}{90}$

$\frac{1}{90}$ कार्य B एक दिन में करता है।

$\therefore$ एक कार्य करेगा $\frac{1}{\frac{1}{90}} = 90$ दिन में।

17. (b)

A तथा B द्वारा काम करने में लगा समय

$= \frac{6 \times 12}{6+2} = 4$

$\therefore$ 4 दिन में A द्वारा किया गया कार्य $= \frac{4}{6} = \frac{2}{3}$ भाग

18. (a)

$A+B+C$ द्वारा 1 दिन में किया गया कार्य

$$= \frac{1}{2}\left(\frac{1}{30} + \frac{1}{24} + \frac{1}{20}\right) = \frac{1}{16}$$

$\therefore$ $A+B+C$ द्वारा 10 दिन में किया गया कार्य $= \frac{10}{16} = \frac{5}{8}$

$\therefore$ A द्वारा एक दिन का कार्य $= \frac{1}{16} - \frac{1}{24} = \frac{1}{48}$

शेष काम $= 1 - \frac{5}{8} = \frac{3}{8}$

$\therefore$ $\frac{3}{8}$ काम A करेगा, $\frac{48 \times 3}{8} = 18$ दिन

19. (a)

A कार्य $= 7 \times 6 = 42$ घण्टा

$\therefore$ A का 1 दिन का कार्य $= \frac{1}{42}$

B का कार्य $= 7 \times 8 = 56$

B का एक दिन का कार्य $= \frac{1}{56}$

$\therefore$ $(A+B)$ का एक घण्टे का कार्य $= \frac{1}{42} + \frac{1}{56} = \frac{7}{168}$

$\therefore$ $(A+B)$ का एक दिन का कार्य $= \frac{7}{168} \times 8 = \frac{1}{3}$

अत: $(A+B)$ दोनों मिलकर कार्य 3 दिन में पूरा करेंगे।

20. (c)

A दोगुना है B का तथा B दोगुना है C का

अर्थात $A = 2B$ तथा $2B = 4C$

या $A = 2B = 4C$

$$4AB = 4\left(4C + \frac{4C}{2}\right) = 24C$$

C अकेला इस काम को 24 दिन में समाप्त करेगा।

21. (b)

C अकेले कार्य को 20 दिनों में करता है।

$(A+B)$ को कार्य को खत्म करने में लगा कुल दिन $= \frac{20}{2} = 10$ दिन

अत: $(A+B+C)$ को कार्य को खत्म करने में लगा समय

$$\frac{\text{कार्य}}{(A+B)\text{ का 1 दिन का कार्य} + C \text{ का 1 दिन का कार्य}}$$

$$= \frac{1}{\left(\frac{1}{10} + \frac{1}{20}\right)}$$

$$\Rightarrow \frac{1}{\frac{2+1}{20}} = \frac{1}{\frac{3}{20}} = \frac{20}{3} \Rightarrow 6\frac{2}{3} \text{ दिन}$$

22. (b)

(A + B + C) द्वारा 1 मिनट में किया गया कार्य $=\frac{1}{30}$

$\because$ (A + B) द्वारा 1 मिनट में किया गया कार्य $=\frac{1}{50}$

C द्वारा 1 मिनट में किया गया कार्य $=\frac{1}{30}-\frac{1}{50}$

$\frac{5-3}{150}\Rightarrow\frac{2}{150}$

$=\frac{1}{75}$

C द्वारा काम करने में लगा समय $=75$ मिनट

23. (d)

13 दिन में A का कार्य $=\frac{13}{20}$

13 दिन में B का कार्य $=\frac{13}{40}$

A + B का कुल 26 दिन का कार्य $=\frac{13}{20}+\frac{13}{40}$

$=\frac{26+13}{40}=\frac{39}{40}$

अत: 27 वें दिन कार्य पूरा होगा। क्योंकि 26 दिन के काम करने के बाद काम का $\frac{1}{40}$ भाग शेष रह जायेगा।

24. (d)

नल P, Q, S को एक साथ खोले जाने पर हौज का भरा भाग

$\frac{1}{4}+\frac{1}{8}-\frac{1}{10}=\frac{11}{40}$

अत: P, Q, S को एक साथ खोले जाने पर हौज $\frac{40}{11}$ घण्टे में भरा जाएगा।

25. (c)

(A, B, C) का कार्य $=\frac{3}{20}+\frac{1}{30}+\frac{1}{60}=\frac{1}{5}=5$

अत: प्रत्येक तीसरे दिन वह B तथा C की मदद से कार्य करता है तब काम को पूरा करने में लगा समय $=5\times3=15$ दिन

26. (b)

माना B का x तथा A का कार्य $x-3$ है।

अत: $\frac{x-3}{9}+\frac{x}{18}=1$

$3x-6=18$

$3x=18+6$

$3x=24$

$x=\frac{24}{3}$

$x=8$ दिन

27. (c)

माना A अकेले उस कार्य को x दिन में तथा B उस कार्य को y दिन में करेगा।

A का 1 दिन का कार्य $=\frac{1}{x}$

B का 1 दिन का कार्य $=\frac{1}{y}$

$\therefore$ दोनों द्वारा एक दिन का कार्य $=\frac{1}{x}+\frac{1}{y}$

शेष कार्य $=1-\frac{7}{10}=\frac{3}{10}$

A शेष कार्य को 4 दिन में B की सहायता से पूरा करता है तो

$4\left[\frac{1}{x}+\frac{1}{y}\right]=\frac{3}{10}$

$=\frac{1}{x}+\frac{1}{y}=\frac{3}{40}$

A तथा B मिलकर कार्य $\frac{40}{3}=13\frac{1}{3}$ दिन में पूरा करेंगे।

28. (c)

A का 1 दिन का काम $=\frac{1}{12}$

B का 1 दिन का काम $=\frac{1}{15}$

A तथा B द्वारा 4 दिन में किया गया काम $=4\left(\frac{1}{12}+\frac{1}{15}\right)=\frac{4\times9}{60}=\frac{3}{5}$

शेष कार्य $=1-\frac{3}{5}\Rightarrow\frac{2}{5}$

B द्वारा काम पूरा करने के लिए लिया गया समय

$=15\times\frac{2}{5}=6$ दिन

29. (c)

माना A का एक दिन का काम $=\frac{1}{8}$

B का एक दिन का काम $=\frac{1}{5}-\frac{1}{8}=\frac{3}{40}$

$\therefore$ B को पूरा करने में लगा समय $=\frac{40}{3}=13\frac{1}{3}$ दिन

30. (c)

माना A को कार्य पूरा करने में लगा समय $=x$

B को कार्य पूरा करने में लगा समय $=\frac{x}{2}$

C को कार्य पूरा करने में लगा समय $=\frac{x}{3}$

प्रश्न से,

$\frac{1}{x}+\frac{2}{x}+\frac{3}{x}=1$

$\frac{6}{x}=1=6$ दिन

अत: A अकेले काम को 6 दिन में पूरा करेगा।

पाईप तथा टंकी
Pipes and Cisterns

पाईप तथा टंकी एवं समय तथा कार्य दोनों अध्यायों में समान्यतः समानता होती है।

इन दोनों अध्यायों में एक मात्र विषमता यह है कि पाईप तथा टंकी में एक ऋणात्मक कारक भी कार्य करता है जो निकास (outset) है। यह टंकी से जुड़ा होता है, यह नल या कोई छेद हो सकता है।

सूत्र (Formula)

- यदि एक पाईप किसी टंकी को x घण्टे में भरे, तो पाईप का 1 घण्टे का भराव कार्य $=\frac{1}{x}$
- यदि एक निकासी पाईप भरी टंकी को y घण्टे में खाली करे तो पाईप का 1 घण्टे का निकासी कार्य $=\frac{1}{y}$
- यदि एक पाईप खाली टंकी को x घण्टे में भरे तथा दूसरा पाईप भरी टंकी को y घण्टे में खाली करे, तो दोनों पाईपों द्वारा किया गया 1 घण्टे का कार्य
$$=\left(\frac{1}{x}-\frac{1}{y}\right)$$
- यदि एक नल एक टंकी को x घंटे में भर सकता है तथा दूसरा नल उसी टंकी को y घंटे में भर सकता है तो जब वे दोनों एक साथ खोल दिए जाए तो 1 घंटे में टंकी का $\left(\frac{1}{x}+\frac{1}{y}\right)$ भाग भरा जाएगा।
$\therefore$ टंकी को पूरी तरह भरने में लगा समय $=\frac{xy}{x+y}$
- यदि एक नल एक टंकी को x घंटे में भर सकता है तथा दूसरा नल उसी टंकी को y घंटे में भर सकता है लेकिन तीसरा एक खाली करने वाला नल भरी हुए टंकी को 2 घंटे में खाली कर सकता है तथा सभी को एक साथ खोल दिया जाता है। तो एक घंटा में टंकी का $\left(\frac{1}{x}+\frac{1}{y}-\frac{1}{z}\right)$ भाग भरा जाता है।
टंकी को भरने में लगा समय $=\frac{xyz}{yz+xz-xy}$ घंटा

उदाहरण (Examples)

1. दो नल एक टंकी को क्रमशः 2 घण्टे तथा 3 घण्टे में भर देते हैं। यदि दोनों नल एक साथ खोल दिए जाएं तो टंकी भरने में कितना समय लगेगा?

   दोनों नलों का 1 घण्टे का कार्य $=\left(\frac{1}{2}+\frac{1}{3}\right)=\frac{5}{6}$

   अतः टंकी भरने में लगा समय $=\frac{6}{5}$ घण्टे $=$ 1 घण्टा 12 मिनट

2. एक नल पानी के एक टब को 6 घण्टे में भर सकता है। टब के साथ लगा हुआ एक दूसरा नल भरे हुए टब को 10 घण्टे में खाली कर सकता हे। यदि दोनों नल एक साथ खाली टब में खोल दिए जाएं तो टब भरने में कितना समय लगेगा?

   दोनों नलों का 1 घण्टे का कार्य $=\left(\frac{1}{6}-\frac{1}{10}\right)=\frac{2}{30}$
   $$=\frac{1}{15}$$
   अतः टब को भरने में लगने वाला समय $=$ 15 घण्टा

3. एक पम्प पानी की एक टंकी को 3 घण्टे में भर देता है, परन्तु टंकी की तली में छेद होने के कारण इस टंकी को भरने में $3\frac{1}{2}$ घण्टे लग जाते हैं। भरी टंकी को खाली करने में यह छेद कितना समय लेगा?

   छेद का 1 घण्टे का कार्य $=\left(\frac{1}{3}-\frac{2}{7}\right)$
   $$=\frac{1}{21}$$
   $\therefore$ छेद द्वारा भरी टंकी को खाली करने में लगा समय $=$ 21 घण्टे।

4. नल A तथा B एक बाल्टी को भरने में क्रमशः 12 मिनट तथा 15 मिनट लेते हैं। यदि दोनों नल खोल दिए जाएं तथा 3 मिनट बाद A को बन्द कर दें तो शेष बाल्टी को भरने में B कितना समय और लेगा?

   (A + B) का 3 मिनट का कार्य $=3\times\left(\frac{1}{12}+\frac{1}{15}\right)=\frac{9}{20}$

   शेष भाग $=\left(1-\frac{9}{20}\right)=\frac{11}{20}$

   माना B शेष भाग को x मिनट में भरेगा।

   तब $\frac{1}{15}:\frac{11}{20}::1:x$

   अर्थात् $=x=\left(\frac{11}{20}\times1\times15\right)$ मिनट $=$ 8 मिनट 15 से.

5. नल A तथा B एक टंकी को भरने में क्रमशः 20 मिनट तथा 60 मिनट लेते हैं। यदि दोनों नल खोल दिए जाएं तथा 10 मिनट बाद A को बन्द कर दें तो टंकी के शेष भाग को भरने में कितना समय और लगेगा?

$(A+B)$ का 10 मिनट का कार्य $=10\times\left(\frac{1}{20}\times\frac{1}{60}\right)=\frac{2}{3}$

शेष भाग $=\left(1-\frac{2}{3}\right)=\frac{1}{3}$

माना B शेष भाग को x मिनट में भर देगा।

तब, $\frac{1}{60}:\frac{1}{3}::1:x$

$x=\left(\frac{1}{3}\times1\times60\right)=20$ मिनट

6. पानी से भरी 12 बाल्टियों से एक टंकी भरी जा सकती है, जबकि प्रत्येक बाल्टी में 13.5 लीटर पानी आता है। इस टंकी से 9 लीटर क्षमता की कितनी बाल्टियां भर सकती है।

टंकी क्षमता $=(12\times13.5)$ लीटर

$=$ 162 लीटर

9 लीटर क्षमता वाली बाल्टियों की संख्या $=\frac{162}{9}=18$

7. बाल्टी P की क्षमता बाल्टी Q से तिगुनी है। एक खाली टंकी के भरने के लिए बाल्टी P को 60 बार भर कर डालना पड़ता है। दोनों बाल्टियों को कितनी बार भरकर डालने से यह खाली टंकी भर जायेगी?

माना P की क्षमता = x लीटर, तब Q की क्षमता $=\frac{x}{3}$ लीटर

टंकी की क्षमता = $60x$ लीटर

P तथा Q की कुल संख्या $=\frac{60x}{\left(x+\frac{x}{3}\right)}=45$

8. एक पाईप किसी टंकी को 12 घण्टे में भर सकता है, जबकि एक अन्य पाईप इस भरी टंकी को 18 घण्टे में खाली कर सकता है। यदि दोनों पाईपों को खाली टंकी में खोल दिया जाए तो टंकी को भरने में कितना समय लगेगा?

दोनों पाईपों का 1 घण्टे का भराव कार्य

$=\left(\frac{1}{12}-\frac{1}{18}\right)=\frac{1}{36}$

अतः टंकी को भरने में लगा समय = 36 घण्टे

9. एक हौज को भरने के लिए पाईप लगे हैं जिनके व्यास क्रमशः 1 सेंमी., $1\frac{1}{3}$ सेंमी. तथा 2 सेंमी. है। सबसे अधिक व्यास वाला पाईप अकेला, टंकी को 61 मिनट में भर देता है। प्रत्येक पाईप में बहने वाली पानी की मात्रा व्यास के वर्ग के समानुपाती है। यदि तीनों पाईप इक्ट्ठे खोल दिए जाए तो हौज को भरने में कितना समय लगेगा?

पानी की मात्रा का अनुपात $=1:\frac{16}{9}:4$

$=\frac{1}{4}:\frac{4}{9}:1$

तीसरे पाईप का 1 मिनट का कार्य $=\frac{1}{61}$

पहले पाईप का 1 मिनट का कार्य $=\left(\frac{1}{4}\times\frac{1}{61}\right)=\frac{1}{244}$

दूसरे पाईप का 1 मिनट का कार्य $=\left(\frac{1}{4}\times\frac{1}{61}\right)$

$=\frac{4}{549}$

तीनों पाईपों का 1 मिनट का कार्य

$=\left(\frac{1}{61}+\frac{1}{244}+\frac{4}{549}\right)$

$=\frac{1}{36}$

तीनों पाईपों द्वारा हौज को भरने में लगा समय = 36 मिनट

10. एक पानी की टंकी को एक नल द्वारा 20 घण्टे में भरा जा सकता है। जब टंकी भरी हो तो निकासी नल इसे 25 घण्टे में खाली कर सकता है। टंकी खाली है तथा दोनों नल खोल दिए गए हैं। 10 घण्टे बाद निकासी नल बन्द कर दिया जाता है। टंकी को भरने में कुल कितना समय लगेगा?

10 घण्टे में टंकी का भरा गया भाग

$=10\times\left(\frac{1}{20}-\frac{1}{25}\right)=\frac{1}{10}$

शेष भाग $=\left(\;-\frac{1}{10}\right)=\frac{9}{10}$

$\frac{1}{20}:\frac{9}{10}::1:x$

$x=\frac{9}{10}\times1\times20=18$ घण्टा

अतः टंकी को भरने में लगा समय $=(10+18)$

= 28 घण्टे

अभ्यास प्रश्न (Practice Questions)

1. एक टंकी दो नल A एवं B से क्रमशः 4 घंटे एवं 6 घंटे में भरा जा सकता है। जब टंकी पूरी तरह से भरी हो तो उसे एक तीसरा नल C से 8 घंटे में खाली किया जा सकता है। यदि नलों को एक साथ एक ही समय में खोल दिया जाता है तो टंकी कितनी देर में भर जाएगा?

   (a) $3\frac{3}{7}$ घंटा (b) 4 घंटा
   (c) $3\frac{4}{9}$ घंटा (d) $5\frac{1}{2}$ घंटा

2. एक टंकी को नल A से 32 मिनट में भरा जा सकता है तथा नल B से 36 मिनट में। जब टंकी भरी होती है तो एक नल C से उसे 20 मिनट में खाली किया जा सकता है। यदि सभी तीनों नलों को एक साथ खोल दिया जाता है तो आधा टंकी कितने देर में भरेगी।

   (a) $33\frac{4}{12}$ घंटे (b) $55\frac{5}{13}$ घंटे
   (c) $44\frac{3}{22}$ घंटे (d) $44\frac{2}{21}$ घंटे

3. यदि दो नल एक साथ काम करते है तो एक टंकी 6 घंटे में भर जाएगी। एक नल दूसरे नल की तुलना में 5 घंटा ज्यादा तेजी से टंकी भरता है। तेज नल टंकी को भरने में कितना समय लेगा?

   (a) 10 घंटे (b) 11 घंटे
   (c) 9 घंटे (d) $10\frac{1}{2}$ घंटे

4. तीन नल A, B एवं C एक टंकी को 6 घंटे में भरते है। दो घंटे एक साथ काम करने के बाद C को बन्द कर दिया जाता है तथा A एवं B इसे 7 घंटे में भर सकते हैं। टंकी को भरने में C अकेला कितना समय लेगा?

   (a) 13 घंटे (b) 14 घंटे
   (c) 11 घंटे (d) 9 घंटे

5. एक टंकी में एक छिद्र है जो उसे 8 घंटे में खाली कर सकता है। एक नल को, जो एक मिनट में 6 लीटर पानी टंकी में भरता है, खोल दिया जाता है तो टंकी 12 घंटे में खाली हो जाती है। टंकी में कितना पानी आएगा?

   (a) 8640 लीटर (b) 7641 लीटर
   (c) 6079 लीटर (d) 7590 लीटर

6. दो नल किसी टंकी को अलग-अलग क्रमशः 10 मिनट एवं 15 मिनट में भर सकते हैं तथा जब एक खाली करने वाला नल खोल दिया जाता है तो वे एक साथ मिलकर 18 मिनट में भर सकते हैं। खाली करने वाला नल भरी हुए टंकी को कितना समय में खाली कर देगा?

   (a) 8 मिनट (b) 7 मिनट
   (c) 9 मिनट (d) 11 मिनट

7. दो पाइप A और B एक टैंक को क्रमशः 20 मिनट और 30 मिनट में भर सकते है। यदि दोनों पाइप एक साथ खोल दिये जाएं तो टैंक को भरने में समय लगेगा?

   (a) 50 मिनट (b) 12 मिनट
   (c) 25 मिनट (d) 15 मिनट

8. दो पाइप A और B किसी टंकी को क्रमशः $37\frac{1}{2}$ मिनट और 45 मिनट में भर सकते हैं। दोनों पाइपों को खोल दिया जाता है। टंकी को ठीक आधे घंटे में भरने के लिए पाइप B को कितने समय बाद बन्द करना होगा?

   (a) 15 मिनट (b) 10 मिनट
   (c) 5 मिनट (d) 9 मिनट

9. तीन नल A, B और C एक टंकी को क्रमशः 12, 15 और 20 घंटों में भर सकते हैं। यदि नल A पूरे समय खुला रहे तथा B और C बारी-बारी से एक घण्टे के लिए खोले जाते हैं, तो टंकी कितने समय में भर जाएगी?

   (a) 6 घंटे (b) $6\frac{2}{3}$ घंटे
   (c) 7 घंटा (d) $7\frac{1}{2}$ घंटे

10. किसी हौज को पाइप A, 6 घण्टे में तथा पाइप B, 8 घण्टे में भर सकता है। दोनों पाइपों को एक साथ खोल दिया जाता है, किन्तु 2 घण्टे बाद पाइप A को बन्द कर दिया जाता है। हौज के शेष भाग को भरने में B को कितने घण्टे का समय लगेगा?

    (a) 2 घंटे (b) $3\frac{1}{3}$ घंटे
    (c) $2\frac{2}{3}$ घंटा (d) 4 घंटा

11. किसी टैंक को दो पाइप A तथा B अलग-अलग क्रमशः 3 घण्टे तथा 3 घण्टे 45 मिनट में भर सकते हैं। एक तीसरा पाइप C पूरे भरे टैंक को 1 घंटे में खाली कर सकता है। जिस समय टैंक पानी से ठीक आधा भरा था, तीनों पाइप खोल दिए गए। कितने समय पश्चात् टैंक खाली हो जाएगा?

    (a) 1 घंटा 15 मिनट (b) $1\frac{1}{8}$ घंटा
    (c) $3\frac{1}{15}$ घंटा (d) $4\frac{1}{10}$ घंटा

12. तीन नल A, B और C एक टंकी को 6 घण्टे में भर सकते हैं, उस पर 2 घण्टे एक साथ काम करने के बाद C को बन्द कर दिया गया और A तथा B ने उसे 7 घण्टे और लेकर भर दिया तो अकेले C द्वारा टंकी को भरने में कितना समय लगेगा?

    (a) 14 घंटे (b) 15 घंटे
    (c) 16 घंटे (d) 17 घंटे

13. नल A, B तथा C मिलकर किसी खाली पानी की टंकी को 10 मिनट में भर सकते हैं। अकेला नल A इसे 30 मिनट तथा अकेला नल B, 40 मिनट में भर सकता है। अकेला नल C इसे भरने में कितना समय लेगा?

(a) 16 मिनट (b) 24 मिनट

(c) 32 मिनट (d) 40 मिनट

14. दो नल A तथा B पानी की एक टंकी को क्रमशः 20 तथा 24 मिनट में भर सकते है। तथा एक तीसरा नल C, 3 गैलन पानी प्रति मिनट की रफ्तार से टंकी खाली करता है। यदि A, B तथा C तीनों को एक साथ खोला जाए, तो टंकी भरने में 15 मिनट लगते हैं तो टंकी की धारिता क्या है।

(a) 180 गैलन (b) 150 गैलन

(c) 120 गैलन (d) 60 गैलन

15. एक नल किसी टंकी को 6 घण्टे में भर सकता है, जब टंकी आधी भर जाती है, तो इसी प्रकार के तीन और नल खोल दिए जाते हैं, टंकी को पूरा भरने में कितना समय लगेगा?

(a) 4 घंटे (b) 4.15 घंटे

(c) 3.15 घंटे (d) 3.45 घंटे

16. एक नल किसी टैंक को एक घंटे में खाली कर सकता है, दूसरा नल उसी टैंक को 30 मिनट में खाली कर सकता है। यदि दोनों नल एक साथ खोल दिए जाएँ, तो टैंक को खाली करने में कितना समय लगेगा?

(a) 20 मिनट (b) 30 मिनट

(c) 40 मिनट (d) 45 मिनट

17. दो नल एक हौज को क्रमशः 3 तथा 4 घण्टे में भर सकते हैं तथा एक निकास नल उसे 2 घण्टे में खाली कर सकता है। यदि तीनों नल खोल दिए जाएँ, तो हौज कितने समय में भरेगा?

(a) 5 घंटे (b) 8 घंटे

(c) 10 घंटे (d) 12 घंटे

18. एक पाइप किसी टंकी को 5 घंटे में पानी से भर सकता है और इस टंकी को कोई दूसरा पाइप 4 घण्टों में खाली कर सकता है, यदि टंकी पूर्णतया भरी हुई हो और दोनों पाइपों को खोल दिया जाए, तो टंकी कितने समय में खाली हो जाएगी?

(a) 9 घण्टें (b) 18 घण्टें

(c) 20 घण्टें (d) $20\frac{1}{2}$ घण्टें

19. एक पम्प किसी टंकी को पानी से 2 घण्टों में भर सकता है। टंकी में पानी चूने से इसको भरने में $2\frac{1}{3}$ घण्टे लगते हैं। भरी हुई टंकी, पानी चूने के कारण कितने समय में खाली हो जाएगी?

(a) 8 घंटे (b) 7 घंटे

(c) $4\frac{1}{3}$ घंटे (d) 14 घंटे

20. यदि किसी टैंक के $\frac{1}{3}$ भाग भरे होने पर उसमें 80 लीटर पानी आता है, तो उसके आधा भरे होने पर उसमें कितना पानी होगा?

(a) 240 लीटर (b) 120 लीटर

(c) $\frac{80}{3}$ लीटर (d) 100 लीटर

21. दो पाइप A और B अलग-अलग किसी टंकी को क्रमशः 60 मिनट और 75 मिनट में भर सकते हैं, टंकी की तली में उसको खाली करने के लिए एक तीसरा पाइप लगा है, यदि तीनों पाइपों को एक साथ खोल दिया जाए, तो टंकी 50 मिनट में भर जाती है, अकेला तीसरा पाइप टंकी को कितने समय में खाली कर सकता है?

(a) 110 मिनट (b) 100 मिनट

(c) 120 मिनट (d) 90 मिनट

22. एक पाइप किसी पानी के टैंक को एक अन्य पाइप की तुलना में तीन गुनी तेजी से भरता है। यदि दोनों पाइप मिलकर खाली टैंक को पूरा भरने में 36 मिनट लेते हैं, तो धीमी रफ्तार वाला पाइप अकेले टैंक को भरने में कितना समय लेगा?

(a) 1.21 घंटे (b) 1.48 घंटे

(c) 2 घंटे (d) 2.24 घंटे

23. एक भरने वाले पाइप के द्वारा एक ड्रम को 40 मिनट में तेल से भरा जा सकता है। एक अन्य खाली करने वाला पाइप पूरे भरे ड्रम को 60 मिनट में खाली कर सकता है। जब ड्रम का $\frac{2}{3}$ भाग तेल से भरा था, खाली करने वाले पाइप को खोल दिया गया तथा 15 मिनट के पश्चात् बन्द कर दिया गया। यदि इस समय भरने वाले पाइप को खोलें, तो ड्रम को भरने में कितना समय लगेगा?

(a) $22\frac{1}{3}$ मिनट (b) $25\frac{2}{3}$ मिनट

(c) $27\frac{1}{3}$ मिनट (d) $28\frac{2}{3}$ मिनट

24. एक टंकी की तली में एक छेद है, जिसके कारण पानी से पूरी भरी टंकी 10 घण्टे में खाली हो जाती है। यदि टंकी पानी से पूरी भरी हो, साथ ही 4 लीटर प्रति मिनट की रफ्तार से टंकी में पानी भरने वाला एक नल भी चालू रखा जाए, तो छेद द्वारा टंकी को खाली करने में 15 घण्टे का समय लगता है। टंकी में कितने लीटर पानी भरा जा सकता है।

(a) 2400 लीटर (b) 4500 लीटर

(c) 1200 लीटर (d) 7200 लीटर

25. दो नल किसी टंकी को क्रमशः 15 घण्टे तथा 20 घण्टे में पूरा भर सकते हैं जबकि एक तीसरा नल इसे 30 घण्टे में खाली कर सकता है। यदि तीनों नल एक साथ खोल दिए जाएँ, तो टंकी को पूरा भरने में कितना समय लगेगा?

(a) 10 घंटे (b) 12 घंटे

(c) 15 घंटे (d) $15\frac{1}{2}$ घंटे

26. एक पाइप एक टंकी को 40 मिनट में खाली कर सकता है। इस टंकी के साथ खाली करने के लिए एक अन्य पाइप जिसका व्यास पहले पाइप के व्यास का दुगुना है, लगा दिया जाता है। दोनों पाइप मिलकर टंकी को खाली करने में कितना समय लेंगे?

(a) 8 मिनट (b) $13\frac{1}{3}$ मिनट

(c) 30 मिनट (d) 38 मिनट

27. एक पाइप किसी हौज को 12 घण्टे में भर सकता है तथा एक दूसरा पाइप पूरे भरे हौज को 18 घण्टे में खाली कर सकता है यदि दोनों पाइप एक साथ खोल दिए जाएँ तो हौज को पूरा भरने में कितना समय लगेगा?

(a) 30 घंटे (b) 36 घंटे

(c) 40 घंटे (d) 44 घंटे

28. एक टैंक में तीन पाइप लगे हैं। पहला पाइप 1 घण्टे में टैंक का – भाग भर सकता है तथा दूसरा पाइप 1 घण्टे में टैंक का $\frac{1}{3}$ भाग भर सकता है। तीसरा पाइप भरे हुए टैंक को खाली करने के लिए लगाया गया है। तीनों पाइप एक साथ खोलने पर 1 घण्टे में टैंक का $\frac{7}{12}$ भाग भर गया। तीसरा पाइप पूरे टैंक को कितने समय में खाली करेगा?

(a) 3 घंटे (b) 4 घंटे

(c) 5 घंटे (d) 6 घंटे

29. पानी से पूरे भरे एक पात्र का भार 28 किग्रा. है। जब इस पात्र का $\frac{1}{4}$ भाग पानी से भरा होता है, तो उसका भार 19 किग्रा० होता है। यदि इसके $\frac{2}{3}$ भाग को पानी से भरा जाए, तो इसका भार होगा।

(a) 8 किग्रा. (b) 20 किग्रा.

(c) 24 किग्रा. (d) 18.6 किग्रा.

30. दो पाइप किसी टंकी को क्रमशः 15 और 12 घण्टे में पानी से भर सकते हैं और एक तीसरा पाइप इस टंकी को 4 घण्टे में खाली कर सकता है। यदि इन पाइपों को क्रमशः प्राप्त 8, 9 और 11 बजे खोला जाए, तो टंकी कितने बजे खाली होगी?

(a) 11.40 पूर्वाह्न (b) 12.40 पूर्वाह्न

(c) 1.40 पूर्वाह्न (d) 2.40 अपराह्न

उत्तरमाला (Answer Key)

1. (a)	2. (b)	3. (a)	4. (b)	5. (a)	6. (c)	7. (b)	8. (d)
9. (c)	10. (b)	11. (b)	12. (a)	13. (b)	14. (c)	15. (d)	16. (a)
17. (d)	18. (c)	19. (d)	20. (b)	21. (b)	22. (d)	23. (a)	24. (d)
25. (b)	26. (a)	27. (b)	28. (b)	29. (c)	30. (d)		

हल (Solutions)

1. (a)

(A + B + C) टंकी को भरेंगे

$$\frac{4\times6\times8}{6\times8+4\times8-6\times4}=\frac{4\times6\times8}{56}=\frac{24}{7}=3\frac{3}{7} \text{ घंटे}$$

टंकी $3\frac{3}{7}$ घंटे में भरेगी।

2. (b)

A + B + C टंकी को भर सकता है।

$$\frac{32\times36\times20}{36\times20+32\times20-30\times36}=\frac{32\times36\times20}{208}$$

$$=\frac{1440}{13} \text{ घंटे}$$

$\therefore$ A + B + C आधा टंकी भरता है $\frac{720}{13}=55\frac{5}{13}$ घंटे में

3. (a)

माना कि तेज नल टंकी को x घंटे में भरता है। धीमा नल $(x + 5)$ घंटे में भरता है।

अब दोनों नल टंकी को $\frac{x(x+5)}{x+x+5}=6$ घंटे में भर सकते हैं।

या,

$x^2+5x=12x+30$

या, $x^2-7x-30=0$

$\therefore x=10$ या -3

$x=10$ −ve मान को नहीं लेते

तेज नल टंकी को 10 घंटे में भर सकता है।

4. (b)

A + B + C एक टंकी को 6 घंटे में भरते हैं (i)

$\therefore$ A + B + C टंकी का $\frac{1}{3}$ भाग 2 घंटे में भर सकते हैं।

अब, टंकी का $\left(1-\frac{1}{3}\right)=\frac{2}{3}$ भाग (A + B) द्वारा 7 घंटे में भरा जाता है।

$\therefore$ A + B टंकी को $\frac{7\times3}{2}=\frac{21}{2}$ घंटे में भरती है। (ii)

(i) एवं (ii) से

$$\frac{\times\frac{21}{}}{\underline{21}}=\frac{6\times21}{}=14$$

C टंकी को 14 घंटे में भरता है।

5. (a)

भरने वाला नल टंकी को $\frac{12\times8}{12-8}=24$ घंटे में भरता है।

$\therefore$ टंकी की धारिता $=6\times60\times24=8640$ लीटर

6. (c)

दो नल एक टंकी को $\frac{10\times15}{10+15}=6$ मिनट में भरता है। (i)

दो भरने वाले नल + एक छिद्र टंकी को 18 मिनट में भरता है। (ii)

(i) एवं (ii) से,

छिद्र टंकी को खाली करता है $\frac{18\times6}{18-6}=9$ मिनट में

7. (b)

अभीष्ट समय $=\frac{20\times30}{20+30}=\frac{20\times30}{50}$

$= 12$ मिनट

8. (d)

माना पाइप B को टंकी भरने के लिए x मिनट बाद बन्द कर दिया जाता है,

$$\because \frac{1}{\frac{75}{2}}\times30+\frac{1}{45}\times x=1$$

$$\frac{4}{5}+\frac{x}{45}=1$$

$$\frac{x}{45}=1-\frac{4}{5}$$

$$\therefore x=45\times\frac{1}{5}=9 \text{ मिनट}$$

9. (c)

1 घण्टे में A द्वारा भरा गया भाग $=\frac{1}{12}$

1 घण्टे में B द्वारा भरा गया भाग $=\frac{1}{15}$

तथा 1 घण्टे में C द्वारा भरा गया भाग $=\frac{1}{20}$

$\therefore$ पहले घण्टे में भरा गया भाग $=\frac{1}{12}+\frac{1}{15}=\frac{3}{20}$

तथा दूसरे घण्टे में भरा गया भाग $=\frac{1}{12}+\frac{1}{20}=\frac{2}{15}$

$\therefore$ 2 घण्टे में भरा गया भाग $=\frac{3}{20}+\frac{2}{15}=\frac{17}{60}$

$\therefore$ 6 घण्टे में भरा गया भाग $=\frac{17}{60}\times3=\frac{17}{20}$ भाग

अब शेष भाग $=1-\frac{17}{20}=\frac{3}{20}$ भाग

$\therefore \frac{3}{20}\times\frac{20}{3}=1$ घण्टा

$\therefore$ पूरी टंकी $6+1=7$ घण्टे में भरेगी

10. (b)

1 घण्टे में A एवं B द्वारा भरा भाग

$\frac{1}{6} \varnothing \frac{1}{8} \quad \frac{4+3}{24} \quad \frac{7}{24}$ भाग

$\therefore$ 2 घण्टे में भरा भाग $= 2 \times \frac{7}{24} = \frac{14}{24}$ भाग

$= \frac{7}{12}$ भाग

$\therefore$ शेष भाग $= 1 - \frac{7}{12} = \frac{5}{12}$ भाग

$\because$ $\frac{1}{8}$ भाग नल भरेगा = 1 घण्टे में

1 भाग नल भरेगा = 8 घण्टे में

$\therefore$ $\frac{5}{12}$ भाग नल B भरता है $= \frac{8 \times 5}{12} = \frac{10}{3} = 3\frac{1}{3}$ घण्टे में।

11. (b)

A टैंक को भरता है = 180 मिनट में

A टैंक को 1 मिनट में भरेगा $= \frac{1}{180}$ भाग

B टैंक को भरेगा 3 घण्टे 45 मिनट में $= 3 \times 60 + 45$

= 225 मिनट में

B टैंक को 1 मिनट में भरेगा $= \frac{1}{225}$ भाग

C टैंक को खाली कर सकता है = 60 मिनट में

C टैंक को 1 मिनट में खाली करेगा $= \frac{1}{60}$ भाग

1 मिनट में तीनों नलों द्वारा साथ-साथ किया गया कार्य

$= \frac{1}{180} + \frac{1}{225} - \frac{1}{60}$

$= \frac{-1}{135}$

$\therefore$ $\frac{1}{135}$ भाग पानी C निकाल रहा है 1 मिनट में

$\frac{1}{2}$ भाग पानी C निकालेगा $= \frac{1}{2} \times 135$

$= \frac{135}{2}$ मिनट में

$= \frac{135}{2} \times \frac{1}{60}$ घण्टे में

$\frac{135}{60} = \frac{9}{8}$ घण्टे में

$= 1\frac{1}{8}$ घण्टे में।

12. (a)

माना C अकेले टंकी x घंटे में भर देगा

A, B, C द्वारा 1 घण्टे में टंकी का भरा गया भाग $= \frac{1}{6}$

A, B एवं C द्वारा 2 घण्टे में टंकी का भरा गया भाग $= \frac{2}{6} = \frac{1}{3}$

शेष भाग $= 1 - \frac{1}{3} = \frac{2}{3}$ भाग

A एवं B द्वारा टंकी का $\frac{2}{3}$ भाग भरने में लगा समय = 7 घण्टे

$\therefore$ पूरा भाग भरने में लगा समय $= 7 \times \frac{3}{2} = \frac{21}{2}$ घण्टे

$\frac{\frac{1}{21}}{2} + \frac{1}{x} = \frac{1}{6}$

$\frac{2}{21} + \frac{1}{x} = \frac{1}{6}$

$\frac{1}{x} = \frac{1}{6} - \frac{2}{21}$

$\frac{1}{x} = \frac{7-4}{42}$

$\frac{1}{x} = \frac{3}{42} \quad = \frac{1}{14}$

$x = 14$ घण्टे

अतः नल C टंकी को अकेले 14 घण्टे में भर देगा।

13. (b)

माना C इसे x मिनट में भर देगा

प्रश्न से,

$\frac{1}{30} + \frac{1}{40} + \frac{1}{x} = \frac{1}{10}$

$\frac{1}{x} = \frac{1}{10} - \frac{1}{30} - \frac{1}{40}$

$\frac{1}{x} = \frac{12-4-3}{120}$

$\frac{1}{x} = \frac{5}{120}$

$\frac{1}{x} = \frac{1}{24}$

$x = 24$

अतः C इसे 25 मिनट में भर देगा।

14. (c)

माना तीसरा नल टंकी को x मिनट में खाली कर देता है।

प्रश्न से,

$\frac{1}{20} + \frac{1}{24} - \frac{1}{x} = \frac{1}{15}$

$-\frac{1}{x} = \frac{1}{15} - \frac{1}{20} - \frac{1}{24}$

$= \frac{8-6-5}{120}$

$= -\frac{3}{120} = -\frac{1}{40}$

$\frac{1}{x} = \frac{1}{40}$

अतः नल C टंकी को 40 मिनट में खाली कर देगा, तथा टंकी की धारिता $= 40 \times 3 = 120$ गैलेन

15. (d)

आधी टंकी को भरने में नल को लगा समय = 3 घण्टे

नल द्वारा 1 घण्टे में टंकी का भरा भाग $= \frac{1}{6}$

तब ऐसे चार नलों द्वारा 1 घण्टे में टंकी का भरा भाग $= \frac{4}{6} = \frac{2}{3}$

$\because \frac{2}{3}$ भाग भरा जाता है 1 घण्टे में

$\therefore$ पूरा भाग भरा जाएगा $= \frac{3}{2}$ घण्टे में

$\frac{1}{2}$ भाग भरा जाएगा $= \frac{3}{2} \times \frac{1}{2} = \frac{3}{4}$ घण्टे में

$= \frac{3}{4} \times 60 = 45$ मिनट

$\therefore$ टंकी पूरी भरने में लगा कुल समय = 3 घंटे 45 मिनट

16. (a)

1 मिनट में दोनों नलों द्वारा खाली किया गया भाग

$$= \frac{1}{60} + \frac{1}{30} = \frac{1}{20}$$

अतः दोनों नल टैंक को 20 मिनट में खाली करेंगे।

17. (d)

तीनों नलों को एक साथ खोलने पर हौज का भरा गया भाग

$$= \frac{1}{3} + \frac{1}{4} - \frac{1}{2}$$

$$= \frac{4+3-6}{12} = \frac{1}{12}$$

$\therefore$ हौज को भरने में लगा अभीष्ट समय = 12 घण्टे

18. (c)

दोनों पाइपों को खोलने पर,

1 घण्टे में भरी टंकी का खाली भाग $= \frac{1}{4} - \frac{1}{5} = \frac{1}{20}$

$\therefore$ पूर्णतया भरी टंकी खाली करने में लगा समय

= 20 घंटे

19. (d)

नल द्वारा टंकी का 1 घण्टे में भरा भाग $= \frac{1}{2}$

1 घण्टे में रिसाव के कारण टंकी का खाली भाग

$$= \frac{1}{2} - \frac{3}{7} = \frac{1}{14}$$

अतः टंकी का पानी रिसाव के कारण 14 घण्टे में खाली हो जाएगा।

20. (b)

टैंक के $\frac{1}{3}$ भाग की धारिता = 80 लीटर

टैंक की कुल धारिता $= 80 \times 3 = 240$ लीटर

$\frac{1}{2}$ भाग की धारिता $= \frac{240}{3} = 120$ लीटर

21. (b)

माना खाली करने वाला पाइप उसे x मिनट में खाली कर सकता है,

$$\left(\frac{1}{60} + \frac{1}{75} - \frac{1}{x}\right) \times 50 = 1$$

$$\frac{1}{60} + \frac{1}{75} - \frac{1}{x} = \frac{1}{50}$$

$$\frac{1}{x} = \frac{1}{60} + \frac{1}{75} - \frac{1}{50}$$

$$= \frac{5+4-6}{300}$$

$$\frac{1}{x} = \frac{1}{100}$$

$x = 100$ मिनट

22. (d)

माना कि धीमी रफ्तार वाला पाइप टैंक को t मिनट में भरता है।

$\therefore$ तेज रफ्तार वाला पाइप इसे $\frac{t}{3}$ मिनट में भरेगा

प्रश्न से,

$$\frac{1}{\frac{t}{3}} + \frac{1}{t} = \frac{1}{36}$$

$$\frac{3}{t} + \frac{1}{t} = \frac{1}{36}$$

$$\frac{4}{t} = \frac{1}{36}$$

$t = 36 \times 4 = 144$ मिनट

$\frac{144}{60} = 2$ घण्टे $\frac{24}{60}$

2 घण्टे 24 मिनट

23. (a)

भरने वाले पाइप से 1 मिनट में भरा भाग $= \frac{1}{40}$

खाली करने वाले पाइप से 1 मिनट में खाली भाग $= \frac{1}{60}$

खाली करने वाले पाइप से 15 मिनट में खाली भाग

$$= \frac{15}{60} = \frac{1}{4} \text{ भाग}$$

$\because$ टैंक का – भाग भरा था

$\therefore$ 15 मिनट बाद टैंक का भरा भाग $= \frac{2}{3} - \frac{1}{4}$

$$\frac{8-3}{12} = \frac{5}{12} \text{ भाग}$$

$\therefore$ 15 मिनट बाद टैंक का खाली भाग

$$= 1 - \frac{5}{12} = \frac{7}{12} \text{ भाग}$$

$\because$ भरने वाला पाइप $\frac{1}{40}$ भाग भरता है = 1 मिनट में

$\therefore$ भरने वाला पाइप $\frac{7}{12}$ भाग भरेगा $= 40 \times \frac{7}{12}$

$= \frac{280}{12} = 23\frac{4}{12} = 23\frac{1}{3}$ मिनट

24. (d)

माना पानी भरने वाला नल टंकी को x घण्टे में भरेगा।

प्रश्नानुसार

$\frac{1}{10} - \frac{1}{15} = \frac{1}{x}$

$\frac{3-2}{30} = \frac{1}{x}$

$\frac{1}{30} = \frac{1}{x}$

$x = 30$ घण्टे

अत: भरने वाला नल टंकी को 30 घण्टे में भर देगा।

30 घण्टे $= 30 \times 60 = 1800$ मिनट

$\therefore$ टंकी की धारिता $= 4 \times 1800 = 7200$ लीटर

25. (b)

तीनों नलों को साथ-साथ खोलने पर टंकी को भरने में लगा समय

$\frac{1}{15} + \frac{1}{20} - \frac{1}{30}$

$= \frac{4+3-2}{60} = \frac{5}{60}$

$= \frac{1}{12}$

अत: टंकी को पूरा भरने में 12 घंटे लगेंगे।

26. (a)

पहले पाइप का क्षेत्रफल $= \pi r^2 l$

दूसरे पाइप का क्षेत्रफल $= \pi (2r)^2 l$

$= 4\pi r^2 l$

दोनों का संयुक्त क्षेत्रफल $= \pi r^2 l + 4\pi r^2 l$

$= 5\pi r^2 l$

$\because$ टंकी का पूरा भाग भरने में लगा समय = 40 मिनट

$\therefore$ 1 टंकी को पूरा भरने में लगा समय $= 40 \times \pi r^2 l$

$\therefore$ $5\pi r^2 l$ टंकी का पूरा भाग भरने में लगा समय

$= \frac{40\pi r^2 l}{5\pi r^2 l} = 8$ मिनट

27. (b)

दोनों नलों को एक साथ खोलने पर 1 घण्टे में हौज का भरा भाग

$= \frac{1}{12} - \frac{1}{18}$

$= \frac{3-2}{36} = \frac{1}{36}$ भाग

$\frac{1}{36}$ भाग भरता है = 1 घण्टे में

$\therefore$ पूरा भाग भरने में लगा समय $= 1 \times \frac{36}{1} = 36$ घण्टे

28. (b)

पहला तथा दूसरा पाइप एक साथ एक घण्टे तक खोलने पर टैंक का भरा भाग $= \frac{1}{2} + \frac{1}{3} = \frac{5}{6}$

1 घण्टे में तीसरे पाइप द्वारा टंकी का खाली भाग

$= \frac{5}{6} - \frac{7}{12}$

$= \frac{10-7}{12}$

$= \frac{3}{12} = \frac{1}{4}$ भाग

$\because$ $\frac{1}{4}$ भाग खाली होता है 1 घण्टे में

$\therefore$ पूरा भाग खाली होने में लगा समय $= 1 \times 4$

= 4 घण्टे में

29. (c)

माना पात्र का भार = w किग्रा.

भरे पात्र के पानी का भार = x किग्रा.

तब $x + w = 28$ (i)

एवं $\frac{x}{4} + w = 19$ (ii)

सभी (i) एवं (ii) को घटाने से

$\frac{3x}{4} = 9$

$x = 9 \times \frac{4}{3}$

$= 12$

$w = 28 - 12 = 16$ किग्रा.

प्रश्न से,

$w + \frac{2x}{3} = 16 + \frac{2}{3} \times 12$

$= 16 + 8 = 24$ किग्रा.

30. (d)

माना टंकी x बजे खाली होती है, तो

$\frac{x-8}{15} + \frac{x-9}{12} = \frac{x-11}{4}$

$4(x-8) + 5(x-9) = 15(x-11)$

$4x - 32 + 5x - 45 = 15x - 165$

$4x + 5x - 15x = -165 + 45 + 32$

$-6x = -88$

$x = \frac{88}{6} = \frac{44}{3} = 14\frac{2}{3}$

x = 14 बजकर 40 मिनट

x = 2 बजकर 40 मिनट अपराह्न

समय तथा दूरी
Time and Distance

चाल (Speed): चाल वह दूरी है जो समय से विभाजन देने पर प्राप्त होती है। दूरी मील, फीट, किलोमीटर, मीटर आदि में हो सकती हैं। वहीं समय घंटा, मिनट, सेकेण्ड आदि में रहता है।

चाल को एक भिन्न के रूप में लिखा जा सकता है जैसे कि दूरी मात्रक अंश में और समय मात्रक हर में।

$$\therefore \boxed{\text{चाल} = \frac{\text{दूरी}}{\text{समय}}}$$

उसी प्रकार दूरी = चाल × समय

$$\text{समय} = \frac{\text{दूरी}}{\text{चाल}}$$

कुछ अन्य सूत्र

- माना किसी आदमी ने एक निश्चित दूरी x किमी0 प्रतिघण्टा की चाल से तय की है तथा इतनी ही दूरी y किमी0 प्रतिघण टा की चाल से तय की है। तब पूरी यात्रा में औसत चाल $= \frac{2xy}{(x+y)}$ किमी0/घण्टा
- यदि A तथा B की चालों का अनुपात a : b हो तो एक ही दूरी तय करने में इनके द्वारा लिये गये समयों का अनुपात b : a होगा।

x किमी0 प्रतिघण्टा $= \left(x \times \frac{5}{18}\right)$ मीटर प्रति सेकेण्ड।

y मीटर प्रति सेकेंड $= \left(y \times \frac{18}{5}\right)$ किमी0/घण्टा।

उदाहरण (Examples)

1. एक हवाई जहाज एक निश्चित दूरी 5 घंटे में 240 किमी0/घण्टा की रफ्तार से तय करता है। समान दूरी को $1\frac{2}{3}$ घंटे में तय करने के लिए चाल होगी:-

दूरी = (240 × 5) = 1200 किमी0

$$\text{चाल} = \frac{\text{दूरी}}{\text{समय}}$$

$$\text{चाल} = \frac{1200}{\left(\frac{5}{3}\text{ किमी/घण्टा}\right)}$$ [$1\frac{2}{3}$ घंटे को $\frac{5}{3}$ लिखा जा सकता है]

$$\text{आवश्यक चाल} = \left(1200 \times \frac{3}{5}\right) = 720 \text{ किमी0/घण्टा}$$

2. एक रेलगाड़ी एक कार की अपेक्षा 50% ज्यादा तेज है, दोनों एक ही समय पर एक बिन्दु A से चलना प्रारम्भ करते हैं, और बिन्दु B जो कि A से 75 किमी0 दूर है, पर एक ही समय पर पहुँचते हैं। यदि रास्ते पर रेलगाड़ी को स्टेशनों पर रोका जाता है तो रेलगाड़ी 12.5 मिनट देरी से पहुँचती है। कार की गति है।

माना कार की गति x किमी0/घण्टा

तब रेलगाड़ी की गति $= \frac{150}{100}x = \left(\frac{3x}{2}\right)$ किमी0/घण्टा

$$\frac{75}{x} - \frac{50}{x} = \frac{5}{24}$$

$$x = \left(\frac{25 \times 24}{5}\right) = 120 \text{ किमी0/घण्टा}$$

3. ठहरावों को छोड़कर बस की गति 54 किमी0/घण्टा और ठहरावों को जोड़कर इसकी रफ्तार 45 किमी0/घण्टा है। बस एक घंटे में कितने मिनट के लिए ठहरती है?

ठहरावों की वजह से बस 9 किमी0 कम दूरी तय करती है।

9 किमी0 दूरी तय करने में लिया गया समय $= \left(\frac{9}{54} \times 60\right)$ मिनट $= 10$ मिनट

4. 600 किमी0 की हवाई यात्रा में एक हवाई जहाज खराब मौसम की वजह से धीमा हो जाता है। इसकी औसत गति निर्धारित गति से 200 किमी0/घण्टा कम हो जाती है और समय 30 मिनट बढ़ जाता है। यात्रा का समय होगा:-

माना हवाई यात्रा का समय $= x$ घंटा है

तो $\frac{600}{x} - \frac{600}{x + \left(\frac{1}{2}\right)} = 200$

$$\frac{600}{x} - \frac{1200}{2x+1} = 200$$

$$x(2x+1) = 3$$

$$2x^2 + x - 3 = 0$$

$$(2x+3)(x-1) = 0$$

$x = 1$ घंटा

5. एक आदमी 10 घंटे में यात्रा पूरी करता है। वह यात्रा का प्रथम आधा भाग 21 किमी0/घण्टा की चाल से और शेष आधा भाग 24 किमी0/घण्टा की चाल से पूरा करता है। कुल यात्रा की दूरी किमी0 में बताइए?

$$\frac{\left(\frac{1}{2}\right)x}{21}+\frac{\left(\frac{1}{2}\right)x}{24}=10$$

$$\frac{x}{21}+\frac{x}{24}=20$$

$$15x=168\times 20$$

$$x=\left(\frac{168\times 20}{15}\right)=224 \text{ किमी0}$$

6. दो रेलगाड़ियों की चालों का अनुपात 7 : 8 है। यदि दूसरी रेलगाड़ी 4 घंटे में 400 किमी0 जाती है। पहली रेलगाड़ी की चाल होगी:

माना दोनों रेलगाड़ियों की चाल = $7x$ और $8x$ किमी0/घण्टा है।

तब, $8x=\left(\frac{400}{4}\right)=100$

$$x=\left(\frac{100}{8}\right)=12.5$$

पहली रेलगाड़ी की चाल = 7 × 12.5 किमी0/घण्टा

= 87.5 किमी0/घण्टा

7. एक आदमी यात्रा में 160 किमी0 की दूरी 64 किमी0/घण्टा की चाल से और पुनः 160 किमी0 की दूरी 80 किमी0/घण्टा की चाल से तय करता है। यात्रा के प्रथम 320 किमी0 के लिए औसत गति:

लिया गया कुल समय $=\left(\frac{160}{64}+\frac{160}{80}\right)=\frac{9}{2}$ घंटे

$\therefore$ औसत चाल $=\left(320\times\frac{2}{9}\right)$ घंटे

= 71.11 किमी0/घंटे

8. एक कार अपनी वास्तविक गति के $\frac{5}{4}$ भाग से 42 किमी0 की यात्रा 1 घंटा 40 मिनट 48 से0 में पूरी करती है। कार की वास्तविक गति बताइए?

लिया गया कुल समय = 1 घंटा 40 मिनट 48 सेकेण्ड

1 घंटे $40\frac{4}{5}$ मिनट $=1\frac{51}{75}$ घंटे $=\frac{126}{75}$ घंटे

माना वास्तविक गति x किमी0/घण्टा है।

तब, $\frac{5x}{7}\times\frac{126}{75}=42$

$$x=\left(\frac{42\times 7\times 75}{5\times 126}\right)=35 \text{ किमी0/घण्टा}$$

9. एक मोटर साइकिल सवार 45 मिनट में 39 किमी0 दूरी तय करता है। वह पहले 15 मिनट तक x किमी0 प्रति घंटा की चाल से जाता है, अगले 20 मिनट तक दुगुनी चाल से जाता है तथा शेष दूरी पहले वाली चाल से तय करता है। x का मान निकालें?

$$x\times\frac{1}{4}+2x\times\frac{1}{3}+x\times\frac{1}{6}=39$$

अतः $x = 39$

10. दो लड़के A तथा B एक नियत समय पर दिल्ली से मेरठ के लिए प्रस्थान करते हैं। यह दूरी 60 किमी0 है। A की चाल B की चाल से 4 किमी0 प्रति घंटा धीमी है। B मेरठ पहुँच कर तुरन्त वापिस चल देता है। वापसी में वह मेरठ से 12 किमी0 की दूरी पर A से मिलता है। A की चाल क्या है?

B द्वारा 72 किमी0 दूरी उतने समय में तय की जाती है जितनी देर में A द्वारा 48 किमी0।

माना B की चाल = x किमी0/घण्टा

तब A की चाल = $(x - 4)$ किमी0/घण्टा

$$\frac{72}{x}=\frac{48}{x-4}$$

$$72(x-4)=48x$$

$$x = 12$$

अतः B की चाल = 12 किमी0/घण्टा

अभ्यास प्रश्न (Practice Questions)

1. एक कार 40 किमी0/घण्टा की चाल से कोई दूरी तय करने में 9 घंटे का समय लेती है, उतनी ही दूरी 60 किमी0/घण्टा की चाल से चलने में वह कितना समय लेगी?
(a) 6 घण्टे (b) 3 घण्टे
(c) 4 घण्टे (d) 41/2 घण्टे

2. मैं एक नियत दूरी तय पैदल करता हूँ, लेकिन वापसी में वाहन से यात्रा करता हूँ इस तरह कुल 37 मिनट लगते हैं यदि मैं दोनों ओर से पैदल ही जाता हूँ, तो मुझे 55 मिनट लगते हैं तदनुसार दोनों ओर से वाहन से यात्रा करने में मुझे कितना समय लगेगा?
(a) 9.5 मि0 (b) 19 मि0
(c) 18 मि0 (d) 20 मि0

3. A एक वृताकार रास्ते का 40 मिनट में 8 चक्कर लगा लेता है। यदि वृत का व्यास पहले का 10 गुना कर दिया जाए तो A को अपनी पहली वाली गति से नए वृत का एक चक्कर लगाने में कितना समय लगेगा?
(a) 25 मिनट (b) 20 मिनट
(c) 50 मिनट (d) 100 मिनट

4. 1200 मीटर लम्बे किसी पुल के दोनों ओर दो व्यक्ति खड़े हुए हैं, यदि वे एक-दूसरे की ओर क्रमशः 5 मीटर/मिनट और 10 मीटर/मिनट की चाल से चलें, तो वे कितने समय में एक साथ मिलेंगें?
(a) 60 मिनट (b) 80 मिनट
(c) 85 मिनट (d) 90 मिनट

5. यदि कोई आदमी अपनी गति $\frac{2}{3}$ घटा देता है, तो उसे एक निर्धारित दूरी तक चलने में एक घंटा अधिक लगता है, तो वह आदमी वही दूरी अपनी सामान्य गति से कितने घंटो में तय करेगा?
(a) 2 घण्टे (b) 1 घण्टे
(c) 3 घण्टे (d) 1.5 घण्टे

6. यदि एक व्यक्ति पैदल चलकर 20 किमी0 की दूरी 5 किमी0/घण्टा की गति से तय करता है, तो वह 40 मिनट देरी से पहुँचता है। यदि वह 8 किमी0/घण्टा की गति से चले तो वह समय से कितनी जल्दी पहुँच जायेगा?
(a) 15 मिनट (b) 25 मिनट
(c) 50 मिनट (d) $1\frac{1}{2}$ घंटा

7. 5 किमी0 लम्बे एक वृतीय पथ पर एक बिन्दु से A, B और C एक ही दिशा में, एक ही समय पर क्रमशः 2.5 किमी0 प्रति घण्टा, 3 किमी0 प्रति घण्टा और 2 किमी0 प्रति घण्टा की चाल से चलना प्रारम्भ करते है। तब प्रारम्भिक बिन्दु पर वे पुनः कितने घण्टे बाद मिलेंगें?
(a) 30 घण्टे (b) 6 घण्टे
(c) 10 घण्टे (d) 15 घण्टे

8. किसी दूरी को तय करने में लिए A और B की चालों में 3:4 का अनुपात है। गंतव्य स्थान पर पहुँचने में A को B से 30 मिनट अधिक लगते है। गंतव्य स्थान पर पहुँचने के लिए A को कितना समय लगा?
(a) 1 घण्टा (b) 1.5 घण्टे
(c) 2 घण्टे (d) 2.5 घण्टे

9. एक जीप एक कार का पीछा कर रही है जो जीप से 5 किमी0 आगे है। उनकी चाल क्रमशः 90 किमी0/घण्टा तथा 75 किमी0/घण्टा है। जीप, कार को कितने मिनट के पश्चात् पकड़ लेगी?
(a) 18 मिनट (b) 20 मिनट
(c) 24 मिनट (d) 25 मिनट

10. एक कार A से B के लिए तथा दूसरी कार B से A के लिए रवाना होती है। वे दोनों कारें स्थानों A और B के ठीक बीच में मिलती हैं। मिलने के उपरान्त वे अपनी यात्राओं को क्रमशः 2 घंटे तथा 4 घंटे 20 मिनट में पूरी करती है। पूरी यात्रा में उनके द्वारा लिए गए समयों का अनुपात है।
(a) 3:2 (b) 16:24
(c) 13:16 (d) 16:13

11. एक व्यक्ति किसी दूरी को पैदल जाकर तथा घोड़े पर चढ़कर लौटने में 4 घंटे 30 मिनट का समय लेता है यदि वह आना तथा जाना दोनों घोड़े पर चढ़कर ही करे तो उसे 3 घंटे का समय लगता है यदि आने और जाने दोनों में पैदल चले तो उसे कितना समय लगेगा?
(a) 4 घंटा 30 मिनट (b) 4 घंटा 45 मिनट
(c) 5 घंटे (d) 6 घंटे

12. एक सिपाही एक चोर से 114 मीटर पीछे था। सिपाही एक मिनट में 21 मीटर तथा चोर 15 मीटर चलता है। तो कितने समय में सिपाही चोर को पकड़ लेगा?
(a) 19 मिनट (b) 18 मिनट
(c) 17 मिनट (d) 16 मिनट

13. दो आदमी एक ही स्थान से एक साथ एक ही दिशा में एक वृतीय मार्ग का चक्कर लगाने के लिए रवाना होते हैं। यदि पूरा चक्कर लगाने में उनमें से एक 10 मिनट तथा दूसरा 15 मिनट लेता है, तो वे कितने समय बाद परस्पर मिलेंगे?
(a) 30 मिनट (b) 33 मिनट
(c) 40 मिनट (d) 45 मिनट

14. A तथा B एक ही स्थान से किसी गन्तव्य के लिए रवाना हुए A की चाल के $\frac{5}{6}$ से चलते हुए, B गन्तव्य पर A के 1 घंटे 15 मिनट बाद पहुँचा। B ने गन्तव्य पर पहुँचने मे कितना समय लिया?
(a) 6 घंटे 45 मिनट (b) 7 घंटे 15 मिनट
(c) 7 घंटे 30 मिनट (d) 8 घंटे 15 मिनट

15. एक बस की चाल रूकने के समय को हटा कर 54 किमी0/घण्टा तथा रूकने के समय को सम्मिलित करके 45 किमी0/घण्टा है। प्रति घण्टा बस कितने समय के लिए रूकती है?
(a) 8 (b) 10
(c) 12 (d) 15

16. A तथा B एक किमी0 दौड़ते हैं तथा A, 25 सैकेंड से जीतता है। A तथा C एक किमी0 दौड़ते हैं तथा A, 275 मी0 से जीतता है। जब B तथा C उतनी ही दूरी दौड़ते हैं, तो B 30 सैकेंड से जीतता है। एक किमी0 दौड़ने में A को कितना समय लगता है?
(a) 2 मिनट 25 से0 (b) 2 मिनट 50 से0
(c) 3 मिनट 20 से0 (d) 3 मिनट 30 से0

17. A, B से दुगुनी गति से दौड़ता है तथा B, C से तिगुनी गति से दौड़ता है। C द्वारा 72 मिनट में तय की गई दूरी को तय करने में A कितना समय लेगा?
(a) 18 मिनट (b) 24 मिनट
(c) 16 मिनट (d) 12 मिनट

18. एक सिपाही एक चोर का पीछा करता है जो उससे 200 मीटर आगे है। यदि सिपाही और चोर क्रमशः 8 किमी0/घण्टा तथा 7 किमी0/घण्टा की चाल से चलें, तो सिपाही चोर को कितने समय में पकड़ लेगा?
(a) 10 मिनट (b) 12 मिनट
(c) 15 मिनट (d) 20 मिनट

19. एक लड़का 2.5 घण्टा में 20 किमी0 की दूरी तय करता है। उसको 32 किमी0 की दूरी पहले से दुगनी गति से तय करने में कितना समय लगेगा?
(a) 2 घंटा (b) 2.5 घंटा
(c) 5 घंटा (d) 4.5 घंटा

20. एक किमी0 की दौड़ में A, B को 100 मीटर की प्रस्थान रियायत देकर भी 20 सेकेण्ड से जीत जाता है। किन्तु यदि A, B को 25 सेकेण्ड की प्रस्थान रियायत देता है, तो B 50 मीटर से जीत जाता है। A को एक किमी0 दौड़ने में लगने वाला समय है।
(a) 17 सेकेण्ड (b) $\frac{500}{29}$ सेकेण्ड
(c) $\frac{1200}{29}$ सेकेण्ड (d) $\frac{700}{29}$ सेकेण्ड

21. अपनी सामान्य चाल की $\frac{4}{5}$ चाल से चलने पर एक व्यक्ति अपने गंतव्य पर 20 मिनट की देरी से पहुँचता है। अपने गन्तव्य पर पहुँचने में वह आमतौर पर कितना समय लेता है?
(a) 2 घण्टा (b) $1\frac{1}{3}$ घण्टा
(c) 1 घण्टा (d) $2\frac{1}{2}$ घण्टा

22. एक व्यक्ति अपनी सामान्य गति की $\frac{3}{4}$ की दर से चलने पर $1\frac{1}{2}$ घंटे देर से पहुँच जाता है। तदनुसार उस व्यक्ति का उसी दूरी को तय करने का सामान्य समय कितने घंटे का है?
(a) $4\frac{1}{2}$ (b) 4
(c) $5\frac{1}{2}$ (d) 5

23. अपनी सामान्य गति की तुलना में उसकी $\frac{6}{7}$ गति से चलने पर एक व्यक्ति 25 मिनट देरी से पहुँचता है। तदनुसार उस व्यक्ति का उस दूरी तक चल पाने का सामान्य समय कितना है?
(a) 2 घंटे 30 मिनट (b) 2 घंटे 15 मिनट
(c) 2 घंटे 25 मिनट (d) 2 घंटे 10 मिनट

24. कोई व्यक्ति 600 किमी0 की दूरी रेल द्वारा 80 किमी0/घण्टा की गति से, 800 किमी0 की दूरी जहाज से 70 किमी0/घण्टा की गति से और 500 किमी0 की दूरी हवाई जहाज से 400 किमी0/घण्टा की गति से तथा 100 किमी0 की दूरी कार से 50 किमी0/घण्टा की गति से तय करता है, पूरी दूरी तय करने में उसकी औसत गति है:-
(a) $65\frac{5}{125}$ किमी0/घण्टा (b) 60 किमी0/घण्टा
(c) $60\frac{5}{125}$ किमी0/घण्टा (d) 62 किमी0/घण्टा

25. एक लड़का अपनी साइकिल से 10 किमी0 की दूरी 12 किमी0/घण्टा की गति से तय करता है तथा फिर 12 किमी0 की दूरी 10 किमी0/घण्टा की गति से तय करता है। पूरी यात्रा में उसकी औसत गति लगभग है।
(a) 10.4 किमी0/घण्टा (b) 70.8 किमी0/घण्टा
(c) 11 किमी0/घण्टा (d) 12.2 किमी0/घण्टा

26. एक धावक 200 मीटर की दौड़ 24 सेकेण्ड में पूरी करता है, उसकी चाल (किमी0/घण्टा में) है।
(a) 20 (b) 24
(c) 28.5 (d) 30

27. एक वायुयान किसी दूरी को 240 किमी0 प्रति घंटे की चाल से 5 घंटे में तय करता है उसी दूरी को $1\frac{2}{3}$ घंटे में पूरा करने के लिए उसकी चाल होगी:-
(a) 300 किमी0/घण्टा (b) 360 किमी0/घण्टा
(c) 600 किमी0/घण्टा (d) 720 किमी0/घण्टा

28. एक धावक ने 5 पारी वाली दौड़ में से केवल $1\frac{1}{4}$ पारियाँ दौड़ी। बताइये कि उसे दौड़ का कितना भाग दौड़ना शेष रह गया?
(a) $\frac{15}{4}$ (b) $\frac{4}{5}$
(c) $\frac{5}{6}$ (d) $\frac{2}{3}$

29. एक ट्रक एक मिनट में 550 मीटर की दूरी तय करता है जबकि एक बस 33 किमी0 की दूरी 45 मिनट में तय करती है। उनकी गति का अनुपात होगा:-

(a) 4:3
(b) 3:5
(c) 3:4
(d) 50:3

30. एक व्यक्ति किसी स्थान पर 30 घण्टे में पहुँचता है। यदि वह अपनी चाल में $\frac{1}{15}$ भाग की कमी कर दे तो वह उसी समय में 10 किमी0 कम दूरी तय कर पाता है। उसकी चाल प्रति घण्टा ज्ञात करें:

(a) 6 किमी0/घण्टा
(b) 5.5 किमी0/घण्टा
(c) 4 किमी0/घण्टा
(d) 5 किमी0/घण्टा

उत्तरमाला (Answer Key)

1. (a)	2. (b)	3. (c)	4. (b)	5. (d)	6. (c)	7. (c)	8. (c)
9. (b)	10. (a)	11. (d)	12. (a)	13. (a)	14. (c)	15. (b)	16. (a)
17. (d)	18. (b)	19. (a)	20. (b)	21. (b)	22. (a)	23. (a)	24. (a)
25. (b)	26. (d)	27. (d)	28. (a)	29. (c)	30. (d)		

हल (Solutions)

1. (a)

अभीष्ट समय $=\frac{40\times 9}{60}=6$ घंटे

2. (b)

माना पैदल जाने में लगा समय $=x$ मिनट
तथा वाहन से जाने में लगा समय = y मिनट
प्रश्न से,

$x+y=37$ ....i)

$2x=55$

$x=\frac{55}{2}=27.5$ ......ii)

समी0 ii) से x का मान समी0 i) में रखने पर

$27.5+y=37$

$y=9.5$

दोनों तरफ यात्रा करने में लगा समय $=2\times 9.5=19$ मिनट

3. (c)

माना पहने वृत का व्यास = d मी0

8 चक्कर की दूरी $=8\times\pi d$

$\therefore$ गति $=\frac{8\pi d}{40}$ मीटर/मिनट

नए वृत के एक चक्कर की दूरी $=10\pi$d

एक चक्कर में लगा समय $=\frac{10\quad\times 40}{\quad}=50$ मिनट

4. (b)

सापेक्ष चाल $=5+10=15$ मीटर/मिनट

$\therefore$ एक साथ मिलने का समय $=\frac{1200}{15}=80$ मिनट

5. (d)

सामान्य गति $=x$, घटी गति $x-\frac{2}{3}x=\frac{1}{3}x$

सामान्य गति एवं घटी गति में अनुपात $=1:\frac{1}{3}=3:1$

$\therefore$ दोनों समयों का अनुपात $=3:1$

माना लगने वाला समय $=x$ एवं $3x$

$\therefore\ 3x-x=1$ घंटा

$x=\frac{1}{2}$

$\therefore\ 3x=\frac{3}{2}=1.5$ घंटा

6. (c)

माना की नियत समय t

$\frac{20}{5}=\ +\frac{40}{60}$

या $t=4-\frac{2}{3}=\frac{10}{3}$ घंटे

8 किमी0/घंटा की चाल से जाने में लगा समय

$= \frac{20}{8} = \frac{5}{2}$ घंटा

समय का अन्तर $= \frac{10}{3} - \frac{5}{2} = \frac{5}{6}$ घंटा

$= \frac{5}{6} \times 60 = 50$ मिनट

7. (c)

A का एक चक्कर लगाने में लगा समय $= \frac{5}{2.5} = 2$ घंटा

B को एक चक्कर लगाने में लगा समय $= \frac{5}{3}$ घंटे

तथा C को एक चक्कर लगाने में लगा समय $= \frac{5}{2}$ घंटा

अत: तीनों को पुन: एक साथ मिलने में लगा समय

= 2 घण्टे, $\frac{5}{3}$ घण्टे तथा $\frac{5}{2}$ घण्टों का ल0स0

$= \frac{30, 5 \text{ का ल0स0}}{3, 2 \text{ का म0स0}} = \frac{10}{1} = 10$ घण्टे

8. (c)

समयों का अनुपात = 4 : 3

अत: $4x - 3x = 30$

$x = 30$

$\therefore$ A का समय $30 \times 4 = 120$ मिनट = 2 घण्टे

9. (b)

जीप तथा कार की दूरी में अन्तर = 5 किमी0

जीप तथा कार की चाल में अन्तर = 90 − 75 = 15 किमी/घंटा

5 किमी0 दूरी तय करने में लगा अभीष्ट समय

$= \frac{5}{15} = \frac{1}{3}$ घण्टा

$= \frac{1 \times 60}{3} = 20$ मिनट

10. (a)

पहली कार द्वारा आधी दूरी तय करने में लगा समय = 2 घंटा

= 120 मिनट

$\therefore$ पूरी दूरी तय करने मे लगा समय = 240 मिनट

इसी प्रकार दूसरी कार द्वारा पूरी दूरी तय करने मे लगा समय = 2 घंटा 40 मिनट = 160 मिनट

अभीष्ट अनुपात $= \frac{240}{160} = \frac{3}{2}$ घण्टा = 3:2

11. (d)

माना व्यक्ति पैदल जाने में x घंटा एवं घोड़े से जाने में y घंटा लेता है।

पहली शर्त से, $x + y = \frac{9}{2}$ ......(i)

दूसरी शर्त से, $2y - 3$

$y = \frac{3}{2}$ ....(ii)

समी0 ii) से y का मान i) में रखने पर

$x + \frac{3}{2} = \frac{9}{2}$

$x = \frac{9}{2} - \frac{3}{2} = \frac{6}{2} = 3$ घंटा

अत: आने जाने में पैदल चलने में लगा कुल समय

$= 3 \times 2 = 6$ घंटा

12. (a)

समय $= \frac{\text{दूरी}}{\text{1 मिनट में दोनों की दूरी में अन्तर}}$

$= \frac{114}{21 - 15}$

$= \frac{114}{6} = 19$ मिनट

13. (a)

मिलने का समय = दोनों व्यक्तियों द्वारा चक्कर लगाने में लिये गए समय का ल0 स0

10 एवं 15 का ल0 स0 $= 2 \times 3 \times 5 = 30$ मिनट

14. (c)

माना A की गति S किमी0/घंटा और तय की गयी दूरी d है

B की गति $= \frac{5}{6}$ किमी/घण्टा

$\frac{d}{s} + \frac{5}{4} = \frac{d}{5s} \times 6$

$\frac{6d}{5s} - \frac{d}{s} = \frac{5}{4}$

$\frac{d}{5s} = \frac{5}{4} \Rightarrow \frac{d}{s} = \frac{25}{4} = 6\frac{1}{4}$ घंटा

A द्वारा लिया गया समय = 6 घंटा 15 मिनट

B द्वारा लिया गया समय = 7 घंटा 30 मिनट

15. (b)

1 घण्टे मे बस द्वारा चली गयी दूरी = 54 किमी0

1 घण्टे में एक-एक कर चली गई दूरी = 45 किमी0

अतिरिक्त दूरी = 54 − 45 = 9 किमी0

$\therefore$ 1 घण्टे में बस द्वारा रूका गया समय $= \frac{9}{54}$

$= \frac{1}{6}$ घण्टा $= \frac{60}{6}$

= 10 मिनट

16. (a)

माना A द्वारा दौड़ पूरा करने में लगा समय = x

$\therefore$ 1000 मी0 दौड़ने में B द्वारा लिया गया समय = $(x + 25)$ से0

$\therefore$ 1000 मी0 दौड़ने में B के सापेक्ष C द्वारा लगा समय

$= x + 25 + 30$ से0

$= (x + 55)$ से0

पुन: यदि A 1000 मी0 दौड़ता है तो उतने ही समय में C दौड़ता है = 1000 − 275 = 725 मी0

प्रश्न से

$1000 \times x = 725(x+55)$

$1000x = 725x + 725 \times 55$

$1000x - 725x = 725 \times 55$

$275x = 725 \times 55$

$x = \frac{725 \times 55}{275} = \frac{725}{5} = 145$ सेकेण्ड = 2 मिनट 25 सेकेण्ड

17. (d)

माना A की चाल $= x$ है।

B की चाल $= \frac{x}{2}$

C की चाल $= \frac{x}{2} \times \frac{1}{3} = \frac{x}{6}$

$\therefore$ A, B, C की चालों में अनुपात $= x : \frac{x}{2} : \frac{x}{6} = 6:3:1$

A, B, C का समय में अनुपात $= \frac{1}{6} : \frac{1}{3} : \frac{1}{1} = 1:3:6$

प्रश्नानुसार,

A द्वारा लिया गया समय $= 72$ का $\frac{1}{6} = 12$ मिनट

18. (b)

सिपाही द्वारा चोर को पकड़ने में लगा समय $= \frac{\text{दूरी में अन्तर}}{\text{चाल में अन्तर}}$

$= \frac{200}{(8-7)\frac{5}{18}} = \frac{200}{\frac{5}{18}}$

$= \frac{200 \times 18}{5} = 40 \times 18$ से0

समय $= \frac{40 \times 18}{60} = 2 \times 6$

$= 12$ मिनट

19. (a)

लड़के की प्रारम्भिक चाल $= \frac{20}{2.5} = 8$ किमी0/घंटा

नयी दूरी $= 32$ किमी0

नयी चाल $= 8 \times 2 = 16$ किमी0/घंटा

नया समय $= \frac{32}{16} = 2$ घंटा

20. (b)

माना 1000 मी0 दौड़ने में A, x से0 एवं B, y से0 समय लेता है।

प्रश्नानुसार,

$x + 20 = \frac{900}{1000} y$

$x + 20 = \frac{9}{10} y$

$10x + 200 = 9y$

$10x - 9y = -200$ ....(i)

इसी प्रकार

$\frac{950}{1000} x + 25 = y$

$\frac{95}{100} x + 25 = y$ ....(ii)

(i) से (ii) में y का मान रखने पर

$10x - 9\left(\frac{95}{100} x + 25\right) = -200$

$10x - \frac{855}{100} x - 225 = -200$

$1000x - 855x = -20000 + 22500$

$145x = 2500$

$x = \frac{2500}{145}$

$x = \frac{500}{29}$ से0

21. (b)

माना व्यक्ति द्वारा चली दूरी s तथा चाल v एवं लगा समय t है।

प्रथम शर्त से,

$t = \frac{\text{दूरी}}{\text{समय}} = \frac{s}{v}$ ....(i)

दूसरी शर्त से,

$t + 20 = \frac{s}{\frac{4v}{5}}$

$t + 20 = \frac{5s}{4v}$ ....(ii)

समी i) में समी ii) से भाग देने पर

$\frac{t}{t+20} = \frac{\frac{s}{v}}{\frac{5s}{4v}}$

$\frac{t}{t+20} = \frac{4}{5}$

$5t = 4t + 80$

$t = 80$ सेकेण्ड

$t = 1\frac{1}{3}$ घण्टा

22. (a)

नई चाल = वास्तविक चाल का $\frac{3}{4}$

नई चाल से यात्रा पूरी करने में लगा समय = वास्तविक चाल से लगे समय का $\frac{4}{3}$

$\frac{4}{3}$ × (वास्तविक चाल से लगा समय) – वास्तविक चाल से लगा समय = $\frac{3}{2}$ घंटा

$\left(\frac{4}{3}-1\right)$ वास्तविक चाल से लगा समय = $\frac{3}{2}$ घंटा

वास्तविक चाल से लगा समय $=\frac{3}{2}\times 3=\frac{9}{2}=4\frac{1}{2}$ घंटा

23. (a)

नई चाल = वास्तविक चाल का $\frac{6}{7}$

नई चाल से यात्रा पूरी करने में लगा समय = वास्तविक चाल से लगे समय का $\frac{7}{6}$

$\frac{7}{6}$ × वास्तविक चाल से लगा समय – वास्तविक चाल से लगा समय = 25 मिनट

$\left(\frac{7}{6}-1\right)$ × वास्तविक चाल से लगा समय = 25 मिनट

$\therefore$ वास्तविक चाल से लगा समय $=25\times 6=150$ मिनट

= 2 घंटा 30 मिनट

24. (a)

औसत गति $=\frac{600+800+500+100}{\frac{600}{80}+\frac{800}{40}+\frac{500}{400}+\frac{100}{50}}$

$=\frac{2000}{7.5+20+1.25+2}=\frac{2000}{30.75}$

$=65\frac{5}{125}$

25. (b)

औसत गति = $\frac{\text{कुल दूरी}}{\text{कुल समय}}$

$\frac{10+12}{\frac{10}{12}+\frac{12}{10}}=\frac{22}{\frac{5}{6}+\frac{6}{5}}=\frac{22}{61}\times 30$

= 10.8 किमी0/घंटा (लगभग)

26. (d)

धावक की चाल $=\frac{200}{24}\times\frac{18}{5}=30$ किमी0/घंटा

27. (d)

वायुयान की प्रारम्भिक चाल = 240 किमी0/घंटा

5 घंटे में प्रारम्भिक चाल से वायुयान द्वारा तय की गयी दूरी $=240\times 5=1200$ किमी0

$1\frac{2}{3}$ या $\frac{5}{3}$ घण्टे में 1200 किमी0 दूरी तय करने में चाल = $\frac{\text{दूरी}}{\text{समय}}$

$=\frac{1200\times 3}{5}=720$ किमी0/घंटा

28. (a)

शेष भाग $=5-\frac{5}{4}=\frac{15}{4}$

29. (c)

दोनों की गतियों का अनुपात $=\frac{\frac{550}{60}}{\frac{33\times 60}{45}\times\frac{5}{18}}$

$=\frac{550}{60}\times\frac{45\times 18}{33\times 60\times 5}=3:4$

30. (d)

माना व्यक्ति की चाल x किमी0/घंटा

$\therefore$ 30 घंटे में चली दूरी = $30x$ किमी0

$x-\frac{1}{15}x=\frac{14}{15}x$ किमी0/घंटा

$\therefore$ 30 घंटे में अब चली गई दूरी $=30\times\frac{14}{15}x=28x$

प्रश्न से,

$\therefore\ 30x-28x=10$

x = 5 किमी0/घंटा

रेलगाड़ी सम्बन्धित प्रश्न
Questions Related to Train

महत्वपूर्ण तथ्य (Important Facts)

- जब राशि x प्रति घण्टा में हो तो इसको मीटर प्रति सेकेंड में व्यक्त करने के लिए $\frac{5}{18}$ से गुणा करेंगें। उसी तरह x जब मीटर प्रति सेकेंड में हो तो किमी0 प्रति घण्टा में व्यक्त करने के लिए $\frac{18}{5}$ से गुणा करेंगें।
- x मीटर लम्बी रेलगाड़ी द्वारा एक खड़े व्यक्ति अथवा खम्बे को पार करने में लगा समय = अपनी चाल से x मी0 दूरी तय करने में लगा समय
- x मीटर लम्बी रेलगाड़ी द्वारा x मीटर लम्बी स्थिर वस्तु (जैसे पुल, प्लेटफार्म, सुरंग, खड़ी गाड़ी आदि) को पार करने में लगा समय = $(x + y)$ मीटर दूरी तय करने मे लगा समय। अगर किसी रेलगाड़ी की चाल x किमी0 प्रति घण्टा हो तथा इसी की दिशा में कोई चलायमान वस्तु y किमी0 प्रति घण्टा की चाल से जा रही है। तब गाड़ी की उस वस्तु के सापेक्ष चाल = $(x - y)$ किमी0 प्रति घण्टा
- अगर किसी रेलगाड़ी की चाल x किमी0 प्रति घण्टा है तथा इसकी विपरीत दिशा मे कोई चलायमान वस्तु y किमी0 प्रति घण्टा की चाल से आ रही है। तब गाड़ी की उस वस्तु के सापेक्ष चाल = $(x + y)$ किमी0 प्रति घण्टा
- अगर A मीटर लम्बी रेलगाड़ी x मीटर प्रति सेकेण्ड की चाल से जा रही है तथा B मीटर लम्बी रेलगाड़ी इसी की दिशा में समान्तर पटरी पर y मीटर प्रति सैकेण्ड की गति से जा रही है। तब, तेज गाड़ी द्वारा दूसरी गाड़ी को पार करने मे लगा समय $=\left(\frac{A+B}{x-y}\right)$ से0
- अगर A मीटर लम्बी रेलगाड़ी x मीटर प्रति सेकेण्ड की चाल से जा रही है तथा B मीटर लम्बी रेलगाड़ी इसकी विपरीत दिशा में y मीटर प्रति सेकेण्ड की गति से जा रही है। तब, इन गाड़ियों द्वारा एक दूसरे को पार करने में लगा समय $=\left(\frac{A+B}{x+y}\right)$ से0
- अगर एक रेलगाड़ी की लम्बाई A मीटर है। यह रेलगाड़ी x मीटर प्रति सेकेण्ड की गति से जा रही है। एक व्यक्ति y मीटर प्रति सेकेण्ड की दर से गाड़ी की दिशा में दौड़ रहा है। इस व्यक्ति को पार करने में गाड़ी द्वारा लिया गया समय $=\left(\frac{A}{x-y}\right)$ से0

उदाहरण (Examples)

1. 30 मीटर/से0 की गति से जा रही 270 मीटर लम्बी रेलगाड़ी 180 मीटर लम्बे पुल को पार करने मे कितना समय लेगी?

   अभीष्ट समय $= \left(\frac{270+180}{30}\right)$ से0

   $= 15$ से0

2. 270 मीटर लम्बी रेलगाड़ी टेलीफोन के एक खम्बे को 18 सेकेण्ड मे पार कर जाती है। रेलगाड़ी की चाल कितनी होगी?

   रेलगाड़ी की चाल $= \left(\frac{270}{18}\right)$ मी0/से0

   $= \left(15\times\frac{18}{5}\right)$ किमी0/घण्टा

   $= 54$ किमी0/घण्टा

3. 110 मीटर लम्बी रेलगाड़ी 132 किमी0 प्रति घण्टा की गति से दौड़ रही है। यह रेलगाड़ी 165 मी0 लम्बे प्लेटफार्म को पार करने में कितना समय लेगी?

   गाड़ी की चाल $= \left(132\times\frac{5}{18}\right)$ मी0/से0

   $= \left(\frac{110}{3}\right)$ मी0/से0

   अभीष्ट समय $= \left[(110+165)\times\frac{3}{110}\right]$ से0

   $= \left(275\times\frac{3}{110}\right)$ से0

   $= 7.5$ से0

4. 60 किमी0 प्रति घण्टा की चाल से जा रही एक रेलगाड़ी एक खम्बे को 30 सेकेण्ड में पार कर जाती है। गाड़ी की लम्बाई कितनी है?

   गाड़ी की चाल $=\left(60\times\frac{5}{18}\right)$ मी0/से0 $=\frac{50}{3}$ मी0/से0

   गाड़ी की लम्बाई $=\left(\frac{50}{3}\times 30\right)$ मी0 $= 500$ मी0

5. 150 मीटर लम्बी रेलगाड़ी 450 मीटर प्लेटफार्म को 20 सेकेण्ड में पार कर जाती है। गाड़ी की चाल क्या है?

   गाड़ी की चाल $\left(\frac{150 \quad 450}{20}\right)$ मी0/से0

   $=\left(30\times\frac{18}{5}\right)$ किमी0/घण्टा

6. एक रेलगाड़ी एक खम्बे को 15 सैकेंण्ड में तथा 100 मीटर लम्बे प्लेफार्म को 25 सेकेण्ड में पार कर जाती है। गाड़ी की लम्बाई कितनी है?

माना गाड़ी की लम्बाई = x मीटर तब

$\frac{x}{15} = \frac{x+100}{25}$ अर्थात x = 150 मीटर

7. 150 मीटर लम्बी रेलगाड़ी एक 300 मीटर लम्बी सुरंग को 40.5 सेकेण्ड में पार कर जाती है। गाड़ी की चाल किमी0 प्रति घण्टा में है:-

गाड़ी की चाल $= \left(\frac{150+300}{40.5}\right)$ मीटर/से0

$= \left(\frac{100}{9} \times \frac{18}{5}\right)$ किमी0/घण्टा

= 40 किमी0 प्रति घण्टा

8. एक रेलगाड़ी 162 मीटर लम्बे प्लेटफार्म को 18 से0 तथा एक दूसरे 120 मीटर लम्बे प्लेटफार्म को 15 से0 में पार कर जाती है। रेलगाड़ी की लम्बाई कितनी है?

माना रेलगाड़ी की लम्बाई = x मीटर

तब,

$\frac{x+162}{18} = \frac{x+120}{15}$

x = 90 मीटर

9. 110 मीटर लम्बी एक रेलगाड़ी 58 किमी0 प्रति घण्टा की रफ्तार से जा रही है। इसी की दिशा में 4 किमी0 प्रति घण्टा की गति से जा रहे व्यक्ति को यह गाड़ी कितनी देर में पार कर लेगी?

व्यक्ति के सापेक्ष गाड़ी की चाल = (58 – 4) किमी0 प्रति घण्टा

$= \left(54 \times \frac{5}{18}\right)$

= 15 मी0/से0

अभीष्ट समय $= \left(\frac{110}{15}\right)$ से0 $= 7\frac{1}{3}$ सेकेण्ड

10. एक व्यक्ति 1 किमी0 लम्बे पुल से गुजरती हुई रेलगाड़ी को देखता है। गाड़ी की लम्बाई पुल की लम्बाई से आधी है। यदि रेलगाड़ी पुल को 2 मिनट में पार करे तो गाड़ी की चाल क्या है?

गाड़ी की लम्बाई = 500 मीटर

पुल की लम्बाई = 1000 मीटर

गाड़ी की चाल $= \left(\frac{500+1000}{120}\right)$ मीटर प्रति सेकेण्ड

$= \left(\frac{25}{2} \times \frac{18}{5}\right)$ किमी0/घण्टा

= 45 किमी0 प्रति घण्टा।

अभ्यास प्रश्न (Practice Questions)

1. एक रेलगाड़ी अपनी यात्रा का 50% भाग 30 किमी0 प्रति घण्टा की गति से पूरी करती है, यात्रा का 25% भाग 25 किमी0/घण्टा की गति से, और शेष भाग 20 किमी0/घण्टा की गति से। तदनुसार उस रेलगाड़ी की पूरी यात्रा की गति का औसत कितने किमी0/घण्टा है?
(a) $25\frac{25}{47}$ (b) $25\frac{47}{25}$
(c) $25\frac{52}{74}$ (d) $25\frac{27}{74}$

2. 100 मीटर लम्बी एक रेलगाड़ी 30 किमी0/घण्टा की गति से चल रही है, रेलवे लाइन के समीप खड़े एक व्यक्ति को पार करने में इसे कितना समय (सेकेण्ड में) लगेगा?
(a) 10 (b) 11
(c) 12 (d) 15

3. 180 मी0 लम्बी रेलगाड़ी 20 मी0/से0 की गति से चलती हुई एक व्यक्ति को, जो गाड़ी की दिशा में 10 मी0/से0 की गति से चल रहा है, पार करती है। रेलगाड़ी व्यक्ति को निम्न समय में पार करती है।
(a) 6 सेकेण्ड (b) 9 सेकेण्ड
(c) 18 सेकेण्ड (d) 27 सेकेण्ड

4. यदि 100 मीटर लम्बी किसी रेलगाड़ी की चाल 144 किमी0/घंटे है तो वह रेलगाड़ी एक बिजली के खम्बे को कितने समय में पार कर जाएगी?
(a) 8.5 से0 (b) 5 से0
(c) 12.5 से0 (d) $3\frac{5}{4}$ से0

5. समान लम्बाई वाली दो रेलगाड़ियाँ एक टेलीग्राफ के खम्बे को क्रमशः 10 से0 तथा 15 से0 में पार करती हैं। यदि प्रत्येक रेलगाड़ी की लम्बाई 120 मी0 हो तो विपरीत दिशाओं में चलते हुए एक दूसरे को कितने समय (सेकेण्ड) में पार करेंगी?
(a) 16 (b) 15
(c) 12 (d) 10

6. एक रेलगाड़ी 45 किमी0/घण्टा की गति से चल रही है, $\frac{4}{5}$ किमी0 की दूरी वह कितने समय में तय करेगी?
(a) 36 (b) 64
(c) 90 (d) 120

7. 160 मीटर और 140 मीटर लम्बी दो रेलगाड़ियाँ समांतर रेल पथों पर विपरीत दिशाओं में क्रमशः 77 किमी0/घण्टा और 67 किमी0/घण्टा की चालों से चल रही हैं, एक दूसरे को पार करने में वे कितना समय लेंगी?
(a) 7 से0 (b) $7\frac{1}{2}$ से0
(c) 6 से0 (d) 10 से0

8. एक रेलगाड़ी अपनी स्वयं की चाल की $\frac{7}{11}$ चाल से चलकर किसी स्थान पर 22 घंटे मे पहुँचती हैं, यदि रेलगाड़ी अपनी स्वयं की ही चाल से चले, तो कितने समय की बचत हो जाएगी?
(a) 19 घंटा (b) 7 घंटा
(c) 8 घंटा (d) 16 घंटा

9. A और B के बीच की दूरी 330 किमी0 है। एक रेलगाड़ी A से B की ओर प्रातः 8 बजे, 60 किमी0/घण्टा की गति से चलती है और एक दूसरी रेलगाड़ी B से A की ओर प्रातः 9 बजे, 75 किमी0/घण्टा की गति से चलती है। वे दोनों कितने बजे मिलेंगी?
(a) प्रातः 10 बजे (b) प्रातः 10 : 30 बजे
(c) प्रातः 11 बजे (d) प्रातः 11 : 30 बजे

10. यदि एक रेलगाड़ी की गति 63 किमी0/घण्टा हो और उसी दिशा में पैदल चलने वाले यात्री की गति 3 किमी0/घण्टा हो तो 500 मी0 लम्बी रेलगाड़ी को पैदल यात्री को पार करने में कितने सें0 का समय लेगी?
(a) 25 (b) 30
(c) 40 (d) 45

11. दो शहर A और B 500 किमी0 की दूरी पर है। एक गाड़ी 8 बजे प्रातः A से B की ओर 70 किमी0/घण्टा की गति से चलती है 10 बजे एक अन्य गाड़ी B से 110 किमी0/घण्टा की गति से A की ओर चलती है। दोनों गाड़ियाँ आपस में कब मिलेंगी?
(a) 1 बजे अपराह्न (b) 12 : 30 बजे अपराह्न
(c) 12 बजे अपराह्न (d) 1 : 30 बजे अपराह्न

12. एक प्लेटफार्म पर खड़े हुए व्यक्ति को पता चलता है कि एक रेलगाड़ी उसे 3 सेकेण्ड में पार करती है तथा उतनी ही लम्बाई की विपरीत दिशा में चलने वाली दूसरी रेलगाड़ी उसे 9 से0 में पार करती है। ये दोनों रेलगाड़ियाँ एक दूसरे को कितने समय में पार करेंगी?
(a) $2\frac{3}{7}$ से0 (b) $3\frac{3}{7}$ से0
(c) $4\frac{3}{7}$ से0 (d) $5\frac{3}{7}$ से0

13. 120 मी0 लम्बी रेलगाड़ी 90 किमी0/घंटे की चाल से चल रही है। तब 230 मी0 लम्बे प्लेटफार्म को पार करने में वह कितना समय लेंगी?
(a) $4\frac{4}{5}$ से0 (b) $9\frac{1}{5}$ से0
(c) 7 से0 (d) 14 से0

14. स्टेशनों पर रूकने के समय को सम्मिलित करने पर किसी रेलगाड़ी की चाल 28 किमी0/घंटा पायी गयी जबकि स्टेशनों पर रूकने के समय को हटाकर चाल 42 किमी0/घंटा पायी गयी। औसतन प्रति घंटा कितने समय के लिए रेलगाड़ी स्टेशनों पर रूकी?

(a) 14 मिनट (b) 6 मिनट
(c) 10 मिनट (d) 20 मिनट

15. समान लम्बाई वाली विपरीत दिशाओं में चल रही दो रेलगाड़ियाँ एक खम्बे को क्रमशः 18 तथा 12 से0 में पार करती है। रेलगाड़ियाँ एक दूसरे को पार करने में कितना समय लेंगी?
(a) 14.4 से0 (b) 15.5 से0
(c) 18.8 से0 (d) 20.2 से0

16. एक चलती हुई रेलगाड़ी किसी प्लेटफार्म पर खड़े एक आदमी तथा 300 मीटर लम्बे पुल को पार करने में क्रमशः 10 से0 तथा 25 से0 का समय लेती है। 200 मीटर लम्बे प्लेटफार्म को पार करने में वह कितना समय लेगी?
(a) 16 से0 (b) 18 से0
(c) 20 से0 (d) 22 से0

17. 150 मी0 लम्बी रेलगाड़ी 500 मी0 लम्बे पुल को पार करने में 30 से0 का समय लेती है। 370 मी0 लम्बे एक प्लेटफार्म को पार करने में वह रेलगाड़ी कितना समय लेगी?
(a) 36 से0 (b) 30 से0
(c) 24 से0 (d) 18 से0

18. 68 किमी0/घंटा की चाल से चलने वाली 50 मी0 लम्बी एक रेलगाड़ी को उसी दिशा में 50 किमी0/घंटा की चाल से चलने वाली 75 मी0 लम्बी दूसरी रेलगाड़ी को पार करने में कितना समय लगेगा?
(a) 5 से0 (b) 10 से0
(c) 20 से0 (d) 25 से0

19. 40 किमी0/घंटे की चाल से चलने वाली एक रेलगाड़ी किसी दूरी को तय करने में 60 किमी0/घंटे की चाल से चलने वाली एक अन्य रेलगाड़ी से $1\frac{1}{2}$ घंटा अधिक समय लेती है, वह दूरी है।
(a) 180 किमी0 (b) 160 किमी0
(c) 200 किमी0 (d) 120 किमी0

20. एक रेलगाड़ी 50 मी0 लम्बे प्लेटफार्म को 14 सें0 में पार कर लेती है और प्लेटफार्म पर खड़े आदमी को 10 सें0 में पार कर जाती है। रेलगाड़ी की गति क्या है?
(a) 24 किमी0/घंटा (b) 36 किमी0/घंटा
(c) 40 किमी0/घंटा (d) 45 किमी0/घंटा

21. 120 मी0 लम्बी एक रेलगाड़ी प्लेटफार्म पर खड़े एक व्यक्ति को पार करने में 40 से0 का समय लेती है। रेलगाड़ी की चाल क्या है?
(a) 12 मी0/से0 (b) 10 मी0/से0
(c) 15 मी0/से0 (d) 20 मी0/से0

22. दो रेलगाड़ियाँ समान चालों से विपरीत दिशाओं में चल रही हैं। यदि प्रत्येक रेलगाड़ी की लं0 120 मी0 है और वे एक दूसरे को 12 से0 में पार कर जाती हैं तो प्रत्येक रेलगाड़ी की चाल (किमी0/घंटा) है:-
(a) 72 (b) 10
(c) 36 (d) 18

23. एक रेलगाड़ी 3584 किमी0 की दूरी 2 दिन 8 घंटे में तय करती है। यदि इसने पहले दिन 1440 किमी0 तथा दूसरे दिन 1608 किमी0 दूरी तय किया हो तो रेलगाड़ी की शेष यात्रा के लिए औसत चाल का पूरी यात्रा के लिए औसत चाल से कितना अन्तर होगा?
(a) 3 किमी0/घंटा अधिक
(b) 6 किमी0/घंटा
(c) 4 किमी0/घंटा अधिक
(d) 5 किमी0/घंटा कम

24. दो रेलगाड़ियों की चाल 6:7 के अनुपात में है। यदि दूसरी रेलगाड़ी 9 घंटे में 364 किमी0 चले तो पहली रेलगाड़ी की चाल है:-
(a) 60 किमी0/घंटा (b) 72 किमी0/घंटा
(c) 78 किमी0/घंटा (d) 84 किमी0/घंटा

25. एक रेलगाड़ी एक समान चाल से 122 मीटर लम्बे प्लेटफार्म को 17 से0 तथा 210 मी0 लम्बे पुल को 25 से0 में पार करती है। रेलगाड़ी की चाल है:-
(a) 41.5 किमी0/घंटा
(b) 37.5 किमी0/घंटा
(c) 37.6 किमी0/घंटा
(d) 39.6 किमी0/घंटा

26. एक ही समय दो रेलगाड़ियों में से एक A से B के लिए तथा दूसरी B से A के लिए रवाना हुई। यदि वे परस्पर मिलने के बाद B तथा A पर क्रमशः 4 घंटे तथा 9 घंटे में पहुँची हों तो रेलगाड़ियों की चालों का अनुपात था।
(a) 2:1 (b) 3:2
(c) 4:3 (d) 5:4

27. एक 66 मी0 लम्बी गतिमान रेलगाड़ी उसी दिशा में जाती हुई दूसरी 88 मी0 लम्बी रेलगाड़ी को 0.168 मिनट में पार करती है। यदि दूसरी रेलगाड़ी 30 किमी0/घंटा की चाल से चल रही हो, तो पहली रेलगाड़ी किस चाल से चल रही है?
(a) 85 किमी0/घंटा (b) 50 किमी0/घंटा
(c) 55 किमी0/घंटा (d) 25 किमी0/घंटा

28. एक रेलगाड़ी 180 किमी0/घंटा की चाल से चल रही है। उसकी चाल (मीटर/से0) है।
(a) 5 मी0/से0 (b) 40 मी0/से0
(c) 30 मी0/से0 (d) 50 मी0/से0

29. 240 मी0 लम्बी एक रेलगाड़ी किसी 3 किमी0/घंटा की चाल से रेलवे लाइन के साथ-साथ विपरीत दिशा में चलने वाले आदमी को 10 से0 में पार करती है। रेलगाड़ी की चाल होगी।
(a) 63 किमी0/घंटा (b) 75 किमी0/घंटा
(c) 83.4 किमी0/घंटा (d) 86.4 किमी0/घंटा

30. एक 150 मी0 लम्बी रेलगााड़ी एक खम्भे को 15 से0 तथा एक समान लम्बाई वाली विपरीत दिशा में आती हुई रेलगाड़ी को 12 से0 में पार करती है। दूसरी रेलगाड़ी की चाल है।
(a) 45 किमी0/घंटा (b) 98 किमी0/घंटा
(c) 52 किमी0/घंटा (d) 54 किमी0/घंटा

उत्तरमाला (Answer Key)

1. (a)	2. (c)	3. (c)	4. (a)	5. (c)	6. (b)	7. (b)	8. (c)
9. (c)	10. (b)	11. (c)	12. (b)	13. (d)	14. (d)	15. (a)	16. (c)
17. (c)	18. (d)	19. (a)	20. (d)	21. (a)	22. (c)	23. (a)	24. (c)
25. (d)	26. (b)	27. (a)	28. (d)	29. (c)	30. (d)		

हल (Solutions)

1. (a)

माना रेलगाड़ी द्वारा कुल तय की गई यात्रा = 100 किमी0

प्रश्नानुसार,

रेलगाड़ी द्वारा 50 किमी0 दूरी 30 किमी0/घंटा = 25 किमी0 दूरी 25 किमी0/घंटा एवं शेष अर्थात् (100 – 50 – 25) = 25 किमी0 दूरी 20 किमी0/घंटा की चाल से तय की गई।

∴ रेलगाड़ी द्वारा पूरी यात्रा तय करने में लिया गया कुल समय

$$= \frac{50}{30} + \frac{25}{25} + \frac{25}{20}$$

$$= \frac{5}{3} + 1 + \frac{5}{4}$$

$$= \frac{47}{12} \text{ घंटा}$$

∴ रेलगाड़ी द्वारा तय की गई कुल दूरी में

$$\text{औसत चाल} = \frac{\text{दूरी}}{\text{समय}} = \frac{100}{\frac{47}{12}}$$

$$= \frac{1200}{47} = 25\frac{25}{47}$$

2. (c)

$$30 \text{ किमी0/घंटा} = \frac{30 \times 5}{18} = \frac{25}{3} \text{ मी0/से0}$$

$$\therefore \text{ व्यक्ति को पार करने में लगा समय} = \frac{100}{\frac{25}{3}} = 12 \text{ सेकेण्ड}$$

3. (c)

$$\text{अभीष्ट समय} = \frac{180}{(20-10)}$$

$$= \frac{180}{10} = 18 \text{ सेकेण्ड}$$

4. (a)

$$144 \text{ किमी0/घंटा} = 144 \times \frac{5}{18} = 40 \text{ मी0/से0}$$

∴ बिजली के खम्बे को पार करने में लगा अभीष्ट समय

$$= \frac{100}{40} = 2.5 \text{ सेकेण्ड}$$

5. (c)

$$\text{पहली रेलगाड़ी की चाल} = \frac{120}{10} = 12 \text{ मी0/से0}$$

$$\text{दूसरी रेलगाड़ी की चाल} = \frac{120}{15} = 8 \text{ मी0/से0}$$

∴ आपेक्षित चाल = 12 + 8 = 20 मी0/से0

दोनों को एक-दूसरे को पार करने में लगा समय

$$= \frac{120 + 120}{20} = \frac{240}{20} = 12 \text{ सेकेण्ड}$$

6. (b)

$$\text{अभीष्ट समय} = \frac{\frac{4}{5}}{45} \text{ घंटे}$$

$$= \frac{4 \times 60 \times 60}{5 \times 45} = 64 \text{ सेकेण्ड}$$

7. (b)

पार करने के लिए कुल लम्बाई = 160 + 140 = 300 मी0

तथा गाड़ियों की सापेक्ष चाल = 77 + 67 = 144 किमी0/घंटा

$$= 144 \times \frac{5}{18} \text{ मी0/से0}$$

$$= 40 \text{ मी0/से0}$$

$$\therefore \quad \text{लगा अभीष्ट समय} = \frac{300}{40} = 7\frac{1}{2} \text{ से0}$$

8. (c)

माना रेलगााड़ी की स्वयं की चाल $= x$ किमी0/घंटा से t घंटे में नियत स्थान पर पहुँचती है।

$\therefore\ x \times \frac{7}{11} \times 22 = x \times t$

t = 14 घंटे

समय की बचत = 22 − 14 = 8 घंटे

9. (c)

पहली रेलगाड़ी द्वारा 9 बजे तक चली गयी दूरी = 60 × 1

= 60 किमी0

ठीक 9 बजे दोनों रेलगाड़ियों के बीच की दूरी = 330 − 60

= 270 किमी0

9 बजे के बाद दोनों के मिलने का समय $= \frac{\text{दोनों के बीच की दूरी}}{\text{दोनों की चालों का योग}}$

$= \frac{270}{60 + 75} \Rightarrow \frac{270}{135} = 2$ घंटे

अत: दोनों गाड़ियाँ ठीक 11 बजे मिलेंगी।

10. (b)

अभीष्ट समय $= \frac{\text{दूरी}}{\text{सापेक्ष चाल}}$

$= \frac{500}{(63-3) \times \frac{5}{18}}$

$= \frac{500 \times 18}{60 \times 5} = 30$ सेकेण्ड

11. (c)

दिया हुआ है दो शहर A और B 500 किमी0 की दूरी पर है।

पहली गाड़ी द्वारा 10 बजे तक चली गई दूरी = 70 × 2

= 140 किमी0

ठीक 10 बजे दोनो रेलगाड़ियों के बीच की दूरी = 500 − 140

= 360 किमी0

10 बजे के बाद दोनों गाड़ियों के मिलने का समय

$= \frac{\text{दोनों गाड़ियों के बीच की दूरी}}{\text{दोनों गाड़ियों की चालों का योग}}$

$= \frac{360}{70 + 110} = \frac{360}{180} = 2$ घंटा

अत: दोनों गाड़ियाँ ठीक 12 बजे मिलेंगी

12. (b)

मान लिया कि दोनों रेलगाड़ियों की समान लम्बाई $= x$ मी0

पहली रेलगाड़ी की चाल $= \frac{x}{3}$ मी0/से0

दूसरी रेलगाड़ी की चाल $= \frac{x}{4}$ मी0/से0

∴ दोनों रेलगाड़ियों द्वारा एक दूसरे को पार करने में लगा समय

$= \frac{2x}{\frac{x}{3} + \frac{x}{4}}$ से0

$= \frac{2x}{\frac{4x + 3x}{12}}$

$= \frac{2x \times 12}{7x}$ से0

$= \frac{24}{7} = 3\frac{3}{7}$ से0

13. (d)

रेलगाड़ी की चाल 90 किमी0/घंटे $= 90 \times \frac{5}{18}$

= 25 मी0/से0

∴ 120 मी0 लम्बी रेलगाड़ी को 230 मी0 लम्बे प्लेटफार्म को पार करने में लगा समय $= \frac{\text{कुल दूरी}}{\text{चाल}}$

$= \frac{120 + 230}{25} = \frac{350}{25} = 14$ सेकेण्ड

14. (d)

दिया है कि रेलगाड़ी की चाल 28 किमी0/घंटा पायी गयी। जबकि स्टेशनों पर रूकने के समय को हटाकर चाल 42 किमी0 घंटा पायी गयी

अत: दोनों चालों में अंतर = 42 – 28 = 14 घंटा

औसतन प्रति घंटा $= \frac{14}{42} \times 60 = 20$ मिनट

अत: रेलगाड़ी औसत 20 मिनट/घंटा स्टेशनों पर रूकी

15. (a)

माना रेलगाड़ी की ल0 $= x$ मी0

अत: पहली रेलगाड़ी की चाल $= \frac{3600}{18} \times x = 200x$ मी0/से0

दूसरी रेलगाड़ी की चाल $= \frac{3600}{12} \times x = 300x$ मी0/से0

विपरित दिशा में दौड़ते हुए सापेक्ष चाल $= 200x + 300x$ मी0/से0

$= 500x$ मी0/से0

तय की गयी दूरी $= x + x = 2x$ मी0

अत: लिया गया समय $= \frac{2x}{500x} \times 3600 = 14.4$ से0

16. (c)

गाना रेलगाड़ी की गति x मी0/से0 है।

रेलगाड़ी की ल0 $= y$ मी0

अत: $y = 10x$

$y + 300 = 25x$

$10x + 300 + 0 = 25x$

$x = 20$ मी0/से0

अत: $y = 10 \times 20 = 200$ मी0

तथा दूसरा पुल पार करने में लगा समय $= \frac{200 + 200}{20}$

$= \frac{400}{200} = 20$ से0

17. (c)

यदि गाड़ी की चाल x मी0/से0 हो तो

500 मीटर लम्बे पुल को पार करने में लगा समय

$= \frac{500 + 150}{x} = 30$ से0

$= \frac{500 + 150}{x} = \frac{30}{1}$ से0

$x = \frac{65}{3}$ मी0/से0

प्लेफार्म को पार करने में लगा समय $= \frac{370 + 150}{\frac{65}{3}}$

$= 24$ से0

18. (d)

आपेक्षिक गति $= 68 - 50$ किमी0/घंटा

$= 18$ किमी0/घंटा

रेलगाड़ी की दूरी $= 50 + 75$ मी0

$= 125$ मी0

$\therefore$ लगा अभीष्ट समय $= \frac{125}{18 \times \frac{5}{18}}$ से0

$= 25$ से0

19. (a)

माना दूरी x है।

प्रश्न से

$\frac{x}{40} - \frac{x}{60} = 1\frac{1}{2}$

$\frac{3x - 2x}{120} = \frac{3}{2}$

$\therefore\ x = \frac{3 \times 120}{2} = 180$ किमी0

20. (d)

माना गाड़ी की गति x किमी0/घंटा है।

$\therefore$ गति $= \frac{x \times 5}{18}$ मी0/से0

$\therefore$ गाड़ी की ल0 $= \frac{x \times 5}{18} \times 10 = \frac{25x}{9}$

$\therefore\ \frac{50 + \frac{25x}{9}}{\frac{5x}{18}} = 14$

$\frac{2(450 + 25x)}{5x} = 14$

या $900 + 50x = 70x$

$x = \frac{900}{20} = 45$ किमी0/घंटा

21. (a)

रेलगाड़ी की चाल $= \frac{120}{10}$ मी0/से0 $= 12$ मी0/से0

22. (c)

माना प्रत्येक रेलगाड़ी की चाल x मी0/से0

$\therefore$ सापेक्ष चाल $= x + x = 2x$ मी0/से0

प्रश्न से,

$\frac{120 + 120}{2x} = 12$

$x = \frac{240}{2 \times 12} = 10$ मी0/से0

$= 10 \times \frac{18}{5}$

$= 36$ किमी0/घंटा

23. (a)

रेलगाड़ी द्वारा तय की गई कुल दूरी $= 3584$ किमी0

शेष दूरी $= 3584 - (1440 + 1608)$

$= 536$ किमी0/घंटा

$\therefore$ 3584 किमी0 दूरी रेलगाड़ी द्वारा 2 दिन 8 घंटे अर्थात 56 घंटे में तय की जा रही है।

$\therefore$ औसत चाल $= \frac{3584}{56} = 64$ किमी0 घंटा

$\therefore$ शेष दूरी रेलगाड़ी द्वारा 8 घंटे में तय की जा रही है।

$\therefore$ शेष दूरी के लिए रेलगाड़ी की औसत चाल $= \frac{536}{8}$

$= 67$ किमी0/घंटे

$\therefore$ अन्तर $= 67 - 64 = 3$ किमी0/घंटा अधिक

24. (c)

दो रेलगाड़ियों की चाल का अनुपात 6:7 है

दूसरी गाड़ी 4 घंटे में 364 किमी0 चली तो पहली गाड़ी द्वारा चली गई दूरी $= 364 \times \frac{6}{7} = 312$ किमी0

अत: पहली गाड़ी की चाल $= \frac{312}{4} = 78$ किमी0/घंटा

25. (d)

माना कि रेलगाड़ी की लम्बाई $= x$ मी0

प्रश्न के अनुसार

रेलगाड़ी की चाल $= \frac{x + 122}{17} = \frac{x + 210}{25}$

$25x + 3050 = 17x + 3570$

$25x - 17x = 3570 - 3050$

$8x = 520$

$x = \frac{520}{8} = 65$ मी0

रेलगाड़ी की चाल $= \frac{65 + 122}{17} = \frac{187}{17}$ मी0/से0

$= 11$ मी0/से0

$= \frac{11 \times 18}{5} = 39.6$ किमी0/घंटा

26. (b)

चालों का अनुपात $= \sqrt{\frac{t_2}{t_1}}$

$= \sqrt{\frac{9}{4}} = \frac{3}{2}$

$= 3:2$

27. (a)

माना कि पहली रेलगाड़ी की चाल $= x$ मी0/घंटा है।

$\therefore$ दूसरी रेलगाड़ी की चाल $= 30$ किमी0/घंटा

$= \frac{30 \times 1000}{60} = 560$ मी0/मिनट

प्रश्न के अनुसार

$\frac{66 + 88}{x - 500} = 0.168$

$= \frac{154}{x - 500} = 0.168$

$= 0.168\ (x - 500) = 154$

$= 0.168x - 84 = 154$

$= 0.168x = 154 + 84$

$= 0.168x = 238$

$x = \frac{238}{0.168}$

$= \frac{238 \times 1000}{168}$ मीटर/मिनट

$= \frac{238 \times 1000}{168} \times \frac{3}{50}$ किमी0/घंटा

$= 85$ किमी0/घंटा

28. (d)

1 किमी0/घंटे $\frac{5}{18}$ मी0/से0

रेलगाड़ी की चाल $= 180$ किमी/घंटा $= 180 \times \frac{5}{18}$ मी0/से0

$= 50$ मी0/से0

29. (c)

आपेक्षिक चाल $= \frac{240}{10}$ मी0/से0

$= 24$ मी0/से0

$= 24 \times \frac{18}{5}$ किमी0/घंटा

$= 86.4$ किमी0/घंटा

$\therefore$ रेलगाड़ी की चाल $= 86.4 - 3$ किमी0/घंटा

$= 83.4$ किमी0/घंटा

30. (d)

पहली रेलगाड़ी की चाल $= \frac{150}{15} \times \frac{3600}{1000} = 36$ किमी0/घंटा

सापेक्ष गति $= \frac{300}{12} \times \frac{3600}{1000} = 90$ किमी0/घंटा

दूसरी रेलगाड़ी की चाल $= 90 - 36 = 54$ किमी0/घंटा

धारा तथा नाव
Boat and Current

इस अध्याय में सर्वप्रथम बात है कि हम यह जान लें कि इस अध्याय में चार प्रकार की चालों का वर्णन है।

A) नाव/नाविक की शांत चाल

B) धारा की चाल

C) नाविक या नाव की धारा की दिशा में चाल

D) नाविक या नाव की धारा के विरुद्ध चाल

प्रमुख तथ्य (Important Fact)

धारा की दिशा में नाव की चाल = (शान्त जल में नाव की चाल) + (धारा का वेग)

धारा की विपरीत दिशा में नाव की चाल = (शांत जल में नाव की चाल) − (धारा का वेग)

माना किसी नाव की धारा की दिशा में चाल x किमी0 प्रति घण्टा है तथा धारा के विपरीत चाल y किमी0 प्रति घण्टा है। तब,

शान्त जल में नाव की चाल $=\frac{1}{2}(x+y)$ किमी0/घण्टा

धारा का वेग $=\frac{1}{2}(x-y)$ किमी0/घण्टा

उदाहरण (Examples)

1. शांत जल में नाव की चाल 8 किमी0/घण्टा है। नाव 6 किमी0 जाती है और प्रारम्भिक बिन्दु पर 2 घंटे में वापस आती है। धारा की चाल ज्ञात करें।

हल:

माना x = धारा की चाल

$$\frac{6}{8+x}+\frac{6}{8-x}=2$$

$$\frac{6(8-x)+6(8+x)}{8^2-x^2}=2$$

$$\frac{48-6x+48+6x}{64-x^2}=2$$

$$96=128-2x^2$$

$$32=2x^2$$

$$x^2=16$$

$x=$ 4 किमी0/घण्टा

2. एक नाव धारा की दिशा में जाते हुए 30 किमी0 की दूरी 2 घंटे में तय करती है। जबकि वापस आने में समान दूरी नाव 6 घंटे में तय करती है। यदि धारा की चाल नाव की चाल की आधी है तो नाव की चाल प्रति घंटा क्या है?

हल : माना नाव की चाल x किमी0/घंटा

धारा की चाल = y किमी0/घंटा

$$\frac{30}{x+y}=2$$

$x+y=15$ .... i)

$$\frac{30}{x-y}=2$$

$x-y=5$ .... ii)

सभी i) और ii) से

$$2x=20$$

$x=10$ किमी0/घंटा

3. एक नाव धारा के अनुदिश 24 किमी० तथा धारा के विरुद्ध 36 किमी की दूरी 24 घंटे में तय करती है जबकि धारा के अनुदिश 36 किमी० तथा धारा के विरुद्ध 24 किमी० की दूरी 21 घंटे में तय करती है। नाव की चाल तथा धारा की चाल के बीच अन्तर क्या है?

माना x नाव की चाल तथा y धारा की चाल है।

$x+y$ = धारा के अनुकूल आदमी की चाल

$x-y$ = धारा के विरुद्ध आदमी की चाल

$$x+y=V$$
$$x-y=U$$

$\frac{24}{V}+\frac{36}{U}=24$ .... (i)

$\frac{36}{V}+\frac{24}{U}=21$ .... (ii)

समी (i) और (ii) से

$$U=2$$
$$x-y=2$$

∴ नाव व धारा के चाल का अन्तर = 2 किमी/घंटा

4. एक नाव को धारा के वितरित 40 किमी0 एवं धारा के साथ 55 किमी0 जाने में 13 घंटे लगते हैं, जब नाव धारा के विपरित 30 किमी0 एवं धारा के साथ 44 किमी0 जाती है, तो वह 10 घंटे का समय लेती है। नाव की स्थिर जल में चाल क्या होगी?

हल : नाव की चाल = x किमी0/घंटा

तथा धारा की चाल = y किमी0/घंटा

प्रतिकूल संयुक्त चाल U = $x - y$

अनुकूल संयुक्त चाल V = $x + y$

प्रश्नानुसार

$$\frac{40}{U}+\frac{55}{V}=13 \qquad \text{........ i)}$$

$$\frac{30}{U}+\frac{44}{V}=10 \qquad \text{........ ii)}$$

समी0 i) व ii) से

V = 11

U = 5

नाव की चाल $=\left(\frac{U+V}{2}\right)$

$-\left(\frac{11+5}{2}\right)-8$ किमी0/घण्टा

5. एक नाव की शांत जल में चाल 8 किमी0 प्रति घंटे है। नाव 6 किमी0 तक गई और वापस आई जिसमें उसे 2 घंटे लगे। धारा की चाल ज्ञात करें।

हल : माना धारा की चाल = x किमी0/घंटा

प्रश्नानुसार

$$\frac{6}{8+x}+\frac{6}{8-x}=2$$

$$\frac{48-6x+48+6x}{(8+x)(8-x)}=2$$

$$\frac{96}{64-x^2}=2$$

$$64-x^2=48$$

$$x^2=16$$

x = 4 किमी0/घंटा

6. एक नाविक धारा के विपरीत दिशा में 1 घंटे में 2 किमी0 जाता है तथा धारा की दिशा में 10 मिनट में 1 किमी0 जाता है। शांत जल में 5 किमी0 जाने पर उसे कितना समय लगेगा?

हल : धारा के विपरीत चाल = 2 किमी0/घंटा

धारा के साथ चाल = 6 किमी0/घंटा

$\therefore$शांत जल की चाल $=\frac{2+6}{2}=4$ किमी/घंटा

$\therefore$ शांत जल में 5 किमी0 जाने में लगा समय $\frac{5}{4}$ घंटा

= 1 घंटा 15 मि0

7. एक आदमी शांत जल में 3 किमी0/घंटा की चाल से तैरता है यदि धारा की चाल 2 किमी0/घंटा है तो 10 किमी0 की दूरी धारा के साथ तथा धारा के विपरीत तय करने में समय लगेगा?

धारा के विपरीत दिशा में चाल = $(3-2)$ किमी0/घंटा

= 1 किमी0/घंटा

धारा की दिशा में चाल = $(3+2)$ किमी0/घंटा

= 5 किमी0/घंटा

कुल लिया गया समय $=\left(\frac{10}{1}+\frac{10}{5}\right)$ घंटा

= 12 घंटा

8. धारा के साथ चाल का दोगुना धारा के विपरीत दिशा में चाल के 3 गुने के बराबर है। नाव की शांत जल में चाल तथा धारा की चाल में अनुपात क्या है।

हल : धारा के विपरीत दिशा में चाल = $(3-2)$ किमी0/घंटा

= 1 किमी0/घंटा

धारा की दिशा में चाल = $(3+2)$ किमी0/घंटा

= 5 किमी0/घंटा

कुल लिया गया समय $=\left(\frac{10}{1}+\frac{10}{5}\right)$ घंटा

= 12 घंटे

9. A आदमी धारा के विपरीत 12 किमी0 तथा धारा के विपरीत 28 किमी0 नाव खेता है तथा प्रत्येक दशा में 5 घंटा लेता है। तो धारा की चाल क्या है?

हल : माना शांत जल में नाव की चाल = x किमी0/घंटा

धारा की चाल = y किमी0/घंटा

धारा के विपरित चाल = $(x-y)$ किमी0/घंटा

धारा के साथ चाल = $(x+y)$ किमी0/घंटा

$5\ (x-y) = 12$

$5\ (x+y) = 28$

घटाने पर

$10y = 16$

$y=\frac{8}{5}=1\frac{3}{5}$ किमी0/घंटा

10. एक नाव उर्ध्वप्रवाह में B से A और अनुप्रवाह में A से B 3 घंटे में यात्रा करता है। यदि शांत जल में नाव की चाल 9 किमी0/घंटा है और धारा की चाल 3 किमी0/घंटा है तो A और B के बीच की दूरी है।

हल : धारा के साथ चाल = $(9+3)$ किमी0/घंटा = 12 किमी0/घंटा

धारा के विपरित चाल = $(9-3)$ = 6 किमी0/घंटा

माना दूरी AB = x किमी0

तो, $\frac{x}{6}+\frac{x}{12}=3$

$2x+x=36$

$x=12$

दूरी AB = 12 किमी0

अभ्यास प्रश्न (Practice Questions)

1. एक नाव शांत जल में एक घण्टे में 6 किमी0 जाती है, परन्तु वह धारा के प्रतिकूल यही दूरी चलने में तीन गुना समय लेती है। धारा की चाल (किमी0/घंटा में) है।
   (a) 4 (b) 5
   (c) 3 (d) 2
2. एक नाव 8 घंटे में धारा के विपरीत दिशा में 40 किमी0 चलती है तथा 6 घंटे में धारा के अनुकूल 36 किमी0 चलती है। शांत जल में नाव की चाल है।
   (a) 6.5 किमी0/घंटा (b) 5.5 किमी0/घंटा
   (c) 6 किमी0/घंटा (d) 5 किमी0/घंटा
3. एक व्यक्ति धारा के अनुकूल एक नाव को 4 घंटे में 18 किमी0 खेता है तथा धारा के प्रतिकूल वापस आने में 12 घंटे लेता है, धारा की चाल (किमी0 प्रति घंटा में) है।
   (a) 1 (b) 1.5
   (c) 2 (d) 1.75
4. एक नाव नदी की धारा के अनुकूल दिशा में एक घंटे में 8 किमी0 जाती है तथा धारा की विपरीत दिशा में एक घंटे में 2 किमी0 जाती है। नदी की चाल (किमी0/घंटा में) है।
   (a) 2 किमी0/घंटा (b) 3 किमी0/घंटा
   (c) 4 किमी0/घंटा (d) 5 किमी0/घंटा
5. एक नाव धारा के प्रतिकूल 24 किमी0 तथा धारा के अनुदिश 36 किमी0 की दूरी तय करने में 6 घंटे और धारा के प्रतिकूल 36 किमी0 तथा धारा के अनुदिश 24 किमी0 की दूरी तय करने में 61/2 घंटे लेती है। धारा की चाल है।
   (a) 1 किमी0/घंटा (b) 2 किमी0/घंटा
   (c) 1.5 किमी0/घंटा (d) 2.5 किमी0/घंटा
6. शांत जल में एक नाव की चाल 10 किमी0/घंटा है। यह धारा के प्रतिकूल 6 घंटे में 45 किमी0 की दूरी तय करती है। धारा की चाल (किमी0/घंटा में) है।
   (a) 2.5 (b) 3
   (c) 3.5 (d) 4
7. एक नाव को धारा की दिशा में 15.5 किमी0/घंटा की चाल से तथा धारा के विपरित दिशा में 8.5 किमी0/घंटा की चाल से चलाया जाता है, तो धारा की चाल (किमी0/घंटा में) है।
8. कोई नाविक धारा के अनुदिश 48 मि0 में 12 किमी0 जाता है तथा 1 घंटा 20 मिनट में वापस आता है। शांत जल में नाविक की चाल है।
   (a) 12 किमी0/घंटा (b) 12.5 किमी0/घंटा
   (c) 13 किमी0/घंटा (d) 15 किमी0/घंटा
9. एक निश्चत समयावधि में एक लड़का धारा के अनुकूल दिशा में धारा के विपरित दिशा की तुलना में तैरकर दोगुनी दूरी तय कर सकता है। यदि धारा की चाल 3 किमी0/घंटा हो, तो शांत जल में लड़के की चाल होगी।
   (a) 6 किमी0/घंटा (b) 9 किमी0/घंटा
   (c) 10 किमी0/घंटा (d) 12 किमी0/घंटा
10. दो नाव A तथा B, 108 किमी0 की दूरी पर स्थित दो स्थानों से एक दूसरे की ओर रवाना होती है। शांत जल में नाव A और B की चाल क्रमश: 12 किमी0/घंटा है। यदि A धारा के अनुकूल तथा B विपरीत दिशा में चल रही हों, तो वे परस्पर कितने समय बाद मिलेंगी?
    (a) 4.5 घंटे (b) 4 घंटे
    (c) 5.4 घंटे (d) 6 घंटे
11. कोई मोटर बोट शांत जल में 36 किमी0/घंटा की चाल से चलती है यह धारा के विपरित दिशा में 1 घंटे 45 मिनट में 56 किमी0 जाती है उतनी ही दूरी को धारा के अनुकूल तय करने में उसे कितना समय लगेगा?
    (a) 2 घंटे 15 मिनट (b) 3 घंटे
    (c) 1 घंटा 24 मिनट (d) 2 घंटे 14 मिनट
12. किसी मोटर बोट की शांत जल में चाल 45 किमी0/घंटा है यदि धारा के अनुकूल 80 किमी0 की दूरी तय करने में मोष्टर बोट 1 घंटा 20 मिनट का समय लेती हो, तो उतनी ही दूरी धारा के विपरीत दिशा में तय करने में वह कितना समय लेगी?
    (a) 3 घंटे (b) 1 घंटा 20 मिनट
    (c) 2 घंटे 40 मिनट (d) 2 घंटे 55 मिनट
13. एक नाव धारा के अनुदिशा कोई दूरी 8 घंटे में तय करती है तथा धारा के विपरीत 10 घंटे में वापस लौटती है। यदि धारा की गति 1 किमी0/घंटा हो, तो नाव द्वारा तय की गयी यात्रा की एक ओर की दूरी (किमी0) है।
    (a) 60 (b) 70
    (c) 80 (d) 90
14. किसी व्यक्ति को नाव द्वारा गन्तव्य पर धारा के अनुकूल जाने तथा धारा के प्रतिकूल प्रस्थान बिन्दु पर लौटने में 5 घंटे लगते है। यदि शांत जल में नाव की चाल तथा धारा की चाल क्रमश: 10 किमी0/घंटा तथा 4 किमी0/घंटा हो, तो प्रस्थान बिन्दु से गन्तव्य की दूरी होगी।
    (a) 16 किमी0 (b) 18 किमी0
    (c) 21 किमी0 (d) 25 किमी0
15. एक व्यक्ति शांत जल में 5 किमी0/घंटा की चाल से नाव चला सकता है। यदि किसी स्थान पर नाव द्वारा जाने तथा वापस आने में उसे एक घंटे का समय लगता है जबकि धारा की गति 1 किमी0/घंटा है, तो वह स्थान कितनी दूर होगा।
    (a) 2.5 किमी0 (b) 3 किमी0
    (c) 2.4 किमी0 (d) 3.6 किमी0
16. एक झील में एक कमल का फूल पानी की सतह से 5 सेंमी0 उपर रहता है। तेज हवा चलने पर वह अपने स्थान से 10 सेमी0 दूर पानी में डूबता है। फूल के स्थान पर पानी की गहराई कितनी है?

(a) 5 सेमी0 (b) $5\sqrt{5}$ सेमी0
(c) 7.5 सेमी (d) 10 सेमी0

17. यदि एक तैराक धारा की दिशा में 6 किमी0 प्रति घंटा तथा घारा के विरुद्ध 2 किमी0 प्रति घंटा तैर सके, तो शान्त जल में उसका वेग क्या होगा?
(a) 4 किमी0/घंटा (b) 2 किमी0/घंटा
(c) 3 किमी0/घंटा (d) 2.5 किमी0/घंटा

18. यदि एक लड़के को धारा के विरुद्ध 15 किमी0 जाने में तथा धारा की दिशा में 21 किमी0 जाने में प्रत्येक दशा में 3 घंटे लगे तो धारा का वेग क्या होगा?
(a) 1 किमी0/घंटा (b) 1.5 किमी0/घंटा
(c) 2 किमी0/घंटा (d) 12 किमी0/घंटा

19. एक तैराक धारा के विरुद्ध 750 मीटर दूरी 675 सेकेंण्ड में तय करता है तथा 71/2 मिनट वापस आने में लगता है। शांत जल में उसकी चाल क्या है?
(a) 3 किमी0/घंटा (b) 4 किमी0/घंटा
(c) 5 किमी0/घंटा (d) 6 किमी0/घंटा

20. एक नाव धारा के विरुद्ध 7 किमी0 जाने में 42 मिनट लेती है। यदि धारा का वेग 3 किमी0 प्रति घण्टा हो, तो शांत जल में नाव की चाल क्या होगी?
(a) 4.2 किमी0/घंटा (b) 9 किमी0/घंटा
(c) 13 किमी0/घंटा (d) 21 किमी0/घंटा

21. स्थिर जल में नाव का वेग 10 किमी0 प्रति घंटा हैं । यदि धारा का वेग 6 किमी0 प्रति घंटा हो, तो धारा की दिशा में 80 किमी0 दूरी तय करने में कितना समय लगेगा?
(a) 8 घंटे (b) 5 घंटे
(c) 10 घंटे (d) 20 घंटे

22. एक तैराक शांत जल में $9\frac{1}{3}$ किमी0 प्रति घंटा की चाल से तैर सकता है। यदि एक ही दूरी तय करने में धारा के विरुद्ध जाने में धारा की दिशा में जाने से तिगुना समय लगे तो धारा का वेग क्या है?
(a) $3\frac{1}{3}$ किमी0 प्रति घंटा (b) $3\frac{1}{9}$ किमी0 प्रति घंटा
(c) $4\frac{2}{3}$ किमी0 प्रति घंटा (d) 14 किमी0 प्रति घंटा

23. नदी में एक स्थान P से दूसरे स्थान Q तक जाने तथा P तक वापिस आने में एक नाव 4 घंटे लेती है। यदि धारा का वेग 2 किमी0 प्रति घंटा हो तथा नाव का शांत जल में वेग 4 किमी0 प्रति घंटा हो तो दूरी PQ क्या है?
(a) 4 किमी0 (b) 6 किमी0
(c) 8 किमी0 (d) 9 किमी0

24. एक स्टीमर धारा के विरुद्ध 24 किमी0 तथा धारा की दिशा में 30 किमी0 दूरी तय करने में 7 घंटे लेती है। यही स्टीमर धारा के विरुद्ध 30 किमी0 तथा धारा की दिशा में 24 किमी0 दूरी तय करने में 7 घंटे 24 मिनट लेती है। धारा का वेग क्या है?
(a) 1.5 किमी0 प्रति घंटा (b) 1 किमी0 प्रति घंटा
(c) 2 किमी0 प्रति घंटा (d) 2.4 किमी0 प्रति घंटा

25. एक तैराक धारा के विरुद्ध 5 घंटे में 32 किमी0 दूरी तय करता है तथा धारा की दिशा में 6 घंटे में 49.2 किमी0 दूरी तय करता है। शांत जल में नाव का वेग क्या है?
(a) 11 किमी0/घंटा (b) $7\frac{21}{55}$ किमी0/घंटा
(c) 1.1 किमी0/घंटा (d) 7.3 किमी0/घंटा

26. एक लड़के की शांत जल में चाल 5 किमी0 प्रति घंटा है तथा धारा के विरुद्ध उसकी चाल 3.5 किमी0 प्रति घंटा है। धारा की दिशा में लड़के की चाल क्या है?
(a) 8 किमी0/घंटा (b) 9 किमी0/घंटा
(c) 6.5 किमी0/घंटा (d) 3.5किमी0/घंटा

27. एक नाव की धारा की दिशा में चाल 11 किमी0 प्रति घंटा है तथा धारा का वेग 1.5 किमी0 प्रति घंटा है। नाव की धारा के विरुद्ध चाल क्या होगी?
(a) 8 किमी0/घंटा (b) 7.75 किमी0/घंटा
(c) 6 किमी0/घंटा (d) 4 किमी0/घंटा

28. शांत जल में एक स्टीमर का वेग 9 किमी0 प्रति घंटा है तथा धारा का वेग 1.5 किमी0/घंटा है। नदी में एक स्थान से 105 किमी0 दूरी नाव से तय करने तथा वापिस उसी स्थान पर आने में कुल कितना समय लगेगा?
(a) 14 घंटे (b) 12 घंटे
(c) 19 घंटे (d) 24 घंटे

29. एक नदी में धारा का वेग 1 किमी0 प्रति घंटा है। एक नाव धारा के विपरीत 35 किमी0 जाकर वापिस प्रारम्भिक बिन्दु तक आने में 12 घंटे लेती है। नाव की शांत जल में चाल क्या होगी?
(a) 6 किमी0/घंटा (b) 4 किमी0/घंटा
(c) 8.5 किमी0/घंटा (d) 19 किमी0/घंटा

30. एक नाव की शांत जल में चाल 5 किमी0 प्रति घंटा है तथा धारा का वेग 1 किमी0 प्रति घंटा है। उसे एक निश्चत स्थान तक जाकर प्रारम्भिक बिन्दु तक वापिस आने में 1 घंटा लगता है। वह स्थान प्रारम्भिक बिन्दु से कितना दूर है?
(a) 4.6 किमी0 (b) 8 किमी0
(c) 10 किमी0 (d) 2.4 किमी0

उत्तरमाला (Answer Key)

1. (a)	2. (b)	3. (b)	4. (b)	5. (b)	6. (a)	7. (a)	8. (a)
9. (b)	10. (b)	11. (c)	12. (c)	13. (c)	14. (c)	15. (c)	16. (c)
17. (a)	18. (a)	19. (c)	20. (c)	21. (b)	22. (c)	23. (b)	24. (c)
25. (d)	26. (c)	27. (a)	28. (d)	29. (a)	30. (d)		

हल (Solutions)

1. (a)
शांत जल में नाव की चाल = 6 किमी/घंटा
माना धारा की चाल = x किमी/घंटा
$\therefore$ धारा के प्रतिकूल नाव की चाल = $(6-x)$ किमी/घंटा
$\therefore$ प्रश्न से

$$\frac{6}{6-x}=3$$
$$18-3x=6$$
$$3x=12$$
x = 4 किमी/घंटा

2. (b)

शांत जल में नाव की चाल $=\dfrac{\frac{40}{8}+\frac{36}{6}}{2}$

$=\dfrac{5+6}{2}$

= 5.5 किमी/घंटा

3. (b)
माना नाव की चाल शांत जल में = x किमी/घंटा
तथा धारा की चाल = y किमी/घंटा
धारा के अनुकूल नाव की चाल = $(x+y)$ किमी/घंटा
तथा धारा के प्रतिकूल नाव की चाल = $(x-y)$ किमी/घंटा
प्रश्नानुसार

$$\frac{18}{x+y}=4$$
$$4x+4y=18$$
$$2x+2y=9 \quad \text{(i)}$$
$$\frac{18}{x-y}=12$$
$$12x-12y=18$$
$$2x-2y=3 \quad \text{(ii)}$$

समी (i) व (ii) से
$$4x=12$$
x = 3 किमी/घंटा
x का मान समी0 (i) में रखने पर
$$4\times3+4y=18$$
$$4y=18-12$$
$y=\dfrac{6}{4}=1.5$ किमी/घंटा
$\therefore$ धारा की अभीष्ट चाल = 1.5 किमी/घंटा

4. (b)
माना शांत जल में नाव की चाल x किमी/घंटा एवं धारा की चाल y किमी/घंटा है।
प्रश्नानुसार
$$x+y=8 \quad \text{(i)}$$
$$x-y=2 \quad \text{(ii)}$$
समी0 (i) और समी0 (ii) से,
$$2y=6$$
$y=\dfrac{6}{2}=3$ किमी0

5. (b)
माना नाव की चाल x एवं धारा की चाल y किमी/घंटा
पहली शर्त से $\dfrac{36}{(x+y)}+\dfrac{24}{(x-y)}=6$
$$36(x-y)+24(x+y)=6(x^2-y^2)$$
$$6x-6y+4x+4y=(x^2-y^2)$$
$$10x-2y-(x^2-y^2)=0 \quad \text{(i)}$$
दूसरी शर्त: $\dfrac{36}{(x-y)}+\dfrac{24}{(x+y)}=\dfrac{13}{2}$
$$36(x+y)+24(x-y)=\frac{13}{2}(x^2-y^2)$$
$$36x+36y+24x-24y=\frac{13}{2}(x^2-y^2)$$

$$60x+12y=\frac{13}{2}(x^2-y^2) \quad \text{(ii)}$$

समी (i) एवं (ii) से:

$$\frac{10x-2y}{60x+12y}=\frac{(x^2-y^2)}{\frac{13}{2}(x^2-y^2)}$$

$$\frac{10x-2y}{60x+12y}=\frac{2}{13}$$

$$130x-26y=120x+27y$$

$$130x-120x=24y+26y$$

$$10x=50y$$

$$\frac{x}{y}=\frac{50}{10}=\frac{5}{1}$$

$$x:y=5:1$$

∴ नाव की चाल धारा की चाल = 5:1

यदि y = 1 किमी/घंटा तब x = 5 किमी/घंटा

तब समी0 i) संतुष्ट नहीं होता

लेकिन यदि y = 2 किमी/घंटा तब x = 10 किमी/घंटा

तब समी0 i) एवं ii) दोनों संतुष्ट होते है।

अत: धारा की चाल = 2 किमी/घंटा

6. (a)

माना धारा की चाल x किमी/घंटा है।

प्रश्नानुसार

$$10-x=\frac{45}{6}$$

$$10-x=\frac{15}{2}$$

$$20-2x=15$$

$$-2x=15-20$$

$$-2x=-5$$

$$x=\frac{-5}{-2}$$

$$x=\frac{5}{2}$$

x = 2.5 किमी/घंटा

7. (b)

$$\text{धारा की चाल}=\frac{\text{धारा की दिशा में नाव की चाल} - \text{धारा की विपरित दिशा में नाव की चाल}}{2}$$

$$\therefore \text{ धारा की चाल } =\frac{15.5-8.5}{2}$$

$$=\frac{7}{2}=3.5 \text{ किमी0/घंटा}$$

8. (a)

माना नाव की चाल = x किमी/घंटा

धारा की चाल = y किमी/घंटा

प्रश्न से

$$x+y=\frac{12}{\frac{48}{60}}$$

$$x+y=15 \quad \text{(i)}$$

$$x-y=\frac{12}{1\frac{1}{3}}$$

$$x-y=9 \quad \text{(ii)}$$

समी0 (i) व (ii) को हल करने पर

x = 12 एवं y = 3

शांत जल में नाविक की चाल = नाव की चाल = 12 किमी/घंटा

9. (b)

माना स्थिर जल में लड़के की गति = x किमी/घंटा

प्रश्नानुसार

$$x+3=2(x-3)$$

$$x+3=2x-6$$

$$2x-x=3+6$$

$x=9$ किमी/घंटा

10. (b)

माना धारा की गति है x किमी/घंटा और वे y घंटे में मिलते हैं।

प्रश्नानुसार,

$$(12+x)y+(15-x)y=108$$

$$y(12+x)+(15-x)y=108$$

$$12y+xy+15y-xy=108$$

$$y=\frac{108}{27}=4$$

y = 4 घंटे

11. (c)

$$\text{धारा के विपरीत चाल } =\frac{56}{\frac{7}{4}}$$

= 32 किमी/घंटा

माना धारा की चाल = x किमी/घंटा

$$36-x=32$$

$$x=36-32$$

= 4 किमी/घंटा

∴ धारा की दिशा में मोटर बोट की चाल

= 36 + 4 = 40 किमी/घंटा

$$\text{समय } =\frac{56}{40}=\frac{7}{5}$$

1 घंटा 24 मिनट

12. (c)

माना धारा की चाल = x किमी/घंटा

∴ धारा की दिशा में बोट की गति = $(x+45)$ किमी/घंटा

∴ प्रश्न से:-

$\frac{80}{x+45} = 1$ घंटा 20 मिनट

$\frac{80}{x+45} = \frac{4}{3}$ घंटा

∴ $4x + 180 = 240$

$4x = 60$

$x = 15$ किमी/घंटा

∴ मोटर बोट की धारा के प्रतिकूल चाल = 45 − 15

= 30 किमी/घंटा

अभीष्ट समय $= \frac{80}{30}$

= 2 घंटा 40 मिनट

13. (c)

माना नाव की चाल x किमी/घंटा है।

धारा की गति 1 किमी/घंटा

∴ धारा की दिशा में नाव की चाल = $(x+1)$ किमी/घंटा

धारा की विपरीत दिशा में नाव की चाल = $(x-1)$ किमी/घंटा

प्रश्नानुसार,

$(x+1)8 = (x-1)\times 10$

$8x+8 = 10x-10$

$2x = 18$

$x = 9$ किमी/घंटा

∴ अभीष्ट दूरी $= (x+1)8$

$= (9+1)8$

= 80 किमी0

14. (c)

शांत जल में नाव की चाल = 10 किमी/घंटा

धारा की चाल = 4 किमी/घंटा

माना तय की गई दूरी = D किमी/घंटा

प्रश्नानुसार

∴ $\frac{D}{10+4} + \frac{D}{10-4} = 5$

$\frac{D}{14} + \frac{D}{6} = 5$

$3D + 7D = 5\times 42$

$10D = 210$

$D = 21$ किमी0

15. (c)

माना कि कुल दूरी x किमी0 है।

प्रश्नानुसार,

$\frac{x}{5+1} + \frac{x}{5-1} = 1$

$\frac{x}{6} + \frac{x}{4} = 1$

$x = \frac{12}{5} = 2.4$ किमी

16. (c)

माना गहराई = x सेमी0

$(x+5)^2 = x^2 + 10^2$

$x^2 + 25 + 10x = x^2 + 100$

$10x = 7.5$

$x = 7.5$ सेमी0

17. (a)

शांत जल में तैराक का वेग $= \frac{1}{2}(6+2) = 4$ किमी0धघंटा

18. (a)

धारा के विरुद्ध वेग $= \left(\frac{15}{3}\right)$ किमी0/घंटा = 5 किमी0/घंटा

धारा की दिशा में वेग $= \left(\frac{21}{3}\right)$ किमी0/घंटा = 7 किमी0/घंटा

धारा का वेग $= \frac{1}{2}(7-5)$ किमी0/घंटा = 1 किमी0/घंटा

19. (c)

धारा के विरुद्ध वेग $= \left(\frac{750}{675}\right)$ मी0/से0 $= \frac{10}{9}$ मी0/से0

धारा की दिशा में वेग $= \left(\frac{750}{450}\right)$ मी0/से0 $= \frac{5}{3}$ मी0/से0

शांत जल में चाल $= \frac{1}{2}\left(\frac{10}{9} + \frac{5}{3}\right)$ मी0/से0

$= \left(\frac{25}{18} \times \frac{18}{5}\right)$ किमी0/घंटा = 5 किमी0/घंटा

20. (c)

धारा के विरुद्ध चाल $= \left(\frac{7}{42} \times 60\right)$ किमी0/घंटा

= 10 किमी0/घंटा

माना धारा की दिशा में चाल = x किमी/घंटा

तब $\frac{1}{2}(x-10) = 3$

अर्थात् $x = 36$ किमी/घंटा

शांत जल में नाव की चाल $= \frac{1}{2}(16+10)$ किमी/घंटा

= 13 किमी/घंटा

21. (b)

धारा की दिशा में वेग = 16 किमी/घंटा

धारा की दिशा में 80 किमी0 दूरी तय करने में लगा समय

$= \left(\frac{80}{16}\right)$ घंटे = 5 घंटे

22. (c)

माना धारा के विरुद्ध गति = x किमी0 प्रति घंटा
तब धारा की दिशा में गति = $3x$ किमी0 प्रति घंटा

$\frac{1}{2}(3x+x)=\frac{28}{3}$

अर्थात् $x=\frac{14}{3}$

धारा के विरुद्ध गति $=\frac{14}{3}$ किमी/घंटा

धारा की दिशा में गति $=\frac{42}{3}$ किमी/घंटा

धारा का वेग $=\frac{1}{2}\left(\frac{42}{3}-\frac{14}{3}\right)$ किमी/घंटा

$=4\frac{2}{3}$

23. (b)

माना PQ = x किमी0
धारा की दिशा में वेग = 6 किमी/घंटा
धारा के विरुद्ध वेग = 2 किमी/घंटा

$\therefore \frac{x}{6}+\frac{x}{2}=4$

अर्थात् x = 6
अर्थात् PQ = 6 किमी0

24. (c)

माना धारा की दिशा में वेग = x किमी/घंटा
धारा के विपरीत वेग = y किमी/घंटा

तब, $\frac{24}{y}+\frac{30}{x}=7$

$\frac{30}{y}+\frac{24}{x}=\frac{37}{5}$

जोड़ने पर:-

$54\left(\frac{1}{y}+\frac{1}{x}\right)=\frac{72}{5}$

$\frac{1}{y}+\frac{1}{x}=\frac{4}{15}$ (i)

घटाने पर

$6\left(\frac{1}{y}-\frac{1}{x}\right)=\frac{2}{5}$

$\frac{1}{y}-\frac{1}{x}=\frac{1}{15}$ (ii)

i) तथा ii) को हल करने पर

$\frac{1}{y}=\frac{1}{6}$ तथा $\frac{1}{x}=\frac{1}{10}$

x = 10 तथा y = 6

धारा का वेग $=\frac{1}{2}(10-6)=2$ किमी0/घंटा

25. (d)

धारा के विरुद्ध वेग $=\left(\frac{32}{5}\right)$ किमी/घंटा = 6.4 किमी/घंटा

धारा की दिशा में वेग $=\left(\frac{49.2}{6}\right)$ किमी/घंटा = 8.2 किमी/घंटा

शांत जल में नाव का वेग $=\frac{1}{2}(6.4\times1.2)$ किमी/घंटा

= 7.3 किमी/घंटा

26. (c)

माना धारा की दिशा में चाल = x किमी/घंटा
तब,

$=\frac{1}{2}(x+3.5)=5$

x = 6.5 किमी/घंटा

27. (a)

माना धारा के विरुद्ध चाल = x किमी/घंटा

तब, $\frac{1}{2}(11-x)=1.5$

x = 8 किमी/घंटा

28. (d)

धारा की दिशा में वेग = 10.5 किमी/घंटा
धारा की विपरीत दिशा में वेग = 7.5 किमी/घंटा

अभीष्ट समय $=\left(\frac{105}{10.5}+\frac{105}{7.5}\right)$ घंटे = 24 घंटे

29. (a)

माना शांत जल में नाव की चाल = x किमी/घंटा
तब धारा की दिशा में वेग $=(x+1)$ किमी/घंटा
धारा की विपरीत दिशा में वेग $=(x-1)$ किमी/घंटा

$\frac{35}{(x-1)}+\frac{35}{(x+1)}=12$

$6x^2-35x-6=0$

$(6x+1)(x-6)=0$

x = 6

शांत जल में नाव की चाल = 6 किमी/घंटा

30. (d)

धारा की दिशा में वेग = 6 किमी/घंटा
धारा के विरुद्ध वेग = 4 किमी/घंटा
माना अभीष्ट दूरी = x किमी0

तब

$\frac{x}{6}+\frac{x}{4}=1$

$5x=12$

x = 2.4

आयु सम्बन्धित प्रश्न
Questions Related to Age

आयु सम्बन्धित प्रश्नों को हल करने के लिए रेखिय समीकरणों का ज्ञान आवश्यक है।

इन प्रश्नों में तीन प्रकार के प्रश्न बनते हैं।

- ❑ कुछ वर्ष बाद आयु
- ❑ वर्तमान आयु
- ❑ कुछ वर्ष पहले आयु

उदाहरण (Examples)

1. अरूण तथा उसके पिता की आयु का योग 49 वर्ष है। 7 वर्ष पूर्व पिता की आयु अरूण की आयु से चार गुनी थी। अरूण के पिता की वर्तमान आयु ज्ञात करें।

माना अरूण की आयु $= x$ वर्ष

तथा पिता की आयु $= (49 - x)$ वर्ष

7 वर्ष पूर्व अरूण की आयु $= (x - 7)$ वर्ष

7 वर्ष पूर्व अरूण के पिता की आयु $= (49 - x - 7)$ वर्ष

$= (42 - x)$ वर्ष

$\therefore \quad 4(x - 7) = (42 - x)$

$x = 14$

अत: पिता की वर्तमान आयु $= 49 - 14 = 35$ वर्ष

2. A तथा B की आयु का अन्तर 16 वर्ष है। 6 वर्ष पहले A की आयु B की आयु से तिगुनी थी। उनकी वर्तमान आयु ज्ञात करें।

माना A की आयु $= x$ वर्ष

B की आयु $= (x - 16)$ वर्ष

6 वर्ष पूर्व A की आयु $= (x - 6)$ वर्ष

6 वर्ष पूर्व B की आयु $= (x - 22)$ वर्ष

$\therefore (x - 6) = 3(x - 22)$

$x = 30$

अत: A की आयु $= 30$ वर्ष

B की आयु $= 14$ वर्ष

3. सुनीता और उसकी माता की आयु का अनुपात 3 : 8 है तथा उनकी आयु में अन्तर 35 वर्ष है। चार वर्ष बाद उनकी आयु का अनुपात क्या होगा?

माना सुनीता की आयु $= 3x$ वर्ष

माता की आयु $= 8x$ वर्ष

तब $8x - 3x = 35$

$x = 7$

4 वर्ष बाद उनकी आयु का अनुपात $= \frac{3x+4}{8x+4}$

$= \frac{3\times7+4}{8\times7+4} = \frac{25}{60} = \frac{5}{12}$

अत: अभीष्ट अनुपात = 5:12

4. एक पिता की आयु, पुत्र की आयु के तीन गुने से 3 वर्ष अधिक है। यदि 3 वर्ष बाद पिता की आयु, पुत्र की आयु के दुगुने से 10 वर्ष अधिक हो, तो पुत्र की वर्तमान आयु कितनी है?

माना पुत्र की वर्तमान आयु $= x$ वर्ष

तब पिता की वर्तमान आयु $= (3x + 3)$ वर्ष

3 वर्ष बाद पुत्र की आयु $= (x + 3)$ वर्ष

3 वर्ष बाद पिता की आयु $= (3x + 6)$ वर्ष

$(3x + 6) = 2(x + 3) + 10$

$x = 10$

अत: पुत्र की वर्तमान आयु $= 10$ वर्ष

5. 5 वर्ष पूर्व सुमन की आयु संतोष की आयु का एक तिहाई थी तथा अब सुमन की आयु 17 वर्ष है। संतोष की वर्तमान आयु क्या है?

5 वर्ष पूर्व सुमन की आयु $= (17 - 5)$ वर्ष $= 12$ वर्ष

5 वर्ष पूर्व संतोष की आयु $= (3\times12) = 36$ वर्ष

संतोष की वर्तमान आयु $= (36 + 5) = 41$ वर्ष

6. चार विधार्थियों की औसत आयु $18\frac{1}{2}$ वर्ष है। शिक्षक की आयु को सम्मिलित किये जाने पर औसत आयु में 20% वृद्धि हो जाती है। शिक्षक की आयु ज्ञात कीजिए।

4 विद्यार्थियों की कुल आयु $= \left(\frac{37}{2}\times4\right)$ वर्ष $= 74$ वर्ष

(शिक्षक + 4 विद्यार्थी) की औसत आयु $= \left(\frac{120}{100}\times\frac{37}{2}\right)$ वर्ष

$= \frac{111}{5}$ वर्ष

(शिक्षक + 4 विद्यार्थी) की कुल आयु $= \left(\frac{111}{5}\times5\right) = 111$ वर्ष

शिक्षक की आयु $= (111 - 74)$ वर्ष

$= 37$ वर्ष

7. मीना तथा मीरा की आयु का अनुपात 4 : 3 है तथा उनकी आयु का योग 28 वर्ष है। 8 वर्ष बाद इनकी आयु का अनुपात क्या होगा?

माना मीना की आयु = $4x$

मीरा की आयु = $3x$

$4x + 3x = 28$

$x = 4$

मीना की आयु = 16 वर्ष

मीरा की आयु = 12 वर्ष

8 वर्ष बाद इनकी आयु का अनुपात = (16 + 8): (12 + 8)

= 24 : 20

= 6 : 5

8. राम तथा मुक्ता की आयु का अनुपात 3: 5 है। 9 वर्ष बाद इनकी आयु का अनुपात 3: 4 हो जाएगा। मुक्ता की वर्तमान आयु क्या है?

माना राम की आयु = $3x$

मुक्ता की आयु = $5x$

$$\frac{3x+9}{5x+9}=\frac{3}{4}$$

$4(3x+9)=3(5x+9)$

$x = 8$

उनकी वर्तमान आयु का अन्तर = $(5x - 2x)$

= $3x$ = 24 वर्ष

9. गीता और अरूण की वर्तमान आयु का अनुपात 2:5 है। 8 वर्ष बाद इनकी आयु का अनुपात 1:2 होगा। उनकी वर्तमान आयु का अन्तर क्या है?

माना गीता की आयु = $2x$

अरूण की आयु = $5x$

$$\frac{2x+8}{5x+8}=\frac{1}{2}$$

$2(2x)+8=5x+8$

$x = 8$

वर्तमान आयु का अन्तर = $(5x - 2x) = 3x$ = 24 वर्ष

10. एक पिता की आयु पुत्र की आयु से दुगुनी है। 20 वर्ष पूर्व पिता की आयु पुत्र की आयु से 12 गुनी थी। पिता की वर्तमान आयु क्या है?

माना पुत्र की आयु = x, पिता की आयु = $2x$

$(2x - 20) = 12\ (x - 20)$

$x = 22$

अतः पिता की आयु = $2x = 2\times22=44$ वर्ष

अभ्यास प्रश्न (Practice Questions)

1. एक पिता और पुत्र की आयु का योग 45 वर्ष है। यदि 5 वर्ष पूर्व दोनों की आयु का गुणनफल उस समय पिता की आयु का चार गुना हो, तो उनकी वर्तमान आयु क्या है?

   (a) 35 वर्ष, 10 वर्ष (b) 36 वर्ष, 9 वर्ष

   (c) 39 वर्ष, 6 वर्ष (d) इनमें से कोई नहीं।

2. पुष्पा की आयु रीता की 2 वर्ष की आयु की दुगुनी है। यदि दोनों की वर्तमान आयु का अन्तर 2 वर्ष हो, तो पुष्पा की वर्तमान आयु क्या है?

   (a) 4 वर्ष (b) 8 वर्ष

   (c) 9 वर्ष (d) 16 वर्ष

3. जय अनिल से उतना छोटा है जितना वह प्रशान्त से बडा है। यदि अनिल तथा प्रशान्त की आयु का योग 48 वर्ष हो, तो जय की आयु क्या है?

   (a) 20 वर्ष (b) 24 वर्ष

   (c) 34 वर्ष (d) इनमें से कोई नहीं।

4. दस वर्ष पूर्व सचिन की आयु अमन की आयु से दुगुनी थी। यदि दस वर्ष बाद सचिन की आयु 40 वर्ष हो, तो अमन की वर्तमान आयु क्या है?

   (a) 20 वर्ष (b) 30 वर्ष

   (c) 45 वर्ष (d) 19 वर्ष

5. दस वर्ष पूर्व A की आयु B की आयु से आधी थी। यदि उनकी वर्तमान आयु का अनुपात 3:4 हो तो उनकी वर्तमान आयु का योग क्या होगा?

   (a) 24 वर्ष (b) 22 वर्ष

   (c) 40 वर्ष (d) 35 वर्ष

6. 6 वर्ष पूर्व सुशील की आयु स्नेहल की आयु से तिगुनी थी। 6 वर्ष बाद सुशील की आयु स्नेहल की आयु का $\frac{5}{3}$ होगी। स्नेहल की वर्तमान आयु क्या है?

   (a) 12 वर्ष (b) 15 वर्ष

   (c) 28 वर्ष (d) 34 वर्ष

7. एक वर्ष पूर्व प्रमिला की आयु उसकी पुत्री स्वाति से चार गुनी थी। 6 वर्ष बाद प्रमिला की आयु स्वाति की आयु से 24 वर्ष अधिक होगी। प्रमिला तथा स्वाति की वर्तमान आयु का अनुपात क्या होगा?

   (a) 8 : 4 (b) 11 : 3

   (c) 12 : 6 (d) 17 : 3

8. विमल तथा अरूण की आयु का अनुपात 3:5 है तथा इनकी आयु का योग 80 वर्ष है। 10 वर्ष बाद इनकी आयु का अनुपात क्या होगा?

(a) 2 : 3 (b) 2 : 1
(c) 4 : 3 (d) 8 : 4

9. यदि 10 वर्ष बाद a की आयु b की 10 वर्ष पहले की आयु का दुगुना हो तथा अब a की आयु b की आयु से 9 वर्ष अधिक हो, तो b की वर्तमान आयु क्या है?

(a) 19 वर्ष (b) 24 वर्ष
(c) 39 वर्ष (d) 49 वर्ष

10. यदि गुरमीत की वर्तमान आयु में से 6 घटाकर, शेषफल को 18 से भाग दें तो अनूप की आयु प्राप्त होती है। महेश की आयु 5 वर्ष है तथा अनूप महेश से 2 वर्ष छोटा है। गुरमीत की वर्तमान आयु कितनी है?

(a) 60 वर्ष (b) 48 वर्ष
(c) 84 वर्ष (d) 64 वर्ष

11. A, B, C की वर्तमान आयु का योग 90 वर्ष है। दस वर्ष पूर्व उनकी आयु का अनुपात 1 : 2 : 3 था। B की वर्तमान आयु क्या है?

(a) 40 वर्ष (b) 30 वर्ष
(c) 18 वर्ष (d) 20 वर्ष

12. स्नेह की आयु अपने पिता की आयु का छठा भाग है। 10 वर्ष बाद स्नेह के पिता की आयु विमल की आयु से दुगुनी होगी। यदि विमल का 8वाँ जन्म दिन 2 वर्ष पूर्व मनाया गया हो तो स्नेह की वर्तमान आयु क्या है?

(a) 24 वर्ष (b) 30 वर्ष
(c) $6\frac{2}{3}$ वर्ष (d) इनमें से कोई नहीं

13. कमला का विवाह 6 वर्ष पूर्व हुआ। उसकी वर्तमान आयु उसके विवाह के समय की आयु से $\frac{5}{4}$ गुनी है। कमला के पुत्र की आयु उसकी आयु का $\frac{1}{10}$ है। उसके पुत्र की वर्तमान आयु क्या है?

(a) 8 वर्ष (b) 3 वर्ष
(c) 4 वर्ष (d) 5 वर्ष

14. दस वर्ष पूर्व चन्द्रावती की माता की आयु उसकी आयु से चौगुनी थी। दस वर्ष बाद माता की आयु पुत्री की आयु से दुगुनी होगी। चन्द्रावती की वर्तमान आयु क्या है?

(a) 5 वर्ष (b) 10 वर्ष
(c) 20 वर्ष (d) 30 वर्ष

15. दो वर्ष पूर्व एक व्यक्ति की आयु अपने पुत्र की आयु से 6 गुनी थी। 18 वर्ष बाद उसकी आयु पुत्र की आयु से दुगुनी होगी। उनकी आयु क्रमशः है।

(a) 32, 7 (b) 34, 9
(c) 36, 11 (d) इनमें से कोई नहीं

16. एक कारखाने में 60% श्रमिक 30 वर्ष से अधिक आयु के हैं और उनमें 75% पुरूष है तथा शेष स्त्रियाँ हैं। यदि 30 वर्ष से अधिक आयु के पुरूष श्रमिकों की संख्या 1350 हो, तो कारखाने के कुल श्रमिकों की संख्या कितनी है?

(a) 3000 (b) 2000
(c) 1800 (d) 1500

17. हर्ष की आयु 40 वर्ष है और रितेश की आयु 60 वर्ष है, कितने वर्ष पहले उनकी आयु का अनुपात 3: 5 था?

(a) 10 वर्ष (b) 20 वर्ष
(c) 37 वर्ष (d) 5 वर्ष

18. दो भाइयों की वर्तमान आयु का अनुपात 1: 2 है तथा 5 वर्ष पहले यह अनुपात 1: 3 था। 5 वर्ष बाद पश्चात् उनकी आयु का क्या अनुपात होगा?

(a) 1 : 4 (b) 2 : 3
(c) 3 : 5 (d) 5 : 6

19. दो विद्यार्थियों की आयु का अनुपात 3: 2 है। उनमें से एक दूसरे से 5 वर्ष बड़ा है। छोटे विधार्थी की आयु कितनी है?

(a) 2 वर्ष (b) 10 वर्ष
(c) $2\frac{1}{2}$ वर्ष (d) 15 वर्ष

20. 16 वर्ष पहले मेरे दादा की आयु उस समय की मेरी आयु से 8 गुना अधिक थी अब से 8 वर्ष बाद उनकी आयु मेरी आयु की तीन गुनी होगी। 8 वर्ष पहले मेरी आयु और मेरे दादा की आयु का अनुपात क्या था?

(a) 3 : 8 (b) 1 : 5
(c) 1 : 2 (d) उपर्युक्त में से कोई नहीं

21. मैं अपने पुत्र से तिगुनी आयु का हूँ। 15 वर्षो बाद मैं अपने पुत्र की दोगुनी आयु का हो जाउँगा। तदनुसार हम दोनों की आयु का योग कितना है?

(a) 48 वर्ष (b) 60 वर्ष
(c) 64 वर्ष (d) 72 वर्ष

22. पिता की वर्तमान आयु अपने पुत्र की आयु के तिगुने से 3 वर्ष अधिक है, तीन वर्ष बाद, पिता की आयु पुत्र की आयु के दोगुने से 10 वर्ष अधिक होगी, पिता की वर्तमान आयु क्या है

(a) 33 वर्ष (b) 39 वर्ष
(c) 45 वर्ष (d) 40 वर्ष

23. नरेश की आयु उसके भाई की आयु के दोगुने से 4 वर्ष कम है। उसकी आयु ज्ञात करने के लिए निम्नलिखित में से कौन सा समीकरण सही प्रतिनिधित्व करता है?

(a) $2x + 4$ (b) $4x + 2$
(c) $x - 4$ (d) $2x - 4$

24. किसी व्यक्ति से उसकी आयु बताने को कहा गया। उसका उत्तर था, तीन वर्ष बाद की मेरी आयु लीजिए उसे 3 से गुना किजिए, गुणनफल में से तीन वर्ष पहले की मेरी आयु के तिगुने को घटाइए और फिर आपको उत्तर प्राप्त हो जाएगा कि मेरी वर्तमान आयु क्या है? उस व्यक्ति की वर्तमान आयु क्या थी?

(a) 24 वर्ष (b) 20 वर्ष
(c) 32 वर्ष (d) 18 वर्ष

25. A तथा B की वर्तमान आयु 4: 5 के अनुपात में है तथा 5 वर्ष बाद ये 5: 6 अनुपात में होगी। A की वर्तमान आयु है:
(a) 10 वर्ष (b) 20 वर्ष
(c) 25 वर्ष (d) 40 वर्ष

26. वर्तमान में, माया तथा छाया की आयु का अनुपात 6 : 5 है। किन्तु 15 वर्षो बाद उनकी आयु का अनुपात 9:8 हो जाएगा। तदनुसार माया की वर्तमान आयु कितनी है?
(a) 21 वर्ष (b) 24 वर्ष
(c) 30 वर्ष (d) 40 वर्ष

27. दो लड़कों की आयु का अनुपात 5 : 6 है दो वर्ष पश्चात् उनकी आयु का अनुपात 7 : 8 होगा। 10 वर्ष पश्चात् उनकी आयु का अनुपात कितना होगा?
(a) 15 : 16 (b) 17 : 18
(c) 11 : 12 (d) 27 : 24

28. एक पिता की आयु का उसके पुत्र की आयु से अनुपात 4:1 है। उनकी आयु का गुणनफल 196 है। 5 वर्ष पश्चात् उनकी आयु का अनुपात होगा:
(a) 3 : 1 (b) 10 : 3
(c) 11 : 4 (d) 14 : 5

29. तीन लड़कियो की औसत आयु 20 वर्ष है तथा उनकी 3: 5: 7 के अनुपात में हैं। सबसे छोटी लड़की की आयु है।
(a) 4 वर्ष (b) 8 वर्ष
(c) 12 वर्ष (d) 5 वर्ष

30. 4 वर्ष पहले A और B की आयु का अनुपात 2 : 3 था तथा अब से 4 वर्ष पश्चात् यह अनुपात 5 : 7 हो जाएगा। उनकी वर्तमान आयु है।
(a) 36 वर्ष और 40 वर्ष (b) 32 वर्ष और 48 वर्ष
(c) 40 वर्ष, 56 वर्ष (d) 36 वर्ष, 52 वर्ष

उत्तरमाला (Answer Key)

1. (b)	2. (b)	3. (b)	4. (a)	5. (d)	6. (a)	7. (b)	8. (a)
9. (a)	10. (a)	11. (b)	12. (d)	13. (b)	14. (c)	15. (a)	16. (a)
17. (a)	18. (c)	19. (b)	20. (b)	21. (b)	22. (a)	23. (d)	24. (d)
25. (b)	26. (c)	27. (a)	28. (c)	29. (c)	30. (d)		

हल (Solutions)

1. (b)
माना पिता की आयु $= x$
पुत्र की आयु $= (45 - x)$
$(x - 5)\ (45 - x - 5) = 4(x - 5)$
$40 - x = 4$
$x = 36$
पिता की आयु = 36 वर्ष
पुत्र की आयु = 45 − 36 = 9 वर्ष

2. (b)
माना पुष्पा की आयु $= x$
रीता की आयु $= x - 2$
$\therefore x = 2(x - 2 - 2)$
$x = 8$

3. (b)
अनिल − जय = जय − प्रशान्त
अजय + प्रशान्त = 2 (जय)
2 × जय = 48
जय = 24 वर्ष

4. (a)
सचिन की वर्तमान आयु = (40 − 10) = 30 वर्ष
सचिन की 10 वर्ष पूर्व आयु = (30 − 10) = 20 वर्ष
अजय की 10 वर्ष पूर्व आयु = 10 वर्ष
अजय की वर्तमान आयु = (10 + 10) = 20 वर्ष

5. (d)
माना A की वर्तमान आयु $= 3x$
B की वर्तमान आयु $= 4x$
$2(3x - 10) = (4x - 10)$
$x = 5$
$\therefore$ वर्तमान आयु का योग $= (3x + 4x)$
$7x = 35$

6. (a)
माना 6 वर्ष पूर्व स्नेहल की आयु = x
सुशील की आयु = $3x$
स्नेहल की आयु = $(x + 6)$ वर्ष
सुशील की आयु = $(3x + 6)$ वर्ष
$$(3x+6)+6=\frac{5}{3}[(x+6)+6]$$
$3(3x + 12) = 5(x + 12)$
$x = 6$
स्नेहल की वर्तमान आयु = $(x + 6) = 12$ वर्ष

7. (b)
माना 1 वर्ष पूर्व स्वाति की आयु = x
प्रमिला की आयु = $4x$
स्वाति की वर्तमान आयु = $(x + 1)$
प्रमिला की वर्तमान आयु = $(4x + 1)$
$(4x + 1 + 6) - (x + 1 + 6) = 24$
$x = 8$
प्रमिला तथा स्वाति की वर्तमान आयु का अनुपात $=\frac{4x+1}{x+1}$
$=\frac{33}{9}=\frac{11}{3}$

8. (a)
माना विमल की आयु = $3x$, अरूण की आयु = $5x$
$3x + 5x = 80$
$x = 10$
दस वर्ष बाद आयु का अनुपात $=\frac{3x+10}{5x+10}=\frac{40}{60}=\frac{2}{3}$

9. (c)
माना b की वर्तमान आयु = x
a की वर्तमान आयु = $x + 9$
10 वर्ष पहले b की आयु = $(x - 10)$
10 वर्ष बाद a की आयु = $(x + 9 + 10) = (x + 19)$
$\therefore x + 19 = 2(x - 10)$
$x = 39$

10. (a)
अनुप की आयु = $(5 - 2) = 3$ वर्ष
माना गुरमीत की आयु = x वर्ष
$$\frac{x-6}{18}=3$$
$x = 60$ वर्ष

11. (b)
माना 10 वर्ष पूर्व तीनों की आयु = x, $2x$ तथा $3x$ थी
$\therefore (x + 10) + (2x + 10) + (3x + 10) = 90$
$x = 10$
B की वर्तमान आयु = $(2x + 10) = 30$ वर्ष

12. (d)
10 वर्ष बाद विमल की आयु = $(8 + 2 + 10)$ वर्ष
= 20 वर्ष
स्नेह के पिता की 10 वर्ष बाद आयु = 40 वर्ष
स्नेह के पिता की वर्तमान आयु = 30 वर्ष
स्नेह की वर्तमान आयु $=\left(\frac{1}{6}\times 30\right)$ वर्ष = 5 वर्ष

13. (b)
माना 6 वर्ष पूर्व कमला की आयु = x
कमला की वर्तमान आयु = $(x + 6)$
$\therefore (x+6)=\frac{5}{4}x$
$4(x + 6) = 5x$
$x = 24$
कमला की वर्तमान आयु = $(x + 6) = 30$ वर्ष
पुत्र की आयु $=\left(\frac{1}{10}\times 30\right)$ वर्ष = 3 वर्ष

14. (c)
माना 10 वर्ष पूर्व चन्द्रावती की आयु = x
माता की आयु = $4x$
चन्द्रावती की वर्तमान आयु = $(x + 10)$
माता की वर्तमान आयु = $(4x + 10)$
$(4x + 10 + 10) = 2(x + 10 + 10)$
$x = 10$
चन्द्रावती की वर्तमान आयु = $(x + 10) = 20$ वर्ष

15. (a)
माना 2 वर्ष पूर्व पुत्र की आयु = x
पिता की आयु = $6x$
पुत्र की वर्तमान आयु = $(x + 2)$
पिता की वर्तमान आयु = $6x + 2$
$(6x + 2 + 18) = 2(x + 2 + 18)$
$x = 5$
पिता की वर्तमान आयु = $(6x + 2) = 32$ वर्ष
पुत्र की वर्तमान आयु = $(x + 2) = 7$ वर्ष

16. (a)
माना कि कारखानों में कुल श्रमिकों की संख्या = x
$\therefore$ कारखानों में 30 वर्ष से अधिक आयु वाले श्रमिकों की संख्या
= x का 60%
$=\frac{3x}{5}$

$\therefore$ कारखानों में 30 वर्ष से अधिक आयु वाले श्रमिकों में 75% पुरूष हैं।
अत: कारखाने में 30 वर्ष से अधिक आयु वाले पुरूषों की संख्या
$=\frac{3x}{5}$ का 75%
$=\frac{9x}{20}$

प्रश्न से,

$\frac{9x}{20} = 1350$

$9x = 1350 \times 20$

$x = 3000$

अत: कारखाने में श्रमिकों की संख्या = 3000

17. (a)

माना x वर्ष पहले उनकी आयु का अनुपात 3:5 था

$\frac{40-x}{60-x} = \frac{3}{5}$

$x = 10$ वर्ष

18. (c)

माना उनकी वर्तमान आयु x एवं $2x$ है।

तब $\frac{x-5}{2x-5} = \frac{1}{3}$

$\therefore 3x - 15 = 2x - 5$

$x = 10$

$\therefore$ 5 वर्ष पश्चात् अभीष्ट अनुपात

$\frac{x+5}{2x+5} = \frac{10+5}{20+5} = \frac{3}{5}$

5 वर्ष पश्चात् दोनों भाइयों की आयु का अनुपात = 3: 5

19. (b)

माना बड़े विद्यार्थी की आयु $3x$ तथा छोटे विद्यार्थी की आयु $2x$ है।

$3x - 2x = 5 = x = 5$

छोटे विधार्थी की आयु = $2x = 10$ वर्ष

20. (b)

माना मेरे दादा की वर्तमान आयु = x वर्ष

तथा मेरी वर्तमान आयु = y वर्ष

प्रश्न से,

$x - 16 = (y-16) + 8(y-16)$

$x - 16 = y - 16 + 8y - 128$

$x - 9y = -128$ (i)

$x + 8 = (y+8) \times 3$

$x + 8 = 3y + 24$

$x - 3y = 16$ (ii)

समी0 (i) एवं (ii) से

$6y = 144$

$y = 24$ वर्ष

y का मान समी0 (i) में रखने पर

$x - 3 \times 24 = 16$

$x = 16 + 72 = 88$ वर्ष

$\therefore$ 8 वर्ष पहले दोनों की उम्र में अभीष्ट अनुपात

$= \frac{24-8}{88-8} = \frac{16}{80} = \frac{1}{5} = 1:5$

21. (b)

माना पुत्र की वर्तमान आयु = x वर्ष

पिता की वर्तमान आयु = $3x$

15 वर्ष बाद पुत्र की आयु = $x + 15$

15 वर्ष बाद पिता की आयु = $3x + 15$

प्रश्नानुसार,

$3x + 15 = 2(x+15)$

$3x + 15 = 2x + 30$

$x = 15$

$\therefore$ पिता तथा पुत्र की वर्तमान आयु का योग $= x + 3x$

$= 4x$

$= 4 \times 15$

$= 60$ वर्ष

22. (a)

माना पुत्र की वर्तमान आयु = x वर्ष

पिता की वर्तमान आयु = $(3x + 3)$ वर्ष

तीन वर्ष बाद

$(3x+3+3) = 2(x+3) + 10$

$3x + 6 = 2x + 16$

$x = 10$

पिता की वर्तमान आयु $= 3x + 3$

$= 3 \times 10 + 3$

$= 33$ वर्ष

23. (d)

माना उसके भाई की आयु x वर्ष है।

$\therefore$ नरेश की आयु = $2x - 4$

24. (d)

माना उस व्यक्ति की वर्तमान आयु = x वर्ष

$(x+3) \times 3 - 3(x-3)$

$3x + 9 - 3x + 9$

$= 18$ वर्ष

25. (b)

माना A तथा B की वर्तमान आयु क्रमश: $4x$ तथा $5x$ है।

प्रश्नानुसार,

$\frac{4x+5}{5x+5} = \frac{5}{6}$

$24x + 30 = 25x + 25$

$x = 5$

$\therefore$ A की वर्तमान आयु $= 5 \times 4$

$= 20$ वर्ष

26. (c)

माना वर्तमान में माया की आयु $6x$ तथा छाया की आयु $= 5x$ है।

प्रश्नानुसार

$\frac{6x+15}{5x+15} = \frac{9}{8}$

$48x + 120 = 45x + 135$

$3x = 15$
$x = 5$
माया की वर्तमान आयु $= 6x$
$= 6 \times 5$
$= 30$ वर्ष

27. (a)
माना दोनों लड़कों की आयु $5x$ तथा $6x$ है।
प्रश्नानुसार
$$\frac{5x+2}{6x+2} = \frac{7}{8}$$
$40x + 16 = 42x + 14$
$2x = 2$
$x = 1$
अत: 10 वर्ष पश्चात् लड़कों की उम्र का अनुपात
$$\frac{5\times1+10}{6\times1+10} = \frac{15}{16}$$
$= 15 : 16$

28. (c)
माना कि पिता की आयु $= 4x$, पुत्र की आयु $= x$ है।
प्रश्न से,
$4x \times x = 196$
$4x^2 = 196$
$x^2 = 49$
$x = 7$
पिता की आयु $= 4 \times x$
$= 4 \times 7 = 28$ वर्ष
पुत्र की आयु $= 7$ वर्ष
5 वर्ष बाद पिता की आयु 33 वर्ष तथा पुत्र की आयु 12 वर्ष होगी।
अत: 5 वर्ष बाद पिता पुत्र की आयु का अनुपात $= \frac{33}{12} = 11:4$

29. (c)
माना तीनों लड़कियों की आयु क्रमश: $3x$, $5x$ तथा $7x$
लड़कियों की औसत आयु $= 20$ वर्ष
$\therefore$ लड़कियों की कुल आयु $= 20 \times 3 = 60$ वर्ष
प्रश्न से,
$3x + 5x + 7x = 60$
$15x = 60$
$x = 4$
छोटी लड़की की आयु $4 \times 3 = 12$ वर्ष

30. (d)
माना A और B की वर्तमान आयु x वर्ष तथा y वर्ष है।
$\therefore$ 4 वर्ष पूर्व A की आयु $= x - 4$
तथा 4 वर्ष पूर्व B की आयु $= y - 4$
प्रश्न से,
$$\frac{x-4}{y-4} = \frac{2}{3}$$
$3x - 12 = 2y - 8$
$3x - 2y = 4$ (i)

4 वर्ष पश्चात् A की आयु $= x + 4$
4 वर्ष पश्चात् B की आयु $= y + 4$
प्रश्न से,
$$\frac{x+4}{y+4} = \frac{5}{7}$$
$7x + 28 = 5y + 20$
$7x - 5y = -8$ (ii)
समी (i) $\times$ 5, एवं (ii) $\times$ 2 पर
$$\begin{array}{r} 15x - 10y = 20 \\ 14x - 10y = -16 \\ - \quad + \qquad + \\ \hline x = 36 \end{array}$$
x का मान समी (i) में रखने पर
$3 \times 36 - 2y = 4$
$108 - 2y = 4$
$2y = 104$
$y = 52$
$\therefore$ A की आयु 36 वर्ष तथा की B आयु 52 वर्ष है।

साधारण ब्याज
Simple Interest

जब हम कोई धन किसी दूसरे व्यक्ति या बैंक से उधार या ऋण के रूप में लेते हैं तो बदले में उसे कुछ अतिरिक्त धन देना पड़ता है इसी अतिरिक्त धन को ब्याज (Interest) कहते हैं।

उधार लिए गए धन को मूलधन (Principal) कहते हैं। यदि ब्याज हमेशा समान समय के लिए समान रहता है। तो इसे साधारण ब्याज (Simple Interest) कहा जाता है। साधारण ब्याज SI के द्वारा भी निरूपित किया जाता है।

महत्वपूर्ण सूत्र (Important Formulae)

$$\text{साधारण ब्याज} = \frac{\text{मूलधन} \times \text{समय} \times \text{दर}}{100}$$

$$\text{मूलधन} = \frac{100 \times \text{साधारण ब्याज}}{\text{दर} \times \text{समय}}$$

$$\text{दर} = \frac{100 \times \text{साधारण ब्याज}}{\text{मूलधन} \times \text{समय}}$$

$$\text{समय} = \frac{100 \times \text{साधारण ब्याज}}{\text{मूलधन} \times \text{दर}}$$

मिश्रधन = मूलधन + ब्याज

$$A = P + I$$

उसी तरह

मूलधन = मिश्रधन − ब्याज

$$P = A - I$$

सांकेतिक पद (Symbolic Terms)

मूलधन = P (Principal)

दर = R (Rates)

मिश्रधन = (Amount)

समय = (Time)

साधारण ब्याज = I (Simple Interest)

महत्त्वपूर्ण तथ्य (Important Facts)

- साधारण ब्याज मासिक, त्रैमासिक, छमाही तथा वार्षिक हो सकती है।
- यदि मूलधन को दूना किया जाए, तो साधारण ब्याज भी दूना हो जाता है।
- जिस दिन धन जमा होता है वह दिन ब्याज के लिए निकाला जाता है वह दिन गिना जाता है।

उदाहरण (Examples)

1. साधारण ब्याज किसी निश्चित ब्याज की दर से 8 वर्ष में मूलधन का 40% है प्रतिशत ब्याज की दर बताओ?

$$\text{साधारण ब्याज} = \frac{\text{मू0} \times \text{स0} \times \text{दर}}{100}$$

$$P \times 40\% = \frac{\text{मू0} \times \text{स0} \times \text{दर}}{100}$$

$$\frac{40}{400} \times P = \frac{\text{मू0} \times 8 \times \text{दर}}{100}$$

$$\text{दर} = 5\%$$

2. साधारण ब्याज मूलधन का 1/9 वाँ भाग है, और समय तथा ब्याज की दर समान है। दर की गणना करें?

माना, मूलधन = x

$$\text{ब्याज} = \frac{\text{मू0} \times \text{स0} \times \text{दर}}{100}$$

$$\frac{1}{9}x = \frac{x \times \text{स0} \times \text{दर}}{100}$$

$$(\text{दर})^2 = \frac{100}{9} = 18$$

$$(\text{दर}) = \frac{10}{3} = 3\frac{1}{3}\%$$

3. कोई धन का 2 वर्ष में मिश्रधन 4672 रू0 तथा $3\frac{1}{2}$ वर्ष में 5438.50 रूपया हो जाता है।

मूलधन तथा ब्याज की दर क्या होगी?

$$(\text{मू0} + 2 \text{ वर्ष का ब्याज}) = 4672 \qquad \text{i)}$$

$$\text{मू0} + 3\frac{1}{2} \text{ वर्ष का ब्याज} = 5438.50 \qquad \text{ii)}$$

समी० (ii) एवं (i) से

$$\frac{3}{2} \text{ वर्ष का ब्याज} = 766.50$$

$$2 \text{ वर्ष का ब्याज} = \left(766.50 \times \frac{2}{3} \times 2\right) = 1022 \text{ रू०}$$

मूलधन = 2 वर्ष का मिश्रधन − 2 वर्ष का ब्याज

= (4672 − 1022) रू0

= 3650 रू0

अत: दर $= \dfrac{100 \times \text{साधारण ब्याज}}{\text{मू0} \times \text{समय}} = \left(\dfrac{100 \times 1022}{3650 \times 2}\right)$

$= 14\%$

4. किस प्रतिशत वार्षिक दर से कोई धन 8 वर्ष में दुगुना हो जायेगा?

माना मूलधन $= x$

दर $=$ R % वार्षिक

स्पष्ट है कि x रू0 का 8 वर्ष का साधारण ब्याज $= x$ रू0

$\therefore \; \dfrac{x \times 8 \times R}{100} = x$

$R = \dfrac{100}{8}\% = 12\dfrac{1}{2}\%$

अभीष्ट दर $= 12\dfrac{1}{2}\%$ वार्षिक

5. एक व्यक्ति ने दो साहुकारों से 45000 रू0 का ऋण लिया। एक ऋण के लिए 9% वार्षिक ब्याज दिया तथा दूसरे के लिए 16% वार्षिक। यदि पूरे वर्ष का ब्याज 5548 रू0 दिया गया हो, तो प्रत्येक दर पर लिए गए धन के मान ज्ञात कीजिए।

माना 9% वार्षिक दर पर लिया गया धन $= x$ रू0

तब 16% वार्षिक दर पर लिया गया धन $= (45000 - x)$

$\dfrac{x \times 9 \times 1}{100} + \dfrac{(45000 - x) \times 16 \times 1}{100} = 5548$

$9x + 720000 - 16x = 554800$

$7x = 165200$

$x = 23600$

पहला मान $= 23600$ रू0

दूसरा मान $= (45000 - 23600) = 21400$ रू0

6. 28740 रू0 को तीन भागों में इस प्रकार बाँटे कि 12% वार्षिक दर से इनके कमशः 1, 2 तथा 3 वर्ष में मिश्रधन बराबर हो।

माना तीनों भाग x, y, z हैं।

तब,

$x + \dfrac{x \times 1 \times 12}{100} = y + \dfrac{y \times 2 \times 12}{100} = z + \dfrac{z \times 3 \times 12}{100} = k$

$\dfrac{28x}{25} = \dfrac{31y}{25} = \dfrac{34z}{25} = k$

$28x = 31y = 34z = 25k$

$x = \dfrac{25k}{28}, y = \dfrac{25k}{31}$ तथा $z = \dfrac{25k}{34}$

$x : y : z = \dfrac{1}{28} : \dfrac{1}{31} : \dfrac{1}{34}$

$x : y : z = 31 \times 34 : 28 \times 34 : 28 \times 31 = 527 : 476 : 434$

$\therefore \; A = \dfrac{28740 \times 527}{1437} = 10540$

$B = \dfrac{28740 \times 476}{1437} = 9520$

c $= 8680$

7. एक व्यक्ति ने बैंक में लगातार 3 वर्ष तक 11% साधारण ब्याज पर प्रत्येक वर्ष के आरम्भ में एक निश्चित धनराशि जमा की। यदि 3 वर्ष बाद बैंक में उसके खाते में 15006 रू0 हो, तो प्रतिवर्ष उसने कितना रूपया जमा किया?

माना प्रतिवर्ष उसने जमा किया $= x$ रू0

$\left[x + \dfrac{x \times 11 \times 3}{100}\right] + \left[x + \dfrac{x \times 11 \times 2}{100}\right] + \left[x + \dfrac{x \times 11 \times 1}{100}\right] = 15006$

$x = 4100$ रू0

8. नरेन्द्र कुछ धन प्रथम 3 वर्षो के लिए 6% वार्षिक दर, अगले 5 वर्षो के लिए 9% वार्षिक दर से और 8 वर्ष के बाद की समयावधि के लिए 13% वार्षिक दर से उधार लेता है। यह वह 11 वर्षो में कुल 8160 रू0 ब्याज के रूप में अदा करता है। उसने कितना धन उधार लिया था?

माना मूलधन रू0 x है

$\left(\dfrac{x \times 6 \times 3}{100}\right) + \left(\dfrac{x \times 9 \times 5}{100}\right) + \left(\dfrac{x \times 13 \times 3}{100}\right) = 8160$

$18x + 45x + 39x = 8160 \times 100$

$102x = 816000$

$x = 8000$

9. किसी राशि पर 10 वर्षो में साधारण ब्याज 600 रू0 हो जाता है यदि मूलधन 5 वर्षो के पश्चात् 3 गुना हो जाता है तो 10 वर्ष के बाद कुल ब्याज क्या होगा?

माना मूलधन $= x$ रू0

ब्याज $= 600$, समय $= 10$ वर्ष

दर $= \left(\dfrac{100 \times 600}{x \times 100}\right)\%$

$= \left(\dfrac{6000}{x}\right)\%$

पहले पाँच वर्षो के लिए साधारण ब्याज

$\dfrac{x \times 5 \times 6000}{x \times 100} = 300$ रू0

अंतिम पाँच वर्षो के लिए साधारण ब्याज

$\left(3x \times 5 \times \dfrac{6000}{x \times 100}\right) = 900$

कुल ब्याज $= 1200$ रू0

10. 5% वार्षिक ब्याज की दर से निवेशित धन 4 वर्ष मे बढ़कर 504 रू0 हो जाता है। 10% वार्षिक दर से समान धन $2\dfrac{1}{2}$ वर्ष में बढ़कर हो जाएगा:-

माना मूलधन $= x$

साधारण ब्याज $= (504 - x)$

$\therefore \; \left(\dfrac{x \times 5 \times 4}{100}\right) = 504 - x$

$20x = 50400$

$100x = 120x = 50400$

$x = 420$

अब मूलधन = 420 रू0, दर = 10% समय $\frac{5}{2}$ वर्ष

साधारण ब्याज $= \left(\frac{420 \times 10}{100} \times \frac{5}{2}\right) = 105$ रू0

मिश्रधन = (420 + 105) 525 रू0

अभ्यास प्रश्न (Practice Questions)

1. कोई धनराशि साधारण ब्याज की किसी दर से $\frac{1}{4}$ वर्ष स्वयं की $\frac{41}{40}$ हो जाती है तो वार्षिक ब्याज की दर है:-

(a) 10% (b) 1%
(c) 2.5% (d) 5%

2. कोई व्यक्ति 5000 रू0 की राशि का कुछ भाग 4 प्रतिशत और शेष भाग 5 प्रतिशत वार्षिक दर से साधारण ब्याज पर उधार देता है। 2 वर्षों के बाद कुल ब्याज 440 रू0 है। उर्पयुक्त दरों में से प्रत्येक पर लगाई गई राशि ज्ञात करने के लिए 500 रू0 को किस अनुपात में बाँटना होगा?

(a) 4:5 (b) 3:2
(c) 5:4 (d) 2:3

3. किसी राशि का साधारण ब्याज मूलधन का $\frac{4}{9}$ है। यदि ब्याज पर दिए जाने वाले मूलधन की अवधि के वर्ष, ब्याज की वार्षिक दर के बराबर हों, तो ब्याज की दर क्या होगी?

(a) 5% (b) $6\frac{2}{3}\%$
(c) 6% (d) $7\frac{1}{5}\%$

4. किसी धनराशि पर 6 वर्षों का साधारण ब्याज उस राशि का $\frac{9}{25}$ है। तद्नुसार उस ब्याज की दर कितनी है?

(a) 6% (b) $6\frac{1}{2}\%$
(c) 8% (d) $8\frac{1}{2}\%$

5. वार्षिक ब्याज की दर 11.5% से 10% रह जाने पर किसी व्यक्ति को 55.50 रूपए वार्षिक की हानि होती है उसकी पूँजी कितनी है?

(a) 3700 रू0 (b) 7400 रू0
(c) 8325 रू0 (d) 11100 रू0

6. A ने B को 2500 रूपए तथा उसी समय C को कुछ राशि 7% वार्षिक साधारण ब्याज की दर से उधार दी, यदि 4 वर्ष बाद A को B और C से कुल मिलाकर 1120 रूपए ब्याज के रूप में प्राप्त हुए, तो C को उधार दी गई राशि है:-

(a) 700 रू0 (b) 6500 रू0
(c) 4000 रू0 (d) 1500 रू0

7. किसी राशि पर 5% वार्षिक दर से 3 वर्षो और 4 वर्षोंमें प्राप्त साधारण ब्याजों में 42 रू0 का अन्तर है। वह राशि है:-

(a) 210 रू0 (b) 230 रू0
(c) 750 रू0 (d) 840 रू0

8. दों स्त्रोतों से, 1500 रू0 पर 3 वर्षो के पश्चात् मिले साधारण ब्याजों में 13.50 रू0 का अन्तर है, उनकी ब्याज की दरों में अन्तर होगा।

(a) 0.1% (b) 0.2%
(c) 0.3% (d) 0.4%

9. 400 रूपये की राशि 4 वर्षो में 480 रूपए हो जाती है यदि ब्याज की दर 2% बढ़ा दी जाए, तो यह कितनी हो जाएगी?

(a) 484 रू0 (b) 560 रू0
(c) 512 रू0 (d) इनमें से कोई नहीं

10. कितने समय में 8 प्रतिशत वार्षिक की दर से साधारण ब्याज मूलधन का $\frac{2}{5}$ प्रतिशत होगा?

(a) 8 वर्ष (b) 7 वर्ष
(c) 5 वर्ष (d) 6 वर्ष

11. किस वार्षिक प्रतिशत दर से किसी राशि पर 10 वर्षों का साघारण ब्याज मिश्रधन का $\frac{2}{5}$ होगा?

(a) 4% (b) 6%
(c) $5\frac{2}{3}\%$ (d) $6\frac{2}{3}\%$

12. मोहन ने कुछ धनराशि 9% वार्षिक साधारण ब्याज की दर से तथा उसी के बराबर की राशि 10% वार्षिक सा0 ब्याज की दर से 2 वर्षों के लिए उधार दी। इससे उसे कुल 760 रू0 ब्याज के रूप में प्राप्त हुए। प्रत्येक ऋण के लिए दी गई धनराशि थी:–

(a) 1700 रू0 (b) 1800 रू0
(c) 1900 रू0 (d) 2000 रू0

13. 10000 रू0 की एक राशि का कुछ भाग 8% वार्षिक की दर पर तथा शेष 10% की वार्षिक दर पर उधार दिया जाता है यदि औसत वार्षिक ब्याज 9.2% हो तो दोनों भाग है:–

(a) 4000 रू0, 6000 रू0 (b) 4500 रू0, 5500 रू0
(c) 5000 रू0, 5000 रू0 (d) 5500 रू0, 4500 रू0

14. किसी साहूकार को पता चलता है कि वार्षिक ब्याज की दर 8% वार्षिक से $7\frac{3}{4}\%$ वार्षिक रह जाने से उसकी वार्षिक आय में 61.50 रूपए की कमी आ गई है, उसकी पूँजी है:–

(a) 22400 रू0 (b) 23800 रू0
(c) 24600 रू0 (d) 26000 रू0

15. साधारण ब्याज की वार्षिक दर 10% से $12\frac{1}{2}\%$ हो जाने पर किसी व्यक्ति की वार्षिक आय 1250 रू0 बढ़ जाती है। उसका मूलधन है।

(a) 50000 रू0 (b) 45000 रू0
(c) 60000 रू0 (d) 65000 रू0

16. कौन सी राशि पर साधारण ब्याज से 6 महीनों में 4% वार्षिक की दर से 150 रू0 ब्याज मिलेगा?

(a) 5000 रू0 (b) 7500 रू0
(c) 10000 रू0 (d) 15000 रू0

17. एक व्यक्ति ने एक बैंक से सा0 ब्याज की 12% वार्षिक दर पर ऋण लिया। तीन वर्ष पश्चात् उसने 5400 रू0 उस समयावधि के लिए केवल ब्याज के रूप में लौटाए। ऋणस्वरूप ली गयी मूल धनराशि थी।

(a) 2000 रू0 (b) 10000 रू0
(c) 20000 रू0 (d) 15000 रू0

18. कौन सी धनराशि साधारण ब्याज से 5 वर्षों में 520 रूपए और 7 वर्षों में 568 रूपए हो जाएगी?

(a) 400 रू0 (b) 120 रू0
(c) 510 रू0 (d) 220 रू0

19. 500 रू0 की एक धनराशि 12% वार्षिक सा0 ब्याज की दर से निवेशित की जाती है तथा एक अन्य धनराशि 10% वार्षिक सा0 ब्याज की दर से निवेशित की जाती है। यदि 4 वर्ष बाद दोनों धनराशियों पर प्राप्त कुल ब्याज 480 रू0 है, तो अन्य धनराशि है:–

(a) 450 रू0 (b) 750 रू0
(c) 600 रू0 (d) 550 रू0

20. कोई धनराशि साधारण ब्याज की किसी दर से 2 वर्षों में 756 दर हो जाती है तथा $3\frac{1}{2}$ वर्षों में 873 रू0 हो जाती है, तो वाषिक ब्याज की दर है:–

(a) 10% (b) 11%
(c) 12% (d) 13%

21. एक धनराशि पर साधारण ब्याज मूल का $\frac{1}{9}$ है और ब्याज की अवघि उसकी वाार्षिक दर के प्रतिशत के बराबर है। तद्नुसार वह वार्षिक दर कितनी है?

(a) 3% (b) $\frac{1}{3}\%$
(c) $3\frac{1}{3}\%$ (d) $\frac{3}{10}\%$

22. 1600 रू0 का 2 वर्ष 3 महीनों में सा0 ब्याज 252 रू0 है ब्याज की वार्षिक दर क्या है?

(a) $5\frac{1}{2}\%$ (b) 8%
(c) 7% (d) 6%

23. ब्याज की प्रभावी वार्षिक दर, जो अर्द्धवार्षिक आधार पर देय 6% वार्षिक की नामांकित दर से मेल खाती है, होगी

(a) 6.06% (b) 6.07%
(c) 6.08% (d) 6.09%

24. मैंने एक बिल की कुल राशि के $\frac{3}{5}$ भाग का भुगतान कर दिया। यदि बिल की राशि में से 400 रू0 बकाया रह गए हों, तो बिल की कुल राशि कितनी थी?

(a) 1200 रू0 (b) 1500 रू0
(c) 1800 रू0 (d) 2000 रू0

25. 1500 रू0 की कोई धनराशि दो भागों में इस प्रकार उधार दी जाती है कि एक भाग पर 10% वार्षिक की दर से 5 वर्षों का साधारण ब्याज दूसरे भाग पर 12.5% वार्षिक की दर से 4 वर्षों के सा0 ब्याज के बराबर है। 12.5% पर उधार दी गई धनराशि है:–

(a) 500 रू0 (b) 1000 रू0
(c) 750 रू0 (d) 1250 रू0

26. कितने समय में 72 रू0 $6\frac{1}{4}\%$ की वार्षिक साधारण ब्याज की दर से 81 रू0 हो जाएंगे?

(a) 2 वर्ष (b) 3 वर्ष
(c) 2 वर्ष 6 माह (d) उपर्युक्त में से कोई नहीं

27. 6450 रू0 का ऋण 5% वार्षिक सा0 ब्याज की दर से कितनी वार्षिक किश्त देकर 4 वर्ष में चुकाया जा सकता है?

(a) 1650 रू0 (b) 1835 रू0
(c) 1935 रू0 (d) 1950 रू0

28. x और y को बराबर राशियाँ 7.5% प्रति वर्ष की दर से क्रमश: 4 वर्ष और 5 वर्ष के लिये उधार दी गई। यदि उनके द्वारा दिए गए ब्याज में 150 रू0 का अन्तर था तो प्रत्येक को दी गई राशि थी।

(a) 500 रू0 (b) 1000 रू0
(c) 2000 रू0 (d) 3000 रू0

29. कोई ऋण जो साधारण ब्याज की 4% वार्षिक दर से 4 वर्ष के पश्चात् 848 रू0 देय है, के समय वार्षिक किश्तों द्वारा भुगतान के लिए कितनी धनराशि की किश्त निर्धारित होगी?

(a) 212 रू0 (b) 200 रू0
(c) 250 रू0 (d) 225 रू0

30. कोई धनराशि साधारण ब्याज की किसी दर पर 3 वर्ष के लिए उध ार दी गयी। यदि इसे 2.5 वार्षिक अधिक दर पर उधार दिया गया होता तो 540 रू0 अधिक ब्याज प्राप्त होता। उधार दी गई राशि थी।

(a) 6400 रू0 (b) 6472 रू0
(c) 6840 रू0 (d) 7200 रू0

उत्तरमाला (Answer Key)

1. (a)	2. (b)	3. (b)	4. (a)	5. (a)	6. (d)	7. (d)	8. (c)
9. (c)	10. (c)	11. (d)	12. (d)	13. (a)	14. (c)	15. (a)	16. (b)
17. (d)	18. (a)	19. (c)	20. (d)	21. (c)	22. (c)	23. (c)	24. (d)
25. (c)	26. (a)	27. (c)	28. (c)	29. (b)	30. (d)		

हल (Solutions)

1. (a)

माना धनराशि x है, तथा ब्याज की दर = r %

तब प्रश्न से,

$$\frac{41}{40}x - x = \frac{x \times \frac{1}{4} \times r}{100}$$

$$\frac{x}{40} = \frac{xr}{400}$$

$$40xr = 400x$$

$$r = 10\%$$

2. (b)

माना राशि का कुछ भाग x रू0 है।

$\therefore$ दूसरा भाग = (500 − x) रू0

$$\left(\frac{x \times 2 \times 4}{100}\right) + \frac{(5000 - x) \times 2 \times 5}{100} = 440$$

$$8x + 50000 - 10x = 44000$$

$$-2x = 6000$$

$$x = 3000 \text{ रू0}$$

अभीष्ट अनुपात $= \dfrac{x}{5000 - x} = \dfrac{3000}{5000 - 3000}$

$$= \frac{3}{2} = 3:2$$

3. (b)

माना ब्याज की दर x% है।

$\therefore$ समय = x वर्ष

तथा साधारण ब्याज $= \dfrac{4}{9} \times$ मूलधन

$$\therefore \text{ दर} = \frac{100 \times \text{ब्याज}}{\text{मू0} \times \text{समय}}$$

$$\therefore x = \frac{100 \times \text{मू0} \times \frac{4}{9}}{\text{मू0} \times x}$$

$$\therefore x^2 = \frac{400}{9}$$

$$\therefore x = \frac{20}{3} = 6\frac{2}{3}\% \text{ वार्षिक}$$

4. (a)

माना धनराशि = x है।

सा0 ब्याज = x का $\dfrac{9}{25} = \dfrac{9x}{25}$

$$\text{सा0 ब्याज} = \frac{\text{मू0} \times \text{स0} \times \text{दर}}{100}$$

$$\frac{9x}{25} = \frac{x \times 6 \times \text{दर}}{1100}$$

दर $r = 6\%$

5. (a)

माना व्यक्ति की पूँजी = x रूपया

प्रश्नानुसार,

$$\frac{x \times 11.5 \times T}{100} = \frac{x \times 10 \times T}{100} = 55.50 \text{ [यहाँ T = 1]}$$

$$= \frac{x \times 11.5 \times 1}{100} = \frac{x \times 10 \times 1}{100} = 55.50$$

$$1.5x = 5550$$

$$x = \frac{5550}{1.5} = 3700 \text{ रूपए}$$

6. (d)

माना C को उधार दी गई राशि = x रूपया

प्रश्नानुसार,

$$\frac{2500 \times 7 \times 4}{100} + \frac{x \times 7 \times 4}{100} = 1120$$

$$\frac{28}{100}(2500 + x) = 1120$$

$$2500 + x = \frac{1120 \times 100}{28}$$

$x = 4000 - 2500$
$= 1500$ रूपया

7. (d)
यदि राशि P रू0 हो तो,
प्रश्नानुसार

$$\frac{P \times 4 \times 5}{100} = \frac{P \times 3 \times 5}{100} = 42$$

$$\frac{5P}{100} = 42$$

$$P = \frac{42 \times 100}{5} = 840 \text{ रूपया}$$

8. (c)
माना ब्याज की दर r_1 एवं r_2 है।

$$\frac{1500 \times r_1 \times 3}{100} - \frac{1500 \times r_2 \times 3}{100} = 13.50$$

$$\therefore \ r_1 - r_2 = \frac{1350 \times 100}{3 \times 1500} = 0.3\%$$

9. (c)

$$\text{दर} = \frac{(480 - 400) \times 100}{400 \times 4} = 5\%$$

अब 2% बढ़ने पर ब्याज की दर
= 5 + 2
= 7%

$$\text{अब मिश्रधन} = P\left(1 + \frac{RT}{100}\right) \Rightarrow 400\left(1 + \frac{7 \times 4}{100}\right)$$

$$= 400 \times \frac{128}{100} = 512 \text{ रूपया}$$

10. (c)
माना मूलधन 5 रू0 है।

$\therefore$ ब्याज = 5 का $\frac{2}{5}$

$$5 \times \frac{2}{5} = 250$$

$$\therefore \ \text{समय} = \frac{\text{ब्याज} \times 100}{\text{मू0} \times \text{दर}} = \frac{2 \times 100}{5 \times 8} = 5 \text{ वर्ष}$$

11. (d)
माना कि मिश्रधन = 100

$$\therefore \ \text{ब्याज} = 100 \times \frac{2}{5} = 40$$

मूलधन = (100 − 40) = 60
समय = 10 वर्ष

$$\therefore \ \text{दर} = \frac{40 \times 100}{60 \times 10} = \frac{20}{3} = 6\frac{2}{3}\%$$

12. (d)
माना उधार दी गई धनराशि = x रूपया
प्रश्नानुसार,

$$\frac{x \times 9 \times 2}{100} + \frac{x \times 10 \times 2}{100} = 760$$

$$x\left(\frac{18}{100} + \frac{20}{100}\right) = 760$$

$$x = \frac{760 \times 100}{38} = 2000 \text{ रूपए}$$

13. (a)

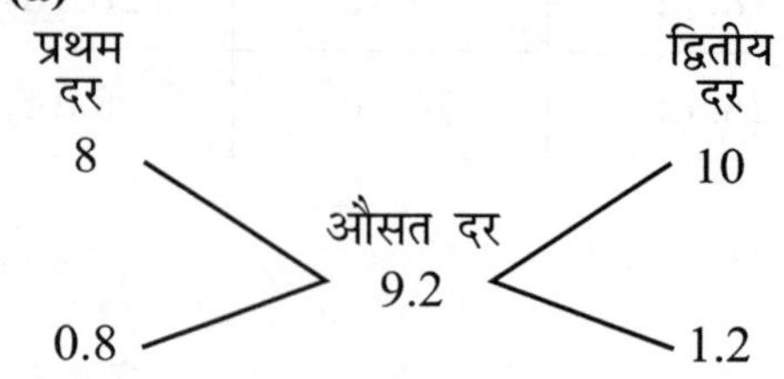

$\therefore$ 0.8 : 1.2 = 2:3
राशियों में अनुपात = 2:3
आनुपातिक योग = 2 + 3 = 5

$$\text{प्रथम राशि} = \frac{10000 \times 2}{5} = 4000 \text{ रू0}$$

$$\text{द्वितीय राशि} = \frac{10000 \times 3}{5} = 6000 \text{ रू0}$$

14. (c)
माना साहुकार की पूँजी = x रूपए
प्रश्नानुसार

$$\frac{x \times 8}{100} - \frac{7.75 \times x}{100} = 61.50$$

$$0.25x = 61.50 \times 100$$

= 6150 रूपए

$$\therefore \ x : \frac{6150}{0.25} = \frac{615000}{25}$$

= 24600 रूपए

15. (a)
माना मूलधन = x रूपया
प्रश्न से,

$$\frac{x \times 25}{200} - \frac{x \times 10}{100} = 1250$$

$$\left(\frac{25}{200} - \frac{20}{200}\right)x = 1250$$

$$\therefore \ x = \frac{1250 \times 200}{5} = 50000 \text{ रूपए}$$

16. (b)
माना वह राशि = x रू0

$$\text{सा0 ब्याज} = \frac{\text{मू0} \times \text{दर} \times \text{समय}}{100}$$

$$150 = \frac{x \times 6 \times 4}{100 \times 12}$$

$$x = \frac{150 \times 100 \times 12}{6 \times 4}$$

= 7500 रूपए

17. (d)

ब्याज = 5400 रूपए
समय = 3 वर्ष
दर = 12 %

$\therefore$ मू0 = $\dfrac{5400 \times 100}{12 \times 3}$ = 15000 रू0

18. (a)

माना मूलधन = x रूपया
दर = r%

$520 - x = \dfrac{x \times r \times 5}{100}$

$52000 - 100x = 5xr$ (i)

या, $568 - x = \dfrac{x \times r \times 7}{100}$

$56800 - 100x = 7xr$ (ii)

समी0 (ii) एवं (i) से
$2xr$ = 4800
xr = 2400
xr का मान समी0 (i) में रखने पर,

$52000 - 100x = 5 \times 2400$

$x = \dfrac{52000 - 12000}{100}$

= 400 रूपए

19. (c)

माना अन्य धनराशि x रूपए तब

$\dfrac{500 \times 4 \times 12}{100} + \dfrac{x \times 4 \times 10}{100} = 480$

$\dfrac{40x}{100} = 480 - 240$

$x = \dfrac{240 \times 100}{40}$

$\therefore x$ = 600 रूपए

20. (d)

$1\frac{1}{2}$ वर्ष का साधारण ब्याज = 873 − 756 = 117

1 वर्ष का सा0 ब्याज $= 117 \times \dfrac{2}{3} = 78$

2 वर्ष का सा0 ब्याज $= 78 \times 2 = 156$

तथा 2 वर्ष का मू0 = मिश्रधन − सा0 ब्याज
= 756 − 156 = 600 रूपए

दर = $\dfrac{\text{ब्याज} \times 100}{\text{मू0} \times \text{समय}}$

दर = $\dfrac{156 \times 100}{600 \times 2}$

दर = 13%

21. (c)

माना कि मूल धनराशि x है तथा ब्याज की दर y

सा0 ब्याज = मूल धनराशि का $\dfrac{1}{9} = \dfrac{x}{9}$

सा0 ब्याज = $\dfrac{\text{मू0} \times \text{दर} \times \text{वर्ष}}{100}$

$\dfrac{x}{9} = \dfrac{x \times y \times y}{100}$

$y^2 = \dfrac{100}{9}$

$y = \dfrac{10}{3} = 3\frac{1}{3}\%$

22. (c)

समय $= 2\frac{3}{12} \Rightarrow 2\frac{1}{4} = \frac{9}{4}$ वर्ष

$\therefore$ दर = $\dfrac{\text{ब्याज} \times 100}{\text{मू0} \times \text{स0}}$

$= \dfrac{252 \times 100 \times 4}{1600 \times 9}$

= 7%

23. (c)

6% वार्षिक दर = 3% अर्द्धवार्षिक दर
माना मूलधन = 100 रू0

$\therefore$ पहली छमाही के अन्त में मिश्रधन = 100 + 100 का $\dfrac{3}{100}$
= 100 + 3
= 103 रू0

$\therefore$ पुनः दूसरी छमाही के अन्त में मिश्रधन
= 103 + 103 का $\dfrac{3}{100}$
= 103 + 3.09
= 106.09 रू0

$\therefore$ 100 रू0 मूलधन पर 1 वर्ष के अन्त में देय ब्याज
= 106.09 − 100 = 6.09

$\therefore$ 100 रू0 के लिए 1 वर्ष के अन्त में प्रभावी वार्षिक दर
= 6.09%

24. (d)

बिल की राशि के $\dfrac{3}{5}$ भाग भुगतान करने के बाद शेष राशि

$= 1 - \dfrac{3}{5} = \dfrac{2}{5}$

प्रश्न से

बिल की राशि का $\dfrac{2}{5}$ = 400

पूरी राशि $= \dfrac{400 \times 5}{2} = 1000$ रू0

25. (c)

माना धनराशि का पहला भाग x है।

$\therefore$ शेष धनराशि = $(1500 - x)$

प्रश्न से–

$$\frac{x \times 10 \times 5}{100} = \frac{(1500 - x) \times \frac{25}{2} \times 4}{100}$$

$$x \times 10 \times 5 = (1500 - x) \times 25 \times 2$$

या, $x = 1500 - x$

$$2x = 1500$$

$$x = \frac{1500}{2} = 750$$

दूसरा भाग = 1500 − 750 = 750 रूपया

26. (a)

सा0 ब्याज = 81 − 72 = 9 रू0

$$\text{समय} = \frac{100 \times 9}{72 \times 6\frac{1}{4}}$$

$$= \frac{100 \times 9 \times 4}{72 \times 25}$$

$$= \frac{100}{2 \times 25} = 2 \text{ वर्ष}$$

27. (c)

$$\text{सा0 ब्याज} = \frac{\text{मू0} \times \text{समय} \times \text{दर}}{100}$$

$$= \frac{6450 \times 5 \times 4}{100} = 1290 \text{ रू0}$$

$\therefore$ 4 वर्षों के अन्त में देय कुल धनराशि = 6450 + 1290 = 7740 रू0

$\therefore$ प्रत्येक किश्त की राशि $= \frac{7740}{4} = 1935$ रू0

28. (c)

माना धनराशि = x है।

प्रश्न से

$$\frac{x \times 7.5 \times 5}{100} - \frac{x \times 7.5 \times 4}{100} = 150$$

$$37.5x - 30.0x = 15000$$

$$7.5x = 15000$$

$$x = \frac{15000}{7.5}$$

= 2000 रू0

29. (b)

माना कि प्रत्येक किश्त x रू0 है।

$$\left(x + \frac{x \times 4 \times 1}{100}\right) + \left(x + \frac{x \times 4 \times 2}{100}\right) + \left(x + \frac{x \times 4 \times 3}{100}\right) + x = 848$$

$$\left(x + \frac{x}{25}\right) + \left(x + \frac{2x}{25}\right) + \left(x + \frac{3x}{25}\right) + x = 848$$

$$\frac{26x}{25} + \frac{27x}{25} + \frac{28x}{25} + x = 848$$

$$26x + 27x + 28x + 25x = 848 \times 25$$

$$x = \frac{848 \times 25}{106} = 8 \times 25$$

= 200 रू0

30. (d)

माना मूलधन x एवं दर r है।

प्रश्न से,

$$\frac{x \times (r + 2.5) + 3}{100} - \frac{x \times r \times 3}{100} = 540$$

$$x(r + 2.5) \times 3 - x \times r \times 3 = 54000$$

$$3x(r + 2.5 - r) = 54000$$

$$3 \times x \times 2.5 = 54000$$

$$x = \frac{54000}{3 \times 2.5}$$

= 7200 रू0

चक्रवृद्धि ब्याज
Compound Interest

चक्रवृद्धि ब्याज (Compound Interest)

मिश्रधन और मूलधन के अंतर को चक्रवृद्धि ब्याज कहते है। दूसरे शब्दों में कुछ निश्चित अवधि के बाद मूलधन में ब्याज जोड़कर नया मूलधन प्राप्त करने और पुनः नये मूलधन पर ब्याज प्राप्त करने की सतत् क्रिया को चक्रवृद्धि ब्याज कहते हैं।

नोट:

साधारण ब्याज का मान प्रत्येक साल समान होता है, जबकि चक्रवृद्धि ब्याज का मान प्रत्येक साल बदलते रहता है।

प्रथम वर्ष के लिए साधारण ब्याज तथा चक्रवृद्धि ब्याज के मान समान होते हैं।

महत्वपूर्ण सूत्र (Important Formulae)

- जब मूलधन = P, दर = R%, समय = n वर्ष
  जब ब्याज वार्षिक देय हो तो

  $$\text{चक्रवृद्धि मिश्रधन} = P\left(1+\frac{R}{100}\right)^n$$

- जब ब्याज छमाही देय हो

  $$\text{चक्रवृद्धि मिश्रधन} = P\left(1+\frac{R/2}{100}\right)^{2n}$$

- जब ब्याज तिमाही देय हो

  $$\text{चक्रवृद्धि मिश्रधन} = P\left(1+\frac{R/4}{100}\right)^{4n}$$

- जब समय एक परिमेय संख्या में हो, जैसे $5\frac{7}{5}$ वर्ष तो

  $$\text{चक्रवृद्धि मिश्रधन} = P\left(1+\frac{R}{100}\right)^5\cdot\left(1+\frac{\frac{7}{5}R}{100}\right)$$

- जब ब्याज की दर पहले वर्ष r_1% दूसरे वर्ष r_2% व तीसरे वर्ष r_3% हो, तो तीन वर्ष बाद

  $$\text{चक्रवृद्धि मिश्रधन} = P\left(1+\frac{r_1}{100}\right)\left(1+\frac{r_2}{100}\right)\left(1+\frac{r_3}{100}\right)$$

- यदि कोई धन X, N वर्ष बाद देय है तो उसका

  $$\text{वर्तमान मूल्य} = \frac{X}{\left(1+\frac{R}{100}\right)^N}$$

- $$\text{चक्रवृद्धि ब्याज} = P\left(1+\frac{r_1}{100}\right)\left(1+\frac{r_2}{100}\right)\left(1+\frac{r_3}{100}\right)-P$$

  $$= P\left[\left(1+\frac{r_1}{100}\right)\left(1+\frac{r_2}{100}\right)\left(1+\frac{r_3}{100}\right)-1\right]$$

उदाहरण (Examples)

1. $16\frac{2}{3}$% वार्षिक चक्रवृद्धि ब्याज की दर से 3 वर्ष बाद देय 34300 रु का वर्तमान मूल्य ज्ञात कीजिए।

   $$\text{वर्तमान मूल्य} = \frac{34300}{\left(1+\frac{50}{3\times100}\right)^3}$$

   $$= \left(34300\times\frac{6}{7}\times\frac{6}{7}\times\frac{6}{7}\right) = 21600 \text{ रु}$$

2. चक्रवृद्धि ब्याज की 8% वार्षिक दर से 3 वर्ष बाद देय 8116 रु का कर्ज 3 बराबर वार्षिक किस्तों में चुकाना है। प्रत्येक किस्त का मान ज्ञात कीजिए।

   माना प्रत्येक किस्त का मान x रु0

   (1 वर्ष बाद देय x रु0) (2 वर्ष बाद देय x रु0) (3 वर्ष बाद x रु0) के वर्तमान मूल्यों का योग 3 वर्ष बाद देय 8116 रु के समतुल्य होगा

   $$\frac{x}{\left(1+\frac{8}{100}\right)}+\frac{x}{\left(1+\frac{8}{100}\right)^2}+\frac{x}{\left(1+\frac{8}{100}\right)^3} = \frac{8116}{\left(1+\frac{8}{100}\right)^3}$$

   $$\frac{25x}{27}+\frac{625x}{729}+\frac{15625x}{19683} = \frac{8116\times15625}{19683}$$

   $$\frac{50725x}{19683} = \frac{8116\times15625}{19683}$$

   $$\text{अर्थात्}\ x = \frac{8116\times15625}{50725} = 2500$$

   अतः प्रत्येक किस्त का मान = 2500 रु0

3. सुनीता ने 2000 रु एक राष्ट्रीयकृत बैंक से एक बुनाई की मशीन खरीदने के लिए उधार लिए। यदि ब्याज की दर 5% वार्षिक हो तो तीन वर्ष के पश्चात् सुनीता कितना चक्रवृद्धि ब्याज बैंक को देगी।

   पहले वर्ष का मूलधन = 2000 रु0

   पहले वर्ष का ब्याज = 100 रु0 (5 से गुणा करके 100 से भाग देने पर)

पहले वर्ष के अन्त में मिश्रधन अथवा दूसरे वर्ष के लिए मूलधन $= 2000 + 100 = 2100$ रु0

दूसरे वर्ष का ब्याज = 105 रु0 (2100 को 5 से गुणा एवं दशमलव दो स्थान बाई ओर हटाने पर)

दूसरे वर्ष के अन्त में मिश्रधन अथवा तीसरे वर्ष का मूलधन

= 2205 रु0 (2100 + 105)

तीसरे वर्ष का ब्याज = 110.25

तीसरे वर्ष के अन्त में CI = (100 + 105 + 110.25)रु0

= 315.25 रु0

4. भारत भूषण ने अपनी सावधि जमा योजना में जमा राशि से 64000 का ऋण लिया। यदि ब्याज की दर 2.5 पैसे प्रति रुपया वार्षिक हो, तो 3 वर्ष का चक्रवृद्धि ब्याज कितना होगा?

यहाँ P = 64000 रु0

n = 3 वर्ष

n = 2.5 पैसे = 0.025 रु0 (प्रति रुपया वार्षिक)

$CI = P\left[(1+r)^n - 1\right]$

$= 64000\left[(1+0.025)^3 - 1\right]$

$= 4921$

5. 4000 रु0 पर $1\frac{1}{2}$ वर्ष का 10% वार्षिक ब्याज की दर से चक्रवृद्धि ब्याज क्या होगा यदि ब्याज की देयता छमाही होता है।

यहाँ, मूलधन (P) = 4000 रु0

ब्याज का संयोजन छमाही होता है अत: $1\frac{1}{2}$ वर्ष में रूपांतरण अंतराल 3 हुआ। साथ ही ब्याज की दर प्रति छमाही $\left(\frac{1}{2}\times 10\right)\% = 5\%$

$A = P(1+R\times 0.1)^n$

$= 4000(1+5\times.01)^3$

$= 4000\times(1.05)^3 = 4630.50$

चक्रवृद्धि ब्याज = (4630.50 − 4000) रु0

= 630.50 रु0

6. 2560 रु0 पर 1 वर्ष का $12\frac{1}{2}\%$ वार्षिक की दर से चक्रवृद्धि ब्याज की गणना करें जबकि ब्याज प्रति छमाही देय हो।

यहाँ,

P = 2560 रु0, n = 2

रूपांतरण अंतराल तथा $R = \frac{1}{2}\times 12.5 = 6.25\%$ प्रति छमाही,

अत: चक्रवृद्धि ब्याज

$C.I. = P\left[(1+R\times 0.1)^n - 1\right]$

$= 2560\left[(1+6.25\times.01)^2 - 1\right]$

$= 2560\left[(1.0625)^2 - 1\right]$

$= 2560 \times 2.0625 \times .0625$

$= 330$ रु0

7. किस राशि पर 5% वार्षिक दर से 2 वर्ष के लिए चक्रवृद्धि ब्याज 164 रु0 हो जाएगा, जबकि ब्याज का संयोजन वार्षिक होता है।

माना मूलधन (P) = 100 रु0

दर (R) = 5%

समय (n) = 2 वर्ष

∴ 100 रु0 पर चक्रवृद्धि ब्याज (रुपयों में)

$= P\left[(1+R\times.01)^n - 1\right]$

$= 100\left[(1+5\times.01)^2 - 1\right]$ रु0

$= 100[1.1025 - 1]$ रु0

$= 100[.1025]$ रु0

$= 10.25$ रु0

अब यदि चक्रवृद्धि ब्याज 10.25 रु0 हो तो P = 100 रु0

यदि चक्रवृद्धि ब्याज 1 रु0 हो तो $P = \frac{100}{10.25}$

यदि चक्रवृद्धि ब्याज 164 रु0 हो तो $P = \frac{100\times 164}{10.25}$

अत: अभीष्ट राशि = 1600 रु0

8. यदि 2000 रु0 $1\frac{1}{2}$ वर्ष में 2315.25 रु0 हो पाए, जबकि ब्याज छमाही संयोजित होता हो, तो ब्याज की दर ज्ञात करो।

P = 2000, A = 2315.25 रु0, $n = 1\frac{1}{2}$ वर्ष

$A = P(1+r)^n$

$(1+r)^n = \frac{A}{P} = \frac{2315.25}{2000}$

$= 1.157625$

$= (1.05)^3 = (1+.05)^3$

अत: दर = .05 प्रति रुपया प्रति छमाही

= 5% छमाही

$5\times 2 = 10\%$ वार्षिक

9. अंकुश प्रतिवर्ष 200 रु0 बचाता है और 5% वार्षिक चक्रवृद्धि की दर से उधार देता है। 3 वर्ष के अंत में यह कितना हो जाएगा?

$\left[200\left(1+\frac{5}{100}\right)^3 + 200\left(1+\frac{5}{100}\right)^2 200\left(1+\frac{5}{100}\right)\right]$ रु0

$\left[200\times\frac{21}{20}\times\frac{21}{20}\times\frac{21}{20} + 200\times\frac{21}{20}\times\frac{21}{20} + 200\times\frac{21}{20}\right]$

$= \left[200\times\frac{21}{20}\left(\frac{21}{20}\times\frac{21}{20} + \frac{21}{20} + 1\right)\right]$ रु0

= 662.02 रु0

10. कृष्णा 15000 रु0 10% वार्षिक दर से 1 वर्ष के लिए निवेशित करता है। यदि चक्रवृद्धि ब्याज अर्द्धवार्षिक संयोजित होता है तो कृष्णा द्वारा प्राप्त एक वर्ष के अंत में धन कितना होगा?

मूलधन = 15000 रु0, दर = 10%, वार्षिक = 5% छमाही, समय = 1 वर्ष = छमाही = 2

$$=\left[15000\times\left(1+\frac{5}{100}\right)^{R}\right] \text{रु0}$$

$$\left(15000\times\frac{21}{20}\times\frac{21}{20}\right)=16537.50 \text{ रु0}$$

अभ्यास प्रश्न (Practice Questions)

1. 5% वार्षिक चक्रवृद्धि ब्याज पर उधार ली गई कुछ राशि दो वार्षिक किश्तों में 1,764 रुपये प्रति किश्त के अनुसार चुकाई गई। तदनुसार मूल राशि कितनी थी
   (a) 2,660 रुपये (b) 2,600 रुपये
   (c) 3,200 रुपये (d) 3,860 रुपये

2. यदि कोई धनराशि चक्रवृद्धि ब्याज पर देने पर 5 वर्षो में दोगुनी हो जाए, तो वह आठ गुनी कितने वर्षों में हो जाएगी?
   (a) 15 वर्ष (b) 20 वर्ष
   (c) 12 वर्ष (d) 10 वर्ष

3. कौन सी धनराशि 2 वर्षों में 4 प्रतिशत वार्षिक चक्रवृद्धि ब्याज की दर से 1352 रुपये हो जाएगी?
   (a) 1200 रुपये (b) 1225 रुपये
   (c) 1250 रुपये (d) 1300 रुपये

4. एक भवन निर्माता ने 2550 रुपये उधार लिए, तो उसे 4% वार्षिक चक्रवृद्धि ब्याज की दर पर दो वर्षो के अन्तराल से दो बराबर की वार्षिक किश्तों में वापस करने थे। प्रत्येक किश्त कितने रुपये की होगी?
   (a) 1352 रु0 (b) 1377 रु0
   (c) 1275 रु0 (d) 1283 रु0

5. 10% वार्षिक चक्रवृद्धि ब्याज पर 2000 रुपए कितने वर्ष में 2,420 रुपए हो जाएँगे?
   (a) 3 वर्ष (b) $2\frac{1}{2}$ वर्ष
   (c) 2 वर्ष (d) $1\frac{1}{2}$ वर्ष

6. यदि चक्रवृद्धि ब्याज वार्षिकी से 2 वर्ष के पश्चात् मिश्रधन मूलधन का 2.25 गुना हो जाता है, तो वार्षिक ब्याज की दर है:-
   (a) 25% (b) 30%
   (c) 45% (d) 50%

7. कोई धनराशि चक्रवृद्धि ब्याज में 3 वर्षो में 2400 रु0 और 4 वर्षो में 2520 रु0 हो जाती है। वार्षिक ब्याज की दर है:-
   (a) 5% (b) 6%
   (c) 10% (d) 12%

8. कोई धनराशि चक्रवृद्धि ब्याज से पहले वर्ष के अंत में 650 रु0 और दूसरे वर्ष के अंत में 676 रु0 हो जाती है। वह धनराशि है:-
   (a) 600 रु0 (b) 540 रु0
   (c) 625 रु0 (d) 560 रु0

9. 10000 रु0 का 4% वार्षिक चक्रवृद्धि ब्याज की दर पर, यदि ब्याज दर छः महीने बाद जोड़ा जाए तो 2 वर्षों बाद कितना ब्याज होगा?
   (a) 636.80 रु0 (b) 824.32 रु0
   (c) 912.86 रु0 (d) 828.82 रु0

10. 12% चक्रवृद्धि ब्याज पर कोई राशि उधार दी जाती है और उसकी गणना अर्धवार्षिकी आधार पर की जाती है। इसके तुल्य प्राप्त करने के लिए उसी राशि को वार्षिक आधार पर कितने प्रतिशत चक्रवृद्धि ब्याज पर देना होगा?
    (a) 12.5% (b) 12.4%
    (c) 12.36% (d) 12.8%

11. यदि 5000 रुपए 4% वार्षिक ब्याज पर दिए जाएँ, तो $1\frac{1}{2}$ वर्ष बाद वार्षिक या अर्धवार्षिक ब्याज पर ब्याज की गणना करने पर उनका अंतर कितना होगा?
    (a) 2.04 रुपए (b) 3.06 रुपए
    (c) 8.30 रुपए (d) 4.80 रुपए

12. 8000 रुपए को चक्रवृद्धि ब्याज की दर से निवेशित करने पर 3 वर्ष के पश्चात् 1,261 रु0 ब्याज के रुप में प्राप्त होते हैं। ब्याज की वार्षिक दर है:-
    (a) 25% (b) 17.5%
    (c) 10% (d) 5%

13. किसी संपत्ति का मूल्य प्रति वर्ष 5% की दर से कम हो जाता है। यदि इसका वर्तमान मूल्य 4,11,540 रु0 हो, तो 3 वर्ष पहले इसका मूल्य कितना था?
    (a) 4,50000 रु0 (b) 4,60000 रु0
    (c) 4,75,000 रु0 (d) 4,80,000 रु0

14. किसी धनराशि पर 5% वार्षिक ब्याज की दर से 3 वर्ष में 1261 रुपये चक्रवृद्धि ब्याज के रुप में प्राप्त होते हैं। वह राशि है:-
    (a) 9000 रु0 (b) 8400 रु0
    (c) 7500 रु0 (d) 8000 रु0

15. किसी व्यक्ति ने चक्रवृद्धि ब्याज की 10% वार्षिक दर से 5000 रु0 की धनराशि उधार ली। प्रत्येक वर्ष के अंत में उसने 1,500 रु0 वापस किए। तीसरे वर्ष की समाप्ति के पश्चात उसे कितनी शेष धनराशि वापस करनी होगी?
    (a) 1,600 रु0 (b) 1,690 रु0
    (c) 1,700 रु0 (d) 1,790 रु0

16. चक्रवृद्धि ब्याज की किस वार्षिक दर से 2304 रु0 की धनराशि 2 वर्ष में बढ़कर 2500 रु0 हो जाएगी?

(a) $5\frac{1}{2}\%$ (b) 5%

(c) $4\frac{1}{2}\%$ (d) $4\frac{1}{6}\%$

17. कितने समय में 2000 रु0 की धनराशि 10% वार्षिक चक्रवृद्धि ब्याज की दर से 2,420 रु0 हो जाएगी, जबकि ब्याज वार्षिक देय हो?

(a) 5 वर्ष (b) 2 वर्ष

(c) 3 वर्ष (d) 4 वर्ष

18. चक्रवृद्धि ब्याज पर जमा की गयी 12000 रु0 की धनराशि 5 वर्ष में दुगुनी हो जाती है। 20 वर्ष के बाद यह कितनी हो जाएगी?

(a) 144000 रु0 (b) 120000 रु0

(c) 150000 रु0 (d) 192000 रु0

19. कोई धनराशि चक्रवृद्धि ब्याज से 6 वर्ष में दुगुनी हो जाती है। उसी ब्याज की दर से वह धनराशि अपने से आठ गुनी कितने समय में होगी?

(a) 15 वर्ष (b) 12 वर्ष

(c) 18 वर्ष (d) 10 वर्ष

20. 12000 रुपये की धनराशि चक्रवृद्धि ब्याज पर जमा करने पर 5 वर्षों में दुगुनी हो जाती है। तदनुसार वह राशि 20 वर्षो बाद कितनी हो जाएगी?

(a) 48000 रु0 (b) 96000 रु0

(c) 1,90000 रु0 (d) 1,92000 रु0

21. कोई धनराशि किसी निश्चित चक्रवृद्धि ब्याज की वार्षिक दर पर 3 वर्षों में आठ गुनी हो जाती है। तब वही धनराशि उसी चक्रवृद्धि ब्याज की दर पर कितने वर्षों में 16 गुनी हो जाएगी?

(a) 6 वर्ष (b) 4 वर्ष

(c) 8 वर्ष (d) 5 वर्ष

22. कमल ने 6800 रुपए उधार के रूप में लिए, जिनका ब्याज सहित दो समान वार्षिक किश्तों में भुगतान किया जाता है। यदि वार्षिक रुप में संयोजित ब्याज की दर $12\frac{1}{2}\%$ है, तो प्रत्येक किश्त की राशि होगी?

(a) 8100 रु0 (b) 4150 रु0

(c) 4050 रु0 (d) 4000 रु0

23. एक व्यक्ति ने एक बैंक में 6000 रु0, 5% वार्षिक साधारण ब्याज की दर पर जमा किए। एक अन्य व्यक्ति ने 5,000 रु0 8% वार्षिक चक्रवृद्धि ब्याज की दर पर जमा किए। 2 वर्ष उपरान्त उनके ब्याजों का अंतर क्या होगा?

(a) 230 रु0 (b) 232 रु0

(c) 832 रु0 (d) 600 रु0

24. किसी राशि पर 2 वर्ष के लिए 4% वार्षिक की दर से चक्रवृद्धि ब्याज वार्षिक 102 रु0 है। इस राशि पर उतने ही समय के लिए और उसी ब्याज दर से साधारण ब्याज होगा:-

(a) 99 रु0 (b) 101 रु0

(c) 100 रु0 (d) 98 रु0

25. किसी धनराशि का 5% वार्षिक ब्याज की दर से 2 वर्ष का चक्रवृद्धि ब्याज 246 रु0 है। उसी धनराशि का 6% वार्षिक ब्याज की दर से 3 वर्ष का सा0 ब्याज होगा?

(a) 435 रु0 (b) 450 रु0

(c) 430 रु0 (d) 432 रु0

26. किसी धनराशि का 2 वर्ष का चक्रवृद्धि ब्याज 282.15 रु0 तथा उतने ही समय का साधारण ब्याज 270 रु0 है। ब्याज की वार्षिक दर कितनी है?

(a) 6.07% (b) 10%

(c) 9% (d)12.15%

27. किसी धनराशि का 4% वार्षिक दर से 2 वर्ष का साधारण ब्याज 80 रुपये है। उसी धनराशि का उतनी ही समयावधि का चक्रवृद्धि ब्याज कितना होगा?

(a) 82.60 रु0 (b) 82.20 रु0

(c) 81.80 रु0 (d) 81.60 रु0

28. किसी धनराशि पर 2 वर्षों में 3% वार्षिक ब्याज की दर से चक्रवृद्धि ब्याज 101.50 रु0 है, उसी धनराशि का उतने ही समय में उसी दर से साधारण ब्याज कितना होगा?

(a) 90.00 रु0 (b) 95.50 रु0

(c) 100.00 रु0 (d) 98.25 रु0

29. 1000 रु0 की धनराशि पर 5% वार्षिक ब्याज की दर से 2 वर्ष के चक्रवृद्धि तथा साधारण ब्याजों का अंतर होगा?

(a) 5 रु0 (b) 2.50 रु0

(c) 3 रु0 (d) 3.50 रु0

30. 1000 रु0 की धनराशि पर 2 वर्षों के साधारण ब्याज और चक्रवृद्धि ब्याज का अंतर 10 रु0 है। वार्षिक ब्याज की दर होगी?

(a) 5% (b) 6%

(c) 10% (d) 12%

उत्तरमाला (Answer Key)

1. (c)	2. (a)	3. (c)	4. (a)	5. (c)	6. (d)	7. (a)	8. (c)
9. (b)	10. (c)	11. (a)	12. (d)	13. (d)	14. (d)	15. (b)	16. (d)
17. (b)	18. (a)	19. (c)	20. (d)	21. (b)	22. (c)	23. (b)	24. (c)
25. (d)	26. (c)	27. (d)	28. (c)	29. (b)	30. (c)		

हल (Solutions)

1. (c)

माना मूलराशि x थी।

दो वार्षिक किस्तों में चुकाई गई कुल राशि

$$= 1764 \times 2$$

= 3528 रु0

$$A = P\left(1 + \frac{R}{100}\right)^n$$

$$3528 = x\left(1 + \frac{5}{100}\right)^2$$

$$= x\left(\frac{21}{20}\right)^2$$

$$x = \frac{3528 \times 20 \times 20}{21 \times 21}$$

= 3200 रुपये

अत: मूलराशि = 3200 रु0

2. (a)

माना धनराशि = 100 रु0

$\therefore$ पहली शर्त से

$$A = P\left(1 + \frac{R}{100}\right)^n$$

$$200 = 100\left(1 + \frac{R}{100}\right)^5$$

$$2 = \left(1 + \frac{R}{100}\right)^5 \quad \text{........(i)}$$

दूसरी शर्त से,

$$800 = 100\left(1 + \frac{R}{100}\right)^n$$

$$8 = \left(1 + \frac{R}{100}\right)^n \quad \text{........(ii)}$$

समी0 ii) में समी0 i) का मान रखने पर

$$2^3 = \left(1 + \frac{R}{100}\right)^n$$

$$\left[\left(1 + \frac{R}{100}\right)^5\right]^3 = \left(1 + \frac{R}{100}\right)^n$$

$$\left(1 + \frac{R}{100}\right)^{15} = \left(1 + \frac{R}{100}\right)^n$$

$\therefore$ n = 15 वर्ष (घातों की तुलना से)

3. (c)

माना धनराशि = x रुपये

$$\therefore \; x\left(1 + \frac{4}{100}\right)^2 = 1352$$

$$x\left(\frac{26}{25}\right)^2 = 1352$$

$$\therefore \; x = \frac{1352 \times 25 \times 25}{26 \times 26} = 1250 \text{ रुपये}$$

4. (a)

प्रत्येक किश्त

$$= \frac{P}{\left(\frac{100}{100+R}\right) + \left(\frac{100}{100+R}\right)^2}$$

$$= \frac{2550}{\frac{100}{104} + \left(\frac{100}{104}\right)^2}$$

$$= \frac{2550 \times 104 \times 104}{10400 + 10000}$$

$$= \frac{27580800}{20400} = 1352 \text{ रुपये}$$

5. (c)

मिश्रधन = मूलधन $\left(1+\frac{\text{दर}}{100}\right)^{\text{समय}}$

$\therefore\ 2420 = 2000\left(1+\frac{10}{100}\right)^{\text{समय}}$

$\frac{2420}{2000} = \left(\frac{11}{10}\right)^{\text{समय}}$

$\left(\frac{11}{10}\right)^2 = \left(\frac{11}{10}\right)^{\text{समय}}$

अभीष्ट समय = 2 वर्ष

6. (d)

माना मूलधन x रु0 है।

मिश्रधन = $2.25x$ रु0

$\therefore\ 2.25x = x\left[1+\frac{r}{100}\right]^2$

$\frac{2.25x}{x} = \left(1+\frac{r}{100}\right)^2$

$\sqrt{2.25} = 1+\frac{r}{100}$

$1.5 = 1+\frac{r}{100}$

$r = \frac{100}{2} = 50\%$

7. (a)

चौथे वर्ष के लिए ब्याज

$2520 - 2400 = 120$ रु0

तथा चौथे वर्ष लिए मूलधन = 2400 रु0

$SI = \frac{P\times R\times T}{100}$

$120\times 100 = 2400\times 1\times R$

$R = \frac{12000}{2400} = 5\%$

8. (c)

माना मूलधन = P रु0

वार्षिक ब्याज की दर = R%

प्रश्न से,

$650 = P\left(1+\frac{R}{100}\right)$ ....(i)

तथा $676 = P\left(1+\frac{R}{100}\right)^2$ ....(ii)

समी0 (i) के वर्ग में समी0 (ii) से भाग देने पर

$\frac{(650)^2}{676} = \frac{P^2\left(1+\frac{R}{100}\right)^2}{P\left(1+\frac{R}{100}\right)^2}$

$\therefore\ P = \frac{650\times 650}{26\times 26}$

$= 25\times 25 = 625$ रु0

9. (b)

मूलधन = 10,000 रु0, दर = 2% छमाही, समय = 4 छमाही

$CI = P\left[\left(1+\frac{r}{100}\right)^n - 1\right]$

$= 10000\left[\left(1+\frac{2}{100}\right)^4 - 1\right]$

$= 10000\left[\frac{6765201-6250000}{6250000}\right]$

$= \frac{10000\times 515201}{6250000} = 824.32$ रु0

10. (c)

माना मूलधन = P, r = 6% अर्द्धवार्षिक, समय = 1 वर्ष = 2 छमाही

अर्द्धवार्षिक आधार पर गणना करने पर

मिश्रधन = मूलधन $\left(1+\frac{r}{100}\right)^n$

$= P\left(1+\frac{6}{100}\right)^2$

$= \frac{2809}{2500}P$

12% चक्रवृद्धि ब्याज पर अर्द्धवार्षिक गणना करने पर प्राप्त तुल्य राशि के बराबर वार्षिक आधार पर प्राप्त करने के लिए दिया जाने वाला चक्रवृद्धि ब्याज के लिए मिश्रधन $= \frac{2809}{2500}P$

पुनः माना मूलधन = P तथा n = 1 वर्ष

प्रश्न से,

$\frac{2809}{2500}P = P\left(1+\frac{r}{100}\right)^1$

$\frac{2809}{2500} = \frac{100+r}{100}$

$280900 = 250000 + 2500r$

$2500r = 280900 - 250000$

$2500r = 30900$

$r = \frac{30900}{2500}$

$= 12.36\%$

11. (a)

CI वार्षिक

$5000\left[\left(1+\frac{4}{100}\right)\left(1+\frac{1}{2}\times\frac{4}{100}\right)-1\right]$

$= 5000\left[\frac{26}{25}\times\frac{51}{50}-1\right]$

$= 5000 \times \left(\frac{1326-1250}{1250}\right)$

$= 4 \times 76 = 304$ रुपये

CI अर्द्धवार्षिक

$5000\left[\left(1+\frac{2}{100}\right)^3 - 1\right]$

$5000\left(\frac{51}{50}\times\frac{51}{50}\times\frac{51}{50}-1\right)$

$5000\left(\frac{132651-125000}{125000}\right)$

$\frac{5000\times 7651}{125000} = 306.04$ रुपये

अन्तर $= 306.04 - 304$

$= 2.04$ रुपये

12. (d)

मिश्रधन = मू0 + ब्याज

9261 = 8000 + 1261

$A = P\left(1+\frac{r}{100}\right)^n$ से

$9261 = 8000\left(1+\frac{r}{100}\right)^3$

$\frac{9261}{8000} = \left(\frac{100+r}{100}\right)^3$

$\left(\frac{21}{20}\right)^3 = \left(\frac{100+r}{100}\right)^3$

$\frac{21}{20} = \frac{100+r}{100}$

$105 = 100 + r$

r = 5% वार्षिक

13. (d)

3 वर्ष पूर्व सम्पत्ति का मूल्य

$411540 = P\left(1-\frac{5}{100}\right)^3$

$P = \frac{411540\times100\times100\times100}{95\times95\times95}$

= 480000 रुपये

14. (d)

माना धनराशि x है

$1261 = x\left(1+\frac{5}{100}\right)^3 - x$

$1261 = x\times\left(\frac{21}{20}\right)^3 - x$

$1261 = x\frac{9261}{8000} - x$

$1261 = x\left(\frac{9261}{8000}-1\right)$

$1261 = x\left(\frac{9261-8000}{8000}\right)$

$1261 = x\times\frac{1261}{8000}$

$x = 1261\times\frac{8000}{1261}$

= 8000 रु0

मूलधन = 8000 रु0

15. (b)

5000 रु0 का 10% की दर से 1 वर्ष का मिश्रधन

$= 5000\times\frac{110}{100} = 5500$ रु0

पहले साल के अंत में शेष = 5500 – 1500 = 4000 रु0

मिश्रधन $= 4000\times\frac{110}{100} = 4400$ रु0

पुनः दूसरे साल के अंत में शेष = 4400 – 1500 = 2900 रु0

पुनः मिश्रधन $= 2900\times\frac{110}{100} = 3190$ रु0

$\therefore$ तीसरे साल के अंत में वापस की जाने वाली शेष धनराशि

= 3190 – 1500

= 1690 रु0

16. (d)

माना वार्षिक दर r है।

प्रश्नानुसार

$2340\left(1+\frac{r}{100}\right)^2 = 2500$

$\left(1+\frac{r}{100}\right)^2 = \frac{2500}{2304}$

$\left(1+\frac{r}{100}\right) = \sqrt{\frac{2500}{2304}}$

$1+\frac{r}{100} = \sqrt{\frac{50\times50}{48\times48}}$

$1+\frac{r}{100} = \frac{50}{48}$

$\frac{r}{100} = \frac{50}{48} - 1$

$\frac{r}{100} = \frac{2}{48}$

$r = \frac{100\times2}{48}$

$r = \frac{100}{24} = \frac{25}{6}$

$= 4\frac{1}{6}\%$

17. (b)

पहले वर्ष के अंत में मिश्रधन $= 2000\left(1+\frac{10}{100}\right)$

$= 2000 \times \frac{11}{10}$

$=$ 2200 रु0

प्रश्न से,

पहले वर्ष का मिश्रधन = दूसरे वर्ष का मूलधन

$\therefore$ दूसरे वर्ष के अंत में मिश्रधन $= 2200\left(1+\frac{10}{100}\right)$

$= 2200 \times \frac{11}{10}$

$=$ 2420 रु0

अभीष्ट समय = 2 वर्ष

19. (c)

माना की मूलधन = P

$$2P = P\left(1+\frac{r}{100}\right)^6$$

$$2 = \left(1+\frac{}{100}\right) \quad ....(i)$$

यदि धनराशि n वर्षों में आठ गुनी हो, तो

$$8P = P\left(1+\frac{r}{100}\right)^n$$

$$8 = \left(1+\frac{r}{100}\right)^n$$

$$2^3 = \left(1+\frac{r}{100}\right)^n$$

$$\left[\left(1+\frac{r}{100}\right)^6\right]^3 = \left(1+\frac{r}{100}\right)^n \quad ....(ii)$$

समी (i) से 2 का मान रखने पर

$$\left(1+\frac{r}{100}\right)^{18} = \left(1+\frac{r}{100}\right)^n$$

n = 18

अत: 18 वर्ष में धनराशि अपने से आठ गुनी हो जायेगी।

20. (d)

12000 रुपये 5 वर्ष में दो गुना अर्थात 24000 हो जाता है।
उसी CI से 12000 रुपये, 10 वर्ष में 48000 रु0 हो जाएगा।
उसी CI से 12000 रुपये 15 वर्ष में 96000 रुपये हो जायेगा।
उसी चक्रवृद्धि ब्याज से 12000 रुपये 20 वर्ष में 1,92,000 रुपये हो जायेगें।

अत: 12000 रुपये की धनराशि 20 वर्ष में 1,92,000 रुपये हो जायेगी।

21. (b)

माना मूलधन = P, तथा दर = R% वार्षिक

प्रश्नानुसार

$$P\left(1+\frac{R}{100}\right)^3 = 8P$$

$$\left(1+\frac{R}{100}\right)^3 = 2^3$$

$$1+\frac{R}{100} = 2$$

अब,

$$P\left(1+\frac{R}{100}\right)^n = 16P$$

$$\left(1+\frac{R}{100}\right)^n = 2^4$$

$$\left(1+\frac{R}{100}\right)^4 = 2^4$$

$\therefore$ n = 4 वर्ष

22. (c)

प्रत्येक किश्त की राशि

$$= \frac{P}{\left(\frac{100}{100+R}\right)+\left(\frac{100}{100+R}\right)^2}$$

$$= \frac{6800}{\left(\frac{100}{100+\frac{25}{2}}\right)+\left(\frac{100}{100+\frac{25}{2}}\right)^2}$$

$$= \frac{6800}{\frac{8}{9}+\left(\frac{8}{9}\right)^2}$$

$$= \frac{6800}{\frac{136}{81}}$$

$$= \frac{6800 \times 81}{136}$$

= 4050 रु0

23. (b)

पहले व्यक्ति के सन्दर्भ में

साधारण ब्याज $= \frac{6000 \times 5 \times 12}{100} = 600$ रु0

दूसरे व्यक्ति के सन्दर्भ में

मिश्रधन $= 5000\left(1+\frac{8}{100}\right)^2$

$= 5000 \times \frac{27}{25} \times \frac{27}{25}$

$=$ 5832

चक्रवृद्धि ब्याज = 5832 − 5000 = 832

ब्याज में अंतर = 832 = 600 = 232

24. (c)

$$P+102=P\left(1+\frac{4}{100}\right)^2$$

$$\frac{P+102}{P}=\frac{676}{625}$$

$$(676-625)P=102\times625$$

$$P=\frac{102\times625}{51}=1250$$

$\therefore$ साधारण ब्याज $=\frac{1250\times4\times2}{100}$

$=$ 100 रु0

25. (d)

माना धनराशि P है।

प्रश्न से,

$$246=P\left(1+\frac{5}{100}\right)^2-P$$

$$246=P\times\frac{21}{20}\times\frac{21}{20}-P$$

$$\therefore\ 246=\frac{441P}{400}-P$$

$$246=\frac{41}{400}P$$

$$P=246\times\frac{400}{41}$$

$$=6\times400$$

$=$ 2400 रु0

$\therefore$ 2400 रु0 का 6% की दर से 3 वर्ष का साधारण ब्याज

$$=\frac{2400\times6\times3}{100}=432$$

26. (c)

यदि किसी धन पर 2 वर्ष का साधारण ब्याज x रु0 तथा चक्रवृद्धि ब्याज y रु0 हो तो

$$y=x\left(1+\frac{r}{200}\right)$$

$$282.15=270\left(1+\frac{r}{200}\right)$$

$$1+\frac{r}{200}=\frac{282.15}{270}$$

$$\frac{r}{200}=\frac{282.15}{270}-1$$

$$\frac{r}{200}=\frac{282.15-270}{270}$$

$$\frac{r}{200}=\frac{12.15}{270}$$

$$r=\frac{12.15\times200}{270}=9\%$$

27. (d)

मूलधन $=\frac{100\times80}{4\times2}$

$=$ 1000 रु0

चक्रवृद्धि ब्याज $=1000\left(1+\frac{4}{100}\right)^2-1000$

$$=1000\times\left(\frac{104}{100}\right)^2-1000$$

$$=1000\times\frac{26}{25}\times\frac{26}{25}-1000$$

$$=\frac{8\times26\times26}{5}-1000$$

$$=\frac{5408}{5}-1000$$

$$=1081.60-1000$$

$=$ 81.60 रुपये

28. (c)

माना कि मूलधन = P रु0

प्रश्न से,

$$101.5=P\left(1+\frac{3}{100}\right)^2-P$$

$$\Longrightarrow P\times\frac{103}{100}\times\frac{103}{100}-P$$

$$\Longrightarrow \frac{10609P-10000P}{10000}$$

$$\Longrightarrow \frac{1015}{10}=\frac{609P}{10000}$$

$$\Longrightarrow P=\frac{1015}{10}\times\frac{10000}{609}$$

$$\Longrightarrow \frac{1015\times1000}{609}$$

साधारण ब्याज $=\frac{P\times2\times3}{100}$

$$=\frac{1015\times10\times2}{203}$$

$$=5\times10\times2$$

$=$ 100 रुपये

29. (b)

दो वर्षों की CI एवं SI में अंतर

$=$ मूलधन $\left(\frac{R}{100}\right)^{\text{समय}}$

$\therefore$ अन्तर $=1000\times\left(\frac{5}{100}\right)^2$

$$=1000\times\frac{25}{10000}$$

$=\frac{25}{10}=2.50$ रु0

30) (c)

$$D = P\left(\frac{r}{100}\right)^2$$

(D = SI एवं CI में अन्तर)

$$10 = 1000\left(\frac{r}{100}\right)^2$$

$$\left(\frac{r}{100}\right)^2 = \frac{1}{100}$$

r = 10%

परखें अपने आप को (Test Yourself)

1. यदि 1000 रू0 को A तथा B में 3 : 2 विभक्त किया जाए तो A को प्राप्त होंगे।
(a) 400 रू0 (b) 500 रू0
(c) 600 रू0 (d) 800 रू0

2. यदि A का 60 % = B का $\frac{3}{4}$ हो तो A : B होगा:-
(a) 9 : 20 (b) 20 : 9
(c) 4 : 5 (d) 5 : 4

3. यदि a : b = 5 : 7 और c : d = 2a : 3b हो, तो ac : bd होगा:-
(a) 20 : 38 (b) 50 : 147
(c) 10 : 21 (d) 50 : 151

4. यदि दो संख्याएँ किसी अन्य संख्या का क्रमश: 20% और 50% है, तो उन दोनों संख्याओं में क्या अनुपात है?
(a) 5 : 2 (b) 2 : 5
(c) 1 : 5 (d) 1 : 2

5. यदि A : B = 3 : 4, B : C = 5 : 7 और C : D = 8 : 9 हो, तो अनुपात A : D बराबर होगा:-
(a) 3 : 7 (b) 7 : 3
(c) 21 : 10 (d) 10 : 21

6. यदि A : B = 1 : 2, B : C = 3 : 4, C : D = 6 : 9 तथा D : E = 12 : 16 हो, तो A : B : C : D : E बराबर होगा:-
(a) 1 : 3 : 6 : 12 : 16 (b) 2 : 4 : 6 : 9 : 16
(c) 3 : 4 : 8 : 12 : 16 (d) 3 : 6 : 8 : 12 : 16

7. यदि 2A = 3B = 4C हो, तो A : B : C होगा:-
(a) 2 : 3 : 4 (b) 4 : 3 : 2
(c) 6 : 4 : 3 (d) 3 : 4 : 6

8. यदि $x : y = 7 : 3$ हो, तो $\frac{xy+y^2}{x^2-y^2}$ का मान है:-
(a) $\frac{3}{4}$ (b) $\frac{4}{3}$
(c) $\frac{3}{7}$ (d) $\frac{7}{3}$

9. यदि a : (b + c) = 1 : 3 तथा c : (a + b) = 5 : 7 हो, तो b : (a + c) बराबर होगा:-
(a) 1 : 2 (b) 2 : 3
(c) 1 : 3 (d) 2 : 1

10. यदि $\frac{a}{a+c} = \frac{b}{c+a} = \frac{c}{a+b}$ हो और यदि $a > 0,\ b > 0,\ c > 0$ हो, तो प्रत्येक अनुपात किसके बराबर है?
(a) $\frac{1}{2}$ (b) $\frac{1}{3}$
(c) $\frac{2}{3}$ (d) $\frac{3}{4}$

11. यदि $p : q : r = 1 : 2 : 4$ हो, तो $\sqrt{5p^2+q^2+r^2}$ बराबर होगा:-
(a) 5 (b) $2q$
(c) $5p$ (d) $4r$

12. यदि $\frac{3a+5b}{3a-5b} = 5$ हो, तो $a : b$ बराबर होगा:-
(a) 2 : 1 (b) 5 : 3
(c) 3 : 2 (d) 5 : 2

13. यदि $(B-A)$ का $30\% = (B+A)$ का 18% हो, तो अनुपात $A : B$ बराबर होगा:-
(a) 4 : 1 (b) 1 : 4
(c) 5 : 4 (d) 5 : 9

14. यदि $x : y = y : z$ हो, तो $(x^2 : y^2)$ बराबर होगा:-
(a) $x : z$ (b) $8x^3 : z^3$
(c) $x^2 : 4z^2$ (d) $x^4 : 4z^4$

15. A, B तथा C के वेतन 1 : 3 : 4 के अनुपात में है। यदि उनके वेतन में क्रमश: 5%, 10% तथा 15% की वृद्धि की जाए, तो उनके बढे हुए वेतन कि अनुपात में होगें?
(a) 20 : 66 : 95 (b) 21 : 66 : 95
(c) 21 : 66 : 92 (d) 19 : 66 : 92

16. यदि $W_1 : W_2 = 2 : 3$ तथा $W_1 : W_3 = 4 : 2$ हो, तो $W_2 : W_3$ बराबर होगा:-
(a) 3 : 4 (b) 4 : 3
(c) 2 : 3 (d) 4 : 5

17. दो संख्याएँ 1 : 3 के अनुपात में है। यदि उनका योगफल 240 है, तो उनका अन्तर होगा:-
(a) 120 (b) 108
(c) 100 (d) 96

18. दो संख्याओं का अनुपात 10 : 7 है और उसका अन्तर 105 है। उन संख्याओं का योग है:-
(a) 595 (b) 805
(c) 1190 (d) 1610

19. दो तत्वों तथा को उतके आयतन के आधार पर 5: 8 के अनुपात में अथवा उनके भार के आधार पर 4: 5 के अनुपात में मिलाकर एक मिश्रण तैयार किया गया है। समान आयतन रखने वाले तथा के भारों का अनुपात होगा:-
(a) 1 : 2 (b) 4 : 5
(c) 5 : 8 (d) 32 : 25

20. दो संख्याएँ 5 : 7 के अनुपात में हैं, दोनों में से 40 घटाने पर वे 17 : 27 के अनुपात में हो जाती है, उन संख्याओं का अन्तर है:-
(a) 18 (b) 52
(c) 137 (d) 50

21. शुद्ध दूध से भरे हुए किसी वर्तन से 20% दूध को निकालकर उतनी ही मात्रा का पानी डाल दिया जाता है तथा यह प्रक्रिया तीन बार दोहराई जाती है। तीसरी प्रक्रिया के बाद वर्तन में शुद्ध दूध की मात्रा हटकर कितनी रह पाएगी।

(a) 40% (b) 50%
(c) 51.2% (d) 58.8%

22. 20% एल्कोहॉल की शक्ति वाले 5 लीटर एल्कोहॉल पानी के विलयन में से 2 लीटर विलयन निकाल लिया जाता है तथा उसके स्थान पर 2 लीटर पानी डाल दिया जाता है। नये विलयन में एल्कोहॉ की शक्ति होगी:-

(a) 12% (b) 15%
(c) 16% (d) 18%

23. यदि 7 प्रतिशत लवण वाले 12 ली0 घोल को उबालकर 4 ली0 पानी को वार्षपित कर दिया जाए तो बाकी बचे घोल में लवण का प्रतिशत है:-

(a) 10.5 (b) 11.5
(c) 12 (d) 13

24. 100 लीटर मिश्रण में पानी की मात्रा 10% तथा शेष दूध है। इसमें कितना और पानी डालें ताकि प्राप्त मिश्रण में दूध की मात्रा 50% रह जाए?

(a) 70 लीटर (b) 72 लीटर
(c) 78 लीटर (d) 80 लीटर

25. किसी दुकानदार ने 80 किग्रा0 चीनी 13.50 रूपये प्रति किग्रा0 भाव से खरीदी। उसने इसे 16 रूपये प्रति किग्रा0 मूल्य वाली 120 किग्रा0 चीनी के साथ मिला दिया। 20% का लाभ प्राप्त करने के लिए वह मिश्रित चीनी को किस भाव से बेचेगा।

(a) 18 रूपये प्रति किग्रा0 (b) 17 रूपये प्रति किग्रा0
(c) 16.40 रूपये प्रति किग्रा0 (d) 15 रूपये प्रति किग्रा0

26. किसी फल विक्रेता के पास कुछ सेब थे वह 40% सेब बेच देता है और फिर भी उसके पास 420 सेब बचे रहते है। प्रारम्भ में उसके पास थे:-

(a) 500 सेब (b) 600 सेब
(c) 172 सेब (d) 700 सेब

27. एक व्यक्ति ने 20 सेब 100 रूपये में बेचे और 20% लाभ प्राप्त किया। तदनुसार उसके 100 रूपये में कुल कितने सेब खरीदे थे?

(a) 20 (b) 22
(c) 24 (d) 25

28. संतरों के मूल्य में 20% कमी हो जाने पर एक आदमी 10 रूपयों में 5 संतरे अधिक खरीद लेता हैं। संतरे का पहले वाला मूल्य कितना था?

(a) 20 पैसे (b) 40 पैसे
(c) 50 पैसे (d) 60 पैसे

29. यदि किसी सम्पदा के $\frac{4}{5}$ भाग का मूल्य 16800 रू0 है तो सम्पदा के $\frac{3}{7}$ भाग का मूल्य होगा:-

(a) 9000 रू0 (b) 900 रू0
(c) 72000 रू0 (d) 21000 रू0

30. किसी वस्तु का लागत मूल्य उसके निर्धारित मूल्य का 64% है। तदनुसार निर्धारित मूल्य पर 12% छूट देने पर उस पर लाभ का प्रतिशत कितना रहेगा?

(a) 37.5% (b) 48%
(c) 50.5% (d) 52%

31. एक विक्रेता ने अपनी वस्तुओं का $\frac{3}{4}$ हिस्सा 24% लाभ पर बेचा और शेष भाग लागत मूल्य पर बेच दिया। तदनुसार उसका कुल लाभ कितने प्रतिशत रहा?

(a) 15% (b) 18%
(c) 24% (d) 32%

32. एक व्यापारी ने 10 किलो सेब 405 रू0 में खरीदे। उनमें से 1 किलो सडा हुए पाए गये। यदि वह कुल पर 10% का लाभ कमाना चाहता हो, तो शेष सेबों को प्रति किलो किए भाव पर बेचें?

(a) 45 रू0 (b) 49.50 रू0
(c) 50 रू0 (d) 51 रू0

33. एक मकान तथा एक दूकान में से प्रत्येक को एक लाख रूपए में बेचा गया मकान पर 20% की हानि तथा दुकान पर 20% लाभ रहा। कुल सौदे का परिणाम रहा:-

(a) न लाभ न हानि (b) $\frac{1}{24}$ लाख रूपए का लाभ
(c) $\frac{1}{12}$ लाख रूपए का हानि (d) $\frac{1}{18}$ लाख रूपए का हानि

34. एक व्यक्ति एक वस्तु को 20% लाभ पर बेचना चाहता था। लेकिन वास्तव में उसने इसे 20% हानि पर 480 रू0 में बेचा। लाभ प्राप्त करने के लिए उसको इस वस्तु को कितने मूल्य पर बेचना था?

(a) 720 रू0 (b) 840 रू0
(c) 600 रू0 (d) 750 रू0

35. एक एजेन्ट को कपड़े की विक्रि में 2.5% कमीशन मिलता है। यदि किसी दिन उसे 12.50 रू0 कमीशन में मिलें, तो उस दिन उसके द्वारा बेचे गए कपड़े का मूल्य है:-

(a) 250 रू0 (b) 500 रू0
(c) 750 रू0 (d) 1250 रू0

36. A एक साइकिल 20% लाभ पर B को बेचता है, फिर B उसे 25% लाभ पर C को बेच देता है, यदि C अपनी ओर से 225 रूपए का भुगतान करता है, तो A के लिए साइकिल का लागत मूल्य क्या होगा?

(a) 110 रू0 (b) 125 रू0
(c) 120 रू0 (d) 150 रू0

37. यदि किसी लम्ब वृताकार बेलन के आधार की त्रिज्या तथा उसकी उँचाई दोनों में 20% की वृद्धि की जाए तो उसके आयतन में कितनी वृद्धि होगी?

(a) 20% (b) 40%
(c) 60% (d) 72.8%

38. एक किस्म के अमरूद्ध 5 रू0 में 3 के भाव से मिलते हैं तथा दूसरी किस्म के 5 रू0 में 2 के भाव से। दूसरी किस्म के अतरूद्धों की कीमत पहली किस्म के अमरूद्धों से कितना प्रतिशत अधिक है?

(a) 30 (b) 40
(c) 50 (d) 60

39. चावल के मूल्य में 2% की कमी की गयी है। जिस धनराशि से पहले 40 कि0ग्रा0 चावल खरीदा जा सकता था, उससे अब कितना चावल खरीदा जा सकेगा?

(a) 48 कि0ग्रा0 (b) 49 कि0ग्रा0
(c) 50 कि0ग्रा0 (d) 51 कि0ग्रा0

40. एक TV तथा फ्रिज में से प्रत्येक को 12000 रू0 में बेचा गया। यदि TV को उसके लागत मूल्य की 20% हानि तथा फ्रिज को उसके लागत मूल्य के 20% लाभ पर बेंचा गया हो, तो पूरे सौदे में कुल कितना लाभ या हानि हुई?

(a) न लाभ न हानि (b) 1000 रू0 की हानि
(c) 1000 रू0 का लाभ (d) 12000 रू0 का हानि

41. 30 परिणामों का औसत 20 है तथा अन्य 20 परिणामों का औसत 30 है, सभी परिणामों का औसत क्या है?

(a) 24 (b) 48
(c) 25 (d) 50

42. आठ संख्याओं का औसत 20 है पहली दो संख्याओं का औसत $15\frac{1}{2}$ और अगली तीन का $21\frac{1}{3}$ है। यदि छठवीं संख्या सांतवीं से 4 तथा आठवीं से 7 कम से, तो आठवीं संख्या होगी:-

(a) 18 (b) 22
(c) 25 (d) 27

43. 11 संख्याओं का औसत 10.8 है, यदि पहली 6 संख्या का औसत 10.4 और आखिरी 6 संख्याओं का औसत 11.5 हो, तो छठवीं संख्या है:-

(a) 10.3 (b) 12.6
(c) 13.5 (d) 15.5

44. रवि को निम्न 12 संख्याओं का अंकगणितीय माध्य निकालने के लिए कहा गया:- 3, 11, 7, 9, 15, 13, 8, 19, 17, 21, 14 तथा x । उसने इसका माध्य 12 निकाला। x का मान होगा:-

(a) 13 (b) 17
(c) 7 (d) 31

45. तीन संख्याओं का औसत 60 है यदि उनमें पहली संख्या, शेष दो संख्याओं के योग के $\frac{1}{4}$ के बराबर हो, तो पहली संख्या है:-

(a) 30 (b) 36
(c) 42 (d) 45

46. एक पारी में रनों का अधिकतम स्कोर कुल स्कोर का $\frac{3}{11}$ था। उसी पारी में दूसरे नंबर का अधिकतम स्कोर शेष रनों के स्कोर का $\frac{3}{11}$ था। तदनुसार यदि दोनों स्कोरों का अंतर 9 रहा हो , तो कुल स्कोर कितना था?

(a) 106 (b) 146
(c) 118 (d) 121

47. आठ संख्याओं का औसत 20 है। यदि प्रथम दो संख्याओं का योगफल 31 है, अगली तीन संख्याओं का औसत $21\frac{1}{3}$ हो, तो सातवीं और आठवीं संख्याएँ छठी संख्या से क्रमश: 4 और 7 अधिक हो, तो आठवीं संख्या होगी:-

(a) 20 (b) 25
(c) 21.6 (d) 25.3

48. तीन संख्याएँ A, B तथा C क्रमश: 1 : 2 : 3 के अनुपात में हैं। उनका औसत 600 है। यदि संख्या A में 10% की वृद्धि तथा B में 20% की कमी हो जाए, तो उनके औसत में 5% की वृद्धि करने हेतु संख्या C में कितनी वृद्धि करनी होगी?

(a) 90 (b) 100
(c) 150 (d) 180

49. 25 परिणामों का औसत 18 है। उनमें से प्रथम 12 परिणामों का औसत 14 तथा अन्तिम 12 परिणामों का औसत 17 है। 13 वाँ परिणाम है।

(a) 28 (b) 78
(c) 72 (d) 85

50. चार संख्याओं में से पहली तीन संख्याओं का औसत चौथी संख्या का तीन गुना है। यदि चारों संख्याओं का औसत 5 हो, तो चौथी संख्या होगी:-

(a) 4.5 (b) 5
(c) 2 (d) 4

51. एक कक्षा में 60% छात्र हिन्दी में उत्तीर्ण होते है और 45% संस्कृत में, यदि उनमें से 25% कम से कम एक विषय में उत्तीर्ण हो, तो दोनों विषयों में अनुत्तीर्ण छात्रों का प्रतिशत क्या होगा?

(a) 80% (b) 75%
(c) 20% (d) 25%

52. किसी परीक्षा में 52% विधार्थी हिन्दी तथा 42% अंग्रेजी में फेल हुए। यदि 17% विधार्थी इन दोनों विषयों में फेल हुए हो, तो कितने प्रतिशत विधार्थी दोनों विषयों में पास हुए?

(a) 38% (b) 33%
(c) 23% (d) 18%

53. किसी परीक्षा में 70% विधार्थी अंग्रजी में पास हुए, 80% गणित में पास हुए तथा 10% दोनों विषयों में फेल हुए यदि दोनों विषयों में 144 विधार्थी पास हुए, तो विधार्थीयों की कुल संख्या थी:-

(a) 125 (b) 200
(c) 240 (d) 375

54. दो विधार्थी किसी परीक्षा में बैठें। इनमें से एक ने दूसरे से 9 अंक अधिक प्राप्त किए तथा उसके प्राप्तांक दोनों के अंकों के योग के 5.6% के बराबर थे। उनके प्राप्त किए गए अंक हैं:-

(a) 42, 33 (b) 43, 34
(c) 41, 32 (d) 39, 30

55. एक परीक्षा में किसी प्रत्याशी ने 30% अंक प्राप्त किए और वह 6 अंकों से फेल हो गया। अन्य प्रत्याशी ने 40% अंक प्राप्त किए और पास होने वाले न्यूनतम अंकों से 6 अंक अधिक प्राप्त किए, अधिकतम अंक हैं।

(a) 150 (b) 120
(c) 100 (d) 180

56. किसी स्कूल के लडकों की संख्या और लडकियों की संख्या का अनुपात 4: 1 है। यदि लडकों के 75% को तथा लडकियों के 70% को छात्रवृति मिलती है, तो उन विधार्थियों का प्रतिशत जिन्हें छात्रवृति नहीं मिलती है, निम्नलिखित है:-

(a) 50 (b) 28
(c) 75 (d) 26

57. किसी परीक्षा में, 80% विधार्थी अंग्रेजी में, 85% गणित में तथा 75% दोनों विषयों अंग्रेजी तथा गणित में उत्तीर्ण हुए। यदि 40 विधार्थी इन दोनों विषयों में अनुत्तीर्ण हुए हो, तो परीक्षार्थियों की कुल संख्या कितनी थी?

(a) 200 (b) 400
(c) 600 (d) 800

58. रमा के व्यय तथा बचत में 5 : 3 का अनुपात है। यदि उसकी आय में 12% तथा व्यय में 15% की वृद्धि हो जाए, तो उसकी बचत में कितनी प्रतिशत की वृद्धि होगी?

(a) 12 (b) 7
(c) 8 (d) 13

59. किसी कॉलेज में लडके तथा लडकियों की संख्याएँ 3: 2 के अनुपात में हैं। यदि 20% लडके तथा 25% लडकियाँ बालिग है तो कितने प्रतिशत विधार्थी बालिग नहीं है?

(a) 58 (b) $66\frac{2}{3}$
(c) 78 (d) $83\frac{1}{3}$

60. दो उम्मीदवारों के मध्य होने वाले किसी चुनाव में पहले उम्मीदवार को कुल वैध मतों के 80% मत मिले। यदि कुल 180000 मतों में 10% मत अवैध घोषित किए गए हों, तो दूसरे उम्मीदवार के पक्ष में कितने वैध मत पडे?

(a) 31400 (b) 3100
(c) 32400 (d) 32420

61. दो प्रत्याशियों के बीच हुए एक चुनाव में 75% मतदातों ने अपने मत डाले, जिनमें से 2% मत अवैध घोषित कर दिए गए। एक प्रत्याशी ने 9261 मत प्राप्त किए जो वैध मतों के 75% थे इस चुनाव में पंजीकृत मतदाताओं की कुल संख्या थी:-

(a) 16000 (b) 16400
(c) 16800 (d) 18000

62. किसी चुनाव में 8% मतदाताओं ने अपने मत नहीं डाले। इस चुनाव में केवल दो ही प्रत्याशी थे। जीतने वाले प्रत्याशी ने कुल मतों के 48% मत प्राप्त कर 1100 मतों से चुनाव में दूसरे प्रत्याशी को हरा दिया, चुनाव में कुल मत थे:-

(a) 21000 (b) 23500
(c) 22000 (d) 27500

63. दो प्रत्याशियों के बीच हुए एक चुनाव में कुल डाले गए मतों के 60% मत प्राप्त करके एक प्रत्याशी 14000 मतों से विजयी हुआ। जीतने वाले प्रत्याशी द्वारा प्राप्त किए गए मतों की संख्या है:-

(a) 28000 (b) 32000
(c) 42000 (d) 46000

64. किसी सम्पत्ति की कीमत प्रति वर्ष, उसकी प्रारंम्भिक वर्ष की तुलना में 10% कम हो जाती हैं सम्पत्ति की वर्तमान कीमत 8100 रू0 है। दो वर्ष पहले उसकी कीमत कितनी थी?

(a) 10000 रू0 (b) $\left(\frac{90}{100}\right)^2 \times 8100$ रू0
(c) $\left(\frac{100}{110}\right)^2 \times 8100$ रू0 (d) 9801 रू0

65. 2 वर्ष पहले किसी कस्बे की जनसंख्या 62,500 थी। बडे नगरों में जनसंख्या का पलायन होने के कारण जनसंख्या में 4% वार्षिक की दर से कमी होती है। कस्बे की वर्त्तमान जनसंख्या है:-

(a) 57,600 (b) 56,700
(c) 76,000 (d) 75,000

66. किसी जनपद में रहने वाले व्यक्तियों की संख्या 64000 है, यदि यह जनसंख्या $2\frac{1}{2}$% वार्षिक की दर से बढती हैं, तो 3 वर्ष बाद वहाँ रहने वाले व्यक्तियों की संख्या हो जाएगी:-

(a) 70,000 (b) 69,200
(c) 68,921 (d) 68,911

67. किसी शहर की जनसंख्या 8000 थी। एक वर्ष में पुरूषों की जनसंख्या में 10% तथा स्त्रियों की जनसंख्या में 8% वृद्धि हुई। लेकिन कुल जनसंख्या में 9% वृद्धि हुई। उस शहर में पुरूषों की संख्या थी:-

(a) 4000 (b) 5000
(c) 4500 (d) 6000

68. किसी गाँव की जनसंख्या में प्रतिवर्ष 25% की दर से बढोतरी हुई है। यदि तीन वर्ष के उपरान्त जनसंख्या 10000 हो, तो प्रथम वर्ष के आरंभ में यह कितनी थी।

(a) 5120 (b) 5000
(c) 4900 (d) 4500

69. किसी आदमी को वर्ष 2007 में 8,80,000 रू0 वार्षिक वेतन के रूप में प्राप्त हुए जो उसके वर्ष 2006 के वार्षिक वेतन से 10% अधिक थे। वर्ष 2006 में उनका वार्षिक वेतन था:-

(a) 4,80,000 रू0 (b) 8,00,000 रू0
(c) 4,00,000 रू0 (d) 8,40,000 रू0

70. एक गाँव की वर्त्तमान जनसंख्या 67,600 है। यह 4% वार्षिक की दर से बढ़ती रही है। गाँव की जनसंख्या दो वर्ष पूर्व कितनी थी?

(a) 62500 (b) 63000
(c) 64756 (d) 65200

71. यदि 72 व्यक्ति 280 मीटर लम्बी एक दीवार को 21 दिन में बना लेते हैं, तो इसी प्रकार की 100 मी0 लम्बी दीवार बनाने के लिए कितने व्यक्ति 18 दिन लगायेंगे?

(a) 30 (b) 10
(c) 18 (d) 16

72. यदि 6 व्यक्ति 8 घण्टे प्रतिदिन कार्य करके प्रति सप्ताह 8400 रूपए अर्जित करते हैं, तो 9 व्यक्तियों द्वारा 6 घण्टे प्रतिदिन कार्य करके प्रति सप्ताह अर्जित की जाने वाली राशि होगी:-
(a) 8400 रू0 (b) 16800 रू0
(c) 9450 रू0 (d) 16200 रू0

73. 10 व्यक्ति 6 घंटे प्रतिदिन डाये करके किसी कार्य को 18 दिन में पूरा कर सकतें है। उसी कार्य को 12 दिन में पूरा करने के लिए 15 व्यक्तियों को कितने घंटे प्रति दिन कार्य करना पडेगा?
(a) 6 (b) 10
(c) 12 (d) 15

74. 5 व्यक्ति 7 घण्टे प्रतिदिन कार्य करके एक प्रवेश सूची 8 दिन में तैयार कर सकतें है। यदि इस कार्य को 4 दिन में पूरा कराने के उद्‌देश्य से उनमें 2 व्यक्ति और सम्मिलित किए, जाएँ तो उन्हें प्रतिदिन कितने घण्टे काम करना होगा?
(a) 10 घण्टे (b) 9 घण्टे
(c) 12 घण्टे (d) 8 घण्टे

75. 8 पु0 किसी कार्य को 12 दिन में कर सकते हैं, 6 दिन कार्य करने के बाद, 4 और पुरूष कार्य पूरा करने के लिए लगा दिए गए, शेष कार्य कितने दिन में पूरा हो जाएगा?
(a) 2 (b) 3
(c) 4 (d) 5

76. कुछ व्यक्ति किसी कार्य को 55 दिन में पूरा कर सकते हैं, यदि 6 व्यक्ति और हों, तो इस कार्य को करने में 11 दिन कम लगेंगे, तो प्रारंभ में कितने व्यक्ति थे?
(a) 17 (b) 24
(c) 30 (d) 22

77. यदि p आदती p दिन में प्रतिदिन p घंटे कार्य करके p इकाई सम्पन्न करें, तो n आदमी n दिन में प्रतिदिन n घण्टे कार्य करके कितने इकाई कार्य संपन्न करेंगे?
(a) $\frac{p^2}{n^2}$ (b) $\frac{p^3}{n^2}$
(c) $\frac{n^2}{p^2}$ (d) $\frac{n^3}{p^2}$

78. 5 किमी0 की एक सड़क 100 दिनों में बनाई जाएगी। उस पर 280 मजदूर लगाए गए। किन्तु 80 दिनों के बपद देखा गया कि $3\frac{1}{2}$ किमी0 सड़क पूरी हुई है। काम को निर्धारित अवधि में पूरा करने के लिए अब और कितने लोगों की जरूरत है?
(a) 480 (b) 80
(c) 200 (d) 100

79. यदि 10 आदमी किसी काम को 12 दिन में कर सकें, तो 12 आदमी उसी काम को कितने समय में करेंगे?
(a) 12 दिन (b) 10 दिन
(c) 9 दिन (d) 8 दिन

80. दो कारीगरों A तथा B की कार्य - कुशलताएँ 5: 4 के अनुपात में हैं। यदि A एक कार्य को 12 घण्टे में पूरा करता है, तो B उसे कितने समय में पूरा करेगा?
(a) 18 घण्टे (b) 16.5 घण्टे
(c) 16 घण्टे (d) 15 घण्टे

81. किसी दिन एक विधार्थी $2\frac{1}{2}$ किमी0/घण्टा की चाल से अपने घर से चलकर स्कूल 6 मिनट की देरी से पहुँचता है। अगले दिन वह अपनी चाल में 1 किमी0/घण्टा की वृद्बि कर देता है तथा स्कूल समय से 6 मिनट पहले पहुँच जाता है। उसके घर से स्कूल की दूरी कितनी है?
(a) 2 किमी0 (b) $1\frac{1}{2}$ किमी0
(c) 1 किमी0 (d) $1\frac{3}{4}$ किमी0

82. 5 किमी0/घण्टा की गति से चलने पर एक छात्र अपने विधालय 15 मिनट पहले पहुँच जाता है और 3 किमी0/घण्टा की गति से चलने पर 9 मिनट देर से पहुँच जाता है। तदनुसार उस छात्र के घर तथा विधालय के बीच की दूरी कितनी है?
(a) 5 किमी0 (b) 8 किमी0
(c) 3 किमी0 (d) 2 किमी0

83. श्रीमान x अपने कार्यालय अपने स्कूटर से 30 किमी0/घण्टा की गति से जाने पर 6 मिनट जल्दी पहुँच जाते हैं। यदि बे 24 किमी0/घण्टा की गति से स्कूटर चलाएँ, तो 5 मिनट देर से पहुँच जाते हैं। तदनुसार उनके कार्यालय की दूरी कितनी है?
(a) 20 किमी0 (b) 21 किमी0
(c) 22 किमी0 (d) 24 किमी0

84. एक व्यक्ति 10 किमी0/घण्टा की गति से साइकिल चला कर अपने कार्यालय 6 मिनट देरी से पहुँचा। जब उसने अपनी गति 2 किमी0/घण्टा और बढ़ा दी, तो वह 6 मिनट पहले पहुँच गया। तदनुसार उस व्यक्ति के कार्यालय और उसके आरंभिक स्थान के बीच की दूरी क्या है?
(a) 6 किमी0 (b) 7 किमी0
(c) 12 किमी0 (d) 16 किमी0

85. यदि कोई व्यक्ति 3 किमी0/घण्टा की गति से चलता है, तो वह अपने कार्यालय 20 मिनट देरी से पहुँचता है। यदि वह व्यक्ति अपनी गति 6 किमी0/घण्टा तक बढ़ा देता है, तो वह अपने कार्यालय 30 मिनट जल्दी पहुँच जाता है। तदनुसार उस व्यक्ति के आरंभिक स्थान से उसके कार्यालय की दूरी ज्ञात करें।
(a) 6 किमी0 (b) 5 किमी0
(c) 5.5 किमी0 (d) 4 किमी0

86. साधारण ब्याज की किसी दर से 1200 रू0 के 3 वर्ष तथा 800 रू0 के 4 वर्ष के ब्याजों का अन्तर 20 रू0 है। ब्याज की वार्षिक प्रतिशत दर है:-
(a) 2.5 (b) 5
(c) 10 (d) 8

87. कोई धनराशि साधारण ब्याज की किसी वार्षिक दर से 5 वर्ष में दुगुनी हो जाती है तथा किसी अन्य दर से 12 वर्ष में तिगुनी हो जाती है। कम ब्याज की वार्षिक दर है:-

(a) 15% (b) 20%

(c) $15\frac{3}{4}\%$ (d) $16\frac{2}{3}\%$

88. यदि साधारण ब्याज पर कोई धनराशि 12 वर्ष में दुगुनी हो जाती है, तो वार्षिक ब्याज की दर होगी:-

(a) $16\frac{2}{3}\%$ (b) 7.5%

(c) $8\frac{1}{3}\%$ (d) 10%

89. एक व्यक्ति के पास 10,000 रू0 की धनराशि निवेश के लिए है। इसमें से वह 4000 रू0 का साधारण ब्याज की 5% वार्षिक तथा 3500 रू0 का 4% वार्षिक की दर से निवेश करता है। शेष धनराशि का वह किस दर से निवेश दरे ताकि उसकी वार्षिक आय 500 रू0 हो जाए।

(a) 6% वार्षिक (b) 6.1% वार्षिक

(c) 6.4% वार्षिक (d) 6.3% वार्षिक

90. साधारण ब्याज पर निवेशित कोई धनराशि 5 वर्ष के अन्त में 306 रू0 हो जाती हैं यदि ब्याज मू0 के $\frac{9}{25}$ भाग के बराबर हो, तो ब्याज की वार्षिक दर है:-

(a) 6% (b) $7\frac{1}{5}\%$

(c) $8\frac{4}{5}\%$ (d) 10%

91. साधारण ब्याज की किसी दर पर A 6000 रू0 B को 2 वर्ष के लिए तथा 1500 रू0 C को 4 वर्ष के लिए उधार दिए तथा उन दोनों से कुल मिलाकर 900 रू0 ब्याज प्राप्त किया। ब्याज की वार्षिक दर थी।

(a) 5% (b) 6%

(c) 8% (d) 10%

92. A ने B को 2 वर्षो के लिए 5000 रू0 और C को 4 वर्षो के लिए 3000 रू0 एक ही दर से साधारण ब्याज पर उधार दिए यदि उसे दोनों से कुल 2200 रूपए ब्याज के प्राप्त हुए तो ब्याज की वार्षिक दर है:-

(a) 7% (b) 5%

(c) $7\frac{1}{8}\%$ (d) 10%

93. एक व्यक्ति ने साधारण ब्याज की किसी वार्षिक प्रतिशत दर से 500 रू0 तथा 1% अधिक दर 700 रू0 का निवेश किया। यदि इन निवेशों से 3 वर्ष में उसे कुल मिलाकर 165 रू0 ब्याज के रूप में प्राप्त हुए तो पहली दर थी:-

(a) 4% (b) 5%

(c) 3.5% (d) 4.4%

94. यदि किसी धनराशि का 12% वार्षिक की दर से हर छः महीने बाद जोडे जाने वाले चक्रवृद्धि ब्याज और साधारण ब्याज का एक वर्ष का अंतर 36 रूपए हो, तो वह धनराशि कितनी है?

(a) 10,000 रूपए (b) 12,000 रूपए

(c) 15,000 रूपए (d) 9,000 रूपए

95. यदि किसी धनराशि का $12\frac{1}{2}\%$ वार्षिक दर से 2 वर्ष का चक्रवृद्धि ब्याज 510 रू0 हो, तो उसी धनराशि का उसी दर से उतनी ही जमाअवधि का साधारण ब्याज होगा।

(a) 400 रू0 (b) 480 रू0

(c) 450 रू0 (d) 460 रू0

96. किसी धनराशि का 4% वार्षिक ब्याज की दर से 2 वर्ष के साधारण तथा चक्रवृद्धि ब्याजों का अन्तर 8 रू0 हैं। धनराशि होगी।

(a) 400 रू0 (b) 800 रू0

(c) 4000 रू0 (d) 5000 रू0

97. किसी धनराशि का 5% वार्षिक ब्याज की दर से 2 वर्ष का चक्रवृद्धि ब्याज 246 रूपए है। उसी धनराशि का 6% वार्षिक ब्याज की दर से 3 वर्ष का साधारण ब्याज होगा।

(a) 435 रू0 (b) 450 रू0

(c) 430 रू0 (d) 432 रू0

98. किसी धनराशि पर 20% वार्षिक दर पर दो वर्षों के साधारण ब्याज और चक्रवृद्धि ब्याज का अंतर 48 रूपये है। तदनुसार वह धनराशि कितनी है?

(a) 1,000 रूपये (b) 1,200 रूपये

(c) 1,500 रूपये (d) 2,000 रूपये

99. किसी राशि पर, अर्धवार्षिक रूप से देय चक्रवृद्धि ब्याज और उसी राशि पर एक वर्ष के सामान्य ब्याज का अन्तर 180 रूपये था। यदि उन दोनों व्यक्तियों में ब्याज की दर 10% रही हो, तो मूल राशि कितनी थी?

(a) 60,000 रूपये (b) 72,000 रूपये

(c) 62,000 रूपये (d) 54,000 रूपये

100. 5000 रूपये पर 2 वर्षो के चक्रवृद्धि और साधारण ब्याज का अंतर 32 रूपये है। तदनुसार ब्याज की दर कितनी है?

(a) 5% (b) 8%

(c) 10% (d) 12%

उत्तरमाला (Answer Key)

1. (c)	2. (d)	3. (b)	4. (b)	5. (d)	6. (d)	7. (c)	8. (a)
9. (a)	10. (a)	11. (c)	12. (d)	13. (b)	14. (a)	15. (c)	16. (a)
17. (a)	18. (a)	19. (d)	20. (d)	21. (c)	22. (a)	23. (a)	24. (d)
25. (a)	26. (d)	27. (c)	28. (c)	29. (a)	30. (a)	31. (b)	32. (b)
33. (c)	34. (a)	35. (b)	36. (d)	37. (d)	38. (c)	39. (c)	40. (b)
41. (a)	42. (c)	43. (b)	44. (c)	45. (b)	46. (d)	47. (b)	48. (d)
49. (b)	50. (c)	51. (c)	52. (c)	53. (c)	54. (a)	55. (b)	56. (d)
57. (b)	58. (b)	59. (c)	60. (c)	61. (c)	62. (d)	63. (c)	64. (a)
65. (a)	66. (c)	67. (a)	68. (a)	69. (b)	70. (a)	71. (a)	72. (c)
73. (a)	74. (a)	75. (c)	76. (b)	77. (d)	78. (c)	79. (b)	80. (d)
81. (d)	82. (c)	83. (c)	84. (c)	85. (b)	86. (b)	87. (d)	88. (c)
89. (c)	90. (b)	91. (a)	92. (d)	93. (a)	94. (a)	95. (b)	96. (d)
97. (d)	98. (b)	99. (b)	100. (b)				

हल (Solutions)

1. (c)

आनुपातिक योग $= 3 + 2$

$= 5$

कुल धन $= 1000$

$\therefore$ A का हिस्सा $= \dfrac{1000\times3}{5}$

$= 600$ रू0

2. (d)

A का 60 % = B का $\dfrac{3}{4}$

$$A\times\frac{60}{100} = B\times\frac{3}{4}$$

$$\frac{A}{B} = \frac{3}{4}\times\frac{100}{60}$$

$$A:B = 5:4$$

3. (a)

$$a:b = 5:7$$

$$a = \frac{5}{7}b$$

$$c:d = 2a:3b$$

$$\frac{c}{d} = \frac{2\times\frac{5}{7}b}{3b} = \frac{10}{21}$$

$$ac = 5\times10 = 50$$

$$bd = 7\times21 = 147$$

$$\frac{ac}{bd} = \frac{50}{147}$$

$$50:147$$

4. (b)

माना दो संख्याएँ a तथा b हैं तथा तीसरी अन्य संख्या c है।

$a = c$ का 20%

$= \dfrac{c}{5}$

$b = c$ का 50%

$= \dfrac{c}{2}$

$$\frac{a}{b}=\frac{\frac{c}{5}}{\frac{c}{2}}$$

$a : b = 2 : 5$

5. (d)

दिया है:-

$A : B = 3 : 4,\ B : C = 5 : 7, C : D = 8 : 9$

$$\frac{A}{B}=\frac{3}{4},\ \frac{B}{C}=\frac{5}{7},\ \frac{C}{D}=\frac{8}{9}$$

$$\frac{A}{B}=\frac{15}{20}$$

$$\frac{B}{C}=\frac{20}{28}$$

$$\frac{A}{C}=\frac{15}{28}$$

$$\frac{A}{C}=\frac{30}{56}$$

$$\frac{C}{D}=\frac{8}{9}$$

$$= \frac{56}{63}$$

$$\frac{A}{D}=\frac{30}{63}=\frac{10}{21}$$

$= 10 : 21$

6. (d)

$$A:B:C:D:E=(1\times3\times6\times12):(2\times3\times6\times12):(2\times4\times6\times12):(2\times4\times9\times12):(2\times4\times9\times16)$$

$= 216 : 432 : 576 : 864 : 1152$

$= 12 : 24 : 32 : 48 : 64$

$= 3 : 6 : 8 : 12 : 16$

7. (c)

$A = 3B = 4C$

$$A=\frac{3B}{2},\quad C=\frac{3B}{4}$$

$$\frac{B}{C}=\frac{4}{3}\Rightarrow 4:3$$

$$\frac{A}{B}=\frac{3}{2}\Rightarrow 3:2$$

$A:B:C=12:8:6$

$A:B:C=6:4:3$

8. (a)

$x:y=7:3$

$$\frac{x}{y}=\frac{7}{3}$$

$$x=\frac{7}{3}y$$

प्रश्नानुसार

$$\frac{xy+y^2}{x^2-y^2}$$

$$\frac{\frac{7}{3}y\times y+y^2}{\left(\frac{7}{3}\right)^2-y^2}$$

$$\frac{\frac{7}{3}y^2+y^2}{\frac{49y^2}{9}-y^2}$$

$$=\frac{\frac{10y^2}{3}}{\frac{49y^2-9y^2}{9}}$$

$$=\frac{\frac{10}{3}y^2}{\frac{40y^2}{9}}$$

$$=\frac{3}{4}$$

9. (a)

$a:(b+c)=1:3$

$$\frac{a}{b+c}=\frac{1}{3}$$

माना $a=k$

$b+c=3k$

$a+b+c=4k$

पुनः $\dfrac{c}{a+b}=\dfrac{5}{7}$

$$\frac{a+b+c}{a+b}=\frac{12}{7}$$

$$\frac{4k}{a+b}=\frac{12}{7}$$

$$a+b=\frac{7k}{3}$$

$$c=(a+b+c)-(a+b)$$

$$=4k-\frac{7k}{3}$$

$$=\frac{5k}{3}$$

तथा $a+c=k+\dfrac{5k}{3}\Rightarrow\dfrac{8k}{3}$

$$b=(b+c)-c$$

$$b=3k-\frac{5k}{3}$$

$$=\frac{4k}{3}$$

$$\frac{b}{a+c}=\frac{\frac{4k}{3}}{\frac{8k}{3}}$$

$$=\frac{1}{2}$$

$b:(a+c)=1:2$

10. (a)

यदि $a>0,\ b>0$ तथा $c>0$ तो $a,\ b$ तथा $c=1$ लेने पर

$$\frac{a}{b+c}=\frac{b}{c+a}=\frac{c}{a+b}$$

$$\frac{1}{1+1}=\frac{1}{1+1}=\frac{1}{1+1}$$

$$\frac{1}{2}=\frac{1}{2}=\frac{1}{2}$$

अतः प्रत्येक अनुपात $\frac{1}{2}$ के बराबर होगा

11. (c)

दिया है:-

$p:q:r=1:2:4$

$q=2p,\quad r=4p$

$\sqrt{5p^2+q^2+r^2}$

$=\sqrt{5p^2+(2p)^2+(4p)^2}$

$=\sqrt{5p^2+4p^2+16p^2}$

$=5p$

12. (d)

$$\frac{3a+5b}{3a-5b}=5$$

$3a+5b=15a-25b$

$30b=12a$

$$\frac{a}{b}=\frac{30}{12}\Rightarrow\frac{5}{2}$$

$a:b=5:2$

13. (b)

$(B-A)$ का 30% = $(B+A)$ का 18%

$$(B-A)\times\frac{3}{10}=(B+A)\times\frac{9}{50}$$

$$\frac{3B}{10}-\frac{3A}{10}=\frac{9B}{50}+\frac{9A}{50}$$

$$\frac{3B}{10}-\frac{9B}{50}=\frac{9A}{50}+\frac{3A}{10}$$

$$\frac{6B}{50}=\frac{24A}{50}$$

$$\frac{A}{B}=\frac{1}{4}\quad A:B=1:4$$

14. (a)

$x:y=y:z$

$y^2=xz$ .....(i)

$x^2:y^2=x^2:x^2$

समी0 i) में $y^2=x^2$ (रहने पर)

$=x:z$

15. (c)

माना A, B तथा C का वेतन क्रमशः $x,\ 3x,$ तथा $4x$ है।

तीनों की बढ़ी आय $=x+x$ का 5%, $3x+3x$ का 10% तथा $4x+4x$ का 15%

$=1.05x:3.30x:4.60x$

$=21x:66x:92x$

$=21:66:92$

16. (a)

$W_1:W_2=2:3$

$W_2:W_1=3:1$

$$W_2=\frac{3}{2}W_1$$

इसी प्रकार $W_1:W_3=1:2$

$W_3:\ W_1=2:1$

$$W_3=\frac{2}{1}W_1$$

$$W_2:W_3=\frac{3}{2}W_1:\frac{2}{1}W_1$$

$$\frac{W_2}{W_3}=\frac{\frac{3}{2}W_1}{\frac{2}{1}W_1}$$

$$-\frac{3}{4}$$

$W_2:W_3=3:4$

17. (a)

माना संख्या x तथा $3x$ है।

प्रश्नानुसार,

$x+3x=240$

$4x=240$

$x=60$

प्रथम संख्या = 60

तथा द्वितीय संख्या $=60\times3\Rightarrow180$

दोनों संख्याओं में अभिष्ट अन्तर $=180-60=120$

18. (a)

माना संख्याएँ x तथा y है।

$x:y=10:7$

$$\frac{x}{y}=\frac{10}{7}$$

$$x=\frac{10y}{7}$$

$7x-10y=0$ –i)

$x-\ \ y=105$ –ii)

सभी (ii)×10– सभी (i)

$$\begin{aligned}7x-10y&=0\\10x-10y&=1050\\-\quad+\quad&\quad-\\\hline -3x&=-1050\end{aligned}$$

$x=350$

x का मान सभी (i) में रखने पर

$350 \times 7 - 10y = 0$

$2450 = 10y$

$y = 245$

संख्याओं का योग $= 350 + 245$

$= 595$

19. (d)

आयतन के आधार पर P तथा Q का आयतन का अनुपात

= 5 : 8

भार के आधार पर P तथा Q का आयतन = 4 : 5 समान आयतन रखने पर P तथा Q के भार का अनुपात

$\because$ P का आयतन 5 है तब भार = 4

$\therefore$ P का आयतन 1 है तब भार = $\frac{4}{5}$

इसी प्रकार

जब Q का आयतन 8 है तब भार = 5

$\therefore$ जब Q का आयतन 1 है तब भार = $\frac{5}{8}$

अतः समान आयतन पर P तथा Q के भार का अनुपात

अनुपात $= \frac{4}{5} : \frac{5}{8}$

$= \frac{32}{25} = 32 : 25$

20. (d)

माना संख्याएँ $5x$ व $7x$ है,

$5x - 40 = 7x - 40 = 17 : 27$

$135x - 1080 = 119x - 680$

$16x = 400$

$x = 25$

अतः संख्याओं का अन्तर $= 7x - 5x = 2x$

$= 2 \times 25 = 50$

21. (c)

माना बर्तन में शुद्ध दूध की प्रारंभिक भाग 100 लीटर है। बर्तन से 3 बार दूध निकाला व पानी जला जाता है।

अतः अन्त में बर्तन से बचे शुद्ध दूध का प्रतिशत = x

दूध की आरंभिक मात्रा $\times \left(1 - \frac{y}{x}\right)^n$

जहाँ $n = 3, y = 20\%$ एव $x = 100$

$100 \times \left(1 - \frac{20}{100}\right)^3$

$= 100 \times \left(\frac{4}{5}\right)^3$

$= 100 \times \frac{4}{5} \times \frac{4}{5} \times \frac{4}{5}$

$= \frac{256}{5}$

$= 51.2\%$

22. (a)

5 लीटर वाले मिश्रण में 1 लीटर एल्कोहल तथा 4 लीटर पानी है।

2 लीटर मिश्रण निकालने पर शेष मिश्रण = 3 लीटर

इसमें एल्कोहल $= \frac{3 \times 20}{100} = 0.6$ लीटर

तथा विलयन $= 3 + 2 = 5$ लीटर

नये विलयन में एल्काहॉल $= \frac{0.6}{5} \times 100$

$= 12\%$

23. (a)

12 लीटर घोल में लवण = 12 का $\frac{7}{100} = \frac{84}{100}$ भाग

4 लीटर पानी वास्पित होने के बाद शेष घोल

$= 12 - 4 = 8$ लीटर

$\therefore$ शेष घोल में लवण का प्रतिशत $= \frac{\frac{84}{100}}{8} \times 100$

$= \frac{84}{8} = 10.5\%$

24. (d)

100 लीटर मिश्रण में पानी = 10% अर्थात् 10 लीटर दूध

$= 100 - 10 = 90$ लीटर

मिश्रण में x लीटर पानी मिलाने पर नया मिश्रण $= (100 + x)$ लीटर

इनमें 50% दूध है इसलिए पानी भी 50% होगा

मिश्रण में पानी $= (100 + x)$ का 50%

$= \frac{100 + x}{2}$

पुनः मिश्रण में कुल पानी $= (10 + x)$ लीटर

प्रश्न से,

$\frac{100 + x}{2} = 10 + x$

$100 + x = 20 + 2x$

$2x - x = 100 - 20$

$x = 80$

अतः मिश्रण में 80 लीटर पानी मिलाया जाएगा।

25. (a)

कुल लागत $= 80 \times 13.50 + 120 \times 16$

$= 1080 + 1920$

= 3000 रूपये

कुल चीनी $= 80 + 120$

$= 200$ किग्रा0

चीनी का वि0मू0 $= \frac{120}{100} \times 3000$

$= 3600$ रूपये

प्रति किग्रा0 वि0मू0 $= \frac{3600}{200}$

$= 18$ रूपये

26. (d)

माना प्रारंभ में फल विक्रेता के पास x सेब थे:-

x का $60\% = 420$

$x = \frac{420 \times 100}{60} = 700$ सेब

27. (c)

20 सेब का वि0मू0 = 100 रू0

$\therefore$ 1 सेब का वि0मू0 $= \frac{100}{20} = 5$ रू0

माना 1 सेब का क्र0मू0 = x रू0 है।

प्रश्नानुसार,

$x + x$ का $20\% = 5$ रू0

$x + \frac{x}{5} = 5$ रू0

$\frac{6x}{5} = 5$ रू0

$x = \frac{25}{6}$

$\frac{25}{6}$ रू0 में 1 सेब प्राप्त होता है।

$\therefore$ 100 रू0 में प्राप्त सेब $= \frac{100}{\frac{25}{6}} = \frac{100 \times 6}{25}$

$= 24$ सेब

28. (c)

माना मूल्य में कमी से पूर्व 1 संतरे का मूल्य x रूपए था

$\therefore$ 10 रूपए में प्राप्त संतरे $= \frac{10}{x}$ .... i)

मूल्य में 20% कमी होने के कारण 1 संतरे का मूल्य $= \frac{80x}{100} = \frac{4}{5}x$

$\therefore$ 10 रूपये में प्राप्त संतरे $= \frac{10}{\frac{4x}{5}}$

$= \frac{10 \times 5}{4x}$

$= \frac{25}{2x}$ .... ii)

प्रश्नानुसार,

$\frac{25}{2x} - \frac{10}{x} = 5$

$10x = 5$

$x = \frac{5}{10}$ रूपया

$x = 50$ पैसा

29. (a)

माना सम्पदा का कुल मूल्य = x

x का $\frac{4}{5} = 16800$

$\therefore$ $x = \frac{5}{4} \times 16800$

$\frac{3}{7}$ भाग का मूल्य $= \frac{3}{7} \times \frac{5}{4} \times 16800$

$3 \times 5 \times 600 = 9000$ रू0

30. (a)

माना वस्तु का निर्धारित मूल्य = x रू0

$\therefore$ वस्तु का लागत मूल्य = x का 64%

$= \frac{16x}{25}$ रू0

वस्तु का वि0 मू0 $x - x$ का 12% $= \frac{22x}{25}$

अतः लाभ % $= \frac{\left(\frac{22x}{25} - \frac{16x}{25}\right) \times 100}{\frac{16x}{25}}$

$= \frac{\frac{6x}{25} \times 100}{\frac{16x}{25}} = 37.5\%$

31. (b)

माना वस्तु का लागत मूल्य x रू0 है तथा वस्तुओं की संख्या 100 है।

$\therefore$ 100 वस्तुओं का मूल्य = $100\ x$ रू0

$\therefore$ वस्तुओं का $\frac{3}{4}$ भाग 24% लाभ पर बेचने पर वस्तुओं का

मूल्य = 100 का $\frac{3}{4} \times (x + x$ का $24\%)$

$= 75 \times \left(x + x \times \frac{24}{100}\right)$

$= 75 \times \frac{31x}{25}$

$= 93x$

शेष $\frac{1}{4}$ वस्तुओं को लागत मूल्य पर बेचने पर वस्तुओं का मूल्य

= 100 का $\frac{1}{4} \times x$

$= 25x$

अब कुल 100 वस्तुओं का कुल मूल्य $= 93x + 25x$

$= 118x$

अतः लाभ % $= \frac{(118x - 100x)}{100x} \times 100 = 18\%$

32. (b)

शेष 9 किलो सेबों का वि0मू0 $= \left(405 \times \frac{110}{100}\right)$ रू0

$\therefore$ सेबों का प्रति किलो वि0मू0 $= \frac{405 \times 110}{9 \times 100} = 49.50\%$

33. (c)

कुल हानि $= \dfrac{2 \times \text{वि0मू0}}{\left(\dfrac{100}{\text{दर}}\right)^2 - 1}$

$= \dfrac{2 \times 100000}{\left(\dfrac{100}{20}\right)^2 - 1}$

$= \dfrac{2 \times 100000}{24} = \dfrac{1}{12}$ लाख रू0

34. (a)

वस्तु का क्रय मूल्य $= 480 \times \dfrac{100}{80} = 600$ रू0

अभिष्ट वि0मू0 $= 600 \times \dfrac{120}{100} = 720$ रू0

35. (b)

कपड़े का अभीष्ट मूल्य $= \dfrac{12.50}{2.5} \times 100 = 500$ रू0

36. (d)

माना A के लिए साइकिल का लागत मूल्य x रू0 है।

B का क्रय मूल्य $= x \times \dfrac{120}{100}$

— रूपए

C का क्रय मूल्य $= \dfrac{6x}{5} \times \dfrac{125}{100} = \dfrac{3x}{2}$

प्रश्नानुसार,

$\dfrac{3x}{2} = 225$

$x = 150$ रूपए

37. (d)

दो विमाओं में % वृद्धि $= 20 + 20 + \dfrac{20 \times 20}{100} = 44\%$

आयतन में % वृद्धि $= 44 + 20 + \dfrac{44 \times 20}{100}$

$= 64 + 8.8$

$= 72.8\%$

38. (c)

$\because$ 3 अमरूद का दाम = 5 रू0

$\therefore$ 1 अमरूद का दाम $= \dfrac{5}{3} = 1.67$ रू0

पुनः $\because$ 2 अमरूद का दाम = 5 रू0

$\therefore$ 1 अमरूद का दाम $= \dfrac{5}{2} = 2.5$ रू0

$\therefore$ 1 अधिकता $= \dfrac{2.50 - 1.67}{1.67} \times 100$

$= \dfrac{0.83}{1.67} \times 100 = 50\%$ (लगभग)

39. (c)

अब खरीदा जा सकने वाला चावल $= \dfrac{100 \times \text{पहले का चावल}}{100 - \text{मूल्य में \% कमी}}$

$= \dfrac{100 \times 49}{98} = 50$ किग्रा0

40) (b)

माना टेलीविजन का लागत मूल्य x रू0 है।

$\therefore$ वि0मू0 $= 12000 = x - x$ का 20%

$12000 = x - \dfrac{x}{5}$

$x = \dfrac{12000 \times 5}{4}$

= 15000 रू0

माना फ्रीज की लागत मूल्य y रू0 है।

$\therefore$ फ्रीज का वि0मूव $12000 = y + y$ का 20%

$12000 = y + \dfrac{y}{5}$

$12000 = \dfrac{6y}{5}$

$y = \dfrac{12000 \times 5}{6} = 10000$ रू0

अब TV तथा फ्रीज का वि0मू0 $= 12000 + 12000$

$= 24000$ रू0

TV तथा फ्रीज का लागत मूल्य $= 15000 + 10000$

$= 25000$ रू0

$\therefore$ हानि $= 25000 - 24000 = 1000$ रू0

41) (a)

30 परिणामों का कुल योग $= 30 \times 20 = 600$

20 परिणामों का कुल योग $= 20 \times 30 = 600$

50 परिणामों का कुल योग $= 1200$

50 परिणामों का कुल औसत $= \dfrac{1200}{50} = 24$

42) (c)

8 संख्याओं का योग $= 20 \times 8 = 160$

पहली + दूसरी संख्या $= 2 \times 15.5 = 33$

+ पाँचवीं संख्या $= 3 \times \dfrac{64}{3} = 64$

$\because$ सातवीं संख्या = छठवीं संख्या + 4

तथा आठवीं संख्या = छठवीं संख्या + 7

$\therefore$ 31 + 64 + छठी संख्या + सातवीं संख्या + आठवीं संख्या = 160

$\therefore$ 95 + छठी संख्या + छठी संख्या + 4 + छठी संख्या + 7 = 160

3 × छठी संख्या = 160 − 106

3 × छठी संख्या = 54

छठी संख्या = 18

= 18 + 7 = 25

43. (b)

11 संख्याओं का औसत 10.8

11 संख्याओं का कुल योग $= 10.8 \times 11$

$= 110.8$

प्रथम 6 संख्याओं का औसत $= 10.4$

प्रथम 6 संख्याओं का कुल योग $= 10.4 \times 6$

$= 62.4$

अंतिम 6 संख्याओं का योग $= 11.5 \times 6$

$= 69.0$

छठी संख्या = प्रथम 6 संख्याओं का योग + अंतिम 6 संख्याओं का योग − 11 संख्याओं का योग

$= 62.4 + 69.0 - 118.8$

$= 12.6$

44. (c)

$\because$ माध्य $= \dfrac{\text{सभी संख्याओं का योग}}{\text{उनकी कुल संख्या}}$

$$12 = \frac{3 + 11 + 7 + 9 + 15 + 13 + 8 + 19 + 17 + 21 + 14 + x}{12}$$

$$\frac{12}{1} = \frac{137 + x}{12}$$

$137 + x = 144$

$x = 144 - 137 = 7$

45. (b)

तीनों संख्याओं का योग $= 3 \times 60 = 180$

यदि पहली संख्या $= x$ है, तो

$$x = \frac{(180 - x)}{4}$$

$4x = 180 - x$

$5x = 180$

$$x = \frac{180}{5} = 36$$

46. (d)

माना कुल स्कोर $= x$

एक पारी में अधिकतम स्कोर $= x$ का $\dfrac{3}{11} = \dfrac{3x}{11}$

शेष कुल स्कोर $= x - \dfrac{3x}{11} = \dfrac{8x}{11}$

$\therefore$ उसी पारी में दूसरे नंबर का अधिकतम स्कोर

$= \dfrac{8x}{11}$ का $\dfrac{3}{11} = \dfrac{24x}{121}$

प्रश्नानुसार,

$$\frac{3x}{11} - \frac{24x}{121} = 9$$

$$\frac{33x - 24x}{121} = 9$$

$9x = 121 \times 9$

$x = 121$

47. (b)

पहली पाँच संख्याओं का योग $= 31 + 3 \times \dfrac{64}{3}$

$31 + 64 = 95$

आठ संख्याओं का कुल योग $= 20 \times 8 = 160$

अंतिम तीन संख्याओं का योग $= 160 - 95 = 65$

माना 6 वीं संख्या x होगी

$x + x + 4 + x + 7 = 65$

$3x + 11 = 65$

$3x = 65 - 11$

$3x = 54$

$$x = \frac{54}{3}$$

$x = 18$

आठवीं संख्या $= 18 + 7 = 25$

48. (d)

माना $A = x$

$B = 2x, C = 3x$

$x + 2x + 3x = 3 \times 600$

$6x = 1800$

$$x = \frac{1800}{6} = 300$$

$A = 300$

$B = 2 \times 300 = 600$

$C = 3 \times 300 = 900$

माना C में y की वृद्धि करनी पड़ेगी

$$\therefore \quad 3\times\left(600\times\frac{105}{100}\right) = \frac{300\times110}{100} + \frac{600\times80}{100} + 900 + y$$

$1890 = 330 + 480 + 900 + y$

$y = 1890 - 1710$

$= 180$

49. (b)

25 परिणामों का औसत $= 18$

कुल परिणाम $= 25 \times 18 = 450$

प्रथम 12 परिणामों का औसत $= 14$

कुल परिणाम $= 12 \times 14 = 168$

अंतिम 12 परिणामों का औसत $= 17$

कुल परिणाम $= 12 \times 17 = 204$

13 वीं परिणाम $= 450 - (168 + 204) = 78$

50. (c)

माना चौथी संख्या $= x$ है।

$\therefore$ चारों संख्याओं का कुल योग $= 4 \times 5 = 20$

$\therefore \; 3 \times 3x + x = 20$

$9x + x = 20$

$10x = 20$

$$x = \frac{20}{10}$$

$x = 2$

51. (c)

(35 (25) 20)

हिन्दीं संस्कृत

दोनों विषयों में उत्त्रीर्ण छात्र $= (60 - 25) + (45 - 25) + 25$

$= 35 + 25 + 20 = 10\%$

$\therefore$ दोनों विषयों में अनुत्तीर्ण छात्र $= 100 - 80 = 20\%$

52. (c)

अभीष्ट प्रतिशत $= 100 - (52 + 12 - 17)$

$= 100 - 77 = 23\%$

53. (c)

माना कुल विधार्थियों की संख्या x है।

अंग्रेजी में फेल विधार्थी $= 100 - 70$

$= 30\%$

गणित में फेल विधार्थी $= 100 - 80$

$= 20\%$

दोनों विषयों में फेल विधार्थी $= 10\%$

कुल फेल विधार्थियों का प्रतिशत $= 30 + 20 - 10$

$= 40\%$

कुल पास विधार्थियों का प्रतिशत $= 60\%$

प्रश्नानुसार,

x का $60\% = 144$

$$x = \frac{144}{60} \times 100$$

$= 240$

54. (a)

माना एक विधार्थी x अंक प्राप्त करता है।

तब दूसरा विधार्थी $x + 9$ अंक प्राप्त करता है।

प्रश्नानुसार,

$$(x + x + y) \times \frac{56}{100} = x + 9$$

$$112x + 504 = 100x + 900$$

$$12x = 900 - 504$$

$$x = \frac{396}{12} = 33$$

$$x + y = 33 + 9$$

$$= 42$$

55. (b)

माना अधिकतम अंक x है, तब पास होने के लिए कुल अंक

$$= \frac{30}{100} x + 6$$

$$\left(\frac{3}{10} x + 6\right)$$

तथा दूसरी स्थिति से पास होने के लिए अंक $\frac{40x}{100} - 6 \Rightarrow \frac{2}{5} x - 6$

प्रश्न से,

$$\frac{3}{10} x + 6 = \frac{2x}{5} - 6$$

$$\frac{2}{5} x - \frac{3x}{10} = 12$$

$$\frac{x}{10} = 12$$

$$x = 12 \times 10 = 120$$

56. (d)

माना स्कूल मे लड़कों की संख्या $= 4x$

लडकियों की संख्या $= x$

छात्रवृत्ति मिलने वाले लड़कों की संख्या $= \frac{75}{100} \times 4x = 3x$

तथा छात्रवृत्ति मिलने वाली लड़कियों की संख्या $= x \times \frac{70}{100} = \frac{7}{10} x$

अत: छात्रवृत्ति न मिलने वाले छात्रों की संख्या

$$= (4x + x) - (3x + \frac{7}{10} x) = \frac{13}{10} x$$

$\therefore$ अभीष्ट प्रतिशत $= \dfrac{\frac{13}{10} x}{(4x + x)} \times 100$

$$= \frac{13}{10 \times 5} \times 100$$

$$= 26\%$$

57. (b)

माना दोनों विषयों में $x\%$ विद्यार्थी फेल हुए।

केवल अंग्रेजी में फेल होने वाले विद्यार्थियों का प्रतिशत

$$= (100 - 80) - x$$

$$= (20 - x)\%$$

केवल गणित मे फेल होने वाले विद्यार्थियों का प्रतिशत

$$= (100 - 85) - x$$

$$= (15 - x)\%$$

$\therefore$ कुल फेल होने वाले विद्यार्थियों का प्रतिशत

$$= 20 - x + 15 - x + x$$

$$= (35 - x)\%$$

कुल पास होने वाले विद्यार्थियों का प्रतिशत

$$= 100 - (35 - x)$$

$$= (65 + x)\%$$

$$\therefore 65 + x = 75$$

$$x = 10$$

$\therefore$ विद्याथियों की कुल संख्या $= \frac{100}{10} \times 40 = 400$

58. (b)

माना रमा के व्यय एवं बचत क्रमश: $5x$ तथा $3x$ रु0 है।

$\therefore$ कुल आय $= 5x + 3x = 8x$

बडी आय $= 8x$ का 12%

$$= 8x \times \frac{12}{100} + 8x$$

$$= 8.96x$$

बडा व्यय $= 5x$ का 15%

$$= 5x \times \frac{15}{100} + 5x$$

$$= 5.75x$$

$\therefore$ बढी बचत $= 8.96x - 5.75x$

$$= 3.21x$$

$\therefore$ बचत में प्रतिशत वृद्धि $= \frac{3.21x - 3x}{3x} \times 100$

$= \frac{0.21 \times 100}{3} = 7.1$

59. (c)

माना कॉलेज में लडके तथा लडकियों की संख्या क्रमश: $3x$ तथा $2x$ है।

$\therefore$ नाबालिग लडकों की संख्या $= 3x$ का 80%

$= \frac{12x}{5}$

तथा नाबालिग लडकियों की संख्या $= 2x$ का 75%

$= \frac{3x}{2}$

$\therefore$ कुल नाबालिग लडकें एवं लडकियों की संख्या

$= \frac{\frac{12x}{5} + \frac{3x}{2}}{5x}$

$= \frac{39}{50}$

$\therefore$ कुल नाबालिग लडकें एवं लडकियों की प्रतिशत

$= \frac{39}{50} \times 100 = 78$

60. (c)

अवैध घोषित किए गए मत = 180000 का 10%

= 18000

शेष मत = 180000 – 18000

= 162000

पहले उम्मीदवार को मिले मत = 162000 का 80%

$= 162000 \times \frac{80}{100}$

= 129600

अत: उम्मीदवार को मिले मत = 162000 – 129600

= 32400

61. (c)

माना चुनाव में पंजीकृत मतदाताओं की संख्या x है।

तब डाले गए मतों की संख्या $= \frac{75}{100}x$

$\therefore$ वैध मतों की संख्या

$\frac{75}{100}x \times \left(\frac{100-2}{100}\right)$

$\frac{3}{4}x \times \frac{98}{100}$

प्रश्नानुसार,

$\frac{3}{4}x \times \frac{98}{100} \times \frac{75}{100} = 9261$

$\therefore x = \frac{9261 \times 4 \times 100 \times 100}{3 \times 98 \times 75} = 16800$

62. (a)

माना चुनाव में कुल मतदाताओं की संख्या 100 है।

प्रयुक्त मत = 100 – 8

= 92%

जीते हुए प्रत्यासी द्वारा प्राप्त हुए मतों का प्रतिशत = 92%

पराजित हुए प्रत्याशी द्वारा प्राप्त मतों का प्रतिशत = 92 – 48

= 44%

प्रश्नानुसार

48% – 44% = 1100

4% = 1100

$1\% = \frac{1100}{4}$

$100\% = \frac{1100 \times 100}{4}$

= 27500

63. (c)

माना कुल मतों की संख्या $= x$

जीतने वाले प्रत्यासी के मतों की संख्या $= \frac{60}{100}x$

हारने वाले प्रत्याशी के मतों की संख्या

$= \frac{100-60}{100}x$

$= \frac{40}{100}x$

$\frac{60x}{100} - \frac{40}{100} = 14000$

$20x = 14000 \times 100$

$x = \frac{14000 \times 100}{20} = 70000$

अत: जीतने वाले प्रत्याशी द्वारा प्राप्त मतों की संख्या $\frac{60}{100} \times 70000$

= 42000

64. (a)

$x = 2$ वर्ष प्रतिवर्ष कमी = 10%

माना सम्पत्ति की कीमत दो वर्ष पूर्व x रु0 थी

प्रश्न से,

$x\left(1 - \frac{10}{100}\right)^2 = 8100$

$x = \frac{8100 \times 100}{81} = 10000$ रु0

अत: दो वर्ष पूर्व वस्तु की कीमत = 10000रु. थी।

65. (a)

कस्बे की वर्तमान जनसंख्या

$= 62500\left(1 - \frac{4}{100}\right)^2$

$= 62500 \times \frac{96}{100} \times \frac{96}{100}$

= 57600

66. (c)

तीन वर्ष बाद जनपद में रहने वाले व्यक्तियों की संख्या

$= 6400\left(1+\frac{5}{2\times100}\right)^3$

$= 64000\left(1+\frac{1}{40}\right)^3$

$=64000\times\frac{41}{40}\times\frac{41}{40}\times\frac{41}{40}$

$= 68921$

67. (a)

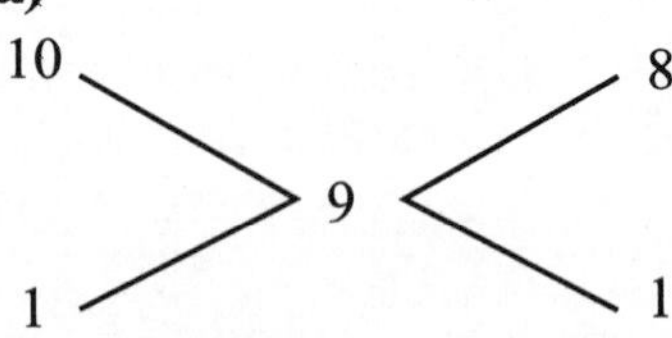

पुरूष : स्त्री = 1 : 1

पुरूषों की संख्या = $\frac{1}{2}\times8000$

$= 4000$

68. (a)

प्रथम वर्ष के आरम्भ में माना जनसंख्या $= x$

प्रश्नानुसार,

$10000 = \left(1+\frac{25}{100}\right)^3 \times x$

$x = \frac{10000\times4\times4\times4}{5\times5\times5}$

$= 64 \times 80$

$= 5120$

69. (b)

माना कि वर्ष 2006 में व्यक्ति का वार्षिक वेतन x रु0 है।

$x + x$ का $10\% = 880000$

$\frac{11x}{10} = 8,80,000$

$x = \frac{880000\times10}{11}$

$= 800000$ रु0

70. (a)

माना कि 2 वर्ष पूर्व गाँव की जनसंख्या x वर्ष थी

प्रश्नानुसार,

$67600 = \left(1+\frac{}{100}\right)$

$67600 = x\left(\frac{26}{25}\right)^2$

$x = \frac{67600\times25\times25}{26\times26}$

$= 100 \times 625$

$= 62500$

71. (a)

280 मी. लम्बी दीवार को 21 दिन में बनाते हैं = 720 व्यक्ति

$\therefore$ 1 मीटर दीवार को 1 दिन में बनाएगें = $\frac{72\times21}{280}$ आदमी

$\therefore$ 100 मी. लंबी दीवार को 18 दिन में बनाएगें

$= \frac{72\times21\times100}{280\times18} = 300$ व्यक्ति

72. (c)

$\because$ 6 व्यक्ति 8 घंटे प्रतिदिन काम करके एक सप्ताह में कमाते हैं $= 84.00$ रु0

$\therefore$ 1 व्यक्ति 1 घंटे प्रतिदिन काम करके प्रति सप्ताह कमाएगा

$= \frac{8400}{6\times8}$

$\therefore$ 9 व्यक्ति 6 घंटे प्रतिदिन काम करके प्रति सप्ताह कमाएँगें

$= \frac{8400\times9\times6}{6\times8} = 9450$ रु.

73. (a)

18 दिन में काम करने के लिए 10 व्यक्ति करते हैं

= 6 घंटे प्रतिदिन

1 दिन में काम करने के लिए 1 व्यक्ति करेगा

$= 6 \times 18 \times 10$ घंटे प्रतिदिन

$\therefore$ 12 दिन में काम करने के लिए 15 व्यक्ति करेंगे

$= \frac{6\times18\times10}{12\times15}$ घंटे प्रतिदिन

= 6 घंटे / दिन

74. (a)

व्यक्ति	दिन	घंटे
5 ↑	8 ↑	7 ↓
7	4	x

$\therefore x = \frac{7\times5\times8}{7\times4} = 10$ घंटे

75. (c)

8 पुरूष किसी कार्य को करते हैं = 12 दिन में

$\therefore$ एक दिन का कार्य = $\frac{1}{12}$

$\therefore$ 6 दिन का कार्य = $\frac{6}{12} = \frac{1}{2}$ काम

तब शेष कार्य = $1-\frac{1}{2}=\frac{1}{2}$ काम

अब चूँकि 8 पुरूष किसी कार्य को करते हैं = 12 दिन में

$\therefore$ 1 पुरूष उसी कार्य को करेगा = 12×8 दिन में

$\therefore$ $(8 + 4)$ पुरूष उसी कार्य को करेगें = $\frac{12\times8}{12}$

= 8 दिन में

$\therefore$ 12 पुरूष $\frac{1}{2}$ काम करेगें = 4 दिन में

76. (b)

माना प्रारम्भ में व्यक्तियों की संख्या $= x$

$\because$ x व्यक्ति कार्य पूरा करते हैं = 55 दिन में

∴ 1 व्यक्ति कार्य पूरा करेगा = $55x$ दिन में ......(i)

पुन: $(x + 6)$ व्यक्ति कार्य पूरा करेंगें = $55 - 11 = 44$ दिन में

∴ 1 व्यक्ति कार्य पूरा करेगा = $(x + 6) \times 44$ दिन में ...... (ii)

∴ $55x = (x + 6) \times 44$

$x = \frac{6 \times 44}{11} = 24$ व्यक्ति

77. (d)

आदमी	दिन	घंटा	काम
p ↓	p ↓	p ↓	p ↓
n	n	n	x

$$\frac{x}{p} = \frac{n \times n \times n}{p \times p \times p}$$

$$x = \frac{x^3}{p^2}$$

78. (c)

शेष काम $= 5 - 3\frac{1}{2} = 1\frac{1}{2}$ किमी.

दिन	काम	मजदूर
80 ↑	$\frac{7}{2}$ ↓	280 ↓
20	$\frac{3}{2}$	x

$$x = \frac{280 \times \frac{3}{2} \times 80}{20 \times \frac{7}{2}} = 480 \text{ मजदूर}$$

अत: बढाये गये मजदूरों की संख्या $= 480 - 280 = 200$

79. (b)

आदमी	दिन
10 ↑	12 ↓
12	x

$x = \frac{12 \times 10}{12} = 10$ दिन

80. (d)

A तथा B की कार्य कुशलताएँ 5 : 4 के अनुपात में हैं।

∴ A एक कार्य को $\frac{60}{5} = 12$ घंटे में पूरा करेगा।

∴ B उस कार्य को पूरा करेगा $= \frac{60}{4} = 15$ घंटे में।

81. (d)

$$\frac{\text{दोनों चालों का गुणनफल}}{\text{दोनों चालों का अन्तर}} \times \text{समयान्तर}$$

$$= \frac{\frac{5}{2} \times \frac{7}{2}}{\frac{7}{2} - \frac{5}{2}} \times \frac{12}{60}$$

$$= \frac{5}{2} \times \frac{7}{2} \times \frac{12}{60} = 1\frac{3}{4} \text{ किमी.}$$

82. (c)

माना छात्र के घर से विद्यालय की दूरी $= x$ किमी.

दोनों चालों से लगे समय में अतंर $= 15 + 9 = 24$ मिनट

$$\frac{x}{3} - \frac{x}{5} = \frac{24}{60}$$

$$\frac{2}{15} \quad \frac{24}{60}$$

$$x = 3 \text{ किमी.}$$

अत: छात्र के घर तथा विद्यालय के बीच की दूरी 3 किमी.

83. (c)

माना श्रीमान X के घर से कार्यालय की दूरी $= x$ किमी.

दोनों चालों से लगे समय में अंतर $= 6 + 5 = 11$ मिनट

$$\frac{x}{24} - \frac{x}{30} = \frac{11}{60}$$

$$\frac{x}{120} = \frac{11}{60}$$

$$x = \frac{11 \times 120}{60} = 22 \text{ किमी.}$$

अत: श्रीमान x के घर से कार्यालय की दूरी 22 किमी. है।

84. (c)

माना आरंभिक स्थान से कार्यालय की दूरी $= x$ किमी.

दोनों चालों से लगे समय में अंतर $= 6 + 6 = 12$ किमी

∴ प्रश्नानुसार,

$$\frac{x}{10} - \frac{x}{12} = \frac{12}{60}$$

$$\frac{x}{60} = \frac{12}{60}$$

$$x = 12 \text{ किमी.}$$

अत: आरंभिक स्थान से कार्यालय की दूरी $= 12$ किमी

85. (b)

माना आरंभिक स्थान से कार्यालय की दूरी $= x$ किमी.

दोनों चालों से लगे समय में अंतर $= 30 + 20 = 50$ मिनट

प्रश्नानुसार,

$$\frac{x}{3} - \frac{x}{6} = \frac{50}{60}$$

$$\frac{x}{6} = \frac{50}{60}$$

$$x = 5 \text{ किमी.}$$

अत: व्यक्ति के प्रारंभिक स्थान से कार्यालय की दूरी 5 किमी. है।

86. (b)

माना ब्याज की दर 12% वार्षिक है।

∴ प्रश्न से

$$\frac{1200 \times 3 \times r}{100} - \frac{800 \times 4 \times r}{100} = 20$$

$36r - 32r = 20$

$4r = 20$

$r = \frac{20}{4} = 5\%$ वार्षिक

87. (d)

माना धनराशि P है।

$\therefore$ 5 वर्ष में सा. ब्याज $= 2P - P = P$

$$\therefore \text{ दर } = \frac{100\times \text{साधारण ब्याज}}{\text{मूल}\times\text{समय}}$$

$$= \frac{100\times P}{P\times 5} = 20\%$$

दूसरी शर्त

$$\text{दर } = \frac{100\times 2P}{P\times 12} = \frac{100}{6}$$

$$\frac{50}{3} = 16\frac{2}{3}$$

$\therefore$ कम ब्याज की दर $16\frac{2}{3}\%$

88. (c)

माना मूलधन P है।

मिश्रधन $= 2P$

$\therefore$ ब्याज $= 2P - P = P$

$$\text{दर } = \frac{100\times P}{P\times 12} \Rightarrow \frac{100}{12}$$

$$= \frac{25}{3} \Rightarrow 8\frac{1}{3}\%$$

89. (c)

शेष धनराशि $= 10000 - (4000 + 3500) = 2500$

माना शेष धनराशि को वह 2% की दर से निवेश करेगा

$\therefore$ प्रश्नानुसार

$$\frac{4000\times 5\times 1}{100} + \frac{3500\times 4\times 1}{100} + \frac{2500\times r\times 1}{100} = 5000$$

$200 + 140 + 25r = 500$

$25r = 500 - 200 - 140$

$25r = 160$

$$r = \frac{160}{25} = \frac{32}{5} = 60.4\%$$

90. (b)

माना मूलधन x तथा 12% है।

$$\frac{9x}{25} = \frac{x\times r\times 5}{100}$$

$$r = \frac{9}{25}\times\frac{100}{5} = \frac{36}{5}$$

$$= 7\frac{1}{5}\%$$

91. (a)

माना कि ब्याज की दर 12% वार्षिक है।

प्रश्न से

$$\frac{6000\times 2\times r}{100} + \frac{1500\times 4\times r}{100} = 900$$

$120r + 60r = 900$

$180r = 900$

$r = 5\%$

92. (d)

माना ब्याज की वार्षिक दर 12% है।

प्रश्न से

$$\frac{5000\times 2\times r}{100} + \frac{3000\times 4\times r}{100} = 2200$$

$100r + 120r = 2200$

$220r = 2200$

$$r = \frac{2200}{220}$$

$r = 10\%$ वार्षिक

93. (a)

माना व्यक्ति ने 500 रु. $r\%$ की दर से निवेश किया

$\therefore$ 700 रु. के लिए दर $= (r + 1)$

प्रश्नानुसार,

$$\frac{500\times 2\times 3}{100} + \frac{700(r+1)\times 3}{100} = 165$$

$15r + 21r + 21 = 165$

$$r = \frac{165-21}{36}$$

$= 4\%$ वार्षिक

94. (a)

माना मूलधन P रु. है।

$\therefore$ P रु. का 1 वर्ष का 12% वार्षिक दर से साधारण ब्याज

$$= \frac{P\times 1\times 12}{100} = \frac{12P}{100} \text{ रुपये}$$

तथा चक्रवृद्धि ब्याज

$$= P\left[\left(1+\frac{6}{100}\right)^2 - 1\right]$$

$$= P\left[\left(\frac{2809-2500}{2500}\right)\right]$$

$$= \frac{309P}{2500} \text{ रु.}$$

$$\frac{309P}{2500} - \frac{12P}{100} = 36$$

या $309P - 300P = 36 \times 2500$

$9P = 36 \times 2500$

$$P = \frac{36\times 2500}{9} = 10000 \text{ रुपये}$$

95. (b)

माना कि मूलधन P रु.

प्रश्नानुसार

$$510 = P\left(1+\frac{25/2}{100}\right)^2 - P$$

$$\therefore P = \frac{510\times 64}{17} = 1920$$

$$\therefore \text{ साधारण ब्याज } = \frac{1920\times 25\times 2}{200} = 480 \text{ रुपये}$$

96. (d)

$$D = P\left(\frac{r}{100}\right)^2$$

$$8 = P\left(\frac{4}{100}\right)^2$$

$P = 8 \times 25 \times 25$

$= 5000$ रु.

97. (d)

माना धनराशि P है।

प्रश्न से,

$$246 = P\left(1+\frac{5}{100}\right)^2 - P$$

$$246 = P\times\frac{21}{20}\times\frac{21}{20} - P$$

$$246 = \frac{441P}{400} - P$$

$$246 = \frac{41}{400}P$$

$$P = 246\times\frac{400}{41}$$

$P = 6 \times 400$

$= 2400$ रु.

∴ 2400 रु. का 6% की दर से साधारण ब्याज

$$= \frac{2400\times6\times3}{100}$$

$= 24 \times 18$

$= 432$ रु.

98. (b)

माना मूलराशि P है।

चक्रवृद्धि ब्याज $= \left[P\left(1+\frac{r}{100}\right)^n - 1\right]$

$= \left[P\left(1+\frac{20}{100}\right)^2 - 1\right]$

$= P\left[\left(\frac{36}{25}\right) - 1\right]$

$= \frac{11}{25}P$

साधारण ब्याज $= \frac{P\times20\times2}{100}$

$= \frac{2}{5}P$

प्रश्नानुसार

$$\frac{11}{25}P - \frac{2}{5}P = 48$$

$P = 48 \times 25$

$= 1200$ रूपये

99. (b)

माना मूलराशि x थी

मूलराशि पर अर्द्धवार्षिक रूप से देय चक्रवृद्धि ब्याज

$$= \left[P\left(1+\frac{R}{100}\right)^n - 1\right]$$

$$= x\left[\left(1+\frac{5}{100}\right)^2 - 1\right]$$

$$= x\left[\left(\frac{21}{20}\right)^2 - 1\right]$$

$$= x\left[\frac{141}{400} - 1\right]$$

$$= \frac{41}{400}x$$

मूलराशि पर एक वर्ष का साधारण ब्याज

$$= \frac{x\times10\times1}{100} = \frac{x}{10}$$

प्रश्नानुसार,

$$\frac{41x}{400} - \frac{x}{10} = 180$$

$41x - 40x = 180 - 400$

$x = 72000$

अत: मूलराशि 72000 रूपये थी।

100. (b)

माना अभीष्ट दर $= R\%$ वार्षिक तब

प्रश्नानुसार,

$$= 5000\times\left(1+\frac{R}{100}\right)^2 - 5000 - \frac{5000\times2\times R}{100} = 32$$

$$= 5000\times\left[\left(1+\frac{R}{100}\right)^2 - 1 - \frac{R}{50}\right] = 32$$

$$= 5000\left(1+\frac{R^2}{10000} + 2.1\frac{R}{100} - 1 - \frac{R}{50}\right) = 32$$

$$\frac{R^2}{10000} = \frac{32}{5000}$$

$R^2 = 64$

$R = \sqrt{64}$

$= 8\%$

भाग–2 : बीजगणित (Algebra)

रेखीय एवं द्विघात समीकरण
Linear And Quadratic Equations

द्विघात समीकरण का प्रमाणिक रूप होता है: $ax^2 + bx + c$
जहाँ $a \neq 0$ और a, b, c वास्तविक संख्याएँ हैं।
$a = x^2$ का गुणांक
$b = x$ का गुणांक
$c =$ अचर संख्या

द्विघात समीकरण के मूल

$ax^2 + bx + c = 0$
के दो मूल होंगे,

$$x = \frac{-b + \sqrt{b^2 - 4ac}}{2a} = \alpha$$

$$x = \frac{b \quad \sqrt{b^2 \quad 4ac}}{2a} = \beta$$

जहाँ $b^2 - 4ac =$ द्विघात समीकरण का विवेचक है।

मूलों के लक्षण

(i) मूल वास्तविक होंगे यदि $b^2 - 4ac \geq 0$
(ii) मूल परिमेय तथा समान होंगे यदि $b^2 - 4ac = 0$
(iii) मूल अपरिमेय होंगे यदि $b^2 - 4ac > 0$ तथा पूर्ण वर्ग नहीं है।
(iv) मूल परिमेय तथा असमान होगे यदि $b^2 - 4ac > 0$
(v) मूल अवास्तविक होगे यदि $b^2 - 4ac < 0$
मूलों का योगफल $\Rightarrow \alpha + \beta = -b/a$
मूलों का गुणनफल $\Rightarrow \alpha \cdot \beta = c/a$
अगर मूल अवास्तविक हो,
तो $\alpha + \sqrt{\beta}$ के साथ वाला मूल $\alpha - \sqrt{\beta}$ होगा।

उदाहरण (Example)

1. $x^2 + 5x + 4 = 0$ के मूलों के लक्षण को स्पष्ट करें तथा मूलों का योग तथा गुणक ज्ञात करें।
$x^2 + 5x + 4 = 0$
$a = 1, b = 5, c = 4$
$\therefore$ विवेचक $= b^2 - 4ac$
$= (5)^2 - 4 \times 1 \times 4$
$- 25 - 9 = 16$
$b^2 - 4ac > 0$
$\therefore$ मूल वास्तविक तथा असमान होंगे।
अब,
मूलों का योगफल $-b/a = -5/1 = 5$
मूलों का गुणनफल $= c/a = 4/1 = 4$

2. $2x^2 + 3x + 2 = 0$ के मूलों के लक्षण को स्पष्ट करें तथा मूल ज्ञात करें।
$2x^2 + 3x + 2$
$a = 2, b = 3, c = 2$
विवेचक $= b^2 - 4ac$
$= (3)^2 - 4 \times 2 \times 2$
$= 1$
$b^2 - 4ac > 0$
$\therefore$ मूल वास्तविक एवं असमान होंगे।

$$\text{मूल } = \alpha = \frac{-b + \sqrt{b^2 - 4ac}}{2a} = \frac{-3 + \sqrt{1}}{2 \times 2} = \frac{-3 + 1}{4}$$
$= -1/2$

$$\beta = \frac{-b - \sqrt{b^2 - 4ac}}{2a} = \frac{-3 - \sqrt{1}}{2 \times 2} = \frac{-3 - 1}{4}$$
$= -\frac{4}{4} = -1$

3. यदि किसी द्विघात समीकरण के मूल -2 और 5 हैं, तो द्विघात समीकरण ज्ञात करें।
$\alpha = -2, \beta = 5$
प्रमेय से, द्विघात समीकरण
$x^2 - (\alpha + \beta)\, x + \alpha\beta = 0$
$x^2 - (-2 + 5)x + (-2)\, 5 = 0$
$x^2 + 3x - 10 = 0$

4. यदि किसी द्विघात समीकरण का एक मूल $4 + 3i$ है, जहाँ $i = \sqrt{-1}$ हो, तो समीकरण के मूलों का गुणन एवं योग ज्ञात करें।
प्रमेय से,
यदि एक मूल $4 - 3i$ दूसरा मूल $4 - 3i$ होगा
$\therefore$ मूलों का योग $= (4 + 3i) + (4 - 3i) = 8$
मूलों का गुणन $= (4 + 3i)(4 - 3i)$
$= (4)^2 - (3i)^2$
$= 16 - 9i^2$
$= 16 - 9(-1)$
$= 61 + 9$
$= 25$

5. $x^2 + 2x + 3 = 0$ के मूल ज्ञात करें, एवं मूलों के लक्षण स्पष्ट करें।

$x^2 + 2x + 3 = 0$ में

$a = 1, b = 2, c = 3$

मूल

$$\alpha = \frac{-b + \sqrt{b^2 - 4ac}}{2a} = \frac{-2 + \sqrt{(2)^2 - 3 \times 4}}{2 \times 2}$$

$$= \frac{-2 + \sqrt{4 - 12}}{2}$$

$$= \frac{-2 + \sqrt{-8}}{2}$$

$$= -1 + \sqrt{2}\, i$$

जहाँ $= i = \sqrt{-1}$

$\beta = -1 - \sqrt{2i}$ (प्रमेय से)

मूलों के लक्षण

$b^2 - 4ac = (2)^2 - 3 \times 4$

$= -8$

$\therefore\ b^2 - 4ac < 0 \{-8 < 0\}$

$\therefore$ मूल अवास्तविक होंगे।

6. $2x^2 - 16x + 32 = 0$ के मूल निकालें एवं मूलों के लक्षण स्पष्ट करें।

$a = 2, b = -16, c = 32$

विवेचक $= b^2 - 4ac$

$= (16)^2 - 4 \times 32 \times 2$

$256 - 256 = 0$

$\therefore b^2 - 4ac = 0$

$\therefore$ मूल वास्तविक तथा समान $(\alpha = \beta)$ होंगे।

मूलः

$$\alpha = \frac{-b + \sqrt{b^2 - 4ac}}{2a} = \frac{+16 + \sqrt{(16)^2 - 4 \times 32 \times 2}}{2 \times 2}$$

$$= \frac{16}{4} = 4$$

$\therefore \alpha = \beta$

$\therefore \alpha = \beta = 4$

मूलों का योग $= \alpha + \beta = +4 = 8$

7. यदि समीकरण $x^2 + 5x + 4 = 0$ के मूल α एवं β हो तो ज्ञात करें

(a) $\alpha^2 + \beta^2$

(b) $\alpha^4 + \beta^4$

(c) $\alpha^3 + \beta^3$

$a = 1, b = 5, c = 4$

मूलों का योग $\alpha + \beta = \frac{-b}{a} = \frac{-5}{1} = -5$

मूलों का गुणन $\alpha\beta = \frac{c}{a} = \frac{4}{1} = 4$

(i) $(\alpha + \beta)^2 = \alpha^2 + \beta^2 + 2\,\alpha\beta$

$\alpha^2 + \beta^2 = (\alpha + \beta)^2 - 2\,\alpha\beta$

$= (-5)^2 - 2 \times 4$ $\left\{\begin{matrix}\alpha + \beta = 5 \\ \alpha\beta = 4\end{matrix}\right\}$ उपयुक्त समी. से

$= 25 - 8 = 17$

(ii) $\alpha^4 + \beta^4 = (\alpha^2 + \beta^2) - 2\,\alpha^2\beta^2$

$= (17)^2 - 2(\alpha\beta)^2$

$= (17)^2 - 2 \times (4)^2$

($\alpha^2 + \beta^2$ का मान समी. (i) से)

$289 - 32 = 257$

(iii) $\alpha^3 + \beta^3 = (\alpha + \beta)(\alpha^2 + \beta^2 - \alpha\beta)$

$= (-5)(17 - 4)$

($\alpha^2 + \beta^2$ का मान (i) से)

$= -5 \times 13 = 65$

8. यदि किसी कक्षा में लड़कों की संख्या लड़कियों के संख्या के 11 गुणा है और कक्षा में कुल छात्रों की संख्या 48 है, तो लड़कियों की संख्या क्या है?

माना लड़कियों की संख्या $= x$

लड़कों की संख्या $= 11x$

$12x = 48,\ x = 4$

9. यदि किसी बक्से में सिक्के हैं जिसमें कुछ 25 पैसे कुछ, 50 पैसे और 1 रू के सिक्के हैं, अगर कुल राशि 31 रू है तो 25, 50, 1 रू के सिक्कों की संख्या निकालें : अनुपात 1 : 5 : 5

$$\frac{x}{4} + \frac{5x}{2} + 5x = 31$$

$x = 4$

25 पैसा $= \frac{1}{4}$ रू, 50 पैसा $= \frac{1}{2}$ रू

$$\frac{1}{4} \times x + \frac{1}{2} x \times 5 + 5x = 31$$

या $x + 5x + 5x = 44$

$x = 4$

10. यदि किसी द्रव का तापमान $x°\, k$ (केल्विन में) है और $y°\, f$ (फॉरेनहाइट) में है।

संबंध $= y = \frac{9}{5}(x - 273) + 32$

जब केल्विन में ताप $= 313$ तो फॉरेनहाइट में ताप कितना होगा?

$$y = \frac{9}{5}(40) + 32 = 104°\text{F}$$

यदि $ax^2 + bx + c = 0$ और $mx^2 + nx + p = 0$ के दोनों मूल उभयनिष्ठ हो, तो

$$\frac{a}{m} = \frac{b}{n} = \frac{c}{p}$$

अभ्यास प्रश्न (Practice Questions)

1. $x^2 - 12x + 3 = 0$ के मूलों का समांतर माध्य एवं गुणोत्तर माध्य क्या होगा?
   (a) $6, \sqrt{3}$ (b) $5, \sqrt{3}$
   (c) $4, \sqrt{5}$ (d) 3, 6

2. $3^{x-1} + 3^{1-x} - 2$ का हल है,
   (a) 1 (b) 2
   (c) 0 (d) – 1

3. $3x^2 + 4mx + 2 = 0$ तथा $2x^2 + 3x - 2 = 0$ का यदि एक मूल उभयनिष्ठ है तो m का मान क्या होगा?
   (a) 7/4, –11/8 (b) 8/2, 12/3
   (c) 6/4, 13/2 (d) 8/3, 4/11

4. यदि दो संखाओं का योग 11 है और गुणनफल 28 है तो संख्याएँ ज्ञात करें।
   (a) 7, 4 (b) 8, 5
   (c) 9, 5 (d) 7, 1

5. एक भिन्न का अंश उसके हर से 3 कम है। यदि भिन्न के हर में 1 जोड़ दिया जाए तो भिन्न का मान $\frac{1}{15}$ कम हो जाता है। भिन्न ज्ञात करें?
   (a) $\frac{-11 \pm \sqrt{218}}{-11 \pm \sqrt{218} + 3}$ (b) $\frac{11 \pm \sqrt{218}}{-11 + \sqrt{218}}$
   (c) $\frac{-15 \pm \sqrt{408}}{-12 + \sqrt{408}}$ (d) $\frac{-15 \pm \sqrt{408}}{-12 + \sqrt{408}}$

6. एक नाव जिसकी स्थिर जल में चाल 20 km/घंटा है 48 किमी. धारा के प्रतिकूल जाने में वही दूरी धारा के अनुकूल जाने की अपेक्षा 1 घंटा अधिक लेती है, तो धारा की चाल क्या होगी?
   (a) 3 km/h (b) 4 km/h
   (c) 8 km/h (d) 9 km/h

7. यदि $y = \left(x + \frac{1}{x}\right)$ तब $x^4 + x^3 - 4x^2 + x + 1 = 0$ किसमें लघुकृत किया जा सकता है? $(x \neq 0)$
   (a) $y^2 + y - 2 = 0$ (b) $y^2 + y - 4 = 0$
   (c) $y^2 + y - 6 = 0$ (d) $y^2 + y + 6 = 0$

8. यदि समीकरण $ax^2 + bx - 6 = 0$ के मूल α और β हैं और $\alpha^3 + \beta^3 = 0$ तब b का मान क्या है?
   (a) 0 (b) 1
   (c) –1 (d) ज्ञात नहीं किया जा सकता

9. निम्नलिखित में से कौन-सा $x^4 + xy^3 + xz^3 + x^3y + y^4 + yz^3$ का खण्ड है?
   (a) $x + y + z$ (b) $x^2 + y^2 + z^2$
   (c) $x^3 + y^3 + z^3$ (d) $x^2 + y^2$

10. यदि $x^2 - kx - 21 = 0$ और $x^2 - 3kx + 35 = 0$ का एक सर्वनिष्ठ मूल है तो k का मान क्या है?
    (a) केवल + 4 (b) केवल – 4
    (c) ± 4 (d) ± 1

11. x के कितने वास्तविक मान समीकरण $x^{2/3} + x^{1/3} - 200$ को सन्तुष्ट करते हैं?
    (a) केवल 1 मान (b) 2 मान
    (c) 3 मान (d) कोई मान नहीं

12. यदि समीकरण $ax^2 + bx + c = 0$ के मूलों का योग उनके वर्गों के योग के बराबर है, तो निम्नलिखित में से कौन-सा एक सही है?
    (a) $a^2 + b^2 = c^2$ (b) $a^2 + b^2 = a + b$
    (c) $2ac = ab + b^2$ (d) $2c + b = 0$

13. यदि $2^x - 2^{x-1} = 4$ तो $2^x + 2^{x-1}$ का मान क्या है?
    (a) 8 (b) 10
    (c) 12 (d) 16

14. यदि $x + (1/x) = p$ तो $x^6 + (1/x^6)$ किसके बराबर है?
    (a) $p^6 + 6p$ (b) $p^6 - 6p$
    (c) $p^6 + 6p^4 + 9p^2 + 2$ (d) $p^6 - 6p^4 + 9p^2 - 2$

15. यदि α, β, $x^2 - 5x + k = 0$ के मूल हों और $\alpha - \beta = 1$, तो k का मान क्या है?
    (a) 1 (b) 3
    (c) 4 (d) 6

16. निम्न समीकरणों में से कौन-से एक मूल समीकरण $ax^2 + bx + c = 0$ के मूलों के क्रमशः तीन गुना हैं?
    (a) $ax^2 + bx + c = 0$ (b) $ax^2 + 3bx + 9 + c = 0$
    (c) $ax^2 - 3bx + 9c = 0$ (d) $ax^2 + bx + 3c = 0$

17. समीकरण
    $\frac{3x - y + 1}{3} = \left(\frac{2x + y + 2}{5}\right) = \left(\frac{3x + 2y + 1}{6}\right)$ का हल क्या है?
    (a) $x = 2, y = 1$ (b) $x = 1, y = 1$
    (c) $x = -1, y = -1$ (d) $x = 1, y = 2$

18. समीकरण $\frac{\sqrt{x}}{1 - x} + \frac{\sqrt{1 - x}}{x} = \frac{13}{6}$ में x का मान क्या है?
    (a) $\frac{5}{13}$ (b) $\frac{7}{13}$
    (c) $\frac{9}{13}$ (d) $\frac{11}{3}$

19. यदि समीकरणों $2x^2 - 7x + 3 = 0$ और $4x^2 - 9x - 3 = 0$ का एक सार्वमूल हैं, तो a का मान क्या है?
    (a) 11 या 4 (b) –11 या –4
    (c) 11 या –4 (d) 11 या 4

20. यदि $px^2 + qx + r = 0$ का एक मूल दूसरे मूल का दोगुना है, तो निम्नलिखित में से कौन-सा एक सही है?
(a) $2q^2 = 9pr$
(b) $2q^2 = 9p$
(c) $4q^2 = 9r$
(d) $9q^2 = 2pr$

21. यदि $x^3 + mx^2 - x + 2m$ और $x^2 + mx - 2$ का महत्तम समापवर्तक एक रैखिक बहुपद है तो m का मान क्या है?
(a) 1
(b) 2
(c) 3
(d) 4

22. यदि $(x^2 + ax + b)$ और $(x^2 + cx + d)$ का महत्तम समापवर्तक $(x + k)$ है तो k का मान क्या है?
(a) $\frac{b+d}{a+c}$
(b) $\frac{a+b}{c+d}$
(c) $\frac{a-b}{c-d}$
(d) $\frac{b-d}{a-c}$

23. समीकरण $\sqrt{\frac{2x}{3-x}} - \sqrt{\frac{3-x}{2x}} = \frac{3}{2}$ का एक मूल क्या है?
(a) 1
(b) 2
(c) 3
(d) 4

24. यदि समीकरण $(x^2 - 3x + 2 = 0)$ के मूल α, β हैं तो किस समीकरण के मूल $(\alpha + 1)$ और $(\beta + 1)$ हैं?
(a) $x^2 + 5x + 6 = 0$
(b) $x^2 - 5x - 6 = 0$
(c) $x^2 + 5x + 6$
(d) $x^2 - 5x + 6 = 0$

25. यदि समीकरण $(ax^2 + bx + c = 0)$ के मूल α, β हैं तो $\alpha^3 + \beta^3$ का मान क्या है?
(a) $\frac{b^3 + 3abc}{a^3}$
(b) $\frac{a^3 - b^3}{3ab}$
(c) $\frac{3abc - b^3}{a^3}$
(d) $\frac{b^3 - 3abc}{a^3}$

26. यदि $(x^2 + x - 12)$ और $(2x^2 - kx - 9)$ का महत्तम समापवर्तक $(x - k)$ है तो k का मान क्या है?
(a) -3
(b) 3
(c) -4
(d) 4

27. k के किस मान के लिए समीकरण $[kx^2 + (2k + 6)x + 16 = 0]$ के मूल समान है?
(a) 1 और 9
(b) -9 और 1
(c) -1 और 9
(d) -1 और -9

28. k के एक मान के लिए $x^2 - 3kx + 2k^2 - 1 = 0$ के मूलों का गुणनफल 7 है। मूलों का प्रकार क्या है?
(a) पूर्णांकीय और घनात्मक
(b) पूर्णांकीय और ऋणात्मक
(c) अपरिमेय
(d) परिमेय परन्तु पूर्णांकीय नहीं

29. निम्नलिखित में से कौन-सा एक द्विघात समीकरण ऐसा है जिसके मूल द्विघात समीकरण $2x^2 - 3x - 4$ के मूलों के व्युत्क्रम है?
(a) $3x^2 - 2x - 4 = 0$
(b) $4x^2 + 3x - 2 = 0$
(c) $3x^2 - 4x - 2 = 0$
(d) $4x^2 - 2x - 3 = 0$

30. y का मान, जो समीकरणों $2x^2 + 6x + 5y + 1 = 0$ $2x + y + 3 = 0$ को सन्तुष्ट करता है, निम्नलिखित में से कौन से एक समीकरण को हल करके ज्ञात किया जा सकता है?
(a) $y^2 + 14y - 7 = 0$
(b) $y^2 + 8y + 1 = 0$
(c) $y^2 + 10y - 7 = 0$
(d) $y^2 - 8y + 7 = 0$

उत्तरमाला (Answer Key)

1. (a)	2. (a)	3. (a)	4. (a)	5. (a)	6. (a)	7. (c)	8. (a)
9. (c)	10. (c)	11. (b)	12. (c)	13. (c)	14. (c)	15. (d)	16. (b)
17. (b)	18. (c)	19. (a)	20. (a)	21. (a)	22. (b)	23. (b)	24. (d)
25. (c)	26. (b)	27. (a)	28. (c)	29. (b)	30. (c)		

हल (Solutions)

1. (a)

मूलों का समांतर माध्य $= \frac{\alpha+\beta}{2} = \frac{-b}{2\times a} = \frac{-b}{2a}$

$= \frac{-(-12)}{2\times 1} = 6$

मूलों का गुणोत्तर माध्य $= \sqrt{\alpha\beta} = \sqrt{c/a} = \sqrt{3}$

2. (a)

माना कि $3^{x-1} = a$ $\left[\because 3^{1-x} = \frac{1}{3^{1-x}}\right]$

$\therefore\ 3^{1-x} = 1/9$

$\therefore\ a + \frac{1}{a} = 2$

______

$a^2 - 2a + 1 = 0$

$a = \frac{2 \pm \sqrt{4-4}}{2} = 10$

$\therefore\ a = 3^{x-1} = 0$

$\therefore\ 3^{x-1} = 3^{\circ}, x-1=0, x=1$

3. (a)

माना कि उभयनिष्ठ मूल $= \alpha$

$\therefore$ मूल उभयनिष्ठ है, तो दोनों समीकरणों को संतुष्ट करेगा।

$\therefore\ 3\alpha^2 + 4m\alpha + 2 = 0$ (i)

$2\alpha^2 + 3\alpha - 2 = 0$ (ii)

समी. (ii) को हल करने पर $\alpha = -2, 1/2$

α का मान (i) में रखने पर

(a) यदि $\alpha = -2$

$3(-2)^2 + 4mx - 2 + 2 = 0$

$12 - 8m + 2 = 0$

$8m = 14$

$m = 7/4$

(b) यदि $\alpha = 1/2$

$m = -11/8$

4. (a)

$x + y = 11, y = 11 - x$

$xy = 28$

$x(11-x) = 28$

$11x - x^2 = 28$

$x^2 - 11x + 28 = 0$

$x^2 - 7x - 4x + 28 = 0$

$x(x-7) - 4(x-7) = 0$

$x = 7, 4$

$\therefore\ x = 7, y = 4$ या $x = 4, y = 7$

5. (a)

माना भिन्न का अंश $= x$

भिन्न का हर $= x + 3$

$\frac{x}{x+3} =$ भिन्न $\frac{x}{x+4} = \frac{x}{x+3} - \frac{1}{15}$

$\frac{x}{x+4} = \frac{x}{x+3} - \frac{1}{15}$

$-15(x) = (x+4)(x+3)$

$-15x = x^2 + 7x + 12$

$x^2 + 22x + 12 = 0$

$x = \frac{-22 \pm \sqrt{22^2 - 4.1.12}}{2.1}$

$= \frac{-22 \pm \sqrt{436}}{2}$

$= \frac{-11 \pm \sqrt{218}}{-11 \pm \sqrt{218} + 3}$

6. (a)

माना धारा की चाल $= x$

$\frac{48}{20-x} = t$ (समय)

$\frac{48}{20} = (\ -1)$ (समय)

$= \frac{48}{20-x} = \frac{48}{20+x} + 1$

7. (c)

$\therefore\ y = x + \frac{1}{x}$

अब, $x^4 + x^3 - 4x^2 + x + 1 = 0$

$x^2 + x - 4 + 1/x + 1/x^2 = 0$

$x^2 + \frac{1}{x^2} + x + \frac{1}{x} - 4 = 0$

$x^2 + \frac{1}{x^2} + 2 + x + \frac{1}{x} - 6 = 0$

$\left(x + \frac{1}{x}\right)^2 + \left(x + \frac{1}{x}\right) - 6 = 0$

$y^2 + y - 6 = 0$

अभीष्ट समी. $= y^2 + y - 6 = 0$

8. (a)

$\because$ समीकरण $ax^2 + bx - 6 = 0$ के मूल α व β हैं।

$\therefore\ \alpha + \beta = -b/a$ तथा $\alpha\beta = -6/a$

$\alpha^3 + \beta^3 = 0$

$(\alpha+\beta)^3 - 3\alpha\beta(\alpha+\beta) = 0$

$(-b/a)^2 - 3\left(-\frac{6}{9}\right)(-b/a) = 0$

$\frac{-b^3}{a^3} - \frac{18b}{a^2} = 0$

$-b^3 - 18ab = 0$
$-b(b^2 + 18a) = 0$
$b = 0$
$b^2 = -189$

9. (c)
$x^4 + xy^3 + xz^3 + x^3y + y^4 + yz^3$
$= x(x^3 + y^3 + z^3) + y(x^3 + y^3 + z^3)$
$(x + y)(x^3 + y^3 + z^3)$
उपरोक्त से स्पष्ट है कि
$x^4 + xy^3 + xy^3 + xz^3 + x^3y + y^4 + yz^3$ का गुणनखंड $(x^3 + y^3 + z^3)$ है।

10. (c)
दोनों समीकरणों का उभयनिष्ठ मूल α है तब
$\alpha^2 - k\alpha - 21 = 0$ (i)
$\alpha^2 - 3k\alpha + 35 = 0$ (ii)
समी. (i) व (ii) से,
$$\frac{\alpha^2}{-35k - 63k} = \frac{\alpha}{-21 - 35} = \frac{1}{-3k + k}$$
$$\frac{\alpha^2}{-91k} = \frac{\alpha}{-56} = \frac{1}{-2k}$$
$$\frac{a^2}{-98k} = \frac{-k}{2k}$$
$\alpha^2 = 49$ तथा $\alpha = \frac{-56}{-2k} = \frac{28}{k}$
$$\left(\frac{28}{k}\right)^2 = 49$$
$$\frac{28 \times 28}{49} = k^2$$
$16 = k^2$
$k = \pm 4$

11. (b)
दिया गया समीकरण निम्न है:
$x^{2/3} + x^{1/3} - 2 = 0$
$\left(x^{1/3}\right)^2 + x^{1/3} - 2 = 0$
$x^2 + x - 2 = 0$
जहाँ $x = x^{1/3}$
यह एक द्विघात समीकरण है।
$x^2 + x - 2 = 0$ का विक्कितकर
$1^2 - 4(1) - 2 = 9 \geq 0$
अत: दी गई समीकरण को x के दो वास्तविक मान संतुष्ट करेंगे।

12. (c)
माना समीकरण $ax^2 + bx + c = 0$ के मूल α व β है।
$\alpha + \beta = -b/a$ तथा $\alpha\beta = c/a$
प्रश्नानुसार,
$\alpha + \beta = \alpha^2 + \beta^2$
$\alpha + \beta = (\alpha + \beta)^2 - 2\alpha\beta$
$-b/a = (-b/a)^2 - 2(c/a)$
$-ba = b^2 - 2ca$
$2ac = b^2 + ab$

13. (c)
दिया है $2^x - 2^{x-1} = 4$
$2^x(1 - 1/2) = 4$
$2^x = 8$
$2^x = 2^3$
$x = 3$
$2^x + 2^{x-1} = 2^3 + 2^{3-1} = 8 + 4 = 12$

14. (c)
दिया है, $x + \frac{1}{x} = p$
$$\left(x + \frac{1}{x}\right)^2 = p^2$$
$$x^2 + \frac{1}{x^2} + 2 = p^2$$
$$x^2 + \frac{1}{x^2} = p^2 - 2$$
$$x^2 + \left(\frac{1}{x^2}\right)^3 = (p^2 - 2)^3$$
$$x^6 + \frac{1}{x^6} + 3\left(x^2 + \frac{1}{x^2}\right) = p^6 - 8 - 6p^2(p^2 - 2)$$
$$x^6 + \frac{1}{x^6} + 3(p^2 - 2) = p^6 - 8 - 6p^4 + 12p^2$$
$$x^6 + \frac{1}{x^6} = p^6 - 6p^4 + 9p^2 - 2$$
$$x^6 + \frac{1}{x^6} + 3\left(x^2 + \frac{1}{x^2}\right) = p^6 - 8 - 6p^2(p^2 - 2)$$
$$x^6 + \frac{1}{x^6} + 3(p^2 - 2) = p^6 - 8 - 6p^4 + 12p^2$$
$$x^6 + \frac{1}{x^6} = p^6 - 6p^4 + 9p^2 - 2$$

15. (d)
$\therefore$ समीकरण $x^2 - 5x + k = 0$ के मूल α व β है।
$\alpha + \beta = 5$, $\alpha\beta = k$
$\alpha - \beta = 1$, $(\alpha - \beta)^2 = 1$
$\alpha^2 + \beta^2 - 2\alpha\beta = 1$
$(\alpha + \beta)^2 - 4\alpha\beta = 1$
$5^2 - 4(k) = 4$
$25 - 4k = 1$
$-4k = -24$
$k = 6$

16. (b)
माना समीकरण $ax^2 + bx + c = 0$ के मूल α व β हैं, तब
$\alpha + \beta = \frac{-b}{a}$ तथा $\alpha\beta = c/a$
माना अभीष्ट समीकरण के मूल 3α व 3β है।

मूलों का योग $= 3\alpha + 3\beta = 3(\alpha + \beta)$

$$3\left(\frac{-b}{a}\right) = \frac{-3b}{a}$$

तथा मूलों का गुणनफल $= 3\alpha \cdot 3\beta = 9\alpha\beta$

$$= \frac{9c}{a}$$

अत: अभीष्ट समीकरण निम्न है।

$x^2 -$ (मूलों का योग) $x +$ (मूलों का गुणनफल) $= 0$

$$x^2 + \frac{3b}{a}x + \frac{9c}{a} = 0$$

$$ax^2 + 3bx + 9c = 0$$

17. (b)

$$\frac{3x - y + 1}{3} = \frac{2x + y + 2}{5}$$

$$15x - 5y + 5 = 6x + 3y + 6$$

$$9x - 8y = 1 \qquad \text{(i)}$$

$$\frac{2x + y + 2}{5} = \frac{3x + 2y + 1}{6}$$

$$12x + 6y + 12 = 15x + 10y + 5$$

$$3x + 4y = 7 \qquad \text{(ii)}$$

समी. (i) व (ii) को हल करने पर,

$$9x + 12y = 21$$
$$9x - 8y = 1$$
$$- \quad + \quad -$$
$$20y = 20$$
$$y = 1$$

समी. (ii) से,

$$9x = 9$$
$$x = 1$$

अत: $x = 1, y = 1$

18. (c)

माना $\sqrt{\frac{x}{1-x}} = y$

$$y + \frac{1}{y} = \frac{13}{6}$$

$$(y^2 + 1)6 = 13y$$

$$6y^2 - 13y + 6 = 0$$

$$(3y - 2)(2y - 3) = 0$$

$y = \frac{2}{3}$ या $3/2$

$$y = 3/2$$

$$\frac{x}{1-x} = \frac{9}{4}$$

$$4x = 9 - 9x$$

$$13x = 9$$

$$x = 9/13$$

19. (a)

$$2x^2 - 7x + 3 = 0$$

$$(2x - 1)(x - 3) = 0$$

$$x = 1/2$$

जबकि,

$$4\left(\frac{1}{2}\right)^2 + a(1/2) - 3 = 0$$

$$1 + \frac{9}{2} - 3 = 0$$

$$\frac{9}{2} = 2$$

$$a = 4$$

जबकि $x = 3$

$$4(3)^2 + 9(3) - 3 = 0$$

$$36 + 3a - 3 = 0$$

$$a = -11$$

$$a = -11, a = 4$$

20. (a)

$$px^2 + qx + r = 0$$

$$\beta = 2\alpha$$

$\alpha\beta =$ मूलों का गुणनफल $= \frac{r}{p} = 2\alpha^2$ (i)

$\alpha + \beta =$ मूलों का योगफल $= -\frac{q}{p} = 3\alpha$ (ii)

समी (i) एवं (ii) सें

$$9\alpha^2 = \frac{q^2}{p^2}$$

$$9 \cdot \left(\frac{r}{2p}\right) = \frac{q^2}{p^2}$$

$$2q^2 = 9pr$$

23. (b)

दी गई समी. है।

$$\sqrt{\frac{2x}{3-x}} - \sqrt{\frac{3-x}{2x}} = \frac{3}{2}$$

$$\sqrt{\frac{2x}{3-x}} = a$$

$$a - \frac{1}{a} = 3/2$$

$$(a^2 - 1) = 3a$$

$$2a^2 - 3a - 2 = 0$$

$$2a^2 - 4a + a - 2 = 0$$

$$2a(a - 2) + 1(a - 2) = 0$$

$$(2a + 1)(a - 2) = 0$$

$$a - 2 = 0$$

$$\sqrt{\frac{2x}{3-x}} = 2$$

$$2x = 4(3 - x)$$

$6x = 12$
$x = 2$
$2a + 1 = 0$
$\sqrt{\frac{2x}{3-x}} = -1/2$
$8x = 3 - x$
$x = 3/9 = 1/3$
$x = 2$

24. (d)

$\therefore$ समीकरण $x^2 - 3x + 2 = 0$ के मूल α व β हैं।
$\alpha + \beta = 3$ तथा $\alpha\beta = 2$
अब $\alpha + 1 + \beta + 1 = \alpha + \beta + 2 = 3 = 3 + 2 = 5$
तब $(\alpha + 1)(\beta + 1) = \alpha\beta + \alpha + \beta + 1$
$2 + 3 + 1 = 6$
अत: अभीष्ट समीकरण निम्न है।
$x^2 - (\alpha + 1 + \beta + 1)x + (\alpha + 1)(\beta + 1) = 0$
$x^2 - 5x + 6 = 0$

25. (c)

चूँकि $ax^2 + bx + c = 0$ के मूल α व β हैं,
तब,
$\alpha + \beta = \frac{-b}{a}$
तथा $\alpha\beta = c/a$
$\alpha^3 + \beta^3 = (\alpha + \beta)^3 - 3\alpha\beta(\alpha + \beta)$
$= \left(\frac{-b}{a}\right)^3 - 3\left(\frac{c}{a}\right)(-b/a)$
$= \frac{-b^3}{a^3} + \frac{3bc}{a^2} = \frac{3abc - b^2}{a^3}$

26. (b)

$\therefore$ $x^2 + x + 2$ व $2x^2 - kx = 0$ का म.स. $(x - k)$ तब
$2x^2 - kx - 9$ का मूल $(x - k)$ होगा
$2x^2 - kx - 9$
$2k^2 - k^2 - 9 = 0$
$k^2 - 9 = 0$
$k = \pm 3$
परन्तु $x^2 + x - 1$ के गुणनखण्ड $(x + 4)(x - 3)$ है।
अत: k का मान 3 है।

27. (a)

दिया गया समीकरण है।
$kx \ + (2k + 6)x + 16 = 0$
यहाँ $a = k, b = 2k + 6, c = 16$
दी गई समीकरण के मूल बराबर हैं, यदि
$b^2 - 4ac = 0$
$(2k + 6)^2 - 4k \cdot 16 = 0$
$4k^2 + 24k + 36 - 6\,4k = 0$
$4k^2 - 40k + 36 = 0$
$k^2 - 10k + 9 = 0$
$k^2 - 9k - k + 9 = 0$
$k(k - 9) - 1(k - 9) = 0$
$(k - 1)(k - 9) = 0$
$k = 1$ और 9

28. (c)

माना $x^2 - 3kx + 2k^2 - 1 = 0$ के मूल α व β हैं।
$\alpha\beta = 2k^2 - 1$
$\alpha\beta = 7$
$2k^2 - 1 = 7$
$2k^2 = 8$
$k^2 = 4$
$k = \pm 2$
$k = \pm 2$ दी गई समी. में रखने पर
$x^2 \pm 6x + 7 = 0$
अत: दी गई समी के मूल अपरिमेय हैं।

29. (b)

दिया गया समीकरण
$2x^2 - 3x - 4 = 0$
व्युत्क्रम मूल प्राप्त करने के लिए हम x की जगह $1/x$ रखने पर,
$2\left(\frac{1}{x}\right)^2 - 3(1/x) - 4 = 0$
$-4x^2 - 3x + 2 = 0$
$4x^2 + 3x - 2 = 0$

30. (c)

$2x^2 + 6x + 5y + 1 = 0$ दिया है। .... (i)
तथा $2x + y + 3 = 0$
$$x = \frac{y-3}{2}$$
x का मान समी० (i) में रखने पर,
$2\left(\frac{-3-y}{2}\right)^2 + 6\left(\frac{-3-y}{2}\right) + 5y + 1 = 0$
$\frac{9 + y^2 + 6y}{2} - \left(\frac{18 + 6y}{2}\right) + 5y + 1 = 0$
$y^2 + 10y - 7 = 0$

श्रेणी
Progression

श्रेणी तीन प्रकार के होते हैं। समान्तर श्रेणी (Arithmetic Progression) गुणोत्तर श्रेणी (Geometric Progression) एवं हरात्मक श्रेणी (Harmonic Progression)

समान्तर श्रेणी (Arithmetic Progression)

यदि श्रेणी के दो लगातार पदों (Terms) का अन्तर समान हो तो उसे समान्तर श्रेणी जिसे संक्षेप में (A.P), कहेंगे। एवं समान अन्तर को सर्वान्तर (Common Difference) कहते हैं और इसे (d) से सूचित करते हैं।

4, 7, 10, 13…………….. यह A.P में है।

पहले पद को a से सूचित करते हैं।

Common Difference को d से सूचित करते हैं।

- A.P का n वाँ पद $= a + (n-1)\,d$
- A.P में n पदों को योग $= \frac{n}{2}\{2a + (n-1)\,d\}$ या $\frac{n}{2}(a+l)$
  यहाँ $l =$ अंतिम पद
- समान्तर माध्य (Arithmetic Mean): यदि किसी समान्तर श्रेणी के तीन लगातार पद दिये जाये तो बीच वाली संख्या समान्तर माध्य कहलाती है। यदि a, b, c, A.P में हो तो $b = \frac{a+c}{2}$; AM $= b$
- यदि दो समान्तर श्रेणियों को जोड़कर नया श्रेणी बनाया जाय तो वह भी A.P में होगा।

गुणोत्तर श्रेणी (Geometric Progression)

यदि किसी श्रेणी के दो लगातार पदों का अनुपात बराबर हो तो उसे गुणोत्तर श्रेणी कहेंगे और समान अनुपात को Common ratio कहते हैं।

2, 4, 8, 16, 32, 64,……….. G.P

जिससे गुणा किया जाये उसे Common ratio कहते हैं।

$r = \frac{\text{दूसरा पद}}{\text{पहला पद}}$

$a =$ पहला पद

Common Ratio $= r$

n वाँ पद $(t_n) = ar^{n-1}$

n पदों का योग $= \frac{a(r^n - 1)}{r-1}$ जब $r > 1$

n पदों का योग $= \frac{a(1 - r^n)}{r - r}$ जब $r < 1$

अनन्त पदों का योग $= \frac{a}{1-r}$ जब $r < 1$

जब ratio, $r > 1$ तो अनन्तः पदों का योग नहीं निकाला जा सकता।

गुणोत्तर माध्य (Geometric Mean)

यदि a, b, c G.P में हो तब गुणोत्तर माध्य (NM) b होगा

गुणोत्तर माध्य (G.M) $= \sqrt{ac}$

$\therefore\ b = \sqrt{ac}$

हरात्मक श्रेणी (Harmonic Progression)

यदि कोई श्रेणी समांतर श्रेणी (A.P) के व्यत्क्रम से बनी हुई हो तो उसे हरात्मक श्रेणी (H.P) कहते हैं।

$a, b, c,$ ……………. (A.P)

$\frac{1}{a}, \frac{1}{b}, \frac{1}{c}$ ………… (H.P)

जब किसी दूरी को बराबर भागों में बाँट कर विभिन्न चालों द्वारा तय किया जाय तो औसत चाल हरात्मक माध्य के बराबर होगा।

हरात्मक माध्य (Harmonic Mean) $= \frac{2ab}{a+b}$.

उदाहरण

1. श्रेणी 4, 9, 14, 19, ……….. का कौन-सा पद 109 होगा?

हलः $a = 4$

$a = 5$

t_n या $l = 109$

$n = ?$

$t_n = a + (n-1)\,d$

या

$l = a + (n-1)\,d$

$109 = 4 + (n-1)\,5$

$(n-1)5 = 109 - 4$

$(n-1)5 = 105$

$n - 1 = 21$

$n = 21 + 1 = 22$

$n = 22$ वाँ पद

2. श्रेणी $1 + 3 + 5 + 7 + \ldots\ldots + 73 + 75$ में कुल कितने पद हैं?

हलः $a = 1,\ d = 2,\ t_n = 75, n = ?$

$t_n = a + (n-1)\,d$

$75 = 1 + (n-1)2$

$(n-1)^2 = 75 - 1$

$n-1=\frac{74}{2}$

$n-1=37$

$n=37+1$

$n=38$

अर्थात् कुल 38 पद हैं।

3. 3 तथा 200 के बीच 7 से विभक्त होने वाली कितनी प्राकृत संख्याएँ हैं।

हलः 7, 14, 21 ………….. 196

$a=7$

$t_n=196$

$d=7$

$n=?$

$t_n=a+(n-1)\,d$

$196=7+(n-1)\,7$

$(n-1)\,7=196-7$

$(n-1)=189$

$x-1=27$

$n=27+1$

$x=28$

3 तथा 200 के बीच से विभक्त होने वाली कुल 28 प्राकृत संख्याएँ हैं।

4. 51 से 100 तक की प्राकृत संख्याओं का योग कितना है?

$51+52+\ldots\ldots\ldots+100$

हलः $a=51$

$l=100$

$n=50$

$s_n=\frac{n}{2}(a+l)$

$=\frac{50}{2}(51+100)$

$=25\times151=3775$

5. 100 से कम सभी सम संख्याओं का योग कितना है।

हलः $2+4+6+\ldots\ldots\ldots+98$

$n=\frac{\text{अंतिम पद}}{2}$

$=\frac{98}{2}=49$

योग $d=n(n+1)$

$49\times50=2450$

6. $(1+2+3+3+\ldots\ldots\ldots+49+$

$50+49+48+\ldots\ldots\ldots+3+2+1=?$

$(1+2+3+\ldots\ldots\ldots+49+50)$

$(1+2+3+\ldots\ldots\ldots+48+50)$

$+(49+48+\ldots\ldots\ldots+3+2+1)$

हलः

$=\frac{50\times56}{2}+\frac{49\times50}{2}$

$=25\times51+49\times25$

$=1275+1225$

$=2500$

7. श्रेणी 5, 10, 20, 40 ………… का कौन-सा पद 1280 है?

हलः $a=5$

$n=2$

$t_m=1280$

$n=?$

$t_m=ar^{n-1}$

$1280=5(2)^{n-1}$

$256=(2)^{n-1}$

$2^8=2^{n-1}$

$8=n-1$

$n=9$

8. एक गुणोत्तर श्रेणी के प्रथम 8 पदों का योग 6560 तथा सर्वानुपात 3 है। इस श्रेणी का प्रथम पद क्या है?

हलः $s=6560$

$r=3$

$n=8$

$a=?$

$n>1$

n पदों का योग $=\frac{a(r^n-1)}{r_1}$

$6560=\frac{a(3^8-1)}{3-1}$

$6560=\frac{a\,(3^8-1)}{2}$

$6560=\frac{a\left\{(3^4)^2-(1)^2\right\}}{2}$

$3^8-1^2=(3^4)^2-1^2$

$=(3^4-1)\,(3^4+1)$

$=80\times82$

$a\left\{(3^4)^2-1^2\right\}=6560\times2$

$a\times80\times82=6560\times2$

$a=\frac{6560\times2}{80\times82}$

9. यदि $(k-2),(2k+1),(6k+3)$ गुणोत्तर श्रेणी में हो तो $k=?$

अगर a, b, c G.P में हो तब

हलः $b^2=ac$

$(2k+1)^2=(k-2)\,(6k+3)$

$4k^2+4k+1=6k^2+3k-12k-6$

$4k^2+4k+1=6k^2-9k-6$

$6k^2-9k-6-4k^2-4k-1=0$

$2k^2-14k+k-7=0$

$2k\,(k-7)+1\,(k-7)=0$

$(2k+1)\,(k-7)=0$

$2k+1=0$

$2k=-1$

$k=\frac{-1}{2}$

$k-7=0$

$k=7$

10.हरात्मक श्रेणी $\frac{3}{2}, \frac{6}{5}, 1......$ का 16वाँ पद, क्या है?

हल: $\frac{2}{3}, \frac{5}{6}, 1............$ (A.P)

$a = \frac{2}{3}$

$a = \frac{5}{6} - \frac{2}{3} = \frac{5-4}{6} = \frac{1}{6}$

$d = 1 - \frac{5}{6} = \frac{6-5}{6} = \frac{1}{6}$

$n = 16$

16वाँ पद $= a + (n-1)d$

$= \frac{2}{3} + (16-1) \times \frac{1}{6}$

$= \frac{2}{3} + 15 \times \frac{1}{6}$

$= \frac{2}{3} + \frac{5}{2} < \frac{4+15}{6}$

$= \frac{19}{6}$

अभ्यास प्रश्न (Practice Questions)

1. श्रेणी 7, 10, 13 ……….. का कौन-सा पद 151 है?
(a) 49 वाँ (b) 52 वाँ
(c) 51 वाँ (d) 48 वाँ

2. श्रेणी 201, 208, 215 ………….. 369 में कुल कितने पद हैं?
(a) 24 (c) 25
(c) 26 (d) 21

3. $a, a-2, 3a$ समान्तर श्रेणी में हो, तो $a = ?$
(a) – 4 (b) – 3
(c) – 2 (d) 2

4. दो अंकों की सभी संख्याओं का कुल योग कितना है?
(a) 4903 (b) 4804
(c) 4404 (d) 4905

5. 2 अथवा 5 से विभक्त होने वाली 1 से 100 तक की सभी प्राकृत संख्याओं का योग कितना है?
(a) 3050 (b) 3051
(c) 3064 (d) 3072

6. 6 से पूर्णतया विभक्त होने वाली तीन अंकों की कितनी संख्याएँ हैं?
(a) 176 (b) 150
(c) 149 (d) 141

7. 100 तथा 200 के बीच की सभी विषम संखाओं का योग कितना है?
(a) 4209 (b) 7520
(c) 7500 (d) 7300

8. $51 + 53 + 55 + ... + 99 = ?$
(a) 1975 (b) 1775
(c) 1675 (d) 1875

9. $1 + 3 + 5 + ... + 99 = ?$
(a) 2500 (b) 2502
(c) 2075 (d) 2509

10. $(1^3 + 2^3 + 3^3 + 4^3 + 5^3) = 225$ हो, तो $(2^3 + 4^3 + 6^3 + 8^3 + 10^3) = ?$
(a) 1832 (b) 1800
(c) 1864 (d) 1871

11. 1089 पृष्ठों की एक पुस्तक में विषम संख्या वाले कितने पृष्ठ हैं?
(a) 643 (b) 545
(c) 543 (d) 600

12. 1 से 1000 के बीच में 5 से विभक्त होने वाली कितनी प्राकृत संख्याएँ हैं?
(a) 232 (b) 264
(c) 320 (d) 199

13. 310 तथा 325 के बीच की सभी प्राकृत संख्याओं योग कितना होगा?
$311 + 312 + 313 .... + 324$
(a) 4445 (b) 4443
(c) 4441 (d) 4448

14. यदि $\frac{3+5+7+.............+n \text{ पदों तक}}{5+8+11+..........+10 \text{ पदों तक}} = 7$ हो तो n मान क्या है?
(a) 36 (b) 35
(c) 38 (d) 32

15. यदि प्रथम n प्राकृत संख्याओं का योग उनके वर्गों के योग का $\frac{1}{5}$ हो, तो n का मान कितना है?
(a) 6 (b) 8
(c) 7 (d) 9

16. यदि $(1^2 + 2^2 + 3^2 + ... + 20^2) = 2870$ तो $(1^2 + 2^2 + ... + 20^2) - (2^2 + 4^2 + 6^2 ..... + 20^2) = ?$
(a) 1230 (b) 2220
(c) 2130 (d) 1330

17. एक समान्तर श्रेणी के 6 वाँ तथा 15 वाँ पदों का योग इस श्रेणी के 7 वाँ, 10 वाँ तथा 18 वाँ पदों के योग के बराबर हो, तो इस श्रेणी का कौन-सा पद शून्य होगा?

(a) 8 वाँ पद (b) 6 वाँ पद
(c) 5 वाँ पद (d) 4 वाँ पद

18. किसी समान्तर श्रेणी का चौथा पद 14 तथा 12वाँ पद 70 हो, तो उसका प्रथम पद कितना है?

(a) −6 (b) −7
(c) −5 (d) −3

19. श्रेणी $72+63+54+.............$ का कौन-सा पद शून्य होगा?

(a) 5 (b) 6
(c) 9 (d) 8

20. $(14^2+15^2+.........+30^2)=?$

(a) 7636 (b) 5646
(c) 6676 (d) 8636

21. n का छोटे से छोटे ऐसा मान कौन-सा है। जिससे $(1+3+3^2+............+3^n)$ का मान 2000 से अधिक हो?

(a) 8 (b) 6
(c) 7 (d) 9

22. तीन संख्याएँ गुणोत्तर श्रेणी में हैं। उनका योग 28 तथा गुणनफल 512 है। ये संख्याएँ हैं।

(a) (4, 8, 16) (b) (4, 12, 12)
(c) (27, 1, 0) (d) (24, 2, 2)

23. श्रेणी $3+9+27+......$ के कितने पदों का योग 363 है?

(a) 5 वाँ पद (b) 6 वाँ पद
(c) 11 वाँ पद (d) 19 वाँ पद

24. एक गुणोत्तर श्रेणी का चौथा पद 54 तथा नौवाँ पद 13122 है। इसका 7 वाँ पद क्या होगा?

(a) 1458 (b) 2232
(c) 2366 (d) 2346

25. एक गुणोत्तर श्रेणी का तीसरा पद 4 है। इसके प्रथम पाँच पदों का गुणनफल क्या होगा?

(a) 1021 (b) 1024
(c) 1021 (d) 1029

26. यदि दो संख्याओं का समान्तर माध्य 5 तथा गुणोत्तर माध्य 4 हो, तो ये संख्याएँ हैं:

(a) (4, 6) (b) (2, 8)
(c) (3, 9) (d) (4, 11)

27. तीन संख्याये गुणोत्तर श्रेणी में हैं जिनका योग 21 है। यदि इन संखाओं के वर्गों का योग 189 हो, तो इनमें सबसे बड़ी संख्या क्या है?

(a) 14 (b) 12
(c) 22 (d) 32

28. एक सीमित गुणोत्तर श्रेणी का सार्व अनुपात 3 तथा अंतिम पद 486 है। इन पदों का योग 728 है, तो प्रथम पद क्या है?

(a) 3 (b) 2
(c) 4 (d) 6

29. $\frac{1}{10}+\frac{1}{10^2}+\frac{1}{10^3}+\frac{1}{10^4}+\frac{1}{10^5}=?$

(a) 0.11111 (b) 0.111111
(c) 0.111 (d) 0.11

30. एक पेंटिग शो देखने वाले दर्शकों की संख्या प्रतिदिन पहले दिन से दुगुनी हो जाती है। यदि शो सोमवार को चालू हुआ हो तथा शनिवार को दर्शकों की संख्या 6400 हो, तो पहले दिन दर्शकों की संख्या कितनी थी?

(a) 200 (b) 205
(c) 201 (d) 204

उत्तरमाला (Answer Key)

1. (a)	2. (b)	3. (c)	4. (d)	5. (a)	6. (b)	7. (c)	8. (d)
9. (a)	10. (b)	11. (c)	12. (d)	13. (a)	14. (b)	15. (c)	16. (d)
17. (a)	18. (b)	19. (c)	20. (d)	21. (a)	22. (a)	23. (a)	24. (a)
25. (b)	26. (b)	27. (b)	28. (b)	29. (a)	30. (a)		

हल (Solutions)

1. (a)

$a = 7$

$d = 3$

$t_n = 151$

$n = ?$

$t_n = a + (n-1)\,d$

$151 = 7\,(n-1)^3$

$(n-1)^3 = 151 - 7$

$(n-1)^3 = 144$

$n - 1 = 48$

$n = 48 + 1$

$n = 49$

2. (c)

$n = \frac{369 - 201}{7} + 1$

$= \frac{168}{7} + 1$

$= 24 + 1 = 25$

$n = 25$ पद

3. (c)

अगर a, b, c समांतर श्रेणी में हैं।

$\therefore \quad b = \frac{a+c}{2}$

$a - 2 = \frac{a + 39}{2}$

$a - 2 = \frac{49}{2}$

$a - 2 = 24$

$2a - a = -2$

$a = -2$

4. (d)

$10 + 11 + 12 + \ldots\ldots\ldots\ldots + 99$

$(1 + 2 + 3 + \ldots\ldots\ldots + 99) - (1 + 2 + 3 + \ldots\ldots\ldots\ldots + 9)$

$\frac{99 \times 100}{2} - \frac{9 \times 10}{2}$

$= 99 \times 50 - 9 \times 5$

$= 4950 - 45 = 4905$

5. (a)

$2 + 4 + 6 + \ldots\ldots\ldots\ldots + 100$

$n = \frac{100}{2} = 50$

$= 50 \times 51 = 2550$

$5 + 10 + 15 + \ldots\ldots\ldots\ldots + 200$

$5(1 + 2 + 3 + \ldots\ldots\ldots\ldots + 20)$

$= \frac{5 \times 20 \times 21}{2} = 1050$

$10 + 20 + 30 + \ldots\ldots\ldots\ldots + 100$

$10(1 + 2 + 3 + \ldots\ldots\ldots\ldots + 10)$

$= \frac{10 \times 10 \times 14}{2} = 550$

$2550 + 1050 - 550$

$= 3600 - 550 = 9050$

2 और 5 से वही करेगा जो 10 से करेगा

$n(A \cup B)\, n(A) + n(B)$

$2550 + 1050 - 550$

$= 360 - 550 = 3050$

6. (b)

तीन अंको की संख्या $= 99$ और 1000 के बीच होगा।

$\frac{99}{6} = 16$

$\frac{1000}{6} = 166$

अपवर्त्य की संख्या = बड़ा Value का भागफल – छोटा Value का भागफल $= 166 - 16 = 150$

7. (c)

$101 + 103 + 105 + \ldots\ldots\ldots + 199$

$(1 + 3 + 5 + \ldots\ldots\ldots\ldots 101 + 103 + \ldots\ldots\ldots + 199)$

$-(1 + 3 + 5 \ldots\ldots\ldots\ldots + 99)$

$n = \frac{\text{अंतिम पद} + 1}{2} = \frac{199 + 1}{2} < \frac{200}{2} = 100$

विषम संख्याओं का योग $= n^2$

$n = \frac{99 + 1}{2} = 50$

$100^2 - 50^2$

$= 10000 - 6500$

$= 7500$

8. (d)

$50 + 51 + 53 + 55 + \ldots\ldots\ldots\ldots + 99 + 100$

$= \frac{(100)^2 - (50)^2}{4}$

$= \frac{100000 = 300}{4}$

$= \frac{7500}{4} = 1875$

9. (a)

$0 + 1 + 3 + 5 + \ldots\ldots\ldots\ldots + 99 + 100$

$\therefore ? = \frac{(100)^2 - 0}{4}$

$= \frac{10000}{4} = 2500$

10. (b)

$$\left.\begin{matrix}1^3=1\\2^3=8\end{matrix}\right\rangle\times 8 \quad \left.\begin{matrix}2^3=8\\8^3=64\end{matrix}\right\rangle\times 8$$

$225\times 8=1800$

11. (c)

$1+3+5+..........+1089$

$a=1$

$t_n=1089$

$d=2$

$t_n=a+(n-1)d$

$1089=1+(n-1)^2$

$(n-1)^2=1089-1$

$(n-1)=\dfrac{1088}{2}$

$n-1=544$

$n=544+1$

$n=545$

12. (d)

$\dfrac{1000}{5}=200$

जब बड़ा मान पूर्णत: कट जाय तो एक घटा देंगे $=200-1=199$

13. (a)

$a=311$

$l=324$

$n=14$ (पदों की संख्या)

$s=\dfrac{n}{2}(a+l)$

$\dfrac{14}{2}(311-324)$

$=7\times 635=4445$

14. (b)

n पदों का योग $=\dfrac{\dfrac{n}{2}\{2a+(n-1)d\}}{\dfrac{n}{2}\{2a+(n-1)d\}}=7$

$=\dfrac{\dfrac{n}{2}\{2\times 3+(n-1)\times 2\}}{\dfrac{n}{2}\{2\times 5+(10-1)\times 3\}}=7$

$=\dfrac{\dfrac{n}{2}\times 2\{3+(n-1)\}}{5\,(10+27)}=7$

$\dfrac{n(3+n-1)}{5\times 37}=7$

$n\,(n+2)=5\times 7\times 37$

$n\,(n+2)=35\times 37$

$n\,(n+2)=35\times(35+2)$

$=n=35$

15. (c)

n प्राकृत संख्या का योग $=\dfrac{n\,(n+1)}{2}$

n प्राकृत संख्याओं के वर्गों का योग

$=\dfrac{n\,(n+1)\,(2n+1)}{6}$

प्रश्नानुसार,

$\dfrac{n\,(n+1)}{2}=\dfrac{1}{5}\times\dfrac{n\,(n+1)\,(2n+1)}{3}$

$\dfrac{2n+1}{15}=1$

$2n+1=15$

$2n=15-1$

$2n=14$

$n=7$

16. (d)

$\dfrac{10\times 21\times 44}{6}-\dfrac{4\times 10\times 11\times 21}{3}$

$10\times 7\times 41-4\times 5\times 11\times 7$

$=2870-1540$

$=1330$

17. (a)

समान्तर श्रेणी का n वाँ पद $=a+(n-1)d$

$(a+5d)+(a+14d)=(a+6d)+(a+9d)+(a+11d)$

$=a+5d+a+14d=a+6d+a+9d+a+11d$

$2a+16d=3a+26d$

$a=-7d$

$0=a+(n-1)d$

$0=-7d+(n-1)d$

$(n-1)d=27d$

$n-1=7$

$n=7+8$

$a=-7d$

$a+7d=0$

$a\,(8-1)d=0$

$n=8$ वाँ पद

18. (b)

$a+3d=14$ (i)

$a+11d=70$ (ii)

$8d=56$

$d=7$

$a+3d=14$

$a+3\times 7=14$

$a=14-21$

$a=-7$

प्रथम पद $=-7$

19. (c)

$72+63+54+45+36+27+18+9+0$

$a=72, l=0, d=9, n=?$

$l = a + (n-1)d$
$0 = 72 + (n-1) \times -9$
$0 = 72 + (n-1) \times -9$
$(n-1) \times -9 = -72$
$n - 1 = 8$
$n = 8 + 1 = 9$

20. (d)

$(1^2 + 2^3 + 3^3 + ... + 14^2 + 15^2 + ... + 30^2)$
$-(1^2 + 3^2 + ... + 13^2)$
$\frac{30 \times 31 \times 61}{6} - \frac{13 \times 14 \times 27}{6}$
$= 5 \times 31 \times 61 - 13 \times 7 \times 9$
$= 9455 - 819 = 8636$

27. (a)

$1 + 3 + 3^2 + ... + 3^n > 2000$
$a - 1, r - 3, n = ?$
n पदों का योग $= \frac{a(r^n - 1)}{r - 1}$
जब $r > 1$
$\frac{1(3^n - 1)}{3 - 1} > 2000$
$\frac{(3^n - 1)}{2} > 2000$
$3^n - 1 > 4000$
$3^n > 4001$
$n = 8$

22. (a)

माना संख्याएँ
$\frac{a}{r}, a, ar$
$\frac{a}{r} \times a \times ar = 512$
$a^3 = 512$
$a^3 = 8^3$
$a = 8$
$\frac{a}{r} + a + 8r = 28$
$\frac{8}{r} + 8 + 8r = 28$
$\frac{8}{r} + 8r = -8$
$\frac{8 + 8r^2}{2} = 20$
$8r^2 + 8 = 20r$
$8r^2 - 20r + 8 = 0$
$4(r^2 - 5r + 2) = 0$
$2r^2 - 5r + 2 = 0$
$2r^2 - 4r - r + r = 0$
$2r(r-2) - 1(r-2) = 0$
$(2r-1)(r-2) = 0$
$2r - 1 = 0$
$2r = 1$
$r = \frac{1}{2}$
$r - 2 = 0$
$r = 2$
प्रथम संख्या $\frac{a}{r} = \frac{8}{2} = r$
दूसरी संख्या $= a = 8$
तीसरी संख्या $= ar = 1 \times 2 = 16$
संख्याएँ $= (4, 8, 16)$

23. (a)

$a = 3, r = 3, s = 363, n = ?$
योगफल $= \frac{a(r^n - 1)}{r - 1}$ जब $r > 1$
$363 = \frac{3(3^n - 1)}{3 - 1}$
$121 = \frac{3^n - 1}{2}$
$3^n = 1 = 24^2$
$3^n = 24^3$
$3^n = 3^5$
$n = 5$

24. (a)

चौथा $= 54$
n वाँ पद $(t\ ) = a \cdot r\ \ -1$
$54 = a \cdot r^{4-1}$
$54 = ar^3$
$ar^3 = 54$ (i)
नौवां पद $t_n = a \cdot r^{n-1}$
$13122 = a \cdot r^{9-1}$
$13122 = a \cdot r^8$
$a \cdot r^8 = 13122$ (ii)
समी (ii) में सभी (i) से भाग देने पर
$\frac{a \cdot r^8}{a \cdot r^3} = \frac{13122}{54}$
$r^5 = 24^3$
$r^5 = 3^5$
$r = 3$
$a \cdot r^{4-1} = 54$
$a \cdot 3^{4-1} = 54$
$a \cdot 3^3 = 54$
$a = \frac{54}{27} = 2$
7 वाँ पद $= a \cdot r^{n-1}$
$= 2 \cdot 3^7 - 1$
$= 2 \times 3^6$
$= 2 \times 729$
$= 1458$

25. (b)

n वाँ पद $(t_n) = a \cdot r^{n-1}$

$4 = a \cdot r^3 - 1$

$4 = a \cdot r^2$

$m = 3$

$ar^2 = 4$

$1 \times 2 \times 2 = 4$

$a = 1, r = 2$

$a \times ar \times a \cdot r^2 \times a \cdot r^3 \times ar^4 = a^5\ r^{10}$

$= (ar^2)^5$

$= (4)^5$

$= 1024$

26. (b)

समान्तर माध्य $(A+1) = \dfrac{a+b}{2}$

$s = \dfrac{a+b}{2}$

$a + b = 10$ (i)

गुणोत्तर माध्य (N.M) $= \sqrt{ab}$

$4 = \sqrt{ab}$

$ab = 16$

$(a-b)^2 = (a+b)^2 - 4ab$

$= (10)^2 - 4 \times 16$

$= 100 - 64$

$= 36$

$a - b = b$ (ii)

समी. (i) एवं (ii) से

$a + b = 10$

$a - b = 6$

$2a = 16$

$a = 8$

$a + b = 10$

$8 + b = 10$

$b = 2$

$a = 8$

27. (b)

$3, 3 \times 2, 3 \times 2 \times 2$

3, 6, 12

$3 + 6 + 12 = 21$

$ar^2 = 3 \times 2^2$

$r = 2$

$3^2 + 6^2\ 12^2 = 9 + 36 + 144 = 189$

सबसे बड़ी संख्या = 12

28. (b)

$e \cdot r = 3$

n वाँ पद $= 486$

$t_n = a \cdot r^{n-1}$

$486 = a \cdot 3^{n-1}$

$a \cdot 3^{n-1} = 486$

$a \cdot 3^{n-1} = 2 \times 3^5$

अगर $n = 6$

$a \cdot 3^6 - 1 = 2 \times 3^5$

$a \cdot 3^5 = 2 \times 3^5$

$a = 2$

$416 = 2 \cdot 3 \cdot 3 \cdot 3 \cdot 3$

प्रथम पद = 2

29. (a)

L.C.M = 105

$\dfrac{10^4 + 10^3 + 10^2 + 10^1 + 1}{10^5}$

$= \dfrac{10000 + 1000 + 100 + 10 + 1}{10^5}$

$= \dfrac{11111}{10^5} = 0.11111$

30. (a)

माना कि सोमवार को x दर्शक थे?

M	T	W	T	F	S
x	$2x$	$4x$	$8x$	$16x$	$32x$

$32x = 6400$

$x = 200$

क्रमचय एवं संचय
Permutation And Combination

क्रमगुणितः इसे $\lfloor n$ या $n!$ से प्रदर्शित करते हैं।

जहाँ $n! = n \cdot (n-1) \cdot (n-2)$

i.e. $5! = 5 \cdot 4 \cdot 3 \cdot 2 \cdot 1 = 120$

समान्यतः $n! = n(n-1)!$

क्रमचय (Permutations) – (व्यवस्थित करना): दिए गए संख्याओं या वस्तुओं में से सभी या कुछ को अलग-अलग तरीकों से व्यवस्थित करने की प्रक्रिया को क्रमचय कहते हैं।

क्रमचय की संख्याः n विभिन्न वस्तुओं में से, एक बार में r वस्तुओं को लेकर बनाये गये सभी क्रमचयों की संख्या

$${}^nP_r = \frac{n!}{n! - r!}$$

विभिन्न वस्तुओं में से सभी को एक साथ लेकर बनाये गये क्रमचयों की संख्या $= n!$

संचय (Combinations): दिये गए संख्याओं या वस्तुओं में से सभी या कुछ को लेकर चयन करने की प्रक्रिया को संचय कहते हैं।

संचय की संख्याः n विभिन्न वस्तुओं में से एक बार में r वस्तुओं को लेकर बनाये गए सभी संचयों की संख्या

$${}^nC_r = \frac{n!}{r! \times (n-r)!}$$

नोटः ${}^nC_r = 1$ यदि $n = r$ तो ${}^nC_n = 1 = {}^nC_0 = 1$

- ❑ ${}^nC_r = {}^nC_{(n-r)}$
- ❑ $r \,.\, {}^nC_r = n \,.\, {}^nC_{r-1}$
- ❑ ${}^nC_0 + {}^nC_2 + {}^nC_4 + \ldots\ldots$
  $= {}^nC_1 + {}^nC_3 + {}^nC_5 + \ldots\ldots = 2^{n-1}$
- ❑ ${}^nC_0 + {}^nC_1 + {}^nC_2 + \ldots\ldots + {}^nC_n = 2^n$
- ❑ ${}^nC_x = {}^nC_y$
  $x = y$ or $x + y = n$

समूहों का भाग (विभाजन)

❑ जहाँ $m + n$ दो अलग-अलग संख्याएँ है दोनों को दो अलग-अलग समूहों m और n से विभाजित करने का सूत्र से किया जाएगा।

$$= \frac{(m+n)!}{m!\,n!}$$

उसी तरह तीन संख्याएँ $m + n + p$ हैं उन्हें तीन समूह m, n एवं p से विभाजित करने का सूत्र $= \dfrac{(m+n+p)!}{m!\,n!\,p!}$

दो समूह के लिएः

$\dfrac{(2\,m!)}{(m\,!)^2}$ अगर समूहों के बीच भेद हो

$\dfrac{(2\,m)!}{2!\,(m\,!)^2}$ अगर समूहों के बीच भेद न हो

तीन समूहों के लिएः

$\dfrac{(3\,m)!}{(m!)^3}$ अगर समूहों के बीच भेद हो

$\dfrac{3m!}{3!\,(m!)^3}$ अगर समूहों के बीच भेद न हो

${}^nC_r$ का महत्तम मान

${}^nC_r$ का महत्तम मान ${}^nC_k$ होगा

जहाँ

(i) $k = \dfrac{n}{2}$, अगर n सम हो ${}^nC_{n/2} (0 \le r \le n)$

(ii) $k = \dfrac{n-1}{2}$ या $\dfrac{n+1}{2}$ अगर n विषम होगा।

(iii) ${}^nC_r, {}^nC_{r-1} = \dfrac{n-r+1}{r}$

क्रमचय एवं संचय में आधारभूत अंतर

क्रमचयः तीन अक्षरों a, b, c में से एक बार में दो अक्षर लेकर बनाये गये क्रमचय निम्न हैं:

$$\left.\begin{matrix} ab \\ ac \\ bc \\ ba \\ ca \\ cb \end{matrix}\right\} \text{6 तरीके}$$

यहाँ ab तथा ba संभव है।

संचयः तीन व्यक्तियों A, B, C में से एक बार में दो अक्षर लेकर बनाये गये क्रमचय निम्नलिखित होंगे

$$\left.\begin{matrix} \text{AB} \\ \text{AC} \\ \times\text{BA} \\ \text{BC} \\ \times\text{CA} \\ \times\text{CB} \end{matrix}\right\} \text{3 तरीके}$$

यहाँ AB संभव है तो BA संभव नहीं होगा।

उपर्युक्त वर्णन से हम कह सकते हैं कि यदि AB संभव है तथा BA भी संभव है तो क्रमचय लागू होगा, और यदि AB संभव है तथा BA संभव नहीं हो तो संचय लागू होगा।

उदाहरण (Examples)

1. शब्द 'COFFEE' के अक्षरों को कितने अलग-अलग तरीके से व्यवस्थित किया जा सकता है?

   शब्द COFFEE के अक्षरों में 'F' दो बार और 'E' दो बार दोहराया जा रहा है

$$\frac{{}^6P_6}{{}^2P_2 \times {}^2P_2} = \frac{\frac{6!}{(6-6)!}}{\frac{2!}{(2-2)!} \times \frac{2!}{(2-2)!}}$$

$$= \frac{6!}{2! \times 2!}$$

$$= \frac{6 \times 5 \times 4 \times 3 \times 2 \times 1}{2 \times 1 \times 2 \times 1} = 180$$

2. शब्द 'COFFEE' के अक्षरों को कितने अलग-अलग तरीके से व्यवस्थित किया जा सकता है जबकि सभी स्वर एक साथ रहे?

   F दो बार तथा E दो बार दोहराया गया इसमें तीन स्वर है O, E, E अब हम O, E, E को एक यूनिट ही मानेंगे।

   CFF, OEE

$$\frac{4! \times 3!}{2! \times 2!} = \frac{4 \times 3 \times 2 \times 1 \times 3 \times 2 \times 1}{2 \times 1 \times 2 \times 1}$$

$$= 36$$

3. 10 आदमी और 5 महिलाओं में से 4 व्यक्तियों को लेकर कितने अलग-अलग तरीके से समूह बनाया जा सकता है जबकि समूह में 3 आदमी और 1 महिला होना आवश्यक है?

$${}^{10}C_3 \times {}^5C_1$$

$$\frac{\lfloor 10}{\lfloor 3 \times \lfloor 7} \times \frac{\lfloor 5}{\lfloor 1 \lfloor 4} = \frac{\lfloor 10}{\lfloor 3 \lfloor 7} \times \frac{\lfloor 5}{\lfloor 4}$$

$$= \frac{10 \times 9 \times 8}{3 \times 2} \times 5$$

$$= 120 \times 5 = 600$$

4. 10 आदमी 5 महिलाओं में से 4 व्यक्तियों को लेकर कितने अलग-अलग तरीके से समूह बनाया जा सकता है जबकि समूह में 4 आदमी हो या 4 महिलाएँ हों?

$${}^{10}C_4 + {}^5C_4$$

$$= \frac{\lfloor 10}{\lfloor 4 \lfloor 6} + \frac{\lfloor 5}{\lfloor 4 \lfloor 1}$$

$$= \frac{10 \times 9 \times 8 \times 7}{4 \times 3 \times 2} + 5$$

$$= 210 + 5 = 215$$

5. 4 आदमी और 5 महिलाओं में से 5 व्यक्तियों की कमेटी बनानी है।

   (i) कितने प्रकार से यह कमेटी बन सकती है जबकि कमेटी में कम से कम 1 महिला होनी चाहिए?

   (ii) कितने प्रकार से यह कमेटी बन सकती है जबकि कमेटी में 3 आदमी और 2 महिलाये हो?

(i) ${}^5C_1 \times {}^4C_4 + {}^5C_2 \times {}^4C_3 + {}^5C_3 \times {}^4C_2 + {}^5C_4 \times {}^4C_1 + {}^5C_5 \times {}^4C_0$

$$= 5 \times 1 + 10 \times 4 + 10 \times 6 + 5 \times 4 + 1 = 126$$

(ii) ${}^4C_3 \times {}^5C_3 = \frac{\lfloor 4}{\lfloor 3 \lfloor 1} \times \frac{\lfloor 5}{\lfloor 2 \lfloor 3}$

$$= \frac{4 \times 5 \times 4}{2} = 40$$

6. किसी तरह समूह में 15 व्यक्ति हैं वे सभी एक दूसरे से हाथ मिलाते हैं तो अलग-अलग मिलाये गये हाथों की संख्या बताओं?

$${}^{15}C_2 = \frac{\lfloor 15}{\lfloor 2 \lfloor 13} = \frac{15 \times 14}{2} = 105$$

7. 10 आदमी और 5 महिलाओं में से 4 व्यक्तियों को लेकर कितने अलग-अलग तरीके से समूह बनाया जा सकता है?

$${}^{15}C_4 = \frac{\lfloor 15}{\lfloor 4 \lfloor 15-4} = \frac{\lfloor 15}{\lfloor 4 \lfloor 11}$$

$$= \frac{15 \times 14 \times 13 \times 12}{4 \times 3 \times 2}$$

$$= 105 \times 13$$

$$= 1365$$

8. अगर ${}^nC_{r-1} = 36, {}^nC_r = 84$ और ${}^nC_{r+1} = 126$ तब r बराबर होगा?

$${}^nC_{r-1} = 36$$

$${}^nC_r = 84, \ {}^nC_{r+1} = 126$$

$$\frac{n!}{(r-1)!(n-r+1)!} = 36 \qquad \text{(i)}$$

$$\frac{n!}{r!(n-r)!} = 84 \qquad \text{(ii)}$$

$$\frac{n!}{(r+1)!(n-r-1)!} = 126 \qquad \text{(iii)}$$

समी. (ii) में (i) से भाग देने पर

$$\frac{(r-1)!(n-r+1)!}{r!(n-r)!} = \frac{84}{36}$$

$$\frac{n-r+1}{r} = \frac{7}{3}$$

$$3 \ -102 = -3 \qquad \text{(iv)}$$

समी. (iii) में समी. (ii) से भाग देने पर

$$\frac{r!(n-r)!}{(r+1)!(n-r-1)} = \frac{126}{84}$$

$$\frac{n-r}{r+1} = \frac{3}{2}$$

$2n - 5r = 3$ (v)

समी. (iv) और (v) को हल करने पर

$n = 9, r = 3$

9. किसी स्कूल में 36 अध्यापक हैं इनमें से एक प्रधानाचार्य तथा उप प्रधानाचार्य चुनने के लिए कितने अलग-अलग तरीके हो सकते हैं?

कुल 36 अध्यापकों में से एक प्रधानाचार्य चुनने के तरीके = 36

अत: प्रधानाचार्य चुनने के बाद उपप्रधानाचार्य के उम्मीदवार = 35

अत: एक प्रधानाचार्य एवं एक उपप्रधानाचार्य के चुनने के तरीके $= 36 \times 35 = 1260$

10. शब्द SERIES के अक्षरों को कितने अलग-अलग तरीको से व्यवस्थित कर सकते हैं?

कुल तरीके $= \frac{\lfloor 6}{\lfloor 2 \times \lfloor 2} = \frac{720}{4} = 180$

अभ्यास प्रश्न (Practice Questions)

1. लखनऊ से कानपुर आने जाने के लिए 15 बसें चलती हैं। कितने अलग-अलग तरीके से कोई व्यक्ति लखनऊ से कानपुर जाकर अलग बस से वापस आ सकता है?
   (a) 280 (b) 310
   (c) 240 (d) 210
2. यदि $(n+1)! = 6[(n-1)!]$ तो n का मान क्या होगा?
   (a) 6 (b) 4
   (c) 8 (d) 2
3. ${}^{n}P_4 = 18 \times {}^{n-1}P_2$ तो n का मान ज्ञात करें?
   (a) 4 (b) 8
   (c) 6 (d) 12
4. 10 विद्यार्थियों ने किसी दौड़ में हिस्सा लिया। कितने अलग-अलग तरीके से प्रथम पुरस्कार जीते जा सकते हैं?
   (a) 920 (b) 680
   (c) 820 (d) 720
5. किसी पंक्ति में 5 आदमी और 4 महिलाओं को कितने अलग-अलग तरीके से क्रमबद्ध किया जा सकता है जबकि महिलाएँ सदैव सम स्थान पर रहे?
   (a) 2880 (b) 2480
   (c) 3680 (d) 3280
6. चार किताबें एक रसायन विज्ञान एक भौतिक विज्ञान, एक जीव विज्ञान तथा एक गणित को चार दराजों में कितने अलग-अलग तरीके से व्यवस्थित किया जा सकता है?
   (a) 12 (b) 36
   (c) 24 (d) 32
7. तीन अलग-अलग अँगूठियों को चार, अलग-अलग ऊँगलियों में कितने विभिन्न तरीकों से पहनाया जा सकता है, जबकि एक अँगुली में अधिक से अधिक एक अँगूठी पहनायी जा सकती है?
   (a) 36 (b) 28
   (c) 24 (d) 32
8. छ: सेबों को 4 लड़कों में कितने अलग-अलग तरीकों से वितरित कर सकते हैं जबकि प्रत्येक लड़के को मिलने वाले सेबों की संख्या निर्धारित नहीं है।
   (a) 67 29 (b) 57 39
   (c) 75 92 (d) 40 96
9. अंक 1, 3, 6 और 8 के प्रयोग करते हुए तीन अंकों की संख्या कितने अलग-अलग तरीके से बना सकते हैं जबकि अंकों की पुनरावृत्ति संभव हो?
   (a) 48 (b) 64
   (c) 80 (d) 32
10. अंकों 2, 3, 0, 3, 4, 2, 3 का प्रयोग करके एक मिलियन से बड़ी कितनी अलग-अलग संख्याएँ बनाई जा सकती हैं?
    (a) 360 (b) 240
    (c) 480 (d) 460
11. 6 सफेद, 5 लाल मोतियों से कितने अलग-अलग हार बनाये जा सकते हैं?
    (a) 18 (b) 24
    (c) 21 (d) 27
12. 11 राज्यों के मुख्यमंत्री भाषा संबंधित समस्याओं पर वार्तालाप करते हैं। इन सभी को एक गोल मेज के चारों ओर कितने अलग-अलग तरीके से व्यवस्थित कर सकते हैं। जबकि पंजाब और मद्रास के मुख्यमंत्री सदा साथ-साथ बैठते हैं?
    (a) 725760 (b) 625760
    (c) 925760 (d) 825760
13. यदि $c(n,7) = c(n,5), n$ का मान ज्ञात करें?
    (a) 15 (b) 12
    (c) 18 (d) 2
14. यदि $c(n,8) = c(n,6)$ तो $(n,2)$ का मान होगा?
    (a) 91 (b) 81
    (c) 61 (d) 71
15. यदि $12\,{}^{n}C_2 = 2\,{}^{n}C_3$ तो n का मान ज्ञात करें?
    (a) 7 (b) 5
    (c) 9 (d) 3
16. किसी स्कूल में प्रत्येक कार्य दिवस में 6 कक्षायें चलती है कितने अलग-अलग तरीके दो 5 विषयों को व्यवस्थित किगा जा सकता है जबकि प्रत्येक विषय केवल एक कक्षा में ही चलेगा?
    (a) 3500 (b) 3600
    (c) 3550 (d) 3650

17. 10 खिलाड़ियों में से 6 खिलाड़ियों को लेकर अलग-अलग तरीके से चुना जा सकता है?
(a) 272 (b) 282
(c) 252 (d) 210

18. 16 क्रिकेट खिलाड़ियों में से 11 खिलाड़ियों की एक टीम किसे अलग-अलग तरीके से बनाई जा सकती है जबकि दो विशेष खिलाड़ी सदैव चुने जाये?
(a) 2006 (b) 2004
(c) 2008 (d) 2002

19. 16 क्रिकेट खिलाड़ियों में से 11 खिलाड़ियों की एक टीम कितने अलग-अलग तरीके से बनाई जा सकती है जबकि एक विशेष खिलाड़ी कभी न चुना जाय?
(a) 1565 (b) 1365
(c) 1165 (d) 1265

20. 16 क्रिकेट खिलाड़ियों में से 11 खिलाड़ियों की एक टीम कितने अलग-अलग तरीकों से बनाई जा सकती है जबकि दो विशेष खिलाड़ी सदैव चुने जाएँ तथा एक विशेष खिलाड़ी कभी न चुना जाय?
(a) 715 (b) 615
(c) 915 (d) 515

21. 7 आदमी और 3 महिलाओं में से 5 आदमी और 2 महिलाओं की समिति कितने अलग-अलग तरीके से बनाई जा सकती है?
(a) 63 (b) 90
(c) 126 (d) 45

22. 8 आदमी और 10 महिलाओं में से 5 आदमी और 6 महिलाओं की समिति कितने अलग-अलग तरीके से बनाई जा सकती है?
(a) 266 (b) 5040
(c) 11760 (d) 86400

23. अंक 2, 5, 8, 0 और 9 से 1000 से छोटी कितनी संख्यायें बनायी जा सकती है। यदि अंकों की पुनरावृत्ति स्वीकार्य हो?
(a) 155 (b) 124
(c) 68 (d) 125

24. कितने प्रकार से 8 खिलाड़ियों के मध्य 3 पुरस्कार बाँटे जा सकते हैं?
(a) 56 (b) 336
(c) 42 (d) 330

25. 8 पुरुषों एवं 5 महिलाओं से छः सदस्यों की एक टीम कितने तरीके से बनायी जा सकती है जिसमें महिलाओं की प्रधानता हो?
(a) 148 (b) 48
(c) 60 (d) ज्ञात नहीं कर सकते

26. एक कक्षा में 5 लड़के और 3 लड़कियाँ है। उन्हें एक पंक्ति में कितने प्रकार से बैठाया जा सकता है। जबकि तीनों लड़कियाँ साथ-साथ न बैठे?
(a) 38000 (b) 36000
(c) 18000 (d) 19000

27. UNIVERSITY शब्द के अक्षरों से कितने भिन्न शब्द बनाये जा सकते हैं, जबकि सभी स्वर एक साथ ही रहे हैं?
(a) 60480 (b) 60660
(c) 50580 (d) 54560

28. शब्द PARALLEL के अक्षरों से ऐसे कितने शब्द बनाए जा सकते हैं जिनमें सभी L साथ-साथ न रखे जाएं?
(a) 2000 (b) 3000
(c) 1500 (d) 2500

29. शब्द INITIAL के सभी अक्षरों से ऐसे कितने शब्द बनाये जा सकते हैं जिनका प्रारंभिक एवं अंतिम अक्ष 'I' हो?
(a) 120 (b) 20
(c) 5040 (d) 240

30. शब्द DELHI के सभी अक्षरों से ऐसे कितने शब्द बनाये जा सकते हैं, जिनमें स्वर केवल सम स्थानों पर हो?
(a) 12 (b) 60
(c) 120 (d) 30

उत्तरमाला (Answer Key)

1. (d)	2. (d)	3. (c)	4. (d)	5. (a)	6. (c)	7. (c)	8. (d)
9. (b)	10. (a)	11. (c)	12. (a)	13. (b)	14. (a)	15. (b)	16. (b)
17. (d)	18. (d)	19. (b)	20. (a)	21. (a)	22. (c)	23. (b)	24. (b)
25. (a)	26. (b)	27. (a)	28. (b)	29. (a)	30. (a)		

हल (Solutions)

1. (d)
लखनऊ से कानपुर तक जाने के लिए कुल बसों की संख्या $= 15$
अत: लखनऊ से कानपुर तक जाने के लिए कुल तरीके $= 15$
और वापस कानपुर से लखनऊ तक आने के लिए कुल बसों की संख्या $= 14$
अत: कानपुर से लखनऊ तक वापस आने के लिए कुल तरीके $= 15 \times 14 = 210$ तरीके

2. (d)
$(n+1)! = 6\,[(n-1)]!$
$(n+1)n\,[(n-1)!] = 6\,[(n-1)!]$
$n^2 + n = 6$
$n^2 + n - 6 = 0$
$(n-2)(n+3) = 0$
या तो $n-2=0$ या, $n+3=0$
$n=2$ या $n=-3$
n एक प्राकृतिक संख्या है अत: $n \neq -3$
$n = 2$

3. (c)
${}^{n}P_4 = 18\, {}^{n-1}P_2$
$$\frac{n!}{(n-4)!} = 18\frac{(n-1)!}{(n-1-2)!}$$
$$\frac{n!}{(n-4)!} = 18\frac{(n-1)!}{(n-3)!}$$
$$\frac{n\,(n-1)!}{(n-4)!} = 18\frac{(n-1)!}{(n-3)\,(n-4)!}$$
$$n = \frac{18}{n-3}$$
i.e. $n^2 - 3n - 18 = 0$
$(n-6)(n+3) = 0$
$n = 6, -3$
n ऋणात्मक नहीं हो सकता
$\therefore\ n = 6$

4. (d)
सभी 10 विद्यार्थियों में प्रथम पुरस्कार जीत सकने के तरीके
$${}^{10}P_3 = \frac{10!}{(10-3)!} = \frac{10!}{7!}$$
$= 10 \times 9 \times 8$
$= 720$ तरीके

5. (a)
कुल व्यक्तियों की संख्या $= 5 + 4 = 9$
पंक्ति के 9 स्थानों में, दूसरा, चौथा, छठा और आठवाँ सम स्थान होगा।
$\therefore$ अत: सम स्थानों की संख्या $= 4$
औरतों की संख्या सम स्थान को भरेगी $= 4$ सम स्थान भरेंगे
$= P(4, 4)$
आदमियों की संख्या $= 5$
सम स्थानों को भरने के लिए सम स्थान $= 4$ होंगे।
और बचे हुये 5 स्थान, 5 आदमियों द्वारा भरे जायेगे।
अत: तरीके ${}^{6}P_5$
कुल 9 स्थान भरने के तरीके $= {}^{4}P_4 \times {}^{5}P_5$
$4! \times 5!$
$24 \times 120 = 2880$

6. (c)
चार विभिन्न किताबों को व्यवस्थित कर सकने के तरीके
$= {}^{4}P_4 = !4/!0$
$= 4 \times 3 \times 2 \times 1 = 24$

7. (c)
तीन विभिन्न अगूँठियों को प्रत्येक चार ऊँगलियों में पहनने के कुल तरीके $= {}^{4}P_3 = !4$
$= 4 \times 3 \times 2 = 24$

8. (d)
प्रत्येक से प्रत्येक चार लड़कों को चार तरीकों से वितरित करने के कुल तरीके $= 4^6 = 4096$

9. (b)
कुल तीन स्थानों को भरने के कुल तरीके $= 4^3 = 64$

10. (a)
मिलियन से बड़ी संख्या 7 स्थान तक होगी अत: आवश्यक अंकों की संख्या $= 7$
लेकिन अंक 2 दो बार, अंक 3 तीन बार की पुनरावृत्ति हो रही है।
कुल क्रमचयों की संख्या $= \dfrac{7!}{2!3!} = 420$
लेकिन सातवाँ अंक शून्य नहीं हो सकता है।
अत: शून्य से शुरू होने वाली संख्या
$= \dfrac{6!}{2!3!} = 60$
अत: क्रमचयों की संख्या $= 420 - 60 = 360$

11. (c)
n = कुल मोतियों की संख्या $= 6 + 5 = 11$
$P_1 = 6, P_2 = 5$
$\therefore$ विभिन्न प्रकार के हारों की संख्या
$$\frac{1\,(11-1)}{2\,6!5!} = \frac{10!}{26!5!}$$
$$\frac{10 \cdot 9 \cdot 8 \cdot 7 \cdot 6!}{2 \cdot 6! 5 \cdot 4 \cdot 3 \cdot 2 \cdot 1} = 3 \times 7 = 21$$

12. (a)

पंजाब और मद्रास के मुख्यमंत्री की एकल यूनिट मानते हुए गोल मेज में पर सभी (C.M) + 9 अन्य 10 व्यक्तियों को व्यवस्थित करने के कुल तरीके $(10-1)! = 9!$

इनमें से प्रत्येक = 9! स्थानों तक और पंजाब और मद्रास के मुख्यमंत्री 2! स्थानों तक व्यवस्थित कर सकते हैं।

अत: कुल तरीके = 9! 2!

$9!2! = (9\cdot8\cdot7\cdot6\cdot4\cdot5\cdot3\cdot2\cdot1)(2\cdot1)$

$= 725760$

13. (b)

$c(n,r) = \frac{n!}{r!(n-r)!}$

अब, $c(n,7) = c(n,5)$

$\frac{n!}{7!(n-7)!} = \frac{n!}{5!(n-5)!}$

$5!(n-5)! = 7!(n-7)!$

$[5!]-(n-5)(n-6)[(n-7)!] = 7\cdot6\cdot[5](n-7)!$

$n^2 - 11n + 30 = 42$

$n^2 - 11n + 30 - 42 = 0$

$n^2 - 11n - 12 = 0$

$(n-12)(n+1) = 0$

$n-12 = 0$ or $n+1 = 0$

$n = 12 \quad n = -1$

$n = -1$ (ऋणात्मक होने से मान्य नहीं)

$n = 12$

14. (a)

$c(n,8) = c(n,6)$

$= \frac{n!}{8!(n-8)!} = \frac{n!}{6!(n-6)!}$

$6!(n-6)! = 8!(n-8)!$

$6!(n-6)(n-7)[(n-8)!] = 8\cdot7\cdot6!(n-8)!$

$n^2 - 13n + 42 = 56$

$n^2 - 13n + 42 - 56 = 0$

$n^2 - 13n - 14 = 0$

$(n-14)(n+1) = 0$

$n-14 = 0$

$n+1 = 0$

$n = 14$

$n = 14$ लेने पर

$c(n,2) = c(14,2)$

$= \frac{14!}{2!12!} = \frac{14\cdot13\cdot12!}{2\cdot12!}$

$= 91$

15. (b)

$c(2n,3):(2,3)$

$= 11:1$

16. (b)

छ: कक्षाओं में 5 विषय व्यवस्थित करने के तरीके $= P = 720$

कुल तरीके $= 720\times5 = 3600$

17. (d)

कुल तरीके $= {}^{10}C_3$

$\frac{\lfloor n}{\lfloor r \lfloor n-r} = \frac{10!}{\lfloor 6!4!}$

$= \frac{10\cdot9\cdot8\cdot7\cdot6\cdot5}{6\cdot5\cdot4\cdot3\cdot2}$

$= 10\times3\times7 = 210$

18. कुल तरीके ${}^{9}C_9 = \frac{14!}{9!5!}$

$\frac{14\cdot13\cdot12\cdot11\cdot10}{5\cdot4\cdot3\cdot2\cdot1} = 2002$

19. (b)

एक विशेष खिलाड़ी न चुनने के तरीके

${}^{15}C_{11} = 1365$

20. (a)

${}^{13}C_9 = \frac{13\cdot12\cdot11\cdot10}{4\cdot3\cdot2\cdot1} = 715$

21. (a)

कुल तरीके $= {}^{7}C_5 \times {}^{3}C_2$

$= \frac{7\times6}{2}\times3 = 63$

22. (c)

${}^{8}C_5 \times {}^{10}C_6$

$\frac{8\times7\times6}{3\times2\times1}\times\frac{10\times9\times8\times7}{4\times3\times2\times1} = 11760$

23. (b)

1000 से छोटी संख्या 3 अंको की होगी

कुल अंक = 5

(अंक 0 अंतिम बायें छोर पर नहीं हो सकता)

3 अंकों की संख्या $= 455 \Rightarrow 4\times5\times5 = 100$

2 अंकों की संख्या $= 45 \Rightarrow 4\times5 = 20$

1 अंको की संख्या $= 4 = 4$

कुल संख्या = 124

24. (b)

8 खिलाड़ियों में 3 पुरस्कार बाँटने के तरीके

${}^{n}P_r = {}^{8}P_3$

$\frac{8!}{(8-3)!}$

$\frac{8!}{5!}$

$8\times7\times6 = 336$

25. (a)

टीम बनाने के तरीके जिसमें महिलाओं की अधिकता हो

$^5C_4 \times {}^8C_2 + {}^5C_5 \times {}^8C_1$

$= 5 \times 28 + 1 \times 8$

$= 140 + 8 = 148$

26. (b)

कुल संख्या $= 5 + 3 = 8$

इसको $\lfloor 8$ तरीके से व्यवस्थित किया जा सकता है।

अब 5 लड़कों को व्यवस्थित करने के तरीके $\lfloor 5$

और लड़कियों को व्यवस्थित करने के तरीके $= \lfloor 3$

एक पंक्ति में बैठने के तरीके जिसमें तीनों लड़कियाँ एक साथ न बैठे।

$\lfloor 8 - \lfloor 3 \times \lfloor 6$

$40320 - 4320 = 36000$

27. (a)

स्वर के एक साथ आने पर बने शब्दों की संख्या $= \frac{7! \times 4!}{2!}$

$= 5040 \times 12 = 60480$

2! से भाग देगें क्योंकि स्वर i शब्द में दो बार आया है।

28. (b)

शब्दों की कुल संख्या जिसमें L साथ न आये

$\frac{8!}{3!\,2!} - \frac{6!}{2!}$

$\frac{8 \times 7 \times 6 \times 5 \times 4 \times 3!}{3! \times 2} - \frac{6 \times 5 \times 4 \times 3 \times \lfloor 2}{\lfloor 2}$

$= 3360 - 360$

$= 3000$

29. INITIAL से बने शब्दों की संख्या जो I से शुरू व खत्म हो

$\frac{6!}{3!} = 120$

30. C V C V C (each letter underlined)

व्यवस्थित करने के तरीके $= \lfloor 3 \times \lfloor 2$

$= 3 \times 2 \times 2 = 12$

प्रायिकता
Probability

प्रयिकताः अनिश्चितता का माप प्रायिकता या सम्भाविता कहलाता है।

महत्वपूर्ण तथ्य (Important Facts)

यदि एक पासे को यादृच्छया फेंका जाता है तो सभी सम्भव परिणाम $\{1, 2, 3, 4, 5, 6\}$ होगा तथा सम संख्या का परिणाम $\{2,4,6\}$ होगा।

उपर्युक्त तथ्य से कुछ महत्त्वपूर्ण परिभाषायें:-

प्रयोगः पासे को फेंकने की प्रक्रिया को प्रयोग कहा जाएगा

यादृच्छया प्रयोगः पासे को यादृच्छया फेंकने की प्रक्रिया को यादृच्छया प्रयोग कहा जाएगा

- ❑ पासे को फेंकना
- ❑ सिक्कों को उछालना
- ❑ ताश के पत्ते निकालना
- ❑ किसी बैग में से विभिन्न रंगों के गेंदों में से एक निश्चित गेंद निकालना

प्रतिदर्श समष्टिः किसी प्रयोग में सभी सम्भव परिणाम का समुच्चय प्रतिदर्श समष्टि कहलाता है। इसे S से निरूपित किया जाता है।

एक पासे के लिए $S = \{1, 2, 3, 4, 5, 6\}$

एक सिक्के के लिए $= S = \{H, T\}$

दो सिक्कों के लिए

$S = \{HH, HT, TH, TT\}$

घटनाः प्रतिदर्श समष्टि का उप समुच्चय घटना कहलाता है। इसे E से निरूपित किया जाता है।

उपर्युक्त उदाहरण में $E = \{2, 4, 6\}$ एक घटना को व्यक्त करता है।

$E \subseteq S$

प्रायिकताः किसी घटना की प्रायिकता अभिष्ट घटनाओं की संख्या सभी सम्भव परिणाम प्रतिदर्श समष्टि की संख्या

$= \frac{n(E)}{n(S)}$ i.e. $P(E) = \frac{n(E)}{n(S)}$

यहाँ $n(E) =$ कुल आवश्यक परिणाम

$n(S) =$ कुल संभव परिणाम

$P(E) =$ घटना की प्रायिकता

सम संख्या आने की संभावना $= \frac{3}{6}$

$P(E) = \frac{1}{2}$

परिणाम

i) $P(S) = 1$ ......(अधिकतम प्रयिकता 1 होती है)

ii) $P(\phi) = 0$ ......(निम्नतम प्रयिकता 0 होती है)

iii) $0 \leq P(E) \leq 1$

iv) $P(E) + P(\overline{E}) = 1$

अर्थात् $P(E) = 1 - P(\overline{E})$......... जहाँ $\overline{E}, E$ का व्युत्क्रम है।

माना किसी प्रश्न के पाँच विकल्प में एक विकल्प सही होता है तथा चार विकल्प गलत विकल्प होते हैं। यदि एक विकल्प यदृच्छया चुना जाए तो :

प्रश्न सही होने की प्रयिकता तथा प्रश्न गलत होने की प्रायिकता

$P(E) = \frac{1}{5}$ ....i)

$P(\overline{E}) = \frac{4}{5}$ ....ii)

समी0 i) एंव ii) को जोड़ने पर

$P(E) + P(\overline{E}) = \frac{1}{5} + \frac{4}{5}$

अर्थात् $P(E) + P(\overline{E}) = 1$

उदाहरण (Examples)

1. यदि एक सिक्के को यादृच्छया उछाला जाए तो शीर्ष आने की प्रयिकता बताओ?

(a) $\frac{1}{2}$ (b) $\frac{3}{2}$

(c) – (d) $\frac{5}{2}$

एक सिक्के के लिए

$n(E) = 1 \{H\}$

$n(S) = 2 \{H, T\}$

$P(E) = \frac{1}{2}$

2. यदि दो सिक्कों को एक साथ यदृच्छया उछाला जाए तो एक शीर्ष आने की प्रायिकता बताओ?

(a) $\frac{3}{2}$ (b) $\frac{1}{2}$

(c) $\frac{2}{4}$ (d) $\frac{3}{4}$

दो सिक्कों के लिए

$n(S) = 4 \{(H, H) (T, T) (H, T) (T, H)\}$

$n(E) = 2 \{ (H, T)) (T, H)\}$

$P(E) = \frac{2}{4} = \frac{1}{2}$

3. यदि दो सिक्कों को एक साथ यदृच्छया उछाला जाए तो कम से कम एक शीर्ष आने की प्रायिकता बताओ?

(a) $\frac{3}{4}$ (b) $\frac{1}{2}$

(c) $\frac{6}{8}$ (d) $\frac{9}{16}$

दो सिक्कों के लिए

$n(S) = 4$ {(H, H) (T, T) (H, T) (T, H)}

यहाँ

$n(E) = 3$ {(H, H) (H, T) (T, H)}

$P(E) = \frac{3}{4}$

4. यदि दो सिक्कों को एक साथ यदृच्छया उछाला जाए तो अधिक से अधिक एक शीर्ष आने की प्रायिकता बताओ?

(a) $\frac{4}{3}$ (b) $\frac{3}{4}$

(c) $\frac{1}{2}$ (d) $\frac{3}{2}$

$n(S) = 4$ {(H, H) (T, T) H, T) (T, H)}

$n(E) = 3$ {(T, T) (H, T) (T, H)}

$P(E) = \frac{3}{4}$

5. यदि एक पासा यदृच्छया फेंका जाए तो शीर्ष पर 3 का गुणन होने की प्रायिकता बताओ?

(a) $\frac{1}{9}$ (b) $\frac{1}{3}$

(c) $\frac{4}{3}$ (d) $\frac{3}{9}$

$n(S) = 6$ {1, 2, 3, 4, 5, 6}

$n(E) = 2$ {3, 6}

$P(E) = \frac{2}{6} = \frac{1}{3}$

6. यदि एक पासा यदृच्छया फेंका जाए तो शीर्ष पर 2 का गुणन होने की प्रायिकता बताओ?

(a) $\frac{1}{2}$ (b) $\frac{3}{7}$

(c) $\frac{4}{7}$ (d) $\frac{5}{2}$

$n(S) = 6$ {1, 2, 3, 4, 5, 6}

$n(E) = 3$ {2, 4, 6}

$P(E) = \frac{3}{6} = \frac{1}{2}$

7. यदि दो पासों को एक साथ यदृच्छया फेंका जाए तो दोनों शीर्षों का योगफल 9 होने की प्रायिकता बताओ?

(a) $\frac{1}{4}$ (b) $\frac{1}{9}$

(c) $\frac{3}{9}$ (d) $\frac{3}{4}$

$n(S) = 36$

$n(E) = 4$

$P(E) = \frac{4}{36} = \frac{1}{9}$

8. किसी बैग में 3 नीली, 2 हरी और 5 लाल गेंदें हैं यदि तीन गेंदें यदृच्छया निगली जाऐं तो कम से कम एक गेंद के लाल होने की प्रायिकता बताओ?

(a) $\frac{12}{11}$ (b) $\frac{11}{12}$

(c) $\frac{13}{11}$ (d) $\frac{9}{12}$

$$P(E) = 1 - \frac{5C_3}{10C_3} = 1 - \frac{\frac{5\times4}{2}}{\frac{10\times9\times8}{3\times2}}$$

$$= 1 - \frac{10}{120} = \frac{11}{12}$$

ताश के पत्ते

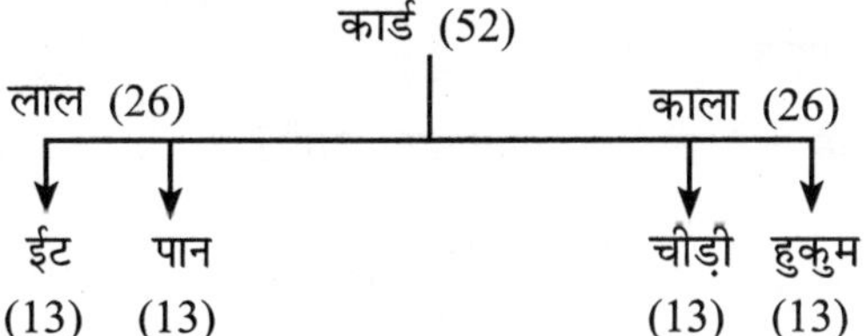

2, 3, 4, 5, 6, 7, 8, 9, 10 – अंक पत्ते – $9 \times 4 = 36$

इक्का, बादशाह, बेगम, गुलाम $= 4 \times 4 = 16$

कुल पत्ता $= 36 + 16 = 52$

9. 52 पत्तों के पैक से, एक कार्ड यदृच्छया मिलाने पर उसके इक्का होने की प्रायिकता बताओ?

(a) $\frac{1}{13}$ (b) $\frac{1}{22}$

(c) $\frac{2}{26}$ (d) $\frac{5}{12}$

$P(E) = \frac{n(E)}{n(S)}$

$\frac{4C_1}{5C_1} = \frac{4}{52} = \frac{1}{13}$

10. 52 पत्तों के पैक से, एक कार्ड यदृच्छया खींचने पर उसके या तो बादशाह या बेगम होने की प्रायिकता बताओ?

(a) $\frac{1}{13}$ (b) $\frac{2}{13}$

(c) $\frac{4}{14}$ (d) $\frac{5}{3}$

$$P(E) = \frac{4C_1 + 4C_1}{52C_1}$$

$$= \frac{8}{52} = \frac{2}{13}$$

अभ्यास प्रश्न (Practice Questions)

प्रश्न 1 – 3: एक आदमी 25 वर्ष बाद जीवित रहेगा इसकी प्रायिकता 0.3 और उसकी पत्नी 25 वर्ष बाद जीवित रहेगी इसकी प्रायिकता 0.4 है। 25 वर्ष बाद उनकी प्रायिकता ज्ञात करें यदि:

1. दोनों जीवित हों:
   (a) 0.12 (b) 0.18
   (c) 0.28 (d) 0.58

2. कम से कम एक जीवित हो:
   (a) 0.12 (b) 0.18
   (c) 0.28 (d) 0.58

3. केवल महिला जीवित हो:
   (a) 0.12 (b) 0.18
   (c) 0.28 (d) 0.58

प्रश्न 4 – 7: एक पति और पत्नी एक साक्षात्कार जिसमें दो रिक्तियों के लिए होना हो तो पति के चुनने की प्रायिकता $\frac{1}{7}$ तथा पत्नी के चुने जाने की प्रायिकता $\frac{1}{5}$ है।

4. केवल एक के चुने जाने की प्रायिकता होगी?
   (a) $\frac{2}{7}$ (b) $\frac{1}{35}$
   (c) $\frac{24}{35}$ (d) $\frac{11}{35}$

5. दोनों के चुने जाने की प्रायिकता होगी?
   (a) $\frac{2}{7}$ (b) $\frac{1}{35}$
   (c) $\frac{24}{35}$ (d) $\frac{11}{35}$

6. किसी के न चुने जाने की प्रायिकता क्या होगी?
   (a) $\frac{2}{7}$ (b) $\frac{1}{35}$
   (c) $\frac{24}{35}$ (d) $\frac{11}{35}$

7. कम से कम एक के चुने जाने की प्रायिकता क्या होगी?
   (a) $\frac{2}{7}$ (b) $\frac{1}{35}$
   (c) $\frac{24}{35}$ (d) $\frac{11}{35}$

प्रश्न 8 - 11: एक एक बड़े में 25 गेदें है, जो 1 से 25 तक नंबरों से अंकित है विषम संख्याओं का निकालना सफल मानते हुए प्रतिस्थापन द्वारा 2 गेदें निकाली जाये तो

9. एक सफल होने की प्रायिकता होगी?
   (a) $\frac{169}{625}$ (b) $\frac{312}{625}$
   (c) $\frac{481}{625}$ (d) $\frac{144}{625}$

10. कम से कम एक के सफल होने की प्रायिकता होगी?
   (a) $\frac{169}{625}$ (b) $\frac{312}{625}$
   (c) $\frac{481}{625}$ (d) $\frac{144}{625}$

11. कोई सफल ना होने की प्रायिकता होगी?
   (a) $\frac{169}{625}$ (b) $\frac{312}{625}$
   (c) $\frac{481}{625}$ (d) $\frac{144}{625}$

12. एक ताश की गड्डी से 2 पत्ते निकालने पर जबकि दूसरे ताश के पत्ते निकालने के पहले प्रति स्थापित किया जाए तो पहले के ईट और दूसरे के रामा होने की प्रायिकता होगी?
   (a) $\frac{3}{52}$ (b) $\frac{1}{26}$
   (c) $\frac{1}{52}$ (d) $\frac{1}{4}$

प्रश्न 13 – 15: किसी बैग में 4 काले तथा दस सफेद गेंद है तथा दूसरे बैग में 3 सफेद और 5 काले गेंद है। 1 गेंद प्रत्येक बैग से निकाला जाता है।

13. दोनों गेंदों के सफेद होने की प्रायिकता होगी?
   (a) $\frac{1}{2}$ (b) $\frac{1}{3}$
   (c) $\frac{1}{4}$ (d) $\frac{3}{4}$

14. दोनों के काले रंग के होने की प्रायिकता होगी?
   (a) $\frac{5}{24}$ (b) $\frac{19}{24}$
   (c) $\frac{11}{24}$ (d) $\frac{1}{24}$

15. एक के सफेद तथा एक के काले होने की प्रायिकता होगी?
   (a) $\frac{11}{24}$ (b) $\frac{13}{24}$
   (c) $\frac{1}{2}$ (d) $\frac{1}{6}$

16. एक दराज में 50 बोल्ट तथा 150 नट जिसमें से आधे बोल्ट तथा आधे नट खराब है। बोल्ट के खराब होने या नट के खराब होने की प्रायिकता होगी?
   (a) $\frac{3}{8}$ (b) –
   (c) $\frac{5}{8}$ (d) $\frac{1}{4}$

17. 25 विद्यार्थियों की कक्षा में जिनका रोल नंबर 1 से 25 तक हो अचानक एक बच्चे के लिए जाने पर उसके अथवा 5 अथवा 7 के गुणक होने की प्रायिकता क्या होगी?

(a) $\frac{6}{25}$ (b) $\frac{4}{25}$

(c) $\frac{8}{25}$ (d) $\frac{7}{25}$

18. एक ताश की गड्डी से 1 पत्ती खींचने पर उसके रानी या इक्का होने की प्रायिकता क्या होगी?

(a) $\frac{1}{13}$ (b) $\frac{2}{13}$

(c) $\frac{3}{13}$ (d) $\frac{4}{13}$

19. शब्द PENCIL को लिखने की प्रायिकता क्या होगी जब N के तुरंत बाद E आये?

(a) $\frac{1}{6}$ (b) $\frac{5}{6}$

(c) $\frac{1}{3}$ (d) $\frac{2}{3}$

20. यादृच्छया चयनित अधिवर्ष में 53 रविवार होने की प्रायिकता क्या होगी?

(a) $\frac{1}{7}$ (b) $\frac{2}{7}$

(c) $\frac{3}{7}$ (d) $\frac{4}{7}$

21. नाम SACHIN के सभी छः अक्षर किसी एक शब्द में बिना किसी भी अक्षर को दोहराए विन्यासित कर भिन्न शब्द बनाए जाते हैं। ऐसे बने शब्दों को एक शब्दकोश में विन्यासित किया जाता है। उस क्रम में शब्द SACHI का स्थान क्या होगा?

(a) 436 (b) 590

(c) 601 (d) 751

22. एक बॉक्स में 5 हरे, 4 पीले एवं 3 उजले मार्बल है। 3 मार्बल को यदृच्छया निकाला जाता है। वे सभी एक की रंग के नहीं हों इसकी क्या प्रायिकता है?

(a) $\frac{13}{44}$ (b) $\frac{41}{44}$

(c) $\frac{13}{55}$ (d) $\frac{12}{55}$

23. एक कक्षा के 15 विद्यार्थियों में से 7 महाराष्ट्र के हैं, 5 कर्नाटक के हैं तथा 3 गोवा के हैं। 4 छात्रों को यदृच्छया चुना जाता है। कम से कम एक कर्नाटक का हो इसकी क्या प्रायिकता है?

(a) $\frac{12}{13}$ (b) $\frac{11}{13}$

(c) $\frac{100}{15}$ (d) $\frac{51}{15}$

24. एक थैले में 5 लाल एवं 8 काली गेंदें हैं। थैले में से दो बार तीन–तीन गेंदें निकाली जाती हैं। पहली बार गेंदें निकालने के बाद इसे प्रतिस्थापित कर दिया जाता है। पहली बार में लाल गेंद तथा दूसरी बार में काली गेंद निकालने की क्या प्रायिकता है?

(a) $\frac{140}{20449}$ (b) $\frac{140}{12499}$

(c) $\frac{140}{1200}$ (d) $\frac{38}{2244}$

प्रश्न 25 – 27: तीन पासों के एक साथ फेंके जाने पर प्रायिकता ज्ञात कीजिए: -

25. योग 5 आने की

(a) $\frac{1}{4}$ (b) $\frac{1}{18}$

(c) $\frac{1}{36}$ (d) $\frac{1}{9}$

26. योग अधिक से अधिक 5 आने की

(a) $\frac{5}{108}$ (b) $\frac{103}{108}$

(c) $\frac{1}{18}$ (d) $\frac{1}{21}$

27. योग कम से कम 5 आने की

(a) $\frac{7}{154}$ (b) $\frac{1}{54}$

(c) $\frac{53}{54}$ (d) $\frac{51}{27}$

28. दो पासे एक बार फेंके जाते है तो एक पासे पर 2 का गुणक तथा दूसरे पासे पर 3 का गुणक आने की प्रायिकता क्या है?

(a) $\frac{5}{36}$ (b) $\frac{25}{36}$

(c) $\frac{11}{36}$ (d) $\frac{1}{9}$

29. दो पासों के एक साथ फेंके जाने पर कुल योग 3 या 5 आने की प्रायिकता ज्ञात करें?

(a) $\frac{1}{3}$ (b) $\frac{2}{3}$

(c) $\frac{1}{6}$ (d) $\frac{5}{6}$

30. चार सिक्के उछाले जातें हैं। कम से कम एक पुच्छ (tail) आने की प्रायिकता ज्ञात करें?

(a) $\frac{1}{16}$ (b) $\frac{15}{16}$

(c) $\frac{3}{16}$ (d) $\frac{7}{4}$

उत्तरमाला (Answer Key)

1. (a)	2. (d)	3. (b)	4. (a)	5. (b)	6. (c)	7. (d)	8. (a)
9. (b)	10. (c)	11. (d)	12. (c)	13. (c)	14. (a)	15. (b)	16. (c)
17. (c)	18. (b)	19. (a)	20. (b)	21. (c)	22. (b)	23. (b)	24. (a)
25. (c)	26. (a)	27. (c)	28. (c)	29. (c)	30. (b)		

हल (Solutions)

1. (a)

A : 25 वर्ष बाद पति जीवित रहेगा।

B : 25 वर्ष बाद पत्नी जीवित रहेगी।

अभिष्ट प्रायिकता $= \text{P(A) P(B)}$

$= 0.3 \times 0.4 = 0.12$

2. (d)

अभिष्ट प्रायिकता $= 1 - P(\overline{A})P(\overline{B})$

$= 1-(0.7)\times(0.6)$

$= 1-0.42 = 0.58$

3. (b)

अभिष्ट प्रायिकता $= P(A)P(\overline{B})$

$= (0.3)\times(0.6) = 0.18$

4. (a)

A: पति का चुनना

B: पत्नी का चुनना

$P(A) = \frac{1}{7} \Rightarrow (A) = 1 - P(A) = 1 - \frac{1}{7} = \frac{6}{7}$

$P(B) = \frac{1}{5} \Rightarrow (B) = 1 - P(B) = 1 - \frac{1}{5} = \frac{4}{5}$

अभिष्ट प्रायिकता

$= P(A)P(\overline{B}) + P(B)P(\overline{A})$

$= \frac{1}{7}\left(\frac{4}{5}\right) + \frac{1}{5}\left(\frac{6}{7}\right) = \frac{4+6}{35} = \frac{10}{35} = \frac{2}{7}$

5. (b)

अभिष्ट प्रायिकता $= P(A) \times P(B) = \frac{1}{7} \times \frac{1}{5} = \frac{1}{35}$

6. (c)

P (यदि कम से कम एक का चुनाव हो)

$= P(\overline{A}) \times P(\overline{B}) = \frac{6}{7} \times \frac{4}{5} = \frac{24}{35}$

7 (d)

P अभिष्ट प्रायिकता $= 1 - P(\overline{A})P(\overline{B})$

$= 1 - \frac{6}{7} \times \frac{4}{5} = 1 - \frac{24}{35} = \frac{11}{35}$

8. (a)

विषम अंक आने की प्रायिकता $= P = \frac{13}{25}$

$q = 1 - P = 1 - \frac{13}{25} = \frac{12}{25}$

दो बार सफल होने की प्रायिकता

$P = \frac{13}{25} \times \frac{13}{25} = \frac{169}{625}$

9. (b)

अभीष्ट प्रायिकता $= \frac{13}{25} \times \frac{12}{25} + \frac{12}{25} \times \frac{13}{25}$

$= \frac{156+156}{625} = \frac{312}{625}$

10. (c)

P (प्रथम प्रयास में) $= 1\ P$ (असफल प्रयास)

$1 - qP = 1 - \left(\frac{12}{25}\right)\left(\frac{12}{25}\right) = 1 - \frac{144}{625}$

$= \frac{625-144}{625} = \frac{481}{625}$

11. (d)

प्रायिकता (असफल होने की) $= \frac{12}{25}\left(\frac{12}{25}\right) = \frac{144}{625}$

12. (c)

$A =$ पहला कार्ड ईट हो

$B =$ दूसरा कार्ड बादशाह हो

$P(A) = \frac{13}{52} = \frac{1}{4}$

$P(B) = \frac{4}{52} = \frac{1}{13}$

$\therefore$ अभीष्ट प्रायिकता $= P(A)P(B) = \frac{1}{4} \times \frac{1}{13} = \frac{1}{52}$

13. (c)

पहले बैग से एक सफेद गेंद निकालने की प्रायिकता

$= 4C_1 \div 6C_1 = \frac{4}{6} = \frac{2}{3}$

दूसरे बैग से एक सफेद गेंद निकालने की प्रायिकता $= \frac{3C_1}{8C_1} = \frac{3}{8}$

अत: दोनों गेंद सफेद होने की प्रायिकता $= \frac{2}{3} \times \frac{3}{8} = \frac{1}{4}$

14. (a)

पहले बैग से काली गेंद निकालने की प्रायिकता $=\frac{2}{6}=\frac{1}{3}$

दूसरे बैग से एक काली गेंद निकालने की प्रायिकता $=\frac{5}{8}$

अत: दोनों के काली होने की प्रायिकता $=\frac{1}{3}\times\frac{5}{8}=\frac{5}{24}$

15 (b)

एक गेंद सफेद तथा एक के काले होने की प्रायिकता

$$=\frac{2}{3}\times\frac{5}{8}+\frac{1}{3}\times\frac{3}{8}=\frac{13}{24}$$

16 (c)

A : खराब वस्तु चुनने के लिए

B : बोल्ट चुनने के लिए

$P(A)=\frac{100}{200},\quad P(B)=\frac{50}{200}$

$P(A\cap B)=\frac{25}{200}$

अभीष्ट प्रायिकता $= P(A\cup B)$

$= P(A)+P(B)-P(A\cap B)$

$=\frac{100}{200}+\frac{50}{200}-\frac{25}{200}$

$=\frac{125}{200}=\frac{5}{8}$

17. (c)

A : अनुक्रमांक 5 का गुणय हो

B : अनुक्रमांक 7 का गुणय हो

$A=(5, 10, 15, 20, 25)$

$B=(7, 14, 21)$

$P(A)=\frac{5}{25},\ P(B)=\frac{3}{25}$

$P(A\cap B)=\frac{0}{25}=0$

अभीष्ट प्रायिकता $= P(A\cup B)=P(A)+P(B)-P(A\cap D)$

$$=\frac{5}{25}+\frac{3}{25}-0=\frac{8}{25}$$

18. (b)

A के बेगम चुनने की प्रायिकता

B के इक्का चुनने की प्रायिकता

$P(A)=\frac{4}{52},\ P(B)=\frac{4}{52}$

$P(A\cap B)=\frac{0}{52}=0$

अभीष्ट प्रायिकता $=P(A\cup B)$

$P(A)+P(B)-P(A\cap B)$

$\frac{4}{52}+\frac{4}{52}-0=\frac{8}{52}=\frac{2}{13}$

19. (a)

शब्द PENCIL के अक्षरों को व्यवस्थित करने में कुल क्रमचयों की संख्या $P(6,6) = 6!$ यदि N, E के बाद में आयेगा तो कुल क्रमचयों की संख्या $= P(5,5) = 5!$

$\therefore$ अभीष्ट प्रायिकता $=\frac{5!}{6!}=\frac{1}{6}$

20. (b)

अधिवर्ष में 366 दिन होते हैं अत: अधिवर्ष में 52 सप्ताह तथा 2 अतिरिक्त

i) सोम, मंगल

ii) मंगल, बुध

iii) बुध, बृहस्पति

iv) बृहस्पति, शुक्र

v) शुक्र, शनि

vi) शनि, रवि

vii) रवि, सोम

अत: कुल घटनायें = 7 होंगी

वांछित घटनायें = 2

$$P=\frac{2}{7}$$

21. (c)

कुल प्राप्त शब्दों की संख्या जहाँ पर किसी शब्द की पुनरावृत्ति नहीं

$\lfloor 6 = 6\times 5\times 4\times 3\times 2\times 1$

$= 720$

ऐसे शब्दों की संख्या जो 5 से प्रारम्भ होंगे

$\lfloor 5 = 5\times 4\times 3\times 2\times 1 = 120$

इसलिए 5 से पहले प्रारम्भ होने वाले शब्दों की संख्या

$= 720 - 120 = 600$

इस प्रकार सचिन शब्द की स्थिति $= 600 + 1 = 601$

22. (b)

मार्बल की कुल संख्या $= 5 + 4 + 3 = 12$

$n(s)={}^{12}C_3=\frac{12\times11\times10}{1\times2\times3}=220$

अर्थात 12 मार्बल में से 3 मार्बल 220 तरीकों से निकाला जा सकता है।

यदि सभी 3 मार्बल एक ही रंग के हों तो यह ${}^5C_3+{}^4C_3+{}^3C_3$ $=10+4+3=15$ तरीकों से किया जा सकता है।

अब P (सभी मार्बल एक ही रंग के हैं) + P (सभी 3 मार्बल एक रंग के नहीं हैं) = 1

$\therefore$ P (सभी 3 मार्बल एक रंग के नहीं हैं) $=1-\frac{15}{220}=\frac{205}{220}=\frac{41}{44}$

23. (b)

P (कम से कम एक कर्नाटक का) = 1 – P (कर्नाटक का कोई रंग नहीं)

$1-\frac{{}^{10}C_4}{{}^{15}C_4}=1-\frac{10\times9\times8\times7}{15\times14\times13\times12}$

$=1-\frac{2}{13}=\frac{11}{13}$

24. (a)

अभीष्ट प्रायिकता $= \frac{^5C_3}{^{13}C_3} \times \frac{^8C_3}{^{13}C_3} = \frac{140}{20449}$

25. (c)

कुल घटनायें $= 6^3 = 216$

वाँछित घटनायें (कुल 5 अंक आने की)

(1, 2, 2)(2, 1, 2)(2, 2, 1)(1, 1, 3)(1, 3, 1)(3, 1, 1)

$\therefore\ P = \frac{6}{216} = \frac{1}{36}$

26. (a)

कुछ ज्यादा से ज्यादा 5 आने की स्थिति में 3, 4, 5 आने की स्थिति (1, 1, 1) (1, 1, 2) (1, 2, 1) (2, 1, 1) (1, 2, 2) (2, 1, 2) (2, 2, 1) (1, 1, 3) (1, 3, 1) (3, 1, 1)

कुल वांछित घटनायें = 10

$P = \frac{10}{216} = \frac{5}{108}$

27. (c)

योग 5 से कम ना हो अत: 3 अथवा 4 न हो।

P = (योग 3 या 4 होने की प्रायिकता)

$= \frac{4}{216} = \frac{1}{54}$

$= 1 - \frac{1}{54} = \frac{53}{54}$

28. (c)

इस स्थिति में वांछित घटनायें

(2, 3) (2, 6) (4, 3) (4, 6) (6, 3) (6, 6) (3, 2) (3, 4) (3, 6) (6, 2) (6, 4) = 11

प्रायिकता $= \frac{11}{36}$

29. (c)

3 अथवा 5 होने की कुल घटनायें = 6

(1, 2) (2, 1) (1, 4) (2, 3) (3, 2) (4, 1)

घटनायें = 6 × 6 = 36

$P = \frac{6}{36} = \frac{1}{6}$

30. (b)

P (कम से कम एक पुच्छ) = P सभी शीर्ष न हो

$1 - P = 1 - \frac{1}{16} = \frac{15}{16}$

आव्यूह एवं सारणिक
Matrices and Determinants

आव्यूह (Matrix)

एक आव्यूह $m\,n$ संख्याओं का एक आयताकार क्रम.विन्यास है जिसमे m पंक्तियों और n स्तम्भ हैं। इस आव्यूह को हम $m \times n$ कोटि का आव्यूह कहते हैं।

आव्यूह की कोटि (Order of a Matrix)

यदि किसी आव्यूह में m rows और n columns हों, तो उस आव्यूह को $m \times n$ कोटि का आव्यूह कहा जाता है।

आव्यूह के प्रकार (Kinds of Matrix)

आयताकार आव्यूह (Rectangular Matrix)

एक Matrix जिसमें rows एवं Columns की संख्या समान ना हो, अर्थात् $m \neq n$, आयताकार आव्यूह कहलाता हैं।

वर्ग आव्यूह (Square Matrix)

जिस Matrix में rows की संख्या और Columns की संख्या समान हो अर्थात् $m = n$, उस Matrix को वर्ग आव्यूह कहा जाता है।

पंक्ति आव्यूह (Row Matrix or Row Vector)

एक Matrix जिसमें यदि केवल एक पंक्ति (row) हो उसे पंक्ति आव्यूह कहते है।

स्तम्भ आव्यूह (Column Matrix)

एक आव्यूह जिसमें यदि केवल एक स्तम्भ (Column) हो, उसे स्तम्भ आव्यूह कहा जाता है।

शून्य आव्यूह (Zero or Null Matrix)

एक आव्यूह चाहे आयताकार हो या वर्ग हो, जिसमे सभी अवयव शून्य शून्य हो, शून्य आव्यूह कहलाया है।

तत्समक आव्यूह (Unit Matrix)

एक वर्ग आव्यूह में यदि leading diagonal के सभी अवयव में 1 हो तथा शेष अन्य सभी अवयव 0 (शून्य) हो, तब उस Matrix को तत्समक आव्यूह कहा जाता हैं। और उसे I द्वारा सूचित किया जाता है।

विकर्ण आव्यूह (Diagonal Matrix)

एक Square matrix, जिसमें leading diagonal के अतिरिक्त इसके अन्य सभी अवयव शून्य हो, तो इसे विकर्ण आव्यूह कहा जाता है।

ऊपरी त्रिभुजाकार आव्यूह (Upper Triangular Matrix)

एक Square matrix $A = [a_{ij}]$ जिसके अवयव $a_{ij} = 0$ हों जब $i > j$ ऊपरी त्रिभुजाकार आव्यूह कहलाता है।

निचली त्रिभुजाकार आव्यूह (Lower Triangular Matrix)

एक Square matrix $A = [a_{ij}]$ जिसके अवयव $a_{ij} = 0$ हों जब $i < j$, निचली त्रिभुजाकार आव्यूह कहलाता है।

सममित आव्यूह (Symmetric Matrix)

यदि एक वर्ग आव्यूह $A = [a_{ij}]$ में, $A^1 = A$ अर्थात् i, j के सभी मानों के लिए $a_{ij} = a_{ji}$ तब अव्यूह A सममित आव्यूह कहलाता हैं।

विषम सममित आव्यूह (Skew Symmetric Matrix)

यदि एक वर्ग आव्यूह A में, $A^1 = -A$ अर्थात् i, j के सभी मानों के लिए $a_{ij} = -a_{ji}$ तब A विषम सममित आव्यूह कहलाता हैं।

व्युत्क्रमणीय आव्यूह (Invertible Matrices)

मान लिया कि A (Non–singular square matrix) है। यदि एक अन्य Square matrix B का अस्तित्व इस प्रकार है कि AB = BA = I जहाँ I unit matrix है, तो Matrix B को Matrix A का व्युत्क्रम आव्यूह कहते हैं और इसे A^{-1} द्वारा निरूपित करते हैं।

अव्युत्क्रमणीय आव्यूह (Singular Matrix)

यदि किसी Square Matrix A के सारणिक का मान शून्य हो, तब Matrix A को अव्युत्क्रमणीय आव्यूह कहा जाता है अर्थात यदि $|A| = 0$, तब A एक अव्युत्क्रमणीय आव्यूह है।

व्युत्क्रमणीय आव्यूह (Non-Singular Matrix)

यदि किसी Square Matrix के सारणिक का मान शून्य नहीं है, तब Matrix A को व्युत्क्रमणीय आव्यूह कहा जाता है। अर्थात यदि $|A| \neq 0$ तब A व्युत्कमणीय आव्यूह कहलाता है।

आव्यूहों का योग (Addition of Matrices)

यदि दो Matrices $A = [a_{ij}]$ और $B = [b_{ij}]$ एक ही Order $m \times n$ के हों, तो उनका योगफल उनके संगत अवयवों को जोड़ने से प्राप्त किया जाता हैं। जिसे हम A + B द्वारा व्यक्त करते हैं।

आव्यूहों के योग के गुणधर्म (Properties of Matrix Addition)

क्रम विनिमेय नियम (Commutative Law)

यदि A और B समान कोटि $m \times n$ वाले आव्यूह हैं तो A + B = B + A

साहचर्य नियम (Associative Law)

यदि A, B और C समान कोटि $m \times n$ वाले तीन आव्यूह है, तब (A + B) + C = A + (B + C)

योग के तत्समक (Additive Identity)

यदि A एक $m \times n$ आव्यूह है, और O एक $m \times n$ शून्य आव्यूह है, तो $A + O = O + A = A$

योग का प्रतिलोम (Additive Inverse)

प्रत्येक Matrix A के लिए Matrix-A का अस्तित्व है जिससे कि $A + (-A) = O$

कटान नियम (Cancellation Law)

मान लीजिए कि एक ही कोटि के A, B और C तीन आव्यूह हैं जो $A + B = A + C$ को सन्तुष्ट करते हैं। तब $B = C$

सारणिक (Determinant)

हम प्रत्येक Square matrix $A = [a_{ij}]$ को एक संख्या द्वारा सम्बन्धित करा सकते हैं जिसे A का सारणिक कहते हैं और इसे det. (A) या $|A|$ द्वारा निरूपित किया जाता है। कभी-कभी इसे Δ के द्वारा भी निरूपित किया जाता हैं।

सारणिकों के गुणधर्म (Properties of Determinants)

- किसी सारणिक का मान इसकी पंक्तियों और स्तम्भों के परस्पर परिवर्तन करने पर नहीं बदलता है।
- यदि किसी सारणिक के कोई दो स्तम्भ या पंक्तियों में परस्पर परिवर्तन कर दिया जाए तो सारणिक का चिन्ह् परिवर्तित हो जाता है।
- यदि एक सारणिक की कोई दो पंक्तियाँ या दो स्तंभ समान हैं, तो सारणिक का मान शून्य होता हैं।
- यदि एक सारणिक के किसी एक पंक्ति या स्तम्भ के प्रत्येक अवयव को एक अचर से गुणा करते हैं तो उसका मान भी उसी अचर से गुणित हो जाता हैं।
- यदि एक सारणिक की एक पंक्ति या स्तम्भ के प्रत्येक अवयव दो या अधिक पदों के योगफल के रूप में व्यक्त हों, तो सारणिक को दो या दो से अधिक सारणिकों के योगफल के रूप व्यक्त किया जा सकता हैं।
- यदि एक सारणिक के किसी पंक्ति या स्तम्भ के प्रत्येक अवयव में, दूसरी पंक्ति या स्तम्भ के संगत अवयवों के समान गुणजों को जोड़ दिया जाता है, तो सारणिक का मान वही रहता हैं।

त्रिभुज का क्षेत्रफल (Area of a Triangle)

एक त्रिभुज ABC जिसके शीर्ष बिन्दु $A(x_1\ y_1)$, $B(x_2, y_2)$ और $C(x_3, y_3)$ हो, तो उसका क्षेत्रफल

$$\Delta = \frac{1}{2}[x_1(y_2 - y_3) + x_2(y_3 - y_1) + x_3(y_1 - y_2)]$$

अत: एक Δ का क्षेत्रफल जिनके शीर्ष बिन्दु $(x_1, y_1), (x_2, y_2), (x_3, y_3)$ हैं निम्न द्वारा प्रदत्त हैं

$$\Delta = \frac{1}{2}\begin{vmatrix} x_1 & y_1 & 1 \\ x_2 & y_2 & 1 \\ x_3 & y_3 & 1 \end{vmatrix}$$

उपसारणिक (Minors)

किसी सारणिक के element कहिए a_{ij}, का उपसारणिक एक सारणिक है जो i[th] row और j[th] column जिसमें element a_{ij} स्थित है, को हटाने से प्राप्त होता है।

सहखंड (Cofactors)

एक a_{ij} के सहखंड को (जो i[th] row और j[th] column में स्थित है) $A_{ij} = (-1)^{i+j} M_{ij}$ द्वारा परिभाषित करते हैं जहा M_{ij}, a_{ij} का उपसारणिक है।

आव्यूह का सहखंडज (Adjoint of a Matrix)

यदि $A = [a_{ij}]$ एक $n \times n$ कोटि का वर्ग आव्यूह है और A का सहखंड आव्यूह $[A_{ij}]$ है जहाँ A_{ij}, A में a_{ij} का सहखंड है, तब सहखंड आव्यूह $[A_{ij}]$ के परिवर्त आव्यूह को A का सहखंडज आव्यूह कहा जाता है। और इसे adj. A द्वारा व्यक्ति किया जाता है।

रैखिक समीकरणों का आव्यूह हल (Matrix Solution of Linear Equations)

मान लीजिए कि 3 अज्ञात चरों में 3 रैखिक समीकरण इस प्रकार है:–

$$a_1x + b_1y + c_1z = d_1$$
$$a_2x + b_2y + c_2z = d_2$$
$$a_3x + b_3y + c_3z = d_3$$

दिए हुए समीकरण के समुच्चय (1) को एक आव्यूह के रूप में इस प्रकार व्यक्त किया जा सकता है

$$\begin{bmatrix} a_1 & b_1 & c_1 \\ a_2 & b_2 & c_2 \\ a_3 & b_3 & c_3 \end{bmatrix}\begin{bmatrix} x \\ y \\ z \end{bmatrix} = \begin{bmatrix} d_1 \\ d_2 \\ d_3 \end{bmatrix}$$

उदाहरण (Examples)

1. अगर $\begin{bmatrix} x+y & y \\ 2x & x-y \end{bmatrix}\begin{bmatrix} 2 \\ -1 \end{bmatrix} = \begin{bmatrix} 3 \\ 2 \end{bmatrix}$ तब xy बराबर होगा

$$\begin{bmatrix} x+y & y \\ 2x & x-y \end{bmatrix}\begin{bmatrix} 2 \\ -1 \end{bmatrix} = \begin{bmatrix} 3 \\ 2 \end{bmatrix}$$

$$\begin{bmatrix} 2(x+y)-y \\ 4x-(x-y) \end{bmatrix} = \begin{bmatrix} 3 \\ 2 \end{bmatrix}$$

$$\begin{bmatrix} 2x+y \\ 3x+y \end{bmatrix} = \begin{bmatrix} 3 \\ 2 \end{bmatrix}$$

$2x + y = 3$ और $3x + y = 2$

$x = -1, y = 5$

$xy = -5$

2. $\begin{vmatrix} 2 & 4 \\ -5 & -1 \end{vmatrix}$ का मान क्या होगा?

$$\begin{vmatrix} 2 & 4 \\ -5 & -1 \end{vmatrix} = 2 \times (-1) - 4 \times (-5)$$
$$= -2 + 20 = 18$$

3. मान ज्ञात करें: $\begin{vmatrix} x^2-x+1 & x-1 \\ x+1 & x+1 \end{vmatrix}$

$\begin{vmatrix} x^2-x+1 & x-1 \\ x+1 & x+1 \end{vmatrix} = (x^2-x+1)(x+1)-(x-1)(x+1)$

$= (x^3+1)-(x^2-1) = x^3+1-x^2+1$

$= x^3-x^2+2$

4. मान ज्ञात करें:

$\begin{vmatrix} 3 & -1 & -2 \\ 0 & 0 & -1 \\ 3 & -5 & 0 \end{vmatrix}$

$|A| = \begin{vmatrix} 3 & -1 & -2 \\ 0 & 0 & -1 \\ 3 & -5 & 0 \end{vmatrix}$

दूसरी पंक्ति के अनुदिश $|A|$ का प्रसारण

$= -0\times\begin{vmatrix} -1 & -2 \\ -5 & 0 \end{vmatrix} + 0\times\begin{vmatrix} 3 & -2 \\ 3 & 0 \end{vmatrix} - (-1)\times\begin{vmatrix} 3 & -1 \\ 3 & -5 \end{vmatrix}$

$= 0+0+\begin{vmatrix} 3 & -1 \\ 3 & -5 \end{vmatrix} = \begin{vmatrix} 3 & -1 \\ 3 & -5 \end{vmatrix}$

$3\times(-5)-(-1)\times 3 = -15+3 = -12$

5. यदि $A = \begin{bmatrix} 1 & 1 & -2 \\ 2 & 1 & -3 \\ 5 & 4 & -9 \end{bmatrix}$ हो तो $|A|$ ज्ञात करें।

पहली पंक्ति R_1 के अनुदिश विस्तार करने पर हम पाते हैं कि

$|A| = 1\begin{vmatrix} 1 & -3 \\ 4 & -9 \end{vmatrix} - 1\begin{vmatrix} 2 & -3 \\ 5 & -9 \end{vmatrix} - 2\begin{vmatrix} 2 & 1 \\ 5 & 4 \end{vmatrix}$

$= 1(-9+12)-(-18+15)-2(8-5)$

$= 3-(-3)-2(3) = 3+3-6 = 0$

6. x का मान ज्ञात करें:

$\begin{vmatrix} 2 & 4 \\ 5 & 1 \end{vmatrix} = \begin{vmatrix} 2x & 4 \\ 6 & x \end{vmatrix}$

$\begin{vmatrix} 2 & 4 \\ 5 & 1 \end{vmatrix} = \begin{vmatrix} 2x & 4 \\ 6 & x \end{vmatrix}$

$2-20 = 2x^2-24$

$-18 = 2x^2-24$

$2x^2 = 24-18 = 6$

$x^2 = 3$

$\therefore \quad x = \pm\sqrt{3}$

7. निम्न प्रश्न में a, b, c और d के मान ज्ञात करें:

$\begin{bmatrix} a-b & 2a+c \\ 2a-b & 3c+d \end{bmatrix} = \begin{bmatrix} -1 & 5 \\ 0 & 13 \end{bmatrix}$

दो Matrices की समानता की परिभाषा से हम पाते हैं कि

$a-b=-1$ (i)

$2a+c=5$ (ii)

$2a-b=0$ (iii)

$3c+d=13$ (iv)

(iii)-(i) से हमें $a=1 \quad \therefore \quad b=2$

(ii) से $\therefore\ a=1, 2+c=5 \therefore\ c=3$

(iv) $\therefore\ c=3, 3\cdot 3+d=13=d \ \ =13-9=4$

$\therefore\ a=1, b=2, c=3$ और $d=4$

8. परिकलित करें:

$\begin{bmatrix} a & b \\ -b & a \end{bmatrix} + \begin{bmatrix} a & b \\ b & a \end{bmatrix}$

$\begin{vmatrix} a & b \\ -b & a \end{vmatrix} + \begin{vmatrix} a & b \\ b & a \end{vmatrix} = \begin{bmatrix} a+a & b+b \\ -b+a & a+a \end{bmatrix}$

$= \begin{vmatrix} 2a & 2b \\ 0 & 2a \end{vmatrix}$

9. परिकलित करें:

$\begin{bmatrix} \cos^2 x & \sin^2 x \\ \sin^2 x & \cos^2 2x \end{bmatrix} + \begin{bmatrix} \sin^2 x & \cos^2 x \\ \cos^2 x & \sin^2 x \end{bmatrix}$

$\begin{vmatrix} \cos^2 x & \sin^2 x \\ \sin^2 x & \cos^2 x \end{vmatrix} + \begin{bmatrix} \sin^2 x & \cos^2 x \\ \cos^2 x & \sin^2 x \end{bmatrix}$

$\begin{bmatrix} \cos^2 x+\sin^2 x & \sin^2 x+\cos^2 x \\ \sin^2 x+\cos^2 x & \cos^2 x+\sin^2 x \end{bmatrix} = \begin{bmatrix} 1 & 1 \\ 1 & 1 \end{bmatrix}$

10. निर्देशित गुणनफल परिकलित करें:

$\begin{bmatrix} a & b \\ -b & a \end{bmatrix}\begin{bmatrix} a & -b \\ b & a \end{bmatrix}$

मान लिया कि $A = \begin{bmatrix} a & b \\ -b & a \end{bmatrix}$ और $B = \begin{bmatrix} a & -b \\ b & a \end{bmatrix}$ यहाँ A, 2×2 matrix है और B एक 2×2 matrix है। AB एक 2×2 matrix होगा।

$AB = \begin{bmatrix} a & b \\ -b & a \end{bmatrix}\begin{bmatrix} a & -b \\ b & a \end{bmatrix} = \begin{bmatrix} a\cdot a+b\cdot b & a\cdot(-b)+ba \\ (-b)\cdot a+a\cdot b & (-b)(-b)+a\cdot a \end{bmatrix}$

$= \begin{bmatrix} a^2+b^2 & 0 \\ 0 & a^2+b^2 \end{bmatrix}$

अभ्यास प्रश्न (Practice Questions)

1. $A = [a_{ij}]_{m+n}$ एक वर्ग आव्यूह है यदि
   (a) $m < n$ (b) $m > n$
   (c) $m = n$ (d) इनमें से कोई नहीं

2. x तथा y के प्रदत्त किन मानों के लिए आव्यूहों के निम्नलिखित युग्म समान है?
   $$\begin{bmatrix} 3x+7 & 5 \\ y+1 & 2-3x \end{bmatrix} = \begin{bmatrix} 0 & y-2 \\ 8 & 4 \end{bmatrix}$$
   (a) $x = \frac{-1}{3}, y = 7$
   (b) ज्ञात करना संभव नहीं
   (c) $y = 7, x = \frac{-2}{3}$
   (d) $x = \frac{-1}{3}, y = \frac{-2}{3}$

3. 3×3 कोटि के ऐसे आव्यूहों की कुल कितनी संख्या होगी जिनकी प्रत्येक प्रविष्टि 0 या 1 है?
   (a) 27 (b) 18
   (c) 81 (d) 512

4. सरल करें:
   $$\cos\theta \begin{vmatrix} \cos\theta & \sin\theta \\ -\sin\theta & \cos\theta \end{vmatrix} + \sin\theta \begin{vmatrix} \sin\theta & -\cos\theta \\ \cos\theta & \sin\theta \end{vmatrix}$$
   (a) $\begin{vmatrix} 1 & 0 \\ 0 & 1 \end{vmatrix}$ (b) $\begin{vmatrix} 1 & 0 \\ 1 & 0 \end{vmatrix}$
   (c) $\begin{vmatrix} 0 & 0 \\ 1 & 1 \end{vmatrix}$ (d) $\begin{vmatrix} 1 & 1 \\ 1 & 0 \end{vmatrix}$

5. यदि $x\begin{bmatrix} 2 \\ 3 \end{bmatrix} + y\begin{bmatrix} -1 \\ 1 \end{bmatrix} = \begin{bmatrix} 10 \\ 5 \end{bmatrix}$ तो x और y के मान होगें
   (a) $3, -4$ (b) $-4, 3$
   (c) $3, 3$ (d) $-4, -4$

6. अगर $3\begin{bmatrix} x & y \\ z & w \end{bmatrix} = \begin{bmatrix} x & 6 \\ -1 & 2w \end{bmatrix} + \begin{bmatrix} 4 & x+y \\ z+w & 3 \end{bmatrix}$, x, y, z एवं w के मान होंगे।
   (a) 2, 4, 4, 1, 3 (b) 3, 1, 4, 2
   (c) 42, 31 (d) 1, 3, 2, 4

7. किसी स्कूल की पुस्तकों की दुकान में 10 दर्जन रयासन विज्ञान, 8 दर्जन भौतिक विज्ञान तथा 10 दर्जन अर्थशास्त्र की पुस्तकें हैं। इन पुस्तकों का वि.मू. क्रमशः ₹ 80, ₹ 60 तथा ₹ 40 प्रति पुस्तक है। आव्यूह बीजगणित के प्रयोग द्वारा ज्ञात कीजिए कि सभी पुस्तकों को बेचने से दुकान को कुल कितनी धन राशि प्राप्त होगी।
   (a) 20, 160 (b) 20, 600
   (c) 20, 610 (d) 20, 000

8. यदि x, y, z, w और p क्रमशः $2 \times n, 3 \times k, 2 \times p, n \times 3$ और $p \times k$ कोटियों के आव्यूह हैं। तो $py + wy$ को परिभाषित होने के लिए n, k तथा p पर क्या प्रतिबंध होगा?
   (a) $k = 3, p = n$
   (b) k स्वेच्छ है, $p = 2$
   (c) p स्वेच्छ है, $k = 3$
   (d) $k = 2, p = 3$

9. यदि माना x, y, z, w और p क्रमशः $2 \times n, 3 \times k, 2 \times p, n \times 3$ और $p \times k$ कोटियों के आव्यूह हैं। यदि $n = p$, तो आव्यूह 7×-52 की कोटि है:
   (a) $p \times 2$ (b) $2 \times n$
   (c) $n \times 3$ (d) $p \times n$

10. यदि A तथा B समान कोटि के सममित आव्यूह हैं तो AB – BA एक
    (a) विषम सममित आव्यूह है।
    (b) सममित आव्यूह है।
    (c) शून्य आव्यूह है।
    (d) तत्समक आव्यूह है।

11. यदि $A = \begin{bmatrix} \cos\alpha & -\sin\alpha \\ \sin\alpha & \cos\alpha \end{bmatrix}$, तो $A + A^1 = I$ यदि α का मान है।
    (a) $\frac{\pi}{6}$ (b) $\frac{\pi}{3}$
    (c) π (d) $\frac{3\pi}{2}$

12. यदि $A = \begin{bmatrix} \alpha & \beta \\ \lambda & -\alpha \end{bmatrix}$ इस प्रकार है कि $A^2 = I$ तब
    (a) $1 + \alpha^2 + \beta\lambda = 0$
    (b) $1 - \alpha^2 + \beta\lambda = 0$
    (c) $1 - \alpha^2 - \beta\lambda = 0$
    (d) $1 + \alpha^2 - \beta\lambda = 0$

13. यदि एक आव्यूह A सममित या विषम सममित दोनों ही है, तो
    (a) A एक विकर्ण आव्यूह है।
    (b) A एक शून्य आव्यूह है।
    (c) A एक वर्ग आव्यूह है।
    (d) इनमें से कोई नहीं।

14. यदि A एक आव्यूह इस प्रकार है कि $A^2 = A$ तो $(I + A)^3 - 7A$ बराबर है।
    (a) A (b) I – A
    (c) I (d) 3A

15. सारणिक का मान ज्ञात करें

$$|A| = \begin{vmatrix} 3 & -4 & 5 \\ 1 & 1 & -2 \\ 2 & 3 & 1 \end{vmatrix}$$

(a) 46 (b) 48
(c) 47 (d) 45

16. सारणिक का मान ज्ञात करें:

$$|A| = \begin{vmatrix} 2 & -1 & -2 \\ 0 & 2 & -1 \\ 3 & -5 & 0 \end{vmatrix}$$

(a) 5 (b) 7
(c) 9 (d) 8

17. यदि $\begin{vmatrix} x & 2 \\ 18 & x \end{vmatrix} = \begin{vmatrix} 6 & 2 \\ 18 & 6 \end{vmatrix}$ है तो x बराबर है:

(a) 6 (b) ± 6
(c) -6 (d) 0

18. यदि A एक 3×3 कोटि का एक वर्ग आव्यूह है। तब $|KA|$ का मान क्या होगा?

(a) $k|A|$ (b) $k^2|A|$
(c) $k^3|A|$ (d) $3k|A|$

19. निम्नलिखित में कौन-सा कथन सही है?

(a) सारणिक एक वर्ग आव्यूह है।
(b) सारणिक एक आव्यूह से संबंध एक संख्या है।
(c) सारणिक एक वर्ग आव्यूह से संबंध एक संख्या है।
(d) इनमें से कोई नहीं।

20. निम्न शीर्ष बिन्दुओं वाले त्रिभुज का क्षेत्रफल ज्ञात करें?
(1, 0), (6, 0), (4, 3)

(a) $\frac{9}{2}$ वर्ग इकाई (b) $\frac{8}{2}$ वर्ग इकाई
(c) $\frac{6}{2}$ वर्ग इकाई (d) 26 – वर्ग इकाई

21. निम्न शीर्ष बिन्दुओं वाले त्रिभुज का क्षेत्रफल ज्ञात करें:
$(-2, -3), (3, 2), (-1, -8)$

(a) 15 वर्ग इकाई (b) 14 वर्ग इकाई
(c) 13 वर्ग इकाई (d) 16 वर्ग इकाई

22. यदि शीर्ष $A(2, -6), B(5, 4)$ और $C(k, 4)$ वाले त्रिभुज का क्षेत्रफल 35 वर्ग इकाई हो तो k का मान है।

(a) 12 (b) -2
(c) $-12, -2$ (d) $12, -2$

23. यदि A, 3×3 कोटि का आव्यूह है तो। adj. A का मान है।

(a) $|A|$ (b) $|A|^2$
(c) $|B|^3$ (d) $3\ |A|$

24. यदि A का 2 कोटि व्युत्क्रमणीय आव्यूह है तो det. (A^{-1}) बराबर है।

(a) det. $|A|$ (b) $\frac{1}{\det(A)}$
(c) 1 (d) 0

25. $\begin{vmatrix} 1 & x & y \\ 1 & x+y & y \\ 1 & y & x+y \end{vmatrix}$ का मान होगा

(a) xy (b) xy^2
(c) 0 (d) x^2y

26. यदि a, b, c समान्तर श्रेणी में हो तो सारणिक $\begin{vmatrix} x+2 & x+3 & x-2a \\ x+3 & x+4 & x+2b \\ x+4 & x+5 & x+2c \end{vmatrix}$ है

(a) 0 (b) 1
(c) x (d) $2x$

27. यदि x, y, z शून्येत्तर वास्तविक संख्याएँ हैं तो आव्यूह $A = \begin{bmatrix} x & 0 & 0 \\ 0 & y & 0 \\ 0 & 0 & 2 \end{bmatrix}$ का व्युत्क्रम है:

(a) $\begin{bmatrix} x^{-1} & 0 & 0 \\ 0 & y^{-1} & 0 \\ 0 & 0 & z^{-1} \end{bmatrix}$ (b) $xyz \begin{bmatrix} x^{-1} & 0 & 0 \\ 0 & y^{-1} & 0 \\ 0 & 0 & z^{-1} \end{bmatrix}$

(c) $\frac{1}{xyz} \begin{bmatrix} x & 0 & 0 \\ 0 & y & 0 \\ 0 & 0 & z \end{bmatrix}$ (d) $\frac{1}{xyz} \begin{bmatrix} 1 & 0 & 0 \\ 0 & 1 & 0 \\ 0 & 0 & 1 \end{bmatrix}$

28. यदि $A = \begin{bmatrix} 1 & \sin\theta & 1 \\ -\sin\theta & 1 & \sin\theta \\ -1 & -\sin\theta & 1 \end{bmatrix}$ जहाँ $0 \le \theta \le 2\pi$, तब

(a) $\text{Det.}(A) = 0$ (b) $\text{Det.}(A) \to (2\infty)$
(c) $\text{Det.}(A) \to (2, 4)$ (d) $\text{Det.}(A) \to (2, 4)$

29. अगर $A = \begin{vmatrix} a & b \\ c & d \end{vmatrix}$, A^2 बराबर होगा

(a) $\begin{bmatrix} a^2 & b^2 \\ c^2 & d^2 \end{bmatrix}$ (b) $\begin{vmatrix} a^2+bc & ab+bd \\ ac+dc & dc+d^2 \end{vmatrix}$

(c) $\begin{vmatrix} a & b \\ c & d \end{vmatrix}$ (d) None of these

30. आव्यूह $A = \begin{bmatrix} \lambda & 0 \\ 1 & 1 \end{bmatrix}$, $B = \begin{bmatrix} 1 & 0 \\ 5 & 1 \end{bmatrix}$ और $A^2 = B$ तब λ बराबर होगा

(a) -1 (b) 1
(c) 1 (d) इनमें से कोई नहीं।

उत्तरमाला (Answer Key)

1. (c)	2. (b)	3. (d)	4. (a)	5. (a)	6. (a)	7. (a)	8. (a)
9. (b)	10. (a)	11. (b)	12. (c)	13. (b)	14. (c)	15. (a)	16. (a)
17. (b)	18. (c)	19. (c)	20. (q)	21. (a)	22. (d)	23. (b)	24. (b)
25. (a)	26. (a)	27. (a)	28. (d)	29. (b)	30. (d)		

हल (Solutions)

1. (c)

वर्ग आव्यूह में पंक्तियों की संख्या, स्तंभों की संख्या के समान है।

$\therefore\ m = n$

2. (b)

दो आव्यूहों की समानता की परिभाषा से हम पाते हैं कि

$3x + 7 = 0$ (i)

$y - 2 = 5$ (ii)

$y + 1 = 8$ (iii)

$2 - 3x = 4$ (iv)

समी० (i) से

$x = -\frac{7}{3}$ और

समी० (iv) से, $3x = -2$

$x = -2/3$

x के ये दोनों मान एक दूसरे का खंडन करते हैं यद्यपि कि (2) और (3) से, $y = 7$, अत: x और y का मान निकालना सम्भव नहीं है।

3. (d)

3×3 Order वाले किसी matrix में 9 अवयव होंगे। matrix में चाहे कोई 0 नहीं होगा या एक 0 होगा या दो 0 होगा या तीन 0 होगा इत्यादि या matrix के सभी अवयव 0 होंगे। अब कोई 0 नहीं है, 9 अवयवों में से प्रत्येक 1 होगा।

जब एक 0 है तो बाकी 8 अवयव सभी 1 होगे और इसी तरह से। इस प्रकार कोई 0 नहीं एक 0 या दो 0, ... चुनने की कुल संख्या होगी

$^9C_0 + {}^9C_1 + {}^9C_2 + \ldots\ldots\ldots\ldots + {}^9C_9 = (1+1)^9$

(binomial expanssion से)

$= 2^9 = 512$

4. (a)

हमें $\cos\theta \begin{bmatrix} \cos\theta & \sin\theta \\ -\sin\theta & \cos\theta \end{bmatrix} = \begin{bmatrix} \cos^2\theta & \cos\theta\sin\theta \\ -\cos\theta\sin\theta & \cos^2\theta \end{bmatrix}$

और

$\sin\theta \begin{bmatrix} \sin\theta & -\sin\theta \\ \cos\theta & \sin\theta \end{bmatrix} = \begin{bmatrix} \sin\theta & -\sin\theta\cos\theta \\ \sin\theta\cos\theta & \sin^2\theta \end{bmatrix}$

जोड़ने पर हम पाते हैं कि

$\cos\theta \begin{bmatrix} \cos\theta & \sin\theta \\ -\sin\theta & \cos\theta \end{bmatrix} + \sin\theta \begin{bmatrix} \sin\theta & -\cos\theta \\ \cos\theta & \sin\theta \end{bmatrix}$

$\begin{bmatrix} \cos^2\theta + \sin^2\theta & \cos\theta\sin\theta - \sin\theta\cos\theta \\ -\cos\theta\sin\theta + \sin\theta\cos\theta & \cos^2\theta + \sin^2\theta \end{bmatrix}$

$= \begin{bmatrix} 1 & 0 \\ 0 & 1 \end{bmatrix}$

5. (a)

हमें, $x\begin{bmatrix} 2 \\ 3 \end{bmatrix} + y\begin{bmatrix} -1 \\ 1 \end{bmatrix} = \begin{bmatrix} 2x \\ 3x \end{bmatrix} + \begin{bmatrix} -y \\ y \end{bmatrix} = \begin{bmatrix} 2x - y \\ 3x + y \end{bmatrix}$

अत: $\begin{bmatrix} 2x - y \\ 3x + y \end{bmatrix} = \begin{bmatrix} 10 \\ 5 \end{bmatrix}$

$2x - y = 10$ और $3x + y = 5$

जोड़ने पर, $5x = 15 \Rightarrow x = 3$

$y = 2x - 10 = 2 \times 3 - 10 = -4$

अत: $x = 3$ और $y = -4$

6. (a)

दिए गए समीकरण से, हमें

$\begin{bmatrix} 3x & 3y \\ 3z & 3w \end{bmatrix} = \begin{bmatrix} x + 4 & 6 + x + y \\ -1 + z + w & 2w + 3 \end{bmatrix}$

$3x = x + 4$ (i)

$3y = 6 + x + y$ (ii)

$3z = -1 + z + w$ (iii)

$3w = 2w + 3$ (iv)

$1 \Rightarrow 2x = 4\ \therefore\ x = 2$

$2 \Rightarrow 3y = 6 + 2 + y \Rightarrow 2y = 8$

$\therefore\ y = 4$

$4 \Rightarrow w = 3$

और $3 \Rightarrow 2z = -1 + w = -1 + 3 = 2$

$\therefore\ z = 1$

$x = 2, y = 4, z = 1$ और $w = 3$

7. (a)

मान लिया कि A उस आव्यूह को सूचित करता है जिसके अवयव क्रम से दिए गए विभिन्न विषयों अर्थात् रसायन विज्ञान, भौतिक विज्ञान एवं अर्थशास्त्र के पुस्तकों की संख्या है।

तब $A = [10\times12 \quad 8\times12 \quad 10\times12]$

मान लिया कि B संगत विक्रय मूल्य स्तम्भ आव्यूह को निरूपित करता है,

अर्थात् $B = \begin{bmatrix}80\\60\\40\end{bmatrix}$

हमें AB का मान ज्ञात करना है। इसके लिए

$AB = [10\times12, \quad 8\times12, \quad 10\times12]\begin{bmatrix}80\\60\\40\end{bmatrix}$

$= [10\times12\times80 + 8\times12\times60 + 10\times12 + 40]$

$[12\,(800 + 480 + 400)] = 12\times1680 = 20160$

अत: कुल वि.मू. $= 20160$ रू.

8. (a)

PY परिभाषित होगा यदि P में columns की संख्या $=$ Y में rows की संख्या

$k = 3 \;\therefore\;$ PY एक $p\times3$ आव्यूह है।

फिर wy परिभाषित है यदि w में columns की संख्या $=$ y में rows की संख्या $3 = 3$ जो सत्य है।

wy एक $n\times k$ अर्थात् $n\times3$ आव्यूह है। ($\because$ k = 3)

अत: $py + wy$ तभी संभव है यदि py और wy एक ही order के हो।

अत: $p = n$ इस प्रकार $k = 3$ और $p = n$

9. (b)

x का order $2\times n$ है और इसलिए $7x$ का भी order $2\times n$ है।

2 का order $2\times p$ है। अर्थात् $2\times n$ है (क्योंकि $p = n$) $\therefore$ 5z का भी order $2\times n$ है।

अत: $7x - 5z$ का order $2\times n$ है।

($\because$ हरेक का order $2\times n$ है।)

10. (a)

A और B समान कोटि की सममित आव्यूह है।

$A' = A\;,\; B' = B$

$(AB - BA)' = (AB)' - (BA)'$

$= B'A' - A'B'$

$= BA - AB$

$\therefore\;\; B' = B, A' = A$

$= -(AB - BA)$

$AB - BA$ विषम सममित आव्यूह है।

11. (b)

हमें $A = \begin{vmatrix}\cos\alpha & -\sin\alpha\\ \sin\alpha & \cos\alpha\end{vmatrix}$

$\therefore\quad A' = \begin{bmatrix}\cos\alpha & \sin\alpha\\ -\sin\alpha & \cos\alpha\end{bmatrix}$

अत: $A + A' = \begin{bmatrix}\cos\alpha & -\sin\alpha\\ \sin\alpha & \cos\alpha\end{bmatrix} + \begin{bmatrix}\cos\alpha & \sin\alpha\\ -\sin\alpha & \cos\alpha\end{bmatrix}$

$= \begin{bmatrix}\cos\alpha + \cos\alpha & -\sin\alpha + \sin\alpha\\ \sin\alpha - \sin\alpha & \cos\alpha + \cos\alpha\end{bmatrix}$

$= \begin{bmatrix}2\cos\alpha & 0\\ 0 & 2\cos\alpha\end{bmatrix}$

यदि $A + A' = I = \begin{bmatrix}1 & 0\\ 0 & 1\end{bmatrix}$

तब $2\cos\alpha = 1 \Rightarrow \cos\alpha = \frac{1}{2}\,\alpha = \frac{\pi}{3}$

12. (c)

हमें, $A^2 = \begin{bmatrix}\alpha & \beta\\ \lambda & -\alpha\end{bmatrix}\times\begin{bmatrix}\alpha & \beta\\ \lambda & -\alpha\end{bmatrix}$

$\begin{bmatrix}\alpha^2 + \beta\lambda & \alpha\beta - \beta\alpha\\ \lambda\alpha - \alpha\lambda & \beta\lambda + \alpha^2\end{bmatrix} = \begin{bmatrix}\alpha^2 + \beta\lambda & 0\\ 0 & \alpha^2 + \beta\lambda\end{bmatrix}$

यदि $A^2 = I$ तब $\begin{bmatrix}\alpha^2 + \beta\lambda & 0\\ -0 & \alpha^2 + \beta\lambda\end{bmatrix} = \begin{bmatrix}1 & 0\\ 0 & 1\end{bmatrix}$

यह $\alpha^2 + \beta\lambda = 1$

$1 - \alpha^2 - \beta\lambda = 0$

13. (b)

मान लिया कि $A = [a_{ij}]$ यदि A एक सममित आव्यूह है, तब सभी i, j के लिए $a_{ij} = a_{ji}$ साथ ही यदि A एक विषम सममित आव्यूह है तब $a_{ij} = -a_{ji}$ इस प्रकार यदि A सममित और विषम सममित आव्यूह दोनों है तब $a_{ij} = -a_{ij}$

$a_{ij} = 0$ सभी i, j के लिए

$\therefore$ A एक शून्य आव्यूह होगा।

14. (c)

हमें $(I + A)^3 = I^3 + 3I^2A + 3IA^2 + A^3$

$= I + 3IA + 3IA + A^2\cdot A$ ($\therefore\; I^2 = I$ और $A^2 = A$)

$= I + 6IA + A\cdot A$ ($\therefore\; A^2 = A$)

$= I + 6A + A^2$

$= I + 6A + A$ ($\therefore\; A^2 = A$)

$= I + 7A$

अत: $(I + A)^3 - 7A = I$

15. (a)

$\begin{vmatrix}3 & -4 & 5\\ 1 & 1 & -2\\ 2 & 3 & 1\end{vmatrix}$

R_1 के अनुदिश विस्तारित करने पर, हम पाते हैं कि

$|A| = 3\begin{vmatrix}1 & -2\\ 3 & 1\end{vmatrix} - (-4)\begin{vmatrix}1 & -2\\ 2 & 1\end{vmatrix} + 5\begin{vmatrix}1 & 1\\ 2 & 3\end{vmatrix}$

$= 3\,(1 + 6) + 4\,(1 + 4) + 5\,(3 - 2)$

$= 3\times7 + 4\times5 + 5\times1 = 21 + 20 + 5 = 46$

16. (a)

$\begin{vmatrix}2 & -1 & -2\\ 0 & 2 & -1\\ 3 & -5 & 0\end{vmatrix}$

पहली पंक्ति से प्रसरण करते हुए

$$= (-1)^{1+1} \times 2 \begin{vmatrix} 2 & -1 \\ -5 & 0 \end{vmatrix} + (-1)^{1+2} \times (1) \times \begin{vmatrix} 0 & -1 \\ 3 & 0 \end{vmatrix}$$

$$+ (-1)^{1+3} \times (-2) \times \begin{vmatrix} 0 & 2 \\ 3 & -5 \end{vmatrix}$$

$$= \begin{vmatrix} 2 & -1 \\ -5 & 0 \end{vmatrix} + \begin{vmatrix} 0 & -1 \\ 3 & 0 \end{vmatrix} - 2 \begin{vmatrix} 0 & 2 \\ 3 & -5 \end{vmatrix}$$

$$= 2(0-5) + (0+3) - 2(0-6)$$

$$= -10 + 3 + 12 = 5$$

17. (b)

$$\begin{vmatrix} x & 2 \\ 18 & x \end{vmatrix} = \begin{vmatrix} 6 & 2 \\ 18 & 6 \end{vmatrix}$$

दोनों और प्रसरण करते हुए

या, $x^2 - 36 = 36 - 36 = 0$

या, $x^2 = 36$

$x = \pm 6$

18. (c)

यदि $B = KA$ और क्रम का 3 का A एक वर्ग आव्यूह है।

तब $|B| = |KA| = k^3 |A|$

19. (c)

सारणिक एक वर्ग आव्यूह से संबंध एक संख्या है।

20. (a)

अभीष्ट Δ का क्षेत्रफल $= \frac{1}{2} \begin{vmatrix} 1 & 0 & 1 \\ 6 & 0 & 1 \\ 4 & 3 & 1 \end{vmatrix}$

$= \frac{1}{2}[1(0-3) - 0 + 1(12-0)] = \frac{9}{2}$ वर्ग इकाई

21. (a)

$$\frac{1}{2} \begin{vmatrix} -2 & -3 & 1 \\ 3 & 2 & 1 \\ -1 & -8 & 1 \end{vmatrix}$$

$$= \frac{1}{2}[-2(2+8) + 3(3+1) + 1(-24+2)]$$

$= \frac{1}{2}[-20 + 12 - 22] = \frac{-30}{2} = -15 = 15$ वर्ग इकाई

22. (d)

अभीष्ट त्रिभुज का क्षेत्रफल $= \frac{1}{2} \begin{vmatrix} 2 & -6 & 1 \\ 5 & 4 & 1 \\ kp & 4 & 1 \end{vmatrix}$

$$= \frac{1}{2} \times 10 \times [5 - k] = 5(5 - k)$$

$$= \pm 35$$

$$k = -2, 12$$

23. (b)

$|adj.\ A| = |A|^{n+1}$

यहाँ $n = 3$

$\therefore |A\ adj.\ A| = |A|^2$

24. (b)

हमें, $A^{-1} = \frac{adj.A}{|A|}$

$$|A^{-1}| = \left|\frac{adj.A}{|A|}\right| = \frac{1}{|A|^2} |adj.A|$$

चूँकि $A = kB$

$|A| = k^n |B|$

यदि A, n क्रम का एक वर्ग आव्यूह है।

$\frac{|A|}{|A|^2}$

$\therefore |adj.A| = |A|$

$\therefore$ A क्रम 2×2 का आव्यूह है।

$= \frac{1}{\det.|A|}$

25. (a)

माना $\Delta = \begin{vmatrix} 1 & x & y \\ 1 & x+y & y \\ 1 & y & x+y \end{vmatrix}$

$R_1 \to R_1 - R_2$ संक्रिया से

$$\Delta = \begin{vmatrix} 0 & -y & 0 \\ 1 & x+y & y \\ 1 & x & x+y \end{vmatrix}$$

R_1 पंक्ति से प्रसरण करने से

$$\Delta = y \begin{vmatrix} 1 & y \\ 1 & x+y \end{vmatrix}$$

$$= y\{(x+y) - y\} = xy$$

26. (a)

$R_1 \to R_1 + R_3$ के प्रयोग करने पर हम पाते है:

$$\Delta = \begin{vmatrix} 2x+6 & 2x+8 & 2x+2(a+c) \\ x+3 & x+4 & x+2b \\ x+4 & x+5 & x+2c \end{vmatrix}$$

$$= 2 \begin{vmatrix} x+3 & x+4 & x+(a+c) \\ x+3 & x+4 & x+2b \\ x+4 & x+5 & x+2c \end{vmatrix}$$

चूँकि a, b, c A.P में हैं, हमें $2b = a + c$

अतः $\Delta = 2 \begin{vmatrix} x+3 & x+4 & x+2b \\ x+3 & x+4 & x+2b \\ x+4 & x+5 & x+2c \end{vmatrix}$

$\therefore$ दो rows R_1 और R_2 समान हैं

$\therefore \Delta = 0$

27. (a)

हमें $|A| = \begin{vmatrix} x & 0 & 0 \\ 0 & y & 0 \\ 0 & 0 & 2 \end{vmatrix} = xyz \neq 0$

$\therefore x, y, z$ non-zero real numbers हैं।

$\therefore A^{-1}$ का अस्तित्व है।

अब a_{11} x का सहगुणनखंड y_2 है।

$a_{12} = 0$ का सहगुणनखंड 0 है।

$a_{13} = 0$ का सहगुणनखंड 0 है।

इसी प्रकार $a_{21} = 0$ का सहगुणनखंड 0 है।

$a_{22} = y$ का सहगुणनखंड $2x$ है।

$a_{23} = 0$ का cofactor 0 है।

$a_{31} = 0$ का cofactor 0 है।

$a_{32} = 0$ का cofactor 0 है।

$a_{33} = 2$ का cofactor xy है।

अत: cofactor matrix $c = \begin{vmatrix} y_2 & 0 & 0 \\ 0 & 2x & 0 \\ 6 & 0 & xy \end{vmatrix}$

$\therefore\ adj\ \mathrm{A} = c' \begin{vmatrix} y_2 & 0 & 0 \\ 0 & 2x & 0 \\ 0 & 0 & xy \end{vmatrix}$

अत: $\mathrm{A}^{-1} = \frac{1}{|\mathrm{A}|} adj\ (\mathrm{A}) = \frac{1}{xyz} \begin{bmatrix} y_2 & 0 & 0 \\ 0 & 2x & 0 \\ 0 & 0 & xy \end{bmatrix}$

$= \begin{vmatrix} y_2 / xy^2 & 0 & 0 \\ 0 & 2x / xyz & 0 \\ 0 & 0 & xy / xy^2 \end{vmatrix}$

$= \begin{vmatrix} 1/x & 0 & 0 \\ 0 & 1/y & 0 \\ 0 & 0 & 1/2 \end{vmatrix} = \begin{vmatrix} x^{-1} & 0 & 0 \\ 0 & y^{-1} & 0 \\ 0 & 0 & z^{-1} \end{vmatrix}$

28. (d)

हमें $|\mathrm{A}| \begin{vmatrix} 1 & \sin\theta & 1 \\ -\sin\theta & 1 & \sin\theta \\ -1 & -\sin\theta & 1 \end{vmatrix}$

प्रथम पंक्ति के अनुदिश सारणिक को विस्तार करने से प्राप्त होता है

$\Delta = 1(1 + \sin^2\theta) - \sin\theta(-\sin\theta + \sin\theta) + 1(\sin^2\theta + 1)$

$= (1 + \sin^2\theta) + 0 + (\sin^2\theta + 1)$

$= 2(1 + \sin^2\theta) = 2 + 2\sin^2\theta = 2 + 1 - \cos^2\theta$

$= 3 - \cos^2\theta$

अब, $-1 \le \cos^2\theta \le 1 \Rightarrow 1 \ge -\cos^2\theta \ge -1$

$-1 \le -\cos^2\theta \le 1 \Rightarrow 3 - 1 \le 3 - \cos^2\theta \le 3 + 1$

$\Rightarrow 2 \le 3 - \cos\theta \le 4$

अत: $\Delta 2$ और 4 के बीच स्थित होता है।

अर्थात $\det.\mathrm{A} = |2, 4|$

29. (b)

$\mathrm{A}^2 = \begin{bmatrix} a & b \\ c & d \end{bmatrix}\begin{bmatrix} a & b \\ c & d \end{bmatrix}$

$= \begin{bmatrix} a^2 + bc & ad + bd \\ ac + dc & dc + d^2 \end{bmatrix}$ [गुणा करने पर]

30. (d)

$\mathrm{A}^2 = \begin{bmatrix} \lambda & 0 \\ 1 & 1 \end{bmatrix}\begin{bmatrix} \lambda & 0 \\ 1 & 1 \end{bmatrix}$

$= \begin{bmatrix} \lambda^2 + 0 & 0 + 0 \\ \lambda + 1 & 0 + 1 \end{bmatrix}$

$= \begin{bmatrix} \lambda^2 & 0 \\ \lambda + 1 & 1 \end{bmatrix}$

$\mathrm{A}^2 = \mathrm{B}$ इसलिए

$\begin{bmatrix} \lambda^2 & 0 \\ \lambda + 1 & 1 \end{bmatrix} = \begin{bmatrix} 1 & 0 \\ 5 & 1 \end{bmatrix}$

$\Rightarrow \lambda^2 = 1, \lambda + 1 = 5$

$= \pm$ और $\lambda = 4$

λ के ये दोनों मान एक दूसरे के विपरीत हैं।

$\therefore \lambda$ का कोई मान नहीं होगा। क्योंकि $\mathrm{A}^2 = \mathrm{B}$

परखें अपने आप को (Test Yourself)

1. माना A एक विषम सममित आव्यूह है और उसका कोटि भी विषम है तब |A| बराबर होगा?
(a) 0 (b) 1
(c) −1 (d) इनमें से कोई नहीं

2. अगर A एक Orthogonal आव्यूह है तब
(a) $|A| = 0$ (b) $|A| = \pm 1$
(c) $|A| = \pm 2$ (d) इनमें से कोई नहीं

3. माना $F(\alpha) = \begin{bmatrix} \cos\alpha & -\sin\alpha & 0 \\ \sin\alpha & \cos\alpha & 0 \\ 0 & 0 & 1 \end{bmatrix}$ तब $F(\alpha)\,F(\alpha')$ बराबर होगा:
(a) $F(\alpha\alpha')$ (b) $F\left(\dfrac{\alpha}{\alpha'}\right)$
(c) $F(\alpha+\alpha')$ (d) $F(\alpha-\alpha')$

4. आव्यूह $= \begin{vmatrix} 2 & 5 & 9 \\ 7 & -5 & 3 \\ 2 & 6 & 8 \end{vmatrix}$ बराबर है।
(a) 6 (b) 5
(c) 3 (d) इनमें से कोई नहीं

5. अगर $A = \begin{bmatrix} 3 & -3 & 4 \\ 2 & -3 & 4 \\ 0 & -1 & 1 \end{bmatrix}$ तब A^{-1} बराबर है।
(a) A (b) A^2
(c) A^3 (d) A^4

6. समीकरण
$x + 2y + 32 = 1$
$x - y + 42 = 0$
$2x + y + 72 = 1$
के हैं।
(a) सिर्फ एक हल (b) सिर्फ दो हल
(c) कोई हल नहीं (d) अनंत हल हैं।

7. अगर $x = \begin{bmatrix} 3 & -4 \\ 1 & -1 \end{bmatrix}$ तब x^n का मान बराबर होगा।
(a) $\begin{bmatrix} 3n & -4n \\ n & n \end{bmatrix}$ (b) $\begin{vmatrix} 2+n & 5-n \\ n & -n \end{vmatrix}$
(c) $\begin{bmatrix} 3^n & (-4)^n \\ 1^n & (-1)^n \end{bmatrix}$ (d) इनमें से कोई

8. माना कि a, b, c धनात्मक वास्तविक संख्याएँ हैं। तब निम्न समीकरणों में x, y, z का मान होगा $\dfrac{x^2}{a^2} + \dfrac{y^2}{b^2} - \dfrac{z^2}{c^2} = 1$, $\dfrac{x^2}{a^2} - \dfrac{y^2}{b^2} + \dfrac{z^2}{c^2} = 1$, $-\dfrac{x^2}{a^2} + \dfrac{y^2}{b^2} = \dfrac{z^2}{c^2} = 1$
(a) कोई हल नहीं (b) अद्वितीय हल
(c) अनंत हल (d) अनेक हल

9. अगर $F(x) = \begin{vmatrix} \cos x & -\sin x & 0 \\ \sin x & \cos x & 0 \\ 0 & 0 & 1 \end{vmatrix}$ और
$G(y) = \begin{vmatrix} \cos x & 0 & \sin x \\ 0 & 1 & 0 \\ -\sin x & 0 & \cos x \end{vmatrix}$ तब $[F(x)\,G(y)]^{-1}$ बराबर होगा
(a) $F(-x)\,G(-y)$ (b) $F(x)^{-1}\,G(y^{-1})$
(c) $G(-y)\,F(-x)$ (d) $G(y^{-1})\,F(x^{-1})$

10. आव्यूह $\begin{bmatrix} 0 & 1 \\ 1 & 0 \end{bmatrix}$ एक पंक्ति आव्यूह है:
(a) $x = 1$ (b) $y = 1$
(c) $x + y = 1$ (d) $x = y$

11. The transformation due to the reflection of (x, y) through the origin is described by the matrix
(a) $\begin{bmatrix} 0 & 0 \\ 0 & 1 \end{bmatrix}$ (b) $\begin{bmatrix} -1 & 0 \\ 0 & -1 \end{bmatrix}$
(c) $\begin{bmatrix} 0 & -1 \\ -1 & 0 \end{bmatrix}$ (d) $\begin{bmatrix} 1 & 0 \\ 0 & 1 \end{bmatrix}$

12. अगर $A = \begin{bmatrix} 0 & 1 & 2 \\ 1 & 2 & 3 \\ 3 & a & 1 \end{bmatrix}$ और $A^{-1} = \begin{bmatrix} 1/2 & -1/2 & 1/2 \\ -4 & 3 & c \\ 5/2 & -3/2 & 1/2 \end{bmatrix}$ तब
(a) $a = 2, c = -1/2$
(b) $a = 1, c = -1$
(c) $a = -1, c = 1$
(d) $a = 1/2, c = 1/2$

13. अगर सारणिक का मान $\begin{vmatrix} a & 1 & 1 \\ 1 & b & 1 \\ 1 & 1 & e \end{vmatrix}$ धनात्मक हो तब
(a) $abc > 1$ (b) $abc > -8$
(c) $abc > -8$ (d) $abc > -2$

14. निम्न सारणिक का मान बराबर होगा?
$\begin{vmatrix} b+c & a-b & a \\ c+a & b-c & b \\ a+b & c-a & c \end{vmatrix}$
(a) $a^3 + b^3 + c^3 - 3abc$
(b) $3abc - a^3 - b^3 - c^3$
(c) $3abc + a^3 + b^3 + c^3$
(d) इनमें से कोई नहीं।

15. अगर w एक imaginary cube root of unity हो तब सारणिक
$\begin{vmatrix} 1+w & w^2-w \\ 1+w^2 & w-w^2 \\ w^2+w & w-w^2 \end{vmatrix}$ बराबर है:

(a) 0 (b) $2w$
(c) $2w^2$ (d) $-3w^2$

16. निम्न सारणिक का मान बराबर होगा।
$\begin{vmatrix} 1 & 1 & 1 & 1 \\ 1 & 2 & 3 & 4 \\ 1 & 3 & 6 & 10 \\ 1 & 4 & 10 & 20 \end{vmatrix}$

(a) 0 (b) -1
(c) 1 (d) 10

17. अगर x, y, z A.P में हो तब निम्न सारणिक बराबर होगा
$\begin{vmatrix} a+2 & a+3 & a+2x \\ a+3 & a+4 & a+2y \\ a+4 & a+5 & a+2z \end{vmatrix}$

(a) 1 (b) 0
(c) $2a$ (d) a

18. निम्न सारणिक का मान होगा
$\begin{vmatrix} x+2 & x+3 & x+5 \\ x+4 & x+6 & x+9 \\ x+8 & x+11 & x+15 \end{vmatrix}$

(a) 0 (b) -2
(c) 3 (d) $x-1$

19. अगर समीकरण $x^3+ax^2+b=0$ के α, β, λ root है तब निम्न सारणिक का मान होगा
$\begin{vmatrix} \alpha & \beta & \lambda \\ \beta & \lambda & \alpha \\ \lambda & \alpha & \beta \end{vmatrix}$

(a) $-a^3$ (b) a^3-ab
(c) a^3 (d) a^2-3b

20. अगर $a+b+c=0$ एक root हो तब $\begin{vmatrix} a-x & c & b \\ c & b-x & a \\ b & a & c-x \end{vmatrix}=0$ बराबर होगा:

(a) $x=1$
(b) $x=2$
(c) $x=a^2+b^2+c^2$
(d) $x=0$

21. अगर 1, w, w^2 इकाई के तृतीय घात हो तब
$\Delta=\begin{vmatrix} & w^n & w^n \\ w^n & & w^n \\ w^n & w^n & \end{vmatrix}$ का मान होगा

(a) 0 (b) w
(c) w^2 (d) 1

22. समीकरण का एक घात
$\begin{vmatrix} 3x-8 & 3 & 3 \\ 3 & 3x-8 & 3 \\ 3 & 3 & 3x-8 \end{vmatrix}=0$ बराबर होगा

(a) 8/3 (b) 2/3
(c) 1/3 (d) 16/3

23. अगर l, m, n क्रमश: pवाँ, qवाँ, rवाँ पद G.P के हैं तब
$\begin{vmatrix} \log l & p & l \\ \log m & q & k \\ \log n & r & 1 \end{vmatrix}$ बराबर होगा

(a) pqr (b) $l+m+n$
(c) 0 (d) इनमें से कोई नहीं

24. θ का मान 0° से $\frac{\pi}{2}$ के बीच रहता है तो वह समीकरण को संतुष्ट करता है:
$\begin{vmatrix} 1+\sin^2 \varnothing & \cos^2 & 4\sin 4 \\ \sin^2 \varnothing & 1+\cos^2 & 4\sin 4 \\ \sin^2 \varnothing & \cos^2 & 1+4\sin 4 \end{vmatrix}=0$

(a) $\frac{3\pi}{24}$ (b) $\frac{5\pi}{24}$
(c) $\frac{11\pi}{24}$ (d) $\frac{\pi}{24}$

25. अगर समीकरण का एक घात
$\begin{vmatrix} 7 & 6 & x \\ 2 & x & 2 \\ x & 3 & 7 \end{vmatrix}=0$ है एवं $x=-9$ तब अन्य दो घात हैं:

(a) (2, 6) (b) 3, 6
(c) (2, 7) (d) (3, 7)

26. अगर $D_r=\begin{vmatrix} 2^r-1 & 2\cdot 3^r-1 & 4\cdot 5^r-1 \\ \alpha & \beta & \lambda \\ 2^n-1 & 3^n-1 & 5^n-1 \end{vmatrix}$ तब $\sum_{r=1}^{n} D_r$ बराबर होगा:

(a) 0
(b) $\alpha\beta\lambda$
(c) $\alpha+\beta+\lambda$
(d) $\alpha\cdot 2^n+\beta\cdot 3^n+\lambda\cdot 4^n$

27. अगर $a_1, a_2......$ G.P में हो और $a_j>0$ सभी $i>1$ के लिए तब
$\Delta=\begin{vmatrix} \log a_m & \log a_{m+1} & \log a_{m+2} \\ \log a_{m+3} & \log a_{m+4} & \log a_{m+5} \\ \log a_{m+6} & \log a_{m+7} & \log a_{m+5} \end{vmatrix}$ बराबर होगा:

(a) $\log(a_{m+8})-\log(a_m)$
(b) $\log(a_{m+8})+\log a_m$
(c) 0
(d) $\log^2 a_{m+4}$

28. सारणिक $\begin{vmatrix} a & b & a\alpha+b \\ b & c & b\alpha+c \\ a\alpha+b & b\alpha+c & 0 \end{vmatrix}$ शून्य के बराबर है अगर

(a) a, b, c A.P में हो
(b) a, b, c G.P में हो
(c) a, b, c H.P में हो
(d) α समी॰ $ax^2 + bx + c = 0$ का घात हो

29. रेखा $px + qy + r = 0$, $qx + ry + p = 0$ और $rx + py + q = 0$ concurrent है अगर
(a) $pq + qr + rp = 0$
(b) $p^2 + q^2 + r^2 = 2pqr$
(c) $p^3 + q^3 + r^3 = pqr$
(d) इनमें से कोई नहीं

30. अगर $\begin{vmatrix} \alpha & x & x & x \\ x & \beta & x & x \\ x & x & \lambda & x \\ x & x & x & \delta \end{vmatrix} = f(x) = f'(x)$ तब $f(x)$ बराबर होगा:

(a) $(x-\alpha)(x-\beta)(x-\lambda)(x-\delta)$
(b) $(x-\alpha)(x+\beta)(x-\lambda)(x+\delta)$
(c) $2(x-\alpha)(x-\beta)(x-\lambda)\cdot(x-\delta)$
(d) इनमें से कोई नहीं

31. अगर $f(x) = \begin{bmatrix} 1 & x & x+1 \\ 2x & x(x-1) & (x+1)x \\ 3x(x-1) & x(x-1)(x-2) & (x+1)x(x-1) \end{bmatrix}$
तब $f(100)$ बराबर होगा।
(a) 0 (b) 1
(c) 100 (d) -100

32. $(32)(32)^{1/6}(32)^{1/36}.........\infty$ का गुणक बराबर होगा:
(a) 16 (b) 64
(c) 32 (d) 0

33. प्रथम n पदों का योग निम्न श्रृंखला में बराबर होगा:
$\frac{1}{2}+\frac{3}{4}+\frac{7}{8}+\frac{15}{16}+..........$
(a) $2^n - n - 1$ (b) $1 - 2^n$
(c) $n + 2^{-n} - 1$ (d) $2^n - 1$

34. एक AP का प्रथम पद द्वितीय पद और मध्यम पद क्रमशः a, b, c हैं। तब उनका योग बराबर होगा
(a) $\frac{2(c-a)}{b-a}$ (b) $\frac{2c(c-a)}{b-a}+c$
(c) $\frac{2c(b-a)}{c-a}$ (d) इनमें से कोई नहीं।

35. श्रेणी 17, 21, 25.........417 और 16, 21, 26, ...466 में समान पदों की संख्या होगी:
(a) 21 (b) 19
(c) 20 (d) 91

36. निम्न श्रेणी में n पदों का योग होगा:
$\frac{1}{\sqrt{1}+\sqrt{3}}+\frac{1}{\sqrt{3}+\sqrt{5}}+\frac{1}{\sqrt{5}+\sqrt{7}}+..........$
(a) $\sqrt{2n+1}$ (b) $\frac{1}{2}\sqrt{2n+1}$
(c) $\sqrt{2n+1}-1$ (d) $\left\{\frac{\sqrt{2n+1}-\sqrt{1}}{2}\right\}$

37. अगर A_1, A_2 दो संमातर माध्य और G_1, G_2 दो गुणोत्तर माध्य a और b के बीच में हो तब $\frac{A_1 + A_2}{G_1 G_2}$ बराबर है:
(a) $\frac{a+b}{2ab}$ (b) $\frac{2ab}{a+b}$
(c) $\frac{a+b}{ab}$ (d) $\frac{a+b}{\sqrt{ab}}$

38. अगर a, b, c G.P में हो और $d/a, e/b, f/c$ हों तब समीकरण $ax^2 + 2bx + c = 0$ और $dx^2 + 2ex + f = 0$ के समान घात होंगे
(a) G.P (b) A.P
(c) H.P (d) इनमें से कोई नहीं

39. अगर S से अंनत तक योग को सूचित किया जाए एवं S_n से n पदों के योग को सूचित किया जाए निम्न श्रेणी में $1+\frac{1}{2}+\frac{1}{4}+\frac{1}{8}$ इस प्रकार $s - s_n < \frac{1}{1000}$ तब n का न्यूनतम मान कितना होगा।
(a) 8 (b) 9
(c) 10 (d) 11

40. माना a_n nth पद है G.P में और यह धनात्मक पूर्णाक है और $\sum_{n=1}^{100} a_{2n} = \alpha$ तथा $\sum_{n=1}^{100} a_{2n+0} = \beta$ इस प्रकार $\alpha \neq \beta$ तब common ratio है
(a) $\frac{\alpha}{\beta}$ (b) β/α
(c) $(\alpha/\beta)^{1/2}$ (d) $(\beta/\alpha)^{1/2}$

41. अगर G_1 और G_2 दो गुणोत्तर माध्य है और A समांतर माध्य है। तब $\frac{G_1^2}{G_2}+\frac{G_2^2}{G_1}$ मान होगा:
(a) A/2 (b) A
(c) 2A (d) उपर्युक्त में से कोई नहीं

42. a का न्यूनतम मान जो A.P में हो तथा उसके तीन क्रमागत पद $5^{1+x} + 5^{1-x}$, $a/2$, एवं $25^x + 25^{-x}$ हों:
(a) 10 (b) 5
(c) 12 (d) इनसे से कोई नहीं

43. अगर AM, GM, एवं H.M शृंखला के प्रथम एवं अंतिम पद है एवं 25, 26, 27........ N – 1, N श्रेणी के पद है तब N का मान होगा:
(a) 25 (b) 225
(c) 1225 (d) इनसे से कोई नहीं

44. श्रेणी $20+19\frac{1}{3}+18\frac{2}{3}+.........$ का उच्चतम योग क्या होगा?

(a) 310 (b) 300
(c) 320 (d) इनसे से कोई नहीं

45. माना a_1, a_2, a_3 .... A.P में है और उनका c.d 3 के गुणक नहीं है। तब अधिकतम कितने पद होंगे जिसमें सभी पूर्ण संख्या हो?

(a) 2 (b) 3
(c) 5 (d) अनंत

46. अगर
$\left\{(1+|\cos x|+\cos^2 x+|\cos^3 x|+\cos^4 x+.......\infty \log e\, 4\right\}$
निम्न समीकरण को संतुष्ट करता है $y^2-20y+64=0$ for $0<x<\pi$ तब x का मान होगा:

(a) $(\pi/3, 2\pi/3)$
(b) $(\pi/2, \pi/3)$
(c) $(\pi/2, 0, 2\pi/3)$
(d) $(\pi/3, \pi/2, 2\pi/3)$

47. अगर $H_1, H_2, H_3 .... H_n$ n हरात्मक माध्य है a और b का तब $\frac{H_1+a}{H_1-a}+\frac{H_n+b}{H_n-b}$ बराबर होगा

(a) n (b) $3n$
(c) $ab/2$ (d) $2n$

48. Exponential function के लिए $y=a^x\ (a>0\neq 1)$ x_1, x_2 .... x_n – AP में, तब $y_1\ y_2$ .... y_n होगा।

(a) A.P (b) G.P
(c) H.P (d) इनमें से कोई नहीं

49. अगर $\cos(x-y)$, $\cos x$ और $\cos(x+y)$ H.P में हो तब $\cos x \sec y/2$ बराबर होगा।

(a) $\pm\sqrt{2}$ (b) $\pm 1/\sqrt{2}$
(c) ± 2 (d) इनमें से कोई नहीं

50. माना a_1, a_2 .... a_{10} – A.P में हो, $h_1\ h_2$ .... h_{10} – H.P में हो अगर $a_1=h_1$ और $a_{10}=h_{10}=3$ तब $a_4\ h_7$ बराबर होगा:

(a) 2 (b) 3
(c) 5 (d) 6

51. शब्द KURUKSHETRA के अक्षरों को कितने अलग-अलग तरीके से व्यवस्थित कर सकते हैं?

(a) 4497600 (b) 4979600
(c) 4989600 (d) 4789600

52. शब्द ALLAHABAD के अक्षरों को कितने अलग-अलग तरीके से व्यवस्थित कर सकते हैं?

(a) 7560 (b) 7840
(c) 7460 (d) 7650

53. अंक 0, 2, 3, 6, 8 का प्रयोग करते हुये तीन अंकों की संख्या कितने अलग-अलग तरीके से बना सकते है जबकि अंको की पुनरावृत्ति संभव हो?

(a) 110 (b) 120
(c) 100 (d) 720

54. शब्द BHARAT के अक्षरों को कितने अलग-अलग तरीके से व्यवस्थित कर सकते हैं जबकि B और H कभी भी एक साथ न रहे?

(a) 240180 (b) 360240
(c) 320200 (d) 380260

55. शब्द ARRANGEMENT के अक्षरों को कितने अलग-अलग तरीकों से व्यवस्थित कर सकते हैं?

(a) 2492800 (b) 249300
(c) 2494800 (d) 2491800

56. शब्द EXAMINATION के अक्षरों को किसी शब्दकोश में कितने अलग-अलग तरीके से व्यवस्थित कर सकते हैं जबकि प्रत्येक शब्द E से प्रारंभ हो?

(a) 906200 (b) 907200
(c) 908200 (d) 453600

57. शब्द BALLOONS के अक्षरों को कितने अलग-अलग तरीके से व्यवस्थित कर सकते है जबकि दोनों L कभी भी एक साथ न रहें?

(a) 9000 (b) 12000
(c) 8000 (d) 7560

58. शब्द ORIENTAL के अक्षरों को कितनी अलग-अलग तरीके से व्यवस्थित कर सकते हैं जबकि स्वर सदैव विषम स्थानों पर रहे?

(a) 576 (b) 578
(c) 676 (d) 720

59. शब्द UNIVERSAL के अक्षरों को कितने अलग-अलग तरीके से व्यवस्थित किया जा सकता है जबकि E, R, S सदैव साथ रहें?

(a) 32240 (b) 30240
(c) 30248 (d) 31240

60. शब्द ALGEBRA को कितने अलग-अलग तरीके से व्यवस्थित किया जा सकता है, जबकि दोनों A सदैव साथ रहे

(a) 720 (b) 620
(c) 780 (d) 1600

61. शब्द RUMOUR के अक्षरों को कितने अलग-अलग तरीके से व्यवस्थित कर सकते हैं?

(a) 180 (b) 90
(c) 30 (d) 180

62. UNIVERSITY शब्द के अक्षरों से कितने शब्द बनाये जा सकते है, जबकि सभी स्वर एक साथ ही रहे?

(a) 60480 (b) 60660
(c) 50580 (d) 54560

63. शब्द PARALLEL के अक्षरों से ऐसे कितने शब्द बनाए जा सकते हैं जिनमें सभी L साथ साथ न रहें।
(a) 2000 (b) 3000
(c) 1500 (d) 2500

64. शब्द DELHI के सभी अक्षरों से ऐसे कितने शब्द बनाये जा सकते है, जिनमें स्वर केवल सम स्थानों पर हो?
(a) 12 (b) 60
(c) 120 (d) 30

65. शब्द RUSSIA के सभी अक्षरों से कितने शब्द बनाये जा सकते हैं?
(a) 360 (b) 60
(c) 180 (d) 64

66. दो सिक्कों के एक साथ उछाले जाने पर दोनों के पुच्छ आने की प्रायिकता ज्ञात करें।
(a) $\frac{1}{2}$ (b) $\frac{1}{4}$
(c) $\frac{3}{4}$ (d) $\frac{1}{3}$

67. दो सिक्कों के एक साथ उछाले जाने पर केवल एक पुच्छ आने की प्रायिकता ज्ञात करें?
(a) $\frac{1}{2}$ (b) $\frac{1}{4}$
(c) $\frac{3}{4}$ (d) $\frac{1}{8}$

68. दो सिक्कों के एक साथ उछाले जाने पर कोई भी पुच्छ न आने की प्रायिकता ज्ञात करें।
(a) $\frac{3}{4}$ (b) $\frac{1}{2}$
(c) $\frac{1}{4}$ (d) $\frac{1}{8}$

69. तीन सिक्कों के एक साथ उछाले जाने पर शीर्ष आने की प्रायिकता ज्ञात करें।
(a) $\frac{1}{6}$ (b) $\frac{1}{8}$
(c) $\frac{1}{4}$ (d) $\frac{1}{3}$

70. तीन सिक्कों के एक साथ उछाले जाने पर दो शीर्ष आने की प्रायिकता ज्ञात करें।
(a) $\frac{3}{8}$ (b) $\frac{1}{2}$
(c) $\frac{1}{8}$ (d) $\frac{1}{4}$

71. तीन सिक्कों के एक साथ उछाले जाने पर कम से कम दो शीर्ष आने की प्रायिकता ज्ञात करें?
(a) $\frac{1}{2}$ (b) $\frac{3}{8}$
(c) $\frac{1}{8}$ (d) $\frac{1}{4}$

72. तीन सिक्कों के एक साथ उछाले जाने पर अधिक से अधिक दो शीर्ष आने की प्रायिकता ज्ञात करें।
(a) $\frac{3}{8}$ (b) $\frac{1}{2}$
(c) $\frac{7}{8}$ (d) $\frac{3}{4}$

73. तीन सिक्कों के एक साथ उछाले जाने पर कोई भी शीर्ष न आने की प्रायिकता ज्ञात करें?
(a) $\frac{3}{8}$ (b) $\frac{1}{8}$
(c) $\frac{1}{2}$ (d) $\frac{2}{3}$

74. तीन सिक्कों के एक साथ उछाले जाने पर कम से कम एक शीर्ष व एक पुच्छ आने की प्रायिकता ज्ञात करें?
(a) $\frac{1}{2}$ (b) $\frac{1}{4}$
(c) $\frac{3}{4}$ (d) $\frac{2}{3}$

75. एक सिक्का तीन बार उछाला जाता है, तो एकान्तर क्रम में शीर्ष व पुच्छ आने की प्रायिकता ज्ञात करें?
(a) $\frac{3}{8}$ (b) $\frac{5}{16}$
(c) $\frac{9}{16}$ (d) $\frac{1}{8}$

76. चार सिक्के एक साथ उछाले जाते हैं। चार शीर्ष आने की प्रायिकता ज्ञात करें?
(a) $\frac{1}{16}$ (b) $\frac{5}{16}$
(c) $\frac{9}{16}$ (d) $\frac{1}{8}$

77. चार सिक्के एक साथ उछाले जाते हैं। केवल तीन पुच्छ आने की प्रायिकता ज्ञात करें?
(a) $\frac{1}{16}$ (b) $\frac{1}{4}$
(c) $\frac{5}{16}$ (d) $\frac{4}{3}$

78. दो पासे एक साथ फैंके जाने पर युग्म आने की प्रायिकता ज्ञात करें?
(a) $\frac{1}{6}$ (b) $\frac{5}{6}$
(c) $\frac{1}{9}$ (d) $\frac{1}{18}$

79. दो पासे फैंके जाते हैं तो एक पर विषम संख्या तथा दूसरे पर तीन का गुणक आने की प्रायिकता ज्ञात करें।
(a) $\frac{5}{36}$ (b) $\frac{25}{36}$
(c) $\frac{11}{36}$ (d) $\frac{1}{9}$

80. SOCIETY शब्द के अक्षर एक पंक्ति में रखे जाते हैं। तीन अक्षरों के एक साथ आने की प्रायिकता क्या होगी?

(a) $\frac{3}{7}$ (b) $\frac{2}{7}$

(c) $\frac{1}{7}$ (d) $\frac{4}{7}$

81. UNIVERSITY शब्द के अक्षर एक पंक्ति में रखे जाते हैं। तीन अक्षरों के एक साथ आने की प्रायिकता क्या होगी?

(a) $\frac{4}{5}$ (b) $\frac{1}{5}$

(c) $\frac{3}{5}$ (d) $\frac{2}{3}$

82. एक ताश की गड्डी से 1 पत्ता खींचने पर उसके हुकुम अथवा इक्का अथवा लाल रंग के होने की प्रायिकता होगी?

(a) $\frac{9}{13}$ (b) $\frac{4}{13}$

(c) $\frac{11}{13}$ (d) $\frac{10}{13}$

83. शब्द SOCIETY के अक्षरों को एक पंक्ति में व्यवस्थित करने पर यदि स्वर एक साथ आये तो प्रायिकता क्या है?

(a) $\frac{4}{7}$ (b) $\frac{3}{7}$

(c) $\frac{2}{7}$ (d) $\frac{1}{7}$

84. निम्नलिखित में से कौन-सा एक समीकरणों

$\frac{3x-y+1}{3}=\frac{2x+y+2}{5}=\frac{3x+2y+1}{6}$ का हल है?

(a) $x=2, y=1$ (b) $x=1, y=1$

(c) $x=-1, y=-1$ (d) $x=1, y=2$

85. यदि $\alpha\beta$ समीकरण $ax^2+bx+c=0$ के मूल हैं, तो $\left(\frac{1}{\alpha^2}-\frac{1}{\beta^2}\right)^2$ का मान क्या है?

(a) $b^2(b^2-4ac/c^4)$ (b) $b(b^2-4ac)/c^2$

(c) (b^2-4ac/c^2) (d) $(b^2-4ac)/c^4$

86. $x^2-ax+b=0$ के मूलों के अन्तर का परिमाण क्या है?

(a) $\sqrt{a^2-4b}$ (b) $\sqrt{b^2-4a}$

(c) $2\sqrt{a^2-4b}$ (d) $\sqrt{b^2-4ab}$

87. समीकरण $x-y=0-9$ और $11(x+y)^{-1}=2$ का हल क्या है?

(a) $x=3-2$ और $y=2-3$

(b) $x=1$ और $y=0.1$

(c) $x=2$ और $y=1.1$

(d) $x=1.2$ और $y=0.3$

88. यदि $x=2+\sqrt{3}$ है, तो (x^2+x^{-2}) के बराबर क्या है?

(a) 12 (b) 13

(c) 14 (d) 15

89. समीकरण $7x^2+12x+18=0$ के मूलों के गुणनफल से मूलों के वर्गों के योगफल का अनुपात क्या है?

(a) $-6:7$ (b) $1:6$

(c) $-6:1$ (d) $-1:6$

90. यदि एक रैखिक बहुपद द्वारा एक बहुपद को विभाजित किया जाता है, तो शेषफल क्या है?

(a) केवल अचर बहुपद

(b) केवल शून्य बहुपद

(c) या तो अचर या शून्य बहुपद

(d) रैखिक बहुपद

91. यदि $a^x=b^y=c^2$ और $abc=1$ है, तो $xy+yz+zx$ किसके बराबर है?

(a) xyz (b) $x+y+z$

(c) 0 (d) 1

92. k का ऐसा मान है जिसके लिए $x+2y-3=0$ और $5x=ky+7=0$ समीकरणों के निकाय का कोई हल नहीं होता?

(a) $-\frac{3}{14}$ (b) -14

(c) $\frac{1}{10}$ (d) 40

93. $\frac{(x-y)^3+(y-z)^3+(z-x)^3}{4(x-y)(y-z)(z-x)}$ किसके बराबर है?

(a) $-\frac{3}{14}$ (b) $\frac{1}{4}$

(c) $\frac{3}{4}$ (d) 0

94. यदि समीकरण $\frac{x(x-1)-(m+1)}{(x-1)(m-1)}=\frac{x}{m}$ के मूल बराबर है तो m का मान क्या है?

(a) 1 (b) $\frac{1}{2}$

(c) 0 (d) $-\frac{1}{2}$

95. यदि $\left(a+\sqrt{a^2+b^3}\right)^{1/3}+\left(a-\sqrt{a^2+b^3}\right)^{1/3}$ है, तो $x^3+3bx-2a$ का मान क्या है?

(a) $2a^3$ (b) $-2a^3$

(c) 1 (d) 0

96. यदि समीकरण $x^2+px+q=0$ के मूल α और β हैं, तो निम्नलिखित समीकरणों में से किस समीकरण के मूल $-\alpha^{-1}, -\beta^{-1}$ हैं?

(a) $qx^2-px+1=0$

(b) $qx^2+px+1=0$

(c) $x^2+px-q=0$

(d) $x^2-px+q=0$

97. यदि समीकरण $ax^2 + x - 3 = 0$ का एक मूल -1 है, तो दूसरा मूल क्या है?
(a) $\frac{1}{4}$ (b) $\frac{1}{2}$
(c) $\frac{3}{4}$ (d) 1

98. यदि समीकरण
$(a^2 + b^2)x^2 - 2(ac + bd)x + (c^2 + d^2) = 0$ के मूल बराबर हैं, तो निम्नलिखित में से कौन-सा एक सही है?
(a) $ab = cd$
(b) $ad = bc$
(c) $a^2 + c^2 = b^2 + d^2$
(d) $ac = bd$

99. समीकरण $4^x - 3 \cdot 2^{x+2} + 32 = 0$ के मूल क्या है?
(a) 1, 2 (b) 3, 4
(c) 2, 3 (d) 1, 3

100. यदि समीकरण $x^2 - x - 1 = 0$ के मूल α और β हैं तो $(\alpha^4 + \beta^4)$ का मान क्या है?
(a) 7 (b) 0
(c) 2 (d) इनमें से कोई नहीं

उत्तरमाला (Answer Key)

1. (a)	2. (b)	3. (c)	4. (b)	5. (c)	6. (c)	7. (d)	8. (b)
9. (c)	10. (d)	11. (b)	12. (b)	13. (b)	14. (b)	15. (d)	16. (c)
17. (b)	18. (b)	19. (c)	20. (d)	21. (d)	22. (b)	23. (c)	24. (c)
25. (c)	26. (a)	27. (c)	28. (b)	29. (c)	30. (a)	31. (a)	32. (b)
33. (c)	34. (b)	35. (c)	36. (d)	37. (c)	38. (b)	39. (d)	40. (b)
41. (c)	42. (c)	43. (c)	44. (a)	45. (d)	46. (d)	47. (d)	48. (c)
49. (d)	50. (a)	51. (c)	52. (a)	53. (c)	54. (b)	55. (d)	56. (d)
57. (d)	58. (a)	59. (b)	60. (a)	61. (d)	62. (a)	63. (b)	64. (a)
65. (a)	66. (b)	67. (a)	68. (a)	69. (b)	70. (a)	71. (a)	72. (c)
73. (b)	74. (c)	75. (b)	76. (a)	77. (b)	78. (a)	79. (c)	80. (a)
81. (c)	82. (a)	83. (d)	84. (b)	85. (a)	86. (a)	87. (a)	88. (c)
89. (a)	90. (c)	91. (c)	92. (d)	93. (c)	94. (d)	95. (d)	96. (a)
97. (c)	98. (b)	99. (c)	100. (a)				

हल (Solutions)

1. (a)

माना A एक विषम सममित आव्यू की कोटि विषम $(2n+1)$ है। तब A विषम सममित आव्यूह होगा

$\therefore\ A^T = -A$

$|A^T| = |-A| = |A^T| = (-1)^{2n+1}|A|$

$|A^T| = |A| \Rightarrow |A| = -|A|$

$2|A| = 0$

$|A| = 0$

2. (b)

अगर A orthogonal आव्यूह होगा तब

$AA^T = I = A^T A$

$|AA^T| = |I| = |A^T A|$

$|A||A^T| = 1 = |A^T||A|$

$|A|^2 = 1$

$|A| = \pm 1$

3. (c)

$F(\alpha)\,F(\alpha')$

$$\begin{vmatrix} \cos\alpha & -\sin\alpha & 0 \\ \sin\alpha & \cos\alpha & 0 \\ 0 & 0 & 1 \end{vmatrix}\begin{vmatrix} \cos\alpha' & -\sin\alpha & 0 \\ \sin\alpha' & \cos\alpha' & 0 \\ 0 & 0 & 1 \end{vmatrix}$$

$$\begin{bmatrix} \cos(\alpha+\alpha') & -\sin(\alpha+\alpha') & 0 \\ \sin(\alpha+\alpha') & \cos(\alpha+\alpha') & 0 \\ 0 & 0 & 1 \end{bmatrix}$$

$= F(\alpha+\alpha')$

4. (b)

Trace (A) $=$ विकर्ण आव्यूहों का योग

$= 2 + (-5) + 8 = 5$

5. (c)

दिया गया है।

$$A = \begin{vmatrix} 3 & -3 & 4 \\ 2 & -3 & 4 \\ 0 & -1 & 1 \end{vmatrix}$$

तब सारणिक A का मान

$3(-3+4) + 3(2-0) + 4(-2+0)$

$= 3\times 1 + 3\times 2 + 4\times -2 = 1$

दिए गए आव्यूहों का सह गुणनखंड

$c_{11} = 1, c_{12} = -2, c_{13} = -1$

$c_{22} = 3, c_{23} = 3, c_{31} = 0, c_{32} = -4$

$_{33} = -$

$$\text{Adj}(A) = \begin{vmatrix} 1 & -2 & -2 \\ 1 & 3 & 3 \\ 0 & -4 & -3 \end{vmatrix}^T - \begin{vmatrix} 1 & -1 & 0 \\ -2 & 3 & -4 \\ -2 & 3 & -3 \end{vmatrix}$$

$$A^{-1} = \frac{1}{|A|}\text{Adj } A$$

$$A^{-1} = \frac{1}{1}\begin{vmatrix} 1 & -1 & 0 \\ -2 & 3 & -4 \\ -2 & 3 & -3 \end{vmatrix}$$

$$A^{-1} = \begin{vmatrix} 1 & -1 & 0 \\ -2 & 3 & -4 \\ -2 & 3 & -3 \end{vmatrix}$$

$$A^2 = A\cdot A = \begin{vmatrix} 3 & -3 & 4 \\ 2 & -3 & 4 \\ 0 & -1 & 1 \end{vmatrix}\begin{vmatrix} 3 & -3 & 4 \\ 2 & -3 & 4 \\ 0 & -1 & 1 \end{vmatrix}\ \begin{vmatrix} 3 & -1 & 4 \\ 0 & -1 & 0 \\ -2 & 2 & -3 \end{vmatrix}$$

$$A^3 = A^2 - A = \begin{vmatrix} 3 & -4 & 4 \\ 0 & -1 & 6 \\ -2 & 2 & -3 \end{vmatrix}\begin{vmatrix} 3 & -3 & 4 \\ 2 & -3 & 4 \\ 0 & -1 & 1 \end{vmatrix}\ \begin{vmatrix} ü & - & \\ -ü & & - \\ -ü & & - \end{vmatrix}$$

उपर्युक्त मान से साफ है

$A^{-1} = A^3$

6. (d)

$$\text{यहाँ } |A| = \begin{vmatrix} 1 & 2 & 3 \\ 1 & -1 & 4 \\ 2 & 1 & 7 \end{vmatrix} = \begin{vmatrix} 1 & 2 & 3 \\ 0 & -3 & 1 \\ 6 & -3 & 1 \end{vmatrix} = 0$$

$R_2 \to R_2 - R_1$

$R_3 \to R_3 - 2R_1$

$$\text{Adj } A = \begin{vmatrix} -11 & 1 & 3 \\ -11 & 1 & 3 \\ -11 & -1 & -3 \end{vmatrix}\ \begin{vmatrix} -11 & -11 & -11 \\ 1 & 1 & -1 \\ 3 & 3 & -3 \end{vmatrix}$$

$$(\text{Adj } A)\,B = \begin{vmatrix} -11 & -11 & 11 \\ 1 & 1 & -1 \\ 3 & 3 & -3 \end{vmatrix}\begin{vmatrix} 1 \\ 0 \\ 1 \end{vmatrix} = \begin{vmatrix} 0 \\ 0 \\ 0 \end{vmatrix} = 0$$

पाए गए system के 0 से अनंत मान होंगे।

7. (d)

$$x\begin{vmatrix} 3 & -4 \\ 1 & -1 \end{vmatrix} = x^2 = \begin{bmatrix} 5 & -8 \\ 2 & -3 \end{bmatrix}$$

स्पष्टत: $n = 2$ a, b, c के आव्यूह $\begin{bmatrix} 5 & -8 \\ 2 & -3 \end{bmatrix}$ से मिलान नहीं रखते।

8. (b)

माना $\frac{x^2}{a^2} = x,\ \frac{y^2}{b^2} = y$ और $\frac{z^2}{c^2} = z$

तब दिये गए समीकरणों

$x + y - z = 1,\ x - y + z = 1$

$-x + y + z = 1$ तब आव्यूह का गुणक है।

$$A = \begin{vmatrix} ü & & - \\ 1 & -1 & 1 \\ -ü & & \end{vmatrix}$$

स्पष्टत: $|A| \neq 0$ इसलिए दिए गए समीकरणों के अद्वितीय हल होंगे।

9. (c)

दिया है

$[F(x)\,G(y)]^{-1} = [G(y)]^{-1}\,[F(x)]^{-1}$

$= G(-y)\,F(-x)$

10. (d)

$$\begin{bmatrix} x^1 \\ y^1 \end{bmatrix} = \begin{bmatrix} 0 & 1 \\ 1 & 0 \end{bmatrix} \begin{bmatrix} x \\ y \end{bmatrix} = \begin{bmatrix} y \\ x \end{bmatrix}$$

$x^1 = y, y^1 = x$

तब reflection is on the line $y = x$

11. (b)

अब (x^1, y^1) का नया स्थित है।

$x^1 = (-1)\,x + 0 \cdot y, y^1 = 0 \cdot x + (-1)\,y$

$$\begin{vmatrix} x^1 \\ y^1 \end{vmatrix} = \begin{bmatrix} -1 & 0 \\ 0 & -1 \end{bmatrix} \begin{vmatrix} x \\ y \end{vmatrix}$$

रूपांतरित आव्यूह है

$$\begin{bmatrix} -1 & 0 \\ 0 & -1 \end{bmatrix}$$

12. (b)

$|\,A\,| = 0\,(2 - 3a) - 1\,(1 - 9) + 2\,(9 - 6)$

$= 8 + 2a - 12$

$= 2a - 4$

$c_{11} = 2 - 3a, c_{12} = 8, c_{13} = 9 - 6, c_{21} = 2a - d$

$c_{22} = -6, c_{23} = 3, c_{31} = -1, c_{32} = 2, c_{33} = -1$

$$adj\ A = \begin{vmatrix} 2-3a & 8 & a-6 \\ 2a-1 & -6 & 3 \\ -1 & 2 & -1 \end{vmatrix}$$

$$\begin{vmatrix} 2-3a & 2a-1 & -1 \\ 8 & -6 & 2 \\ a-6 & 3 & -1 \end{vmatrix}$$

$$A^{-1} = \frac{adj\ A}{|\,A\,|} = \frac{2}{2a-4} \begin{vmatrix} 2-3a & 2a-1 & -1 \\ 8 & -6 & 2 \\ a-6 & 3 & -1 \end{vmatrix}$$

$$A^{-1} = \begin{bmatrix} 1/2 & -1/2 & 1/2 \\ -4 & 3 & c \\ +5/2 & -3/2 & 1/2 \end{bmatrix}$$ दिया है।

a_{11} और a_{23} दोनों आव्यूहों के तत्वों की तुलना करने पर

$\frac{2-3a}{2a-4} = \frac{1}{2}$

$4 - 6a = 2a - 4$

$8 = 8a$

$a = 1$

$\frac{2}{2a-4} = c$

$c = \frac{1}{a-2}$

$c = \frac{1}{1-2}$

$c = -1$

तब $a = 1$ और $c = -1$

13. (b)

दिया है:

$$\Delta = \begin{vmatrix} a & 1 & 1 \\ 1 & b & 1 \\ 1 & 1 & c \end{vmatrix} = abc - (a + b + c) + 2$$

$\Delta > 0$

$a + b + 2 > a + b + c$

$abc + 2 > 3\,(abc)^{1/3}$

$x^3 + 2 > 3x$, जहाँ $x = (abc)^{1/3}$

$x^3 - 3x + 2 > 0$

$(x-1)^2\,(x+2) > 0$

$x + 2 > 0$

$x > -2$

$(abc)^{1/3} > -2$

$abc > -8$

14. (b)

$$\begin{vmatrix} b+c & a-b & a \\ c+a & b-c & b \\ a+b & c-a & c \end{vmatrix}$$

$c_1 \to c_1 + c_3$

$c_2 \to c_2 - c_3$

$$\begin{vmatrix} a+b+c & -b & a \\ b+c+a & -c & b \\ c+a+b & -a & c \end{vmatrix}$$

$$-(a+b+c) \begin{vmatrix} 1 & b & a \\ 1 & c & b \\ 1 & a & c \end{vmatrix}$$

$$= -(a+b+c) \begin{vmatrix} 1 & b & a \\ 0 & c-b & b-a \\ 0 & a-b & c-a \end{vmatrix}$$

$R_2 \to R_2 - R_1$

$R_3 \to R_3 - R_1$

$= -(a+b+c)\,(a^2 + b^2 + c^2 - ab - bc - ca)$

$= -(a^3 + b^3 + c^3 - 3abc)$

15. (d)

$1 + w + w^2 = 0$ तब

$$\begin{vmatrix} 1+w & w^2 & -w \\ 1+w^2 & w & -w^2 \\ w^2+w & w & -w^2 \end{vmatrix} = \begin{vmatrix} 1+w+w^2 & w^2-w \\ 1+w^2+w & w-w^2 \\ w^2+2w & w-w^2 \end{vmatrix}$$

$c_1 \to c_1 + c_2$ से

$$\begin{vmatrix} 0 & w^2 & -w \\ 0 & w & -w^2 \\ w-1 & w & -w^2 \end{vmatrix} = (w-1) \begin{vmatrix} w^2 & -w \\ w & -w^2 \end{vmatrix}$$

$= (w-1)\,(-w^4 + w^2) = (w-1)\,(-w + w^2)$

$= w^2 + w^3 + w - w^2 = -w^2 + (1+w) - w^2$

$= -3w^2$

16. (c)

$$\begin{vmatrix} 1 & 1 & 1 & 1 \\ 1 & 2 & 3 & 4 \\ 1 & 3 & 6 & 10 \\ 1 & 4 & 10 & 20 \end{vmatrix}$$

$$= \begin{vmatrix} 1 & 1 & 1 & 1 \\ 0 & 1 & 2 & 3 \\ 0 & 2 & 5 & 9 \\ 0 & 3 & 9 & 19 \end{vmatrix} \begin{matrix} R_2 \to R_2 - R_1 \\ R_3 \to R_3 - R_1 \\ \\ R_4 \to R_4 - R_1 \end{matrix}$$

से $\begin{vmatrix} 1 & 2 & 3 \\ 2 & 5 & 9 \\ 3 & 9 & 10 \end{vmatrix} = \begin{vmatrix} 1 & 2 & 3 \\ 0 & 1 & 3 \\ 0 & 3 & 10 \end{vmatrix} \begin{matrix} R_2 \to R_2 - 2R_1 \\ R_3 \to R_3 - 3R_1 \end{matrix}$

$= 10 - 9 = 1$

17. (b)

x, y, z A.P में है तब

$x + z - 2y = 0$

अब $\begin{vmatrix} a+2 & a+3 & a+2x \\ a+3 & a+4 & a+2y \\ a+4 & a+5 & a+2z \end{vmatrix}$

$$\begin{vmatrix} 0 & 0 & 2(x+z-2y) \\ a+3 & a+4 & a+2y \\ a+4 & a+5 & a+az \end{vmatrix}$$

$R_1 \to R_1 + R_3 - 2R_2$ से

$$\begin{vmatrix} 0 & 0 & 0 \\ a+3 & a+4 & a+2y \\ a+4 & a+5 & a+22 \end{vmatrix} = 0$$

18. (b)

$R_2 \to R_2 - R_1$ और

$R_3 \to R_3 - R_2$ से

$$\begin{vmatrix} x+2 & x+3 & x+5 \\ 2 & 3 & 4 \\ 4 & 5 & 6 \end{vmatrix}$$

$$= 2\begin{vmatrix} x & x & x+1 \\ 2 & 3 & 4 \\ 1 & 1 & 1 \end{vmatrix}$$

$R_1 \to R_1 - R_2$

$R_3 \to R_3 - R_2$ से

$$= 2\begin{vmatrix} x & 0 & 1 \\ 2 & 1 & 1 \\ 1 & 0 & 0 \end{vmatrix} \begin{matrix} c_2 \to c_2 - c_1 \\ c_3 \to c_3 - c_2 \end{matrix}$$

$= -2$

19. (c)

अगर α, β, λ दिए गए समीकरण के घात होंगे तब

$\alpha + \beta + \lambda = -a$, $\alpha\beta + \beta\lambda + \lambda\alpha = 0$ और $\alpha\beta\lambda = -b$

अब $\begin{vmatrix} \alpha & \beta & \lambda \\ \beta & \lambda & \alpha \\ \lambda & \alpha & \beta \end{vmatrix}$

$= -(\alpha + \beta + \lambda)(\alpha^2 + \beta^2 + \lambda^2 - \alpha\beta - \beta\lambda - \lambda\alpha)$

$= -(\alpha + \beta + \lambda)\left\{(\alpha + \beta + \lambda)^2 - 3(\alpha\beta + \beta\lambda + \lambda\alpha)\right\}$

$= (a)\left\{a^2 - 0\right\} = a^3$

20. (d)

$$\begin{vmatrix} a-x & c & b \\ c & b-x & a \\ b & a & c-x \end{vmatrix} = 0$$

$c_1 \to c_1 + c_2 + c_3$ से हम पाते हैं:

$$\begin{vmatrix} a+b+c-x & c & b \\ a+b+c-x & b-x & a \\ b+a+c-x & a & c-x \end{vmatrix} = 0$$

$$(a+b+c)\begin{vmatrix} -x & a & b \\ -x & b-x & a \\ -x & a & c-x \end{vmatrix} = 0$$

$\therefore$ दिया है $a + b + c = 0$

$$-x\begin{vmatrix} 1 & c & b \\ 1 & b-x & a \\ 1 & a & c-x \end{vmatrix} = 0$$

$$= -x\begin{vmatrix} 1 & c & b \\ 0 & b-x-c & a-b \\ 0 & a-c & c-b-x \end{vmatrix} = 0$$

$-x[(b-x-c)(c-b-x) - (a-b)(a-c)] = 0$

$= x = 0$

21. (d)

$$\begin{vmatrix} x-1 & 1 & 1 \\ 1 & x-1 & 1 \\ 1 & 1 & x-1 \end{vmatrix} = 0$$

$c_1 \to c_1 + c_2 + c_3$ से

$$\begin{vmatrix} x+1 & 1 & 1 \\ x+1 & x-1 & 1 \\ x+1 & 1 & x-1 \end{vmatrix} = 0$$

$$(x+1)\begin{vmatrix} 1 & 1 & 1 \\ 1 & x-1 & 1 \\ 1 & 1 & x-1 \end{vmatrix} = 0$$

$R_2 \to R_2 - R_1$

$R_3 \to R_3 - R_1$ से

$$(x+1)\begin{vmatrix} 1 & 1 & 1 \\ 0 & x-2 & 0 \\ 0 & 0 & x-2 \end{vmatrix} = 0$$

$(x+1)(x-2)^2 = 0$

$x = -1, 2$

22. (b)

दिया गया समी० है

$$\begin{vmatrix} 3x-8 & 3 & 3 \\ 3 & 3x-8 & 3 \\ 3 & 3 & 3x-8 \end{vmatrix} = 0$$

$c_1 \to c_1 + c_2 + c_3$ से

$$\begin{vmatrix} 3x-2 & 3 & 3 \\ 3x-2 & 3x-8 & 3 \\ 3x-2 & 3 & 3x-8 \end{vmatrix} = 0$$

$$= (3x-2)\begin{vmatrix} 1 & 3 & 3 \\ 1 & 3x-8 & 3 \\ 1 & 3 & 3x-8 \end{vmatrix} = 0$$

$R_2 \to R_2 - R_1, R_3 \to R_3 - R_1$ से

$$(3x-2)\begin{vmatrix} 1 & 3 & 3 \\ 0 & 3x-11 & 0 \\ 0 & 0 & 3x-11 \end{vmatrix} = 0$$

प्रथम पंक्ति को विस्तारित करने पर

$$(3x-2)\times 1\begin{vmatrix} 3x-11 & 0 \\ 0 & 3x-11 \end{vmatrix} = 0$$

$$(3x-2)(3x-11)^2 = 0$$

$$x = 2/3, x = 11/3, x = 2/3$$

23. (c)

माना A पहला पद और $R = c \cdot d$ तब

$$l = AR^{p-1} \qquad \text{(i)}$$

$$m = AR^{q-1} \qquad \text{(ii)}$$

$$n = AR^{r-1} \qquad \text{(iii)}$$

$$\log l = \log A + (p-1)\log R$$

$$\log m = \log A + (q-1)\log R$$

$$\log n = \log A + (r-1)\log R$$

तब

$$\begin{vmatrix} \log l & p & 1 \\ \log m & q & 1 \\ \log n & r & 1 \end{vmatrix} = \begin{vmatrix} \log A + (p-1)\log R & p & 1 \\ \log A + (q-1)\log R & q & 1 \\ \log A + (r-1)\log R & r & 1 \end{vmatrix}$$

$$= \log A\begin{vmatrix} 1 & p & 1 \\ 1 & q & 1 \\ 1 & r & 1 \end{vmatrix} + \log k\begin{vmatrix} (p-1) & p & 1 \\ (q-1) & q & 1 \\ (r-1) & r & 1 \end{vmatrix} = 0$$

पहले सारणिक में c_1 और c_3 का मान बराबर है तब सारणिक का मान $= 0$

$c_1 \to c_1 - c_2 + c_3$

$$\log R\begin{vmatrix} 0 & p & 1 \\ 0 & q & 1 \\ 0 & r & 1 \end{vmatrix} = 0$$

24. (c)

दिया गया समी. है:

$$\begin{vmatrix} 1+\sin^2\theta & \cos^2\theta & 4\sin 4\theta \\ \sin^2\theta & 1+\cos^2\theta & 4\sin 4\theta \\ \sin\theta & \cos^2\theta & 1+4\sin 4\theta \end{vmatrix} = 0$$

$$\text{L.H.S} = \begin{vmatrix} 2 & \cos^2\theta & 4\sin 4\theta \\ 2 & 1+\cos^2\theta & 4\sin 4\theta \\ 1 & \cos^2\theta & 1+4\sin 4\theta \end{vmatrix}$$

$c_1 \to c_1 + c_2$ से

$R_1 \to R_1 - R_2$

$$= \begin{vmatrix} 0 & -1 & 0 \\ 2 & 1+\cos^2\theta & 4\sin 4\theta \\ 1 & \cos^2\theta & 1+4\sin 4\theta \end{vmatrix}$$

पहली पंक्ति के विस्तार पर

$$= -(-1)\begin{vmatrix} 2 & 4\sin 4\theta \\ -1 & 1+4\sin 4\theta \end{vmatrix}$$

$$= 2(2 + 4\sin 4\theta) = 0$$

$$= 2\times 2(1 + 2\sin 4\theta) = 0$$

$$\sin 4\theta = \frac{-1}{2}$$

$$4\theta = +\frac{7\pi}{6} + \frac{11\pi}{6}$$

$$\theta = \frac{7\pi}{24} + \frac{11\pi}{24}$$

25. (c)

$$\begin{vmatrix} 7 & 6 & x \\ 2 & x & 2 \\ x & 3 & 7 \end{vmatrix} = 0$$

$R_1 \to R_1 + R_2 + R_3$ से हम पाते हैं।

$$\begin{vmatrix} x+9 & x+9 & x+9 \\ 2 & x & 2 \\ x & 3 & 7 \end{vmatrix} = 0$$

$$x+9\begin{vmatrix} 1 & 1 & 1 \\ 2 & x & 2 \\ x & 3 & 7 \end{vmatrix} = 0$$

$$\begin{vmatrix} 1 & 1 & 1 \\ 2 & x & 2 \\ x & 3 & 7 \end{vmatrix} = 0$$

$$\begin{vmatrix} 1 & 0 & 0 \\ 2 & x-2 & 0 \\ x & 3-x & 7-x \end{vmatrix} = 0 \qquad \begin{matrix} c_2 \to c_2 - c_1 \\ c_3 \to c_3 - c_1 \end{matrix}$$

से

$$\begin{vmatrix} x-2 & 0 \\ 3-x & 7-x \end{vmatrix} = 0$$

$$(x-2)(7-x) = 0$$

$$x = 2, 7$$

26. (a)

$$\sum 2^{r-1} = 1 + 2 + 2^2 + \dots\dots\dots + 2^{n-1} \; [r = 1, 2 - n]$$

$$1\cdot\frac{(2^n-1)}{(2-1)} = 2^n - 1$$

$$\sum 2\cdot 3^{r-1} = 2(1 + 3 + 3^2 + \dots\dots\dots\dots + 3^{n-1})$$

$$= \frac{2(3^n-1)}{3-1} = 3^n - 1$$

$$\sum 4\cdot 5^{r-1} = 4(1 + 5 + 5^2 + \dots\dots\dots + 5^{n-1})$$

$$= \frac{4(5^n - 1)}{5-1} = 5^n - 1$$

$$\sum D_r = \begin{vmatrix} 2^{n-1} & 3^{n-1} & 5^{n-1} \\ \alpha & \beta & \lambda \\ 2^{n-1} & 3^{n-1} & 5^{n-1} \end{vmatrix} = 0$$

$[\because \ R_1 = R_3]$

27. (c)

हम जानते हैं

$a_{m+1}^2 = a_m \cdot a_{m+2}$

$= 2 \log a_{m+1} = \log a_m + \log a_{m+2}$

$a_{m+4}^2 = a_{m+3} = a_{m+5}$

$2 \log a_{m+4} = \log a_{m+3} + \log a_{m+5}$

$a_{m+7}^2 = a_{m+6} \cdot a_{m+8}$

$\Rightarrow 2 \log a_{m+7} = \log a_{m+6} + \log a_{m+8}$

दिए गए सारणिक के दूसरे स्तंभ में इस मान को रखने पर,

$$\Delta = \frac{1}{2}\begin{vmatrix} \log a_m & \log a_m + \log a_{m+2} & \log a_{m+2} \\ \log a_{m+3} & \log a_{m+3} + \log a_{m+5} & \log a_{m+5} \\ \log a_{m+6} & \log a_{m+6} \log a_{m+8} & \log a_{m+8} \end{vmatrix}$$

$$= \frac{1}{2}(0) = 0$$

28. (b)

$$\begin{vmatrix} a & b & a\alpha + b \\ b & c & b\alpha + c \\ a\alpha + b & b\alpha + c & 0 \end{vmatrix} = 0$$

$$\Delta = \begin{vmatrix} a & b & a\alpha + b \\ b & c & b\alpha + c \\ 0 & 0 & -[\alpha(a\alpha + b) + b\alpha + c)] \end{vmatrix}$$

$R_3 \to R_3 - (\alpha R_1 + R_2)$

$$\begin{vmatrix} a & b & a\alpha + b \\ b & c & b\alpha + c \\ 0 & 0 & -[\alpha^2 + 2b\alpha + c] \end{vmatrix}$$

$= -(a\alpha^2 + 2b\alpha + c)(ac - b^2)$

$(a\alpha^2 + 2b\alpha + c)(b^2 - ac) = 0$

$b^2 - ac = 0$

$b^2 = ac$

a, b, c G.P में है।

29. (c)

दी गयी पंक्ति concurrent होगी

अगर $\Delta = \begin{vmatrix} p & q & r \\ q & r & p \\ r & p & q \end{vmatrix} = 0$

$R_1 \to R_1 + R_2 + R_3$ से $(p + q + R)$ को प्रथम पंक्ति common लेंगे।

$$\Delta = (p+q+r)\begin{vmatrix} 1 & 0 & 0 \\ q & r & p \\ r & p & q \end{vmatrix} = 0$$

$c_2 \to c_2 - c_1, c_3 \to c_3 - c_1$ से

$$\Delta = (p+q+r)\begin{vmatrix} 1 & 0 & 0 \\ q & r-q & p-q \\ r & p-q & q-r \end{vmatrix} = 0$$

$(p+q+r)[(r-q)(q-r) - (p-r)(p-q)] = 0$

$(p+q+r)[-(p^2 + q^2 + r^2 - pq - qr - rp] = 0$

$p^3 + q^3 + r^3 - 3pqr = 0$

$p^3 + q^3 + r^3 = 3pqr$

30. (a)

$$\begin{vmatrix} \alpha & x & x & x \\ x & \beta & x & x \\ x & x & \lambda & x \\ x & x & x & \delta \end{vmatrix}$$

$$\begin{vmatrix} \alpha & x-\alpha & x-\alpha & x-\alpha \\ x & \beta - x & 0 & 0 \\ x & 0 & \lambda - x & 0 \\ \lambda & 0 & 0 & \delta - x \end{vmatrix}$$

$[c_2 \to c_2 - c_1, c_3 \to c_3 - c_1, c_4 \to c_4 - c_1]$

प्रथम स्तंभ का विस्तार करने पर

$= \alpha(\beta - x)(\lambda - x)(\delta - x) - x(x - \alpha)(\delta - x) + x(\beta - x)$

$(\lambda - x)(\alpha - x) + (x - \alpha)(x - \beta)(x - \delta) + (x - \alpha)(x - \lambda)$

$= f(x) - x f'(x)$

जहाँ $f(x) = (x-\alpha)(x-\beta)(x-\lambda)(x-\delta)$

31. (a)

$$f(x) = \begin{vmatrix} 1 & x & x+1 \\ 2x & x(x-1) & (x+)x \\ 3x(x-1) & x(x-1)(x-2) & (x+1)x(x-1) \end{vmatrix}$$

$c_3 \to c_3 - (c_1 + c_2)$ से

$$\begin{vmatrix} 1 & x & 0 \\ 2x & x(x-1) & 0 \\ 3x(x-1) & x(x-1)(x-2) & 0 \end{vmatrix} = 0$$

$\therefore \ f(x) = 0$

$f(100) = 0$

32. (b)

दिया गया गुणक

$= (32)^{1 + 1/6 + \frac{1}{36} + \ldots\ldots\ldots \infty}$

$= (32)^+$

जहाँ $t = 1 + \frac{1}{6} + \frac{1}{36} + \ldots\ldots\ldots\ldots \infty$

$= \frac{1}{1 - \frac{1}{6}}\left[\because s_\infty = \frac{a}{1-r}\right]$

$= \frac{6}{5}$

$= (2^5)\, 6/5 = 2^6 = 64$

33. (c)

$$s=\frac{1}{2}+\frac{3}{4}+\frac{7}{8}+\frac{15}{16}+..........$$

$$s=\left(1-\frac{1}{2}\right)+\left(1-\frac{1}{4}\right)+\left(1-\frac{1}{8}\right)+\left(1-\frac{1}{16}\right)+..........$$

$$=(1+1+1+..........n^{th}\text{ पद })$$

$$-\left(\frac{1}{2}+\frac{1}{4}+\frac{1}{8}+\frac{1}{16}+.........n^{th}\text{ पद}\right)$$

$$=n-\frac{1/2\left(1-\frac{1}{2^n}\right)}{1-1/2}\quad\left[\therefore\ s_n=\frac{a\,(1-r^n)}{(1-r)}\right]$$

$$=n-\left(1-\frac{1}{2^n}\right)$$

$$=n+2^n-1$$

34. (b)

प्रथम पद $=a$ द्वितीय पद b

अंतर $=d=b-a$, c $=$ मध्य पद

इसका अर्थ यह हुआ कि एक विषम पद है दिए गए A.P में।

माना $(2n+1)$ पद A.P में हैं। तब $(n+1)^{th}$ पद मध्य पद है

मध्य पद $=c=a+nd$

$$c=a+n\,(b-a)$$

$$n=\frac{c-a}{b-a}$$

योग $=\frac{2\quad 1}{}[2a+(2n+1-1)\,d]$

$$s_n=\frac{n}{2}[2a+(n-1)\,d]$$

$$=\frac{1}{2}\left\{2\left[\frac{c-a}{b-a}\right]+1\right\}\left\{2a+2\left(\frac{c-a}{b-a}\right)(b-a)\right\}$$

$$=\frac{1}{2}\left[\frac{2\,(c-a)}{b-a}+1\right]2c=\frac{2c\,(c-a)}{b-a}+c$$

36. (d)

n पदों का योग

$$\frac{1}{\sqrt{1}+\sqrt{3}}+\frac{1}{\sqrt{3}+\sqrt{5}}+\frac{1}{\sqrt{5}+\sqrt{3}}$$

$$+.........+\frac{1}{\sqrt{2n-1}+\sqrt{2n+1}}$$

$$=\frac{1}{2}\Big[\left(\sqrt{3}-\sqrt{1}\right)+\left(\sqrt{5}-\sqrt{3}\right)+\left(\sqrt{7}-\sqrt{5}\right)$$

$$+........+\sqrt{2n+1}-\sqrt{2n-1}\Big]$$

$$=\frac{1}{2}\left[\sqrt{2n+1}-\sqrt{1}\right]$$

$$h_7=\frac{18}{7}$$

$$a_4\,h_7=\frac{7}{3}\times\frac{18}{7}=6$$

37. (c)

माना $c\cdot d=d$ और $cr=r$ तब a, A_1, A_2, b A.P में हैं,

b = चौथा पद

$$b=a+3d\ [\because T_n=a+(n-1)d]$$

$$d=\frac{b-a}{3}$$

$$A_1=a+\frac{b-a}{3}=\frac{2a+b}{3}$$

$$A_2=A_1+d=\frac{2a+b}{3}+\frac{b-a}{3}=\frac{a+2b}{3}$$

अब a, G_1, G_2, b G.P में है और चौथा पद b है।

$$b=ar^3$$

$$r=\left(\frac{b}{a}\right)^{1/3}$$

$$G_1=ar=a\left(\frac{b}{a}\right)^{1/3}=a^{2/3}\,b^{1/3}$$

$$G_2=G_1r=a^{2/3}\,b^{1/3}\left(\frac{b}{a}\right)^{1/3}=a^{1/3}\,b^{2/3}$$

तब $\dfrac{A_1+A_2}{G_1\times G_2}=\dfrac{\frac{2a+b}{3}+\frac{a+2b}{3}}{a^{2/3}\,b^{1/3}\times a^{1/3}\,b^{2/3}}=\dfrac{a+b}{ab}$

38. (b)

दिया गया समी.

$ax^2+2bx+c=0$ (i)

अब, a, b, c G.P में है $=b^2=ac$

उपर्युक्त समीकरण को Discriminant करने पर

$D=(2b)^2-4ac=4\,(b^2-ac)=0$ [$\therefore$ समी (i) से]

इनके घात बराबर है, माना इनके घात α एवं β हैं।

$$\alpha+\alpha=\frac{-2b}{a}$$

$\alpha=\dfrac{-b}{a}$ (ii)

दूसरा समी. $dx^2+2ex+f=0$ (iii)

एक समान घात है

$d\alpha^2+2e\alpha+f=0$ (iv)

$\alpha=\dfrac{-b}{a}$ समी. (iv) में

$$\frac{db^2}{a^2}-\frac{2eb}{a}+f=0$$

$$\frac{b^2}{a}\left(\frac{d}{a}-\frac{2e}{b}+\frac{fa}{b^2}\right)=0$$

$$\frac{b^2}{a}\left(\frac{d}{a}-\frac{2e}{b}+\frac{b}{c}\right)=0$$

$$\left[\therefore\ b^2=ac\Rightarrow c=\frac{b^2}{a}\Rightarrow\frac{1}{c}=\frac{a}{b^2}\right]$$

अब, $\frac{b^2}{a} \neq 0$

$$\frac{d}{a} - \frac{2e}{b} + \frac{f}{c} = 0$$

$\frac{d}{a'} \frac{e}{b'} \frac{f}{c}$ A.P में

39. (d)

$$s = 1 + \frac{1}{2} + \frac{1}{4} + \frac{1}{8} + \dots\dots\dots\dots \infty$$

$$s = \frac{1}{1 - \frac{1}{2}} = 2 \quad \left[\therefore \ s_n = \frac{a(1-r^n)}{(1-r)}\right]$$

$$s_n = \frac{1\left[1-(1/2)^n\right]}{1/2} = 2\left(\frac{1}{2}\right)^{n-1}$$

अब, $s - s_n = \left(\frac{1}{2}\right)^{n-1} < \frac{1}{1000}$

$$\left(\frac{1}{2}\right)^{n-1} < \frac{1}{1000}$$

$x = 9$ लेकिन $2^9 = 512 < 1000$

$2^{10} = 1024 > 1000$

$n - 1 = 10$ या $n = 14$

40. (b)

माना $r = cr$ G.P में और $a =$ प्रथम पद G.P में i.e $= a$

$a_2 = ar, a_3 = ar^2, a_4 = ar^3$

Now $\sum_{n=1}^{100} a_{2n} = a_2 + a_4 + a_6 + \dots\dots\dots + a_{200} = \alpha$

i.e $ar = ar^3 + \dots\dots + ar^{199} = \alpha$

$$\frac{ar\,[1-(r)^2\,100]}{1-r^2} = \alpha$$

$$\frac{ar\,(1-r^{200})}{1-r^2} = \alpha \qquad \text{(i)}$$

पुनः $\sum_{n=1}^{100} a_{2n+1} = a_3 + a_5 + \dots\dots + a_{201} = \beta$

$$ar^2 + ar^4 + \dots\dots\dots + ar^{200} = \beta$$

$$\frac{ar^2\,(1-(r^2)\,100)}{1-r^2} = \beta$$

$$\frac{ar^2\,(1-r^{200})}{1-r^2} = \beta \qquad \text{(ii)}$$

(ii) में (i) से भाग देने पर $r = \beta/\alpha$

41. (c)

माना दो संख्याएँ a और b हैं तब

$$\text{A} = \frac{a+b}{2}$$

a, G_1, G_2, b G.P में हैं।

b चौथा पद G.P का

$b = ar^3$

$r = (b/a)^{1/3}$

$G_1 = a\,(b/a)^{1/3} = a^{2/3}\,b^{1/3}$

$G_2 = a\,(b/a)^{2/3} = a^{1/3}\,b^{2/3}$

तब, $\frac{G_1^2}{G_2} + \frac{G_2^2}{G_1} = \frac{a^{4/3}\,b^{2/3}}{a^{1/3}\,b^{2/3}} + \frac{a^{2/3}\,b^{4/3}}{a^{2/3}\,b^{1/3}}$

$= a + b$

$= 2\text{A}$

42. (c)

$5^{1+x} + 5^{1-x}, \frac{9}{2}, 25^x + 25^{-x}$ A.P में है।

$$2\frac{9}{2} = 5^{1+x} + 5^{1-x} + 25^x + 25^{-x}$$

$$a = 5 \cdot 5^x + 5 \cdot 5^{-x} + (5^{2x} + 5^{-2x})$$

$$a = 5\left(5^x + \frac{1}{5x}\right) + \left(5^{2x} + \frac{1}{5^{2x}}\right)$$

हम जानते हैं दो धनात्मक सख्याएँ या उनके व्युत्क्रमों जो सदैव 2 से बराबर या बड़ा रहता है।

$$\left(5^x + \frac{1}{5x}\right) \geq 2$$

$$\left(5^{2x} + \frac{1}{5^{2x}}\right) \geq 2 \text{ for all } x$$

$$a = 5\left(5^x + \frac{1}{5x}\right) + \left(5^{2x} + \frac{1}{5^{2x}}\right) \geq 5(2) + 2$$

$a \geq 12$

44. (a)

श्रेणी का n वाँ पद है।

$20 + (n-1)(-2/3)$ n वाँ पद का अधिकतम योग ≥ 0

$20 + (n-1)(-2/3) \geq 0$

$n \leq 31$

इस प्रकार 31 पदों का योग अधिकतम या बराबर है:

$$\frac{31}{2}\left[40 + 30 \times \left(\frac{-2}{3}\right)\right] = 310$$

45. (d)

$a_2 - a_1 = a_3 - a_2 = c \cdot d \neq$ गुणक 3 के

तब पद

$= a_1, a_1 + d, a_1 + 2d, a_1 + 3d \dots\dots\dots d$ 3 का गुणक नहीं है।

माना $d = 3\lambda + 1$

या $3\lambda + 2$

लगातार पद

$a_1; a_{1+1} + 3\lambda, a_1 + 2 + 6\lambda, a_1 + 3 + 9\lambda \dots\dots\dots$ सभी पूर्ण हैं।

अतः पदों की संख्या अनंत होगी।

46. (d)

ज्ञात है

$$1 + |\cos x| + \cos^2 x + |\cos^3 x| + \dots\dots\dots = \frac{1}{1 - |\cos x|} = \alpha$$

$\therefore \quad \exp(\alpha - \log_e 4) = \exp(\log_c 4^{\alpha}) = 4^{\alpha}$

अब, $y^2 - 20y + 64 = 0$

$(y-4)(y-16) = 0$

$y = 4$ या $y = 16$

दिया गया मान समी. को संतुष्ट करता है।

$\therefore \quad 4^{\alpha} = 4$ या $4^{\alpha} = 16$

$\alpha = 1$ या $\alpha = 2$

$\frac{1}{1-|\cos x|} = 1$ या $\frac{1}{1-|\cos x|} = 2$

$|\cos x| = 0$ या $|\cos x| = 1/2$

$x = \pi/2$ या, $x = \pi/3, 2\pi/3$

47. (d)

$H_1 = \frac{(n+1)ab}{nb+a}, \; H_n = \frac{(n+1)ab}{na+b}$

$\frac{H_1}{a} = \frac{(n+1)b}{nb+a}, \; \frac{H_n}{b} = \frac{(n+1)1}{na+b}$

Componendo and dividendo से

$\frac{H_1+a}{H_1-a} = \frac{(2n+1)b+a}{b-a}$

$\frac{H_n+b}{H_n-b} = \frac{(2n+1)a+b}{a-b}$

$\frac{H_1+a}{H_1-a} + \frac{H_n+b}{H_n-b}$

$\frac{1}{b-a}[(2n+1)b + a - (2n+1)a - b]$

$\frac{1}{b-a}[2nb - 2na] = 2n$

48. (c)

$x_2 - x_1 < x_3 - x_2 = x_4 - x_3 = \ldots\ldots\ldots\ldots = d$ (दिया है)

$\frac{y_1}{y_2} = \frac{a^{x^1}}{a^{x^2}} = a^{x_1 - x_2} = a^{-d}$

$\frac{y_2}{y_3} = \frac{a^{x_2}}{a^{x_3}} = a^{x_2 - x_3} = a^{-d}$

$\frac{y_1}{y_2} = \frac{y_2}{y_3}$ या $y_1 y_3 = y_2^2$

$\therefore \; y_1 y_2 -$ G.P में है।

49. (d)

माना $d =$ A.P का $c \cdot d$ तब

$a_{10} = 3$

$a_1 + 9d = 3$

$2 + 9d = 3$

$d = 1/9$

$a_4 = a_1 + 3d \Rightarrow 2 + \frac{1}{3} = \frac{7}{3}$

माना D = H.P का cd

$\frac{1}{h_1}, \frac{1}{h_2} \ldots\ldots\ldots \frac{1}{h_{10}}$

तब $h_{10} = 3 \Rightarrow \frac{1}{h_{10}} = \frac{1}{3}$

$\frac{1}{h_1} + 9D = \frac{1}{3}$

$\frac{1}{2} + 9D = \frac{1}{3}$

$9D = -1/6$

$D = -1/54$

$\frac{1}{h_7} = \frac{1}{h_1} + 6D = \frac{1}{2} - \frac{1}{9} = \frac{7}{18}$

$h_7 = \frac{18}{7}$

$a_4 \, h_7 = \frac{7}{3} \times \frac{18}{7} = 6$

50. (a)

$\cos(x-y), \cos x, \cos(x+y)$ H.P में हैं।

$\cos x = \frac{2\cos(x-y)\cos(x+y)}{\cos(x-y) + \cos(x+y)}$

$\cos x = \frac{2(\cos^2 x - \sin^2 y)}{2\cos x - \cos y}$

$\cos^2 x \cos y = \cos^2 x - \sin^2 y$

$\cos^2 x(\cos y - 1) = -\sin^2 y$

$\cos^2 x(\cos y - 1) = -\sin^2 y$

$\cos^2 x(1 - \cos y) = 1 - \cos^2 y$

$\cos^2 x(1 - \cos y) = (1 - \cos y)(1 + \cos y)$

$\cos^2 x = 1 + \cos y$

$\cos^2 x = 2\cos^2 y/2$

$\cos^2 x \sec^2(y/2) = 2$

$\cos x \cdot \sec(y/2) = \pm\sqrt{2}$

51. (c)

KURUKSHETRA में कुल ग्यारह अक्षर है जिनमें दो K दो U और R हैं।

$\frac{11!}{2!\,2!\,2!} = 4989600$

52. (a)

ALLAH ABAD शब्द में कुल नौ अक्षर हैं जिनमें A चार बार और L दो बार की पुनरावृति हो रही है।

$\frac{9!}{4!\,2!} = \frac{9 \times 8 \times 7 \times 6 \times 5 \times 4!}{4! \times 2}$

$= 9 \times 8 \times 7 \times 3 \times 5 = 7560$

53. (c)

कुल 5 अंक हैं शून्य सौवें के स्थान पर नहीं हो सकता। सौवाँ स्थान शेष चार अंकों को शेष चार तरीके से भरा जा सकता है। अत: सौवाँ के स्थान को भरने के लिए पर्याप्त 4 अंक होंगे।

अत: सौवाँ के स्थान को भरने के तरीके $= 4$

चूँकि अंको की पुनरावृत्ति संभव है अत: कुल तरीके $= 4 \times 25 = 100$

54. (b)

$\therefore$ कुल शब्दों के क्रमचयों की संख्या जिनमें B और H एक साथ होंगे

$\frac{6!}{2!} = 360$

कुल शब्दों के क्रमचयों की संख्या जिनमें B और H एक साथ नहीं है।

$= 360 - \frac{5!}{2!} = 360 - 120 = 240$

55. (d)

कुल शब्दों के क्रमचयों की संख्या जिनमें A, N, R और E की पुनरावृत्ति दो बार हो रही है।

$\frac{11!}{2!\,2!\,2!\,2!} = 2491800$

56. (d)

शब्द EXAMINATION में I दो बार, A दो बार N दो बार दुहराया जा रहा है और शुरूआत अक्षर E से होने पर बचे अक्षरों को व्यवस्थित करने के कुल तरीके

$\frac{10!}{2!\,2!\,2!} = \frac{10 \times 9 \times 8 \times 7 \times 6 \times 5 \times 4 \times 3 \times 2 \times 1}{2 \times 2 \times 2}$

$= 453600$

57. (d)

BALLOONS में 8 अक्षर है जिसमें, L दो बार और O दो बार आ रहा है।

$\therefore$ अत: कुल क्रमचयों की संख्या

$= \frac{8!}{2! \times 2!} = 10080$

दोनों L एक साथ आने की कुल संख्या

$\frac{7!}{2!} = 7 \times 6 \times 5 \times 4 \times 3 = 2520$

अत: कुल क्रमचयों की संख्या $= 10080 - 2520 = 7560$

58. (a)

कुल तरीके

$4! \times 4! = 24 \times 24 = 576$

59. (b)

$7! \times 3! = 30240$

60. (a)

कुल तरीके $6! = 720$

61. (d)

कुल तरीके $= \frac{6!}{2!\,2!} = \frac{6 \cdot 5 \cdot 4 \cdot 3 \cdot 2 \cdot 1}{2 \cdot 1 \cdot 2 \cdot 1}$

$= 180$

62. (a)

स्वर के एक साथ आने पर बने शब्दों की संख्या $= \frac{7! \times 4!}{2!}$

$= 5040 \times 12 = 60480$

इसे 2! से भाग देंगे क्योंकि स्वर i शब्द दो बार आया है।

63.

शब्दों की कुल संख्या जिसमें L साथ न आये

$\frac{8!}{3!\,2!} - \frac{6!}{2!}$

$\frac{8 \times 7 \times 6 \times 5 \times 4 \times \underline{|3}}{\underline{|3} \times 2} - \frac{6 \times 5 \times 4 \times 3 \times \underline{|2}}{\underline{|2}}$

$= 3360 - 360 = 3000$

64. (a)

व्यवस्थित करने के तरीके $= \underline{|3}\,\underline{|2}$

$= 3 \times 2 \times 2 = 12$

65. (a)

RUSSIA में 'S' अक्षर दो बार आया है।

इसलिए संभव संख्या है।

$= \frac{\underline{|6}}{\underline{|2}} = 360$

66. (b)

समष्टि समूह $= \{HH, HT, TH, TT\}$

कुल घटनाएँ $= 4$

वांछित घटना $=$ TT

$p = 1/4$

67. (b)

समष्टि समूह $= \{HH, HT, TH, TT\}$

वांछित घटना $=$ (HT, TH)

$\therefore \quad p = 2/4 = 1/2$

68. (a)

समष्टि समूह $= \{HH, HT, TH, TT\}$

कुल तरीके $= 4$

HH केवल एक वांछित पद है।

यदि कोई पुच्छ न हो तो:-

$p = 1/4$

69. (b)

समष्टि समूह $= \{HHH, HHT, HTH, HTT, THT, TTH, THH, TTT\}$

कुल घटनाएँ $=$ HHH

$\therefore \quad p = \frac{1}{8}$

70. (a)

समष्टि समूह $= \{HHH, HHT, HTH, HTT, THT, TTH, THH, TTT\}$

कुल घटनाएँ $= 8$

वांछित घटनाएँ $= 3$ {HHT, HTH, THH}

$\therefore \quad p = \frac{3}{8}$

71. (a)

समष्टि समूह = {HHH, HHT, HTH, HTT, THT, TTH, THH, TTT}

कुल घटनाएँ = 8

वांछित घटनाएँ = 4 {HHT, HTH, THH, HHH}

$p = \frac{4}{8} = \frac{1}{2}$

72. (c)

समष्टि समूह S = {HHH, HHT, HTH, HTT, THT, TTH, THH, TTT}

कुल घटनाएँ = 8

p (ज्यादा से ज्यादा 2 शीर्ष)

$= p$ (3 शीर्ष)

$= 1 - p$ (3 शीर्ष) $= 1 - \frac{1}{8} = 7$

73. (b)

समष्टि समूह S = {HHH, HHT, HTH, HTT, THT, TTH, THH, TTT}

कुल घटनाएँ = 8

p (शीर्ष न होने की) $= p = \frac{1}{8}$

74. (c)

कुल घटनाएँ = 8

वांछित घटनाएँ = 6 {HHT, HTH, HTT, THT, TTH, THH}

अभीष्ट प्रायिकता $= \frac{6}{8} = \frac{3}{4}$

75. (b)

समष्टि समूह = 8

{HHH, HHT, HTT, HTT, THH, THT, TTH, TTT}

वांछित घटनाएँ = 2

{HTH, THT}

प्रायिकता $= \frac{2}{8} = \frac{1}{4}$

76. (a)

कुल घटनाएँ = 16

वांछित घटना = {HHHH, HHHT, HHTH, HTHH, THHH, HHTT, HTHT, HTTH, THTH, TTHH, TTHH, TTTH, TTHT, THTT, HTTT, TTTT}

एक वांछित घटना = TTTT

4 पुच्छ आने की प्रायिकता $= 1/16$

77. (b)

कुल घटनाएँ $2^4 = 16$

वांछित घटनाएँ 4 {TTTH, THHT, THTT, HTTT}

प्रायिकता $= \frac{4}{16} = \frac{1}{4}$

78. (a)

दोनो पासों पर एक ही संख्या होने की घटनाएँ = 6

(1, 1), (2, 2), (3, 3), (4, 4), (5, 5), (6, 6) $p = \frac{6}{36} = \frac{1}{6}$

79. (c)

वांछित घटनाएँ

(1, 3), (1, 6), (3, 3), (3, 6), (5, 3), (5, 6), (3, 1), (6, 1), (6, 3), (3, 5), (6, 6)

अत: प्रायिकता $= 6 \times 6 = 36$

$\therefore$ प्रायिकता $= \frac{11}{31} = \frac{11}{36}$

80. (c)

SOCIETY शब्द में अक्षरों की कुल संख्या $\lfloor 7$ स्वरों को 1 अक्षर मानते हुए व्यवस्थित करने की कुल संख्या $= \lfloor 5$ तथा उनके एक साथ व्यवस्थित होने की कुल संख्या $= \lfloor 3$

$P = \frac{5! \times 3!}{7!} = \frac{3 \times 2 \times 1}{7 \times 6} = \frac{1}{7}$

81. (a)

शब्द UNIVERSITY के अक्षरों में अक्षर I दो बार दोहराया जा रहा है।

$\therefore$ प्रायिकता $= \dfrac{\frac{\lfloor 10}{\lfloor 2} - \frac{\lfloor 9 \times \lfloor 2}{\lfloor 2}}{\frac{\lfloor 10}{\lfloor 2}} = \frac{4}{5}$

82. (d)

A : पत्ता हुक्म का

B : पत्ता इक्का हो

C = पत्ता लाल रंग का हो

$P(A) = \frac{13}{52}$, $P(B) = \frac{4}{52}$ $(C) = \frac{26}{52}$

$P(A \cap B) = \frac{1}{52}$

$P(B \cap C) = \frac{2}{52}$

$P(C \cap A) = \frac{0}{52} = 0$

$P(A \cap B \cap C) = \frac{0}{52} = 0$

$\therefore$ अभीष्ट प्रायिकता

$P(A \cup B \cup C)$

$= P(A) + P(B) + P(C) - P(A \cap B) - P(B \cap C)$

$- P(C \cap A) + P(A \cap B \cap C)$

$= \frac{13}{52} + \frac{4}{52} + \frac{26}{52} - \frac{1}{52} - \frac{2}{52} + 0 = \frac{40}{52} = \frac{10}{13}$

83. (d)

तीनों स्वर एक साथ आये

$n(A) = 3!, n(5) = 5$

अभीष्ट प्रायिकता $P = (A)$

$\frac{n(A)}{n(S)} = \frac{3!}{7!}$

$= \frac{3 \times 2}{7 \times 6} = \frac{1}{7}$

84. (b)

दिया गया समीकरण है।

$$\frac{3x-y+1}{3}=\frac{2x+y+2}{5}=\frac{3x+2y+1}{6}$$

पहला तथा दूसरा पद लेने पर,

$5(3x-y+1)=3(2x+y+2)$

$9x-8y=1$

दूसरा तथा तीसरा पद लेने पर,

$5(3x-y+1)=3(2x+y+2)$

$9x-8y=1$ (i)

दूसरा तथा तीसरा पद लेने पर,

$6(2x+y+2)=5(3x+2y+1)$

$3x+4y=7$ (ii)

(i) तथा (ii) को हल करने पर

$y=1, x=1$

85. (a)

क्योंकि α तथा β समीकरण $ax^2+bx+c=0$ के मूल है।

$\alpha+\beta=-b/a$ तथा $\alpha\beta=c/a$

अब, $\left(\frac{1}{\alpha^2}-\frac{1}{\beta^2}\right)^2=\left(\frac{\beta^2-\alpha^2}{\alpha^2\beta^2}\right)^2=\frac{(\alpha+\beta)^2[(\alpha+\beta)^2-4\alpha\beta]}{(\alpha^2\beta^2)^2}$

$$=\frac{\frac{b^2}{a^2}\left[\frac{b^2}{a^2}-\frac{4c}{a}\right]}{\left(\frac{c^2}{a^2}\right)^2}=\frac{b^2}{c^4}(b^2-4ac)$$

86. (a)

माना समीकरण $x^2-ax+b=0$ के मूल α तथा β हैं।

$\alpha+\beta=a$ तथा $\alpha\beta=b$

अब $|\alpha-\beta|=\sqrt{(\alpha+\beta)^2-4\alpha\beta}$

$=\sqrt{a^2-4b}$

87. (a)

दिया है

$x-y=0\cdot 9$ (i)

तथा $11(x=y)^{-1}=2\Rightarrow 2x+2y=11$ (ii)

समी $(i)\times 2$ एवं $(i)+(ii)$ से

$4x=12\cdot 8=x=3\cdot 2$

समी. (i) से $y=3\cdot 2\ -0\cdot 9=2\cdot 3$

88. (c)

$$x^2+\frac{1}{x^2}=\left(x+\frac{1}{x}\right)^2-2$$

$$=\left(2+\sqrt{3}+\frac{1}{2+\sqrt{3}}\right)^2-2$$

$$=\left(2+\sqrt{3}+\frac{r-\sqrt{3}}{1}\right)^2-2$$

$=16-2=14$

89. (a)

माना मूल α तथा β है।

$\alpha+\beta=-\frac{12}{7}$ तथा $\alpha\beta=-\frac{18}{7}$

$$\alpha^2+\beta^2+2\alpha\beta=\frac{144}{49}$$

$$\alpha^2+\beta^2=\frac{144}{49}-\frac{36}{7}=\frac{108}{49}$$

$$\frac{\alpha^2+\beta^2}{\alpha\beta}=\frac{-108/49}{18/7}$$

$=-6/7$

90. (c)

यदि एक रैखिक बहुपद द्वारा एक बहुपद को विभाजित किया जाता है, तो शेषफल या तो अचर या शून्य बहुपद होगा।

91. (c)

दिया है, $a^x=b^y=c^z=k$

$a=k^{1/n}, b=k^{1/y}$ तथा $c=k^{1/2}$

$abc=k^{1/x+1/y+1/z}$

$1=k^{1/x+1/y+1/2}$

$$\frac{1}{x}+\frac{1}{y}+\frac{1}{z}=0$$

$xy+yz+zx=0$

92. (d)

क्योंकि दिया है, समीकरणों के निकाय

$x+2y-3=0$ तथा $5x+ky+7=0$ का कोई हल नहीं है।

$$\begin{vmatrix}1 & 2\\ 5 & k\end{vmatrix}=0$$

$k-10=0$

$k=10$

93. (c)

हम जानते हैं, यदि $a+b+c=0$

तब $a^3+b^3+c^3=3abc$

यहाँ, $x-y+y-z+z-x=0$

$$\frac{(x-y)^3\,(y-z)^3\,(z-x)^3}{4(x-y)(y-z)(z-x)}$$

$$\frac{3(x-y)(y-z)(z-x)}{4(x-y)(y-z)(z-x)}=\frac{3}{4}$$

94. (d)

दिया है,

$$\frac{x(x-1)-(m+1)}{(x-1)(m-1)}=\frac{x}{m}$$

$m(x^2-x-m-1)=x(mx-x-m+1)$

$mx^2-mx-m(m+1)=mx^2-x^2-mx+x$

$x^2-x-m(m+1)=0$

माना मूल α तथा α हैं।

$\alpha + \alpha = 1, \alpha . \alpha = -m(m+1)$

$\alpha = \frac{1}{2}, \left(\frac{1}{2}\right)^2 = -m(m+1)$

$4m^2 + 4m + 1 = 0$

$(2m+1)^2 = 0$

$m = -1/2$

95. (d)

दिया है,

$$x = \left(a + \sqrt{a^2 + b^3}\right)^{1/3} + \left(a - \sqrt{a^2 + b^3}\right)^{1/3}$$

दोनों ओर का घन करने पर,

$$x^3 = \left(a + \sqrt{a^2 + b^3}\right) + \left(a - \sqrt{a^2 + b^3}\right) +$$

$$3\left(a + \sqrt{a^2 + b^3}\right)^{1/3}\left(a - \sqrt{a^2 + b^3}\right)^{1/3}$$

$$\left\{\left(a + \sqrt{a^2 + b^3}\right)^{1/3} + \left(a - \sqrt{a^2 + b^3}\right)^{1/3}\right\}$$

$x^3 = 2a - 3b(x)$

$= x^3 + 3bx - 2a = 0$

96. (a)

$\therefore$ समीकरण $x^2 + px + q = 0$ के मूल α तथा β हैं।

$\alpha + \beta = -p$ तथा $\alpha\beta = q$

$$-\alpha^{-1} - \beta^{-1} = -(1/\alpha + 1/\beta) = -\left(\frac{\alpha+\beta}{\alpha\beta}\right) = \frac{p}{q}$$

तथा $(-1/\alpha)(-1/\beta) = \frac{1}{\alpha\beta} = \frac{1}{q}$

अतः अभीष्ट समीकरण निम्न है:

$x^2 - (-\alpha^{-1} - \beta^{-1})x + (-\alpha^{-1})(-\beta^{-1}) = 0$

$x^2 - p/q\, x + 1/q = 0$

$qx^2 - px + 1 = 0$

97. (c)

समीकरण $ax^2 + x - 3 = 0$ का एक मूल -1 है।

$a(-1)^2 + (-1) - 3 = 0$

$a = 4$

$4x^2 + x - 3 = 0$

माना इस समीकरण का दूसरा मूल α है।

$-1\alpha = -3/4$

$\alpha = 3/4$

98. (b)

$\therefore$ समीकरण $(a^2 + b^2)x^2 - 2(ac + bd)x + (c^2 + d^2) = 0$

$4(ac + bd)^2 = 4(a^2 + b^2)(c^2 + d^2)$

$a^2c^2 + b^2 + d^2 + 2abcd = a^2c^2 + a^2d^2$

$+ b^2c^2 + b^2d^2$

$ad - bc = \Rightarrow ad = bc$

99. (c)

$4^x - 3 \cdot 2^x + 32 = 0$

$2^{2x} - 8 \cdot 2^x - 4 \cdot 2^x + 32 = 0$

$2^x(2^x - 8) - 4(2^x - 8) = 0$

$(2^x - 8)(2^x - 4) = 0$

$2^x = 8 \Rightarrow x = 3$

या

$2^x = 4 = x = 2$

100. (a)

समीकरण $x^2 - x - 1 = 0$ के मूल α एवं β हैं।

$\alpha + \beta = 1$ तथा $\alpha\beta = -1$

अब, $\alpha^4 + \beta^4 = (\alpha^2 + \beta^2)^2 - 2(\alpha\beta)^2$

$= ((\alpha+\beta)^2 - 2\alpha\beta)^2 - 2(\alpha\beta)^2$

$= (2+2)^2 - 2 = 9 - 2 = 7$

भाग–3 : क्षेत्रमिति एवं ज्यामिति
(Mensuration and Geometry)

क्षेत्रमिति (2D)
Mensuration (2D)

प्रस्तुत अध्याय में हम क्षेत्रमिति के द्विविमाएँ (Two dimension) आकृतियों का अध्ययन करेंगे। द्विविमाएँ आकृतियों के अन्तर्गत त्रिभुज (Triangle), वर्ग (Square) आयत (Rectangle), चतुर्भुज (Quadrilateral) समान्तर चतुर्भुज (Parallel quadrilateral) समलम्ब चतुर्भुज (Trapezium), समचतुर्भुज (Rhombus) बहुभुज (Polygon), एवं वृत्त (Circle) से संबंधित प्रश्नों का विवेचना करेंगे।

महत्वपूर्ण सूत्र (Important Formulae)

त्रिभुज (Triangle)

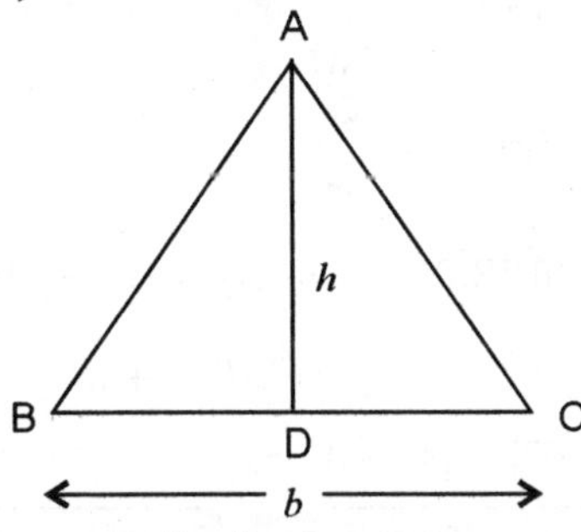

अगर एक त्रिभुज ABC की ऊँचाई (height) h एवं आधार (Base) b हो तो

- त्रिभुज का क्षे. $= \frac{1}{2} \times$ आधार $\times$ ऊँचाई $= \frac{1}{2} \times b \times h$
- त्रिभुज की परिमिति (perimeter) $= a + b + c$
- त्रिभुज की अर्द्ध परिमिति $(S) = \frac{a+b+c}{2}$ जहाँ a, b, c त्रिभुज की भुजाएँ है।
- समकोण त्रिभुज

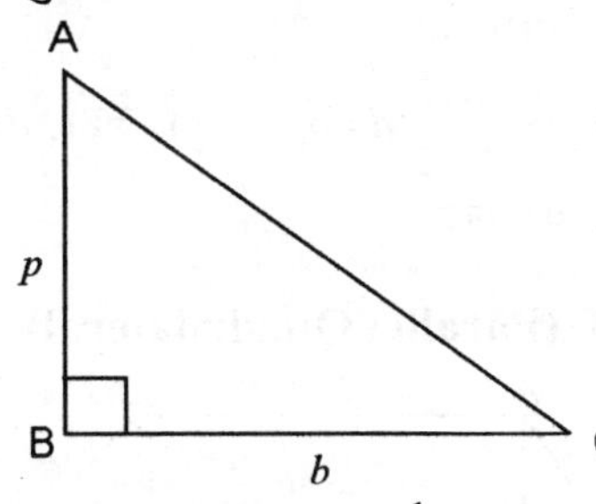

- समकोण त्रिभुज का क्षेत्रफल $= \frac{1}{2} \times$ आधार $\times$ लंबाई
  $= \frac{1}{2} \times b \times p$
- त्रिभुज का क्षे. $= \frac{1}{2} pb \sin\theta$
  [जहाँ θ भुजा p और b के बीच का कोण है।]

- त्रिभुज की ऊँचाई (Height), $H = \frac{2A}{b}$ जहाँ $A =$ क्षेत्रफल तथा $b =$ आधार
- समद्विबाहु समकोण त्रिभुज का क्षेत्रफल $= \frac{1}{4} \times (\text{कर्ण})^2$
  $= \frac{h^2}{4}$

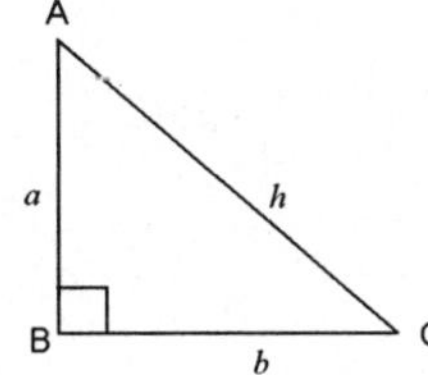

- समद्विबाहु समकोण Δ का क्षे. $\frac{(\text{समान भुजा})}{} = \frac{a^2}{2}$
- समद्विबाहु समकोण Δ का कर्ण $(h) = 2\sqrt{\text{क्षे.}} = 2\sqrt{A}$
- समद्विबाहु समकोण त्रिभुज का कर्ण $(h) = \sqrt{2} \times$ भुजा $= \sqrt{2}\, a$
- समद्विबाहु समकोण Δ की एकसमान भुजा $= \sqrt{2 \times \text{क्षे.}}$
  $= \sqrt{2 \times A}$
- समद्विबाहु समकोण Δ की एकसमान भुजा $(a) = \frac{\text{कर्ण}}{\sqrt{2}}$
  $= \frac{h}{\sqrt{2}}$
- समद्विबाहु Δ का क्षे. $= \frac{1}{2} \times (\text{भुजा})^2 . \sin\theta = \frac{1}{2} a^2 \sin\theta$
  जहाँ $\theta =$ दो समान भुजाओं के बीच का कोण है।

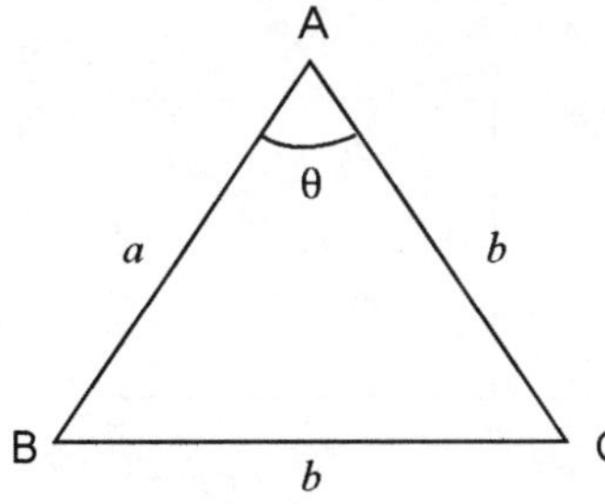

- समद्विबाहु Δ की यदि समान भुजा a तथा अन्य भुजा b हो तो,
  क्षे. $= \frac{1}{4} \times b\sqrt{(2a+b)(2a-b)} = \frac{1}{4} \times b\sqrt{4a^2 - b^2}$
- हीरोन का सूत्र (Heron's Formulae) से त्रिभुज का क्षे.
  $= \sqrt{s(s-a)(s-b)(s-c)}$
  जहाँ a, b, c त्रिभुज की भुजाएँ

$s=$ त्रिभुज की अर्द्ध परिमित (semi-perimeter) $s=\frac{a+b+c}{2}$

- ❑ समद्विबाहु Δ का क्षे. $=\sqrt{s(s-a)^2\,(s-b)}$

समबाहु त्रिभुज (Equilateral Triangle)

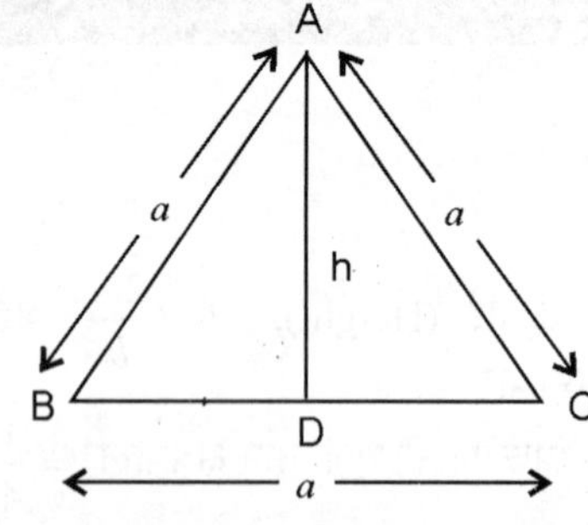

- ❑ समबाहु Δ का क्षे. $=\frac{\sqrt{3}}{4}$ (भुजा)^2 $=\frac{\sqrt{3}}{4}a^2$
- ❑ समबाहु Δ की ऊँचाई $(h)=\frac{\sqrt{3}}{2}\times$ भुजा $=\frac{\sqrt{3}}{a}\times a$
- ❑ समबाहु Δ की परिमिति (perimeter) $=3\times$ एक भुजा $=3a$
- ❑ समबाहु Δ की भुजा $(a)=\frac{\sqrt{4\times \text{क्षे.}}}{\sqrt{3}}=\frac{\sqrt{4\times A}}{\sqrt{3}}$
- ❑ समबाहु Δ की भुजा $(a)=\frac{2}{\sqrt{3}}\times h$
- ❑ समबाहु Δ के अंतर्गत वृत्त की त्रिज्या $(r)=\frac{a}{2\sqrt{3}}$

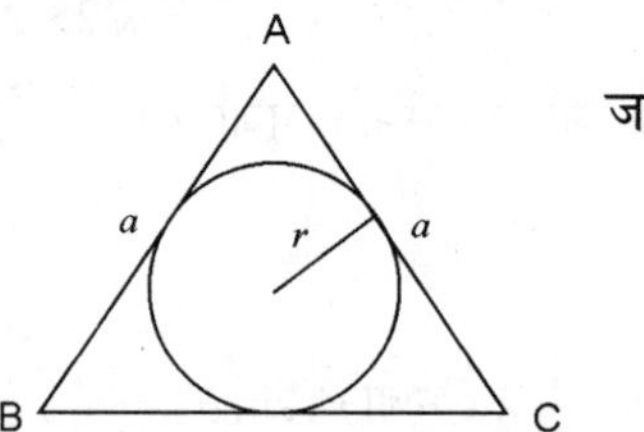

जहाँ $a\,\Delta$ की भुजा है।

वर्ग (Square)

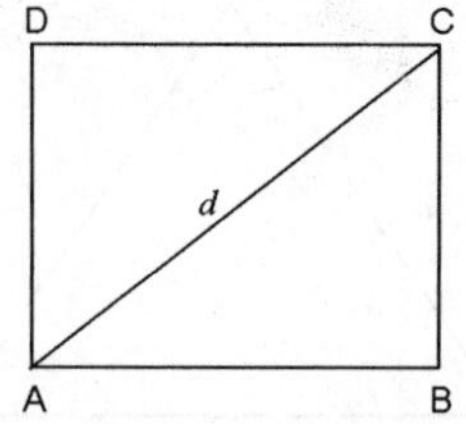

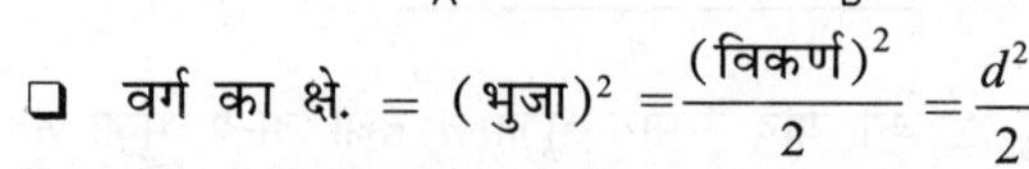

- ❑ वर्ग का क्षे. = (भुजा)^2 $=\frac{(\text{विकर्ण})^2}{2}=\frac{d^2}{2}$
- ❑ विकर्ण $(d)=\sqrt{2}\times$ भुजा $=\sqrt{2}a$
- ❑ परिमाप $=4\times$ भुजा $=4\times a$
- ❑ भुजा $(a)=\sqrt{\text{क्षेत्रफल}}$ $=\sqrt{d}$

$$=\frac{(\text{विकर्ण})}{\sqrt{2}}=\frac{d}{\sqrt{2}}$$

- ❑ भुजा $(a)=\frac{\text{परिमाप}}{4}$
- ❑ विकर्ण $(d)=\sqrt{2\times \text{क्षेत्रफल}}=\sqrt{2a}$

आयात (Rectangle)

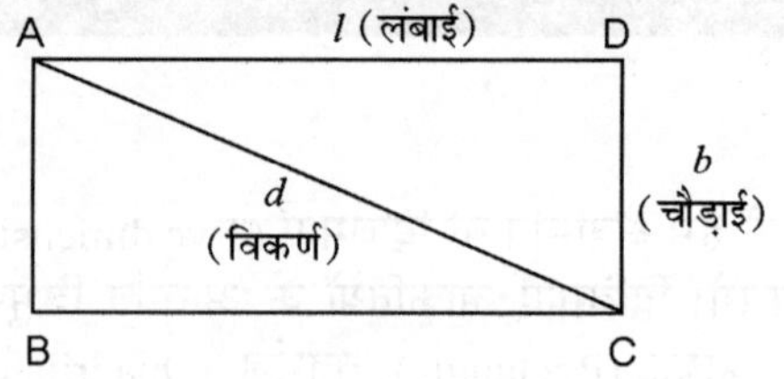

- ❑ आयत का क्षे. = लंबाई $\times$ चौड़ाई $=l\times b$
- ❑ परिमाप = 2(लंबाई + चौड़ाई) $=(l+b)$
- ❑ आयत का विकर्ण $(d)=\sqrt{(\text{लंबाई})^2+(\text{चौडाई})^2}$ $=\sqrt{l^2+b^2}$
- ❑ आयत की लंबाई $=\frac{\text{क्षे.}}{\text{चौ}}$
- ❑ आयत की चौड़ाई $=\frac{\text{क्षे.}}{\text{ल}}$
- ❑ आयत की परिमिति $(p)=2\sqrt{2(\text{क्षे.})+\text{विकर्ण}^2}$ $=2\sqrt{2A+d^2}$
- ❑ आयत की बड़ी भुजा (a) $=\frac{\sqrt{2\times \text{क्षे.}+\text{विकर्ण}^2}+\sqrt{\text{विकर्ण}^2-2\times \text{क्षे.}}}{2}$
- ❑ आयत की छोटी भुजा *(b)*

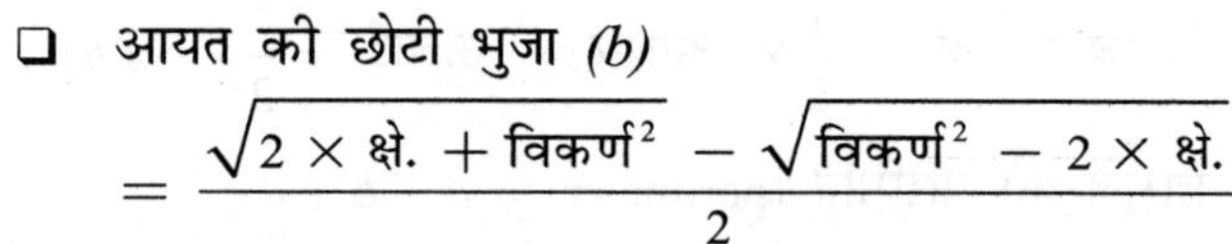

$$=\frac{\sqrt{2\times \text{क्षे.}+\text{विकर्ण}^2}-\sqrt{\text{विकर्ण}^2-2\times \text{क्षे.}}}{2}$$

- ❑ चारों दीवारों का क्षे. = 2(ल + चौ) $\times$ ऊँचाई

$2\,(l+b)\times h$

चतुर्भुज (Quadrilateral)

- ❑ चतुर्भुज का क्षे. $=\frac{1}{2}d\,(p_1+p_2)$ जहाँ, $d=$ विकर्ण, p_1 तथा p_2 विकर्ण पर लंब

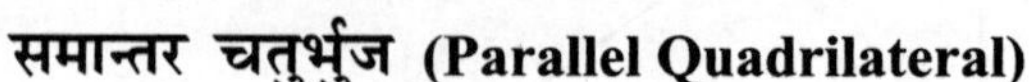

समान्तर चतुर्भुज (Parallel Quadrilateral)

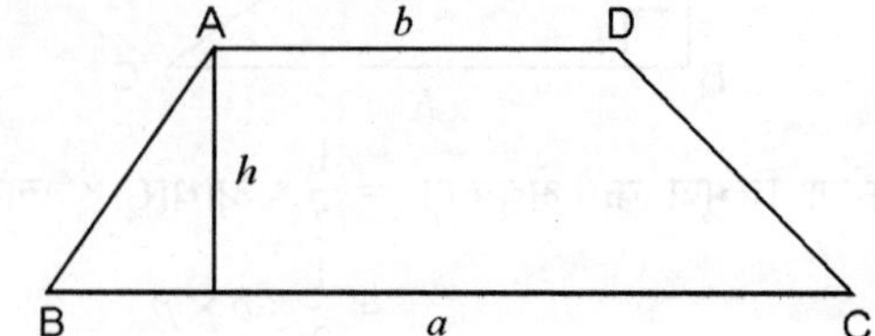

- ❑ समान्तर चतुर्भुज (Parallelogram) का क्षे. = आधार × ऊँचाई $= b \times h$

क्षेत्रफल $= ab \sin\theta$

जहाँ a, एवं b दो भुजा, $\theta =$ कोण

- ❑ परिमिति $(p) = 2$ (लं + चौ) $= 2(a+b)$

समलम्ब चतुर्भुज (Trapezium)

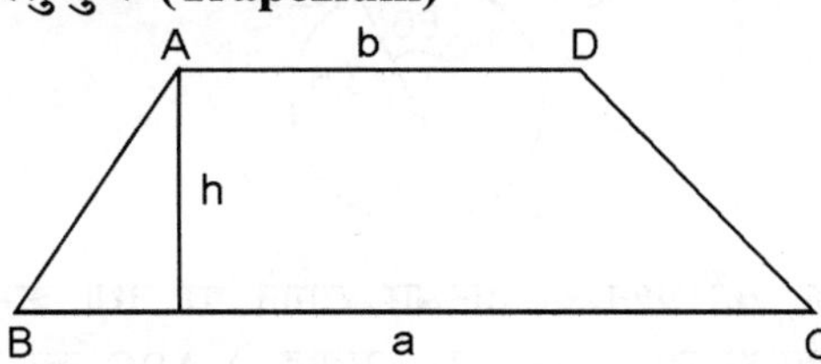

- ❑ समलम्ब चतुर्भुज का क्षे.

$= \frac{1}{2} \times$ समांतर भुजाओं का योग × ऊँचाई

$= \frac{1}{2} \times (a+b) \times h$

समचतुर्भुज (Rhombus)

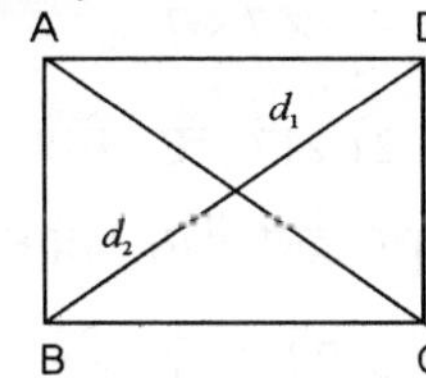

- ❑ समचतुर्भुज का क्षे. $\frac{1}{2} \times$ विकर्णों का गुणनफल $= \frac{1}{2} \times d_1 \times d_2$
- ❑ समचतुर्भुज की एक भुजा a तथा ऊँचाई h हो, तो क्षेत्रफल (A) = भुजा × ऊँचाई $= a \times h$
- ❑ समचतुर्भुज की भुजा $(a) = \frac{1}{2}\sqrt{d_1^2 + d_2^2}$

बहुभुज (Polygon)

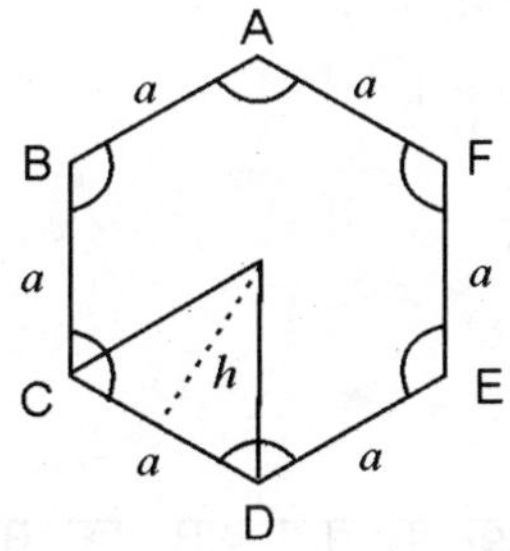

- ❑ समबहुभुज का प्रत्येक कोण $= \frac{(n-2)}{n} \times 180°$
- ❑ समबहुभुज का परिमिति $= na$
- ❑ समषट्भुज का परिमाप = 6 × भुजा
- ❑ समबहुभुज का क्षे. $- n \times \frac{1}{2} \times a \times h$
- ❑ समषट्भुज का क्षे. $= 6 \times 3\frac{\sqrt{3}}{4} \times$ (भुजा)^2
- ❑ n भुजा वाले बहुभुजाकार क्षेत्र को यदि $n\,\Delta$ में बाँटा जाय, तो प्रत्येक शीर्षकोण $= \frac{360°}{n}$

वृत्त (Circle)

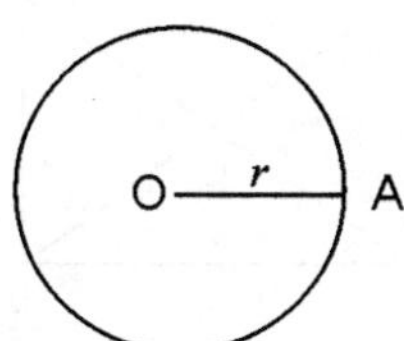

- ❑ वृत का क्षेत्रफल $(A) = \pi r^2$

$= \frac{\pi d^2}{4}$

- ❑ अर्द्धवृत्त का क्षे. $= \frac{\pi r^2}{2}$
- ❑ वृत की त्रिज्या $(r) = \frac{\sqrt{\text{क्षे.}}}{\pi}$
- ❑ वृत्त की परिधि $= \pi d = 2\pi r$
- ❑ त्रिज्या $(r) = \frac{\text{परिधि (c)}}{2\pi}$

व्यास $(d) = \frac{\text{परिधि (c)}}{\pi}$

- ❑ छल्ला या वलय का क्षे. (A)

$= \pi R^2 - \pi r^2$

$= \pi(R^2 - r^2)$

$= \pi(R + r)(R - r)$

जहाँ R और r क्रमशः बाहय और आंतरिक वलय की त्रिज्याएँ है।

उदाहरण (Examples)

1. एक समचतुर्भुज के विकर्ण 24 सेंमी. और 10 सेंमी. है। इस समचतुर्भुज की परिमाप (सेमी. में) है।

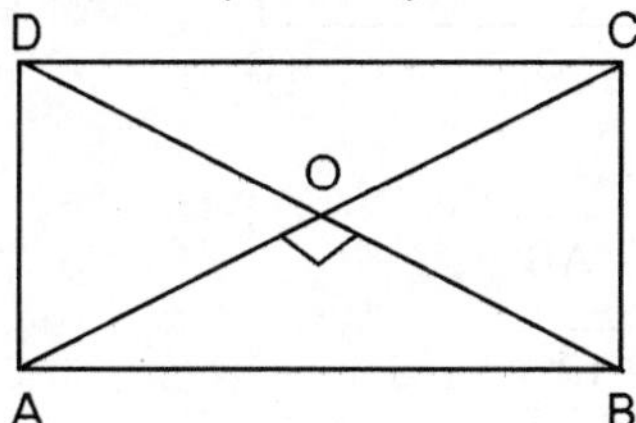

$AC = 24$ सेमी.

$BC = 10$ सेमी.

$AO = \frac{AC}{2} = 12$ सेमी.

$BO = \frac{BD}{2} = 5$ सेमी.

समचतुर्भुज के विकर्ण परस्पर लम्बवत् एक दूसरे को समद्विभाजित करते हैं।

$AB = \sqrt{(12)^2 + (5)^2} = 13$

$\therefore$ परिमाप $= 13 \times 4 = 52$ सेमी.

2. यदि किसी समचतुर्भुज की एक भुजा तथा उसके एक विकर्ण की माप क्रमशः 10 सेमी. तथा 16 सेमी हो तो सेमी^{2} उसका क्षेत्रफल होगा?

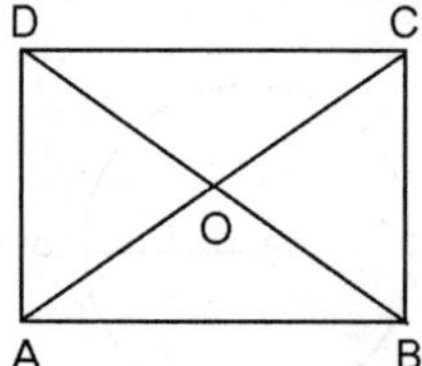

समचतुर्भुज की एक भुजा $= 10$ सेमी० $= AB$

समचतुर्भुज का एक विकर्ण $= 16$ सेमी० $= AC$

अतः $AO = \frac{AC}{2} = \frac{16}{2} = 8$ सेमी०

अतः ΔAOB से

$AB^2 = AO^2 + BO^2$

$10^2 = 8^2 + BO^2$

$BO^2 = 100 - 64 = 36$

$BO = 6$

$BD = 6 \times 2 = 12$ सेमी.

समचतुर्भुज का क्षे. $= \frac{\text{विकर्णो का गुणनफल}}{2}$

$= \frac{AC \times BD}{2} = \frac{16 \times 12}{2} = 16 \times 16 = 96$ वर्ग सेमी.

3. 20 मीटर लम्बी सीढ़ी को एक गली में इस प्रकार खड़ा किया जाता है कि यह 16 मीटर ऊँचाई वाली एक खिड़की तक पहुँचती है। सीढ़ी को गली के दूसरी ओर पलटने पर यह 12 मी. ऊँचाई वाले एक बिन्दु तक पहुँचती है, तो गली की चौड़ाई किमी० है?

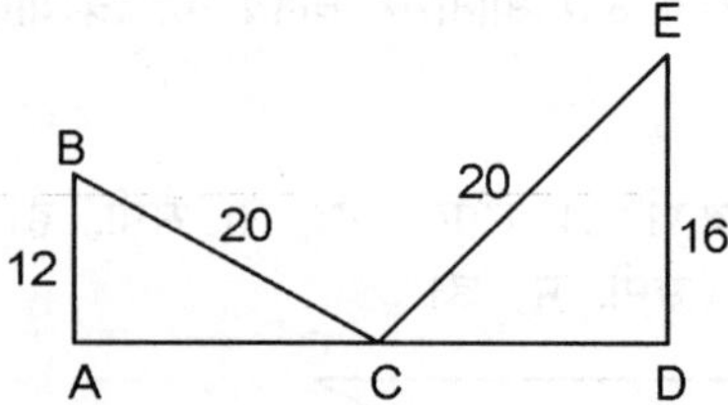

चित्र से,

$AC = \sqrt{BC^2 - AB^2}$

$= \sqrt{20^2 - 12^2}$

$= \sqrt{400 - 144}$

$= \sqrt{256}$

$= 16$ मीटर

$CD = \sqrt{20^2 - 16^2}$

$= \sqrt{144}$

$= 12$ मीटर

अतः गली की चौड़ाई $AD = AC + CD$

$= 16 + 12 = 28$ मी०

4. तीन वृतों, जिनमें से प्रत्येक की त्रिज्या 3.5 सेमी है, को इस प्रकार रखा जाता है कि प्रत्येक, वृत्त अन्य दोनों वृत्तों को स्पर्श करता है। इन वृतों द्वारा परिबद्ध भाग का क्षे. है:-

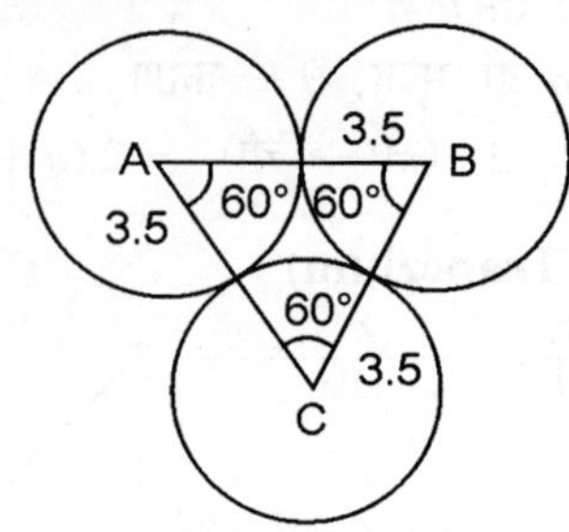

तीन वृत्तो, को प्रश्न के अनुसार समाने पर तथा केन्द्रों को एक सीधी रेखा से जोड़ने पर एक समबाहु ΔABC का निर्माण होता है जिसकी प्रत्येक भुजा $(3.5 + 3.5) = 7$ सेमी की होगी

अर्थात् Δ समबाहु होगा, तब प्रत्येक कोण $60°$ का होगा

समबाहु Δ का क्षे. $= \frac{\sqrt{3}}{4}(a)^2$

$= \frac{\sqrt{3}}{4} \times 7 \times 7 \qquad [\sqrt{3} = 1.732]$

$= 21.217$ वर्ग सेमी.

तथा इस त्रिभुज में वृत्तो द्वारा घिरा क्षेत्रफल

$= \left(\pi r^2 \times \frac{60}{360} \times 3\right) = \frac{22}{7} \times 3.5 \times 3.5 \times \frac{1}{2}$

$= 19.25$ वर्ग सेमी

अभीष्ट क्षे. $= 21.217 - 19.25 = 1.967$ वर्ग सेमी

5. किसी वृत्ताकार मार्ग को वाह्य तथा आन्तरिक परिमापों का अनुपात 23 : 22 है। यदि मार्ग की चौड़ाई 5 मी. है तो आन्तरिक वृत्त का व्यास होगा?

माना आंतरिक त्रिज्या $= r$

बाह्य त्रिज्या $R = r + 5$

$\frac{2\pi(r+5)}{2\pi r} = \frac{23}{22}$

$22r + 110 = 23R$

$r = 110$ मी.

6. किसी वृत्ताकार पार्क के चारों ओर एक समान चौ. का एक पथ बना हुआ है। इस वृत्ताकार पथ की आंतरिक और बाहरी परिधियों का अंतर 132 मीटर है, उसकी चौड़ाई है। $\left(\pi = \frac{22}{7}\right)$

माना भीतरी परिधि $= x$ मी

तब बाहरी परिधि $= x + 132$ मीटर

माना भीतरी त्रिज्या $= r_1$

बाहरी त्रिज्या

तब,

$x = 2\pi r_1$ (i)

समी (i) से x का मान रखने पर

$x + 132 = 2\pi r_2$ (ii)

$132 = 2\pi (r_2 - r_1)$

$r_2 - r_1 = \frac{132 \times 7}{2 \times 22} = 21$ मी

$\therefore$ रास्ते की चौड़ाई $r_2 - r_1 = 21$ मीटर

7. किसी वृत्त का क्षेत्रफल 38.3 वर्ग समी. है। उसके परिधि की लम्बाई (सेमी. में) है $\left(\pi = \frac{22}{7}\right)$

$38.5 = \frac{22}{7} \times r^2$

$r^2 = \frac{38.5 \times 7}{22} = 12.25$

$r = \sqrt{12.25} = 3.5$

$\therefore$ परिधि $= 2\pi r$

$2 \times \frac{22}{7} \times 3.5 = 22$ सेमी

8. एक समांतर चतुर्भुज की भुजाएँ 15 सेमी. तथा 7 सेमी है। उसके एक विकर्ण की लंबाई 20 सेमी है। तदनुसार उसका क्षे. कितना होगा?

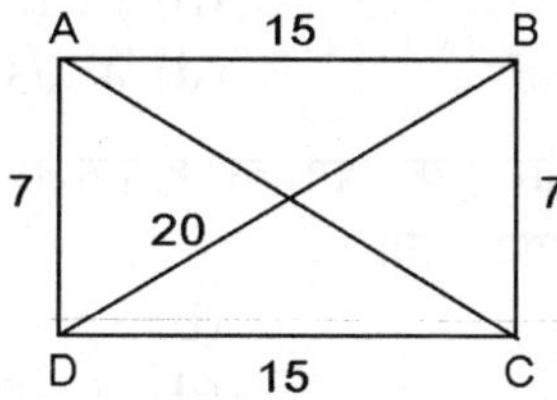

ΔADB में

$s = \frac{a + b + c}{2}$

$= \frac{20 + 15 + 7}{2} = 21$ सेमी

Δ का क्षे. $s = \sqrt{(s-a)(s-b)(s-c)}$

ΔABC का क्षे. $= \sqrt{21(21-15)(21-20)(21-7)}$

$= \sqrt{21 \times 6 \times 1 \times 14}$

$= \sqrt{7 \times 3 \times 2 \times 3 \times 2 \times 7}$

$= 7 \times 3 \times 2 = 42$ सेमी.

समान्तर चतुर्भुज का क्षे. $= 42 \times 2 = 84$ सेमी^{2}

9. समलम्ब आकार के एक क्षेत्र का क्षेत्रफल 1440 मीटर^2 है। समान्तर भुजाओं के बीच की लम्बवत दूरी 24 मी. है। यदि समान्तर भुजाओं का अनुपात 5 : 3 हो, तो बड़ी समान्तर भुजा की लम्बाई होगी?

समलम्ब चतुर्भुज का क्षे. $= \frac{1}{2} \times$ ऊँचाई $\times$ (समांतर भुजाओं का) योग

$$1440 = \frac{1}{2} \times 24 \times (5x + 3x)$$

$$x = \frac{1440 \times 2}{8 \times 24} = 15 \text{ मीटर}$$

$\therefore$ बड़ी समांतर भुजा की लंबाई $= 5x = 5 \times 15 = 75$ मीटर

10. एक समलंब की समानांतर भुजाओं की लंबाई का अनुपात 3 : 2 है। उनके बीच की न्यूनतम दूरी 15 सेमी है तथा समलंब का क्षेत्रफल 450 सेमी^{2} है। तदनुसार समांतर भुजाओं की लंबाई जोड़ कितना होगा?

माना समलंब की समान्तर भुजाएँ क्रमश: $3x$ व $2x$ है।

प्रश्नानुसार

$\frac{(3x + 2x)}{2} \times 15 = 450$

$5x = \frac{450 \times 2}{15}$

$5x = 60$

$x = 12$

समांतर भुजाओ का योग $= 3x + 2x = 5x$

$= 5 \times 12 = 60$ सेमी.

अभ्यास प्रश्न (Practice Questions)

1. किसी वर्ग के विकर्ण की लम्बाई a सेमी है, निम्नलिखित में से कौन-सा वर्ग के क्षेत्रफल निरूपित करता है?
   (a) $2a$ (b) $a/\sqrt{2}$
   (c) $a^2/2$ (d) $a^4/2$

2. दो वर्गों के परिमाप 40 सेमी. और 32 सेमी. है उस तीसरे वर्ग का परिमाप, जिसका क्षेत्रफल इन दोनों वर्गों के क्षेत्रफल के अन्तर के बराबर है, निम्न है:
   (a) 24 सेमी. (b) 42 सेमी.
   (c) 40 सेमी. (d) 20 सेमी.

3. पाँच वर्गों के परिमाप क्रमशः 24 सेमी., 32 सेमी., 40 सेमी. 76 सेमी और 80 सेमी हैं। उस वर्ग का परिमाप जिसका क्षेत्रफल इन पाँच वर्गों के क्षेत्रफल के योग के बराबर है, होगा
   (a) 31 सेमी. (b) 62 सेमी.
   (c) 124 सेमी. (d) 96 सेमी.

4. 120 सेमी. परिमाप वाले वर्ग के अन्तर्गत खींचे गए सबसे बड़े वृत्त का क्षेत्रफल होगा
   (a) $\frac{22}{7}\times(15)^2$ सेमी^{2} (b) $\frac{22}{7}\times\left(\frac{7}{2}\right)^2$ सेमी^{2}
   (c) $\frac{22}{7}\times\left(\frac{15}{2}\right)^2$ सेमी^{2} (d) $\frac{22}{7}\times\left(\frac{9}{2}\right)^2$ सेमी^{2}

5. 44 सेमी परिमाप वाले एक वर्ग और 44 सेमी परिधि वाले एक वृत्त में किसका क्षेत्रफल अधिक है और कितना?
   (a) वर्ग, 33 सेमी^{2}
   (b) वृत्त 33 सेमी^{2}
   (c) दोनों का क्षेत्रफल बरबर है
   (d) वर्ग 495 सेमी^{2}

6. किसी कमरे के 15.17 मीटर लम्बे और 9.02 मीटर चौड़े फर्श पर लगाई जा सकने वाली वर्ग टाइलों की न्यूनतम संख्या कितनी है?
   (a) 840 (b) 841
   (c) 820 (d) 814

7. किसी वर्ग का परिमाप वही है, जो ऐसे आयत का है जिसकी लम्बाई 48 मीटर है और उसकी चौड़ाई की तिगुनी है, उस वर्ग का (मी^{2} में) क्षेत्रफल है
   (a) 1000 (b) 1024
   (c) 1600 (d) 1042

8. 784 वर्ग सेमी. क्षे. वाली एक वर्गाकार कागज की सीट में बराबर माप वाली चार बड़ी से बड़ी वृत्ताकार प्लेटें काट ली जाती है, प्रत्येक प्लेट की परिधि है $\left(\pi=\frac{22}{7}\right)$
   (a) 22 सेमी. (b) 44 सेमी.
   (c) 66 सेमी. (d) 88 सेमी.

9. एक वर्ग और एक आयत के क्षे. बराबर हैं। आयत की लम्बाई वर्ग की किसी भुजा की लम्बाई से 5 सेमी. अधिक है और उसकी चौड़ाई वर्ग की भुजा से 3 सेमी कम है। आयत का परिमाप ज्ञात करें।
   (a) 17 सेमी. (b) 26 सेमी.
   (c) 30 सेमी. (d) 34 सेमी.

10. यदि एक वर्ग के अन्तः वृत्त का क्षेत्रफल 9π सेमी^{2} है, तो वर्ग का क्षेत्रफल होगा।
    (a) 24 सेमी^{2} (b) 30 सेमी^{2}
    (c) 36 सेमी^{2} (d) 81 सेमी^{2}

11. एक आयत और एक वर्ग के परिमाप में से प्रत्येक 160 मी है। आयत का क्षेत्रफल वर्ग के क्षेत्रफल से 100 मी॰ कम है। आयत की लम्बाई है।
    (a) 30 मी. (b) 60 मी.
    (c) 40 मी. (d) 50 मी.

12. किसी वर्ग के क्षेत्रफल का उसके विकर्ण पर खींचे गए वर्ग के क्षे. से अनुपात होगा
    (a) 1 : 1 (b) 1 : 2
    (c) 1 : 3 (d) 1 : 4

13. एक वर्ग और एक समबाहु त्रिभुज एक ही आधार पर बनाए गए हैं। उनके क्षेत्रफलों का अनुपात है।
    (a) 2 : 1 (b) 1 : 1
    (c) $\sqrt{3}:4$ (d) $4:\sqrt{3}$

14. यदि एक वृत्त और एक वर्ग के क्षेत्रफल बराबर हों, तो उनके परिमापों का अनुपात होगा
    (a) 1 : 1 (b) $2:\pi$
    (c) $\pi:2$ (d) $\sqrt{\pi}:2$

15. एक वृत्त तथा एक वर्ग के क्षेत्रफल समान है। वर्ग की एक भुजा का वृत्त की त्रिज्या से अनुपात होगा
    (a) $1:\sqrt{\pi}$ (b) $\sqrt{\pi}:1$
    (c) $1:\pi$ (d) $\pi:1$

16. PQR तथा S एक वर्ग ABCD की भुजाओं AB, BC, CD और DA के क्रमशः मध्य बिन्दु है। $AB=2$ सेमी. है। A, B, C तथा D को केन्द्र मानते हुए AP त्रिज्या के साथ चापें खींची गई है। इन चार चापों द्वारा घिरे हुए वर्ग के भाग का क्षे. ज्ञात कीजिए।
    (a) $4-\frac{\pi}{3}$ वर्ग सेमी. (b) $4-\pi$ वर्ग सेमी.
    (c) $2-\frac{\pi}{2}$ वर्ग सेमी. (d) $\pi-4$ वर्ग सेमी

17. दो भिन्न-भिन्न लम्बाइयों के रेखा खंडों पर खींचे गए वर्गो के क्षेत्रफलों का अन्तर 32 वर्ग सेमी. है, बड़े रेखा खण्ड की लम्बाई ज्ञात करें यदि एक रेखा खण्ड दूसरे से 2 सेमी. बड़ा है

(a) 7 सेमी. (b) 9 सेमी.
(c) 11 सेमी. (d) 16 सेमी.

18. यदि किसी तार को एक वर्ग के रूप में मोड़ा जाता है, तो उस वर्ग का क्षे. 81 वर्ग सेमी. है। जब उस तार को एक अर्द्धवृत्ताकार आकार में मोड़ा जाता है, तो अर्द्धवृत्त का क्षेत्रफल निम्न है।
(a) 154 सेमी^{2} (b) 77 सेमी^{2}
(c) 44 सेमी^{2} (d) 22 सेमी^{2}

19. 28 सेमी. की भुजा वाले वर्ग के भीतर बनाए जा सकने वाले सबसे बड़े वृत्त का क्षेत्रफल क्या होगा?
(a) 17248 वर्ग सेमी. (b) 784 वर्ग सेमी.
(c) 8624 वर्ग सेमी. (d) 616 वर्ग सेमी.

20. यदि किसी वर्ग ABCD के विकर्ण AC की लम्बाई 5.2 सेमी हो, तो इसका क्षे. होगा।
(a) 15.12 वर्ग सेमी. (b) 43.52 वर्ग सेमी.
(c) 12.62 वर्ग सेमी. (d) 10.00 वर्ग सेमी.

21. किसी ताँबे के तार को जब एक वर्ग के आकार में मोड़ा जाता है, तो यह 121 सेमी^{2} क्षे. वाले क्षेत्र को घेरता है। यदि उसी तार को एक वृत्त के आकार में मोड़ा जाए, तो तार द्वारा घेरे गए क्षे. का क्षेत्रफल होगा $\left(\pi = \dfrac{22}{7}\right)$
(a) 154 सेमी^{2} (b) 143 सेमी^{2}
(c) 132 सेमी^{2} (d) 121 सेमी^{2}

22. किसी वर्ग का विकर्ण $16\sqrt{2}$ सेमी है उसका परिमाप है।
(a) 48 सेमी. (b) 56 सेमी.
(c) 64 सेमी. (d) 72 सेमी.

23. किसी वर्ग का विकर्ण $4\sqrt{2}$ सेमी. है। एक अन्य वर्ग का विकर्ण जिसका क्षेत्रफल पहले वर्ग के क्षेत्रफल का दोगुना है, निम्न है।
(a) $8\sqrt{2}$ वर्ग सेमी. (b) 16 सेमी.
(c) $\sqrt{32}$ सेमी. (d) 8 सेमी

24. किसी तार को जब एक वर्ग के रूप में मोड़ा जाता है, तो उसके द्वारा घिरा क्षे. 484 वर्ग सेमी. है तार द्वारा घिरा क्षे. क्या होगा यदि इसी तार को एक वृत्त के रूप में मोड़ा जाएगा?
(a) 462 वर्ग सेमी. (b) 535 वर्ग सेमी.
(c) 616 वर्ग सेमी. (d) 693 वर्ग सेमी

25. यदि किसी वर्ग की भुजा को 25% बढ़ाया जाय, तो उसका क्षेत्रफल बढ़ जाएगा।
(a) 25% (b) 55%
(c) 40.5% (d) 56.25%

26. किसी आयताकार मैदान की लम्बाई और चौडाई में 3 : 2 का अनुपात है। यदि इसकी परिमाप 80 मी हो तो इसकी चौड़ाई (मी में) होगी।
(a) 18 (b) 10
(c) 16 (d) 24

27. एक आयताकार प्लाट की भुजाओं में 5 : 4 का अनुपात है और इसका क्षेत्रफल 500 वर्ग मी. है, प्लाट की परिमाप है।
(a) 80 मी. (b) 100 मी.
(c) 90 मी. (d) 95 मी

28. एक आयत की लम्बाई तथा चौड़ाई में क्रमशः 12% तथा 15% की वृद्धि की गई है। इसके क्षेत्रफल में कितनी वृद्धि होगी?
(a) $27\frac{1}{5}\%$ (b) $28\frac{4}{5}\%$
(c) 27% (d) 28%

29. यदि किसी आयत की लम्बाई तथा उसकी परिमाप 5 : 16 के अनुपात में हो, तो उसकी लम्बाई तथा चौड़ाई का अनुपात होगा।
(a) 5 : 11 (b) 5 : 8
(c) 5 : 4 (d) 5 : 3

30. यदि किसी आयत की लम्बाई को एक तिहाई बढ़ा दिया जाये तथा उसकी चौड़ाई को एक तिहाई कम कर दिया जाए, तो उसके क्षेत्रफल में कमी का प्रतिशत होगा।
(a) $66\frac{2}{3}$ (b) $33\frac{1}{3}$
(c) $16\frac{2}{3}$ (d) $11\frac{1}{9}$

31. ABC एक 2 सेमी. भुजा वाला समबाहु Δ है। A, B, C को केन्द्र लेकर 1 सेमी. अर्द्धव्यास से तीन चाप खींचे गये हैं। तीनों चापों से घिरे हुए Δ के अन्तक्षेत्र का क्षेत्रफल होगा।
(a) $\left(3\sqrt{3} - \dfrac{\pi}{2}\right)$ सेमी^{2} (b) $\left(\sqrt{3} - \dfrac{3\pi}{2}\right)$ सेमी^{2}
(c) $\left(\sqrt{3} - \dfrac{\pi}{2}\right)$ सेमी^{2} (d) $\left(\dfrac{\pi}{2} - \sqrt{3}\right)$ सेमी^{2}

32. एक समबाहु Δ के परिवृत्त की त्रिज्या की लम्बाई 8 सेमी. है। उस Δ के अन्तर्वृत्त की त्रिज्या की लम्बाई होगी।
(a) 3.25 सेमी. (b) 3.50 सेमी.
(c) 4 सेमी. (d) 4.25 सेमी

33. 6 सेमी भुजा वाले किसी समबाहु Δ के कोनों को काटकर एक समषट्भुज बनाया गया है इस समषट्भुज का क्षे. (सेमी^{2}. में) होगा।
(a) $3\sqrt{3}$ (b) $3\sqrt{6}$
(c) $6\sqrt{3}$ (d) $\dfrac{5\sqrt{3}}{2}$

34. किसी समबाहु त्रिभुज के अन्तःभाग में स्थित किसी बिन्दु से तीनों भुजाओं पर डाले गये लम्बों की लम्बाइयाँ क्रमशः 6 सेमी., 7 सेमी. तथा 8 सेमी. हैं। त्रिभुज की भुजा की लम्बाई कितनी है?
(a) 7 सेमी. (b) 10.5 सेमी.
(c) $14\sqrt{3}$ सेमी. (d) $\dfrac{14\sqrt{3}}{3}$ सेमी.

उत्तरमाला (Answer Key)

1. (c)	2. (a)	3. (c)	4. (a)	5. (b)	6. (d)	7. (b)	8. (b)
9. (d)	10. (c)	11. (d)	12. (b)	13. (d)	14. (d)	15. (b)	16. (b)
17. (b)	18. (b)	19. (d)	20. (b)	21. (a)	22. (c)	23. (d)	24. (c)
25. (d)	26. (c)	27. (c)	28. (b)	29. (d)	30. (d)	31. (c)	32. (c)
33. (c)	34. (c)						

हल (Solutions)

1. (c)

भुजा $\sqrt{2} = a$

भुजा $\frac{a}{\sqrt{2}}$ सेमी

वर्ग का क्षे. = $(\text{भुजा})^2 = \left(\frac{a}{\sqrt{2}}\right)^2 = \frac{a^2}{2}$ सेमी.

2. (a)

दोनो वर्गों की भुजाएँ क्रमशः: $= \frac{40}{4} = 10$ सेमी

तथा $\frac{32}{4} = 8$ सेमी.

दोनो वर्गों के क्षेत्रफलों का अन्तर $= (10)^2 - (8)^2 = 36$ वर्ग सेमी.

तीसरे वर्ग की भुजा $= \sqrt{36} = 6$ सेमी

तीसरे वर्ग का परिमाप $= 4 \times 6 = 24$ सेमी

3. (c)

पाँचों वर्गों का कुल क्षेत्रफल

$\left(\frac{24}{4}\right)^2 + \left(\frac{32}{4}\right)^2 + \left(\frac{40}{4}\right)^2 + \left(\frac{76}{4}\right)^2 + \left(\frac{80}{4}\right)^2$

$= 36 + 64 + 100 + 361 + 400$

$= 961$ वर्ग सेमी.

नए वर्ग का भुजा $= \sqrt{961} = 31$

$\therefore$ नए वर्ग का परिमाप $= 31 \times 8 = 124$ सेमी

4. (a)

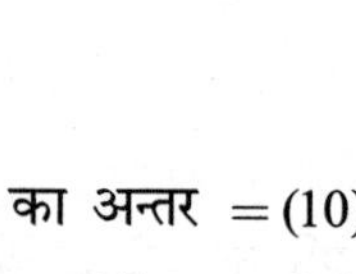

$4 \times$ भुजा $= 120$ सेमी.

भुजा $= \frac{120}{4} = 30$ सेमी.

वृत्त की त्रिज्या $= \frac{30}{2} = 15$ सेमी.

वृत्त का क्षे. $= \pi r^2$

$= \frac{22}{7} \times (15)^2$ सेमी^{2}

5. (b)

वर्ग का क्षे. $= \left(\frac{41}{4}\right)^2 = 121$ वर्ग सेमी

वृत का क्षे. $= \pi \times \left(\frac{44}{2\pi}\right)^2$

$= \frac{22}{7} \times (7)^2 = 154$ वर्ग सेमी

$\therefore$ वृत्त का क्षेत्रफल 33 वर्ग सेमी. अधिक है।

6. (d)

कमरे के फर्श का क्षे. $= 1517 \times 902$ वर्ग सेमी.

$= 1368334$ वर्ग सेमी

तथा 1517 तथा 902 का म. स. = 41

$\therefore$ अभीष्ट टाइलों की संख्या $= \frac{1368334}{41 \times 41} = 814$

7. (b)

आयत की लं. $= 48$ मी.

चौ. $= \frac{48}{3} = 16$ मीटर

आयत का परिमाप $= 2(48 + 16) = 20$ मी.

वर्ग का परिमाप $= 128$ मी.

वर्ग की भुजा $= \frac{128}{4} = 32$ मी.

वर्ग का क्षे. $= 32 \times 32 = 1024$ वर्ग मीटर

8. (b)

वर्गाकार शीट की प्रत्येक भुजा $= \sqrt{784} = 28$ सेमी

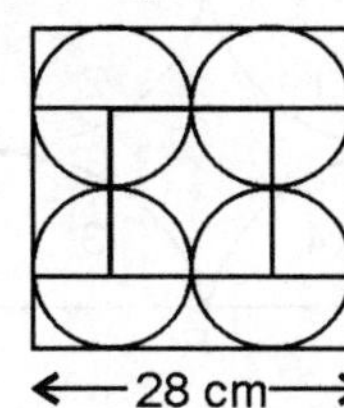

$\therefore$ प्रत्येक शीट का व्यास $= 14$ सेमी

तब त्रिज्या $= 7$ सेमी

$\therefore$ प्रत्येक प्लेट की परिधि $= 2\pi r$

$= 2 \times \frac{22}{7} \times 7 = 44$ सेमी.

9. (d)

माना वर्ग की भुजा x सेमी.

तब आयत की लं. तथा चौ. क्रमशः $(x+5)$ सेमी. तथा $(x-3)$ सेमी होगी

$\therefore (x+5)(x-3) = x^2$

$x^2 + 2x - 15 = x^2$

$2x = 15$

$x = \frac{15}{2} = 7.5$

$\therefore$ आयत का परिमाप $= 2[(x+5)+(x-3)]$

$= 2[(7.5+5)+(7.5-3)] = 34$ सेमी

10. (c)

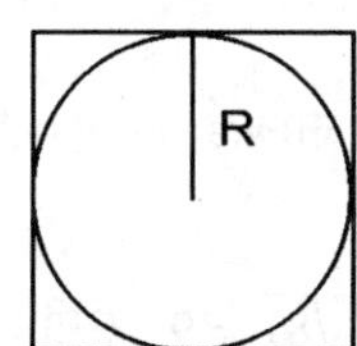

माना वर्ग के अन्तः वृत्त की त्रिज्या r है।

प्रश्न से

$\pi r^2 = 9\pi$

$r^2 = 9$

$r = 3$

वृत्त का व्यास $= 2 \times 3 = 6$ वर्ग की एक भुजा

$\therefore$ वर्ग का क्षे. $= 6 \times 6 = 36$ सेमी^{2}

11. (d)

वर्ग की भुजा $= \frac{160}{4} = 40$ मी.

वर्ग का क्षे. $= 40 \times 40 = 1600$ वर्ग मी.

आयत का क्षे. $= 1600 - 100 = 1500$ वर्ग मी.

माना आयत की लम्बाई x तथा चौड़ाई y है।

$2x + 2y = 160$

$x + y = 80$ (i)

$x = 1500$

$y = \frac{1500}{x}$ (ii)

समी. (ii) से y का मान समी. (i) में रखने पर

$x + \frac{1500}{x} = 80$

$x^2 + 1500 = 80x$

$x^2 - 80x + 1500 = 0$

$x^2 - 50x - 30x + 1500 = 0$

$x(x-50) - 30(x-50) = 0$

$(x-50)(x-30) = 0$

$x = 50$ या $x = 30$

लेकिन आयत की लम्बाई, चौड़ाई से अधिक होती है अतः आयत की लं. $= 50$ मीटर

12. (b)

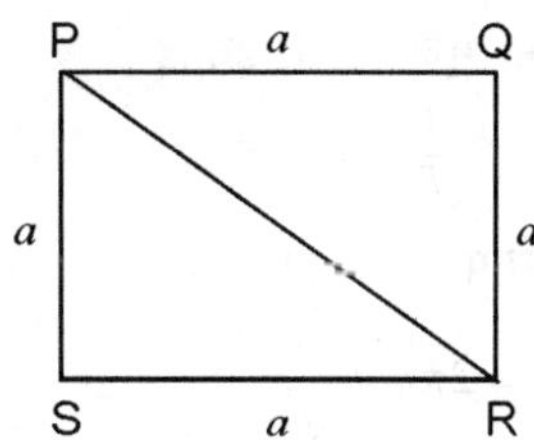

माना वर्ग की एक भुजा a है।

अतः $PR = \sqrt{PQ^2 + QR^2}$

$= \sqrt{a^2 + a^2}$

$= \sqrt{2a^2}$

$= a\sqrt{2}$

अब वर्ग का क्षे. $= a^2$

विकर्ण PR को नये वर्ग की भुजा मानने पर प्राप्त वर्ग का क्षेत्रफल $= a\sqrt{2} \times a\sqrt{2} = 2a^2$

अब दोनों के क्षेत्रफलों में अनुपात $= \frac{a^2}{2a^2}$

$= a^2 : 2a^2$

$= 1 : 2$

13. (d)

माना एक ही आधार पर बने वर्ग एवं समबाहु Δ की आधार भुजा a है।

अतः वर्ग का क्षे. $=$ भुजा^{2} $= a^2$

$\therefore$ समबाहु Δ की सभी भुजाएँ समान होती है।

त्रिभुज की ऊँचाई $= \sqrt{a^2 - \left(\frac{a}{2}\right)^2}$

$$= \sqrt{a^2 - \frac{a^2}{4}}$$

$$= \frac{\sqrt{3a^2}}{4} = \frac{a}{2}\sqrt{3} \left[\frac{\sqrt{3}}{4} \times \text{भुजा}^2\right]$$

Δ का क्षे. $= \frac{1}{2} \times b \times h$

$$= \frac{1}{2} \times a \times \frac{a}{2}\sqrt{3}$$

$$= \frac{\sqrt{3}}{4} a^2$$

अत: दोनों के क्षे. में अनुपात $= a^2 : \frac{\sqrt{3}}{4} a^2$

$$= 4a^2 : \sqrt{3}\, a^2$$

$$= 4 : \sqrt{3}$$

14. (d)

माना वर्ग एवं वृत्त का क्षे. 1 वर्ग इकाई है।

अत: वर्ग की एक भुजा $= 1$ इकाई

वृत्त का त्रिज्या $r = \frac{1}{\sqrt{\pi}}$

अब वर्ग का परिमाप $= 4 \times 1 = 4$

वृत्त का परिमाप $= 2\pi r \times \frac{1}{\sqrt{\pi}}$

$$= 2\sqrt{\pi}$$

अब दोनों के परिमापों में अनुपात $= 2\sqrt{\pi} : 4$

$$= \sqrt{\pi} : 2$$

15. (b)

माना वर्ग एवं वृत्त का क्षे. a^2 है।

$\pi r^2 = a^2$

$\pi^2 = \frac{a^2}{\pi}$

$r = \frac{a}{\sqrt{\pi}}$

पुन: वर्ग का क्षे. $= a^2$

वर्ग की एक भुजा $= 9$

अब वर्ग की भुजा एवं वृत्त की त्रिज्या में अनुपात

$= a : \frac{a}{\sqrt{\pi}}$

$= 1 : \frac{1}{\sqrt{\pi} : 1}$

$= \sqrt{\pi} : 1$

16. (b)

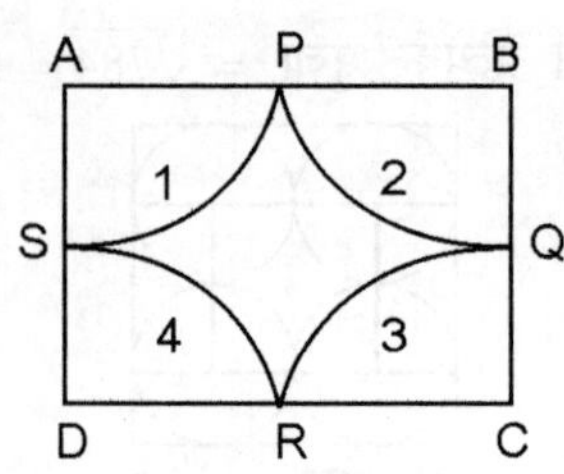

वर्ग ABCD का क्षे. $2^2 = 4$ वर्ग सेमी.

A, B, C, D को केन्द्र मानकर चारों कोनो पर $\frac{AB}{2} = AP$ त्रिज्या

त्रिज्या के चार चापों का संयुक्त क्षे. $= 4 \times \pi r^2 \times \frac{\theta}{360}$

$$= 4 \times \pi r^2 \times \frac{90}{360}$$

$$= 4 \times \pi r^2 \times \frac{1}{4}$$

$$= \pi r^2 = \pi \left(\because r = \frac{AB}{2} = 1\right)$$

अत: वर्ग के शेष बचे भाग का क्षे. $= (4 - \pi)$ वर्ग सेमी।

17. (b)

माना दूसरे रेखाखण्ड की लं. $= x$ सेमी.

$\therefore$ पहले रेखाखण्ड की लम्बाई $= (x + 2)$ सेमी.

प्रश्न से,

$(x + 2)^2 - (x)^2 = 32$

$x^2 + 4x + 4 - x^2 = 32$

$x = \frac{32 - 4}{4} = 7$ सेमी

$\therefore$ बड़े रेखाखण्ड की लम्बाई $= x + 2 = 7 + 2 = 9$ सेमी.

18. (b)

वर्ग की एक भुजा $= \sqrt{81} = 9$ सेमी.

$\therefore$ वर्ग का परिमाप $= 9 \times 4 = 36$ सेमी.

(अर्द्धवृत्त का परिमाप) $\frac{1}{2} \times 2pr + 2r = 36$

$r = \frac{36 \times 7}{(22 + 14)} = 7$ सेमी.

अर्द्धवृत्त का क्षे. $= \frac{\pi r^2}{2}$

$$= \frac{22}{7} \times \frac{7 \times 7}{2} = 77 \text{ वर्ग सेमी.}$$

19. (d)

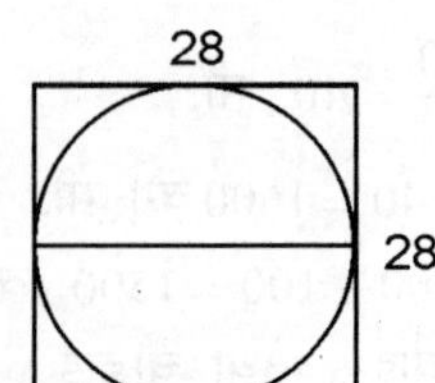

वर्ग की भुजा = वृत्त का व्यास

$= 28$ सेमी.

वृत्त की त्रिज्या $= \dfrac{28}{2}$

$= 14$ सेमी.

$\therefore$ वृत्त का क्षे. $= \pi r^2$

$= \dfrac{21}{7} \times 14 \times 14 = 616$ वर्ग सेमी.

20. (b)

वर्ग का क्षे. $= \dfrac{\text{विकर्ण}^2}{2}$

$= \dfrac{(5-2)^2}{2} = 13.52$ सेमी.

21. (a)

वर्ग का क्षे. $= 121$ वर्ग सेमी.

वर्ग की भुजा $= \sqrt{121} = 11$ सेमी

वर्ग का परिमाप $= 11 \times 4 = 44$ सेमी.

$\because$ तार द्वारा बने वर्ग के परिमाप एवं उसी तार से बने वृत्त के परिमाप समान होंगे।

$2\pi r = 44$

$r = \dfrac{44}{2\pi} = \dfrac{22 \times 7}{22}$

$\therefore$ तार द्वारा बने वृत्त का क्षे. $= \dfrac{22}{7} \times 7 \times 7 = 154$ वर्ग सेमी

22. (c)

माना वर्ग की भुजा a है।

$\therefore$ वर्ग का विकर्ण $= \sqrt{2} \times$ भुजा

विकर्ण का मान रखने पर

$16\sqrt{2} = \sqrt{2} \times a$

$a = 16$ सेमी.

$\therefore$ वर्ग का परिमाप $= 4a = 4 \times 16 = 64$ सेमी.

23. (d)

वर्ग का विकर्ण $= 4\sqrt{2}$

$a\sqrt{2} = 4\sqrt{2}$

$= 4$ सेमी. (भुजा)

दूसरे वर्ग की भुजा $= 2\pi^2$

$= 2\pi 16 = 32$ वर्ग सेमी.

$\because$ दूसरे वर्ग की भुजा $= \sqrt{32} = 4\sqrt{2}$

$\therefore$ दूसरे वर्ग का विकर्ण $=$ भुजा $\times \sqrt{2}$

$= 4\sqrt{2} \times \sqrt{2}$ सेमी $= 8$ सेमी.

24. (c)

तार से बने वर्ग की एक भुजा की लं. $= \sqrt{484} = 22$ सेमी.

अत: तार की लम्बाई $=$ वर्ग का परिमाप

$= 22 \times 4 = 88$ सेमी.

$2\pi r = 88$

$r = \dfrac{88 \times 7}{2 \times 22} = 14$ सेमी.

अत: तार द्वारा घिरा क्षे.

$= \dfrac{22}{7} \times 14 \times 14 = 616$ सेमी.

25. (d)

माना वर्ग की भुजा $= x$

वर्ग का क्षे. $= x^2$

वर्ग की भुजा में 25% वृद्धि करने पर नयी भुजा

$= x + \dfrac{25x}{100} \Rightarrow x + \dfrac{x}{4} \Rightarrow \dfrac{5x}{4}$

$\therefore$ नये क्षे. में वृद्धि $= \dfrac{5x}{4} \times \dfrac{5x}{4} = \dfrac{25x^2}{16}$

क्षे. में वृद्धि $= \dfrac{25x^2}{16} - x^2$

$= \dfrac{9x^2}{16}$

$\therefore$ प्रतिशत वृद्धि $= \dfrac{16}{x^2} \times 100$

$= \dfrac{9}{16} \times 100 \Rightarrow \dfrac{900}{16}$

$56 : 25\%$

26. (c)

$80 = (3x + 2x) \times 2$

$5x = \dfrac{80}{2} = 40$

$\therefore x = \dfrac{40}{5} = 8$

$\therefore$ चौड़ाई $= 2 \times 8 = 16$ मीटर

27. (c)

माना प्लाट की लं. व चौ. क्रमश: $5x$ मी. और $4x$ मी. है।

$\therefore \quad 5x \times 4x = 500$

$x^2 = \dfrac{500}{20} = 25$

$\therefore x = 5$ मीटर

परिमाप $= 2\,(5 \times 5 + 4 \times 5)^2$

$2\,(25 + 20) = 90$ मीटर

28. (b)

माना आयत की ल. x तथा चौ y है।

आयत की लम्बाई 12% एवं चौ. में 15% की वृद्धि करने पर नयी लं. एवं चौ. $= \dfrac{112x}{100}$ तथा $= \dfrac{115y}{100}$

नया क्षे. $= \dfrac{112x}{100} \times \dfrac{115y}{100}$

$= \dfrac{12880\,xy}{10000}$

क्षे. में वृद्धि $= \frac{12880xy}{10000} - xy = \frac{2880xy}{10000}$

$\therefore$ प्रतिशत वृद्धि $= \frac{\frac{2880xy}{10000}}{xy} \times 100$

$= \frac{2880}{10000} \times 100$

$= \frac{2880}{100} = 28\frac{4}{5}\%$

29. (d)

माना आयत की लं. x एवं चौ. y है।

$\therefore$ आयत का परिमाप $= 2(x+y)$

प्रश्न से,

$\frac{x}{2(x+y)} = \frac{5}{16}$

$\frac{x}{x+y} = \frac{5}{8}$

$\frac{x+y}{x} = \frac{8}{5}$

$\frac{x}{x} + \frac{y}{x} = \frac{8}{5}$

$1 + \frac{y}{x} = \frac{8}{5}$

$\frac{y}{x} = \frac{8}{5} - 1$

$\frac{y}{x} = \frac{3}{5}$

$\frac{x}{y} = \frac{5}{3}$

$\therefore$ लं. और चौ. का अनुपात $= 5:3$

30. (d)

माना आयत कि लं. $= x$ एवं चौ y है।

$\therefore$ आयत का क्षे. $= xy$

लम्बाई में $\frac{x}{3}$ की वृद्धि करने पर नयी लम्बाई $x + \frac{x}{3} = \frac{4x}{3}$

चौड़ाई में $\frac{y}{3}$ की कमी करने पर नयी चौड़ाई

$= y - \frac{y}{3} = \frac{2y}{3}$

नया क्षे. $= \frac{4x}{3} \times \frac{2y}{3} = \frac{8xy}{9}$

क्षे. में % कमी $= xy - \frac{8xy}{9}$

$= \frac{xy}{9}$

$\therefore$ क्षे. में % कमी $= \frac{\frac{xy}{9}}{xy} \times 100$

$= \frac{1}{9} \times 100$

$= 11\frac{1}{9}\%$ की कमी

31. (c)

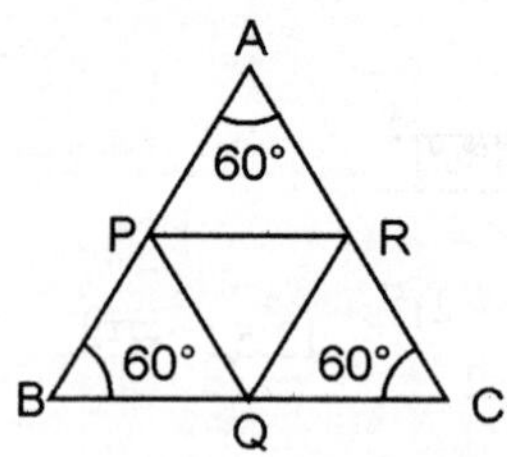

ΔABC से

$AQ = AB \sin 60°$

$= 2 \times \frac{\sqrt{3}}{2} = \sqrt{3}$

Δ का क्षे. $= \frac{1}{2} \times 2 \times \sqrt{3}$

$= \sqrt{3}$ वर्ग सेमी

चापों की लम्बाई $= 1$ सेमी

$\therefore \Delta PQR$ को छोड़कर ΔABC के शेष भाग का क्षे.

$= 3 \times \frac{60}{360} \times \pi \times r^2$

$= 3 \times \frac{1}{6} \times \pi = \frac{\pi}{2}$

वांछित क्षे. $= \left(\sqrt{3} - \frac{\pi}{2}\right)$ वर्ग सेमी

32. (c)

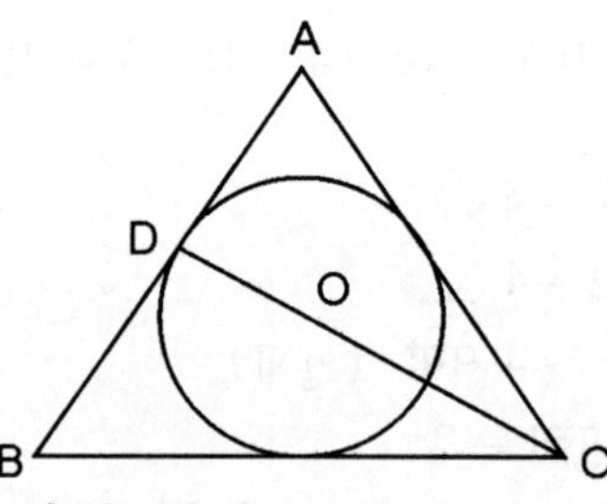

OC = परिवृत्त की त्रिज्या

ΔABC से,

$\frac{OC}{OD} = \frac{2}{1}$

$\frac{8}{OD} = \frac{2}{1}$

$OD = \frac{8}{2}$

$OD = 4$ सेमी

33. (c)

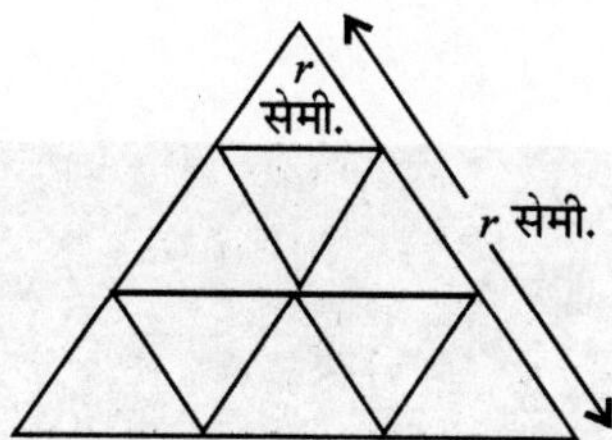

प्रत्येक समषट्भुज की भुजा $= \frac{6}{3} = 2$ सेमी

समषट्भुज का क्षे. $= 6 \times \frac{\sqrt{3}}{4} \times (2)^2$

$= 6\sqrt{3}$ सेमी.

34. (c)

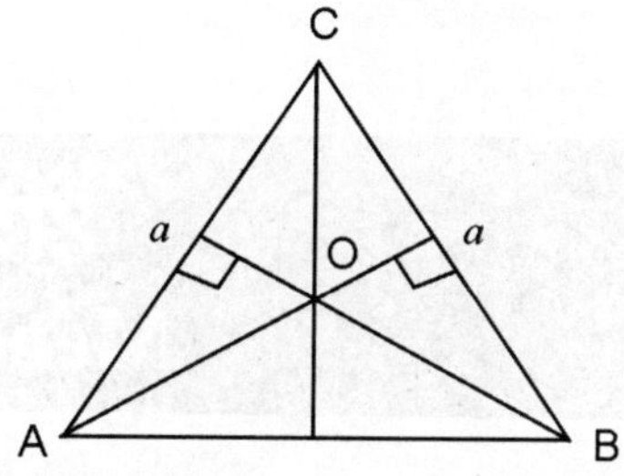

माना समबाहु Δ की प्रत्येक भुजा a सेमी है।
चित्र से,

$$\frac{1}{2} a [6 + 7 + 8] = \frac{\sqrt{3}}{4} a^2$$

$$\frac{21}{2} = \frac{\sqrt{3}}{4} a$$

$$21 = \frac{\sqrt{3}}{4} a$$

$$\therefore a = \frac{21 \times 2}{\sqrt{3}}$$

$$= \frac{42}{\sqrt{3}} \times \frac{\sqrt{3}}{\sqrt{3}}$$

$$= \frac{42}{3} \sqrt{3}$$

$$= 14\sqrt{3} \text{ सेमी.}$$

क्षेत्रमिति (3D)
Mensuration (3D)

इस अध्याय के अन्तर्गत ऐसी आकृतियों का अध्ययन किया गया है जिनका ब्रह्माण्ड में तीन स्थानों में अस्तित्व होता है जिसमें सम्मिलित है: लंबाई चौड़ाई और ऊँचाई। वैसी आकृतियों को ही त्रिविमिय (Three dimensional) आकृति कहते हैं।

इस अध्याय के अन्तर्गत हम घन (cube) घनाभ (cuboid) शंकु (cone) गोला (sphere) अर्द्धगोला (semisphere) आदि का अध्ययन करते हैं।

महत्वपूर्ण सूत्र (Important Formulae)

घन (Cube): घन का फलक वर्गाकार होता है। घन के कुल पृष्ठ तलों की संख्या 6 होती है कुल किनारों की संख्या 12 होती है, कुल शीर्षों की संख्या 8 होती है, विकर्णों की संख्या 4 होती है और घन के कुल संलग्न सतह तीन होते हैं।

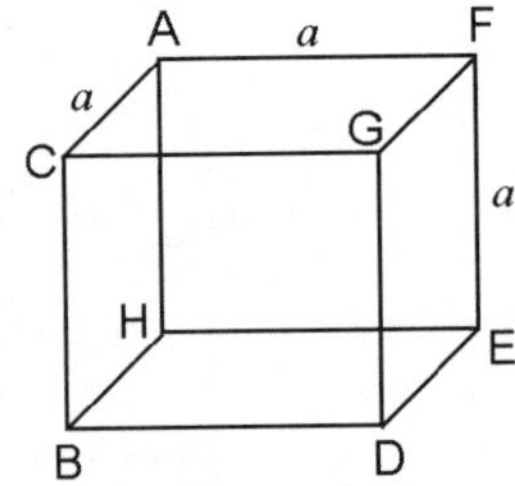

- ❑ घन का आयतन = (भुजा)^3 $[a =$ भुजा$] = a^3$
- ❑ घन का विकर्ण (diagonal) = $\sqrt{3}$ भुजा = $\sqrt{3}\, a$
- ❑ घन का पृष्ठ क्षेत्रफल (surface area) = 6 × भुजा^{2}
- ❑ घन की एक भुजा = $\sqrt[3]{\text{आयतन}}$
- ❑ घन का आयतन (V) = $\dfrac{d^3}{3\sqrt{3}}$ [d = विकर्ण]
- ❑ घन का किनारा $(a) = \dfrac{d}{\sqrt{3}}$
- ❑ घन की सम्पूर्ण सतह का क्षेत्रफल (Total Surface Area) = $2d^2$

घनाभ (Cuboid)

घनाभ के फलक आयताकार होते हैं। घनाभ में 6 सतहें या फलकें, 12 किनारे तथा 8 शीर्ष होते हैं।

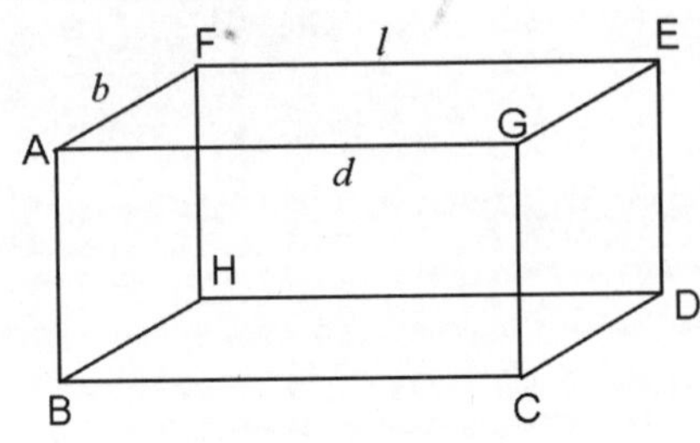

- ❑ घनाभ का आयतन = लंबाई × चौड़ाई × ऊँचाई = $l \times b \times h$
- ❑ घनाभ की लंबाई = $\dfrac{\text{आयतन}}{\text{चौ0} \times \text{ऊँ0}} = \dfrac{v}{b \times h}$
- ❑ घनाभ की लंबाई = $\dfrac{\text{आयतन}}{\text{ल0} \times \text{ऊँ0}} = \dfrac{v}{l \times h}$
- ❑ घनाभ की लंबाई = $\dfrac{\text{आयतन}}{\text{ल0} \times \text{ऊँ0}} = \dfrac{v}{l \times b}$
- ❑ घनाभ का पृष्ठ क्षेत्रफल (A) = 2(ल0 × च0 + चौ0 × ऊँ0 + ल0 × ऊँ)
  $= 2(lb \times bh + lh)$
- ❑ घनाभ के संलग्न पृष्ठो के क्षेत्रफल x, y, z हो तो $xyz = v^2$
- ❑ घनाम का विकर्ण (d) = $\sqrt{\text{ल0}^2 + \text{चौ0} + \text{ऊँ}^2}$
  $= \sqrt{l^2 + b^2 + h^2}$

  [l = लंबाई, b = चौड़ाई, d = विकर्ण, h = ऊँचाई]

शंकु (Cone)

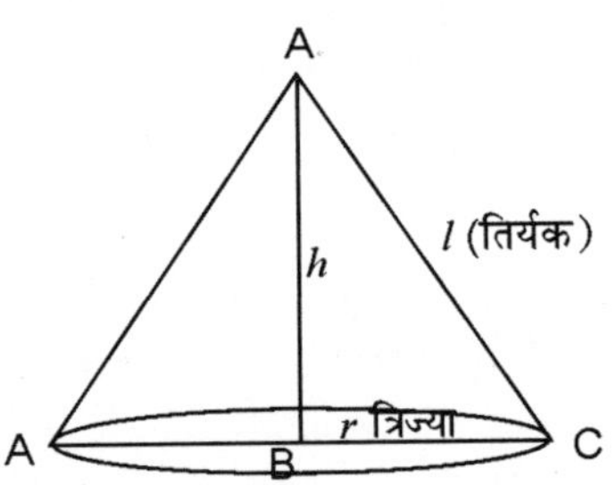

- ❑ शंकु के वक्र पृष्ठ का क्षेत्रफल = πrl
- ❑ शंकु के सम्पूर्ण पृष्ठ का क्षेत्रफल = $\pi r(l + r)$
- ❑ शंकु का आयतन = $\dfrac{1}{3}\pi^2 h$
- ❑ शंकु की त्रिज्या m गुना करने पर आयतन m^2 गुना हो जाता है।

बेलन (Cylinder)

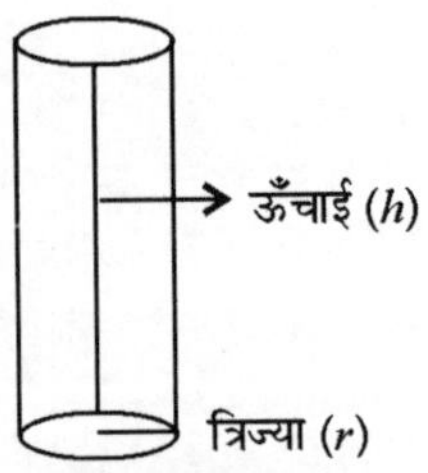

- ❑ बेलन का वक्रपृष्ठ क्षेत्रफल = $2\pi rh$
- ❑ सम्पूर्ण पृष्ठ का क्षेत्रफल = $2\pi r(r + h)$

❑ बेलन का आयतन $= \pi r^2 h$

[यहाँ $r =$ त्रिज्या, $h =$ ऊँचाई]

❑ खोखले बेलन का आयतन $= \pi h (R^2 - r^2)$
$= \pi h (R + r)(R - r)$

बाल्टी (Bucket/Frustum)

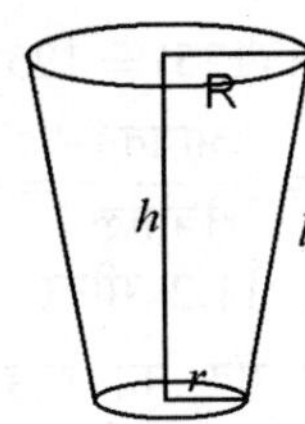

❑ बाल्टी की तिर्यक ऊँचाई $= \sqrt{h^2 + (R - r)^2}$

❑ बाल्टी का वक्रपृष्ठ $= \pi l (R + r)$

❑ बाल्टी का पूर्ण पृष्ठ $= \pi l (R + r) + \pi r^2$

❑ बाल्टी की धारिता $= \frac{1}{3}\pi h (R^2 + r^2 + Rr)$

जहाँ $l =$ तिरछी ऊँचाई, $h =$ ऊँचाई, सिरों की त्रिज्याएँ R तथा r है।

गोला (Sphere)

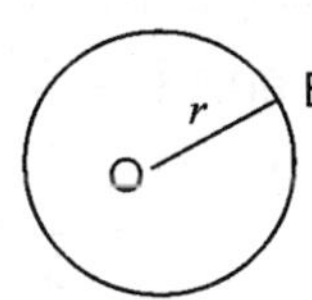

❑ गोले का आयतन $(v) = \frac{4}{3}\pi r^3$ (जहाँ $r =$ त्रिज्या)

❑ गोले के सम्पूर्ण पृष्ठों का क्षेत्रफल $(A) = 4\pi r^2 = \pi d^2$

❑ सम्पूर्ण पृष्ठीय क्षेत्रफल $= 4\pi (R^2 - r^2)$

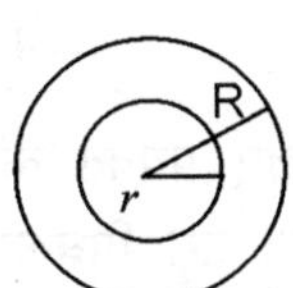

❑ गोले की त्रिज्या $(r) = \sqrt[3]{\frac{3}{4A} \text{ गोले का आयतन}}$

[आयतन $= \frac{4}{3}\pi (R^3 - r^3)$

अर्द्धगोला (Hemi Sphere)

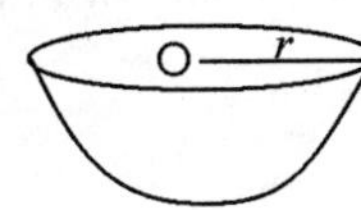

❑ गोले का सम्पूर्ण पृष्ठीय क्षेत्रफल $2\pi r^2 + \pi r^2 = 3\pi r^2$

❑ खोखले अर्द्धगोले का वक्रपृष्ठीय क्षेत्रफल $= 2\pi r^2$

❑ अर्द्धगोले का आयतन $(v) = \frac{2}{3}\pi r^3$

उदाहरण (Examples)

1. लोहे के बने एक खोखले बेलनाकार पाईप की लंबाई 3.5 मीटर, बाहरी व्यास 2.4 सेमी. तथा दीवारों की मोटाई 2 मि.मि. है। इस पाइप का भार क्या होगा, जबकि 1 घन सेमी. लोहे का भार 11.4 ग्राम है?

   पाइप की बाहरी त्रिज्या $= 1.2$ सेमी.

   अन्दर की त्रिज्या $= (1.2 - 0.2) = 1$ सेमी.

   लोहे का आयतन $= \pi r^2 h - \pi r^2 h$
   $= \pi h (R^2 - r^2)$
   $= \frac{22}{7} \times 350 \times [(1.2)^2 - 1^2] = 484$ घन सेमी.

   पाईप का भार $\left(\frac{484 \times 11.4}{1000}\right)$ डिग्री
   $= 5.5176$ डिग्री

2. 30 सेमी. लम्बी तथा 24 सेमी. चौड़ी एक लोहे की चादर के चारों कोनों से चार बराबर वर्ग काटे गए है, जिनमें से प्रत्येक की भुजा 6 सेमी. है। शेष बची चादर को मोड़कर एक खुला डिब्बा बनाया गया है। डिब्बे की धारिता कितनी है?

   डिब्बे की लम्बाई $= 18$ सेमी, चौड़ाई $= 12$ सेमी,

   ऊँचाई $= 6$ सेमी

   डिब्बे की धारिता = डिब्बे का आयतन

   $= (18 \times 12 \times 6) = 1296$ घन सेमी।

3. एक आयताकार लकड़ी का टुकड़ा 15 सेमी. लम्बा, 12 सेमी. चौड़ा तथा 6 सेमी. ऊँचा है। इसे काटकर बराबर-बराबर आयतन के घन बनाये गये हैं, जिनकी संख्या पूर्ण है। ऐसे घनों की कम से कम संख्या कितनी है।

   लकड़ी के टुकड़े का आयतन $= (6 \times 12 \times 15)$ घन सेमी. $= 1080$ घन सेमी.

   सबसे बड़ी घन की भुजा $= 6, 12, 15$ का म. स. $= 3$ सेमी.

   घन का आयतन $= (3 \times 3 \times 3)$ घन सेमी $= 27$ घन सेमी.

   अभीष्ट घनों की संख्या $= \left(\frac{1080}{27}\right) = 40$

4. एक कमरा 10 मीटर लम्बा, 8 मीटर चौड़ा तथा 3.3 मीटर ऊँचा है। इस कमरे में कितने व्यक्ति बैठ पायेंगे जबकि प्रत्येक व्यक्ति को 3 घन मीटर की जगह की आवश्यकता है?

   व्यक्तियों की संख्या $= \left(\frac{10 \times 8 \times 3.3}{3}\right) = 88$

5. एक दीवार की ऊँचाई, चौड़ाई से 5 गुनी तथा इसकी लम्बाई ऊँचाई से 8 गुनी है। यदि इस दीवार का आयतन 12.8 घन मीटर हो, तो दीवार की चौड़ाई कितनी है?

   माना चौड़ाई $= x$ मीटर

   ऊँचाई $= 5x$ मीटर

   लम्बाई $= 40x$ मीटर

   तब $x \times 5x \times 40x = 12.8$

   $= \frac{12.8}{220} = \frac{64}{100}$

$= \left(\frac{4}{10}\right)^3$

$x = \frac{4}{10} = \frac{2}{5}$

दीवार की चौड़ाई $= \frac{2}{5}$ मी. $= \left(\frac{2}{5} \times 100\right)$ सेमी. $= 40$ सेमी.

6. किसी ठोस गोलार्द्ध का सम्पूर्ण पृष्ठ 108π सेमी^{2} है। गोलार्द्ध का आयतन क्या होगा?

मना गोले की त्रिज्या $= r$ सेमी. है।

अर्द्धगोले का सम्पूर्ण पृष्ठ = अर्द्ध गोले के बाहरी भाग का क्षेत्रफल + आधार का क्षेत्रफल

$= \frac{4\pi r^2}{2} + \pi r^2$

$= 2\pi r^2 + \pi r^2$

$= 3\pi r^2$

प्रश्न से,

$3\pi r^2 = 108\pi$

$r^2 = \frac{108}{3} = 36$

$r = 6$

गोलार्द्ध का आयतन

$= \frac{2}{3}\pi r^2$

$= \frac{2}{3} \times \pi (6)^3$

$= 2 \times \pi \times 2 \times 6 \times 6$

$= 144\pi$ घन सेमी.

7. एक तेल के कनस्तर का $\frac{4}{5}$ भाग तेल से भरा था। इसमें से 6 बोतल तेल निकाला गया और फिर 4 बोतल तेल इसमें डाला गया, तब यह तीन चौथाई भरा रह गया। कनस्तर में कुल कितनी बोतल तेल आ सकता है?

कनस्तर में से 6 बोतल तेल निकाला गया एवं 4 बोतल डाला गया अर्थात 2 बोतल तेल कनस्तर से निकाला गया।

अतः 2 बोतल तेल द्वारा कनस्तर का छोडा गया भाग

$= \frac{4}{5} - \frac{3}{4}$

$= \frac{16 - 15}{20}$

$= \frac{1}{20}$

$\therefore$ कनस्तर के $\frac{1}{20}$ भाग को भरती है 2 बोतल

$\therefore$ पूरा कनस्तर भरेगा $= 20 \times 2 = 40$ बोतल से

8. 20 मी. व्यास वाला एक कुआँ 14 मी. की गहराई तक खोदा जाता है और इससे निकाली गयी मिट्टी को उसके चारो ओर के 5 मी. की चौड़ाई तक फैलाकर एक चबूतरा बना दिया जाता है। इस चबूतरे की ऊँचाई होगी।

कुएँ से निकाली गई कुल मिट्टी का आयतन

$= \frac{22}{7} \times 10^2 \times 14$

1400π घन मीटर

चबूतरे का क्षेत्रफल $= \pi (R^2 - r^2)$

$= \pi (15^2 - 10^2)$

$= \pi (125) = 125\pi$ मीटर^2

$\therefore$ चबूतरे की ऊँचाई $= \frac{\text{आयतन}}{\text{क्षेत्रफल}} = \frac{1400\pi}{125\pi}$

$= 11.2$ मीटर

9. धातु की एक खोखली गेंद का बाहरी व्यास 6 सेमी. है तथा उसकी मोटाई $\frac{1}{2}$ सेमी है। इस गेंद का आयतन (सेमी^{3} में) क्या होगा?

गेंद का बाहरी व्यास $= 6$ सेमी

मोटाई $= \frac{1}{2}$ सेमी.

आतंरिक व्यास $= 6 - \left(\frac{1}{2} + \frac{1}{2}\right)$

$= 5$ सेमी.

बाहरी तथा भीतरी त्रिज्याएँ क्रमशः 3 सेमी एवं 2.5 सेमी

गोले में लगी धातु का आयतन $= \frac{4}{3}\pi (R^2 - r^2)$

$= \frac{4}{3} \times \frac{22}{7} (3^2 - 2.5^2)$

$= \frac{2}{3} \times \frac{22}{7} \times 11.375$

$= \frac{1001}{21}$

$= 47\frac{2}{3}$ घन सेमी.

10. शॉट फुट खेल के लिए प्रयुक्त की जाने वाली लोहे की गेंद का व्यास 14 सेमी. है। इसे पिघलाकर एक $2\frac{1}{3}$ सेमी. ऊँचाई का ठोस बेलन बनाया गया है। बेलन के एक आधार का व्यास कितना होगा?

गोले की त्रिज्या $= \frac{14}{2} = 7$ सेमी.

$h = 2\frac{1}{3} = \frac{7}{3}$ सेमी.

गोले का आयतन = बेलन का आयतन

$\frac{4}{3}\pi r^3 = \pi r_1^2\, h$

$\frac{4}{7} \times (7)^3 = r_1^2 \times \frac{7}{3}$

$r_1^2 = 4 \times 7^2$

$r_1 = 2 \times 7 = 14$

बेलन का व्यास $= 2 \times 14 = 28$ सेमी.

अभ्यास प्रश्न (Practice Questions)

1. एक घनाकार पानी की टंकी में 216 लीटर पानी है। उसकी गहराई उसकी लम्बाई का $\frac{1}{3}$ भाग है, और चौड़ाई उसकी लम्बाई और गहराई के अंतर के $\frac{1}{2}$ की $\frac{1}{3}$ है। टंकी की लम्बाई होगी।
   (a) 75 डेमी. (b) 18 डेमी.
   (c) 6 डेमी. (d) 9 डेमी.

2. एक घन के आयतन का उस गोले जो घन में पूर्णतया फिट किया जा सकेगा, के आयतन से अनुपात होगा।
   (a) $\pi : 6$ (b) $6 : \pi$
   (c) $3 : \pi$ (d) $\pi : 3$

3. 7 सेमी. भुजा वाले घन से सबसे बड़ा गोला काटा गया है। गोले का आयतन (सेमी.^{3}) में होगा।
   (a) 718.66 (b)543.72
   (c) 481.34 (d)179.67

4. एक घन तथा गोले के सम्पूर्ण पृष्ठ क्षेत्र बराबर हैं। उनके आयतनों में अनुपात होगा।
   (a) $\pi : 6$ (b) $\sqrt{\pi} : \sqrt{6}$
   (c) $\sqrt{6} : \sqrt{x}$ (d) $6 : \pi$

5. एक घन के आयतन का उसके अंत: गोले का आयतन से अनुपात होगा।
   (a) $6 : \pi$ (b) $4 : \pi$
   (c) $5 : 3$ (d) $4 : 3$

6. किसी कमरे की ऊँचाई a तथा कमरे की दो संलग्न दीवारों के क्षेत्रफल b तथा c हैं। कमरे की छत का क्षेत्रफल होगा।
   (a) $\frac{bc}{a}$ (b) bc
   (c) $\frac{ac}{b^2}$ (d) $\frac{bc}{a^2}$

7. यदि विमाओं a, b, c वाले घनाभ का आयतन V तथा इसका सम्पूर्ण पृष्ठ S हो, तो $\frac{4}{5}\left(\frac{1}{a}+\frac{1}{b}+\frac{1}{c}\right)\text{V}$ के पदों में बराबर होगा:
   (a) $\frac{8\text{ S}}{5\text{ V}}$ (b) $\frac{2\text{ S}}{5\text{ V}}$
   (c) $\frac{4\text{ S}}{5\text{ V}}$ (d) $\frac{\text{S}}{5\text{ V}}$

8. किसी घनाभ के तीन संलग्न तलों के पृष्ठीय क्षेत्रफल p, q, r हैं। उसका आयतन होगा।
   (a) $\sqrt{pq^2 + qr^2 + rp^2}$
   (b) $\sqrt{pq} + \sqrt{qr} + \sqrt{rp}\,(p^2 + q^2 + r^2)$
   (c) $\sqrt{(p^2 + q^2 + r^2)(p + q + r)}$
   (d) $\sqrt{pqr}$

9. एक लंब कोगिक समांतर षट्फलक के तीन फलकों के क्षेत्रफल क्रमश: 12 सेमी^{2}, 20 सेमी^{2} तथा 15 सेमी^{2} है। तदनुसार उसका आयतन कितने क्यूबिक सेंटीमीटर होगा?
   (a) 3600 (b) 100
   (c) 80 (d) 60

10. यदि दो घनों के आयतनों में 27 : 1 का अनुपात है तो इनकी भुजाओं में अनुपात है।
   (a) 3 : 1 (b) 27 : 1
   (c) 1 : 3 (d) 1 : 27

11. यदि एक घन का विकर्ण $\sqrt{12}$ सेमी. है तो उसका आयतन (घन सेमी. में) क्या है?
   (a) 8 (b) 12
   (c) 24 (d) $3\sqrt{2}$

12. किसी घनाभ की भुजाओं का अनुपात 1:2:3 है इसका पृष्ठीय क्षेत्रफल 88 सेमी^{2} है घनाभ का आयतन है।
   (a) 120 सेमी^{3} (b) 64 सेमी^{2}
   (c) 48 सेमी^{3} (d) 20 सेमी^{2}

13. एक टंकी, जिसकी धारिता 8000 लीटर है, के बाहरी माप 3.3 मीटर $\times$ 2.6 मीटर $\times$ 1.1 मीटर हैं तथा इसकी दीवारों की मोटाई 5 सेमी. है इसके नीचे की तली की मोटाई है
   (a) 1 मीटर (b) 1.1 मीटर
   (c) 1 डेमी. (d) 90 सेमी.

14. लकड़ी के एक बक्से की माप 20 सेमी $\times$ 12 सेमी $\times$10 सेमी. है। लकड़ी की मोटाई 1 सेमी. है। इस बक्से को बनाने में लगी लकड़ी का आयतन (घन सेमी. में) है।
   (a) 960 (b) 516
   (c) 2400 (d) 1120

15. एक घनाभ का आयतन एक घन के आयतन का दोगुना है। यदि घनाभ की विभाएँ 9 सेमी., 8 सेमी. और 6 सेमी. है तो घन का सम्पूर्ण पृष्ठीय क्षेत्रफल है।
   (a) 72 सेमी^{2} (b) 216 सेमी^{2}
   (c) 432 सेमी^{2} (d) 408 सेमी^{2}

16. उस लम्बी से लम्बी छड़ की लम्बाई ज्ञात कीजिए जो एक 16 मी. लम्बे, 12 मी. चौड़े तथा $10\frac{2}{3}$ मीटर ऊँचे कमरे में रखी जा सकती है।
   (a) 23 मी. (b) 68 मी.
   (c) $22\frac{2}{3}$ मी. (d) $22\frac{1}{3}$ मी.

17. 5 सेमी. किनारे वाले एक घन को 1 सेमी. किनारे वाले घनों में काटा जाता है। छोटे घन के सम्पूर्ण पृष्ठ का बड़े घन के सम्पूर्ण पृष्ठ से अनुपात होगा:
   (a) 1 : 125 (b) 1 : 5
   (c) 1 : 625 (d) 1 : 25

18. 15 सेमी. भुजा वाले किसी घन में से 3 सेमी. भुजा वाले कुल कितने घन काटे जा सकते हैं?
(a) 25 (b) 27
(c) 125 (d) 144

19. यदि दो घनों के आयतनों का अनुपात 27 : 64 उनके सम्पूर्ण पृष्ठीय क्षेत्रफल का अनुपात है।
(a) 27 : 64 (b) 3 : 4
(c) 9 : 16 (d) 8 : 3

20. एक बेलनाकार पाइप की धातु का आयतन 48 सेमी^{2} है। पाइप की लम्बाई 14 सेमी. तथा इसका बाहरी अर्द्ध व्यास 9 सेमी. है। इसकी मोटाई होगी ($\pi = \frac{22}{7}$ सेमी.)
(a) 1 सेमी. (b) 5.2 सेमी
(c) 2.3 सेमी (d) 3.7 सेमी

21. दो समान आयतन वाले बेलनों के व्यास 3 : 2 के अनुपात में है। उनकी ऊँचाईयो में अनुपात क्या होगा?
(a) 4 : 9 (b) 5 : 6
(c) 5 : 8 (d) 8 : 9

22. 14 सेमी. ऊँचाई वाले एक लम्ब वृत्तीय बेलन का आयतन एक 11 सेमी. किनारे वाले घन के आयतन के बराबर है। बेलन के आधार का अर्द्धव्यास होगा $\left(\pi = \frac{22}{7}\right)$
(a) 5.2 सेमी (b) 5.5 सेमी
(c)11 सेमी (d) 22 सेमी

23. एक बेलनाकार लोहे की छड़ जिसकी ऊँचाई उसके अर्द्धव्यास की 4 गुनी है, को पिघलाकर छड़ के अर्द्धव्यास के बराबर अर्द्धव्यास वाले गोलों में ढाला गया है। गोलों की संख्या होगी।
(a) 2 (b) 3
(c) 4 (d) 8

24. 24 सेमी. ल. तथा 22 सेमी. चौड़ाई वाली धातु की एक आयताकार शीट की इसकी लम्बाई के अनुसार मोड़कर एक लम्बवृतकीय बेलन बनाया गया है। बेलन का आयतन होगा ($\pi = \frac{22}{7}$ लीजिए)
(a) 924 सेमी^{3} (b) 462 सेमी^{3}
(c) 264 सेमी^{3} (d) 528 सेमी^{3}

25. यदि किसी बेलन के अर्द्धव्यास को 50% कम करके तथा उसकी ऊँचाई को 50% बढ़ाकर एक नया बेलन बनाया जाए तो नये बेलन के आयतन में कितनी कमी होगी?
(a) 0% (b) 25%
(c) 62.5% (d) 75%

26. एक लम्ब वृत्तीय बेलन का आयतन एक गोले के आयतन के बराबर है तथा उनके अर्द्धव्यास भी बराबर हैं। यदि बेलन की ऊँचाई h तथा गोले का व्यास d हो, तो निम्नलिखित में से कौन-सा संबंध सही है?
(a) $h = d$ (b) $2h = d$
(c) $2h = 3d$ (d) $3h = 2d$

27. एक बेलन की ऊँचाई तथा एक शंकु की ऊँचाई 2 : 3 तथा उनके आधार के अर्द्धव्यास 3 : 4 के अनुपात में हैं। उनके आयतनों का अनुपात होगा:
(a) 1 : 9 (b) 2 : 9
(c) 9 : 8 (d) 3 : 8

28. एक लम्ब वृतीय बेलन के आधार के अर्द्धव्यास तथा उसकी ऊँचाई में से प्रत्येक को 10% बढ़ाया गया है। इससे बेलन के आयतन में वृद्धि होगी।
(a) 3.31% (b) 14.51%
(c) 33.1% (d) 19.5%

29. यदि एक लम्ब वृत्तीय बेलन का आयतन $9\pi h$ मी^{3} हो, जबकि h मीटरों में इसकी ऊँचाई है, तो बेलन के आधार का व्यास होगा।
(a) 3 मी० (b) 6 मी
(c) 9 मी० (d) 12 मी

30. दो बेलनों A तथा B के आधारों के अर्द्धव्यास 3 : 2 तथा उनकी ऊँचाइयाँ $n : 1$ के अनुपात में हैं। यदि बेलन A का आयतन बेलन B के आयतन का 3 गुना हो, तो क्या मान होगा।
(a) $\frac{4}{3}$ (b) $\frac{3}{2}$
(c) $\frac{3}{4}$ (d) –

उत्तरमाला (Answer Key)

1. (b)	2. (b)	3. (d)	4. (b)	5. (a)	6. (d)	7. (b)	8. (d)
9. (d)	10. (a)	11. (a)	12. (c)	13. (c)	14. (a)	15. (b)	16. (c)
17. (d)	18. (c)	19. (c)	20. (a)	21. (a)	22. (b)	23. (b)	24. (a)
25. (c)	26. (d)	27. (c)	28. (c)	29. (b)	30. (a)		

हल (Solutions)

1. (b)

माना टंकी की लम्बाई l सेमी. है।

$\therefore$ टंकी की गहराई $= \frac{l}{3}$ सेमी.

$\therefore$ टंकी की चौ. $= \left(l - \frac{l}{3}\right)\frac{1}{2} \times \frac{1}{3}$

$= \frac{2}{3} \times \frac{l}{2} \times \frac{1}{3}$

$= \frac{l}{9}$ सेमी.

$\therefore$ टंकी का आयतन $= l \times \frac{l}{9} \times \frac{l}{3}$

$= \frac{l^3}{27}$ घन सेमी.

अब 1 ली. = 21000 घन सेमी.

216 ली = 216000 घन सेमी

प्रश्न से

$\frac{l^3}{27} = 216000$

$l^3 = 216000 \times 27$

$l^3 = 216 \times 1000 \times 27$

$l^3 = 6^3 \times 10^3 \times 3^3$

$l = 6 \times 10 \times 3$

$= 180$ सेमी

2. (b)

माना गोले की त्रिज्या r है।

$\therefore$ घन की भुजा $= 2r$

$\therefore$ गोले का आयतन $= \frac{4}{3}\pi r^3$

$\therefore$ वृत्त का आयतन = (भुजा)^3

$= (2r)^3$

$= 8r^3$

दोनों के आयतनों का अनुपात $= \frac{8r^3}{\frac{4}{3}\pi r^3}$

$= \frac{24}{4\pi}$

$= \frac{6}{\pi} = 6 : \pi$

3. (d)

घन के अन्दर काटे गये सबसे बड़े गोलो का व्यास घन की भुजा के बराबर होगा

अत: काटे गये गोले की त्रिज्या $= \frac{\text{घन की भुजा}}{2}$

$= \frac{7}{2}$ सेमी.

गोले का आयतन $= \frac{4}{3}\pi r^3$

$= \frac{4}{3} \times \frac{22}{7} \times \frac{7}{2} \times \frac{7}{2} \times \frac{7}{2}$

$= \frac{11 \times 7 \times 7}{3} = \frac{539}{3} = 179.67$ सेमी^{3}

4. (b)

माना घन की भुजा a, गोले की त्रिज्या $= r$

गोले का सम्पूर्ण पृष्ठ $= 4\pi r^2$

घन का सम्पूर्ण पृष्ठ $= 6a^2$

अनुपात करने पर $= \frac{4\pi r^2}{6a^2}$

$\frac{a^2}{r^2} = \frac{2\pi}{3}$

$\left(\frac{a}{r}\right) = \sqrt{\frac{2\pi}{3}}$ (i)

पुन: घन का आयतन $= a^3$

गोले का आयतन $= \frac{4}{3}\pi r^3$

$\therefore \frac{\text{घन का आयतन}}{\text{गोले का आयतन}} = \frac{a^2}{\frac{4}{3}\pi r^3} = \frac{3}{4\pi}\left(\frac{a}{r}\right)^3$

(सेमी i) से $\left(\frac{a}{r}\right)$ का मान रखने पर

$= \frac{3}{4\pi}\left(\sqrt{\frac{2\pi}{3}}\right)^3$

$= \frac{3}{4\pi} \times \frac{2\pi}{3}\sqrt{\frac{2\pi}{3}}$

$= \frac{1}{2}\sqrt{\frac{2\pi}{3}}$

$= \sqrt{\frac{2\pi}{3 \times 4}}$

$= \sqrt{\frac{\pi}{6}}$

अभीष्ट अनुपात $= \sqrt{\pi} : \sqrt{6}$ है।

5. (a)

गाना घन की एक भुजा a है।

घन का आयतन $= a^3$

अब घन के अंत: गोले का व्यास = घन की भुजा $= a$

त्रिज्या $= \frac{a}{2}$

गोले का आयतन $= \frac{4}{3}\pi r^3$

$= \frac{4}{3}\pi\left(\frac{a}{2}\right)^3$

$= \frac{\pi a^3}{6}$

$\therefore$ $\frac{\text{घन का आयतन}}{\text{गोले का आयतन}} = \frac{a^3}{\frac{\pi a^3}{6}} = 6a^3 : \pi a^3$

$= 6 : \pi$

6. **(d)**

कमरे की ऊँचाई $= a$

संलग्न दो दीवारों का क्षेत्रफल क्रमश $= b$ तथा c

प्रश्न से

कमरे की लम्बाई $= \frac{b}{a}$

कमरे की चौड़ाई $= \frac{c}{a}$

अत: कमरे की छत का क्षेत्रफल = कमरे की फर्श का क्षेत्रफल

= ल. × चौ.

$= \frac{b}{a} \times \frac{c}{a}$

$= \frac{bc}{a^2}$

7. **(b)**

घनाभ की विमाएँ a, b, c है

प्रश्न से,

आयतन $V = a \cdot b \cdot c$ (i)

सूत्र से,

सम्पूर्ण पृष्ठ $S = 2(ab + bc + ca)$ (ii)

समी. (ii) में (i) से भाग देने पर

$\frac{S}{V} = \frac{2(ab + bc + ca)}{abc}$

$\frac{S}{V} = 2\left(\frac{1}{c} + \frac{1}{a} + \frac{1}{b}\right)$

$\frac{S}{2V} = \left(\frac{1}{a} + \frac{1}{b} + \frac{1}{c}\right)$ (iii)

अब दोनों पक्षों में $\frac{4}{5}$ से गुणा करने पर

$\frac{4}{5}\left(\frac{1}{a} + \frac{1}{b} + \frac{1}{c}\right) = \frac{4}{5}\left(\frac{S}{2V}\right)$

$\frac{4}{5}\left(\frac{1}{a} + \frac{1}{b} + \frac{1}{c}\right) = \frac{2S}{5V}$

अत: $\frac{4}{5}\left(\frac{1}{a} + \frac{1}{b} + \frac{1}{c}\right)$ V के पदों में मान $\frac{2S}{5V}$ होगा।

8. **(d)**

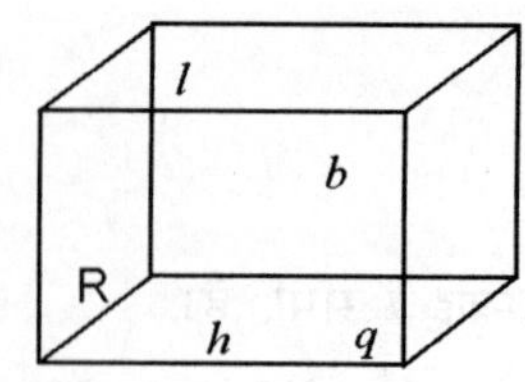

माना घनाभ की लं. $= l$

चो. b, ऊँचाई $= h$

दिया है घनाभ के तीन संलग्न तलों का क्षेत्रफल क्रमशः p, q एवं r है।

पहले संलग्न तल का क्षेत्रफल $lb = p$ (i)

दूसरे संलग्न तल का क्षेत्रफल $bh = q$ (ii)

तीसरे संलग्न तल का क्षेत्रफल $lh = r$ (iii)

समी. (i), (ii) एवं (iii) में गुणा करने पर

$lb \times bh \times lh = p \times q \times r$

$l^2 \times b^2 \times h^2 = pqr$

$(lbh)^2 = pqr$

$lbh = \sqrt{pqr}$

$lbh =$ घनाभ का आयतन $= \sqrt{pqr}$

9. (d)

लंबकोणीय समांतर षट्फलक का आयतन

$= 12 \times 20 \times 15$

$= 3600$ क्यूबिक सेमी.

10. (a)

भुजाओं में अनुपात = (आयतनों में अनुपात)$^{1/3}$

$= \left(\frac{27}{1}\right)^{1/3}$

$= 3 : 1$

11. (a)

घन का विकर्ण $\sqrt{3} \times$ भुजा

$\sqrt{12} = \sqrt{3} \times$ भुजा

$\therefore$ भुजा $= \frac{\sqrt{12}}{\sqrt{3}} = \sqrt{4} = 2$ सेमी.

$\therefore$ आयतन = भुजा^{3} $= 2^3$

$= 8$ घन सेमी.

12. (c)

माना घनाभ की लं., चौ. व ऊँचाई क्रमश x, $2x$ तथा $3x$ सेमी. हैं।

$\therefore 2(x \times 2x + x \times 3x + 2x \times 3x) = 88$

या, $2x^2 + 3x^2 + 6x^2 = \frac{88}{2} \Rightarrow 44$

$x = 2$

घनाभ का आयतन $= 2 \times 4 \times 6 = 48$ सेमी^{3}

13. (c)

1 घन मी. = 1000 ली.

$\therefore$ (100 × 100 × 100) घन से.मी. = 1000 ली.

1000 ली. = 1000000 घन सेमी.

8000 ली. = 8000000 घन सेमी.

माना तख्ती की मोटाई $= x$ सेमी.

तब प्रश्न से

$(330 - 10)(260 - 10)(110 - x) = 8000000$

$320 \times 250 (11 - x) = 8000000$

$x = \dfrac{8800000 - 8000000}{320 \times 250}$

$= \dfrac{800000}{320 \times 250}$

$= 10$ सेमी. $= 1$ डेसी मीटर

14. (a)

बक्से में लगी लकड़ी का आयतन

$(20 \times 12 \times 10) - (20 - 2) \times (12 - 2) \times (10 - 2)$

$= 20 \times 12 \times 10 - 18 \times 10 \times 8$

$= 960$ घन सेमी.

15. (b)

घनाभ का आयतन $= 9 \times 8 \times 6$ घन सेमी.

घन का आयतन $= \dfrac{1}{2}(9 \times 8 \times 6)$

घन की एक भुजा $= \sqrt[3]{9 \times 4 \times 6}$

$= 6$ सेमी

घन का सम्पूर्ण पृष्ठीय क्षेत्रफल $= 6a^2 = 6 \times 6^2$

$= 216$ वर्ग सेमी.

16. (c)

घनाकार कमरे में रखी जाने वाली लंबी से लंबी छड़ की लम्बाई घनाभ के विकर्ण के बराबर होगी:

घनाभ के विकर्ण $= \sqrt{\text{ल}\circ^2 + \text{चौ}\circ^2 + \text{ऊँ}\circ^2}$

$= \sqrt{(16)^2 + (12)^2 + \left(\dfrac{32}{9}\right)^2}$

$= \sqrt{256 + 144 + \dfrac{1024}{9}}$

$= \sqrt{\dfrac{2304 + 1296 + 1024}{9}}$

$= \sqrt{\dfrac{4624}{9}} = \dfrac{68}{3}$

$= 22\dfrac{2}{3}$ मीटर

17. (d)

अभीष्ट अनुपात $= \dfrac{\text{छोटे घन के सम्पूर्ण पृष्ठ का क्षेत्रफल}}{\text{बड़े घन के सम्पूर्ण पृष्ठ का क्षेत्रफल}}$

$= \dfrac{6(1)^2}{6(5)^2} = 1 : 25$

18. (c)

घनों की संख्या $= \dfrac{15 \times 15 \times 15}{3 \times 3 \times 3}$

$= 125$

19. (c)

घनों की भुजाओं का अनुपात

$\sqrt[3]{27} : \sqrt[3]{64} = 3 : 4$

अत: सम्पूर्ण पृष्ठीय क्षेत्रफलों का अनुपात

$= (3)^2 \times 6 : (4)^2 \times 6$

$= 9 : 16$

20. (a)

टंकी का सम्पूर्ण आयतन

$= \dfrac{22}{7} \times 9 \times 9 \times 14$

$= 44 \times 9 \times 9$

$= 3564$ घन सेमी.

$\therefore$ धातु का आयतन $= 748$ घन सेमी.

$\therefore$ टंकी का आंतरिक आयतन $= 3564 - 748$

$= 2816$ घन सेमी.

अत: टंकी का आंतरिक आयतन $= \pi r^2 \times 14$

प्रश्नानुसार,

$\dfrac{22}{} \times 14 \times \quad = 2816$

$r^2 = \dfrac{2816 \times 7}{22 \times 14}$

$r^2 = 64$

$r = 8$

आंतरिक त्रिज्या $= 8$ सेमी.

धातु की मोटाई $= 9 - 8 = 1$ सेमी.

21. (a)

माना दोनों बेलनों की त्रिज्या क्रमश: $3r$ एवं $2r$ है तथा ऊँचाईयाँ क्रमश: h_1, h_2 है।

प्रश्नानुसार

$\pi(3r)^2 h_1 = \pi(2r)^2 h_2$

$9r^2 h_1 = 4r^2 h_2$

$\dfrac{h_1}{h_2} = \dfrac{4}{3}$

ऊँचाईयों का अनुपात $= 4 : 9$

22. (b)

माना बेलन की त्रिज्या r है।

बेलन का आयतन $= \pi r^2 h = \dfrac{22}{7} \times r^2 \times 14$

$= 44r^2$ घन सेमी.

घन की भुजा $= 44$ सेमी.

घन का आयतन $= (11)^3$

$= 1331$ घन सेमी.

प्रश्न से,

बेलन आयतन $=$ घन का आयतन

$44r^2 = 1331$

$r^2 = \dfrac{1331}{44} \Rightarrow \dfrac{121}{4}$

$r = \sqrt{\dfrac{121}{4}} = \dfrac{11}{2} = 5.5$ सेमी.

23. (b)

माना बेलनाकार लोहे की त्रिज्या r है।

$\therefore$ इसकी ऊँचाई $= 4r$

आयतन $= \pi r^2 4r$

$= 4\pi r^3$

गोले का अर्द्धव्यास $= r =$ छड़ का अर्द्धव्यास

$\therefore$ एक गोले का आयतन $= \frac{4}{3}\pi r^3$

अत: बेलन को पिघलाकर बने अभीष्ट गोलो की संख्या

$$= \frac{4\pi r^3}{\frac{4}{3}\pi r^3} = 3$$

24. (a)

आयताकार शीट की लं० $= 24$ सेमी चौ० $= 22$ सेमी

शीट को लम्बाई के अनुसार मोड़कर बनाये गये बेलन की ऊँचाई 24 सेमी एवं आधार की परिधि 22 सेमी. होगी

माना बेलन की त्रिज्या $= r$ है।

बेलन के आधार की परिधि $2\pi r$

$2\pi r = 22$ सेमी.

$$r = \frac{22}{2\pi}$$

$$r = \frac{22}{2 \times \frac{22}{7}} \Rightarrow \frac{22}{2} \times \frac{7}{22}$$

$$r = \frac{7}{2} \text{ सेमी.}$$

बेलन का आयतन $= \pi r^2 h$

$$= \frac{22}{7} \times \frac{7}{2} \times \frac{7}{2} \times 24$$

$= 11 \times 7 \times 12$

$= 924$ घन सेमी.

25. (c)

माना प्रारंभिक बेलन का अर्द्धव्यास r एवं ऊँचाई h है।

$\therefore$ आयतन $= \pi r^2 h$

त्रिज्या में 50% की कमी करने पर नयी त्रिज्या

$$= r - r \text{ का } \frac{50}{100}$$

$$= r - \frac{r}{2} = \frac{r}{2}$$

ऊँचाई में 50% की वृद्धि से नयी ऊँचाई $= h + h\frac{50}{100}$

$$= h + \frac{h}{2}$$

$$= \frac{3h}{2}$$

नया आयतन $= \pi\left(\frac{r}{2}\right)^2 \times \frac{3h}{2}$

$$= \pi\frac{r^2}{4} \cdot \frac{3h}{2} \Rightarrow \frac{3}{8}\pi r^2 h$$

आयतन में कमी $= \pi r^2 h - \frac{3}{8}\pi r^2 h = \frac{5}{8}\pi r^2 h$

% कमी $= \frac{5/8\,\pi r^2 h}{\pi r^2 h} \times 100$

$$= \frac{5 \times 100}{8} = \frac{500}{8} = 62.5\% \text{ कमी}$$

26. (d)

लम्ब वृत्तीय बेलन एवं गोले का अर्द्धव्यास बराबर है। अर्द्धव्यास $= d/2$ सेमी, बेलन की ऊँचाई $= h$ सेमी

दोनों का आयतन बराबर है इसलिए लम्ब वृत्तीय बेलन का आयतन $=$ गोले का आयतन

$$\pi r^2 h = \frac{4}{3}\pi r^3$$

(r का मान रखने पर)

$$\pi\left(\frac{d}{2}\right)^2 h = \frac{4}{3}\pi\left(\frac{d}{2}\right)^3$$

$$\frac{d^2}{4}h = \frac{4}{3} \times \frac{d^3}{8}$$

$$\frac{h}{4} = \frac{d}{6}$$

$$\frac{h}{2} = \frac{d}{3}$$

$3h = 2d$

27. (c)

माना बेलन की ऊँचाई $2x$ एवं त्रिज्या $7r$ तथा शंकु की ऊँचाई $3x$ एवं त्रिज्या $4r$ है।

दोनो का आयतन बराबर है।

बेलन का आयतन $= \pi r^2 h$

$= \pi (3r)^2 (2x)$

$= 18\,\pi r^2 x$

शंकु का आयतन $= \frac{1}{3}\pi r^2 h$

$$= \frac{1}{3}\pi (4r)^2 (3x)$$

$= 16\pi r^2 x$

अनुपात $= \frac{18\pi r^2 x}{16\pi r^2 x} = \frac{9}{8}$

$= 9 : 8$

28. (c)

माना बेलन की त्रिज्या r तथा ऊँचाई $= h$

बेलन का प्रारंभिक आयतन $= \pi r^2 h$

नये बेलन की त्रिज्या $= r + r\,\pi\,\frac{10}{100}$

$= 1.1r$

नयी ऊँचाई $= h + h$ का $\frac{10}{100} = 1.1h$

$\therefore$ नया आयतन $= \pi(1.1r)^2 (1.1h)$

$= \pi \times 1.21r^2 \times 1.1h$

$= 1.331\,\pi r^2 h$

आयतन में वृद्धि $= 1.331\ \pi r^2h - \pi r^2h$
$= 0.331\ \pi r^2h$

प्रतिशत वृद्धि $= \frac{0.331\ \pi r^2 h}{\pi r^2 h} \times 100$
$= 33.1\%$

29. (b)

माना बेलन की त्रिज्या r है।

ऊँचाई $= h$ मी., आयतन $= \pi r^2h$

बेलन का आयतन $= \pi r^2h$

बेलन का आयतन $9\pi h$

$\pi r^2h = 9\pi h$

$r^2 = \frac{9\pi h}{\pi h}$

$r^2 = 9$

$r = 3$ मी.

बेलन का व्यास $= 3 \times 2 = 6$ मी.

30. (a)

माना कि बेलन A एवं B अर्द्धव्यास क्रमशः $3x$ तथा $2x$ है। तथा ऊँचाईयाँ nh एवं h है।

पहले बेलन का आयतन $= \pi r^2h$
$= \pi(3x)^2\ (nh)$
$= 9\pi x^2nh$

दूसरे बेलन का आयतन $= \pi\ (2x)^2 \cdot h$
$= 4\pi\ x^2h$

$\therefore$ बेलन A का आयतन बेलन B के आयतन का तीन गुना है।

प्रश्न से

$9\pi x^2nh = 3\ (4\pi x^2h)$

$9\pi x^2nh = 12\pi x^2h$

$9n = 12$

$3n = 4$

$n = \frac{4}{3}$

ज्यामिति – I
Geometry – I

इस अध्याय में हम कोण (Angle), रेखा (Line) एवं त्रिभुज (Triangle) से संबंधित गुणों का अध्ययन करेंगे।

रेखा एवं कोण

जब दो असमांतर रेखाएँ परस्पर काटती है तो कोण का निर्माण होता है। रचना की दृष्टि से कुछ महत्वपूर्ण कोण है।

न्यून कोण (Acule Angle): जब कोण की माप 0° से 90° के बीच हो उसे न्यून कोण कहते हैं।

जैसे

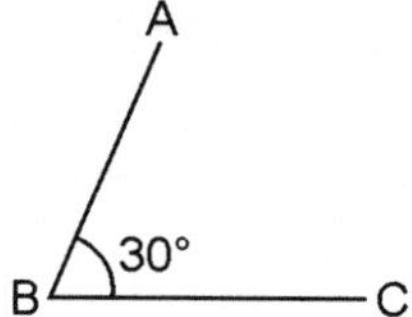

$\angle ABC$ एक न्यून कोण है।

अधिक कोण (Obtuse Angle) : 90° एवं 180° के बीच के कोण को अधिक कोण कहते हैं।

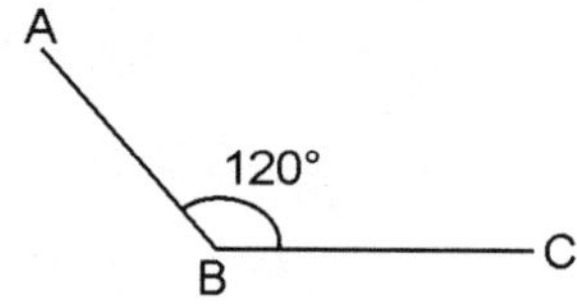

$\angle ABC$ एक अधिक कोण है।

मापन के आधार पर कोण

सम्पूरक कोण (Supplimentary Angles) : यदि दो कोणों का योग 180° हो तो उसे सम्पूरक कोण कहते हैं।

$x + y = 180$

पूरक कोण (Complementary Angles) : यदि दो कोणों का योग 90° हो तो उसे पूरक कोण कहते हैं।

$x + y = 90°$

आसन्न कोण (Adjcent Angle) : वैसे दो कोण जिनकी एक भुजा उभयनिष्ठ हो और उनका एक ही शीर्ष हो, आसन्न कोण कहलाता है।

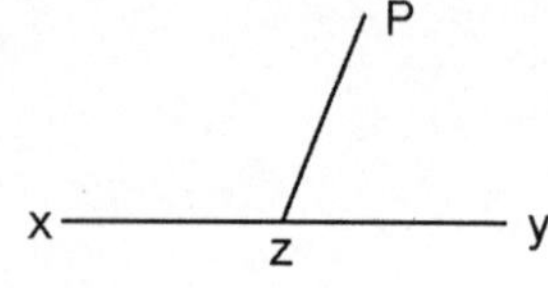

$\angle x = p$

और

$\angle y = p$

आसन्न कोण हैं।

शीर्षाभिमुखकोण: जब दो रेखाएँ एक दूसरे को काटती है तो एक दूसरे के विपरीत बना कोण शीर्षाभिमुख कोण कहलाता हैं।

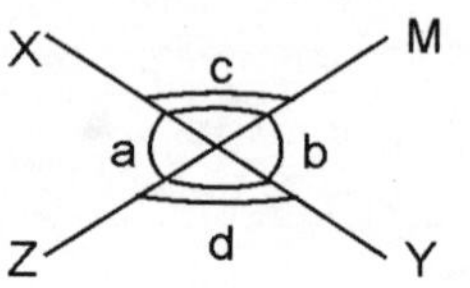

$\angle a = \angle b$

$\angle c = \angle d$

शीर्षाभिमुख कोण है।

जब कोई किरण किसी रेखा पर आधारित हो तो इस प्रकार बने दो आसन्न कोणों का योग होता 180° है।

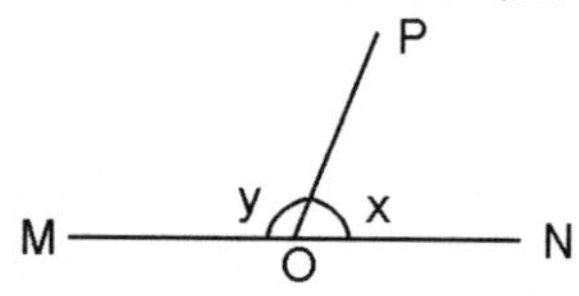

$x + y = 180°$

रेखा (Line) : रेखा बिंदुओं का एक समुच्चय है, जो एक सीध में अनंत बिंदुओं तक जा सकती है।

रेखा दो प्रकार की होती है:

(i)सरल रेखा (Straight Line) (ii) वक्ररेखा (Curve Line)

सरल रेखा: वह रेखा जो एक बिंदु से दूसरे बिंदु तक बिना दिशा बदले बदली जाती है।

समान्तर रेखा (Parallel Lines) : एक ही धरातल में स्थित वे रेखाएँ, जिनके बीच की दूरी हमेशा नियत रहती है तथा आगे या पीछे बढ़ाये जाने पर एक दूसरे से कहीं भी नहीं मिलती हैं समांतर रेखाएँ कहलाती हैं।

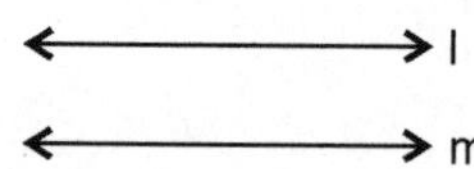

l एवं m समांतर रेखाएँ हैं।

जब दो समांतर रेखाओं को एक तिर्यक छेदी रेखा काटती है तो

- एकान्तर कोण (Alternate Angles) समान होंगे।
- संगत कोण (Corresponding Angles) समान होंगे।
- एक ही ओर के अन्त: कोणों का योग 180° होता है।
- एक ही ओर के अन्त: कोणों के समद्विभाजक द्वारा बनाया गया कोण समकोण होता है।

त्रिभुज (Triangle) : तीन भुजाओं से घिरी आकृति को त्रिभुज कहते हैं। ΔABC :

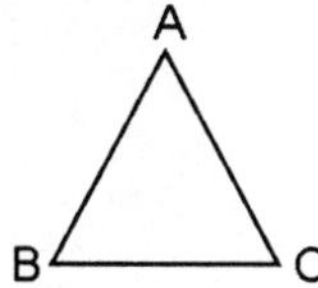

भुजा के विचार से त्रिभुज के प्रकार

विषमबाहु त्रिभुज (Scalene Triangle) : वह त्रिभुज, जिसकी भुजाएँ आपस में बराबर नहीं हो, विषमबाहु त्रिभुज कहलाता हैं।

समद्विबाहु त्रिभुज (Isosceles Triangle) : वह त्रिभुज जिसकी दो भुजाएँ आपस में बराबर हो, समद्विबाहु त्रिभुज कहलाता हैं।

समबाहु त्रिभुज (Equilateral Triangle) : वह त्रिभुज जिसकी तीनों भुजाएँ समान हों, समबाहु त्रिभुज कहलाता है।

कोण के विचार से त्रिभुज के प्रकार

न्यूनकोण त्रिभुज (Acute-Angled Triangle) : जिस त्रिभुज का प्रत्येक कोण 90° से छोटा हो, उसे न्यूनकोण त्रिभुज कहते हैं।

समकोण त्रिभुज (Right Angled Triangle) : जिस त्रिभुज का एक कोण समकोण (90°) उसे समकोण त्रिभुज कहते हैं।

अधिक कोण त्रिभुज (Obtuse-Angled Triangle) : जिस त्रिभुज का एक कोण 90° से बड़ा हो, उसे अधिक कोण त्रिभुज कहते हैं।

महत्वपूर्ण तथ्य (Important Facts)

- किसी त्रिभुज के तीनों कोणों का योगफल 180° होता है।

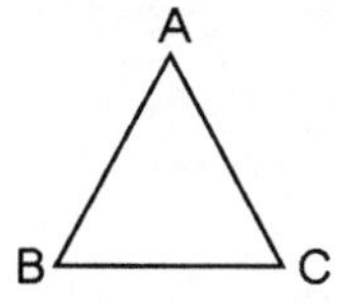

$\angle A + \angle B + \angle C = 180°$

- किसी त्रिभुज के दो अन्त: कोणों का योग तीसरे कोण के बहिष्य कोण के बराबर होता है।

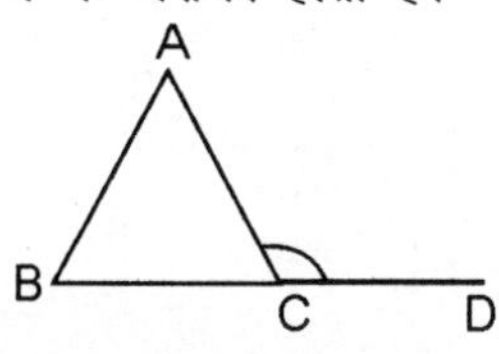

$\angle ACD = \angle A + \angle B$

- किसी त्रिभुज का बाह्य कोण सदैव किसी एक अभिमुख अंत कोण से बड़ा होता है।

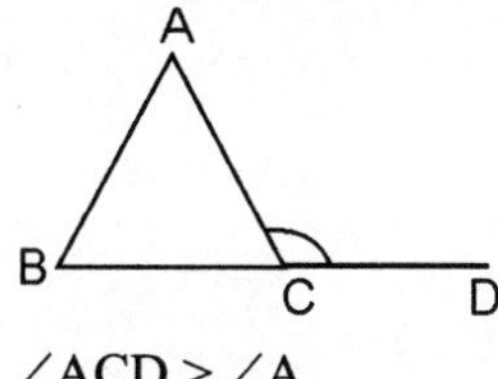

$\angle ACD > \angle A$

किसी त्रिभुज के दो कोणों के समद्विभाजक द्वारा बनाया गया कोण समकोण एवं तीसरे कोण के आधा के बराबर होता है।

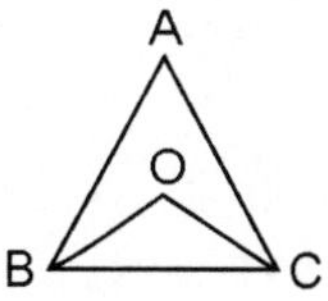

$\angle BOC = 90° + \frac{\angle A}{2}$

दो त्रिभुज निम्न तरीके से सर्वांगासम हो सकते हैं।

(i) भुजा-भुजा-भुजा (S-S-S)
(ii) कोण-भुजा-कोण (A-S-A)
(iii) भुजा-कोण-भुजा (S-A-S)
(iv) कोण-कोण-भुजा (A-A-S)
(v) समकोण-कर्ण-भुजा (R-H-S)

भुजा-भुजा-भुजा (S-S-S)

यदि एक त्रिभुज की तीनों भुजाएँ दूसरे त्रिभुज की तीनों भुजाओ के बराबर हो तो वे दोनों त्रिभुज सर्वांगसम होते हैं।

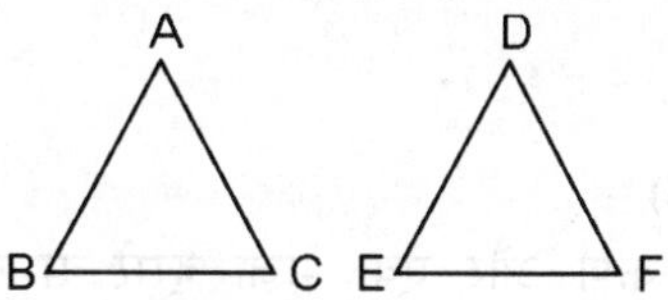

$AB = DE$
$BC = EF$
$AC = DF$
$\therefore \Delta ABC \cong \Delta DEF$ (S-S-S)

कोण-भुजा-कोण (A-S-A)

एक त्रिभुज के दो कोण और उनकी अंतरित भुजा क्रमश: दूसरे त्रिभुज के दो संगत कोण और उनकी अंतरित भुजा के बराबर हो, तो वे त्रिभुज सर्वांगसम होते हैं।

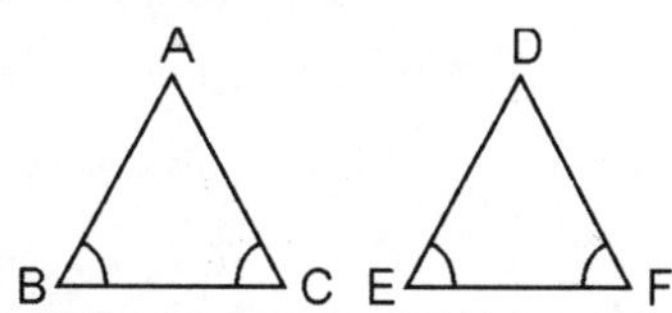

$\angle B = \angle E$
$\angle C = \angle F$
$BC = EF$
$\therefore \Delta ABC \cong \Delta DEF$
(A-S-A)

भुजा-कोण-भुजा (S-A-S)

दो त्रिभुज सर्वांगसम होते हैं यदि एक त्रिभुज की दो भुजाएँ तथा उनके अंतर्गत कोण, दूसरे त्रिभुज की तदनरूप दोनों भुजाओं तथा उनके अंतर्गत कोण के बराबर हो।

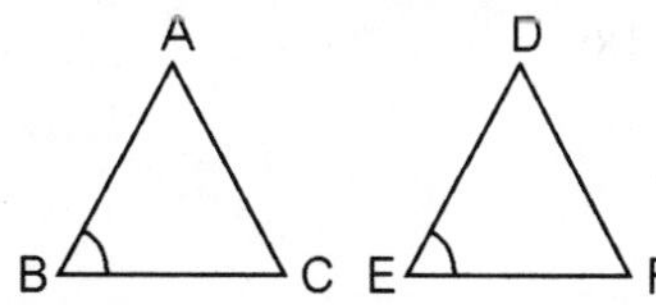

$AB = DE$

$BC = EF$

$\angle B = \angle E$

$\Delta ABC \cong \Delta DEF$ (S-A-S)

कोण-कोण-भुजा (A-A-S)

यदि एक त्रिभुज के दो कोण और एक भुजा (जो कोण के अंतर्गत न हो) क्रमशः दूसरे त्रिभुज के संगत कोणों और भुजा के बराबर हो, तो दोनों त्रिभुज सर्वांगसम होते हैं।

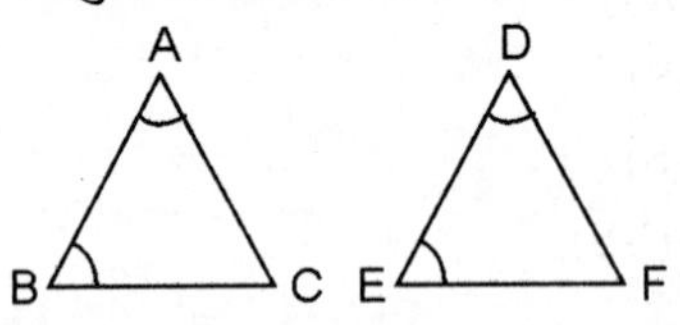

$\angle A = \angle D$

$\angle B = \angle E$

$DC = EF$

$\Delta ABC \cong \Delta DEF$ (A-A-S)

समकोण-कर्ण-भुजा (R-H-S)

यदि एक समकोण त्रिभुज का कर्ण और एक भुजा दूसरे समकोण त्रिभुज के क्रमशः कर्ण और संगत भुजा के बराबर हो तो वे समकोण त्रिभुज सर्वांगसम होते हैं।

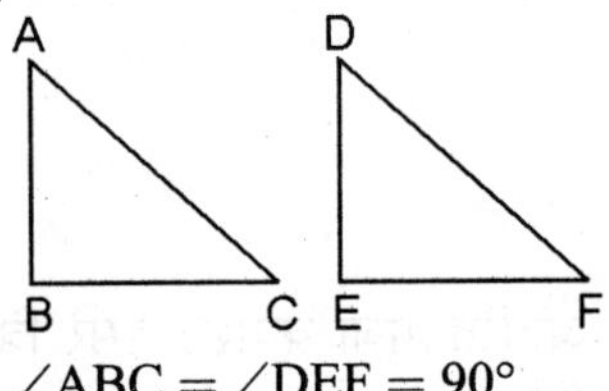

$\angle ABC = \angle DEF = 90°$

$AB = DE$

$AC = DF$

$\Delta ABC \cong \Delta DFD$ (R-H-S)

उदाहरण (Examples)

1. एक कोण उसके कोटिपूरक कोण का चार गुना है तो कोण की माप अंशों (degree) में क्या होगी?

   माना की कोण $= \theta$

   θ का कोटिपूरक $= 90° - \theta$

   $\theta = 4\,(90° - \theta)$

   $\theta = 360° - 4\theta$

   $5\,\theta = 360°$

   $\theta = 72°$

   एक कोण $= 72°$

   दूसरा कोण $= 90° - 72° = 18°$

2. उस कोण का माप कितना होगा जो अपने सम्पूरक का पाँच गुना है?

   माना कि एक कोण $= \theta$

   θ का सम्पूरक कोण $= (180° - \theta)$

   $\theta = 5\,(180° - \theta)$

   $\theta = 900° - 5\theta$

   $6\theta = 900°$

   $\theta = 150°$

   सम्पूरक कोण $= (180° - 150°) = 30°$

3. नीचे दिए गए आकृति में $AB \parallel CD$ तथा $CD \parallel EF$ है तो θ का मान कितना होगा?

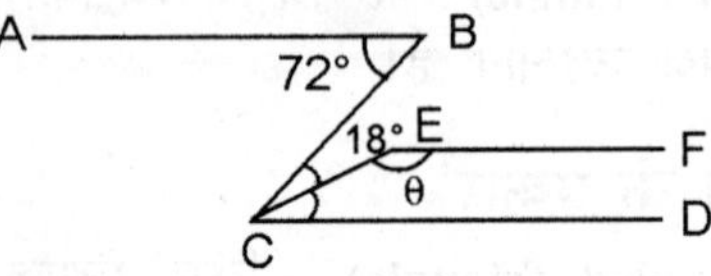

   माना $\angle DCE = x$

   $AB \parallel CD$

   $\angle ABC = \angle BCD = 72°$

   $\angle BCD = \angle BCE + \angle DCE$

   $72° = 18° + x$

   $x = 72° - 18$

   $x = 54$

   $CD \parallel EF$

   $\theta + x = 180°$

   $\theta + 54° = 180°$

   $\theta = 180° - 54°$

   $\theta = 126°$

4. नीचे दी गयी आकृति में $AB \,||\, CD$ तो θ का मान कितना होगा?

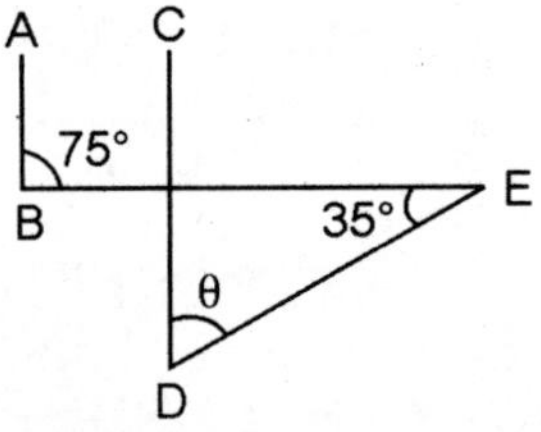

   $AB \,||\, CD$

   $\angle ABO + \angle BOC = 180°$

   $75 + \angle BOC = 180°$

   $\angle BOC = 105°$

   $\angle BOC = \angle DOE = 105°$

   $\angle DOE$ में

   $105° + 35° + \theta = 180°$

   $\theta = 180° - 140°$

   $\theta = 40°$

5. नीचे दी गयी आकृति में AB | | CD, $\angle ABC = 100°$ $\angle EDC = 120°$ हो तो $\angle BCD$ का मान ज्ञात करें।

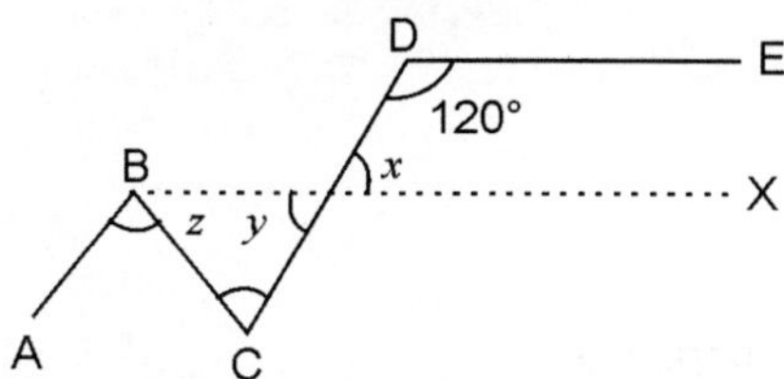

BX | | DE

$120 + x = 180°$

$x = 180° - 120°$

$x = 60°$

$\angle x = \angle y = 60°$

AB | | CD

$\angle ABO + \angle COB = 180°$

$100 + z + y = 180°$

$z = 180° - 160° = 20°$

ΔBOC में,

$\angle CBO + \angle BCO + \angle BOC = 180°$

$20° + \angle BCD + 60° = 180°$

$[\because \angle BCO = \angle BCD]$

$\angle BCD = 180° - 80° = 100°$

6. समकोण ΔABC में $AD \perp BC$ तो सिद्ध करें $AD^2 = BD.DC$

प्रश्न से

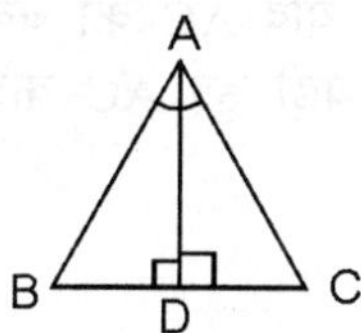

$AD \perp BC$

$AB^2 = AD^2 + BD^2$ (i)

ΔADC में

$AC^2 = AD^2 + DC^2$ (ii)

समी. (i) और समी. (ii) को जोड़ने पर

$AB^2 + AC^2 = 2AD^2 + BD^2 + DC^2$

$BC^2 = 2AD^2 + BD^2 + DC^2$

$(BC + DC)^2 = 2AD^2 + BD^2 + DC^2$

$BD^2 + DC^2 + 2BC \cdot DC = 2AD^2 + BD^2 + DC^2$

$2BD \cdot DC = 2AD^2$

$AD^2 = BD \cdot DC$

7. दिये गए चित्र में $\angle B = 90°$ और BM रेखा AC को समान रूप से विभाजित करती है तो BM निकालें।

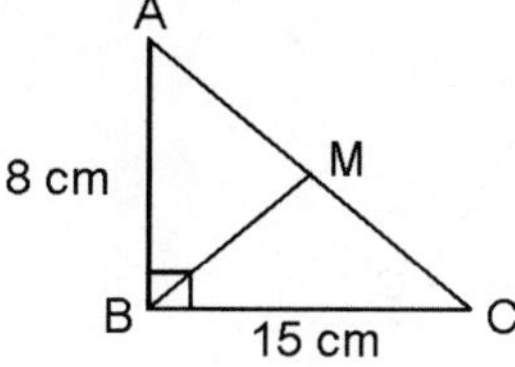

$AC^2 = AB^2 + BC^2$

$AC^2 = 8^2 + 15^2$

$AC^2 = 64 + 225$

$AC^2 = 289$

$AC = 17$ cm

$AM = BM = MC$

$BM = \frac{17}{2} = 8.5$ cm

$BM = 8.5$ cm

8. त्रिभुज ABC के आधार BC के समान्तर एक सरल रेखा उस त्रिभुज की AB तथा AC भुजाओं को क्रमशः D तथा E बिन्दुओं पर काटती है। तदनुसार यदि ΔABE का क्षेत्रफल 36 वर्ग सेमी हो तो ΔACD का क्षेत्रफल कितना होगा।

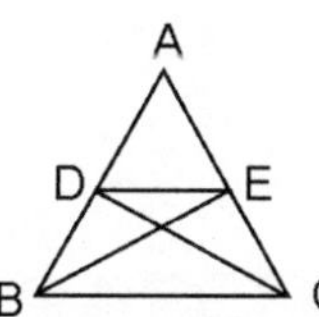

ΔABE का क्षेत्रफल = ΔACD का क्षेत्रफल

(DE | | BC है अतः क्षेत्रफल समान होगा)

= 36 वर्ग सेमी

9. ΔABC की भुजाओं AB तथा AC पर दो बिंदु D तथा E इस प्रकार चुने गए हैं कि $AD = \frac{1}{3} AB$ तथा $AE = \frac{1}{3} AC$ है। यदि BC की लंबाई 15 सेमी हो तो DE की लंबाई क्या है?

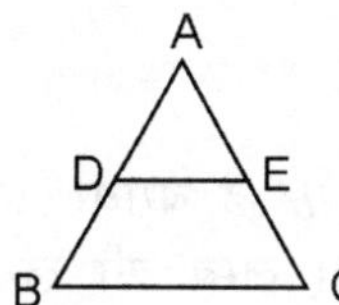

$\frac{AD}{AB} = \frac{1}{3}$

$\frac{AD}{BD} = \frac{1}{2}$

$\frac{AE}{AC} = \frac{1}{3}$

$\frac{AE}{CF} = \frac{1}{2}$

DE | | BC

$DE = \frac{1}{3} BC$

$= \frac{1}{3} \times 15 = 5 \text{cm}$

10. एक समत्रिबाहु त्रिभुज की आंतरिक त्रिज्या 3 सेमी है। तब उस त्रिभुज की प्रत्येक माध्यिका की लंबाई कितनी होगी?

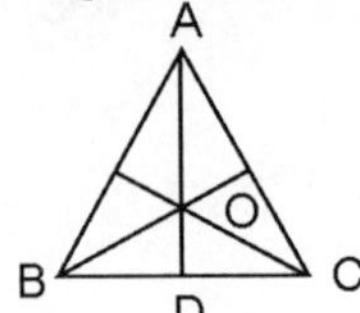

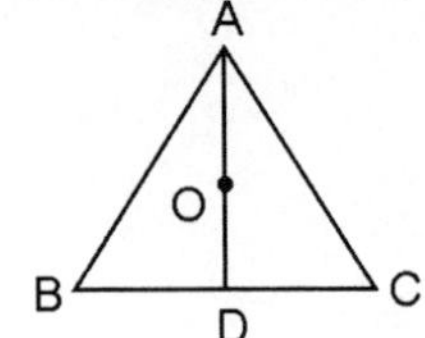

11. ΔABC में PQ, BC के समांतर है। तब यदि $AP = PD = 1 : 2$ और $AQ = 3$ सेमी. हो तो, AC बराबर होगा?

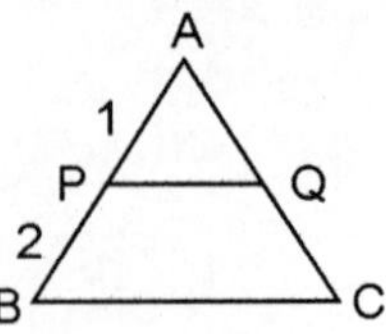

ΔAPQ एवं ΔABC समरूप है

$$\frac{AP}{AB} = \frac{AQ}{AC}$$

$$\frac{1}{3} = \frac{3}{AC}$$

$AC = 9$ cm

अभ्यास प्रश्न (Practice Questions)

1. नीचे दिए गए चित्र में $PQ \parallel RS$; $\angle RSF = 40°$, $\angle PQF = 35°$ तथा $\angle QFP = x°$, $x°$ का मान क्या होगा?

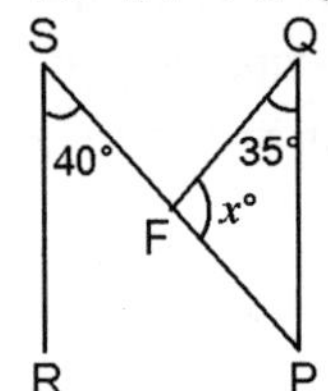

(a) 75° (b) 105°
(c) 135° (d) 140°

2. नीचे दिए गए चित्र में $AC \parallel BD$, $\angle CAF = 25°$ व $\angle DBG = 65°$ व $BF = AF$ है $\angle BFE$ का मान होगा।

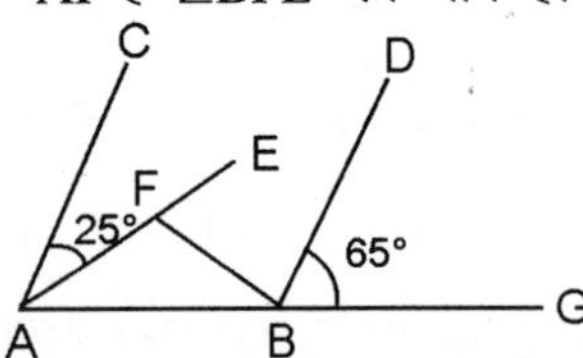

(a) 125° (b) 155°
(c) 130° (d) 100°

3. यदि किसी सरल रेखा, जो अक्षों पर 'a' और 'b' है बराबर अन्त: खण्ड काटती है, पर मूल बिन्दु से डाले गए लम्ब की लम्बाई P हो तो:

(a) $a^2 + b^2 = p^2$ (b) $a^2 + b^2 = \frac{1}{p^2}$

(c) $\frac{1}{a^2} + \frac{1}{b^2} + \frac{2}{p^2}$ (d) $\frac{1}{a^2} + \frac{1}{b^2} + \frac{1}{p^2}$

4. ΔPQR में भुजाएँ PQ तथा PR क्रमशः S और T तथा बढ़ाई गई हैं। $\angle SQR$ तथा $\angle QRT$ के द्विभाजक बिन्दु O पर मिलते हैं। यदि $\angle P = 66°$, तब $\angle QOR$ का मान क्या होगा?

(a) 47° (b) 50°
(c) 57° (d) 67°

5. किसी समबाहु त्रिभुज के अंतर्गत मे स्थित किसी बिन्दु से तीनों भुजाओं पर डाले गए लम्बों की लम्बाइयाँ क्रमशः 6 सेमी, 7 सेमी, तथा 8 सेमी है त्रिभुज की भुजा की लम्बाई क्या है?

(a) 7 सेमी (b) 10.5 सेमी

(c) $14\sqrt{3}$ सेमी (d) $\frac{14\sqrt{3}}{3}$ सेमी

6. एक त्रिभुज ABC में $\angle A = 90°$ और BC पर AD लंब है, तब

(a) $AD^2 = BD^2 + DC^2$ (b) $AD^2 = BD \times DC$
(c) $AD^2 = BC^2 - AC^2$ (d) $AD^2 = AB \times AC$

7. एक त्रिभुज ABC जिसमें $\angle ACB > 90°$ है। यदि AC को बढ़ाया जाए ताकि वह B से बनाये गये लम्ब पर बढ़ी हुई AC को D पर मिले तो

(a) $AB^2 = AC^2 + BC^2 + 2CD \cdot BD$
(b) $AB^2 = BC^2 + CA^2 + 2CA\ CB$
(c) $AB^2 = AC^2 + BC^2 + 2\ CB\ .\ CD$
(d) $AB^2 = CB^2 + AC^2 + 2\ CA \cdot CD$

8. त्रिभुज ABC एवं त्रिभुज DEF में, यदि $\angle A = 50°$, $\angle B = 70°$, $\angle C = 60°$, $\angle E = 70°$, $\angle F = 50°$, $\angle D = 60°$ हों तो

(a) $\Delta ABC \sim \Delta FED$
(b) $\Delta ABC \sim \Delta DEF$
(c) $\Delta ABC \sim \Delta DFE$
(d) $\Delta ABC \sim \Delta EFD$

9. ΔABC में $DE \parallel BC$ है तथा $AD = (4x - 3)$ सेमी., $DB = (3x - 1)$ सेमी., $BC = (5x - 3)$ सेमी, $AE = (8x - 7)$ सेमी. है। यदि x एक घनात्मक संख्या हो तो x का मान है

(a) $\frac{(19 \pm \sqrt{55})}{17}$ (b) 5

(c) 2 (d) 1

10. ΔABC में BC पर D कोई बिन्दु है ताकि $\frac{AB}{AC} = \frac{BD}{DE}$, यदि $\angle B = 70°, \angle C = 50°$ हो तब $\angle BAD$ की माप है
(a) 60° (b) 50°
(c) 25° (d) 30°

11. ΔABC में AD भुजा BC पर लम्ब है, तब $AB^2 + CD^2 = ?$
(a) $BD^2 + BC^2$ (b) $CD^2 + AD^2$
(c) $BD^2 + AC^2$ (d) $BD^2 + AD^2$

12. मान लीजिए त्रिभुज ABD में $\angle ADC = 20°$ और C, BD पर एक ऐसा बिन्दु है जिसमें $AB = AC$ तथा $CD = CA$ है, तो $\angle ABC$ का माप कितना होगा?
(a) 40° (b) 45°
(c) 60° (d) 30°

13. दो समरूप त्रिभुजों के क्षेत्रफलों का अनुपात 9 : 16 है। तदनुसार, उनकी संगत भुजाओं का अनुपात कितना होगा?
(a) 3 : 5 (b) 3 : 4
(c) 4 : 5 (d) 4 : 3

14. एक त्रिभुज ABC के $\angle BAC$ की द्विभाजक भुजा BC को बिन्दु D पर प्रतिच्छेदित करता है और त्रिभुज ABC के परिवृत को E पर मिलाता है। तो यह सदा सत्य होता है कि $AB \cdot AC + DE \cdot AE =$
(a) AD^2 (b) AE^2
(c) CE^2 (d) CD^2

15. त्रिभुज ABC के आधार BC के समानांतर एक सरल रेखा उस त्रिभुज की AB तथा AC भुजाओ को क्रमशः D तथा E बिन्दुओं पर काटती है। तदनुसार यदि त्रिभुज ABE का क्षेत्रफल 36 वर्ग सेमी हो तो ΔACD का क्षेत्रफल कितना होगा?
(a) 34 वर्ग सेमी (b) 36 वर्ग सेमी
(c) 42 वर्ग सेमी (d) 40 वर्ग सेमी

16. एक त्रिभुज ABC के $\angle B$ तथा $\angle C$ के आंतरिक द्विभाजक O पर मिलते हैं। तदनुसार यदि $\angle BAC = 80°$ हो, तो $\angle BOC$ का मान क्या होगा?
(a) 120° (b) 140°
(c) 110° (d) 130°

17. नीचे दी गयी आकृति में $EC || BA, \angle ECD = 70°$ तथा $\angle BDO = 20°$ हो तो $\angle OBD$ का मान कितना होगा?

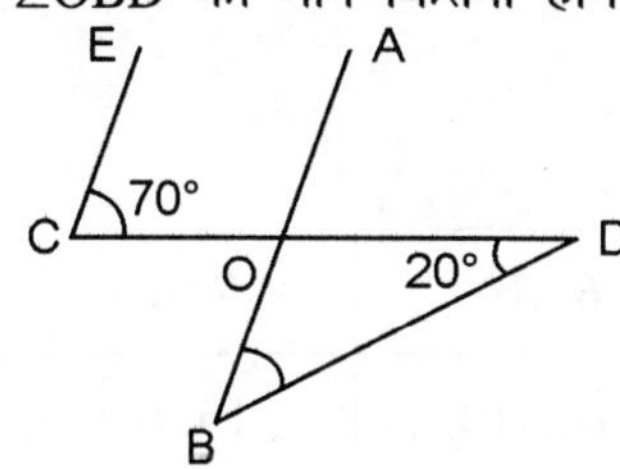

(a) 20° (b) 50°
(c) 60° (d) 70°

18. दिए गए आकृति में $AB || CD$ हो तो $\angle F \times E$ का मान होगा

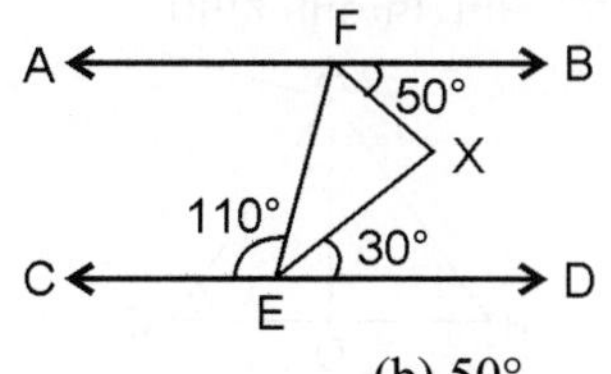

(a) 30° (b) 50°
(c) 70° (d) 80°

19. नीचे दी गयी आकृति में $AB || CD, \angle ABO = 40°$ $\angle CDO = 30°$ हो तो $\angle DOB$ का मान क्या होगा?

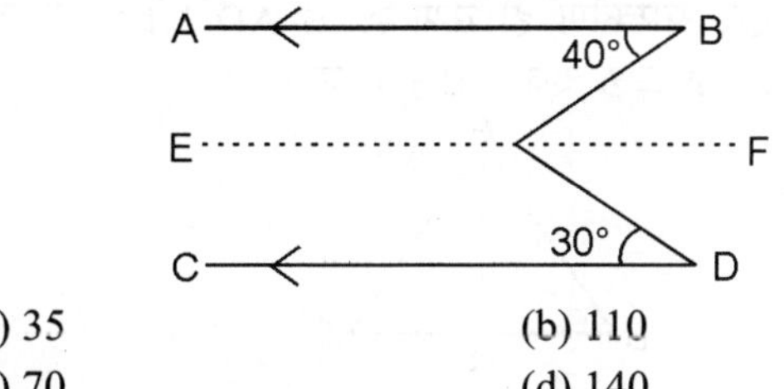

(a) 35 (b) 110
(c) 70 (d) 140

20. नीचे दी गयी आकृति में $AB || CD, \angle ALC = 60°$ तथा $\angle LCD$ का समद्विभाजक EC है। यदि $EF || AB$ हो तो $\angle CEF$ का मान कितना होगा?

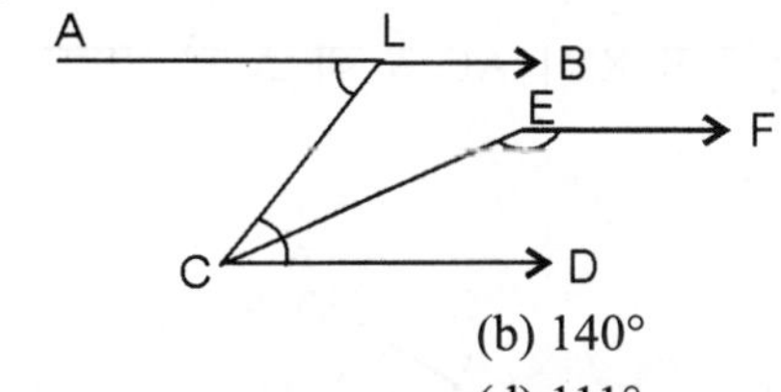

(a) 120° (b) 140°
(c) 150° (d) 111°

21. दिए गए आकृति में $AB || CD, \angle EFC = 30°$ तथा $\angle ECF = 100°$ हो तो $\angle BAF$ का मान क्या होगा?

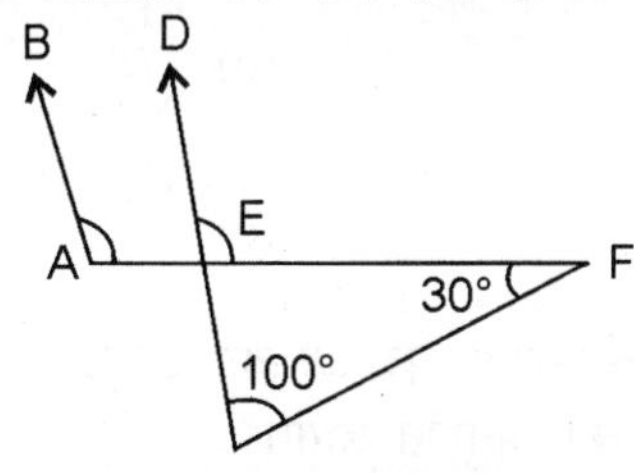

(a) 130° (b) 70°
(c) 100° (d) 80°

22. दिए गए आकृति में $AM \perp BC$ तथा AN कोण $\angle A$ का समद्विभाजक हो तो $\angle MAN$ होगा। (यदि $\angle B = 65°$ तथा $\angle C = 33°$)

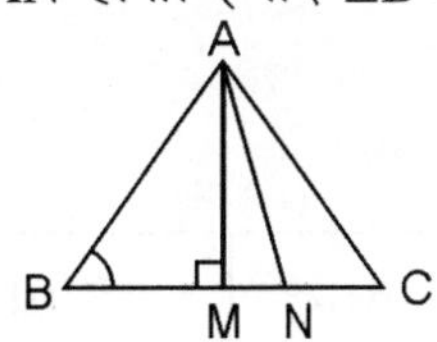

(a) $33\frac{1}{2}°$ (b) $16\frac{1}{2}°$
(c) 16° (d) 32°

23. दी गयी आकृति में AD = BD = AC; $\angle CAE = 75°$ एवं $\angle ACD = x°$ हो तो x का मान कितना होगा।

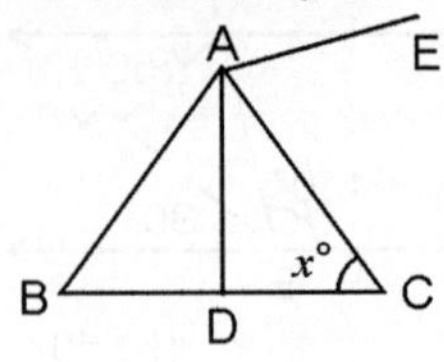

(a) 45° (b) 50°

(c) 60° (d) $37\frac{1}{2}°$

24. ΔABC में $\angle A$ समकोण हो तथा A से $AD \perp BC$ हो तो AD = P, BC = a, CA = b एवं AB = c है।

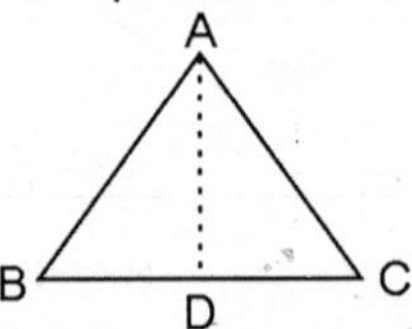

(a) $P^2 = b^2 + c^2$ (b) $\frac{1}{P^2} = \frac{1}{b^2} + \frac{1}{c^2}$

(c) $\frac{P}{a} = \frac{P}{b}$ (d) $P^2 = b^2c^2$

25. दी गयी आकृति में XY||AC है जो Δ को बराबर भागों में बाँटते है तो $\frac{AX}{AB}$ होगा।

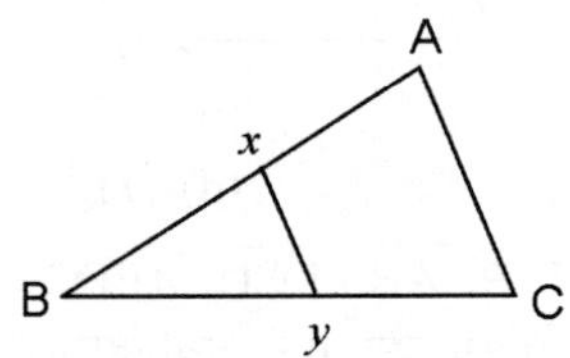

(a) $\frac{1}{2}$ (b) $\frac{1}{\sqrt{2}}$

(c) $\frac{\sqrt{2}+1}{\sqrt{2}}$ (d) $\frac{\sqrt{2}-1}{\sqrt{2}}$

26. दो समरूप Δ के संगत भुजाओं का अनुपात 1: 3 हो तो उनके संगत शीर्षलम्ब का अनुपात होगा।

(a) 1 : 3 (b) 3 : 1

(c) 1 : 9 (d) 9 : 1

27. दी गयी आकृति में AD : DC = 2 : 3 तो $\angle ABC$ समान होगा।

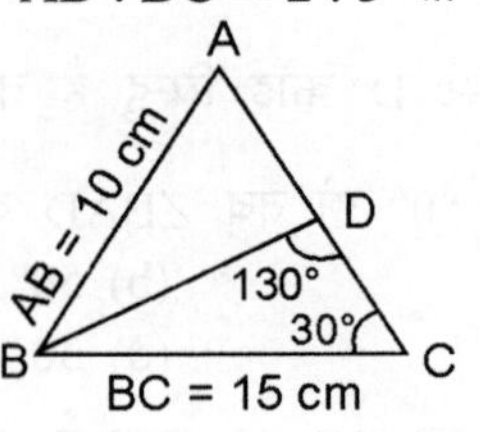

(a) 30° (b) 40°

(c) 45° (d) 110°

28. दी गयी आकृति में $\angle ABC = 90°$ तथा BM एक माध्यिका AB = 8cm तथा BC = 6 cm/BM की लम्बाई होगी

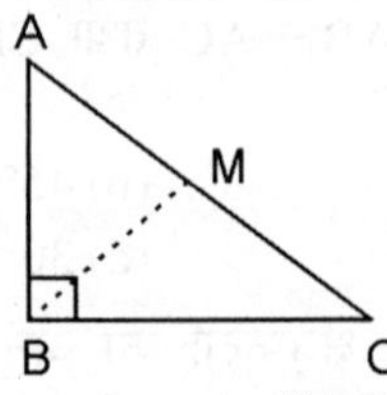

(a) 3 cm (b) 4 cm

(c) 5 cm (d) 6 cm

29. आकृति में CE || BD तथा $\angle BAD = 110°$, $\angle ABD = 30°$ तथा $\angle ADC = 75°$ एवं $\angle BCD = 60°$ हो तो x का मान कितना होगा?

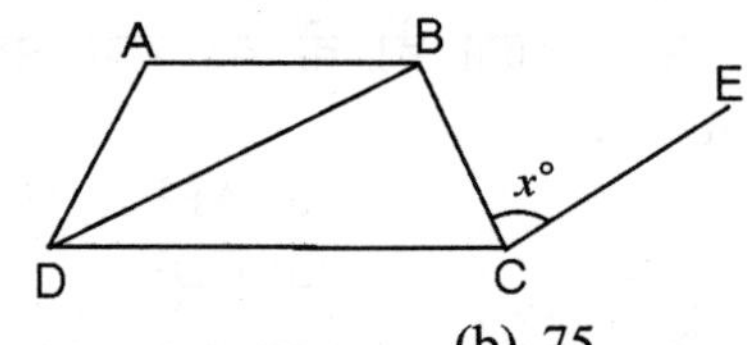

(a) 45 (b) 75

(c) 85 (d) 120

30. नीचे दिए गए ΔABC में AB = BC, $\angle B = X$ और $\angle A = 2X - 20°$ है तो $\angle B$ का मान क्या होगा?

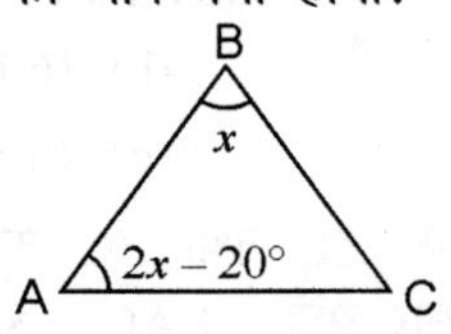

(a) 30° (b) 40°

(c) 44° (d) 64°

उत्तरमाला (Answer Key)

1. (b)	2. (d)	3. (d)	4. (c)	5. (c)	6. (b)	7. (d)	8. (a)
9. (d)	10. (d)	11. (c)	12. (a)	13. (b)	14. (b)	15. (b)	16. (d)
17. (b)	18. (d)	19. (c)	20. (c)	21. (a)	22. (a)	23. (c)	24. (b)
25. (b)	26. (b)	27. (a)	28. (b)	29. (c)	30. (c)		

हल (Solution)

1. (b)

$\therefore PQ || RS$

$\angle RSP = \angle SPQ$ (एकांतर कोण है)

$\therefore \angle SPQ = 40°$

अब ΔPQF से,

$\angle FPQ + \angle PQF + x^2 = 180°$

$40° + 35° + x° = 180°$

$= 75° + x° = 180°$

$x° = 180° - 75° = 105°$

2. (d)

ΔABF से

$AF = FB$

अत: $\angle FAB = \angle FBA = x$ (माना)

पुन: जब $AC || BD$ तो $\angle CAB = \angle DBG$ [दोनों संगत कोण हैं]

$\angle CAF + \angle FAB = \angle DBG$

$[\therefore \angle CAB = \angle CAF + \angle FAB]$

$25 + x = 65°$ $[\therefore \angle FAB = x°]$

$x = 65 - 25 = 40°$

ΔAFB से

$\angle BFA = 180 - \angle FAB - \angle FBA = 180° - x - x = 180 - 2x$

$= 180 - 180 - 2 \times 40 = 180 - 80 = 100°$

अब

$\angle EFB + \angle BFA = 180°$ [दोनों संपूरक कोण हैं]

$\angle BFE = 180 - 100°$ $[\therefore \angle BFA = 100°]$

$\angle BFE = 80°$

3. (d)

उस सरल रेखा का समीकरण जो अक्षों पर a व b के बराबर अन्त: खण्ड काटती है, होगा

$\frac{x}{a} + \frac{y}{b} = 1$ (i)

रेखा पर मूलबिन्दु से डाले गए लम्ब की लम्बाई $p = \frac{-1}{\sqrt{\frac{1}{a^2} + \frac{1}{b^2}}}$

वर्ग करने पर,

$$p^2 = \frac{1}{\frac{1}{a^2} + \frac{1}{b^2}} \Rightarrow \frac{1}{a^2} + \frac{1}{b^2} = \frac{1}{p^2}$$

4. (c)

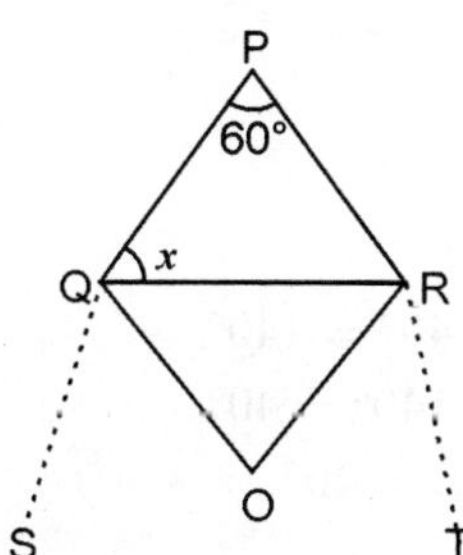

यहाँ ΔPQR है जिसकी भुजा PQ को S तक तथा भुजा PR को T तक बढ़ाया गया है तथा कोण SQR और $\angle TRQ$ के अर्द्धक को O पर मिलाया गया है।

अब माना $\angle PRQ = x°$

$\therefore \angle PQR = 180 - (66° + x) = (114 - x)°$

$\therefore \angle PQR = \frac{180 - (114 - x)}{2} = \frac{66 + x}{2}$

अब, ΔOQR से,

$\angle QOR = 180 - \left[\left(\frac{180 - x}{2}\right) + \left(\frac{66 + x}{2}\right)\right]$

$= 180 - \left[\frac{180 - x + 66 + x}{2}\right]$

$= 180 - 123 = 57°$

5. (c)

माना ABC एक त्रिभुज है जिसके अन्त: स्थित बिन्दु O है। O से क्रमश: AC, BC और AB पर लम्ब केन्द्र बिन्दु P,Q और R पर है।

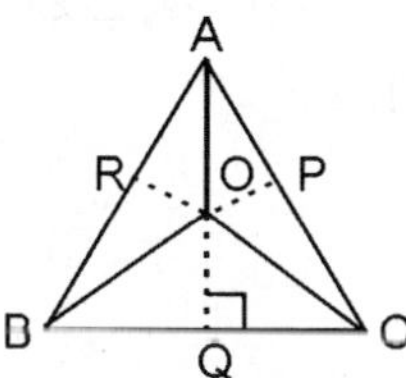

$OP = 6$ सेमी., $OQ = 7$ सेमी, $OR = 8$ सेमी.

माना $x = AB = BC = AC$

अब ΔABC क्षेत्रफल

$= (\Delta ADC + \Delta COB + \Delta BOA)$ का क्षेत्रफल

$= \frac{x^2\sqrt{3}}{4} = \frac{21x}{R}$

$= x = \frac{42}{\sqrt{3}} = 14\sqrt{3}$ सेमी

6. (b)

$AB^2 = AD^2 + BD^2$ (i)

$AC^2 = AD^2 + CD^2$ (ii)

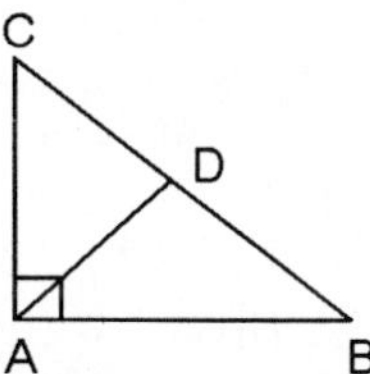

समी. (i) और (ii) को जोड़ने

$BC^2 = 2AD^2 + BD^2 + CD^2$

$[\therefore BC^2 = AB^2 + AC^2]$

$(BD + CD)^2 = 2AD^2 + BD^2 + CD^2$

$= BD^2 + CD^2 + 2BD \cdot CD = 2AD^2 + BD^2 + CD^2$

$= AD^2 = BD \cdot CD$

7. (d)

समकोण ΔADB में,

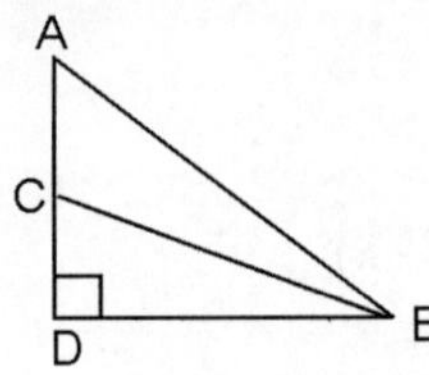

$AB^2 = AD^2 + BD^2 = (AC + CD)^2 + BD^2$

$= AC^2 + CD^2 + 2AC \cdot CD + DB^2 \quad$ (i)

समकोण ΔCDB में,

$CB^2 = CD^2 + DB^2 \quad$ (ii)

$AB^2 = AC^2 + CB^2 + 2AC \cdot CD$

8. (a)

$\therefore \Delta ABC$ में,

$\angle A = 50°, \angle B = 70°$ तथा $\angle C = 60°$ तथा $\angle DEF$ में,

$\angle E = 70°, \angle F = 50°$ तथा $\angle D = 60°$

अर्थात् ΔFED में

$\angle F = 50°, \angle E = 70°$ और $\angle D = 60°$

अत: $\Delta ABC \sim \Delta FED$

9. (d)

$\Delta ADE \sim \Delta ABC \quad$ [$\therefore DE \,||\, BC$ है।]

$$\frac{AD}{AB} = \frac{DE}{BC}$$

$$\frac{4x-3}{4x-3+3x-1} = \frac{DE}{5x-3}$$

$$DE = \frac{(4x-3)(5x-3)}{(7x-4)} \quad \text{(i)}$$

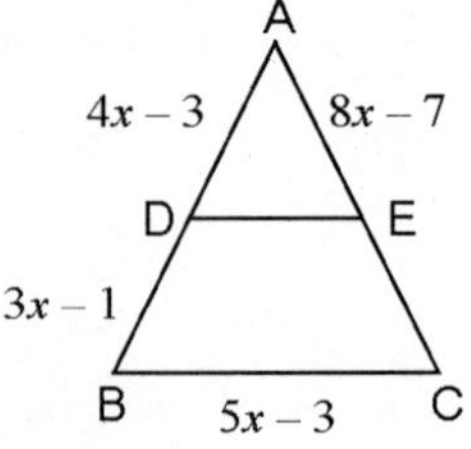

$$\frac{AD}{BD} = \frac{AE}{EC}$$

$$\frac{4x-3}{3x-1} = \frac{8x-7}{EC}$$

$$\therefore EC = \frac{(8x-7)(3x-4)}{(4x-3)} \quad \text{(ii)}$$

पुन: $\dfrac{DE}{EC} = \dfrac{AD}{DB}$

$$\frac{\dfrac{(4x-3)(5x-3)}{(7x-4)}}{\dfrac{(8x-7)(3x-1)}{(4x-3)}} = \frac{4x-3}{3x-1}$$

$$\frac{(4x-3)^2(5x-3)}{(7x-4)(8x-7)(3x-1)} = \frac{4x-3}{3x-1}$$

$(4x-3)(5x-3) = (7x-4)(8x-7)$

$20x^2 - 27x + 9 = 56x^2 - 81x + 28$

$36x^2 - 54x + 19 = 0$

$36x^2 - 36x^2 + 19x + 19 = 0$

$36x(x-1) - 19(x-1) = 0$

$(x-1)(36x-19) = 0$

$x = 1, \dfrac{19}{36}$

10. (d)

$\angle B = 70°$

$\angle C = 50°$

$\angle A + \angle B + \angle C = 180°$

$\angle A + 70° + 50° = 180°$

$\therefore \angle A = 60°$

$$\frac{AB}{AC} = \frac{BD}{DC}$$

AD, $\angle BAC$ का आधा है।

$$\therefore \angle BAD = \frac{1}{2}\angle BAC = \frac{1}{2} \times 60° = 30°$$

11. (c)

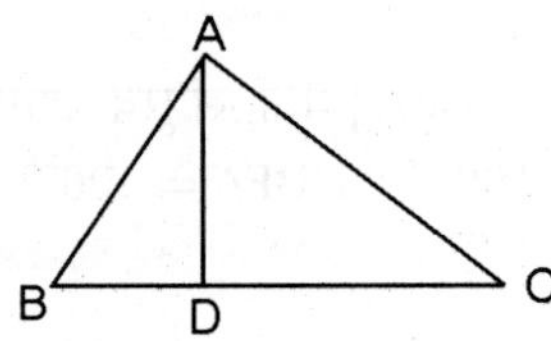

$AB^2 + CD^2 = (AD^2 + BD^2) + (AC^2 - AD^2)$

$= BD^2 + AC^2$

12. (a)

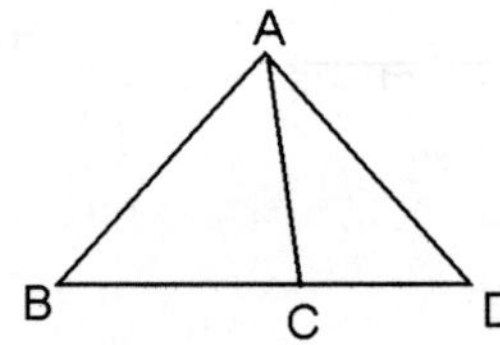

$\angle ADB = 20°$

$AB = AC$

$CD = CA$

$\angle ABC = ?$

$\angle CAD = 20°$

$\angle ACD = 180° - 40° = 140°$

$\angle ACD = 180° - 140° = 40°$

$\therefore \angle ABC = \angle ACB = 40°$

13. (b)

संगत भुजाओं का अनुपात $= \sqrt{\dfrac{9}{16}} = \dfrac{3}{4}$

14. (b)

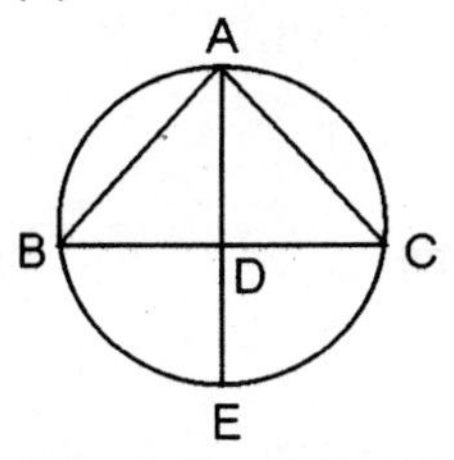

$AB \cdot AC + DE . AE = AE^2$

15. (b)

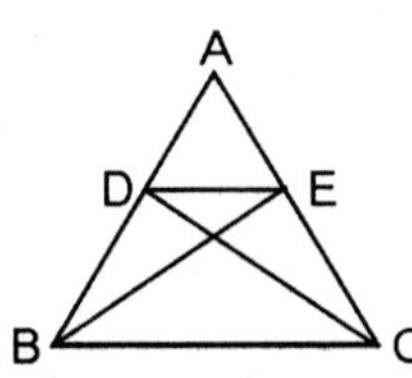

ΔDBC एवं ΔEBC का आधार समान है एवं समान समांतर रेखाओं के बीच है।

$\therefore \Delta DBC = \Delta BEC$

$\Delta ABC - \Delta DBC = \Delta ABC - \Delta EBC$

$= \Delta ACD = \Delta ABE = 36$ वर्ग सेमी.

16. (d)

$\angle BAC = 80°$

$\angle B + \angle C = 180° - 80° - 100°$

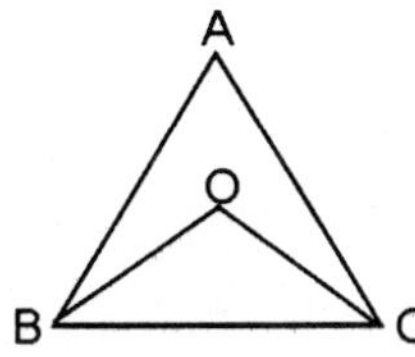

$\frac{\angle B}{2} + \frac{\angle C}{2} = 50°$

$\angle OBC + \angle OCB = 50°$

$\angle BOC = 180 - 50° = 130°$

17. (b)

$\angle AOD = \angle ECO = 70°$ (संगत कोण)

$\angle OBD$ में,

बाह्य $\angle AOD = \angle OBD + \angle BDO$

$\therefore \angle OBD + 20° = 70°$

$\angle OBD = 50°$

18. (d)

$\angle BFE = CEF = 110°$ (एकान्तर कोण)

$\therefore \angle XFE = \angle BFE - \angle BFX = (110° - 50°) = 60°$

$110° + \angle FEX + 30° = 180°$

$\angle FEX = 40°$

अब, $\angle XFE + \angle FEX + \angle FXE = 180°$

$60° + 40° + \angle FXE = 180°$

$\therefore \angle FXE = 80°$

19. (c)

AB || EF, O बिन्दु से खीचे

$\angle BOF = \angle ABO = 40°$ एकान्तर कोण

$\angle FOD = \angle CDO$

$= 30°$ एकान्तर कोण

$\angle BOD\ (40° + 30°) = 70°$

अत: $x = 70°$

20. (c)

$\angle LCD = \angle ALC = 60°$ एकान्तर कोण

$\angle DCE = \frac{1}{2} \angle LCD = 30°$

$\angle FEC = (180° - 30°)$

$= 150°$ (एक ही ओर के अन्त: कोण है)

21. (a)

बाह्य $\angle FED = (100° + 30°) - 130°$

$\angle BAE = \angle DEF = 130°$ संगत कोण

22. (a)

DC को बढ़ाकर EA को F पर मिलाया गया है।

$\angle CFE = \angle BAF = 105°$ (संगत कोण)

$x = \angle DCE = (25° + 105°) = 130°$

23. (c)

$\angle MAN = \frac{1}{2}(\angle B - \angle C)$

$= \frac{1}{2}(65° - 33°) = 16°$

24. (b)

माना $\angle BAD = y°$

$\angle ABD = y°$

और $\angle ADC = x°$

$\angle DAC = (180° - 2x)$

$\angle ADC = \angle DBA + \angle BAD$

$x = 2y \Rightarrow y = \frac{1}{2}x$

$\frac{1}{2}x + 180 - 2x + 75 = 180$

$\Rightarrow x = 50°$

25. (b)

क्षेत्र $(\Delta ABC) = \frac{1}{2} BC \times AD = \frac{1}{2} ap$

क्षेत्र $(\Delta ABC) = \frac{1}{2} AB \times AC = \frac{1}{2} bc$

$\therefore \frac{1}{2} ap = \frac{1}{2} bc$

$a^2p = b^2c^2 \Rightarrow p^2(b^2 + c^2) = b^2c^2$

$\therefore \frac{b^2 + c^2}{b^2c^2} = \frac{1}{p^2}$

या $\frac{1}{p^2} = \frac{1}{b^2} + \frac{1}{c^2}$

26. (b)

ΔBXY एवं ABC समरूप त्रिभुज है।

ΔABC का क्षेत्रफल $= 2X\,\Delta(BXY)$ का क्षेत्र दिया है।

$$\frac{AX^2}{AB^2} = \frac{(\Delta BXY) \text{ का क्षे.}}{(\Delta ABC) \text{ का क्षे.}} = \frac{1}{2}$$

$$\therefore \frac{AX}{AB} = \frac{1}{\sqrt{2}}$$

27. (a)

ऊँचाई का अनुपात = भुजा का अनुपात

$= 1 : 3$

28. (b)

$\frac{AD}{DC} = \frac{2}{3}$ और $\frac{AB}{BC} = \frac{10}{15} = \frac{2}{3}$

$\therefore \frac{AD}{DC} = \frac{AB}{BC}$

$\therefore$ BD $\angle B$ का समद्विभाजक है।

अब, $\angle CBD = 180° - (130° + 30°) = 20°$

$\therefore \angle B = 2\,(\angle CBD) = 40°$

29. (c)

$\angle ADB = 180° - (110° + 30°) = 40°$

$\angle BDC = (75° - 40°) = 35°$

$\angle DBC = 180° - (60° + 35°) = 85°$

$\angle BCE = \angle DBC = 85°$ (एकान्तर कोण)

अत: $x = 85$

30. (c)

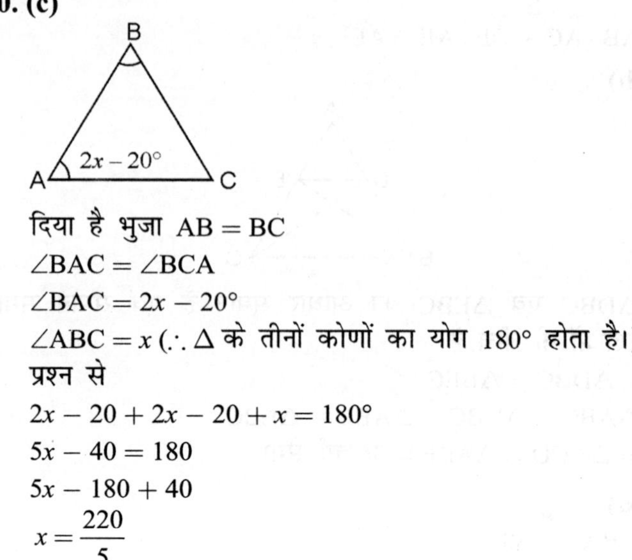

दिया है भुजा AB = BC

$\angle BAC = \angle BCA$

$\angle BAC = 2x - 20°$

$\angle ABC = x$ ($\therefore \Delta$ के तीनों कोणों का योग 180° होता है।)

प्रश्न से

$2x - 20 + 2x - 20 + x = 180°$

$5x - 40 = 180$

$5x - 180 + 40$

$x = \frac{220}{5}$

$x = 44°$

ज्यामिति-II
Geometry-II

इस अध्याय के अन्तर्गत हम बहुभुज (Polygon), वृत्त (Circle) आदि का अध्ययन करेंगे।

बहुभुज (Polygon)

तीन या तीन से ज्यादा रेखाओं से बनी आकृतियों को बहुभुज कहते हैं। बहुभुज दो प्रकार के होते है।

(i) उत्तल (convex) बहुभुज

(ii) अवतल (concave) बहुभुज

उत्तल बहुभुज: जिस बहुभुज का प्रत्येक कोण दो समकोण से छोटा हो, उसे उत्तल बहुभुज कहते हैं।

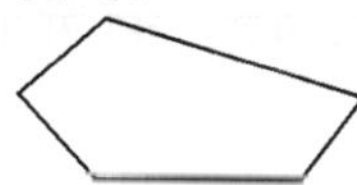

अवतल बहुभुज: जिस बहुभुज का कम से कम एक कोण दो समकोण से बड़ा हो, उसे अवतल बहुभुज कहते हैं।

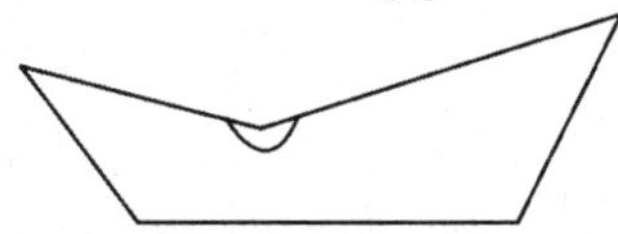

महत्त्वपूर्ण तथ्य (Important Facts)

- किसी भी बहुभुज के बाह्य कोणों का योग 360° होता है।
- किसी सम बहुभुज की प्रत्येक भुजा प्रत्येक अन्तः कोण एवं प्रत्येक बाह्य कोण होते हैं।
- सम बहुभुज का प्रत्येक बाह्य कोण $= \dfrac{360°}{n}$
- सम बहुभुज का प्रत्येक अन्तः कोण $= \dfrac{(n-2)\times 180°}{n}$

  अर्थात् $\dfrac{\text{अन्तः कोणों का कुल योग}}{\text{भुजाओं की संख्या}}$

  $= \dfrac{2n-4}{n}$ समकोण
- बहुभुज के विकर्णों की संख्या $= \left(\dfrac{n(n-1)}{2} - n\right)$

  $= \left(\dfrac{n(n-3)}{2}\right)$

वृत्त (Circle)

जब कोई बिंदु किसी स्थिर बिंदु की चारों ओर निश्चत दूरी रखकर घूमता है, तो उसके घूमने से जो आकृति बनती है, उसे वृत्त कहते हैं। जिस मार्ग पर वह बिंदु घूमता है, उसे वृत्त की परिधि कहते हैं। वृत्त के भीतर उस स्थिर बिंदु को वृत्त का केन्द्र (centre) कहा जाता है।

- **त्रिज्या (Radius):-** केन्द्र से परिधि तक की दूरी को वृत्त की त्रिज्या कहते हैं। इसे r से सूचित किया जाता है।
- **व्यास (Diameter):-** केन्द्र से गुजरने वाली रेखा जो दोनों ओर वृत्त की परिधि को स्पर्श करती हैं, उसे वृत्त का व्यास कहा जाता है। व्यास को d से सूचित करते हैं।

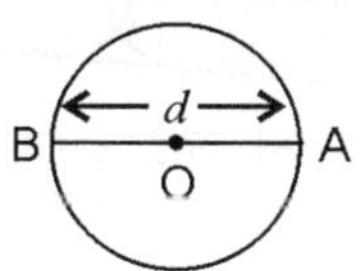

- **परिधि (Circumference):-** वह वक्र रेखा जिससे वृत्त का केन्द्र घिरा होता है परिधि कहलाता है।
- **चाप (Arc):-** परिधि के टुकड़े को चाप कहते हैं।
- **चापकर्ण (Chord):-** परिधि के किन्हीं दो बिंदुओं को मिलाने वाली रेखा को चापकर्ण कहते हैं।
- **वृत्तखंड (Segment):-** किसी चापकर्ण एवं उसके चाप से घिरा क्षेत्र वृत्तखंड कहलाता है।
- **निधि (Locus):-** किसी बिंदु का बिंदुपथ उन सभी बिंदुओं का समुच्चय है, जो दिए गए प्रतिबंधे को संतुष्ट करता है।
- वृत्त के केन्द्र से जीवा पर डाला गया लम्ब जीवा को समद्विभाजित करता है।

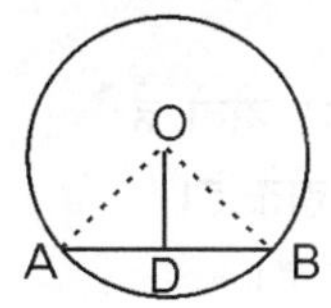

माना $AB = x$

$OD \perp AB$

$\therefore\ AD = BD = \dfrac{AB}{2} = \dfrac{\ }{2}$

केन्द्र से जीवा की दूरी $(OD) = \sqrt{\quad - \left(\dfrac{\ }{\ }\right)}$

- यदि दो वृत्त स्पर्श नहीं करते हो तो उभय स्पर्श रेखाओं की संख्या चार होती है।

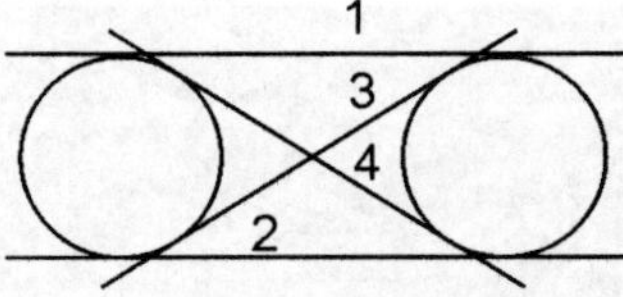

- यदि दो वृत्त एक दूसरे को बाह्य स्पर्श करते हैं तो उभयनिष्ठ स्पर्श रेखाओं की संख्या 3 होगी।

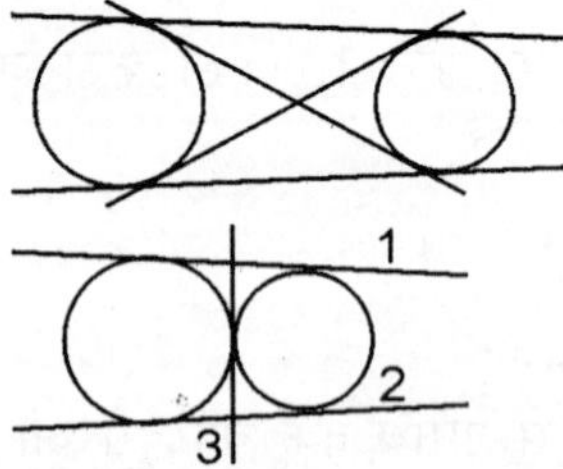

- यदि दो वृत्त एक दूसरे को काटती हो उभयनिष्ठ स्पर्श रेखाओं की संख्या 2 होगी।

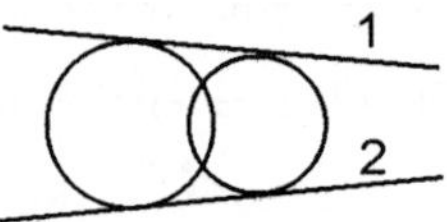

- दो संकेन्द्रीय वृत्तों का कोई उभयनिष्ठ स्पर्श रेखा नहीं होता है।

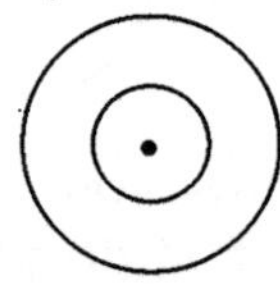

- वृत्त के केन्द्र से और जीवा के मध्य बिन्दु को मिलाने वाली रेखा जीवा पर लंब होती है।

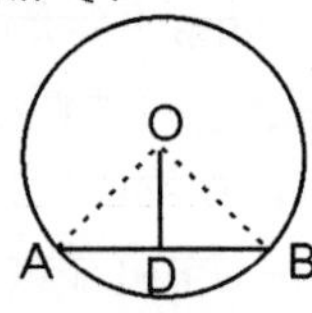

जीवा AB का मध्य बिन्दु P है

$\therefore$ OP $\perp$ AB

अन्य महत्त्वपूर्ण तथ्य

- वृत्त की सभी त्रिज्याएँ आपस में बराबर होती है।
- वृत्त के सभी व्यास आपस में बराबर होते हैं।
- एक वृत्त का एक ही केन्द्र हो सकता है।
- 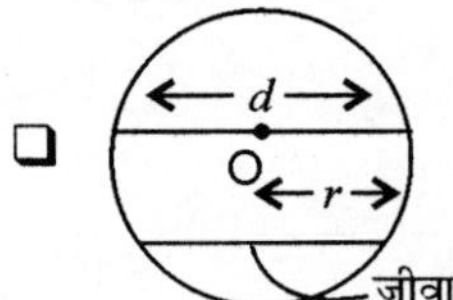

उदाहरण (Examples)

1. एक समबहुभुज के एक अन्तः कोण की माप 135° है तो उसकी भुजाओं की संख्या ज्ञात करें।

$$135° = \frac{(n-2)\times 180}{n}$$
$$180n - 360° = 135n$$
$$45n = 360$$
$$n = 8$$

2. किसी समबहुभुज के एक अन्तः कोण की माप 144° है तो उसकी भुजाओं की संख्या ज्ञात करें।

$$144° = \frac{(n-2)\times 180}{n}$$
$$180n - 144n = 360°$$
$$36n = 360°$$
$$n = 10$$

3. छः भुजा वाले किसी बहुभुज के सभी अन्तः कोणों का योग कितने समकोण के बराबर होता है।

$n = 6$

बहुभुज के सभी अन्तः कोणों का योग $= (n-2)\times 180$
$= (6-2)\times 180$
$= 4 \times 180$
$= 720°$
$= \frac{720°}{90}$
= 8 समकोण

4. किसी बहुभुज के अन्तः कोणों का योग 8 समकोण के बराबर है, तो बहुभुज में भुजाओं की संख्या क्या है?

$$8 \times 90° = (n-2)\times 180$$
$$720 = (n-2)\times 180$$
$$n - 2 = 4$$
$$n = 4 + 2$$
$$n = 6$$

5. ABCD एक ऐसा समलंब चतुर्भुज है, जिसमें AB = CD तथा AD ∥ BC और AD = 5 सेमी. तथा BC = 9 सेमी. हैं, तब यदि ABCD का क्षेत्रफल 35 वर्ग सेमी हो, तो CD की लम्बाई कितनी होगी?

(a) $\sqrt{29}$ सेमी. (b) 5 सेमी.
(c) 6 सेमी. (d) $\sqrt{21}$ सेमी.

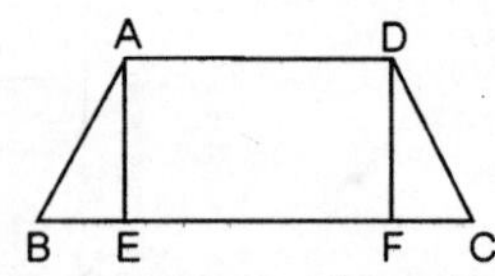

समलंब चतुर्भुज का क्षेत्रफल $= \frac{1}{2}(AD + BC)\times DF$

$$35 = \frac{1}{2}(5+9)\times DF$$

$$35 = 7 \times DF$$
$$DF = 5$$
$$FC = \frac{9-5}{2} = 2 \text{ सेमी.}$$
$$\therefore\ CD = \sqrt{DF^2 + FC^2} = \sqrt{5^2 + 2^2}$$
$$= \sqrt{25+4} = \sqrt{29} \text{ सेमी.}$$

6. एक समानांतर चतुर्भुज ABCD के विकर्ण BD की लम्बाई 18 सेमी. है। यदि P और Q क्रमश: उसके ΔABC तथा ΔADC के केन्द्रक हों, तो PQ रेखा-खण्ड की लम्बाई कितनी होगी?

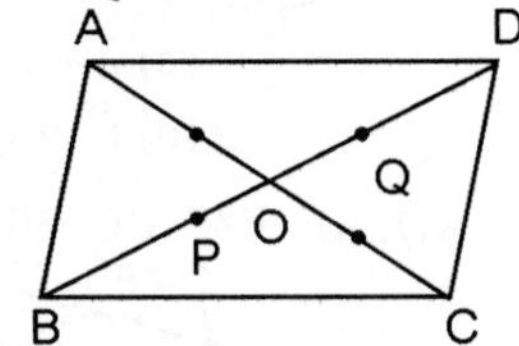

केन्द्रक वह बिन्दु है जहाँ माध्यिकाएँ मिलती हैं। समांतर चतुर्भुज के विकर्ण एक दूसरे को समद्विभाजित करते हैं।

$OP = \frac{1}{3} \times 9 = 3$ सेमी.

$OQ = \frac{1}{3} \times 9 = 3$ सेमी.

PQ = 6 सेमी.

7. एक बाह्य बिन्दु O से खींची गई छेदक रेखा दिए हुए वृत्त को बिन्दु A और B पर इस प्रकार काटती है कि OA = 4 सेमी. एवं OB = 9 सेमी., तो बिन्दु O से इस वृत्त पर खींची गई स्पर्श रेखा की लम्बाई होगी:

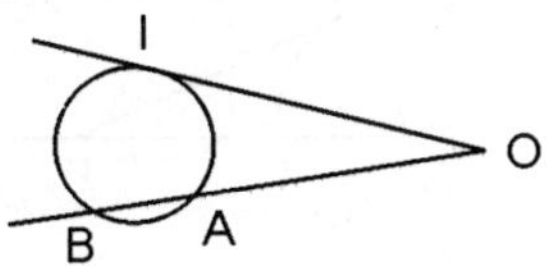

$OT^2 = OA \cdot OB = 4 \times 9 = 36$

$OT = \sqrt{36} = 6$ सेमी.

8. दी गयी आकृति में O वृत्त का केन्द्र है। $\angle OBC = 25°$ यदि $\angle BAC$ समान होगा:

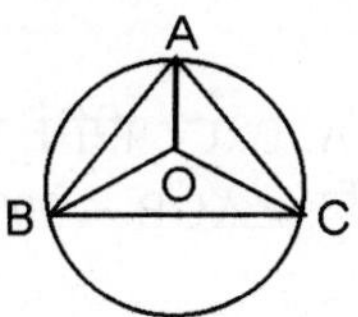

$OB = OC$

$\angle OCB = \angle OBC = 25°$

$\angle BOC = [180 - (25 + 25)]° = 130°$

$\angle BAC = \frac{1}{2} \angle BOC = 65°$

9.

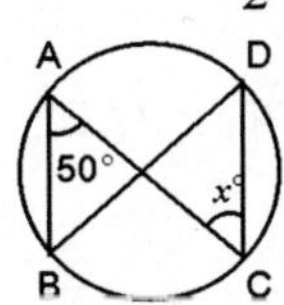

उपयुक्त आकृति में O वृत्त का केन्द्र है। $\angle BAC = 52°$, तो $\angle OCD$ का मान होगा?

$\angle ODC = \angle BAC = 52°$

(एक ही वृत्तखंड का कोण)

$OC = OD$

$\angle OCD = \angle ODC = 52°$

10. दी गयी आकृति में PQ K पर स्पर्श रेखा है तथा $\angle N$ वृत्त का व्यास है यदि $\angle KLN = 30°$ हो तो $\angle PKL$ का मान होगा:

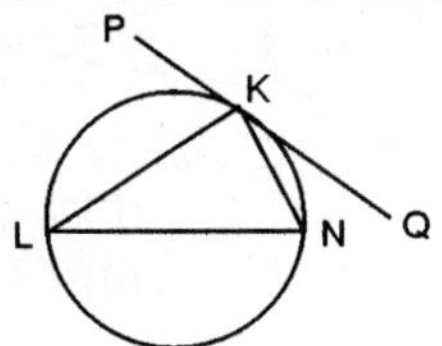

$\angle LKN = 90°$ (अर्द्धवृत्त का कोण)

$\angle LNK = 180° - (90° + 30°) = 60°$

$\therefore \angle PKL = \angle LNK = 60°$

अभ्यास प्रश्न (Practice Questions)

1. दी गयी आकृति में A, B, C परिधि पर स्थित बिन्दु है तथा O वृत्त का केन्द्र है। यदि $\angle AOB = 90°$ तथा $\angle BOC = 120°$ तो $\angle ABC$ है:

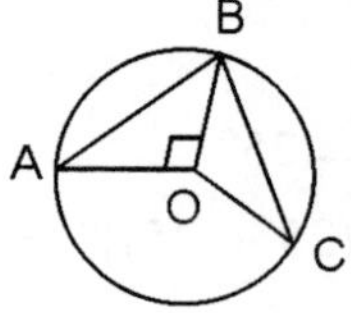

(a) 60° (b) 75°
(c) 90° (d) 85°

2. AB वृत्त व्यास तथा AC वृत्त की जीवा है तथा $\angle BAC = 30°$ हो तो कौन सा कथन सत्य है:

C
90°
30°
A O B

(a) BC < BD (b) BC > BD
(c) BC = BD (d) इनमें से कोई नहीं

3. दी गयी आकृति में PQ = 12 cm, BQ = 8 cm हो, तो जीवा AB की लम्बाई ज्ञात कीजिए।

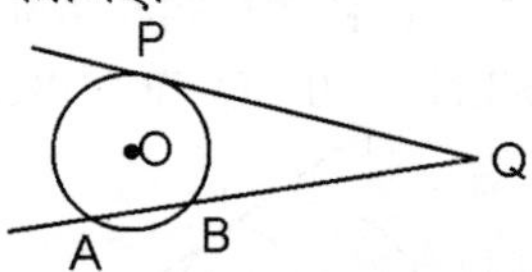

(a) 10 cm (b) $4\sqrt{5}$ cm
(c) 4 cm (d) 18 cm

4. दी गयी आकृति में $\angle ADC = 140°$ एवं AOB वृत्त का व्यास है तो $\angle BAC$ होगा

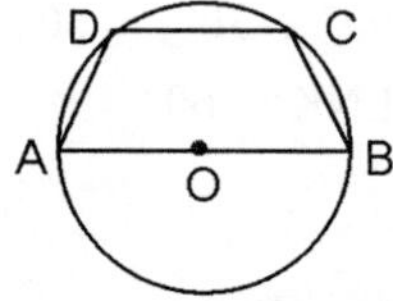

(a) 40° (b) 50°
(c) 70° (d) 75°

5. दी गयी आकृति में $\angle QPR = 67°$ तथा $\angle SPR = 72°$ RP वृत्त का व्यास है तो $\angle QRS$ किसके बराबर है:

Q P
R S

(a) 41° (b) 23°
(c) 67° (d) 18°

6. दी गयी आकृति में O वृत्त का केन्द्र है। यदि AB = 16 cm, CP = 6 cm, PD = 28 cm तथा AP > PB तो AP का मान कितना होगा:

(a) 12 cm (b) 24 cm
(c) 8 cm (d) 6 cm

7. दी गयी आकृति में AD, AE तथा BC स्पर्श रेखाएँ हो, तो

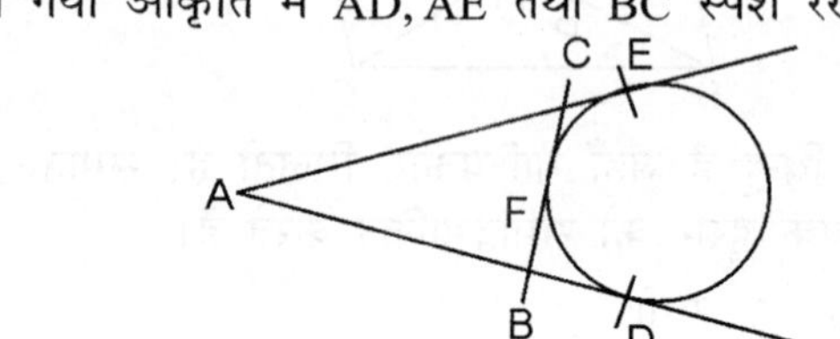

(a) AD = AB + BC + CA
(b) 2AD = AB + BC + CA
(c) 3AD = AB + BC + CA
(d) 4AD = AB + BC + CA

8. दी गयी आकृति में ROQ वृत्त का व्यास है। यदि $\angle POR = 130°$ तो $\angle QPO$ होगा:

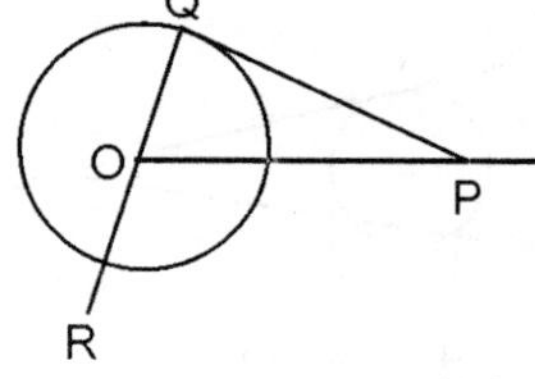

(a) 40° (b) 45°
(c) 50° (d) 75°

9. जब O वृत्त का केन्द्र हो तो $\angle ACB$ होगा:

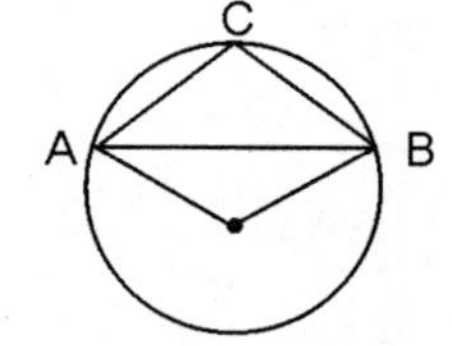

(a) 60° (b) 120°
(c) 75° (d) 90°

10. x का मान होगा:

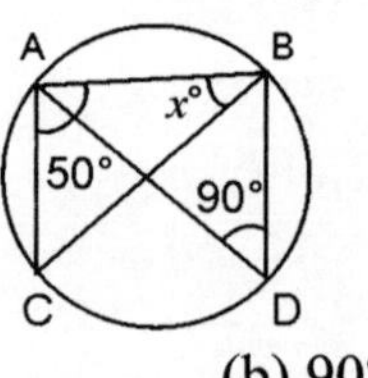

(a) 60° (b) 90°
(c)70° (d) 40°

11. ABCD चक्रीय चतुर्भुज हो तो x का मान कितना होगा?

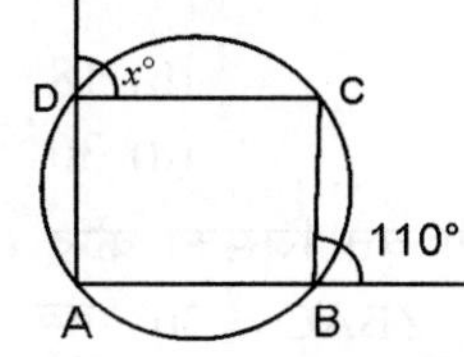

(a) 110° (b) 80°
(c) 70° (d) 100°

12. दी गयी आकृति में $\angle A = 60°$ तथा $\angle ABC = 80°$, $\angle BPC$ होगा:

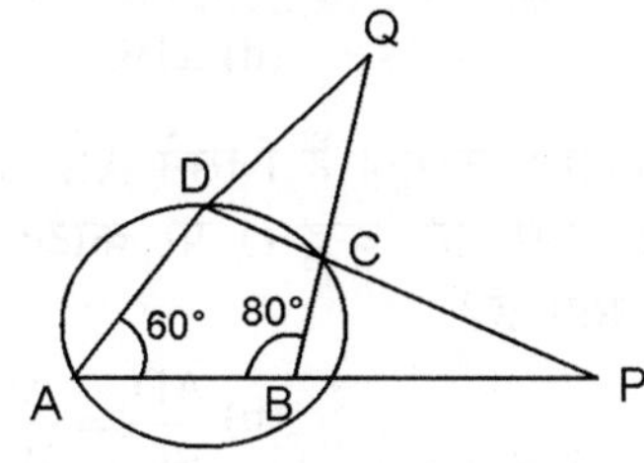

(a) 40° (b) 45°
(c) 20° (d) 30°

13. जब BT तथा CT′ दो स्पर्श रेखाएँ हो तो $\angle A$ होगा:

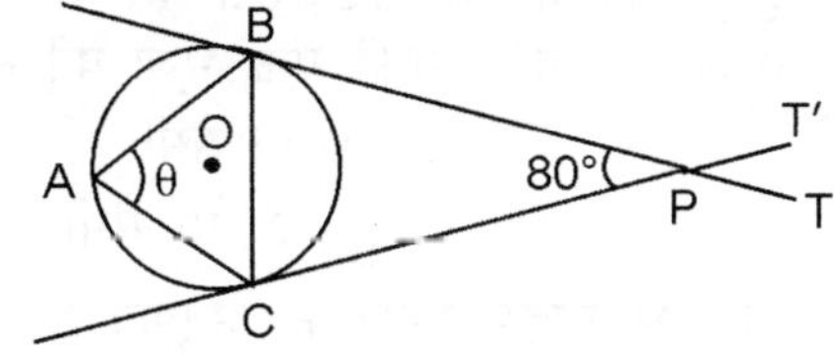

(a) 80° (b) 60°
(c) 50° (d) 40°

14. दिए गए चित्र में x का मान कितना होगा?

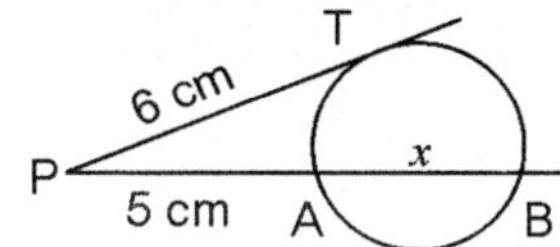

(a) 2.2 cm (b) 1.6 cm
(c) 3 cm (d) 2.6 cm

15. x का मान बताएँ

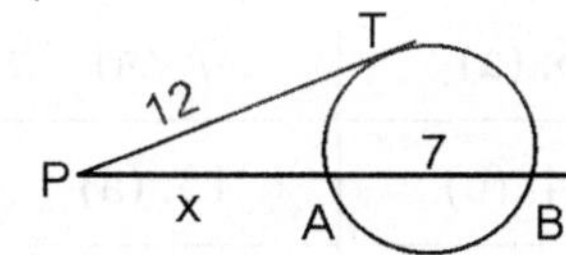

(a) 16 cm (b) 9 cm
(c) 12 cm (d) 7 cm

16. x का मान होगा

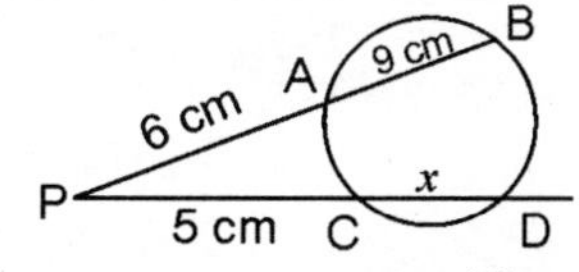

(a) 13 cm (b) 12 cm
(c) 16 cm (d) 15 cm

17. $\angle ADB$ होगा:

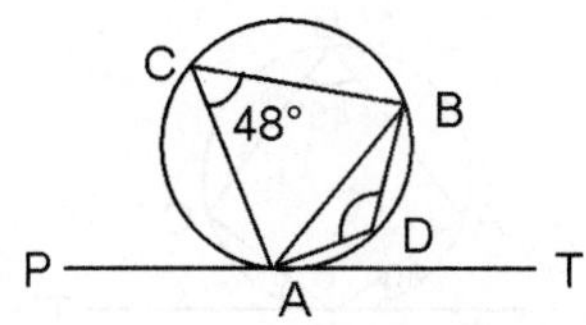

(a) 132° (b) 144°
(c) 48° (d) 96°

18. यदि O वृत्त का केन्द्र हो तो x का मान क्या होगा?

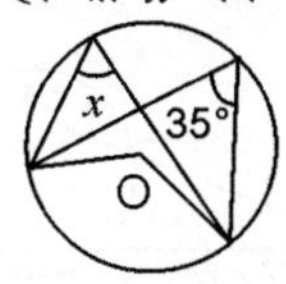

(a) 35° (b) 30°
(c) 39° (d) 40°

19. अगर O वृत्त का केन्द्र हो तो x का मान कितना होगा?

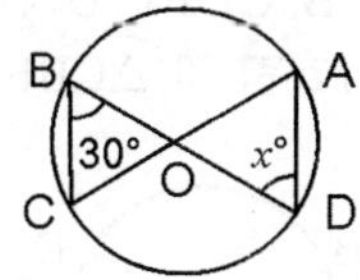

(a) 60° (b) 45°
(c) 15° (d) 30°

20. x का मान बताएँ

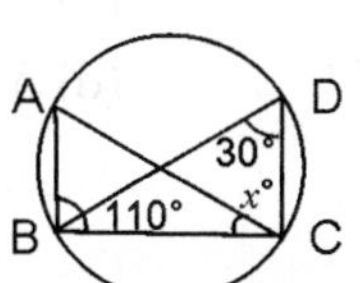

(a) 40° (b) 25°
(c) 30° (d) 45°

21. दी गयी आकृति में O वृत्त का केन्द्र $\angle AOC = 140°$ हो तथा $\angle ABC$ का मान क्या होगा?

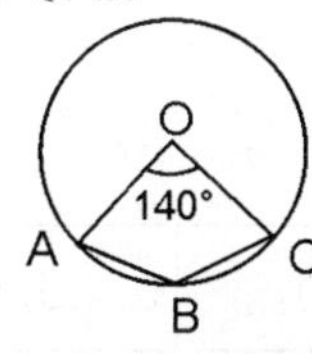

(a) 110° (b) 120°
(c) 115° (d) 130°

22. दी गयी आकृति में ABCD चक्रीय चतुर्भुज है तथा O वृत्त का केन्द्र है। यदि $\angle BOC = 136°$ हो तो $\angle BDC$ का मान कितना होगा?

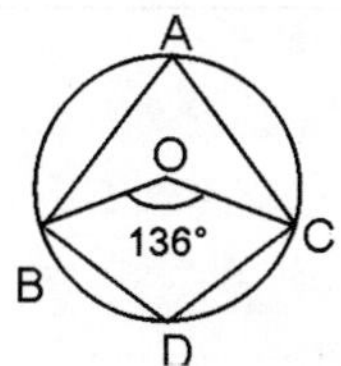

(a) 110° (b) 112°
(c) 109° (d) 109°

23. अगर $\angle ABC = 45°$ हो, तो $\angle CDT$ है:

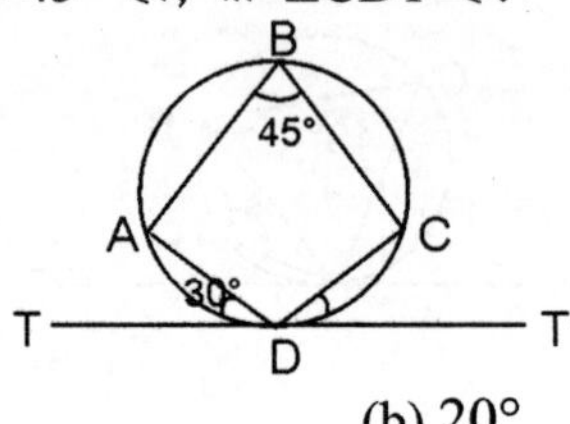

(a) 15° (b) 20°
(c) 25° (d) 30°

24. x का मान होगा

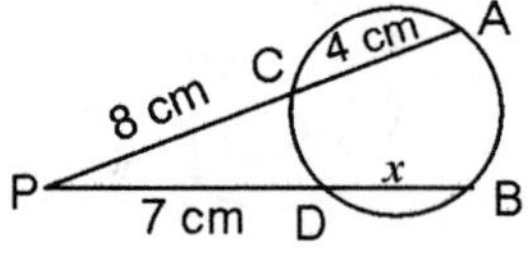

(a) 6 cm (b) 7 cm
(c) 6.7 cm (d) 7.7 cm

25. दी गयी आकृति में A, B, C तथा D वृत्त पर स्थित चार बिन्दु हैं यदि AD = 24, BC = 12 हो तो ΔCBE एवं ΔADE के क्षेत्रफल का अनुपात होगा

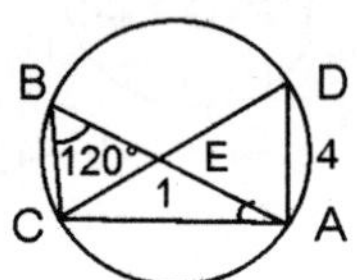

(a) 1 : 4 (b) 1 : 2
(c) 1 : 3 (d) 5 : 2

26. किसी बहुभुज के सभी कोणों का योग 160° है। बहुभुज में भुजाओं की संख्या

(a) 15 (b) 18
(c) 20 (d) 30

27. आयत ABCD किसी वृत्त जिसका केन्द्र O है में स्थित है। यदि AC विकर्ण है तथा $\angle BAC = 30°$ तब वृत्त की त्रिज्या बराबर होगी:

(a) $\frac{\sqrt{3}}{2}BC$ (b) BC
(c) $\sqrt{3}\,BC$ (d) 2BC

28. ABCD एक समलम्ब चतुर्भुज है जिसमें AB, DC के समान्तर है। यदि विकर्ण एक दूसरे को बिन्दु O पर काटते हैं तो निम्न में से कौन-सा कथन सही है?

(a) $\frac{OA}{OC}=\frac{OB}{OD}$ (b) $\frac{AD}{BC}=\frac{AB}{DC}$
(c) $\frac{OB}{OD}=\frac{BC}{CD}$ (d) $\frac{DA}{OC}=\frac{DA}{DC}$

29. किसी सम चतुर्भुज का क्षेत्रफल 120 cm^2 है। यदि इसके विकर्ण की लम्बाई 10 cm है, तब इसकी एक भुजा की लम्बाई होगी:

(a) 12 सेमी. (b) 13 सेमी.
(c) 24 सेमी. (d) $2\sqrt{30}$ सेमी.

30. बहुभुज के अन्तः तथा बाह्य कोणों का अनुपात 2 : 1 है। बहुभुज में भुजाओं की संख्या होगी:

(a) 3 (b) 5
(c) 6 (d) 12

उत्तरमाला (Answer Key)

1. (b)	2. (c)	3. (d)	4. (b)	5. (a)	6. (a)	7. (a)	8. (b)
9. (a)	10. (b)	11. (c)	12. (c)	13. (c)	14. (c)	15. (a)	16. (b)
17. (a)	18. (a)	19. (a)	20. (d)	21. (a)	22. (a)	23. (a)	24. (c)
25. (a)	26. (b)	27. (b)	28. (a)	29. (b)	30. (c)		

हल (Solutions)

1. (b)

$\angle AOC = 360° - (90° + 120°) = 150°$

$\therefore \angle ABC = \frac{1}{2}\angle AOC = 75°$

2. (c)

$\angle ACB = 90°$ (अर्द्धवृत्त)

$\angle ABC = 60°$ और

$\angle CBD = 120°$

$\angle BCD = \angle BAC = 30°$ (एकान्तर वृत्तखंड)

$\angle BDC = 180° - (30° + 120°) = 30°$

$\therefore \angle BCD = \angle BDC$

3. (d)

$BQ \times AQ = PQ^2$

$AQ \times 8 = 144$

$AQ = 18$ cm

$\therefore AB = (AQ - BQ)$

$= (18 - 8)$ cm

$= 10$ cm

4. (b)

$\angle ABC = (180° - \angle ADC)$

$= (180° - 140°) = 40°$

और $\angle ACB = 90°$ (अर्द्धवृत्त का कोण)

$\therefore \angle BAC = 180° - (90° + 40°) = 50°$

5. (a)

चक्रीय चतुर्भुज है।

$\therefore \angle QRS = 180° - (\angle QPR + \angle SPR)$

$= 180° - (67° + 72°) = 41°$

6. (a)

$AP \times PB = CP \times PD$

$x \times (16 - x)$

$= 6 \times 8$

$x^2 - 16x + 48 = 0$

$\therefore (x - 12)(x - 4) = 0$

$x = 12$ या $x = 4$

7. (a)

जीवा की लम्बाई त्रिज्या के बराबर होने पर समबाहु Δ बनेगा जिसका प्रत्येक कोण 60° का होगा।

8. (b)

बाह्य बिन्दु से खींची गयी स्पर्श रेखा सामान लम्बाई की होती है।

$AD = AE$

$BD = BF$

और $CE = CF$

$AD = AB + BD = AB + BF$

और $AD = AE = AC + CE = AC + CF$

$\therefore 2AD = AB + AC + BF + CF = AB + AC + BC$

9. (a)

$\angle QOP = (180° - 130°) = 50°$

$\angle PQO = 90°$

$\angle QPO = 180° - (50° + 90°) = 40°$

10. (b)

$OA = OB =$ त्रिज्या (r)

$\angle OAB = \angle OBA = 30°$

$\angle AOB = 180° - 60° = 120°$

दिया है $\angle AOB = 360° - 120° = 240°$

$\Rightarrow \angle ACB = \frac{1}{2} \times 240° = 120°$

परिधि पर बना कोण केन्द्र पर बने कोण का आधा होता है।

11. (c)

$\angle ACB = \angle ADB = 30°$ (एक ही वृत्तखंड के कोण है)

ΔACB में $\angle x = 180° - (80° + 30°) = 70°$

12. (c)

$\angle ADC = 110°$

$x^2 = 180° - 110° = 70°$

13. (c)

$\angle DCQ = 60°$ (बाह्य कोण)

$= \angle BCP$ (शीर्षाभिमुख कोण

अब, $\angle BPC + \angle BCP = 80°$

$\angle BPC = 80° - 60° = 20°$

14. (c)

चतुर्भुज BOCP में,

$\angle OBP = \angle OCP = 90°$

$\angle BPC = 80°$

$\angle BOC = 360° - (180° + 80°) = 100°$

$Q = \frac{1}{2} \times 100 = 50°$

15. (a)

$PT^2 = PA \times PB$

$6^2 = 5(5 + x)$

$5 + x = \frac{36}{5}$

$x = 7.2 - 5 = 2.2$ सेमी.

16. (b)

$PT^2 = PA \times PB$

$12^2 = x(7 + x)$

$x^2 + 7x - 144 = 0$

$x^2 + 16x - 9x - 144 = 0$

$(x + 16)(x - 9) = 0$

$x = 9$ सेमी.

17. (a)

$PA \times PB = PC \times PD$

$6 \times 15 = 5 \times (5 + x)$

$5 + x = 18$

$x = 13$ सेमी.

18. (a)

चतुर्भुज ABCD एक चक्रीय चतुर्भुज है।

$\angle C + \angle D = 180°$

$48 + \angle D = 180°$

$\angle D = 180° - 48 = 132°$

19. (a)

एक ही वृत्तखंड के कोण समान होते है।

$x = 35°$

20. (d)

ΔBOC में,

$OB = OC$

$\angle B = \angle C = 30°$

$\angle B = \angle D$ एक ही वृत्तखंड के कोण है।

$\angle D = 30°$

21. (a)

$\angle A = \angle D = 30°$

एक ही वृत्तखंड के कोण है।

ΔABC में,

$\angle A + 110 + x = 180$

$30 + 110 + x = 180$

$x = 180 - 140 = 40°$

22. (a)

$\angle B = 180 - 70$

$= 110°$

23. (a)

$\angle ADC = 180 - 45 = 135°$

$\angle CDT = 180 - (135 + 30)$

$180 - 165 = 15°$

24. (c)

$PD \times PB = PC \times PA$

$(7 + x) \times 7 = 12 \times 8$

$7 + x = \frac{96}{7}$

$x = 13.7 - 7 = 6.7$

25. (a)

$\Delta CBE \sim \Delta ADE$ ($\because \angle CBE = \angle ADE$)

एक ही वृत्तखंड का कोण

$\angle CEB = \angle AED$ (शीर्षाभिमुख)

$\frac{\Delta CBE}{\Delta ADE} = \left(\frac{CB}{AD}\right)^2 = \left(\frac{1}{2}\right)^2 = \frac{1}{4}$

26. (b)

माना बहुभुज में भुजाओं की संख्या $= n$

$\theta = \frac{(2n - 4)}{n} \times 90°$

$160° = \frac{2n - 4}{n} \times 90°$ [$\because \theta = 160°$ दिया है]

$16n = (2n - 4) \times 9$

$16n = 18n - 36$

$2n = 36$

$n = 18°$

बहुभुज में भुजाओं की संख्या = 18 है।

27. (b)

B तथा O को मिलाने पर

$\angle BOC = 2\angle BAC = 60°$

वृत्त के शेष भाग में बना कोण, वृत्त के केन्द्र पर बने कोण का आधा होगा।

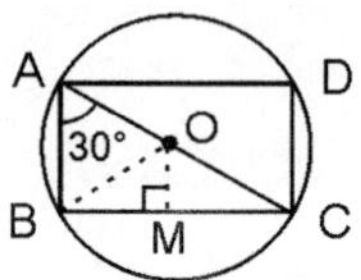

BC पर केन्द्र O से लम्ब OM खींचा गया

तब $BM = \frac{1}{2}BC$ (वृत्त के केन्द्र से जीवा पर डाला गया लम्ब जीवा को दो बराबर भागों में विभाजित करता है।)

$\therefore \angle BOM = 30°$

$\therefore \Delta BMO$ से,

$\frac{BM}{BO} = \sin 30° = \frac{1}{2}$

$BO = 2BM = 2 \cdot \frac{1}{2} BC = BC$

वृत्त की त्रिज्या BC के बराबर होगी।

28. (a)

ΔOAB तथा ΔOCD से

$\angle DOC = \angle BOA$ (पीर्षाभिमुख कोण)

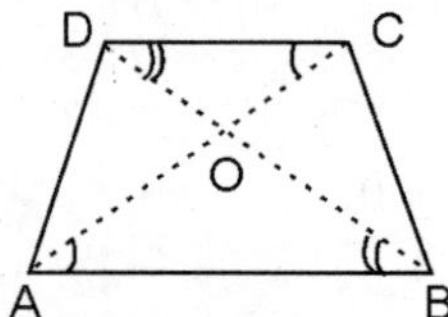

$\angle OCD = \angle OAB$ (एकांतर कोण)

$\angle ODC = \angle OBA$ (एकांतर कोण)

$\angle OAB$ तथा $\angle OCD$ समान है।

$\therefore \frac{OC}{OA} = \frac{OD}{OB} = \frac{DC}{AB}$

29. (b)

हम जानते हैं

समचतुर्भुज का क्षेत्रफल $= \frac{1}{2} \times$ विकर्णों का गुणनफल

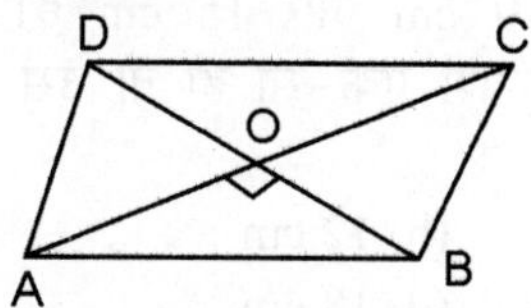

$120 = \frac{1}{2} \times 10 \times$ दूसरा विकर्ण

दूसरा विकर्ण = 24 सेमी.

$AB = \sqrt{(12)^2 + (5)^2}$

$= \sqrt{169}$

= 13 सेमी.

30. (c)

माना भुजाओं की संख्या = n

अन्त: कोण $= 180° - \frac{360°}{n}$

$\therefore \frac{180° - \frac{360°}{n}}{\frac{360°}{n}} = \frac{2}{1}$

$\Rightarrow \frac{180°n - 360°}{360°} = 2$

$n = 6$

परखें अपने आप को (Test Yourself)

1. ABCD एक वर्ग है। M, AB एक भुजा का मध्य-बिन्दु है और N, BC भुजा का मध्य बिन्दु है। DM तथा AN को जोड़ कर नई भुजाएँ बना दी जाती है, जो O पर मिलती है। तदनुसार निम्न में से कौन-सा सही है?
   (a) 6A : OM = 1 : 2 (b) AN = MDC
   (c) $\angle ADM = \angle ANB$ (d) $\angle AMD = \angle BAN$

2. AB = 8 सेमी. तथा CD = 6 सेमी. लंबी दो ऐसी समांतर जीवाएँ हैं जो किसी वृत्त के केन्द्र के एक ओर ही हैं। उनके बीच की दूरी 1 सेमी. है। तब उस वृत्त की त्रिज्या कितनी होगी।
   (a) 5 सेमी. (b) 4 सेमी.
   (c) 3 सेमी. (d) 2 सेमी.

3. एक त्रिभुज ABC का परिकेन्द्र O है। यदि $\angle BAC = 85°$ और $\angle BCA = 75°$ हो, तो $\angle OAC$ का मान कितना होगा?
   (a) 40° (b) 60°
   (c) 70° (d) 90°

4. O केन्द्र वाले एक वृत्त की दो जीवाएँ AB तथा CD, P बिन्दु पर मिलती हैं और $\angle AOC = 50°$, $\angle BOD = 40°$ है। तदनुसार $\angle BPD$ का मान कितना होगा?
   (a) 60° (b) 40°
   (c) 45° (d) 75°

5. ABCD एक समचतुर्भुज है। उसमें C से गुजरने वाली एक सरल रेखा AD को आगे बढ़ाकर P पर काटती है और AB को आगे बढ़ाकर Q पर काटती है। तदनुसार यदि $DP = \frac{1}{2}AB$ हो, तो BQ तथा AB की लम्बाईयों का अनुपात कितना होगा?
   (a) 2 : 1 (b) 1 : 2
   (c) 1 : 1 (d) 3 : 1

6. 10 सेमी. व्यास वाले एक वृत्त में प्रत्येक 8 सेमी. लंबी दो समांतर जीवाओं के बीच की दूरी कितनी होगी?
   (a) 6 सेमी. (b) 7 सेमी.
   (c) 8 सेमी. (d) 5.5 सेमी.

7. यदि एक समबाहु त्रिभुज की परित्रिज्या 10 सेमी. हो, तो उसकी अंत: त्रिज्या की माप कितनी होगी?
   (a) 5 सेमी. (b) 10 सेमी.
   (c) 20 सेमी. (d) 15 सेमी.

8. यदि एक त्रिभुज ABC में, उसकी माध्यिकाएँ CD तथा BE परस्पर O बिन्दु पर काटती हैं, तो ΔODE तथा ΔABC के क्षेत्रफलों का अनुपात कितना होगा?
   (a) 1 : 6 (b) 6 : 1
   (c) 1 : 12 (d) 12 : 1

9. ΔABC में O केन्द्रक है और AD, BE, CF तीन माध्यिकाएँ हैं और ΔAOE का क्षेत्रफल = 15 cm^2, तो चतुर्भुज BDOF का क्षेत्रफल है।
   (a) 20 cm^2 (b 30 cm^2
   (c) 40 cm^2 (d) 25 cm^2

10. दो सकेंद्री वृत्तों की त्रिज्याएँ 9 cm और 15 cm हैं। यदि बड़े वृत्त की जीवा छोटे वृत्त की स्पर्श एक-सा हो तो उस जीवा की लंबाई है।
   (a) 24 cm (b) 12 cm
   (c) 30 cm (d) 18 cm

11. O और C एक न्यून-कोणीय ΔPQR के क्रमशः लंब केन्द्र और परिकेन्द्र है। बिंदु P तथा O को मिलाकर बढ़ाया गया है जो भुजा QR को S में मिलता है। यदि $\angle PQS = 60°$ और $\angle QCR = 130°$ तो $\angle RPS = ?$
   (a) 30° (b) 35°
   (c) 100° (d) 60°

12. एक वृत्त की जीवा की लंबाई वृत्त की त्रिज्या के बराबर हैं। इस जीवा द्वारा वृत्त के दीर्घ खंड में बनाया जाने वाला कोण है।
   (a) 30° (b) 45°
   (c) 60° (d) 90°

13. ΔABC में, AD $\angle A$ का आंतरिक द्विभाजक है और भुजा BC को D में मिलाता है। यदि BD = 5 cm, BC = 7.5 cm तो AB : AC है?
   (a) 2 : 1 (b) 1 : 2
   (c) 4 : 5 (d) 3 : 5

14. 5 सेमी त्रिज्या वाले एक वृत्त की जीवा, 3 सेमी. त्रिज्या वाले एक अन्य वृत्त की स्पर्श रेखा है। तदनुसार यदि दोनों वृत्त संकेन्द्री भी हो, तो उस जीवा की लंबाई कितनी होगी?
   (a) 10 सेमी. (b) 12.5 सेमी.
   (c) 8 सेमी. (d) 7 सेमी.

15. O बिंदु ΔABC का अंत: केंद्र है और $\angle A = 30°$ है। तदनुसार $\angle BOC$ कितना होगा?
   (a) 100° (b) 105°
   (c) 110° (d) 90°

16. एक वृत्त की दो जीवाएं AB तथा AC क्रमशः 8 सेमी तथा 6 सेमी. लंबी हैं और उनका $\angle BAC = 90°$ है। तदनुसार उस वृत्त की त्रिज्या कितनी है?
   (a) 25 सेमी. (b) 20 सेमी.
   (c) 4 सेमी. (d) 5 सेमी.

17. एक समांतर चतुर्भुज ABCD के विकर्ण BD की लंबाई 18 सेमी. है। यदि P तथा Q क्रमशः उसके ΔABC तथा ΔADC के केंद्रक हों, तो PQ रेखा खंड की लंबाई कितनी होगी?
   (a) 4 सेमी. (b) 6 सेमी.
   (c) 9 सेमी. (d) 12 सेमी.

18. दो वृत्त एक दूसरे को बाहर से A बिंदु पर स्पर्श करते हैं और PQ एक सीधी उभयनिष्ठ स्पर्श-रेखा है जो वृत्तों को क्रमशः P तथा Q पर स्पर्श करती है। तदनुसार $\angle PAQ$ कितने के बराबर होगा?
   (a) 95° (b) 90°
   (c) 80° (d) 100°

19. ABCD एक चक्रीय समलम्ब चतुर्भुज है, जिसकी AD तथा BC भुजाएँ परस्पर समानांतर हैं। यदि $\angle ABC = 72°$ हो, तो $\angle BCD$ का मान क्या होगा?
(a) 162° (b) 18°
(c) 108° (d) 72°

20. P केन्द्र वाले एक वृत्त के व्यास AB के छोरों पर स्पर्श रेखाएँ खींची गई a हैं। यदि बिंदु C पर वृत्त की एक स्पर्श रेखा अन्य दो स्पर्श रेखाओं का Q तथा R पर प्रतिच्छेद करें तो $\angle QPR$ का माप है:
(a) 45° (b) 60°
(c) 90° (d) 180°

21. किसी ΔABC में, $\angle B$ तथा $\angle C$ के अन्त: समद्विभाजक P पर तथा बाह्य समद्विभाजक Q पर मिलते हैं तो $\angle PBQ + \angle PCQ$ का मान क्या होगा?
(a) 180° (b) 120°
(c) 160° (d) 90°

22. किसी त्रिभुज के प्रत्येक शीर्ष बिन्दु से उसकी भुजा के समान्तर एक रेखा खींची जाती है। इस प्रकार बने नए त्रिभुज की परिमाप का प्रारंभिक त्रिभुज की परिमाप से अनुपात होगा:
(a) 3 : 2 (b) 4 : 1
(c) 2 : 1 (d) 2 : 3

23. किसी O केन्द्र वाले वृत्त का व्यास BC है तथा AD, $\angle BAC$ को समद्विभाजित करता है तो $\angle BCD$ का मान निकालिए।
(a) 90° (b) 60°
(c) 45° (d) 48°

24. दो समान वृत्त एक-दूसरे को किन्हीं दो बिन्दुओं पर प्रतिच्छेद करते हैं। इनकी उभयनिष्ठ जीवा की लंबाई 10 सेमी. है तथा इनके केन्द्रों के बीच की दूरी 6 सेमी. है तो प्रत्येक वृत्त की त्रिज्या ज्ञात करें।
(a) 5.83 (b) 6.40
(c) 6.84 (d) 7.63

25. बिन्दु Q से QA तथा QB दो स्पर्श रेखाएँ एक वृत्त पर खींची जाती है जिसमें $\angle AQB = 80°$ हो तो $\angle APB$ का मान ज्ञात करें।
(a) 50° (b) 60°
(c) 70° (d) 48°

26. बिन्दु P, $\angle BAC$ के अभ्यंतर में है, यदि $\angle BAC = 115°$ और $\angle PAC = 70°$ हो तो $\angle BAP$ की माप क्या होगी?
(a) 70° (b) 115°
(c) 45° (d) इनमें से कोई नहीं

27. यदि $\angle AOB = 75°$, $\angle BOC = 105°$ हो तो निम्न में सत्य कथन कौन है?
(a) $OC \perp AB$ (b) $OC \parallel OA$
(c) O, C और A संरेख हैं (d) इनमें से कोई नहीं

28. किसी ΔABC में कोण A का समद्विभाजक AD है। यदि AB = 8 सेमी., AC = 10 सेमी. एवं BC = 13.5 सेमी. हो तो BD का मान है:
(a) 8 सेमी. (b) 7.5 सेमी.
(c) 6 सेमी. (d) 6.5 सेमी.

29. यदि किसी समान्तर चतुर्भुज की सभी भुजाएँ बराबर हों तथा एक कोण समकोण हो तो उस आकृति को क्या कहते हैं?
(a) वर्ग (b) आयत
(c) समलम्ब चतुर्भुज (d) इनमें से कोई नहीं

30. चतुर्भुज ABCD में यदि $AB = BC = CD = DA$ तथा $AC \neq BD$ हो तो उस चतुर्भुज को क्या कहेंगें?
(a) समलम्ब (b) वर्ग
(c) समचतुर्भुज (d) इनमें से कोई नहीं

31. किसी चतुर्भुज की भुजाओं के क्रमागत मध्य-बिन्दुओं को जोड़ने से बनी आकृति हमेशा क्या होगी?
(a) समचतुर्भुज (b) वर्ग
(c) आयत (d) इनमें से कोई नहीं

32. किसी त्रिभुज की भुजाओं के लम्ब समद्विभाजक जिस बिन्दु से होकर जाते हैं उसे निम्नलिखित में से क्या कहते हैं?
(a) अन्त: केन्द्र (b) परिकेन्द्र
(c) गुरुत्व केन्द्र (d) इनमें से कोई नहीं

33. त्रिभुज के अन्त: कोणों के समद्विभाजकों के संगामी (कटान) बिन्दु को त्रिभुज का कौन-सा केन्द्र कहते हैं?
(a) अन्त: केन्द्र (b) परिकेन्द्र
(c) लम्ब केन्द्र (d) इनमें से कोई नहीं

34. यदि किसी त्रिभुज के आधार तथा ऊँचाई को आधा कर दिया जाए तो पहले त्रिभुज एवं नए त्रिभुज के क्षेत्रफल का अनुपात क्या होगा?
(a) 4 : 1 (b) 2 : 1
(c) 1 : 4 (d) इनमें से कोई नहीं

35. किसी ΔABC में $\angle A$ का अर्द्धक AD है। यदि BD = 2.5 सेमी. AC = 4.2 सेमी., AB = 6 सेमी. हो तो DC का मान होगा
(a) 2.1 सेमी. (b) 3 सेमी.
(c) 1.2 सेमी. (d) इनमें से कोई नहीं

36. दो समद्विबाहु त्रिभुज जिनके संगत शीर्षकोण समान हैं तथा उनके क्षेत्रफल का अनुपात 9:16 है तो उनकी संगत ऊँचाईयों का अनुपात होगा:
(a) 4 : 3 (b) 3 : 4
(c) 81 : 256 (d) इनमें से कोई नहीं

37. किसी वृत्त का एक व्यास AB है। बिन्दु P वृत्त पर स्थित है, $\angle PAB = 40°$ हो तो $\angle PBA$ का मान होगा:
(a) 40° (b) 60°
(c) 50° (d) इनमें से कोई नहीं

38. यदि किसी वृत्त की छेदक रेखा PAB है जो वृत्त को A तथा B बिन्दुओं पर काटती है तथा PT एक स्पर्श रेखा है तो $PA \times PB$ का मान होगा:
(a) PT^2 (b) $PT \times PB$
(c) $AT \times BT$ (d) इनमें से कोई नहीं

39. दो वृत्त एक-दूसरे को अन्तः स्पर्श करते है। इनकी त्रिज्या क्रमशः 2 सेमी तथा 3 सेमी. हैं। बाह्य वृत्त की बड़ी से बड़ी जीवा की लम्बाई ज्ञात करें। जो अन्तः वृत्त को स्पर्श करती है:

(a) 2.2 सेमी. (b) 3 सेमी.
(c) 1.2 सेमी. (d) इनमें से कोई नहीं

40. एक समकोण त्रिभुज की भुजाएँ $x, d+1$ तथा $x-1$ हैं। इसका कर्ण होगा:

(a) 5 (b) 4
(c) 1 (d) 0

41. एक लाम्बिक वृत्ताकार बेलन का आयतन क्या होगा, यदि उसकी ऊँचाई 40 सेमी. हो और उसके आधार की परिधि 66 सेमी. हो?

(a) 15440 सेमी.^{3} (b) 3465 सेमी.^{3}
(c) 7720 सेमी.^{3} (d) 13860 सेमी.^{3}

42. धातु के कुछ ठोस लम्ब वृत्तीय शंकुओं, जिनमें से प्रत्येक के आधार की त्रिज्या 3 सेमी. और ऊँचाई 4 सेमी. है को पिघलाकर 6 सेमी. त्रिज्या का एक ठोस गोला बनाया जाता है। लम्ब वृत्तीय शंकुओं की संख्या क्या होगी?

(a) 12 (b) 24
(c) 48 (d) 6

43. एक लम्ब वृत्तीय शंकु की ऊँचाई में 20% की वृद्धि और उसके आधार के अर्द्धव्यास में 50% की कमी करने पर उस शंकु के आयतन में :

(a) 25% की वृद्धि होगी (b) 50% की वृद्धि होगी
(c) कोई परिवर्तन नहीं (d) 25% की कमी

44. 15 सेमी. अर्द्धव्यास वाले लकड़ी के एक गोले में से एक 15 सेमी. ऊँचाई और 30 सेमी. आधार व्यास वाला शंकु काटा गया है इसमें नष्ट हुई लकड़ी की मात्रा का प्रतिशत होगी:

(a) 75% (b) 50%
(c) 40% (d) 25%

45. एक शंकु के आधार का अर्द्धव्यास तथा एक गोले का अर्द्धव्यास दोनों में से प्रत्येक की माप 8 सेमी. है। साथ ही, इन दोनों ठोसों के आयतन बराबर है। शंकु की तिर्यक ऊँचाई होगी।

(a) $8\sqrt{17}$ सेमी. (b) $4\sqrt{17}$ सेमी.
(c) $34\sqrt{2}$ सेमी. (d) 34 सेमी.

46. यदि किसी शंकु की ऊँचाई तथा आधार के अर्द्धव्यास में से प्रत्येक को 100% बढ़ा दिया जाए, तो इसका आयतन होगा

(a) प्रारंभिक आयतन का दोगुना
(b) प्रारंभिक आयतन का तीन गुना
(c) प्रारंभिक आयतन का छः गुना
(d) प्रारंभिक आयतन का आठ गुना

47. यदि किसी शंकु के आधार का क्षेत्रफल 770 सेमी.^{2} तथा उसके वक्र पृष्ठ का क्षेत्रफल 814 सेमी.^{2} हो तो उसका आयतना होगा

(a) $2113\sqrt{5}$ (b) $392\sqrt{5}$
(c) $550\sqrt{5}$ (d) $616\sqrt{5}$

48. एक शंकु की ऊँचाई तथा उसके आधार के अर्द्धव्यास दोनों में 100% की वृद्धि की जाती है। शंकु के आयतन में वृद्धि का प्रतिशत होगा

(a) 700% (b) 400%
(c) 300% (d) 100%

49. एक अर्द्धगोले पर चढाए गए एक लम्बवृत्तीय शंकु जिसका आधार अर्द्धगोले के समतल पृष्ठ सम्पाती है, को एक खिलौना बनाया गया है। शंकु के आधार का अर्द्धव्यास 1.5 मी. तथा इसकी ऊँचाई 4 मी. है। खिलौने का आयतन होगा:

(a) 14.75 मी^{3} (b) 16.75 मी^{3}
(c) 16.5 मी^{3} (d) 17.5 मी^{3}

50. यदि दो शंकुओं के आयतन का अनुपात 2 : 3 है और उनके आधारों की त्रिज्याओं का अनुपात 1 : 2 हो, तो उनकी ऊँचाईयों का अनुपात क्या होगा?

(a) 3 : 8 (b) 8 : 3
(c) 4 : 3 (d) 3 : 1

51. यदि S एक ऊँचाई h तथा अर्द्ध शीर्ष कोण α वाले लम्ब वृत्तीय शंकु का वक्र पृष्ठीय क्षेत्रफल निरूपित करता है, तो S बराबर है।

(a) $\pi\ ^2 \tan^2 \alpha$ b) $\frac{1}{2}\pi h^2 \tan^2 \alpha$
(c) $\pi h^2 \sec\alpha \tan\alpha$ (d) $\frac{1}{3}\pi h^2 \sec\alpha \tan\alpha$

52. एक धातु की आयताकार चादर 40 सेमी. × 15 सेमी. है। चारों कोने से 4 सेमी. भुजा के समान वर्ग काटे गए हैं। शेष चादर को मोड़कर एक खुला आयताकार सन्दूक बनाया गया है। सन्दूक का आयतन होगा?

(a) 896 सेमी^{3} (b) 986 सेमी^{3}
(c) 600 सेमी^{3} (c) 916 सेमी^{3}

53. किसी धातु के एक ठोस बेलन के आधार का अर्द्धव्यास तथा उसकी ऊँचाई क्रमशः 2 सेमी. तथा 6 सेमी. है। इसे पिघलाकर उतने ही आधार के अर्द्धव्यास वाला एक ठोस शंकु बनाया जाता है। शंकु की ऊँचाई होगी?

(a) 54 सेमी. (b) 27 सेमी.
(c) 18 सेमी. (d) 9 सेमी.

54. 6 सेमी. व्यास की धातु की एक ठोस गोलाकार गेंद को पिघलाकर एक शंकु के रूप में जिसके आधार का व्यास 12 सेमी. है, ढाला जाता है। शंकु की ऊँचाई है।

(a) 6 सेमी. (b) 2 सेमी.
(c) 4 सेमी. (d) 3 सेमी.

55. एक अर्द्धगोले और एक शंकु के आधार बराबर हैं। यदि उनकी ऊँचाईयाँ भी बराबर हो, तो उनके वक्र पृष्ठों का अनुपात होगा:

(a) $1:\sqrt{2}$ (b) $\sqrt{2}:1$
(c) 1 : 2 (d) 2 : 1

56. धातु से बने एक ठोस शंकु, जिसकी ऊँचाई 10 सेमी. और आधार की त्रिज्या 20 सेमी. है, को पिघलाकर 4 सेमी व्यास की कितनी गोलियाँ बनाई जा सकती हैं?

(a) 25 (b) 75
(c) 50 (d) 125

57. धातु के एक अर्द्धगोले को पिघलाकर एक ऐसे शंकु के रूप में ढाला जाता है जिसके आधार की त्रिज्या (R) वही है जो अर्द्धगोले की थी। यदि शंकु की ऊँचाई H हो, तो

(a) $H = 2R$ (b) $H = \frac{2}{3}R$
(c) $H = \sqrt{3}R$ (d) $H = 3R$

58. यदि 24 सेमी. ऊँचाई वाले एक लम्ब वृत्तीय शंकु का आयतन 1232 सेमी^{3} है, तो उसका वक्र पृष्ठीय क्षेत्रफल है। $\pi = \frac{22}{7}$

(a) 1254 सेमी^{2} (b) 704 सेमी^{2}
(c) 550 सेमी^{2} (d) 154 सेमी^{2}

59. यदि एक दिए हुए शंकु की ऊँचाई दोगुनी कर दी जाए तथा आधार की त्रिज्या की वही रहे, तो दिए हुए शंकु के आयतन का दूसरे शंकु के आयतन से अनुपात होगा:

(a) 2 : 1 (b) 1 : 8
(c) 1 : 2 (d) 8 : 1

60. किसी शंकु की ऊँचाई 30 सेमी. है। शंकु के आधार के समान्तर एक समतल द्वारा शंकु के ऊपरी भाग से एक छोटा शंकु काटा गया है। यदि इसका आयतन शंकु के आयतन का $\frac{1}{27}$ हो, तो आधार से कितनी ऊँचाई पर शंकु को काटा गया है:

(a) 6 सेमी. (b) 8 सेमी.
(c) 10 सेमी. (d) 20 सेमी.

61. यदि किसी शंकु के आधार का अर्द्धव्यास दुगुना कर दिया जाए तथा उसकी ऊँचाई में कोई परिवर्तन न किया जाए, तो नए शंकु के आयतन का प्रारंभिक शंकु के आयतन से अनुपात होगा:

(a) 1 : 4 (b) 2 : 1
(c) 1 : 2 (d) 4 : 1

62. एक शंक्वाकार बर्तन जिसके आधार की त्रिज्या 12 सेमी. है। और ऊँचाई 50 सेमी. है, किसी तरल पदार्थ से भरा हुआ है। इस तरह पदार्थ को एक बेलनाकार बर्तन में, जिसका अंदर का अर्द्धव्यास 10 सेमी. है उड़ेल दिया जाता है। बेलनाकार बर्तन में तरल पदार्थ की ऊँचाई होगी:

(a) 25 सेमी. (b) 20 सेमी.
(c) 24 सेमी. (d) 22 सेमी.

63. एक ताँबें के तार, जिसकी लम्बाई 36 मीटर तथा व्यास 2 मिमी. है, को पिघलाकर एक गोला बनाया गया है, गोले का अर्द्धव्यास (सेमी. में) है:

(a) 2.5 (b) 3
(c) 3.5 (d) 4

64. 3 डेसीमीटर अर्द्धव्यास वाले एक ठोस धातु के गोले को पिघलाकर 1 मिलीमीटर मोटाई की वृत्ताकार शीट बनाई गई है। इस प्रकार बनाई गई शीट का व्यास होगा:

(a) 26 मी. (b) 24 मी.
(c) 12 मी. (d) 6 मीटर

65. दो गोलों के पृष्ठीय क्षेत्रफल 4 : 9 के अनुपात में हैं। उनके आयतनों का अनुपात होगा

(a) 2 : 3 (b) 4 : 9
(c) 8 : 27 (d) 64 : 729

66. एक गोले की पृष्ठ 64A सेमी.^{2} है। इसका व्यास बराबर है:

(a) 16 सेमी. (b) 8 सेमी.
(c) 4 सेमी. (d) 2 सेमी.

67. दो गोलों के अर्द्धव्यास 3 : 2 के अनुपात में हैं। उनके आयतनों का अनुपात होगा:

(a) 9 : 4 (b) 3 : 2
(c) 8 : 27 (d) 27 : 8

68. यदि किसी गोले के आयतन और पृष्ठीय क्षेत्रफल संख्यात्मक रूप से समान हैं तो उसका अर्द्धव्यास होगा

(a) 1 इकाई (b) 2 इकाई
(c) 3 इकाई (d) 4 इकाई

69. व्यास 6 सेमी. वाली दो लोहे की गोलियाँ एक 6 सेमी. अर्द्धव्यास वाले एक बेलनाकार बर्तन में डाले गए पानी में डुबोई जाती है बर्तन में पानी कितना ऊपर उठेगा?

(a) 1 सेमी.1 (b) 2 सेमी.
(c) 3 सेमी. (d) 6 सेमी.

70. 12 सेमी. व्यास वाले सीसे के एक ठोस गोले को पिघलाकर तीन छोटे आकार के गोले बनाए गए हैं, जिनके व्यासों का अनुपात 3 : 4 : 5 है। सबसे छोटे गोले की त्रिज्या है?

(a) 3 (b) 6
(c) 1.5 (d) 5

71. उस पहिए का व्यास ज्ञात करें जो 2 किमी. 26 डे. मी. की दूरी तय करने में 113 चक्कर लगाता है $\left(\pi = \frac{22}{7}\right)$

(a) $4\frac{4}{13}$ मी. (b) $6\frac{4}{11}$ मी.
(c) $12\frac{4}{11}$ मी. (d) $12\frac{8}{11}$ मी.

72. 5 अर्द्धव्यास वाले वृत्त का क्षेत्रफल उसकी परिधि का कितने प्रतिशत होगी?

(a) 200 (b) 225
(c) 240 (d) 250

73. एक पहिए का व्यास 98 सेमी. है। तदनुसार उस पहिए को 1540 मी. की दूरी तक चलाने में, उसके कितने चक्कर लगाने पडेंगे?

(a) 500 (b) 600
(c) 700 (d) 800

74. यदि किसी वृत्त की परिधि और क्षेत्रफल बराबर हो, तो उसका व्यास क्या होगा?

(a) 7 (b) $\pi/2$
(c) 2π (d) 4

75. किसी वृत्त के एक त्रिज्या खण्ड का क्षेत्रफल जिसकी त्रिज्या 5 सेमी. है तथा जो एक 3.5 सेमी. लम्बी चाप द्वारा बना हैं, होगा:

(a) 8.5 सेमी^{2} (b) 8.75 सेमी^{2}

(c) 7.75 सेमी^{2} (d) 7.50 सेमी^{2}

76. किसी वृत्तीय पहिए की त्रिज्या 1.75 मी. है। 11 किमी. की दूरी तय करने में इसको कितने चक्कर लगाने पडेंगे?

(a) 800 (c) 900

(c) 1000 (d) 1200

77. यदि एक वृत्त की परिधि 4π से 8π कर दी जाए, तो उसके क्षेत्रफल में कितना परिवर्तन हो जाएगा?

(a) दो गुना (b) तीन गुना

(c) चार गुना (d) आधा

78. दो संकेन्द्र वृत्तों, जिनकी परिधियाँ क्रमशः 88 सेमी. और 132 सेमी. है, के बीच वलय का क्षेत्रफल ज्ञात करें।

(a) 780 सेमी^{2} (b) 770 सेमी^{2}

(c) 715 सेमी^{2} (d) 660 सेमी^{2}

79. 42 सेमी. त्रिज्या वाले एक वृत्ताकार तार को एक आयत के रूप में मोड़ा जाता है जिसकी भुजाएँ 6 : 5 के अनुपात में हैं। इस आयत की छोटी भुजा होगी $\left(\pi = \frac{22}{7}\right)$

(a) 60 सेमी. (b) 30 सेमी.

(c) 25 सेमी. (d) 36 सेमी.

80. किसी पहिए का व्यास 3 मी. है यह पहिया एक मिनट में 28 चक्कर लगाता है, 5,280 किमी. की दूरी चलने में यह पहिया निम्न समय लेगा:

(a) 10 मिनट (b 20 मिनट

(c) 30 मिनट (d) 40 मिनट

81. 10.5 सेमी. अर्द्धव्यास वाले एक धातु के गोले को पिघलाकर छोटे लम्बवृत्ती शंकुओं, जिनमें से प्रत्येक के आधार का अर्द्धव्यास 3.5 सेमी. तथा ऊँचाई 3 सेमी में परिवर्तित किया जाता है। इस प्रकार से बनने वाले शंकुओं की संख्या होगी:

(a) 105 (b) 135

(c) 126 (d) 113

82. एक मोटरकार का पहिया 1000 बार घूमने पर 440 मी. की दूरी तय कर लेता है। तदनुसार उस पहिए का व्यास कितने मीटर है?

(a) 0.44 (b) 0.14

(c) 0.24 (d) 0.34

83. यदि S_1 तथा S_2 क्रमशः एक गोले का पृष्ठ तथा उसके परिगत बेलन का वक्रपृष्ठ प्रदर्शित करते हो, तो S_1 बराबर होगा:

(a) $\frac{3}{4}S_2$ (b) $\frac{1}{2}S_2$

(c) $\frac{3}{2}S_2$ (d) S_2

84. यदि किसी गोले की त्रिज्या में 2 सेमी. की वृद्धि की जाए तो उसके पृष्ठीय क्षेत्रफल में 352 सेमी^{2} की वृद्धि हो जाती है। परिवर्तन से पहले गोले की त्रिज्या थी

(a) 3 सेमी. (b) 4 सेमी.

(c) 5 सेमी. (d) 6 सेमी.

85. गोले A और B की त्रिज्याएँ क्रमशः 40 सेमी. और 10 सेमी. है। A के पृष्ठीय क्षेत्रफल का B के पृष्ठीय क्षेत्रफल से अनुपात है।

(a) 1 : 16 (b) 4 : 1

(c) 1 : 4 (d) 16 : 1

86. एक वृत्ताकार मैदान में एक 180 मी. लम्बा तथा 120 मी. चौडा आयताकार टैंक है। यदि मैदान के भू-भाग (टैंक को छोड़कर) का क्षेत्रफल 40000 मी^{2}० है तो वृत्ताकार मैदान का अर्धव्यास कितना है।

(a) 130 मी. (b) 135 मी.

(c) 140 मी. (d) 145 मी.

87. यदि किसी अर्द्धवृत्ताकार क्षेत्र का परिमाप 144 मी. हो, तो क्षेत्र का व्यास होगा $\left(\pi = \frac{22}{7}\right)$

(a) 55 मी. (b) 30 मी.

(c) 25 मी. (d) 56 मी.

88. एक अर्द्धवृत्त का परिमाप (मी. में) इसके क्षेत्रफल (वर्ग मी. में) के सांख्यिक रूप से बराबर है। इसके व्यास की लम्बाई होगी। $\left(\pi = \frac{22}{7}\right)$

(a) $3\frac{6}{11}$ मी. (b) $5\frac{6}{11}$ मी.

(c) $\frac{}{11}$ मी. (d) $6\frac{2}{11}$ मी.

89. एक गोले के पृष्ठीय क्षेत्रफल तथा उसके परिगत बेलन के वक्र पृष्ठ का अनुपात क्या होगा?

(a) 1 : 2 (b) 1 : 1

(c) 2 : 1 (d) 2 : 3

90. 3 सेमी. अर्द्धव्यास वाले तांबे के गोले को पीटकर 0.2 सेमी. व्यास वाले एक तार में परिवर्तित किया गया है। तार की लम्बाई है

(a) 9 मी. (b) 12 मी.

(c) 18 मी. (d) 36 मी.

91. एक गोलक और एक बेलन का आयतन एक समान है और उनका अर्द्धव्यास भी एक समान है। तदनुसार उस बेलन और गोलक की वक्राकार सतहों के क्षेत्रफल का अनुपात कितना होगा?

(a) 4 : 3 (b) 2 : 3

(c) 3 : 2 (d) 3 : 4

92. यदि एक खेल गुब्बारे की परिधि को 20 सेमी. से बढ़ाकर 25 सेमी. कर दिया जाए तो (सेमी. में) इसके अर्द्धव्यास में वृद्धि होगी।

(a) 5 (b) 5/π

(c) 5/2π (d) π/5

93. एक वृत्त जिसकी त्रिज्या 6 सेमी. है के क्षेत्रफल को दो संकेन्द्री वृत्तों द्वारा समद्विभाजित किया गया है। सबसे छोटे वृत्त की त्रिज्या की माप होगी:

(a) $2\sqrt{3}$ सेमी. (b) $2\sqrt{6}$ सेमी.
(c) 2 सेमी. (d) 3 सेमी.

94. 3 सेमी. त्रिज्या वाले किसी वृत्त की परिधि तथा उसके क्षेत्रफल की माप बताने वाली संख्याओं का अनुपात होगा:

(a) 1 : 3 (b) 2 : 3
(c) 2 : 9 (d) 3 : 2

95. एक वृत्त की परिधि 100 सेमी. है। इस वृत्त के अन्तवर्ग की एक भुजा की माप होगी:

(a) $25\sqrt{2}\pi$ सेमी. (b) $\frac{50\sqrt{2}}{\pi}$ सेमी.
(c) $50\sqrt{2}\pi$ सेमी. (d) $\frac{25\sqrt{2}}{\pi}$ सेमी.

96. एक वृत्ताकार बाग का क्षेत्रफल 2464 मी.^{2} है। यदि आप बाग को उसके किसी व्यास पर चलकर पार करें, तो आपको कितनी दूरी तय करनी पड़ेगी $\left(\pi = \frac{22}{7}\right)$

(a) 56 मी. (b) 48 मी.
(c) 28 मी. (d) 24 मी.

97. चार बराबर वृत्त, जिनमें से प्रत्येक की त्रिज्या 'a' इकाई है, एक दूसरे को स्पर्श करते हैं वर्ग इकाईयों में उनके बीच में घिरे भाग का क्षेत्रफल होगा $\left(\pi = \frac{22}{7}\right)$

(a) $3a^2$ (b) $\frac{6a^2}{7}$
(c) $\frac{41a^2}{7}$ (d) $\frac{a^2}{7}$

98. 176 मी. परिधि वाले किसी वृत्ताकार पार्क के बाहर चारों ओर एक 7 मीटर सड़क बनाई गई है। सड़क का क्षेत्रफल होगा $\left(\pi = \frac{22}{7}\right)$

(a) 1386 मी.^{2} (b) 1472 मी.^{2}
(c) 1512 मी.^{2} (d) 1766 मी.^{2}

99. किसी वृत्त की परिधि 11 सेमी. तथा वृत्त त्रिज्याखण्ड के कोण की माप 60° है। त्रिज्याखण्ड का क्षेत्रफल होगा $\left(\pi = \frac{22}{7}\right)$

(a) $2\frac{29}{98}$ वर्ग सेमी. (b) $1\frac{29}{98}$ वर्ग सेमी.
(c) $1\frac{27}{48}$ वर्ग सेमी. (d) $2\frac{27}{48}$ वर्ग सेमी.

100. यदि किसी वृत्त की परिधि और उसके व्यास में 30 सेमी. का अन्तर हो, तो उस वृत्त की त्रिज्या होगी:

(a) 6 सेमी. (b) 7 सेमी.
(c) 5 सेमी. (d) 8 सेमी.

उत्तरमाला (Answer Key)

1. (b)	2. (a)	3. (c)	4. (c)	5. (a)	6. (a)	7. (a)	8. (c)
9. (b)	10. (a)	11. (b)	12. (a)	13. (a)	14. (c)	15. (b)	16. (d)
17. (b)	18. (b)	19. (d)	20. (c)	21. (a)	22. (c)	23. (c)	24. (a)
25. (a)	26. (c)	27. (c)	28. (c)	29. (a)	30. (c)	31. (d)	32. (b)
33. (a)	34. (a)	35. (d)	36. (b)	37. (c)	38. (a)	39. (b)	40. (a)
41. (d)	42. (b)	43. (d)	44. (a)	45. (a)	46. (d)	47. (d)	48. (a)
49. (c)	50. (b)	51. (c)	52. (a)	53. (c)	54. (d)	55. (b)	56. (d)
57. (a)	58. (c)	59. (c)	60. (d)	61. (d)	62. (c)	63. (b)	64. (c)
65. (c)	66. (b)	67. (d)	68. (c)	69. (b)	70. (a)	71. (b)	72. (d)
73. (a)	74. (d)	75. (b)	76. (c)	77. (b)	78. (b)	79. (a)	80. (b)
81. (c)	82. (b)	83. (d)	84. (d)	85. (d)	86. (c)	87. (d)	88. (c)
89. (a)	90. (d)	91. (b)	92. (c)	93. (a)	94. (b)	95. (b)	96. (a)
97. (b)	98. (a)	99. (b)	100. (b)				

हल (Solutions)

1. (b)

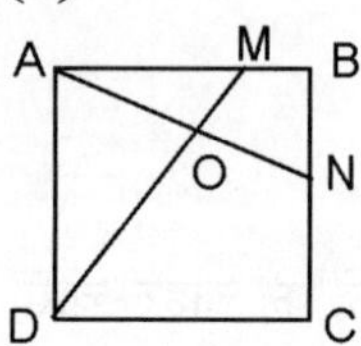

$AB = BC = CD = AD = a$

$BN = \frac{a}{2}, AM = \frac{a}{2}$

$AN = \sqrt{\quad + \left(-\right)}$

$DM = \sqrt{a^2 + \left(\frac{a}{2}\right)^2}$

$AN = MD$

2. (a)

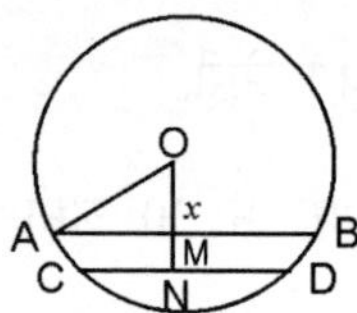

$AM = \frac{8}{2} = 4, CN = \frac{6}{2} = 3$ cm

यदि $OM = x$ है

$ON = x + 1$

$r^2 = x^2 + 4^2$ (1)

$r^2 = (x+1)^2 + 3^2$ (2)

$x^2 + 16 = x^2 + 2x + 1 + 9$

$2x = 6$

$x = 3$ cm

$x^2 = 3^2 + 4^2$

$x = \sqrt{25} = 5$ cm

3. (c)

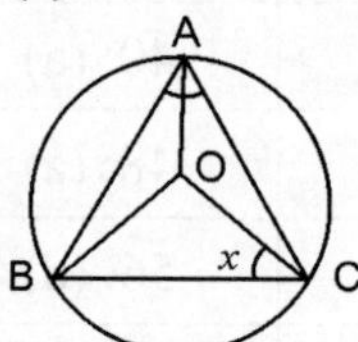

$\angle BAC = 85°$

$\angle BOC = 170°$

केन्द्र पर परिधि का दुगुना कोण बनता है।

ΔBOC में,

$OB = OC$

$\therefore \angle OBC + \angle OCB = x$

$\therefore 170° + x + x = 180°$

$x = 5°$

$\angle BCA = 75°$

$\angle OAC = \angle OCA$

$75° - 5° = 70°$

4. (c)

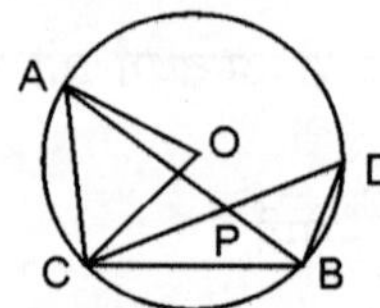

$\angle AOC = 50°$

$\angle ABC = 25°$

$\angle BCD = \frac{40°}{2} = 20°$

(केन्द्र पर बने कोण का आधा होगा)

ΔBPC में

$25 + 20 + \angle BPC = 180°$

$\angle BPC = 180° - 45° = 135°$

$\angle BPD = 180° - 135° = 45°$

5. (a)

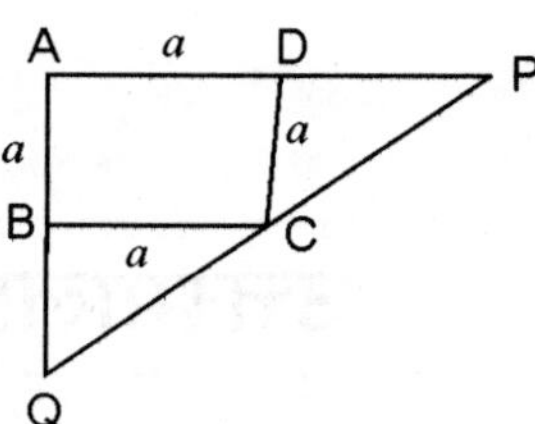

$DP = \frac{1}{2}AB$

$AB = a$ माना

$BQ = x$ माना

ΔAPQ एवं ΔCDP समरूप है।

$\frac{AP}{DP} = \frac{AQ}{CD}$

$\frac{a + \frac{a}{2}}{\frac{a}{2}} = \frac{a + x}{a}$

$3a = a + x$

$x = 2a$

$BQ : AB = x : a$

$= 2a : a$

$= 2 : 1$

6. (a)

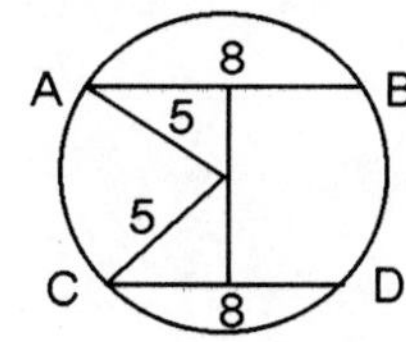

केन्द्र से जीवा की दूरी $= \sqrt{r^2 - \left(\frac{x}{2}\right)^2}$

$= \sqrt{5^2 - \left(\frac{8}{2}\right)^2}$

$= \sqrt{25 - 16} = 3 \text{ cm}$

समानान्तर जीवाओं के बीच की दूरी $= 3 + 3 = 6 \text{ cm}$

7. (a)

समबाहु Δ के अन्तःवृत्त एवं परिवृत्त के त्रिज्या का अनुपात 1 : 2 होता है।

$\therefore$ अन्तः वृत्त की त्रिज्या $= \frac{10}{2} = 5 \text{ cm}$

8. (c)

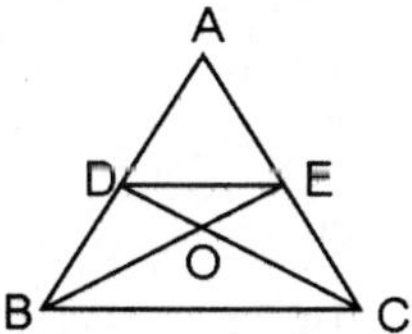

$(ABE) = \frac{1}{2} ar(ABC)$

$OB : OE = 2 : 1$

$ar(DOE) = \frac{1}{3} \times \frac{1}{2} ar\ (ABE)$

$= \frac{1}{6} \times \frac{1}{2} ar\ (ABC)$

$\frac{ar\ (DOE)}{ar\ (ABC)} = \frac{1}{12} = 1:12$

9. (b)

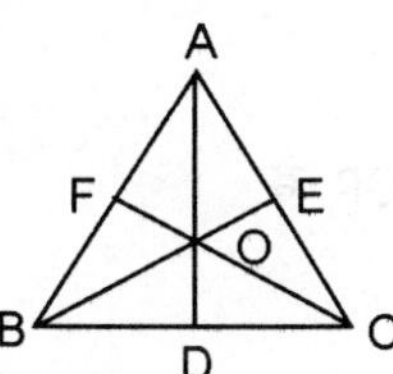

$ar\ \square(BDOF) = ar\ \Delta(AOE) \times 2$

$= 2 \times 15 = 30 \text{ cm}^2$

10. (a)

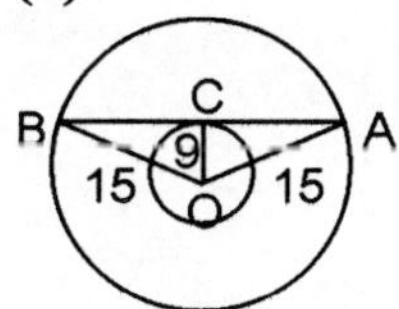

ΔAOC में

$AC = \sqrt{15^2 - 9^2} = \sqrt{225 - 81}$

$\sqrt{144} = 12 \text{ cm}$

$AB = 12 \times 2 = 24 \text{ cm}$

11. (b)

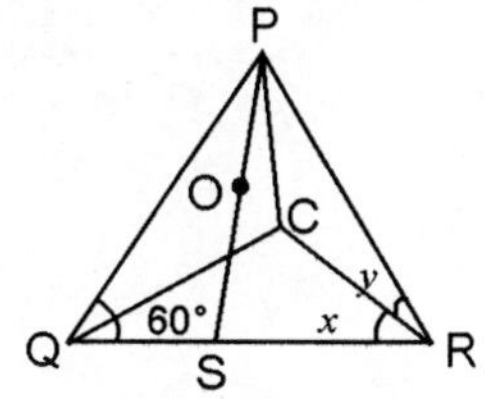

$\angle PCR = 2\angle PQR$

$= 2 \times 60 = 120$

$\angle CRQ = x$ माना

$x + x + 130 = 180$

$x = 25°$

$\angle PRC = y$ माना

$y + y + 120 = 180$

$y = 30$

ΔPSR में,

$\angle PSR + \angle PRS + \angle RPS = 180$

$90 + 55 + \angle RPS = 180$

$\angle RPS = 180 - 145 = 35°$

12. (a)

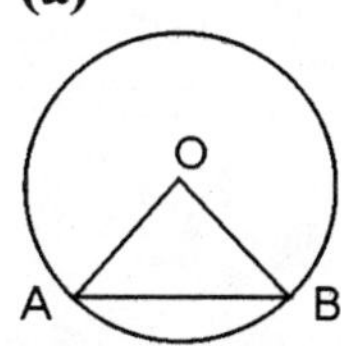

$AB = y$

$AO = OB = y$

$\therefore \Delta AOB$ समबाहु त्रिभुज है।

$\angle AOB = 60°$

13. (a)

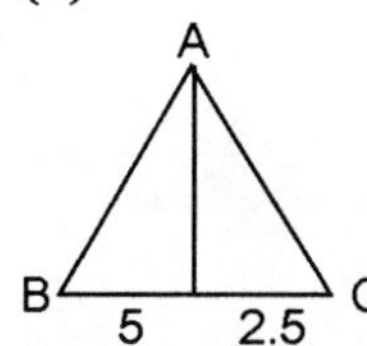

$\frac{AB}{AC} = \frac{BD}{DC}$

$= \frac{5}{2.5} = \frac{2}{1} = 2:1$

14. (c)

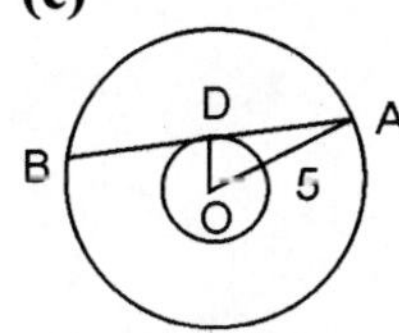

$AD = \sqrt{5^2 - 3^2} = \sqrt{16} = 4 \text{ cm}$

$AB = 2 \times 4 = 8 \text{ cm}$

15. (b)

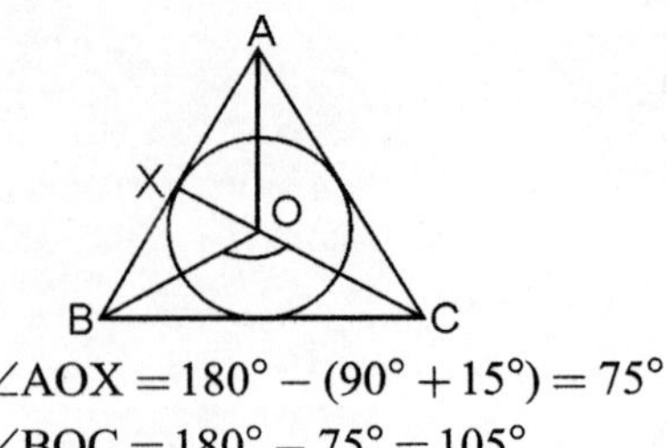

$\angle AOX = 180° - (90° + 15°) = 75°$

$\angle BOC = 180° - 75° = 105°$

16. (d)

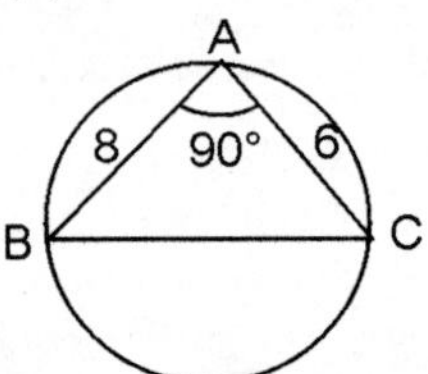

BC वृत्त का व्यास होगा

$BC = \sqrt{8^2 + 6^2} = \sqrt{100} = 10$ cm

$r = \frac{10}{2} = 5$ cm

17. (b)

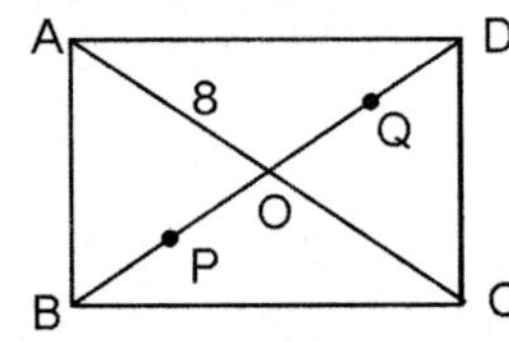

OB एवं OD माध्यिकाएँ

$\frac{BP}{OP} = \frac{2}{1} \qquad \frac{DQ}{OQ} = \frac{2}{1}$

$BP = PQ = DQ$

$PQ = \frac{18}{3} = 6$ cm

18. (b)

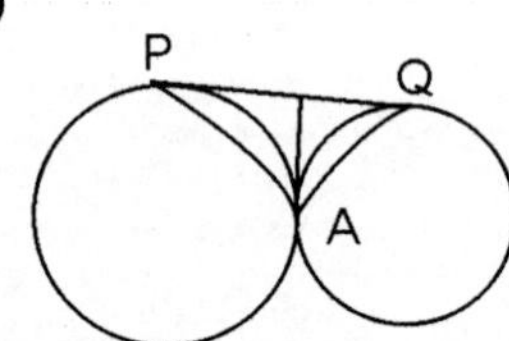

$\angle PAQ = 90°$

सीधा स्पर्श रेखा द्वारा बाह्य स्पर्श बिन्दु पर समकोण बनाता है।

19. (d)

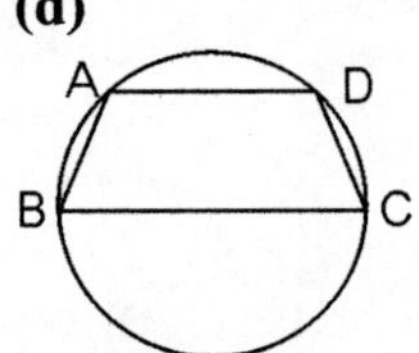

$\angle ABC = 72°$

$\angle BAD + \angle ABC = 180°$

$[\because AD \parallel BC]$

एक ही ओर के अन्त: कोण 180° होते है।

$\angle BAD = 180° - 72° = 108°$

$\angle C + \angle A = 180°$

20. (c)

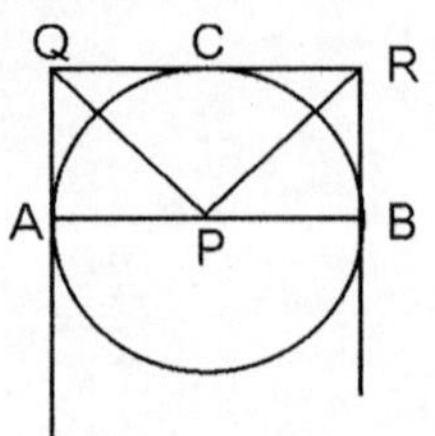

ABRQ एक आयत है।

P, AB का मध्य बिन्दु है।

$\therefore$ ΔPQR समकोण त्रिभुज होगा।

$\angle QPR = 90°$

21. (a)

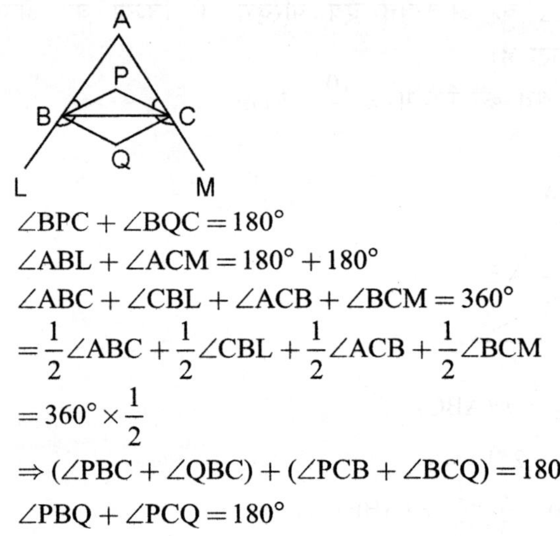

$\angle BPC + \angle BQC = 180°$

$\angle ABL + \angle ACM = 180° + 180°$

$\angle ABC + \angle CBL + \angle ACB + \angle BCM = 360°$

$= \frac{1}{2}\angle ABC + \frac{1}{2}\angle CBL + \frac{1}{2}\angle ACB + \frac{1}{2}\angle BCM$

$= 360° \times \frac{1}{2}$

$\Rightarrow (\angle PBC + \angle QBC) + (\angle PCB + \angle BCQ) = 180°$

$\angle PBQ + \angle PCQ = 180°$

22. (c)

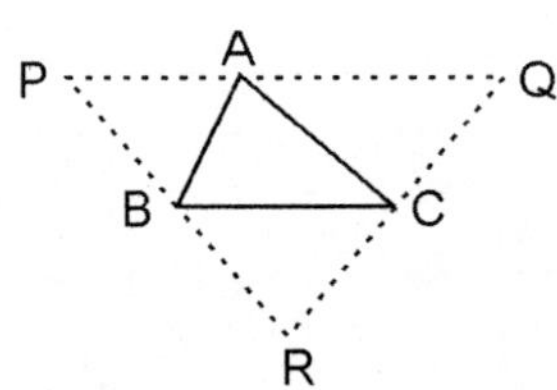

माना प्रारंभिक ΔABC है तथा ΔPQR है

तब $PQ = 2BC$

$QR = 2AB$

$RP = 2AC$

$\therefore \quad \frac{\Delta PQR \text{ का परिमाप}}{\Delta ABC \text{ की परिमाप}} \quad \frac{PQ + QR + RP}{AB + BC + AC}$

$= \frac{2(BC + AB + AC)}{AB + BC + AC} = \frac{2}{1}$

अभीष्ट अनुपात = 2 : 1

23. (c)

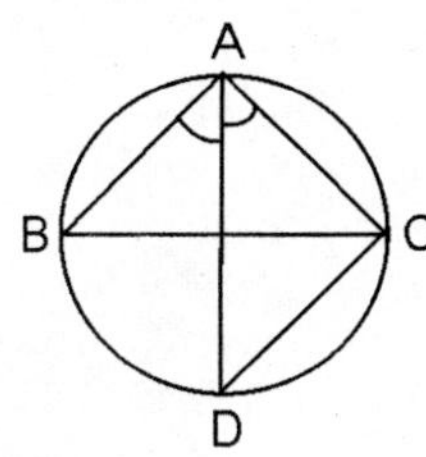

$\angle BAC = 90^\circ$

$\angle BAD = \angle CAD = \dfrac{90^\circ}{2} = 45^\circ$

ΔAOC में $OA = OC$

$\angle OCA = \angle OAC = 45^\circ$

$\angle ACD = 90^\circ$

$\angle OCA + \angle BCD = 90^\circ$

$45^\circ + \angle BCD = 90^\circ$

$\angle BCD = 90^\circ - 45^\circ = 45^\circ$

24. (a)

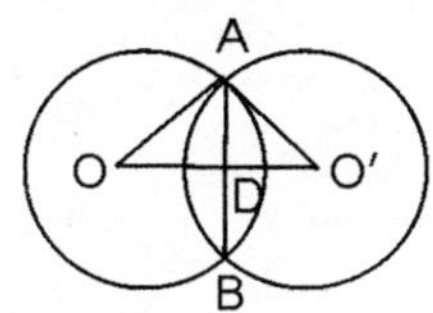

$OD \perp AB$

$AD = AB$

$= \dfrac{1}{2} AB = \dfrac{1}{2} \times 10 = 5$ सेमी.

$OA^2 = O'A^2$ [दोनों वृत्त समान हैं]

$OD^2 + AD^2 = AD^2 + O'D^2$

$OD^2 = O'D^2 \Rightarrow OD = O'D$

$OD^2 = O'D^2 = \dfrac{1}{2} OO'$

$= \dfrac{1}{2} \times 6 = 3$ सेमी.

$OA = \sqrt{OD^2 + AD^2}$

$= \sqrt{3^2 + 5^2}$

$\varnothing \sqrt{9 \quad 25} \quad \sqrt{34}$

$OA = 5.83$ सेमी.

25. (a)

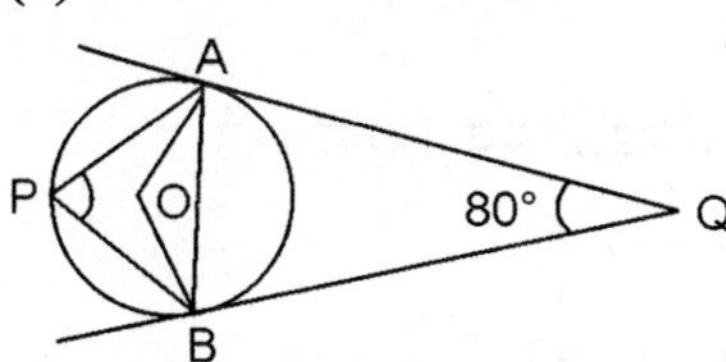

ΔAQB में

$\angle QAB = \angle QBA$

$= \angle QAB + \angle QBA + \angle AQB = 180^\circ$

$2 \angle QBA + 80^\circ = 180^\circ$

$\angle QBA = \dfrac{180^\circ - 80^\circ}{2} = 50^\circ$

$\angle QBA = \angle APB$

$\angle APB = 50^\circ$

26. (c)

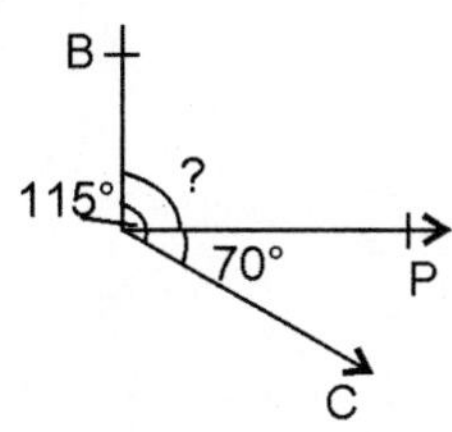

$\angle BAP = \angle BAC - \angle PAC$

$= (115 - 70)^\circ$

$= 45^\circ$

27. (c)

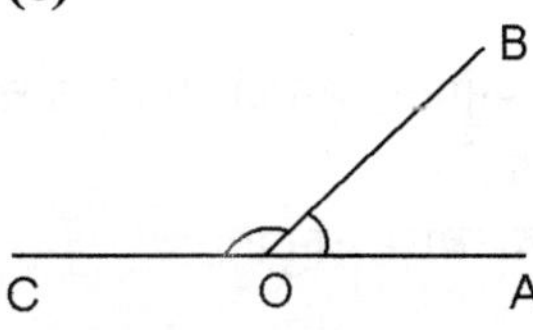

$\angle AOB + \angle BOC = (75^\circ + 105^\circ) = 180^\circ$

O, C और A संरेख हैं।

28. (c)

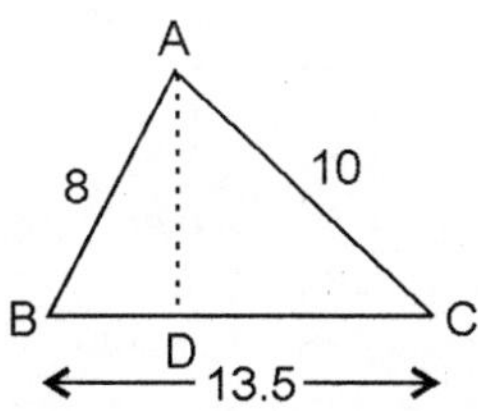

किसी Δ के कोण का समद्विभाजक सम्मुख भुजा को अन्य भुजाओं के समानुपात में काटता है।

$AB : AC = BD : DC$

$\dfrac{AB}{AC} = \dfrac{BD}{DC}$

$BD = \dfrac{AB}{AC} \times BC$

$= \dfrac{8}{10}(13.5 - BD)$

$BD\left(1 + \dfrac{8}{10}\right) = \dfrac{8}{10} \times 13.5 = 10.8$

$BD = 10.8 \times \dfrac{10}{18}$

$= 6$ cm

34. (a)

$\Delta_1 = \dfrac{1}{2} bh$

$\Delta_2 = \dfrac{1}{2} \times \left(\dfrac{b}{2}\right)\left(\dfrac{h}{2}\right)$

$\dfrac{\Delta_1}{\Delta_2} = \dfrac{\Delta/2 \cdot bh}{\Delta/2 \cdot (bh)/4} = \dfrac{4}{1} = 4:1$

35. (d)

$\because$ AD, $\angle$BAC का अर्द्धक है।

$$\frac{AB}{AC} = \frac{BD}{DC}$$

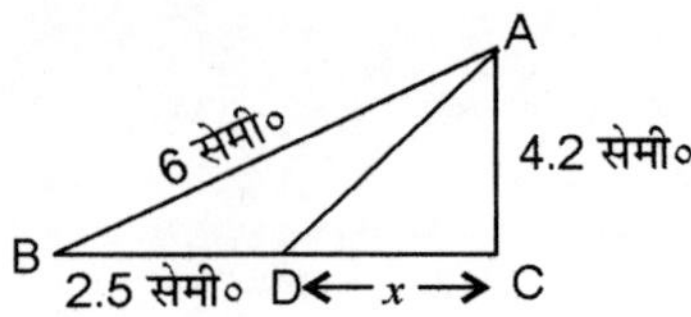

$$\frac{6}{4.2} = \frac{2.5}{x}$$

$6x = 4.2 \times 2.5$

$x = 0.7 \times 2.5 = 1.75$ सेमी.

CD = 1.75 सेमी.

36. (b)

समरूप Δ के क्षेत्रफलों के बीच अनुपात, उनकी संगत ऊँचाईयों के वर्णों के अनुपात के समान होता है।

अत: समरूप त्रिभुज के क्षेत्रफल के बीच अनुपात

$= a^2 : b^2$

37. (c)

अर्द्धवृत्त का कोण समकोण होता है।

$\angle APB = 90°$

$\angle PAB = 40°$

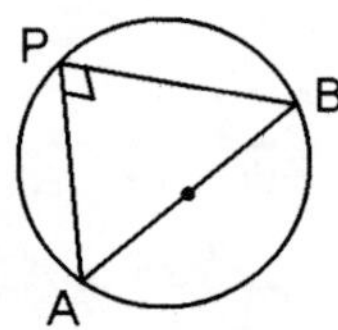

$\angle PBA = 180° - (90° + 40°) = 50°$

38. (a)

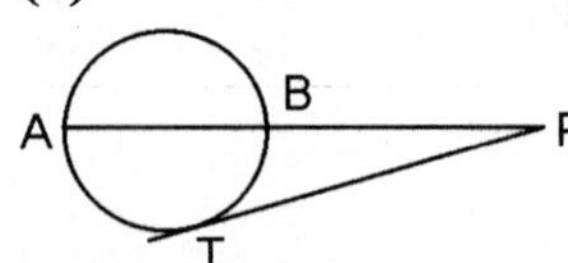

$PT^2 = PA \times PB$

39. (b)

PQ = 3 सेमी.

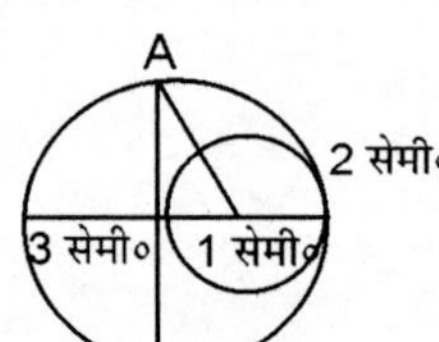

OP = 2 सेमी.

OQ = (3 − 2) सेमी. = 1 सेमी.

OC = OQ + QC

2 = 1 + QC, OC = 1 सेमी. AQ = 3 सेमी.

$AC = \sqrt{AQ^2 - CQ^2} = \sqrt{(3)^2 - (1)^2} = \sqrt{9-1}$

$= \sqrt{8} = 2\sqrt{2}$ सेमी.

AB = 2AC

$= 2 \times 2\sqrt{2}$ सेमी. $= 4\sqrt{2}$ सेमी.

40. (a)

$(x+1)^2 = x^2 + (x-1)^2$

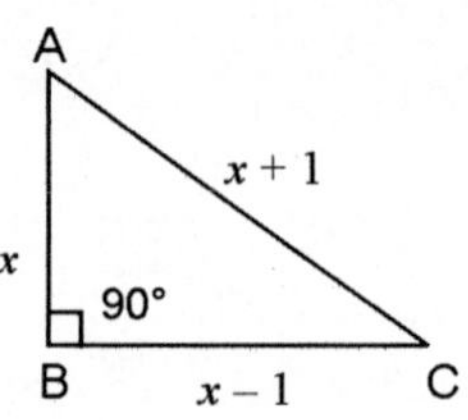

$x^2 + 2x + 1 = x^2 + x^2 - 2x + 1$

$x^2 - 4x = 0$

$x(x-4) = 0$

$x \neq 0$

$x = 4$

कर्ण $4 + 1 = 5$

41. (d)

$\because 2\pi r = 66$

$r = \frac{66}{2\pi}$

$\therefore$ बेलन का आयतन $= \pi r^2 h$

$= \pi \times \frac{66}{2\pi} \times \frac{66}{2\pi} \times 40$

= 13860 सेमी.^{3}

42. (b)

शंकु का आयतन $= \frac{1}{3}\pi r^2 h$

$= \frac{1}{3}\pi \times 3^2 \times 4$

$= 12\pi$ घन सेमी.

परिणामी ठोस गोले का आयतन $= \frac{4}{3}\pi r^3$

$= \frac{4}{3}\pi \times 6^3$

$= \frac{4}{3}\pi \times 6 \times 6 \times 6$

$= 288\,\pi$ घन सेमी.

अत: अभीष्ट शंकुओं की संख्या $= \frac{288\,\pi}{12\,\pi} = 24$

43. (d)

माना प्रारंभिक शंकु की ऊँचाई h एवं त्रिज्या r है।

अत: शंकु का आयतन $= \frac{1}{3}\pi r^2 h$

नए शंकु की ऊँचाई $= h + h$ का $\frac{200}{100} = 3h$

नए शंकु की त्रिज्या $= r - r$ का $\frac{50}{100} = \frac{r}{2}$

नए शंकु का आयतन $= \frac{1}{3}\pi \left(\frac{r}{2}\right)^2 \times 3h$

$= \frac{\pi r^2 h}{4}$

आयतन में कमी $= \frac{1}{3}\pi r^2 h - \frac{1}{4}\pi r^2 h$

$= \frac{1}{12}\pi r^2 h$

प्रतिशत कमी

$$= \frac{\frac{1}{12}\pi r^2 h}{\frac{1}{3}\pi r^2 h} \times 100$$

$$= \frac{3}{12} \times 100 = \frac{1}{4} \times 100 = 25\%$$

44. (a)

गोले का आयतन $= \frac{4}{3}\pi r^3$

$= \frac{4}{3}\pi \times 15 \times 15 \times 15$

$= 4500\,\pi$ घन सेमी.

शंकु का आयतन $= \frac{1}{3}\pi \times \left(\frac{30}{2}\right)^2 \times 15$

$= \frac{1}{3}\pi \times 15 \times 15 \times 15$

$= 1125\,\pi$ घन सेमी.

शंकु बनने के बाद शेष बची लकड़ी या नष्ट हुई लकड़ी का आयतन $= 4500\,\pi - 1125\,\pi$

$= 3375\,\pi$ घन सेमी.

नष्ट हुई लकड़ी का प्रतिशत $= \frac{3375\,\pi}{4500\,\pi} \times 100$

$= \frac{3}{4} \times 100$

$= 75\%$

45. (a)

शंकु का आयतन $= \frac{1}{3}\pi r^2 h$

$= \frac{1}{3}\pi \times 8^2 \times h$

$= \frac{64}{3}\pi h$

गोले का आयतन $= \frac{4}{3}\pi r^3$

$= \frac{4 \times 8}{3} \times 8 \times 8 \times \pi$

प्रश्न से,

$\frac{64}{3}\pi h = \frac{4 \times 8}{3} \times 8 \times 8 \times \pi$

$h = 32$ सेमी.

तिर्यक ऊँचाई $= l = \sqrt{r^2 + h^2} = \sqrt{8^2 + (32)^2}$

$= \sqrt{64 + 1024} = \sqrt{1088}$

$= 8\sqrt{17}$ सेमी.

46. (d)

माना शंकु की ऊँचाई h एवं त्रिज्या r है।

$\therefore$ शंकु का आयतन $= \frac{1}{3}\pi r^2 h$

नए शंकु की ऊँचाई $= h + h$ का 100%

$= 2h$

नए शंकु की त्रिज्या $= r + r$ का $100 = 2r$

नए शंकु का आयतन $= \frac{1}{3}\pi (2r^3) \times 2h$

$= \frac{1}{3}\pi r^2 h \times 8$

$=$ (प्रारंभिक आयतन) $\times$ 8

नया आयतन प्रारंभिक आयतन का आठ गुना हो जायेगा।

47. (d)

शंकु के आधार का क्षेत्रफल $= \pi r^2 = 770$

$r^2 = \frac{770 \times 7}{22}$

$r^2 = 245$

$r = 7\sqrt{5}$

पुनः शंकु के वक्रपृष्ठ का क्षेत्रफल $\pi r l = 814$ सेमी.^{2}

$l = \frac{814}{\frac{22}{7} \times 7\sqrt{5}}$

$= \frac{814 \times 7}{7\sqrt{5} \times 22}$

$= \frac{37}{\sqrt{5}}$ सेमी.

$\therefore$ शंकु की ऊँचाई $h = \sqrt{l^2 - r^2}$

$= \sqrt{\left(\frac{37}{\sqrt{5}}\right)^2 - (7\sqrt{5})^2}$

$= \sqrt{\frac{37 \times 37}{5} - 49 \times 5}$

$= \sqrt{\frac{1369 - 1225}{5}}$

$= \sqrt{\frac{144}{5}}$

$= \frac{12}{\sqrt{5}}$

अतः शंकु का आयतन $= \frac{1}{3} \times \frac{22}{7} \times 7\sqrt{5} \times 7\sqrt{5} \times \frac{12}{\sqrt{5}}$

$= 22 \times 7\sqrt{5} \times 4$

$= 88 \times 7\sqrt{5}$

$= 616\sqrt{5}$ घन सेमी.

48. (a)

शंकु का आयतन $= \frac{1}{3}\pi r^2 h$

नए शंकु का आयतन $= \frac{1}{3}\pi (2r)^2 \times 2h$

$$=\frac{1}{3}\pi r^2h\times 8$$

आयतन में वृद्धि $=8\times\frac{1}{3}\pi r^2h-\frac{1}{3}\pi r^2h$

$$=7\left(\frac{1}{3}\pi r^2h\right)$$

अत: प्रतिशत वृद्धि $=\dfrac{7\left(\frac{1}{3}\pi r^2h\right)}{\frac{1}{3}\pi r^2h}\times 100$

= 700% वृद्धि

49. (c)

अर्द्ध गोले का आयतन $=\frac{2}{3}\pi r^3$

$$=\frac{2}{3}\times\frac{22}{7}\times\frac{3}{2}\times\frac{3}{2}\times\frac{3}{2}$$

$$=\frac{11\times 3\times 3}{7\times 2}$$

$=\frac{99}{14}$ घन मी.

शंकु का आयतन $=\frac{1}{3}\pi r^2h$

$$=\frac{1}{3}\times\frac{22}{7}\times\frac{3}{2}\times\frac{3}{2}\times 4$$

$=\frac{66}{7}$ घन मी.

$\therefore$ खिलौने का आयतन $=\left(\frac{66}{7}+\frac{99}{14}\right)$ घन मी.

$$=\frac{132+99}{14}$$

$$=\frac{231}{14}$$

= 16.5 घन मी० लगभग

50. (b)

माना शंकु की त्रिज्याएँ r एवं $2r$ है तथा उनकी ऊँचाईयाँ h_1 एवं h_2 है।

$\therefore$ शंकु के आयतनों में अनुपात $=\dfrac{\frac{1}{3}\pi r^2h_1}{\frac{1}{3}\pi(2r)^2h_2}=\frac{2}{3}$

$$\frac{r^2h_1}{4r^2h_2}=\frac{2}{3}$$

$$\frac{h_1}{4h_2}=\frac{2}{3}$$

$$\frac{h_1}{h_2}=\frac{8}{3}$$

अत: शंकु की ऊँचाई का अनुपात 8 : 3 होगा।

51. (c)

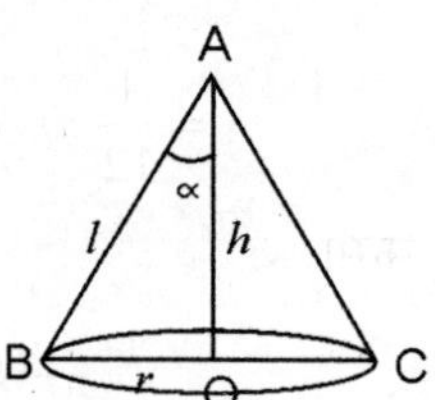

$\dfrac{\text{आधार}}{\text{कर्ण}}=\frac{h}{l}=\cos\alpha$

$$l=\frac{h}{\cos\alpha}$$

$$\tan\alpha=\frac{r}{h}$$

$$r=h\tan\alpha$$

शंकु का वक्र पृष्ठ $=\pi rl$

$$=\pi\times h\tan\alpha\times\frac{h}{\cos\alpha}$$

r एवं l का मान रखने पर

$$=\pi h^2\sec\alpha\cdot\tan\alpha$$

52. (a)

$\therefore$ चारों कोनों से 4 सेमी. भुजा का वर्ग काटकर संदूक बनाई जाती है।

$\therefore$ संदूक की लम्बाई = 40 − 4 − 4

= 32 सेमी.

$\therefore$ संदूक की चौड़ाई = 15 − 4 − 4 = 7 सेमी.

संदूक की ऊँचाई = 4 सेमी.

संदूक का आयतन $=32\times 7\times 4$

$=896$ सेमी.^{3}

53. (c)

शंकु का आयतन = बेलन का आयतन

$$\frac{1}{3}\pi r^2h=\pi r^2h$$

$$\frac{1}{3}\pi r^2h=\pi r^2\ 6$$

$h=6\times 3=18$ सेमी.

54. (d)

ठोस गोलाकार गेंद की त्रिज्या $=\frac{6}{2}=3$ सेमी.

आयतन $=\frac{4}{3}\pi r^3$

$$=\frac{4}{3}\pi\times 3\times 3\times 3$$

$=36\pi$ घन सेमी.

शंकु की त्रिज्या $=\frac{12}{2}=6$ सेमी.

माना शंकु की ऊँचाई h है।

$\therefore$ शंकु का आयतन $=\frac{1}{3}\pi r^2h$

$$=\frac{1}{3}\pi\times 6\times 6\times h$$

$$=12\pi h$$

प्रश्न से,

$$12\pi h=36\pi$$

$h=3$ सेमी.

55. (b)

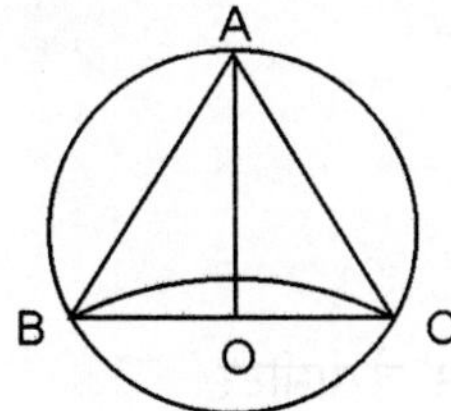

चित्र से स्पष्ट है कि अर्द्धगोले की त्रिज्या एवं शंकु की ऊँचाई समान होगी।
अत: माना शंकु की त्रिज्या r है।
$\therefore$ शंकु की त्रिज्या = शंकु की ऊँचाई = अर्द्धगोले की त्रिज्या
$= r$ सेमी.
$\therefore$ अर्द्ध गोले का वक्र पृष्ठ $= 2\pi r^2$
शंकु की तिर्यक ऊँचाई $l = \sqrt{r^2 + r^2}$
$= \sqrt{2r^2} - r\sqrt{2}$
$\therefore$ शंकु का वक्रपृष्ठ $= \pi r l = \pi r \times r\sqrt{2}$
$= \sqrt{2}\,\pi r^2$
$\therefore$ दोनों के वक्रपृष्ठों का अनुपात $= \dfrac{2\pi r^2}{\sqrt{2}\,\pi r^2}$
$= \dfrac{2}{\sqrt{2}}$
$= \dfrac{2 \times \sqrt{2}}{\sqrt{2} \times \sqrt{2}}$
$= \dfrac{2\sqrt{2}}{2}$
$= \dfrac{\sqrt{2}}{1}$
$= \sqrt{2} : 1$

56. (d)

शंकु का आयतन $= \frac{1}{3}\pi\,(20)^2 \times 10 \Rightarrow \frac{4000}{3}\pi$

तथा गोली का आयतन $= \frac{4}{3}\pi\left(\frac{4}{2}\right)^3 = \frac{32\pi}{3}$

$\therefore$ गोलियों की अभिष्ट संख्या $= \frac{4000\pi}{3} \div \frac{32\pi}{3}$
= 125 गोली

57. (a)

अर्द्धगोले का आयतन = शंकु का आयतन

$\frac{2\pi}{3}R^3 = \frac{1}{2}\pi R^2 H$

$2R = H$

58. (c)

लम्ब शंकु का आयतन $= \frac{1}{3}\pi r^2 h$

$1232 = \frac{1}{3} \times \frac{22}{7} \cdot r^2 \times 24$

$r^2 = \frac{1232 \times 3 \times 7}{22 \times 24} = 49$

$r = 7$ सेमी.

शंकु की तिर्यक ऊँचाई $l = \sqrt{h^2 + r^2}$

$= \sqrt{24^2 + 7^2}$

$= \sqrt{625} = 25$ सेमी.

शंकु का वक्र पृष्ठ $= \pi r l$

$= \frac{22}{7} \times 7 \times 25$

= 550 वर्ग सेमी.

59. (c)

माना पहले शंकु की ऊँचाई $= x$
त्रिज्या $= r$
शंकु का आयतन $= \frac{1}{3}\pi r^2 h$
$= \frac{1}{3}\pi \times r^2 \times x$
नए शंकु की ऊँचाई $= 2x$
त्रिज्या $= r$
नए शंकु का आयतन $= \frac{1}{3}\pi r^2\, 2x$

अभीष्ट अनुपात $= \dfrac{\frac{1}{3}\pi r^2 x}{\frac{1}{3}\pi r^2\, 2x} = \dfrac{1}{2} \Rightarrow 1:2$

60. (d)

बड़े शंकु की ऊँचाई 30 सेमी. एवं त्रिज्या R सेमी तथा छोटे शंकु की त्रिज्या r सेमी. है।
चित्र में AOB तथा AMN समरूप है।

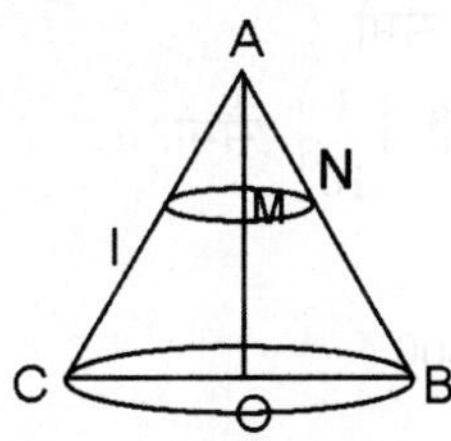

अत: $\frac{\text{AO}}{\text{AM}} = \frac{\text{BO}}{\text{MN}}$ या $\frac{30}{h} = \frac{\text{R}}{2}$ (i)

छोटे शंकु का आयतन $- \; r \; h$

बड़े शंकु का आयतन $= \frac{1}{3}\pi \text{R}^2\text{H}$

प्रश्नानुसार,

$\frac{1}{3}\pi r^2 h = \left(\frac{1}{3}\pi \text{R}^2\text{H}\right)\frac{1}{27}$

$r^2 h = \frac{R^2 H}{27}$

$\frac{27h}{H} = \frac{R^2}{r^2}$

समी. (i) से $\frac{R}{r}$ का मान रखने पर

$\frac{27h}{30} = \left(\frac{30 \times 30}{h \times h}\right)$

$27h^3 = 30 \times 30 \times 30$

$h^3 = \frac{30 \times 30 \times 30}{3 \times 3 \times 3}$

$h = \frac{30}{3} = 10$ सेमी.

छोटे शंकु की ऊँचाई = 10 सेमी.

$\therefore$ आधार से काटे गए छोटे शंकु की ऊँचाई = $30 - 10$

$= 20$ सेमी.

61. (d)

माना प्रारंभिक शंकु के आधार का अर्द्धव्यास x है तथा ऊँचाई h है, तब आयतन $= \frac{1}{3}\pi r^2 h$

नया आयतन $= \frac{1}{3}\pi\,(2x)^2 h$

अभीष्ट अनुपात $= \frac{\frac{1}{3}\pi\,(4x^2)h}{\frac{1}{3}\pi\, x^2 h} = 4:1$

62. (c)

शंकु का आयतन = बेलन का आयतन

$\frac{1}{3}\pi \times 12 \times 12 \times 50 = \pi \times 10 \times 10 \times h$

या, $h = \frac{12 \times 12 \times 50}{3 \times 10 \times 10} = 24$

अभीष्ट ऊँचाई = 24 सेमी.

63. (b)

तार की लम्बाई = 36 मी. = 3600 सेमी.

तार की त्रिज्या $= \frac{2}{2}$ मिमी = 1 मिमी $\left(\frac{1}{10}\right)$ सेमी.

तार का आयतन $= \pi r^2 h$

$= \pi \times \frac{1}{10} \times \frac{1}{10} \times 3600$

= 36π घन सेमी.

माना तार को पिघलाकर बनाए गए गोले की त्रिज्या r है।

$\therefore$ गोले का आयतन $= \frac{4}{3}\pi r^3$

प्रश्नानुसार,

$\frac{4}{3}\pi r^3 = 36\pi$

$r^3 = \frac{36 \times 3}{4}$

$r^3 = 9 \times 3$

$r^3 = 3 \times 3 \times 3$

$r = 3$

गोले का अर्द्धव्यास = 3 सेमी.

64. (c)

ठोस धातु के गोले का अर्द्धव्यास = 3 डेसीमीटर = 30 सेमी.

इसलिए गोले का आयतन $= \frac{4}{3}\pi (30)^3$

माना वृत्ताकार शीट की मोटाई = d

आयतन $= \pi r^2 h = \pi \left(\frac{d}{2}\right)^2 h$

$= \pi \frac{d^2}{4} \times \frac{1}{10}$ घन सेमी.

प्रश्न से,

$= \pi \frac{d^2}{4} \times \frac{1}{10} = \frac{4}{3}\pi\,(30)^3$

$= \frac{d^2}{4} = \frac{4}{3} \times 30 \times 30 \times 30 \times 10$

$d^2 = 4 \times 4 \times 3 \times 3 \times 10 \times 10 \times 10 \times 10$

$d = 1200$ सेमी.

$d = 12$ मीटर

अत: शीट का व्यास = 12 मीटर

65. (c)

माना पहले गोले की त्रिज्या R एवं दूसरे की r है।

अत: $\frac{4\pi R^2}{4\pi r^2} = \frac{4}{9}$

$\frac{R^2}{r^2} = \frac{4}{9}$ (i)

अत: इनके आयतनों का अनुपात $= \frac{\frac{4}{3}\pi R^3}{\frac{4}{3}\pi r^3}$

$\frac{R^3}{r^3} = \left(\frac{R}{r}\right)^3$

$= \left(\frac{2}{3}\right)^3$ सेमी. (ii) से $\frac{R}{r}$ का मान रखने पर

$= \frac{8}{27}$

अत: अनुपात = 8 : 27

66. (b)

गोले का पृष्ठ क्षेत्रफल = 64π सेमी.^{2}

माना इनकी त्रिज्या r सेमी. है।

प्रश्नानुसार

$4\pi r^2 = 64\pi$

$r^2 = 16$

$r = 4$

गोले का व्यास = त्रिज्या × 2

$= 4 \times 2 = 8$ सेमी.

67. (d)

माना दोनों गोलो की त्रिज्याओं का अनुपात $3x$ एवं $2x$ है।

दोनों के आयतनों का अनुपात $= \dfrac{\frac{4}{3}\pi(3x)^3}{\frac{4}{3}\pi(2x)^3}$

$= \dfrac{(3x)^3}{(2x)^3}$

$= \dfrac{27x^3}{8x^3} = \dfrac{27}{8}$

$= 27 : 8$

68. (c)

माना गोले की त्रिज्या $= r$

गोले का आयतन $= \frac{4}{3}\pi r^3$

गोले का पृष्ठीय क्षेत्रफल $= 4\pi r^2$

प्रश्न से,

गोले का आयतन = पृष्ठीय क्षेत्रफल

$= \frac{4}{3}\pi r^3 = 4\pi r^2$

$\frac{r}{3} = 1$

$r = 3$

त्रिज्या = 3 इकाई

69. (b)

लोहे की एक गोली की त्रिज्या $= \frac{6}{2} = 3$ सेमी.

लोहे की एक गोली का आयतन $= \frac{4}{3}\pi(3)^3$

$= 4 \times 9\pi$ घन सेमी.

$\therefore$ लोहे की दो गोली का आयतन $= 2 \times 4 \times 9\pi$ घन सेमी.

$= 72\pi$ घन सेमी.

बेलनाकार बर्तन का आयतन $= \pi r^2 h$

$= \pi \times 6^2 \times h$

$= 36\pi h$ घन सेमी.

दोनों गोलियों को पानी में डुबोने पर पानी के तल में हुई वृद्धि

$36\pi h = 72\pi$

$h = 2$ सेमी.

70. (a)

गोले की त्रिज्या $= \frac{12}{2} = 6$ सेमी.

आयतन $= \frac{4}{3}\pi \times (6)^3$ घन सेमी.

माना तीनों छोटे गोलों का व्यास क्रमशः $3k, 4k$ एवं $5k$ है।

$\therefore$ तीनों गोलों की त्रिज्याओं का अनुपात $= \frac{3k}{2} : \frac{4k}{2} : \frac{5k}{2}$

$= \frac{3}{2}k : 2k : \frac{5}{2}k$

प्रश्नानुसार,

$$\frac{4}{3}\pi\left(\frac{3}{2}k\right)^3 + \frac{4}{3}\pi(2k)^3 + \frac{4}{3}\pi\left(\frac{5}{2}k\right)^3 = \frac{4}{3}\pi(6)^3$$

$\frac{27}{8}k^3 + 8k^3 + \frac{125}{8}k^3 = 6 \times 6 \times 6$

$27k^3 + 64k^3 + 125k^3 = 6 \times 6 \times 6 \times 8$

$216k^3 = 6 \times 6 \times 6 \times 8$

$k^3 = \frac{6 \times 6 \times 6 \times 8}{216}$

$k^3 = 2 \times 2 \times 2$

$k = 2$

सबसे छोटे गोले की त्रिज्या $= \frac{3k}{2}$

$= \frac{3 \times 2}{2}$

$= 3$ सेमी.

71. (b)

पहिए द्वारा प्रति चक्कर चली दूरी

$= \dfrac{2 \text{ किमी.} \cdot 26 \text{ डेमी.}}{113}$

$= \dfrac{2000 \text{ मी.} + 260 \text{ मी.}}{113}$

$= \dfrac{2260}{113} = 20$ मी.

($\therefore$ जहाँ r पहिए की त्रिज्या है)

$2\pi r = 20$

$2 \times \frac{22}{7} r = 20$

$\therefore 2r \times \frac{22}{7} = 20$

$2r = \frac{20 \times 7}{22}$

$2r = 6\frac{4}{11}$

72. (d)

वृत्त का क्षेत्रफल $= \pi 5^2 = 25\pi$

तथा वृत्त की परिधि $= 2\pi(5) = 10\pi$

$\therefore$ अभीष्ट प्रतिशत $= 25\pi \times \frac{100}{10\pi}$

$= 250$

73. (a)

चक्करों की संख्या $= \dfrac{\text{दूरी}}{\text{परिधि}}$

$= \dfrac{154000 \text{ सेमी.}}{\text{व्यास} \times \pi}$

$= \dfrac{154000 \times 7}{98 \times 22}$

$= \dfrac{7000}{14} = 500$ चक्कर

74. (d)

माना कि व्यास d है।

$\pi d = \pi\left(\frac{d}{2}\right)^2$

$d = \frac{1}{4}d^2$

$d^2 - 4d = 0$

$\therefore\ d = 4$

75. (b)

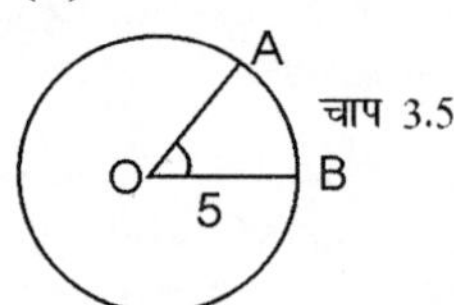

त्रिज्या खण्ड AOB का क्षेत्रफल $= \pi r^2 \times \frac{\text{चाप}}{\text{परिधि}}$

$= \frac{\pi r^2 \theta}{360}$

$= \frac{\pi \times 5 \times 5 \times 360 \times 3.5}{360 \times 2 \times \pi \times 5}$

$= 8.75$ सेमी.^{2}

76. (c)

पहिए की परिधि $= 2\pi r = 2 \times \frac{22}{7} \times 1.75 = 11$ मी.

चक्करों की संख्या $= \frac{11 \times 1000}{11} = 1000$

77. (b)

पहले वृत्त की त्रिज्या $= r_1 = \frac{4\pi}{2\pi} = 2$ सेमी.

वृत्त का क्षेत्रफल $= \pi \times 2^2 = 4\pi$ वर्ग सेमी.

दूसरे वृत्त की त्रिज्या $= \frac{8\pi}{2\pi} = 4$ सेमी.

दूसरे वृत्त का क्षेत्रफल $= \pi \times 4^2 = 16\pi$ वर्ग सेमी.

क्षेत्रफल में परिवर्तन $= \frac{16\pi - 4\pi}{4\pi}$

$= \frac{12\pi}{4\pi} = 3$ गुना

78. (b)

बड़े वृत्त की त्रिज्या $= \frac{132 \times 1 \times 7}{2 \times 22} = 21$ सेमी.

तथा छोटे वृत्त की त्रिज्या $= \frac{88 \times 1 \times 7}{2 \times 22} = 14$ सेमी.

बीच के वलय का क्षेत्रफल $= \pi(21^2 - 14^2)$

$= \frac{22}{7} \times (441 - 196) = \frac{22}{7} \times 245 = 770$ वर्ग सेमी.

79. (a)

तार की अभिष्ट लम्बाई $= 2\pi r$

$= 2 \times \frac{22}{7} \times 42 = 264$ सेमी.

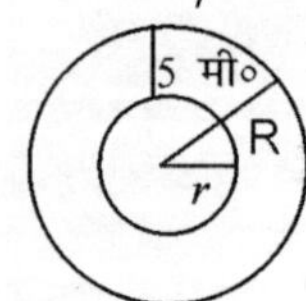

$\therefore$ बने आयत की दोनों छोटी भुजाओं का योग

$= \frac{5}{6+5} \times 264 \Rightarrow \frac{5}{11} \times 264 = 120$ सेमी.

$\therefore$ आयत की छोटी भुजा की लम्बाई $= \frac{120}{2} = 60$ सेमी.

80. (b)

पहिए की परिधि $= 3 \times \frac{22}{7} = \frac{66}{7}$ मी.

$\therefore$ 1 मिनट में चली दूरी $= \frac{66}{7} \times 28 = 264$ मी.

5.280 किमी. में लगा समय

$= \frac{5280 \text{ मी.}}{264 \text{ मी./मिनट}} = 20$ मिनट

81. (c)

गोले का आयतन $= \frac{4}{3}\pi(10.5)^3$

इस गोले को पिघलाकर बनने वाले शंकुओं में से एक शंकु का आयतन $= \frac{1}{3}\pi(3.5)^2 \times 3$

$\therefore$ बनने वाले शंकुओं की संख्या

$= \frac{\text{गोले का आयतन}}{\text{एक शंकु का आयतन}}$

$= \frac{\frac{4}{3}\pi \times 10.5 \times 10.5 \times 10.5}{\frac{1}{3}\pi \times 3.5 \times 3.5 \times 3}$

$= \frac{4}{3} \times 3 \times 3 \times 10.5$

$= 4 \times 3 \times 10.5 = 126.0$

82. (b)

1 चक्कर में पहिए द्वारा तय की गई दूरी

$= \frac{440}{1000} =$ पहिए की परिधि

$\pi \times$ व्यास $=$ परिधि

व्यास $= \frac{\text{परिधि}}{\pi}$

$= \frac{440}{1000} \times \frac{7}{22} = \frac{14}{100} = 0.14$ मी.

83. (d)

माना गोले की त्रिज्या r है।

गोले का वक्रपृष्ठ $S_1 = 4\pi r^2$

अब गोले के परिगत बनने वाले बेलन की त्रिज्या $= r$

ऊँचाई $= 2r$

बेलन का वक्रपृष्ठ $S_2 = 2\pi r \times 2r$

$= 4\pi r^2$

$S_1 = S_2$

84. (d)

$4\pi(r^2 + 4r + 4) = 4\pi r^2 + 352$

$4\pi r^2 + 16\pi r + 16\pi = 4\pi r^2 + 352$

$16 \times \frac{22}{7} \times r + 16 \times \frac{22}{7} = 352$

$$\frac{352r}{7}=\frac{352\times 6}{7}$$
$$r=6$$
अभिष्ट त्रिज्या = 6 सेमी.

85. (d)

अभिष्ट अनुपात $=\dfrac{4\times\pi\times 40\times 40}{4\times\pi\times 10\times 10}=16:1$

86. (c)

टैंक का क्षेत्रफल $=180\times 120$
= 21600 वर्ग मी.

टैंक सहित वृत्ताकार मैदान का क्षेत्रफल
= 21600 + 40000
= 61600 वर्ग मी.

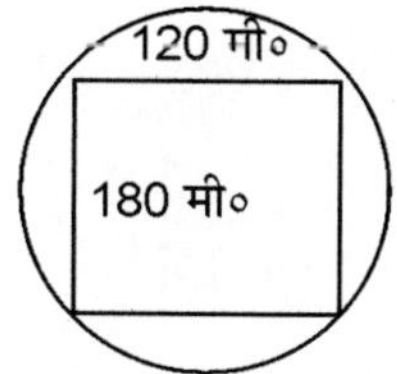

$\therefore\ \pi r^2=61600$
$$r^2=\frac{61600\times 7}{22}$$
$r=140$ मी.

87. (d)

अर्द्धवृत्ताकार क्षेत्र का परिमाप $=\dfrac{2\pi r}{2}+2r$
$$=\pi r+2r$$
$$=r\left(\frac{22}{7}+2\right)$$
$$=\frac{36r}{7}$$

प्रश्न से,
$$\frac{36r}{7}=144$$
$r=\dfrac{144\times 7}{36}=28$ सेमी.

क्षेत्रफल का व्यास $=28\times 2=56$ सेमी.

88. (c)

माना अर्द्धवृत्त की त्रिज्या r

अर्द्धवृत्त का परिमाप $=\pi r+2r$
$$=r(\pi+2)$$
$$=r\left(\frac{22}{7}+2\right)$$
$$=\frac{36}{7}r$$

अर्द्धवृत्त का क्षेत्रफल $=\dfrac{1}{2}\pi r^2$
$$=\frac{1}{2}\times\frac{22}{7}\times r^2$$
$$=\frac{11}{7}r^2$$

प्रश्नानुसार,
$$\frac{11}{7}r^2=\frac{36}{7}r$$
$$\frac{11}{7}r=\frac{36}{7}$$
$$r=\frac{36}{7}\times\frac{7}{11}$$
$$r=\frac{36}{11}$$

अर्द्धवृत्त का व्यास $2r=2\times\dfrac{36}{11}$
$=\dfrac{72}{11}=6\dfrac{6}{11}$ मी.

89 (a)

गोले का पृष्ठीय क्षेत्रफल $=\pi r^2$

गोले के परिगत बेलन की ऊँचाई = गोले का व्यास
$=2r$

बेलन का वक्रपृष्ठ $=\pi rl$
$$=\pi r\times 2r$$
$$=2\pi r^2$$

अनुपात $=\pi r^2:2\pi r^2$
$$=1:2$$

90. (d)

गोले का आयतन = तार का आयतन
$$\frac{4}{3}\times\pi\times 3\times 3\times 3=\pi\times\frac{0.2}{2}\times\frac{0.2}{2}\times h$$
(h = तार की लम्बाई)
$$h=4\times 3\times 3\times\frac{2}{0.2}\times\frac{2}{0.2}$$
$$h=36\times\frac{1}{0.1}\times\frac{1}{0.1}$$
$h=36\times 100=3600$ सेमी. = 36 मी.

91. (b)

बेलन का आयतन $=\pi r^2h$

गोलक का आयतन $=\dfrac{4}{3}\pi r^3$

प्रश्न से,
$$\frac{4}{3}\pi r^3=\pi r^2h$$
$$\frac{4}{3}r=h$$

प्रश्न से,
$$4\pi r^2=2\pi rh$$
$$2r^2=rh$$
$$2r=h$$
h का मान रखने पर

$r = \frac{4}{2 \times 3}$

$r = \frac{2}{3}$

अनुपात 2 : 3

92. (c)

माना पहले गुब्बारे की त्रिज्या r_1 एवं परिधि बढ़ाने पर गुब्बारे की त्रिज्या r_2 है।

प्रश्न से,

$2\pi r_2 - 2\pi r_1 = 25 - 20$

$2\pi(r_2 - r_1) = 5$

$(r_2 - r_1) = \frac{5}{2\pi}$

$\therefore$ अर्द्धव्यास में वृद्धि $= \frac{5}{2\pi}$

93. (a)

बड़े वृत्त की त्रिज्या = 6 सेमी.

बड़े वृत्त का क्षेत्रफल $= \pi r^2$

$= \pi \times 6 \times 6$

$= 36\pi$

अब इस वृत्त को दो संकेन्द्री वृत्तों द्वारा समद्विभाजित किया जाता है।

$\therefore$ सबसे छोटे वृत्त का क्षेत्रफल $= \frac{36\pi}{3} = 12\pi$

अब,

माना छोटे वृत्त की त्रिज्या = r है।

छोटे वृत्त का क्षेत्रफल $= \pi r^2$

प्रश्न से,

$\pi r^2 = 12\pi$

$r^2 = 12$

$r = \sqrt{4 \times 3}$

$= 2\sqrt{3}$ सेमी.

94. (b)

वृत्त की परिधि $= 2\pi r$

$= 2 \times \frac{22}{7} \times 3$

$= 6 \times \frac{22}{7} = \frac{132}{7}$

वृत्त का क्षेत्रफल $= \pi r^2$

$= \frac{22}{7} \times 3 \times 3 = \frac{198}{7}$

$\therefore$ अभीष्ट अनुपात $= \frac{132}{7} : \frac{198}{7}$

$= 132 : 198$

$= 2 : 3$

95. (b)

वृत्त की परिधि $= 2\pi r = 100$

$r = \frac{50}{\pi}$

वृत्त का व्यास $= 2 \times \frac{50}{\pi} = \frac{100}{\pi}$

वृत्त का व्यास = वर्ग का विकर्ण

वर्ग का क्षेत्रफल $= \frac{1}{2} \times$ (विकर्ण)^2

$= \frac{1}{2} \times \left(\frac{100}{\pi}\right)^2$

$= \frac{1}{2} \times \frac{10000}{\pi^2}$

वर्ग का क्षेत्रफल $= \frac{5000}{\pi^2}$ वर्ग सेमी.

वर्ग की भुजा $= \sqrt{\text{वर्ग का क्षेत्रफल}}$

$= \sqrt{\frac{5000}{\pi^2}}$

$= \sqrt{\frac{2 \times 25 \times 100}{\pi^2}}$

$= \frac{5 \times 10}{\pi}\sqrt{2}$

$= \frac{50}{\pi}\sqrt{2}$

96. (a)

बाग का क्षेत्रफल = 2467 वर्ग मी.

माना बाग की त्रिज्या r है।

प्रश्न से,

$\pi r^2 = 2464$

$r^2 = 2464 \times \frac{7}{22}$

$r^2 = 112 \times 7$

$r^2 = 16 \times 7 \times 7$

$r = 4 \times 7 = 28$ मी.

अभीष्ट व्यास पर चलकर पार की गई दूरी

$= 2 \times 28 = 56$ मी.

97. (b)

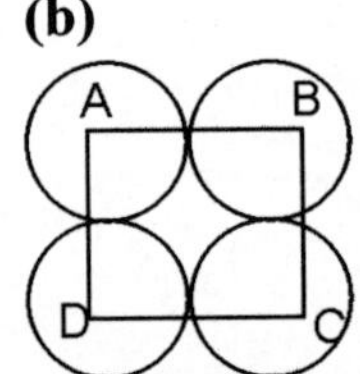

चारों वृत्तों की त्रिज्याएँ = 'a'

चारों के केन्द्र को मिलाने पर

बने वर्ग की एक भुजा = दो वृत्तों की त्रिज्याओं का योग

$a + a = 2a$

वर्ग का क्षेत्रफल $= (2a)^2 = 4a^2$

वृत्तखण्ड का क्षेत्रफल $= \pi r^2 \frac{\theta}{360°}$

$= \frac{22}{7} \times a^2 \times \frac{30}{360°}$

$= \frac{22}{7} \times a^2 \times \frac{1}{4}$

चारों वृत्त खण्डों का क्षेत्रफल $= 4 \times \frac{22}{7} \times a^2 \times \frac{1}{4}$

$= \frac{22}{7} a^2$

अब वृत्तों से घिरे भाग का क्षेत्रफल $= 4a^2 - \frac{22}{7}a^2$

$$= \frac{28a^2 - 22a^2}{7}$$

$$= \frac{6a^2}{7}$$

98. (a)

वृत्ताकार पार्क की परिधि = 176 मी.

$\therefore 2 \quad = 176$

$$r = \frac{176 \times 7}{2 \times 22}$$

$r = 28$ मी.

अब सड़क सहित पार्क की त्रिज्या $= 28 + 7 = 35$ मी.

पुन : पार्क का क्षेत्रफल $= \frac{22}{7} \times 28 \times 28$

$= 88 \times 28 = 2464$ वर्ग मी.

सड़क सहित पार्क का क्षेत्रफल $= \frac{22}{7} \times 35 \times 35$

$= 110 \times 35$

$= 3850$ वर्ग मीटर

सड़क का क्षेत्रफल $= 3850 - 2464 = 1386$ वर्ग मी.

99. (b)

वृत्त की परिधि $= 2\pi r = 11$

$$r = \frac{11}{2\pi}$$

$r = \frac{11 \times 7}{2 \times 22} = \frac{7}{4}$ सेमी.

त्रिज्याखण्ड का क्षेत्रफल $= \pi r^2 \times \frac{\theta}{360}$

$$= \frac{22}{7} \times \frac{7}{4} \times \frac{7}{4} \times \frac{60}{360}$$

$$= \frac{11 \times 7}{8} \times \frac{1}{6}$$

$= \frac{77}{48} = \frac{129}{98}$ वर्ग सेमी.

100. (b)

वृत्त की परिधि $= 2\pi r$

वृत्त का व्यास $= 2r$

प्रश्नानुसार

$$= 2\pi r - 2r = 30$$

$$= \pi r - r = 15$$

$$= r(\pi - 1) = 15$$

$$r\left(\frac{22}{7} - 1\right) = 15$$

$$r \times \frac{15}{7} = 15$$

$$r = 15 \times \frac{7}{15}$$

$r = 7$ सेमी.

भाग-4 : उच्चगणित (Higher Mathematics)

समुच्चय सिद्धान्त
Set Theory

समुच्चय वस्तुओं के सुनिश्चित संग्रह (Collection) अथवा समूह को कहते हैं। जिन वस्तुओं के संग्रह से कोई समुच्चय बनता है, उन्हें समुच्चय का सदस्य या अवयव कहते हैं।

समुच्चय को व्यक्त करने की विधियाँ

(i) सारणी विधि (Tabular method)

(ii) समुच्चय निर्माण विधि (Set-builder method)

सारणी-विधि (Tabular Method): इस विधि में अवयवों को अलग-अलग लिखकर व्यक्त किया जाता है। जैसे 1, 2, 3, 4, 5 से बने समुच्चय x को संकेत में $x = \{1, 2, 3, 4, 5\}$ लिखते हैं।

समुच्चय-निर्माण विधि (Set Builder Method): इस विधि में गुण के आधार पर समुच्चय का निर्माण किया जाता है। जैसे $-x = \{6$ से छोटी प्राकृत संख्या

समुच्चय के प्रकार (Types of Sets)

- **एकल (Singleton set):** जिस समुच्चय में एक और केवल एक सदस्य हों
- **युग्म समुच्चय (Pair set):** यदि किसी समुच्चय के दो और केवल दो सदस्य हों।
- **परिमित समुच्चय (Finite set):** वह समुच्चय जिसमें अवयवों की गिनती संभव है, परिमित समुच्चय कहलाता है।
- **अपरिमित समुच्चय (Infinite set):** वह समुच्चय जिसमें अवयवों की गिनती नहीं की जा सकती।
- **रिक्त समुच्चय (Empty set):** वह समुच्चय जिसमें अवयवों की संख्या शून्य होती है, रिक्त समुच्चय कहलाता है। संकेत में इसे ϕ से निरूपित करते हैं।
  $n(\phi) = 0$
- **समुच्चयों का समुच्चय (Set of sets):** यदि समुच्चय का प्रत्येक सदस्य स्वंय एक समुच्चय हो, तो उसे समुच्चयों का समुच्चय कहते हैं।
- **अधिसमुच्चय (Super set):** यदि समुच्चय A, समुच्चय B का वास्तविक उपसमुच्चय हो, तो समुच्चय B, समुच्चय A का अधिसमुच्चय होता है। जैसे $B \supseteq A$
- **असंयुक्त समुच्चय (Disjoint set):** यदि दो समुच्चयों में कोई उभयनिष्ठ अवयव शामिल नहीं हो, तो उसे असंयुक्त समुच्चय कहते हैं। जैसे:
  $A = \{1, 2, 3), B = \{a, b, c\}$
  $\therefore\ A \cap B = \phi$ (रिक्त समुच्चय)
- **समष्टीय समुच्चय (Universal set):** किसी विशेष स्थिति में यदि किसी समुच्चय किसी निश्चित समुच्चय के उपसमुच्चय हो तो उन्हें निश्चित समुच्चय का समष्टीय समुच्चय कहते हैं। इसे U, X या S से दर्शाते हैं।
  यदि $A = \{1, 2\}, B = \{2, 3\}, C = \{3, 4\}$
  समष्टीय समुच्चय
  $(U) = \{1, 2, 3, 4, 5\}$
- **पूरक समुच्चय (Complementary set):** किसी समुच्चय A का पूरक समुच्चय वह समुच्चय है, जिसके सदस्य वे सभी हैं, जो A के सदस्य नहीं हैं। A के पूरक समुच्चय को संकेत में A^0 या A^1 से सूचित करते हैं।
  यदि $U = \{1, 2, 3, 4, 5, 6, 7\}$, $A = \{2, 3, 4\}$
  A का पूरक समुच्चय (A^1 या A^0) = {1, 5, 6, 7}
  यदि A और B दो समुच्चय हों तो
  $n(A \cup B) = n(A) + n(B) - n(A \cap B)$
  यदि A तथा B दो असंयुक्त समुच्चय हों, तो
  $n(A \cup B) = n(A) + n(B)$
  यदि $A = \{1, 3\}, B = \{4, 5\}$ तो समुच्चयों का कात्तीर्य गुणन
  $A \times B = \{1, 3\} \times \{4, 5\} = \{1, 4\}, \{1, 5\}, \{3, 4\}\ \{3, 5\}$
  $B \times A = \{4, 5\} \times \{1, 3\} = \{4, 1\}, \{4, 3\}, \{5, 1\}\ \{5, 3\}$

फलन या प्रतिचित्रण (Function or Mapping)

फलन या प्रतिचित्रण f एक नियम है, जिसके आधार पर समुच्चय A के प्रत्येक सदस्य x के संगत समुच्चय B में एक सुनिश्चित सदस्य y प्राप्त होता है। इस फलन को हम संकेत में $A \xrightarrow{f} B$ या $f: A \to B$ लिखतें हैं।

किसी समुच्चय A में एक समुच्चय B में फलन f हो, तो

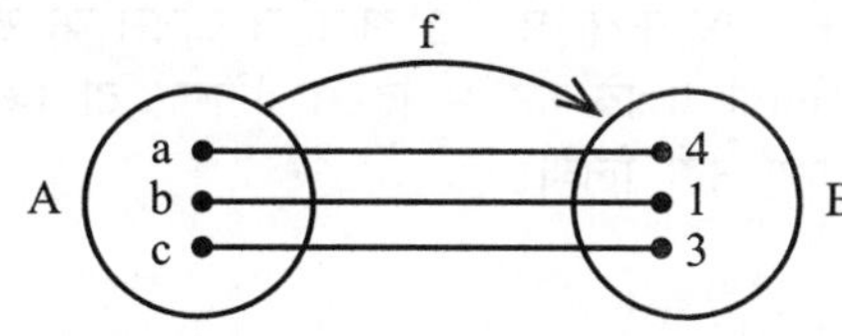

संकेत में इसे $f: A \to B$ या $A \xrightarrow{f} B$ लिखते हैं।

- x के प्रतिबिम्ब या संगत मान को f(x) से सूचित करते हैं।
- समुच्चय A के प्रत्येक सदस्य का समुच्चय B में प्रतिबिम्ब या संगत होना चाहिए।

- A के एक सदस्य का B में एक से अधिक प्रतिबिम्ब नहीं हो सकता है।
- A के एक से अधिक सदस्यों का B में एक ही प्रतिबिम्ब हो सकता है।
- B में ऐसे सदस्य भी हो सकते हैं, जो A के किसी भी सदस्य के प्रतिबिम्ब न हों।

फलन का प्रभाव क्षेत्र व परास (Domain and Range of a Function):

यदि $f: A \to B$ यदि f एक फलन है, जिसके आधार पर समुच्चय A के प्रत्येक सदस्य का B में सुनिश्चित प्रतिबिम्ब हो, तो समुच्चय A को फलन f का प्रभाव-क्षेत्र या परास (Domain) कहते हैं और प्रतिबिंबों के समुच्चय को फलन f का परास (Rang) कहते हैं। परास को संकेत में f(A) लिखते हैं।

समुच्चय को सहप्रभाव-क्षेत्र (Co-domain) कहा जाता है।

वास्तविक फलन (Real Function): कुछ ऐसे फलन है, जिनके प्रभाव क्षेत्र और परास दोनों ही वास्तविक संख्याओं के समुच्चय होते हैं, तो ऐसे फलन को वास्तविक फलन कहते हैं। वास्तविक फलन को समुच्चय R से सूचित किया जाता है।

उदाहरण (Examples)

1. $A = \{1, 2, 3, 7, 9, 10, 12\}$ $B = \{1, 4, 7, 9, 10, 11, 12\}$

   $A \cup B, A \cap B$ ज्ञात करें।

   $A \cup B = \{1, 2, 3, 4, 7, 9, 10, 11, 12\}$

   $A \cap B = \{1, 7, 9, 10, 12\}$

2. यदि किसी सर्वे में यह पाया गया कि 100 में से 25 लोग चाय पीते हैं, 80 लोग कॉफी पीते हैं, और 14 लोग चाय एवं कॉफी दोनों पीते हैं, तो कितने लोग हैं, जो कुछ नहीं पीते

   $A \cup B =$ ऐसे लोग जो कुछ ना कुछ पीते हैं।

   $A =$ सिर्फ चाय पीने वाले

   $B =$ सिर्फ कॉफी पीने वाले

   $A \cap B =$ दोनों पीने वाले

   $A \cup B = A + B - (A \cap B)$

   $A \cup B = 25 + 80 - 14 = 91$

   $\therefore$ ऐसे लोग जो कुछ नहीं पीते $= 100 - 91 = 9$

3. 20 लोगों की एक कक्षा में, 12 लोगों ने टेनिस के खेल में हिस्सा लिया, 10 लोगों ने क्रिकेट में हिस्सा लिया, तो कितने लोग थे, जिन्होंने हिस्सा नहीं लिया।

   $(A \cup B)$

   $= A + B - (A \cap B)$

   जहाँ $A \cup B =$ जो दोनों में से कुछ खेलते हैं।

   $A =$ सिर्फ टेनिस खेलते हैं।

   $B =$ सिर्फ क्रिकेट खेलते हैं।

   $A \cap B =$ दोनों खेल खेलने वाले।

   $A \cup B = 12 + 10 - 6 = 16$

   $\therefore$ 4 लोगों ने हिस्सा नहीं लिया।

4. यदि किसी कक्षा में 11 बच्चे विज्ञान और गणित दोनों पढ़ते हैं, 22 बच्चे सिर्फ विज्ञान पढ़ते हैं, तो ऐसे कितने बच्चे हैं जो केवल गणित पढ़ते हैं, यदि कुल संख्या 26 हो।

   $A \cup B = A + B - A \cap B$

   $26 = -22 + B - 11$

   $B = 15$

5. यदि $A = 20, B = 30, C = 40, A \cap B \cap C = 22,$ $A \cap B = 2,$ $A \cap C = 1,$ $A \cap B = 3$ तो $A \cup B \cup C$ निकालें।

   $A \cup B \cup C = A + B + C - A \cap B - A \cap C$

   $- B \cap C + 2(A \cap B \cap C)$

   $A \cup B \cup C = 20 + 30 + 40 - 2 - 1 - 3 + 22 \times 2$

   $= 90 + 44 - 6$

   $= 128$

6. किसी सर्वे में यह पाया गया कि कुछ बच्चे टेनिस, फुटबॉल एवं क्रिकेट खेलते हैं।

   100 में से सिर्फ क्रिकेट = 75, सिर्फ फुटबॉल 60 खेलते हैं, सिर्फ टेनिस 10 खेलते हैं, क्रिकेट एवं फुटबॉल दोनों खेलने वाले 55 खिलाड़ी हैं, टेनिस एवं फुटबॉल खेलने वाले 30 खिलाड़ी हैं। टेनिस एवं क्रिकेट खेलने वाले 20 खिलाड़ी हैं। ऐसे कितने बच्चे हैं जो तीनों ही खेल खेलते हैं।

   $A \cup B \cup C = A + B + C - A \cap B - A \cap C$

   $- B \cap C + 2(A \cap B \cap C)$

   $100 = 75 + 60 + 10 - 55 - 30 - 20 + 2x$

   $2x = 60$

   $x = 30$

7. अगर

   $A = \{1, 2, 3, 4, 5, 6\}, B = \{3, 4, 6, 7, 9, 10\}$

   तो $A + B = ?$

   $A - B = ?$

   $A + B = \{1, 2, 3, 4, 5, 6, 7, 9, 10\}$

   $A - B = A \cap B' = \{1, 2, 5\}$

   $B' =$ वह तत्व जो B में नहीं है।

   $A \cap B' =$ ऐसे अवयव जो A में हैं लेकिन B में नहीं हैं।

8. यदि $A = \{1, 2, 3, 6, 7, 9, 10\}$

   $B = \{1, 4, 6, 8, 10\}$

   तो, $A \cup B'$ निकालें।

   $A \cup B' = \{1, 2, 3, 6, 7, 9, 10\} = A$

9. $(A \cup B)^1 \cap A - (A \sim B) = ?$

   $= \{U - (A \cup B) \cap A\} - (A - B)$

   $= \{(U \cap A) - \{A \cup B) \cap A\} - (A - B)$

   $\{-A - A\} - (A - B)$

   $= \phi - (A - B) = \phi$

10. यदि $A = \{(2^{2n} - 3n - 1) \mid n \in N\}$

$B = \{9(n-1) \mid n \in N\}$ तो A एवं B में संबंध क्या होगा?

$A = \{(2^{2n} - 3n - 1) \mid n \in N\}$

$= \{0, 9, 54, 243, ...\}$

$= \{0, 9, 18, 27, ...\}$

अत: स्पष्ट है कि $A \subset B$

अभ्यास प्रश्न (Practice Questions)

1. अगर $A = \{x, y, z, P\}, B = \{x, y, z, w\}$ $C = \{w, x, y, z, n\}$ तो $A \cup (B \cap C)$ निकालें
   (a) $\{x, y, z, w, P\}$ (b) $\{x, y, z\}$
   (c) $\{x, y, z\ w\}$ (d) $\{x, yn, zwP\}$
2. अगर A = {1, 2, 3, 4, 11, 110, 191}
   B = {11 110, 115, 191, 232, 190}
   C = {11, 12, 13, 191, 232}
   तो $A \cap B \cap C$ निकालें
   (a) {11, 191} (b) {11, 191, 4}
   (c) {3, 11, 19} (d) {11, 110, 190}
3. अगर A = {1, 2, 3, 4, 11, 110, 191}
   B = {11, 110, 115, 191, 232, 190}
   C = {11, 12, 13, 191, 232}
   तो $A \cap B$ निकालें।
   (a) {11, 110} (b) {11, 110, 191}
   (c) {110, 191} (d) {110, 4}
4. अगर
   A = {1, 2, 3, 4, 11, 110, 191}
   B = {11, 110, 115, 191, 232, 190}
   C = {11, 12, 13, 191, 232}
   तो $A \cup B$ निकालें।
   (a) {1, 2, 3, 4, 11, 110, 115, 190, 191, 232}
   (b) {110, 191, 11}
   (c) {1, 2, 4, 190, 232}
   (d) {1, 2, 4, 11, 232}
5. अगर A = {1, 2, 3, 4, 11, 110, 191}, B = {11, 110, 115, 191, 232, 190}, C = {11, 12, 13, 191, 232} तो $(B \cap C)$ ज्ञात करें।
   (a) {11, 191, 232} (b) {11, 191}
   (c) {232, 11} (d) {232, 191}
6. अगर A = {1, 2, 3, 4, 11 110, 191}, B = {11, 110, 115, 191, 232, 190}, C = {11, 12, 13, 191, 232} तो $A \cup B \cup C$ निकालें
   (a) {4, 12, 13, 191, 232}
   (b) {1, 2, 3, 4, 11, 12, 13, 110, 115, 190, 191, 232}
   (c) {232, 191}
   (d) {212, 13, 190, 191, 232}
7. अगर
   A = {1, 2, 3, 4, 11, 110, 191}
   B = {11, 110, 115, 191, 232, 190}
   C = {11, 12, 13, 191, 232}
   (a) {11, 12, 191} (b) {4, 11, 191}
   (c) {11, 191} (d) {4, 11, 110}
8. अगर A = {1, 2, 3, 4, 11, 110, 191}
   B = {11, 110, 115, 191}
   C = {11, 12, 13, 191, 232}
   (a) {1, 2, 4, 12}
   (b) {2, 4, 6, 232}
   (c) {1, 2, 3, 4, 11, 12, 13, 110, 191, 232}
   (d) {4, 11, 110, 191}
9. अगर A = {1, 2, 3, 4, 11, 110, 191}
   B = {11, 110, 115, 191, 232, 190}
   C = {11, 12, 13, 191, 232}
   (a) {11,1 2, 232}
   (b) {11, 12, 13, 235}
   (c) {11, 12, 13, 110, 232}
   (d) {11, 12, 13, 110, 115, 190, 191, 232}
10. माना A = {1, 2, 3, 4, 11, 110, 191}
    B = {11, 110, 115, 191, 232, 190}
    C = {11, 12, 13, 191, 232}
    तो $A \cap B' \cap C$ निकालें।
    (a) ϕ (b) 01
    (c) {11, 110, 191} (d) {11, 12, 110, 191}
11. माना A = {1, 2, 3, 4, 11, 110, 191}
    B = {11, 110, 115, 191, 232, 190}
    C = {11, 12, 13, 191, 232}
    (a) {1, 2, 3, 4, 12, 13}
    (b) {4, 12, 13}
    (c) ϕ
    (d) {1, 2, 4, 12, 13}

12. एक शहर में 10000 परिवार हैं। उनमें से 40% A समाचार पत्र खरीदते हैं। 20% B समाचार पत्र खरीदते हैं। 10% C समाचार पत्र खरीदतें हैं। 5% A और B दोनों पत्र लेते हैं। 3% B और C दोनों पत्र लेते हैं। 4% A एवं C दोनों पत्र लेते हैं। अगर 2% परिवार सभी पत्रों को लेते हैं तो वैसे परिवारों की संख्या बताएँ जो सिर्फ A समाचार पत्र लेते हैं।

(a) 3100 (b) 3300
(c) 2900 (d) 1400

13. माना A और B सार्वभौम समुच्चय है, और $A \cup B \cup C = U$ तब $\{A - B) \cup \{B - C) \cup (C - A\}' = ?$

(a) $A \cup B \cup C$ (b) $A \cup (B \cap C)$
(c) $A \cap B \cap C$ (d) $A \cap (B \cup C)$

14. एक युद्ध में 70% योद्धा एक आँख खो दिए, 80% अपने कानों को खो दिए, 75% अपने बाँहों की, 85% अपने पैर को x% ने अपने अंगुलियों को खो दिए, x का मान बताएँ।

(a) 10 (b) 12
(c) 15 (d) इनमें से कोई नहीं

15. अगर दो Set A और B के पास उभयनिष्ठ अवयवों की संख्या 99 हो तब $A \times B$ और $B \times A$ के प्रत्येक में कितने उभयनिष्ठ समुच्चय होंगे?

(a) 2^{99} (b) 99^2
(c) 100 (d) 18

16. माना (11, 12, 13) से {8, 10, 12} R से संबंधित है एवं परिभाषित है $y = x - 3$ तब R^{-1} होगा

(a) {(8, 11), (10, 13)} (b) {(11, 18), (13, 10)}
(c) {(10, 13), (8, 11)} (d) इनमें से कोई नहीं

17. अगर $x = \{(8^n - 7n - 1 : n \in N\}$ और $y = \{49(n-1) : n \in N\}$ तब

(a) $x \subseteq y$ (b) $y \subseteq x$
(c) $x = y$ (d) इनमें से कोई नहीं

18. R समुच्चय N से संबंधित है और परिभाषित है।
$\{(x, y) : x, y \in N, 2x + y = 41\}$ तब R है।

(a) Reflexive (b) Symmetric
(c) Transitive (d) इनमें से कोई नहीं

19. माना $g(x) = 1 + \sqrt{x}$ और $f\{g(x)\} = 3 + 2\sqrt{x} + n,$ तब f(x) होगा?

(a) $1 + 2x^2$ (b) $2 + x^2$
(c) $1 + x$ (d) $2 + x$

20. फलन f निम्न फलनीय समीकरण को संतुष्ट करता है
$3f(x) + 2f\left(\frac{x+59}{x-1}\right) = 10x + 30$ सभी पूर्ण वास्तविक $x \neq 1$
तब $f(7)$ का मान बताएँ।

(a) 8 (b) 4
(c) −8 (d) 11

21. अगर $e^n = y + \sqrt{1 + y^2}$ तब y बराबर होगा?

(a) $\frac{e^x + e^{-x}}{2}$ (b) $\frac{e^x - e^{-x}}{2}$
(c) $e^x + e^{-x}$ (d) $e^x - e^{-x}$

22. माना $f : (2, 3) \to (0, 1)$ परिभाषित है। $f(x) = x - (\pi)$ द्वारा तब $f^{-1}(x)$ बराबर होगा।

(a) $x - 2$ (b) $x + 1$
(c) $x - 1$ (d) $x + 2$

23. अगर $f(x) = \frac{\cos^2 x + \sin^4 x}{\sin^2 x + \cos^4 x}$ for $x \in R$ तब $f(2002)$ बराबर है।

(a) 1 (b) 2
(c) 3 (d) 4

24. x वास्तविक संख्याओं के लिए $[x]$ integral part को x से सूचित करते हैं तब
$\left[\frac{1}{2}\right] + \left[\frac{1}{2} + \frac{1}{100}\right] + \left[\frac{1}{2} + \frac{2}{100}\right] + \cdots + \left[\frac{1}{2} + \frac{99}{100}\right]$
का मान बताएँ

(a) 49 (b) 50
(c) 48 (d) 51

25. अगर $x = \{4^n - 3n - 1 : n \in N\}$ और $y = \{9(n-1) : n \in N\}$ तब $x \cup y$ बराबर होगा?

(a) x (b) y
(c) N (d) इनमें से कोई नहीं

26. एक विद्यालय के 800 विद्यार्थियों में 224 क्रिकेट खेलते हैं। 240 हॉकी खेलते है। 336 बॉस्केटबॉल खेलते हैं। 64 बॉस्केटबॉल एवं हॉकी दोनों खेलते हैं। 80 क्रिकेट एवं बॉस्केटबॉल खेलते हैं। 40 हॉकी एवं क्रिकेट दोनों खेलते है। तब ऐसे लड़कों की संख्या क्या है जो कोई खेल नहीं खेलते?

(a) 128 (b) 216
(c) 240 (d) 160

27. $f(x)\frac{e^x - e^{-x}}{e^x + e^{-x}} + 2$ का व्युत्क्रम फलन होगा?

(a) $\log_e\left(\frac{x-2}{x-1}\right)^{1/2}$ (b) $\log_e\left(\frac{x-1}{3-x}\right)^{1/2}$
(c) $\log_e\left(\frac{x}{2-x}\right)^{1/2}$ (d) $\log_e\left(\frac{x-1}{x+1}\right)^{-2}$

28. यदि $g(x) = 1 + x - [x]$ और $f(x) = \begin{cases} -1; & x < 0 \\ 0; & x = 0 \\ 1; & x > 0 \end{cases}$ सभी x के लिए तब $f(g(x))$ बराबर होगा?

(a) x (b) 1
(c) $f(x)$ (d) $g(x)$

29. समुच्चय {2, 4, 16, 256 ……} को निम्नलिखित में से किस एक रूप में निरूपित किया जा सकता है?
(a) $x \in N \mid x = 2^{2^n}, n \in N$
(b) $\{x \in N \mid x = 2^{2^n}, n = 1, 2, \ldots\ldots\}$
(c) $\{x \in N \mid x = 2^{2^n}, n = 0, 1, 2, \ldots\ldots\}$
(d) $\{x \in N \mid x = 2^{2^n}, n = 0, 1, 2\}$

30. निम्नलिखित में से कौन-सा एक कथन सही है?
(a) $\phi \in p$
(b) $\phi \notin p$
(c) $\phi = p(\phi)$
(d) $\phi \in p(\phi)$

उत्तरमाला (Answer Key)

1. (a)	2. (a)	3. (b)	4. (a)	5. (a)	6. (b)	7. (c)	8. (c)
9. (d)	10. (a)	11. (a)	12. (b)	13. (c)	14. (a)	15. (b)	16. (c)
17. (a)	18. (d)	19. (b)	20. (b)	21. (b)	22. (d)	23. (a)	24. (b)
25. (b)	26. (d)	27. (b)	28. (b)	29. (b)	30. (d)		

हल (Solutions)

1. (a)
$B \cap C = \{x, y, z, w\}$
$A \cup (B \cap C) = \{x, y, z, w, P\}$

2. (a)
$A \cap B \cap C = \{11, 191\}$

3. (b)
$A \cap B = \{11, 110, 191\}$

4. (a)
$(A \cup B) = \{1, 2, 3, 4, 11, 12, 13, 110, 115, 190, 191, 232\}$

5. (a)
$B \cap C = \{11, 191, 232\}$

6. (b)
$A \cup B \cup C = \{1, 2, 3, 4, 11, 12, 13, 110, 115, 190, 191, 232\}$

7. (c)
$A \cap C = \{11, 191\}$

8. (c)
$A \cup C = \{1, 2, 3, 4, 11, 12, 13, 110, 191, 232\}$

9. (d)
$B \cup C = \{11, 12, 13, 110, 115, 190 191, 232\}$

10. (a)
$A \cap B' \cap C$ जो A में है, C में है लेकिन B में नहीं है।
$A \cap B = \{11, 191\} =$ इसमें ऐसा कोई अवयव नहीं जो B में ना हो।
$\therefore A \cap B' \cap C = \phi$(Null set)

11. (a)
$(C \cup A) = \{1, 2, 3, 4, 11, 12, 13, 110, 191, 232\}$
$B' \cap (C \cup A) = \{1, 2, 3, 4, 12, 13\}$

12. (b)
दिया है n(A) = 10000 का 40% = 4000
$n(B)$ = 10000 का 20% = 2000
$n(C)$ = 10000 का 10% = 1000
$n(A \cap B)$ = 10000 का 5% = 500
$n(B \cap C)$ = 10000 का 3% = 300
$n(C \cap A)$ = 10000 का 4% = 400
$n(A \cap B \cap C)$ = 10000 का 2% = 200
$\therefore n(A \cap B^C \cap C^C) = n[A \cap (B \cup C)^C]$
$n(A) - n[A \cap (B \cup C)]$
$n(A) - n[(A \cap B) \cup (A \cap C)]$
$n(A) - [n(A \cap B) + m(A \cap C) - n(A \cap B \cap C)]$
$= 4000 - [500 + 400 - 200]$
$= 4000 - 700 = 3300$

13. (c)
वेन आरेख से,

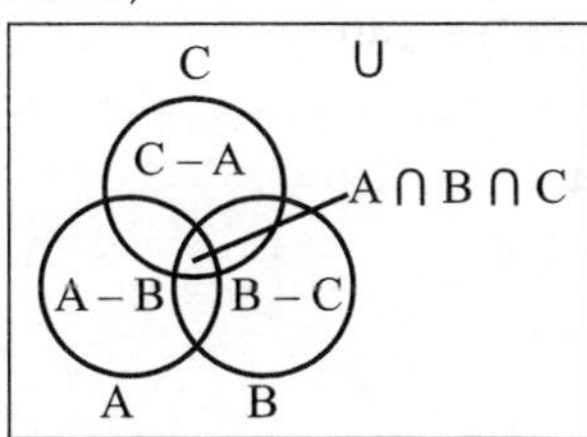

$\{(A - B) \cup (B - C) \cup (C - A)\}^1 = A \cap B \cap C$

14. (a)

x का निम्नतम मान $= 100 - (30 + 20 + 25 + 15)$
$= 100 - 90 = 10$

15. (b)

$n(A \times B) \cap (B \times A)$
$= n(A \cap B) \times (B \cap A)$
$n(A \cap B) \times n(B \cap A)$
$= 99 \cdot 99 = 99^2$

16. (c)

R संबंधित है $\{11, 12, 13\}$ से $\{8, 10, 12\}$ से तब यह पारिभाषित होगा $b = x - 3$

$x - y = 3$

$\therefore\ R = \{11, 8\}, \{13, 10\}$

$\therefore\ R^{-1} = \{8, 11\}, \{10, 13\}$

17. (a)

$\because 8^n - 7^n - 1 = (7 + 1)^n - 7n - 1$
$= 7^n + {}^nC_1 7^{n-1} + {}^nC_2 7^{n-2} + \cdots +$
${}^nC_{n-1} 7 + {}^nC_n - 7_{n-1}$
$= {}^nC_2 7^2 + {}^nC_3 7^3 + \cdots + {}^nC_n 7^n$
$({}^nC_0 = {}^nC_n, {}^nC_1 = {}^nC_{n-1})$
$49\ [{}^nC_2 + {}^nC_3(7) + \cdots\cdots + {}^nC_n 7^{n-2}]$
$\therefore\ 8^n - 7n - 1$ 49 के सभी गुणक है।
$n \in N$

19. (b)

दिया है

$g(x) = 1 + \sqrt{x}$ और $f\{(g(x)\} = 3 + 2\sqrt{x} + x$ (i)
$f(10 + \sqrt{x}) = 3 + 2\sqrt{x} + x$
$y = 1 + \sqrt{x}$ रखने पर
$x = (y - 1)^2$
$f(y) = 3 + 2(y - 1) + (y - 1)^2 = 2 + y^2$
$f(x) = 2 + x^2$

19. (b)

अब $(fog)(x) = f\{g(x)\} = a(x + d) + b$
और $(gof)(x) = g\{f(x)\} = c\,(ax + b) + d$
$\therefore cx + d + 2 = cx + 2x + d$ (दिया है)
c = 1 और d arbitrary है।

20. (b)

If $(x) + 2f\left(\dfrac{x + 59}{x - 1}\right) = 10x + 30$

$x = 7, 3f(7) + 2f(11) = 100$

for $x = 11, 3f(11) + 2f(7) = 140$

$\dfrac{f(7)}{20} = \dfrac{f(11)}{-220} = \dfrac{1}{9 - 4}$

$f(7) = 4$

21. (b)

$e^x = y + \sqrt{1 + y^2}$ (दिया है)
$e^x - y = \sqrt{1 + y^2}$
$e^{2x} + y^2 - 2ye^x = 1 + y^2$
$e^{2x} - 1 = 2ye^x$
$2y = \dfrac{e^{2x} - 1}{e^x}$
$2y = e^x - e^{-x}$
$y = \dfrac{e^x - e^{-x}}{2}$

22. (d)

$f : (2, 3) \to (0, 1)$ और $f(x) = x - |x|$
$f(x) = y = x - 2$
$x = y + 2$
$f^{-1}(x) = x + 2$

23. (a)

$f(x) = \dfrac{\cos^2 x + \sin^4 x}{\sin^2 x + \cos^4 x}$ (दिया है)

$f(x) = \dfrac{\cos^2 x + \sin^2 x\,(1 - \cos^2 x)}{\sin^2 x + \cos^2 x\,(1 - \sin^2 x)}$

$f(x) = \dfrac{\sin^2 x + \cos^2 x - \sin^2 x \cdot \cos^2 x}{\sin^2 x + \cos^2 x - \sin^2 x \cdot \cos^2 x}$

$f(x) = 1$
$f(2002) = 1$

24. (b)

$[x]\ x$ का अविभाज्य भाग है। अत: $\left[\dfrac{1}{2} + \dfrac{50}{100}\right]$ पद के पाद हरेक पद 1 होगा अत: दिए गए श्रृंखला का योग $= 50$

25. (b)

$4^n - 3n - 1 = (3 + 1)^n - 3n - 1$
$= 3^n + {}^nc_1 3^{n-1} + {}^nc_2 3^{n-2} + \cdots + {}^nc_{n-1} 3$
$+ {}^nc_n - 3_n - 1$
$= {}^nc_2 3^2 + {}^nc_3 3^3 + \cdots + {}^nc_n 3^n$
$[{}^nc_0 = {}^nc_n, {}^nc_1 = {}^nc_{n-1}$ etc$]$
$9[{}^nc_2 + {}^nc_3(3) + \cdots + nc_n 3^{n-1}]$

26. (d)

$n(c) = 224, n(H) = 240, n(B) = 336$
$n(B \cap A) = 64$
$n(H \cap C) = 240, n\,(C \cap H \cap B) = 24$
$n(C^C\ AK^C \cap B^C) = [n(C \cup H \cup B)^C]$
$n(\cup) - n(C \cup H \cup B)$
$= 800 - [n(C) + n(H) + n(B) - n(H \cap C)$
$= -n(H \cap B) - n[(C \cap B) + n\,(C \cap H \cap B)]$
$= 800 - [224 + 240 + 336 - 64 - 80 - 40 + 24]$
$= 800 - 640 = 160$

27. (b)

$$y=\frac{e^x-e^{-x}}{e^x+e^{-x}}+2 \quad \text{(दिया है।)}$$

$$y=\frac{e^{2x}-1}{e^{2x}+1}+2$$

$$e^{2x}=\frac{1-y}{y-3}=\frac{y-1}{3-y}$$

$$x=\frac{1}{2}\log_e\left(\frac{y-1}{3-y}\right)$$

$$f^{-1}(y)=\log_e\left(\frac{y-1}{3-y}\right)$$

$$f^{-1}(y)=\log_e\left(\frac{y-1}{3-y}\right)^{1/2}$$

$$f^{-1}(x)=\log_e\left(\frac{x-1}{3-x}\right)^{1/2}$$

28. (b)

$g(x)=1+n-n=1, n=n\in z$

और $g(x)=1+n+k-n=1+k, n=n+k$

जहाँ $n\in z, 0<k<1$

अब $f\{g(x)\}=\begin{cases}-1, & g(x)<0\\ 0, & g(x)=0\\ 1, & g(x)>0\end{cases}$

स्पष्टत: $g(x)>0\ \forall\ x$

अत: $f\{g(x)\}=1, \forall\ x$

29. (b)

माना $A=\{2, 4, 16, 256........\}$

यह समुच्चय लिखा जा सकता है।

$\{x\in N\mid x=2^{2^n}, n=0,1,2\}$

30. (d)

दिए हुए विकल्पों में सही कथन है $\phi\in P(\phi)$

त्रिकोणमिति
Trigonometry

किसी क्षैतीज रेखा को जब कोई उदग्र (vertical) रेखा काटती है, तो तल चार प्रमुख हिस्सों में विभक्त हो जाता है। यहाँ Ist, IInd, IIIrd, IVth, चार पद हैं जो XX^1 तथा YY^1 रेखा के लम्बवत् करने से बने हैं।

Y
IInd Quadrant द्वितीय पाद | Ist Quadrant प्रथम पाद
X^1 —— O —— X
IIIrd Quadrant तृतीय पाद | IVth Quadrant चतुर्थ पाद
Y^1

O को मध्यबिन्दु माना गया है।

कुछ महत्वपूर्ण तथ्य (Some Important Facts)

O से सरल रेखा में दाएँ बढ़ने पर धनात्मक (+ve) मान आता है अर्थात् O से X धनात्मक

O से सरल रेखा में बाएँ बढ़ने पर ऋणात्मक मान आता है। अर्थात् O से X^1 ऋणात्मक

O से सरल रेखा पर ऊपर बढ़ने पर धनात्मक तथा नीचे बढ़ने पर ऋणात्मक मान आता है।

अर्थात् O से Y धनात्मक

O से Y^1 ऋणात्मक

X से X^1, X अक्ष तथा Y से Y^1–y अक्ष कहलाता है।

XOY क्षेत्र Ist पाद, YOX^1 क्षेत्र IInd पाद

X^1OY^1 क्षेत्र IIIrd पाद, Y^1OX क्षेत्र IV पाद

समकोण त्रिभुज

वैसा त्रिभुज जिसका कोई एक कोण समकोण (90°) हो समकोण त्रिभुज कहलाता है।

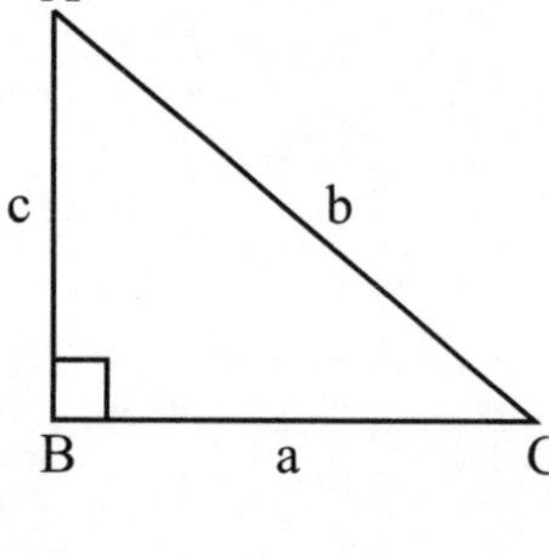

यहाँ ABC एक समकोण Δ है, जिसका $\angle B = 90°$ है।

त्रिभुज में तीन भुजाएँ AB = c, BC = a, CA = b तथा तीन कोण ∠A, ∠B, एवं ∠C, हैं।

त्रिभुज की भुजाओं को दोनों किनारों के बड़े अक्षरों से निरूपित किया जाता है, यथा, AB, BC, CA तीन भुजाएँ हैं।

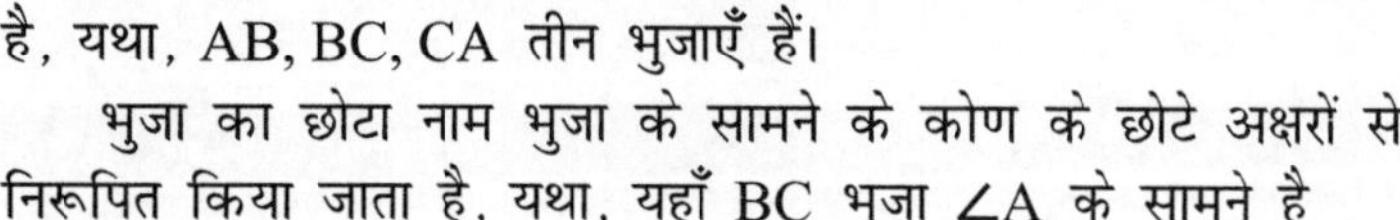

भुजा का छोटा नाम भुजा के सामने के कोण के छोटे अक्षरों से निरूपित किया जाता है, यथा, यहाँ BC भुजा ∠A के सामने है

अत: BC = 9

इसी प्रकार AC = b, AB = c

कर्ण (Hypoteneuse)

समकोण त्रिभुज में समकोण के सामने की भुजा कर्ण कहलाती है। इसे h से निरूपित किया जाता है।

जैसे:- ऊपर के त्रिभुज में ∠B = 90°, अत: ∠B के सामने की भुजा AC(b) ΔABC का कर्ण होगा।

लम्ब (Perpendicular)

त्रिभुज में जिस कोण के बारे में पूछा जाए उसके लिए उस कोण के सामने की भुजा लम्ब कहलाती है इसे P से दर्शाते हैं।

आधार (Base)

लम्ब तथा कर्ण के निर्धारण के बाद जो भुजा बच जाए आधार कहलाती है। इसे b से दर्शाते है।

त्रिकोणमितीय निष्पत्तियाँ

$$\sin\theta = \frac{\text{लम्ब}}{\text{कर्ण}}\left(\frac{p}{h}\right) \quad \cos\theta = \frac{\text{आधार}}{\text{कर्ण}}\left(\frac{b}{h}\right)$$

$$\tan\theta = \frac{\text{लम्ब}}{\text{आधार}}\left(\frac{p}{b}\right) \quad \text{cosec}\theta = \frac{\text{कर्ण}}{\text{लम्ब}}\left(\frac{h}{p}\right)$$

$$\sec\theta = \frac{\text{आधार}}{\text{कर्ण}}\left(\frac{h}{b}\right) \quad \cot \quad \frac{\text{आधार}}{\text{लम्ब}}\left(-\right)$$

Y
sin, cosec (+ve) | all (+ve)
IInd | Ist
X^1 —— O —— X
IIIrd | IVth
tan, cot (+ve) | cos, sec (+ve)
Y^1

Ist पाद:- (0° to 90°) sin, cos, tan, cosec, sec, cot, सभी धनात्मक

IInd पाद:- (90° to 180°) sin, cosec धनात्मक शेष सभी ऋणात्मक

IIIrd पाद:- (180° to 270°) tan, cot धनात्मक शेष सभी ऋणात्मक

IVth पाद:- (270° to 360°) cos, sec धनात्मक तथा शेष सभी ऋणात्मक।

महत्वपूर्ण सूत्र (Important Formulae)

1. $\pi = \frac{22}{7} = 3.1416$ (लगभग)

$\frac{1}{\pi} = \frac{7}{22} = 0.31831$ (लगभग)

2. i) $\sin\theta = \frac{p}{h}, \cos\theta = \frac{b}{h}, \tan\theta = \frac{p}{b}$

$\operatorname{cosec}\theta = \frac{h}{p}, \sec\theta = \frac{h}{b}, \cot\theta = \frac{b}{p}$

जहाँ p = Perpendicular (लम्ब)

b = base (आधार)

h = Hypotenuse (कर्ण)

ii) $\sin\theta \cdot \operatorname{cosec}\theta = 1$

$\cos\theta \cdot \sec\theta = 1$

$\tan\theta \cdot \cot\theta = 1$

iii) $\sin^2\theta + \cos^2\theta = 1, \sec^2\theta - \tan^2\theta = 1$

$\operatorname{cosec}^2\theta - \cot^2\theta = 1$

3.

		30° या $\frac{\pi}{6}$	45° या $\frac{\pi}{4}$	60° या $\frac{\pi}{3}$	90° या $\frac{\pi}{2}$
sin	0	$\frac{1}{2}$	$\frac{1}{\sqrt{2}}$	$\frac{\sqrt{3}}{2}$	1
cos	1	$\frac{\sqrt{3}}{2}$	$\frac{1}{\sqrt{2}}$	$\frac{1}{2}$	0
tan	0	$\frac{1}{\sqrt{3}}$	1	$\sqrt{3}$	$\propto$
cosec	$\propto$	2	$\sqrt{2}$	$\frac{2}{\sqrt{3}}$	1
sec	1	$\frac{2}{\sqrt{3}}$	$\sqrt{2}$	2	$\propto$
cot	$\propto$	$\sqrt{3}$	1	$\frac{1}{\sqrt{3}}$	0

$\sin 18° = \frac{\sqrt{5}-1}{4}, \cos 18° = \frac{\sqrt{10+2\sqrt{5}}}{4}$

$\sin 36° = \frac{\sqrt{5}+1}{4}, \cos 36° = \frac{\sqrt{10-2\sqrt{6}}}{4}$

4.

	$-\theta$	$(90-\theta)$ or $\left(\frac{\pi}{2}-\theta\right)$	$(90+\theta)$ or $\left(\frac{\pi}{2}+\theta\right)$	$(180-\theta)$ or $(\pi-\theta)$	$(180+\theta)$ or $(\pi+\theta)$
sin	$-\sin\theta$	$\cos\theta$	$\cos\theta$	$\sin\theta$	$-\sin\theta$
cos	$\cos\theta$	$\sin\theta$	$-\sin\theta$	$-\cos\theta$	$-\cos\theta$
tan	$-\tan\theta$	$\cot\theta$	$-\cot\theta$	$-\tan\theta$	$\tan\theta$
cosec	$-\operatorname{cosec}\theta$	$\sec\theta$	$\sec\theta$	$\operatorname{cosec}\theta$	$-\operatorname{cosec}\theta$
cot	$-\cot\theta$	$\tan\theta$	$-\tan\theta$	$-\cot\theta$	$\cot\theta$
sec	$\sec\theta$	$\operatorname{cosec}\theta$	$-\operatorname{cosec}\theta$	$-\sec\theta$	$-\sec\theta$

5.

$\sin(A+B) = \sin A \cdot \cos B + \cos A \cdot \sin B$

$\sin(A-B) = \sin A \cdot \cos B - \cos A \cdot \sin B$

$\cos(A+B) = \cos A \cdot \cos B - \sin A \cdot \sin B$

$\cos(A-B) = \cos A \cdot \cos B + \sin A \cdot \sin B$

$\tan(A+B) = \frac{\tan A + \tan B}{1 - \tan A \cdot \tan B}$

$\tan(A-B) = \frac{\tan A - \tan B}{1 + \tan A \cdot \tan B}$

$\cot(A+B) = \frac{\cot A \cdot \cot B - 1}{\cot B + \cot A}$

$\cot(A-B) = \frac{\cot A - \cot B + 1}{\cot B - \cot A}$

$\sin(A+B) \cdot \sin(A-B) = \sin^2 A - \sin^2 B = \cos^2 B \cdot \cos^2 A$

$\cos(A+B) \cdot \cos(A-B)$

$= \cos^2 A - \sin^2 B = \cos^2 B - \sin^2 A$

$\tan(A+B+C)$

$= \frac{\tan A + \tan B + \tan C - \tan A \cdot \tan B \cdot \tan C}{1 - \tan A \cdot \tan B - \tan B \cdot \tan C - \tan C \cdot \tan A}$

उदाहरण (Examples)

1. $\frac{\sin\theta}{1+\cos\theta}$ बराबर है:-

(a) $\cot\theta$ (b) $\frac{\cos\theta - 1}{\sin\theta}$

(c) $\frac{1-\cos\theta}{\sin\theta}$ (d) इनमें से कोई नहीं

हल: $\frac{\sin\theta}{1+\cos\theta} = \frac{\sin\theta}{1+\cos\theta} \times \frac{1-\cos\theta}{1-\cos\theta}$

$= \frac{\sin\theta(1-\cos\theta)}{1-\cos^2\theta}$

$= \frac{\sin\theta(1-\cos\theta)}{\sin^2\theta}$ $[\because 1-\cos^2\theta = \sin^2\theta]$

$= \frac{1-\cos\theta}{\sin\theta}$

उत्तर (b)

2. $\tan^2\theta+\cot^2\theta+2$ बराबर है।

(a) $\sin^2\theta\cos^2\theta$ (b) $\sec^2\theta\,\text{cosec}^2\theta$

(c) $\sec^2\theta\cot\theta$ (d) इनमें से कोई नहीं

हल: $\tan^2\theta+\cot^2\theta+2=\tan^2\theta+\dfrac{1}{\tan^2\theta}+2$

$$=\frac{\tan^4\theta+1+2\tan^2\theta}{\tan^2\theta}$$

$$=\frac{(1+\tan^2\theta)^2}{\tan^2\theta}$$

$$=\frac{(\sec^2\theta)^2}{\tan^2\theta}$$

$$=\frac{(\sec^2\theta)^2}{\tan^2\theta}\qquad[\because 1+\tan^2\theta=\sec^2\theta]$$

$$=\frac{\sec^2\theta\cdot\sec^2\theta}{\tan^2\theta}$$

$$=\frac{1}{\cos^2\theta}\frac{\sec^2\theta}{\frac{\sin^2\theta}{\cos^2\theta}}$$

$$=\frac{\sec^2\theta}{\sin^2\theta}=\sec^2\theta\cos^2\theta$$

उत्तर (b)

3. $\dfrac{1-\cos\theta}{1+\cos\theta}$ बराबर है।

(a) $(\tan\theta-\text{cosec}\,\theta)^2$ (b) $(\cot\theta-\sec\theta)^2$

(c) $(\cot\theta-\text{cosec}\,\theta)^2$ (d) इनमें से कोई नहीं।

हल: $\dfrac{1-\cos\theta}{1+\cos\theta}=\dfrac{1-\cos\theta}{1+\cos\theta}\times\dfrac{1-\cos\theta}{1-\cos\theta}$

$$=\frac{(1-\cos\theta)^2}{1-\cos^2\theta}$$

$$=\frac{(1-\cos\theta)^2}{\sin^2\theta}$$

$$=\left(\frac{1-\cos\theta}{\sin\theta}\right)^2$$

$$=\left(\frac{1}{\sin\theta}-\frac{\cos\theta}{\sin\theta}\right)^2$$

$$=(\text{cosec}\,\theta-\cos\theta)^2$$

$$=(\cot\theta-\text{cosec}\,\theta)^2\quad[\because (a-b)^2=(b-a)]$$

उत्तर (b)

4. $\dfrac{\cot A+\tan B}{\cot B+\tan A}$

(a) $\cot B\tan A$ (b) $\cot A\tan A$

(c) $\cot A\tan B$ (d) इनमें से कोई नहीं

हल: $\dfrac{\cot A+\tan B}{\cot B+\tan A}=\dfrac{\frac{\cos A}{\sin A}+\frac{\sin B}{\cos B}}{\frac{\cos B}{\sin B}+\frac{\sin A}{\cos A}}$

$$=\frac{\frac{\cos A\cos B+\sin A\sin B}{\sin A\ \cos B}}{\frac{\cos A\cos B+\sin A\sin B}{\cos A\ \sin B}}$$

$$=\frac{\cos A\sin B}{\sin A\cos B}=\cot A\cdot\tan B$$

उत्तर (c)

5. $\sqrt{\dfrac{1+\cos\theta}{1-\cos\theta}}=?$

(a) $\cos\theta+\tan\theta$ (b) $\text{cosec}\,\theta+\cot\theta$

(c) $\cot\theta+\cot^2\theta$ (d) इनमें से कोई नहीं

हल: $\sqrt{\dfrac{1+\cos\theta}{1-\cos\theta}}=\sqrt{\dfrac{1+\cos\theta}{1+\cos\theta}\times\dfrac{1+\cos\theta}{1+\cos\theta}}$

$$=\sqrt{\frac{(1+\cos\theta)^2}{1+\cos^2\theta}}$$

$$=\sqrt{\frac{(1+\cos\theta)^2}{\sin^2\theta}}$$

$$=\sqrt{\left(\frac{1}{\sin\theta}+\frac{\cos\theta}{\sin\theta}\right)^2}$$

$$=\sqrt{(\text{cosec}\,\theta+\cot\theta)^2}$$

$$=\text{cosec}\,\theta+\cot\theta$$

उत्तर (b)

6. $\tan 1^\circ\tan 2^\circ\tan 3^\circ\ldots\tan 45^\circ\ldots\tan 89^\circ$ का मान ज्ञात करें।

$\tan 1^\circ\tan 2^\circ\tan 3^\circ\ldots\tan 45^\circ\ldots\tan 89^\circ$

हल: $(\tan 1^\circ\tan 89^\circ)(\tan 2^\circ\tan 88^\circ)\ldots(\tan 44^\circ\tan 46^\circ)\ldots\tan 45^\circ$

$$=[\tan 1^\circ\tan(90^\circ-1^\circ)][\tan 2^\circ\tan(90^\circ-2^\circ)]$$

$$[\tan 44^\circ\tan(99^\circ-44^\circ)]\ldots\tan 45^\circ$$

$$=[\tan 1^\circ\cdot\cot 1^\circ][\tan 2^\circ\cdot\cot 2^\circ][\tan 4^\circ\cdot\cot 44^\circ]\quad 1$$

1 1 1 1

= 1 उत्तर

7. $\dfrac{\cos 41^\circ}{\sin 49^\circ}-\dfrac{\sin 72^\circ}{\cos 18^\circ}$ का मान ज्ञात करें।

(a) 0 (b) 1

(c) 2 (d) इनमें से कोई नहीं

हल: $\frac{\cos 41^\circ}{\sin 49^\circ}-\frac{\sin 72^\circ}{\cos 18^\circ}=\frac{\cos(90^\circ-45^\circ)}{\sin 45^\circ}-\frac{\sin(90^\circ-18^\circ)}{\cos 18^\circ}$

$=\frac{\sin 45^\circ}{\sin 45^\circ}-\frac{\cos 18^\circ}{\cos 18^\circ}$

$=1-1=0$

उत्तर (a)

8. अगर $\sin A=\frac{4}{5}\cos B=\frac{5}{13}$ और $0\ \angle A\ \angle 90^\circ,\ 0\ \angle B\ \angle 90^\circ$ तब $\sin(A+B)$ बराबर है।

(a) $\frac{2}{13}$ (b) $\frac{51}{65}$

(c) $\frac{53}{65}$ (d) इनमें से कोई नहीं

हल: पाइथागोरस प्रमेय से,

अगर $\sin A=\frac{4}{5}$

तब $\cos A=\frac{3}{5}$

उसी प्रकार, अगर $\cos B=\frac{5}{13}$

तब $=\sin B=\frac{12}{13}$

अब,

$\sin(A+B)=\sin A\cos B+\cos A\sin B$

$=\frac{4}{5}\times\frac{5}{13}+\frac{3}{5}\times\frac{12}{13}=\frac{56}{65}$

9. $\sqrt{2+\sqrt{2+2\cos 4\theta}}=?$

(a) $2\sec\theta$ (b) $2\cos\theta$

(c) $2\tan\theta$ (d) इनमें से कोई नहीं

हल : $\sqrt{2+\sqrt{2+(1+\cos 2\theta)}}=\sqrt{2+\sqrt{2\times 2\cos^2 2\theta}}$

$=\sqrt{2+2\cos^2\theta}$

$=\sqrt{2+(1+\cos^2\theta)}$

$=\sqrt{2-2\cos^2\theta}$

$=2\cos\theta$

उत्तर (b)

10. $\frac{\tan 40^\circ+\tan 20^\circ}{1-\tan 40^\circ\cdot\tan 20^\circ}$ का मान है

(a) $\sqrt{3}$ (b) $\frac{1}{\sqrt{3}}$

(c) 2 (d) इनमें से कोई नहीं

हल: $\frac{\tan 40^\circ+\tan 20^\circ}{1-\tan 40^\circ\cdot\tan 20^\circ}=\tan(40^\circ+20^\circ)=\tan 60^\circ$

$=\sqrt{3}$

उत्तर (a)

11. यदि $4x=\sec\theta$ तथा $\frac{4}{x}=\tan\theta$ हो, तो $8\left(x^2-\frac{1}{x^2}\right)$ क्या होगा?

(a) $\frac{1}{16}$ (b) $\frac{1}{8}$

(c) $\frac{1}{2}$ (d) $\frac{1}{4}$

हल: $4x=\sec\theta$

$x=\frac{\sec\theta}{4}$

$\frac{4}{x}=\tan\theta$

$\frac{1}{x}=\tan\theta$

$\therefore 8\left(x^2-\frac{1}{x^2}\right)$

$=8\left(\frac{\sec^2\theta}{16}-\frac{\tan^2\theta}{16}\right)=\frac{8}{16}(\sec^2\theta-\tan^2\theta)=\frac{1}{2}$

उत्तर (c)

12. यदि $2-\cos^2\theta=3\sin\theta\cos\theta,\sin\theta\neq\cos\theta$ हो तो $\tan\theta$ कितना होगा?

(a) $\frac{1}{2}$ (b) 0

(c) $\frac{2}{3}$ (d) $\frac{1}{3}$

हल: $2-\cos^2\theta=3\sin\theta\cdot\cos\theta$

$\cos^2\theta$ से भाग देने पर,

$\frac{2}{\cos^2\theta}-1=\frac{3\sin\theta\cdot\cos\theta}{\cos^2\theta}$

$2\sec^2\theta-1=3\tan\theta$

$2(1+\tan^2\theta)-1=3\tan\theta$

$2\tan^2\theta+2-1=3\tan\theta$

$2\tan^2\theta-3\tan\theta+1=0$

$2\tan^2\theta-2\tan\theta-\tan\theta+1=0$

$2\tan\theta(\tan\theta-1)-1(\tan\theta-1)=0$

$(2\tan\theta-1)(\tan\theta-1)=0$

$=\tan\theta=\frac{1}{2}$ या 1

उत्तर (a)

13. यदि $\sec\theta - \text{cosec}\,\theta = 0$ हो, तो $(\sec\theta + \text{cosec}\,\theta)$ का मान कितना होगा?

(a) $\frac{\sqrt{3}}{2}$ (b) $\frac{2}{\sqrt{3}}$

(c) 0 (d) $2\sqrt{2}$

हल : $\sec\theta - \text{cosec}\,\theta = 0 \Rightarrow \sec\theta = \text{cosec}\,\theta$

$\frac{1}{\cos\theta} = \frac{1}{\sin\theta}$

$\sin\theta = \cos\theta$

$\tan\theta = 1 \tan 45°$

$\theta = 45°$

$\therefore \sec\theta + \cos ec\theta$

$= \sec 45° + \text{cosec}\, 45° = \sqrt{2} + \sqrt{2} = 2\sqrt{2}$

उत्तर (d)

14. $\sin\theta + \cos\theta = \sqrt{2}\cos(90 - \theta)$ हो, तो $\cot\theta$ कितना होगा?

(a) $\sqrt{2}+1$ (b) 0

(c) $\sqrt{2}$ (d) $\sqrt{2}-1$

हल : $\sin\theta + \cos\theta$

$= \sqrt{2}\cos(90° - \theta)$

$\sin\theta + \cos\theta = \sqrt{2}\sin\theta$

वर्ग करने पर

$\cos^2\theta + \sin^2\theta + 2\cos\theta - \sin\theta = 2\sin^2\theta$

$\Rightarrow \cos^2\theta = \sin^2\theta - 2\cos\theta - \sin\theta$

$\sin^2\theta$ से भाग देने पर

$\cot^2\theta = 1 - 2\cot\theta$

$\Rightarrow \cot^2\theta + 2\cot\theta - 1 = 0$

$\therefore \cot\theta = \frac{-2 \pm \sqrt{4+4}}{2} = \frac{-2 \pm 2\sqrt{2}}{2} = \sqrt{2} - 1$

उत्तर (d)

15. यदि $P\sin\theta = \sqrt{3}$ तथा $P\cos\theta = 1$ हो तो P का मान कितना होगा?

(a) $\frac{1}{2}$ (b) $\frac{2}{\sqrt{3}}$

(c) $\frac{-1}{3}$ (d) 2

हल : $P\cos\theta = \sqrt{3} : P\cos\theta = 1$

वर्ग करके जोडने पर

$P^2\sin^2\theta + P^2\cos^2\theta = 3 + 1$

$P^2(\sin^2\theta + \cos^2\theta) = 4$

$P^2 = 4 \Rightarrow P = 2$

उत्तर (d)

16. $[1 + \sec 20° + \cot 70°]$
$[1 - \text{cosec}\, 20° + \tan 70°]$ का मान कितना होगा

(a) 0 (b) –1

(c) 2 (d) 1

हल: $(1 + \sec 20° + \cot 70°)(1 - \text{cosec}\, 20° + \tan 70°)$

$= (1 + \sec 20° + \tan 70°)(1 - \text{cosec}\, 20° + \cot 20°)$

$[\because \tan(90° - \theta)] = \cot\theta; \cot(90° - \theta)\tan\theta]$

$= \left(1 + \frac{1}{\cos 20°} + \frac{\sin 20°}{\cos 20°}\right)\left(1 - \frac{1}{\sin 20°} + \frac{\cos 20°}{\sin 20°}\right)$

$= \frac{1 + \cos 20° + \sin 20°}{\cos 20°} \times \frac{\sin 20° - 1 + \cos 20°}{\sin 20°}$

$\frac{(\cos 20° + \sin 20°)^2 - 1}{\sin 20 \cdot \cos 20}$

$= \frac{\cos^2 20° + \sin^2 20° + 2\sin 20° \cdot \cos 20° - 1}{\sin 20° \cdot \cos 20°}$

$[\because \sin^2\theta + \cos^2\theta = 1]$

$= 2$

उत्तर (c)

17. यदि $0 \le \alpha \le \frac{\pi}{2}$ तथा $2\sin\alpha + 15\cos^2\alpha = 7$ हो तो $\cot\alpha$ का मान कितना होगा?

(a) $\frac{1}{2}$ (b) $\frac{5}{4}$

(c) $\frac{3}{4}$ (d) $\frac{1}{4}$

हल: $2\sin\alpha + 15\cos^2\alpha = 7$

$2\sin\alpha + 15 - 15\sin^2\alpha = 7$

$15\sin^2\alpha - 2\sin\alpha - 8 = 0$

$15\sin^2\alpha - 12\sin^2\alpha + 10\sin\alpha - 8 = 0$

$3\sin\alpha[5\sin\alpha - 4] + 2(5\sin\alpha - 4) = 0$

$(3\sin\alpha + 2)(5\sin\alpha - 4) = 0$

$\sin\alpha = \frac{4}{5}$ क्योंकि $\sin\alpha \ne \frac{-2}{3}$

$\cos\alpha = \sqrt{1 - \frac{16}{25}} = \frac{3}{5}$

$\therefore \cot\alpha = \frac{\cos\alpha}{\sin\alpha} = \frac{\frac{3}{5}}{\frac{4}{5}} = \frac{3}{4}$

उत्तर (c)

18. यदि $\sin 2\theta = \frac{1}{2}$ हो तो, $\cos(75° - \theta)$ का मान क्या होगा?

(a) 1 (b) $\frac{1}{2}$

(c) $\frac{\sqrt{3}}{2}$ (d) $\frac{1}{\sqrt{2}}$

हल : $\sin 2\theta = \frac{1}{2}\sin 30°$

$2\theta = 30°$

$\theta = 15°$

$\therefore \cos(75-\theta) = \cos(75° - 15°) = \cos 60° = \frac{1}{2}$

उत्तर (b)

19. यदि $\sin p + \operatorname{cosec} p = 2$ तो, $\sin^7 p + \operatorname{cosec}^7 p$ का मान क्या है?
   (a) 2^7 (b) 0
   (c) 1 (d) 2

हल : $\sin p + \operatorname{cosec} p = 2$

$\sin p + \frac{1}{\sin p} = 2$

$\sin^2 p + 1 = 2\sin p$

$\sin^2 p - 2\ \sin p + 1 = 0$

$(\sin p - 1)^2 = 0$

$\sin p = 1$ एवं $\operatorname{cosec} p = 1$

$\sin^7 p + \operatorname{cosec}^7 p = 1 + 1 = 2$

उत्तर (d)

20. $\sin(45+\theta) - \cos(45-\theta)$ किसके बराबर है?
   (a) $2\sin\theta$ (b) 1
   (c) $2\cos\theta$ (d) 0

हल : $\cos(90° - (45+\theta) - \cos(45-\theta)$

$[\because \cos(90° - \theta) = \sin\theta]$

$= \cos(45-\theta) - \cos(45-\theta) = 0$

उत्तर (d)

ऊँचाई एवं दूरी (Height and Distance)

इस अध्याय में सामान्यत: एक या एक से अधिक समकोण त्रिभुज पर आधारित प्रश्न पूछे जाते हैं, जिसमे, लम्ब, कर्ण, आधार में से कोई एक या एक से अधिक हिस्सा ज्ञात करना होता है।

महत्त्वपूर्ण तथ्य (Important Facts)

कोण (Angle): किसी वस्तु के अवलोकन में क्षैतिज रेखा तथा दृश्य रेखा के बीच के कोण का अध्ययन इस अध्याय में होता है।

क्षैतिज रेखा (Horizontal Line): अभिदृश्य के सामने धरती के सामानान्तर खींची गई रेखा क्षैतिज रेखा कहलाती है।

दृश्य रेखा (Line of vision): अभिदृश्य से देखी जाने वाली वस्तु का मिलान रेखा दृश्य रेखा कहलाती है।

उन्नयन कोण (Angle of Elevation): जब वस्तु के अवलोकन के लिए आँख (अभिदृश्यक) को ऊपर उठाना पड़े तो क्षैतिज रेखा और दृश्य रेखा के बीच अभिदृश्यक (आँख) पर बना कोण उन्नयन कोण कहलाता है।

अवनमन कोण (Angle of Depression): जब वस्तु के अवलोकन के लिए अभिदृश्यक (आँख) को नीचे झुकाना पड़े तो क्षैतिज रेखा और दृश्य रेखा के बीच अभिदृश्यक (आँख) पर बना कोण अवनमन कोण कहलाता है।

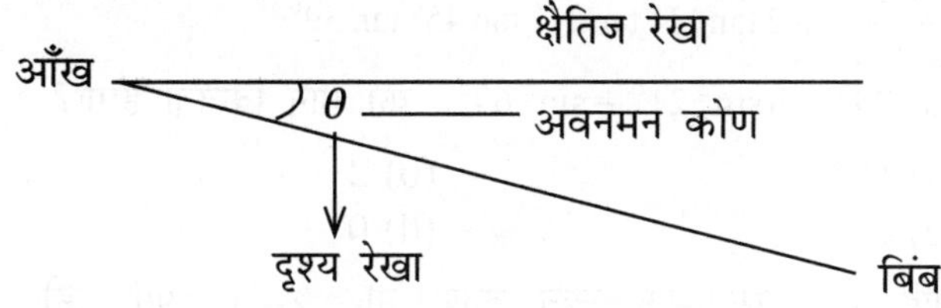

1. 15 मीटर लम्बा एक खम्बा दीवार के सहारे जमीन से 60° कोण पर टिका हुआ है, तो खंभा दीवार की किस ऊँचाई पर पहुँचेगा?
   (a) 10 मीटर (b) 12.99 मीटर
   (c) 9 मीटर (d) 11.50 मीटर

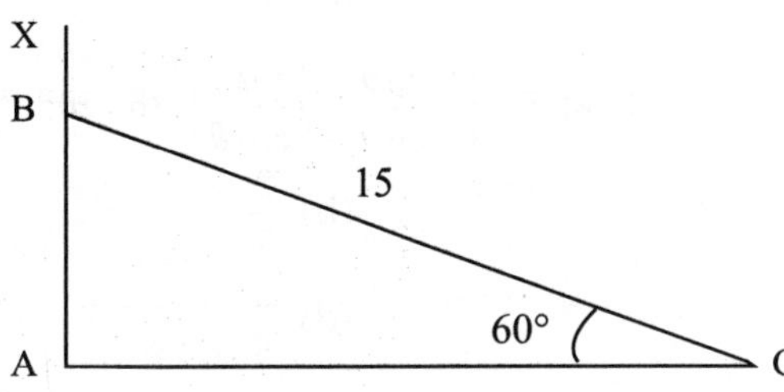

हल: माना AX दीवार के B बिन्दु पर BC खंभा जमीन से 60° का कोण बनाते हुए छूता है।

$\therefore\ \sin 60° = \frac{BA}{15} \Rightarrow \frac{\sqrt{3}}{2} = \frac{BA}{15}$

$\Rightarrow\ BA = \frac{15\sqrt{3}}{2}$

$\therefore$ दीवार की उँचाई जहाँ खंभा छूता है।

$= AB = \frac{15\sqrt{3}}{2}$

$\frac{15 \times 1.732}{2} = 12.99$ मी0

उत्तर (b)

2. जब सूर्य क्षैतिज से 30° ऊपर हो, तो 50 मीटर ऊँचे भवन द्वारा डाली गई परछाई क्या होगी?
   (a) $25\sqrt{3}$ मी0 (b) $50\sqrt{3}$ मी0
   (c) 50 मी0 (d) 25 मी0

हल: माना AB भवन तथा D सूर्य है।

$\therefore$ छाया = AE तथा $\angle E = 30°$ होगा

$\therefore\ \tan 30° = \frac{AB}{AE} = \frac{1}{\sqrt{3}} = \frac{50}{AE}$

$\therefore$ AE (छाया) $= 50\sqrt{3}$ मीटर

उत्तर (b)

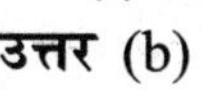

अभ्यास प्रश्न (Practice Questions)

1. $\frac{\sin 39^\circ}{\cos 51^\circ} + 2\tan 11^\circ \tan 31^\circ \tan 45^\circ \tan 59^\circ$
$\tan 79^\circ - 3(\sin^2 21^\circ + \sin^2 69^\circ)$ का मान कितना होगा?
(a) 1 (b) 2
(c) −1 (d) 0

2. यदि x, y धनात्मक न्यून कोण हों, $x+y<90^\circ$ हो, और $\sin(2x-20^\circ) = \cos(2y+20^\circ)$ हो तो $\sec(x+y)$ का मान कितना होगा?
(a) $\sqrt{2}$ (b) $\frac{1}{\sqrt{2}}$
(c) 1 (d) 0

3. यदि $5\tan\theta = 4$ हो तो $\left(\frac{5\sin\theta - 3\cos\theta}{5\sin\theta + 3\cos\theta}\right)$ का मान क्या होगा?
(a) $\frac{1}{7}$ (b) $\frac{2}{7}$
(c) $\frac{5}{7}$ (d) $\frac{2}{5}$

4. $(4\sec^2\theta + 9\text{cosec}^2\theta)$ का न्यूनतम मान कितना होगा?
(a) 1 (b) 19
(c) 25 (d) 7

5. यदि $\tan(x+y)\tan(x-y) = 1$ हो तो $\tan\left(\frac{2x}{3}\right)$ का मान क्या होगा?
(a) $\frac{1}{\sqrt{3}}$ (b) $\frac{2}{\sqrt{3}}$
(c) $\sqrt{3}$ (d) 1

6. $\sin^2 5^\circ + \sin^2 25^\circ + \sin^2 45^\circ + \sin^2 65^\circ + \sin^2 85^\circ$ बराबर है।
(a) 1.5 (b) 2
(c) 2.5 (d) 3

7. यदि $\sin(A+B) = 1$ और $\cos(A-B) = \frac{\sqrt{3}}{2}$ जहाँ A तथा B धनात्मक न्यून कोण हैं और $A \geq B$ तो A तथा B हैं।
(a) $A=75^\circ, B=15^\circ$ (b) $A=60^\circ, B=30^\circ$
(c) $A=45^\circ, B=45^\circ$ (d) इनमें से कोई नहीं

8. यदि $\sec\theta + \tan\theta = \sqrt{3}$ तो $\sin\theta$ का धनात्मक मान है।
(a) 0 (b) $\frac{1}{2}$
(c) $\frac{\sqrt{3}}{2}$ (d) 1

9. यदि $\triangle ABC$ में, $\angle A = 90^\circ$, $BC = a$, $AC = b$ और $AB = c$ तो $\tan B \quad \tan C$ का मान है।
(a) $\frac{c^2}{ab}$ (b) $\frac{a^2+c^2}{b}$
(c) $\frac{b^2}{ac}$ (d) $\frac{a^2}{bc}$

10. $\tan 7^\circ \tan 23^\circ \tan 60^\circ \tan 67^\circ \tan 93^\circ$ बराबर है।
(a) 0 (b) $\sqrt{3}$
(c) $\frac{1}{\sqrt{3}}$ (d) 1

11. यदि $\tan(\theta_1+\theta_2) = \sqrt{3}$ और $\sec(\theta_1-\theta_2) = \frac{2}{\sqrt{3}}$, तो $\sin 2\theta_1 + \tan 3\theta_2$ का मान है।
(मान लें कि $0 < \theta_1 - \theta_2 < \theta_1 + \theta_2 < 90^\circ$)
(a) 0 (b) 3
(c) 1 (d) 2

12. $\sin^2 21^\circ + \sin^2 69^\circ$ किसके बराबर है?
(a) 1 (b) 0
(c) $2\sin^2 21^\circ$ (d) $2\sin^2 69^\circ$

13. यदि $3\sin^2\alpha + 7\cos^2\alpha = 4$ तो $\tan\alpha$ का मान है (जहाँ $0<\alpha<30^\circ$)
(a) $\sqrt{2}$ (b) $\sqrt{5}$
(c) $\sqrt{3}$ (d) $\sqrt{6}$

14. यदि θ के किसी भी मान के लिए $A = \sin^2\theta + \cos^4\theta$ हो, तो A का मान कितना होगा?
(a) $1 \leq A \leq 2$ (b) $\frac{3}{4} \leq A \leq 1$
(c) $\frac{13}{16} \leq A \leq 1$ (d) $\frac{3}{4} \leq A \leq \frac{13}{16}$

15. यदि $\sin\theta + \text{cosec}\,\theta = 2$ तो $0^\circ \leq \theta \leq 90^\circ$ की स्थिति में $\sin^5\theta + \text{cosec}^5\theta$ का मान कितना होगा?
(a) 0 (b) 1
(c) 10 (d) 2

16. $\sin^2 5^\circ + \sin^2 10^\circ + \sin^2 15^\circ + \ldots.. + \sin^2 85^\circ + \sin^2 90^\circ$ किसके बराबर होगा?
(a) $7\frac{1}{2}$ (b) $8\frac{1}{2}$
(c) 9 (d) $9\frac{1}{2}$

17. यदि $\tan 2\theta, \tan 4\theta = 1$, तो $\tan 3\theta$ का मान क्या होगा?
(a) $\sqrt{3}$ (b) 0
(c) 1 (d) $\frac{1}{\sqrt{3}}$

18. यदि $\sin\alpha + \cos\beta = 2$ तो $(0^\circ \leq \beta < \alpha \leq 90^\circ)$, तो $\sin\left(\frac{2\alpha+\beta}{3}\right)$ बराबर होगा।
(a) $\sin\frac{\alpha}{2}$ (b) $\cos\frac{\alpha}{3}$
(c) $\sin\frac{\alpha}{3}$ (d) $\cos\frac{2\alpha}{3}$

19. $\cot 10^\circ \cdot \cot 20^\circ \cdot \cot 60^\circ \cdot \cot 70^\circ \cdot \cot 80^\circ$ का मान है।

(a) 1 (b) -1

(c) $\sqrt{3}$ (d) $\frac{1}{\sqrt{3}}$

20. यदि $\sin\alpha \sec(30^\circ+\alpha) = 1 (0 < \alpha < 60^\circ)$ तो $\sin\alpha + \cos 2\alpha$ का मान है।

(a) 1 (b) $\frac{2+\sqrt{3}}{2\sqrt{3}}$

(c) 0 (d) $\sqrt{2}$

21. $(\sec x \sec y + \tan x \tan y)^2 - (\sec x \tan y + \tan x \sec y)^2$ का सरलीकृत मान है:-

(a) -1 (b) 0

(c) $\sec^2 x$ (d) 1

22. $\sin^2 5^\circ + \sin^2 6^\circ + ... + \sin^2 84^\circ + \sin^2 85^\circ = ?$

(a) $39\frac{1}{2}$ (b) $40\frac{1}{2}$

(c) 40 (d) $39\frac{1}{\sqrt{2}}$

23. यदि $\sin\theta + \operatorname{cosec}\theta = 2$, तो $\sin^{100\theta}$ $\operatorname{cosec}^{100\theta}$ का मान है:-

(a) 1 (b) 2

(c) 3 (d) 100

24. $\frac{\sin 39^\circ}{\cos 51^\circ} + 2\tan 11^\circ \tan 31^\circ \tan 45^\circ \tan 59^\circ \tan 79^\circ - 3(\sin^2 21^\circ + \sin^2 69^\circ)$ का मान क्या होगा?

(a) 2 (b) -1

(c) 1 (d) 0

25. यदि $\frac{\cos^2\theta}{\cot^2\theta - \cos^2\theta} = 3$ तथा $0^\circ < \theta < 90^\circ$ हो तो θ का मान कितना होगा?

(a) 30° (b) 45°

(c) 60° (d) 90°

26. यदि $A = \tan 11^\circ \tan 21^\circ, B = 2\cot 61^\circ \cot 75^\circ$ हो, तो निम्न में कौन सही है?

(a) $A = 2B$ (b) $A = -2B$

(c) $2A = B$ (d) $2A = -B$

27. यदि $\cos^2\alpha + \cos^2\beta = 2$ हो तो $\tan^3\alpha + \sin^5\beta$ का मान कितना होगा?

(a) -1 (b) 0

(c) 1 (d) $\frac{1}{\sqrt{3}}$

28. यदि $\tan 15^\circ = 2 - \sqrt{3}$ हो, तो $\tan 25^\circ \cot 75^\circ + \tan 75^\circ + \cot 15^\circ$ का मान क्या होगा?

(a) 14 (b) 12

(c) 10 (d) 8

29. यदि θ न्यून कोण हो और $\tan\theta + \cot\theta = 2$ हो तो $\tan^5\theta + \cot^{10}\theta$ का मान कितना होगा?

(a) 1 (b) 2

(c) 3 (d) 4

30. $(\sin^2 1^\circ + \sin^2 3^\circ + \sin^2 5^\circ + \cdots + \sin^2 85^\circ + \sin^2 87^\circ + \sin^2 89^\circ)$ का मान कितना होगा?

(a) $21\frac{1}{2}$ (b) 22

(c) $22\frac{1}{2}$ (d) $23\frac{1}{2}$

31. यदि $\sin\theta - \cos\theta = \frac{7}{13}$ और $0 < \theta < 90^\circ$ हो, तो $\sin\theta + \cos\theta$ का मान कितना होगा?

(a) $\frac{17}{13}$ (b) $\frac{13}{17}$

(c) $\frac{1}{13}$ (d) $\frac{1}{17}$

32. $\sin^2 1^\circ + \sin^2 5^\circ + \sin^2 9^\circ + \cdots + \sin^2 89^\circ$ का मान क्या होगा?

(a) $11\frac{1}{2}$ (b) $11\sqrt{2}$

(c) 11 (d) $\frac{11}{\sqrt{2}}$

33. $\cot 18^\circ \left(\cot 72^\circ \cos^2 22^\circ + \frac{1}{\tan 72^\circ \sec^2 68^\circ}\right)$ का संख्यात्मक मान कितना है?

(a) 1 (b) $\sqrt{2}$

(c) 3 (d) $\frac{1}{\sqrt{3}}$

34. $10\sqrt{3}$ मीटर ऊँचे एक भवन के शिखर से देखे गए दो बिन्दु P तथा Q हैं। यदि उन बिन्दुओं के अवनमन कोण, परस्परक पूरक हों और PQ = 20 मीटर हो, तो बिन्दु P की उस भवन से दरी कितनी होगी?

(a) 25 मी0 (b) 45 मी0

(c) 30 मी0 (d) 40 मी0

35. एक पेड़ आँधी में टूट गया है। उस पेड़ का शीर्ष भूतल से 30° के कोण पर टिका है और उसकी दूरी उसकी जड़ से 30 मी0 है। तदनुसार उस पेड़ की ऊँचाई कितनी थी?

(a) $25\sqrt{3}$ मी0 (b) $30\sqrt{3}$ मी0

(c) $15\sqrt{3}$ मी0 (d) $20\sqrt{3}$ मी0

36. 90 मीटर ऊँची एक चट्टान के शिखर से देखने पर, एक मीनार के शिखर तथा तल के अवनमन कोण क्रमशः 30° तथा 60° है। तदनुसार उस मीनार की ऊँचाई कितनी होगी?

(a) 45 मी0 (b) 60 मी0

(c) 75 मी0 (d) 30 मी0

37. एक मीनार की ऊँचाई h है और मीनार के शिखर का उन्नयन कोण α है। मीनार की दिशा में $\frac{h}{2}$ दूरी तक चलने के बाद उन्नयन कोण β हो जाता है। तदनुसार $\cot\alpha - \cot\beta$ का मान क्या होगा?

(a) 1 (b) 2
(c) $\frac{1}{2}$ (d) $\frac{2}{3}$

38. भूमितल से एक भवन के शीर्ष तथा भवन के शीर्ष पर स्थित चिमनी के शीर्ष के उन्नयन कोण क्रमशः x तथा 45° तथा उस भवन की ऊँचाई h मी है। तदनुसार चिमनी की ऊँचाई मीटर में कितनी होगी?

(a) $h\cot x + h$ (b) $h\cot x - h$
(c) $h\tan x - h$ (d) $h\tan x + h$

39. एक भवन के शीर्ष एवं अधोभाग से उन्नयन कोण क्रमशः x और y हैं। तदनुसार यदि उस पेड़ की ऊँचाई h मीटर हो, तो उस भवन की ऊँचाई कितने मीटर है?

(a) $\frac{h\cot x}{\cot x + \cot y}$ (b) $\frac{h\cot y}{\cot x + \cot y}$
(c) $\frac{h\cot x}{\cot x - \cot y}$ (d) $\frac{h\cot y}{\cot x - \cot y}$

40. एक व्यक्ति एक सीढ़ी पर चढ़ रहा है, जो दीवार के साथ 30° के कोण पर झुकी हुई है। यदि वह व्यक्ति 2 मी0/से0 की गति से चढ़े, तो वह दीवार तक किस गति से पहुँचेगा?

(a) 1.5 मी0/से0 (b) 1 मी0/से0
(c) 2 मी0/से0 (d) 2.5 मी0/से0

41. जब सूर्य का उन्नयन कोण 30° से 60° तक बढ़ जाता है तो एक खम्भे की छाया 5 मी0 कम हो जाती है तदनुसार उस खम्भे की ऊँचाई कितनी होगी?

(a) $\frac{5\sqrt{3}}{2}$ मी0 (b) $\frac{2\sqrt{3}}{5}$ मी0
(c) $\frac{2}{5\sqrt{3}}$ मी0 (d) $\frac{4}{5\sqrt{3}}$ मी0

42. एक क्षैतिज समतल पर स्थित टॉवर के शिखर के, टॉवर के पाद से गुजर रही रेखा पर क्रमशः 9 फीट तथा 16 फीट की दूरी पर दो बिंदुओं से उन्नयन कोण पूरक कोण हैं। तो टॉवर की ऊँचाई क्या होगी।

(a) 9 फीट (b) 12 फीट
(c) 16 फीट (d) 14 फीट

43. एक सीढ़ी 10 मीटर की ऊँचाई पर एक दीवार से खड़ी हुई है। यदि सीढ़ी जमीन के साथ 30° का कोण बनाती हो, तो सीढ़ी के पाद की दीवार से कितनी दूरी होगी।

(a) $\frac{10}{\sqrt{3}}$ मी0 (b) $\frac{20}{\sqrt{3}}$ मी0
(c) $10\sqrt{3}$ मी0 (d) $20\sqrt{3}$ मी0

44. एक मीनार के पाद से x तथा y की दूरी पर दो बिंदुओं से मीनार के शिखर के उन्नयन कोण पूरक हैं। मीनार की ऊँचाई क्या होगी?

(a) $\sqrt{\frac{x}{y}}$ (b) $\sqrt{x+y}$
(c) $\sqrt{xy}$ (d) $\frac{x}{y}$

45. एक सड़क के दोनों तरफ एक दूसरे के सामने दो ऊर्ध्वाधर खंभे हैं। उनमें एक 108 मीटर ऊँचा है। एक खंभे के शीर्ष से दूसरे खंभे के अधोभाग तक के अवनमन कोण क्रमशः 30° तथा 60° हैं। तदनुसार दूसरे खंभे की ऊँचाई कितने मीटर होगी?

(a) 36 (b) 72
(c) 108 (d) 110

उत्तरमाला (Answer Key)

1. (d)	2. (a)	3. (a)	4. (c)	5. (a)	6. (c)	7. (b)	8. (b)
9. (d)	10. (b)	11. (d)	12. (a)	13. (c)	14. (c)	15. (d)	16. (d)
17. (c)	18. (b)	19. (a)	20. (a)	21. (b)	22. (b)	23. (d)	24. (c)
25. (c)	26. (b)	27. (a)	28. (a)	29. (b)	30. (c)	31. (a)	32. (a)
33. (a)	34. (c)	35. (b)	36. (b)	37. (c)	38. (b)	39. (c)	40. (b)
41. (a)	42. (b)	43. (c)	44. (c)	45. (b)			

हल (Solutions)

1. (d)

$$= \frac{\sin 39°}{\cos(90° - 39°)} + 2\tan 11° \cdot \tan 32°$$

$$\tan 45° \cdot \tan(90° - 31°) \cdot \tan(90° - 11°) - 3(\sin^2 21° + + \sin^2(90° - 21°)]$$

$$= \frac{\sin 39°}{\sin 39°} + 2\tan 11° \cdot \tan 31° \cdot \tan 45° \cdot \cot 31° \cdot \cot 11°$$

$$-3(\sin^2 21° + \cos^2 21°)$$

$[\because \sin(90° - \theta) = \cos\theta \cdot \cos(90° - \theta)]$

$$= \sin\theta \cdot \tan(90° - \theta) = \cot\theta$$

$$= 1 + 2 - 3 = 0$$

$[\because \sin^2\theta + \cos^2\theta = 1]$

$$\tan\theta \cdot \cot\theta = 1$$

2. (a)

$$\sin(2x - 20°) = \cos(2y + 20°)$$

$$\Rightarrow \sin(2x - 20°) = \sin(90° - 2y - 20°)$$

$$= \sin(70° - 2y)$$

$$\Rightarrow 2x - 20° = 70° - 2y$$

$$= 2(x + y) = 30°$$

$$x + y = 45°$$

$$\therefore \sec(x + y) = \sec 45° = \sqrt{2}$$

4. (c)

$$4\sec^2\theta + 9\,\text{cosec}^2\theta$$

$$= 4(1 + \tan^2\theta) + 9(1 + \cot^2\theta)$$

$$= 4 + 4\tan^2\theta + 9 + 9\cot^2\theta$$

$$= 13 + 4[(\tan\theta - \cot\theta)^2 + 2] + 5\cot^2\theta$$

$[\because \cot\theta \geq 0] = 25$

6. (c)

$$\sin^2 5° + \sin^2 85° + \sin^2 25° + \sin^2 65° + \sin^2 45°$$

$$= \sin^2 5° + \sin^2(50° - 5°) + \sin^2 25° + \sin^2(90° - 25°) + \sin^2 45°$$

$$= \sin^2 5° + \cos^2 5° + \sin^2 25° + \cos^2 25° + \sin^2 45°$$

$$= 1 + 1 + \frac{1}{2} = 2\frac{1}{2} = 2.5$$

9. (d)

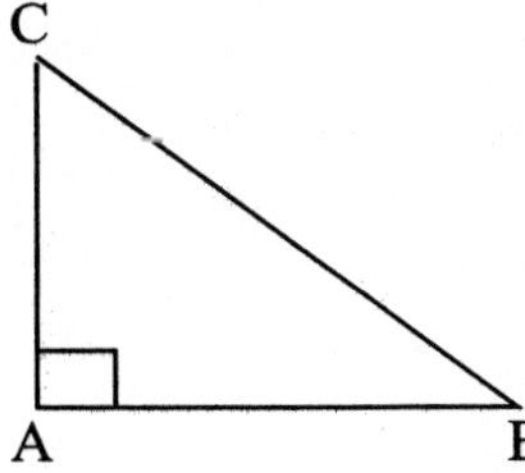

$$\tan B = \frac{AC}{AB} = \frac{b}{c}$$

$$\tan C = \frac{AB}{AC} = \frac{c}{b}$$

$$\tan B + \tan C = \frac{b}{c} + \frac{c}{b} = \frac{b^2 + c^2}{bc} = \frac{a^2}{bc}$$

12. (a)

$$\sin^2 21° + \sin^2 69°$$

$$= \sin^2 21° + \sin^2(90° - 28°)$$

$$= \sin^2 21° + \cos^2 21° = 1$$

14. (b)

जब $\theta = 0°$

$$\sin^2\theta + \cos^4\theta = 1$$

जब $\theta = 45°$

$$\sin^2\theta + \cos^4\theta = \frac{1}{2} + \frac{1}{4} = \frac{3}{4}$$

जब $\theta = 30°$

$$\sin^2\theta + \cos^4\theta = \frac{1}{4} + \frac{9}{16} = \frac{13}{16}$$

17. (c)

$$\tan 2\theta = \frac{1}{\tan 4\theta} = \cot 4\theta$$

$$\tan 2\theta = \tan(90° - 4\theta)$$

$$\Rightarrow 2\theta = 90° - 4\theta$$

$$\Rightarrow 6\theta = 90°$$

$$\Rightarrow \theta = 15°$$

$$\therefore \tan 3\theta = \tan 45° = 1$$

19. (a)

$$\frac{\sin\alpha}{\cos(30° + \alpha)} = 1$$

$$= \frac{\sin\alpha}{\sin(90° - 30 - \alpha)} = 1$$

$$\Rightarrow \frac{\sin\alpha}{\sin(60° - \alpha)} = 1$$

$$\Rightarrow \sin\alpha = \sin(60° - \alpha)$$

$$\alpha = 60° - \alpha$$

$$= 2\alpha = 60° = \alpha - 30°$$

$$\therefore \sin\alpha + \cos 2\alpha = \sin 30° + \cos 60° = \frac{1}{2} + \frac{1}{2} = 1$$

21. (b)

यदि पदों की संख्या = n हो तो

$tn = a+(n-1)d$ से

$85 = 5+(n-1)$

$\Rightarrow\ n-1 = 85-5 = 80$

$n = 81$

$\therefore \sin^2 5° + \sin^2 6° + \cdots + \sin^2 45° + \cdots + \sin^2 84°$

$\sin^2 85°$

$= (\sin^2 5° + \sin^2 85°) + (\sin^2 6° + \sin^2 84°) + \cdots$

$\cdots + 40$ पदों तक $+\sin^2 45°$

$= (\sin^2 5° + \cos^2 5°) + (\sin^2 6° + \cos^2 6°) + \cdots$

40 पदों तक $+\sin^2 45°$

$\begin{bmatrix} \sin(90°-\theta) = \cos\theta \\ \sin^2\theta + \cos^2\theta = 1 \end{bmatrix}$

$= 40 + \frac{1}{2} = 40\frac{1}{2}$

25. (c)

$A = \tan 11° \cdot \tan 29°$

$B = 2\cot 61° \cdot \cot 79°$

$= 2\cot(90° - 29°)\cot(90° - 11°)$

$= 2\tan 29° \cdot \tan 11° \; [\because \cot(90° - \theta) = \tan\theta]$

$= 2A$

29. (b)

$\tan\theta + \cot\theta = 2$

$\tan\theta + \frac{1}{\tan\theta} = 2$

$= \tan^2\theta + 1 = 2\tan\theta$

$\tan^2\theta - 2\tan\theta + 1 = 0$

$(\tan\theta - 1)^2 = 0$

$\Rightarrow \tan\theta = 1 \Rightarrow \cot\theta = 1$

$\therefore \tan^5\theta + \cot^{10}\theta = 1+1 = 2$

30. (c)

यहाँ पदों की संख्या = 45

सूत्र $= tn = a+(n-1)d$ से

$89 = 1+(n-1)\times 2$

$= \frac{88}{2} = m-1 \Rightarrow n = 45$

अब $(\sin^2 1 + \sin^2 85°)$

$+\sin^2 3° + \sin^2 87°) + \cdots + \sin^2 45°$

$= (\sin^2 1° + \cos^2 1°) + (\sin^2 3° + \cos^2 3°) + \cdots +$

22 पदों तक $+\left(\frac{1}{\sqrt{2}}\right)^2 [\because \sin(90° - \theta) = \cos\theta]$

$= 1+1\cdots$ 22 पदों तक $+\frac{1}{2} = 22 + \frac{1}{2} = 22\frac{1}{2}$

33. (a)

$\cot 18°\left(\cot 72° \cdot \cos^2 22° + \frac{1}{\tan 72° \cdot \sec^2 68°}\right)$

$= \cot 18° \cdot \cot 72° \cdot \cos^2 22° + \frac{\cot 18°}{\tan 72° \cdot \sec^2 68°}$

$= \cot 18° \cdot \tan 18° \cdot \cos^2 22° + \frac{\cot 18°}{\cot 28°} \cdot \cos^2 68°$

$= \cos^2 22° + \cos^2 68°$

$= \cos^2 22° + \sin^2 22° = 1$

34. (c)

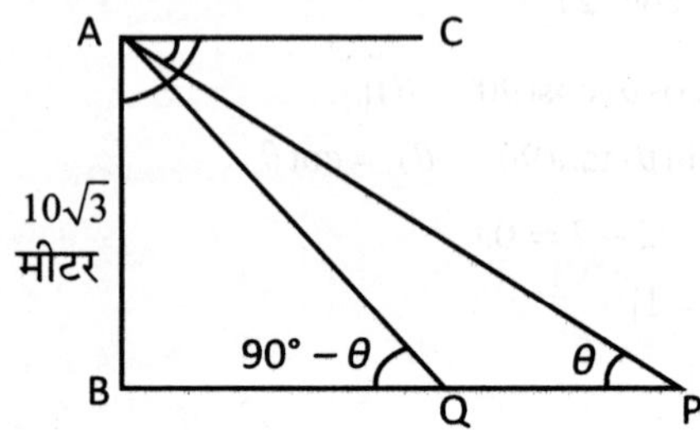

AB = भवन = $10\sqrt{3}$ मी0

PQ = 20 मी0

BQ = x मी0 (माना)

यदि $\angle APB = Q$ तो,

$\angle AQB = 90° - \theta$

Δ ABP से,

$\tan\theta = \frac{AB}{BP}$

$= \frac{10\sqrt{3}}{x+20}$ i)

Δ ABQ से

$\tan(90° - \theta) = \frac{AB}{BQ}$

$\Rightarrow \cot\theta = \frac{10\sqrt{3}}{x}$ ii)

i) × ii)

$\tan\theta \cdot \cot\theta = \frac{10\sqrt{3}}{x+20} \times \frac{10\sqrt{3}}{x}$

$\Rightarrow x^2 + 20x = 10 \times 10 \times 3$

$x^2 + 20x - 300 = 0$

$x^2 + 30x - 10x - 300 = 0$

$\Rightarrow x(x+30) - 10(x+30) = 0$

$(x-10)(x+30) = 0$

$x = 10$ क्योंकि $x \neq -30$

$\therefore BP = 10 + 20 = 30$ मीटर

36. (b)

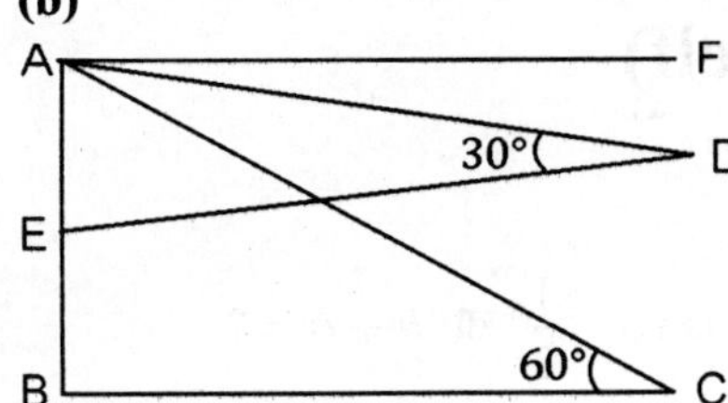

AB = चट्टान = 30 मीटर

$\Delta ADE = 30°$ $\Delta ACB = 60°$

BC = x मी0

CD = मीनार = h मी0

Δ ABC से,

$$\tan 60° = \frac{AB}{BC} \Rightarrow \sqrt{3} = \frac{90}{x}$$

$$x = \frac{90}{\sqrt{3}} = 30\sqrt{3} \text{ मी0}$$

Δ ADE से,

$$\tan 30° = \frac{AE}{ED} = \frac{1}{\sqrt{3}} = \frac{90-h}{30\sqrt{3}}$$

$$90 - h = 30$$

$$h = 90 - 30 = 60 \text{ मीटर}$$

39. (c)

CD = पेड़ = h मी0

AB = भवन = a मीटर

BC = ED = b मीटर

$\therefore \Delta$ AED से,

$$\tan x = \frac{AE}{ED}$$

$$\tan x = \frac{a-h}{b}$$

$$b = (a-h)\cot x \qquad \text{i)}$$

Δ ABC से,

$$\tan y = \frac{AB}{BC} \quad \Rightarrow \quad \tan y = \frac{a}{b}$$

$$\Rightarrow \; b = a\cot y \qquad \text{ii)}$$

समी0 i) एवं ii) सें

$$(a-h)\cot x = a\cot y$$

$$a\cot x - h\cot x = a\cot y$$

$$\Rightarrow \; h\cot x = a(\cot x - \cot y)$$

$$\Rightarrow \; a = \frac{h\cot x}{\cot x - \cot y}$$

40. (b)

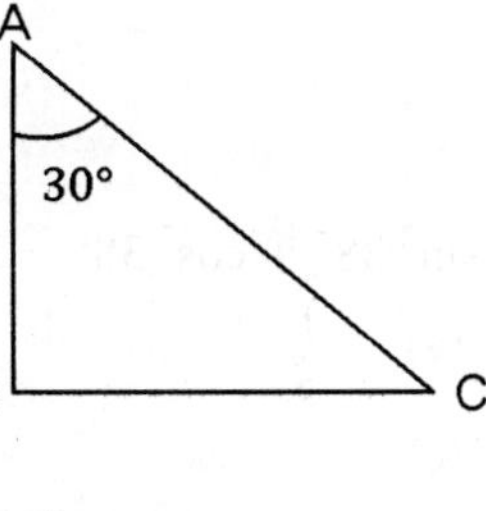

$\Delta BAC = 30°$

$BC = x, AC = y$

$$\therefore \sin 30° = \frac{BC}{AC} \Rightarrow \frac{1}{2} = \frac{x}{y}$$

$$y = 2x$$

1 से0 बाद,

अभिष्ट गति $= \frac{1}{2}y = 2 \times \frac{1}{2} = 1$ मी0/से0

43. (c)

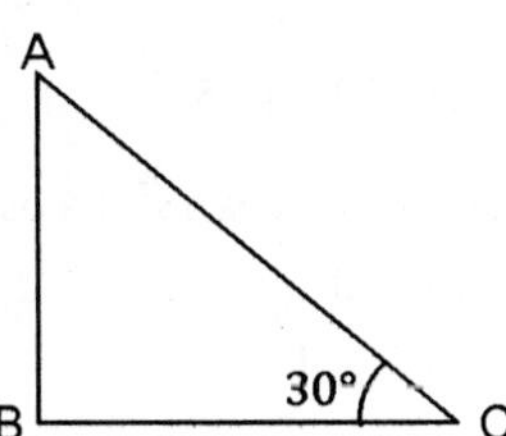

AB = दीवार = 10 मी0

$\Delta ACB = 30°$

BC = x मी0

Δ ABC से,

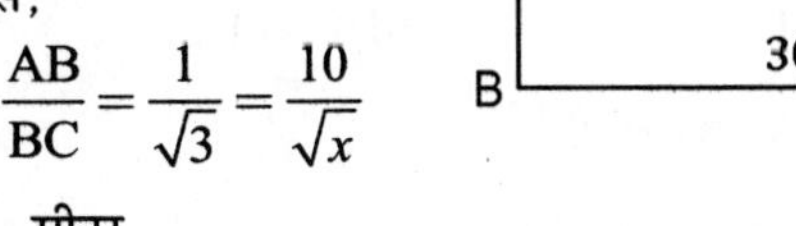

$$\tan 30° = \frac{AB}{BC} = \frac{1}{\sqrt{3}} = \frac{10}{\sqrt{x}}$$

$$x = 10\sqrt{3} \text{ मीटर}$$

44. (c)

BD = x मी0

BC = y मी0

AB = h मी0

$\angle ADB = 90° - \theta$ एवं $\angle ACB = \theta°$

Δ ABC से,

$$\tan\theta = \frac{h}{y}$$

Δ ABD से0,

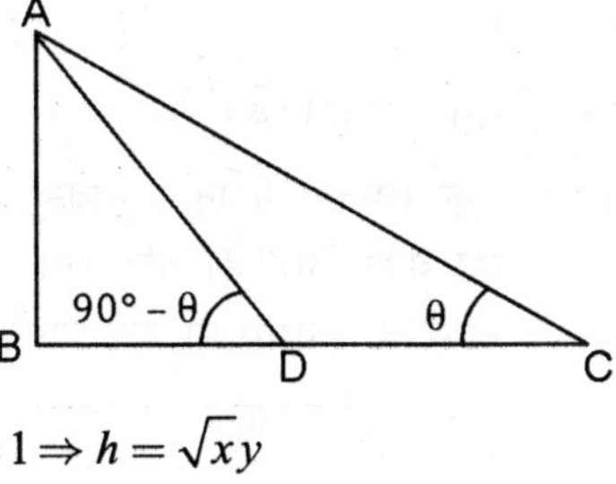

$$\tan(90° - \theta) = \frac{h}{x} = \cot = \frac{h}{x}$$

$$\therefore \tan\theta \cdot \cot\theta = \frac{h}{y} \times \frac{h}{x} = \frac{h^2}{xy} = 1 \Rightarrow h = \sqrt{x}y$$

45. (b)

AB = 108 मी0

CD = x मी0

Δ ABC से0

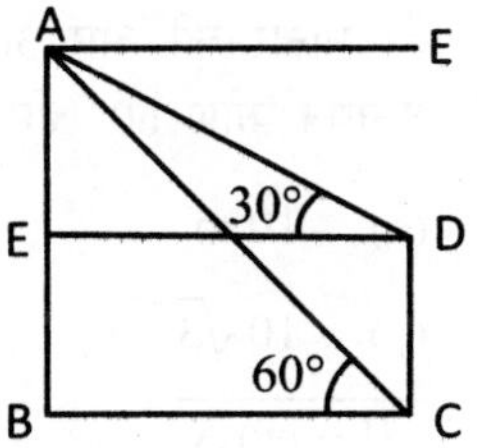

$$\tan 60° = \frac{AB}{BC} = \sqrt{3} = \frac{108}{BC}$$

$$BC = \frac{108}{\sqrt{3}} = 36\sqrt{3}m$$

Δ AED से,

$$\tan 30° = \frac{AE}{ED}$$

$$= \frac{1}{\sqrt{3}} = \frac{108-x}{36\sqrt{3}} = 108 - x = 36$$

$$\Rightarrow \; x = 108 - 36 = 72 \text{ मीटर}$$

परखें अपने आप को (Test Yourself)

1. $\sin^2 38^\circ + \cos^2 38^\circ = ?$

(a) $\frac{1}{2}$ (b) $\sqrt{3}$

(c) 1 (d) 1/3

2. एक Δ की भुजाएँ $A \cdot P$ में है और सबसे बड़ा कोण छोटे कोण का दो गुना है, तो भुजाओ का अनुपात होगा :-

(a) 3 : 4 : 5 (b) 4 : 5 : 6

(c) 2 : 4 : 5 (d) 7 : 8 : 9

3. $\cos 52^\circ + \cos 68^\circ + \cos 172^\circ$ का मान क्या होगा?

(a) 0 (b) 1

(c) – 1 (d) – 1/2

4. $\tan 70^\circ$ के बराबर है?

(a) $\tan 50^\circ + \tan 20^\circ$

(b) $2\tan 50^\circ + \tan 20^\circ$

(c) $\tan 50^\circ + 2\tan 20^\circ$

(d) $2\tan 50^\circ + 2\tan 20^\circ$

5. $\left(\frac{\tan 50^\circ}{\cot 55^\circ} + \frac{\cot 78^\circ}{\tan 12^\circ} + \frac{\sin 160^\circ}{\cos 20^\circ} + \frac{\sec 40^\circ}{\cos 140^\circ} - 1\right)$ का मान है।

(a) 3 (b) 4

(c) $\sqrt{3/4}$ (d) कोई नहीं।

6. एक समतल मैदान पर बिन्दु P से एक टॉवर के शीर्ष के एलिवेशन का कोण 30° है। यदि टॉवर की ऊँचाई 100 मी. है तो बिन्दु P की टॉवर के आधार से दूरी होगी

(a) 200 मी. (b) 173 मी.

(c) 149 मी. (d) 156 मी.

7. भूमि पर एक बिन्दु से, एक मीनार की चोटी का उन्नयन कोण 30° हैं। मीनार की ओर 30 मी. चलने के पश्चात् मीनार की चोटी का उन्नयन कोण 60° हो जाता है। मीनार की ऊँचाई क्या है?

(a) 10 m (b) $15\sqrt{3}$

(c) $10\sqrt{3}$ (d) 15m

8. $\sqrt{\frac{1-\sin A}{1+\sin A}} = ?$

(a) $\frac{1}{\cos A} - \tan A$ (b) $\frac{1}{\cos A} - \frac{1}{\tan A}$

(c) $\cos A - \frac{1}{\tan A}$ (d) $\cos A - \tan A$

9. $\sin 30^\circ + \tan 45^\circ - \cos 60^\circ$ का मान क्या होगा

(a) 2 (b) 0.5

(c) 1 (d) 0.10

10. यदि $\tan\theta = \frac{1}{2}$ और $\tan\phi = \frac{1}{3}$ तो $\theta + \phi = ?$

(a) $\frac{\pi}{6}$ (b) π

(c) $\pi/4$ (d) 0

11. $\tan 1^\circ \cdot \tan 2^\circ \cdot \tan 3^\circ \cdot \tan 4^\circ \ldots\ldots \tan 89^\circ$ का मान क्या होगा?

(a) ∞ (b) 0

(c) 1 (d) 1/2

12. $\cos 20^\circ \cdot \cos 40^\circ \cdot \cos 60^\circ \cdot \cos 80^\circ$ का मान होगा?

(a) $\frac{1}{16}$ (b) $\frac{1}{2}$

(c) 8 (d) 16

13. $\sin 10^\circ \cdot \sin 30^\circ \cdot \sin 50^\circ \cdot \sin 70^\circ$ का मान क्या होगा?

(a) 18 (b) $\frac{1}{16}$

(c) 5 (d) 1/9

14. $\tan 20^\circ \cdot \tan 40^\circ \cdot \tan 60^\circ \cdot \tan 80^\circ$ का मान क्या होगा?

(a) 1 (b) 3

(c) 1/4 (d) 0

15. $7\cos\theta + 24\sin\theta$ का न्यूनतम एवं महत्तम मान क्या होगा?

(a) 4 और –4 (b) 25 और –25

(c) 8 और –8 (d) 6, –6

16. $(\tan A + \sec A - 1)\cos A = ?$

(a) $1 + \cos A$

(b) $(1 + \sin A)(\tan A - \sec A + 1)$

(c) $1 + \tan A$

(d) $\cos\theta$

17. $\frac{\sec x - 1 + \tan x}{\tan x - \sec x + 1} = ?$

(a) $\cos x + \tan x$ (b) $\frac{1+\sin x}{\cos x}$

(c) $\frac{1-\sin x}{\cos x}$ (d) $\sin x + \cos x$

18. एक Δ में $a = 4, b = 3$ और $\sin A = \frac{4}{3}$ तो $\angle B$ मान क्या होगा?

(a) 15° (b) 90°

(c) 120° (d) 45°

19. $\frac{\sqrt{1+\sin x} + \sqrt{1-\sin x}}{\sqrt{1+\sin x} - \sqrt{1-\sin x}} = ?$

(a) $\operatorname{cosec} x + \cot x$ (b) $\operatorname{cosec} x - \cot x$

(c) $\sin x + \cos x$ (d) $\sin x + \tan x$

20. $\cot 41° \cdot \cot 42° \cdot \cot 43° \cdot \cot 44° \cdot \cot 45° \cdot \cot 46° \cdot \cot 47° \cdot \cot 48° \cdot \cot 49°$ का मान क्या होगा?

(a) $\frac{1}{2}$ (b) $\sqrt{3}$

(c) $\frac{1}{\sqrt{2}}$ (d) 1

21. यदि $\tan^2 B = \frac{1-\sin A}{1+\sin A}$ तब $A + 2B$ का मान क्या होगा?

(a) $\frac{\pi}{2}$ (b) $\frac{\pi}{8}$

(c) 0 (d) π

22. यदि $\sec^2\theta + \tan^2\theta = 5/3$ तथा $0 \le \theta \le \pi/e$ है, तो θ का मान ज्ञात करें :

(a) 120° (b) 30°

(c) 35° (d) 15°

23. $\frac{\operatorname{cosec}\theta}{\operatorname{cosec}\theta - 1} + \frac{\operatorname{cosec}\theta}{\operatorname{cosec}\theta + 1}$ का मान क्या होगा?

(a) $2\cot^2\theta$ (b) $2\tan^2\theta$

(c) $2\sin^2\theta$ (d) $2\sec^2\theta$

24. $\sqrt{2+\sqrt{2+\sqrt{2+\cos 8\theta}}} = ?$

(a) $2\tan\theta$ (b) $2\cos\theta$

(c) 1 (d) $2\cos^2\theta$

25. $\cos 1°, \cos 2°, \cos 3° ...... \cos 90° = ?$

(a) $-\frac{1}{2}$ (b) 0

(c) $\frac{1}{2}$ (d) 1

26. यदि $\cos\theta + \cos^2\theta + \cos^3\theta = 1$ और $\sin^6\theta = a + b\sin^2\theta + c\sin^4\theta$, तब $a+b+c$ बराबर हैं।

(a) 0 (b) 1

(c) –1 (d) 2

27. यदि $\sin\alpha = x, \sin\beta = y, \sin(\alpha+\beta) = z$ तब $\cos(\alpha+\beta) = ?$

(a) $\frac{z^2-x^2-y^2}{xy}$ (b) $\frac{z^2-x^2-y^2}{2xy}$

(c) $\frac{z^2+x^2+y^2}{xy}$ (d) $\frac{z^2+x^2+y^2}{2xy}$

28. $\tan 39° = ?$

(a) $\frac{\cos 6° + \cos 84°}{\cos 6° - \cos 84°}$ (b) $\frac{\sin 84° - \sin 5°}{\sin 84° + \sin 6°}$

(c) $\frac{\cos 6° + \sin 6°}{\sin 6° - \cos 6°}$ (d) $\frac{\cos 6° - \sin 6°}{\sin 6° + \cos 6°}$

29. $\cos 170° \cdot \cos 150° \cdot \cos 130° \cdot \cos 110° = ?$

(a) 1/16 (b) 3/16

(c) 5/16 (d) 71/56

30. यदि $a = \cos\alpha + \cos\beta - \cos(\alpha+\beta)$, $b = 4\sin\frac{\alpha}{2} \cdot \sin\beta/2 \cos\left(\frac{\alpha+\beta}{2}\right)$ तब $\alpha - b = ?$

(a) 0 (b) 1

(c) –1 (d) –2

31. $\frac{\sin x}{\cos 3x} = ?$

(a) $\frac{1}{2}(\tan 3x - \tan x)$

(b) $\frac{1}{2}(\tan 9x - \tan 3x)$

(c) $\frac{1}{2}(\tan 27x - \tan 9x)$

(d) $\frac{1}{2}(\tan 27x + \tan 9x)$

32. $\cot\theta + \cot\left(\theta+\frac{\pi}{3}\right) + \cot\left(\theta+\frac{2\pi}{3}\right) = ?$

(a) $-\cot 3\theta$ (b) $\cot 3\theta$

(c) $2\cot 3\theta$ (d) $3\cot 3\theta$

33. $\cos\frac{\pi}{11} + \cos\frac{3\pi}{11} + \cos\frac{5\pi}{11} + \cos\frac{7\pi}{11} + \cos\frac{9\pi}{11} = ?$

(a) 0 (b) 1

(c) 1/2 (d) –1/2

34. यदि $\frac{2\sin\theta}{1+\cos\theta+\sin\theta} = x$ तब $\frac{1-\cos\theta+\sin\theta}{1+\sin\theta} = ?$

(a) x (b) $1/x$

(c) $1-x$ (d) $1+x$

35. $3\tan^6 10° - 27\tan^4 10° + 33\tan^2 10° = ?$

(a) 0 (b) 1

(c) 2 (d) 3

36. $\operatorname{cosec} 10° - \sqrt{3}\sec 10° = ?$

(a) 1 (b) 1/2

(c) 2 (d) 4

37. $\sin^4\frac{\pi}{8} + \sin^4\frac{3\pi}{8} + \sin^4\frac{5\pi}{8} + \sin^4\frac{7\pi}{8} = ?$

(a) 1 (b) 3/2

(c) 2 (d) 1/4

38. यदि $\sin\theta \cdot \cos\theta, ax^2 - bx + c = 0$ के मूल हों, तब

(a) $a^2 + b^2 = 2ac$ (b) $a^2 - b^2 = 2ac$

(c) $a^2 + b^2 = c^2$ (d) $b^2 - a^2 = 2ac$

39. निम्न समीकरण में मूलों की सख्यां क्या होगी?

$3\sin^2 x = 8\cos x \; in\left(-\frac{\pi}{2}, \frac{\pi}{2}\right)$

(a) 1 (b) 2

(c) 3 (d) 4

40. $\left(1+\cos\frac{\pi}{8}\right)\left(1+\cos\frac{3\pi}{8}\right)\left(1+\cos\frac{5\pi}{8}\right)\left(1+\cos\frac{7\pi}{8}\right)$ बराबर होगा?

(a) 1 (b) $\cos\frac{\pi}{8}$

(c) 1/8 (d) $\frac{1+\sqrt{2}}{2\sqrt{2}}$

41. एक ΔABC में $b^2 \sin 2C + c^2 \sin 2B$ बराबर होगा?

(a) Δ (b) 2Δ

(c) 3Δ (d) 4Δ

42. एक Δ में $a\cos^2\frac{C}{2} + c\cos^2\frac{A}{2} = \frac{3b}{2}$ भुजाएँ हैं, तब Δ का मान होगा

(a) A.P में (b) H.P में

(c) G.P में (d) इनमें से काई नहीं

43. यदि $\tan\theta = \frac{\sin\alpha - \cos\alpha}{\sin\alpha + \cos\alpha}$ तब,

(a) $\sin\alpha - \cos\alpha = \pm\sqrt{2}\sin\theta$

(b) $\sin\alpha - \cos\alpha = \pm\sqrt{2}\cos\theta$

(c) $\cos 2\theta \quad \sin 2\alpha$

(d) $\sin 2\theta + \cos 2\alpha = 0$

44. x का कुल मान क्या होगा जब वह अतंराल $[0, 5\pi)$ को समीकरण में सतुष्ट करता है

$3\sin^2 x - 7\sin x + 2 = 0$

(a) 0 (b) 5

(c) 6 (d) 10

45. यदि $\sin A + \sin B = a$ और $\cos A + \cos B < b$ तब $\cos(A+B)$ बराबर होगा?

(a) $\frac{a^2+b^2}{b^2-a^2}$ (b) $\frac{2ab}{a^2+b^2}$

(c) $\frac{b^2-a^2}{a^2+b^2}$ (d) $\frac{a^2-b^2}{a^2+b^2}$

46. $\tan 9° - \tan 27° - \tan 63° + \tan 81°$ का मान क्या होगा?

(a) 2 (b) 3

(c) 4 (d) इनमें से कोई नहीं

47. समीकरण $\cos\left(\pi\sqrt{\pi-4}\right)\left(\cos\pi\sqrt{x}\right) = 1$ के कुल हल कितने हैं।

(a) 1 (b) 2

(c) दो से ज्यादा (d) इनमें से कोई नहीं

48. $A = \sin^2\theta + \cos^4\theta$, तब θ का मान क्या होगा?

(a) $1 \le A \le 2$ (b) $3/4 \le A \le 1$

(c) $\frac{13}{16} \le A \le 1$ (d) $3/4 \le A \le 13/16$

49. त्रिभुज ΔABC में $A : B : C = 3 : 5 : 4$, तब $a + b + 2\sqrt{c}$ बराबर होगा

(a) $2b$ (b) $2c$

(c) $3b$ (d) $3a$

50. $\tan 10° + \tan 35° + \tan 10° + \tan 35°$ का मान क्या होगा?

(a) 0 (b) 1/2

(c) -1 (d) 1

उत्तरमाला (Answer Key)

1. (c)	2. (b)	3. (a)	4. (b)	5. (d)	6. (b)	7. (b)	8. (a)
9. (c)	10. (c)	11. (c)	12. (a)	13. (b)	14. (b)	15. (b)	16. (b)
17. (b)	18. (b)	19. (a)	20. (b)	21. (a)	22. (b)	23. (d)	24. (b)
25. (b)	26. (a)	27. (b)	28. (b)	29. (b)	30. (b)	31. (a)	32. (d)
33. (c)	34. (a)	35. (b)	36. (d)	37. (b)	38. (d)	39. (b)	40. (c)
41. (d)	42. (a)	43. (b)	44. (c)	45. (c)	46. (c)	47. (c)	48. (b)
49. (b)	50. (c)						

हल (Solutions)

1. (c)

$\sin^2\theta + \cos^2\theta = 1$

$\therefore \sin^2 38 + \cos^2 38 = 1$

2. (b)

माना ΔABC की तीनों भुजाओं की ल. क्रमश: $(a-d), a, (a+d)$ हैं, जहाँ $a-d>0$ का सम्मुख कोण A सबसे छोटा है और सबसे बड़ी भुजा के सामने का कोण C सबसे बड़ा होगा। अब $C = 2A$ तथा $B = 180° - (A + 2A)$

sin के नियम से

$$\frac{a-d}{\sin A} = \frac{a}{\sin \pi - 3A} = \frac{a+d}{\sin 2A}$$

$$\frac{a-d}{\sin A} = \frac{a}{\sin 3A} = \frac{a+d}{\sin 2A}$$

$$\frac{a-d}{\sin A} = \frac{a}{3\sin A - 4\sin^3 A} = \frac{a+d}{2\sin A \cdot \cos A}$$

$$\frac{a-d}{1} = \frac{a}{3 - 4\sin^2 A} = \frac{a+d}{\cos A} \quad \text{(i)}$$

$$3 - 4\sin^2 A = \frac{a}{a-d}$$

$$4\cos^2 A - 1 = \frac{a}{a-d} \quad \text{(ii)}$$

$$\left(\frac{a+d}{a-d}\right)^2 - 1 = \frac{a}{a-d} \Rightarrow a = 5d \quad \text{(i) और (ii) से}$$

अत: तीनो भुजाओं का अनुपात

$(a-d) : a : (a+d)$

$4d : 5d : 6d = 4 : 5 : 6$

3. (a)

$\cos 52° + \cos 68° + \cos 172°$

$= \cos 68° + 2\cos\frac{(172° + 52°)}{2} \times \cos\frac{172° - 52°}{2}$

$= \cos 68° + 2\cos 60° \cos 112°$

$\because \cos 60° = \frac{1}{2} \cos 112° = -\cos 68°$

$= \cos 68° + 2 \times \frac{1}{2} \times \cos 112°$

$= \cos 68° - \cos 68°$

$= 0$

4. (b)

$\tan 70° = \tan(50° + 20°)$

$= \frac{\tan 20° + \tan 50°}{1 - \tan 20° \times \tan 50°}$

$\tan 70° - \tan 70° \cdot \tan 20° \cdot \tan 50°$
$= \tan 20° + \tan 50°$

$\tan 70° = \tan 20° + \tan 50°$
$\quad + \cot(20)° \times \tan 20° \times \tan 50°$

$\tan 20° + \tan 50° + \tan 50°$

$= 2\tan 50° + \tan 20°$

5. (d)

$$\left(\frac{\tan 35°}{\cot 55°} + \frac{\cot 78°}{\tan 12°} + \frac{\sin 160°}{\cos 20°} + \frac{\sec 40°}{\cos 140°} - 1\right)$$

$$\left(\frac{\tan 35°}{\tan 35°} + \frac{\tan 12°}{\tan 12°} + \frac{\sin 20°}{\cos 20°} + \frac{\sec 40°}{-\cos 40°} - 1\right)$$

$= 1 + 1 + \tan 20° - \sec^2 40° - 1$

$= 1 + \tan 20° - \sec^2 40°$

6. (b)

$\tan 30° = \frac{100}{x}$

$\frac{1}{\sqrt{3}} = \frac{100}{x}$

$x = 100\sqrt{3}$

$= 100 \times 1.73 = 173$ मी.

B
100 मी.
30°
A
P

7. (b)

माना मीनार की ऊँचाई $= h$ तथा बिन्दु B से C की दूरी x मी. हैं।

$\therefore \Delta BCD$ में

$\tan 60° = \frac{\text{लम्ब}}{\text{आधार}} = \frac{DC}{BC}$

$\sqrt{3} = \frac{h}{x}$

$x = \frac{h}{\sqrt{3}} \quad \text{(i)}$

D
h
30°
60°
A
30 मी.
B
x
C

पुन: ΔACD में

$\tan 30° = \frac{DC}{AC} = \frac{DC}{BC + AB}$

$\frac{1}{\sqrt{3}} = \frac{h}{x + 30}$

$x + 30 = \sqrt{3}h$

$x = \sqrt{3}h - 30$

$\frac{h}{\sqrt{3}} = \sqrt{3}h - 30$

समी. (i) से $x = \frac{h}{\sqrt{3}}$

$h = 3h - 30\sqrt{3}$

$2h = 30\sqrt{3}$

$h = 15\sqrt{3}$

8. (a)

$$\sqrt{\frac{(1-\sin A)(1-\sin A)}{(1+\sin A)(1-\sin A)}}=\sqrt{\frac{(1-\sin A)^2}{1-\sin^2 A}}$$

$$\Rightarrow \sqrt{\frac{(1-\sin A)^2}{\cos^2 A}} \Rightarrow \frac{1-\sin A}{\cos A}$$

$$\Rightarrow \frac{1}{\cos A}-\frac{\sin A}{\cos A}$$

$$\Rightarrow \frac{1}{\cos A}-\tan A$$

9. (c)

$\sin 30° + \tan 45° - \cos 60°$

$=\frac{1}{2}+1-\frac{1}{2}=1$

10. (c)

$$\because \tan(\theta+\phi)=\frac{\tan\theta+\tan\phi}{1-\tan\theta\cdot\tan\phi}$$

$$=\frac{\frac{1}{2}+\frac{1}{3}}{1-\frac{1}{2}\cdot\frac{1}{3}}=\frac{5}{5}$$

$=1=\tan 45°$

$\theta+\phi=45°=\frac{\pi}{4}$

11. (c)

$\because \cot\theta.\tan\theta=1$ और $\tan 45°=1$

12. (a)

$\cos 20°\cdot\cos 40°\cdot\cos 60°\cdot\cos 80°$

$=\cos 60°\cdot\cos 20°\cdot\cos 2\cdot 20°\cdot\cos 4\cdot 20°$

$(\cos 20°\cdot\cos 40°\cdot\cos 80°)=\frac{1}{4}\cos 60°$

$\therefore \cos 60°\cdot\frac{1}{4}\cos 60°=\frac{1}{2}\times\frac{1}{4}\times\frac{1}{2}=\frac{1}{16}$

13. (b)

$\sin 10°\cdot\sin 30°\cdot\sin 50°\cdot\sin 70°$

$\sin(90-80)°\cdot\sin(90-60)°\sin(90-40)°\cdot\sin(90-20)°$

$=\cos 20°\cdot\cos 40°\cdot\cos 60°\cdot\cos 80°=\frac{1}{16}$

14. (b)

$\tan\theta\cdot\tan 2\theta\cdot\tan 4\theta=\tan 3\theta$

$(\tan 20°\cdot\tan 40°\cdot\tan 80°)\tan 60°$

$=\tan 60\cdot\tan 60=\sqrt{3}\times\sqrt{3}=3$

15. (b)

$7\cos\theta+24\sin\theta$ में $a=7, b=24$

महत्तम मान $=\sqrt{a^2+b^2}$

$=\sqrt{24\times 24+7\times 7}=\sqrt{625}=25$

न्यूनतम मान $=-\sqrt{a^2+b^2}=-\sqrt{625}=-25$

16. (b)

$\tan A+\sec A-1\cos A$

$$\left[\frac{\sin A}{\cos A}+\frac{1}{\cos A}-1\right]\cdot\cos A=\sin A+1-\cos A$$

$$=(1+\sin A)\frac{(\sin A+1-\cos A)}{1+\sin A}\left\{\frac{1+\sin A}{1+\sin A}\right\}$$ से गुणा करने पर

$$=(1+\sin A)\left(\frac{\sin A}{1+\sin A}+\frac{1}{1+\sin A}-\frac{\cos A}{1+\sin A}\right)$$

$$=(1+\sin A)\left[\frac{1}{\operatorname{cosec} A+1}+\frac{1}{1+\sin A}-\frac{1}{\sec A+\tan A}\right]$$

$=(1+\sin A)(\tan A-\sec A+1)$

17. (b)

$$\frac{\sec x+\tan x-(\sec^2 x-\tan^2 x)}{\tan x-\sec x+1}$$

$$\frac{(\sec x+\tan x)(1-\sec x+\tan x)}{(\tan x-\sec x+1)}$$

$$=\frac{1}{\cos x}+\frac{\sin x}{\cos x}=\frac{1+\sin x}{\cos x^2}$$

18. (b)

$\because \Delta$ में $\frac{a}{\sin A}=\frac{b}{\sin B}$

$a\sin B=b\sin A$

$\Rightarrow 4\times\sin B=B\times\frac{4}{3}$

$\sin B=1=\sin 90°$

$\therefore \angle B=90°$

19. (a)

$$\frac{\sqrt{1+\sin x}+\sqrt{1-\sin x}}{\sqrt{1+\sin x}-\sqrt{1-\sin x}}$$ परिमेयीकरण करने पर

$$\frac{2+2\sqrt{\cos^2 x}}{2\sin x}=\frac{1}{\sin x}+\frac{\cos x}{\sin x}$$

$=\operatorname{cosec} x+\cot x$

20. (b)

$\cot 41\cdot\cot 42\cdot\cot 43\cdot\cot 44\cdot\cot 45\cdot\cot 46$

$\cdot\cot 47\cdot\cot 48\cdot\cot 49$

$=\cot(90-49)\cdot\cot(90-48)\cdot\cot(90-47)$

$\cot(90-46)\cdot\cot 45\cdot\cot 49\cdot\cot 48\cdot\cot 47\cdot\cot 46$

$=\tan 49\cdot\cot 49\cdot\tan 48\cdot\cot 48\cdot\tan 47\cdot\cot 47$

$\cdot\tan 46\cdot\cot 46\cdot\tan 45$

$=1\times 1\times 1\times 1\times 1=1[\because \tan\theta\cdot\cot\theta=1]$

21. (a)

$$\because \tan^2 B = \frac{1-\sin A}{1+\sin A} = \frac{(1-\sin A)^2}{1-\sin^2 A} = \left[\frac{1-\sin A}{\cos A}\right]^2$$

$$\therefore \tan B = \frac{1-\sin A}{\cos A}$$

$$\sin B \cdot \cos A = \cos B - \sin A - \cos B$$

$$\sin A \cdot \cos B + \cos A \cdot \sin B = \cos B$$

$$\sin(A+B) = \sin(90^\circ - B)\ [\because \sin(90-\theta) = \cos\theta]$$

$$A + B = 90 - B \Rightarrow A + 2B = 90 = \frac{\pi}{2}$$

22. (b)

$$\because \sec^2\theta + \tan^2\theta = 5/3$$

$$\frac{1}{\cos^2\theta} + \frac{\sin^2\theta}{\cos^2\theta} = \frac{5}{3}$$

$$\frac{1}{\cos^2\theta} + \frac{1-\cos^2\theta}{\cos^2\theta} = \frac{5}{3}\ [\because \sin^2\theta = 1-\cos^2\theta]$$

$$= \frac{1}{\cos^2\theta} + \frac{1}{\cos^2\theta} - 1 = \frac{5}{3}$$

$$\frac{2}{\cos^2\theta} = \frac{5}{3} + 1$$

$$\frac{2}{\cos^2\theta} = \frac{8}{3} \Rightarrow \cos^2\theta = \frac{6}{8} = \frac{3}{4}$$

$$\cos\theta = \frac{\sqrt{3}}{4} = \frac{\sqrt{3}}{2} = \cos 30^\circ \quad \therefore \theta = 30^\circ$$

23. (d)

$$\frac{\cos ec\theta}{\cos ec\theta - 1} + \frac{\cos ec\theta}{\cos ec\theta + 1} = \frac{1}{1-\sin\theta} + \frac{1}{1+\sin\theta}$$

$$2\sec$$

24. (b)

$$\sqrt{2+\sqrt{2+\sqrt{2+2}}}\cos 8\theta$$

($\cos 2\theta = 2\cos^2\theta - 1$ के सूत्र से)

$$= \sqrt{2+\sqrt{\sqrt{2+2(2\cos)}\ 4\ -1}}$$

$$= \sqrt{2+\sqrt{2+\sqrt{4\cos^2}}\ 4\theta}$$

$$= \sqrt{2+\sqrt{2+2\cos^2}}\ 4\theta$$

$$= \sqrt{2+\sqrt{2+2}}\ (2\cos^2 2\theta - 1)$$

$$= \sqrt{2+\sqrt{4\cos^2 2\theta}}$$

$$\sqrt{2+2\cos 2\theta} = \sqrt{2+2}\cos^2\theta - 1$$

$$= \sqrt{4\cos^2\theta} = 2\cos\theta$$

25. (b)

$$\because \cos 90^\circ = \theta$$

अत: परिणाम $= 0$

26. (a)

$$\cos\theta\,(1+\cos^2\theta) = \sin^2\theta$$

को करने पर

$$\sin^6\theta = 4 - 8\sin^2\theta + 4\sin^4\theta$$

$$\therefore a + b + c = 4 - 8 + 4$$

$$= 0$$

27. (b)

$$z = \sin(\alpha+\beta) = x\sqrt{1-y^2} + y\sqrt{1-x^2}$$

$$z^2 = x^2 + y^2 - 2x^2y^2 + 2xy\sqrt{1-x^2}\sqrt{1-y^2}$$

$$\cos(\alpha+\beta) = \sqrt{1-x^2}\sqrt{1-y^2} - xy$$

$$= \frac{z^2 - x^2 - y^2 + 2x^2y^2}{2xy} - xy$$

$$= \frac{z^2 - x^2 - y^2}{2xy}$$

28. (b)

$$\frac{\sin 84^\circ - \sin 6^\circ}{\sin 84^\circ + \sin 6^\circ} = \frac{\cos 45^\circ \cdot \sin 39^\circ}{2\cos 39^\circ \cdot \sin 95^\circ} = \tan 39^\circ$$

29. (b)

$$\cos 170^\circ \cdot \cos 150^\circ \cdot \cos 130^\circ \cdot \cos 110^\circ$$

$$= \cos 10^\circ \cdot \cos 30^\circ \cdot \cos 50^\circ \cdot \cos 70^\circ$$

$$= \frac{\sqrt{3}}{4}\cos 50^\circ(\cos 80^\circ + \cos 60^\circ)$$

$$= \frac{\sqrt{3}}{8}(\cos 130^\circ + \cos 30^\circ + \cos 30^\circ + \cos 50^\circ)$$

$$= \frac{3}{16}$$

30. (b)

$$b = 2\left[\cos\left(\frac{\alpha-\beta}{2}\right) - \cos\left(\frac{\alpha+\beta}{2}\right)\right] \cdot \cos\left(\frac{\alpha+\beta}{2}\right)$$

$$\cos\alpha + \cos\beta - [1 + \cos(\alpha+\beta)]$$

$$= \alpha - 1$$

31. (a)

$$\frac{\sin x}{\cos 3x} = \frac{\sin 2x}{2\cos x \cdot \cos 3x} = \frac{\sin(3x-x)}{2\cos x \cdot \cos 3x}$$

$$= \frac{1}{2}(\tan 3x - \tan x)$$

32. (d)

माना $t = \tan\theta$, तब

$$\frac{1}{t} + \frac{1-\sqrt{3}t}{t+\sqrt{3}} + \frac{1+\sqrt{3}t}{t-\sqrt{3}} = \frac{3(1-3t^2)}{t(3-t^2)}$$

$$= \frac{3}{\tan 3\theta}$$

33. **(c)**

अंश एवं हर में $2\sin\frac{\pi}{11}$ से गुणा करने पर

$$\frac{1}{2\sin\pi/11}\left[\sin\frac{2\pi}{11}+\left(\sin\frac{4\pi}{11}-\sin\frac{2\pi}{11}\right)+\cdots+\right.$$

$$\left.\left(\sin\frac{10\pi}{11}-\sin\frac{8\pi}{11}\right)\right]$$

$$=\frac{\sin\frac{10\pi}{11}}{2\sin\frac{\pi}{11}}=\frac{1}{2}$$

34. **(a)**

$\frac{2\sin\theta}{1+\cos\theta+\sin\theta}=x$ दिया गया हैं।

$$x=\frac{2\sin\theta(1+\sin\theta-\cos\theta)}{(1+\sin\theta)^2-\cos^2\theta}$$

$$=\frac{1+\sin\theta-\cos\theta}{1+\sin\theta}$$

35. **(b)**

माना $t=\tan 10°, \tan 30°=\frac{1}{\sqrt{3}}$

$$\frac{3t-t^3}{1-3t^2}=\frac{1}{\sqrt{3}}$$

वर्ग करने पर

$$3t-27t^4+33t^2=1$$

36. **(d)**

$$\frac{1}{\sin 10°}-\frac{\sqrt{3}}{\cos 10°}=\left(\frac{\cos 10°}{2}-\frac{\sqrt{3}}{2}\sin 10°\right)\frac{4}{\sin 20°}$$

$$=\frac{4\sin(30°-10°)}{\sin 20°}=4$$

37. **(b)**

$$\sin^4\frac{\pi}{8}+\sin^4\frac{3\pi}{8}=\sin^4\frac{\pi}{8}+\cos^4\frac{\pi}{8}$$

$$=1-\frac{1}{2}\sin^2\frac{\pi}{4}=\frac{3}{4}$$

उसी प्रकार, $\sin^4\frac{7\pi}{8}+\sin^4\frac{5\pi}{8}=\frac{3}{4}$

$$\sin^4\frac{\pi}{8}+\sin^4\frac{3\pi}{8}+\sin^4\frac{5\pi}{8}+\sin^4\frac{7\pi}{8}$$

$$=\frac{3}{2}$$

38. **(d)**

$$\sin\theta+\cos\theta=\frac{b}{a}$$

$$\sin\theta\cdot\cos\theta=\frac{c}{a}$$

$$b^2/a^2=1+2c/a$$

$$b^2-a^2=2ac$$

39. **(b)**

$$3\cos^2 x+8\cos x-3=0$$

$$(3\cos x-1)(\cos x+3)=0$$

$$\cos x=\frac{1}{3}$$

$$\because \cos x\neq -3$$

40. **(c)**

$$\left(1+\cos\frac{\pi}{8}\right)\left(1+\cos\frac{3\pi}{8}\right)\left(1-\cos\frac{3\pi}{8}\right)$$

$$(1-\cos\pi/8)$$

$$=(1-\cos^2\pi/8)(1-\cos^2 3\pi/8)$$

$$=\sin^2\frac{\pi}{8}\sin^2\frac{3\pi}{8}=\sin^2\frac{\pi}{8}\cos^2\frac{\pi}{8}$$

$$=\frac{1}{4}\sin^2\frac{\pi}{8}$$

$$=\frac{1}{8}$$

41. **(d)**

$b^2\sin 2C+c^2\sin 2B$

$=b^2\, 2\sin C\cos C+c^2\, 2\sin B\cos B$

$=2(b\sin C)(b\cos C)+2(c\sin B)(c\cos B)$

$=2(c\sin B)(b\cos C)+2(c\sin B)(c\cos B)$

$=2\sin B\,(b\cos C)+2(c\cos B)$

$=2ac\sin B=4\,\Delta$

42. **(a)**

$$2a\cos^2(C/2)+2c\cos^2(A/2)=3b$$

$$a(1+\cos C)+c(1+\cos A)=3b$$

$$a+c+(a\cos c+a\cos A)=3b$$

$$a+c+b=3b$$

$$2b=c+a$$

a, b, c A.P में हैं।

43. **(b)**

$$\tan\theta=\frac{\sin\alpha-\cos\alpha}{\sin\alpha+\cos\alpha}=\frac{\tan\alpha-1}{\tan\alpha+1}$$

$$\tan\theta=\tan(\alpha-\pi/4)$$

$$\theta=n\pi+\alpha-\pi/4$$

$$2\theta=2n\pi+2\alpha-\pi/2$$

$$\sin 2\theta=\sin(2\alpha-\pi/a)=-\cos 2\alpha$$

अगर $\cos 2\theta=\cos(2\alpha-\pi/2)=-\sin 2\alpha$

$$\sin\alpha-\cos\alpha=\sqrt{2}\sin(\alpha-\pi/4)$$

$$=\pm\sqrt{2}\sin\theta$$

$$=\sqrt{2}\sin(\theta-n\pi)$$

यदि $\sin\alpha+\cos\alpha=\sqrt{2}\sin(\alpha+\pi/4)$

$$=\sqrt{2}(\pi/2+\theta-n\pi)$$
$$=\sqrt{2}\cos(\theta-n\pi)$$
$$=\pm\sqrt{2}\cos\theta$$

44. **(c)**

$$\cos^2\theta=\frac{(x+y)^2}{4xy}$$
$$\therefore \cos^2\theta\le 1$$
$$\frac{(x+y)^2}{4xy}\le 1$$
$$(x+y)^2\le 4xy$$
$$\Rightarrow (x-y)^2\le 0$$
$$x=y=0\Rightarrow x=y$$

45. **(c)**

$$3\sin^2 x-7\sin x+2=0$$
$$(3\sin x-1)(\sin x-2)=0$$

$3\sin x=1$ या $\sin x=2$

$\sin x=\frac{1}{3}$ [$\because \sin x=2$ संभव नहीं है]

$\therefore x\leftarrow[0,5\pi)$

6 मान संभव होगें।

46. **(c)**

$a=\sin A+\sin B, b=\cos A+\cos B$

$a^2+b^2=2+c\cos(A-B)$ (i)

और, $b^2-a^2=\cos 2A+\cos 2B+2\cos(A+B)$

$=2\cos(A+B)[\cos(A-B)+1]$

$=2\cos(A+B)\left[\frac{a^2+b^2}{2}\right]$

$\cos(A+B)=\frac{b^2-a^2}{a^2+b^2}$

47. **(c)**

$\tan 9^\circ-\tan 27^\circ-\tan 63^\circ+\tan 81^\circ$

$=(\tan 9^\circ+\tan 81^\circ)-(\tan 27^\circ+\tan 63^\circ)$

$=\frac{1}{\sin 9^\circ\cos 81^\circ}-\frac{1}{\cos 27^\circ\cdot\cos 63^\circ}$

$=\frac{1}{\sin 9^\circ\cos 9^\circ}-\frac{1}{\sin 27^\circ\cos 27^\circ}$

$-\frac{2}{\sin 18^\circ}-\frac{2}{\sin 54^\circ}=2\left\{\frac{\sin 54^\circ-\sin 18^\circ}{\sin 18^\circ\cdot\sin 54^\circ}\right\}$

$=2\left[\frac{2\cos 36^\circ\cdot\sin 18^\circ}{\sin 18^\circ\cos 36^\circ}\right]=4$

48. **(b)**

$\cos A\sqrt{(x-4)}\cos(\pi\sqrt{x})=1$ (i)

यह तभी संभव है जब,

$\cos(\pi\sqrt{x-4})=1$ और $\cos(\pi\sqrt{x})-1$

$\therefore x-4\ge 0$ और $x\ge 4$ (ii)

$\pi\sqrt{x-4}=0$ और $\pi\sqrt{x}=0$ से

$x=0,4$

$x=4$

49. **(b)**

$$A=\sin^2\theta+\cos^4\theta$$
$$=1-\cos^2\theta+\cos^4\theta$$
$$=1-\cos^2\theta(1-\cos^2\theta)$$
$$=1-\cos^2\theta\sin^2\theta$$
$$=1-\frac{4\sin^2\theta\cos^2\theta}{4}$$
$$=1-\frac{(2\sin\theta\cdot\cos\theta)^2}{4}$$
$$A=1-\frac{1}{4}\sin^2\theta$$
$$A=1-\frac{1}{4}=\frac{3}{4}$$

$\sin^2 2\theta$ का उच्चतम मान $=1$

$\frac{3}{4}\le A\le 1$

50. **(c)**

$\angle A:\angle B:\angle C=3:5:4$

$$\angle A=\frac{180^\circ\times 3}{3+5+4}=\frac{180^\circ\times 3}{12}=45^\circ$$
$$\angle B=\frac{180^\circ\times 5}{12}=75^\circ$$
$$\angle C=\frac{180^\circ\times 4}{12}=60^\circ$$

Sine के नियम से

$$\frac{a}{\sin A}=\frac{b}{\sin B}=\frac{c}{\sin C}=k$$
$$a=k\sin 45^\circ=\frac{k}{\sqrt{2}}$$
$$b=k\sin 75^\circ=k\frac{\sqrt{3}+1}{k\sqrt{2}}$$
$$c-k\sin 60^\circ=k\frac{\sqrt{3}}{2}$$
$$a+b+\sqrt{2}c=\frac{k}{\sqrt{2}}+\frac{\sqrt{3}+1}{2\sqrt{2}}k+\frac{\sqrt{3}}{2}k\sqrt{2}$$

$$\left(\frac{1}{\sqrt{2}}+\frac{\sqrt{3}+1}{2\sqrt{2}}+\frac{\sqrt{3}}{\sqrt{2}}\right)k$$

$$\left(\frac{2+\left(\sqrt{3}+1\right)+2\sqrt{3}}{2\sqrt{2}}\right)k$$

$$=\left(\frac{3+3\sqrt{3}}{2\sqrt{2}}\right)k$$

$$=\frac{3\sqrt{3}+4}{2\sqrt{2}}=k=3b$$

सांख्यिकी
Statistics

केन्द्रीय प्रवृत्ति की माप (Measures of Central Tendency)

सांख्यकीय माध्य समंकों के विस्तार के अंतर्गत स्थिर एक ऐसा मूल्य है, जिसका प्रयोग श्रेणी के समस्त मूल्यों का प्रतिनिधित्व करने के लिए किया जाता है। इसे केन्द्रीय प्रकृति की मापं भी कहा जाता हैं। सांख्यकी के माध्यों का विज्ञान भी कहा जाता है। माध्यों को दो भागों में वर्गीकृत किया जा सकता हैं:

(1) गणितीय माध्य

(2) स्थिति संबंधी माध्य

गणितीय माध्य मुख्य रूप से तीन प्रकार के होते हैं :

(1) समानान्तर माध्य (Arithmetic Mean)

(2) गुणोत्तर माध्य (Geometric Mean)

(3) हरात्मक माध्य (Harmonic Mean)

स्थिति संबंधी माध्य दो प्रकार के होते हैं :

(1) माध्यिका (Median)

(2) बहुलक (Mode)

सामानान्तर माध्य (Arithmetic Mean)

किसी समंक्र श्रेणी का सामानान्तर माध्य वह मूल्य होता हैं, जो उस श्रेणी के समस्त मूल्यों के योग को उनकी संख्या से भाग देने पर प्राप्त होता हैं। इसे सामान्य बोलचाल में औसत भी कहा जाता हैं।

अगर X_1, X_2 .... X_N श्रेणी के विभिन्न मूल्य हो, पदों की संख्या N हो तो समांतर माध्य निकालने का सूत्र :

$$\overline{X} = \frac{X_1 + X_2 + X_3 + \ldots\ldots\ldots\ldots + X_N}{N}$$

$$\overline{X} = \frac{\sum X}{N}$$

यहाँ $\overline{X}$ = सामांतर माध्य

$\sum X$ = समस्त मूल्यों का योग

N = इकाइयों की संख्या

भारित समानान्तर माध्य (Weighted Arithmetic Mean)

जिसमें मदों को उसके सापेक्षिक महत्व के अनुसार भाग देकर माध्य की गणना की जाती है उसे भारित समांतर माध्य कहते हैं।

$$\overline{X}_w = \frac{\sum WX}{\sum W}$$

जहाँ $\overline{X}_w$ = भारित समानान्तर माध्य

W = भार

गुणोत्तर माध्य (Geometric Mean)

किसी संमक श्रेणी का गुणोत्तर माध्य उसके सभी मानों के गुणनफल का वह मूल (Root) होता है जितनी उस श्रेणी में इकाइयाँ हैं।

$$\text{G.M.} = n\sqrt{X_1 \times X_2 \times X_3 \ldots\ldots\ldots = X_n}$$

यहाँ

$(X_1)] (X_2)] (X_3)$ = चर के विभिन्न मान

n = मदों की संख्या

लेकिन यदि मदों की संख्या चार या चार से अधिक है तो

$$\text{G.M.} = \text{Antilog}\left[\frac{\log X_1 + \log X_2 \ldots\ldots\ldots \log X_n}{n}\right]$$

या गुणोत्तर माध्य $\text{Antilog}\left[\frac{\sum \log x}{n}\right]$

हरात्मक माध्य (Harmonic Mean)

यदि किसी श्रेणी के मदों की संख्या को उन मदों के व्युत्क्रमों के योग से भाग दिया जाये तो जो भागफल प्राप्त होता हैं, उसे उस श्रेणी का हरात्मक माध्य कहते हैं।

$$\text{H.M.} = \text{Rec.}\frac{\frac{1}{x_1} + \frac{1}{x_2} + \ldots\ldots\ldots + \frac{1}{x_n}}{n}$$

$$= \frac{n}{\sum \text{Rec. X}}$$

n = संमको की संख्या

Rec = व्युत्क्रम

समान्तर माध्य, गुणोत्तर माध्य, तथा हरात्मक माध्य में संबंध :

$\text{A.M.} \geq \text{G.M.} \geq \text{H.M.}$

माध्यिका (Median) : माध्यिका वितरण के मध्य मूल्य के रूप में परिभाषित की जाती है :

एक ऐसा मूल्य जिससे क्रम व अधिक मूल्य समान आवृत्तियों के साथ हों :

मध्यिका = $\frac{N+1}{2}$

N = पदों की कुल संख्या

अविच्छित (Continuous) श्रेणी में माध्यिका की गणना उपर्युक्त सूत्र से नहीं की जा सकती।

इसके लिए निम्न सूत्र है :

$$M = L_0 + \frac{h}{f} \times (m - c)$$

या

$$M = L_0 + \frac{h}{f} \times \left(\frac{n}{2} - c\right)$$

जहाँ,

M = मध्यिका

L_0 = माध्यिका वर्ग की निम्न सीमा

f = माध्यिका वर्ग की आवृत्ति

h = वर्ग विस्तार

$m = N/2$ = माध्यिका संख्या

c = माध्यिका वर्ग से पूर्व वाले वर्ग की संचयी आवृत्ति

N = कुल पदों की संख्या

बहुलक (Mode)

जिसकी आवृत्ति प्रदत्त श्रेणी में सर्वाधिक हो उसे बहुलक कहते हैं।

बहुलक निकालने का सूत्र

$$Z = L_0 + \frac{f_1 - f_0}{2f_1 - f_0 - f_2} \times h$$

जहाँ,

Z = बहुलक

L_0 = बहुलक वर्ग की निम्न सीमा

f_1 = बहुलक वर्ग की आवृत्ति

f_0 = बहुलक वर्ग से पूर्व वर्ग की आवृत्ति

f_2 = बहुलक वर्ग के आगे वाले वर्ग की आवृत्ति

प्रमाप विचलन (Standard Deviation)

इसे σ (सिग्मा) से प्रदर्शित किया जाता हैं।

$$\sigma = \sqrt{\frac{\sum dx^2}{N}}$$

यहाँ σ = प्रमाप विचलन

$dx = X - \bar{X}$

dx^2 = समानान्तर माध्य से ज्ञात किये गये विचलनों का वर्ग

N = पदों की संख्या

विचरण गुणांक (Coefficient of Variation)

$$C.V. = \frac{\sigma}{\bar{X}} \times 100$$

इसे σ^2 से भी सूचित किया जाता हैं।

उदाहरण (Examples)

1. किसी कम्पनी के सम्पूर्ण कर्मचारियों में पूरुष और स्त्री कर्मचारियों की संख्या क्रमशः 60 और 40 है। यदि पुरुष और स्त्री कर्मचारियों का औसत वार्षिक वेतन क्रमशः 3,200 रुपये और 2,200 रुपये हो, तो कम्पनी में कार्यरत सम्पूर्ण कर्मचारियों का औसत वार्षिक वेतन क्या होगा?

यहाँ सामूहिक समान्तर माध्य के सूत्र से :

$$\bar{X}_{12} = \frac{\bar{X}_1 N_1 + \bar{X}_2 N_2}{N_1 + N_2}$$

यहाँ $\bar{X}_{12}$ = सामूहिक समानान्तर माध्य = सम्पूर्ण कर्मचारियों का औसत वार्षिक वेतन

N_1 = पुरुष कर्मचारियों की संख्या = 60

N_2 = स्त्री कर्मचारियों की संख्या = 40

X_1 = पुरुष कर्मचारियों का औसत वार्षिक वेतन = 3200 रुपये

X_2 = स्त्री कर्मचारियों का औसत वार्षिक वेतन = 2,200 रुपये

$$\therefore \bar{X}_{12} = \frac{(60 \times 3,200) + (40 \times 2,200)}{60 + 40}$$

$$= \frac{1,92,000 + 88000}{100}$$

$$= \frac{280000}{100} = 2800 \text{ रुपये}$$

2. नीचे कुछ छात्रों के प्राप्त अंक से संबंधित आँकड़ें दिए गए हैं। इनकी सहायता से माध्यिका निकालें।

प्राप्तांक	10	20	30	40	50	60	70	80
छात्रों की संख्या	25	40	60	75	95	120	185	250

सर्वप्रथम संचयी आवृत्ति ज्ञात करेंगे।

प्राप्तांक	छात्रों की संख्या	संचयी आवृत्ति
10	25	25
20	40	65
30	60	125
40	75	200
50	95	295
60	120	415
70	185	600
80	250	850

N = 850

$$\text{मध्यिका संख्या} = \frac{N+1}{2} \text{ वाँ पद}$$

$$= \frac{850+1}{2} \text{ वाँ पद}$$

$$= \frac{851}{2} \text{ वाँ पद}$$

$$= 425.5 \text{ वाँ पद}$$

425.5 वाँ पद संचयी आवृत्ति 600 में आता हैं।

चूँकि उसके सामने वाला पद माध्यिका का मान होता हैं।

माध्यिका = 70 अंक

3. माध्यिका ज्ञात करें।

वर्ग अन्तराल	0–10	10–20	20–30	30–40	40–50	50–60	60–70
आवृत्ति	8	10	15	20	16	12	9

सर्वप्रथम संचयी आवृत्ति निकालते हैं।

वर्ग अंतराल	आवृत्ति	संचयी आवृत्ति
0–10	8	8
10–20	10	18
20–30	15	33
30–40	20	53
40–50	16	69
50–60	12	81
60–70	9	90

माध्यिका संख्या $= \frac{N}{2}$ वाँ पद

$= \frac{90}{2}$ वाँ पद $= 45$ वाँ पद

45 संचयी आवृत्ति 53 के सामने आ रहा हैं।

संचयी आवृत्ति 53 के सामने वाला वर्ग माध्यिका वर्ग होगा।

माध्यिका वर्ग $= 30–40$

$$M = L_0 + \frac{h}{f} \times (m - c)$$

$L_0 = 30,\ h = 10$

$f = 20,\ m = 45$

$c = 33$

$$M = 30 + \frac{10}{20}(45 - 33)$$

$$= 30 + \frac{1}{2} \times 12 = 30 + 6 = 36$$

4. एक फैक्ट्री में मजदूरी का वितरण निम्न सारणी में दिया हुआ है। इससे बहुलक निकालें।

मजदूरी (रु. में)	0–10	10–20	20–30	30–40	40–50	50–60	60–70
कर्मचारियों की संख्या	5	11	10	16	12	6	3

बहुलक वर्ग 30–40 हैं, क्योंकि इस वर्ग की आवृत्ति 16 (सबसे अधिक) हैं।

बहुलक की निम्न सीमा से

$$Z = L_0 + \frac{f_1 - f_0}{2f_1 - f_0 - f_2} \times h$$

यहाँ

$L_0 = 30,\ f_1 = 16,\ f_0 = 10,\ f_2 = 12,\ h = 10$

$$Z = 30 + \frac{16 - 10}{2 \times 16 - 10 - 12} \times 10$$

$$Z = 30 + \frac{6}{32 - 22} \times 10 = 30 + \frac{6}{10} \times 10$$

$Z = 30 + 6 = 36$

बहुलक $= 36$ रु.

बहुलक वर्ग की ऊपरी सीमा (L_1)

$$Z = L_1 - \frac{f_1 - f_2}{2f_1 - f_0 - f_2} \times h$$

$$= 40 - \frac{16 - 12}{32 - 10 - 12} \times 10$$

$$= 40 - \frac{4}{32 - 22} \times 10$$

$$= 40 - \frac{4}{10} \times 10$$

$$= 40 - 4 = 36$$

बहुलक $= 36$ रु.

5. निम्न सूचना से ज्ञात कीजिए कि :

a) कौन-सी फैक्ट्री अधिक मजदूरी देती हैं?

b) दोनों फैक्ट्रीयों में काम करने वालों की सम्मिलित औसत मजदूरी क्या हैं?

	फैक्ट्री 'A'	फैक्ट्री 'B'
मजदूरों की संख्या :	250	200
औसत प्रतिदिन मजदूरी :	28 रु.	25 रु.

फैक्ट्री A में मजदूरों को दी गयी धनराशि

$= 250 \times 28 = 7000$

फैक्ट्री B में मजदूरों को दी गयी धनराशि

$= 200 \times 25 = 5000$

अत: फैक्ट्री A अधिक मजदूरी देती हैं।

$$\bar{X}_{12} = \frac{\bar{X}_1 N_1 + \bar{X}_2 N_2}{N_1 + N_2}$$

$N_1 = 250,\ N_2 = 200,\ \bar{X}_1 = 18,\ \bar{X}_2 = 25$

$$\therefore X_{12} = \frac{(250 \times 28) + (200 \times 25)}{250 + 200}$$

$$= \frac{7000 + 5000}{450} = 26.67 \text{ रु.}$$

6. रेडिमेड वस्त्रों का व्यापार करने वाली एक फर्म पुरुषों तथा स्त्रियों के वस्त्र बनाती हैं। इनका औसत लाभ बिक्री का 5 प्रतिशत है। पुरुषों के वस्त्रों पर औसत लाभ बिक्री का 8 प्रतिशत है और स्त्रियों के वस्त्र का उत्पादन 60% के बराबर हैं। स्त्रियों के वस्त्रों पर औसत लाभ क्या हैं?

माना कुल कमीजें $= 100$

स्त्रियों की कमीजें $= 60$

पुरुषों + स्त्री की कमीजों पर लाभ $= 6\%$

पुरुषों के कमीजों पर कुल लाभ $= 40 \times 8/100$

$= 3.20$ रु.

स्त्रियों की कमीजों पर लाभ $= 6 - 3.20$

$= 2.80$ रु.

स्त्रियों की 60 कमीजों पर लाभ $= 2.8$

स्त्रियों के 100 कमीजों पर लाभ

$= \frac{2.8}{60} \times 100 = 4\frac{2}{3}\%$

7. पुरुषों तथा महिलाओं के एक मिश्रित समूह की माध्य आयु 25 वर्ष हैं। यदि समूह में पुरुषों की माध्य आयु 26 वर्ष तथा महिलाओं की माध्य आयु 21 वर्ष है तो समूह में पुरुषों एवं महिलाओं का प्रतिशत ज्ञात करें।

$\overline{X}_{12} = 25,\ \overline{X}_1 = 26,\ \overline{X}_2 = 21$ दिया हैं।

माना पुरुषों का प्रतिशत N_1 तथा महिलाओं का N_2

$N_1 + N_2 = 100$

$$\overline{X}_{12} = \frac{\overline{X}_1 N_1 + \overline{X}_2 N_2}{N_1 + N_2}$$

$$25 = \frac{N_1(26) + (100 - N_1)21}{100}$$

$2500 = 26\,N_1 + 2100 - 21\,N_1$

$5\,N_1 = 2500 - 2100$

$N_1 = 80$

$N_2 = 100 - 80 = 20$

अत: पुरुषों का प्रतिशत $= 80$

स्त्रियों का प्रतिशत $= 20$

8. एक कम्पनी में 10 विक्रेताओं की औसत मासिक बिक्री 7,200 रुपये निर्धारित की गई। बाद में यह पता चला कि एक विक्रेता द्वारा की गयी बिक्री गलती से 9,228 रुपये के स्थान पर 6,228 रुपया लिखा गया था। इस अशुद्धि का निवारण करके शुद्ध माध्य बिक्री ज्ञात करें।

विक्रेताओं की संख्या $= n = 10$

माध्य मासिक बिक्री, $\overline{X} = 7200$ रु.

कुल बिक्री मूल्य = अशुद्ध बिक्री मूल्य − अशुद्ध संख्या + शुद्ध संख्या

$= 72000 - 6{,}228 + 9{,}228 = 75000$ रु.

शुद्ध मासिक बिक्री $= \frac{75000}{10} = 7500$ रु.

9. पहले 100 प्राकृतिक अंकों का माध्य(Mean), माध्यिका (Median) तथा बहुलक (Mode) ज्ञात करें :

पहले n प्राकृतिक अंकों का योग

$$= \frac{n(n+1)}{2}$$

पहले 100 प्राकृतिक अंकों का

योग $= \frac{100\,(100+1)}{2} = \frac{10100}{2} = 5050$

माध्यिका $= \frac{n+1}{2}$th पद

अर्थात् $= \frac{(100+1)}{2} = 5.5$ वे पद का मूल्य

50 तथा 51वें पद का मूल्य = 51

मध्यिका $= \frac{50+51}{2} = 50.50$

चूँकि पहले 100 प्राकृतिक अकों में कोई भी अंक एक बार से अधिक नहीं आयेगी। चूँकि इसका बहुलक नहीं ज्ञात किया जा सकता।

10. एक रेलगाड़ी ने 500 कि. मी. की दूरी चार बार में तय की। प्रथम बार उसकी गति 50 कि.मी./घं द्वितीय बार 20 कि.मी.। तथा तृतीय बार 40 कि.मी./घं व चतुर्थ बार 25 कि.मी./घं थी। रेलगाड़ी की माध्य गति क्या हैं?

रेलगाड़ी की माध्य गति प्राप्त करने के लिए हरात्मक माध्य का प्रयोग करना होगा।

औसत गति

$$= \frac{4}{\frac{1}{50} + \frac{1}{20} + \frac{1}{40} + \frac{1}{25}}$$

$$= \frac{4}{\frac{4+10+5+8}{200}}$$

$= \frac{4 \times 200}{27} = 29.63$ किमी०/घंटा

अभ्यास प्रश्न (Practice Questions)

1. निम्नलिखित कॉलेज फुटबॉल खिलाड़ियों के समूह का आदर्श भार (Model Weight) क्या हैं?

भार (पाउंड में)	खिलाड़ियों की संख्या
60–70	2
70–80	8
80–90	20
90–100	17
100–110	3

(a) 86.8 पाउंड (b) 87 पाउंड
(c) 89 पाउंड (d) 91 पाउंड

2. एक व्यक्ति कार द्वारा शहर 'X' से 'Y' जाता हैं एवं वापस आता हैं। जाने का मार्ग पहाड़ी या चढ़ावदार हैं तथा एक गैलन पेट्रोल में उसकी कार 20 मील की दूरी तय करती हैं। जबकि आने में वह एक गैलन पेट्रोल में 30 मील की दूरी तय करता हैं। उसके मील प्रति गैलन के लिए पेट्रोल की खपत का हरात्मक माध्य (Harmonic Mean) ज्ञात कीजिए?

(a) 23 मील/गैलन (b) 24 मील/गैलन
(c) 21 मील/गैलन (d) 26 मील/गैलन

3. 25 व्यक्तियों के एक समूह का माध्य भार (Mean Weight) 78.4 कि.ग्रा. पाया गया। बाद में पता चला कि एक व्यक्ति का भार 96 कि.ग्रा. की जगह गलती से 69 कि.ग्रा. पढ़ लिया गया था। सही माध्य ज्ञात करें।

(a) 80 (b) 81.5
(c) 79.5 (d) 76.5

4. एक कार प्रथम 40 मील की यात्रा 30 मील प्रति घंटे की दर से तय करती हैं, इसके पश्चात् की 40 मील की यात्रा 35 मील/घंटे की दर से तय करती हैं। बताइए कि पूरी यात्रा के दौरान कार की औसत चाल (Average speed) क्या थी?

(a) 20 मील/घंटा (b) 35 मील/घंटा
(c) 32 मील/घंटा (d) 34.3 मील/घंटा

5. एक कक्षा के 60 छात्रों का माध्य भार (Mean Weight) 60 कि.ग्रा. हैं। कक्षा के लड़कों का माध्य भार 65 कि.ग्रा. एवं लड़कियों का माध्य भार 50 कि.ग्रा. हैं। लड़कों तथा लड़कियों की संख्या ज्ञात कीजिए :

(a) 40, 20 (b) 20, 40
(c) 30, 30 (d) 30, 20

6. एक बाल क्लब (Children's Club) के सदस्यों का आयु वितरण निम्नानुसार हैं :

अंतिम जन्मदिन पर आयु (वर्षों में)	आवृत्ति
4	5
5	9
6	18
7	35
8	45
9	32
10	15
11	7
12	3

एक सदस्य A से कुछ सदस्य अधिक आयु के एवं कुछ सदस्य कम आयु के हैं। A की आयु ज्ञात करें

(a) 8.54 वर्ष (b) 7.67 वर्ष
(c) 7.47 वर्ष (d) 8.47 वर्ष

7. दो शिफ्टों (Shifts) में चलने वाले एक कारखाने में 100 मजदूर काम करते हैं जिनमें से 60 पहली शिफ्ट में एवं 40 दूसरे शिफ्ट में काम करते हैं। इन 100 मजदूरों का माध्य वेतन 38 रु. हैं। सुबह की शिफ्ट में काम करने वाले 60 मजदूरों का माध्य वेतन 40 रु. हैं। शाम की शिफ्ट में काम करने वाले 40 मजदूरों का माध्य वेतन क्या होगा? ज्ञात करें।

(a) 35 (b) 36
(c) 38 (d) 39

8. पचास छात्रों ने टेस्ट दिया। टेस्ट में उत्तीर्ण होने वाले छात्रों का परिणाम (result) नीचे दिया गया हैं :

अंक	छात्रों की संख्या
4	8
5	10
6	9
7	6
8	4
9	3

यदि सभी पचास छात्रों का औसत अंक 5.16 था, तो उन छात्रों के औसत अंक ज्ञात करें, जो टेस्ट में अनुत्तीर्ण हो गये?

(a) 2.1 (b) 4.1
(c) 5.1 (d) 7.89

9. एक फर्म में कार्यरत कुल 2,000 मजदूरों का 20% 2 रु. प्रति घंटे से कम कमाता हैं, 440 मजदूर 2 रु. से 2.24 प्रति घंटे कमाते हैं, 24% 2.25 से 2.49 रु. प्रति घंटे कमाते हैं, 370 मजदूर 2.50 से 2.74 रु. प्रति घंटे कमाते हैं, 12 प्रतिशत 2.75 से 2.99 रु. प्रति घंटे कमाते हैं, 12 प्रतिशत 2.75 से 2.99 रु. प्रति घंटे कमाते हैं, एवं शेष 3 रु. या अधिक प्रति घंटे कमाते हैं। इस आधार पर आदर्श वेतन (Model wage) ज्ञात करें।

(a) 2.315 रु. (b) 2.15 रु.
(c) 4.512 रु. (d) 6.542 रु.

10. नीचे 50 छात्रों द्वारा विधि (law) में प्राप्त किये गये अंकों का वितरण प्रदर्शित किया गया हैं।
माध्यिका अंकों (Median Marks) की गणना कीजिए। यदि इस टेस्ट में 60% छात्र उत्तीर्ण हुये तो उत्तीर्ण छात्रों द्वारा प्राप्त किये गये न्यूनतम अंकों की गणना करें।

अंक	छात्रों की संख्या
0	50
10	46
20	40
30	20
40	10
50	3

(a) 27.5, 25 (b) 30, 25
(c) 25, 25 (d) 30, 30

11. 20 जहाज प्रतिवर्ष हिंद महासागर की 6 बार यात्रा करते है एवं 10 नावें प्रतिवर्ष 4 बार यात्रा करती हैं। इन यात्राओं के औसत दिन क्या होंगे?

(a) 65 दिन (b) 67.5 दिन
(c) 66 दिन (d) 64 दिन

12. A के पास B से तीन गुना अधिक धन हैं, किन्तु C से केवल 25 रु. अधिक हैं। यदि कुल रुपये 675 हो तो C का हिस्सा क्या हैं?

(a) 300 (b) 275
(c) 266 (d) 304

13. 150 बच्चों में 49 रु. बाँटे गए। प्रत्येक लड़की को 50 पैसे एवं प्रत्येक लड़के को 25 पैसे मिले। तो लड़कियों की संख्या क्या हैं?

(a) 102 (b) 104
(c) 109 (d) 101

14. A, B, एवं C आपस में साझीदार हैं। A को लाभ का 2/3 भाग मिलता हैं, शेष को B एवं C आपस में बराबर बाँट लेते हैं। जब लाभ की दर में 5 से 7% की वृद्धि होती हैं, A की आय 200 रु. बढ़ जाती हैं। B की पूंजी क्या हैं?

(a) 2400 (b) 2500
(c) 2600 (d) 2300

15. कुछ पुरुषों ने 18 दिनों में काम पूरा करने का वायदा किया लेकिन कुछ कारणों से काम 20 दिनों में पूरा किया पुरुषों की वास्तविक संख्या क्या थी?

(a) 35 (b) 25
(c) 60 (d) 65

16. एक वस्तु के कर में 15% की कमी की गयी तथा इसके उपभोग में 10% की वृद्धि हो गयी। प्राप्त होने वाले राजस्व पर इसका क्या प्रभाव पड़ेगा?

(a) 7% की कमी (b) 8.5% की कमी
(c) 6.5% की कमी (d) 6% की कमी

17. यदि एक वस्तु पर कर की वर्तमान दर में 40% कमी कर दी जाती है, तो वस्तु के उपभोग में कितने प्रतिशत की वृद्धि होनी चाहिए जिससे कि वस्तु से प्राप्त होने वाले राजस्व पर कोई प्रभाव न पड़े?

(a) 35% की वृद्धि (b) $33\frac{1}{2}$% की वृद्धि
(c) $66\frac{2}{3}$% की वृद्धि (d) 65% की वृद्धि

18. यदि एक आदमी का वेतन पहले 10% बढ़ता हैं, फिर 10% कम होता है तो परिवर्तन का कुल प्रतिशत कितना हैं?

(a) 2 % (b) 1 %
(c) 1.5 % (d) 4 %

19. यदि किसी परीक्षा में 31 प्रतिशत छात्र अनुत्तीर्ण हुये, जबकि उत्तीर्ण होने वाले छात्रों की संख्या, अनुत्तीर्ण होने वाले छात्रों से 247 अधिक है, तो छात्रों की कुल संख्या हैं?

(a) 700 (b) 850
(c) 650 (d) 600

20. एक परीक्षा में 70% उम्मीदवार अंग्रेजी में उत्तीर्ण हुये तथा 65% गणित में उत्तीर्ण हुये, जबकि 27% दोनों विषयों में अनुत्तीर्ण रहें। उत्तीर्ण होने का प्रतिशत कितना हैं?

(a) 65% (b) 62%
(c) 68% (d) 70%

21. एक उम्मीदवार को उत्तीर्ण होने के लिये 33% अंक प्राप्त करना आवश्यक हैं। एक छात्र 220 अंक प्राप्त करता है लेकिन 11 अंकों से वह अनुत्तीर्ण रह जाता हैं। अधिकतम अंक कितने हैं?

(a) 500 (b) 800
(c) 700 (d) 839

22. एक व्यापारी 7 संतरों को 1 रु. की दर से खरीदता है तथा उन्हें 40 प्रतिशत लाभ पर बेचता है। 1 रु. में ग्राहक को कितने संतरे मिलेंगे?

(a) 4 (b) 5
(c) 3 (d) 1

23. 10 व्यक्तियों का औसत भार 52 किलो ग्राम दर्ज किया गया। बाद में पता चला कि दो व्यक्तियों का भार गलती से 38 कि.ग्रा. एवं 67 कि.ग्रा. के स्थान पर 48 कि.ग्रा. एवं 52 कि.ग्रा. पढ़ लिया गया। सही औसत क्या हैं?

(a) 52.5 कि.ग्रा. (b) 53 कि.ग्रा.

(c) 54 कि.ग्रा. (d) 54.5 कि.ग्रा.

24. एक परीक्षा में 500 छात्रों के औसत अंक 45 हैं। इनमें से ऊपर के 150 छात्रों के औसत अंक 75 हैं तथा अंत के 150 छात्रों के औसत अंक 25 हैं। बचे हुये 200 छात्रों के औसत अंक क्या हैं?

(a) 37.5 (b) 40

(c) 38 (d) 39

25. 50 छात्रों की एक कक्षा में एक टेस्ट में छात्रों द्वारा प्राप्त किये गये औसत अंक 40 थे। न्यूनतम उत्तीर्ण अंक 30 थे। सफल छात्रों के औसत अंक 45 थे एवं असफल होने वाले के 20 कितने प्रतिशत असफल रहे?

(a) 20% (b) 10%

(c) 15% (d) 12%

26. एक साइकिल चालक एक स्थान से ढुलान की ऊँचाई पर 10 कि.मी. घंटे की चाल से जाता है तथा 20 कि.मी./घंटे की चाल से वापस आता हैं। औसत चाल ज्ञात करें।

(a) 13.33 किमी/घंटा (b) 14 किमी/घंटा

(c) 15 किमी/घंटा (d) 16 किमी/घंटा

27. एक कर्मचारी के वेतन में पहले 10% की वृद्धि की जाती है फिर 5% कमी कर दी जाती हैं। कितनी वृद्धि हुई?

(a) 4.5% (b) 5%

(c) 3.5% (d) 4%

28. यदि एक बैंक 15% लाभांश देता है। यदि एक व्यक्ति 10 रु. के शेयरो को 12 रु. शेयर के मूल्य पर खरीदता हैं। तो उसे मिलने वाली ब्याज की दर क्या होगी?

(a) 11.5% (b) 12.5%

(c) 12% (d) 14%

29. 3 वर्ष की अवधि के लिए 5% की दर से 2000 रु. में साधारण ब्याज एवं चक्रवृद्धि ब्याज में क्या अंतर होगा?

(a) 14 रु. (b) 15.25 रु.

(c) 16 रु. (d) 10 रु.

30. पूर्ण वर्षों की कम से कम संख्या क्या होगी, जिसमें एक निश्चित राशि पर 20% की दर से चक्रवृद्धि ब्याज लगाने पर वह दुगनी हो जायेगी?

(a) 3 (b) 4

(c) 2 (d) 1

उत्तरमाला (Answer Key)

1. (a)	2. (b)	3. (c)	4. (d)	5. (a)	6. (b)	7. (a)	8. (a)
9. (a)	10. (a)	11. (b)	12. (b)	13. (b)	14. (b)	15. (c)	16. (c)
17. (c)	18. (b)	19. (c)	20. (b)	21. (c)	22. (b)	23. (a)	24. (a)
25. (a)	26. (a)	27. (a)	28. (b)	29. (b)	30. (b)		

हल (Solutions)

1. (a)

यहाँ वर्ग 80 – 90 आदर्श वर्ग हैं। सूत्र के प्रयोग से

बहुलक $= l + \frac{c.f_2}{f_1 + f_2}$

जहाँ,

$l =$ आदर्श वर्ग की निम्न सीमा

$c =$ वर्ग विस्तार या वर्गांतर

$f_2 =$ आदर्श वर्ग से अगले (नीचे) वाले वर्ग की आवृत्ति

$f_1 =$ आदर्श वर्ग से अगले (ऊपर) वाले वर्ग की आवृत्ति

$l = 80, c = 10, f_1 = 8, f_2 = 17$

बहुलक

$= 80 + \frac{10 \times 17}{8 + 17}$

$= 80 + \frac{10 \times 17}{25} = 80 + 6.8$

$= 86.8$ पाउंड

समूह का आदर्श भार = 86.8 पाउंड

2. (b)

पेट्रोल खपत का हरात्मक माध्य

$= \frac{2}{\frac{1}{20} + \frac{1}{30}} = \frac{2}{\frac{5}{60}}$

$= \frac{120}{5}$

= 24 मील/गैलेन

3. (c)

25 व्यक्तियों का माध्य भार = 78.4 कि.ग्रा.

भार का कुल योग = 78.4 × 25

= 1960.0

सुधार = 96 – 69 = 27

∴ भार का सुधरा हुआ योग = 1960 + 27

= 1987

सुधरा हुआ माध्य $= \frac{1987}{25} = 79.48$

$= 79.5$

4. (d)

औसत चाल = $\frac{\text{कुल तय की गई दूरी}}{\text{समय}}$

$t_1 = \frac{40}{30}$ घंटे = 80 मिनट

$t_2 = \frac{40}{35}$ घंटे = 68.6 मिनट

$t_3 = \frac{40}{35}$ घंटे = 68.6 मिनट

160 मील की दूरी को तय करने में लिया गया कुल समय

= (80 + 68.6 + 63.2 + 68.2) मिनट

= 280 मिनट

औसत चाल = $\frac{160}{280}$ मील/मिनट

$\frac{160 \times 60}{280}$ मील/घंटा, = 34.3 मील/घंटा

5. (a)

माना कि N_1 लड़कों की संख्या एवं N_2 लड़कियों की संख्या हैं।

$N_1 + N_2 = 60$

माना $\bar{X}_2 = 65$ कि.ग्रा., $\bar{X}_2 = 50$ कि.ग्रा. एवं $\bar{X} = 60$ कि.ग्रा.

$\bar{X} = \frac{N_1\bar{X}_1 + N_2\bar{X}_2}{N_1 + N_2}$

$60 = \frac{N_1 \times 65 + N_2 \times 50}{N_1 + N_2}$

$60N_1 + 60N_2 = 65\ N_1 + 50N_2$

$10\ N_2 = 5\ N_2$

$\frac{N_1}{N_2} = \frac{10}{5} = \frac{2}{1}$

$N_1 : N_2 = 2 : 1$

साथ ही, $N_1 + N_2 = 60$

$\therefore N_1 = \frac{2}{3} \times 60 = 40, N_2 = 20$

लड़कों की संख्या = 40

लड़कियों की संख्या = 20

6. (b)

संचयी आवृत्ति

आयु	आवृत्ति	संचयी आवृत्ति
4–5	5	5
5–6	9	14
6–7	18	32
7–8	35	67
8–9	42	109
9–10	32	141
10–11	15	156
11–12	7	163
12–13	3	166

∵ अंतिम जन्मदिन पर आयु दी गयी हैं, व्यक्तियों की संख्या, जो 4–5 के समूह में हैं = 5

व्यक्तियों की संख्या, जो 5–6 के समूह में हैं = 9

व्यक्तियों की संख्या, जो 6–7 के समूह में हैं = 18 एवं A की आयु $= \frac{166}{3}$ वें पद का आकार

यह 7-8 के समूह में, जिसकी आवृत्ति 35 हैं।

$$\text{A की आयु} = 7 + \frac{\left(\frac{166}{3} - 32\right)}{35}(8-7)$$

$= 7.67$

7. (a)

$$\bar{X} = \frac{N_1\bar{X}_1 + N_2\bar{X}_2}{N_1 + N_2}$$

$$\Rightarrow 30 = \frac{(60 \times 40) + (40 \times \bar{X}_2)}{100}$$

$40\bar{X}_2 = 3800 - 2400$

$\bar{X}_2 = 35$

8. (a)

संचयी आवृत्ति

अंक	f	fx
4	8	32
5	10	50
6	9	54
7	6	42
8	4	32
9	3	27

$N = 40$

$\sum fx = 237$

सभी 50 छात्रों के कुल अंक $= 50 \times 5.16 = 258$

उत्तीर्ण होने वाले कुल छात्र (40) के कुल अंक $= 237$

$\therefore$ 10 छात्र जो उनुत्तीर्ण हो गये $= 258 - 237 = 21$

$\therefore$ अनुत्तीर्ण होने वाले छात्रों के औसत अंक $= \frac{21}{10} = 2.1$

9. (a)

आयु प्रति घंटे	मजदूरों की संख्या
2.00 रु. से कम	400
2.00 रु. से 2.24 रु.	440
2.25 रु. से 2.49 रु.	480
2.50 रु. से 2.74 रु.	370
2.75 रु. से 2.99 रु.	240
3.00 रु. या अधिक	70
	2000

आदर्श वर्ग : 2.25 से 2.49

इस वर्ग की वास्तविक सीमा 2.245 से 2.495

$$\text{Mode} = t_1 + \frac{f_1 - f_0}{2f_1 - f_0 - f_2} \times i$$

$$= 2.245 + \frac{480 - 440}{960 - 440 - 370} \times 0.25$$

$$= 2.245 + \frac{40}{40 + 110} \times 0.25$$

$= 2.245 + .07 = 2.315$

10. (a)

अंक	f	संचयी आवृत्ति (c.f.) less than
0-10	4	4
10-20	6	10
20-30	20	30
30-40	10	40
40-50	7	47
50-60	3	50

मध्यिका $\frac{N}{2}$ यानि $\frac{50}{2}$ या इससे 25 पद नीचे यह समूह 20-30 में हैं।

सूत्र के उपयोग से मध्यिका

$$= 20 + \frac{25 - 10}{20} \times 10 = 27.5$$

11. (b)

यात्रा	जहाज	कुल यात्रा
6	20	120
4	10	40

प्रति नाव औसत यात्रा $= \frac{160}{30} = 5.33$

एक यात्रा के लिये औसत दिन $= \frac{360}{\frac{16}{3}} = 67.5$ दिन

12. (b)

माना C के पास x रु. हैं।

A के पास $x + 25$; B के पास $\frac{1}{3}(x + 25)$

$\therefore x + x + 25 + \frac{1}{3}(x + 25) = 675$

या, $3x + 3x + 75 + x + 25 = 3 \times 675$

$7x = 2025 - 100 = 1925$

$x = \frac{1925}{7} = 275$

13. (b)

माना लड़कों की संख्या x, लड़कियों की संख्या $(x-150)$

$\therefore x \times \frac{1}{4} \times (150 - x) \times \frac{1}{2} = 49$

$x + 2(150 - x) = 42 \times 4$

$x + 300 - 2x = 196$

$x = 104$

14. (b)

माना कि B की कुल पूँजी x रु. हैं।

A की $\frac{2}{3}x$ एवं B की है $\frac{x}{6}$

A की पूँजी का $2\% = 200$

$\therefore \frac{2}{100} \times \frac{2x}{3} = 200$

$x = 15000$

B की पूँजी हैं, $15000/6 = 2500$रु.

15. (c)

माना कि पुरुषों की संख्या x

एक पु. का काम $=18x$

$x-6$ पु. ने काम को 20 दिनों में पूरा किया

एक पु. $= 20x\ (x-6)$ दिनों में काम कर सका

$18x = 20\ (x-6)$

$18x = 20x - 120$

$x = 60$

16. (c)

राजस्व = कर × उपभोग

$85\% \times 110\% = 93.5\%$

कमी $= 6.5\%$

17. (c)

उपभोग = राजस्व + कर

$= 100 + 60\% = 166\frac{2}{3}\%$

उपभोग में $66\frac{2}{3}\%$ की वृद्धि

18. (b)

यदि 100 रु. वास्तविक वेतन हो, तो दूसरी स्थिति में वेतन होगा :

100रु. $\times \frac{110}{100} \times \frac{90}{100}$

= 99 रु.

= 1% परिवर्तन

19. (c)

$69\%\ x - 31\%\ x = 247$

$38\%\ x = 247$

$x = 247 \times \frac{100}{38} = 650$

20. (b)

गणित में अनुत्तीर्ण $= 35\%$

अंग्रेजी में अनुत्तीर्ण $= 30\%$

दोनों में अनुत्तीर्ण $= 27\%$

एक या दोनों विषयों में अनुत्तीर्ण $= (35 + 30 - 27)\% = 38\%$

उत्तीर्ण होने का प्रतिशत $= 100 - 38 = 62\%$

21. (c)

$33\%\ x = 220 + 11$

$= 231$

$x = 231 \times \frac{100}{33} = 700$

22. (b)

7 संतरों का लागत मूल्य = 1 रु.

1 संतरें का लागत मूल्य = 1/7 रु.

लाभ = 40%

∴ 1 संतरे का वि. मू. = लागत मू. का 14%

$\frac{140}{100} \times \frac{1}{7} = 1$ रु. का $\frac{1}{5}$

1 रु. में 5 संतरे

23. (a)

10 व्यक्तियों का औसत भार = 52 कि.ग्रा.

10 व्यक्तियों का कुल भार $= 52 \times 10 = 520$ कि.ग्रा.

2 व्यक्तियों का गलत पढ़ा गया भार $= 48 + 52 = 100$ कि.ग्रा.

2 व्यक्तियों का सही भार $= 38 + 67 = 105$ कि.ग्रा.

10 व्यक्तियों का सही भार $= 520 - 100 + 105$

= 525 कि.ग्रा.

औसत भार $= \frac{525}{10} = 52.5$ कि.ग्रा.

24. (a)

छात्रों की कुल संख्या = 500

औसत अंक = 45

सभी छात्रों के अंक का योग $= 45 \times 500$

$= 22{,}500$

ऊपर के 150 छात्रों के औसत अंक = 75

ऊपर के 150 छात्रों के अंकों का योग $= 75 \times 150 = 11{,}250$

अंत के 150 छात्रों के औसत अंक = 25

अंत के 150 छात्रों के अंकों का योग $= 25 \times 150$

$= 3{,}750$

बचे हुए 200 छात्रों द्वारा प्राप्त किये गये अंकों का योग = सभी छात्र का योग – ऊपर के 150 छात्रो का योग - अंत के 150 छात्रो का योग

$= 22{,}500 - 11{,}250 - 3750 = 7500$

बचे हुए 200 छात्रों के औसत अंक $= \frac{7500}{200}$

$= 37.5$

25. (a)

माना अनुत्तीर्ण छात्र % $= x\%$

उत्तीर्ण छात्रों का % $= (100-x)\%$

कक्षा में छात्रों की संख्या = 50

प्राप्त किये गए औसत अंक = 40

अनुत्तीर्ण छात्रों के औसत अंक = 20

उत्तीर्ण छात्रों के औसत अंक = 45

सभी छात्रों द्वारा प्राप्त किये गए कुल अंक $= 40 \times 50$

$= 2000$

अनुत्तीर्ण छात्रों के अंक $= \frac{20 \times 50x}{100} = 10x$

उत्तीर्ण छात्रों के कुल अंक $= \frac{45 \times 50(100 - x)}{100} = \frac{225}{10}$

$= 100-x$

$\frac{225}{10}\ (100-x) + 10x = 2000$

$12.5x = 250$

$x = 20\%$

26. (a)

हरात्मक माध्य $= \dfrac{N}{\dfrac{1}{x} + \dfrac{1}{x_2}} = \dfrac{2}{\dfrac{1}{10} + \dfrac{1}{20}} = \dfrac{2}{\dfrac{3}{20}}$

$2 \times \dfrac{20}{3} = \dfrac{40}{3} = 13.33$ किमी./घंटा

27. (a)

माना वेतन $= 100$ रु.

10% की वृद्धि के बाद $= 110$ रु.

5% कमी $= \dfrac{5}{100} \times 100 = 5.5$ रु.

कमी के उपरांत वेतन $= 100 - 5.5$

$= 104.5$

कुल वृद्धि $= \dfrac{104.5 - 100}{100}$

$= 4.5\%$

28. (b)

10 रु. पर 15% वार्षिक दर से अदा रुपये

$= 1.50$

निवेश = 12रु.

प्रतिशत दर $- \dfrac{1.50 \times 100}{12 \times 1} = 12.5\%$

29. (b)

साधारण ब्याज $= \dfrac{2000 \times 3 \times 5}{100} = 300$ रु.

$CI = 2000\left\{\left(1 + \dfrac{5}{100}\right)^3 - 1\right\}$

$= 2000\left(\dfrac{21}{20} \times \dfrac{21}{20} \times \dfrac{21}{20} - 1\right)$

$= 2000\left(\dfrac{9261 - 8000}{8000}\right)$

$= \dfrac{1261}{4}$

$= 315.25$ रु.

अंतर $= 15.25$

30. (b)

$x\left(1 + \dfrac{20}{100}\right)^n > 2n$

$\left(\dfrac{6}{5}\right)^n > 2$

$\dfrac{6}{5} \times \dfrac{6}{5} \times \dfrac{6}{5} \times \dfrac{6}{5} > 2$

आवश्यक समय = 4 वर्ष

सदिश का निरूपण
Vector Analysis

किसी भी सदिश PQ को निरूपित करने हेतु दो चीजें आवश्यक है:-

(i) लम्बाई $=|\overline{PQ}|$

(ii) दिशा $\overrightarrow{P \quad Q}$

समान सदिश (Equal Vectors): समान सदिश वह होंगे जिनकी लम्बाई एवं दिशा समान होगी।

सदिशों के प्रकार (Types of Vector)

- **शून्य सदिश (Null Vector):** वह सदिश जिसके प्रारंभिक एवं अंत बिन्दु समान हो शून्य सदिश कहे जाते हैं।
- **इकाई सदिश (Unit Vector):** वह सदिश जिसकी लम्बाई 1 unit हो उसे इकाई सदिश कहते हैं।
- **संरेख सदिश:** वे सदिश जो एक दूसरे के समानान्तर हो संरेख सदिश कहते हैं।
- **समतलीय सदिश:** वे सदिश जो एक तल में हो उन्हें समतलीय सदिश कहते हैं।
  नोट: दो सदिश हमेशा समतलीय होंगे।
- **ऋणात्मक सदिश:** यदि एक $\overline{PQ}$ एक सदिश है, तो इसका ऋणात्मक सदिश $\overline{QP}$ होगा।

  P ⟶ Q
  Q ⟶ P

- **सदिश का व्युत्क्रम:** यदि $\overline{PQ}=\vec{a}$ और $|\overline{PQ}|=|\vec{a}|$ तो इसका व्युत्क्रम होगा $\bar{z}=\frac{1}{|\vec{a}|}\hat{a}$
  इसका अर्थ हुआ कि इसकी दिशा समान होगी और परिणाम (Magnitude) $\frac{1}{|\vec{a}|}$ होगा

सदिशों का जोड़ (Addition of vectors)

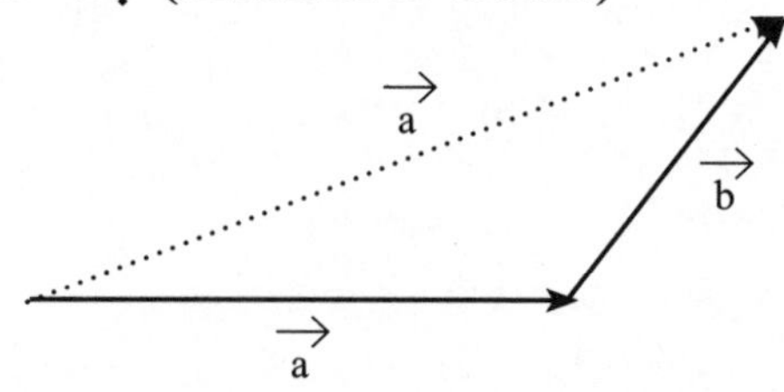

$\vec{a}$ के head (arrow) पर $\vec{b}$ का tail (अंतिम बिंदु) रख कर मिला दिया जाता है।

$$\boxed{\vec{c}=\vec{a}+\vec{b}}$$

$$|\vec{c}|=|\vec{a}+\vec{b}|=\sqrt{|a|^2+|\vec{b}|^2+2|\vec{a}|\vec{b}|\cos\theta}$$

जहाँ θ सदिशों के बीच का कोण है। कोण हमेशा tails के बीच निकलेगा।

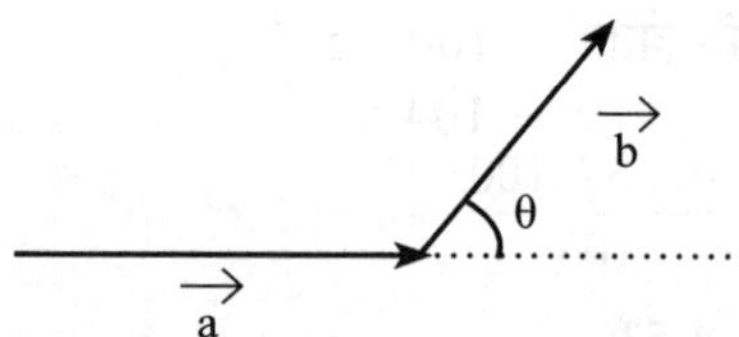

Vector को extend करके θ निकाला जाता है।

- **Subtraction (घटाने)** के लिए एक vector को उलट कर जोड़ा जाता है।

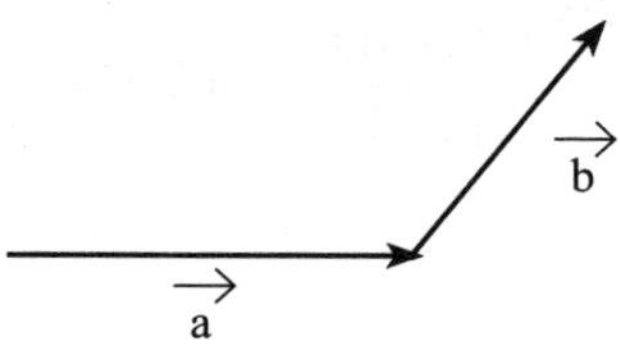

यहाँ $\vec{a}-\vec{b}$ निकालना है।

जिसके पहले (–) है अर्थात् $(\vec{b})$ उसको उलट कर जोड़ देना है।

- **स्थित सदिश (Position vector):** मूल बिन्दु से किसी बिन्दु P से मिलाने वाली रेखा को स्थित सदिश कहते हैं।

Section Formula:

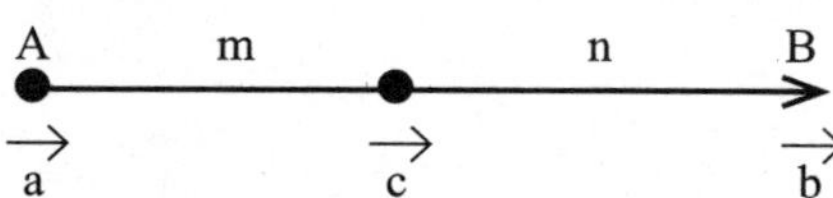

$\vec{C}, \overline{AB}$ को m : n के अनुपात में काटता है, तो $\vec{C}$ का स्थित सदिश (Position vector)

$$=\frac{m\vec{b}+n\vec{a}}{m+n}$$

दो सदिश हमेशा समतलीय होंगे।

3 सदिश तब संरेखी होंगे जब

$$\vec{c}=\frac{x\vec{a}+y\vec{b}}{x+y}$$

जहाँ $\vec{a},\vec{b},\vec{c}$ तीन सदिश हैं, x तथा y कोई संख्या है।

अदिश गुणन (Scalar Product) या Dot Product:

$\vec{a}\cdot\vec{b}=|\vec{a}||\vec{b}|\cos\theta.$

जहाँ $\cos\theta$ vectors के बीच का कोण है।

Note:

$\vec{a}\cdot\vec{b}=\vec{b}\cdot\vec{a}\,|\rightarrow$ क्रमचयी

$\vec{a}\cdot(\vec{b}+\vec{c})=(\vec{a}+\vec{b})\cdot\vec{c}$ (Associative)

$\vec{a}\cdot(\vec{b}+\vec{c})=\vec{a}.\vec{b}+\vec{a}.\vec{c}$

$\hat{i}\,\hat{j}=0, \hat{j}\cdot\hat{k}=0, \hat{k}\cdot\hat{i}=0.$

$\hat{i}\,\hat{i}=\hat{j}, \hat{j}=\hat{k}\cdot\hat{k}=1$

$\Rightarrow \vec{a}\cdot\vec{b}=|\vec{a}||\vec{a}|\cos 0°=|\vec{a}|^2$

उदाहरण (Examples)

1. जब O = मूल बिंदु, P = $(-4, 3)\, xy$ के तल में कोई बिन्दु है तो $\overrightarrow{OP}$ $\hat{i}$ और $\hat{j}$ में व्यक्त करें।

   $\overrightarrow{OP}=-4\hat{i}+3\hat{j}$

   $\therefore \overrightarrow{OP}=\sqrt{(4)^2+(3)^2}$

   = 5 इकाई (Unit)

2. स्थित सदिश (Position vectors) $\vec{a}$ of a बिन्दु (12, n) यह ऐसा है कि $|\vec{a}|=13$ तो n = ?

   $|\vec{a}|=\sqrt{12^2+n^2}=13$

   $n^2=13^2-12^2$

   $n=15$

3. $-3\hat{i}+4\hat{j}$ की दिशा में इकाई सदिश ज्ञात करें।

   $\vec{a}=-3\hat{i}+4\hat{j}$

   $\vec{a}=\sqrt{(-3)^2+(4)^2}$

   $=5$

   $\therefore \hat{a}=\dfrac{-3\hat{i}+4\hat{j}}{5}$

4. ऐसा सदिश ज्ञात करें जो $2\hat{i}-\hat{j}$ के समांतर हो और उसका परिमाण 5 इकाई हो।

   $2\hat{i}-\hat{j}$ के समानांतर सदिश $=\lambda(2\hat{i}-\hat{j})$

   $\lambda>0$

   $\because |\vec{a}|=5$

   $\therefore \sqrt{(2\lambda)^2+(-\lambda)^2}=5$

   $\Rightarrow 4\lambda^2+\lambda^2=25$

   $\lambda^2=5$

   $\lambda=\pm\sqrt{5}\ \ (-\sqrt{5}<0)$

   $\therefore$ अमान्य

   $\therefore$ इच्छित सदिश $=\sqrt{5}\,(2\hat{i}\cdot\hat{j})$

5. $3\hat{i}-6\hat{j}+2\hat{k}$ की दिशा में इकाई सदिश ज्ञात करें।

   $|\vec{a}|=\sqrt{9+4+36}=7$

   इकाई सदिश $=\dfrac{3\hat{i}-6\hat{j}+2\hat{k}}{7}$

6. A (2, 3, 1) एवं B (−1, 2, 3) के बीच की दूरी ज्ञात करें।

   $\overrightarrow{AB}$ = PV of B − PV of A

   जहाँ PV = Position vector

   $=-\hat{i}+2\hat{j}+3\hat{k}-(2\hat{i}+3\hat{j}+\hat{k})$

   $=-3\hat{i}-\hat{j}+2\hat{k}$

   $|\overrightarrow{AB}|=7$

7. समानांतर चतुर्भुज का क्षेत्रफल निकालें

   $2\hat{i}, 3\hat{j}$ (संलग्न भुजाएँ)

   $2\hat{i}+\hat{k}, \hat{i}+\hat{j}+\hat{k}$ कर्ण

   $2\hat{i}+3\hat{j}+6\hat{k}, 3\hat{i}-6\hat{j}+2\hat{k}$ विकर्ण

   यहाँ सभी cure में area $=|\vec{a}\times\vec{b}|$ होगा,

   $|2\hat{i}\times3\hat{j}|=6\hat{k}=6$

   $(2\hat{j}+\hat{k})\times(\hat{i}+\hat{j}+\hat{k})$

   $(2\hat{i}+3\hat{j}+6\hat{k})\times(3\hat{i}-6\hat{j}+2\hat{k})$

अभ्यास प्रश्न (Practice Questions)

1. यदि, $\vec{a}=\hat{i}+2\hat{j}+3\hat{k}, \vec{b}=2\hat{i}+4\hat{j}-5\hat{k}$ समानांतर चतुर्भुज की दो संलग्न भुजाएँ हैं, तो diagonal के समानांतर इकाई सदिश ज्ञात करें:
   (a) $\sqrt{69}$ (b) 24
   (c) $\sqrt{5}$ (d) 7
2. यदि $\vec{a}=2\hat{i}+2\hat{j}-\hat{k}, \hat{b}=6\hat{i}-3\hat{j}+2\hat{k}$ तो $\vec{a}\cdot\vec{b}$ ज्ञात करें:
   (a) 4 (b) 5
   (c) −4 (c) 3
3. यदि $\vec{a}=\hat{i}+\hat{j}+2\hat{k}, \vec{b}=3\hat{i}+2\hat{j}-\hat{k}$, तो $(\vec{a}+3\vec{b})$, $(2\vec{a}-\vec{b})$ ज्ञात करें?
   (a) −15 (b) 7
   (c) −7 (d) 15
4. यदि $\vec{a}=2\hat{i}+\lambda\hat{j}+\hat{k}, \vec{b}=\hat{i}-2\hat{j}+3\hat{k}$ एक दूसरे पर लम्ब हैं तो λ ज्ञात करें?
   (a) 5/2 (b) 2/5
   (c) 0 (d) 3/5
5. यदि $\vec{a}=3\hat{i}+2\hat{j}+9\hat{k}$ और $\vec{b}=\hat{i}+p\hat{j}+3\hat{k}$ समांतर हैं तो p ज्ञात करें?
   (a) 4/3 (b) 2/3
   (c) 3/2 (d) 4/2
6. $\vec{a}=5\hat{i}+3\hat{j}+4\hat{k}, \vec{b}=6\hat{i}-8\hat{j}-\hat{k}$ के बीच का कोण ज्ञात करें।
   (a) $\cos\frac{\sqrt{2}}{5\sqrt{101}}$ (b) $\cos^{-1}\frac{\sqrt{2}}{5\sqrt{101}}$
   (c) $\cos\frac{\sqrt{2}}{6\sqrt{101}}$ (d) $\cos\frac{\sqrt{3}}{2\sqrt{101}}$
7. $\vec{a}=7\hat{i}+\hat{j}-4\hat{k}$ का $\vec{b}=2\hat{i}+6\hat{j}+3\hat{k}$ पर प्रक्षेप (Projection) ज्ञात करें।
   (a) $\frac{7}{38}(\hat{i}+\hat{j}+\hat{k})$ (b) $\frac{8}{49}(2\hat{i}+6\hat{j}+3\hat{k})$
   (c) $\frac{5}{24}(\hat{i}+2\hat{j}+3\hat{k})$ (d) $\frac{6}{24}(3\hat{i}+2\hat{j}+\hat{k})$
8. $\vec{a}=2\hat{i}+2\hat{j}-\hat{k}, \vec{b}=6\hat{i}-3\hat{j}+2\hat{k}$ तो $|\vec{a}+\vec{b}|$ निकालें
   (a) $\sqrt{55}$ (b) 24
   (c) $\sqrt{66}$ (d) $\sqrt{33}$
9. $\vec{a}=2\hat{i}+2\hat{j}-\hat{k}, \vec{b}=6\hat{i}-3\hat{j}+2\hat{k}$ तो $|\vec{a}-\vec{b}|$ ज्ञात करें
   (a) $\sqrt{32}$ (b) $5\sqrt{3}$
   (c) $5\sqrt{2}$ (d) 6
10. $\vec{a}=2\hat{i}+2\hat{j}-\hat{k}, \vec{b}=6\hat{i}-3\hat{j}+2\hat{k}$ तो $|\vec{a}+\vec{b}|^2$ ज्ञात करें।
   (a) 32 (b) 36
   (c) 66 (d) 55
11. यदि $\vec{a}=2\hat{i}+2\hat{j}-\hat{k}$ और $\vec{b}=6\hat{i}-3\hat{j}+2\hat{k}$ तो $|\vec{a}+\vec{b}|^2$ ज्ञात करें।
   (a) 49 (b) 32
   (c) 50 (d) 66
12. यदि $\vec{a}=2\hat{i}+2\hat{j}-\hat{k}, \vec{b}=6\hat{i}-3\hat{j}+2\hat{k}$ तो $|\vec{a}|+|\vec{b}|$ ज्ञात करें।
   (a) 9 (b) 12
   (c) 10 (d) 24
13. यदि $\vec{a}\cdot\vec{b}=\vec{a}\cdot\vec{c}$ तो कौन सा सही है?
   (i) $\vec{b}=\vec{c}$ (ii) $\vec{a}=0$
   (iii) $\vec{a}\perp(\vec{b}-\vec{c})$ (iv) $\vec{a}\parallel(\vec{b}-\vec{c})$
   (a) (i) , (ii), (iii) सही
   (b) सिर्फ (i), (ii)
   (c) सिर्फ (i)
   (d) इनमें से कोई नहीं
14. यदि $\vec{a}+\vec{b}+\vec{c}=0, |\vec{a}|=3, |\vec{b}|=5, |\vec{c}|=7$ तो $\vec{a}$ और $\vec{b}$ के बीच का कोण क्या होगा?
   (a) 15/2 (b) 16
   (c) 15.3 (d) 7
15. $\vec{a},\vec{b},\vec{c}$ यदि परस्पर लम्ब हैं तो $\vec{a}$ तथा $\vec{a}+\vec{b}+\vec{c}$ के बीच का कोण ज्ञात करें, यदि तीनों सदिशों की लंबाई समान है।
   (a) $\cos^{-1}1/\sqrt{3}$ (b) $\cos^{-1}1/\sqrt{2}$
   (c) $\cos^{-1}1/\sqrt{3}$ (d) $\cos^{-1}1/\sqrt{12}$
16. $\vec{a}=\hat{i}-\hat{j}, \vec{b}=-\hat{j}+2\hat{k}$ तो $(\vec{a}-2\vec{b})\cdot(\vec{a}+\vec{b})$ निकालें
   (a) −8 (b) 8
   (c) −9 (d) 9
17. $\vec{a},\vec{b},\vec{c}$ यदि परस्पर लम्ब हैं तो $|\vec{a}+\vec{b}+\vec{c}|=?$
   (a) 1 (b) 0
   (c) −1 (d) 1.5
18. यदि $\vec{a}=2\hat{i}+2\hat{k}, \vec{b}=\hat{i}+\hat{j}+\hat{k}$ तो $\vec{a}\times\vec{b}$ ज्ञात करें।
   (a) $\hat{i}+\hat{j}+2\hat{k}$ (b) $-\hat{i}-\hat{j}+2\hat{k}$
   (c) $-\hat{i}-\hat{j}-2\hat{k}$ (d) $\hat{i}-\hat{j}-\hat{k}$
19. वह सदिश ज्ञात करें जो $\vec{a}=\hat{i}-2\hat{j}+3\hat{k}$ एवं $\vec{b}=\hat{i}+2\hat{j}-\hat{k}$ दोनों पर लम्ब हो।
   (a) $4\hat{i}-4\hat{j}-4\hat{k}$ (b) $4\hat{i}+4\hat{j}+4\hat{k}$
   (c) $4\hat{i}+4\hat{j}+4\hat{k}$ (d) $4\hat{i}-4\hat{j}+4\hat{k}$
20. वह सदिश ज्ञात करें जो $\vec{a}=4\hat{i}-\hat{j}+3\hat{k}$ और $-2\hat{i}+\hat{j}-2\hat{k}$ पर लम्ब हो और परिमाण 9 हो।
   (a) $-3\hat{i}+6\hat{j}-6\hat{k}$ (b) $3\hat{i}+6\hat{j}+6\hat{k}$
   (c) $-3\hat{i}+6\hat{j}+6\hat{k}$ (d) $-3\hat{i}-6\hat{j}-6\hat{k}$

21. समानांतर चतुर्भुज का क्षेत्रफल ज्ञात करें, जिसके दो सलंग्न भुजाएँ $\hat{i}+2\hat{j}+3\hat{k}$ और $3\hat{i}-2\hat{j}+\hat{k}$ है।
(a) $8\sqrt{3}$ वर्ग इकाई (b) $7\sqrt{3}$ वर्ग इकाई
(c) $6\sqrt{3}$ वर्ग इकाई (d) $5\sqrt{3}$ वर्ग इकाई

22. समानांतर चतुर्भुज का विकर्ण diagonals $3\hat{i}+\hat{j}-2\hat{k}$ और $\hat{i}-3\hat{j}-4\hat{k}$ है तो क्षेत्रफल क्या होगा?
(a) 10 (b) 32
(c) 8 (d) 20

23. अगर $|\vec{a}|=10, |\vec{b}|=2$ और $\vec{a}\cdot\vec{b}=12$ तो $|\vec{a}\times\vec{b}|$ ज्ञात करें।
(a) 16 (b) 8
(c) 24 (d) 12

24. त्रिभुज का क्षेत्रफल ज्ञात करें यदि A (3, –1, 2), B (1, –1, 3), C (4, –3, 1) हो
(a) 4 (b) 9
(c) 8 (d) 16

25. अगर $|\vec{a}|=26, |\vec{b}|=\sqrt{7}$, $|\vec{a}\times\vec{b}|=5$ तो $\vec{a}\cdot\vec{b}$ ज्ञात करें।
(a) $\sqrt{2205}$ (b) $\sqrt{4407}$
(c) 4407 (d) 2302

26. यदि $\vec{b}=\hat{i}-2\hat{k}, \vec{a}=4\hat{i}+3\hat{j}+\hat{k}$ तो $|2\vec{b}\times\vec{a}|$ निकालें
(a) $\sqrt{504}$ (b) 504
(c) 302 (d) 442

27. $\vec{F}=2\hat{i}+\hat{j}+\hat{k}$ जहाँ $\vec{F}$ बल है जो एक पिंड को $2\hat{i}+2\hat{j}+2\hat{k}$ से $3\hat{i}+4\hat{j}+5\hat{k}$ तक विस्थापित करता है तो किया गया कार्य निकालें।
(a) 7 unit (b) 6
(c) 5 (d) 4

28. यदि दो बल $\vec{A}$ और $\vec{B}$ एक पिंड पर कार्य करके उसे $4\hat{i}-3\hat{j}-2\hat{k}$ को $6\hat{i}+\hat{j}-3\hat{k}$ तक विस्थापित करते हैं तो कार्य निकालें।
(a) –15 (b) 15
(c) 16 (d) 0

29. यदि $|\vec{a}+\vec{b}|=\sqrt{3}$, तो $(2\vec{a}-5\vec{b})\cdot(3\vec{a}+\vec{b})$ ज्ञात करें।
(a) –11/2 (b) –12/3
(c) 6 (d) –6

30. यदि $|\vec{a}+\vec{b}|=\vec{a}$ है, तो $2\vec{a}+\vec{b}$ और $\vec{b}$ के बीच के कोण ज्ञात करें।
(a) 45° (b) 90°
(c) 35° (d) 40°

उत्तरमाला (Answer Key)

1. (a)	2. (a)	3. (a)	4. (a)	5. (b)	6. (a)	7. (b)	8. (c)
9. (c)	10. (c)	11. (c)	12. (c)	13. (a)	14. (a)	15. (c)	16. (c)
17. (b)	18. (b)	19. (b)	20. (c)	21. (a)	22. (a)	23. (a)	24. (a)
25. (a)	26. (a)	27. (a)	28. (a)	29. (a)	30. (a)		

हल (Solutions)

1. **(a)**

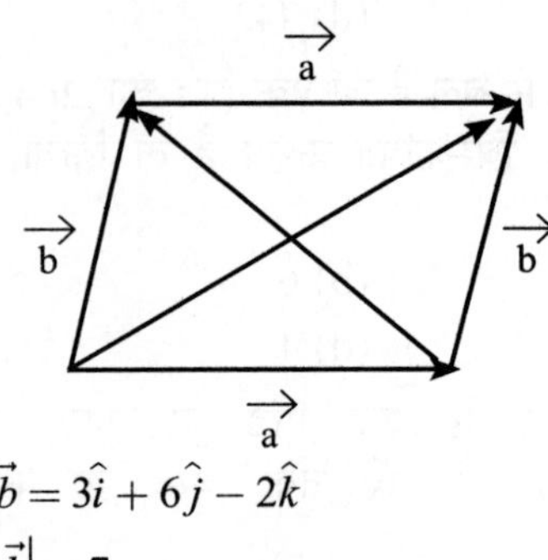

$\vec{a}+\vec{b}=3\hat{i}+6\hat{j}-2\hat{k}$

$|\vec{a}+\vec{b}|=7$

$\vec{a}-\vec{b}=-\hat{i}-2\hat{j}-8\hat{k}$

$|\vec{a}-\vec{b}|=\sqrt{69}$

2. **(a)**

$\vec{a}\cdot\vec{b}=(2\hat{i}+2\hat{j}-\hat{k})(6\hat{i}-3\hat{j}+2\hat{k})$

$=12-6-2=4$

3. **(a)**

$(\vec{a}+3\vec{b})\cdot(2\vec{a}-\vec{b})=2(\vec{a}\cdot\vec{a})+6(\vec{b}\cdot\vec{a})$

$=\vec{a}\cdot\vec{b}-(\vec{b}\cdot\vec{b})$

$=2|\vec{a}|^2+5(\vec{a}\cdot\vec{b})\cdot 3|\vec{b}|^2$ (i)

$|\vec{a}|=\sqrt{6}$

$|\vec{b}|=\sqrt{14}$

समी. (i) में मान रखने पर,

$2\times 6+5(3)-3(14)=12+15-42$

$=-15$

4. **(a)**

$\vec{a}\cdot\vec{b}=0$ यदि एक दूसरे पर लम्ब हैं।

$\vec{a}\cdot\vec{b}=2-2\lambda+3=0$

$2\lambda=5$

$\lambda=5/2$

5. **(b)**

समांतर के लिए

$\frac{a_1}{b_1}=\frac{a_2}{b_2}=\frac{c_1}{c_2}$

$\frac{3}{1}=\frac{2}{p}=\frac{9}{3}$ $\left[\begin{array}{l} a=3\hat{i}+2\hat{j}+9\hat{k} \\ \quad\ \ | \quad\ | \quad\ | \\ \quad\ a_1 \quad a_2 \quad a_3 \end{array}\right.$

$\frac{2}{p}=3\Rightarrow p=2/3$

6. **(a)**

$\vec{a}\cdot\vec{b}=|\vec{a}||\vec{b}|\cos\theta$

$30-24-4=\sqrt{25+9+16}\,\sqrt{36+64+1}\cos\theta$

$\frac{2}{\sqrt{2}}=5\sqrt{2}\,\sqrt{101}\cos\theta$

$\frac{\sqrt{2}}{5\sqrt{101}}=\cos\theta$

$\theta=\cos^{-1}\frac{\sqrt{2}}{5\sqrt{101}}$

7. **(b)**

$\vec{a}$ का $\vec{b}$ पर प्रक्षेप $=\left(\frac{\vec{a}\cdot\vec{b}}{|\vec{b}|^2}\right)\vec{b}$

$=\frac{14+6-12}{49}(2\hat{i}+6\hat{j}+3\hat{k})$

$=\frac{8}{49}(2\hat{i}+6\hat{j}+3\hat{k})$

8. **(c)**

$|\vec{a}+\vec{b}|=|8\hat{i}-\hat{j}-\hat{k}|$

$=\sqrt{64+1+1}=\sqrt{66}$

9. **(c)**

$|\vec{a}-\vec{b}|=|4\hat{i}-5\hat{j}+3\hat{k}|$

$=\sqrt{25+16+9}=5\sqrt{2}$

10. **(c)**

$|\vec{a}+\vec{b}|^2=|\vec{a}|^2+|\vec{b}|^2+2(\vec{a}\cdot\vec{b})$

$9+49+2(12-6-2)$

$=58+2(4)=66$

11. **(c)**

$|\vec{a}-\vec{b}|^2=|\vec{a}|^2+|\vec{b}|^2-2(\vec{a}-\vec{b})$

$=9+49-8=50$

12. **(c)**

$|\vec{a}|+|\vec{b}|$

$=\sqrt{(2)^2+(2)^2+(1)^2}+\sqrt{6^2+(3)^2+(2)^2}$

$=\sqrt{9}+\sqrt{49}=3+7=10$

13. **(a)**

तीनों सही है। (i) (ii) (iii)

14. **(a)**

$\vec{a}+\vec{b}+\vec{c}=0$

$\vec{a}+\vec{b}=-\vec{c}$

$|\vec{a}+\vec{b}|^2=|-\vec{c}|^2$ (Modulus and squaring)

$|\vec{a}|^2+|\vec{b}|^2+2(\vec{a}\cdot\vec{b})=|\vec{c}|^2$

$9+25+2(\vec{a}\cdot\vec{b})=49$

$2(\vec{a}\cdot\vec{b})=15$

$|\vec{a}||\vec{b}|^2\cos\theta=15/2$

$3\times5\times\cos\theta=15/2$

$\therefore\ \cos\theta=1/2$

$\theta=60°$ या $\pi/3$

15. (c)

$\vec{a}\cdot(\vec{a}+\vec{b}+\vec{c})=|\vec{a}||\vec{a}+\vec{b}+\vec{c}|\cos\theta$

$\vec{a}\cdot\vec{a}+\vec{a}\cdot\vec{b}+\vec{a}\cdot\vec{c}=|\vec{a}||\vec{a}+\vec{b}+\vec{c}|\cos\theta$

$\frac{|\vec{a}|^2}{|\vec{a}|}=|\vec{a}+\vec{b}+\vec{c}|\cos\theta\ \{\vec{a}\cdot\vec{b}=\vec{a}\cdot\vec{c}=0\}$

$\cos\theta=\frac{|\vec{a}|}{|\vec{a}+\vec{b}+\vec{c}|}=\frac{1}{\sqrt{3}}$

$\therefore\ \theta=\cos^{-1}1/\sqrt{3}$

16. (c)

$|\vec{a}|=\sqrt{2},|\vec{b}|=\sqrt{5},\vec{a}+\vec{b}=1$

$\therefore(\vec{a}-2\vec{b})\cdot(\vec{a}+\vec{b})=|\vec{a}|^2-2|\vec{b}|^2-2(\vec{b}\cdot\vec{a})+\vec{a}\cdot\vec{b}$

$=2-2\times5-1=2-10-1$

$=-9$

17. (b)

$|\vec{a}+\vec{b}+\vec{c}|^2=(\vec{a}+\vec{b}+\vec{c})\,(\vec{a}+\vec{b}+\vec{c})$

$=|\vec{a}|^2+|\vec{b}|^2+|\vec{c}|^2+2(\vec{a}\cdot\vec{b}+\vec{b}\cdot\vec{c}+\vec{c}\cdot\vec{a})$

$|\vec{b}|^2+|\vec{b}|^2+|\vec{c}|^2$

$\vec{a}\cdot\vec{b}=\vec{b}\cdot\vec{c}=\vec{c}\cdot\vec{a}=0$

$\because$ परस्पर लम्ब हैं।

18. (b)

$\vec{a}\times\vec{b}=\begin{vmatrix}\hat{i}&\hat{j}&\hat{k}\\2&0&1\\1&1&1\end{vmatrix}$

$=\hat{i}\,(0-1)-\hat{j}\,(R-1)+\hat{k}\,(R-0)$

$=-\hat{i}-\hat{j}+2\hat{k}$

19. (b)

$\vec{a}\times\vec{b}=$ required vector

$\begin{vmatrix}\hat{i}&\hat{j}&\hat{k}\\1&-2&3\\1&2&-1\end{vmatrix}=\hat{i}\,(-4)-\hat{j}\,(-1-3)+\hat{k}\,(4)$

$=4\hat{i}+4\hat{j}+4\hat{k}$

20. (c)

$\vec{a}\times\vec{b}=-\hat{i}+2\hat{j}+2\hat{k}$

$|\vec{a}\times\vec{b}|=\sqrt{(1)^2+(2)^2+(2)^2}=3$

$\therefore$ इकाई संदिश $=\frac{-\hat{i}+2\hat{j}+2\hat{k}}{3}$

$\therefore$ इच्छित संदिश $=\frac{-\hat{i}+2\hat{j}+2\hat{k}}{3}\times3$

$=-3\hat{i}+6\hat{j}+6\hat{k}$

21. (a)

$\vec{a}\times\vec{b}=\begin{vmatrix}\hat{i}&\hat{j}&\hat{k}\\1&2&3\\3&-2&1\end{vmatrix}=8\hat{i}+8\hat{j}-8\hat{k}$

$\therefore|\vec{a}\times\vec{b}|=$ समानांतर चतुर्भुज का क्षे0

$=8\sqrt{3}$ वर्ग इकाई

22. (a)

$3\hat{i}+\hat{j}+2\hat{k}=\vec{a}$

$\hat{i}-3\hat{j}-4\hat{k}=\vec{b}$

सामानांतर चतुर्भुज का क्षे0 $=|\vec{a}\times\vec{b}|$

23. (a)

$\vec{a}-\vec{b}=|\vec{a}|\vec{b}|\cos\theta$

$\vec{a}\times\vec{b}=|\vec{a}|\vec{b}|\sin\theta$

$\therefore(\vec{a}-\vec{b})^2+(\vec{a}\times\vec{b})^2=|\vec{a}|^2+|\vec{b}|^2$

$(1^2)^2+|\vec{a}\times\vec{b}|^2=400$

$|\vec{a}\times\vec{b}|=\sqrt{256}=16$

24. (a)

$\overrightarrow{AB}=\hat{i}-\hat{j}-3\hat{k}-(3\hat{i}-\hat{j}+2\hat{k})=2\hat{i}-j-\hat{k}$

$\overrightarrow{BC}=4\hat{i}-3\hat{j}-\hat{k}-(\hat{i}-\hat{j}+3\hat{k})=3\hat{i}-2\hat{j}-4\hat{k}$

Δ का क्षे0 $=\frac{1}{2}|\overrightarrow{AB}\times\overrightarrow{BC}|=4$

25. (a)

$(\vec{a}\cdot\vec{b})^2+|\vec{a}\times\vec{b}|^2=|\vec{a}|^2|\vec{b}|^2$

$(\vec{a}\cdot\vec{b})^2+(5)^2=(26)^2\times7$

$(\vec{a}\cdot\vec{b})^2=(26)^2\times7-25$

$\vec{a}\cdot\vec{b}=\sqrt{26^2\times7\cdot25}$

$=\sqrt{407}$

26. (a)

$2\vec{b}=2\,(\hat{i}-2\hat{k})=2\hat{i}-4\hat{k},\vec{a}=4\hat{i}+3\hat{j}+\hat{k}$

$2\vec{b}\times\vec{a}=\begin{vmatrix}\hat{i}&\hat{j}&\hat{k}\\2&0&-4\\4&3&1\end{vmatrix}=\hat{i}\,(12)-\hat{j}\,(18)+\hat{k}\,(6)$

$=12\,\hat{i}-18\,\hat{j}+6\hat{k}$

$2\vec{b}\times\vec{a}=\sqrt{144+36+32k}$

$=\sqrt{50k}$

27. (a)

विस्थापन $=(3\hat{i}+4\hat{j}+5\hat{k})-(2\hat{i}+2\hat{j}+2\hat{k})$

$\varnothing\,\hat{\ddot{u}}\quad 2\hat{}\quad 3\hat{}$

Work done $=\vec{F}\cdot\hat{d}=(2\hat{i}+\hat{j}+\hat{k})\,(\hat{i}+2\hat{j}+3\hat{k})$

$2+2+3=7$

28. (a)

$\vec{A}+\vec{B} = \text{resultant} = \hat{i}-3\hat{j}+5\hat{k}$

कार्य $=(\vec{A}+\vec{B})\cdot\vec{d} = (\hat{i}-3\hat{j}+5\hat{k})\cdot(2\hat{i}+4\hat{j}-\hat{k})$

$= 2-12-5$

$= -15$

29. (a)

$6|a|^2 - 5|\vec{b}|^2 - 13(\vec{a}.\vec{b})$

$6-5-13(\vec{a}\cdot\vec{b})$ (i)

$\left|\vec{a}+\vec{b}\right| = \sqrt{3}$

$\left|\vec{a}+\vec{b}\right|^2 = 3$

$|\vec{a}|^2 + |\vec{b}|^2 + 2(\vec{a}\cdot\vec{b}) = 3$

$1+1+2(\vec{a}\cdot\vec{b}) = 3$

$\vec{a}-\vec{b} = 1/2$

मान i) में रखने पर

$6-5-13/2 = 1-13/2$

$= -11/2$

30. (a)

$(2\vec{a}+\vec{b})\cdot\vec{b} = 2(\vec{a}-\vec{b}) + |\vec{b}|^2$ .....(*i*)

$|\vec{a}+\vec{b}| = |\vec{a}|$

$|\vec{a}+\vec{b}|^2 = |\vec{a}|^2$

$|\vec{b}|^2 + 2(\vec{a}\cdot\vec{b}) = 0$

समी. (i) में मान रखने पर

$(2\vec{a}+\vec{b})\cdot\vec{b} = 0$

कोण $= 90°$ लम्ब

गति विज्ञान
Dynamics

गति विज्ञान या गति विद्या अन्तर्गत हम गति के विभिन्न पहलुओं पर चर्चा करेंगे। गति विज्ञान को Science of Mechanical Force भी कहते हैं।

महत्वपूर्ण बिन्दु (Important Points)

- **चाल (Velocity) :** विस्थापन परिवर्तन की दर को गति कहते हैं।
- औसत गति $= \dfrac{\text{कुल तय की गई दूरी}}{\text{कुल लिया गया समय}}$
- **गति के समीकरण (Equations of Motion):** माना किसी वस्तु की प्रारंभिक चाल u त्वरण (Acceleration) a और t समय के बाद वस्तु की चाल v हो जाती है तब
  (a) $v = u + at$
  (b) $s = ut + \dfrac{1}{2}at^2$
  (c) $v^2 = u^2 + 2as$
  (d) $s = ut + \dfrac{1}{2}a\,(2t-1)$
- गुरूत्व के अधीन गति के समीकरण
  (a) $v = u + gt$
  (b) $h = ut + \dfrac{1}{2}gt^2$
  (c) $v^2 = u^2 + 2gh$
  (d) $s = ut + \dfrac{1}{2}g\,(2t-1)$

यदि दो वस्तुएँ जिनका द्रव्यमान m और M ($m >$ M) एक पतली रस्सी से जुड़ी हों जो एक चिकनी छोटी और स्थिर कुण्डली (pully) से गुजरती है तब

- त्वरण (Acceleration) $f = \left(\dfrac{m - \text{M}}{m + \text{M}}\right) g$
- रस्सी में तनाव, $\text{T} = \dfrac{2m\,\text{M}}{m + \text{M}}\, g$
- Pully पर दबाब, $\text{R} = \dfrac{4m\,\text{M}}{m + \text{M}}\, g$
- गतिज ऊर्जा (Kinetic Energy) $= \dfrac{1}{2}mv^2$
- स्थिर ऊर्जा (Potential Energy = mgh)
- किया गया कार्य (Work done) = बल × बल की दिशा में विस्थापन
- दो वस्तुएँ जिनके द्रव्यमान m_1 एवं m_2 हो, एवं टकराने से पहली जिनकी चाल u_1 एवं u_2 एवं टकराने के बाद v_1 एवं v_2 हो जाती है तब,
  $m_1 u_1 + m_2 u_2 = m_1 v_1 + m_2 u_2$ और
  $v_2 - v_1 = -e\,(u_1 - u_2)$
  जहाँ $= e =$ प्रत्यास्थता गुणांक (Coefficient of elasticity) है।
- अगर किसी वस्तु का प्रक्षेप की गति u एवं प्रक्षेप का कोण θ हो तब
- प्रक्षेप की क्षैतिज चाल $= 4\cos\alpha$
- t सेकेण्ड के बाद प्रक्षेप की गति $= \sqrt{u^2 + g^2 t^2 - 2ugt + \sin\theta}$
- $\tan\beta = \dfrac{4\sin\theta - gt}{u\cos\theta}$
- ऊँचाई h पर वस्तु की चाल $= \sqrt{u^2 - 2gh}$ और
  $\beta = \tan^{-1}\left\{\dfrac{\sqrt{u^2\sin^2\theta - 2gh}}{v\cos\theta}\right\}$
- ऊँचाई, $h = \dfrac{u^2\sin^2\theta}{2g}$
- उड़ान का समय (Time of flight) $\text{T} = \dfrac{2u\sin\theta}{g}$
- परास (Range) $\text{R} = \dfrac{u^2\sin^2\theta}{g}$
- उच्चतम परास (Maximum Range) $= \dfrac{u^2}{g}$
- उच्चतम ऊँचाई (Maximum height) $= \dfrac{u^2}{2g}$

उदाहरण (Examples)

1. क्षैतिज सतह से कोई वस्तु प्रक्षेपित की गई जब इसकी परास इसकी ऊँचाई से $4\sqrt{3}$ गुणा ज्यादा है। तब प्रेक्षण का कोण (Angle of projection) ज्ञात करें।

   माना α प्रेक्षण का कोण एवं

   $u =$ प्रेक्षण की गति, तब

   $$\frac{u^2 \sin 2\alpha}{g} = \frac{u\sqrt{3}\, u^2 \sin^2 \alpha}{2g}$$

   $$2\sin\alpha\cos\alpha = 2\sqrt{3}\sin^2\alpha$$

   $$\frac{\sin\alpha}{\cos\alpha} = \frac{1}{\sqrt{3}}$$

   $$\tan\alpha = \frac{1}{\sqrt{3}}$$

   $$\alpha = 30^\circ$$

2. m_1 द्रव्यमान की एक गेंद m_2 द्रव्यमान के एक गेंद जो की स्थिर है टकराती है टकराने के बाद m_1 द्रव्यमान की गेंद भी स्थिर हो जाती है एवं restitution गुणंक e है तब m_1 एवं m_2 किसके समतुल्य होंगे।

   मना $u =$ प्रथम गेंद की चाल टकराने से पहले, $v =$ दूसरी गेंद की चाल टकराने के बाद

   तब,

   $0 - v = e(u - 0) = v = eu$ (i)

   और

   $m_1 u + m_2 \times 0 = m \times 0 + m_2 v = m_1 u = m_2 v$

   $m_1 u = m_2 ue$ (समी. (i) से)

   $$\frac{m_1}{m_2} = \frac{e}{1}$$

   $m_1 : m_2 = e : 1$

3. एक गतिमान कण v वेग से गति कर रहा है, $v^2 = a + \frac{2b}{s}$ तब इसका त्वरण (acceleration) क्या होगा?

   $$v^2 = a + \frac{2b}{s}$$

   $$2v\frac{dv}{ds} = \frac{-2b}{s^2}$$

   $$\frac{v\,dv}{ds} = \frac{-b}{s^2}$$

   त्वरण $= \frac{-b}{s^2}$

4. 60° के कोण पर एक वस्तु की दो चालें क्रमशः 10 m/sec एवं 15m/sec हैं तब उसकी परिणामी चाल क्या होगी?

   यहाँ

   $u = 10$ m/sec

   $v = 15$ m / sec

   $\theta = 65^\circ$

   $$v = \sqrt{10^2 + 15^2 + 2 \times 10 \times 15 \cos 60^\circ}$$

   $$= \sqrt{100 + 225 + 300 \times \frac{1}{2}}$$

   $$= \sqrt{100 + 225 + 1150}$$

   $$= \sqrt{475}$$

   $$= 5\sqrt{19} \text{ m / sec}$$

5. दो समानान्तर बल 8 N और 6 N के बिन्दु A और B पर परस्पर लगते हैं। अगर AB = 7 cm तब resultant का परिमाण एवं प्रयोग बिन्दु (point of application) ज्ञात करें।

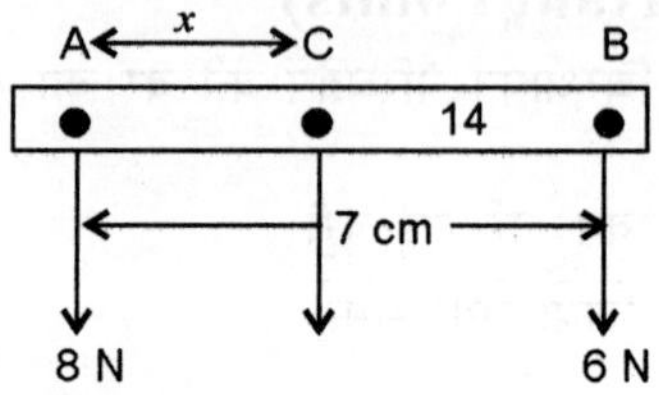

   resultant $= 8 + 6 = 14$N

   ($\because$ बल समानांतर है)

   प्रयोग बिन्दु A के सापेक्ष $= 7 \times 6 = 14 \times x$

   [$x =$ A और c के बीच की दूरी]

   $x = 3$ cm

6. एक बल जिनका परिमाण 10 N है, जो समतल क्षितिज से 30° का कोण बनाती है, तो इसका अवयव x तथा y अक्षों पर निकालें।

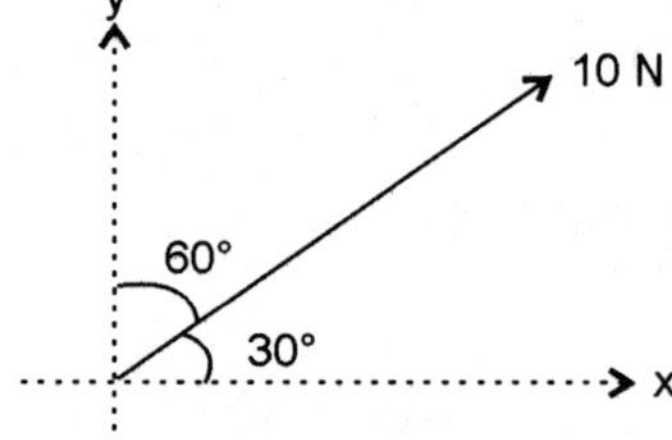

   x के along बल का अवयव

   $= 10\cos 30^\circ$

   $= 10 \times \sqrt{3}/2$

   $= 5\sqrt{3}$ N

   y के along बल का अवयव

   $10\cos(90^\circ - 30^\circ)$

   $= 10 \times \cos 60^\circ$

   $= 5$N

7. एक पिंड पर 40N का बल लगता है, जो दो धागों से बंधा है, जो लम्बरूप से क्रमशः 30° एवं 60° का कोण बनाते हैं तो T_1 एवं T_2 ज्ञात करें।

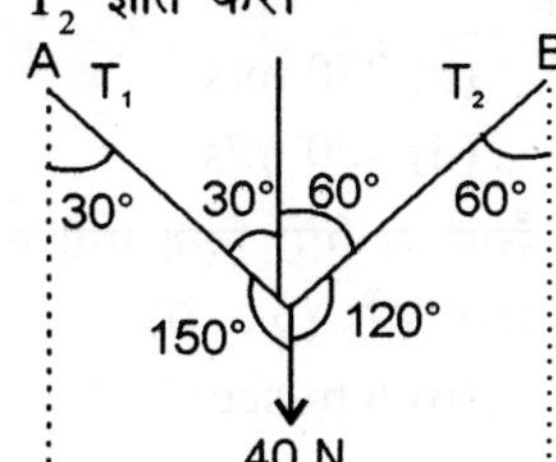

$$\frac{T_1}{\sin 120°} = \frac{T_2}{\sin 150°} = \frac{40}{\sin 90°}$$

$$\frac{T_1}{\frac{\sqrt{3}}{2}} = \frac{T_2}{1/2} = \frac{40}{1}$$

$\therefore \; T_2 = 20N$

$T_1 = 20\sqrt{3}\ N$

अभ्यास प्रश्न (Practice Questions)

1. यदि दो समानांतर बलों का resultant छोटे बल से 12 cm की दूरी पर पाया गया तो दोनों बलों की प्रयोग बिन्दु की दूरी ज्ञात करें।
   (a) 20 (b) 12
   (c) 4 (d) 22

2. दो समानांतर बलों का परिमाण 8N और 6 N है और इनके प्रयोग बिन्दु की परस्पर दूरी 45 cm है। Resultant एवं Resultant का प्रयोग बिन्दु ज्ञात करें।
   (a) 19 (b) 19.28
   (c) 20 (d) 20.29

3. दो विपरीत बल जिनके परिमाण 10 N एवं 18 N है एक पिंड पर इस प्रकार लगते हैं कि उनका परिणामी छोटे बल से 12 cm की दूरी पर पाया जाता है। दोनो बलों के प्रयोग बिन्दु के बीच की दूरी क्या होगी?
   (a) 5 cm (b) 7 cm
   (c) 4/3 cm (d) 5/3 cm

4. तीन बल (x, y, z) एक पिंड पर लग रहे हैं जो साम्य स्थिति में हैं। तीनो बलों का अनुपात ज्ञात करें।

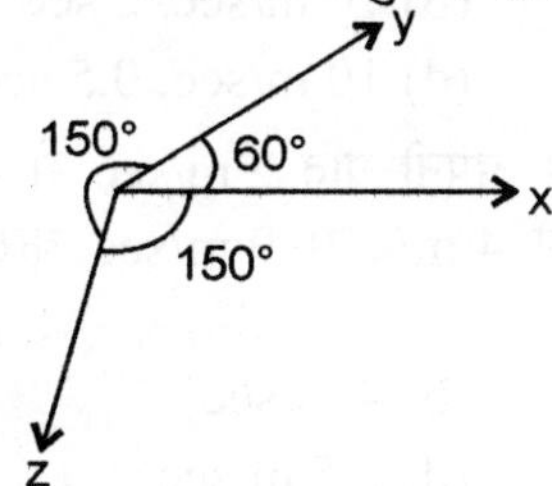

   (a) $1:1:\sqrt{3}$ (b) $1:\sqrt{3}:1$
   (c) 1:1:1 (d) $1:\sqrt{3}:\sqrt{3}$

5. एक बल जिसका परिमाण 42 N है उसका x अक्ष पर प्रक्षेप $21\sqrt{3}$ N है तो y और बल के बीच का कोण ज्ञात करें।
   (a) 40° (b) 45°
   (c) 65° (d) 60°

6. तीन बल एक ही परिमाण के हैं, एक पिंड को साम्य स्थिति में रखते हैं, तो तीनों के बीच का परस्पर कोण ज्ञात करें।
   (a) 120° (b) 100°
   (c) 90° (d) 45°

7. एक कण का विस्थापन समीकरण है, $s = 10 + 20t + t^2$ जो कि मूल बिन्दु से 10 m आगे से start होता है। ज्ञात करें कि वह कण अपनी दिशा बदलने से पहले कितना समय लेगा और कितनी दूरी तय करेगा?
   (a) 10 sec 110 m (b) 9 sec 110 m
   (c) 10 sec 100 m (d) 10 sec 200 m

8. यदि विस्थापन का समीकरण $x = 63\,t - 6t^2 - t^3$ हो, तो 2 sec के बाद वेग ज्ञात करें।
   (a) 24 (b) 27
   (c) 28 (d) 30

9. यदि विस्थापन का समीकरण $x = 63t - 6t^2 - t^3$, हो, तो कुल दूरी जो कण ने तय की (रूकने से पहले) ज्ञात करें।
   (a) 107 m (b) 108 m
   (c) 100 m (d) 104 m

10. एक साईकिल जो 50 km चली है उसकी औसत चाल निकालें अगर वह पहले 10 km को 20 km/hr दूसरे 12 km को 1 घंटे में, और तीसरे 24 km को 8 km/hr और अतः के 4 km को 8 km/hr के हिसाब से तय करती है।
    (a) 12 km/h (b) 10 km/h
    (c) 9 km/h (d) 8 km/h

11. एक व्यक्ति जो 3 km की दूरी को उत्तर-पूर्व की दिशा में 6 km/hr के हिसाब से तय करता है और फिर 9 km दक्षिण पूर्व की ओर 2 km/h के हिसाब से तय करता है। औसत गति निकालें।
    (a) 2.8 km/h (b) 3 km/h
    (c) 4 km/h (d) 8 km/h

12. एक ट्रक पहले 20 km, 30 km/h से तय करता है, तथा बाकी के 20 km, 2 घंटे में तय करता है, तो औसत चाल ज्ञात करें।
    (a) 15 km/h (b) 16 km/h
    (c) 28 km/h (d) 12 km/h

13. एक पत्थर को कुएँ में छोड़ा गया 10 sec बाद उसका वेग ज्ञात करें (take $g = 10 m/s^2$)
(a) 90 m/s (b) 100 m/s
(c) 110 m/s (d) 104 m/s

14. एक गेंद जो 25 cm/sec के वेग से चल रही है, 5 sec बाद 75 cm/sec के वेग से चलती हुई पाई जाती है, तो त्वरण एवं तय की गई दूरी ज्ञात करें।
(a) $8 m/s^2$, 200 m (b) $10 cm/s^2$, 250 cm
(c) $20 cm/s^2$, 200 cm (d) $7 m/s^2$, 200 m

15. यदि एक रेलगाड़ी 90 km चलती है, और इस दौरान अपनी गति 72 km/h से 144 km/h कर लेती है, तो इस दूरी को तय करने में समय क्या होगा?
(a) 0.833 घंटा (b) 1 घंटा
(c) 2 घंटा (d) 0.55 घंटा

16. एक व्यक्ति 5 m/s की गति से चल रहा है, तथा उसका मंदन (retardation) $1/7 m/s^2$ है तो उसे रूकने में कितना समय लगेगा?
(a) 20 sec (b) 21 sec
(c) 24 sec (d) 23 sec

17. यदि एक रेलगाड़ी 30 km/h की गति से चल रही है और आगे तक ब्रेक लगाने पर मंद होने लगती है, तो तय की गई दूरी निकालें यदि रेलगाड़ी 1.5 मिनट में रूक जाती है।
(a) 3/8 km (b) 4 km
(c) 6 km (d) 5/3 km

18. एक गोली 100 m/sec से चल रही है, तथा एक लकड़ी के गुटके में 50 cm का छेद बनाने के बाद रूक जाती है तो मंदन ज्ञात करें।
(a) $-20000 m/s^2$ (b) $-10000 m/s^2$
(c) $-800 m/s^2$ (d) $1900 m/s^2$

19. एक कार 18 km/h की गति से 400 m चलती है, और अपनी गति को 54 km/h कर लेती है, तो अपनी गति को 12 km/h करने में कितना समय और लगेगा।
(a) 5.55 घंटा (b) 6 घंटा
(c) 8 घंटा (d) 9 घंटा

20. यदि एक पिंड स्थिर अवस्था से शुरूकर 20 sec बाद अपनी गति 20 m/sec कर लेता है तो, पाँचवे second में तय की गई दूरी ज्ञात करें।
(a) 4.5 m (b) 5 m
(c) 5.5 m (d) 6.5 m

21. एक पिंड प्रारंभिक गति 50 m/s है एक सीधी रेखा में चलते हुए अपना त्वरण $40 m/s^2$ बनाए रखती है, तो उसकी गति निकाले जब वह 750 m चल चुकी है।
(a) 300 m/s (b) 250 m/s
(c) 350 m/s (d) 400 m/s

22. एक हथौड़े को 1.25 m की ऊँचाई से गिरा दिया गया तो टकराने से तुरंत पहले से उसकी गति ज्ञात करें। $(g = 0)$
(a) 5 m/s (b) 6 m/sec
(c) 4 m/s (d) 3 m/s

23. एक हवाई जहाज 100 m/sec से जा रही है, उसे ऐसा करने के लिए कितनी ऊँचाई पर उड़ाने की आवश्यकता है।
(a) 400 m (b) 300 m
(c) 510 m (d) 500 m

24. एक पत्थर को 98 m/s की रफ्तार से ऊपर उछाला गया तो
(i) 20 sec के बाद उसकी ऊँचाई क्या होगी?
(ii) ग्यारहवें second में तय की गयी दूरी?
(a) 0, 4.9 (b) 0, 5
(c) 0, 6 (d) 0, −4.9

25. एक गेंद यदि 19.6 m हवा में जा के रूक जाती है, तो प्रारंभिक गति ज्ञात करें।
(a) 20/s (b) 19.6 m/sec
(c) 21 m/sec (d) 18 m/sec

26. एक नदी तट की ऊँचाई ज्ञात करें, यदि उससे छोड़ा गया एक पत्थर 3 sec में पानी तक पहुँच जाता है, अंतिम चाल भी ज्ञात करें।
(a) 45 m, 30 m/sec (b) 30 m, 30 m/s
(c) 40 m, 30 m/s (d) 45 m, 28 m/sec

27. एक पिंड उच्चतम 10 m तक हवा में जा सकता है, तो गति निकालें जिससे वह पिंड ऊपर की ओर उछाला गया तथा समय ज्ञात करें।
(a) 10 m/sec, 1 sec (b) 10 m/sec, 2 sec
(c) 9 m/sec, 1 sec (d) 10 m/sec, 0.5 sec

28. यदि एक पिंड पहले सेकेंड में अपनी गति 2 m/sec से 4 m/sec करता है, तथा दूसरे सेकेंड में 4 m/s से 9 m/sec करता है तो औसत त्वरण क्या होगा?
(a) $3.5 m/sec^2$ (b) $4 m/sec^2$
(c) $5 m/sec^2$ (d) $2.5 m/sec^2$

उत्तरमाला (Answer Key)

1. (a)	2. (b)	3. (c)	4. (a)	5. (d)	6. (a)	7. (a)	8. (b)
9. (b)	10. (b)	11. (a)	12. (a)	13. (b)	14. (b)	15. (a)	16. (a)
17. (a)	18. (b)	19. (a)	20. (a)	21. (b)	22. (a)	23. (d)	24. (d)
25. (b)	26. (a)	27. (a)	28. (a)				

हल (Solutions)

1. (a)

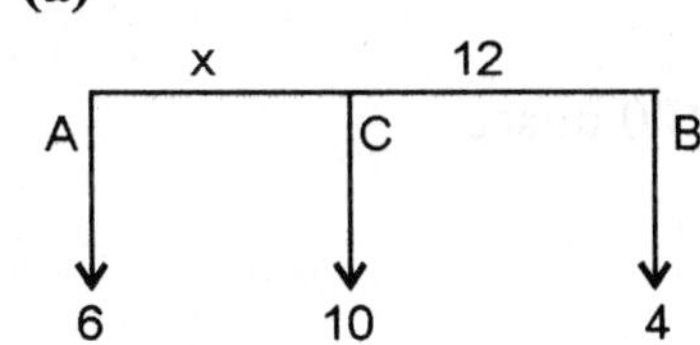

माना $AC = x$

A के सापेक्ष

$4 \times (12 + x) = 10 \times x$

↓ बल ↓ दूरी A से ↓ बल (resultant) ↓ दूरी A से

$48 + 4x = 10x$

$48 = 6x$

$x = 8$

$\therefore$ कुल दूरी $AB = 20$ m

2. (b)

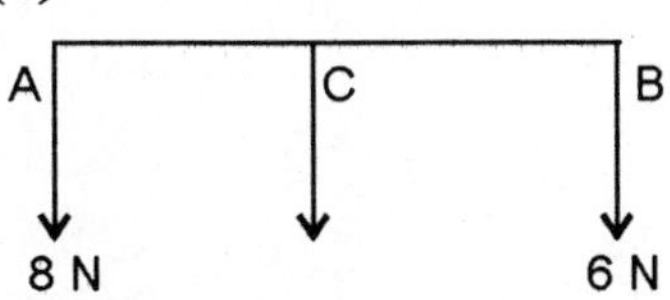

Resultant $= 8 + 6 = 14$

माना कि resultant का प्रयोग बिन्दु C है जो A हो x दूरी पर है।

तो A के सापेक्ष

$6 \times 45 = 4 \times 2x$

↓ बल (B पर) ↓ दूरी (A से B) ↓ बल ↓ दूरी

$$x = \frac{45 \times 6}{14} = \frac{45 \times 3}{7} = 19.28 \text{ cm}$$

3. (c)

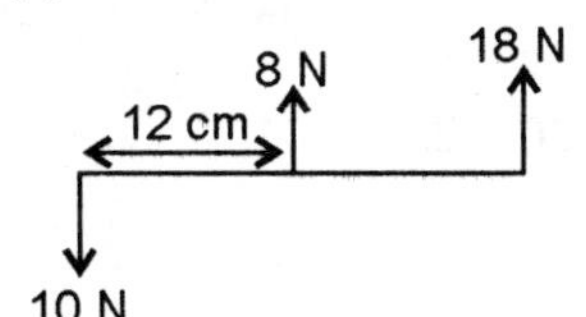

माना $AB = x$

A के सापेक्ष

$2 \times 12 = 18 \times x$

$$x = \frac{24}{18} = 4/3 \text{ cm}$$

4. (a)

$\therefore$ यह साम्य स्थिति में है।

$\therefore$ (Lami's theorem से)

$$\frac{x}{\sin 150^\circ} = \frac{y}{\sin 150^\circ} = \frac{z}{\sin 60^\circ}$$

$$\frac{x}{1/2} = \frac{y}{1/2} = \frac{z}{\sqrt{3}/2}$$

$$\therefore \quad x : y : z = 1 : 1 : \sqrt{3}$$

5. (d)

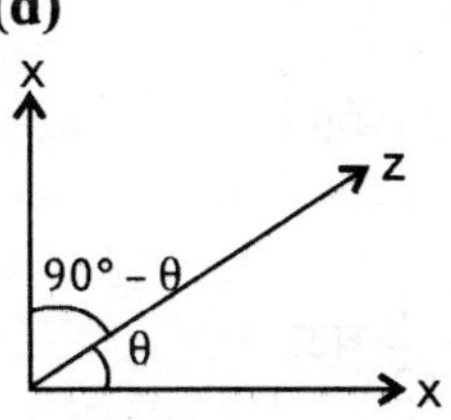

x अक्ष पर बल का अवयव $= 42 \cos\theta = 21\sqrt{3}$

$\cos\theta = \sqrt{3}/2$

$\therefore \theta = 30^\circ$

$\therefore$ y अक्ष से कोण $= 90 - 30^\circ = 60^\circ$

6. (a)

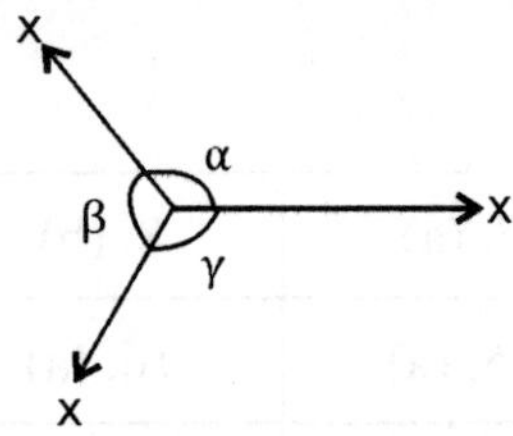

Using Lami's theorem

$$\frac{x}{\sin\lambda} = \frac{x}{\sin\alpha} = \frac{x}{\sin\beta}$$

$\therefore\ \sin\alpha = \sin\beta = \sin\lambda$

$\alpha = \beta = \lambda$

$\because\ \alpha + \beta + \lambda = 360°$

$3\alpha = 360°$

$\alpha = 180°$

$\therefore\ \alpha = \beta = \lambda = 120°$

7. (a)

दिशा बदलते समय $v = 0$

पहले v का व्यंजक ज्ञात करें

$$v = \frac{ds}{dt} = \frac{d}{dt}(10 + 20t - t^2) = 20 - 2t$$

$v = 20 - 2t = 0$

$\therefore\ t = 10\,\text{sec}$

तय की गई दूरी $= t = 10s$ के समी. में रखेगें

$\therefore\ s = 10 + 20 \times 10 - 100$

$= 10 + 200 - 100 = 110$ m

8. (b)

वेग $(v) = \frac{dx}{dt} = \frac{d}{dt}(63t - 6t^2 - t^3)$

$= 63 - 12t - 3t^2$

दो सेकेंड बाद वेग $= 63 - 12 \times 2 - 3 \times (2)^2$

$= 63 - 24 - 12 = 27$ m

10. (b)

पहले 10 km में लगा समय = दूरी/चाल

$= 10/20 = \frac{1}{2}$ घंटा

दूसरी 12 km में लगा समय = 1 घंटा

तीसरी 24 km में लगा समय $= \frac{24}{8} = 3$ घंटा

अंत के 4 km में लगा समय $= \frac{4}{8} = \frac{1}{2}$ घंटा

कुल समय $= \frac{1}{2} + 1 + 3 + \frac{1}{2} = 5$ घंटा

कुल दूरी = 50 km

औसत चाल $= \frac{\text{कुल दरी}}{\text{कुल समय}} = \frac{50}{5} = 10$ km/h

11. (a)

उत्तर-पूर्व में लगा समय = दूरी/चाल $= 3/6 = \frac{1}{2}$ घंटा

दक्षिण-पूर्व में लगा समय = दूरी/चाल $= 4/2 = 2$

यात्रा में कुल लगा समय $= (1/2 + 2) = 5/2$ घंटा

यात्रा की कुल दरी $= (3 + 4)$ km = 7 km

औसत चाल = दूरी/समय $= 7/5/2 = \frac{14}{5} = 2.8$ km/hr

12. (a)

औसत चाल $= \frac{\text{कुल दरी}}{\text{कुल समय}}$

$$= \frac{20 + 20}{\frac{20}{30} + 2} = \frac{40 \times 30}{20} = 15 \text{ km}$$

13. (b)

$v = u + at$

(u = 0 $\because$ छोड़ा गया)

$\therefore\ v = gt = 10 \times 10 = 100$ m/sec

14. (b)

$v = u + at$

$v = 75, u = 25, t = 5$

$75 = 25 + a \times 5$

$50 = 5a$

$a = 10$ cm/s^2

त्वरण $= 10$ m/s^2

$s = ut + \frac{1}{2}at^2$

$25 \times 5 + \frac{1}{2} \times 10 \times 5^2$

$= 125 + 125 = 250$ cm

15. (a)

$v^2 - u^2 = 2as$

$144^2 - (72)^2 = 2 \times a \times 90$

$a = 86.4$ km/h^2

$v = u + at$

$144 = 72 + 86.4 \times t$

$t = \frac{72}{86.4}$ h

$t = 0.833$ hr

समय = 0.833 घंटा

16. (a)

$v = u + at$

$v = 0$

$\therefore$ अंतिम में रूक जाता है।

$0 = 5 + (-1/4t, (-)$ चिह्ण मंदन को दर्शाता है।

$t = 20$ sec

समय $= 20$ sec

17. (a)

$u = 30$ km/h, $t = \frac{1.5}{60}$ hr

$v = 0$

$v = u + at$

$-30 = a \times \frac{1.5}{60}$

$a = -1200$ km/h^2

$\therefore$ तय की गयी दूरी $= ut + \frac{1}{2}at^2$

$= 30 \times \frac{1}{40} + \frac{1}{2} \times -1200 \times \left(\frac{1}{40}\right)^2$

$= \frac{3}{4} - \frac{600}{1600}$

$= \frac{3}{8}$ km

18. (b)

$v^2 = u^2 + 2as$

$(0)^2 = (100)^2 + 2 \times a \times \frac{50}{100}$

$a = -10000$ m/sec^2

19. (a)

$v^2 - u^2 = 2as$

$(54)^2 - (18)^2 = 2 \times a \times 400$

$a = 3.24$ km/h^2

$v = u + at$

$\therefore\ 72 = 54 + 3.24t$

$t = 5.55$ hr

20. (a)

$v = u + at$

$20 = 0 + at$

$a = 1$ m/sec^2

पाँचवें second में तय की गई दूरी $= s_5 - s_4$

$\left(ut + \frac{1}{2}a\,5\right)^2 - (4t + at)^2$

$= \frac{1}{2} \times 1 \times (5)^2 - \frac{1}{2} \times (1)\,4^2$

$= 9/2$ m

$= 4.5$ m

21. (b)

$v^2 - u^2 = 2as$

$v^2 - (50)^2 = 2 \times 40 \times 750$

$v^2 - (50)^2 + 60000$

$v^2 = \sqrt{62500}$

$v = 250$ m/sec

22. (a)

$v^2 - u^2 = 2gh$

$v^2 - (0)^2 = 2 \times 10 \times 1.25$

$v^2 = 25$

$v = 5$ m/sec

23. (d)

$v^2 = u^2 + 2gh$

$(100)^2 = (0)^2 + 2 \times 10 \times h$

h = 500 m

24. (d)

(i) $h = ut + \frac{1}{2}gt^2$

$= 98 \times 20 + \frac{1}{2} \times (9.8) \times (20)^2 = 0$

$\therefore$ ऊँचाई $= 0$

(ii) ग्यारहवें sec में तय की गई दूरी

$h = u + \frac{1}{2}g\,(2t - 1)$

$t = 11, u = 98, g = -9.8$ रखने पर

$h_{11} = -4.9$ m

25. (b)

$v^2 - u^2 = 2 \times g \times h$ (रूकना का अर्थ है कि गेंद ने अपनी अधिकतम ऊँचाई प्राप्त कर ली है।)

$(0)^2 - (4)^2 = 2 \times -9.8 \times 19.6$

$u = 19.6$ m/sec

26. (a)

$h = ut + \frac{1}{2}gt^2$ [u = 0, $\therefore$ पत्थर छोड़ा गया]

$h = \frac{1}{2} \times 10 \times (5)^2$

$= 45$ m

$\therefore\ v = u + gt$

$v = 10 \times 3 = 30$ m/sec

27. (a)

(i) $\frac{u^2}{g} =$ उच्चतम ऊँचाई (ii) समय $\frac{u}{g}$

$u^2 = g \times h = 10 \times 10$ समय $= \frac{10}{10} = 1$ sec

$u = 10$ m/sec

28. (a)

औसत त्वरण $\dfrac{\Delta v}{\Delta t} = \dfrac{\text{गति परिवर्तन}}{\text{कुल समय}}$

$= \dfrac{9-2}{2} = 3.5 \text{ m/sec}^2$

कलन
Calculus

इस अध्याय के अन्तर्गत हम सांतत्य (continuity) अवकलन (Differentiation), समाकलन (Integration), आदि का अध्ययन करेंगे।

महत्त्वपूर्ण सूत्र एवं परिभाषाएँ

बायीं सीमा (Left-hand limit): यदि चर x, a की ओर बायीं तरफ से अर्थात् लघुतर मानों से अग्रसर होता है तो इसको फलन $f(x)$ की $x = a$ पर बायीं सीमा कहते हैं।

दायीं सीमा (Right-hand limit): यदि चर x, a की ओर दायीं तरफ से अर्थात् महत्तम मानों से अग्रसर होता है तो इसको फलन $f(x)$ की $x = a$ पर दायीं सीमा कहते हैं।

फलन के सांतत्य की परिभाषा (Definition of continuity): फलन $f(x)$ बिन्दु a पर संतत कहलाता है यदि किसी स्वेच्छ धनात्मक छोटी-से-छोटी संख्या $\in$ के लिए एक दूसरी धनात्मक संख्या f इस प्रकार ज्ञात की जा सके कि $|f(x) - f(a)| < \in, x$ के उन सभी मानों के लिए जिनके लिए $0 < |x - a| < \delta.$

एक अंतराल में असांत्य (Discontinuity in an interval): एक फलन $f(x)$ किसी अंतराल में असंतत कहलाता है यदि यह फलन इस अंतराल में किसी एक बिन्दु अथवा एक से अधिक बिन्दुओं पर असंतत् हो अर्थात् संतत न हो।

अपनेय असांतत्य (Removable discontinuity): एक फलन $f(x)$ बिन्दु पर $x = a$ पर अपनेय असंतत कहलाता है, यदि

$$\underset{h\to 0}{\text{Lt}}\ f(a+h) = \underset{h\to 0}{\text{Lt}}\ f(a-h) \neq f(a)$$

अर्थात् $f(a+0) = f(a-0) \neq f(a)$

फलनों का फलन या निहित फलन (Functions of a function or composite function): अब हम फलन $y = f\{g(x)\}$ पर विचार करेंगे। यहाँ $f, g(x)$ का एक फलन है, जबकि $g(x), x$ का फलन है। अत: दिया हुआ फलन y फलन का फलन अथवा 'निहित फलन' कहलाता है।

अस्पष्ट फलन (Implicit function): कुछ समीकरण x तथा y में ऐसे भी होते हैं जिनमें x को y से या y को x से आसानी से अलग करना संभव नहीं होता है। ऐसे फलनों को अस्पष्ट फलन कहते हैं।

प्राचलिक समीकरण (Parametric equation): कभी x तथा y के मान किसी तीसरी चल राशि के रूप में दिए रहते हैं। इस तीसरी चल राशि को प्राचल कहा जाता है और x तथा y के इस तरह के समीकरण को प्राचलिक समीकरण कहा जाता है।

लघुगणकीय अवकलन (Logarithmic differentiation): कुछ स्पष्ट फलन जैसे $y = x^x$ और कुछ अस्पष्ट फलन जैसे $x^y = y^x$ इस प्रकार के होते हैं कि उनका अवकलन न तो x^n वाले सूत्र और न ही a^x वाले सूत्र का उपयोग करके किया जा सकता है क्योंकि x^n जैसी अवस्था में घात n को अचल होना चाहिए और a^x वाली अवस्था में आधार a को ही अचल होना चाहिए जबकि x^n या y^n या x^y जैसी अवस्था के आधार और घात दोनों ही चल है।

ऐसी अवस्था में अवकलन करने के पहले लघुगणक लेना पड़ता है, जिससे घात गुणा के रूप में बदल जाती है। (सूत्र $\log_e m^n = n \log_e m$ से) इस प्रकार के अवकलन की विधि को लघुगुणकीय अवकलन कहा जाता है।

फलनों के दो कोटि के अवकलन (Derivatives up to order two): यदि y [अथवा $f(x)$], x का फलन है, तो साधारणतया इसका अवकल गुणांक $\frac{dy}{dx}$ [अथवा $f'(x)$] भी x का एक फलन होता है जिसका x के सापेक्ष अवकलन किया जा सकता है। $\frac{dy}{dx}$ [अथवा $f'(x)$] y का x के सापेक्ष प्रथम अवकलज कहलाता है। तथा $\frac{dy}{dx}$ [अथवा $f'(x)$] का x के सापेक्ष अवकलज y [अथवा $f(x)$] का x के सापेक्ष द्वितीय अवकलज कहलाता है तथा जिसे $\frac{d^2y}{dx^2}$ [अथवा $f''(x)$] द्वारा निरुपित किया जाता है।

रॉले का प्रमेय (Rolle's Theorem): यदि फलन $f(x)$ बंद अतंराल $[a, b]$ में इस प्रकार परिभाषित हो कि (i) $f(x)$ बंद अंतराल $[a, b]$ में संतत हो, (ii) $f'(x)$ खुले अंतराल $]a, b[$ में अवकलनीय हो अर्थात् $]a, b[$ के प्रत्येक बिन्दु पर $f'(x)$ का अस्तित्व है, तथा (iii) $f(a) = f(b)$ तो अतंराल $]a, b[$ में कम से कम एक बिन्दु c इस प्रकार के है।

लैग्रांजे का मध्यमान प्रमेय (Lagrange's mean value theorem): यदि एक फलन $f(x)$ बंद अंतराल $[a, b]$ में इस प्रकार परिभाषित हो कि (i) $f(x)$ बंद अंतराल $[a, b]$ में संतत है। (i) खुले अंतराल $]a, b[$ में अवकलनीय हो, तो खुले अंतराल $]a, b[$ में एक बिन्दु इस प्रकार का है जिससे कि $f'(c) = \frac{f(b) - f(a)}{b - a}$

$\frac{dy}{dx}$ का दर मापक रूप $\left(\frac{dy}{dx} \text{ as a rate measures}\right)$: मान लिया कि y एक चल x का फलन है और x, समय t का फलन है। स्पष्ट है कि y भी t का फलन होगा। अब यदि t में अत्यल्प वृद्धि δt होने पर x तथा y में संगत वृद्धि क्रमश: δx तथा δy हो हो, तब $\delta t \to 0$ होने पर $\delta x \to 0$ तथा $\delta y \to 0$ भी होगा।

मूलभूत बिन्दु (Basic Points)

- ❑ $\frac{d}{dx}$(स्थिर) $= 0$
- ❑ $\frac{d}{dx}\{k\,f(x)\} = k\frac{d}{dx}f(x)$ जहाँ k स्थिरांक है।
- ❑ $\frac{d}{dx}(u \pm v) = \frac{du}{dx} + \frac{dv}{dx}$
- ❑ $\frac{d}{dx}(u, v) = u\frac{dv}{dx} + v\frac{du}{dx}$
- ❑ $\frac{d}{dx}\left(\frac{u}{v}\right) = \frac{v\frac{du}{dx} - u\frac{dv}{dx}}{v^2}$
- ❑ $\frac{d}{dx}|u| = \frac{1}{|u|}\frac{du}{dx} = (u \neq 0)$
- ❑ $\frac{d}{dx}\left(\frac{1}{u}\right) = -\frac{1}{u^2}\frac{du}{dx} = (u \neq 0)$
- ❑ $\frac{d}{dx}(x^n) = x^x\,(1 + \log x)$

महत्त्वपूर्ण परिणाम (Important Results)

$y = x^n, \frac{dy}{dx} = nx^{n-1}$

$y = u^n, \frac{dy}{dx} = nu^{n-1}\frac{du}{dx}$

$y = e^x, \frac{dy}{dx} = e^x$

$y = \log x, \frac{dy}{dx} = \frac{1}{x}$

$y = a^x, \frac{dy}{dx} = a^n\,\log_e a$

$y = \sin x, \frac{dy}{dx} = \cos x$

$y = \cos x, \frac{dy}{dx} = -\sin x$

$y = \tan x, \frac{dy}{dx} = \sec^2 x$

$y = \cot x, \frac{dy}{dx} = -\operatorname{cosec}^2 x$

$y = \sec x, \frac{dy}{dx} = \sec x \cdot \tan x$

$y = \operatorname{cosec} x, \frac{dy}{dx} = -\operatorname{cosec} x \cdot \cot x$

$y = \sin^{-1} x, \frac{dy}{dx} = \frac{1}{\sqrt{1-x^2}}$

$y = \cos^{-1} x, \frac{dy}{dx} = -\frac{1}{\sqrt{1-x^2}}$

$y = \tan^{-1} x, \frac{dy}{dx} = \frac{1}{1+x^2}$

$y = \cot^{-1} x, \frac{dy}{dx} = -\frac{1}{1+x^2}$

$y = \sec^{-1} x, \frac{dy}{dx} = \frac{1}{x\sqrt{x^2-1}}$

$y = \operatorname{cosec}^{-1} x, \frac{dy}{dx} = \frac{-1}{x\sqrt{x^2-1}}$

महत्त्वपूर्ण सीमायें (Important Limits)

$\lim_{x\to\infty}\left(1 + \frac{y}{x}\right)^x = e^y$

$\lim_{x\to 0}(1 + yx)^{1/x} = e^y$

$\lim_{x\to 0}\frac{\sin x}{x} = 1$ [where $x = \theta$]

$\lim_{x\to 0}\frac{\tan x}{x} = 1$ [$\therefore x = \theta$]

$\lim_{x\to a}\frac{x^n - a^n}{x - a} = na^{n-1}, n \neq 1$

$\lim_{x\to 0}\frac{\log_e(1+x)}{x} = 1$

$\lim_{x\to 0}\frac{a^x - 1}{x} = \log_e a \quad (a > 0)$

$\lim_{x\to 0}\frac{e^x - 1}{x} = 1$

$\lim_{x\to\infty}\frac{\log x}{x^m} = 0 \quad (m > 0)$

$\lim_{x\to a}\{f(x)^{g(x)} = e^{\lim_{x\to 0}\{f(x)-1\}g(x)}$

as $g(x) \to \infty, f(x) \to 1 \quad x \to$ a के लिए

अनिश्चित समाकलन (Indefinite Integral): $f(x)$ के अनुकलन का एक निश्चित या अद्वितीय मान न होकर भिन्न-भिन्न मान भी हो सकते हैं परन्तु उन सभी में भिन्नता केवल एक अचल की होता है। इस कारण भी हम इसे अनिश्चित अनुकलन कहते हैं।

अत: व्यापक रूप में $\int F(x)\,dx = f(x) + c$ लिखा जाता है। इस c को अनुकलन का अचल कहा जाता है।

वास्तविक भिन्न (Proper Fraction): जिस भिन्न के अंश का घात हर के घात से अधिक या बराबर हो, तो वह भिन्न वास्तविक भिन्न कहलाती है।

अवास्तविक भिन्न (Improper Fraction): जिस भिन्न के अंश का घात हर के घात से अधिक या बराबर हो, तो वह भिन्न अवास्तविक भिन्न कहलाती है।

निश्चित अनुकलन (Definite Integral): जब किसी फलन का अनुकलन, किन्हीं दो निश्चित सीमाओं के बीच ज्ञात किया जाता है, तो उसे निश्चित अनुकलन (समाकलन) कहा जाता है। $x = a$ और $x = b$ के बीच फलन $f(x)$ के निश्चित अनुकलन को निम्न प्रकार से प्रदर्शित किया जाता है:

$$\int_a^b f(x)\,dx$$

महत्वपूर्ण सूत्र (Important Formulae)

- $\int 0 \cdot dx = c$ (cosnstant)
- $\int \frac{dx}{x} = \log_e |x| + c$
- $\int x^n dx = \frac{x^{n+1}}{n+1} + c$ अगर $n \neq -1$
- $\int e^x dx = e^x + c$
- $\int a^x \, dx = \frac{a^x}{\log_e |a|} + c$
- $\int \sin x \, dx = -\cos x + c$
- $\int \cos x \, dx = \sec x + c$
- $\int \sec^2 x \, dx = \tan x + c$
- $\int \text{cosec}^2 x \, dx = -\cot x + c$
- $\int \sec x \tan x \, dx = \sec x + c$
- $\int \text{cosec}\, x \cot x \, dx = -\text{cosec}\, x + c$
- $\int \cot x \, dx = \log |\sin x| + c$
- $\int \tan x \, dx = \log |\sec x| + c$
- $\int \sec x \, dx = \log |\sec x + \tan x| + c$

  $= \log\left(\tan\frac{\pi}{4} + \frac{\pi}{2}\right) + c$
- $\int \text{cosec}\, x \, dx = \log |\text{cosec}\, x - \cot x| + c$

  $= \log\left(\tan\frac{x}{2}\right) + c$
- $\int \frac{dx}{\sqrt{a^2 - x^2}} = \sin^{-1}\left(\frac{x}{a}\right) + c$

  $= -\cos^{-1}\left(\frac{x}{a}\right) + c, |x| < |a|$
- $\int \frac{dx}{x^2 + a^2} = \frac{1}{a}\tan^{-1}\left(\frac{x}{a}\right) + c = -\frac{1}{a}\cot^{-1}\left(\frac{x}{a}\right) + c$
- $\int \frac{dx}{x\sqrt{x^2 - a^2}} = \frac{1}{a}\sec^{-1}\left(\frac{x}{a}\right) + c$

  $= -\frac{1}{a}\text{cosec}^{-1}\left(\frac{x}{a}\right) + c, |x| > |a|$
- $\int \frac{dx}{a^2 - x^2} = -\frac{1}{a}\cot \text{h}^{-1}\left(\frac{x}{a}\right) + c$

  $= \frac{1}{2a}\log\left|\frac{x-a}{x+a}\right| + c, |x| > |a|$
- $\int \frac{dx}{x^2 - a^2} = \frac{1}{a}\tan \text{h}^{-1}\left(\frac{x}{a}\right) + c$

  $= \frac{1}{2a}\log\left|\frac{a+x}{a-x}\right| + c, |x| < |a|$
- $\int \frac{dx}{\sqrt{x^2 - a^2}} = \log\left|x + \sqrt{x^2 - a^2}\right| + c$

  $= \cos \text{h}^{-1}\left(\frac{x}{a}\right) + c, |x| < |a|$
- $\int \frac{dx}{\sqrt{x^2 + a^2}} = \sin \text{h}^{-1}\left(\frac{x}{a}\right) + c$

  $= \log\left|x + \sqrt{x^2 + a^2}\right| + c$
- $\int \sqrt{x^2 + a^2} \, dx = \frac{x\sqrt{x^2 \quad a^2}}{}$

  $+ \frac{a^2}{2}\log\left|x + \sqrt{x^2 + a^2}\right| + c$

  $= \frac{x\sqrt{x^2 - a^2}}{2} + \frac{a^2}{2}\sin \text{h}^{-1}\left(\frac{x}{a}\right) + c$
- $\int \sqrt{x^2 - a^2} \, dx = \frac{x\sqrt{x^2 - a^2}}{2}$

  $- \frac{a^2}{2}\log\left|x + \sqrt{x^2 - a^2}\right| + c$

  $= \frac{x\sqrt{x^2 - a^2}}{2} - \frac{a^2}{2}\cos \text{h}^{-1}\left(\frac{x}{a}\right) + c$
- $\int \sqrt{a^2 - x^2} \, dx = \frac{x}{2}\sqrt{a^2 - x^2} + \frac{a^2}{2}\sin^{-1}\frac{x}{a} + c$
- $\int \frac{dx}{x\sqrt{x^2 + a^2}} = -\text{cosec}\, \text{h}^{-1}\frac{x}{a} + c$
- $\int [f(x)]^n f'(x) dx = \frac{[f(x)]^{n+1}}{n+1} + c, n \neq -1$
- $\int \frac{f'(x)}{f(x)} dx = \log |f(x)| + c$
- $\int a^{f(x)} f'(x) \, dx = \frac{a^{f(x)}}{\log a} + c, a > 0$
- $\int e^{f(x)} f'(x) \, dx = e^{f(x)} + c$

उदाहरण (Examples)

1. $$\lim_{x\to\infty}\frac{1}{1.3}+\frac{1}{3.5}+\frac{1}{5.7}+\frac{1}{7.9}+\cdots\cdots+\frac{1}{(2n-1)(2n+1)}$$

का मान क्या होगा?

$$\lim_{x\to\infty}\frac{1}{2}\left[\left(1-\frac{1}{3}\right)+\left(\frac{1}{3}-\frac{1}{5}\right)+\left(\frac{1}{5}-\frac{1}{7}\right)+\cdots\cdots+\left(\frac{1}{(2n-1)}-\frac{1}{(2n+1)}\right)\right]$$

$$\lim_{x\to\infty}\frac{1}{2}\left[1-\frac{1}{2n+1}\right]=\frac{1}{2}$$

2. $\lim_{x\to\infty}\left(\frac{3x-4}{3x+2}\right)^{\frac{x+1}{3}}$ का मान क्या होगा?

$$\lim_{x\to\infty}\left(\frac{3x-4}{3x+2}\right)^{\frac{x+1}{3}}$$

$$=\lim_{x\to\infty}\left(\frac{3x+2-6}{3x+2}\right)^{\frac{x+1}{3}}$$

$$=\lim_{x\to\infty}\left(1-\frac{6}{3x+2}\right)^{\frac{x+1}{3}}$$

$$=\lim_{x\to\infty}\left[\left(1-\frac{6}{3x+2}\right)^{\frac{3x+2}{-6}}\right]^{\frac{-6}{3x+2}\cdot\frac{x+1}{3}}$$

$$=\lim_{x\to\infty}\frac{-2(x+1)}{3x+2}=e^{-2/3}\left\{\lim_{x\to\infty}\frac{-2(x+1)}{3x+2}=\frac{-2}{3}\right\}$$

3. अगर $f(x)=\cot^{-1}\left(\frac{3x-x^3}{1-3x^2}\right)$ और

$g(x)=\cos^{-1}\left(\frac{1-x^2}{1+x^2}\right)$ तब

$\lim_{x\to a}\frac{f(x)-f(a)}{g(x)-g(a)}, 0<a<\frac{1}{2}$ का मान है:

$f(x)=\cot^{-1}\left(\frac{3x-x^3}{1-3x^2}\right)$ और $g(x)=\cos^{-1}\left(\frac{1-x^2}{1+x^2}\right)$

$x=\tan\theta$ रखने पर

$$f(\theta)=\cot^{-1}\left(\frac{3\tan\theta-\tan^3\theta}{1-3\tan^2\theta}\right)$$

$$=\cot^{-1}(\tan 3\theta)$$

$$f(\theta)=\cot^{-1}\cot\left(\frac{\pi}{2}-3\theta\right)=\frac{\pi}{2}-3\theta$$

$$f'(\theta)=-3$$

और $g(\theta)=\cos^{-1}\left(\frac{1-\tan^2\theta}{1+\tan^2\theta}\right)$

$$=\cos^{-1}(\cos 2\theta)=2\theta$$

$$g'(\theta)=2$$

अब

$$\lim_{x\to a}\left(\frac{f(x)-f(a)}{g(x)-g(a)}\right)=\lim_{x\to a}\left(\frac{f(x)-f(a)}{x-a}\right)\times\frac{1}{\lim_{x\to a}\left(\frac{g(x)-g(a)}{x-a}\right)}$$

$$=f'(x)\cdot\frac{1}{g'(x)}$$

$$=-3\times\frac{1}{2}=\frac{-3}{2}$$

4. अगर $x=\frac{2t}{1+t^2}, y=\frac{1-t^2}{1+t^2}$ तब $\frac{dy}{dx}=?$

$$x=\frac{2t}{1+t^2}, y=\frac{1-t^2}{1+t^2}$$

$t=\tan\theta$ रखने पर

$$x=\frac{2\tan\theta}{1+\tan^2\theta}=\sin 2\theta$$

$$y=\frac{1-\tan^2\theta}{1+\tan^2\theta}=\cos 2\theta$$

$$\frac{dy}{dx}=\frac{dy/d\theta}{dx/d\theta}=\frac{-2\sin 2\theta}{2\cos 2\theta}$$

$$=-\tan 2\theta$$

$$=\frac{-2\tan\theta}{1-\tan^2\theta}=\frac{-2t}{1-t^2}$$

$$=\frac{2t}{t^2-1}$$

5. अगर $2^x+2^y=2^{x+y}$ तब $\frac{dy}{dx}$ at $x=y=1$ का मान क्या होगा?

$2^x+2^y=2^{x+y}$ दिया है।

x के सापेक्ष अवकलन करने पर, हम पाते हैं।

$$2^x(\log 2)+2^y(\log 2)\frac{dy}{dx}=2^{(x+y)}(\log 2)\left[1+\frac{dy}{dx}\right]$$

$$=2^x+2^y\frac{dy}{dx}=2^{x+y}+2^{x+y}\left[\frac{dy}{dx}\right]$$

$$=\frac{dy}{dx}(2^y-2^{x+y})=2^{x+y}-2^x$$

$$\frac{dy}{dx}=\frac{2^{x+y}-2^x}{2^y-2^{x+y}}$$

$$\left[\frac{dy}{dx}\right]_{x=y=1}=\frac{2^2-2}{2-2^2}=\frac{2}{-2}=-1$$

6. यदि $\sqrt{1-x^2}+\sqrt{1-y^2}=a(x-y)$ तब $\frac{dy}{dx}=?$

$x=\sin\theta$ और $y=\sin\phi$ रखने पर

$\therefore \cos\theta+\cos\phi=a(\sin\theta-\sin\phi)$

$$2\cos\left(\frac{\theta+\phi}{2}\right)\cos\left(\frac{\theta-\phi}{2}\right)$$

$$=a\left\{2\cos\left(\frac{\theta+\phi}{2}\right)\sin\left(\frac{\theta-\phi}{2}\right)\right\}$$

$$\frac{\theta-\phi}{2}=\cot^{-1}\alpha$$

$$\theta-\phi=2\cot^{-1}\alpha$$

$$\sin^{-1}x-\sin^{-1}y=2\cot^{-1}\alpha$$

$$\frac{1}{\sqrt{1-x^2}}-\frac{1}{\sqrt{1-y^2}}\frac{dy}{dx}=0$$

$$\frac{dy}{dx}=\sqrt{\frac{1-y^2}{1-x^2}}$$

7. माना $f(x)=\int\frac{x^2dx}{(1+x^2)(1+\sqrt{1+x^2})}$ और $f(0)$ तब $f(1)$ का मान क्या होगा?

$$f(x)=\int\frac{x^2dx}{(1+x^2)(1+\sqrt{1+x^2})}$$

$x=\tan\theta$ रखने पर

$$dx=\sec^2\theta\,d\theta$$

$$=(1+x^2)\,d\theta$$

$$f(x)=\int\frac{\tan^2\theta\cos^2\theta\,d\theta}{\tan^2\theta\,(1+\cos\theta)}$$

$$f(x)=\int\frac{1-\cos^2\theta\,d\theta}{\cos\theta\,(1+\cos\theta)}=\int\sec\theta\,d\theta-\int d\theta$$

$$=\log(\sec\theta+\tan\theta)-\theta+c$$

$$=\log(x+\sqrt{1+x^2})-\tan^{-1}x+c$$

$$f(0)=\log(0+\sqrt{1+0})-\tan^{-1}(0)+c$$

और $f(1)=\log(1+\sqrt{2})-\frac{\pi}{4}$

8. $\int\frac{(\sin\theta+\cos\theta)}{\sqrt{\sin 2\theta}}d\theta$ का मान बराबर होगा

माना $\mathrm{I}=\int\frac{\sin\theta+\cos\theta}{\sqrt{1-(1-2\sin\theta\cos\theta)}}d\theta$

$$=\int\frac{\sin\theta+\cos\theta}{\sqrt{1-(\sin\theta-\cos\theta)^2}}d\theta$$

$\sin\theta-\cos\theta=t$ रखने पर

$$=(\cos\theta+\sin\theta)\,d\theta=dt$$

$$\mathrm{I}=\int\frac{dt}{\sqrt{1-t^2}}=\sin^{-1}(t)+c$$

$$=\sin^{-1}(\sin\theta-\cos\theta)+c$$

9. $\int\cos^{-3/7}\times\sin^{-11/7}x\,dx=?$

यहाँ $m+n=\frac{-3}{7}+\left(\frac{-11}{7}\right)=-2$

$$\mathrm{I}=\int\cos^{-3/7}x\,(\sin^{(-2+3/7)})x\,dx$$

$$=\int\cos^{-3/7}x\sin^{-2}x\sin^{3/7}x\,dx$$

$$=\int\frac{\operatorname{cosec}^2x}{\left(\frac{\cos^{3/7}x}{\sin^{3/7}x}\right)}dx$$

$$=\int\frac{\operatorname{cosec}^2x}{\cot^2x}dx$$

$\cot x=t$ रखने पर

$$-\operatorname{cosec}^2x\,dx=dt$$

$$\mathrm{I}=-\int\frac{dt}{t^{3/7}}=\frac{-7}{4}t^{4/7}+c$$

$$=-\frac{7}{4}\tan^{-4/7}x+c$$

10. $\int[\sin(\log x)+\cos(\log x)]\,dx$ किसके बराबर होगा?

$\int\sin(\log x)\,dx\quad\int\cos(\log x)\,dx$

$$=x\sin(\log x)+c$$

अभ्यास प्रश्न (Practice Questions)

1. अगर $(x)=\begin{vmatrix} \sin x & \cos x & \tan x \\ x^3 & x^2 & x \\ 2x & 1 & 1 \end{vmatrix}$ तब $\lim_{x\to 0}\frac{f(x)}{x^2}$ का मान होगा

(a) 3 (b) -1
(c) 0 (d) 1

2. $\lim_{x\to\pi/2}\left[x\tan x-\left(\frac{\pi}{2}\right)x\right]$ बराबर है।

(a) 1 (b) -1
(c) 0 (d) इनमें से कोई नहीं

3. $\lim_{x\to\infty}\left[\sqrt{x+\sqrt{x+\sqrt{x-\sqrt{x}}}}\right]$ का मान होगा?

(a) 0 (b) ½
(c) log 2 (d) e^4

4. $\lim_{x\to 0}\frac{\log(a+x)-\log a}{x}+k\lim_{x\to e}\frac{\log x-4}{x-e}=1$ तब

(a) $k=e\left[1-\frac{1}{a}\right]$ (b) $k=e(1+a)$
(c) $k=e(2-a)$ (d) मान संभव नहीं

5. $\lim_{x\to\infty}\left[\frac{1}{n^3+1}+\frac{4}{n^3+1}+\frac{9}{n^3+1}+\cdots\frac{n^2}{n^3+1}\right]$ बराबर है:

(a) 1 (b) $\frac{2}{3}$
(c) $\frac{1}{3}$ (d) 0

6. $\lim_{x\to\infty}\cos\left(\frac{x}{2}\right)\cos\left(\frac{x}{4}\right)\cos\left(\frac{x}{8}\right)\cdots\cos\left(\frac{x}{2n}\right)$ का मान है:

(a) 1 (b) $\frac{\sin x}{x}$
(c) $\frac{x}{\sin x}$ (d) इनमें से कोई नहीं

7. अगर $f(x)=\begin{cases} x^2\sin 1/x, & x\neq 0 \\ 0\quad, & x=0 \end{cases}$

(a) $f(0+0)=1$
(b) $f(0-0)=1$
(c) f सांतत्य है, $x=0$
(d) इनमें से कोई नहीं

8. माना $f(x)=\begin{cases} -1, & x<0 \\ 0, & x=0 \\ 1, & x>0 \end{cases}$ और $g(x)=\sin x+\cos x$ तब असांत्तयता का बिंदु $f(g(x))$ में $(0, 2\pi)$ होगा

(a) $\left[\frac{\pi}{2},\frac{3\pi}{4}\right]$ (b) $\left[\frac{3\pi}{4},\frac{7\pi}{4}\right]$
(c) $\left[\frac{2\pi}{3},\frac{5\pi}{3}\right]$ (d) $\left[\frac{5\pi}{4},\frac{7\pi}{3}\right]$

9. अगर $f(g)=9, f'(g)=4$ तब $\lim_{x\to 9}\frac{\sqrt{f(x)-3}}{\sqrt{x}-3}$ बराबर होगा

(a) 2 (b) 4
(c) -2 (d) 4

10. $\lim_{x\to 0}\left(\frac{a^x+b^x+c^x}{3}\right)^{2/x}$; $(a, b, c>0)$ का मान है:

(a) $(abc)^3$ (b) abc
(c) $(abc)^{1/3}$ (d) इनमें से कोई नहीं

11. $\lim_{x\to\infty}\frac{x^2\sin 1/x-x}{1-|x|}$ का मान होगा?

(a) 0 (b) 1
(c) -1 (d) इनमें से कोई नहीं

12. $\lim_{n\to\infty}\frac{1+2+3+\ldots\ldots\ldots\ldots+n}{n^2+100}$ बराबर होगा?

(a) ∞ (b) $\frac{1}{2}$
(c) 2 (d) 0

13. अगर $f(x)=3e^{x^2}$, तब $f'(x)-2xf(x)+\frac{1}{3}f(0)-f'(0)$ बराबर होगा

(a) 0 (b) 1
(c) $7/3e^{x^2}$ (d) इनमें से कोई नहीं

14. अगर $f(x)=\cos x\cos 2x\cos 4x\cos 8x\cos 16x$, तब $f'\left(\frac{\pi}{4}\right)$ का मान है।

(a) $\sqrt{2}$ (b) $\frac{1}{\sqrt{2}}$
(c) 1 (d) $\frac{\sqrt{3}}{2}$

15. यदि $f(x)=\begin{vmatrix} x^3 & \sin x & \cos x \\ 6 & -1 & 0 \\ P & P^2 & P^3 \end{vmatrix}$ जहाँ P स्थिरांक हो, तब $\frac{d^3}{dx^3}\{f(x)\}$, at $x=0$ हो

(a) P (b) $P+P^2$
(c) $P+P^3$ (d) P से स्वतंत्र

16. यदि $y=\sin^{-1}(x\sqrt{1-x}+\sqrt{x}\sqrt{1-x^2})$ तब $\frac{dy}{dx}$ बराबर होगा

(a) $\frac{-2x}{\sqrt{1-x^2}}+\frac{1}{2\sqrt{x-x^2}}$

(b) $\frac{-1}{\sqrt{1-x^2}}-\frac{1}{2\sqrt{x-x^2}}$

(c) $\frac{1}{\sqrt{1-x^2}}+\frac{1}{2\sqrt{x-x^2}}$

(d) इनमें से कोई नहीं

17. यदि $f(x)=\sqrt{1+\cos^2(x^2)}$ तब $f'\left[\frac{\sqrt{x}}{2}\right]$ होगा

(a) $\sqrt{x}/6$ (b) $-\sqrt{\pi}/6$

(c) $1/\sqrt{6}$ (d) $\pi/\sqrt{6}$

18. यदि $y\cos^{-1}\left(\frac{\sqrt{x}+1}{\sqrt{x}-1}\right)+\sin^{-1}\left(\frac{\sqrt{x}-1}{\sqrt{x}+1}\right)$ तब $\frac{dy}{dx}$ बराबर होगा?

(a) 0 (b) $\frac{1}{\sqrt{x}+1}$

(c) 1 (d) इनमें से कोई नहीं

19. यदि $y=\frac{a^{\cos^{-1}}x}{1+a^{\cos^{-1}}x}$ और $z=a^{\cos^{-1}}x$ तब $\frac{dy}{dz}$ बराबर होगा

(a) $\frac{1}{1+a^{\cos^{-1}}x}$ (b) $\frac{1}{1+a^{\cos^{-1}}x}$

(c) $\frac{1}{(1+a^{\cos^{-1}}x)^2}$ (d) इनमें से कोई नहीं

20. यदि $f(x)=(\log_{\cot x}\tan x)(\log_{\tan x}\cot x)^{-1}$
तब $f'(2)$ बराबर है:

(a) 2 (b) 0

(c) $\frac{1}{2}$ (d) -2

21. $\frac{d}{dx}[|x-1|+|x-5|]$ at $x=3$ है

(a) -2 (b) 0

(c) 2 (d) 4

22. यदि $y=\log x\cdot e^{(\tan x+x^2)}$ तब $\frac{dy}{dx}$ बराबर है

(a) $e^{(\tan x+x^2)}\left[\frac{1}{x}+(\sec^2 x+x)\log x\right]$

(b) $e^{(\tan x+x^2)}\left[\frac{1}{x}+(\sec^2 x-x)\log x\right]$

(c) $e^{(\tan x+x^2)}\left[\frac{1}{x}+(\sec^2 x+2x)\log x\right]$

(d) $e^{(\tan x+x^2)}\left[\frac{1}{x}+(\sec^2 x-2x)\log x\right]$

23. यदि $y=\frac{2(x-\sin x)^{3/2}}{\sqrt{x}}$, तब $\frac{dy}{dx}$ बराबर है।

(a) $\frac{(2x-\sin x)^{3/2}}{\sqrt{x}}\left[\frac{3}{2}\cdot\frac{1-\cos x}{1-\sin x}-\frac{1}{2x}\right]$

(b) $\frac{2(x-\sin x)^{3/2}}{\sqrt{x}}\left[\frac{3}{2}\cdot\frac{1-\cos x}{x-\sin x}-\frac{1}{2x}\right]$

(c) $\frac{2(x-\sin x)^{1/2}}{\sqrt{x}}\left[\frac{3}{2}\cdot\frac{1-\cos x}{x-\sin x}-\frac{1}{2x}\right]$

(d) उपर्युक्त में से कोई नहीं

24. $\int\left(\frac{2+\sin 2x}{1+\cos 2x}\right)e^x\,dx$ बराबर होगा?

(a) $e^x\cot x+c$ (b) $-e^x\cot x+c$

(c) $-e^x\tan x+c$ (d) $e^x\tan x+c$

25. यदि $\frac{d}{dx}[f(x)]=\text{X}\cos x+\sin x$ और $f(0)=2$ तब $f(x)$ बराबर होगा?

(a) $x\sin x$ (b) $x\cos x+\sin x+2$

(c) $x\sin x+2$ (d) $x\cos x+2$

26. $\int\frac{dx}{1+x+x^2+x^3}$ बराबर होगा

(a) $\log\sqrt{1+x}-\frac{1}{2}\log\sqrt{1+x^2}+\frac{1}{2}\tan^{-1}x+c$

(b) $\log\sqrt{1+x}-\log\sqrt{1+x^2}+\tan^{-1}x+c$

(c) $\log\sqrt{1+x^2}-\log\sqrt{1+x}+\frac{1}{2}\tan^{-1}x+c$

(d) $\log\sqrt{1+x}+\tan^{-1}x+\log\sqrt{1+x^2}+c$

27. $\int\frac{x^2-1}{x^4+x^2+1}dx$ बराबर होगा?

(a) $\frac{1}{2}\log\left(\frac{x^2+x+1}{x^2-x+1}\right)+c$

(b) $\frac{1}{2}\log\left(\frac{x^2-x-1}{x^2+x+1}\right)+c$

(c) $\log\left(\frac{x^2-x+1}{x^2+x+1}\right)+c$

(d) $\frac{1}{2}\log\left(\frac{x^2-x+1}{x^2+x+1}\right)+c$

28. यदि $\int \frac{2x^3+3}{(x^2-1)(x^2-4)} dx$

$= \log\left(\frac{x-2}{x+2}\right)^a \left(\frac{x+1}{x-1}\right)^b + c$

तब a और b का मान बराबर होगा?

(a) $\frac{11}{12}, \frac{5}{6}$ (b) $\frac{11}{12}, \frac{-5}{6}$

(c) $\frac{-11}{12}, \frac{5}{6}$ (d) इनमें से कोई नहीं

29. $\int \frac{dx}{(1+x^2)\sqrt{p^2+q^2(\tan^{-1}x)^2}}$ बराबर होगा

(a) $\frac{1}{q}\log\left[q\tan^{-1}x+\sqrt{p^2+q^2(\tan^{-1}x)^2}\right]+c$

(b) $\log\left[q\tan^{-1}x+\sqrt{p^2+q^2(\tan^{-1}x)^2}\right]+c$

(c) $\frac{2}{3q}(p^2+q^2\tan^{-1}x)^{3/2}+c$

(d) इनमें से कोई नहीं

30. यदि $x \leftarrow \left(\frac{\pi}{4}, \frac{3\pi}{4}\right)$ तब

$\int \frac{\sin x - \cos x}{\sqrt{1-\sin 2x}} e^{\sin x} \cdot \cos x \, dx$ बराबर है।

(a) $e^{\sin x} + c$ (b) $e^{\sin x - \cos x + c}$

(c) $e^{\sin x + \cos x + c}$ (d) $e^{\cos x - \sin x + c}$

31. $\int \sec^3 x \, dx$ का मान होगा?

(a) $\frac{1}{2}[\sec x \tan x + \log(\sec x + \tan x)] + c$

(b) $\frac{1}{3}[\sec x \tan x + \log(\sec x + \tan x)] + c$

(c) $\frac{1}{4}[\sec x \tan x + \log(\sec x + \tan x)] + c$

(d) $\frac{1}{8}[\sec x \tan x + \log(\sec x + \tan x)] + c$

32. यदि $I = \int e^x \sin 2x \, dx$ तब k का मान क्या होगा?

$kI = e^x(\sin 2x - \cos 2x)$

(a) 1 (b) 3

(c) 5 (d) 7

33. $\int \cos 2\theta \log\left(\frac{\cos\theta+\sin\theta}{\cos\theta-\sin\theta}\right) d\theta$ बराबर होगा

(a) $(\cos\theta-\sin\theta)^2 \log\left(\frac{\cos\theta+\sin\theta}{\cos\theta-\sin\theta}\right)+c$

(b) $(\cos\theta+\sin\theta)^2 \log\left(\frac{\cos\theta+\sin\theta}{\cos\theta-\sin\theta}\right)+c$

(c) $\frac{(\cos\theta-\sin\theta)^2}{2} \log\left(\frac{\cos\theta-\sin\theta}{\cos\theta+\sin\theta}\right)+c$

(d) $\frac{1}{2}\sin 2\theta \log\tan\left(\frac{\pi}{4}+\theta\right)-\frac{1}{2}\log\sec 2\theta + c$

34. $\int \frac{x^2}{(x\sin x+\cos x)^2} dx$ बराबर होगा?

(a) $\frac{\sin x+\cos x}{x\sin x+\cos x}+c$ (b) $\frac{x\sin x-\cos x}{x\sin x+\cos x}+c$

(c) $\frac{\sin x - x\cos x}{x\sin x+\cos x}+c$ (d) इनमें से कोई नहीं

35. यदि $u = \int e^{ax}\cos bx \, dx$ और $v = \int e^x \sin bx \, dx$ तब $(a^2+b^2)(u^2+v^2)$ बराबर होगा?

(a) $2e^{ax}$ (b) $(a^2+b^2)e^{2ax}$

(c) e^{2ax} (d) $(a^2-b^2)e^{2ax}$

उत्तरमाला (Answer Key)

1. (d)	2. (b)	3. (b)	4. (a)	5. (c)	6. (b)	7. (c)	8. (b)
9. (b)	10. (d)	11. (a)	12. (c)	13. (b)	14. (a)	15. (d)	16. (c)
17. (b)	18. (a)	19. (c)	20. (b)	21. (b)	22. (c)	23. (b)	24. (d)
25. (c)	26. (a)	27. (d)	28. (a)	29. (a)	30. (a)	31. (a)	32. (c)
33. (d)	34. (c)	35. (c)					

हल (Solutions)

1. (d)

$f(x) = x(x-1)\sin x - (x^3 - 2x^2)\cos x - x^3 \tan x$

$= x^2 \sin x - x^3 \cos x - x^3 \tan x + 2x^2 \cos x - x\sin x$

$\therefore \lim_{x\to 0} \frac{f(x)}{x^2}$

$= \lim_{x\to 0}\left(\sin x - x\cos x - x\tan x + 2\cos x - \frac{\sin x}{x}\right)$

$= 2 - 1 = 1$

2. (b)

$= \lim_{x\to\pi/2}\left[x\tan x - \left(\frac{\pi}{2}\right)\sec x\right]$

$= \lim_{x\to\pi/2} \frac{2x\sin x - \pi}{2\cos x}$

$= \lim_{x\to\pi/2} \frac{[2\sin x + 2x\cos x]}{-2\sin x}$

$= -1$

3. (b)

$\lim_{x\to\infty}\left[\sqrt{x+\sqrt{x+\sqrt{x-\sqrt{x}}}}\right]$

$= \lim_{x\to\infty} \frac{x + \sqrt{x+\sqrt{x}} - x}{\sqrt{x+\sqrt{x+\sqrt{x}}} + \sqrt{x}}$

$= \lim_{x\to\infty} \frac{\sqrt{x+\sqrt{x}}}{\sqrt{x+\sqrt{x+\sqrt{x}}} + \sqrt{x}}$

$= \lim_{x\to\infty} \frac{\sqrt{1+x^{-1/2}}}{\sqrt{1+\sqrt{x^{-1}+x^{-3/2}}} + 1}$

$= 1/2$

4. (a)

माना $f(x) = \log x \Rightarrow f'(x) = 1/x$

इसलिए दिया गया फलन है।

$= f'(a) + kf'(e) = 1$

$= \frac{1}{a} + \frac{k}{e} = 1$

$k = e\left(\frac{a-1}{a}\right)$

5. (c)

$\lim_{n\to\infty} \frac{\sum n^2}{1+n^3} = \lim_{x\to\infty} \frac{1}{6}\frac{n(n+1)(2n+1)}{1+n^3}$

$= \lim_{x\to\infty} \frac{1}{6}\frac{\left(1+\frac{1}{n}\right)\left(2+\frac{1}{n}\right)}{\left(\frac{1}{n^3}+1\right)} = \frac{1}{6}\cdot 1\cdot\frac{2}{1} = \frac{1}{3}$

6. (b)

हम जानते हैं;

$\cos A\cdot\cos 2A\cdot\cos 4A \ldots\ldots \cos 2^{n-1}A = \frac{\sin 2^n A}{2^n \sin A}$

$A = \frac{x}{2n}$ लेने पर

$\cos\left(\frac{x}{2^n}\right)\cdot\cos\left(\frac{x}{2^n-1}\right)\ldots\ldots\cos\left(\frac{x}{4}\right)\cos\left(\frac{x}{2}\right)$

$= \frac{\sin x}{2^n \sin(x/2^n)}$

$\lim_{n\to\infty}\cos\left(\frac{x}{2}\right)\cos\left(\frac{x}{4}\right)\ldots\ldots\cos\left(\frac{x}{2^n-1}\right)\cdot\cos\left(\frac{x}{2n}\right)$

$\lim_{n\to\infty}\frac{\sin x}{2^n\sin(x/2^n)} = \lim_{n\to\infty}\frac{\sin x}{x}\,\frac{x/2^n}{\sin(x/2^n)} = \frac{\sin x}{x}$

7. (c)

$\lim_{x\to 0^+} f(x) = x^2 \sin\frac{1}{x}, -1 \le \sin\frac{1}{x} \le 1, \quad x\to 0$

$\therefore \lim_{x\to 0^+} f(x) = 0, \lim_{x\to 0^-} f(x) = 0$

इस प्रकार f(x) सांत्तय है $x = 0$

8. (b)

$f\{g(x)\} = \begin{cases} 1 & 0 < x < 3\pi/4 \text{ या } 7\pi/4 < x < 2\pi \\ 0 & x = 3\pi/4, 7\pi/4 \\ 1 & 3\pi/4 < x < 7\pi/4 \end{cases}$

अतः स्पष्ट है, $\{f(g(x))\}$ सांतत्य नहीं है

at $x = \frac{3\pi}{4}, \frac{7\pi}{4}$

9. (b)

L' Hospital नियम के प्रयोग पर

$\lim_{x\to 9}\frac{\frac{1}{2\sqrt{f(x)}}\cdot f'(x)}{\frac{1}{2\sqrt{x}}} = \frac{\frac{f'(9)}{\sqrt{f(9)}}}{\frac{1}{\sqrt{9}}} = \frac{\frac{4}{3}}{\frac{1}{3}} = 4$

10. (d)

माना $y = \lim_{x\to 0}\left(\frac{a^x+b^x+c^x}{3}\right)^{2/x}$

$\log \quad \lim_{\to} - \log\left(\frac{a^x+b^x+c^x}{}\right)$

$= 2\lim_{x\to 0}\frac{\log\left(a^x+b^x+c^x\right) - \log 3}{x}$

L Hospital नियम से,

$2\lim_{x\to 0}\frac{\frac{a^x\log a + b^x\log a + c^x\log a}{a^x+b^x+c^x}}{1}$

$\log y = \log(abc)^{2/3} \Rightarrow y = (abc)^{2/3}$

11. (a)

$x=\frac{1}{t}$ रखने पर, हम पाते हैं।

$$\lim_{t\to 0}\frac{\frac{\sin t}{t}-1}{t-1}=\frac{1-1}{0-1}=0$$

13. (b)

$f(x)=3e^{x^2}$

x के सापेक्ष समाकलन करने पर $f'(x)=6xe^{x^2}$

$f(0)=3$ and $f'(0)=0$

अब, $f'(x)-2x\,f(x)+\frac{1}{3}f(0)-f'(0)$

$=6xe^{x^2}-6xe^{x^2}+\frac{1}{3}(3)-0$

$=1$

14. (a)

$$f(x)=\frac{2\cos x\cdot\cos x\cdot\cos 2x\cdot\cos 4x\cdot\cos 8x\cdot\cos 16x}{2\sin x}$$

$$=\frac{\sin 32x}{2^5\sin x}$$

$$\therefore f'(x)=\frac{1}{32}\cdot\frac{32\cos 32x\cdot\sin x-\cos x\cdot\sin 32x}{\sin^2 x}$$

$$\Rightarrow f'\left[\frac{\pi}{4}\right]=\frac{32\cdot\frac{1}{\sqrt{2}}-\frac{1}{\sqrt{2}}\times 0}{32[1/\sqrt{2}]^2}=\sqrt{2}$$

15. (d)

$$f'''(x)=\begin{vmatrix}\frac{d^3}{dx^3}\times 3 & \frac{d^3\sin x}{dx^3} & \frac{d^3}{dx^3}\cos x\\ 6 & -1 & 0\\ \mathrm{P} & \mathrm{P}^2 & \mathrm{P}^3\end{vmatrix}$$

$$\begin{vmatrix}6 & -\cos x & \sin x\\ 6 & -1 & 0\\ \mathrm{P} & \mathrm{P}^2 & \mathrm{P}^3\end{vmatrix}$$

$$\therefore\ f(0)=\begin{vmatrix}6 & -1 & 0\\ 6 & -1 & 0\\ \mathrm{P} & \mathrm{P}^2 & \mathrm{P}^3\end{vmatrix}=0$$

जहाँ P स्वतंत्र है।

16. (c)

$x=\sin\mathrm{A}$ और $\sqrt{x}=\sin\mathrm{B}$ रखने पर

$y=\sin^{-1}\left(\sin\mathrm{A}\sqrt{1-\sin^2\mathrm{B}}+\sin\mathrm{B}\sqrt{1-\sin^2\mathrm{A}}\right)$

$=\sin^{-1}[\sin(\mathrm{A}+\mathrm{B})]$

$=\mathrm{A}+\mathrm{B}=\sin^{-1}x+\sin^{-1}\sqrt{x}$

$$\frac{dy}{dx}=\frac{1}{\sqrt{1-x^2}}+\frac{1}{2\sqrt{x-x^2}}$$

17. (b)

$f(x)=\sqrt{1+\cos^2(x^2)}$

$$f'(x)=\frac{1}{2\sqrt{1+\cos^2(x^2)}}(2\cos x^2)\cdot(-\sin x^2)\cdot(2x)$$

$$f'(x)=\frac{-x\sin 2x^2}{\sqrt{1+\cos^2(x^2)}}$$

$\mathrm{A}+x=\frac{\sqrt{x}}{2},$

$$f'\left[\frac{\sqrt{\pi}}{2}\right]=\frac{\frac{\sqrt{\pi}}{2}\cdot\sin\frac{2\pi}{4}}{\sqrt{1+\cos^2\pi/4}}=\frac{\frac{-\sqrt{\pi}}{2}\cdot 1}{\frac{\sqrt{3}}{2}}$$

$$f\left[\frac{\sqrt{\pi}}{2}\right]=-\sqrt{\frac{\pi}{6}}$$

18. (a)

$$y=\cos^{-1}\left[\frac{\sqrt{x}+1}{\sqrt{x}-1}\right]+\sin^{-1}\left[\frac{\sqrt{x}-1}{\sqrt{x}+1}\right]$$

$$=\cos^{-1}\left[\frac{\sqrt{x}-1}{\sqrt{x}+1}\right]+\sin^{-1}\left[\frac{\sqrt{x}-1}{\sqrt{x}+1}\right]=\frac{\pi}{2}$$

$$\left[\sin^{-1}x+\cos^{-1}x=\frac{\pi}{2}\right]$$

$$\frac{dy}{dx}=0$$

19. (c)

$$y=\frac{a^{\cos^{-1}}x}{1+a^{\cos-1}x},\ z=a^{\cos^{-1}}x$$

$$y=\frac{z}{1+z}$$

$$\frac{dy}{dz}=\frac{(1+z)1-z(1)}{(1+z)^2}=\frac{1}{(1+z)^2}=\frac{1}{(1+a^{\cos^{-1}}x)^2}$$

20. (b)

स्पष्टतय: $=f(x)=(\log_{\cot x}\tan x)^2$

$=\log_{\cot x}((\cot x)^{-1})^2$

$f(x)=1$

$f'(x)=0$

$f'(2)=0$

21. (b)

$f(x)=|x-1)+|x-5)$

$$f(x)=\begin{cases}-(x-1)-(x-5) & x<1\\ (x-1)-(x-5) & 1<x<5\\ x-1+x-5 & x>5\end{cases}$$

$$\Rightarrow f(x)=\begin{cases}6-2x & x<1\\ 4 & 1<x<5\\ 2x-6 & x>5\end{cases}$$

$x=3\in(1,5)$

$x=3,\ f(x)=4$

$f'(x)=0$

22. (c)

दिया है, $y=\log x\cdot e^{(\tan x+x^2)}$

$$\therefore \frac{dy}{dx}=e^{\tan x+x^2}\cdot\frac{1}{x}+\log x\cdot e^{(\tan x+x^2)}\cdot(\sec^2 x+2x)$$

$$=e^{(\tan x+x^2)}\left[\frac{1}{x}+(\sec^2 x+2x)\log x\right]$$

23. (b)

$$\log y=\log z+\frac{3}{2}\log(x-\sin x)-\frac{1}{2}\log x$$

$$\frac{dy}{dx}=y\left[\frac{3}{2}\cdot\frac{1-\cos x}{x-\sin x}-\frac{1}{2x}\right]$$

24. (d)

$$\int\left(\frac{2+\sin 2x}{1+\cos 2x}\right)e^x\,dx=\int e\cos^2 x\,dx+\int e^x\tan x\,dx$$

$$=e^x\tan x+c$$

25. (c)

$$f(x)=\int(x\cos x+\sin x)\,dx=x\sin x+c$$

$f(0)=2$

$c=2$

$f(x)=x\sin x+2$

26. (a)

$$\int\frac{dx}{(1+x)(1+x^2)}=\frac{1}{2}\int\frac{1}{1+x^2}dx+\frac{1}{2}\int\frac{1}{1+x}dx$$

$$-\frac{1}{2}\int\frac{x}{1+x^2}dx$$

$$=\frac{1}{2}\tan^{-1}x+\log\sqrt{1+x}-\frac{1}{2}\log\sqrt{1+x^2}+c$$

27. (d)

$$\int\frac{\left(1-\frac{1}{x^2}\right)}{\left(x+\frac{1}{x}\right)^2-1}dx$$

$t=x+\frac{1}{x}$ रखने पर

$$\left(1-\frac{1}{x^2}\right)dx=dt$$

$$\int\frac{dt}{t^2-1}=\frac{1}{2}\log\left(\frac{t-1}{t+1}\right)+c$$

$$=\frac{1}{2}\log\left(\frac{x^2-x+1}{x^2+x+1}\right)+c$$

28. (a)

माना $I=\int\frac{2x^3+3}{(x^2-1)(x^2-4)}dx$

अब, $\frac{2x^3+3}{(x^2-1)(x^2-4)}=\frac{A}{x^2-1}+\frac{B}{x^2-4}$

$2x^3+3=x^2(A+B)-4(A-B)$

$A=\frac{-5}{3},\ B=\frac{11}{3}$

$$I=\frac{-5}{3}\int\frac{dx}{(x+1)(x-1)}+\frac{11}{3}\int\frac{dx}{(x+2)(x-2)}$$

$$=\frac{-5}{3}\cdot\frac{1}{2}\int\frac{dx}{x-1}+\frac{5}{6}\int\frac{dx}{x+1}+\frac{11}{3}\cdot\frac{1}{4}\int\frac{dx}{x-2}$$

$$-\frac{11}{12}\int\frac{dx}{x+2}+c$$

$$\frac{5}{6}\log\left(\frac{x+1}{x-1}\right)+\frac{11}{12}\log\left(\frac{x-2}{x+2}\right)+c$$

$\therefore\ a=\frac{11}{12},\ b=\frac{5}{6}$

29. (a)

$q\tan^{-1}x=t$ रखने पर

$$\frac{q}{1+x^2}dx=dt$$

$$\frac{1}{1+x^2}dx=\frac{dt}{q}$$

$$\therefore\ \int\frac{dt}{q\sqrt{p^2+t^2}}$$

$$=\frac{1}{q}\log\left[q\tan^{-1}x+\sqrt{p^2-q^2}\,(\tan^{-1}x)^2\right]+c$$

30. (a)

$$\int\frac{\sin x-\cos x}{\sin x-\cos x}e^{\sin x}\cdot\cos x\,dx$$

$$=\int e^{\sin x}\cdot\cos x\,dx$$

$$=e^{\sin x}+c$$

31. (a)

माना $I=\int\sec x\cdot\sec^2 x\,dx$

$$I=\sec x\cdot\tan x-\int\sec x(\sec^2 x-1)dx$$

$$I=\sec x\cdot\tan x-\int\sec^2 x\,dx+\int\sec x\,dx$$

$$2I-\sec x\tan x+\log(\sec x+\tan x)+c$$

$$I=\frac{1}{2}[\sec x\tan x+\log(\sec x+\tan x)]+c$$

32. (c)

$$I = \sin 2x \cdot e^x - 2\int \cos 2x \cdot e^x \, dx$$
$$= \sin 2x \cdot e^x - 2\cos 2x \cdot e^x - 4\int e^x \sin 2x \, dx + c$$
$$\Rightarrow 5I = e^x(\sin 2x - 2\cos 2x) + c$$
$$k = 5$$

33. (d)

$$\log\left(\frac{\cos\theta + \sin\theta}{\cos\theta - \sin\theta}\right) = \log\tan\left(\frac{\pi}{4} + \theta\right)$$

और $\int \sec\theta \, d\theta = \log\tan\left(\frac{\pi}{4} + \frac{\theta}{2}\right)$

या, $\int \sec 2\theta \, d\theta = \frac{1}{2}\log\tan\left(\frac{\pi}{4} + \theta\right)$

$$I = \frac{1}{2}\sin 2\theta \log\tan\left(\frac{\pi}{4} + \theta\right) - \int \tan 2\theta \, d\theta$$
$$= \frac{1}{2}\sin 2\theta \log\tan\left(\frac{\pi}{4} + \theta\right) - \frac{1}{2}\log\sec 2\theta + c$$

34. (c)

माना $I = \int \frac{x^2 dx}{(x\sin x + \cos x)^2}$

$$= \int \frac{x\cos x}{(x\sin x + \cos x)^2} \cdot \frac{x}{\cos x}$$

$$\left[\because \frac{d}{dx}(x\sin x + \cos x) = x\cos x\right]$$

$$\int \frac{1}{t^2}\, dt = \frac{-1}{t}$$

$$I = \int \frac{-1}{(x\sin x + \cos x)} \cdot \frac{x}{\cos x} + \int \frac{1}{x\sin x + \cos x} \frac{\cos x - x(-\sin x)}{\cos^2 x} dx$$

$$= \frac{-x + x\sin^2 x + \sin x - \cos x}{(x\sin x + \cos x)\cdot\cos x} + c$$

$$\frac{\sin x - x\cos x}{x\sin x + \cos x} + c$$

35. (c)

$$u = \int e^{ax}\cos bx \, dx = \frac{e^{ax}\sin bx}{b} - \frac{a}{b}v$$
$$= e^{ax}\sin bx$$
$$(a^2 + b^2)(a^2 + v^2) = e^{2ax}$$

परखे अपने आप को (Test Yourself)

1. $\lim_{x \to \pi/4} \int_2^{\sec^2 x} \frac{f(t)\, dt}{x^2 - \pi^2/16}$ बराबर होगा

(a) $\frac{8}{\pi} f(2)$ (b) $2/\pi\, f(2)$

(c) $2/\pi\, f(1/2)$ (d) $4f(2)$

2. $\lim_{n \to \infty} \left(\frac{1}{n^2} + \sec^2 + \frac{1}{n^2} + \frac{2}{n^2} \sec^2 \frac{4}{n^2} + \sec + \frac{n}{n^2} \sec^2 1 \right)$

(a) $\frac{1}{2} \tan 1$ (b) $\tan 1$

(c) $\frac{1}{2} \cos 1$ (d) $\frac{1}{2} \sin 1$

3. अगर $\lim_{x \to \infty} \left(1 + \frac{a}{x} + \frac{b}{x^2} \right)^{2x} = e^2$, तब a और b का मान होगा

(a) $a \in R, b \in R$ (b) $a = 1, b \in R$

(c) $a \in R, b = 2$ (d) $a = 1, b = 2$

4. $\lim_{x \to \infty} \frac{1^p + 2^p + 3^p + ... + n^p}{n^{p+1}}$ बराबर होगा

(a) $\frac{1}{p+1}$ (b) $\frac{1}{1-p}$

(c) $\frac{1}{p} - \frac{1}{p-1}$ (d) $\frac{1}{p+2}$

5. $\frac{d^2x}{dy^2}$ बराबर है?

(a) $\left(\frac{d^2y}{dx^2} \right)^{-1}$ (b) $-\left(\frac{d^2y}{dx^2} \right)^{-1} \left(\frac{dy}{dx} \right)^{-3}$

(c) $\left(\frac{d^2y}{dx^2} \right) \left(\frac{dy}{dx} \right)^{-2}$ (d) $-\left(\frac{d^2y}{dx^2} \right) \left(\frac{dy}{dx} \right)^{-3}$

6. यदि $x^m\, y^n = (x+y)^{m+n}$, तब $\frac{dy}{dx}$ होगा

(a) $\frac{x+y}{xy}$ (b) xy

(c) x/y (d) y/x

7. यदि $y = \left(x + \sqrt{1+x^2} \right)^n$ तब $(1+x^2) \frac{d^2y}{dx^2} + \frac{x\, dy}{dx}$ होगा:

(a) $x^2 y$ (b) $-n^2 y$

(c) $-y$ (d) $2x^2 y$

8. यदि I $\int (\log x)\; dx$, तब $I_n + nI_n$ बराबर होगा?

(a) $x (\log x)^n$ (b) $(x \log x)^n$

(c) $(\log x)^{n-1}$ (d) $n (\log x)^n$

9. यदि $\int \frac{f(x)}{\log \sin x} dx = \log . \log \sin x$, तब $f(x)$ बराबर होगा?

(a) $\sin x$ (b) $\cos x$

(c) $\log \sin x$ (d) $\cot x$

10. $\int \frac{e^{5 \log x} - e^{4 \log x}}{e^{3 \log x} - e^{2 \log x}} dx$ बराबर होगा?

(a) $\frac{x^3}{3} + c$ (b) $\frac{x^2}{2} + c$

(c) $\frac{x}{2} + c$ (d) इनमें से कोई नहीं

11. $\int \frac{-1}{[(x-1)^3 (x+2)^5]^{1/4}} dx$ बराबर होगा?

(a) $\frac{4}{3} \left(\frac{x-1}{x+2} \right)^{1/4} + c$ (b) $\frac{4}{3} \left(\frac{x+2}{x-1} \right)^{1/4} + c$

(c) $\frac{1}{3} \left(\frac{x-1}{x+2} \right)^{1/4} + c$ (d) $\frac{1}{3} \left(\frac{x+1}{x-1} \right)^{1/4} + c$

12. $\int \frac{(x+3)\, e^x}{(x+4)^2} dx$ बराबर होगा।

(a) $\frac{1}{(x+4)^2} + c$ (b) $\frac{e^x}{(x+4)^2} + c$

(c) $\frac{e^x}{x+4} + c$ (d) $\frac{e^x}{x+3} + c$

13. $\int e^{\tan^{-1} x} \left(\frac{1 + x + x^2}{1 + x^2} \right) dx$ बराबर होगा।

(a) $x e^{\tan^{-1} x} + c$ (b) $x^2 e^{\tan^{-1} x} + c$

(c) $\frac{1}{x} e^{\tan^{-1} x} + c$ (d) इनमें से कोई नहीं

14. $\int \frac{\sin^8 x - \cos^8 x}{1 - 2 \sin^2 x \cos^2 x} dx$ बराबर होगा?

(a) $\sin 2x + c$ (b) $-\frac{1}{2} \sin 2x + c$

(c) $\frac{1}{2} \sin 2x + c$ (d) $-\sin 2x + c$

15. $\int \frac{1}{x + \sqrt{x}} dx$ बराबर है?

(a) $\log x + \log \left(1 + \sqrt{x} \right) + c$ (b) $2 \log \left(\sqrt{x} + 1 \right) + c$

(c) $\log \left(1 + \sqrt{x} \right) + c$ (d) $\log x + c$

16. $\int \log x\, dx = ?$

(a) $x \log x + x + c$ (b) $x \log x - x + c$

(c) $\log x + x + c$ (d) $\log x - x + c$

17. $\int \frac{1}{\sin^2 x \cos^2 x} dx$ का मान बराबर है?

(a) $\tan x + \cot x + c$ (b) $\tan x - \cot x + c$

(c) $-2 \cot 2x + c$ (d) $2 \cot 2x + c$

18. $\int \frac{x^4+1}{x^2+1} dx = ?$

(a) $\frac{x^3}{3} + x + \tan^{-1} x + c$ (b) $\frac{x^3}{3} - x + \tan^{-1} x + c$

(c) $\frac{x^3}{3} + x + 2\tan^{-1} + c$ (d) $\frac{x^3}{3} - x + 2\tan^{-1} x + c$

19. $\int_{-\pi/2}^{\pi/2} \sin^2 x \, dx = ?$

(a) -1 (b) 0

(c) 1 (d) इनमें से कोई नहीं

20. $\int_0^p \frac{\sqrt{x}}{\sqrt{x}+\sqrt{p-x}} dx$ का मान है।

(a) p (b) $p/2$

(c) $2p$ (d) इनमें से कोई नहीं

21. $\int_0^{\pi/2} \frac{dx}{1+\tan^3 x} = ?$

(a) 0 (b) 1

(c) $\pi/2$ (d) $\pi/4$

22. $\int_0^{\pi/2} \frac{\sin x}{\sin x + \cos x} dx = ?$

(a) $\pi/2$ (b) $\pi/4$

(c) π (d) इनमें से कोई नहीं

23. $\int_{-1}^{1} |x| \, dx = ?$

(a) $1/2$ (b) 1

(c) 2 (d) इनमें से कोई नहीं

24. $\int_3^5 \frac{x^2}{x^2-4} dx = ?$

(a) $2 - \log e\left(\frac{15}{7}\right)$ (b) $2 + \log e\left(\frac{15}{7}\right)$

(c) $2 + \log e^3 + 4\log e^5$ (d) $2 - \tan^{-1}\left(\frac{15}{7}\right)$

25. $\int_0^{\pi/x} \left(\sqrt{\tan x} + \sqrt{\cot}\, x\right) dx = ?$

(a) $\pi/\sqrt{2}$ (b) $\pi/2\sqrt{2}$

(c) $\pi/4\sqrt{2}$ (d) इनमें से कोई नहीं

26. $\underset{n\to\infty}{\text{Lt}} \sum_{r=1}^{n} \frac{1}{\sqrt{nr}}$ बराबर होगा?

(a) 0 (b) 1

(c) 2 (d) इनमें से कोई नहीं

27. $\left(\sqrt{x} + \frac{1}{\sqrt{x}}\right)$ का Anti derivative का मान क्या होगा

(a) $\frac{1}{3}x^{1/3} + 2x^{1/2} + c$ (b) $\frac{2}{3}x^{2/3} + \frac{1}{2}x^2 + c$

(c) $\frac{2}{3}x^{3/2} + 2x^{1/2} + c$ (d) $\frac{3}{2}x^{3/2} + \frac{1}{2}x^{1/2} + c$

28. $\int \frac{\sin^2 x - \cos^2 x}{\sin^2 x \cos^2 x} dx = ?$

(a) $\tan x + \cot x + c$ (b) $\tan x + \text{cosec}\, x + c$

(c) $-\tan x + \cot x + c$ (d) $\tan x + \sec x + c$

29. $\int \frac{dx}{\sin^2 x \cos^2 x}$ का मान क्या होगा?

(a) $\tan x + \cot x + c$ (b) $\tan x - \cot x + c$

(c) $\tan x \cot x + c$ (d) $\tan x - \cot 2x + c$

30. $\int \frac{e\ (1\quad x)}{\cos\ (xe\ )} dx$ बराबर होगा?

(a) $-\cot(e^x) + c$ (b) $\tan(xe^x + c)$

(c) $\tan(e^x) + c$ (d) $\cot(e^x) + c$

31. यदि $\frac{d}{dx} f(x) = 4x^3 \frac{-3}{x^4}$ ताकि $f(2) = 0$ तब $f(x)$ होगा?

(a) $x^4 + \frac{1}{x^3} - \frac{129}{8}$ (b) $x^3 + \frac{1}{x^4} + \frac{129}{8}$

(c) $x^4 + \frac{1}{x^3} + \frac{129}{8}$ (d) $x^3 + \frac{1}{x^4} - \frac{129}{8}$

32. $\int \frac{\cos 2x}{(\sin x + \cos x)^2} dx = ?$

(a) $\frac{-1}{\sin x + \cos x} + c$ (b) $\log|\sin x + \cos x| + c$

(c) $\log|\sin x - \cos x| + c$ (d) $\frac{1}{(\sin x + \cos x)^2}$

33. $\int \frac{dx}{e^x + e^{-x}}$ बराबर होगा?

(a) $\tan^{-1}(e^x) + c$ (b) $\tan^{-1}(e^{-x}) + c$

(c) $\log(e^x - e^{-x}) + c$ (d) $\log(e^x + e^{-x}) + c$

34. $\int \frac{10x^9 + 10^x \log e^{10}}{x^{10} + 10^x} dx = ?$

(a) $10^x - x^{10} + c$ (b) $10^x + x^{10} + c$

(c) $(10^x - x^{10})^{-1}$ (d) $\log(10^x + x^{10}) + c$

35. $\int \frac{dx}{x^2 + 2x + 2} = ?$

(a) $x \tan^{-1}(x+1) + c$ (b) $\tan^{-1}(x+1) + c$

(c) $(x+1)\tan^{-1} + c$ (d) $\tan^{-1} x + c$

36. $\int \frac{dx}{\sqrt{9x-4x^2}} = ?$

(a) $\frac{1}{9}\sin^{-1}\left(\frac{9x-8}{8}\right)+c$ (b) $\frac{1}{2}\sin^{-1}\left(\frac{8x-9}{9}\right)+c$

(c) $\frac{1}{3}\sin^{-1}\left(\frac{9x-8}{8}\right)+c$ (d) $\frac{1}{2}\sin^{-1}\left(\frac{9x-8}{9}\right)+c$

37. $\int \sqrt{1+x^2}\, dx = ?$

(a) $\frac{x}{8}\sqrt{1+x^2}+\frac{1}{2}\log|x|\sqrt{1+x^2}|$

(b) $\frac{2}{3}(1+x^2)^{3/2}+c$

(c) $\frac{2}{3}x(1+x^2)^{3/2}+c$

(d) $\frac{x^2}{2}\sqrt{1+x^2}+\frac{1}{2}x^2\log|x+\sqrt{1+x^2}|+c$

38. $\int \sqrt{x^2-8x+7}\, dx = ?$

(a) $\frac{1}{2}(x-4)\sqrt{x^2-8x+7}+9\log\left|x-4+\sqrt{x^2-8x+7}\right|+c$

(b) $\frac{1}{2}(x+4)\sqrt{x^2-8x+7}+9\log\left|x+4+\sqrt{x^2-8x+7}\right|+c$

(c) $\frac{1}{2}(x-4)\sqrt{x^2-8x+7}-3\sqrt{2}\log$
$\left|x-4+\sqrt{x^2-8x+7}\right|+c$

(d) $\frac{1}{2}(x-4)\sqrt{x^2-8x+7}-9/2\log$
$\left|x-4+\sqrt{x^2-8x+7}\right|+c$

39. $\int_1^{\sqrt{3}} \frac{dx}{1+x^2} = ?$

(a) $\pi/3$ (b) $2\pi/3$

(c) $\pi/6$ (d) $\pi/12$

40. $\int_0^{2/3} \frac{dx}{4+9x^2} = ?$

(a) $\pi/6$ (b) $\pi/12$

(c) $\pi/24$ (d) $\pi/4$

41. यदि $f(x)=\int_0^x t\sin t\, dt$, तब $f'(x)$ है।

(a) $\cos x + x\sin x$ (b) $x\sin x$

(c) $\cos x$ (d) $\sin x + x\cos x$

42. $\int_{1/3}^{1} \frac{(x-x^3)^{1/3}}{x^4}\, dx = ?$

(a) 6 (b) 0

(c) 3 (d) 4

43. $\int_{-\pi/2}^{\pi/2}(x^3+x\cos x+\tan^5 x+1)\, dx$ का मान है?

(a) 0 (b) 2

(c) π (d) 1

44. $\int_0^{\pi/2}\log\left(\frac{4+3\sin x}{4+3\cos x}\right)dx$ का मान है?

(a) 2 (b) $3/4$

(c) 0 (d) -2

45. यदि $(a+b-x)=f(x)$ तब $\int_a^b x\, f(x)\, dx = ?$

(a) $\frac{a+b}{2}\int_a^b f(b-x)\, dx$ (b) $\frac{a+b}{2}\int_a^b f(b+x)\, dx$

(c) $\frac{b-a}{2}\int_a^b f(x)\, dx$ (d) $\frac{a+b}{2}\int_a^b f(x)\, dx$

46. $\int_0^1 \tan^{-1}\left(\frac{2x-1}{1+x-x^e}\right)dx$ का मान है?

(a) 1 (b) 0

(c) -1 (d) $\pi/4$

47. यदि $y=\sqrt{x}+\frac{1}{\sqrt{x}}$ तब,

(a) $2x\frac{dy}{dx}+y=2\sqrt{x}$ (b) $2\frac{dy}{dx}+y=2\sqrt{x}$

(c) $2x\frac{dy}{dx}+y=\sqrt{x}$ (d) $x\frac{dy}{dx}+y=\sqrt{x}$

48. यदि $e^y(x+1)=1$ तब,

(a) $\frac{d^2y}{dx^2}=\left(\frac{dy}{dx}\right)^2$ (b) $\frac{d^2y}{dx^2}+\left(\frac{dy}{dx}\right)^2=0$

(c) $e^x\frac{d^2y}{dx^2}=\left(\frac{dy}{dx}\right)^2$ (d) $\frac{d^2y}{dx^2}=e^x\left(\frac{dy}{dx}\right)^2$

49. यदि $y=\log\sin x^2, \frac{dy}{dx}\ at\ x=\sqrt{\pi/2}=?$

(a) 0 (b) 1

(c) $\pi/4$ (d) $\sqrt{\pi}$

50. $\tan^{-1}\left(\frac{1+x}{1-x}\right)$ का derivative है।

(a) $\frac{2}{1+x^2}$ (b) $\frac{1}{1+x^2}$

(c) $\frac{1+x^2}{1-x^2}$ (d) इनमें से कोई नहीं

51. यदि $y=\sec^{-1}\left[\frac{\sqrt{x}+1}{\sqrt{x}-1}\right]+\sin^{-1}\left[\frac{\sqrt{x}-1}{\sqrt{x}+1}\right]$ तब $\frac{dy}{dx}=?$

(a) 1 (b) π

(c) $\pi/2$ (d) 0

52. अगर $f'(x) = \sin(\log x)$ और $y = f\left(\frac{2x+3}{3-2x}\right)$ तब $\frac{dy}{dx} = ?$

(a) $\sin(\log x)\frac{1}{x\log x}$

(b) $\frac{12}{(3-2x)^2}\sin\left[\log\frac{2x+3}{3-2x}\right]$

(c) $\sin\left[\log\frac{2x+3}{3-2x}\right]$ (d) इनमें से कोई नहीं

53. यदि $|\vec{a}+\vec{b}| = 60$, $|\vec{a}-\vec{b}| = 40$, $|\vec{b}| = 46$ तो $|\vec{a}|$ निकालें।

(a) 56 (b) 53
(c) 43 (d) 47

54. यदि दो इकाई सदियों का घटाव एक इकाई सदिश है, तो दोनों के बीच का कोण क्या होगा।

(a) $2\pi/3$ (b) $\pi/3$
(c) $4\pi/2$ (d) π

55. $\vec{a} = \hat{i} - \hat{j} + \sqrt{2}\,\hat{k}$, x, y, z अक्षों से कितना कोण बनाता है?

(a) 60°, 120°, 45° (b) 50°, 120°, 180°
(c) 55°, 120°, 60° (d) 45°, 120°, 30°

56. $|\vec{a}| = 2, |\vec{b}| = 7, \vec{a}\times\vec{b} = 3\hat{i} + 2\hat{j} + 6\hat{k}$ तो $\vec{a}$ और $\vec{b}$ के बीच का कोण क्या होगा?

(a) 45° (b) 30°
(c) 90° (d) 180°

57. $\hat{a} = \hat{i} - 2\hat{j} + 3\hat{k}$, $\vec{b} = 2\hat{i} - 3\hat{j} + 5\hat{k}$ तो $|\vec{a}\times(\vec{a}\times\vec{b})|$ निकालें।

(a) 1197 (b) 1208
(c) 1397 (d) 1155

58. त्रिभुज का क्षेत्रफल ज्ञात करें।

i. $\overrightarrow{AB} = 2\hat{i} + \hat{j}$, $\overrightarrow{BC} = \hat{k} + \hat{i}$

ii. A (0, 1, 2), B (3, 1, 2), C (1, 2, 1)

iii. $\vec{a}\ 2\hat{i} + \hat{k}\ \vec{b} = (3\hat{i} + 6\hat{j})$

(a) 6 (b) 24
(c) 129 (d) 12

59. $|\vec{a}+\vec{b}| = |\vec{a}| + |\vec{b}|$ क्या दर्शाता है?

(a) दोनो लम्ब है

(b) $\vec{a}, \vec{b}$ समानांतर है

(c) निष्कर्ष नहीं निकाला जा सकता

(d) इनमें से कोई नहीं

60. $|\vec{a}|^2 + |\vec{b}|^2 = |\vec{a}+\vec{b}|^2$ क्या दर्शाता है?

(a) दोनो लम्ब हैं

(b) दोनों समानांतर है

(c) निष्कर्ष नहीं निकाला जा सकता

(d) इनमें से कोई नहीं

61. $|\vec{a}+\vec{b}| = |\vec{a}-\vec{b}|$ क्या दर्शाता है?

(a) आपस में लम्ब

(b) आपस में समानांतर

(c) निष्कर्ष नहीं निकाला जा सकता

(d) इनमें से कोई नहीं

62. $\vec{a} = -3\hat{i} + 7\hat{j} + 5\hat{k}$

$\vec{b} = -5\hat{i} + 7\hat{j} - 3\hat{k}$

$\vec{c} = 7\hat{i} - 5\hat{j} - 3\hat{k}$

तो $[\vec{a}\ \vec{b}\ \vec{c}], [\vec{b}\ \vec{c}\ \vec{a}][\vec{a}\ \vec{c}\ \vec{b}]$ निकाले

(a) −304 (b) 282
(c) 304 (d) −282

63. $x = 20t^2 + 50t + 10$ है, तो त्वरण ज्ञात करें, 5 sec बाद गति भी ज्ञात करें।

(a) 250 m/s, 40 m/sec^2 (b) 200, 40
(c) 290, 40 (d) 300, 40

64. एक पिंड सीधी रेखा में चल रहा है, उसके विस्थापन का समीकरण $x = \sin 3t\ \frac{4}{7}\cos 3t$ है यहाँ 't' sec में है तो प्रारंभिक वेग एवं त्वरण ज्ञात करें।

(a) 3 m/s; $\frac{36}{7}$ m/s^2 (b) 4, 35

(c) 8, 36 (d) 4, $\frac{36}{7}$

65. एक चोर जब पकड़ा गया तो रेलगाड़ी की चाल से लम्ब की दिशा में 5 m/min की चाल से छलाँग लगाई। यदि रेलगाड़ी 36 km/h से चल रही है, तो चोर की चाल की दिशा ज्ञात करें। वेग भी ज्ञात करें।

(a) $\tan^{-1}(1/120)$, 189.80

(b) 30°, 40 m/min

(c) 60°, 30

(d) $\cos^{-1}(11/20)$, 209.80 m/min

66. दो वेगो का परिणामी 20 m/sec है और वह एक वेग से लम्ब है जो 15 m/s है तो दूसरा वेग एवं दिशा ज्ञात करें।

(a) 24 m/sec; 36° (b) 25, 37
(c) 21, 40° (d) 22, 60°

67. एक गोताखोर किसी नदी को ऐसे पार करना चाहता है ताकि ठीक शुरूआती बिन्दु के सामने वाले किनारे पर पहुँचे तो गोताखोर की वेग की दिशा ज्ञात करें। [गोताखोर की चाल $= 2\times$ धारा की चाल]

(a) 35° (b) 30°
(c) 45° (d) 60°

68. गोताखोर यदि कम से कम किसी नदी को पर करना चाहता है, तो उसके द्वारा लिया गया समय ज्ञात करें, धारा की चाल = 20 m/s गोताखोर की चाल 30 m/sec, नदी की लं. = 120 m

(a) 3 sec (b) 4 sec
(c) 5 sec (d) 1 sec

69. एक वस्तु को 49 m/sec से 30° के उन्नयन पर फैंका जाता है, तो वापस जमीन पर पहुँचने में कितना समय लगेगा।
(a) 4 sec (b) 2 sec
(c) 5 sec (d) 6 sec

70. एक वस्तु को 49 m/sec से 30° के उन्नयन पर फैंका गया, तो जमीन पर प्रेक्षपण बिन्दु से कितनी दूरी है?
(a) 200 m (b) 212 m
(c) 212.3 m (d) 300 m

71. एक वस्तु को 49 m/sec से 30° के उन्नयन पर फैंका जाता है, तो उच्चतम ऊँचाई क्या होगी?
(a) 200 m (b) 30 m
(c) 30.6 m (d) 30.9 m

72. यदि कोई वस्तु ऐसे कोण पर फैंकी जाती है ताकि उसकी प्रक्षेपण बिन्दु से दूरी उच्चतम हो, तो कोण ज्ञात करें।
(a) 30° (b) 60°
(c) 45° (d) 90°

73. यदि एक वस्तु को ऐसे फेकें की उसकी प्रक्षेपण बिन्दु से दूरी उच्चतम हो तो समय ज्ञात करें। यदि दूरी (R) = 10
(a) 15 sec (b) 2 sec
(c) 2.5 sec (d) 1.4 sec

74. यदि किसी वस्तु को 5 m/s से प्रक्षेपित किया जाए, तो उसको जमीन पर वापस आने में अधिक से अधिक कितना समय लगेगा?
(a) 3 sec (b) 1 sec
(c) 5 sec (d) 4 sec

75. दो वस्तुओं को प्रक्षेपित करने पर R का मान बराबर आये। यदि एक वस्तु को 60° कोण पर प्रक्षेपित किया गया तो दूसरे को कितने पर प्रक्षेपित करेंगे। u बराबर है?
(a) 30° (b) 45°
(c) 90° (d) 120°

76. यदि $R = 4$ m तो H ज्ञात करें। $\theta = 45°$
(a) 1 m (b) 2 m
(c) 3 m (d) 1.5 m

77. यदि कोई लड़का किसी गेंद को जमीन से 2 m दूर फेंक सकता है, तो वह लड़का उसी गेंद को जमीन से उच्चतम कितनी ऊँचाई तक फेंक सकता है।
(a) 8 m (b) 10 m
(c) 12 m (d) 15 m

78. किसी गेंद को समतल 80 m फेंकने के लिए कम से कम कितनी गति प्रदान करनी पडेगी?
(a) 28 m/sec (b) 30 m/sec
(c) 40 m/sec (d) 35 m/sec

79. किसी वस्तु के पथ का समीकरण यदि $y = \sqrt{3x}\,\frac{-gx^2}{12}$ है, तो u एवं θ निकालें।
(a) $2\sqrt{6}$ m/sec, 60° (b) $3\sqrt{3}$ m/sec, 45°
(c) $2\sqrt{6}$ m/sec, 30° (d) $2\sqrt{2}$ m/sec, 30°

80. यदि किसी वस्तु की जमीन से ऊँचाई 10 m है तो उसकी चाल 10 m/sec है, तो जब वापस लौटते समय 10 m की ऊँचाई पर होगा तो वेग निकालें?
(a) 9 m/sec (b) 10 m/sec
(c) 8 m/sec (d) 7 m/sec

81. यदि किसी पिंड पर 10 N का बल लगता है, और वह A बिन्दु से 6 m की दूरी पर स्थित है, तो बल आघूर्ण (torque) ज्ञात करें।
(a) $20\sqrt{3}$ (b) 40
(c) 60 (d) $20\sqrt{2}$

82. यदि किसी पिंड पर 20 N का बल लगता है और वह A बिन्दु से 6 m की दूरी पर स्थित है, तो बल आघूर्ण (torque) ज्ञात करें।
(a) $2\sqrt{6}$ (b) $2\sqrt{3}$
(c) $2\sqrt{2}$ (d) 4

83. एक बल जो परिमाण में 20 N का है, एक गुटके पर लगता है, $\mu = 1.2$, द्रव्यमान = 2 kg, $g = 10$ m/sec, तो गुटका चलेगा या नहीं।
(a) नहीं चलेगा
(b) चलेगा
(c) नहीं कह सकते
(d) इनमें से कोई नही

84. $2x + 3y = \sin x$ तो dy/dx निकालें।
(a) $\frac{\cos x - 2}{3}$ (b) $\frac{\sin x - 2}{3}$
(c) $\frac{\sin x - 3}{4}$ (d) $\frac{\cos x - 3}{3}$

85. $2x + 3y = \sin y$ तो dy/dx निकालें।
(a) $\frac{2}{\cos y - 3}$ (b) $\frac{3}{\cos y - 2}$
(c) $\frac{3}{\sin y - 2}$ (d) $\frac{2}{\cos y}$

86. $ax + by^2 = \cos y$ तो dy/dx क्या होगा?
(a) $\frac{-a}{2by + \sin y}$ (b) $\frac{a}{2by + \sin y}$
(c) 0 (d) $\frac{a}{y + \sin y}$

87. $xy + y^2 = \tan x + y$ तो dy/dx ज्ञात करें।
(a) $\frac{\tan^2 x - y}{x + 2y}$ (b) $\frac{\sec^2 x - y}{x + 2y - 1}$
(c) $\frac{\tan^2}{x + 2y}$ (d) $\frac{\tan^2}{y - 1}$

88. $x^2 + xy + y^2 = 100$ तो dy/dx निकालें।
(a) $\frac{2x + y}{x + 2y}$ (b) $\frac{2x - y}{x - 2y}$
(c) $-\frac{2x + y}{x + 2y}$ (d) $\frac{2x - y}{x + 2y}$

89. $x^3 + x^2y + xy^2 + y^3 = 81$ तो dy/dx क्या होगा?

(a) $\frac{3x^2 + 2xy + y^2}{x^2 - 2xy - 3y^2}$ (b) $\frac{3x^2 - 2xy - y^2}{x^2 + 2xy + 3y^2}$

(c) $\frac{3x^2 + 2xy + y^2}{x^2 + 2xy + 3y^2}$ (d) $\frac{3x^2 + 2xy - y^2}{x^2 + 2xy + 3y^2}$

90. $\sin^2 y + \cos 2y = \pi$ तो dy/dx निकालें।

(a) $\frac{y \sin xy}{\sin 2y - x \sin 2y}$ (b) $-\frac{y \sin xy}{\sin 2y - x \sin xy}$

(c) $\frac{\sin xy}{\sin 2y}$ (d) $\frac{y \sin 2y}{\sin 2y + x \sin xy}$

91. $\frac{e^x}{\sin x}$ को x के सापेक्ष अवकल करें।

(a) $\frac{e^x (\sin x - \cos x)}{\sin^2 x}$ (b) $\frac{e^x (\sin x + \cos x)}{\sin x}$

(c) $\frac{e^x (\sin x)}{\cos x}$ (d) $\cos x$

92. $e^{\sin^{-1} x}$ को x के सापेक्ष अवकलन करें।

(a) $\frac{e^{\sin^{-1}} x}{\sqrt{1-x^2}}$ (b) $\frac{e}{\sqrt{1-x^2}}$

(c) $\frac{e \cos^{-1} x}{\sqrt{1-x^2}}$ (d) $-\frac{e \sin^{-1} x}{\sqrt{1-x^2}}$

93. e^{x^3} को x के सापेक्ष अवकलन करें।

(a) $2x^2$ (b) $3x^2 . e^{x^3}$

(c) $3x . e^{x^3}$ (d) $x . e^{x^3}$

94. $\sin (\tan^{-1} e^{-x})$ को x के सापेक्ष अवकलन करें।

(a) $\frac{\cos (\tan^{-1} e^{-x})}{1 + e^{-2x}}$ (b) $\frac{-e^x \cos (\tan^{-1} e^{-x})}{1 + e^{-2x}}$

(c) $e^x \cos (\tan^{-1} e^x)$ (d) $-e^x \cos \tan^{-1} e^x$

95. $\log \log x, x > 1$ का x के सापेक्ष अवकलन करें।

(a) $\frac{1}{x \log x}$ (b) $x \log x$

(c) 1 (d) 0

96. $\cos (\log x + e^x), x > 0$ को x के सापेक्ष अवकलन करें।

(a) $-\sin (\log x + e^x)\left(\frac{1}{x} + e^x\right)$ (b) $\left(\frac{1}{x} + e^x\right)$

(c) $\cos\left(\frac{1}{x} + e^x\right)$ (d) $-\sin\left(\frac{1}{x} + e^x\right)$

97. $\cos x \cdot \cos 2x \cdot \cos 3x$ को x के सापेक्ष अवकलन करें।

(a) $-\cos x \cdot \cos 2x \cdot \cos 3x \times (\tan x + 2 \tan 2x + 3 \tan 3x)$

(b) $\cos x \cdot \tan x$

(c) $-\cos x \cdot \tan x \times (\tan x + 2)$

(d) 0

98. $\frac{\sqrt{(x-1)(x-2)}}{(x-3)(x-4)(x-5)}$ को x के सापेक्ष अवकलन करें।

(a) 1

(b) $\frac{y}{2}\left[\frac{1}{x-1} + \frac{1}{x-2} - \frac{1}{x-3} - \frac{1}{x-4}\right]$

(c) $y\left[\frac{1}{x-1} + \frac{1}{x+2} + \frac{1}{x-3}\right]$

(d) $y\left[\frac{1}{x+1} + \frac{1}{x-3}\right]$

99. निम्नलिखित बारम्बारता बंटन पर विचार करें:

वर्ग	0–10	0–20	0–30	0–40	0–50
बारम्बारता	3	8	14	20	25

उपरोक्त बारम्बारता बंटन को किस रूप में जाना जाता है?

(a) संचयी बंटन प्रारूप की अपेक्षा अधिक में

(b) संचयी बंटन प्रारूप की अपेक्षा कम में

(c) सतत् बारम्बारता बंटन

(d) उपरोक्त में से कोई नहीं

100. 11, 7, 6, 9, 12, 19 की माध्यिका का मान क्या है?

(a) 9 (b) 11

(c) 12 (d) 15

उत्तरमाला (Answer Key)

1. (a)	2. (a)	3. (b)	4. (a)	5. (d)	6. (d)	7. (a)	8. (a)
9. (d)	10. (a)	11. (a)	12. (c)	13. (a)	14. (b)	15. (b)	16. (b)
17. (b)	18. (d)	19. (b)	20. (b)	21. (d)	22. (b)	23. (b)	24. (b)
25. (a)	26. (c)	27. ()	28. (a)	29. (b)	30. (b)	31. (a)	32. (b)
33. (a)	34. (d)	35. (b)	36. (b)	37. (a)	38. (d)	39. (d)	40. (c)
41. (b)	42. (d)	43. (c)	44. (c)	45. (d)	46. (b)	47. (a)	48. (a)
49. (a)	50. (b)	51. (d)	52. (b)	53. (c)	54. (a)	55. (a)	56. (b)
57. (a)	58. (a)	59. (b)	60. (a)	61. (a)	62. (a)	63. (a)	64. (a)
65. (a)	66. (b)	67. (b)	68. (b)	69. (c)	70. (c)	71. (c)	72. (c)
73. (d)	74. (b)	75. (a)	76. (a)	77. (b)	78. (a)	79. (a)	80. (b)
81. (a)	82. (a)	83. (a)	84. (a)	85. (a)	86. (a)	87. (b)	88. (c)
89. (c)	90. (b)	91. (a)	92. (a)	93. (b)	94. (b)	95. (a)	96. (a)
97. (a)	98. (b)	99. (a)	100. (b)				

हल (Solutions)

1. (a)

$$\lim_{x \to \pi/4} \frac{\int_2^{\sec^2 x} f(t)\, dt}{\pi^2 - \frac{\pi^2}{16}}$$

$$\frac{\lim_{x \to \pi/4} f(\sec^2 x)\, 2 \sec x \cdot \sec x \tan x}{2x}$$

$$= \frac{2f(2)}{\pi/4} = \frac{8f(R)}{\pi}$$

2. (a)

$$\lim_{n \to \infty} \frac{1}{n}\left(\frac{1}{n} \sec^2 \left(\frac{1}{n}\right)^2 + \frac{2}{n} \sec^2 \left(\frac{2}{n}\right)^2\right.$$

$$\left. + \ldots\ldots\ldots\ldots + \frac{n}{n} \sec^2 \left(\frac{n}{n}\right)^2\right)$$

$$\lim_{n \to \infty} \frac{1}{n} \sum_{r=1}^{n} \left(\frac{r}{n}\right) \sec^2 \left(\frac{r}{n}\right)^2 = \int_0^1 n \sec^2 (x^2)\, dx$$

$x^2 = t$ रखने पर

$$2x\, dx = dt$$

$$xdx = \frac{1}{2} dt$$

$$A = \frac{1}{2} \int_0^1 \sec^2 t + dt$$

$$= \frac{1}{2} (\tan)_0^1 = \frac{1}{2} \tan 1$$

3. (b)

$$\lim_{x \to \infty} \left(1 + \frac{a}{x} + \frac{b}{x^2}\right)^{2x}$$

$$= \lim_{x \to \infty} \left(1 + \frac{a}{x} + \frac{b}{x^2}\right)^{2x} \left(\frac{a/x + b/x^2}{a/x + b/x^2}\right)$$

$$= e^{\lim_{x \to \infty} 2x} \left(\frac{a}{x} + \frac{b}{x^2}\right)$$

$$\lim_{x \to \infty} e^{2(a + b/x)}$$

$$e^2 = e^{2a}$$

$$a = 1, b \in R$$

4. (a)

$$\lim_{x\to\infty}\frac{1^p+2^p+3^p+\ldots\ldots\ldots+n^p}{n^p+1}$$

$$\lim_{x\to\infty}\frac{\left(1+\frac{1}{n}\right)^{p-1}}{p+1}=\frac{1}{p+1}$$

5. (d)

$$\sin\frac{dx}{dy}=\left(\frac{dy}{dx}\right)^{-1}$$

$$\frac{d^2x}{dy^2}=-\left(\frac{dy}{dx}\right)^{-2}\frac{d^2y}{dx^2}\frac{dx}{dy}$$

$$=-\left(\frac{d^2y}{dx^2}\right)\left(\frac{dy}{dx}\right)^{-3}$$

6. (d)

log लेने पर

$$m\log x+n\log y=(m+n)\log(x+y)$$

$$\frac{m}{x}+\frac{n\,dy}{y\,dx}=\frac{(m+n)}{(x+y)}\left(1+\frac{dy}{dx}\right)$$

$$\frac{dy}{dx}\left(\frac{my+ny-nx-ny}{y\,(x+y)}\right)$$

$$=\frac{mx+my-mx-nx}{x\,(x+y)}$$

$$\frac{dy}{dx}=\frac{y}{x}$$

7. (a)

$$\frac{d}{dx}(y)=n\left(x+\sqrt{1+x^2}\right)^{n-1}\left(1+\frac{x}{\sqrt{1+n^2}}\right)$$

$$\left(\sqrt{1+x^2}\right)\frac{dy}{dx}=n\left(x+\sqrt{1+x^2}\right)^n$$

$$\frac{d^2y}{dx^2}\left(\sqrt{1+x^2}\right)+\frac{dy}{dx}\left(\frac{x}{\sqrt{1+x^2}}\right)$$

$$=n^2\left(x+\sqrt{1+x^2}\right)^{n-1}\left(1+\frac{x}{\sqrt{1+x^2}}\right)$$

$$\frac{\frac{d^2y}{dx^2}(1+x^2)+\frac{dy}{dx}\cdot x}{\sqrt{1+x^2}}$$

$$=\frac{n^2\left(x+\sqrt{1+x^2}\right)^n}{\sqrt{1+x^2}}$$

$$\Rightarrow(1+x^2)\frac{d^2y}{dx^2}+x\frac{dy}{dx}=n^2\left(x+\sqrt{1+x^2}\right)^n$$

$$=(1+x^2)\frac{d^2y}{dx^2}+x\frac{dy}{dx}=n^2\,y$$

7. (a)

$$\mathrm{I}_n=\int(\log x)^n\,dx$$

$$=x(\log x)^n-n\int(\log x)^{n-1}\frac{1}{x}\,dx$$

$$\therefore\ \mathrm{I}_n+n\mathrm{I}_{n_1}=x(\log x)^n$$

9. (d)

$$\int\frac{f(x)}{\log\sin x}\,dx=\log\log\sin x$$

दोनों ओर अवकलन करने पर

$$\frac{f(x)}{\log\sin x}=\frac{\cot x}{\log\sin x}$$

$$f(x)=\cot x$$

10. (a)

$$\int\frac{x^5-x^4}{x^3-x^2}\,dx=\int\frac{x^4\,(x-1)}{x^2\,(x-1)}\,dx$$

$$\int x^2\,dx=\frac{x^3}{3}+c$$

11. (a)

$$\int\frac{1}{[(x-1)^3\,(x+2)^5]^{1/4}}\,dx$$

$$=\int\frac{1}{\left(\frac{x-1}{x+2}\right)^{3/4}(x+2)^2}\,dx$$

$$=\frac{1}{3}\int\frac{1}{t^3/4}\,dt\qquad\left[\frac{x-1}{x+2}=t\ \text{रखने पर}\ \frac{3}{(x+)^2}\,dx=dt\right]$$

$$\frac{1}{3}\left(\frac{t^{1/4}}{1/4}\right)+c=\frac{4}{3}t^{1/4}+c$$

$$=\frac{4}{3}\left(\frac{x-1}{x+2}\right)^{1/4}+c$$

12. (c)

$$\text{माना}\ \mathrm{I}=\int\frac{(x+3)e^x}{(x+4)^2}\,dx=\int\frac{(x+4-1)e^x}{(x+4)e}\,dx$$

$$=\int e^x\left(\frac{1}{x+4}-\frac{1}{(x+4)^2}\,dx\right)$$

$$=\frac{e^x}{x+4}+c$$

13. (a)

$\tan^{-1}n=t$ रखने पर

$$\frac{dx}{1+x^2}=dt$$

$$\int e^{\tan^{-1}}x\left(\frac{1+x+x^2}{1+x^2}\right)dx$$

$$=\int e^t\,(\tan t+\sec^2 t)\,dt$$

$$=e^t\tan t+c$$

$$=xe^{\tan^{-1}}x+c$$

14. (b)

$$\frac{(\sin^4 x+\cos^4 x)(\sin^4 x-\cos^4 x)}{(\sin^2 x+\cos^2 x)^2-2\sin^2 x\cos^2 x}$$

$$=\int(\sin^4 x-\cos^4 x)\,dx$$

$$=\int(\sin^2 x-\cos^2 x)\,dx$$

$$=\int-\cos 2x\,dx=\frac{-\sin 2x}{2}+c$$

15. (b)

दिया है $I=\int\frac{1}{x+\sqrt{x}}dx=\int\frac{1}{\sqrt{x}\left(\sqrt{x+1}\right)}dx$

माना $\sqrt{x}=y$ तब $\frac{1}{2\sqrt{x}}dx=dy$

$\therefore$ üüüüüü$\int\frac{2dy}{y+1}=\quad y+\quad=\quad(\sqrt{x}+\quad)$

16. (b)

$$\int\log x\,dx=\int\log x\cdot 1\,dx$$

$=\log x(x)-\int\frac{1}{x}\cdot xdx$; by integration by parts

$$=x\log x-\int dx=x\log x-x+c$$

17. (b)

माना $I=\int\frac{1}{\sin^2 x\cos^2 x}dx=\int\frac{\sec^4 x}{\sin^2 x/\cos^2 x}dx$

$$=\int\frac{\sec^4 x\,dx}{\tan^2 x}$$

$$=\int\frac{\sec^2 x\cdot\sec^2 x\,dx}{\tan^2 x}=\int\frac{(1+\tan^2 x)\sec^2 xdx}{\tan^2 x}$$

$t=\tan x$ रखने पर

$\sec^2 x\,dx=dt$

तब $I=\int\frac{(1+t^2)\,dt}{t^2}=\int\left(\frac{1}{t^2}+1\right)dt$

$$=-\frac{1}{t}+t-\frac{1}{t}=\tan x-\cot x+c$$

18. (d)

$$I=\int\frac{x^4+1}{x^2+1}dx=\int\left\{(x^2-1)+\frac{2}{x^2+1}\right\}dx$$

$$=\frac{x^3}{3}-x+2\int\frac{dx}{1+x^2}=\frac{x^3}{3}-x+2\tan^{-1}x+c$$

19. (b)

यहाँ $\sin^9 x$ एक विषम फलन है।

$$\therefore\int_{-\pi/2}^{\pi/2}\sin^9 xdx=0$$

20. (b)

माना $I\int_0^p\frac{\sqrt{x}}{\sqrt{x}+\sqrt{p-x}}dx$ (i)

तब $I=\int_0^p\frac{\sqrt{p-x}}{\sqrt{p-x+\sqrt{p-(p-x)}}}dx$

$$\therefore\int_0^a f(x)\,dx=\int_0^a f(a-x)\,dx$$

$\int_0^p\frac{\sqrt{p-x}}{\sqrt{p-x}+\sqrt{p}}dx$ (ii)

(i) एवं (ii) को जोड़ने पर

$$2I=\int_0^p\frac{\sqrt{x}+\sqrt{p-x}}{\sqrt{x}+\sqrt{p-x}}dx$$

$$=\int_0^p dx=p$$

$\therefore I=\quad/2$

21. (d)

माना $I=\int_0^{\pi/2}\frac{dx}{1+\tan^3 x}$ (i)

तब $I=\int_0^{\pi/2}\frac{dx}{1+\tan^3(\pi/2-x)}$

$$\because\int_0^a f(x)\,dx=\int_0^a f(a-x)\,dx$$

$\int_0^{\pi/2}\frac{dx}{1+\cot^3 x}=\int_0^{\pi/2}\frac{\tan^3 x}{\tan^3 x+1}dx$ (ii)

(i) + (ii)

$$2I=\int_0^{\pi/2}\frac{1\tan^3 x}{1+\tan^3 x}dx=\int_0^{\pi/2}dx=[x]_0^{\pi/2}=\frac{\pi}{2}=1$$

22. (b) माना $I=\int_0^{\pi/2}\frac{\sin x}{\sin x+\cos x}dx$ (i)

पुन: $I=\int_0^{\pi/2}\frac{\sin\left(\frac{\pi}{2}-x\right)}{\sin\left(\frac{\pi}{2}-x\right)+\cos\left(\frac{\pi}{2}-x\right)}$

$$\because\int_0^a f(x)\,dx=\int_0^a f(a-x)\,dx$$

$=\int_0^{\pi/2}\frac{\cos x}{\operatorname{cox} x+\sin x}dx$ (ii)

(i) एवं (ii) को जोड़ने पर :

$$2I=\int_0^{\pi/2}\frac{\sin x+\cos x}{\sin x+\cos x}dx=\int_0^{\pi/2}dx$$

$$[x]_0^{\pi/2}=\frac{\pi}{2}\quad I=\frac{\pi}{4}$$

23. (b)

$\because|x|$ एक विषम फलन हैं,

इसलिए

$$\int_{-1}^{1}|x|\,dx=2\int_0^1 x\,dx=2\left[\frac{x^2}{2}\right]_0^1=2\times\frac{1}{2}=1$$

24. (b)

$$\frac{x^2}{x^2-4}=\frac{x^2-4+4}{x^2-4}=1+\frac{4}{x^2-4}$$

$$1+\frac{4}{(x-2)(x+2)}=1+\left\{\frac{1}{x-2}-\frac{1}{x+2}\right\}$$

$$\therefore \int_3^5 \frac{x^2}{x^2-4}\,dx=\int_3^5\left[1+\frac{1}{x-2}-\frac{1}{x+2}\right]dx$$

$$=\left[x+\log(x-2)-\log(x+2)\right]_3^5$$

$$=\left[x+\log\frac{x-2}{x+2}\right]_3^5=\left(5+\log\frac{3}{7}\right)-\left(3+\log\frac{1}{5}\right)$$

$$=2+\log\frac{3}{7}-\log\frac{1}{5}=2+\log\left(\frac{3}{7}\times\frac{5}{1}\right)=2+\log\frac{15}{7}$$

25. (a)

$$\sqrt{\tan x}+\sqrt{\cot x}=\frac{\sqrt{\sin x}}{\sqrt{\cos x}}+\frac{\sqrt{\cos x}}{\sqrt{\sin x}}=\frac{\sin x+\cos x}{\sqrt{\sin x\cos x}} \quad \text{(i)}$$

अब $(\sin x-\cos x)^2=\sin^2x+\cos^2x-2\sin x\cos x$

$=1-2\sin x\cos x$

$2\sin x\cos x=1-(\sin x-\cos x)^2$

$$\therefore I=\frac{\sqrt{2}\,(\sin x+\cos x)}{\sqrt{1-(\sin x-\cos x)^2}}$$

$$I=\int\frac{\sqrt{2}\,(\sin x+\cos x)\,dx}{\sqrt{1-(\sin x-\cos x)^2}}$$

$\sin x-\cos x=t$ रखने पर

$(\cos x+\sin x)dx=dt$

$$I=\sqrt{2}\int\frac{dt}{\sqrt{1-t^2}}=\sqrt{2}\sin^{-2}(t)=\sqrt{2}\sin^{-1}(\sin x-\cos x)$$

इस प्रकार इच्छित मान :

$$\sqrt{2}\left[\sin^{-1}(\sin x-\cos x)\right]_0^{\pi/4}=\sqrt{2}\left[\sin^{-1}(0)-\sin^{-1}(-1)\right]$$

$$=\sqrt{2}.\frac{\pi}{2}=\frac{\pi}{\sqrt{2}}$$

26. (c)

$$\frac{1}{\sqrt{nr}}=\frac{\sqrt{n}}{n\sqrt{r}}=\frac{1}{r}.\frac{1}{\sqrt{\frac{r}{n}}}$$

$$\therefore \underset{n\to\infty}{Lt}\sum_{r=1}^{n}\frac{1}{\sqrt{nr}}=\underset{n\to\infty}{Lt}\sum_{r=1}^{n}\frac{1}{n}.\frac{1}{\sqrt{r/n}}$$

$$\int_0^1\frac{1}{\sqrt{x}}\,dx=\int_0^1 x^{-1/2}\,dx=\left[2\sqrt{x}\right]_0^1=2$$

28. (a) माना

$$I=\int\frac{\sin^2x-\cos^2x}{\sin^2x\cos^2x}\,dx=\int\left(\frac{1}{\cos^2x}-\frac{1}{\sin^2x}\right)dx$$

$$=\int\left(\sec^2x-\operatorname{cosec}^2x\right)dx=\int\sec^2x\,dx-\int\operatorname{cosec}^2x\,dx$$

$$=\tan x-(-\cot x)=\tan x+\cot x+c$$

29. (b)

$$I=\int\frac{dx}{\sin^2x\cos^2x}=\frac{\sin^2x+\cos^2x}{\sin^2x\cos^2x}dx$$

$\because \sin^2x+\cos^2x=1$

$$\int\frac{\sin^2x}{\sin^2x\cos^2x}dx+\int\frac{\cos^2x}{\sin^2x\cos^2x}dx$$

$$=\int\sec^2x\,dx+\int\operatorname{cosec}^2x\,dx$$

$$=\tan x-\cot x+c$$

30. (b)

माना $I=\int\frac{e^x(1+x)}{\cos^2(xe^x)}dx$

$xe^x=t$ रखने पर, $(xe^x+e^x)\,dx=dt$

$e^x(1+x)\,dx=dt$

$$I=\int\frac{dt}{\cos^2(t)}\sec^2(t)=\tan(t)$$

$\tan(xe^x)+c$

31. (a)

दिया गया है, $f(x)=4x^3-3/x^4$

इस प्रकार हम पाते हैं;

$$f(x)=\int\left(4x^3-\frac{3}{x^4}\right)dx=\int 4x^3\,dx-\int\frac{3}{x^4}\,dx$$

$$=4\int x^3\,dx-3\int x^4\,dx$$

$$=4\cdot\frac{x^4}{4}-3\cdot\frac{x^{-4}+1}{-4+1}=x^4-3\frac{x^{-3}}{-3}=x^4+\frac{1}{x^3}+c \quad \text{(i)}$$

$x=2$ रखने पर हम पाते हैं।

$$f(2)=16+\frac{1}{8}+c=\frac{129}{8}+c$$

$$\frac{129}{8}+c=0 \quad \because f(2)=0$$

$$\therefore c=-\frac{129}{8}$$

इस प्रकार (i) से $f(x)=x^4+\dfrac{1}{x^3}-\dfrac{129}{8}$

32. (b)

$$I=\int\frac{\cos 2x}{(\sin x+\cos x)^2}dx$$

$$=\int\frac{\cos^2x-\sin^2x}{\cos x+\sin x)^2}dx=\int\frac{(\cos x-\sin x)(\cos x+\sin x)}{(\cos x+\sin x)^2}dx$$

$$=\int\frac{\cos x-\sin x}{\cos x+\sin x}dx$$

$\cos x+\sin x=t$ रखने पर

$(-\sin x+\cos x)\,dx=dt$

(i) से, $I=\int\frac{dt}{t}=\log|t|=\log|\cos x+\sin x|+c$

33. (a)

$$I=\int\frac{dx}{e^x+e^{-x}}=\int\frac{e^x}{e^{2x}+1}dx$$

अंश और हर को गुणा करने पर

$e^x = t$ रखने पर

$e^x\,dx = dt$

$\therefore\ \mathrm{I} = \int \frac{dt}{t^2+1} = \tan^{-1}(t)\tan^{-1}(e^x) + c$

34. (d)

माना $x^{10} + 10^x = t$

$x^{10} + e^{x\log 10} = t$

तब $(10x^9 + e^{x\log 10}\cdot\log 10)\,dx = dt$

$(10x^9 + 10^x\log 10)\,dx = dt$

$\therefore\ \mathrm{I} = \int \frac{dt}{t} = \log|t| = \log(x^{10} + 10^x) + c$

35. (b)

माना $\mathrm{I} = \int \frac{dx}{x^2+2x+2}$

$x^2 + 2x + 2 = (x^2 + 2x + 1) + 1 = (x+1)^2 + 1$

$\therefore\ \mathrm{I} = \int \frac{dx}{(x+1)^2} + 1$

$x + 1 = t$ रखने पर $dx = dt$

$\therefore\ \mathrm{I} = \int \frac{dt}{t^2+1} = \tan^{-1}(t) = \tan^{-1}(x+2) + c$

36. (b)

$3x - 4x^2$

$= -(4x^2 - 9x) = -4\left(x^2 - \frac{9}{4}x\right)$

$= -4\left\{\left(x^2 - \frac{9}{4}x + \frac{81}{64}\right) - \left(\frac{81}{64}\right)\right\}$

$= -4\left\{\left(x - \frac{9}{8}\right)^2 - \left(\frac{9}{8}\right)^2\right\} = 4\left\{\left(\frac{9}{8}\right)^2 - \left(x - \frac{9}{8}\right)^2\right\}$

$\mathrm{I} = \frac{1}{2}\int \frac{dx}{\sqrt{\left(\frac{9}{8}\right)^2 - \left(x - \frac{9}{8}\right)^2}}$

$x - \frac{9}{8} = t$ रखने पर $dx = dt$

$\therefore\ \mathrm{I} = \frac{1}{2}\int \frac{dx}{\sqrt{(9/8)^2 - t^2}} = \frac{1}{2}\sin^{-1}\left(\frac{t}{9/8}\right)$

$= \frac{1}{2}\sin^{-1}\left\{\frac{(x - 9/8)^8}{9}\right\}$

$= \frac{1}{2}\sin^{-1}\left(\frac{8x-9}{9}\right) + c$

37. (a)

सूत्र से,

$\int \sqrt{1+x^2}\,dx = \int \sqrt{x^2 + 1\,dx}$

$= \frac{1}{2}x\sqrt{x^2+1} + \frac{1}{2}\log\left|x + \sqrt{1+x^2}\right| + c$

38. (d)

माना $\mathrm{I} = \int \sqrt{x^2 - 8x + 7}\,dx$

$x^2 - 8x + 7 = (x^2 - 8x + 16) + (7 - 16)$

$= (x-4)^2 - 9 = (x-4)^2 - 3^2$

$\therefore\ \mathrm{I} = \int \sqrt{(x-4)^2 - 3^2}\,dx$

$x - 4 = y$ रखने पर $dx = dy$

$\mathrm{I} = \int \sqrt{y^2 - 3^2}\,dy = \frac{1}{2}y\sqrt{y^2 - 3^2}$

$-\frac{3^2}{2}\log\left|y + \sqrt{y^2 - 3^2}\right|$

$= \frac{1}{2}(x-4)\sqrt{x^2 - 8x + 7} - \frac{9}{2}$

$\log\left|x - 4 + \sqrt{x^2 - 8x + 7}\right| + c$

39. (d)

$\int_1^{\sqrt{3}} \frac{dx}{1+x^2} = [\text{üüüülüü}]_1^{\sqrt{3}} = \quad {}^{-1}(\sqrt{\ }) - \quad {}^{-1}$

$= \frac{\pi}{3} - \frac{\pi}{4} = \frac{\pi}{12}$

40. (c)

$\int \frac{dx}{4+9x^2} = \int \frac{dx}{9x^2+4} = \int \frac{dx}{9(x^2 + 4/9)}$

$\frac{1}{9}\int \frac{dx}{x^2 + (2/3)^2} = \frac{1}{9}\cdot\frac{1}{2/3} + \tan^{-1}\frac{x}{2/3}$

$\because\ \int \frac{dx}{x^2+a^2} = \frac{1}{a}\tan^{-1}(x/a)$

$= \frac{1}{9}\times\frac{3}{2}\tan^{-1}\left(\frac{3x}{2}\right) = \frac{1}{6}\tan^{-1}\left(\frac{3x}{2}\right)$

इस प्रकार $\int_0^{2/3} \frac{dx}{4+9x^2} = \frac{1}{6}\left[\tan^{-1}\left(\frac{3x}{2}\right)\right]_0^{2/3}$

$= \frac{1}{6}\left\{\tan^{-1}(1) - \tan^{-1}(0)\right\}$

$= \frac{1}{6}(\pi/4 - 0) = \pi/24$

41. (b)

यहाँ $\phi t = t\sin t$ का एक सांतत्य फलन है यह बंद interval $[0, x]$ में है। इसलिए हम पाते हैं $f'(x) = \phi(x)$

i.e $f'(x) = x\sin x$

42. (d)

$\int \frac{(x - x^3)^{1/3}}{x^4}\,dx$

$= \int \frac{\left\{x^3\left(\frac{1}{x^2} - 1\right)\right\}^{1/3}}{x^4}\,dx = \int \frac{x\left(\frac{1}{x^2} - 1\right)^{1/3}}{x^4}\,dx$

$$= \int \frac{\left(\frac{1}{x^2}-1\right)^{1/3}}{x^3} dx$$

$\frac{1}{x^2}-1=t$ रखने पर $\frac{-2}{x^3} dx = dt$

$$\therefore \int \frac{\left(\frac{1}{x^2}-1\right)^{1/3}}{x^3} dx = \int t^{1/3} \cdot \frac{dt}{-2} = -\frac{1}{2} \cdot \frac{t^{1/3}+1}{\frac{1}{3}+1}$$

$$= -\frac{1}{2} \times \frac{3}{4} t^{4/3}$$

$$= \frac{-3}{8}\left(\frac{1}{x^2}-1\right)^{4/3}$$

$$\int_{1/3}^{1} \frac{(x-x^3)}{x^4} dx = \left[\frac{-3}{8}\left(\frac{1}{x^2}-1\right)^{4/3}\right]_{1/3}^{1}$$

$$= -\frac{3}{8}\left[0-(9-1)^{4/3}\right] = \frac{3}{8} \cdot 8^{4/3}$$

$$= \frac{3}{8} \times (2^3)^{4/3} = \frac{3}{8} \times 2^4 = \frac{3}{8} \times 16 = 6$$

43. (c)

माना $I = \int_{-\pi/2}^{\pi/2} (x^3 + x\cos x + \tan^5 x + 1)\, dx$

तब $I = \int_{-\pi/2}^{\pi/2} (x^3 + x\cos x + \tan^5 x)\, dx + \int_{-\pi/2}^{\pi/2} 1\, dx$

$= \int_{-\pi/2}^{\pi/2} f(x)\, dx + \int_{-\pi/2}^{\pi/2} dx$ (i)

जहाँ $f(x) = x^3 + x\cos x + \tan^5 x$

$f(-x) = (-x)^3 + (-x)\cos(-x) + \tan^5(-x)$

$= -x^3 - x\cos x - \tan^5 x = -(x^3 + x\cos x) + \tan^5 x$

$= 1x$

$f(x)$ एक विषम फलन है x का

$\int_{-\pi/2}^{\pi/2} f(x)\, dx = 0$

इसलिए (i) से

$I = 0 + [x]_{-\pi/2}^{\pi/2} = 2 \cdot \frac{\pi}{2} = \pi$

44. (c)

$$I = \int_0^{\pi/2} \log\left[\frac{4+3\sin x}{4+3\cos x}\right] dx$$

$$= \int_0^{\pi/2} \log\left(\frac{4+3\sin(\pi/2-x)}{4+3\cos(\pi/2-x)}\right) dx$$

$\int_0^a f(x)\, dx = \int_0^a f(a-x)\, dx$

का प्रयोग करने पर

$$\int_0^{\pi/2} \log\left(\frac{4+3\cos x}{4+3\sin x}\right) dx = -\int_0^{\pi/2} \log\left(\frac{4+3\sin x}{4+3\cos dx}\right)$$

$= -I$

$2I = 0 \therefore I = 0$

45. (d)

माना $I = \int_a^b xf(x)\, dx$

तब, $I = \int_a^b (a+b-x)(a+b-x)\, dx$

$\int_a^b f(x) = \int_a^b f(a+b-x)\, dx$ का प्रयोग करने पर

$\int_a^b (a+b-x) f(x)\, dx \quad \because f(a+b-x) = f(x)$

$= \int_a^b (a+b) f(x)\, dx - \int_a^b xf(x)\, dx$

$= a+b \int_a^b f(x)\, dx - I$

$2I = (a+b) \int_a^b f(x)\, dx$

$\therefore I = \frac{a+b}{2} \int_a^b f(x)\, dx$

46. (b)

Let $I = \int_0^1 \tan^{-1}\left(\frac{2x-1}{1+x-x^2}\right) dx$

तब $I = \int_0^1 \tan^{-1}\left\{\frac{2(1-x)-1}{1+(1-x)-(1-x)^2}\right\} dx$

$\int_0^a f(x)\, dx = \int_0^a f(a-x)\, dx$ का प्रयोग करने पर

$\int_0^1 \tan^{-1}\left\{\frac{2-2x-1}{2-x-(1-2x+x^2)}\right\} dx$

$= \int_0^1 \tan^{-1}\left(\frac{1-2x}{1+x-x^2}\right) dx = \int_0^1 -\tan^{-1} 1 \frac{2x-1}{1+x-x^2\, dx}$

$= -I$

$I + I = 0 = 2I = 0 \quad \therefore I = 0$

47. (a)

दिये गये समीकरण से, $y = \frac{x+1}{\sqrt{x}} = \sqrt{x \cdot y} = x+1$

x के सापेक्ष अवकलन करने पर

$\sqrt{x} \cdot \frac{dy}{dx} + y \cdot \frac{1}{2\sqrt{x}} = 1$

$2x \frac{dy}{dx} + y = 2\sqrt{x}$

48. (a)

दिया है $e^y = \frac{1}{x+1}$

x के सापेक्ष अवकलन करने पर

$e^y \cdot \frac{dy}{dx} = -\frac{1}{(x+1)^2}$

$\frac{1}{x+1} \cdot \frac{dy}{dx} = \frac{-1}{(x+1)^2}$

$\frac{dy}{dx} = -\frac{}{x}$

पुनः x के सापेक्ष अवकलन करने पर

$\frac{d^2y}{dx^2} = \frac{1}{(x+1)^2} \Rightarrow \frac{d^2y}{dx^2} = \left(\frac{dy}{dx}\right)^2$

49. (a)

$y = \log(\sin x^2)$ दिया है।

x के सापेक्ष अवकलन करने पर

$\frac{dy}{dx} = \frac{1}{\sin x^2} \times \cos x^2 \times 2x = 2x \cot x^2$

at $x = \sqrt{\pi/2}, dy/dx = 2, \sqrt{\pi/2} \cdot \cot \pi/2 = 0$

50. (b)

माना $y = \tan^{-1}\left(\frac{1+x}{1-x}\right)$

$\therefore \frac{dy}{dx} = \frac{1}{1+\left(\frac{1+x}{1-x}\right)^2} \times \text{d.c of}\left(\frac{1+x}{1-x}\right)$

$= \frac{(1-x)^2}{(1-x)^2+(1+x)^2} \times$

$\frac{(1-x) \times \text{d.c of } (1+x) - (1+x) \times \text{d.c of } (1-x)}{(1-x)^2}$

quotient नियम से,

$\frac{(1-x)^2}{2(1+x^2)} \times \frac{2}{(1-x)^2} = \frac{1}{1+x^2}$

51. (d)

$\sec^{-1}\left[\frac{\sqrt{x}+1}{\sqrt{x}-1}\right] = \cos^{-1}\left[\frac{\sqrt{x}-1}{\sqrt{x}+1}\right]$

$\therefore \sec^{-1} x = \cos^{-1}(1/x)$

$\therefore y = \cos^{-1}\left[\frac{\sqrt{x}-1}{\sqrt{x}+1}\right] + \sin^{-1}\left[\frac{\sqrt{x}-1}{\sqrt{x}+1}\right] = \frac{\pi}{2}$

$\therefore \sin^{-1} x + \cos^{-1} x = \pi/2$

$\frac{dy}{dx} = 0$

52. (b)

$y = f\left(\frac{2x+3}{3-2x}\right)$

x के सापेक्ष अवकलन करने पर

$\frac{dy}{dx} = f'\left(\frac{2x+3}{3-2x}\right) \times d \cdot c \cdot \text{of}\left(\frac{2x+3}{3-2x}\right)$ (Lain नियम से)

$= f'\left(\frac{2x+3}{3-2x}\right) \times \frac{(3-2x)\times 2 - (2x+3)\times 2}{(3-2x)^2}$

$= f'\left(\frac{2x+3}{3-2x}\right) \times \frac{12}{(3-2x)^2} = \frac{12}{(3-2x)^2} f'\left(\frac{2x+3}{3-2x}\right)$ (i)

Since $f'(x) < \sin(\log x)$

$\therefore f'\left(\frac{2x+3}{3-2x}\right) = \sin\log\left(\frac{2x+3}{3-2x}\right)$ (i) से,

$\frac{dy}{dx} = \frac{12}{(3-2x)^2} \sin\left(\log\frac{2x+3}{3-2x}\right)$

53. (c)

$|\vec{a}+\vec{b}| + |\vec{a}-\vec{b}|^2 = 2\left(|\vec{a}|^2 + |\vec{b}|^2\right)$

$(60)^2 + (40)^2 = 2((46)^2 + |\vec{a}|^2)$

$6000 = 2((46)^2 + |\vec{a}|^2)$

$3000 - (46)^2 = |\vec{a}|^2$

54. (a)

$|\vec{a}-\vec{b}|^2 = |\vec{a}|^2 + |\vec{b}|^2 - 2(\vec{a}\cdot\vec{b})$

$1 = 1 + 1 - 2(\vec{a}\cdot\vec{b})$

$\frac{-1}{2} = \cos\theta$

$\cos\theta = 2\pi/3$

55. (a)

$\vec{a}\cdot\hat{i} = |\vec{a}||\hat{i}|\cos\theta\, x, \vec{a}\cdot\hat{j} = |\vec{a}||\hat{j}|\cos\theta\, y$

$\vec{a}\cdot\hat{k} = |\vec{a}||\hat{k}|\cos\theta_z$

$1 = 2\cos\theta_x, -1 = 2\cos\theta_y, \sqrt{2} = 2\cos\theta_z$

$\theta_x = 60°, \theta_y = 120°, \theta_z = 45°$

56. (b)

$|\vec{a}\times\vec{b}| = |\vec{a}||\vec{b}|\sin\theta$

$\sqrt{(3)^2+(2)^2+(6)^2} = 2\times 7\sin\theta$

$\sin\theta = 1/2$

$\theta = 30°$

57. (a)

$\vec{a}\times\vec{b} = \begin{vmatrix} \hat{i} & \hat{j} & \hat{k} \\ 1 & -2 & 3 \\ 2 & 3 & -5 \end{vmatrix} = \hat{i}(1) - \hat{j}(-11) + \hat{k}(1)$

$= \hat{i} + \hat{j} + 7\hat{k}$

$\therefore |\vec{a}\times(\hat{i}+11\hat{j}+7\hat{k})| = |\vec{a}||\hat{i}+11\hat{j}+9\hat{k}|\sin 90°$

$\vec{a}\times\vec{b}$ में a और b के बीच कोण का $-90°$

$\vec{a}\times\left(\hat{i}+\hat{j}+\hat{k}\right) = 7(171)$

58. (a)

$\overrightarrow{AB} = (3\hat{i}+\hat{j}+2\hat{k}) - (\hat{i}+2\hat{k}) = 3\hat{i}$

$\overrightarrow{BC} = (\hat{i}+2\hat{j}+\hat{k}) - (3\hat{i}+\hat{j}+2\hat{k}) = 2\hat{i}+\hat{j}-\hat{k}$

$\frac{1}{2}|\vec{a}\times\vec{b}|$

59. (b)

$\vec{a}$ और $\vec{b}$ समांतर हैं।

60. (a)

$\vec{a}$ और $\vec{b}$ $\perp$ लम्ब हैं।

61. (a)

$|\vec{a}+\vec{b}|^2 = |\vec{a}-\vec{b}|^2$

$4(\vec{a}\cdot\vec{b}) = 0$

$= \vec{a}\cdot\vec{b} = 0$

$\therefore$ $\vec{a}$ तथा $\vec{b}$ आपस में लम्ब हैं।

62. (a)

$[\vec{a}\,\vec{b}\,\vec{c}] = (\vec{a}\times\vec{b})\cdot\vec{c}$

$$\begin{vmatrix} \hat{i} & \hat{j} & \hat{k} \\ -5 & 7 & 5 \\ 5 & 7 & -3 \end{vmatrix} \cdot (7\hat{i} - 5\hat{j} - 3\hat{k})$$

$(-21-35)\hat{i} - \hat{j}(9\cdot 25) + \hat{k}(-21-35)$

$(-56\hat{i} + 16\hat{j} - 56\hat{k})\,(7\hat{i} - 5\hat{j} - 3\hat{k})$

$= -392 + 168 - 80$

$= -304$

63. (a)

$\frac{dx}{dt} = v = \frac{d}{dt}(20\text{t}^2 + 50\text{t} + 10)$

$= 40t + 50 = 40\times 5 + 50 = 250$ m/sec

$\therefore$ गति (5 सेकेंड बाद) $= 250$ m/sec

64. (a)

$\text{V} = \frac{dx}{dt} = \frac{d}{dt}\left(\sin 3t - \frac{4}{7}\cos 3t\right)$

$= 3\cos 3t + \frac{12}{7}\sin 3t$

$t = 0$ रखने पर

$v = 3\cos 0^\circ + \frac{17}{7}\sin 0^\circ = 3$ m/sec

$a = \frac{dv}{dt} = -9\sin 3t + \frac{12\times 3}{7}\cos 3t$

$a = \frac{36}{7}$ m/sec^2

65. (a)

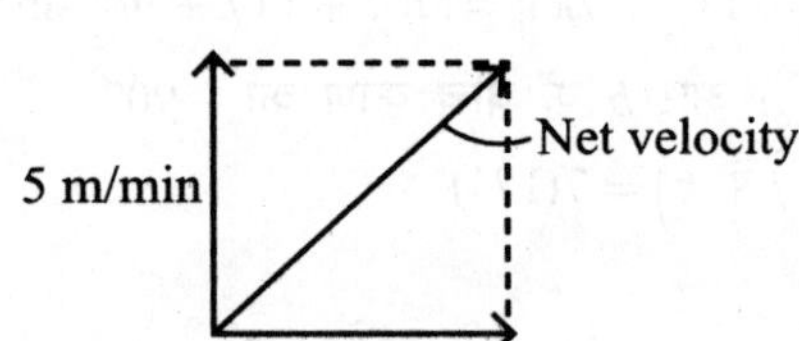

$\tan\theta = y/x$

$36 \text{ km/h} = \frac{36\times 1000}{60} = 600$ m/min

$\therefore \tan\theta = \frac{5}{600} = \frac{1}{120}$

$\therefore \theta = \tan^{-1}\frac{1}{120}$

वेग $= \sqrt{(5)^2 + (600)^2}$

$= \sqrt{36025} = 189.80$ m/min

66. (b)

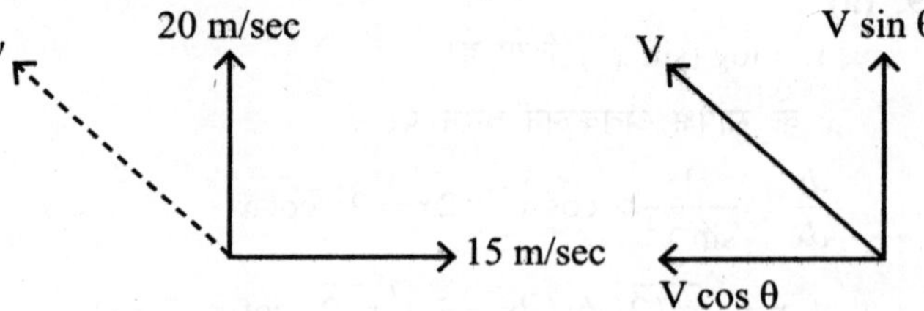

$\text{V}\cos\theta = 20$ m/s, $v\sin\theta = 15$ m/sec

Square करके जोड़ने पर

$\text{V}^2(\sin^2\theta + \cos^2\theta) = 400 + 225$

$\text{V}^2 = 625$

$\text{V} = 25$ m/sec

67. (b)

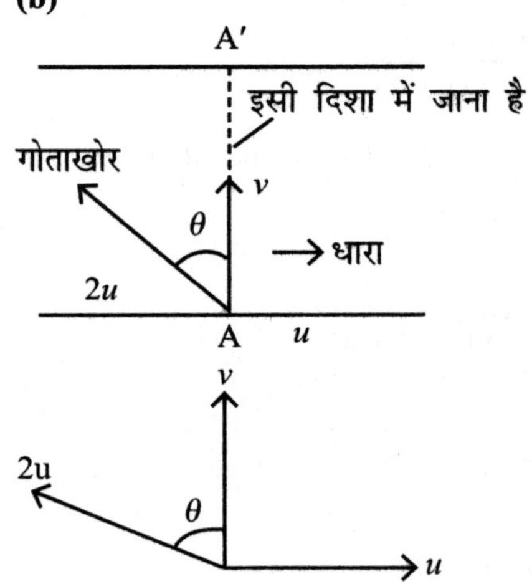

($\therefore$ परिणामी इसी दिशा में होगा)

$24\cos\theta = v$

$24\sin\theta = u \Rightarrow \sin\theta = 1/2 \Rightarrow \theta = 30$

68. (b)

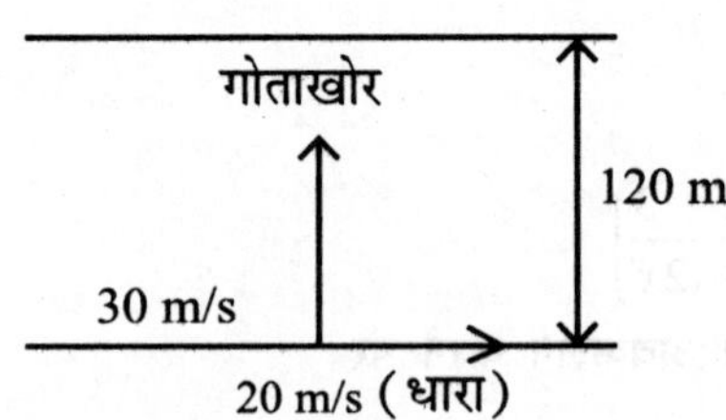

यदि कम से कम समय में जाना है तो धारा की चाल के लम्ब की दिशा में जाना होगा।

समय $= \frac{120}{30} = 4$ sec

69. (c)

$\text{T} = \frac{2u\sin\theta}{g}$

$\text{T} = \frac{2\times 49\times\sin 30^\circ}{9\cdot 8} = 5$ sec

$$\frac{dy}{dx} = -\frac{}{x}$$

पुनः x के सापेक्ष अवकलन करने पर

$$\frac{d^2y}{dx^2} = \frac{1}{(x+1)^2} \Rightarrow \frac{d^2y}{dx^2} = \left(\frac{dy}{dx}\right)^2$$

49. (a)

$y = \log(\sin x^2)$ दिया है।

x के सापेक्ष अवकलन करने पर

$$\frac{dy}{dx} = \frac{1}{\sin x^2} \times \cos x^2 \times 2x = 2x \cot x^2$$

at $x = \sqrt{\pi/2}, dy/dx = 2, \sqrt{\pi/2} \cdot \cot \pi/2 = 0$

50. (b)

माना $y = \tan^{-1}\left(\frac{1+x}{1-x}\right)$

$$\therefore \frac{dy}{dx} = \frac{1}{1+\left(\frac{1+x}{1-x}\right)^2} \times \text{d.c of} \left(\frac{1+x}{1-x}\right)$$

$$= \frac{(1-x)^2}{(1-x)^2 + (1+x)^2} \times$$

$$\frac{(1-x) \times \text{d.c of } (1+x) - (1+x) \times \text{d.c of } (1-x)}{(1-x)^2}$$

quotient नियम से,

$$\frac{(1-x)^2}{2(1+x^2)} \times \frac{2}{(1-x)^2} = \frac{1}{1+x^2}$$

51. (d)

$$\sec^{-1}\left[\frac{\sqrt{x}+1}{\sqrt{x}-1}\right] = \cos^{-1}\left[\frac{\sqrt{x}-1}{\sqrt{x}+1}\right]$$

$\therefore \sec^{-1} x = \cos^{-1}(1/x)$

$$\therefore y = \cos^{-1}\left[\frac{\sqrt{x}-1}{\sqrt{x}+1}\right] + \sin^{-1}\left[\frac{\sqrt{x}-1}{\sqrt{x}+1}\right] = \frac{\pi}{2}$$

$\therefore \sin^{-1} x + \cos^{-1} x = \pi/2$

$$\frac{dy}{dx} = 0$$

52. (b)

$$y = f\left(\frac{2x+3}{3-2x}\right)$$

x के सापेक्ष अवकलन करने पर

$$\frac{dy}{dx} = f'\left(\frac{2x+3}{3-2x}\right) \times d \cdot c \cdot \text{of} \left(\frac{2x+3}{3-2x}\right) \quad \text{(Lain नियम से)}$$

$$= f'\left(\frac{2x+3}{3-2x}\right) \times \frac{(3-2x) \times 2 - (2x+3) \times 2}{(3-2x)^2}$$

$$= f'\left(\frac{2x+3}{3-2x}\right) \times \frac{12}{(3-2x)^2} = \frac{12}{(3-2x)^2} f'\left(\frac{2x+3}{3-2x}\right) \quad \text{(i)}$$

Since $f'(x) < \sin(\log x)$

$$\therefore f'\left(\frac{2x+3}{3-2x}\right) = \sin\log\left(\frac{2x+3}{3-2x}\right) \quad \text{(i) से,}$$

$$\frac{dy}{dx} = \frac{12}{(3-2x)^2} \sin\left(\log\frac{2x+3}{3-2x}\right)$$

53. (c)

$$|\vec{a}+\vec{b}| + |\vec{a}-\vec{b}|^2 = 2\left(|\vec{a}|^2 + |\vec{b}|^2\right)$$

$$(60)^2 + (40)^2 = 2((46)^2 + |\vec{a}|^2)$$

$$6000 = 2((46)^2 + |\vec{a}|^2)$$

$$3000 - (46)^2 = |\vec{a}|^2$$

54. (a)

$$|\vec{a}-\vec{b}|^2 = |\vec{a}|^2 + |\vec{b}|^2 - 2(\vec{a}\cdot\vec{b})$$

$$1 = 1 + 1 - 2(\vec{a}\cdot\vec{b})$$

$$\frac{-1}{2} = \cos\theta$$

$$\cos\theta = 2\pi/3$$

55. (a)

$\vec{a}\cdot\hat{i} = |\vec{a}||\hat{i}|\cos\theta\, x, \vec{a}\cdot\hat{j} = |\vec{a}||\hat{j}|\cos\theta\, y$

$\vec{a}\cdot\hat{k} = |\vec{a}||\hat{k}|\cos\theta_z$

$1 = 2\cos\theta_x, -1 = 2\cos\theta_y, \sqrt{2} = 2\cos\theta_z$

$\theta_x = 60°, \theta_y = 120°, \theta_z = 45°$

56. (b)

$$|\vec{a}\times\vec{b}| = |\vec{a}||\vec{b}|\sin\theta$$

$$\sqrt{(3)^2+(2)^2+(6)^2} = 2\times 7\sin\theta$$

$$\sin\theta = 1/2$$

$$\theta = 30°$$

57. (a)

$$\vec{a}\times\vec{b} = \begin{vmatrix} \hat{i} & \hat{j} & \hat{k} \\ 1 & -2 & 3 \\ 2 & 3 & -5 \end{vmatrix} = \hat{i}(1) - \hat{j}(-11) + \hat{k}(1)$$

$$= \hat{i} + \hat{j} + 7\hat{k}$$

$$\therefore |\vec{a}\times(\hat{i}+11\hat{j}+7\hat{k})| = |\vec{a}||\hat{i}+11\hat{j}+9\hat{k}|\sin 90°$$

$\vec{a}\times\vec{b}$ में a और b के बीच कोण का $-90°$

$$\vec{a}\times\left(\hat{i}+\hat{j}+\hat{k}\right) = 7(171)$$

58. (a)

$$\overrightarrow{AB} = (3\hat{i}+\hat{j}+2\hat{k}) - (\hat{i}+2\hat{k}) = 3\hat{i}$$

$$\overrightarrow{BC} = (\hat{i}+2\hat{j}+\hat{k}) - (3\hat{i}+\hat{j}+2\hat{k}) = 2\hat{i}+\hat{j}-\hat{k}$$

$$\frac{1}{2}|\vec{a}\times\vec{b}|$$

59. (b)

$\vec{a}$ और $\vec{b}$ समांतर हैं।

60. **(a)**

$\vec{a}$ और $\vec{b}$ $\perp$ लम्ब हैं।

61. **(a)**

$|\vec{a}+\vec{b}|^2 = |\vec{a}-\vec{b}|^2$

$4(\vec{a}\cdot\vec{b}) = 0$

$= \vec{a}\cdot\vec{b} = 0$

$\therefore$ $\vec{a}$ तथा $\vec{b}$ आपस में लम्ब हैं।

62. **(a)**

$[\vec{a}\,\vec{b}\,\vec{c}] = (\vec{a}\times\vec{b})\cdot\vec{c}$

$$\begin{vmatrix} \hat{i} & \hat{j} & \hat{k} \\ -5 & 7 & 5 \\ 5 & 7 & -3 \end{vmatrix} \cdot (7\hat{i} - 5\hat{j} - 3\hat{k})$$

$(-21-35)\hat{i} - \hat{j}(9\cdot 25) + \hat{k}(-21-35)$

$(-56\hat{i} + 16\hat{j} - 56\hat{k})\,(7\hat{i} - 5\hat{j} - 3\hat{k})$

$= -392 + 168 - 80$

$= -304$

63. **(a)**

$\frac{dx}{dt} = v = \frac{d}{dt}(20\text{t}^2 + 50\text{t} + 10)$

$= 40t + 50 = 40\times 5 + 50 = 250$ m/sec

$\therefore$ गति (5 सेकेंड बाद) $= 250$ m/sec

64. **(a)**

$\text{V} = \frac{dx}{dt} = \frac{d}{dt}\left(\sin 3t - \frac{4}{7}\cos 3t\right)$

$= 3\cos 3t + \frac{12}{7}\sin 3t$

$t = 0$ रखने पर

$\nu = 3\cos 0° + \frac{17}{7}\sin 0° = 3$ m/sec

$a = \frac{d\nu}{dt} = -9\sin 3t + \frac{12\times 3}{7}\cos 3t$

$a = \frac{36}{7}$ m/sec^2

65. **(a)**

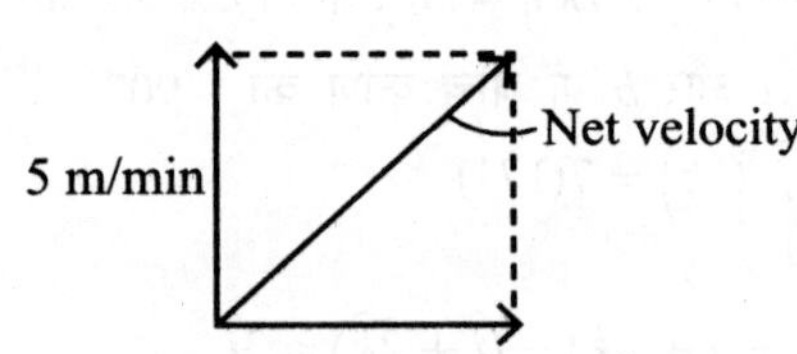

$\tan\theta = y/x$

$36 \text{ km/h} = \frac{36\times 1000}{60} = 600$ m/min

$\therefore \tan\theta = \frac{5}{600} = \frac{1}{120}$

$\therefore \theta = \tan^{-1}\frac{1}{120}$

वेग $= \sqrt{(5)^2 + (600)^2}$

$= \sqrt{36025} = 189.80$ m/min

66. **(b)**

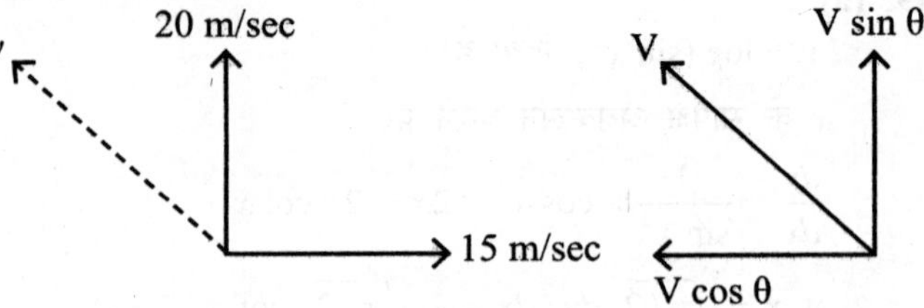

V $\cos\theta = 20$ m/s, $v\sin\theta = 15$ m/sec

Square करके जोड़ने पर

$\text{V}^2(\sin^2\theta + \cos^2\theta) = 400 + 225$

$\text{V}^2 = 625$

V = 25 m/sec

67. **(b)**

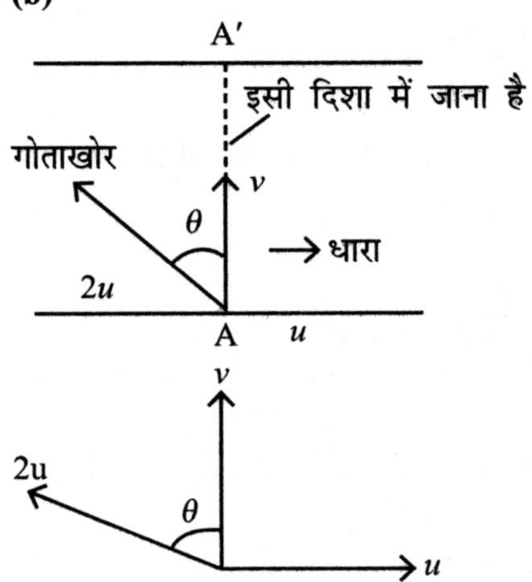

($\therefore$ परिणामी इसी दिशा में होगा)

$24\cos\theta = v$

$24\sin\theta = u \Rightarrow \sin\theta = 1/2 \Rightarrow \theta = 30$

68. **(b)**

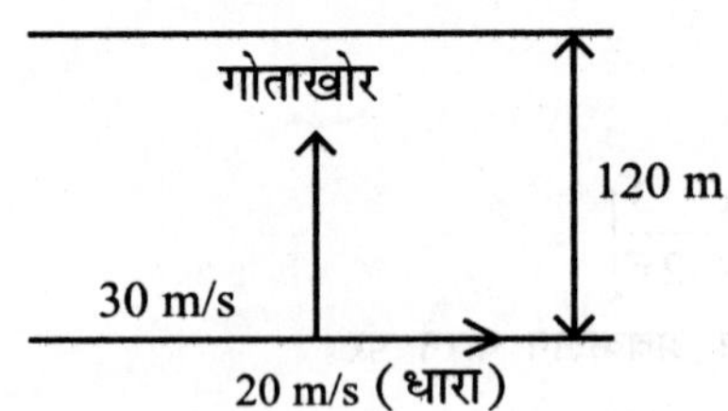

यदि कम से कम समय में जाना है तो धारा की चाल के लम्ब की दिशा में जाना होगा।

समय $= \frac{120}{30} = 4$ sec

69. **(c)**

$\text{T} = \frac{2u\sin\theta}{g}$

$\text{T} = \frac{2\times 49\times\sin 30°}{9\cdot 8} = 5$ sec

70. (c)

$$R = \frac{u^2 \sin 2\theta}{g}$$

$$R = \frac{49 \times 49 \times \sin 60^\circ}{9 \cdot 8} = 121.3 \text{ m}$$

71. (c)

उच्चतम ऊँचाई, $h_{max} = \frac{u^2 \sin^2 \theta}{g}$

$$= \frac{49 \times 49 \times (\sin 30^\circ)^2}{9 \cdot 8}$$

$$= 49 \times 5 \times \frac{1}{4} = 30.6 \text{ m}$$

72. (c)

$$R = \frac{u^2 \sin^2 \theta}{g}$$

$\therefore$ R उच्चतम के लिए

$\sin^2 \theta$ का मान 1 होना चाहिए

$\therefore \sin 2\theta = 1$

$2\theta = 90^\circ$

$\theta = 45^\circ$

73. (d)

$$R = \frac{u^2 \sin 2\theta}{g}$$

$$10 = \frac{u^2 \sin 90^\circ}{10}$$

$10 \times 10 = u^2$

$\therefore$ समय $= \frac{2u \sin\theta}{g} = \frac{2 \times 10 \times 1}{10 \times \sqrt{2}}$

$= \sqrt{2} = 1.41$ sec

74. (b)

$$T = \frac{2u \sin\theta}{g}$$

$\therefore$ T उच्चतम के लिए $\sin\theta = 1$

$\therefore \theta = 90^\circ$

$T_{max} = \frac{u}{g} = \frac{2 \times 5}{10} = 1$ sec

75. (a)

$R_1 = R_2$

$$\frac{u^2 \sin 2\theta_1}{g} = \frac{u^2 \sin 2\theta_2}{g}$$

$\sin 2\theta_1 = \sin 2\theta_2$

$2\sin\theta_1 \cos\theta_1 = 2\sin\theta_2 \cdot \cos\theta_2$

$\therefore \sin\theta_1 \cos\theta_1 = \sin\theta_2 \cdot \cos\theta_2$

$\Rightarrow \sin\theta_1 \sin(90^\circ - \theta_1) = \sin\theta_2 \cdot \sin(90^\circ - \theta_2)$

$\therefore \theta_1 = \theta_2$

या, $\theta_1 = 90^\circ - \theta_2$

$\theta_1 + \theta_2 = 90^\circ$

$\therefore$ यदि एक वस्तु को 60° पर प्रक्षेपित किया तो दूसरे को 60° पर या $(90^\circ - 60^\circ) = 30^\circ$ पर प्रक्षेपित करेंगे।

76. (a)

$R = 4H \cot\theta$

$4 = 4H \cot\theta$

$H = 1$ m

77. (b)

$R_{max} = 2H_{max}$

$20\, m = 2 \times H_{max}$

$\therefore H_{max} = 10$ m

78. (a)

$\frac{u^2 \sin 2\theta}{g} = 80$ [$\because$ समतल फेंकना है]

$\therefore \theta = 0$

$u^2 = 80 \times 10$

$\therefore u = 20 \times 1.4 = 28$ m/sec

79. (a)

$$\left[y = x \tan\theta \frac{gx^2}{2u^2 \cos^2\theta} \right]$$

पथ का समीकरण

$$y = x\sqrt{3} - \frac{gx^2}{2u^2 \cos^2\theta}$$

$$y = x\sqrt{\ } \cdot \frac{gx}{12}$$

$\tan\theta = \sqrt{3}$

$\therefore \theta = 60^\circ, 1/2$

$\therefore \cos^2\theta = 1/4$

$2 \times u^2 \times \frac{1}{4} = 12$

$u^2 = \sqrt{24}$

$u = 2\sqrt{6}$ m/sec

80. (b)

10 m/s [समान ऊँचाई पर वेग समान होता है]

81. (a)

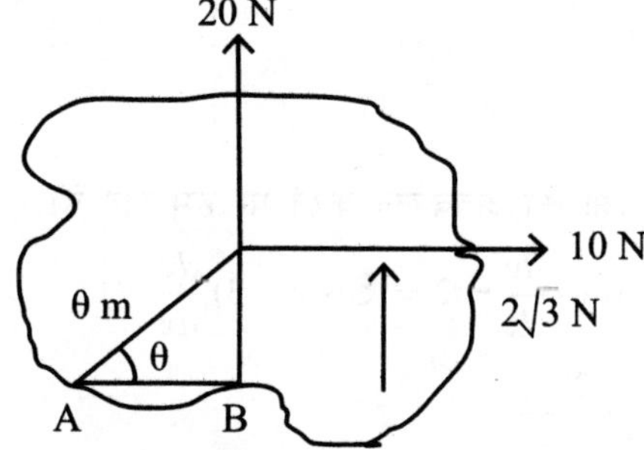

Torque = Force $\times \perp$ Distance (वह दूरी भी बल पर लम्ब हो)
$= 10 \times 2\sqrt{3} = 20\sqrt{3}$ NM

82. **(a)**

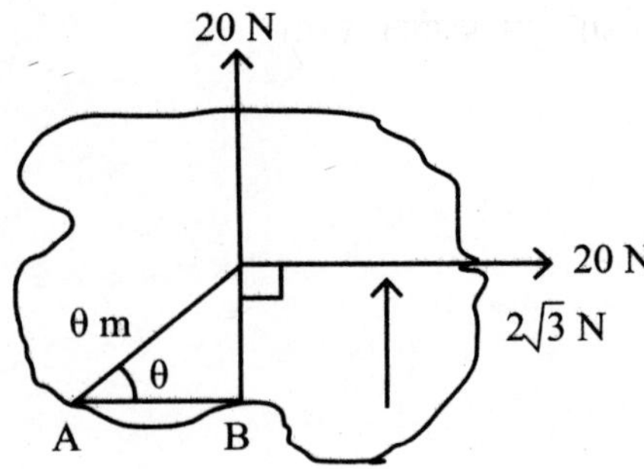

$$AB = \sqrt{AC^2 - BC^2}$$
$$= \sqrt{36 - 12} = \sqrt{24} \text{ m}$$
$$= 2\sqrt{6} \text{ m}$$
$$\text{Torque} = 20 \times 2\sqrt{6}$$
$$= 40\sqrt{6} \text{ NM}$$

83. **(a)**

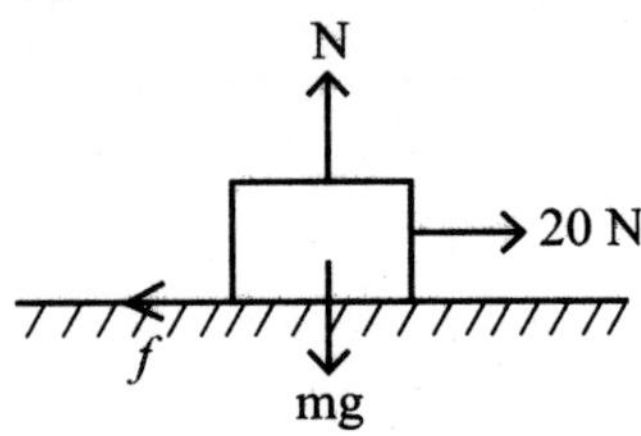

$f = \mu N = \mu mg$

जहाँ $\mu =$ घर्षण गुणांक

$= 1.2 \times 2 \times 10 = 24$ M

$24 > 20$

$\therefore$ गुटका नहीं चलेगा।

84. **(a)**

$2x + 3y = \sin x$ (दिया है)

x के सापेक्ष अवकलन करने पर

$$2 \cdot 1 + 3 \cdot 1 \frac{dy}{dx} = \cos x$$
$$2 + 3\frac{dy}{dx} = \cos x$$
$$3\frac{dy}{dx} = \cos x - 2$$
$$\therefore \frac{dy}{dx} = \frac{\cos x - 2}{3}$$

85. **(a)**

x के सापेक्ष दोनों पक्षों का अवकलन करने पर हम पातें हैं।

$$2 \cdot 1 + 3 \cdot \frac{dy}{dx} = \cos y \cdot \frac{dy}{dx} = 2 = (\cos y - 3)\frac{dy}{dx}$$
$$\frac{dy}{dx} = \frac{2}{\cos y - 3}$$

86. **(a)**

x के सापेक्ष दोनों पक्षों का अवकलन करने पर

$$a \cdot 1 + b \cdot 2y\frac{dy}{dx} = -\sin y\frac{dy}{dx}$$
$$a = \frac{dy}{dx}(-\sin y - 2by) = -(\sin y + 2by)\frac{dy}{dx}$$
$$\frac{dy}{dx} = \frac{-9}{\sin y + 2by} = \frac{-9}{2by + \sin y}$$

87. **(b)**

x के सापेक्ष अवकलन करने पर

$$\left(1 \cdot y + x \cdot \frac{dy}{dx}\right) + \left(2y\frac{dy}{dx}\right) = \sec\ x + \frac{dy}{dx}$$
$$(x + 2y - 1)\frac{dy}{dx} = \sec^2 x - y$$
$$\therefore \frac{dy}{dx} = \frac{\sec^2 x - y}{x + 2y - 1}$$

88. **(c)**

x के सापेक्ष अवकलन करने पर

$$2x + \left(x\frac{dy}{dx} + y \cdot 1\right) + 2y\frac{dy}{dx} = 0$$
$$2x + x\frac{dy}{dx} + y + 2y\frac{dy}{dx} = 0$$
$$\Rightarrow (2x + y) + (x + 2y)\frac{dy}{dx} = 0$$
$$(x + 2y)\frac{dy}{dx} = -(2x + y)$$
$$\therefore \frac{dy}{dx} = -\frac{2x + y}{x + 2y}$$

89. **(c)**

x के सापेक्ष अवकलन करने पर

$$3x^2 + \left(x^2\frac{dy}{dx} + y \cdot 2x\right) + \left(x \cdot 2y\frac{dy}{dx} + y^2 \cdot 1\right)$$
$$+ 3y^2\frac{dy}{dx} = 0$$
$$3x^2 + x^2\frac{dy}{dx} + 2xy + 2xy\frac{dy}{dx} + y^2 + 3y^2\frac{dy}{dx} = 0$$
$$(3x^2 + 2xy + y^2) + \frac{dy}{dx}(x^2 + 2xy + 3y^2) = 0$$
$$(x^2 + 2xy + 3y^2)\frac{dy}{dx} = -(3x^2 + 2xy + y^2)$$
$$\frac{dy}{dx} = -\frac{3x^2 + 2xy + y^2}{x^2 + 2xy + 3y^2}$$

90. (b)

x के सापेक्ष अवकलन करने पर

$$2\sin y\cos y\frac{dy}{dx}-\sin xy\left(x\frac{dy}{dx}+y\cdot 1\right)=0$$

$$2\sin y\cos y\frac{dy}{dx}-x\sin xy\frac{dy}{dx}-y\sin xy=0$$

$$\frac{dy}{dx}(2\sin y\cos y-x\sin xy)=y\sin xy$$

$$\frac{dy}{dx}=\frac{y\sin xy}{2\sin y\cos y-x\sin xy}=-\frac{y\sin xy}{\sin 2y-x\sin xy}$$

91. (a)

माना $y=\dfrac{e^x}{\sin x}$

दोनों तरफ x के सापेक्ष अवकलन करने पर

$$\frac{dy}{dx}=\frac{e^x\sin x-e^x\cos x}{\sin^2 x}=\frac{e^x(\sin x-\cos x)}{\sin^2 x}$$

92. (a)

$$\frac{dy}{dx}=e^{\sin^{-1}x}\times\frac{1}{\sqrt{1-x^2}}=\frac{e^{\sin^{-1}x}}{\sqrt{1-x^2}}$$

93. (b)

$$\frac{dy}{dx}=\frac{d}{dx}(e^{x^3})=\frac{d}{d(x^3)}e^{x^3}\times\frac{d}{dx}(x^3)$$

$$=e^{x^3}=x\cdot e^{x^3}$$

94. (b)

माना $y=\sin(\tan^{-1}e^{-x})$

$$\frac{dy}{dx}=\frac{d}{dx}\{\sin(\tan^{-1}e^{-x})\}$$

$$=\cos(\tan^{-1}e^{x})\times\frac{1}{1+(e^x)^2}-e^x$$

$$=\frac{-e^x\cos(\tan^{-1}e^{-x})}{1+e^{-2x}}$$

95. (a)

माना $y=\log(\log x), x>1$

$$\frac{dy}{dx}=\frac{1}{x\log x}, x>1$$

96. (a)

माना $y=\cos(\log x+e^x), x>0$

$$\frac{dy}{dx}=-\sin(\log x+e^x)\left(\frac{1}{x}+e^x\right); x>0$$

97. (a)

माना $y=\cos x\cos 2x\cos 3x$

दोनों ओर log लेने पर

$$\log y=\log(\cos x\cos 2x\cos 3x)$$

$$=\log\cos x+\log\cos 2x+\log\cos 3x$$

$\because \log(mn)=\log m+\log n$

x के सापेक्ष अवकलन करने पर

$$\frac{1}{y}\cdot\frac{dy}{dx}=\frac{-\sin x}{\cos x}+\frac{-2\sin x}{\cos 2x}+\frac{-3\sin 3x}{\cos 3x}$$

$$=-\tan x-2\tan 2x-3\tan 3x$$

$$=-(\tan x+2\tan 2x+3\tan 3x)$$

$$\frac{dy}{dx}=-y(\tan x+2\tan 2x+3\tan 3x)$$

$$=-\cos x\cdot\cos 2x\cos 3x\times(\tan x+\tan 2x+3\tan 3x)$$

98. (b)

$$\because y=\frac{\sqrt{(x-1)(x-2)}}{(x-3)(x-4)(x-5)}$$

$$=\left[\frac{(x-1)(x-2)}{((x-3)(x-4)(x-5))}\right]^{1/2}$$

दोनों तरफ log लेने पर

$$\log y=\frac{1}{2}\log\frac{(x-1)(x-2)}{(x-3)(x-4)(x-5)}$$

$$\log y=\frac{1}{2}[\log(x-1)+\log(x-2)-\log(x-3)$$
$$-\log(x-4)-\log(x-5)]$$

दोनों तरफ x के सापेक्ष अवकलन करने पर

$$\frac{1}{y}\frac{dy}{dx}=\frac{1}{2}\left[\frac{1}{x-1}+\frac{1}{x-2}-\frac{1}{x-3}-\frac{1}{x-4}-\frac{1}{x-5}\right]$$

$$\frac{dy}{dx}=\frac{y}{2}\left[\frac{1}{x-1}+\frac{1}{x-2}-\frac{1}{x-3}-\frac{1}{x-4}\right]$$

99. (a)

दिए गए बारम्बारता बंटन को सतत् बारम्बारता बंटन कहते हैं।

100. (b)

मानों को आरोही क्रम में व्यवस्थित करने पर

6, 7, 9, 11, 12, 15, 19

$n=7$

माध्यिका $=\dfrac{7+1}{2}$ वें पद का मान

चौथे पद का मान $=11$

CAREER & BUSINESS/SELF-HELP/PERSONALITY DEVELOPMENT/STRESS MANAGEMENT

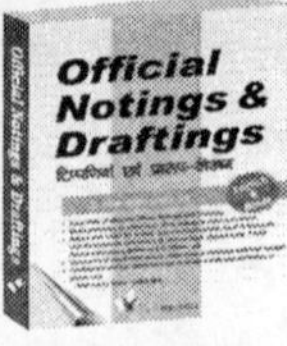

ISBN : 9789381588789 ISBN : 9789350571637 ISBN : 9789381588512 ISBN : 9789381588963 ISBN : 9789381588598 ISBN : 9789381384039 ISBN : 9788192079622 ISBN : 9789350570753 ISBN : 9789381384396

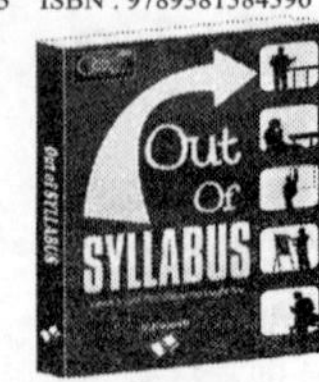

ISBN : 9789381384541 ISBN : 9789350570968 ISBN : 9789381384527 ISBN : 9789381588666 ISBN : 9789381384541 ISBN : 9789381384107 ISBN : 9789350571187 ISBN : 9789381588574 ISBN : 9789381588277

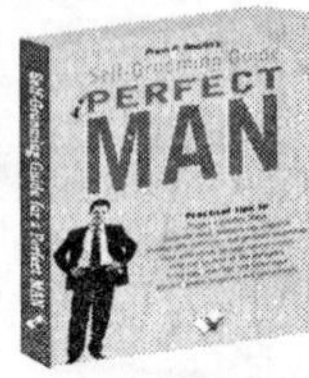

ISBN : 9789381588222 ISBN : 9789381384213 ISBN : 9789381588772 ISBN : 9789381588949 ISBN : 9789357940108 ISBN : 9789381384152 ISBN : 9789381384145 ISBN : 9789381448564 ISBN : 9789381384473

ISBN : 9789381448595 ISBN : 9789381448670 ISBN : 9789381588253 ISBN : 9789381448755 ISBN : 9789381448649 ISBN : 9789381384480 ISBN : 9789350571309 ISBN : 9789381448632 ISBN : 9789381384893

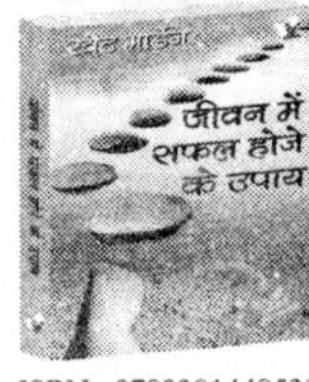

ISBN : 9789381384091 ISBN : 9789381384176 ISBN : 9789350570265 ISBN : 9789381588727 ISBN : 9789350570128 ISBN : 9789381588246 ISBN : 9789381448687 ISBN : 9789381448786 ISBN : 9789381448533

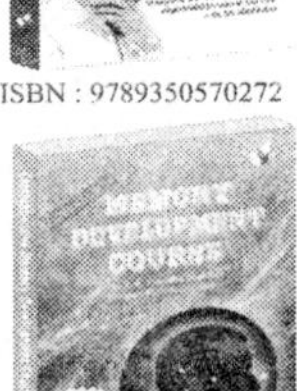

ISBN : 9789381448526 ISBN : 9789381384206 ISBN : 9788122310689 ISBN : 9789381384503 ISBN : 9789381588505 ISBN : 9789381448717 ISBN : 9788192079646 ISBN : 9789350570203 ISBN : 9789350570272

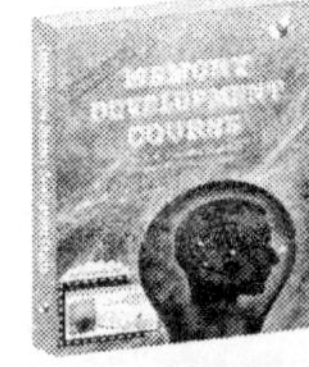

ISBN : 9789381588741 ISBN : 9789350571170 ISBN : 9789381588215 ISBN : 9789381384763 ISBN : 9789350570296 ISBN : 9789381588284 ISBN : 9789381588543 ISBN : 9789350571880 ISBN : 9789381588765

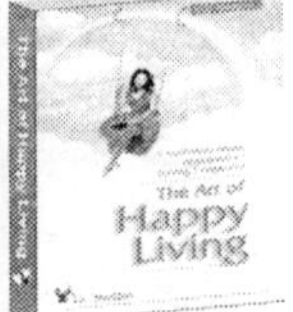

ISBN : 9789350570579 ISBN : 9789350571927 ISBN : 9789350571545 ISBN : 9789381384114 ISBN : 9789381384435 ISBN : 9789381448779 ISBN : 9789381448991 ISBN : 9789381384510 ISBN : 9789381384169 ISBN : 9789350570623

ISBN : 9789381448908 ISBN : 9789381448915 ISBN : 9789381448922 ISBN : 9789381448939 ISBN : 9789381448946 ISBN : 9789357940795 ISBN : 9789357940801 ISBN : 9789357940818 ISBN : 9789357941303 ISBN : 9789357941853